PART

# 실전문제

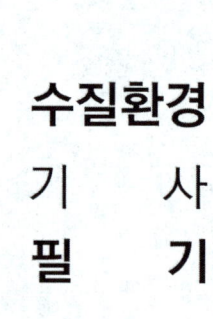

# 2013 1회 기출문제

| 제1과목 | 수질오염개론

**01** 산(acid)과 염기(base)에 관한 설명으로 틀린 것은?

㉮ 산은 활성을 띤 금속과 반응하여 원소상태의 수소를 내어 놓는다.
㉯ 산의 용액을 전기분해하면 음극에서 원소상태의 수소가 발생된다.
㉰ 대부분의 비금속은 염기성산화물로서 산에 녹아 염기성용액을 형성한다.
㉱ 염기는 전자쌍을 주는 화학종으로, 산은 전자쌍을 받는 화학종으로 구분할 수 있다.

**02** 다음의 이상적 완전혼합형 반응조내 흐름(혼합)에 관한 설명 중 틀린 것은?

㉮ 분산수(dispersion NO)가 0에 가까울수록 완전혼합 흐름상태라 할 수 있다.
㉯ Morrill지수의 값이 클수록 이상적인 완전혼합 흐름상태에 가깝다.
㉰ 분산(Variance)이 1 일 때 완전혼합흐름상태라 할 수 있다.
㉱ 지체시간(lag time)이 0 이다.

**풀이** ㉮ 분산수(dispersion NO)가 무한대(∞)에 가까울수록 완전혼합 흐름상태라 할 수 있다.

**TIP**
완전혼합형반응조(CFSTR)과 플러그흐름반응조(PFR)의 비교

|  | CFSTR | PFR |
|---|---|---|
| 분산 | 1 | 0 |
| 분산수 | 무한대(∞) | 0 |
| 모릴지수 | 클수록 | 1 |
| 지체시간 | 0 | 이론적 체류시간과 동일할 때 |

**03** 호소수의 성층현상을 설명한 것으로 틀린 것은?

㉮ 성층현상의 결과 생긴 층을 수면으로부터 표수층, 수온약층, 심수층 이라고 부른다.
㉯ 여름철 성층현상은 봄철의 기상조건에 따라 달라지는데 봄철 기온이 높고 바람이 약할 경우에는 성층이 늦게 이루어진다.
㉰ Hypolimnion층은 깊이에 따라 온도변화가 심한 층을 말하며 통상 수심이 1m 내려감에 따라 약 1℃ 이상의 수온차가 생긴다.
㉱ 성층현상은 주로 봄, 가을에 전도현상이 발생하여 수직혼합이 활발히 진행되므로 호소수의 수질이 악화된다.

**풀이** ㉰ 깊이에 따라 온도변화가 심한 층은 Themocline(수온약층)이다.

answer  01 ㉰  02 ㉮  03 ㉰

**04** 다음 수질을 가진 농업용수의 SAR값으로 판단할 때 $Na^+$가 흙에 미치는 영향은 어떻다고 할 수 있는가?

[수질농도]
- $Na^+$ = 230mg/L
- $Ca^{2+}$ = 60mg/L
- $Mg^{2+}$ = 36mg/L
- $PO_4^{3-}$ = 1500mg/L
- $Cl^-$ = 200mg/L
- 원자량 : 소듐 23, 칼슘 40, 마그네슘 24, 인 31

㉮ 영향이 적다.
㉯ 영향이 중간정도이다.
㉰ 영향이 비교적 높다.
㉱ 영향이 매우 높다.

**풀이**

소듐 흡착률(SAR) = $\dfrac{Na^+}{\sqrt{\dfrac{Ca^{2+}+Mg^{2+}}{2}}}$

$Na^+$ = $Na^+$mg/L÷23 = 230mg/L÷23 = 10mN
$Ca^{2+}$ = $Ca^{2+}$mg/L÷20 = 60mg/L÷20 = 3mN
$Mg^{2+}$ = $Mg^{2+}$mg/L÷12 = 36mg/L÷12 = 3mN

따라서 SAR = $\dfrac{10}{\sqrt{\dfrac{3+3}{2}}}$ = 5.77

따라서 SAR이 10이하이므로 흙에 미치는 영향은 적다.

**TIP**
① meq/L = me/L = mN = mg/L ÷ 1mg당량
② 판정
- 0 ~ 10 : 영향 적음
- 10 ~ 18 : 중간정도 영향
- 18 ~ 26 : 높은 영향
- 26이상 : 아주 큰 영향

**05** 지표수와 비교하여 지하수의 일반적인 특성인 것은?

㉮ 유기물의 함량이 비교적 높다.
㉯ 용해된 염류의 농도가 비교적 낮다.
㉰ 자정작용의 속도가 빠르다.
㉱ 온도가 비교적 균일하다.

**풀이**
㉮ 유기물의 함량이 비교적 낮다.
㉯ 용해된 염류의 농도가 비교적 높다.
㉰ 자정작용의 속도가 느리다.

**06** 최종 BOD가 500mg/L이고, 탈산소계수(자연대수를 base로 함)가 0.1/day 인 물의 5일 소모 BOD는?

㉮ 175mg/L   ㉯ 197mg/L
㉰ 224mg/L   ㉱ 255mg/L

**풀이**
$BOD_5 = BOD_u \times (1-e^{-k_1 \times t})$

$BOD_5$ : 5일 BOD(mg/L)
$BOD_u$ : 최종 BOD(mg/L)
$k_1$ : 탈산소계수(/day)
t : 시간(day)

따라서 $BOD_5$ = 500mg/L×(1-$e^{-0.1/day \times 5day}$)
= 196.74mg/L

**TIP**
5일 BOD이므로 t = 5day가 된다.

answer  04 ㉮  05 ㉱  06 ㉯

**07** 다음의 수질 분석결과표 내의 경도유발 물질로 인한 경도(mg/L as $CaCO_3$)는?
(단, 원자량 : Ca는 40, Mg는 24, Na는 23, Sr는 88)

| mg/L | mg/L |
|---|---|
| $Na^+$  25 | $Mg^{2+}$  9 |
| $Ca^{2+}$  16 | $Sr^{2+}$  1 |

㉮ 약 63   ㉯ 약 79
㉰ 약 87   ㉱ 약 93

**풀이**
$$\frac{경도(mg/L)}{50g} = \frac{Ca^{2+}mg/L}{20g} + \frac{Mg^{2+}mg/L}{12g} + \frac{Sr^{2+}mg/L}{44g}$$
$$= \frac{16mg/L}{20g} + \frac{9mg/L}{12g} + \frac{1mg/L}{44g}$$

∴ 경도 = 78.64mg/L

**TIP**
경도는 물의 세기를 말하며, 2가 양이온 금속성 물질($Ca^{2+}$, $Mg^{2+}$, $Mn^{2+}$, $Fe^{2+}$, $Sr^{2+}$)의 양을 탄산칼슘($CaCO_3$)의 농도로 환산한 값(ppm = mg/L)이다.

**08** 하천 및 호수의 부영양화를 고려한 생태계모델로 정적 및 동적인 하천의 수질 및 수문학적 특성을 광범위하게 고려한 수질관리모델은?

㉮ Vollenweider 모델
㉯ QUAL 모델
㉰ WQRRS 모델
㉱ WASPO 모델

**풀이** 하천 및 호수의 부영양화를 고려한 생태계모델로 정적 및 동적인 하천의 수질 및 수문학적 특성을 광범위하게 고려한 수질관리모델은 WQRRS 모델이다.

**09** 다음은 Graham의 기체법칙에 관한 내용이다. ( )안에 맞는 내용은? (단, $Cl_2$ 분자량은 71.5이다.)

수소의 확산속도에 비해 산소는 약( ① ), 염소는 약 ( ② ) 정도의 확산속도를 나타낸다.

㉮ ① 1/8, ② 1/4   ㉯ ① 1/8, ② 1/9
㉰ ① 1/4, ② 1/8   ㉱ ① 1/4, ② 1/6

**풀이** Graham의 기체법칙에서 기체의 확산속도는 기체 분자량의 제곱근에 반비례한다.
따라서, 수소의 확산속도에 비해 산소의 확산속도는 $\sqrt{\frac{2}{32}} = \frac{1}{4}$이고, 염소의 확산속도는 $\sqrt{\frac{2}{71.5}} = \frac{1}{6}$이다.

**10** 어느 공장폐수의 BOD를 측정하였을 때 초기 DO는 8.4mg/L이고, 이를 20℃에서 5일간 보관한 후 측정한 DO는 3.6mg/L이었다. 이 폐수를 BOD 제거율이 90%가 되는 활성슬러지 처리시설에서 처리하였을 경우 방류수의 BOD(mg/L)는? (단, BOD 측정시의 희석배율은 50배이다.)

㉮ 12   ㉯ 16
㉰ 21   ㉱ 24

**풀이**
① BOD = $(DO_1 - DO_2) \times P$

$DO_1$ : 초기 DO농도(mg/L)
$DO_2$ : 5일간 배양후 DO농도(mg/L)
P : 희석 배수치

따라서 BOD = (8.4-3.6)mg/L×50배 = 240mg/L

② 제거효율(%) = $\left(1 - \frac{유출수의\ BOD}{유입수의\ BOD}\right) \times 100$

따라서 90% = $\left(1 - \frac{유출수의\ BOD}{240mg/L}\right) \times 100$

∴ 유출수의 BOD = 240mg/L×(1-0.90) = 24mg/L

**answer** 07 ㉯   08 ㉰   09 ㉱   10 ㉱

**11** 반감기가 3일인 방사성 폐수의 농도가 10mg/L 라면 감소속도정수(day$^{-1}$)는?
(단, 1차 반응속도 기준, 자연대수 기준)

㉮ 0.132  ㉯ 0.231
㉰ 0.326  ㉱ 0.430

**풀이**
반감기 공식 : $\ln\frac{1}{2} = -k \times t$

$\ln\frac{1}{2} = -k \times 3\text{day}$

$\therefore k = \dfrac{\ln\frac{1}{2}}{-3\text{day}} = 0.231/\text{day}$

**12** 어떤 하천수의 수온은 10℃이다. 20℃의 탈산소계수 K(상용대수)가 0.1/day일 때 최종 BOD에 대한 $BOD_6$의 비는?
(단, $K_T = K_{20} \times 1.047^{(T-20)}$, $BOD_6$/최종BOD)

㉮ 0.42  ㉯ 0.58
㉰ 0.63  ㉱ 0.83

**풀이**
① 20℃의 k를 10℃의 k로 전환한다.
 $k(T) = k(20℃) \times 1.047^{(T-20)}$
 $k(10℃) = 0.1/\text{day} \times 1.047^{(10-20)} = 0.063/\text{day}$
② $BOD_6 = BOD_u \times (1-10^{-k_1 \times t})$
 $\dfrac{BOD_6}{BOD_u} = 1-10^{-k_1 \times t} = 1-10^{(-0.063/\text{day} \times 6\text{day})} = 0.58$

**13** 아세트산($CH_3COOH$) 1,500mg/L 용액의 pH가 3.4이라면 이 용액의 전리상수는?

㉮ $5.14 \times 10^{-6}$  ㉯ $6.34 \times 10^{-6}$
㉰ $7.74 \times 10^{-6}$  ㉱ $8.54 \times 10^{-6}$

**풀이**
$CH_3COOH \rightleftarrows CH_3COO^- + H^+$

전리상수(k) = $\dfrac{[CH_3COO^-][H^+]}{[CH_3COOH]}$

① $CH_3COOH$의 mol/L
 $= \dfrac{1,500\text{mg}}{L} \times \dfrac{1\text{g}}{10^3\text{mg}} \times \dfrac{1\text{mol}}{60\text{g}} = 0.025\text{mol/L}$
② pH = 3.4이므로 $[H^+] = 10^{-pH}\text{mol/L} = 10^{-3.4}\text{mol/L}$
 반응식에서 $[H^+] = [CH_3COO^-] = 10^{-3.4}\text{mol/L}$
③ 전리상수(k) = $\dfrac{(10^{-3.4}\text{mol/L}) \times (10^{-3.4}\text{mol/L})}{(0.25\text{mol/L})}$
 $= 6.34 \times 10^{-6}$

**TIP**
① pH = $-\log[H^+]$ ⇒ $[H^+] = 10^{-pH}\text{mol/L}$
② 1mol = 분자량(g)
③ $CH_3COOH$의 분자량
 $= 12+(3 \times 1)+12+16+16+1 = 60\text{g}$

**14** 적조현상에 의해 어패류가 폐사하는 원인과 가장 거리가 먼 것은?

㉮ 적조생물이 어패류의 아가미에 부착하여
㉯ 적조류의 광범위한 수면막 형성으로 인해
㉰ 치사성이 높은 유독물질을 분비하는 조류로 인해
㉱ 적조류의 사후분해에 의한 수중 부패 독의 발생으로 인해

**15** 거주 인구가 10,000명인 신시가지의 오수를 처리장에서 처리 후 인접 하천으로 방류하고 있다. 하천으로 배출되는 평균 오수 유량은 60m$^3$/hr, BOD 농도는 20 mg/L라 할 때, 오수처리장의 처리효율은? (단, BOD 인구당량은 50g/인·일로 가정)

㉮ 약 92.5%  ㉯ 약 94.2%
㉰ 약 96.5%  ㉱ 약 98.1%

**풀이**
처리효율(%) = $\left(1 - \dfrac{\text{유출수의 BOD}}{\text{유입수의 BOD}}\right) \times 100$

① 유입수의 BOD
 = 50g/인·일 × 10,000인 = 500,000g/일

**answer** 11 ㉯  12 ㉯  13 ㉯  14 ㉯  15 ㉯

② 유출수의 BOD
= $60m^3/hr \times 20g/m^3 \times 24hr/day = 28,800g/일$

③ 처리효율(%) = $\left(1 - \dfrac{28,800g/일}{500,000g/일}\right) \times 100 = 94.24\%$

**TIP**
① ppm = mg/L = $g/m^3$
② BOD 총량(g/day) = 유량($m^3$/day)×BOD 농도($g/m^3$)

**16** 콜로이드에 관한 설명으로 틀린 것은?

㉮ 콜로이드 입자의 질량은 매우 작아서 중력의 영향은 중요하지 않다.
㉯ 일부 콜로이드 입자들의 크기는 가시 광선 평균 파장보다 크기 때문에 빛의 투과를 간섭한다.
㉰ 콜로이드 입자들은 모두 전하를 띠고 있다.
㉱ 콜로이드의 입자는 매우 작아 보통의 반투막을 통과한다.

**풀이** ㉱ 콜로이드의 입자는 보통의 반투막을 통과하지 못한다.

**17** 다음 중 박테리아 세포에서 발견되는 기관으로 호흡에 관여하는 효소가 존재하는 것은?

㉮ 메소좀(mesosome)
㉯ 볼루틴 과립(Volutin granules)
㉰ 협막(capsule)
㉱ 리보좀(ribosomes)

**풀이** 호흡에 관여하는 효소가 존재하는 것은 메소좀이며, 단백질을 생성하는 곳은 리보좀이다.

**18** $\mu$(세포비증가율)가 $\mu_{max}$의 80%일 때 기질농도($S_{80}$)와 $\mu_{max}$의 20%일 때의 기질농도($S_{20}$)와의 ($S_{80}/S_{20}$)비는? (단, 배양기내의 세포비증가율은 Monod식이 적용)

㉮ 4
㉯ 8
㉰ 16
㉱ 32

**풀이** Monod식 : $\mu = \mu_{max} \times \dfrac{S}{K_S+S}$

$\mu$ : 세포의 비증식 계수(/hr)
$\mu_{max}$ : 세포의 최대 비증식 계수(/hr)
S : 제한기질의 농도(mg/L)
$K_S$ : 반포화 농도(mg/L)

① $\mu_{max} = 100\%$, $\mu = \mu_{max}$의 80%일 때

$0.8 = 1 \times \dfrac{S_{80}}{K_S+S_{80}}$

$\Rightarrow 0.8(K_S+S_{80}) = S_{80}$
$\Rightarrow (1-0.8)S_{80} = 0.8K_S$
$\Rightarrow S_{80} = \dfrac{0.8K_S}{1-0.8} = 4K_S$

② $\mu_{max} = 100\%$, $\mu = \mu_{max}$의 20%일 때

$0.2 = 1 \times \dfrac{S_{20}}{K_S+S_{20}}$

$\Rightarrow 0.2(K_S+S_{20}) = S_{20}$
$\Rightarrow (1-0.2)S_{20} = 0.2K_S$
$\Rightarrow S_{20} = \dfrac{0.2K_S}{1-0.2} = 0.25K_S$

③ $\dfrac{S_{80}}{S_{20}} = \dfrac{4K_S}{0.25K_S} = 16$

**TIP**
구민사 독자만을 위한 초간단 풀이법
$\dfrac{S_{80}}{S_{20}} = \dfrac{80/20}{20/80} = 16$

**answer** 16 ㉱  17 ㉮  18 ㉰

**19** 박테리아($C_5H_7O_2N$) 10g/L을 COD로 환산하면 몇 g/L인가? (단, 질소는 암모니아로 전환됨)

㉮ 10.3g/L  ㉯ 12.1g/L
㉰ 14.2g/L  ㉱ 16.8g/L

**풀이**
$C_5H_7O_2N + 5O_2 \rightarrow 5CO_2 + 2H_2O + NH_3$
113g : 5×32g
10g/L : COD

$\therefore COD = \dfrac{10g/L \times 5 \times 32g}{113g} = 14.16mg/L$

**TIP**
분자량 계산
① $C_5H_7O_2N = (5\times12)+(7\times1)+(2\times16)+14 = 113g$
② $O_2 = 2\times16 = 32g$

**20** 시중에 판매되는 농황산의 비중은 약 1.84, 농도는 96%(중량기준)정도이다. 이 농황산의 몰(mole/L) 농도는?

㉮ 56  ㉯ 32
㉰ 26  ㉱ 18

**풀이**
$mol/L = \dfrac{비중(g)}{(mL)} \times \dfrac{10^3 mL}{1L} \times \dfrac{1mol}{분자량(g)} \times \dfrac{\%농도}{100}$

$= \dfrac{1.84g}{mL} \times \dfrac{10^3 mL}{1L} \times \dfrac{1mol}{98g} \times \dfrac{96\%}{100}$

$= 18.02 mol/L$

**TIP**
① M농도 = mol/L
② 1mol = 분자량(g)
③ $H_2SO_4$의 분자량 = $(2\times1)+32+(4\times16) = 98g$

| 제2과목 | 상하수도 계획

**21** 하수 원형 단면 관거의 장단점으로 틀린 것은?

㉮ 안전하게 지지시키기 위한 모래기초 외의 별도의 기초공이 필요 없다.
㉯ 공사기간이 단축된다. (일반적으로 내경 3000mm 정도까지는 공장제품 사용가능)
㉰ 역학 계산이 간단하다.
㉱ 공장제품 사용으로 접합부가 많아져 지하수의 침투량이 많아질 염려가 있다.

**풀이** ㉮ 안전하게 지지시키기 위한 모래기초 외에 별도로 적당한 기초공을 필요로 하는 경우가 있다.

**22** 정수시설 중 완속여과지에 관한 설명으로 틀린 것은?

㉮ 여과지의 깊이는 하부집수장치의 높이에 자갈층 두께, 모래층 두께, 모래면 위의 수심과 여유고를 더하여 2.5~3.5m를 표준으로 한다.
㉯ 완속여과지의 여과속도는 4~5m/day를 표준으로 한다.
㉰ 완속여과지의 모래층 두께는 70~90cm를 표준으로 한다.
㉱ 여과지의 모래면 위의 수심은 0.3~0.6m를 표준으로 한다.

**풀이** ㉱ 여과지의 모래면 위의 수심은 0.9~1.2m를 표준으로 한다.

**answer** 19 ㉰  20 ㉱  21 ㉮  22 ㉱

**23** 다음은 정수시설의 계획정수량과 시설능력에 관한 내용이다. ( )안에 옳은 내용은?

> 소비자에게 고품질의 수도 서비스를 중단 없이 제공하기 위하여 정수시설은 유지보수, 사고대비, 시설개량 및 확장 등에 대비하여 적절한 예비용량을 갖춤으로서 수도시스템으로서의 안정성을 높여야 한다. 이를 위하여 예비용량을 감안한 정수시설의 가동율은 ( )내외가 적당하다.

㉮ 55%　　㉯ 65%
㉰ 75%　　㉱ 85%

**24** 관거별 계획하수량을 정할 때 고려할 사항으로 틀린 것은?

㉮ 오수관거에서는 계획1일최대오수량으로 한다.
㉯ 우수관거에서는 계획우수량으로 한다.
㉰ 합류식 관거에서는 계획시간최대오수량에 계획우수량을 합한 것으로 한다.
㉱ 차집관거는 우천시 계획오수량으로 한다.

[풀이] ㉮ 오수관거에서는 계획시간최대오수량으로 한다.

**25** 하수관거시설인 우수토실의 우수월류 위어의 위어길이(L)을 계산하는 식으로 맞는 것은? (단, L(m) : 위어길이, Q(m³/s) : 우수월류량, H(m) : 월류수심(위어길이간의 평균값)

㉮ $L = [Q/(1.2H^{1/2})]$　㉯ $L = [Q/(1.8H^{1/2})]$
㉰ $L = [Q/(1.2H^{3/2})]$　㉱ $L = [Q/(1.8H^{3/2})]$

**26** 펌프의 토출유량은 1,800m³/hr, 흡입구의 유속은 4m/sec일 때 펌프의 흡입구경(mm)은?

㉮ 약 350　　㉯ 약 400
㉰ 약 450　　㉱ 약 500

[풀이]
$$D = 146 \times \sqrt{\frac{Q}{V}}$$

D : 펌프의 흡입구경(mm)
Q : 펌프의 토출량(m³/min)
V : 유속(m/sec)

따라서 $D = 146 \times \sqrt{\frac{1,800m^3/hr \times 1hr/60min}{4m/sec}}$
$= 399.84mm$

**27** 용해성성분으로 무기물인 불소(처리대상물질)를 제거하기 위해 유효한 고도정수처리방법과 가장 거리가 먼 것은?

㉮ 응집침전　　㉯ 골탄
㉰ 이온교환　　㉱ 전기분해

[풀이] 불소의 처리법으로는 응집제거법, 활성알루미나법, 골탄법, 전해법(전기분해법)이 있다.

**28** 상수처리를 위한 응집지의 플록형성지에 대한 설명 중 틀린 것은?

㉮ 플록형성지는 혼화지와 침전지 사이에 위치하고 침전지에 붙여서 설치한다.
㉯ 플록형성시간은 계획정수량에 대하여 20~40분간을 표준으로 한다.
㉰ 플록형성지 내의 교반강도는 하류로 갈수록 점차 감소시키는 것이 바람직하다.
㉱ 플록형성지에 저류벽이나 정류벽 등을 설치하면 단락류가 생겨 유효저류시간을 줄일 수 있다.

[풀이] ㉱ 플록형성지는 단락류나 정체부가 생기지 않으면서 충분하게 교반될 수 있는 구조로 한다.

answer　23 ㉰　24 ㉮　25 ㉱　26 ㉯　27 ㉰　28 ㉱

**29** 계획취수량은 계획 1일 최대급수량의 몇 % 정도의 여유를 두고 정하는가?

㉮ 5% 정도  ㉯ 10% 정도
㉰ 15% 정도  ㉱ 20% 정도

**풀이** 상수도 취수시 계획취수량 기준은 계획1일 최대급수량의 10%증가된 수량으로 정한다.

**30** $I = \dfrac{3,660}{t+15}$ mm/hr, 면적 3.0km², 유입시간 6분, 유출계수 C = 0.65, 관내유속이 1m/sec 인 경우 관 길이 600m 인 하수관에서 흘러나오는 우수량은? (단, 합리식 적용)

㉮ 64 m³/sec  ㉯ 76 m³/sec
㉰ 82 m³/sec  ㉱ 91 m³/sec

**풀이** 합리식 $Q = \dfrac{1}{360} C \cdot I \cdot A$

$\begin{bmatrix} C : 유출계수 \\ I : 강우강도(mm/hr) \\ A : 면적(ha) \end{bmatrix}$

① 유하시간(min) = $\dfrac{L(길이)}{v(유속)}$

= $\dfrac{600m}{1m/sec \times 60sec/min}$ = 10min

② 유달시간 = 유입시간 + 유하시간
= 6min + 10min = 16min

③ $I = \dfrac{3,660}{t+15} = \dfrac{3,660}{16min+15}$ = 118.06mm/hr

④ A(ha) = 3.0km² × 100ha/1km² = 300ha

⑤ $Q = \dfrac{1}{360} \times 0.65 \times 118.06mm/hr \times 300ha$

= 63.95m³/sec

**31** 하수의 배제방식인 합류식, 분류식을 비교한 내용으로 틀린 것은?

㉮ 관거오접 : 분류식의 경우 철저한 감시가 필요하다.
㉯ 관거내 퇴적 : 분류식의 경우 관거내의 퇴적이 적으며 수세효과는 기대할 수 없다.
㉰ 처리장으로의 토사유입 : 분류식의 경우 토사의 유입은 있으나 합류식 정도는 아니다.
㉱ 관거내의 보수 : 분류식의 경우 측구가 있는 경우는 관리시간이 단축되고 충분한 관리가 가능하다.

**풀이** ㉱ 관거내의 보수 : 분류식의 경우 폐쇄의 염려가 있다.

**32** 취수시설인 침사지에 관한 설명으로 틀린 것은?

㉮ 표면부하율은 500~800mm/min을 표준으로 한다.
㉯ 지내 평균유속은 2~7cm/sec를 표준으로 한다.
㉰ 지의 상단높이는 고수위보다 0.6~1m의 여유고를 둔다.
㉱ 지의 유효수심은 3~4m를 표준으로 하고, 퇴사심도를 0.5~1m로 한다.

**풀이** ㉮ 표면부하율은 200~500mm/min을 표준으로 한다.

**answer** 29 ㉯  30 ㉮  31 ㉱  32 ㉮

**33** 취수시설에 대한 설명으로 틀린 것은?
(단, 하천수를 수원으로 하는 경우)

㉮ 취수보는 안정된 취수와 침사효과가 큰 것이 특징이다.
㉯ 취수보는 하천을 막아 계획취수위를 확보하여 안정된 취수를 가능하게 하기 위한 시설이다.
㉰ 취수탑은 유황이 안정된 하천에서 대량으로 취수할 때 특히 유리하다.
㉱ 일반적으로 취수보가 취수탑에 비해 경제적이다.

▎풀이 ㉱ 일반적으로 취수탑이 취수보에 비해 경제적이다.

**34** 하수관로에서 조도계수 0.014, 동수경사 1/100이고 관경이 400mm일 때 이 관로의 유량은? (단, 만관기준, Manning 공식에 의함)

㉮ 약 $0.08 \ m^3/sec$     ㉯ 약 $0.12 \ m^3/sec$
㉰ 약 $0.15 \ m^3/sec$     ㉱ 약 $0.19 \ m^3/sec$

▎풀이
① A(면적) = $\frac{\pi D^2}{4} = \frac{\pi \times (0.4m)^2}{4} = 0.12566m^2$

② R(경심) = $\frac{D}{4} = \frac{0.4m}{4} = 0.1m$

③ I(기울기 = 동수경사) = $\frac{1}{100}$

④ Manning 공식에서 유속(v)를 구한다.
$v = \frac{1}{n} \times R^{\frac{2}{3}} \times I^{\frac{1}{2}}$ (m/sec)

　n : 조도계수
　R : 경심(m)
　I : 기울기

따라서 $v = \frac{1}{0.014} \times (0.1m)^{\frac{2}{3}} \times \left(\frac{1}{100}\right)^{\frac{1}{2}}$
　　　　 = 1.539m/sec

⑤ 유량(Q) = 면적(A)×유속(v)
　　　　 = $0.12566m^2 \times 1.539m/sec$
　　　　 = $0.19m^3/sec$

**35** 하수처리시설인 일차침전지의 표면부하율 기준으로 옳은 것은?

㉮ 계획1일최대오수량에 대하여 분류식의 경우 $25 \sim 50m^3/m^2 \cdot d$로 한다.
㉯ 계획1일최대오수량에 대하여 분류식의 경우 $15 \sim 25m^3/m^2 \cdot d$로 한다.
㉰ 계획1일최대오수량에 대하여 합류식의 경우 $15 \sim 25m^3/m^2 \cdot d$로 한다.
㉱ 계획1일최대오수량에 대하여 합류식의 경우 $25 \sim 50m^3/m^2 \cdot d$로 한다.

▎풀이 계획1일최대오수량에 대하여 분류식의 경우 $35 \sim 70m^3/m^2 \cdot d$이고 합류식의 경우 $25 \sim 50m^3/m^2 \cdot d$로 한다.

**36** 다음은 취수탑의 위치에 관한 내용이다. ( )안에 옳은 것은?

> 취수탑은 탑의 설치 위치에서 갈수수심이 최소 ( ) 이상이 아니면 계획취수량의 취수에 필요한 취수구의 설치가 곤란하다.

㉮ 1m       ㉯ 2m
㉰ 3m       ㉱ 4m

answer  33 ㉱  34 ㉱  35 ㉱  36 ㉯

**37** 상수도 펌프의 설치와 부속설비에 대한 설명으로 틀린 것은?

㉮ 펌프의 흡입관은 공기가 갇히지 않도록 배관한다.
㉯ 펌프의 토출관은 마찰손실이 작도록 고려하고 체크밸브와 제어밸브를 설치한다.
㉰ 펌프의 흡수정은 펌프의 설치위치에 가급적 가까이 만들고 난류나 와류가 일어나지 않는 형상으로 한다.
㉱ 흡입관은 가능한 한 길이를 짧게 하고 경사를 두지 않도록 한다.

**풀이** ㉱ 흡입관은 수평으로 설치하는 것을 피하여야 한다.

**38** 1분당 300m³의 물을 150m 양정(전양정)할 때 최고 효율점에 달하는 펌프가 있다. 이 때의 회전수가 1500rpm이라면 이 펌프의 비속도(비교회전도)는?

㉮ 약 512
㉯ 약 554
㉰ 약 606
㉱ 약 658

**풀이**
$$Ns = N \times \frac{Q^{\frac{1}{2}}}{H^{\frac{3}{4}}}$$

- Ns : 비교회전도(rpm)
- N : 규정회전수(rpm)
- Q : 토출량(m³/min)
- H : 전양정(m)

따라서 $Ns = 1,500\text{rpm} \times \frac{(300\text{m}^3/\text{min})^{\frac{1}{2}}}{(150\text{m})^{\frac{3}{4}}} = 606.16\text{rpm}$

**TIP**
$$rpm = \frac{회}{min}$$

**39** 지하수의 취수지점 선정에 관련한 설명 중 틀린 것은?

㉮ 연해부의 경우에는 해수의 영향을 받지 않아야 한다.
㉯ 얕은 우물인 경우에는 오염원으로부터 5m 이상 떨어져서 장래에도 오염의 영향을 받지 않는 지점이어야 한다.
㉰ 복류수인 경우에는 오염원으로부터 15m 이상 떨어져서 장래에도 오염의 영향을 받지 않는 지점이어야 한다.
㉱ 복류수인 경우에 장래에 일어날 수 있는 유로변화 또는 하상저하 등을 고려하고 하천개수계획에 지장이 없는 지점을 선정한다.

**40** 다음 중 불용해성성분 중 처리대상항목이 조류인 경우 이를 처리하기 위한 고도정수처리방법과 가장 거리가 먼 것은?

㉮ 활성탄
㉯ 막여과
㉰ 마이크로스트레이너
㉱ 부상분리

**풀이** ㉮ 활성탄은 용해성성분 처리시 사용한다.

**answer** 37 ㉱ 38 ㉰ 39 ㉯ 40 ㉮

| 제3과목 | 수질오염방지기술

**41** 활성슬러지 공법을 이용한 폐수처리장에서 반송슬러지 농도가 8,000mg/L이고, 폭기조에 MLSS 농도를 3,000mg/L로 유지시키고자 한다면 슬러지 반송률(%)은? (단, 유입수 SS농도는 고려하지 않음)

㉮ 약 50%  ㉯ 약 55%
㉰ 약 60%  ㉱ 약 65%

**풀이**
① 반송비(R) = $\dfrac{MLSS-SS_i}{SS_r-MLSS}$

= $\dfrac{3,000mg/L}{8,000mg/L-3,000mg/L}$ = 0.60

② 반송율(%) = 반송비(R)×100 = 0.60×100 = 60%

**TIP**
$SS_i$는 단서에 의해서 생략한다.

**42** 하수처리에 관련된 침전현상(독립, 응집, 간섭, 압밀)의 종류 중 '간섭침전'에 관한 설명과 가장 거리가 먼 것은?

㉮ 생물학적 처리시설과 함께 사용되는 2차 침전시설내에서 발생한다.
㉯ 입자 간의 작용하는 힘에 의해 주변 입자들의 침전을 방해하는 중간 정도 농도의 부유액에서의 침전을 말한다.
㉰ 입자 등은 서로간의 간섭으로 상대적 위치를 변경시켜 전체 입자들이 한 개의 단위로 침전한다.
㉱ 함께 침전하는 입자들의 상부에 고체와 액체의 경계면이 형성된다.

**풀이** ㉰ 입자 등은 서로간의 간섭으로 상대적 위치를 변경시키지 않고 입자들은 구조물을 형성하여 한 개의 단위로 침전한다.

**43** 활성슬러지 방식으로 유량 Q(m³/일), BOD농도 C(mg/L)의 침출수를 MLSS 농도 3,000mg/L, BOD-MLSS 부하 0.2(kg/kg·일)로 처리할 계획을 세웠으나 실제 침출수가 유량 1.1Q(m³/일), BOD농도는 2C(mg/L)가 되어 MLSS 농도를 6,000mg/L로 처리하였다면 이때의 BOD-MLSS 부하는? (단, 반응조 부피는 변화 없음)

㉮ 0.14kg/kg·일  ㉯ 0.22kg/kg·일
㉰ 0.32kg/kg·일  ㉱ 0.41kg/kg·일

**풀이**
F/M비(/day) = $\dfrac{BOD \times Q}{MLSS \times V}$

① 0.2/day = $\dfrac{1mg/L \times 1m^3/day}{3,000mg/L \times V}$

∴ V = $\dfrac{1mg/L \times 1m^3/day}{0.2/day \times 3,000mg/L}$ = 0.00167m³

② F/M비 = $\dfrac{2mg/L \times 1.1m^3/day}{6,000mg/L \times 0.00167m^3}$ = 0.22/day

**TIP**
① 1Q일 때 Q = 1m³/day
② 1C일 때 C = 1mg/L
③ 1.1Q일 때 Q = 1.1m³/day
④ 2C일 때 C = 2mg/L

**answer** 41 ㉰  42 ㉰  43 ㉯

**44** 1일 폐수배출량이 500m³이고 BOD 300 mg/L, 질소(N)가 5mg/L, SS가 100mg/L인 폐수를 활성슬러지법으로 처리하고자 한다. 공급해야 할 요소 [CO(NH₂)₂]의 부족량은 하루에 몇 kg인가? (단, BOD : N : P의 비율은 100 : 5 : 1로 가정)

㉮ 약 8.4  ㉯ 약 10.7
㉰ 약 13.2  ㉱ 약 16.3

**풀이**
① BOD : N
   100 : 5
   300mg/L : N
   ∴ N = $\frac{5 \times 300 mg/L}{100}$ = 15mg/L
② $CO(NH_2)_2$ : 2N
   60g : 2×14g
   $CO(NH_2)_2$ : (15-5)mg/L
   ∴ $CO(NH_2)_2$ = $\frac{60g \times (15-5)mg/L}{2 \times 14g}$
   = 21.4286mg/L
③ $CO(NH_2)_2$(kg/day)
   = 농도(kg/m³)×유량(m³/day)
   = 21.4286×10⁻³kg/m³×500m³/day
   = 10.71kg/day

**TIP**
① ppm = mg/L = g/m³
② mg/L $\xrightarrow{\times 10^{-3}}$ kg/m³

**45** Freundlich 등온 흡착식($X/M = KC_e^{1/n}$)에 대한 설명으로 틀린 것은?

㉮ X는 흡착된 용질의 양을 나타낸다.
㉯ K, n은 상수값으로 평형농도에 적용한 단위에 상관없이 동일하다.
㉰ $C_e$는 용질의 평형농도(질량/체적)를 나타낸다.
㉱ 한정된 범위의 용질농도에 대한 흡착 평형값을 나타낸다.

**46** 3%(V/V%) 고형물 함량의 슬러지 30m³을 10%(V/V%) 고형물 함량의 슬러지케이크로 탈수하면 탈수 케이크의 용적은? (단, 슬러지 비중은 1.0)

㉮ 3.4m³  ㉯ 8.2m³
㉰ 9.0m³  ㉱ 14.5m³

**풀이** $V_1 \times TS_1 = V_2 \times TS_2$

$V_1$ : 탈수 전 슬러지량(m³)
$P_1$ : 탈수 전 고형물(%)
$V_2$ : 탈수 후 슬러지량(m³)
$P_2$ : 탈수 후 고형물(%)

따라서 30m³×3 = $V_2$×10
∴ $V_2$ = $\frac{30m^3 \times 3}{10}$ = 9m³

**TIP**
① $V_1 \times (100-P_1) = V_2 \times (100-P_2)$
② $V_1 \times TS_1 = V_2 \times TS_2$
③ P(%) = 100-TS(%)
④ TS(%) = 100-P(%)

**answer** 44 ㉯  45 ㉯  46 ㉰

**47** 다음은 생물학적 3차 처리를 위한 A/O 공정을 나타낸 것이다. 각 반응조 역할을 가장 적절하게 설명한 것은?

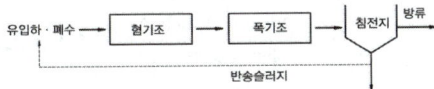

㉮ 혐기조에서는 유기물 제거와 인의 방출이 일어나고 폭기조에서는 인의 과잉섭취가 일어난다.
㉯ 폭기조에서는 유기물 제거가 일어나고 혐기조에서는 질산화 및 탈질이 동시에 일어난다.
㉰ 제거율을 높이기 위해서는 외부탄소원인 메탄올 등을 폭기조에 주입한다.
㉱ 혐기조에서는 인의 과잉섭취가 일어나며 폭기조에서는 질산화가 일어난다.

▶풀이 A/O 공정은 인(P)처리가 주목적인 공정으로 혐기조에서는 유기물 제거와 인의 방출이 일어나고 폭기조에서는 인의 과잉섭취가 일어난다.

**48** 유기물을 포함하는 유체가 완전혼합 연속 반응조를 통과할 때 유기물의 농도가 200mg/L에서 20mg/L로 감소한다. 반응조 내의 반응이 일차반응이고 반응조 체적이 20m³이고 반응속도상수가 0.2day⁻¹ 이라면 유체의 유량은?

㉮ 0.11m³/d    ㉯ 0.22m³/d
㉰ 0.33m³/d    ㉱ 0.44m³/d

▶풀이 $Q(C_o - C_t) = k \cdot V \cdot C_t$

$\begin{bmatrix} Q : 유량(m^3/day) \\ C_o : 초기농도(mg/L) \\ C_t : t시간후의 농도(mg/L) \\ k : 상수(/day) \\ V : 체적(m^3) \end{bmatrix}$

따라서 $Q \times (200-20)mg/L = 0.2/day \times 20m^3 \times 20mg/L$

∴ $Q = \dfrac{0.2/day \times 20m^3 \times 20mg/L}{(200-20)mg/L} = 0.44m^3/day$

**49** 역삼투 장치로 하루에 380,000L의 3차 처리된 유출수를 탈염시키고자 한다. 요구되는 막 면적은?

- 25℃에서 물질전달계수 = 0.2068L/(day-m²)(kPa)
- 유입수와 유출수 사이의 압력차 = 2,400kPa
- 유입수와 유출수의 삼투압차 = 310kPa
- 최저 운전온도 = 10℃
- $A_{10} = 1.6A_{25}$

㉮ 약 1,407m²    ㉯ 약 1,621m²
㉰ 약 1,813m²    ㉱ 약 1,963m²

▶풀이 ① $Q_F = K \times (\triangle P - \triangle \pi)$

$\begin{bmatrix} Q_F : 유출수량(L/m^2 \cdot day) \\ K : 물질전달계수(L/m^2 \cdot day \cdot kPa) \\ \triangle P : 압력차(kPa) \\ \triangle \pi : 삼투압차(kPa) \end{bmatrix}$

따라서
$Q_F = 0.2068(L/m^2 \cdot day \cdot kPa) \times (2,400-310)kPa$
　　 $= 432.212 L/day \cdot m^2$

② 25℃ 막의 면적($A_{25℃}$) = $\dfrac{Q(유량)}{Q_F(유출수량)}$

$= \dfrac{380,000L/day}{432.212L/m^2 \cdot day} = 879.20m^2$

③ $A_{10℃} = 1.6 A_{25℃} = 1.6 \times 879.20m^2 = 1,406.72m^2$

answer  47 ㉮   48 ㉱   49 ㉮

**50** 1차 처리결과 생성되는 슬러지를 분석한 결과 함수율이 80%, 고형물 중 무기성 고형물질이 30%, 유기성 고형물질이 70%, 유기성 고형물질의 비중 1.1, 무기성 고형물질의 비중이 2.2로 판정되었다. 이 때 슬러지의 비중은?

㉮ 1.017   ㉯ 1.023
㉰ 1.032   ㉱ 1.048

▶풀이  $\dfrac{1}{\rho_{SL}} = \dfrac{W_{FS}}{\rho_{FS}} + \dfrac{W_{VS}}{\rho_{VS}} + \dfrac{W_P}{\rho_P}$

- $\rho_{SL}$ : 슬러지의 비중
- $\rho_{FS}$ : 무기물의 비중
- $W_{FS}$ : 무기물의 함량
- $\rho_{VS}$ : 유기물의 비중
- $W_{VS}$ : 유기물의 함량
- $\rho_P$ : 수분의 비중
- $W_P$ : 수분의 함량

따라서 $\dfrac{1}{\rho_{SL}} = \dfrac{0.2\times0.3}{2.2} + \dfrac{0.2\times0.7}{1.1} + \dfrac{0.8}{1.0}$

∴ $\rho_{SL} = \dfrac{1}{0.9545} = 1.048$

▶TIP
① 물(수분)의 비중 = 1.0
② $W_{FS}$ = 고형물 함량 × 무기물 함량
③ $W_{VS}$ = 고형물 함량 × 유기물 함량
④ 고형물 함량 = 1 - 수분의 함량

**51** 부피가 4,000m³인 포기조의 MLSS 농도가 2,000mg/L이다. 반송슬러지의 SS농도가 8,000mg/L, 슬러지 체류시간(SRT)이 5일이면 폐슬러지의 유량은? (단, 2차 침전지 유출수 중의 SS는 무시한다.)

㉮ 125m³/day   ㉯ 150m³/day
㉰ 175m³/day   ㉱ 200m³/day

▶풀이  $SRT = \dfrac{MLSS \cdot V}{Q_w SS_w}$

$5day = \dfrac{2,000mg/L \times 4,000m^3}{Q_w \times 8,000mg/L}$

∴ $Q_w = \dfrac{2,000mg/L \times 4,000m^3}{5day \times 8,000mg/L} = 200m^3/day$

▶TIP
$SS_r$(반송슬러지 농도) = $SS_w$(폐슬러지 농도)

**52** $NO_3^-$가 박테리아에 의하여 $N_2$로 환원되는 경우 폐수의 pH는?

㉮ 증가한다.
㉯ 감소한다.
㉰ 변화없다.
㉱ 감소하다가 증가한다.

▶풀이  $NO_3^-$가 박테리아에 의해 $N_2$로 환원되는 경우 질소환원 박테리아의 탄소공급원으로 제공된 메탄올($CH_3OH$) 중 $OH^-$가 발생해 pH가 증가한다.

**53** 활성슬러지법인 심층포기법에 관한 설명으로 틀린 것은?

㉮ 심층포기법은 수심이 깊은 조를 이용하여 용지이용율을 높이고자 고안된 공법이다.
㉯ 산기수심을 깊게 할수록 단위 송풍량당 압축동력이 증대하여 소비동력이 증가된다.
㉰ 용존질소의 재기포화에 따른 대책이 필요하다.
㉱ 포기조를 설치하기 위해서 필요한 단위 용량당 용지면적은 조의 수심에 비례하여 감소한다.

▶풀이 ㉯ 산기수심을 깊게 할수록 단위 송풍량당 압축동력이 증대하지만, 산소 용해도가 높은만큼 송기량이 감소하기 때문에 소비동력은 증가하지 않는다.

---

answer  50 ㉱  51 ㉱  52 ㉮  53 ㉯

**54** 연속회분식(SBR)의 운전단계에 관한 설명으로 틀린 것은?

㉮ 주입 : 주입단계 운전의 목적은 기질(원폐수 또는 1차 유출수)을 반응조에 주입하는 것이다.
㉯ 주입 : 주입단계는 총 cycle 시간의 약 25% 정도이다.
㉰ 반응 : 반응단계는 총 cycle 시간의 약 65% 정도이다.
㉱ 침전 : 연속흐름식 공정에 비하여 일반적으로 더 효율적이다.

**풀이** ㉰ 반응 : 반응단계는 총 cycle 시간의 약 35% 정도이다.

**55** 염분농도가 평균 40mg/L인 폐수에 시간당 40kg의 소금을 첨가시킨 후 측정한 염분의 농도가 60mg/L이었다면 이때의 폐수 유량은?

㉮ 1,500m³/시간   ㉯ 2,000m³/시간
㉰ 2,500m³/시간   ㉱ 3,000m³/시간

**풀이** 시간당 40kg의 소금을 첨가했을 때 농도의 변화가 20mg/L일때의 유량(m³/hr)을 계산한다.
따라서
40kg/hr = 20×10⁻³kg/m³ × Q(m³/hr)
∴ Q = $\frac{40kg/hr}{20×10^{-3}kg/m^3}$ = 2,000m³/hr

**TIP**
① ppm = mg/L = g/m³
② mg/L $\xrightarrow{×10^{-3}}$ kg/m³
③ 총량(kg/hr) = 농도(kg/m³)×유량(m³/hr)
④ 20mg/L = 60mg/L-40mg/L

**56** 폐수량이 10,000m³/day, SS가 400 mg/L, 침전지의 SS 제거율이 80%이며 침전슬러지의 함수율이 98%일 때 슬러지의 부피는? (단, 슬러지 비중은 1.0으로 가정함)

㉮ 140 m³/day   ㉯ 160 m³/day
㉰ 180 m³/day   ㉱ 200 m³/day

**풀이** 슬러지량(m³/day)
= $\frac{SS농도(kg/m^3)×폐수량(m^3/day)×제거율}{비중량(kg/m^3)} × \frac{100}{100-함수율(\%)}$
= $\frac{0.4kg/m^3×10,000m^3/day×0.80}{1,000kg/m^3} × \frac{100}{100-98}$
= 160m³/day

**TIP**
① mg/L $\xrightarrow{×10^{-3}}$ kg/m³
② 비중(g/cm³) $\xrightarrow{×10^3}$ 비중량(kg/m³)
③ 1.0g/cm³ $\xrightarrow{×10^3}$ 1,000kg/m³

**57** 표면적이 50m²인 침전탱크에 폐수 2,500m³/day가 유입된다. 이 폐수 중의 입자상 물질이 Stokes 식에 따라 90% 제거되는 고형물 입자의 크기는? (단, 폐수의 밀도는 1000kg/m³, 점도는 0.1kg/m·sec, 현탁 고형물 입자의 밀도는 1.25g/cm³)

㉮ 6.19×10⁻²m   ㉯ 6.19×10⁻²cm
㉰ 5.80×10⁻⁴m   ㉱ 5.80×10⁻⁴cm

**풀이** ① 수면적부하율($V_o$)
= $\frac{Q}{A} = \frac{2,500m^3/day}{50m^2}$ = 50m/day
따라서

**answer** 54 ㉰   55 ㉯   56 ㉯   57 ㉯

$$V_o(cm/sec) = \frac{50m}{day} \times \frac{10^2 cm}{1m} \times \frac{1day}{24hr} \times \frac{1hr}{3,600sec}$$

$$= 0.0579 cm/sec$$

② $V_o$(수면적부하율)×$\eta$ = $V_s$(침강속도)

$$V_o \times \eta = \frac{d^2(\rho_s - \rho_w)g}{18\mu}$$

$$0.0579 cm/sec \times 0.90 = \frac{d^2 \times (1.25-1.0)g/cm^3 \times 980 cm/sec^2}{18 \times 1.0 g/cm \cdot sec}$$

$$\therefore d = 6.19 \times 10^{-2} cm$$

**TIP**

① 제거효율(%) = $\frac{침강속도(V_s)}{수면적부하율(V_o)} \times 100$

② 수면적부하율 = 표면적부하율

**58** 농도 5,500mg/L인 폭기조 활성 슬러지 1L를 30분간 정치시켰을 때 침강 슬러지의 부피가 45%를 차지하였다. 이 때의 SDI는?

㉮ 1.22  ㉯ 1.48
㉰ 1.61  ㉱ 1.83

**풀이**

① SVI = $\frac{SV(\%)}{MLSS(mg/L)} \times 10^4$

$= \frac{45\%}{5,500 mg/L} \times 10^4 = 81.82$

② SDI = $\frac{1}{SVI} \times 100 = \frac{1}{81.82} \times 100 = 1.22$

**TIP**
- SVI : 슬러지용적지수(mL/g)
- SDI : 슬러지밀도지수(g/100mL)

**59** 수중의 암모니아($NH_3$)를 포기하여 제거(air stripping)하고자 할 때 가장 중요한 인자는?

㉮ pH와 온도
㉯ pH와 용존산소 농도
㉰ 온도와 용존산소 농도
㉱ 온도와 공기공급량

**풀이** 수중의 암모니아성 질소 탈기법은 암모니아성 질소를 pH 10이상에서 암모니아 가스로 탈기시키는 공법이며, 기온이 상승할수록 같은 양의 폐수를 처리하는데 필요한 공기의 양은 감소하게 된다. 따라서 가장 중요한 인자는 pH와 온도이다.

**60** 활성슬러지의 혼합액을 0.2%에서 4%로 부상 농축시키기 위한 조건이 A/S비 = 0.008, 온도 = 20℃, 공기의 용해도 = 18.7mL/L, 포화도 = 0.5, 표면부하율 = 8L/$m^2 \cdot$min, 슬러지유량 = 500$m^3$/day 일 때 요구되는 압력(P : atm)은?

㉮ 3.32  ㉯ 4.97
㉰ 5.24  ㉱ 6.75

**풀이**

A/S비 = $\frac{1.3 \times Sa \times (f \times P-1)}{SS}$

$\begin{bmatrix} Sa : 공기의\ 용해도(mL/L) \\ P : 절대압력(atm) \\ f : 포화도 \\ SS : 부유물질\ 농도(mg/L) \end{bmatrix}$

따라서 0.008 = $\frac{1.3 \times 18.7 mL/L \times (0.5 \times P-1)}{0.2 \times 10^4 mg/L}$

$\therefore P = 3.32 atm$

answer  58 ㉮  59 ㉮  60 ㉮

| 제4과목 | 수질오염공정시험기준

**61** 개수로 유량측정에 관한 설명으로 틀린 것은? (단, 수로의 구성, 재질, 단면의 형상, 기울기 등이 일정하지 않은 개수로의 경우)

㉮ 수로는 가능한 한 직선적이며 수면이 물결치지 않는 곳을 고른다.
㉯ 10m를 측정구간으로 하여 2m마다 유수의 횡단면적을 측정하고, 산출평균 값을 구하여 유수의 평균 단면적으로 한다.
㉰ 유속의 측정은 부표를 사용하여 100m 구간을 흐르는데 걸리는 시간을 스톱워치로 재며 이때 실측 유속을 표면 최대유속으로 한다.
㉱ 총 평균 유속(m/s)은 [0.75×표면 최대유속(m/s)]식으로 계산된다.

▶풀이 ㉰ 유속의 측정은 부표를 사용하여 10m 구간을 흐르는데 걸리는 시간을 스톱워치로 재며 이때 실측 유속을 표면 최대유속으로 한다.

**62** 식물성 플랑크톤 시험 방법으로 옳은 것은? (단, 수질오염공정시험기준)

㉮ 현미경 계수법     ㉯ 최적 확수법
㉰ 평판집락계수법   ㉱ 시험관정량법

▶풀이 시험방법
① 식물성 플랑크톤 : 현미경계수법
② 총대장균군 : 막여과법, 시험관법, 평판집락법, 효소기질정량법, 건조필름법
③ 분원성대장균군 : 막여과법, 시험관법, 효소기질정량법
④ 대장균 : 막여과법, 시험관법, 효소기질정량법

**63** 유속 면적법을 이용하여 하천유량을 측정할 때 적용 적합지점에 관한 내용으로 틀린 것은?

㉮ 가능하면 하상이 안정되어 있고 식생의 성장이 없는 지점
㉯ 합류나 분류가 없는 지점
㉰ 교량 등 구조물 근처에서 측정할 경우 교량의 상류 지점
㉱ 대규모 하천을 제외하고 가능한 부자(浮子)로 측정할 수 있는 지점

▶풀이 ㉱ 대규모 하천을 제외하고 가능하면 도섭으로 측정할 수 있는 지점

**64** 투명도 측정에 관한 내용으로 틀린 것은?

㉮ 백색원판의 지름은 30cm이다.
㉯ 백색원판에 뚫린 구멍의 지름은 5cm이다.
㉰ 백색원판에는 구멍이 8개 뚫려있다.
㉱ 백색원판의 무게는 약 2kg이다.

▶풀이 ㉱ 백색원판의 무게는 약 3kg이다.

answer   61 ㉰   62 ㉮   63 ㉱   64 ㉱

**65** 대장균-효소기질정량법에 대한 내용이다. ( )안에 들어갈 알맞은 것은?

> 상용화된 용기와 시약을 사용하고, 무균 조작으로 시료 100mL와 상용화된 효소기질 시약을 넣어 완전히 혼합하고 적정 시간 (35±0.5)℃에서 배양 후 ( )램프를 사용하여 암실에서 형광을 관찰하여 MUG(4-methyl-umbelliferyl-$\beta$-D-glucuronide)에 의한 형광이 관찰되면 대장균 양성으로 판정하여 정량한다.

㉮ X-선 ㉯ 자외선
㉰ 적외선 ㉱ 가시광선

**풀이** 대장균의 효소기질정량법에서는 자외선 램프(365nm~366nm, 6와트)를 사용한다.

**66** 자외선 가시선 분광법으로 시안을 분석할 때 시료에 함유된 황화합물을 제거하기 위해 사용하는 시약은?

㉮ 아세트산아연 용액
㉯ L-아스코빈산
㉰ 아비산소듐
㉱ 수산소듐

**TIP**
**시안분석시 전처리방법**
① 다량의 유지류가 함유된 시료는 아세트산 또는 수산화소듐 용액으로 pH 6~7로 조절하고 시료의 약 2%에 해당하는 노말헥산 또는 클로로포름을 넣어 짧은 시간동안 흔들어 섞고 수층을 분리하여 시료를 취한다.
② 잔류염소가 함유된 시료는 잔류염소 20mg 당 L-아스코르빈산(10%) 0.6mL 또는 아비산소듐용액(10%) 0.7mL를 넣어 제거한다.
③ 황화합물이 함유된 시료는 아세트산아연 용액(10%) 2mL를 넣어 제거한다. 이 용액 1mL는 황화물이온 약 14mg에 대응한다.

**67** 유입부의 직경이 100cm, 목(throat)부 직경이 50cm인 벤튜리미터로 폐수가 유입되고 있다. 이 벤튜리미터 유입부관 중심부에서의 수두는 100cm, 목(throat)부의 수두는 10cm일 때 유량(cm³/sec)은? (단, 유량계수는 1.0 이다.)

㉮ 약 852,000 ㉯ 약 858,000
㉰ 약 862,000 ㉱ 약 868,000

**풀이** $Q = A(\text{단면적}) \times v(\text{유속})$

$= \dfrac{\pi D_2^2}{4} \times C \times \dfrac{1}{\sqrt{1-\left(\dfrac{D_2}{D_1}\right)^4}} \times \sqrt{2gh}$

$D_2$ : 목부의 직경(cm)
$D_1$ : 유입부의 직경(cm)
C : 유량계수
g : 중력가속도(980cm/sec²)
h : 정수압차(cm)

$Q = \dfrac{\pi \times (50cm)^2}{4} \times 1.0 \times \dfrac{1}{\sqrt{1-\left(\dfrac{50cm}{100cm}\right)^4}}$

$\times \sqrt{2 \times 980 cm/sec^2 \times (100-10)cm}$

$= 851,713.52 cm^3/sec$

**68** 냄새역치(TON)의 계산식으로 옳은 것은? (단, A : 시료부피(mL), B : 무취 정제수 부피(mL))

㉮ (A+B)/B ㉯ (A+B)/A
㉰ A/(A+B) ㉱ B/(A+B)

**풀이** 냄새역치(TON)
$= \dfrac{\text{시료부피}(A) + \text{무취정제수}(B)}{\text{시료부피}(A)}$

---

answer 65 ㉯ 66 ㉮ 67 ㉮ 68 ㉯

**69** 자외선 가시선 분광법을 적용하여 페놀류를 측정할 때 사용되는 시약은?

㉮ 4-아미노 안티피린
㉯ 인도 페놀
㉰ O-페난트로린
㉱ 디티존

**풀이** 페놀류의 자외선/가시선분광법은 증류한 시료에 염화암모늄-암모니아 완충용액을 넣어 pH 10으로 조절한 다음 4-아미노안티피린과 헥사시안화철(Ⅱ)산칼륨을 넣어 생성된 붉은색의 안티피린계 색소의 흡광도를 측정한다.

**70** 불소화합물의 분석방법과 가장 거리가 먼 것은? (단, 수질오염공정시험기준)

㉮ 자외선 가시선 분광법
㉯ 이온전극법
㉰ 이온크로마토그래피법
㉱ 불꽃 원자흡수분광광도법

**풀이** 불소화합물의 분석방법에는 자외선 가시선 분광법, 이온전극법, 이온크로마토그래피, 연속흐름법이 있다.

**71** 알킬수은을 기체크로마토그래피법으로 측정할 때 알킬수은 화합물의 추출용액으로 사용되는 것은?

㉮ 벤젠      ㉯ 사염화탄소
㉰ 헥산      ㉱ 클로로폼

**풀이** 알킬수은을 기체크로마토그래피법으로 측정할 때 알킬수은 화합물의 추출용액으로 사용되는 것은 벤젠이다.

**72** 수질오염공정시험기준 니켈의 시험방법으로 틀린 것은?

㉮ 원자흡수분광광도법
㉯ 유도결합플라스마-원자발광분광법
㉰ 유도결합플라스마-질량분석법
㉱ 양극벗김전압전류법

**풀이** 니켈의 시험방법
① 원자흡수분광광도법
② 유도결합플라스마-원자발광분광법
③ 유도결합플라스마-질량분석법

**73** 시료의 보존방법으로 틀린 것은?

㉮ 아질산성 질소 : $H_2SO_4$로 pH 2 이하
㉯ 총질소(용존 질소) : $H_2SO_4$로 pH 2 이하
㉰ 화학적 산소요구량 : $H_2SO_4$로 pH 2 이하
㉱ 암모니아성 질소 : $H_2SO_4$로 pH 2 이하

**풀이** ㉮ 아질산성 질소 : 보존방법 없음

**answer** 69 ㉮  70 ㉱  71 ㉮  72 ㉱  73 ㉮

**74** 시료의 전처리 방법 중 유기물을 다량 함유하고 있으면서 산분해가 어려운 시료에 적용하는 방법은?

㉮ 질산 - 염산 산분해법
㉯ 질산 산분해법
㉰ 마이크로파 산분해법
㉱ 질산 - 황산 산분해법

**풀이** 유기물을 다량 함유하고 있으면서 산분해가 어려운 시료의 전처리법은 질산 - 과염소산법이나 마이크로파 산분해법을 이용한다.

> **TIP**
> **전처리방법**
> ① 질산법 : 유기함량이 비교적 높지 않은 시료에 적용
> ② 질산-염산법 : 유기물 함량이 비교적 높지 않고 금속의 수산화물, 산화물, 인산염 및 황화물을 함유하고 있는 시료에 적용
> ③ 질산-황산법 : 유기물 등을 많이 함유하고 있는 대부분의 시료에 적용
> ④ 질산-과염소산법 : 유기물을 다량 함유하고 있으면서 산분해가 어려운 시료에 적용
> ⑤ 질산-과염소산-불화수소산법 : 다량의 점토질 또는 규산염을 함유한 시료에 적용
> ⑥ 마이크로파 산분해법 : 밀폐 용기를 이용한 마이크로파 장치에 의한 방법에 적용되는 방법으로 유기물을 다량 함유하고 있으면서 산분해가 어려운 시료에 적용

**75** 다음의 불꽃 원자흡수분광광도법 분석 절차 중 가장 먼저 수행되는 것은?

㉮ 최적의 에너지 값을 얻도록 선택파장을 최적화 한다.
㉯ 버너헤드를 설치하고 위치를 조정한다.
㉰ 바탕시료를 주입하여 영점조정을 한다.
㉱ 공기와 아세틸렌을 공급하면서 불꽃을 발생시키고 최대 감도를 얻도록 유량을 조절한다.

**76** 자외선 가시선 분광법을 적용한 음이온 계면활성제 시험방법에 관한 설명으로 틀린 것은?

㉮ 메틸렌블루와 반응시켜 생성된 청색의 착화합물을 추출하여 흡광도를 측정한다.
㉯ 컬럼을 통과시켜 시료중의 계면활성제를 종류별로 구분하여 측정할 수 있다.
㉰ 메틸렌블루와 반응시켜 생성된 착화합물을 추출할 때 클로로폼을 사용한다.
㉱ 약 1000mg/L 이상의 염소이온 농도에서 양의 간섭을 나타내며 따라서 염분농도가 높은 시료의 분석에는 사용할 수 없다.

**풀이** ㉯ 컬럼을 통과시켜 시료중의 계면활성제를 종류별로 구분하여 측정할 수 없다.

**77** 수은의 냉증기-원자흡수분광광도법에 대한 내용으로 틀린 것은?

㉮ 시료에 이염화주석($SnCl_2$)을 넣어 금속수은으로 환원시킨다.
㉯ 이 용액에 통기하여 발생하는 수은증기를 원자흡수분광광도법으로 253.7nm의 파장에서 측정한다.
㉰ 정량한계는 0.05mg/L로 저농도 수은분석시 사용한다.
㉱ 시료 중 염화물이온이 다량 함유된 경우에는 환원 조작시 유리염소를 발생하여 253.7nm에서 흡광도를 나타낸다.

**풀이** ㉰ 정량한계는 0.0005mg/L로 저농도 수은분석시 사용한다.

**answer** 74 ㉰  75 ㉮  76 ㉯  77 ㉰

**78** 공장폐수 및 하수유량(관내의 유량측정방법)의 측정 방법에 관한 설명으로 틀린 것은?

㉮ 오리피스는 설치비용이 적고 유량측정이 정확하나 목부분의 단면조절을 할 수 없어 유량조절이 어렵다.
㉯ 피토우관의 유속은 마노미터에 나타나는 수두차에 의하여 계산한다.
㉰ 자기식 유량측정기의 측정원리는 패러데이의 법칙을 이용하여 자장의 직각에서 전도체를 이동시킬 때 유발되는 전압은 전도체의 속도에 비례한다는 원리를 이용한 것이다.
㉱ 피토우관으로 측정할 때는 반드시 일직선상의 관에서 이루어져야 한다.

**풀이** ㉮ 오리피스는 설치비용이 적고 유량측정이 정확하며 목부분의 단면을 조절할 수 있어 유량조절이 용이하다.

**79** 취급 또는 저장하는 동안에 이물질이 들어가거나 또는 내용물이 손실되지 아니하도록 보호하는 용기는?

㉮ 밀봉용기  ㉯ 밀폐용기
㉰ 기밀용기  ㉱ 압밀용기

**풀이** 용기의 종류
㉮ 밀봉용기 : 기체 또는 미생물
㉯ 밀폐용기 : 이물질
㉰ 기밀용기 : 공기 또는 다른 가스
㉱ 차광용기 : 광선

**80** 수질오염공정시험기준 비소의 시험방법으로 틀린 것은?

㉮ 기체크로마토그래피
㉯ 유도결합플라스마-원자발광분광법
㉰ 유도결합플라스마-질량분석법
㉱ 양극벗김전압전류법

**풀이** 비소의 시험방법
① 수소화물생성 원자흡수분광도법
② 유도결합플라스마-원자발광분광법
③ 유도결합플라스마-질량분석법
④ 양극벗김전압전류법

answer  78 ㉮  79 ㉯  80 ㉮

# 2013 2회 기출문제

| 제1과목 | 수질오염개론

**01** 어느 하천의 $BOD_u$가 8mg/L이고, 탈산소계수($k_1$)가 0.1/d일 때, 4일 후 남아 있는 하천의 BOD 농도는? (단, 상용대수기준)

㉮ 3.2mg/L  ㉯ 3.6mg/L
㉰ 4.1mg/L  ㉱ 4.3mg/L

**풀이** $BOD_4 = BOD_u \times (10^{-k_1 \times t}) = 8mg/L \times (10^{-0.1/day \times 4day})$
$= 3.19mg/L$

**TIP**
① 소모공식
$BOD_t = BOD_u \times (1-10^{-k_1 \times t})$
② 잔류공식
$BOD_t = BOD_u \times 10^{-k_1 \times t}$
③ 상용대수 일 때 밑수 10
④ 자연대수 일 때 밑수 e

**02** 수분 함량 97%의 슬러지에 응집제를 가하니 [상등액 : 침전슬러지] 용적비가 2 : 1로 되었다. 이때 침전슬러지의 수분 함량은? (단, 비중은 1.0, 응집제의 양은 무시, 상등액은 고형물이 없음)

㉮ 91%  ㉯ 93%
㉰ 95%  ㉱ 97%

**풀이** $V_1 \times (100-P_1) = V_2 \times (100-P_2)$
$3 \times (100-97) = 1 \times (100-P_2)$

$\therefore P_2 = 100 - \left\{\dfrac{3 \times (100-97)}{1}\right\} = 91\%$

**TIP**
$V_1$은 침전 전이므로 전체값 3이 되고 $V_2$는 침전슬러지량이므로 1이 된다.

**03** 어느 배양기의 제한기질농도(S)가 1,000mg/L, 세포의 최대 비증식계수($\mu_{max}$)가 0.2/hr일때 Monod 식에 의한 세포의 비증식계수($\mu$)는? (단, 제한기질 반포화농도($K_s$) = 20mg/L)

㉮ 0.098/hr  ㉯ 0.196/hr
㉰ 0.294/hr  ㉱ 0.392/hr

**풀이** Monod식 : $\mu = \mu_{max} \times \dfrac{S}{K_s+S}$

$\begin{bmatrix} \mu : \text{세포의 비증식 계수(/hr)} \\ \mu_{max} : \text{세포의 최대 비증식 계수(/hr)} \\ S : \text{제한기질의 농도(mg/L)} \\ K_s : \text{반포화 농도(mg/L)} \end{bmatrix}$

따라서
$\mu = 0.2/hr \times \dfrac{1,000mg/L}{20mg/L+1,000mg/L}$
$= 0.196/hr$

**answer** 01 ㉮  02 ㉮  03 ㉯

**04** 물의 이온화적($K_w$)에 관한 설명으로 옳은 것은?

㉮ 25℃에서 물의 $K_w$가 $1.0 \times 10^{-14}$이다.
㉯ 물은 강전해질로서 거의 모두 전리된다.
㉰ 수온이 높아지면 감소하는 경향이 있다.
㉱ 순수의 pH는 7.0이며 온도가 증가할수록 pH는 높아진다.

**풀이** ㉯ 물은 약전해질이다.
㉰ 수온이 높아지면 물의 이온화적($K_w$)은 증가한다.
㉱ 순수의 pH는 7.0이며 온도가 증가할수록 pH는 감소한다.

**05** 반감기가 2일인 방사성 폐수의 농도가 100mg/L라면 감소 속도상수는? (단, 1차 반응 기준)

㉮ 0.128day$^{-1}$  ㉯ 0.242day$^{-1}$
㉰ 0.347day$^{-1}$  ㉱ 0.423day$^{-1}$

**풀이** 1차반응식에서 반감기 사용

$\ln \frac{1}{2} = -k \times t$

$\ln \frac{1}{2} = -k \times 2\text{day}$

$\therefore k = \frac{\ln \frac{1}{2}}{-2\text{day}} = 0.347/\text{day}$

**TIP**
1차반응식 : $\ln \frac{C_t}{C_o} = -k \times t$

- $C_o$ : 처음의 농도
- $C_t$ : t시간 후의 농도
- k : 상수
- t : 시간

**06** 0℃에서 DO 8.0mg/L인 물의 DO 포화도는 몇 % 인가? (단, 대기의 화학적 조성 중 $O_2$는 21%(V/V), 0℃에서 순수한 물의 공기 용해도는 38.46mL/L)

㉮ 50.7   ㉯ 60.7
㉰ 63.5   ㉱ 69.3

**풀이** DO 포화도(%) = $\frac{\text{현재 DO 농도}}{\text{포화 DO 농도}} \times 100(\%)$

① 현재 DO 농도 = 8.0mg/L
② 포화 DO 농도

$= \frac{38.46\text{mL}}{\text{L}} \times \frac{21\%}{100} \times \frac{32\text{mg}}{22.4\text{mL}} = 11.538\text{mg/L}$

③ DO 포화도(%) = $\frac{8.0\text{mg/L}}{11.538\text{mg/L}} \times 100 = 69.34\%$

**TIP**
$O_2$  1mol  $\begin{cases} 32\text{mg} \\ 22.4\text{mL} \end{cases}$

**07** 1차 반응식이 적용된다고 할 때 완전혼합반응기(CFSTR) 체류시간은 압출형 반응기(PFR) 체류시간의 몇 배가 되는가? (단, 1차 반응에 의해 초기농도의 70%가 감소되었고, 자연지수로 계산하며 속도상수는 같다고 가정함.)

㉮ 1.34   ㉯ 1.51
㉰ 1.72   ㉱ 1.94

**풀이** ① 완전혼합형 반응조(CFSTR)의 1차 반응식
$Q(C_o - C_t) = k \cdot V \cdot C_t$
$\Rightarrow (C_o - C_t) = \frac{V}{Q} \cdot k \cdot C_t$
$\Rightarrow t = \frac{C_o - C_t}{k \cdot C_t} = \frac{1 - 0.3}{k \times 0.3} = \frac{2.33}{k}$

② 압출형 반응기(PFR)의 1차 반응식
$\ln \frac{C_t}{C_o} = -k \times t \Rightarrow \ln \frac{C_o}{C_t} = k \times t$

**answer** 04 ㉮  05 ㉰  06 ㉱  07 ㉱

$$\Rightarrow t = \frac{\ln \frac{C_o}{C_t}}{k} = \frac{\ln \frac{1}{0.3}}{k} = \frac{1.20}{k}$$

③ $\frac{CFSTR}{PFR} = \frac{2.33/k}{1.20/k} = 1.94$

**TIP**
① $C_o$(초기농도) = 100% = 1
② $C_t$(t시간 후 농도) = 100-70% = 30% = 0.3
③ $t = \frac{V}{Q}$

## 08 해수의 특성으로 틀린 것은?

㉮ 해수는 $HCO_3^-$를 포화시킨 상태로 되어 있다.
㉯ 해수의 밀도는 염분비 일정법칙에 따라 항상 균일하게 유지된다.
㉰ 해수 내 전체질소 중 약 35% 정도는 암모니아성 질소와 유기 질소의 형태이다.
㉱ 해수의 Mg/Ca 비는 3~4 정도로 담수에 비하여 크다.

**풀이** ㉯ 해수의 밀도는 염분, 수온, 수압의 함수로 수심이 깊을수록 증가한다.

## 09 원생동물(Protozoa)의 종류에 관한 내용으로 옳은 것은?

㉮ Paramecia는 자유롭게 수영하면서 고형물질을 섭취한다.
㉯ Vorticella는 불량한 활성슬러지에서 주로 발견된다.
㉰ Sarcodina는 나팔의 입에서 물흐름을 일으켜 고형물질만 걸러서 먹는다.
㉱ Suctoria는 몸통을 움직이면서 위족으로 고형물질을 몸으로 싸서 먹는다.

**풀이** ㉯ Vorticella는 양질의 활성슬러지에서 주로 발견된다.
㉰ Sarcodina는 몸통을 움직이면서 위족으로 먹이를 섭취한다.
㉱ Suctoria는 물에서 고착생활을 하며 관같이 생긴 촉수로 양분을 섭취한다.

## 10 다음의 유기물 1mole이 완전 산화될 때 이론적인 산소요구량(ThOD)이 가장 적은 것은?

㉮ $C_6H_6$   ㉯ $C_6H_{12}O_6$
㉰ $C_2H_5OH$   ㉱ $CH_3COOH$

**풀이** 이론적인 산소요구량(ThOD)이 가장 적은 것은 호기성 반응을 있을 때 산소의 개수가 가장 적은 ㉱번이 정답이 된다.
㉮ $C_6H_6 + 7.5O_2 \rightarrow 6CO_2 + 3H_2O$
㉯ $C_6H_{12}O_6 + 6O_2 \rightarrow 6CO_2 + 6H_2O$
㉰ $C_2H_5OH + 3O_2 \rightarrow 2CO_2 + 3H_2O$
㉱ $CH_3COOH + 2O_2 \rightarrow 2CO_2 + 2H_2O$

**TIP**
① ThOD가 가장 큰 물질 = 반응식에서 산소개수가 가장 큰 물질
② ThOD가 가장 적은 물질 = 반응식에서 산소개수가 가장 적은 물질

**answer** 08 ㉯  09 ㉮  10 ㉱

**11** μ(세포비증가율)가 $\mu_{max}$의 60% 일 때의 기질농도($S_{60}$)와 $\mu_{max}$의 20%일 때의 기질농도($S_{20}$)와의 ($S_{60}/S_{20}$)는? (단, 배양기내의 세포비 증가율은 Monod식 적용)

㉮ 32  ㉯ 16
㉰ 8   ㉱ 6

> **풀이**
> Monod식 : $\mu = \mu_{max} \times \dfrac{S}{K_S + S}$
>
> ⎡ μ : 세포의 비증식 계수(/hr)
> ⎢ $\mu_{max}$ : 세포의 최대 비증식 계수(/hr)
> ⎢ S : 제한기질의 농도(mg/L)
> ⎣ $K_S$ : 반포화 농도(mg/L)
>
> ① $\mu_{max} = 100\%$, $\mu = \mu_{max}$의 60%일 때
>
> $0.6 = 1 \times \dfrac{S_{60}}{K_S + S_{60}}$
>
> $\Rightarrow 0.6(K_S + S_{60}) = S_{60}$
> $\Rightarrow (1-0.6)S_{60} = 0.6K_S$
> $\Rightarrow S_{60} = \dfrac{0.6K_S}{1-0.6} = 1.5K_S$
>
> ② $\mu_{max} = 100\%$, $\mu = \mu_{max}$의 20%일 때
>
> $0.2 = 1 \times \dfrac{S_{20}}{K_S + S_{20}}$
>
> $\Rightarrow 0.2(K_S + S_{20}) = S_{20}$
> $\Rightarrow (1-0.2)S_{20} = 0.2K_S$
> $\Rightarrow S_{20} = \dfrac{0.2K_S}{1-0.2} = 0.25K_S$
>
> ③ $\dfrac{S_{60}}{S_{20}} = \dfrac{1.5K_S}{0.25K_S} = 6$

> **TIP**
> 구민사 독자만을 위한 초간단 풀이법
> $\dfrac{S_{60}}{S_{20}} = \dfrac{60/40}{20/80} = 6$

**12** 다음 중 적조 현상에 관한 설명으로 틀린 것은?

㉮ 수괴의 연직안정도가 작을 때 발생한다.
㉯ 강우에 따른 하천수의 유입으로 해수의 염분량이 낮아지고 영양염류가 보급될 때 발생한다.
㉰ 적조조류에 의한 아가미 폐색과 어류의 호흡장애가 발생한다.
㉱ 수중 용존산소 감소에 의한 어패류의 폐사가 발생한다.

> **풀이** ㉮ 수괴의 연직안정도가 클 때 발생한다.

**13** glycine($CH_2(NH_2)COOH$) 7몰을 분해하는데 필요한 이론적 산소 요구량은?
(단, 최종산물은 $HNO_3$, $CO_2$, $H_2O$이다.)

㉮ 724g $O_2$   ㉯ 742g $O_2$
㉰ 768g $O_2$   ㉱ 784g $O_2$

> **풀이** $CH_2(NH_2)COOH + 3.5O_2 \rightarrow 2CO_2 + 2H_2O + HNO_3$
> 1mol : 3.5×32g
> 7mol : ThOD
>
> ∴ ThOD $= \dfrac{7mol \times 3.5 \times 32g}{1mol} = 784g$

> **TIP**
> ① 글리신 = $CH_2(NH_2)COOH$ = $C_2H_5O_2N$
> ② ThOD 이론적인 산소요구량

**answer** 11 ㉱  12 ㉮  13 ㉱

**14** 다음의 각종 용액 중 몰(mole) 농도가 가장 큰 것은? (단, Na, Cl의 원자량은 각각 23, 35.5)

㉮ 300g 수산화소듐/4L
㉯ 3.6g 황산/30mL
㉰ 0.4kg 염화소듐/10L
㉱ 5.2g 염산/0.1L

**풀이**

$$mol/L = \frac{질량(g)}{부피(L)} \times \frac{1mol}{분자량(g)}$$

㉮ $mol/L = \frac{300g}{4L} \times \frac{1mol}{40g} = 1.88 mol/L$

㉯ $mol/L = \frac{3.6g}{0.03L} \times \frac{1mol}{98g} = 1.23 mol/L$

㉰ $mol/L = \frac{400g}{10L} \times \frac{1mol}{58.5g} = 0.68 mol/L$

㉱ $mol/L = \frac{5.2g}{0.1L} \times \frac{1mol}{36.5g} = 1.43 mol/L$

**TIP**
① M농도 = mol/L
② 1mol = 분자량(g)
③ 수산화소듐(NaOH) = 23+16+1 = 40g
④ 황산($H_2SO_4$) = (2×1)+32+(4×16) = 98g
⑤ 염화소듐(NaCl) = 23+35.5 = 58.5g
⑥ 염산(HCl) = 1+35.5 = 36.5g

**15** 용존산소농도가 9.0mg/L인 물 1,000 리터가 있다. 이 물의 용존산소를 완전히 제거하기 위해 이론적으로 필요한 $Na_2SO_3$ 량은? (단, Na : 23, S : 32)

㉮ 14.2g          ㉯ 35.5g
㉰ 45.5g          ㉱ 70.9g

**풀이** $Na_2SO_3 + 0.5O_2 \rightarrow Na_2SO_4$
126g : 0.5×32g
X : 9.0mg/L×1,000L×$10^{-3}$g/mg

$\therefore X = \frac{126g \times 9.0mg/L \times 1,000L \times 10^{-3}g/mg}{0.5 \times 32g} = 70.88g$

**16** 다음 중 $CSO_s$, $SSO_s$에 대한 설명으로 옳지 않은 것은?

㉮ $CSO_s$(Combined Sewer Overflows)는 도시지역 비점오염 부하 중 큰 비중을 차지한다.
㉯ $SSO_s$(Sanitary Sewer Overflows)는 합류식 하수도에서 우천 시 하수관거를 통해 공공수역으로 방류되어 처리된 하수를 말한다.
㉰ $CSO_s$는 합류식 하수관거의 용량을 초과하여 처리되지 못하고 유출되는 오수를 말한다.
㉱ 도시하천의 수질개선을 위해서는 $CSO_s$에 대한 처리대책이 필요하다.

**풀이** ㉯ $SSO_s$(Sanitary Sewer Overflows)는 분류식 하수도에서 우천 시 하수관거를 통해 공공수역으로 방류되어 처리된 하수를 말한다.

**17** 0.02N 약산이 1.0% 해리되어 있다면 이 수용액의 pH는?

㉮ 3.1          ㉯ 3.4
㉰ 3.7          ㉱ 3.9

**풀이**

|  | 1.0% 해리 |  |  |
|---|---|---|---|
| $CH_3COOH$ | $\rightarrow$ | $CH_3COO^-$ + | $H^+$ |
| 해리 전 0.02M |  | 0M | 0M |
| 해리 후 0.02M-0.02M×0.01 |  | 0.02M×0.01 | 0.02M×0.01 |

따라서 pH = $-\log[H^+]$ = $-\log[0.02M \times 0.01]$ = 3.70

**TIP**
① 약산 = 아세트산 = $CH_3COOH$
② 아세트산은 1가이므로 M농도 = N농도
③ 0.02N = 0.02M
④ 산성물질에서 pH = $-\log[H^+]$
⑤ 알칼리성물질에서 pH = $14 + \log[OH^-]$

**answer** 14 ㉮  15 ㉱  16 ㉯  17 ㉰

**18** 생태계에서 질소의 순환을 설명한 내용으로 옳지 않은 것은?

㉮ 대기 중의 질소는 질소고정박테리아와 특정한 조류에 의해 단백질로 전환된다.
㉯ 질산화 미생물은 호기성미생물이며 독립영양미생물에 속한다.
㉰ Nitrosomonas균은 호기성 상태에서 암모니아를 아질산염으로 전환시킨다.
㉱ 소변 속의 질소는 요소로서 효소 urease에 의하여 질산성 질소로 가수 분해된다.

**풀이** ㉱ 소변 속의 질소는 요소로서 효소 urease에 의하여 암모니아성 질소로 가수 분해 된다.

**TIP**
우레아제(urease)는 요소를 가수분해하여 암모니아와 이산화탄소를 생성하는 반응에 관계하는 효소로서 요소분해효소라고도 한다.

**19** 지구에서 물(담수)의 저장 형태 중 가장 많은 양을 차지하는 것은?

㉮ 만년설과 빙하   ㉯ 담수호
㉰ 토양수           ㉱ 대기

**풀이** 지구상의 담수의 분포 중 가장 많이 차지하고 있는 것이 빙하(만년설 포함)이고, 그 다음이 지하수이다.

**20** 미생물의 분류에서 탄소원이 $CO_2$ 이고 에너지원을 무기물의 산화·환원으로부터 얻는 미생물은?

㉮ Photoautotrophics
㉯ Chemoautotrophics
㉰ Photoheterotrophics
㉱ Chemoheterotrophics

**풀이** ㉯ Chemoautotrophics(화학합성독립영양계)에 대한 설명이다.

**TIP**
에너지원과 탄소원에 의한 미생물의 분류

| 분류 | 에너지원 | 탄소원 |
| --- | --- | --- |
| 광합성 독립영양 미생물 | 빛 | $CO_2$ |
| 화학합성 독립영양 미생물 | 무기물의 산화·환원 반응 | $CO_2$ |
| 광합성 종속영양 미생물 | 빛 | 유기탄소 |
| 화학합성 종속영양 미생물 | 유기물의 산화·환원 반응 | 유기탄소 |

| 제2과목 | 상하수도 계획

**21** 하수도 계획의 목표연도는 원칙적으로 몇 년으로 설정하는가?

㉮ 15년   ㉯ 20년
㉰ 25년   ㉱ 30년

**풀이** 하수도 계획의 목표연도는 20년 정도이고, 상수도 계획의 목표연도는 15~20년을 표준으로 한다.

answer   18 ㉱   19 ㉮   20 ㉯   21 ㉯

**22** 원심력 펌프의 규정회전수는 2회/sec, 규정토출량이 32m³/min, 규정양정(H)이 8m이다. 이때 이 펌프의 비교 회전도는?

㉮ 약 143  ㉯ 약 164
㉰ 약 182  ㉱ 약 201

**풀이**

$$Ns = N \times \frac{Q^{\frac{1}{2}}}{H^{\frac{3}{4}}}$$

⎡ Ns : 비교회전도(rpm)
  N : 규정회전수(rpm)
  Q : 토출량(m³/min)
  H : 전양정(m) ⎦

따라서

$$Ns = (2회/sec \times 60sec/min)rpm \times \frac{(32m^3/min)^{\frac{1}{2}}}{(8m)^{\frac{3}{4}}}$$

$$= 142.70 rpm$$

**TIP**
① rpm = 회/min
② 회/min = 회/sec×60sec/min

**23** 정수시설인 플록형성지에 관한 설명으로 틀린 것은?

㉮ 혼화지와 침전지 사이에 위치하고 침전지에 붙여서 설치한다.
㉯ 플록형성시간은 계획정수량에 대하여 20~40분간을 표준으로 한다.
㉰ 플록형성지 내의 교반강도는 하류로 갈수록 점차 감소시키는 것이 바람직하다.
㉱ 야간근무자도 플록형성상태를 감시할 수 있는 투명도 게이지를 설치하여야 한다.

**풀이** ㉱ 야간근무자가 플록형성상태를 감시할 수 있는 적절한 조명장치를 설치한다.

**24** 하천수를 수원으로 하는 경우에 사용하는 취수시설인 취수보에 관한 설명으로 틀린 것은?

㉮ 일반적으로 대하천에 적당하다.
㉯ 안정된 취수가 가능하다.
㉰ 침사 효과가 적다.
㉱ 하천의 흐름이 불안정한 경우에 적합하다.

**풀이** ㉰ 침사 효과가 크다.

**25** 하수관의 맨홀 설치에 관한 설명으로 틀린 것은?

㉮ 맨홀은 관거의 기점, 방향, 경사 및 관경 등이 변하는 곳에 설치한다.
㉯ 관거 직선부에서는 맨홀의 최대 간격은 600mm 이하관에서 최대 간격 75m이다.
㉰ 맨홀의 상판높이(인버트의 상단~맨홀 상판)는 유지관리상 작업원이 서서 작업할 수 있도록 1.8~2.0m 정도로 하는 것이 바람직하다.
㉱ 맨홀 부속물인 인버트의 발디딤부는 5~7%의 횡단경사를 둔다.

**풀이** ㉱ 맨홀 부속물인 인버트의 발디딤부는 10~20%의 횡단경사를 둔다.

**26** 계획우수량을 정할 때 고려하는 빗물펌프장의 확률년수로 옳은 것은?

㉮ 5년~10년  ㉯ 10년~20년
㉰ 20년~30년  ㉱ 30년~50년

**풀이** 계획우수량을 정할 때 고려하는 빗물펌프장의 확률년수는 30년~50년이다.

answer 22 ㉮  23 ㉱  24 ㉰  25 ㉱  26 ㉱

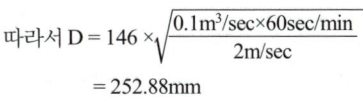

**27** 하수 펌프장 시설인 스크류펌프(screw pump)의 일반적 장·단점으로 틀린 것은?

㉮ 회전수가 낮기 때문에 마모가 적다.
㉯ 수중의 협잡물이 물과 함께 떠올라 폐쇄 가능성이 크다.
㉰ 기동에 필요한 물채움장치나 밸브 등 부대시설이 없어 자동운전이 쉽다.
㉱ 토출측의 수로를 압력관으로 할 수 없다.

**풀이** ㉯ 수중의 협잡물을 물과 함께 양수시키므로 막힘이 거의 없다.

**28** 하수처리에 사용되는 생물학적 처리공정 중 부유미생물을 이용한 공정이 아닌 것은?

㉮ 산화구법
㉯ 접촉산화법
㉰ 질산화내생탈질법
㉱ 막분리활성슬러지법

**풀이** ㉮ 산화구법 : 부유성장식
㉯ 접촉산화법 : 부착성장식
㉰ 질산화내생탈질법 : 부유성장식
㉱ 막분리활성슬러지법 : 부유성장식

**29** 펌프의 토출량이 0.1m³/sec, 토출구의 유속이 2m/sec로 할 때 펌프의 구경은?

㉮ 약 255mm  ㉯ 약 365mm
㉰ 약 475mm  ㉱ 약 545mm

**풀이** $D = 146 \times \sqrt{\dfrac{Q}{V}}$

$\begin{bmatrix} D : 펌프의\ 흡입구경(mm) \\ Q : 펌프의\ 토출량(m^3/min) \\ V : 유속(m/sec) \end{bmatrix}$

따라서 $D = 146 \times \sqrt{\dfrac{0.1m^3/sec \times 60sec/min}{2m/sec}}$
$= 252.88mm$

**30** 하수처리에서 막분리 활성슬러지법(MBR법)의 장·단점 및 설계, 유지관리상의 유의점이 아닌 것은?

㉮ 2차침전지의 침강성과 관련된 문제가 없다.
㉯ 완벽한 고액분리가 가능하며 높은 MLSS 유지가 가능하다.
㉰ 적은 소요부지로 부지이용성이 탁월하다.
㉱ 분리막 파울링에 대한 대처가 용이하다.

**풀이** ㉱ 분리막 파울링에 대한 대처가 용이하지 못하다.

**TIP**
**막의 열화 및 파울링**
① 열화 : 막자체의 변질로 생긴 비가역적인 막성능의 저하
② 파울링 : 막자체의 변질이 아닌 외적인자로 생긴 막성능의 저하

**31** 펌프 운전시 발생할 수 있는 비정상현상 중 펌프운전 중에 토출량과 토출압이 주기적으로 숨이 찬 것처럼 변동하는 상태를 일으키는 현상으로 펌프 특성 곡선이 산형에서 발생하며 큰 진동을 발생하는 경우를 무엇이라 하는가?

㉮ 캐비테이션(cavitation)
㉯ 서어징(surging)
㉰ 수격작용(water hammer)
㉱ 크로스커넥션(cross connection)

**풀이** ㉯ 서어징(surging)에 대한 설명이다.

answer  27 ㉯  28 ㉯  29 ㉮  30 ㉱  31 ㉯

> **TIP**
> **용어설명**
> ① 캐비테이션(cavitation) : 물이 관속을 유동하고 있을 때 유동하는 물속의 어느 부분의 정압이 그때의 증기압보다 낮아지면 부분적으로 기화하여 관 내부에 증기부, 즉 공동이 발생되는 현상이다.
> ② 수격작용(water hammer) : 관속을 충만하게 흐르고 있는 액체의 속도를 급격히 변화 시키면 액체에 큰압력 변화가 발생하여 관내에 있는 액체에 물리적변화가 일어남으로서 충격압을 형성시킴과 동시에 이로인한 유체가 관벽을 치는 현상을 말한다.
> ③ 크로스커넥션(cross connection) : 음용수용 급수시설에 음용수로 사용될 수 없는 물이 직접 또는 간접적으로 유입될 수 있도록 되어 있는 물리적인 연결이다.

**32** 지하수 취수시 적용되는 적정양수량의 정의로 옳은 것은?

㉮ 최대양수량의 80% 이하의 양수량
㉯ 한계양수량의 80% 이하의 양수량
㉰ 최대양수량의 70% 이하의 양수량
㉱ 한계양수량의 70% 이하의 양수량

▶풀이 경제양수량(적정양수량)은 한계양수량의 70% 이하의 양수량을 말한다.

**33** 하수 슬러지의 혐기성 소화가스의 포집과 저장 시설을 정할 때 고려하여야 할 사항으로 틀린 것은?

㉮ 가스포집관은 내경 100 ~ 300mm 정도로 한다.
㉯ 하루에 발생하는 가스부피의 1/2 정도를 저장할 수 있는 용량의 가스 저장조를 설치한다.
㉰ 관부식 방지를 위한 탈염소 장치를 설치한다.
㉱ 슬러지 소화조 지붕의 가스돔 및 가스포집관에 안전장치를 설치한다.

▶풀이 ㉰ 관부식 방지를 위한 탈황장치를 설치한다.

**34** 저수시설을 형태적으로 분류할 때의 구분과 가장 거리가 먼 것은?

㉮ 지하댐   ㉯ 하구둑
㉰ 유수지   ㉱ 저류지

▶풀이 저수시설의 형식에는 댐, 호소, 유수지, 하구둑, 지하댐 등이 있다.

**35** 계획 오수량 산정시, 우리나라 하수도 시설기준상 지하수량 범위기준으로 옳은 것은?

㉮ 1인1일 최대오수량의 5 ~ 8%
㉯ 1인1일 최대오수량의 10 ~ 20%
㉰ 시간 최대오수량의 5 ~ 8%
㉱ 시간 최대오수량의 10 ~ 20%

▶풀이 지하수량은 1인 1일 최대오수량의 10 ~ 20%로 한다.

> **TIP**
> **계획 오수량 산정**
> ① 합류식에서 우천시 계획오수량은 원칙적으로 계획시간 최대오수량의 3배 이상으로 한다.
> ② 계획1일 평균오수량은 계획1일 최대오수량의 70 ~ 80%를 표준으로 한다.
> ③ 지하수량은 1인 1일 최대오수량의 10 ~ 20%로 한다.
> ④ 계획1일 최대오수량은 1인1일 최대오수량에 계획인구를 곱한후 여기에 공장배수량, 지하수량 및 기타 배수량을 가산한 것으로 한다.
> ⑤ 1인 1일 최대오수량은 1인 1일 최대급수량을 감안해 결정한다.
> ⑥ 계획시간 최대오수량은 계획1일 최대오수량의 1시간당 수량의 1.3 ~ 1.8배를 표준으로 한다.

**answer** 32 ㉱  33 ㉰  34 ㉱  35 ㉯

**36** 상수관로에서 조도계수 0.014, 동수경사 1/100이고, 관경이 400mm일 때 이 관로의 유량은? (단, 만관 기준, Manning 공식에 의함)

㉮ 3.8 m³/min  ㉯ 6.2 m³/min
㉰ 9.3 m³/min  ㉱ 11.6 m³/min

**풀이**

① 단면적(A) = $\frac{\pi D^2}{4}$ = $\frac{\pi}{4}$×(0.4m)² = 0.12566m²

② 유속(V) = $\frac{1}{n}$×$R^{\frac{2}{3}}$×$I^{\frac{1}{2}}$ (m/sec)

n(조도계수) = 0.014

R(경심) = $\frac{D}{4}$ = $\frac{0.4m}{4}$ = 0.1m

I(기울기) = $\frac{1}{100}$

따라서 V = $\frac{1}{0.014}$×$(0.1m)^{\frac{2}{3}}$×$\left(\frac{1}{100}\right)^{\frac{1}{2}}$
= 1.539m/sec

③ 유량(Q) = 단면적(A) × 유속(V)
= 0.12566m²×1.539m/sec×60sec/min
= 11.60m³/min

**TIP**

**경심(R) 계산**

① 장방형일 때

R = $\frac{단면적(A)}{윤변길이(S)}$ = $\frac{b×h}{b+2h}$ (m)

② 원형일 때

R = $\frac{단면적(A)}{윤변길이(S)}$ = $\frac{\frac{\pi D^2}{4}}{\pi \cdot D}$ = $\frac{D}{4}$ (m)

**37** 상수처리를 위한 급속여과지의 형식 중 여과유량의 조절방식에 따른 구분으로 틀린 것은? (단, 정속여과방식의 정속여과 제어방식 기준)

㉮ 유량제어형  ㉯ 수위제어형
㉰ 정압제어형  ㉱ 자연평형형

**38** 하수 슬러지의 수송 관경에 관한 내용으로 옳은 것은?

㉮ 관내유속은 0.3 ~ 0.5m/sec를 표준으로 한다.
㉯ 관내유속은 0.5 ~ 1.0m/sec를 표준으로 한다.
㉰ 관내유속은 1.0 ~ 1.5m/sec를 표준으로 한다.
㉱ 관내유속은 1.5 ~ 2.0m/sec를 표준으로 한다.

**39** 하수처리 방법인 장기포기법에 관한 설명으로 틀린 것은?

㉮ 활성슬러지법의 변법으로 플러그흐름 형태의 반응조에 HRT와 SRT를 길게 유지하고 동시에 MLSS농도를 높게 유지하면서 오수를 처리하는 방법이다.
㉯ 형상은 장방형 또는 정방형으로 하며 장방형의 경우 유로의 폭은 유효수심의 1~2배 범위에서 결정한다.
㉰ 유효수심은 2 ~ 4m를 표준으로 한다.
㉱ 질산화가 진행되면서 pH의 저하가 발생한다.

**풀이** ㉰ 유효수심은 4 ~ 6m를 표준으로 한다.

**40** 하수처리시설에서 중력식 침사지에 대한 설명으로 틀린 것은?

㉮ 평균 유속은 0.30m/s를 표준으로 한다.
㉯ 체류시간은 2 ~ 3분을 표준으로 한다.
㉰ 수심은 유효수심에 모래퇴적부의 깊이를 더한 것으로 한다.
㉱ 침사지 표면부하율은 오수침사지의 경우 1800 m³/m²·d정도로 한다.

**answer** 36 ㉱  37 ㉰  38 ㉯  39 ㉰  40 ㉯

풀이 ㉯ 체류시간은 30 ~ 60초를 표준으로 한다.

| 제3과목 | 수질오염방지기술

**41** 비중 1.7, 입경 0.05mm인 입자가 침전지에서 침강할 때 침강속도가 0.36m/hr이었다면 비중 2.7, 입경 0.06mm인 입자의 침강속도는? (단, 물의 온도, 점성도 등 조건은 같고, stokes법칙을 따르며, 물의 비중은 1.0이다.)

㉮ 약 0.63m/hr  ㉯ 약 0.87m/hr
㉰ 약 1.12m/hr  ㉱ 약 1.26m/hr

풀이 침강속도($V_S$) = $\dfrac{d^2(\rho_s - \rho_w)g}{18\mu}$

따라서 $V_S \propto d^2(\rho_s - \rho_w)$이므로
0.36m/hr : {(0.05mm)$^2$×(1.7-1.0)}
= $V_S$ : {(0.06mm)$^2$×(2.7-1.0)}
∴ $V_S = \dfrac{0.36\text{m/hr} \times \{(0.06\text{mm})^2 \times (2.7\text{-}1.0)\}}{\{(0.05\text{mm})^2 \times (1.7\text{-}1.0)\}}$
    = 1.26m/hr

**42** 36mg/L의 암모늄 이온($NH_4^+$)을 함유한 5,000m$^3$의 폐수를 50,000g CaCO$_3$/m$^3$의 처리 용량을 가지는 양이온 교환수지로 처리하고자 한다. 이때 소요되는 양이온 교환수지의 부피(m$^3$)는?

㉮ 6   ㉯ 8
㉰ 10  ㉱ 12

풀이 ① $2NH_4^+ + CaCO_3 \rightarrow (NH_4)_2CO_3 + Ca^{2+}$
    2×18g : 100g
    36g/m$^3$×5,000m$^3$ : X
    ∴ X = 500,000g
② 양이온 교환수지의 부피(m$^3$)
    = $\dfrac{500,000\text{g}}{50,000\text{g/m}^3}$ = 10m$^3$

**TIP**
① mg/L = g/m$^3$ = ppm
② 36mg/L = 36g/m$^3$

**43** Phostrip 공정에 관한 설명으로 옳지 않은 것은?

㉮ Stripping을 위한 별도의 반응조가 필요하다.
㉯ 인 제거시 BOD/P비에 의하여 조절되지 않는다.
㉰ 기존 활성슬러지 처리장에 쉽게 적용 가능하다.
㉱ 인 제거를 위한 약품(석회 등) 주입이 필요 없다.

풀이 ㉱ 인 제거를 위한 약품(석회 등) 주입이 필요하다.

answer 41 ㉱  42 ㉰  43 ㉱

**44** 1차 처리된 분뇨의 2차 처리를 위해 폭기조, 2차침전지로 구성된 표준 활성슬러지를 운영하고 있다. 운영 조건이 다음과 같을 때 고형물 체류시간(SRT)은?

- 유입유량 1,000m³/day
- 폭기조 수리학적 체류시간 6시간
- MLSS 농도 3,000mg/L
- 잉여슬러지 배출량 30m³/day
- 잉여슬러지 SS농도 10,000mg/L
- 2차침전지 유출수 SS 농도 5mg/L

㉮ 약 2일   ㉯ 약 2.5일
㉰ 약 3일   ㉱ 약 3.5일

**풀이**

$$SRT = \frac{MLSS \cdot V}{Q_w \cdot SS_w + Q_o \cdot SS_o}$$

$$= \frac{3,000mg/L \times 1,000m^3/day \times \left(\frac{6hr}{24}\right)day}{30m^3/day \times 10,000mg/L + (1,000-30)m^3/day \times 5mg/L}$$

$= 2.46$ day

**TIP**
① $V(m^3) = Q(m^3/day) \times t(day)$
② $Q_o = Q_i - Q_w$

**45** 비소(As)함유 폐수처리 방법으로 가장 일반적인 것은?

㉮ 아말감법
㉯ 황화물 침전법
㉰ 수산화물 공침법
㉱ 알칼리 염소법

**풀이** 비소(As)함유 폐수처리 방법으로는 수산화물 공침법을 주로 사용한다.

**46** 방류하기전의 폐수에 염소소독을 하였다. 6분 동안 99%의 세균이 살균되었고 이때 잔류 염소 농도 0.1mg/L이다. 동일 조건에서 시간을 반으로 줄이면 몇 %의 세균이 살균되는가? (단, 세균의 사멸은 1차 반응 속도식 기준)

㉮ 90%   ㉯ 92%
㉰ 94%   ㉱ 96%

**풀이**

1차 반응식 : $\ln \frac{C_t}{C_o} = -k \times t$

- $C_o$ : 초기농도(100%)
- $C_t$ : t시간 후 농도
- k : 상수
- t : 시간

① $\ln \frac{100-99}{100} = -k \times 6min$

∴ $k = \frac{\ln \frac{100-99}{100}}{-6min} = 0.7675/min$

② $\ln \frac{C_t}{100} = -0.7675/min \times 3min$

∴ $C_t = 100 \times e^{(-0.7675/min \times 3min)} = 10\%$

③ 살균된 세균(%) = $100 - C_t = 100 - 10\% = 90\%$

**47** 100mg/L의 에탄올($C_2H_5OH$)만을 함유하는 20,000m³/day의 공장폐수를 재래식 활성슬러지 공법으로 처리할 경우, 적절한 처리를 위하여 요구되는 영양염류(질소, 인)의 첨가량(kg/day)은 약 얼마인가? (단, 에탄올은 생물학적으로 100% 분해되며, BOD : N : P = 100 : 5 : 1 이다.)

㉮ 질소 - 209, 인 - 42
㉯ 질소 - 239, 인 - 48
㉰ 질소 - 253, 인 - 51
㉱ 질소 - 285, 인 - 57

**answer** 44 ㉯  45 ㉰  46 ㉮  47 ㉮

**풀이** ① $C_2H_5OH + 3O_2 \rightarrow 2CO_2 + 3H_2O$
　　46g　：3×32g
　　$0.1kg/m^3 \times 20,000m^3/day$ : $X(BOD_u)$
　　∴ $X(BOD_u) = 4173.91 kg/day$
② BOD : N
　100　：5
　4173.91 kg/day : $X_1(N)$
　∴ $X_1(N) = 208.70 kg/day$
③ BOD : P
　100　：1
　4173.91 kg/day : $X_2(P)$
　　$X_2(P) = 41.74 kg/day$

**TIP**
① ppm = mg/L = $g/m^3$
② mg/L $\xrightarrow{\times 10^{-3}}$ $kg/m^3$
③ 총량(kg/day) = 농도($kg/m^3$)×유량($m^3$/day)

**TIP**
① 제거되는 SS량 = 유입수 SS - 유출수 SS
② 비중($g/cm^3$) $\xrightarrow{\times 10^3}$ 비중량($kg/m^3$)
③ 함수율(%) = 100-고형물(%) = 100-2% = 98%

**48** 1차 침전지로 유입되는 하수는 300 mg/L의 부유 고형물을 함유하고 있다. 1차 침전지를 거쳐 방류되는 유출수 중의 부유고형물 농도는 120mg/L이다. 처리 유량이 50,000$m^3$/day이면 1차 침전지에서 제거되는 슬러지의 양은? (단, 1차 슬러지 고형물 함량은 2%, 비중은 1.0 이다.)

㉮ 300$m^3$/day　㉯ 350$m^3$/day
㉰ 400$m^3$/day　㉱ 450$m^3$/day

**풀이** 슬러지량($m^3$/day)
$= \dfrac{\text{제거되는 SS량}(kg/m^3) \times \text{유량}(m^3/day)}{\text{비중량}(kg/m^3)} \times \dfrac{100}{100-\text{함수율}(\%)}$
$= \dfrac{(0.3-0.12)kg/m^3 \times 50,000 m^3/day}{1,000 kg/m^3} \times \dfrac{100}{100-98}$
$= 450 m^3/day$

**49** MLSS농도 1,500mg/L의 혼합액을 1,000 mL 메스실린더에 취해 30분간 정치했을 때의 침강 슬러지가 차지하는 용적이 220mL였다면 이 슬러지의 SDI는?

㉮ 0.68　㉯ 0.86
㉰ 1.21　㉱ 1.36

**풀이** ① $SVI = \dfrac{SV(mL/L)}{MLSS(mg/L)} \times 10^3$
$= \dfrac{220 mL/L}{1,500 mg/L} \times 10^3 = 146.67$
② $SDI = \dfrac{1}{SVI} \times 100 = \dfrac{1}{146.67} \times 100 = 0.68$

**TIP**
용어설명
① SVI(슬러지 용적지수) : 포기조에서 성장한 미생물의 2차 침전지에서의 침강농축성을 나타내는 지표로 단위는 mL/g이다.
② SDI(슬러지 밀도지수) : 슬러지 용적지수(SVI)의 역수이며 단위는 g/100mL이다.

**answer** 48 ㉱　49 ㉮

**50** 하수 슬러지의 감량시설인 소화조의 소화효율은 일반적으로 슬러지의 VS 감량률로 표시된다. 소화조로 유입되는 슬러지의 VS/TS비율이 70%, 소화슬러지의 VS/TS비율이 50%일 경우 소화조의 효율은 몇 %인가?

㉮ 42.7%  ㉯ 48.1%
㉰ 51.7%  ㉱ 57.1%

**풀이** 소화율(%) = $\left\{1 - \dfrac{\text{소화슬러지(VS/FS)}}{\text{생슬러지(VS/FS)}}\right\} \times 100(\%)$

$= \left\{1 - \dfrac{(50\%/50\%)}{(70\%/30\%)}\right\} \times 100(\%) = 57.14\%$

**51** 생활하수를 처리하는 활성슬러지 공정에 다량의 유기물을 함유하는 폐수가 유입되어 충격부하를 유발시켰을 때 가장 신속히 다루어야 할 조작 인자는?

㉮ 영양염류(N, P등)의 투입량 증가
㉯ 벌킹(bulking)현상 제어
㉰ 슬러지 반송율의 증가
㉱ 폭기량 및 체류시간 감소

**풀이** 다량의 유기물을 함유하는 폐수가 유입되어 충격부하를 유발시켰을때는 유기물을 제거할 적정한 슬러지량을 만족시켜야 하므로 슬러지 반송율을 증가시켜야 한다.

**52** 유량이 20,000m³/day, BOD 2mg/L인 하천에 유량이 500m³/day, BOD 500mg/L인 공장폐수를 폐수처리시설로 유입하여 처리 후 하천으로 방류시키고자 한다. 완전히 혼합된 후 합류지점의 BOD를 3mg/L 이하로 하고자 한다면 폐수처리시설의 BOD 제거율은 몇 % 이상이어야 하는가? (단, 혼합 후의 기타변화는 없다고 가정한다.)

㉮ 61.8%  ㉯ 76.9%
㉰ 87.2%  ㉱ 91.4%

**풀이**

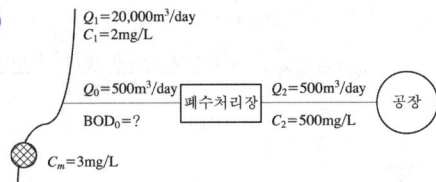

폐수처리장의 효율(%) = $\left(1 - \dfrac{\text{유출수 BOD}}{\text{유입수 BOD}}\right) \times 100(\%)$

① $C_m = \dfrac{Q_1 C_1 + Q_2 C_2}{Q_1 + Q_2}$

$3\text{mg/L} = \dfrac{20,000\text{m}^3/\text{day} \times 2\text{mg/L} + 500\text{m}^3/\text{day} \times \text{BOD}_o}{(20,000+500)\text{m}^3/\text{day}}$

∴ $\text{BOD}_o = 43\text{mg/L}$

② 유입수 BOD($C_2$) = 500mg/L

③ 폐수처리장의 효율(%) = $\left(1 - \dfrac{43\text{mg/L}}{500\text{mg/L}}\right) \times 100$

$= 91.4\%$

**answer** 50 ㉱  51 ㉰  52 ㉱

**53** 폐수유량이 1,000m³/day, 고형물농도가 2,700mg/L 인 슬러지를 부상법에 의해 농축시키고자 한다. 압축탱크의 압력이 4기압이며 공기의 밀도 1.3g/L, 공기의 용해량이 29.2cm³/L 일 때 air/solid비는? (단, f는 0.5이며 비순환방식이다.)

㉮ 0.009   ㉯ 0.014
㉰ 0.019   ㉱ 0.025

**풀이**

$$A/S비 = \frac{1.3 \times Sa \times (f \cdot P - 1)}{SS}$$

Sa : 공기의 용해도(mL/L)
SS : 부유고형물 농도(mg/L)
P : 절대압력(atm)

따라서 $A/S비 = \dfrac{1.3 \times 29.2 cm^3/L \times (0.5 \times 4atm - 1)}{2,700 mg/L}$

$= 0.014$

**TIP**
$cm^3/L = mL/L$

**54** 생물학적 인, 질소제거 공정에서 호기조, 무산소조, 혐기조 공정의 주된 역할을 가장 옳게 설명한 것은? (단, 유기물 제거는 고려하지 않으며, 호기조 - 무산소조 - 혐기조 순서임)

㉮ 질산화 및 인의 과잉 흡수 - 탈질소 - 인의 용출
㉯ 질산화 - 탈질소 및 인의 과잉 흡수 - 인의 용출
㉰ 질산화 및 인의 용출 - 인의 과잉 흡수 - 탈질소
㉱ 질산화 및 인의 용출 - 탈질소 - 인의 과잉 흡수

**풀이** 반응조의 역할
① 호기성조(폭기조) : 인의 과잉 흡수 및 질산화
② 무산소조 : 탈질작용(질소제거)
③ 혐기성조 : 인의 용출(인의 방출)

**55** 미처리 폐수에서 냄새를 유발하는 화합물과 냄새의 특징으로 가장 거리가 먼 것은?

㉮ 황화수소 - 썩은 달걀냄새
㉯ 유기 황화물 - 썩은 채소냄새
㉰ 스카톨 - 배설물 냄새
㉱ 다이아민류 - 생선 냄새

**풀이** ㉱ 다이아민류 - 부패된 고기 냄새

**56** MLSS 농도 3,000mg/L, F/M비가 0.4인 포기조에 BOD 350mg/L의 폐수가 3,000m³/day로 유입되고 있다. 포기조 체류시간(hr)은?

㉮ 5    ㉯ 7
㉰ 9    ㉱ 11

**풀이**

① $F/M비(/day) = \dfrac{BOD \times Q}{MLSS \times V} = \dfrac{BOD}{MLSS} \times \dfrac{1}{t}$

따라서 $0.4/day = \dfrac{350mg/L}{3,000mg/L} \times \dfrac{1}{t}$

$\therefore t = \dfrac{350mg/L}{0.4/day \times 3,000mg/L} = 0.2917 day$

② $t(hr) = 0.2917 day \times \dfrac{24hr}{1 day} = 7.0 hr$

**TIP**
$t = \dfrac{V}{Q} \Rightarrow \dfrac{1}{t} = \dfrac{Q}{V}$

**answer** 53 ㉯  54 ㉮  55 ㉱  56 ㉯

**57** 다음 조건하에서 대략적인 잉여 활성 슬러지 생산량($m^3$/일)은?

- 포기조 용적 = 1,000$m^3$
- MLSS 농도 = 2.5kg/$m^3$
- 고형물의 포기조 체류시간 = 6day
- 반송슬러지 농도 = 10kg/$m^3$
- 기타 조건은 고려하지 않음

㉮ 약 28$m^3$/일  ㉯ 약 36$m^3$/일
㉰ 약 42$m^3$/일  ㉱ 약 56$m^3$/일

**풀이**
$SRT = \dfrac{MLSS \times V}{Q_w \times SS_w}$

$6day = \dfrac{2.5kg/m^3 \times 1,000m^3}{Q_w \times 10kg/m^3}$

∴ $Q_w = 41.67 m^3/day$

**58** 상수처리를 위한 사각 침전조에 유입되는 유량은 30,000$m^3$/d이고 표면부하율은 24$m^3/m^2 \cdot$d 이며 체류시간은 6시간이다. 침전조의 길이와 폭의 비는 2 : 1 이라면 조의 크기는?

㉮ 폭 : 20m, 길이 : 40m, 깊이 : 6m
㉯ 폭 : 20m, 길이 : 40m, 깊이 : 4m
㉰ 폭 : 25m, 길이 : 50m, 깊이 : 6m
㉱ 폭 : 25m, 길이 : 50m, 깊이 : 4m

**풀이**
① 표면적부하율($m^3/m^2 \cdot$ day) = $\dfrac{Q(m^3/day)}{A(m^2)}$

∴ $A(m^2) = \dfrac{30,000 m^3/day}{24 m^3/m^2 \cdot day} = 1250 m^2$

여기서 수면적(A) = 폭(W)×길이(L)
$1250 m^2 = W \times 2W = 2W^2$

∴ $W = \sqrt{\dfrac{1250 m^2}{2}} = 25m$

∴ $L = 2 \times W = 2 \times 25m = 50m$

② 표면부하율($m^3/m^2 \cdot$ day) = $\dfrac{H}{t}$

$24 m^3/m^2 \cdot day = \dfrac{H}{\left(\dfrac{6hr}{24}\right)day}$

∴ H = 6m

③ W(폭) = 25m, L(길이) = 50m, H(깊이) = 6m

**59** 1일 10,000$m^3$의 폐수를 급속혼화지에서 체류시간 60sec, 평균속도경사(G) 400$sec^{-1}$인 기계식고속 교반장치를 설치하여 교반하고자 한다. 이 장치의 필요한 소요 동력은? (단, 수온은 10℃, 점성계수(μ)는 1.307×10$^{-3}$kg/m · s)

㉮ 약 2,621W  ㉯ 약 2,226W
㉰ 약 1,842W  ㉱ 약 1,452W

**풀이**
$P = G^2 \times \mu \times V$

P : 동력(watt)
G : 속도경사(/sec)
μ : 점성도(kg/m · sec)
V : 체적($m^3$)

① V($m^3$) = Q($m^3$/day)×t(day)
$= \dfrac{10,000 m^3}{day} \times \dfrac{1 day}{24 hr} \times \dfrac{1 hr}{3,600 sec} \times 60 sec$
$= 6.94 m^3$

② P = (400/sec)$^2$×1.307×10$^{-3}$kg/m · sec×6.94$m^3$
= 1,451.29 Watt

**answer** 57 ㉰  58 ㉰  59 ㉱

**60** 농축조에 함수율 99%인 일차슬러지를 투입하여 함수율 96%의 농축슬러지를 얻었다. 농축 후의 슬러지량은 초기 일차 슬러지량의 몇 %로 감소하였는가?
(단, 비중은 1.0 기준)

㉮ 50%  ㉯ 33%
㉰ 25%  ㉱ 20%

**풀이**
$V_1 \times (100-P_1) = V_2 \times (100-P_2)$
$V_1 \times (100-99) = V_2 \times (100-96)$
$\dfrac{V_2}{V_1} = \dfrac{(100-99)}{(100-96)} = 0.25$
따라서 $V_2$는 $V_1$의 25%에 해당된다.

| 제4과목 | 수질오염공정시험기준

**61** 노말헥산 추출물질 시험법에서 노말헥산 추출을 위한 시료의 pH 기준은?

㉮ pH 2 이하  ㉯ pH 4 이하
㉰ pH 9 이상  ㉱ pH 10 이상

**풀이**
① 시료의 pH 기준 : pH 4 이하
② 정량한계 : 0.5mg/L
③ 분석 시 지시약 : 메틸오렌지용액

**62** 시료의 보존방법이 [$H_2SO_4$로 pH 2 이하]에 해당되지 않는 항목은?

㉮ 암모니아성 질소
㉯ 아질산성 질소
㉰ 화학적 산소요구량
㉱ 노말헥산 추출물질

**풀이** ㉯ 아질산성 질소 : 보존방법 없음

**63** 다음은 페놀류(자외선 가시선 분광법) 측정시 간섭물질에 관한 내용이다. ( )안에 내용으로 옳은 것은?

> 황화합물의 간섭을 받을 수 있는데 이는 ( )을 사용하여 pH 4로 산성화하여 교반하면 황화수소나 이산화황으로 제거할 수 있다.

㉮ 황산    ㉯ 인산
㉰ 질산    ㉱ 염산

**64** 물벼룩을 이용한 급성 독성 시험법에 관한 내용으로 틀린 것은?

㉮ 물벼룩은 배양 상태가 좋을 때 7~10일 사이에 첫 부화된 건강한 새끼를 시험에 사용한다.
㉯ 시험하기 2시간 전에 먹이를 충분히 공급하여 시험 중 먹이가 주는 영향을 최소화 한다.
㉰ 시험생물은 물벼룩인 Daphnia Magna Straus를 사용하며, 출처가 명확하고 건강한 개체를 사용한다.
㉱ 먹이는 녹조류와 yeast, cerophyll(R), trout chow의 혼합액인 YCT를 사용한다.

**풀이** ㉮ 물벼룩은 배양 상태가 좋을 때 7~10일 사이에 첫 새끼를 부화하게 되는데 이때 부화된 새끼는 시험에 사용하지 않고 같은 어미가 약 네 번째 부화한 새끼부터 시험에 사용하여야 한다.

**answer** 60 ㉰  61 ㉯  62 ㉯  63 ㉯  64 ㉮

**65** 다음은 총질소-연속흐름법 측정에 관한 내용이다. ( )안에 내용으로 옳은 것은?

> 시료 중 모든 질소화합물을 산화분해하여 질산성질소 형태로 변화시킨 다음, ( )을 통과시켜 아질산성질소의 양을 550nm 또는 기기에서 정해진 파장에서 측정하는 방법이다.

㉮ 수산화소듐(0.025N)-용액 칼럼
㉯ 무수황산소듐 환원 칼럼
㉰ 환원증류·킬달 칼럼
㉱ 카드뮴-구리환원 칼럼

**66** 시료의 전처리 방법에 관한 내용으로 틀린 것은?

㉮ 마이크로파 산분해법 : 전반적인 처리 절차 및 원리는 산분해법과 같으나 마이크로파를 이용해서 시료를 가열하는 것이 다르다.
㉯ 마이크로파 산분해법 : 마이크로파를 이용하여 시료를 가열할 경우 고온, 고압하에서 조작할 수 있어 전처리 효율이 좋아진다.
㉰ 용매추출법 : 시료에 적당한 착화제를 첨가하여 시료 중의 금속류와 착화합물을 형성시킨 다음, 형성된 착화합물을 유기용매로 추출하여 분석하는 방법이다.
㉱ 용매추출법 : 시료 중에 분석 대상물의 농도가 높거나 단순한 물질을 추출 분석할 때 사용한다.

[풀이] ㉱ 용매추출법 : 시료 중에 분석 대상물의 농도가 낮거나 복잡한 매질 중에서 분석 대상물질만을 선택적으로 추출하여 분석하고자 할 때 사용한다.

**67** 크롬-원자흡수분광광도법의 정량한계에 관한 내용으로 옳은 것은?

㉮ 357.9nm에서 산처리법은 0.1mg/L, 용매추출법은 0.01mg/L이다.
㉯ 357.9nm에서 산처리법은 0.01mg/L, 용매추출법은 0.1mg/L이다.
㉰ 357.9nm에서 산처리법은 0.01mg/L, 용매추출법은 0.001mg/L이다.
㉱ 357.9nm에서 산처리법은 0.001mg/L, 용매추출법은 0.01mg/L이다.

[풀이] 크롬의 원자흡수분광광도법은 공기-아세틸렌불꽃을 주입하여 분석하며, 정량한계는 357.9nm에서 산처리법은 0.01mg/L, 용매추출법은 0.001mg/L이다.

**68** 물벼룩 급성 독성 항목을 분석하기 위한 시료의 최대 보존기간은?

㉮ 6시간  ㉯ 24시간
㉰ 36시간  ㉱ 48시간

[풀이] 물벼룩 급성 독성 항목을 분석하기 위한 시료의 최대 보존기간은 36시간이다.

**69** 식물성 플랑크톤 측정에 관한 설명으로 틀린 것은?

㉮ 시료가 육안으로 녹색이나 갈색으로 보일 경우 정제수로 적절한 농도로 희석한다.
㉯ 물속에 식물성 플랑크톤은 평판집락법을 이용하여 면적당 분포하는 개체수를 조사한다.
㉰ 식물성 플랑크톤은 운동력이 없거나 극히 적어 수체의 유동에 따라 수체 내에 부유하면서 생활하는 단일개체, 집락성, 선상형태의 광합성 생물을 총칭한다.
㉱ 시료의 개체수는 개수면적당 10~40정

**answer** 65 ㉱  66 ㉱  67 ㉰  68 ㉰  69 ㉯

도가 되도록 희석 또는 농축한다.

**풀이** ㉯ 물속에 부유생물인 식물성 플랑크톤을 현미경계수법을 이용하여 개체수를 조사하는 정량분석 방법이다.

**70** 다음은 시안(자외선 가시선 분광법) 측정에 관한 내용이다. ( )안에 내용으로 옳은 것은?

> 물속에 존재하는 시안을 측정하기 위하여 시료를 pH 2 이하의 산성에서 가열 증류하여 시안화물 및 시안착화합물의 대부분을 시안화수소로 유출시켜 포집한 다음, 포집된 시안이온을 중화하고 ( )을(를) 넣어 생성된 염화시안이 피리딘-피라졸론 등의 발색 시약과 반응하여 나타나는 청색을 620nm에서 측정하는 방법이다.

㉮ 클로라민 - T
㉯ 설퍼민 아마이드산
㉰ 염화제이철
㉱ 하이포염소산

**TIP**
**시안의 자외선 가시선 분광법**
물속에 존재하는 시안을 측정하기 위하여 시료를 pH 2 이하의 산성에서 가열 증류하여 시안화물 및 시안착화합물의 대부분을 시안화수소로 유출시켜 포집한 다음 포집된 시안이온을 중화하고 클로라민-T를 넣어 생성된 염화시안이 피리딘-피라졸론 등의 발색 시약과 반응하여 나타나는 청색을 620 nm에서 측정하는 방법이며, 정량한계는 0.01mg/L이다.

**71** 4각 웨어에 의하여 유량을 측정하려고 한다. 웨어의 수두 0.5m, 절단의 폭이 4m이면 유량(m³/분)은? (단, 유량 계수는 4.8 이다.)

㉮ 약 4.3   ㉯ 약 6.8
㉰ 약 8.1   ㉱ 약 10.4

**풀이**
$Q(m^3/min) = k \times b \times h^{\frac{3}{2}}$
$\begin{bmatrix} k : 유량계수 \\ b : 절단폭(m) \\ h : 수두(m) \end{bmatrix}$

따라서 $Q = 4.8 \times 4m \times (0.5m)^{\frac{3}{2}} = 6.79 m^3/min$

**72** 벤튜리미터(Venturi Meter)의 유량 측정공식, $Q = \dfrac{C \cdot A}{\sqrt{1-[(\lnot)]^4}} \cdot \sqrt{2gH}$ 에서 (ㄱ)에 들어갈 내용으로 옳은 것은?
(단, Q : 유량(cm³/sec), C : 유량계수, A : 목 부분의 단면적(cm²), g : 중력가속도(980cm/sec²), H : 수두차(cm))

㉮ 유입부의 직경/목(throat)부 직경
㉯ 목(throat)부 직경/유입부의 직경
㉰ 유입부 관 중심부에서의 수두/목(throat)부의 수두
㉱ 목(throat)부의 수두/유입부 관 중심부에서의 수두

**answer** 70 ㉮  71 ㉯  72 ㉯

**73** 다음 유량계 중 최대유량/최소유량 비가 가장 큰 것은?

㉮ 벤튜리미터
㉯ 오리피스
㉰ 자기식 유량 측정기
㉱ 피토우관

> **풀이** 유량계에 따른 정밀/정확도 및 최대유속과 최소유속의 비율

| 유량계 | 범위<br>(최대유량 :<br>최소유량) | 정확도,<br>(실제유량에<br>대한, %) | 정밀도<br>(최대유량에<br>대한, %) |
|---|---|---|---|
| 벤튜리미터 | 4 : 1 | ± 1 | ± 0.5 |
| 유량측정용<br>노즐 | 4 : 1 | ± 0.3 | ± 0.5 |
| 오리피스 | 4 : 1 | ± 1 | ± 1 |
| 피토우관 | 3 : 1 | ± 3 | ± 1 |
| 자기식<br>유량측정기 | 10 : 1 | ± 1~2 | ± 0.5 |

**74** 양극벗김전압전류법으로 분석할 수 있는 금속과 가장 거리가 먼 것은? (단, 공정시험기준)

㉮ 구리    ㉯ 납
㉰ 비소    ㉱ 아연

> **풀이** 분석방법
> ㉮ 구리 : 원자흡수분광광도법, 유도결합플라스마 - 원자발광분광법, 유도결합플라스마 - 질량분석법
> ㉯ 납 : 원자흡수분광광도법, 유도결합플라스마 - 원자발광분광법, 유도결합플라스마 - 질량분석법, 양극벗김전압전류법
> ㉰ 비소 : 수소화물생성 - 원자흡수분광광도법, 유도결합플라스마 - 원자발광분광법, 유도결합플라스마 - 질량분석법, 양극벗김전압전류법
> ㉱ 아연 : 원자흡수분광광도법, 유도결합플라스마 - 원자발광분광법, 유도결합플라스마 - 질량분석법, 양극벗김전압전류법

**75** 부유물질 측정시 간섭물질에 관한 설명과 가장 거리가 먼 것은?

㉮ 유지, 그리스, 왁스 등을 포함하는 시료의 경우 시료를 여과한다.
㉯ 칼슘, 마그네슘, 염화물, 황산염 등의 농도가 높을 경우 금속 침전이 발생하며 부유물질 측정에 영향을 줄 수 있다.
㉰ 나무 조각, 큰 모래입자 등과 같은 큰 입자들은 부유물질 측정에 방해를 주며, 이 경우 직경 2mm 금속망에 먼저 통과시킨 후 분석을 실시한다.
㉱ 증발잔유물이 1000mg/L 이상인 공장폐수 등은 여과지에 의한 측정 오차를 최소화하기 위해 여과지 세척을 하지 않는다.

> **풀이** ㉱ 증발잔유물이 1000mg/L 이상인 경우의 해수, 공장폐수 등은 특별히 취급하지 않을 경우 높은 부유물질 값을 나타낼 수 있다. 이 경우 여과지를 여러번 세척한다.

**76** 정도관리 요소 중 정밀도를 옳게 나타낸 것은? (단, n : 연속적으로 측정한 횟수)

㉮ 정밀도(%) = (n회 측정한 결과의 평균값/표준편차)×100
㉯ 정밀도(%) = (표준편차/n회 측정한 결과의 평균값)×100
㉰ 정밀도(%) = (상대편차/n회 측정한 결과의 평균값)×100
㉱ 정밀도(%) = (n회 측정한 결과의 평균값/상대편차)×100

> **풀이** 정밀도(precision)는 시험분석 결과의 반복성을 나타내는 것으로 반복시험하여 얻은 결과를 상대표준편차(RSD, relative standard deviation)로 나타내며. 연속적으로 n회 측정한 결과의 평균값($\bar{x}$)과 표준편차(s)로 구한다.
> 
> $$정밀도(\%) = \frac{s(표준편차)}{\bar{x}(n회\ 측정한\ 결과의\ 평균값)} \times 100$$

**answer** 73 ㉰   74 ㉮   75 ㉱   76 ㉯

**77** 공정시험기준의 내용으로 옳지 않은 것은?

㉮ 온수는 60~70℃, 냉수는 15℃ 이하를 말한다.
㉯ 방울수는 20℃에서 정제수 20방울을 적하할 때 그 부피가 약 1mL가 되는 것을 뜻한다.
㉰ '정밀히 단다'라 함은 규정된 수치의 무게를 0.1mg까지 다는 것을 말한다.
㉱ 각각의 시험은 따로 규정이 없는 한 상온에서 조작하고 조작 직후에 그 결과를 관찰한다. 단, 온도의 영향이 있는 것의 판정은 표준온도를 기준으로 한다.

**[풀이]** ㉰ '정밀히 단다'라 함은 규정된 양의 시료를 취하여 화학저울 또는 미량저울로 칭량함을 말한다.

**78** 폐수 내 불소화합물 측정에 적용 가능한 시험방법과 가장 거리가 먼 것은? (단, 공정시험기준)

㉮ 자외선 가시선 분광법
㉯ 불꽃원자흡수분광광도법
㉰ 이온전극법
㉱ 이온크로마토그래피

**[풀이]** 폐수 내 불소화합물 측정에 적용 가능한 시험방법으로는 자외선 가시선 분광법, 이온전극법, 이온크로마토그래피, 연속흐름법이 있다.

**79** 다음은 총대장균군-시험관법에 관한 설명이다. ( )안에 내용으로 옳은 것은?

> 물속에 존재하는 총대장균군을 측정하는 방법으로 ( )으로 나뉘며 추정시험이 양성일 경우 확정시험을 시행한다.

㉮ 배지를 이용하는 추정시험과 배양시험관을 이용하는 확정시험 방법
㉯ 배양시험관을 이용하는 추정시험과 배지를 이용하는 확정시험 방법
㉰ 백금이를 이용하는 추정시험과 다람시험관을 이용하는 확정시험방법
㉱ 다람시험관을 이용하는 추정시험과 백금이를 이용하는 확정시험 방법

**80** 시료의 보존방법과 최대보존기간에 관한 내용으로 틀린 것은?

㉮ 탁도 측정대상 시료의 최대 보존기간은 48시간이다.
㉯ 시안측정대상 시료는 NaOH로 pH 12 이상으로 하여 보존하고 최대 보존기간은 14일이다.
㉰ 냄새 측정대상시료는 4℃로 보존하며 최대보존기간은 12시간이다.
㉱ 전기전도도 측정대상시료의 최대보존기간이 24시간이다.

**[풀이]** ㉰ 냄새 측정대상시료는 가능한 한 빨리 분석 또는 냉장 보관하며 최대보존기간은 6시간이다.

**answer** 77 ㉰  78 ㉯  79 ㉱  80 ㉰

# 2013 3회 기출문제

| 제1과목 | 수질오염개론

**01** 최종 BOD가 15mg/L, DO가 5mg/L인 하천의 상류지점으로부터 6일 유하거리의 하류지점에서의 DO농도는 몇 mg/L인가? (단, DO 포화농도 9mg/L, 탈산소 계수는 0.1/day, 재폭기 계수는 0.2/day이다. 상용대수 기준, 온도영향 고려치 않음)

㉮ 3.1　　㉯ 4.3
㉰ 5.9　　㉱ 6.3

**풀이**

① $D_t = \dfrac{k_1 \times L_o}{k_2 - k_1} \times (10^{-k_1 \times t} - 10^{-k_2 \times t}) + D_o \times (10^{-k_2 \times t})$

$D_t$ : t시간 후 DO 부족농도(mg/L)
$k_1$ : 탈산소계수(/day)
$k_2$ : 재폭기계수(/day)
$L_o$ : 최종 BOD(= $BOD_u$)(mg/L)
$D_o$ : 초기산소 부족량(mg/L)
$D_o$ = 포화 DO 농도(Cs) - 하천의 DO 농도(C)

따라서 $D_t = \dfrac{0.1/day \times 15mg/L}{0.2/day - 0.1/day}$
$\times (10^{-0.1/day \times 6day} - 10^{-0.2/day \times 6day})$
$+ (9mg/L - 5mg/L) \times (10^{-0.2/day \times 6day})$
= 3.07mg/L

② 6일 유하거리의 하류지점에서의 DO 농도
= Cs - $D_t$ = 9mg/L - 3.07mg/L = 5.93mg/L

**02** 탈산소계수가 0.15/day이면 $BOD_5$와 $BOD_u$의 비는? (단, $BOD_5/BOD_u$, 밑수는 상용대수이다.

㉮ 약 0.69　　㉯ 약 0.74
㉰ 약 0.82　　㉱ 약 0.91

**풀이** $BOD_5 = BOD_u \times (1 - 10^{-k_1 \times t})$

$\dfrac{BOD_5}{BOD_u} = 1 - 10^{(-k_1 \times t)} = 1 - 10^{(-0.15/day \times 5day)}$
= 0.82

**03** 어떤 A도시에 유량 4.2m³/sec, 유속 0.4m/sec, BOD 7mg/L인 하천이 흐르고 있다. 이 하천에 유량 25.2m³/min, BOD 500mg/L인 공장폐수가 유입되고 있다면 하천수와 공장폐수와 합류지점의 BOD는? (단, 완전 혼합이라 가정함)

㉮ 약 33mg/L　　㉯ 약 45mg/L
㉰ 약 52mg/L　　㉱ 약 67mg/L

**풀이** 혼합공식 $C_m = \dfrac{Q_1 C_1 + Q_2 C_2}{Q_1 + Q_2}$ 를 이용한다.

$C_m = \dfrac{4.2m^3/sec \times 7mg/L + 25.2m^3/min \times 1min/60sec \times 500mg/L}{4.2m^3/sec + 25.2m^3/min \times 1min/60sec}$
= 51.82mg/L

**answer** 01 ㉰　02 ㉰　03 ㉰

**04** 지하수 오염의 특징으로 틀린 것은?

㉮ 지하수의 오염경로는 단순하여 오염원에 의한 오염범위를 명확하게 구분하기가 용이하다.
㉯ 지하수는 흐름을 눈으로 관찰할 수 없기 때문에 대부분의 경우 오염원의 흐름방향을 명확하게 확인하기 어렵다.
㉰ 오염된 지하수층을 제거, 원상 복구하는 것은 매우 어려우며 많은 비용과 시간이 소요된다.
㉱ 지하수는 대부분 지역에서 느린 속도로 이동하여 관측정이 오염원으로부터 원거리에 위치한 경우 오염원의 발견에 많은 시간이 소요될 수 있다.

**풀이** ㉮ 지하수의 오염경로는 복잡하여 오염원에 의한 오염범위를 명확하게 구분하기가 용이하지 못하다.

**05** 최종 BOD농도가 250mg/L인 글루코스($C_6H_{12}O_6$)용액을 호기성 처리할 때 필요한 이론적 질소(N) 농도는? (단, $BOD_5$ : N : P = 100 : 5 : 1, 탈산소계수(k = 0.01 $hr^{-1}$), 상용대수 기준)

㉮ 약 11.7mg/L  ㉯ 약 13.6mg/L
㉰ 약 15.4mg/L  ㉱ 약 17.4mg/L

**풀이** ① $BOD_5$ 를 계산한다.
$BOD_5 = BOD_u \times (1-10^{-k_1 \times t})$
$= 250mg/L \times (1-10^{-0.01/hr \times 24hr/day \times 5day})$
$= 234.23mg/L$
② 질소(N) 농도를 계산한다.
$BOD_5$ : N
100 : 5
234.23mg/L : N(mg/L)
∴ N = 11.71mg/L

**06** 액체내의 콜로이드들을 응집시키는데 기본적 메카니즘과 가장 거리가 먼 것은?

㉮ 이중층의 압축 완화
㉯ 전하의 중화
㉰ 침전물에 의한 포착
㉱ 입자간의 가교 형성

**풀이** ㉮ 이중층의 압축 강화

**07** $Ca(OH)_2$ 농도가 50mg/L인 용액의 pH는? (단, $Ca(OH)_2$는 완전 해리되며, Ca의 원자량은 40 이다.)

㉮ 11.1  ㉯ 11.3
㉰ 11.5  ㉱ 11.7

**풀이** $Ca(OH)_2 \rightarrow Ca^{2+} + 2OH^-$
  XM    XM   2XM
① $Ca(OH)_2$의 mol/L를 구한다.
$$\frac{mol}{L} = \frac{50 \times 10^{-3}g}{L} \times \frac{1mol}{74g} = 6.757 \times 10^{-4} mol/L$$
② $[OH^-]$농도 = 2XM = $2 \times 6.757 \times 10^{-4}$ mol/L
③ pH = $14 + \log[OH^-]$
    = $14 + \log[2 \times 6.757 \times 10^{-4} mol/L]$
    = 11.13

**TIP**

pH 계산
① 산성물질 pH = $-\log[H^+]$
② 알칼리성물질 pH = $14 + \log[OH^-]$

**answer** 04 ㉮  05 ㉮  06 ㉮  07 ㉮

**08** 생분뇨의 BOD는 19,500ppm, 염소이온 농도는 4,500ppm이다. 정화조 방류수의 염소이온 농도가 225ppm이고 BOD농도가 30ppm일 때, 정화조의 BOD 제거 효율은? (단, 희석 적용, 염소는 분해되지 않음)

㉮ 96%  ㉯ 97%
㉰ 98%  ㉱ 99%

**풀이** ① 희석배수치(P)를 계산한다.
$$P = \frac{\text{유입수 } Cl^-}{\text{유출수 } Cl^-} = \frac{4,500ppm}{225ppm} = 20$$
② BOD 제거효율($\eta$)를 계산한다.
$$\eta = \left(1 - \frac{\text{유출수 BOD} \times P}{\text{유입수 BOD}}\right) \times 100$$
$$= \left(1 - \frac{30ppm \times 20}{19,500ppm}\right) \times 100 = 96.92\%$$

**09** 부영양화의 영향으로 틀린 것은?

㉮ 부영양화가 진행되면 상품가치가 높은 어종들이 사라져 수산업의 수익성이 저하된다.
㉯ 부영양화된 호수의 수질은 질소와 인 등 영양염류의 이상 성장을 초래하고 병충해에 대한 저항력을 약화시킨다.
㉰ 부영양화의 pH는 중성 또는 약산성이나 여름에는 일시적으로 강산성을 나타내어 저니층의 용출을 유발한다.
㉱ 조류로 인해 정수공정의 효율이 저하된다.

**풀이** ㉰ 부영양화의 pH는 중성 또는 약알칼리성이나 여름에는 일시적으로 강알칼리성을 나타내어 저니층의 용출을 유발한다.

**10** 용액을 통해 흐르는 전류의 특성으로 틀린 것은?

㉮ 전류는 전자에 의해 운반된다.
㉯ 온도의 상승은 저항을 감소시킨다.
㉰ 대체로 전기저항이 금속의 경우보다 크다.
㉱ 용액에서 화학변화가 일어난다.

**풀이** ㉮ 전류는 전하에 의해 운반된다.

**11** 진핵세포 또는 원핵세포 내 기관 중 단백질 합성이 주요 기능인 것은?

㉮ 미토콘드리아  ㉯ 리보솜
㉰ 액포  ㉱ 리소좀

**풀이** 주요기능
㉮ 미토콘드리아 : 세포내 에너지 생성
㉯ 리보솜 : 단백질 생성
㉰ 액포 : 노폐물 배출 및 저장
㉱ 리소좀 : 소화기능

**12** 에탄올($C_2H_5OH$) 300mg/L가 함유된 폐수의 이론적 COD값은? (단, 기타 오염물질은 고려하지 않음)

㉮ 312mg/L  ㉯ 453mg/L
㉰ 578mg/L  ㉱ 626mg/L

**풀이** $C_2H_5OH + 3O_2 \rightarrow 2CO_2 + 3H_2O$
46g : 3×32g
300mg/L : COD
∴ COD = 626.09mg/L

**answer** 08 ㉯  09 ㉰  10 ㉮  11 ㉯  12 ㉱

**13** 자당(sucrose, $C_{12}H_{22}O_{11}$)이 완전히 산화될 때 이론적인 ThOD/ThOC 비는?

㉮ 2.67  ㉯ 3.83
㉰ 4.43  ㉱ 5.68

**풀이** $C_{12}H_{22}O_{11} + 12O_2 \rightarrow 12CO_2 + 11H_2O$

$$\frac{\text{ThOD(이론적인 산소요구량)}}{\text{ThOC(이론적인 유기탄소량)}} = \frac{12 \times 32g}{12 \times 12g} = 2.67$$

**14** 약산인 0.01N–$CH_3COOH$가 18% 해리되어 있다면 이 수용액의 pH는?

㉮ 약 2.15  ㉯ 약 2.25
㉰ 약 2.45  ㉱ 약 2.75

**풀이**
$$CH_3COOH \xrightarrow{18\% \text{ 해리}} CH_3COO^- + H^+$$

해리 전    0.01M          0M         0M
해리 후 0.01M-0.01M×0.18  0.01M×0.18  0.01M×0.18

따라서 pH = $-\log[H^+]$ = $-\log[0.01M \times 0.18]$ = 2.75

**TIP**
① $CH_3COOH$는 1가이므로 M농도 = N농도 이다.
② 해리후 $[H^+]$농도 = 0.01M×0.18이다.

**15** 다음의 기체 법칙 중 옳은 것은?

㉮ Boyle의 법칙 : 일정한 압력에서 기체의 부피는 절대온도에 정비례한다.
㉯ Henry의 법칙 : 기체가 관련된 화학반응에서는 반응하는 기체와 생성되는 기체의 부피 사이에 정수관계가 있다.
㉰ Graham의 법칙 : 기체의 확산속도(조그마한 구멍을 통한 기체의 탈출)는 기체 분자량의 제곱근에 반비례 한다.
㉱ Gay-Lussac의 결합 부피 법칙 : 혼합 기체 내의 각 기체의 부분압력은 혼합물 속의 기체의 양에 비례한다.

**풀이**
㉮ Boyle의 법칙 : 일정온도에서 기체의 압력과 그 부피는 서로 반비례한다.
㉯ Henry의 법칙 : 용해도가 크지 않은 기체가 일정한 온도에서 일정량의 액체에 녹는 무게는 압력에 비례하며, 혼합기체는 그 부분압력에 비례한다.
㉱ Gay-Lussac의 결합 부피 법칙 : 기체가 관련된 화학반응에서는 반응하는 기체와 생성된 기체의 부피사이에는 정수관계가 성립된다.

**16** 바닷물 중에는 0.054M의 $MgCl_2$가 포함되어 있다. 바닷물 250mL에는 몇 g의 $MgCl_2$가 포함되어 있는가? (단, Mg 및 Cl의 원자량은 각각 24.3 및 35.5임)

㉮ 약 0.8g  ㉯ 약 1.3g
㉰ 약 2.6g  ㉱ 약 3.9g

**풀이** $MgCl_2$의 1mol = 95.3g

$$\frac{mol}{L} = \frac{w(g)}{V(L)} \times \frac{1mol}{\text{분자량}(g)}$$

따라서 $0.054M(mol/L) = \frac{w(g)}{0.25L} \times \frac{1mol}{95.3g}$

∴ w = 1.29g

**17** 어떤 시료의 생물학적 분해가능 유기물질의 농도가 35mg/L이며, 시료에 함유된 물질의 경험적인 분자식을 $C_6H_{11}ON_2$라고 할 때 이 물질이 완전 산화되는데 소요되는 산소농도(mg/L)는? (단, 분해 최종산물은 $CO_2$, $H_2O$, $NH_3$이다.)

㉮ 40mg/L  ㉯ 50mg/L
㉰ 60mg/L  ㉱ 70mg/L

**풀이** $C_6H_{11}ON_2 + 6.75O_2 \rightarrow 6CO_2 + 2.5H_2O + 2NH_3$
127g : 6.75×32g
35mg/L : X(mg/L)
∴ X = 59.53mg/L

**answer** 13 ㉮  14 ㉱  15 ㉰  16 ㉯  17 ㉰

**18** 0.1ppb Cd 용액 1L 중에 들어 있는 Cd의 양(g)은?

㉮ $1 \times 10^{-6}$  ㉯ $1 \times 10^{-7}$
㉰ $1 \times 10^{-8}$  ㉱ $1 \times 10^{-9}$

**풀이** 0.1ppb = 0.1μg/L

따라서 $Cd(g) = \dfrac{0.1\mu g}{L} \times \dfrac{1g}{10^6 \mu g} \times 1L$
$= 1.0 \times 10^{-7} g$

**19** 5g의 $Ca(OH)_2$를 $Ca(HCO_3)_2$와 완전히 반응 시킨다면 $CaCO_3$의 이론적 생성량은? (단, Ca 원자량 : 40)

㉮ 6.3g  ㉯ 9.8g
㉰ 11.4g  ㉱ 13.5g

**풀이** $Ca(OH)_2 + Ca(HCO_3)_2 \rightarrow 2CaCO_3 + 2H_2O$
74g : $2 \times 100g$
5g : X
∴ X = 13.51g

**20** 산업폐수의 $BOD_5$가 235mg/L이며, $BOD_u$는 350mg/L이라면 $BOD_3$은? (단, 기타 조건은 같음, base는 상용대수)

㉮ 약 141mg/L  ㉯ 약 151mg/L
㉰ 약 161mg/L  ㉱ 약 171mg/L

**풀이** ① $k_1$(탈산소계수)를 계산한다.
$BOD_5 = BOD_u \times (1-10^{-k_1 \times t})$
$235mg/L = 350mg/L \times (1-10^{-k_1 \times 5day})$
∴ $k_1 = \dfrac{\log\left(1 - \dfrac{235mg/L}{350mg/L}\right)}{-5day} = 0.09667/day$

② $BOD_3$를 계산한다.
$BOD_3 = BOD_u \times (1-10^{-k_1 \times t})$
$= 350mg/L \times (1-10^{-0.09667/day \times 3day})$
$= 170.50 mg/L$

---

| 제2과목 | 상하수도 계획

**21** 계획오수량에 관한 설명으로 틀린 것은?

㉮ 지하수량은 1인1일 최대오수량의 5~10%를 표준으로 한다.
㉯ 계획1일최대오수량은 1인1일 최대오수량에 계획인구를 곱한 후, 여기에 공장 폐수량, 지하수량 및 기타 배수량을 더한 것으로 한다.
㉰ 계획1일평균오수량은 계획1일최대오수량의 70~80%를 표준으로 한다.
㉱ 계획시간최대오수량은 계획1일최대오수량의 1시간당 수량의 1.3~1.8배를 표준으로 한다.

**풀이** ㉮ 지하수량은 1인1일 최대오수량의 10~20%를 표준으로 한다.

**22** 펌프 수격작용(Water hammer)의 방지대책으로 틀린 것은? (단, 수주분리 발생의 방지법 기준)

㉮ 펌프의 플라이휠을 제거하여 관성을 최소화 한다.
㉯ 토출측 관로에 압력조절수조를 설치해서 부압발생장소에 물을 보급하여 부압을 방지함과 아울러 압력상승도 흡수한다.
㉰ 토출측 관로에 일방향 압력조절수조를 설치하여 압력강하시에 물을 보급해서 부압 발생을 방지한다.
㉱ 관내유속을 낮추거나 관거상황을 변경한다.

**풀이** ㉮ 펌프의 플라이휠을 붙인다.

---

answer  18 ㉯  19 ㉱  20 ㉱  21 ㉮  22 ㉮

**23** 다음은 상수 급수시설인 급수관의 배관에 관한 내용이다. ( )안에 옳은 내용은?

> 급수관을 공공도로에 부설할 경우에는 도로 관리자가 정한 점용위치와 깊이에 따라 배관해야 하며 다른 매설물과의 간격을 ( )이상 확보한다.

㉮ 0.3m  ㉯ 0.5m
㉰ 1.0m  ㉱ 1.5m

**24** 배수시설인 배수관의 최소동수압 및 최대정수압 기준으로 옳은 것은? (단, 급수관을 분기하는 지점에서 배수관내 수압기준)

㉮ 100kPa 이상을 확보 함, 500kPa를 초과하지 않아야 함.
㉯ 100kPa 이상을 확보 함, 600kPa를 초과하지 않아야 함.
㉰ 150kPa 이상을 확보 함, 700kPa를 초과하지 않아야 함.
㉱ 150kPa 이상을 확보 함, 800kPa를 초과하지 않아야 함.

**풀이** 배수지의 최소동수압 150kPa, 최대동수압 400kPa, 최대정수압 700kPa을 초과하지 않아야 한다.

**25** 취수지점으로부터 정수장까지 원수를 공급하는 시설 배관은?

㉮ 취수관  ㉯ 송수관
㉰ 도수관  ㉱ 배수관

**풀이** 상수도의 구성은 취수 - 도수 - 정수 - 송수 - 배수 - 급수 순서이다.

**26** 상수도시설인 배수지 용량에 대한 설명으로 옳은 것은?

㉮ 유효용량은 시간변동조정용량과 비상대처용량을 합하여 급수구역의 계획시간최대급수량의 8시간 분 이상을 표준으로 한다.
㉯ 유효용량은 시간변동조정용량과 비상대처용량을 합하여 급수구역의 계획시간최대급수량의 12시간 분 이상을 표준으로 한다.
㉰ 유효용량은 시간변동조정용량과 비상대처용량을 합하여 급수구역의 계획1일 최대급수량의 8시간 분 이상을 표준으로 한다.
㉱ 유효용량은 시간변동조정용량과 비상대처용량을 합하여 급수구역의 계획1일 최대급수량의 12시간 분 이상을 표준으로 한다.

**풀이** 핵심 내용은 계획 1일 최대급수량의 12시간분 이상임을 숙지하시면 됩니다.

**27** 하수처리시설 중 소독시설에서 사용하는 오존의 장단점으로 틀린 것은?

㉮ 병원균에 대하여 살균작용이 강하다.
㉯ 철 및 망간의 제거능력이 크다.
㉰ 경제성이 좋다.
㉱ 바이러스의 불활성화 효과가 크다.

**풀이** ㉰ 경제성이 낮다.

**answer** 23 ㉮  24 ㉰  25 ㉰  26 ㉱  27 ㉰

**28** 정수시설인 용존공기부상 공정 중 플록 형성지에 관한 설명으로 틀린 것은?

㉮ 약품침전지의 플록형성지에 비하여 상대적으로 낮은 교반강도를 갖는다.
㉯ 교반시간, 즉 체류시간은 일반적으로 15~20분 정도이다.
㉰ 기포플록덩어리가 부상지 수면쪽으로 향하도록 부상지 유입구에 경사진 저류벽을 설치한다.
㉱ 플록형성지 폭은 부상지의 폭과 같도록 한다.

**풀이** ㉮ 약품침전지의 플록형성지에 비하여 상대적으로 높은 교반강도를 갖는다.

**29** 상수도시설인 정수시설 중 급속 여과지의 여과모래에 대한 기준으로 틀린 것은?

㉮ 강열감량은 0.75% 이하일 것
㉯ 균등계수는 2.7 이하일 것
㉰ 비중은 2.55~2.65의 범위일 것
㉱ 마모율은 3% 이하일 것

**풀이** ㉯ 균등계수는 1.7 이하일 것

**TIP**
① 강열감량 : 재료를 1,000℃~1,200℃로 가열하였을 때 질량의 감소분을 말한다.
② 균등계수 : 체하입경 60%와 체하입경 10%의 입경비를 말한다.

**30** 하수처리, 재이용계획에서 계획오염부하량 및 계획유입수질에 관한 설명으로 틀린 것은?

㉮ 계획유입수질 : 하수의 계획유입수질은 계획오염부하량을 계획1일평균오수량으로 나눈 값으로 한다.
㉯ 공장폐수에 의한 오염부하량 : 폐수배출부하량이 큰 공장은 업종별 오염부하량 원단위를 기초로 추정하는 것이 바람직하다.
㉰ 생활오수에 의한 오염부하량 : 1인1일당 오염부하량 원단위를 기초로 하여 정한다.
㉱ 관광오수에 의한 오염부하량 : 당일관광과 숙박으로 나누고 각각의 원단위에서 추정한다.

**풀이** ㉯ 공장폐수에 의한 오염부하량 : 재해시설 등을 감안하되 실측자료를 기초로 하여 정함을 원칙으로 한다.

**31** 상수도관 부식의 종류 중 매크로셀 부식으로 분류되지 않는 것은? (단, 자연 부식 기준)

㉮ 콘크리트·토양
㉯ 이종금속
㉰ 산소농담(통기차)
㉱ 박테리아

**풀이** ㉱ 박테리아는 Micro cell 부식이다.

**TIP**
자연부식의 종류
① Macro cell 부식 : 콘크리트, 토양, 이종금속, 산소농담(통기차)
② Micro cell 부식 : 산성토양, 박테리아, 일반토양, 대기중 부식

**answer** 28 ㉮  29 ㉯  30 ㉯  31 ㉱

**32** 하수관거의 접합방법 중 굴착 깊이를 얕게 함으로써 공사비용을 줄일 수 있으며 수위상승을 방지하고 양정고를 줄일 수 있어 펌프로 배수하는 지역에 적합하나 상류부에서는 동수경사선이 관정보다 높이 올라갈 우려가 있는 것은?

㉮ 수면접합 ㉯ 관중심접합
㉰ 관저접합 ㉱ 관정접합

▶ 풀이 ㉰ 관저접합에 대한 설명이다.

**33** 하천수를 수원으로 하는 경우, 취수시설인 취수문에 대한 설명으로 틀린 것은?

㉮ 취수지점은 일반적으로 상류부의 소하천에 사용하고 있다.
㉯ 하상변동이 작은 지점에서 취수할 수 있어 복단면의 하천 취수에 유리하다.
㉰ 시공조건에서 일반적으로 가물막이를 하고 임시하도 설치 등을 고려해야 한다.
㉱ 기상조건에서 파랑에 대하여 특히 고려할 필요는 없다.

▶ 풀이 ㉯ 하상변동이 작은 지점에서 취수할 수 있어 단단면의 하천 취수에 유리하다.

**34** 펌프의 토출량이 12m³/min, 펌프의 유효흡입수두 8m, 규정회전수 2,000회/분인 경우, 이 펌프의 비교 회전도는?
(단, 양흡입의 경우가 아님)

㉮ 892 ㉯ 1,045
㉰ 1,286 ㉱ 1,457

▶ 풀이
$$Ns = N \times \frac{Q^{1/2}}{H^{3/4}}$$

$\begin{bmatrix} Ns : 비교회전도(rpm = 횟수/min) \\ N : 규정회전수(rpm) \\ Q : 토출량(m^3/min) \\ H : 총양정(m) \end{bmatrix}$

따라서 $Ns = 2,000회/분 \times \frac{(12m^3/min)^{1/2}}{(8m)^{3/4}}$

$= 1,457 rpm$

**35** 하수슬러지 농축방법 중 잉여슬러지 농축에 부적합한 것은?

㉮ 부상식 농축 ㉯ 중력식 농축
㉰ 원심분리 농축 ㉱ 중력벨트 농축

▶ 풀이 ㉯ 중력식 농축은 1차 슬러지에 적합하다.

**36** 계획급수인구 결정시 시계열경향분석에 의한 장래인구의 추계방법이 아닌 것은?

㉮ 변동곡선식에 의한 방법
㉯ 수정지수곡선식에 의한 방법
㉰ 베기곡선식에 의한 방법
㉱ 이론곡선식에 의한 방법

**37** 하수 고도처리(잔류 SS 및 잔류 용존유기물 제거)방법인 막 분리법에 적용되는 분리막 모듈 형식과 가장 거리가 먼 것은?

㉮ 중공사형 ㉯ 투사형
㉰ 판형 ㉱ 나선형

▶ 풀이 분리막의 모듈 형식에는 중공사형, 관형, 판형, 나선형이 있다.

---

**answer** 32 ㉰ 33 ㉯ 34 ㉱ 35 ㉯ 36 ㉮ 37 ㉯

**38** 막여과 정수시설의 막을 약품 세척할 때 사용되는 약품과 제거가능 물질을 나열한 것 중 잘못된 것은?

㉮ 수산화소듐 : 유기물
㉯ 황산 : 무기물
㉰ 옥살산 : 유기물
㉱ 산 세제 : 무기물

**풀이** ㉰ 옥살산 : 무기물

**39** 예비용량을 감안한 정수시설의 적정 가동율은?

㉮ 55% 내외가 적정하다.
㉯ 65% 내외가 적정하다.
㉰ 75% 내외가 적정하다.
㉱ 85% 내외가 적정하다.

**풀이** 예비용량을 감안한 정수시설의 적정 가동율은 75% 내외가 적정하다.

**40** 배수지의 고수위와 저수위와의 수위차, 즉 배수지의 유효수심의 표준으로 적절한 것은?

㉮ 1~2m
㉯ 2~4m
㉰ 3~6m
㉱ 5~8m

**풀이** 배수지의 유효수심의 표준으로는 3~6m이다.

| 제3과목 | 수질오염방지기술

**41** 폭기조의 MLSS농도를 3,000mg/L로 유지하기 위한 슬러지 반송비는? (단, SVI = 120, 유입수내 SS는 무시한다.)

㉮ 0.43  ㉯ 0.56
㉰ 0.62  ㉱ 0.74

**풀이** 반송비$(R) = \dfrac{MLSS-SS_i}{SS_r-MLSS}$ $\xrightarrow{\text{유입수의 SS 무시하면}}$

$= \dfrac{MLSS}{SS_r-MLSS}$

① $SVI = \dfrac{10^6}{SS_r}$ 에서

$SS_r = \dfrac{10^6}{SVI} = \dfrac{10^6}{120} = 8333.33mg/L$

② 반송비$(R) = \dfrac{3,000mg/L}{8333.33mg/L-3,000mg/L} = 0.56$

**42** 폭기조내의 MLSS 3,000mg/L, 폭기조 용적이 500m³인 활성슬러지 처리공법에서 최종 침전지에서 유출하는 SS를 무시할 경우 매일 20m³ 슬러지를 배출시키면 세포 평균 체류시간(SRT)은? (단, 배출 슬러지 농도는 1%)

㉮ 3.5일  ㉯ 5.5일
㉰ 7.5일  ㉱ 9.5일

**풀이** $SRT = \dfrac{MLSS \cdot V}{Q_w \cdot SS_w} = \dfrac{3,000mg/L \times 500m^3}{20m^3/day \times 1 \times 10^4 mg/L}$
$= 7.5 day$

**TIP**
① $SRT = MCRT = \theta_C$ = 미생물 체류시간
　　　　　　　　　　　= 고형물 체류시간
② % $\xrightarrow{\times 10^4}$ ppm
③ ppm = mg/L = g/m³
④ $SS_W$ = 1% = 1×10⁴ppm = 1×10⁴mg/L

**answer** 38 ㉰  39 ㉰  40 ㉰  41 ㉯  42 ㉰

**43** 생물학적 질소, 인 제거공정에서 폭기조의 기능과 가장 거리가 먼 것은?

㉮ 질산화  ㉯ 유기물 제거
㉰ 탈질  ㉱ 인 과잉섭취

**풀이** ㉰ 탈질은 무산소조의 역할이다.

**44** 생물학적 인 제거 공정 중 A/O 공법의 장단점으로 틀린 것은?

㉮ 폐슬러지내의 인의 함량(1% 이하)이 낮다.
㉯ 타공법에 비하여 운전이 비교적 간단하다.
㉰ 높은 BOD/P 비가 요구된다.
㉱ 비교적 수리학적 체류시간이 짧다.

**풀이** ㉮ 폐슬러지내의 인의 함량이 높다.

**45** 슬러지 개량을 위한 열처리의 장점으로 틀린 것은?

㉮ 고온 분해에 따라 악취가 발생되지 않는다.
㉯ 일반적으로 약품처리가 필요 없다.
㉰ 슬러지를 안정화시키고 병원균을 사멸한다.
㉱ 슬러지 성분변화에 민감하지 않다.

**풀이** ㉮ 악취가 발생된다.

**46** BOD 150mg/L의 폐수 800m³/d를 깊이 2m, 표면적 300m²의 살수여상조로 처리하는 공장에서 면적 절약을 위해 기존의 살수여상조를 깊이 4m, BOD 부하 0.6kg/m³·d의 활성슬러지법 폭기조로 개조하였다면 살수여상조 및 폭기조의 각 표면적만을 비교하였을 때 약 몇 m²가 절약되는가?

㉮ 100m²  ㉯ 150m²
㉰ 200m²  ㉱ 250m²

**풀이** ① BOD의 체적부하(kg/m³·day)

$$= \frac{BOD(kg/m^3) \times Q(m^3/day)}{V(m^3)}$$

$$= \frac{BOD(kg/m^3) \times Q(m^3/day)}{A(m^2) \times H(m)}$$

따라서 $0.6 kg/m^3 \cdot day = \frac{0.15 kg/m^3 \times 800 m^3/day}{A(m^2) \times 4m}$

∴ A = 50m²

② 절약되는 면적 = 300m² - 50m² = 250m²

**47** 플록을 형성하여 침강하는 입자들이 서로 방해를 받으므로 침전속도는 점차 감소하게 되며 침전하는 부유물과 상등수 간에 뚜렷한 경계면이 생기는 침전형태로 가장 적합한 것은?

㉮ 지역침전  ㉯ 압축침전
㉰ 압밀침전  ㉱ 응집침전

**풀이** ㉮ 지역침전(Ⅲ형침전)에 대한 설명이다.

**answer** 43 ㉰  44 ㉮  45 ㉮  46 ㉱  47 ㉮

**48** 활성슬러지 처리시설의 유출수에 대장균이 $10^7$ 마리/100mL가 있다고 할 때 이를 200마리/100mL 이하로 낮추기 위해 필요한 염소잔류량($C_t$)은? (단, 접촉시간은 20분으로 규정한다.)

$$\frac{N_t}{N_o} = (1+0.23 C_t \cdot t)^{-3}$$

㉮ 3.1mg/L   ㉯ 5.6mg/L
㉰ 7.8mg/L   ㉱ 9.4mg/L

**풀이**   $\frac{N_t}{N_o} = (1+0.23 \times C_t \times t)^{-3}$

- $N_o$ : 초기 대장균수
- $N_t$ : t시간 후 대장균수
- $C_t$ : 염소잔류량(mg/L)
- t : 접촉시간(min)

따라서 $\frac{200}{10^7} = (1+0.23 \times C_t \times 20\text{min})^{-3}$

$\left(\frac{200}{10^7}\right)^{-\frac{1}{3}} = (1+0.23 \times C_t \times 20\text{min})$

$\therefore C_t = \frac{\left(\frac{200}{10^7}\right)^{-\frac{1}{3}} - 1}{0.23 \times 20\text{min}} = 7.79\text{mg/L}$

**49** 역삼투 장치로 하루에 200,000L의 3차 처리된 유출수를 탈염시키고자 한다. 25℃에서의 물질전달 계수는 0.2068L/{(day-m²)(kPa)}, 유입수와 유출수의 압력차는 2,400kPa, 유입수와 유출수의 삼투압차는 310kPa, 최저운전온도는 10℃이다. 요구되는 막면적은? (단, $A_{10℃} = 1.2 A_{25℃}$)

㉮ 약 39m²   ㉯ 약 56m²
㉰ 약 78m²   ㉱ 약 94m²

**풀이** ① $Q_F = k \times (\triangle P - \triangle \pi)$

- $Q_F$ : 유출수량(L/m²·day)
- k : 물질전달계수(L/m²·day·kpa)
- $\triangle P$ : 압력차(kPa)

따라서
$Q_F = 0.2068\text{L/day} \cdot \text{m}^2 \cdot \text{kPa} \times (2,400-310)\text{kPa}$
$= 432.212\text{L/day} \cdot \text{m}^2$

② 25℃ 막의 면적($A_{25℃}$) = $\frac{Q(\text{L/day})}{Q_F(\text{L/day} \cdot \text{m}^2)}$

$= \frac{200,000\text{L/day}}{432.212\text{L/m}^2 \cdot \text{day}} = 46.27\text{m}^2$

③ $A_{10℃} = 1.2 \times A_{25℃} = 1.2 \times 46.27\text{m}^2 = 55.52\text{m}^2$

**50** BOD 200mg/L인 폐수가 1,200m³/day로 폭기조에 유입되고 있다. 폭기조 부피는 400m³, MLSS 농도는 2,000mg/L이다. F/M비를 0.15kgBOD/kgMLSS·d로 유지하자면 MLSS 농도를 얼마만큼 증가시켜야 되겠는가?

㉮ 500mg/L   ㉯ 1,000mg/L
㉰ 1,500mg/L   ㉱ 2,000mg/L

**풀이** ① F/M비 = $\frac{BOD \times Q}{MLSS \times V}$

$0.15/\text{day} = \frac{200\text{mg/L} \times 1,200\text{m}^3/\text{day}}{MLSS \times 400\text{m}^3}$

$\therefore$ MLSS = 4,000mg/L

② $\triangle$MLSS = 4,000mg/L - 2,000mg/L = 2,000mg/L

**answer**   48 ㉰   49 ㉯   50 ㉱

**51** 폭기조 혼합액을 30분간 침전시킨 후 침전물의 부피가 600mL/L이고 이때 MLSS가 3,000mg/L이면 SVI는?

㉮ 140　　㉯ 160
㉰ 180　　㉱ 200

**풀이** $SVI = \dfrac{SV(mL/L)}{MLSS(mg/L)} \times 10^3 = \dfrac{600mL/L}{3,000mg/L} \times 10^3 = 200$

**TIP**
① SVI : 슬러지 용적지수
② SVI의 단위 : mL/g
③ 정상침강 : SVI가 50 ~ 150
④ 슬러지 팽화 : SVI가 200 이상

**52** 함수율이 98%이고 고형물내 VS함량이 65%인 축산폐수 200m³/day를 혐기성 소화로 처리하고자 한다. 혐기성 소화조의 고형물 부하를 7.5kgVS/m³-day로 설계하고자 할 때 소화조의 용량은? (단, 축산폐수내 고형물의 비중은 1.0 이다.)

㉮ 238m³　　㉯ 347m³
㉰ 436m³　　㉱ 583m³

**풀이** 고형물 부하(kg/m³·day)
$= \dfrac{\text{폐수량}(m^3/day) \times \text{고형물량} \times VS량 \times \text{비중량}(kg/m^3)}{\text{체적}(m^3)}$

$7.5 kg/m^3 \cdot day = \dfrac{200 m^3/day \times 0.02 \times 0.65 \times 1,000 kg/m^3}{V(m^3)}$

∴ V = 346.67m³

**TIP**
① 고형물(%) + 함수율(%) = 100%
② 고형물(%) = 100 - 함수율(%)
　　　　　　 = 100 - 98% = 2%

**53** 속도경사(velocity gradient)에 대한 설명으로 틀린 것은?

㉮ 속도경사는 점성계수가 클수록 커진다.
㉯ 속도경사는 동력이 클수록 커진다.
㉰ 일반적으로 속도경사의 단위는 sec⁻¹이다.
㉱ 속도경사는 반응조 용적이 클수록 작아진다.

**풀이** ㉮ 속도경사는 점성계수가 클수록 작아진다.

**TIP**
속도경사(/sec) = $\dfrac{\text{동력(Watt)}}{\text{점성계수}(kg/m \cdot sec) \times \text{반응조 용적}(m^3)}$

**54** 다음의 중금속과 그 처리방법으로 가장 거리가 먼 것은?

㉮ 카드뮴 - 아말감 침전법
㉯ 납 - 황화물 침전법
㉰ 시안 - 알칼리염소법
㉱ 비소 - 수산화물 공침법

**풀이** 처리방법
㉮ 카드뮴 : 부상법, 여과법, 침전법(수산화물, 황화물, 탄산염), 이온교환법, 흡착법
㉯ 납 : 황화물 침전법, 수산화물 침전법
㉰ 시안 : 알칼리염소법, 오존산화법, 전해산화법, 산성탈기법, 감청법, 충격법, 전기투석법
㉱ 비소 - 수산화물 공침법

**TIP**
**무기수은계 폐수처리방법**
아말감법, 황화물침전법, 이온교환법, 흡착법

**answer** 51 ㉱　52 ㉯　53 ㉮　54 ㉮

**55** BOD 200mg/L, 유량 25m³/hr인 폐수를 활성슬러지법으로 처리하고자 한다. BOD 용적부하를 0.6kg BOD/m³·day로 유지하려면 폭기조의 수리학적 체류시간은?

㉮ 4시간  ㉯ 6시간
㉰ 8시간  ㉱ 10시간

**풀이**

① BOD 용적부하$(kg/m^3 \cdot day) = \dfrac{BOD \times Q}{V}$

따라서

$0.6kg/m^3 \cdot day = \dfrac{0.2kg/m^3 \times 25m^3/hr \times 24hr/day}{V(m^3)}$

∴ $V = 200m^3$

② 수리학적 체류시간$(t) = \dfrac{V}{Q} = \dfrac{200m^3}{25m^3/hr} = 8hr$

**56** 어떤 폐수의 암모니아성 질소가 10mg/L이고 동화작용에 충분한 유기탄소(CH₃OH)를 공급한다. 처리장의 유량이 3,000m³/day라면 미생물에 의한 완전한 동화작용 결과 생성되는 미생물생산량은? (단, $20CH_3OH + 15O_2 + 3NH_3 \rightarrow 3C_5H_7NO_2 + 5CO_2 + 34H_2O$를 적용한다.)

㉮ 242kg/day  ㉯ 314kg/day
㉰ 434kg/day  ㉱ 513kg/day

**풀이**

$3NH_3$-N : $3C_5H_7O_2N$
$3 \times 14g : 3 \times 113g$
$10 \times 10^{-3} kg/m^3 \times 3,000 m^3/day : x$
∴ $x = 242.14 kg/day$

**TIP**
암모니아성 질소($NH_3$-N)의 농도가 10mg/L이므로 암모니아 중 질소(N)와 미생물($C_5H_7O_2N$)을 비로 놓고 문제를 풀이한다.

**57** 폭기조의 유입수 BOD = 150mg/L, 유출수 BOD = 10mg/L, MLSS = 2,500mg/L, 미생물성장계수(Y) = 0.7kg, MLSS/kg BOD, 내생호흡계수(ke) = 0.01day⁻¹, 폭기시간(△t) = 6시간 이다. 미생물체류시간($\theta_c$)은?

㉮ 5.4일  ㉯ 6.8일
㉰ 7.4일  ㉱ 8.7일

**풀이**

$SRT = \dfrac{MLSS \times t}{Y \times (BOD_i - BOD_o) - ke \times MLSS \times t}$

$= \dfrac{2.5 kg/m^3 \times \left(\dfrac{6hr}{24}\right) day}{0.7 \times (0.15 - 0.01) kg/m^3 - 0.01/day \times 2.5 kg/m^3 \times \left(\dfrac{6hr}{24}\right) day}$

$= 6.81 day$

**TIP**

① $SRT = \dfrac{MLSS \cdot V}{Q_w \cdot SS_w}$

② $Q_w \cdot SS_w = Y \cdot Q \cdot (BOD_i - BOD_o) - ke \cdot MLSS \cdot V$

②식의 $Q_w \cdot SS_w$를 ①식의 $Q_w \cdot SS_w$에 대입한다.

$SRT = \dfrac{MLSS \cdot V}{Y \cdot Q \cdot (BOD_i - BOD_o) - ke \cdot MLSS \cdot V}$

여기서 $V = Q \times t$를 대입한다.

$SRT = \dfrac{MLSS \cdot Q \cdot t}{Y \cdot Q \cdot (BOD_i - BOD_o) - ke \cdot MLSS \cdot Q \cdot t}$

따라서 $SRT = \dfrac{MLSS \times t}{Y \times (BOD_i - BOD_o) - ke \times MLSS \times t}$

**answer** 55 ㉰  56 ㉮  57 ㉯

**58** 최종 BOD 5kg을 혐기성 조건에서 안정화 시킬 때 생산되는 이론적 메탄의 양은? (단, 유기물은 $C_6H_{12}O_6$로 가정함.)

㉮ 0.45kg  ㉯ 1.25kg
㉰ 2.15kg  ㉱ 3.65kg

**풀이** ① 유기물($C_6H_{12}O_6$)의 양을 계산한다.
$C_6H_{12}O_6 + 6O_2 \rightarrow 6CO_2 + 6H_2O$
180g : 6×32g
$X_1$ : 5kg
$X_1$ = 4.6875kg
② $CH_4$의 양을 계산한다.
$C_6H_{12}O_6 \rightarrow 3CO_2 + 3CH_4$
180g : 3×16g
4.6875kg : $X_2$
$X_2$ = 1.25kg

**59** 처리인구 5,200명인 2차 하수처리시설로 폭기식 라군 공정을 설계하고자 한다. 유량은 380L/cap·day, 유입 $BOD_5$는 200mg/L, 유출 $BOD_5$ 20mg/L, k(반응속도상수) = 2.1/day이며 kg $BOD_5$ 당 1.6kg 산소가 필요하다면 필요 반응시간에 따른 총 라군 부피는? (단, 1차 반응, 1차 침전지에서 유입 $BOD_5$의 33% 제거된다.)

㉮ 3,360m³  ㉯ 4,360m³
㉰ 5,360m³  ㉱ 6,360m³

**풀이** $Q(C_o - C_t) = k \cdot V \cdot C_t$
Q = 0.38m³/cap·day×5,200명 = 1,976m³/day
$C_o$ = 200mg/L×(1-0.33) = 134mg/L
따라서 1,976m³/day×(134-20)mg/L
= 2.1/day×V×20mg/L
∴ V = 5,363.43m³

**60** 직사각형 급속여과지를 설계하고자 한다. 설계조건이 다음과 같을 때, 급속여과지의 지수는 몇 개가 필요한가?

[설계조건]
- 유량 30,000m³/day
- 여과속도 120m/day
- 여과지 1지의 길이 10m, 폭 7m, 기타 조건은 고려하지 않음

㉮ 2  ㉯ 4
㉰ 6  ㉱ 8

**풀이** 여과속도(m/day) = $\dfrac{\text{유량}(m^3/day)}{\text{여과지 면적}(m^2) \times \text{지수}(N)}$

120m/day = $\dfrac{30,000m^3/day}{10m \times 7m \times N}$

∴ N = 3.57 ≒ 4개

## 제4과목 | 수질오염공정시험기준

**61** 수질오염공정시험기준상 이온전극법으로 측정할 수 있는 대상 항목과 가장 거리가 먼 것은?

㉮ 브롬   ㉯ 시안
㉰ 암모니아성 질소  ㉱ 염소이온

**풀이** 시험방법
㉮ 브롬 : 이온크로마토그래피
㉯ 시안 : 자외선 가시선 분광법, 이온전극법, 연속흐름법
㉰ 암모니아성 질소 : 자외선 가시선 분광법, 이온전극법, 적정법
㉱ 염소이온 : 이온크로마토그래피, 적정법, 이온전극법

**answer** 58 ㉯  59 ㉰  60 ㉯  61 ㉮

**62** 냄새 측정시 잔류염소 제거를 위해 첨가하는 용액은?

㉮ L-아스코빈산소듐
㉯ 티오황산소듐
㉰ 과망간산포타슘
㉱ 질산은

▶풀이 냄새 측정시 잔류염소 제거를 위해 첨가하는 용액은 티오황산소듐 용액이다.

**63** 대장균-효소기질정량법에 대한 내용이다. ( )안에 들어갈 알맞은 것은?

> 상용화된 용기와 시약을 사용하고, 무균조작으로 시료 100mL와 상용화된 효소기질 시약을 넣어 완전히 혼합하고 적정시간 (35±0.5)℃에서 배양 후 ( )램프를 사용하여 암실에서 형광을 관찰하여 MUG(4-methyl-umbelliferyl-$\beta$-D-glucuronide)에 의한 형광이 관찰되면 대장균 양성으로 판정하여 정량한다.

㉮ X-선  ㉯ 자외선
㉰ 적외선  ㉱ 가시광선

▶풀이 대장균의 효소기질정량법에서는 자외선 램프(365nm~366nm, 6와트)를 사용한다.

**64** 수질오염공정시험기준 총칙에 관한 설명으로 옳지 않은 것은?

㉮ 분석용 저울은 0.1mg까지 달 수 있는 것이어야 한다.
㉯ 시험결과의 표시는 정량한계의 결과 표시 자리수를 따르며, 정량한계 미만은 불검출된 것으로 간주한다.
㉰ '바탕시험을 하여 보정한다'라 함은 시료를 사용하여 같은 방법으로 조작한 측정치를 보정하는 것을 말한다.
㉱ '정확히 취하여'라 하는 것은 규정한 양의 액체를 부피피펫으로 눈금까지 취하는 것을 말한다.

▶풀이 ㉰ '바탕시험을 하여 보정한다'라 함은 시료에 대한 처리 및 측정을 할 때, 시료를 사용하지 않고 정제수를 이용하여 같은 방법으로 측정한 분석값을 시료의 분석값에서 빼는 것을 뜻한다.

**65** 총질소 실험방법과 가장 거리가 먼 것은? (단, 수질오염공정시험 기준)

㉮ 연속흐름법
㉯ 자외선 가시선 분광법 - 활성탄흡착법
㉰ 자외선 가시선 분광법 - 카드뮴·구리 환원법
㉱ 자외선 가시선 분광법 - 환원증류·킬달법

▶풀이 총질소 실험방법으로는 자외선 가시선 분광법(산화법), 자외선 가시선 분광법(카드뮴-구리 환원법), 자외선 가시선 분광법(환원증류-킬달법), 연속흐름법이 있다.

**66** 음이온 계면활성제를 자외선/가시선 분광법으로 측정할 때 사용되는 시약으로 옳은 것은?

㉮ 메틸 레드  ㉯ 메틸 오렌지
㉰ 메틸렌 블루  ㉱ 메틸렌 옐로우

▶풀이 음이온 계면활성제의 자외선 가시선 분광법 : 메틸렌블루와 반응시켜 생성된 청색의 착화합물을 클로로폼으로 추출하여 흡광도를 650 nm에서 측정하는 방법이다.

**answer** 62 ㉯  63 ㉯  64 ㉰  65 ㉯  66 ㉰

**67** 다음은 관내의 압력이 필요하지 않는 측정용 수로에서 유량을 측정하는데 적용하는 방법 중 용기에 의한 측정에 관한 내용이다. ( )안에 옳은 내용은?

> 최대 유량이 $1m^3$/분 미만인 경우 : 유수를 용기에 받아서 측정하며 용기는 용량 ( )를 사용하여 유수를 채우는데에 요하는 시간을 스톱워치로 잰다.

㉮ 100L ~ 200L  ㉯ 200L ~ 300L
㉰ 300L ~ 400L  ㉱ 400L ~ 500L

**TIP**
암기사항
① 용기의 용량 : 100~200L
② 시간 : 20초 이상
③ 유량$(m^3/min) = \dfrac{V(m^3)}{t(sec)} \times 60$

**68** 부유물질 측정시 간섭물질에 관한 설명으로 틀린 것은?

㉮ 증발잔류물이 1000mg/L 이상인 경우의 해수, 공장폐수 등은 특별히 취급하지 않을 경우, 높은 부유물질 값을 나타낼 수 있다.
㉯ 큰 모래입자 등과 같은 큰 입자들은 부유물질 측정에 방해를 주며 이 경우 직경 1mm 여과지에 먼저 통과시킨 후 분석을 실시한다.
㉰ 칼슘, 마그네슘, 염화물, 황산염 등의 농도가 높을 경우 금속 침전이 발생하며 부유물질 측정에 영향을 줄 수 있다.
㉱ 유지, 그리스, 왁스 등을 포함하는 시료의 경우 시료를 여과한다.

**풀이** ㉯큰 모래입자 등과 같은 큰 입자들은 부유물질 측정에 방해를 주며 이 경우 직경 2mm 금속망에 먼저 통과시킨 후 분석을 실시한다.

**69** 다음은 자외선 가시선 분광법을 적용하여 페놀류를 측정할 때 간섭물질에 관한 설명이다. ( )안에 옳은 내용은?

> 황화합물의 간섭을 받을 수 있는데 이는 ( )을 사용하여 pH로 산성화하여 교반하면 황화수소, 이산화황으로 제거할 수 있다.

㉮ 염산  ㉯ 질산
㉰ 인산  ㉱ 과염소산

**70** 적정법으로 염소이온을 측정할 때 정량한계로 옳은 것은?

㉮ 0.1mg/L  ㉯ 0.3mg/L
㉰ 0.5mg/L  ㉱ 0.7mg/L

**풀이** 염소이온의 정량한계
① 이온크로마토그래피 : 0.1mg/L
② 적정법 : 0.7mg/L
③ 이온전극법 : 5mg/L

**71** 금속류인 바륨의 시험방법과 가장 거리가 먼 것은? (단, 수질오염공정시험기준 적용)

㉮ 불꽃원자흡수분광광도법
㉯ 자외선 가시선 분광법
㉰ 유도결합플라스마 원자발광분광법
㉱ 유도결합플라스마 질량분석법

**풀이** 바륨의 시험방법으로는 불꽃원자흡수분광광도법, 유도결합플라스마-원자발광분광법, 유도결합플라스마-질량분석법이 있다.

**answer** 67 ㉮  68 ㉯  69 ㉰  70 ㉱  71 ㉯

**72** 파샬수로(Parshall flume)에 대한 설명으로 옳은 것은?

㉮ 수두차가 작은 경우에는 유량 측정의 정확도가 현저히 떨어진다.
㉯ 부유물질 또는 토사 등이 많이 섞여 있는 경우에는 목(throat)부분에 부유물질의 침전이 다량 발생되어 자연유하가 어렵다.
㉰ 재질은 부식에 대한 내구성이 강한 스테인레스 강판, 염화비닐합성수지 등을 이용하며 면처리는 매끄럽게 처리하여 가급적 마찰로 인한 수두손실을 적게 한다.
㉱ 관형 및 장방형으로 구분되며 패러데이(Faraday)의 법칙을 이용한다.

**풀이**
㉮ 수두차가 작은 경우에는 유량 측정의 정확도가 양호하다.
㉯ 부유물질 또는 토사 등이 많이 섞여 있는 경우에는 목(throat)부분에 부유물질의 침전이 적고 자연유하가 가능하다.
㉱번의 설명은 자기식 유량측정기이다.

**73** 웨어의 수두가 0.8m, 절단의 폭이 5m인 4각 웨어를 사용하여 유량을 측정하고자 한다. 유량계수가 1.6일 때 유량($m^3$/day)은?

㉮ 약 4,345  ㉯ 약 6,925
㉰ 약 8,245  ㉱ 약 10,370

**풀이**
① 4각웨어의 유량(Q) = $k \cdot b \cdot h^{\frac{3}{2}}$ ($m^3$/min)
   k : 유량계수
   b : 폭(m)
   h : 수두(m)

따라서 Q = $1.6 \times 5m \times (0.8m)^{\frac{3}{2}}$ = 5.72$m^3$/min

② Q($m^3$/day) = $\frac{5.72m^3}{min} \times \frac{60min}{1hr} \times \frac{24hr}{1day}$
   = 8,243.04$m^3$/day

**74** 온도 측정시 사용되는 용어 중 '담금'에 관한 내용으로 옳은 것은?

㉮ 온도 측정을 위해 대상 시료에 담그는 것으로 온담금과 반담금이 있다.
㉯ 온도 측정을 위해 대상 시료에 담그는 것으로 온담금과 부분담금이 있다.
㉰ 온도 측정을 위해 대상 시료에 담그는 것으로 온담금과 55mm 담금이 있다.
㉱ 온도 측정을 위해 대상 시료에 담그는 것으로 온담금과 76mm 담금이 있다.

**75** 수질오염공정시험기준 니켈의 시험방법으로 틀린 것은?

㉮ 원자흡수분광광도법
㉯ 유도결합플라스마-원자발광분광법
㉰ 유도결합플라스마-질량분석법
㉱ 양극벗김전압전류법

**풀이** 니켈의 시험방법
① 원자흡수분광광도법
② 유도결합플라스마-원자발광분광법
③ 유도결합플라스마-질량분석법

**answer** 72 ㉰  73 ㉰  74 ㉱  75 ㉱

**76** 총유기탄소 분석기기 내 산화부에서 유기탄소를 이산화탄소로 산화하는 방법으로 옳게 짝지은 것은?

㉮ 고온연소 산화방법, 저온연소 산화방법
㉯ 고온연소 산화방법, 전기전도도 산화방법
㉰ 고온연소 산화법, 과황산 열 산화법
㉱ 고온연소 산화방법, 비분산적외선 산화방법

**풀이** 유기탄소를 이산화탄소로 산화하는 방법으로는 고온연소 산화법, 과황산 UV 및 과황산 열 산화법이 있다.

**77** 다음 항목 중 시료 보존 방법이 나머지와 다른 것은?

㉮ 전기전도도
㉯ 아질산성 질소
㉰ 시안
㉱ 음이온계면활성제

**풀이** ㉮ 전기전도도 : 보존방법 없음
㉯ 아질산성 질소 : 보존방법 없음
㉰ 시안 : NaOH로 pH 12 이상으로 하여 보존
㉱ 음이온계면활성제 : 보존방법 없음

**78** 크롬-원자흡수분광광도법의 정량한계는?

㉮ 357.9 nm에서의 산처리법은 0.01 mg/L, 용매추출법은 0.001 mg/L이다.
㉯ 357.9 nm에서의 산처리법은 0.001 mg/L, 용매추출법은 0.01 mg/L이다.
㉰ 357.9 nm에서의 산처리법은 0.01 mg/L, 용매추출법은 0.01 mg/L이다.
㉱ 357.9 nm에서의 산처리법은 0.001 mg/L, 용매추출법은 0.001 mg/L이다.

**79** 자외선 가시선 분광법을 적용한 불소측정에 관한 설명으로 틀린 것은?

㉮ 란탄알리자린 콤프렉손의 착화합물이 불소이온과 반응 생성하는 청색의 복합 착화합물의 흡광도를 620nm에서 측정한다.
㉯ 정량한계는 0.03mg/L이다.
㉰ 알루미늄 및 철의 방해가 크나 증류하면 영향이 없다.
㉱ 전처리법으로 직접증류법과 수증기증류법이 있다.

**풀이** ㉯ 정량한계는 0.15mg/L이다.

**80** 다음 금속류 분석 시료 중 최대 보존기간이 가장 짧은 것은?

㉮ 비소     ㉯ 셀레늄
㉰ 알킬수은  ㉱ 6가크롬

**풀이** 최대 보존기간
㉮ 비소 : 6개월
㉯ 셀레늄 : 6개월
㉰ 알킬수은 : 1개월
㉱ 6가크롬 : 24시간

**answer** 76 ㉰  77 ㉰  78 ㉮  79 ㉯  80 ㉱

# 2014 1회 기출문제

| 제1과목 | 수질오염개론

**01** 어느 하천수의 단위시간당 산소전달율 $K_{La}$를 측정하고자 용존산소 농도를 측정하였더니 10mg/L이었다. 이때 용존산소 농도를 0mg/L으로 만들기 위해 필요한 $Na_2SO_3$의 이론첨가량은 얼마인가? (단, 원자량은 Na : 23, S : 32)

㉮ 104mg/L  ㉯ 92mg/L
㉰ 85mg/L   ㉱ 79mg/L

**풀이**
$Na_2SO_3 + 0.5O_2 \rightarrow Na_2SO_4$
126g : 0.5×32g
X : 10mg/L

$\therefore X = \dfrac{10mg/L \times 126g}{0.5 \times 32g} = 78.75mg/L$

**02** $Ca(OH)_2$ 500mg/L 용액의 pH는 얼마인가? (단, $Ca(OH)_2$는 완전해리, Ca 원자량 : 40)

㉮ 11.43  ㉯ 11.73
㉰ 12.13  ㉱ 12.53

**풀이** $Ca(OH)_2 \rightarrow Ca^{2+} + 2OH^-$
　　　　　XM　　XM　　2XM

① $Ca(OH)_2$의 mol/L를 구한다.

$mol/L = \dfrac{500mg}{L} \times \dfrac{1g}{10^3 mg} \times \dfrac{1mol}{74g}$
　　　$= 6.757 \times 10^{-3} mol/L$

② $[OH^-]$의 농도
　$= 2XM = 2 \times 6.757 \times 10^{-3} mol/L$

③ $pH = 14 + \log[OH^-]$
　　$= 14 + \log[2 \times 6.757 \times 10^{-3} mol/L]$
　　$= 12.13$

**TIP**
① 산성물질에서 $pH = -\log[H^+]$
② 알칼리성물질에서 $pH = 14 + \log[OH^-]$

**03** 다음에서 설명하는 일반적 기체 법칙은 어느 것인가?

> 여러 물질이 혼합된 용액에서 어느 물질의 증기압(분압)은 혼합액에서 그 물질의 몰 분율에 순수한 상태에서 그 물질의 증기압을 곱한 것과 같다.

㉮ 라울트의 법칙
㉯ 게이-루삭의 법칙
㉰ 헨리의 법칙
㉱ 그레함의 법칙

**풀이** ㉮ 라울트의 법칙에 대한 설명으로 핵심 용어는 증기압임을 숙지하시면 됩니다.

answer  01 ㉱  02 ㉰  03 ㉮

**04** 20% NaOH 용액은 몇 N 용액인가?

㉮ 2.0N  ㉯ 3.0N
㉰ 4.0N  ㉱ 5.0N

**풀이**
$$eq/L = \frac{20g}{100mL} \times \frac{10^3 mL}{L} \times \frac{1eq}{40g} = 5.0 eq/L$$

**TIP**
① N농도 = eq/L
② 20% 용액 = $\frac{20g}{100mL}$
③ NaOH 1eq = 40g

**05** 지하수의 수질을 분석한 결과 다음과 같았다. 이 지하수의 이온강도(I)는 얼마인가?

- $Ca^{2+}$ : $3 \times 10^{-4}$ mole/L
- $Na^+$ : $5 \times 10^{-4}$ mole/L
- $Mg^{2+}$ : $5 \times 10^{-5}$ mole/L
- $CO_3^{2-}$ : $2 \times 10^{-5}$ mole/L

㉮ 0.0099  ㉯ 0.00099
㉰ 0.0085  ㉱ 0.00085

**풀이** 이온강도(I)
$= \frac{\text{합}\{\text{이온의 몰수} \times (\text{이온가수})^2\}}{2}$
$= \frac{1}{2} \times \{(3 \times 10^{-4} \times 2^2) + (5 \times 10^{-4} \times 1^2) + (5 \times 10^{-5} \times 2^2) + (2 \times 10^{-5} \times 2^2)\}$
$= 0.00099$

**TIP**
이온강도(I)는 용액에 들어있는 이온의 전체농도를 나타내는 척도이다.

**06** 적조(red tide)에 관한 설명으로 가장 거리가 먼 것은?

㉮ 갈수기로 인하여 염도가 증가된 정체 해역에서 주로 발생한다.
㉯ 수중의 용존산소 감소에 의한 어패류의 폐사가 발생된다.
㉰ 수괴의 연직안정도가 크고 독립해 있을 때 발생된다.
㉱ 해저에 빈산소층이 형성할 때 발생한다.

**풀이** ㉮ 홍수시로 인하여 염도가 낮아진 정체 해역에서 주로 발생한다.

**07** pH 7인 물에서 $CO_2$의 해리상수는 $4.3 \times 10^{-7}$이고 $[HCO_3^-] = 8.6 \times 10^{-3}$ mol/L 일 때 $CO_2$ 농도는 얼마인가?

㉮ 68mg/L  ㉯ 78mg/L
㉰ 88mg/L  ㉱ 98mg/L

**풀이**
① $CO_2 + H_2O \rightleftharpoons HCO_3^- + H^+$

해리상수$(Ka) = \frac{[HCO_3^-][H^+]}{[CO_2]}$

$[H^+] = 10^{-pH}$ mol/L $= 10^{-7}$ mol/L

따라서 $4.3 \times 10^{-7} = \frac{[8.6 \times 10^{-3} mol/L][10^{-7} mol/L]}{[CO_2]}$

∴ $[CO_2] = 0.002$ mol/L

② $CO_2$의 mg/L $= \frac{0.002 mol}{L} \times \frac{44g}{1mol} \times \frac{10^3 mg}{1g}$
$= 88$ mg/L

**answer** 04 ㉱  05 ㉯  06 ㉮  07 ㉰

**08** 지구상에 분포하는 담수 중 빙하(만년설포함) 다음으로 가장 많은 비율을 차지하고 있는 것은 어느 것인가? (단, 담수 기준)

㉮ 하천수  ㉯ 지하수
㉰ 대기습도  ㉱ 토양수

> **풀이** 담수의 분포 순서
> 빙하(만년설 포함) > 지하수 > 지표수 > 토양의 수분 > 대기중의 수분 순이다.

**09** 1차 반응에 있어 반응 초기의 농도가 100mg/L이고, 4시간 후에 10mg/L로 감소되었다. 반응 2시간 후의 농도(mg/L)는 얼마인가?

㉮ 17.8  ㉯ 24.8
㉰ 31.6  ㉱ 42.8

> **풀이** 1차 반응식 : $\ln \frac{C_t}{C_o} = -k \times t$
>
> ① $\ln \frac{10mg/L}{100mg/L} = -k \times 4hr$
>
> ∴ $k = 0.5756/hr$
>
> ② $\ln \frac{C_t}{100mg/L} = -0.5756/hr \times 2hr$
>
> ∴ $C_t = 100mg/L \times e^{(-0.5756/hr \times 2hr)} = 31.63mg/L$

**10** 어느 하천에 다음과 같은 하수가 유입될 때 혼합지점으로부터 10km 하류 지점에서의 용존산소농도는 얼마인가? (단, 혼합수의 $k_1$과 $k_2$(밑수 e)는 0.2/일과 0.3/일이며 20℃에서의 포화산소농도는 9.2mg/L이다.)

|  | 하천 | 하수 |
|---|---|---|
| 유량 | 4.5m³/s | 0.9m³/s |
| $BOD_5$ | 2.4mg/L | 75mg/L |
| 온도 | 20℃ | 20℃ |
| DO | 8.0mg/L | 0.8mg/L |
| 유속 | 0.3m/s | |

㉮ 약 5.0mg/L  ㉯ 약 5.5mg/L
㉰ 약 6.0mg/L  ㉱ 약 6.5mg/L

> **풀이** $D_t = \frac{k_1 \times L_o}{k_2 - k_1} \times (e^{-k_1 \times t} - e^{-k_2 \times t}) + D_o \times e^{-k_2 \times t}$
>
> ① $L_o = BOD_u$ : 최종 BOD를 계산한다.
>
> $BOD_5 = \frac{Q_1 C_1 + Q_2 C_2}{Q_1 + Q_2}$
>
> $= \frac{4.5m^3/sec \times 2.4mg/L + 0.9m^3/sec \times 75mg/L}{(4.5+0.9)m^3/sec}$
>
> $= 14.5mg/L$
>
> $BOD_5 = BOD_u \times (1 - e^{-k_1 \times t})$
>
> $14.5mg/L = BOD_u \times (1 - e^{-0.2/day \times 5day})$
>
> ∴ $BOD_u = 22.94mg/L$
>
> ② 혼합수 중 DO 농도를 계산한다.
>
> $DO농도 = \frac{Q_1 C_1 + Q_2 C_2}{Q_1 + Q_2}$
>
> $= \frac{4.5m^3/sec \times 8.0mg/L + 0.9m^3/sec \times 0.8mg/L}{(4.5+0.9)m^3/sec}$
>
> $= 6.8mg/L$
>
> 따라서 $D_o = C_s - C = 9.2mg/L - 6.8mg/L$
>
> $= 2.4mg/L$
>
> ③ 시간(t) = $\frac{길이(L)}{유속(v)}$
>
> $= \frac{10 \times 10^3 m}{0.3m/sec \times 3,600sec/hr \times 24hr/day}$
>
> $= 0.39 day$
>
> ④ $D_t = \frac{0.2/day \times 22.94mg/L}{0.3/day - 0.2/day} \times (e^{-0.2/day \times 0.39day}$
>
> $- e^{-0.3/day \times 0.39day}) + 2.4mg/L \times (e^{-0.3/day \times 0.39day})$
>
> $= 3.758mg/L$
>
> ⑤ 10km 하류 지점에서의 용존산소 농도
> $= C_s - D_t = 9.2mg/L - 3.758mg/L = 5.44mg/L$

**answer** 08 ㉯  09 ㉰  10 ㉯

**11** 다음은 Graham의 기체법칙에 관한 내용이다. ( )안에 알맞은 것은 어느 것인가?

> 수소의 확산속도에 비해 염소는 약 ( ① ), 산소는 ( ② ) 정도의 확산속도를 나타낸다.

㉮ ① 1/6, ② 1/4
㉯ ① 1/6, ② 1/9
㉰ ① 1/4, ② 1/6
㉱ ① 1/9, ② 1/6

**풀이** 그레이엄의 법칙에서 기체의 확산속도는 그 분자량의 제곱근에 반비례 한다.
따라서 수소의 확산속도에 비해

염소의 확산속도 $= \sqrt{\dfrac{2}{71.5}} = \dfrac{1}{6}$

산소의 확산속도 $= \sqrt{\dfrac{2}{32}} = \dfrac{1}{4}$ 이다.

**TIP**
$Cl_2$의 분자량 = 71.5

**12** 글리신($CH_2(NH_2)COOH$)의 이론적 COD/TOC의 비는 얼마인가? (단, 글리신의 최종 분해산물은 $CO_2$, $HNO_3$, $H_2O$ 이다.)

㉮ 2.83
㉯ 3.76
㉰ 4.67
㉱ 5.38

**풀이** $CH_2(NH_2)COOH + 3.5O_2$
$\to 2CO_2 + 2H_2O + HNO_3$

$\dfrac{COD}{TOC} = \dfrac{3.5 \times 32g}{2 \times 12g} = 4.67$

**13** 하천모델의 종류 중 DO SAG - Ⅰ, Ⅱ, Ⅲ에 관한 설명으로 가장 거리가 먼 것은?

㉮ 2차원 정상상태 모델이다.
㉯ 점오염원 및 비점오염원이 하천의 용존산소에 미치는 영향을 나타낼 수 있다.
㉰ Streeter-Phelps식을 기본으로 한다.
㉱ 저질의 영향이나 광합성 작용에 의한 용존산소반응을 무시한다.

**풀이** ㉮ 1차원 정상상태 모델이다.

**14** 해수의 특성으로 가장 거리가 먼 것은?

㉮ 해수의 밀도는 수온, 염분, 수압에 영향을 받는다.
㉯ 해수는 강전해질로서 1L 당 평균 35g의 염분을 함유한다.
㉰ 해수내 전체질소 중 35% 정도는 질산성질소 등 무기성 질소 형태이다.
㉱ 해수의 Mg/Ca비는 3~4 정도이다.

**풀이** ㉰ 해수내 전체질소 중 35% 정도는 암모니아성 질소와 유기질소의 형태이다.

**15** 지하수의 특성에 관한 설명으로 가장 거리가 먼 것은?

㉮ 염분함량이 지표수보다 낮다.
㉯ 주로 세균(혐기성)에 의한 유기물 분해 작용이 일어난다.
㉰ 국지적인 환경조건의 영향을 크게 받는다.
㉱ 빗물로 인하여 광물질이 용해되어 경도가 높다.

**풀이** ㉮ 염분함량이 지표수보다 높다.

**answer** 11 ㉮  12 ㉰  13 ㉮  14 ㉰  15 ㉮

**16** 탈산소계수($k_1$)가 0.20 day$^{-1}$인 하천의 $BOD_5$농도가 100mg/L이었다. $BOD_1$은 얼마인가? (단, 상용대수 기준)

㉮ 36mg/L  ㉯ 41mg/L
㉰ 46mg/L  ㉱ 51mg/L

**풀이** ① $BOD_5 = BOD_u \times (1-10^{-k_1 \times t})$
100mg/L = $BOD_u \times (1-10^{-0.2/day \times 5day})$
∴ $BOD_u = \dfrac{100mg/L}{(1-10^{-0.2/day \times 5day})} = 111.11mg/L$

② $BOD_1 = 111.11mg/L \times (1-10^{-0.2/day \times 1day})$
= 41.0mg/L

**17** 호소나 저수지의 여름철 성층현상에 관한 설명으로 가장 거리가 먼 것은?

㉮ 수온차에 따라 표수층, 수온약층, 심수층의 성층을 이룬다.
㉯ 하층의 물은 표층으로 잘 순환(turn over)되지 않고 수직운동은 상층에만 국한된다.
㉰ 완충작용을 하는 수온약층의 깊이에 따른 수온차이는 표층수에 비해 매우 적다.
㉱ 수심에 따른 온도변화로 인해 발생되는 물의 밀도차에 의해 발생된다.

**풀이** ㉰ 수온약층은 표층수에 비하여 수심에 따른 온도차이가 크다.

**18** 다음 수질을 가진 농업용수의 SAR 값은 얼마인가? (단, Na$^+$ = 460mg/L, PO$_4^{3-}$ = 1,500mg/L, Cl$^-$ = 108mg/L, Ca$^{++}$ = 600mg/L, Mg$^{++}$ = 240mg/L, NH$_3$-N = 380mg/L, Na 원자량 : 23, P 원자량 : 31, Cl 원자량 : 35.5, Ca 원자량 : 40, Mg 원자량 : 24)

㉮ 2   ㉯ 4
㉰ 6   ㉱ 8

**풀이** ① mN = mg/L ÷ 1mg 당량
Na$^+$ = 460mg/L ÷ 23 = 20mN
Ca$^{2+}$ = 600mg/L ÷ 20 = 30mN
Mg$^{2+}$ = 240mg/L ÷ 12 = 20mN

② $SAR = \dfrac{Na^+}{\sqrt{\dfrac{Ca^{2+}+Mg^{2+}}{2}}}$

$= \dfrac{20mN}{\sqrt{\dfrac{30mN+20mN}{2}}} = 4$

**TIP**
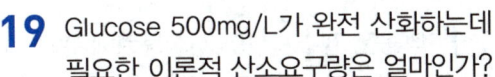
SAR = 소듐 흡착률

**19** Glucose 500mg/L가 완전 산화하는데 필요한 이론적 산소요구량은 얼마인가?

㉮ 533mg/L  ㉯ 633mg/L
㉰ 733mg/L  ㉱ 833mg/L

**풀이** $C_6H_{12}O_6 + 6O_2 \rightarrow 6CO_2 + 6H_2O$
180g  :  6×32g
500mg/L : X

∴ $X = \dfrac{6 \times 32g \times 500mg/L}{180g} = 533.33mg/L$

**TIP**
글루코스 = 포도당 = $C_6H_{12}O_6$

**answer** 16 ㉯  17 ㉰  18 ㉯  19 ㉮

**20** 어떤 하천수의 분석결과이다. 총경도 (mg/L as CaCO$_3$)는 얼마인가? (단, 원자량 : Ca 40, Mg 24, Na 23, Sr 88)

[분석 결과]
Na$^+$ : 25mg/L    Mg$^{2+}$ : 11mg/L
Ca$^{2+}$ : 8mg/L    Sr$^{2+}$ : 2mg/L

㉮ 약 68   ㉯ 약 78
㉰ 약 88   ㉱ 약 98

**풀이**
$$\frac{총경도(mg/L)}{50g}$$
$$= \frac{Ca^{2+}mg/L}{20g} + \frac{Mg^{2+}mg/L}{12g} + \frac{Sr^{2+}mg/L}{44g}$$
$$= \frac{8mg/L}{20g} + \frac{11mg/L}{12g} + \frac{2mg/L}{44g}$$
∴ 총경도 = 68.11mg/L

| 제2과목 | 상하수도 계획

**21** 다음은 정수시설의 시설능력에 관한 내용이다. ( )안에 알맞은 것은?

소비자에게 고품질의 수도 서비스를 중단없이 제공하기 위하여 정수시설은 유지보수, 사고대비, 시설 개량 및 확장 등에 대비하여 적절한 예비용량을 갖춤으로서 수도시스템으로의 안정성을 높여야 한다. 이를 위하여 예비용량을 감안한 정수시설의 가동율은 ( )내외가 적정하다.

㉮ 70%   ㉯ 75%
㉰ 80%   ㉱ 85%

**풀이** 예비용량을 감안한 정수시설의 가동율은 75% 내외가 적정하다.

**22** 도수관을 설계할 때 평균유속 기준으로 가장 적당한 것은?

㉮ 자연유하식인 경우, 허용최대한도는 1.5m/s, 도수관의 평균유속은 최소한도 0.3m/s로 한다.
㉯ 자연유하식인 경우, 허용최대한도는 1.5m/s, 도수관의 평균유속은 최소한도 0.6m/s로 한다.
㉰ 자연유하식인 경우, 허용최대한도는 3.0m/s, 도수관의 평균유속은 최소한도 0.3m/s로 한다.
㉱ 자연유하식인 경우, 허용최대한도는 3.0m/s, 도수관의 평균유속은 최소한도 0.6m/s로 한다.

**풀이** 도수관을 설계할 때 평균유속 기준은 자연유하식인 경우, 허용최대한도는 3.0m/s, 도수관의 평균유속은 최소한도 0.3m/s로 한다.

**23** 경사가 2‰인 하수관거의 길이가 6,000m일 때 상류관과 하류관의 고저차는 얼마인가? (단, 기타 조건은 고려하지 않음)

㉮ 3m    ㉯ 6m
㉰ 9m    ㉱ 12m

**풀이**
경사(I) = $\frac{\triangle H}{\triangle L}$
∴ $\triangle H$ = 경사(I) × $\triangle L$
   = $\frac{2}{1,000}$ × 6,000m = 12m

**answer** 20 ㉮  21 ㉯  22 ㉰  23 ㉱

**24** 펌프의 규정토출량 50m³/min, 펌프의 규정회전수 900회/min, 펌프의 규정양정 15m 일때 비교회전도는 얼마인가?

㉮ 약 835   ㉯ 약 926
㉰ 약 1,048  ㉱ 약 1,135

**풀이**

$$N_s = N \times \frac{Q^{\frac{1}{2}}}{H^{\frac{3}{4}}}$$

- $N_s$ : 비교회전도(rpm)
- $N$ : 규정회전수(rpm)
- $Q$ : 토출량(m³/min)
- $H$ : 전양정(m)

따라서 $N_s = 900회/min \times \frac{(50m^3/min)^{\frac{1}{2}}}{(15m)^{\frac{3}{4}}} = 835 rpm$

**TIP**

$rpm = \frac{회}{min}$

**25** 해수 담수화방식의 상변화방식 중 결정법인 것은 어느 것인가?

㉮ 다중효용법   ㉯ 투과기화법
㉰ 가스수화물법  ㉱ 증기압축법

**풀이** ① 상변화방식
  ㉠ 증발법 : 다단 플래쉬법, 다중 효용법, 증기 압축법, 투과기화법
  ㉡ 결정법 : 냉동법, 가스수화물법
② 상불변방식
  ㉠ 막법 : 역삼투법, 전기투석법
  ㉡ 용매추출법

**26** 자연부식 중 매크로셀 부식에 해당되는 것은 어느 것인가?

㉮ 산소농담(통기차)
㉯ 특수토양부식
㉰ 간섭
㉱ 박테리아부식

**풀이** ① 자연부식
  ㉠ Macro cell 부식 : 콘크리트, 토양, 이종금속, 산소농담(통기차)
  ㉡ Micro cell 부식 : 산성토양, 박테리아, 일반토양, 대기중 부식
② 전기식(전식) 부식 : 간섭

**27** 상수처리를 위한 침사지 구조에 관한 내용으로 가장 거리가 먼 것은?

㉮ 표면부하율은 200~500mm/min을 표준으로 한다.
㉯ 지내 평균유속은 2~7m/min을 표준으로 한다.
㉰ 지의 상단높이는 고수위보다 0.6~1m의 여유고를 둔다.
㉱ 지의 유효수심은 3~4m를 표준으로 한다.

**풀이** ㉯ 지내 평균유속은 2~7cm/sec를 표준으로 한다.

**28** 정수시설인 착수정의 용량 기준은 어느 것인가?

㉮ 체류시간 1.5분 이상
㉯ 체류시간 3.0분 이상
㉰ 체류시간 15분 이상
㉱ 체류시간 30분 이상

**풀이** 정수시설인 착수정의 용량 기준은 체류시간 1.5분 이상이다.

**answer** 24 ㉮  25 ㉰  26 ㉮  27 ㉯  28 ㉮

**29** 우수관거 및 합류관거의 최소관경에 관한 내용으로 맞는 것은?

㉮ 200mm를 표준으로 한다.
㉯ 250mm를 표준으로 한다.
㉰ 300mm를 표준으로 한다.
㉱ 350mm를 표준으로 한다.

**풀이** 최소관경
① 오수관거의 최소관경 : 250mm
② 오수관거의 최소관경의 표준 : 200mm
③ 우수관거 및 합류관거의 최소관경 : 300mm
④ 우수관거 및 합류관거의 최소관경의 표준 : 250mm

**30** 관거별 계획하수량을 정할 때 고려사항으로 가장 거리가 먼 것은?

㉮ 오수관거에서는 계획시간최대오수량으로 한다.
㉯ 차집관거는 계획시간최대오수량과 계획우수량을 합한 것으로 한다.
㉰ 지역의 실정에 따라 계획하수량에 여유율을 둘 수 있다.
㉱ 우수관거에서는 계획우수량으로 한다.

**풀이** ㉯차집관거에서 계획하수량은 우천시 계획 오수량으로 한다.

**31** 다음 중 막모듈의 열화 내용과 가장 거리가 먼 것은?

㉮ 장기적인 압력부하에 의한 막 구조의 압밀화
㉯ 건조되거나 수축으로 인한 막 구조의 비가역적인 변화
㉰ 원수 중의 고형물이나 진동에 의한 막 면의 상처나 마모, 파단
㉱ 막의 다공질부의 흡착, 석출, 포착 등에 의한 폐색

**풀이** ㉱막의 다공질부의 흡착, 석출, 포착 등에 의한 폐색은 파울링의 내용이다.

**TIP**
**막의 열화 및 파울링**
1. 열화
   ① 정의 : 막 자체의 변질로 생긴 비가역적인 막 성능의 저하를 의미한다.
   ② 내용
      ㉠ 장기적인 압력부하에 의한 막 구조의 압밀화
      ㉡ 원수 중의 고형물이나 진동에 의한 막 면의 상처나 마모, 파단
      ㉢ 건조되거나 수축으로 인한 막 구조의 비가역적인 변화
      ㉣ 막이 pH나 온도 등의 작용에 의한 분해
      ㉤ 산화제에 의하여 막 재질의 특성변화나 분해
      ㉥ 미생물과 막 재질의 자화 또는 분비물의 작용에 의한 변화
2. 파울링
   ① 정의 : 막 자체의 변질이 아닌 외적 인자로 생긴 막 성능의 저하를 의미한다.
   ② 내용
      ㉠ 막의 다공질부의 흡착, 석출, 포착 등에 의한 폐색(막힘)
      ㉡ 막모듈의 공급유로 또는 여과수 유로가 고형물로 폐색되어 흐르지 않는 상태(유로폐색)

**answer** 29 ㉯  30 ㉯  31 ㉱

**32** 다음은 하수 관거의 접합에 관한 내용이다. ( )안에 알맞은 것은?

> 2개의 관거가 합류하는 경우의 중심교각은 되도록 ( ① ) 이하로 하고 곡선을 갖고 합류하는 경우의 곡률반경은 내경의 ( ② ) 이상으로 한다.

㉮ ① 45° ② 5배  ㉯ ① 45° ② 10배
㉰ ① 60° ② 5배  ㉱ ① 60° ② 10배

**풀이** 중심교각은 60°, 곡률반경은 내경의 5배 이상으로 한다.

**33** 호소, 댐을 수원으로 하는 경우, 취수시설에 관한 설명으로 가장 거리가 먼 것은?

㉮ 취수탑(가동식) : 일반적인 철근콘크리트조로 축조하며 수심이 특히 깊은 저수지 등에서 사용된다.
㉯ 취수문 : 일반적으로 중, 소량 취수에 사용된다.
㉰ 취수틀 : 구조가 간단하고 시공도 비교적 용이하다.
㉱ 취수틀 : 수중에 설치되므로 호소의 표면수는 취수할 수 없다.

**풀이** ㉮ 취수탑은 하천이나 호소, 댐에서의 취수시설로 알맞다.

**34** 계획오염부하량 및 계획유입수질에 관한 설명으로 틀린 것은?

㉮ 관광오수에 의한 오염부하량은 당일관광과 숙박으로 나누고 각각의 원단위에서 추정한다.
㉯ 영업오수에 의한 오염부하량은 업무의 종류 및 오수의 특징 등을 감안하여 결정한다.
㉰ 생활오수에 의한 오염부하량은 1인1일당 오염부하량 원단위를 기초로 하여 정한다.
㉱ 하수의 계획유입수질은 계획오염부하량을 계획1일 최대오수량으로 나눈 값으로 한다.

**풀이** ㉱ 하수의 계획유입수질은 계획오염부하량을 계획1일 평균오수량으로 나눈 값으로 한다.

**35** 하수도시설인 우수조정지의 여수토구에 관한 설명으로 맞는 것은?

㉮ 여수토구는 확률년수 10년 강우의 최대우수유출량의 1.2배 이상의 유량을 방류시킬 수 있는 것으로 한다.
㉯ 여수토구는 확률년수 10년 강우의 최대우수유출량의 1.44배 이상의 유량을 방류시킬 수 있는 것으로 한다.
㉰ 여수토구는 확률년수 100년 강우의 최대우수유출량의 1.2배 이상의 유량을 방류시킬 수 있는 것으로 한다.
㉱ 여수토구는 확률년수 100년 강우의 최대우수유출량의 1.44배 이상의 유량을 방류시킬 수 있는 것으로 한다.

**풀이** 여수토구는 확률년수 100년 강우의 최대우수유출량의 1.44배 이상의 유량을 방류시킬 수 있는 것으로 한다.

**answer** 32 ㉰  33 ㉮  34 ㉱  35 ㉱

**36** 하수도 배제방식 중 분류식에 관한 내용으로 틀린 것은? (단, 합류식과 비교 기준)

㉮ 관거오접 : 없다.
㉯ 관거내 퇴적 : 관거 내의 퇴적이 적다.
㉰ 처리장으로의 토사유입 : 토사의 유입이 있지만 합류식 정도는 아니다.
㉱ 건설비 : 오수관거와 우수관거의 2계통을 건설하는 경우는 비싸지만 오수관거만을 건설하는 경우는 가장 저렴하다.

▶ 풀이 ㉮ 관거오접 : 철저한 감시가 필요하다.

**37** 말굽형 하수관거의 장점으로 가장 거리가 먼 것은?

㉮ 대구경 관거에 유리하며 경제적이다.
㉯ 수리학적으로 유리하다.
㉰ 단면형상이 간단하여 시공성이 우수하다.
㉱ 상반부의 아치작용에 의해 역학적으로 유리하다.

▶ 풀이 ㉰ 단면형상이 복잡하여 시공성이 열악하다.

**38** 정수시설인 배수관의 수압에 관한 설명으로 맞는 것은?

㉮ 급수관을 분기하는 지점에서 배수관내의 최대 정수압은 150kPa(약 1.6kg$_f$/cm$^2$)를 초과하지 않아야 한다.
㉯ 급수관을 분기하는 지점에서 배수관내의 최대 정수압은 250kPa(약 2.6kg$_f$/cm$^2$)를 초과하지 않아야 한다.
㉰ 급수관을 분기하는 지점에서 배수관내의 최대 정수압은 450kPa(약 4.6kg$_f$/cm$^2$)를 초과하지 않아야 한다.
㉱ 급수관을 분기하는 지점에서 배수관내의 최대 정수압은 700kPa(약 7.1kg$_f$/cm$^2$)를 초과하지 않아야 한다.

▶ 풀이 급수관을 분기하는 지점에서 배수관내의 최대 정수압은 700kPa(약 7.1kg$_f$/cm$^2$)를 초과하지 않아야 한다.

**39** 하수도시설인 유량조정조에 대한 설명으로 가장 거리가 먼 것은?

㉮ 조의 용량은 체류시간 3시간을 표준으로 한다.
㉯ 유효수심은 3~5m를 표준으로 한다.
㉰ 유량조정조의 유출수는 침사지에 반송하거나 펌프로 일차침전지 혹은 생물반응조에 송수한다.
㉱ 조내에 침전물의 발생 및 부패를 방지하기 위해 교반장치 및 산기장치를 설치한다.

▶ 풀이 ㉮ 조의 용량은 체류시간 12시간을 표준으로 한다.

**40** 정수시설인 완속여과지에 관한 설명으로 틀린 것은?

㉮ 주위벽 상단은 지반보다 60cm 이상 높여 여과지 내로 오염수나 토사 등의 유입을 방지한다.
㉯ 여과속도는 4~5m/d를 표준으로 한다.
㉰ 모래층의 두께는 70~90cm를 표준으로 한다.
㉱ 여과면적은 계획정수량을 여과속도로 나누어 구한다.

▶ 풀이 ㉮ 주위벽 상단은 지반보다 15cm 이상 높여 여과지 내로 오염수나 토사 등의 유입을 방지한다.

answer  36 ㉮  37 ㉰  38 ㉱  39 ㉮  40 ㉮

| 제3과목 | 수질오염방지기술

**41** 양이온 교환수지를 이용하여 암모늄이온 9mg/L를 포함하고 있는 물 10,000 m³를 처리하고자 한다. 이 교환수지의 교환능력이 100kg CaCO₃/m³이라면 필요한 이론적 교환수지의 부피는 얼마인가?

㉮ 1.5m³   ㉯ 2.5m³
㉰ 3.5m³   ㉱ 4.5m³

**풀이** ① $2NH_4^+ + CaCO_3 \rightarrow (NH_4)_2CO_3 + Ca^{2+}$
  $2 \times 18g : 100g$
  $9g/m^3 \times 10,000m^3 : X$
  $\therefore X = 250,000g$

② 교환수지의 부피 $= \dfrac{250,000g}{100 \times 10^3 g/m^3} = 2.5m^3$

**42** 슬러지 내 고형물 무게의 1/3이 유기물질, 2/3가 무기물질이며 이 슬러지 함수율은 80%, 유기물질 비중이 1.0, 무기물질 비중은 2.5라면 슬러지 전체의 비중은 얼마인가?

㉮ 1.072   ㉯ 1.087
㉰ 1.095   ㉱ 1.112

**풀이** $\dfrac{1}{\rho_{SL}} = \dfrac{W_{VS}}{\rho_{VS}} + \dfrac{W_{FS}}{\rho_{FS}} + \dfrac{W_P}{\rho_P}$

$= \dfrac{0.2 \times \frac{1}{3}}{1.0} + \dfrac{0.2 \times \frac{2}{3}}{2.5} + \dfrac{0.8}{1.0}$

$\therefore \dfrac{1}{\rho_{SL}} = 0.92$

따라서 $\rho_{SL} = \dfrac{1}{0.92} = 1.087$

**43** 하수고도처리를 위한 A/O공정의 특징으로 맞는 것은? (단, 일반적인 활성슬러지 공법과 비교 기준)

㉮ 혐기조에서 인의 과잉흡수가 일어난다.
㉯ 폭기조 내에서 탈질이 잘 이루어진다.
㉰ 잉여슬러지 내의 인 농도가 높다.
㉱ 표준 활성슬러지공법의 반응조 전반 10% 미만을 혐기반응조로 하는 것이 표준이다.

**풀이** ㉮ 혐기조에서 인의 방출이 일어난다.
㉯ 폭기조(호기성조)에서 인의 과잉흡수가 일어난다.
㉱ 표준 활성슬러지공법의 반응조 전반 20~40% 정도를 혐기반응조로 하는 것이 표준이다.

**44** 하수처리과정에서 소독 방법 중 염소와 자외선 소독의 장단점을 비교할 때 염소 소독의 장단점으로 잘못된 것은?

㉮ 암모니아의 첨가에 의해 결합잔류염소가 형성된다.
㉯ 염소접촉조로부터 휘발성유기물이 생성된다.
㉰ 처리수의 총용존고형물이 감소한다.
㉱ 처리수의 잔류독성이 탈염소과정에 의해 제거되어야 한다.

**풀이** ㉰ 처리수의 총용존고형물이 증가한다.

**TIP**
① 암모니아의 첨가에 의해 형성되는 결합잔류염소가 클로라민이다.
② 염소소독시 처리수의 총용존고형물이 증가함으로써 잔류성이 증가한다.

**answer** 41 ㉯  42 ㉯  43 ㉰  44 ㉰

**45** G = 200/sec, V = 50m³, 교반기 효율 80%, μ = 1.35×10⁻²g/cm·sec일 때 소요동력 P(kW)는 얼마인가?

㉮ 1.43kW　　㉯ 2.75kW
㉰ 3.38kW　　㉱ 4.12kW

**풀이**
① P = G²×μ×V
　　= (200/sec)²×1.35×10⁻³kg/m·sec×50m³×$\frac{100}{80\%}$
　　= 3,375Watt
② 3,375Watt×10⁻³ = 3.38kW

**TIP**
① g/cm·sec $\xrightarrow{\times 10^{-1}}$ kg/m·sec
② Watt $\xrightarrow{\times 10^{-3}}$ kW

**46** 어느 1차 반응에 있어서 반응 물질의 농도가 300mg/L이고 반응개시 2시간 후에 30mg/L로 되었다. 반응개시 3시간 후 반응 물질 농도(mg/L)는 얼마인가?

㉮ 7.5　　㉯ 9.5
㉰ 11.5　　㉱ 15.5

**풀이**
1차 반응식 : $\ln\frac{C_t}{C_o}$ = -k×t

① $\ln\frac{30mg/L}{300mg/L}$ = -k×2hr
　∴ k = 1.1513/hr
② $\ln\frac{C_t}{300mg/L}$ = -1.1513/hr×3hr
　∴ $C_t$ = 300mg/L×$e^{(-1.1513/hr\times 3hr)}$ = 9.49mg/L

**47** 다음 그림은 하수내 질소, 인을 효과적으로 제거하기 위한 공법이다. 어떤 공법에 대한 계통도인가?

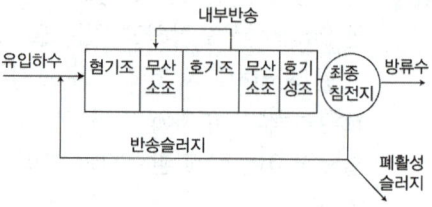

㉮ VIP process
㉯ A²/O process
㉰ M-Bardenpho process
㉱ phostrip process

**풀이** ㉰ M-Bardenpho process(5단계 바덴포)에 대한 계통도이다.

**48** 지름이 0.05mm이고 비중이 0.6인 기름방울은 비중이 0.8인 기름방울보다 수중에서의 부상속도가 얼마나 더 큰가? (단, 물의 비중은 1.0, 기타 조건은 같다고 함)

㉮ 1.5배　　㉯ 2.0배
㉰ 2.5배　　㉱ 3.0배

**풀이**
$V_f = \frac{d^2(\rho_w-\rho_s)g}{18\mu}$ 에서
부상속도($V_f$) = ($\rho_w-\rho_s$)이므로
$V_f = \frac{(1.0-0.6)}{(1.0-0.8)}$ = 2배

**answer** 45 ㉰　46 ㉯　47 ㉰　48 ㉯

**49** 포기조 내의 혼합액 1리터를 30분간 정치했을 때 슬러지 용량이 250mL였다면 슬러지 반송률은 약 몇 %가 되는가? (단, 유입수 SS 고려하지 않음)

㉮ 23  ㉯ 28
㉰ 33  ㉱ 38

**풀이**
반송율(%) = $\dfrac{SV(\%)}{100-SV(\%)} \times 100$

$SV(\%) = \dfrac{250\text{mL}}{L} \times \dfrac{1L}{10^3 \text{mL}} \times 100 = 25\%$

따라서 반송율(%) = $\dfrac{25\%}{100-25\%} \times 100 = 33.33\%$

**TIP**
① mg/L $\xrightarrow{\times 10^{-3}}$ kg/m³
② % $\xrightarrow{\times 10^4}$ ppm
③ $SS_w = 0.9\% = 0.9 \times 10^4$ mg/L = 9kg/m³

**50** 유량이 3,000m³/일이고, BOD농도가 400mg/L인 폐수를 활성슬러지법으로 처리하고 있는 다음 조건을 이용한 내호흡율(kd)은 얼마인가?

[조건]
• 포기시간 : 8시간
• 처리수 농도 : BOD 30mg/L
• SS 30mg/L
• MLSS 농도 : 4,000mg/L
• 잉여슬러지 발생량 : 50m³/일
• 잉여슬러지 농도 : 0.9%
• 세포증식 계수 : 0.8

㉮ 약 0.052/일  ㉯ 약 0.110/일
㉰ 약 0.123/일  ㉱ 약 0.183/일

**풀이**
$Q_w SS_w = Y \cdot Q \cdot (BOD_i - BOD_o) - kd \cdot MLSS \cdot V$

50m³/day × 9kg/m³
= 0.8 × 3,000m³/day × (0.4−0.03)kg/m³ − kd × 4kg/m³
  × 3,000m³/day × $\left(\dfrac{8hr}{24}\right)$ day

∴ kd = 0.110/day

**51** 잉여슬러지를 부상 농축조를 이용하여 농축시키고자 한다. 잉여슬러지의 부피는 1,000m³/day이고, 이 슬러지의 부유물질 농도는 1.5% 이다. 고형물 부하량이 10kg/m²·hr 이고 하루 24시간 가동되는 부상 농축조로 처리하고자 할 때 필요한 수면적(surface area)은 얼마인가? (단, 슬러지 비중은 1.0으로 가정한다.)

㉮ 32.5m²  ㉯ 42.5m²
㉰ 52.5m²  ㉱ 62.5m²

**풀이**
고형물 부하량(kg/m²·hr)
= $\dfrac{SS \text{농도}(kg/m^3) \times 슬러지량(m^3/day)}{수면적(m^2)}$

따라서
10kg/m²·hr = $\dfrac{15 kg/m^3 \times 1,000 m^3/day \times 1day/24hr}{수면적(m^2)}$

∴ 수면적 = 62.5m²

**TIP**
① % $\xrightarrow{\times 10^4}$ ppm(mg/L)
② SS 1.5% = 1.5 × 10⁴mg/L = 15kg/m³

answer  49 ㉰  50 ㉯  51 ㉱

**52** 직경이 $1.0 \times 10^{-2}$cm인 원형 입자의 침강 속도(m/hr)는 얼마인가?

- Stokes공식 사용
- 물의 밀도 = $1.0$g/cm$^3$
- 입자의 밀도 = $2.1$g/cm$^3$
- 물의 점성계수 = $1.0087 \times 10^{-2}$g/cm·sec

㉮ 21.4m/hr  ㉯ 24.4m/hr
㉰ 28.4m/hr  ㉱ 32.4m/hr

**풀이**

① $Vs = \dfrac{d^2(\rho_w - \rho_s)g}{18\mu}$

$= \dfrac{(1.0 \times 10^{-2}\text{cm})^2 \times (2.1-1.0)\text{g/cm}^3 \times 980\text{cm/sec}^2}{18 \times 1.0087 \times 10^{-2}\text{g/cm·sec}}$

$= 0.5937$cm/sec

② $Vs(\text{m/hr}) = \dfrac{0.5937\text{cm}}{\text{sec}} \times \dfrac{1\text{m}}{10^2\text{cm}} \times \dfrac{3600\text{sec}}{1\text{hr}}$

$= 21.37$m/hr

**53** 인구 8,000명의 도시하수를 RBC(회전원판법)로 처리한다. 평균유입하수량은 380L/cap·day, 유입 BOD$_5$는 300mg/L, 1차 침전조에서 BOD$_5$는 30% 제거되며, 총 유출 BOD$_5$는 20mg/L, 단수는 4이다. 실험에서 K는 45L/day·m$^2$이라면 대수적 방법으로 구한 설계 수력학적 부하(Q/A)는 얼마인가?

(단, 성능식 : $\dfrac{S_n}{S_o} = \left[\dfrac{1}{\left(1+\dfrac{K}{Q/A}\right)}\right]^n$)

㉮ 28.1L/day·m$^2$  ㉯ 45.0L/day·m$^2$
㉰ 56.2L/day·m$^2$  ㉱ 72.6L/day·m$^2$

**풀이**

$\dfrac{S_n}{S_o} = \left[\dfrac{1}{\left(1+\dfrac{k}{Q/A}\right)}\right]^n$

$\left(\dfrac{20\text{mg/L}}{300\text{mg/L} \times (1-0.3)}\right)^{\frac{1}{4}} = \dfrac{1}{1+\dfrac{45\text{L/day·m}^2}{Q/A}}$

$0.5555 = \dfrac{1}{1+\dfrac{45\text{L/day·m}^2}{Q/A}}$

$0.5555 + \dfrac{0.5555 \times 45\text{L/day·m}^2}{Q/A} = 1$

$\dfrac{0.5555 \times 45\text{L/day·m}^2}{Q/A} = 1 - 0.5555$

$\therefore \dfrac{Q}{A} = \dfrac{0.5555 \times 45\text{L/day·m}^2}{1 - 0.5555} = 56.24$L/day·m$^2$

**54** 살수여상 공정으로부터 유출되는 유출수의 부유물질을 제거하고자 한다. 유출수의 평균유량은 12,300m$^3$/day, 여과지의 여과속도는 17L/m$^2$·min이고 4개의 여과지(병렬기준)를 설계하고자 할 때 여과지 하나의 면적은 얼마인가?

㉮ 약 75m$^2$  ㉯ 약 100m$^2$
㉰ 약 125m$^2$  ㉱ 약 150m$^2$

**풀이** 유량(Q) = 면적(A) × 여과속도(v)

$\therefore A = \dfrac{Q}{V}$

$= \dfrac{12,300\text{m}^3/\text{day} \times 1\text{day}/24\text{hr} \times 1\text{hr}/60\text{min}}{17 \times 10^{-3}\text{m}^3/\text{m}^2 \cdot \text{min}} \times \dfrac{1}{4}$

$= 125.61$m$^2$

**answer** 52 ㉮  53 ㉰  54 ㉰

**55** 연속회분식(Sequencing Batch)활성슬러지법의 특징으로 가장 거리가 먼 것은?

㉮ 침전 및 배출공정시 보통의 연속식침전지에 비해 스컴의 잔류 가능성이 낮다.
㉯ 운전방식에 따라 사상균 벌킹을 방지할 수 있다.
㉰ 오수의 양과 질에 따라 포기시간과 침전시간을 비교적 자유롭게 설정할 수 있다.
㉱ 유입오수의 부하변동이 규칙성을 갖는 경우 비교적 안정된 처리를 행할 수 있다.

**풀이** ㉮ 침전 및 배출공정시 보통의 연속식침전지에 비해 스컴의 잔류 가능성이 높다.

**56** 유량 $4,000m^3$, 부유물질 농도 220mg/L인 하수를 처리하는 일차침전지에서 발생되는 슬러지의 양은 얼마인가? (단, 슬러지 단위 중량(비중) 1.03, 함수율 94%, 일차침전지 체류시간 2시간, 부유물질 제거효율 60% 기타 조건은 고려하지 않는다.)

㉮ $6.32m^3$　　㉯ $8.54m^3$
㉰ $10.72m^3$　㉱ $12.53m^3$

**풀이** 슬러지량($m^3$)

$$= \frac{SS농도(kg/m^3) \times 유량(m^3) \times 제거율}{비중량(kg/m^3)} \times \frac{100}{100-P(\%)}$$

$$= \frac{0.22kg/m^3 \times 4,000m^3 \times 0.60}{1,030kg/m^3} \times \frac{100}{100-94(\%)}$$

$= 8.54m^3$

**57** 200mg/L의 에탄올($C_2H_5OH$)만을 함유하는 $4,000m^3$/day의 공장폐수를 활성슬러지 공법으로 처리하는 경우에 이론적으로 첨가되어야 하는 질소의 양(kg/day)은 얼마인가? (단, 에탄올은 완전 생물학적으로 분해된다고 가정하고, BOD : N = 100 : 5)

㉮ 약 24　　㉯ 약 42
㉰ 약 62　　㉱ 약 84

**풀이** ① $C_2H_5OH + 3O_2 \rightarrow 2CO_2 + 3H_2O$
　　46g　：　3×32g
　　$0.2kg/m^3 \times 4,000m^3/day : X_1(BOD_u)$
　　∴ $X_1(BOD_u) = 1,669.565 kg/day$
② BOD : N
　　100　：　5
　　1,669.565kg/day : $X_2(N)$
　　∴ $X_2(N) = 83.48 kg/day$

**58** 유기물에 의한 최종 BOD 2kg을 안정화시킬 때 이론적으로 발생되는 메탄량은 얼마인가? (단, 유기물은 Glucose로 가정하고, 완전분해기준이다.)

㉮ 약 0.4kg　　㉯ 약 0.5kg
㉰ 약 0.6kg　　㉱ 약 0.7kg

**풀이** ① $C_6H_{12}O_6 + 6O_2 \rightarrow 6CO_2 + 6H_2O$
　　180kg　：　6×32kg
　　$X_1$　：　2kg
　　∴ $X_1 = 1.875kg$
② $C_6H_{12}O_6 \rightarrow 3CH_4 + 3CO_2$
　　180kg　：　3×16kg
　　1.875kg　：　$X_2$
　　∴ $X_2 = 0.5kg$

**answer** 55 ㉮　56 ㉯　57 ㉱　58 ㉯

**59** 평균 유입하수량 10,000m³/day인 도시하수처리장의 1차침전지를 설계하고자 한다. 1차침전지의 표면부하율을 50m³/m²·day로 하여 원형침전지를 설계한다면 침전지의 직경은 얼마인가?

㉮ 약 14m  ㉯ 약 16m
㉰ 약 18m  ㉱ 약 20m

**풀이** 표면부하율(m³/m²·day)
$= \dfrac{Q(m^3/day)}{A(m^2)} = \dfrac{Q(m^3/day)}{\dfrac{\pi}{4} \times D^2(m^2)}$

$50m^3/m^2 \cdot day = \dfrac{10,000m^3/day}{\dfrac{\pi}{4} \times D^2}$

$D^2 = \dfrac{10,000m^3/day}{\dfrac{\pi}{4} \times 50m^3/m^2 \cdot day} = 254.647m^2$

$\therefore D = \sqrt{254.647m^2} = 15.96m$

**60** 유입하수의 BOD농도가 200mg/L이고 포기조내 체류시간이 4시간이며 포기조의 F/M비를 0.3kg BOD/kgMLSS-day로 유지한다고 하면 포기조의 MLSS 농도는 얼마인가?

㉮ 2,500mg/L  ㉯ 3,000mg/L
㉰ 3,500mg/L  ㉱ 4,000mg/L

**풀이** $F/M비 = \dfrac{BOD \times Q}{MLSS \times V} = \dfrac{BOD}{MLSS} \times \dfrac{1}{t}$

따라서 $0.3/day = \dfrac{200mg/L}{MLSS} \times \dfrac{1}{\left(\dfrac{4hr}{24}\right)day}$

$\therefore MLSS = \dfrac{200mg/L}{0.3/day \times \left(\dfrac{4hr}{24}\right)day} = 4,000mg/L$

---

**| 제4과목 | 수질오염공정시험기준**

**61** 유기인을 용매추출/기체크로마토그래피법으로 측정할 경우, 각 성분별 정량한계는 어느 것인가?

㉮ 0.5mg/L  ㉯ 0.05mg/L
㉰ 0.005mg/L  ㉱ 0.0005mg/L

**풀이** 유기인의 용매추출/기체크로마토그래피법의 정량한계는 0.0005mg/L이다.

**62** 다음은 분원성 대장균군-막여과법의 측정방법이다. (   )안에 알맞은 것은?

> 물속에 존재하는 분원성대장균군을 측정하기 위하여 페트리접시에 배지를 올려놓은 다음 배양 후 여러 가지 색조를 띠는 (   )의 집락을 계수하는 방법이다.

㉮ 황색  ㉯ 녹색
㉰ 적색  ㉱ 청색

**풀이** ① 분원성대장균군 : 청색의 집락 계수
② 총대장균군 : 적색의 집락 계수

---

**answer** 59 ㉯  60 ㉱  61 ㉱  62 ㉱

**63** 다음 총칙에 대한 설명 중 알맞은 것은 어느 것인가?

㉮ "항량으로 될 때까지 건조한다"라 함은 같은 조건에서 1시간 더 건조할 때 전후 무게차가 g당 0.1mg 이하일 때를 말한다.
㉯ "감압 또는 진공"이라 함은 따로 규정이 없는 한 15mmH$_2$O 이하를 말한다.
㉰ "기밀용기"라 함은 취급 또는 저장하는 동안에 밖으로부터의 공기 또는 다른 가스가 침입하지 아니하도록 내용물을 보호하는 용기를 말한다.
㉱ "방울수"라 함은 0℃에서 정제수 20방울을 적하할 때 그 부피가 약 1mL 되는 것을 뜻한다.

**풀이** ㉮ "항량으로 될 때까지 건조한다"라 함은 같은 조건에서 1시간 더 건조할 때 전후 무게차가 g당 0.3mg 이하일 때를 말한다.
㉯ "감압 또는 진공"이라 함은 따로 규정이 없는 한 15mmHg 이하를 말한다.
㉱ "방울수"라 함은 20℃에서 정제수 20방울을 적하할 때 그 부피가 약 1mL 되는 것을 뜻한다.

**64** 총칙의 내용 중 온도에 관한 내용으로 틀린 것은 어느 것인가?

㉮ 찬 곳은 따로 규정이 없는 한 0~15℃의 곳을 뜻한다.
㉯ 냉수는 15℃ 이하를 말한다.
㉰ 온수는 60~80℃를 말한다.
㉱ 상온은 15~25℃를 말한다.

**풀이** ㉰ 온수는 60~70℃를 말한다.

**65** 배출허용기준 적합여부 판정을 위한 시료채취 기준으로 알맞은 것은 어느 것인가? (단, 자동시료채취기를 사용하며 복수시료채취)

㉮ 2시간 이내에 30분 이상 간격으로 2회 이상 채취하여 일정량의 단일 시료로 한다.
㉯ 4시간 이내에 30분 이상 간격으로 2회 이상 채취하여 일정량의 단일 시료로 한다.
㉰ 6시간 이내에 30분 이상 간격으로 2회 이상 채취하여 일정량의 단일 시료로 한다.
㉱ 8시간 이내에 30분 이상 간격으로 2회 이상 채취하여 일정량의 단일 시료로 한다.

**풀이** 복수시료 채취기준 내용 중 암기사항
6시간, 30분, 2회, 산술평균

**66** 시료의 최대보존기간이 다른 측정 항목은 어느 것인가?

㉮ 시안    ㉯ 불소
㉰ 염소이온  ㉱ 노말헥산추출물질

**풀이** 시료의 최대보존기간
㉮ 시안 : 14일
㉯ 불소 : 28일
㉰ 염소이온 : 28일
㉱ 노말헥산추출물질 : 28일

**67** 시안을 자외선/가시선 분광법으로 분석할 때 아세트산아연용액을 넣어 제거하는 시료 내 물질은 어느 것인가?

㉮ 황화합물   ㉯ 철, 망간
㉰ 잔류염소   ㉱ 질소화합물

**풀이** 황화합물이 함유된 시료는 아세트산아연용액(10%) 2mL를 넣어 제거한다.

**answer** 63 ㉰  64 ㉰  65 ㉰  66 ㉮  67 ㉮

**68** 분원성 대장균군을 측정하기 위한 시료의 보존방법 기준으로 알맞은 것은 어느 것인가?

㉮ 0℃ 이하
㉯ 1℃ ~ 5℃
㉰ 4℃ 보관
㉱ 4℃ 냉암소에 보관

**풀이** 분원성 대장균군을 측정하기 위한 시료의 보존방법 기준은 1℃ ~ 5℃이다.

**69** 수질오염공정시험기준 구리의 시험방법으로 틀린 것은?

㉮ 원자흡수분광광도법
㉯ 유도결합플라스마-원자발광분광법
㉰ 유도결합플라스마-질량분석법
㉱ 양극벗김전압전류법

**풀이** 구리의 시험방법
① 원자흡수분광광도법
② 유도결합플라스마-원자발광분광법
③ 유도결합플라스마-질량분석법

**70** 다음은 알킬수은을 기체크로마토그래피로 측정하는 방법이다. ( )안에 알맞은 것은 어느 것인가?

> 알킬수은화합물을 ( )(으)로 추출하여 L-시스테인용액에 선택적으로 역추출하고 다시 ( )(으)로 추출하여 기체크로마토그래피로 측정한다.

㉮ 아세톤    ㉯ 벤젠
㉰ 메탄올    ㉱ 사염화탄소

**풀이** 알킬수은의 기체크로마토그래피
① 추출용매 : 벤젠
② 정량한계 : 0.0005mg/L

**71** 수질오염공정시험기준상 양극벗김전압전류법을 적용하여 측정하는 금속류는 어느 것인가?

㉮ 아연      ㉯ 주석
㉰ 카드뮴    ㉱ 크롬

**풀이** 적용 가능한 분석방법
㉮ 아연 : 원자흡수분광광도법, 유도결합플라스마-원자발광분광법, 유도결합플라스마-질량분석법, 양극벗김전압전류법
㉯ 주석 : 원자흡수분광광도법, 유도결합플라스마-원자발광분광법, 유도결합플라스마-질량분석법
㉰ 카드뮴 : 원자흡수분광광도법, 유도결합플라스마-원자발광분광법, 유도결합플라스마-질량분석법
㉱ 크롬 : 원자흡수분광광도법, 유도결합플라스마-원자발광분광법, 유도결합플라스마-질량분석법

**answer** 68 ㉯  69 ㉱  70 ㉯  71 ㉮

**72** 다음의 표준용액 중 pH가 가장 높은 것은 어느 것인가? (단, 0℃ 기준)

㉮ 탄산염 표준용액
㉯ 붕산염 표준용액
㉰ 수산염 표준용액
㉱ 프탈산염 표준용액

**풀이** pH순서
수산염 < 프탈산염 < 인산염 < 붕산염 < 탄산염 < 수산화칼슘표준액 순이다.

**73** 자외선/가시선 분광법을 적용하여 음이온계면활성제를 측정할 때 음이온계면활성제가 메틸렌블루와 반응하여 생성된 청색의 착화합물 추출에 사용되는 것은 어느 것인가?

㉮ 사염화탄소      ㉯ 헥산
㉰ 클로로폼        ㉱ 아세톤

**풀이** 추출용매는 클로로폼이다.

**74** 공장폐수 및 하수의 관내 유량측정을 위한 측정장치 중 관내의 흐름이 완전히 발달하여 와류에 영향을 받지 않고 실질적으로 직선적인 흐름을 유지하기 위해 난류 발생의 원인이 되는 관로상의 점으로부터 충분히 하류지점에 설치하여야 하는 것은 어느 것인가?

㉮ 오리피스
㉯ 벤튜리미터
㉰ 피토우관
㉱ 자기식 유량측정기

**풀이** ㉯ 벤튜리미터에 대한 설명이다.

**75** 전기전도도의 정밀도 기준으로 알맞은 것은 어느 것인가?

㉮ 측정값의 % 상대표준편차(RSD)로 계산하며 측정값이 15% 이내이어야 한다.
㉯ 측정값의 % 상대표준편차(RSD)로 계산하며 측정값이 20% 이내이어야 한다.
㉰ 측정값의 % 상대표준편차(RSD)로 계산하며 측정값이 25% 이내이어야 한다.
㉱ 측정값의 % 상대표준편차(RSD)로 계산하며 측정값이 30% 이내이어야 한다.

**풀이** 전기전도도의 정밀도 기준은 예외적으로 20%이내이므로 반드시 숙지하셔야 합니다.

**76** 수질오염공정시험기준상 탁도 측정에 관한 설명으로 틀린 것은?

㉮ 시료 내 입자가 큰 침전물이 빠르게 침전되는 경우 탁도값이 낮게 측정된다.
㉯ 물에 색깔이 있는 시료는 잠재적으로 측정값이 높게 분석된다.
㉰ 시료 속에 거품은 빛을 산란시키고 높은 측정값을 나타낸다.
㉱ 탁도를 측정하기 위해서는 탁도계를 이용하여 물의 흐림 정도를 측정한다.

**풀이** ㉯ 물에 색깔이 있는 시료는 색이 빛을 흡수하기 때문에 잠재적으로 측정값이 낮게 분석된다.

**answer** 72 ㉮  73 ㉰  74 ㉯  75 ㉯  76 ㉯

**77** 시료채취시 유의사항으로 틀린 것은 어느 것인가?

㉮ 유류 또는 부유물질 등이 함유된 시료는 시료의 균일성이 유지될 수 있도록 채취해야 하며 침전물 등이 부상하여 혼입되어서는 안된다.
㉯ 퍼클로레이트를 측정하기 위한 시료를 채취할 때 시료의 공기접촉이 없도록 시료병에 가득 채운다.
㉰ 시료채취량은 시험항목 및 시험횟수에 따라 차이가 있으나 보통 3~5L 정도이어야 한다.
㉱ 휘발성유기화합물 분석용 시료를 채취할 때에는 뚜껑의 격막을 만지지 않도록 주의하여야 한다.

**풀이** ㉯ 용존산소, 환원성물질, 휘발성유기화합물, 냄새, 유류 및 수소이온 등을 측정하기 위한 시료를 채취할 때 시료의 공기접촉이 없도록 시료병에 가득 채운다.

**78** 4각 웨어로 유량을 측정하는 계산식으로 알맞은 것은 어느 것인가? (단, Q : 유량($m^3$/min), k : 유량계수, b : 절단의 폭(m), h : 웨어의 수두(m))

㉮ Q = kbh$^{5/2}$  ㉯ Q = kbh$^{3/2}$
㉰ Q = kh$^{5/2}$  ㉱ Q = kh$^{3/2}$

**풀이**
① 삼각웨어에서 유량(Q) = K · h$^{\frac{5}{2}}$ ($m^3$/min)
② 사각웨어에서 유량(Q) = K · b · h$^{\frac{3}{2}}$ ($m^3$/min)

**79** 수질오염공정시험기준 아연의 시험방법으로 틀린 것은?

㉮ 원자흡수분광광도법
㉯ 유도결합플라스마-원자발광분광법
㉰ 이온크로마토그래피
㉱ 양극벗김전압전류법

**풀이** 아연의 시험방법
① 원자흡수분광광도법
② 유도결합플라스마-원자발광분광법
③ 유도결합플라스마-질량분석법
④ 양극벗김전압전류법

**80** 수질오염공정시험기준상 냄새 측정에 관한 내용으로 틀린 것은 어느 것인가?

㉮ 물속의 냄새를 측정하기 위하여 측정자의 후각을 이용하는 방법이다.
㉯ 잔류염소의 냄새는 측정에서 제외한다.
㉰ 냄새 역치는 냄새를 감지할 수 있는 최대 희석배수를 말한다.
㉱ 각 판정요원의 냄새의 역치를 산술평균하여 결과로 보고한다.

**풀이** ㉱ 각 판정요원의 냄새의 역치를 기하평균하여 결과로 보고한다.

**answer** 77 ㉯  78 ㉯  79 ㉰  80 ㉱

# 2014 2회 기출문제

## 제1과목 | 수질오염개론

**01** 최종 BOD가 20mg/L, DO가 5mg/L인 하천의 상류지점으로부터 3일 유하거리의 하류지점에서의 DO 농도(mg/L)는 얼마인가? (단, 온도 변화는 없으며 DO 포화농도는 9mg/L이고, 탈산소계수는 0.1/day, 재폭기계수는 0.2/day, 상용대수 기준임)

㉮ 약 4.0mg/L    ㉯ 약 4.5mg/L
㉰ 약 3.0mg/L    ㉱ 약 2.5mg/L

**풀이**

① $D_t = \dfrac{k_1 \times L_o}{k_2 - k_1} \times (10^{-k_1 \times t} - 10^{-k_2 \times t}) + D_o \times (10^{-k_2 \times t})$

$= \dfrac{0.1/day \times 20mg/L}{0.2/day - 0.1/day} \times (10^{-0.1/day \times 3day} - 10^{-0.2/day \times 3day})$
$\quad + (9mg/L - 5mg/L) \times (10^{-0.2/day \times 3day})$
$= 6.005mg/L$

② 3일 유하거리의 하류지점에서의 DO 농도
$= C_s - D_t = 9mg/L - 6.005mg/L = 3.0mg/L$

**02** 유량 30,000m³/d, BOD 1mg/L인 하천에 유량 1,000m³/d, BOD 220mg/L의 생활오수가 처리되지 않고 유입되고 있다. 하천수와 생활오수가 합류 직후 완전 혼합된다고 가정할 때, 합류 후 하천의 BOD를 3mg/L로 유지하기 위해서 필요한 생활오수의 최소 BOD 제거율(%)은 얼마인가?

㉮ 60.2%    ㉯ 71.4%
㉰ 82.4%    ㉱ 95.5%

**풀이**

① 혼합공식을 이용해 $C_2(=C_o)$를 계산한다.

$C_m = \dfrac{Q_1 C_1 + Q_2 C_2}{Q_1 + Q_2}$

따라서

$3mg/L = \dfrac{30,000m^3/day \times 1mg/L + 1,000m^3/day \times C_2}{(30,000 + 1,000)m^3/day}$

$\therefore C_2 = 63mg/L$

② 처리장의 제거효율(%) $= \left(1 - \dfrac{C_o}{C_i}\right) \times 100$

$= \left(1 - \dfrac{63mg/L}{220mg/L}\right) \times 100 = 71.36\%$

**answer** 01 ㉰   02 ㉯

**03** 수질분석 결과가 다음과 같다. 이 시료의 경도 값은 얼마인가?

> 〈수질분석결과〉
> - $Ca^{2+}$ = 520mg/L
> - $Mg^{2+}$ = 48mg/L
> - $Na^+$ = 40.6mg/L
> (단, Ca = 40, Mg = 24, Na = 23이다.)

㉮ 1,100 mg/L as $CaCO_3$
㉯ 1,200 mg/L as $CaCO_3$
㉰ 1,300 mg/L as $CaCO_3$
㉱ 1,500 mg/L as $CaCO_3$

[풀이]
$$\frac{경도}{50g} = \frac{Ca^{2+}mg/L}{20g} + \frac{Mg^{2+}mg/L}{12g}$$
$$\frac{경도(mg/L)}{50g} = \frac{520mg/L}{20g} + \frac{48mg/L}{12g}$$
∴ 경도 = 1,500mg/L

**04** 적조 발생 요인으로 틀린 것은 어느 것인가?

㉮ 수괴의 연직 안정도가 작다.
㉯ 영양염의 공급이 충분하다.
㉰ 하천수 유입으로 해수의 염분량이 저하된다.
㉱ 해저의 산소가 고갈된다.

[풀이] ㉮ 수괴의 연직 안정도가 크다.

**05** 농업용수의 수질을 분석할 때 이용되는 SAR(Sodium Adsorption Ratio)과 관계없는 것은 어느 것인가?

㉮ $Na^+$　　　㉯ $Mg^{2+}$
㉰ $Ca^{2+}$　　㉱ $Fe^{2+}$

[풀이]
$$SAR = \frac{Na^+}{\sqrt{\frac{Ca^{2+}+Mg^{2+}}{2}}}$$

**06** Glycine($C_2H_5O_2N$)이 호기성 조건에서 $CO_2$, $H_2O$, $HNO_3$로 분해된다면 glycine 30g 분해에 소요되는 산소량(g)은 얼마인가?

㉮ 약 35g　　㉯ 약 45g
㉰ 약 55g　　㉱ 약 65g

[풀이] $C_2H_5O_2N + 3.5O_2 \rightarrow 2CO_2 + 2H_2O + HNO_3$
　　75g　:　3.5×32g
　　30g　:　X(산소량)
∴ X(산소량) = $\frac{30g \times 3.5 \times 32g}{75g}$ = 44.8g

**07** 어느 배양기의 제한기질농도(S)가 100 mg/L, 세포 최대비증식계수($\mu_{max}$)가 0.35 /hr일 때 Monod식에 의한 세포의 비증식계수($\mu$)는 얼마인가? (단, 제한기질 반포화농도(Ks)는 30mg/L 이다.)

㉮ 0.27/hr　　㉯ 0.34/hr
㉰ 0.42/hr　　㉱ 0.54/hr

[풀이]
$\mu = \mu_{max} \times \frac{S}{Ks+S}$
= 0.35/hr × $\frac{100mg/L}{30mg/L+100mg/L}$ = 0.27/hr

answer　03 ㉱　04 ㉮　05 ㉱　06 ㉯　07 ㉮

**08** 생물체 내에서 일어나는 에너지 대사에 적용되는 열역학 법칙에 대한 설명으로 틀린 것은 어느 것인가?

㉮ 에너지의 총량은 일정하다.
㉯ 자연적인 반응은 질서도가 커지는 방향으로 진행된다.
㉰ 엔트로피는 끊임없이 증가하고 있다.
㉱ 절대온도 0°K(-273, 16℃)에서는 분자운동이 없으며 엔트로피는 0 이다.

**풀이** ㉯ 자연적인 반응은 무질서도가 커지는 방향으로 진행된다.

**09** 아세트산($CH_3COOH$) 120mg/L 용액의 pH는 얼마인가? (단, 아세트산 $K_a$는 $1.8 \times 10^{-5}$)

㉮ 4.65  ㉯ 4.21
㉰ 3.72  ㉱ 3.52

**풀이** $CH_3COOH \rightarrow CH_3COO^- + H^+$

$K_a = \dfrac{[CH_3COO^-][H^+]}{[CH_3COOH]}$ 에서

$[CH_3COO^-] = [H^+]$이므로

$K_a = \dfrac{[H^+]^2}{[CH_3COOH]}$

$[H^+] = \sqrt{K_a \times [CH_3COOH]}$

① $[CH_3COOH]$의 농도를 계산한다.

$[CH_3COOH]$의 mol/L $= \dfrac{0.12g}{L} \times \dfrac{1mol}{60g} = 0.002M$

② $[H^+] = \sqrt{(1.8 \times 10^{-5}) \times (0.002M)}$
$= 1.9 \times 10^{-4} mol/L$

③ pH $= -\log[H^+] = -\log[1.9 \times 10^{-4} mol/L] = 3.72$

**10** 물의 특성에 관한 설명으로 잘못된 것은 어느 것인가?

㉮ 물은 2개의 수소원자가 산소원자를 사이에 두고 104.5°의 결합각을 가진 구조로 되어 있다.
㉯ 물은 극성을 띠지 않아 다양한 물질의 용매로 사용된다.
㉰ 물은 유사한 분자량의 다른 화합물보다 비열이 매우 커 수온의 급격한 변화를 방지해준다.
㉱ 물의 밀도는 4℃에서 가장 크다.

**풀이** ㉯ 물은 극성을 띠며 다양한 물질의 용매로 사용된다.

**11** 25℃, 4atm의 압력에 있는 메탄가스 15kg을 저장하는데 필요한 탱크의 부피($m^3$)는 얼마인가? (단, 이상기체의 법칙을 적용하며, R = 0.082L · atm/mol · K(표준상태 기준임.))

㉮ $4.42m^3$  ㉯ $5.73m^3$
㉰ $6.54m^3$  ㉱ $7.45m^3$

**풀이** 기체상태 방정식 : $PV = \dfrac{W}{M}RT$

P : 압력(atm)
V : 부피(L)
W : 질량(g)
M : 분자량(g)
R : 기체상수(0.082 · atm/mol · k)
T : 절대온도(273 + ℃)

따라서
$4atm \times V(L)$
$= \dfrac{15 \times 10^3 g}{16g} \times 0.082 L \cdot atm/mol \cdot k \times (273+25)k$

∴ V = 5,727.19L = $5.73m^3$

**answer** 08 ㉯  09 ㉰  10 ㉯  11 ㉯

**12** 하천 수질모델 중 WQRRS에 대한 내용으로 틀린 것은 어느 것인가?

㉮ 하천 및 호수의 부영양화를 고려한 생태계 모델이다.
㉯ 유속, 수심, 조도계수에 의해 확산계수를 결정한다.
㉰ 호수에는 수심별 1차원 모델이 적용된다.
㉱ 정적 및 동적인 하천의 수질, 수문학적 특성이 광범위하게 고려된다.

**풀이** ㉯번에 대한 설명은 QUAL모델에 대한 설명이다.

**13** 2,000mg/L Ca(OH)$_2$ 용액의 pH는 얼마인가? (단, Ca(OH)$_2$는 완전 해리되며 Ca의 원자량은 40)

㉮ 12.13
㉯ 12.43
㉰ 12.73
㉱ 12.93

**풀이** $Ca(OH)_2 \rightarrow Ca^{2+} + 2OH^-$
　　　　XM　　XM　　2XM

Ca(OH)$_2$의 mol/L = $\frac{2g}{L} \times \frac{1mol}{74g}$ = 0.027mol/L

[OH$^-$] = 2XM = 2×0.027mol/L
pH = 14+log[OH$^-$] = 14+log[2×0.027mol/L]
　 = 12.73

**TIP**
① Ca(OH)$_2$ 2,000mg/L = 2g/L
② Ca(OH)$_2$의 분자량 = 40+2×16+2×1 = 74g
③ 산성물질에서 pH = -log[H$^+$]
④ 알칼리성물질에서 pH = 14+log[OH$^-$]

**14** 하수에 유입된 어떤 유해 물질을 제거하기 위해 사전에 pH3에서 pH7까지 올려야 한다면 다른 영향이 없고 계산대로 반응할 경우 공업용 수산화소듐(순도 95%)을 하수 1L에 몇 g 정도 투입하여야 하는가? (단, 완전해리 기준이며, Na : 23이다.)

㉮ 0.42g
㉯ 0.042g
㉰ 0.0042g
㉱ 0.00042g

**풀이** ① pH 3 → pH 7은 중화이므로 중화시 필요한 [OH$^-$]의 농도를 계산한다.
pH 3 ⇒ [H$^+$] = 10$^{-3}$ mol/L
중화시 필요한 [OH$^-$] = 10$^{-3}$ mol/L 이다.
② [OH$^-$]는 1가이므로
10$^{-3}$ mol/L = 10$^{-3}$ eq/L
③ NaOH의 필요량(g/L)을 계산한다.

NaOH(g/L) = $\frac{10^{-3}eq}{L} \times \frac{40g}{1eq} \times \frac{100}{95\%}$
　　　　　= 0.042g/L

**TIP**
① M농도 = mol/L
② N농도 = eq/L
③ M농도×가수 = N 농도
④ pH = -log[H$^+$] ⇒ [H$^+$] = 10$^{-pH}$ mol/L
⑤ pOH = -log[OH$^-$] ⇒ [OH$^-$] = 10$^{-pOH}$ mol/L

**answer** 12 ㉯　13 ㉰　14 ㉯

**15** 기체의 법칙 중 Graham의 법칙에 대한 내용으로 알맞은 것은 어느 것인가?

㉮ 기체가 관련된 화학반응에서는 반응하는 기체와 생성된 기체의 부피 사이에는 정수관계가 성립한다.
㉯ 기체의 확산속도(조그마한 구멍을 통한 기체의 탈출)는 기체 분자량의 제곱근에 반비례한다.
㉰ 일정한 온도에서 일정한 부피의 액체에 용해되면 기체의 양은 그 액체 위에 미치는 기체 압력에 비례한다.
㉱ 공기와 같은 혼합기체 속에서 각 성분기체는 서로 독립적으로 압력을 나타낸다.

**16** 최종 BOD가 200mg/L, 탈산소계수(base는 자연대수 기준)가 $0.2day^{-1}$인 오수의 5일 소모 BOD(mg/L)는 얼마인가?

㉮ 약 126mg/L    ㉯ 약 136mg/L
㉰ 약 146mg/L    ㉱ 약 156mg/L

▶ 풀이  $BOD_5 = BOD_u \times (1-e^{-k_1 \times t})$
 $= 200mg/L \times (1-e^{-0.2/day \times 5day})$
 $= 126.42mg/L$

**TIP**
① 자연대수 ⇒ 밑수 e 사용
② 상용대수 ⇒ 밑수 10 사용

**17** 용존산소농도가 9.0mg/L인 물 100L가 있다면, 이 물의 용존산소를 완전히 제거하려 할 때 필요한 이론적 $Na_2SO_3$의 량(g)은 얼마인가? (단, Na의 원자량은 23이다.)

㉮ 약 6.3g    ㉯ 약 7.1g
㉰ 약 9.2g    ㉱ 약 11.4g

▶ 풀이  $Na_2SO_3 + 0.5O_2 \rightarrow Na_2SO_4$
 126g  :  0.5×32g
  X  :  9.0mg/L×100L
∴ X = 7087.5mg = 7.09g

**18** 하천의 자정단계와 오염의 정도를 파악하는 Whipple의 자정단계(지대별 구분)에 대한 내용으로 잘못된 것은 어느 것인가?

㉮ 분해지대 : 유기성 부유물의 침전과 환원 및 분해에 의한 탄산가스의 방출이 일어난다.
㉯ 분해지대 : 용존산소의 감소가 현저하다.
㉰ 활발한 분해지대 : 수중환경은 혐기성 상태가 되어 침전 저니는 흑갈색 또는 황색을 띤다.
㉱ 활발한 분해지대 : 오염에 강한 실지렁이가 나타나고 혐기성 곰팡이가 증식한다.

▶ 풀이  ㉱ 활발한 분해지대 : 혐기성 박테리아가 증식한다.

answer  15 ㉯  16 ㉮  17 ㉯  18 ㉱

**19** 어느 시료의 대장균 수가 5,000/mL이라면 대장균 수가 100/mL가 될 때까지 필요한 시간은 얼마인가? (단, 1차 반응 기준이며, 대장균의 반감기는 1시간이다.)

㉮ 약 4.8시간  ㉯ 약 5.6시간
㉰ 약 6.7시간  ㉱ 약 7.9시간

**풀이**
① 반감기 : $\ln\frac{1}{2} = -k \times t$

$\ln\frac{1}{2} = -k \times 1hr$

∴ $k = 0.693/hr$

② 1차반응식 : $\ln\frac{C_t}{C_o} = -k \times t$

$\ln\frac{100/mL}{5,000/mL} = -0.693/hr \times t$

∴ $t = 5.65hr$

**20** 0.01M-KBr과 0.02M-ZnSO₄용액의 이온강도는 얼마인가? (단, 완전해리 기준이다.)

㉮ 0.08  ㉯ 0.09
㉰ 0.12  ㉱ 0.14

**풀이**
$KBr \rightarrow K^+ + Br^-$
0.01M    0.01M    0.01M
$ZnSO_4 \rightarrow Zn^{2+} + SO_4^{2-}$
0.02M    0.02M    0.02M

이온강도(I) = $\frac{합\{몰수 \times (가수)^2\}}{2}$

= $\frac{1}{2} \times \{(0.01M \times 1^2)+(0.01M \times 1^2)+(0.02M \times 2^2)+(0.02M \times 2^2)\}$

= 0.09

**TIP**
이온강도(I) : 용액중에 있는 이온의 전체농도를 나타내는 척도이다.

| 제2과목 | 상하수도 계획

**21** 하수관거시설인 우수토실에 대한 내용으로 틀린 것은 어느 것인가?

㉮ 우수월류량은 계획하수량에서 우천시 계획오수량을 뺀 양으로 한다.
㉯ 오수토실의 오수 유출관거에는 소정의 유량 이상이 흐르도록 하여야 한다.
㉰ 우수토실은 위어형 이외에 수직오리피스, 기계식 수동 수문 및 자동수문, 볼텍스 밸브류 등을 사용할 수 있다.
㉱ 우수토실을 설치하는 위치는 차집관거의 배치, 방류수면 및 방류지역의 주변 환경 등을 고려하여 선정한다.

**풀이** ㉯ 우수토실의 오수 유출관거에는 소정의 유량 이상이 흐르지 않도록 한다.

**22** 다음은 하수관거의 접합방법을 정할 때의 고려사항이다. (    )안에 알맞은 것은?

> 2개의 관거가 합류하는 경우의 중심교각은 되도록 ( ① ) 이하로 하고, 곡선을 갖고 합류하는 경우의 곡률반경은 내경의 ( ② ) 이상으로 한다.

㉮ ① 60°, ② 5배   ㉯ ① 60°, ② 3배
㉰ ① 45°, ② 5배   ㉱ ① 45°, ② 3배

**풀이** 하수관로 접합방법 고려사항
① 2개의 관로가 합류하는 경우의 중심교각은 되도록 30°~45°(단, 장애물이 있을 경우 60° 이하)
② 곡선을 갖고 합류하는 경우의 곡률반경은 내경의 5배 이상

**answer**  19 ㉯   20 ㉯   21 ㉯   22 ㉮

**23** 관경 1,100mm, 역사이펀 관거내의 유속에 대한 동수경사 2.4‰, 유속 2.15m/sec, 역사이펀 관거의 길이 L = 76m일 때, 역사이펀의 손실수두(m)는 얼마인가? (단, $\beta$ = 1.5, $\alpha$ = 0.05m 이다.)

㉮ 0.29m ㉯ 0.39m
㉰ 0.49m ㉱ 0.59m

▶ 풀이

$H = I \times L + 1.5 \times \dfrac{V^2}{2g} + \alpha$

$\begin{bmatrix} H : 손실수두(m) \\ I : 동수구배(기울기) \\ L : 관의 길이(m) \\ g : 중력가속도(9.8m/sec^2) \\ \alpha : 손실수두에 관한 여유 \end{bmatrix}$

따라서

$H = \dfrac{2.4}{1,000} \times 76m + 1.5 \times \dfrac{(2.15m/sec)^2}{2 \times 9.8m/sec^2} + 0.05m$

$= 0.59m$

**24** 상수도관에서 발생되는 부식 중 자연부식(마이크로셀 부식)에 해당되는 것은 어느 것인가?

㉮ 산소농담(통기차)
㉯ 간섭
㉰ 박테리아부식
㉱ 이종금속

▶ 풀이 자연부식(마이크로셀 부식)은 산성토양, 박테리아, 일반토양, 대기중 부식이 있다.

**25** 해수담수화를 위해 해수를 취수할 때 취수위치에 따른 장·단점으로 잘못된 것은 어느 것인가?

㉮ 해중취수(10m 이상) : 기상변화, 해조류의 영향이 적다.
㉯ 해안취수(10m 이내) : 계절별 수질, 수온변화가 심하다.
㉰ 염지하수 취수 : 추가적 전처리 비용이 발생한다.
㉱ 해안취수(10m 이내) : 양적으로 경제적이다.

▶ 풀이 ㉰ 염지하수 취수 : 추가적 전처리 비용이 발생하지 않는다.

**26** 다음은 상수도시설인 착수정에 관한 내용이다.( )안에 알맞은 것은?

> 착수정의 용량은 체류시간을 ( )으로 한다.

㉮ 0.5분 이상 ㉯ 1.0분 이상
㉰ 1.5분 이상 ㉱ 3.0분 이상

**27** 하수관거 배수설비의 설명 중 틀린 것은 어느 것인가?

㉮ 배수설비는 공공하수도의 일종이다.
㉯ 배수설비중의 물받이의 설치는 배수구역 경계지점 또는 배수구역안에 설치하는 것을 기본으로 한다.
㉰ 결빙으로 인한 우·오수 흐름의 지장이 발생되지 않도록 하여야 한다.
㉱ 배수관은 암거로 하며, 우수만을 배수하는 경우에는 개거도 가능하다.

answer 23 ㉱ 24 ㉰ 25 ㉰ 26 ㉰ 27 ㉮

**28** 상수시설인 배수시설 중 배수지의 유효 수심 범위(표준)로 알맞은 것은 어느 것인가?

㉮ 6~8m  ㉯ 3~6m
㉰ 2~3m  ㉱ 1~2m

**29** 관거별 계획하수량을 정할 때 고려해야 할 사항으로 알맞지 않은 것은 어느 것인가?

㉮ 오수관거에서는 계획시간최대오수량으로 한다.
㉯ 우수관거에서는 계획우수량으로 한다.
㉰ 차집관거에서는 계획1일최대오수량으로 한다.
㉱ 합류식 관거에서는 계획시간최대오수량에 계획우수량을 합한 것으로 한다.

**풀이** ㉰ 차집관거에서는 우천시 계획 오수량으로 한다.

**30** 하수배제방식이 합류식인 경우 중계펌프장의 계획하수량으로 알맞은 것은 어느 것인가?

㉮ 우천시 계획오수량
㉯ 계획우수량
㉰ 계획시간최대오수량
㉱ 계획1일최대오수량

**풀이** 하수배제방식에 따른 계획 하수량
① 분류식인 경우 중계펌프장 : 시간계획최대오수량
② 합류식인 경우 중계펌프장 : 우천시 계획오수량

**31** 하수관거시설이 황화수소에 의하여 부식되는 것을 방지하기 위한 대책으로 잘못된 것은 어느 것인가?

㉮ 관거를 청소하고 미생물의 생식 장소를 제거한다.
㉯ 염화 제2철을 주입하여 황화물을 고정화한다.
㉰ 염소를 주입하여 ORP를 저하시킨다.
㉱ 환기에 의해 관내 황화수소를 희석한다.

**풀이** ㉰ 염소를 주입하여 ORP를 상승시킨다.

**32** 상수시설 중 배수시설을 설계하고 정비할때에 설계상의 기본적인 사항으로 알맞은 것은 어느 것인가?

㉮ 배수지의 용량은 시간변동조정용량, 비상시대처용량, 소화용수량 등을 고려하여 계획시간최대급수량의 24시간 분 이상을 표준으로 한다.
㉯ 배수관을 계획할 때에 지역의 특성과 상황에 따라 직결 급수의 범위를 확대하는 것 등을 고려하여 최대정수압을 결정하며, 수압의 기준점은 시설물의 최고높이로 한다.
㉰ 배수본관은 단순한 수지상 배관으로 하지 말고 가능한 한 상호 연결된 관망형태로 구성한다.
㉱ 배수지관의 경우 급수관을 분기하는 지점에서 배수관내의 최대정수압은 150kPa (약 1.53kg$_f$/cm$^2$)를 넘지 않도록 한다.

**풀이** ㉮ 배수지의 유효용량은 급수구역의 계획1일 최대 급수량의 8~12시간분을 표준으로 한다.
㉯ 잘못된 설명
㉱ 배수지관의 경우 급수관을 분기하는 지점에서 배수관내의 최대정수압은 700kPa(약 7kg$_f$/cm$^2$)을 넘지 않도록 한다.

**answer** 28 ㉯  29 ㉰  30 ㉮  31 ㉰  32 ㉰

**33** 상수도시설인 주요 저수시설에 대한 내용으로 잘못된 것은 어느 것인가?

㉮ 전용댐 : 개발수량이 작은 규모가 많다.
㉯ 전용댐 : 양호한 수질을 유지하기가 어렵다.
㉰ 하구둑 : 둑의 조작으로 하류의 유지용수를 확보한다.
㉱ 하구둑 : 염소이온 농도에 주의를 요한다.

> 풀이 ㉯ 전용댐 : 양호한 수질을 유지하기가 용이하다.

**34** 최근 정수장에서 응집제로서 많이 사용되고 있는 폴리염화알루미늄(PACl)에 관한 내용으로 알맞은 것은 어느 것인가?

㉮ 일반적으로 황산알루미늄보다 적정주입 pH의 범위가 넓으며 알칼리도의 감소가 적다.
㉯ 일반적으로 황산알루미늄보다 적정주입 pH의 범위가 좁으며 알칼리도의 감소가 적다.
㉰ 일반적으로 황산알루미늄보다 적정주입 pH의 범위가 좁으며 알칼리도의 감소가 크다.
㉱ 일반적으로 황산알루미늄보다 적정주입 pH의 범위가 넓으며 알칼리도의 감소가 크다.

**35** 화학적 처리를 위한 응집시설 중 급속혼화시설에 관한 내용이다. ( )안에 알맞은 것은?

> 기계식 급속혼화시설을 채택하는 경우에는 ( )을 갖는 혼화지에 응집제를 주입한 다음 즉시 급속교반 시킬 수 있는 혼화장치를 설치한다.

㉮ 30초 이내의 체류시간
㉯ 1분 이내의 체류시간
㉰ 3분 이내의 체류시간
㉱ 5분 이내의 체류시간

> 풀이 급속혼화시설의 체류시간은 1분 이내이다.

**36** 상수도 기본계획수립시 기본사항에 대한 결정 중 계획(목표)년도에 대한 설명으로 알맞은 것은 어느 것인가?

㉮ 기본계획의 대상이 되는 기간으로 계획수립시부터 10~15년간을 표준으로 한다.
㉯ 기본계획의 대상이 되는 기간으로 계획수립시부터 15~20년간을 표준으로 한다.
㉰ 기본계획의 대상이 되는 기간으로 계획수립시부터 20~25년간을 표준으로 한다.
㉱ 기본계획의 대상이 되는 기간으로 계획수립시부터 25~30년간을 표준으로 한다.

> 풀이 ① 상수도 시설의 계획(목표)년도 : 15~20년
> ② 하수도 시설의 계획(목표)년도 : 20년

answer  33 ㉯  34 ㉮  35 ㉯  36 ㉯

**37** 정수시설인 하니콤방식에 대한 내용으로 알맞지 않은 것은 어느 것인가? (단, 회전원판방식과 비교 기준)

㉮ 체류시간 : 2시간 정도
㉯ 손실수두 : 거의 없음
㉰ 폭기설비 : 필요 없음
㉱ 처리수조의 깊이 : 5~7m

**풀이** ㉰ 폭기설비 : 필요 있음

**38** 정수방법인 완속여과방식에 대한 내용으로 잘못된 것은 어느 것인가?

㉮ 약품처리가 필요 없다.
㉯ 완속여과의 정화는 주로 생물작용에 의한 것이다.
㉰ 비교적 양호한 원수에 알맞은 방식이다.
㉱ 부지면적 소요가 적다.

**풀이** ㉱ 부지면적 소요가 많다.

**39** 펌프 흡입구의 유속이 4m/sec 이고 펌프의 토출량은 840m³/hr 일 때, 하수 이송에 사용되는 이 펌프의 흡입구경(mm)은 얼마인가?

㉮ 223mm   ㉯ 273mm
㉰ 326mm   ㉱ 357mm

**풀이** $D = 146 \times \sqrt{\dfrac{Q}{V}}$

$\begin{bmatrix} D : 흡입구경(mm) \\ Q : 토출량(m^3/min) \\ V : 유속(m/sec) \end{bmatrix}$

따라서 $D = 146 \times \sqrt{\dfrac{840m^3/hr \times 1hr/60min}{4m/sec}}$

$= 273.14mm$

**40** 해수담수화시설 중 역삼투설비에 대한 내용으로 틀린 것은 어느 것인가?

㉮ 해수담수화시설에서 생산된 물은 pH나 경도가 낮기 때문에 필요에 따라 적절한 약품을 주입하거나 다른 육지의 물과 혼합하여 수질을 조정한다.
㉯ 막모듈은 플러싱과 약품세척 등을 조합하여 세척한다.
㉰ 고압펌프를 정지할 때에는 드로백(draw-back)이 유지되도록 체크 밸브를 설치하여야 한다.
㉱ 고압펌프는 효율과 내식성이 좋은 기종으로 하며 그 형식은 시설규모 등에 따라 선정한다.

**풀이** ㉰ 고압펌프를 정지할 때에는 드로백(draw-back)이 발생하지 않도록 해야 한다.

| 제3과목 | 수질오염방지기술

**41** 생물학적 질소, 인 제거를 위한 $A_2/O$ 공정 중 호기조의 역할로 알맞은 것은 어느 것인가?

㉮ 질산화, 인방출   ㉯ 질산화, 인흡수
㉰ 탈질화, 인방출   ㉱ 탈질화, 인흡수

**풀이** 반응조의 역할
① 혐기성조 : 인(P)의 방출
② 무산소조 : 질소(N)의 제거
③ 호기성조 : 인(P)의 과잉흡수, 질산화

**answer** 37 ㉰  38 ㉱  39 ㉯  40 ㉰  41 ㉯

**42** 슬러지를 진공 탈수시켜 부피가 50% 감소되었다. 유입슬러지 함수율이 98% 이었다면 탈수 후 슬러지의 함수율(%)은 얼마인가? (단, 슬러지 비중은 1.0 기준이다.)

㉮ 90%  ㉯ 92%
㉰ 94%  ㉱ 96%

**풀이** $V_1 \times (100-P_1) = V_2 \times (100-P_2)$
$V_2 = V_1 \times 0.5$
따라서 $V_1 \times (100-98) = V_1 \times 0.5 \times (100-P_2)$
∴ $P_2 = 96\%$

**43** 1,000m³의 하수로부터 최초침전지에서 생성되는 슬러지 양은 얼마인가?

- 최초침전지 체류시간 : 2시간
- 부유물질 제거효율 : 60%
- 부유물질농도 : 220mg/L
- 부유물질 분해 없음
- 슬러지 비중 : 1.0
- 슬러지 함수율 : 97%

㉮ 2.4m³/1,000m³   ㉯ 3.2m³/1,000m³
㉰ 4.4m³/1,000m³   ㉱ 5.2m³/1,000m³

**풀이** 슬러지발생량(m³)

$= \dfrac{SS농도(kg/m^3) \times 슬러지량(m^3) \times 제거효율(\eta)}{비중량(kg/m^3)} \times \dfrac{100}{100-함수율(\%)}$

$= \dfrac{0.22kg/m^3 \times 1,000m^3 \times 0.60}{1,000kg/m^3} \times \dfrac{100}{100-97\%}$

$= 4.4m^3$

**TIP**
① mg/L $\xrightarrow{\times 10^{-3}}$ kg/m³
② SS 220mg/L = SS 0.22kg/m³
③ 비중(g/cm³) $\xrightarrow{\times 10^3}$ 비중량(kg/m³)
④ 비중 1.0g/cm³ $\xrightarrow{\times 10^3}$ 1,000kg/m³

**44** 하수 소독시 적용되는 오존소독방법에 관한 일반적 장·단점으로 틀린 것은 어느 것인가? (단, 염소소독 방법 등과 비교)

㉮ $Cl_2$보다 더 강력한 산화제이다.
㉯ 저장시스템 파괴 사고의 위험이 있다.
㉰ 모든 박테리아와 바이러스를 살균시킨다.
㉱ 초기 투자비와 부속설비가 비싸다.

**풀이** ㉯ 저장시스템 파괴 사고의 위험이 없다.

**45** 역삼투 장치로 하루에 1,710m³의 3차 처리된 유출수를 탈염시키고자 한다. 요구되는 막면적(m²)은 얼마인가?

- 유입수와 유출수 사이의 압력차 = 2,400kPa
- 25℃에서 물질전달계수 = 0.2068L/(day-m²)(kPa)
- 최저 운전 온도 = 10℃
- $A_{10℃} = 1.58 A_{25℃}$
- 유입수와 유출수의 삼투압차 = 310kPa

㉮ 약 5,351m²  ㉯ 약 6,251m²
㉰ 약 7,351m²  ㉱ 약 8,121m²

**풀이** ① 유출수량($Q_F$)를 계산한다.
$Q_F(L/day \cdot m^2) = K(L/day \cdot m^2 \cdot kpa) \times (\triangle p - \triangle \pi)$
$= 0.2068 L/day \cdot m^2 \cdot kpa \times (2,400kpa - 310kpa)$
$= 432.212 L/day \cdot m^2$

② $A_{25℃} = \dfrac{Q(L/day)}{Q_F(L/day \cdot m^2)}$

**answer** 42 ㉱  43 ㉰  44 ㉯  45 ㉯

$$= \frac{1{,}710 \times 10^3 \text{L/day}}{432.212 \text{L/day} \cdot \text{m}^2} = 3{,}956.39 \text{m}^2$$

③ $A_{10℃}$를 계산한다.
$A_{10℃} = 1.58 A_{25℃} = 1.58 \times 3{,}956.39 \text{m}^2$
$= 6{,}251.10 \text{m}^2$

**46** 어느 특정한 산화지 내에 1일 BOD 부하를 30kg/day·m²으로 설계하였다. 평균 유량이 2.5m³/min이고 BOD 농도가 270mg/L일 때 필요한 면적(m²)은 얼마인가? (단, 기타 조건은 고려하지 않음.)

㉮ 30.5m²　　㉯ 32.4m²
㉰ 36.2m²　　㉱ 40.8m²

**풀이** BOD 부하(kg/day·m²)

$$= \frac{\text{BOD}(\text{kg/m}^3) \times Q(\text{m}^3/\text{day})}{A(\text{m}^2)}$$

$$30 \text{kg/day} \cdot \text{m}^2 = \frac{0.27 \text{kg/m}^3 \times 2.5 \text{m}^3/\text{min} \times 60 \text{min/hr} \times 24 \text{hr/day}}{A(\text{m}^2)}$$

$$\therefore A = \frac{0.27 \text{kg/m}^3 \times 2.5 \text{m}^3/\text{min} \times 60 \text{min/hr} \times 24 \text{hr/day}}{30 \text{kg/day} \cdot \text{m}^2}$$

$$= 32.4 \text{m}^2$$

**47** 농축슬러지를 혐기성 소화를 통해 안정화시키고 있다. 조건이 다음과 같을 때 메탄생성량(kg/day)은 얼마인가?

[조건]
- 농축슬러지에 포함된 유기성분은 모두 글루코오스($C_6H_{12}O_6$)이며 미생물에 의해 100% 분해된다.
- 소화조에서 모두 메탄과 이산화탄소로 전환된다고 가정한다.
- 농축슬러지 BOD 480mg/L
- 유입유량 200m³/day

㉮ 18kg/day　　㉯ 24kg/day
㉰ 32kg/day　　㉱ 41kg/day

**풀이** ① $C_6H_{12}O_6$(글루코스)의 농도를 계산한다.
$C_6H_{12}O_6 + 6O_2 \rightarrow 6CO_2 + 6H_2O$
　180g　:　6×32g
　$X_1$　:　480mg/L
∴ $X_1$(유기물) = 450mg/L

② $CH_4$의 농도를 계산한다.
$C_6H_{12}O_6 \rightarrow 3CH_4 + 3CO_2$
　180g　:　3×16g
　450mg/L　:　$X_2$
∴ $X_2(CH_4)$ = 120mg/L

③ $CH_4$의 생성량(kg/day)
= 메탄의 농도(kg/m³) × 유량(m³/day)
= 0.12kg/m³ × 200m³/day
= 24kg/day

**48** 물리, 화학적으로 질소제거 공정인 파괴점 염소주입에 대한 설명으로 틀린 것은 어느 것인가? (단, 기타 방법과 비교 내용임)

㉮ 수생생물에 독성을 끼치는 잔류 염소농도가 높아진다.
㉯ pH에 영향이 없어 염소투여요구량이 일정하다.
㉰ 기존 시설에 적용이 용이하다.
㉱ 고도의 질소제거를 위하여 여타 질소제거 공정 다음에 사용 가능하다.

**풀이** ㉯ pH에 영향이 있으며, 염소투여 요구량이 일정하지 않다.

answer　46 ㉯　47 ㉯　48 ㉯

**49** 생물학적 질소제거공정에서 질산화로 생성된 $NO_3^--N$ 40mg/L가 탈질되어 질소로 환원될 때 필요한 이론적인 메탄올($CH_3OH$)의 양(mg/L)은 얼마인가?

㉮ 17.2mg/L  ㉯ 36.6mg/L
㉰ 58.4mg/L  ㉱ 76.2mg/L

**풀이** $6NO_3^--N + 5CH_3OH \rightarrow 3N_2 + 5CO_2 + 7H_2O + 6OH^-$
6×14g : 5×32g
40mg/L : X
$\therefore X = \dfrac{40mg/L \times 5 \times 32g}{6 \times 14g} = 76.19mg/L$

**50** 하루 유량 5,000m³인 폐수를 용량이 1,500m³인 활성슬러지 폭기조로 처리한다. 이때 $K_d$ = 0.03/일, Y = 0.6MLSSmg/BODmg, MLSS는 6,000mg/L로 유지되고 있고 유입 BOD 500mg/L는 활성슬러지 폭기조에서 BOD 90% 제거된다면 SRT는 얼마인가? (단, 활성슬러지 공법의 폭기조만 고려한다.)

㉮ 11.1일  ㉯ 10.2일
㉰ 8.3일   ㉱ 7.4일

**풀이** ① $\dfrac{1}{SRT} = \dfrac{Y \cdot Q \cdot BOD \cdot \eta}{MLSS \cdot V} - kd$

$= \dfrac{0.6 \times 5,000m^3/day \times 0.5kg/m^3 \times 0.90}{6kg/m^3 \times 1,500m^3} - 0.03/day$

$= 0.12/day$

② $SRT = \dfrac{1}{0.12/day} = 8.33day$

**51** 혐기성 소화법과 비교한 호기성 소화법의 장·단점으로 틀린 것은 어느 것인가?

㉮ 운전이 용이하다.
㉯ 소화슬러지 탈수가 용이하다.
㉰ 가치있는 부산물이 생성되지 않는다.
㉱ 저온시의 효율이 저하된다.

**풀이** ㉯ 소화슬러지 탈수가 용이하지 못하다.

**52** 폭기조 내의 혼합액의 SVI가 100이고, MLSS 농도를 2,200mg/L로 유지하려면 적정한 슬러지의 반송률(%)은 얼마인가? (단, 유입수의 SS는 무시한다.)

㉮ 23.6%  ㉯ 28.2%
㉰ 33.6%  ㉱ 38.3%

**풀이** 반송율(%) = $\dfrac{MLSS - SS_i}{SS_r - MLSS} \times 100$

$= \dfrac{2,200mg/L}{\dfrac{10^6}{100} - 2,200mg/L} \times 100 = 28.21\%$

**TIP**
① $SVI = \dfrac{10^6}{SS_r} \Rightarrow SS_r = \dfrac{10^6}{SVI}$
② $SS_i$는 무시하므로 사용하지 않는다.

**53** 막공법에 대한 설명으로 틀린 것은 어느 것인가?

㉮ 투석은 선택적 투과막을 통해 용액 중에 다른 이온, 혹은 분자의 크기가 다른 용질을 분리시키는 것이다.
㉯ 투석에 대한 추진력은 막을 기준으로 한 용질의 농도차이다.
㉰ 한외여과 및 미여과의 분리는 주로 여과작용에 의한 것으로 역삼투현상에 의한 것이 아니다.
㉱ 역삼투는 한외여과 및 미여과와 상이하게 반투막으로 용매를 통과시키기 위해 정수압을 이용한다.

**answer** 49 ㉱  50 ㉰  51 ㉯  52 ㉯  53 ㉱

**풀이** ㉣ 역삼투와 한외여과 및 미여과는 물질분리를 위한 추진력으로 정수압차를 이용한다.

**54** 폐수 유량이 3,000m³/day, 부유 고형물의 농도가 150mg/L이다. 공기부상 시험에서 공기와 고형물의 비가 0.05mg air/mg-solid 일 때 최적의 부상을 나타낸다. 설계온도 20℃, 이때의 공기용해도는 18.7mL/L이다. 흡수비 0.5, 부하율이 0.12m³/m²·min일 때 반송이 있으며 운전압력이 3.5 기압인 부상조 표면적(m²)은 얼마인가?

㉮ 18.5m²   ㉯ 24.5m²
㉰ 32.5m²   ㉣ 41.5m²

**풀이** ① 반송비(R)을 계산한다.

$$A/S비 = \frac{1.3 \times Sa \times (f \cdot P-1)}{SS} \times R$$

$$0.05 = \frac{1.3 \times 18.7mL/L \times (0.5 \times 3.5atm-1)}{150mg/L} \times R$$

∴ R = 0.411

② 부하율(m³/m²·min) = $\frac{Q(1+R)m³/min}{A(m²)}$

0.12m³/m²·min

$$= \frac{3,000m³/day \times 1day/24hr \times 1hr/60min \times (1+0.411)}{A(m²)}$$

∴ A(m²)

$$= \frac{3,000m³/day \times 1day/24hr \times 1hr/60min \times (1+0.411)}{0.12m³/m²·min}$$

= 24.50m²

**TIP**
① 순환식인 경우
  부상조의 유량(Q) = Q+$Q_R$ = Q(1+R)
② 비순환식인 경우
  부하율(m³/m²·min) = $\frac{Q(m³/min)}{A(m²)}$

**55** 생물학적 원리를 이용하여 질소, 인을 제거하는 공정인 5단계 Bardenpho공법에 대한 내용으로 틀린 것은 어느 것인가?

㉮ 인제거를 위해 혐기성조가 추가된다.
㉯ 조 구성은 혐기조, 무산소조, 호기조, 무산소조, 호기조 순이다.
㉰ 내부반송률은 유입유량 기준으로 100~200% 정도이며 2단계 무산소조로부터 1단계 무산소조로 반송된다.
㉣ 마지막 호기성 단계는 폐수내 잔류 질소가스를 제거하고 최종 침전지에서 인의 용출을 최소화하기 위하여 사용한다.

**풀이** ㉰ 내부반송은 1단계 호기조에서 1단계 무산소조로 한다.

**56** 생물막법 처리방식인 접촉산화법의 장·단점으로 틀린 것은 어느 것인가?

㉮ 부하, 수량변동에 대하여 완충능력이 있다.
㉯ 미생물량과 영향인자를 정상상태로 유지하기 위한 조작이 어렵다.
㉰ 분해속도가 낮은 기질제거에 효과적이며 수온의 변동에 강하다.
㉣ 반응조내 매체를 균일하게 포기 교반하는 조건설정이 용이하다.

**풀이** ㉣ 반응조내 매체를 균일하게 포기 교반하는 조건설정이 어렵다.

**answer** 54 ㉯  55 ㉰  56 ㉣

**57** CSTR 반응조를 일차반응조건으로 설계하고, A의 제거 또는 전환율이 90%가 되게 하고자 한다. 만일, 반응상수 k가 0.35/hr이면 이 CSTR 반응조의 체류시간(hr)은 얼마인가?

㉮ 12.5hr  ㉯ 25.7hr
㉰ 32.5hr  ㉱ 43.7hr

▶ 풀이

$Q(C_o-C_t) = k \cdot V \cdot C_t$

여기서 $t = \dfrac{V}{Q}$ 이므로

$(C_o-C_t) = k \cdot C_t \cdot \left(\dfrac{V}{Q}\right)$

$t = \dfrac{C_o-C_t}{k \times C_t} = \dfrac{(1-0.1)}{(0.35/hr \times 0.1)} = 25.71hr$

**58** 암모니아성 질소가 25mg/L인 폐수의 완전 질산화에 필요한 이론적 산소요구량(mg/L)은 얼마인가?

㉮ 약 115mg/L  ㉯ 약 125mg/L
㉰ 약 135mg/L  ㉱ 약 145mg/L

▶ 풀이

$NH_3\text{-}N + 2O_2 \rightarrow HNO_3 + H_2O$
14g : 2×32g
25mg/L : ThOD

$\therefore ThOD = \dfrac{25mg/L \times 2 \times 32g}{14g} = 114.29mg/L$

**59** 폐수량 500m³/day, BOD 300mg/L인 폐수를 표준 활성슬러지공법으로 처리하여 최종방류수 BOD 농도를 20mg/L 이하로 유지하고자 한다. 최초침전지 BOD 제거효율이 30%일때 포기조와 최종침전지, 즉 2차 처리 공정에서 유지되어야 하는 최저 BOD 제거효율(%)은 얼마인가?

㉮ 약 82.5%  ㉯ 약 85.5%
㉰ 약 90.5%  ㉱ 약 94.5%

▶ 풀이

BOD 제거효율(%) = $\left(1-\dfrac{유출수의 BOD}{유입수의 BOD}\right) \times 100(\%)$

① 2차 처리공정의 유입수 BOD
  = 300mg/L × (1-0.30) = 210mg/L
② 2차 처리공정의 유출수 BOD = 20mg/L
③ BOD 제거효율(%) = $\left(1-\dfrac{20mg/L}{210mg/L}\right) \times 100$
  = 90.48%

**60** 슬러지의 소화율이란 생슬러지 중의 VS가 가스화 및 액화되는 비율을 말한다. 생슬러지와 소화슬러지의 VS/TS가 각각 80% 및 50%일 경우 소화율(%)은 얼마인가?

㉮ 38%  ㉯ 46%
㉰ 63%  ㉱ 75%

▶ 풀이

소화율(%) = $\left\{1-\dfrac{소화후(VS/FS)}{소화전(VS/FS)}\right\} \times 100$

= $\left\{1-\dfrac{(50\%/50\%)}{(80\%/20\%)}\right\} \times 100$

= 75%

**answer** 57 ㉯  58 ㉮  59 ㉰  60 ㉱

| 제4과목 | 수질오염공정시험기준

**61** 고형물질이 많아 관을 메울 우려가 있는 폐·하수의 관내 유량을 측정하는 방법으로 알맞은 것은 어느 것인가?

㉮ 자기식 유량측정기 (magnetic flow meter)
㉯ 유량측정용 노즐(nozzle)
㉰ 파샬플룸(parshall flume)
㉱ 피토우관(pitot)

▶풀이 ㉮ 자기식 유량측정기에 대한 설명이다.

**62** 수질오염공정시험기준 비소의 시험방법으로 틀린 것은?

㉮ 기체크로마토그래피
㉯ 유도결합플라스마-원자발광분광법
㉰ 유도결합플라스마-질량분석법
㉱ 양극벗김전압전류법

▶풀이 비소의 시험방법
① 수소화물생성 원자흡수분광광도법
② 유도결합플라스마-원자발광분광법
③ 유도결합플라스마-질량분석법
④ 양극벗김전압전류법

**63** 대장균-효소기질정량법에 대한 내용이다. ( )안에 들어갈 알맞은 것은?

상용화된 용기와 시약을 사용하고, 무균 조작으로 시료 100mL와 상용화된 효소 기질 시약을 넣어 완전히 혼합하고 적정 시간 (35±0.5)℃에서 배양 후 ( )램프를 사용하여 암실에서 형광을 관찰하여 MUG(4-methyl-umbelliferyl-$\beta$-D-glucuronide)에 의한 형광이 관찰되면 대장균 양성으로 판정하여 정량한다.

㉮ X-선   ㉯ 자외선
㉰ 적외선   ㉱ 가시광선

▶풀이 대장균의 효소기질정량법에서는 자외선 램프(365nm~366nm, 6와트)를 사용한다.

**64** 총 유기탄소 측정시 적용되는 용어 정의로 틀린 것은 어느 것인가?

㉮ 비정화성 유기탄소 : 총 탄소 중 pH 5.6 이하에서 포기에 의해 정화되지 않는 탄소를 말한다.
㉯ 부유성 유기탄소 : 총 유기탄소 중 공극 0.45$\mu$m의 막여지를 통과하지 못한 유기탄소를 말한다.
㉰ 무기성 탄소 : 수중에 탄산염, 중탄산염, 용존 이산화탄소 등 무기적으로 결합된 탄소의 합을 말한다.
㉱ 총탄소 : 수중에서 존재하는 유기적 또는 무기적으로 결합된 탄소의 합을 말한다.

▶풀이 ㉮ 비정화성 유기탄소 : 총 탄소 중 pH 2 이하에서 포기에 의해 정화되지 않는 탄소를 말한다.

**65** 공장, 하수 및 폐수 종말처리장 등의 원수, 공정수, 배출수 등의 개수로 유량을 측정하는데 사용하는 웨어의 정확도 기준은 얼마인가? (단, 실제유량에 대한 %)

㉮ ±5%   ㉯ ±10%
㉰ ±15%   ㉱ ±25%

▶풀이 웨어
① 최대유량 : 최소유량 = 500 : 1
② 정확도 : 실제유량에 대해 ±5%
③ 정밀도 : 최대 유량에 대해 ±0.5%

**answer**  61 ㉮  62 ㉮  63 ㉯  64 ㉮  65 ㉮

**66** 0.025N-KMnO₄ 400mL를 조제하려면 KMnO₄ 약 몇 g을 취해야 하는가? (단, 원자량 : K = 39, Mn = 55)

㉮ 약 0.32g  ㉯ 약 0.63g
㉰ 약 0.84g  ㉱ 약 0.98g

▶ 풀이

$$\frac{eq}{L} = \frac{질량(g)}{부피(L)} \times \frac{1eq}{분자량(g)/가수}$$

$$0.025eq/L = \frac{질량(g)}{0.4L} \times \frac{1eq}{158g/5}$$

∴ 질량 = 0.32g

**TIP**
① N농도 = eq/L
② KMnO₄(과망간산포타슘)의 $1eq = \frac{158g}{5}$

**67** 분원성대장균군(막여과법) 분석 시험에 대한 설명으로 잘못된 것은 어느 것인가?

㉮ 분원성대장균군이란 온혈동물의 배설물에서 발견되는 그람음성·무아포성의 간균이다.
㉯ 물속에 존재하는 분원성대장균군을 측정하기 위하여 페트리접시에 배지를 올려놓은 다음 배양 후 여러 가지 색조를 띠는 청색의 집락을 계수하는 방법이다.
㉰ 배양기 또는 항온수조는 배양온도를 (25±0.5)℃로 유지할 수 있는 것을 사용한다.
㉱ 실험결과는 '분원성대장균군/100mL'로 표기한다.

▶ 풀이 ㉰ 배양기 또는 항온수조는 배양온도를 (44.5±0.2)℃로 유지할 수 있는 것을 사용한다.

**68** 하천유량 측정을 위한 유속 면적법의 적용범위로 잘못된 것은 어느 것인가?

㉮ 대규모 하천을 제외하고 가능하면 도섭으로 측정할 수 있는 지점
㉯ 교량 등 구조물 근처에서 측정할 경우 교량의 상류지점
㉰ 합류나 분류되는 지점
㉱ 선정된 유량측정 지점에서 말뚝을 박아 동일 단면에서 유량측정을 수행할 수 있는 지점

▶ 풀이 ㉰ 합류나 분류가 없는 지점

**TIP**
(1) 적용범위
① 균일한 유속분포를 확보하기 위한 충분한 길이(약 100m 이상)의 직선 하도(河道)의 확보가 가능하고 횡단면상의 수심이 균일한 지점
② 모든 유량 규모에서 하나의 하도로 형성되는 지점
③ 가능하면 하상이 안정되어 있고, 식생의 성장이 없는 지점
④ 유속계나 부자가 어디에서나 유효하게 잠길 수 있을 정도의 충분한 수심이 확보되는 지점
⑤ 합류나 분류가 없는 지점
⑥ 교량 등 구조물 근처에서 측정할 경우 교량의 상류지점
⑦ 대규모 하천을 제외하고 가능하면 도섭으로 측정할 수 있는 지점
⑧ 선정된 유량측정 지점에서 말뚝을 박아 동일 단면에서 유량측정을 수행할 수 있는 지점

(2) 용어설명
① 하도(河道) : 강이나 시내가 흐르는 길
② 하상(河床) : 하천의 바닥
③ 도섭 : 수심이 얕은 하천을 걸어서 건너가는 것

**answer** 66 ㉮  67 ㉰  68 ㉰

**69** 다음은 수질연속자동측정기의 설치방법 중 시료채취 지점에 대한 설명이다. ( )안에 알맞은 것은 어느 것인가?

> 취수구의 위치는 수면하 10cm 이상, 바닥으로부터 ( )를 유지하여 동절기의 결빙을 방지하고 바닥 퇴적물이 유입되지 않도록 하되 불가피한 경우는 수면하 5cm에서 채수할 수 있다.

㉮ 10cm    ㉯ 15cm
㉰ 20cm    ㉱ 30cm

**풀이** 취수구의 위치
수면하 10cm 이상, 바닥으로부터 15cm

**70** 시료의 최대 보존기간이 다른 측정항목은 어느 것인가?

㉮ 페놀류
㉯ 인산염인
㉰ 화학적산소요구량
㉱ 황산이온

**풀이** 시료의 최대 보존기간
㉮ 페놀류 : 28일
㉯ 인산염인 : 48시간
㉰ 화학적산소요구량 : 28일
㉱ 황산이온 : 28일

**71** 기체크로마토그래피에 의해 유기인 측정에 관한 내용 중 간섭물질에 대한 설명으로 잘못된 것은 어느 것인가?

㉮ 폴리테트라플루오로에틸렌(PTFE) 재질이 아닌 튜브, 봉합체 및 유속조절제의 사용을 피해야 한다.
㉯ 검출기는 불꽃광도 검출기(FPD) 또는 질소인 검출기(NPD)를 사용한다.
㉰ 높은 농도를 갖는 시료와 낮은 농도를 갖는 시료를 연속하여 분석할 때에 오염이 될 수 있으므로 높은 농도의 시료를 분석한 후에는 바탕시료를 분석하는 것이 좋다.
㉱ 플로리실 컬럼 정제는 산, 염화페놀, 폴리클로로페녹시페놀 등의 극성화합물을 제거하기 위해 수행한다.

**풀이** ㉱ 실리카겔 컬럼 정제는 산, 염화페놀, 폴리클로로페녹시페놀 등의 극성화합물을 제거하기 위해 수행한다.

**72** 웨어의 수두가 0.25m, 수로의 폭이 0.8m, 수로의 밑면에서 절단 하부점까지의 높이가 0.7m인 직각 3각웨어의 유량($m^3$/min)은 얼마인가? (단, 유량계수 $k = 81.2 + \dfrac{0.24}{h} + \left(8.4 + \dfrac{12}{\sqrt{D}}\right) \times \left(\dfrac{h}{B} - 0.09\right)^2$)

㉮ 1.4$m^3$/min    ㉯ 2.1$m^3$/min
㉰ 2.6$m^3$/min    ㉱ 2.9$m^3$/min

**풀이**
① $k = 81.2 + \dfrac{0.24}{h} + \left(8.4 + \dfrac{12}{\sqrt{D}}\right) \times \left(\dfrac{h}{B} - 0.09\right)^2$

$= 81.2 + \dfrac{0.24}{0.25m} + \left(8.4 + \dfrac{12}{\sqrt{0.7m}}\right)$
$\times \left(\dfrac{0.25m}{0.8m} - 0.09\right)^2 = 83.29$

② 삼각웨어의 유량(Q) = $k \cdot h^{\frac{5}{2}}$ ($m^3$/min)
$= 83.29 \times (0.25m)^{\frac{5}{2}} = 2.60 m^3/min$

**answer** 69 ㉯  70 ㉯  71 ㉱  72 ㉰

**73** 6가 크롬-원자흡수분광광도법에 대한 내용으로 틀린 것은?

㉮ 피로리딘 디티오카르바민산 착물로 만들어 메틸아이소부틸케톤으로 추출한다.
㉯ 정량한계는 0.01mg/L이다.
㉰ 폐수에 반응성이 큰 다른 금속 이온이 존재할 경우 방해 영향이 크다.
㉱ 방해의 영향이 큰 경우 질산소듐 1%를 첨가하여 측정한다.

**풀이** ㉱ 방해의 영향이 큰 경우 황산소듐 1%를 첨가하여 측정한다.

**74** 시료의 보존방법으로 틀린 것은?

㉮ 아질산성 질소 : $H_2SO_4$로 pH 2 이하
㉯ 총질소(용존 질소) : $H_2SO_4$로 pH 2 이하
㉰ 화학적 산소요구량 : $H_2SO_4$로 pH 2 이하
㉱ 암모니아성 질소 : $H_2SO_4$로 pH 2 이하

**풀이** ㉮ 아질산성 질소 : 보존방법 없음

**75** 유기물 함량이 비교적 높지 않고 금속의 수산화물, 산화물, 인산염 및 황화물을 함유하는 시료의 전처리(산분해법)방법으로 알맞은 것은 어느 것인가?

㉮ 질산법　　㉯ 황산법
㉰ 질산-황산법　　㉱ 질산-염산법

**76** 암모니아성 질소의 분석방법으로 틀린 것은 어느 것인가? (단, 수질오염공정시험 기준)

㉮ 자외선/가시선 분광법
㉯ 연속흐름법
㉰ 이온전극법
㉱ 적정법

**풀이** 암모니아성 질소의 분석방법으로는 자외선/가시선 분광법, 이온전극법, 적정법이 있다.

**77** 노말헥산 추출물질의 정량한계는 어느 것인가?

㉮ 0.1 mg/L　　㉯ 0.5 mg/L
㉰ 1.0 mg/L　　㉱ 5.0 mg/L

**78** 수질오염공정시험기준 니켈의 시험방법으로 틀린 것은?

㉮ 원자흡수분광광도법
㉯ 유도결합플라스마-원자발광분광법
㉰ 유도결합플라스마-질량분석법
㉱ 양극벗김전압전류법

**풀이** 니켈의 시험방법
① 원자흡수분광광도법
② 유도결합플라스마-원자발광분광법
③ 유도결합플라스마-질량분석법

**answer** 73 ㉱  74 ㉮  75 ㉱  76 ㉯  77 ㉯  78 ㉱

**79** 다음은 퇴적물 완전연소 가능량 측정에 관한 내용이다. ( )안에 알맞은 것은?

> 110℃에서 건조시킨 시료를 도가니에 담고 무게를 측정한 다음 ( ) 가열한 후 다시 무게를 측정한다.

㉮ 550℃에서 1시간
㉯ 550℃에서 2시간
㉰ 550℃에서 3시간
㉱ 550℃에서 4시간

**풀이** 시료 $\xrightarrow[100℃]{건조}$ 무게측정 $\xrightarrow[550℃에서 2시간]{가열}$ 무게측정

**80** 시험과 관련된 총칙에 대한 내용으로 틀린 것은 어느 것인가?

㉮ "방울수"라 함은 0℃에서 정제수 20방울을 적하할 때 그 부피가 약 1mL 되는 것을 뜻한다.
㉯ "찬 곳"은 따로 규정이 없는 한 0~15℃의 곳을 뜻한다.
㉰ "감압 또는 진공"이라 함은 따로 규정이 없는 한 15mmHg 이하를 말한다.
㉱ "약"이라 함은 기재된 양에 대하여 ±10% 이상의 차가 있어서는 안된다.

**풀이** ㉮ "방울수"라 함은 20℃에서 정제수 20방울을 적하할 때 그 부피가 약 1mL 되는 것을 뜻한다.

**answer** 79 ㉯ 80 ㉮

# 2014 3회 기출문제

2014년 8월 17일 시행

| 제1과목 | 수질오염개론

**01** 25℃, 2기압의 압력에 있는 메탄가스 40kg을 저장하는데 필요한 탱크의 부피($m^3$)는 얼마인가? (단, 이상기체의 법칙, R = 0.082L · atm/mol · k 적용)

㉮ 20.6$m^3$  ㉯ 25.3$m^3$
㉰ 30.6$m^3$  ㉱ 35.3$m^3$

**풀이** 이상기체상태 방정식 $PV = \dfrac{W}{M}RT$를 이용한다.

P : 압력(atm)
V : 부피(L)
W : 질량(g)
M : 분자량(g)
R : 기체상수(0.082L · atm/mol · k)
T : 절대온도(273 + ℃)

따라서
2atm×V(L)
$= \dfrac{40 \times 10^3 g}{16g} \times 0.082L \cdot atm/mol \cdot k \times (273+25)$

∴ V $= \dfrac{40 \times 10^3 g \times 0.082L \cdot atm/mol \cdot k \times (273+25)k}{2atm \times 16g}$

$= 30,545L = 30.55m^3$

**02** 어떤 폐수의 $BOD_5$가 300mg/L, COD가 400mg/L이었다. 이 폐수의 난분해성 COD(NBDCOD)는 얼마인가? (단, 탈산소계수($k_1$) = 0.01$hr^{-1}$이다. 상용대수기준, BDCOD = $BOD_u$)

㉮ 60mg/L  ㉯ 70mg/L
㉰ 80mg/L  ㉱ 90mg/L

**풀이** COD = NBDCOD+BDCOD(= $BOD_u$)

NBDCOD : 생물학적 분해 불가능한 COD
BDCOD : 생물학적 분해 가능한 COD
      = 최종 BOD = $BOD_u$

① $BOD_5$공식을 이용해 $BOD_u$(= BDCOD)를 계산한다.
$BOD_5 = BOD_u \times (1-10^{-k_1 \times t})$
300mg/L = $BOD_u \times (1-10^{-0.01/hr \times 24hr/day \times 5day})$

∴ $BOD_u = \dfrac{300mg/L}{(1-10^{-0.01/hr \times 24hr/day \times 5day})} = 320mg/L$

② NBDCOD = COD-BDCOD
= 400mg/L-320mg/L = 80mg/L

answer  01 ㉰  02 ㉰

**03** 호수 내의 성층현상에 대한 내용으로 틀린 것은 어느 것인가?

㉮ 여름성층의 연직 온도경사는 분자확산에 의한 DO구배와 같은 모양이다.
㉯ 성층의 구분 중 약층(thermocline)은 수심에 따른 수온 변화가 적다.
㉰ 겨울성층은 표층수 냉각에 의한 성층이어서 역성층이라고도 한다.
㉱ 전도현상은 가을과 봄에 일어나며 수괴의 연직혼합이 왕성하다.

**풀이** ㉯ 성층의 구분 중 약층(thermocline)은 수심에 따른 수온 변화가 크다.

**04** 수질분석결과 $Na^+$ = 10mg/L, $Ca^{2+}$ = 20mg/L, $Mg^{2+}$ = 24mg/L, $Sr^{2+}$ = 2.2mg/L일 때, 총경도는 얼마인가? (단, Na : 23, Ca : 40, Mg : 24, Sr : 87.6)

㉮ 112.5mg/L as $CaCO_3$
㉯ 132.5mg/L as $CaCO_3$
㉰ 152.5mg/L as $CaCO_3$
㉱ 172.5mg/L as $CaCO_3$

**풀이**
$$\text{총경도(mg/L)}\over 50g$$
$$= \frac{Ca^{2+}mg/L}{20g} + \frac{Mg^{2+}mg/L}{12g} + \frac{Sr^{2+}mg/L}{43.8g}$$
$$= \frac{20mg/L}{20g} + \frac{24mg/L}{12g} + \frac{2.2mg/L}{43.8g}$$
∴ 총경도 = 152.51mg/L

**05** 20℃에서 $k_1$이 0.16/day(base 10)이라 하면, 10℃에 대한 $BOD_5/BOD_u$ 비는 얼마인가? (단, $\theta$ = 1.047)

㉮ 0.63
㉯ 0.69
㉰ 0.73
㉱ 0.76

**풀이** ① 20℃ $k_1$을 10℃의 $k_1$으로 전환한다.
$k_1(10℃) = k_1(20℃) \times \theta^{(T-20)}$
  $= 0.16/day \times 1.047^{(10-20)}$
  $= 0.101/day$
② 10℃에 대한 $BOD_5/BOD_u$를 계산한다.
$BOD_5 = BOD_u \times (1-10^{-k_1 \times t})$
$\frac{BOD_5}{BOD_u} = 1-10^{(-k_1 \times t)} = 1-10^{(-0.101/day \times 5day)} = 0.69$

**06** 해수의 Holy Seven에서 가장 농도가 낮은 것은 어느 것인가?

㉮ $Cl^-$
㉯ $Mg^{2+}$
㉰ $Ca^{2+}$
㉱ $HCO_3^-$

**풀이** Holy Seven에서 농도순서
$Cl^- > Na^+ > SO_4^{2-} > Mg^{2+} > Ca^{2+} > K^+ > HCO_3^-$

**TIP**
암기법 : 염나황은 마네칼슘칼륨에서 중탄산을 먹는다.

**07** 유기화합물이 무기화합물과 다른 점으로 틀린 것은 어느 것인가?

㉮ 유기화합물들은 일반적으로 녹는점과 끓는점이 낮다.
㉯ 유기화합물들은 하나의 분자식에 대하여 여러 종류의 화합물이 존재할 수 있다.
㉰ 유기화합물들은 대체로 이온 반응보다는 분자반응을 하므로 반응속도가 빠르다.
㉱ 대부분의 유기화합물은 박테리아의 먹이로 될 수 있다.

**answer** 03 ㉯ 04 ㉰ 05 ㉯ 06 ㉱ 07 ㉰

**풀이** ㉰ 유기화합물들은 대체로 이온 반응보다는 분자반응을 하므로 반응속도가 느리다.

**08** 물의 물리적 특성으로 틀린 것은 어느 것인가?

㉮ 물의 표면장력이 낮을수록 세탁물의 세정효과가 증가한다.
㉯ 물이 얼게 되면 액체상태보다 밀도가 커진다.
㉰ 물의 융해열은 다른 액체보다 높은 편이다.
㉱ 물의 여러 가지 특성은 물분자의 수소결합 때문에 나타나는 것이다.

**풀이** ㉯ 물이 얼게 되면 액체상태보다 밀도가 작아진다.

**09** 원핵세포와 진핵세포에 대한 내용으로 틀린 것은 어느 것인가?

㉮ 원핵세포는 핵막이 없고 진핵세포는 있다.
㉯ 원핵세포의 세포소기관은 리보좀 70S로 진핵세포에 비해 크기가 작다.
㉰ 모든 진핵세포가 가지고 있는 세포소기관은 미토콘드리아 이다.
㉱ 미토콘드리아는 호흡대사와 ATP 생산 즉 에너지 생산기능을 수행한다.

**풀이** ㉯ 원핵세포의 세포성분인 리보좀의 크기는 70S로 진핵세포에 비해서 작다.

**10** 어느 배양기의 제한기질농도(S)가 100 mg/L, 세포 비증식 계수 최대값($\mu_{max}$)이 0.3/hr일 때 Monod 식에 의한 세포 비증식계수($\mu$)는 얼마인가? (단, 제한기질 반포화농도(Ks) = 20mg/L)

㉮ 0.21/hr  ㉯ 0.23/hr
㉰ 0.25/hr  ㉱ 0.27/hr

**풀이** Monod식 : $\mu = \mu_{max} \times \dfrac{S}{Ks+S}$

$\mu$ : 세포의 비증식 계수(/hr)
$\mu_{max}$ : 세포의 최대 비증식 계수(/hr)
S : 제한기질의 농도(mg/L)
Ks : 반포화 농도(mg/L)

따라서 $\mu = 0.3/hr \times \dfrac{100mg/L}{20mg/L + 100mg/L} = 0.25/hr$

**11** 글루코스($C_6H_{12}O_6$) 100mg/L를 혐기성 분해시킬 때 생산되는 이론적 메탄량(mg/L)은 얼마인가?

㉮ 22.7mg/L  ㉯ 24.7mg/L
㉰ 26.7 mg/L  ㉱ 28.7mg/L

**풀이** $C_6H_{12}O_6 \rightarrow 3CH_4 + 3CO_2$
180g : 3×16g
100mg/L : X

$\therefore X = \dfrac{100mg/L \times 3 \times 16g}{180g} = 26.67mg/L$

**TIP**
① $C_6H_{12}O_6$ = 포도당 = 글루코스
② $C_6H_{12}O_6$의 분자량 = 6×12+12×1+6×16 = 180g

**answer** 08 ㉯  09 ㉯  10 ㉰  11 ㉰

**12** 어느 시료의 대장균수가 5,000/mL라면 대장균수가 20/mL가 될 때까지 소요되는 시간(hr)은 얼마인가? (단, 일차반응 기준, 대장균의 반감기는 2시간)

㉮ 약 16hr   ㉯ 약 18hr
㉰ 약 20hr   ㉱ 약 22hr

**풀이**
① 반감기 : $\ln\frac{1}{2} = -k \times t$

$\ln\frac{1}{2} = -k \times 2hr$

∴ $k = 0.3466/hr$

② 1차반응식 : $\ln\frac{C_t}{C_o} = -k \times t$

$\ln\frac{20/mL}{5,000/mL} = -0.3466/hr \times t$

∴ $t = 15.93hr$

**13** 아세트산($CH_3COOH$) 3,000mg/L 용액의 pH가 3.0이었다면 이 용액의 해리정수($Ka$)는 얼마인가?

㉮ $2 \times 10^{-5}$   ㉯ $2 \times 10^{-6}$
㉰ $2 \times 10^{-7}$   ㉱ $2 \times 10^{-8}$

**풀이** $CH_3COOH \rightleftarrows CH_3COO^- + H^+$

해리정수($Ka$) = $\frac{[CH_3COO^-][H^+]}{[CH_3COOH]}$

① $CH_3COOH$의 mol/L = $\frac{3g}{L} \times \frac{1mol}{60g}$

= 0.05mol/L

② $[H^+] = 10^{-pH}mol/L = 10^{-3}mol/L$
③ $[H^+] = [CH_3COO^-] = 10^{-3}mol/L$
④ 해리정수($Ka$)

= $\frac{[10^{-3}mol/L][10^{-3}mol/L]}{[0.05mol/L]} = 2.0 \times 10^{-5}$

**14** 적조에 의해 어패류가 폐사하는 원인으로 틀린 것은 어느 것인가?

㉮ 강한 독성을 갖는 편모류에 의한 적조 발생
㉯ 고밀도로 존재하는 적조생물의 사후분해에 의해 다량의 용존산소가 소비
㉰ 적조생물이 어패류의 아가미 등에 부착
㉱ 다량의 적조생물 호흡에 의해 수중의 탄산염성분의 과다 배출

**15** 호수의 수리특성을 고려하여 부영양화도와 인부하량과의 관계를 경험적으로 예측 평가하는 모델은 무엇인가?

㉮ Streeter-phelps모델
㉯ WASP모델
㉰ Vollenweider모델
㉱ DO-SAG모델

**풀이** ㉰ Vollenweider모델에 대한 설명이다.

**16** BOD 1kg의 제거에 보통 1kg의 산소가 필요하다면 1.45ton의 BOD가 유입된 하천에서 BOD를 완전히 제거하고자 할 때 요구되는 공기량은 얼마인가? (단, 물의 공기 흡수율은 7%(부피기준)이며, 공기 $1m^3$은 0.236kg의 $O_2$를 함유한다고 하고 하천의 BOD는 고려하지 않는다.)

㉮ 약 84,773$m^3$ air   ㉯ 약 85,773$m^3$ air
㉰ 약 86,773$m^3$ air   ㉱ 약 87,773$m^3$ air

**풀이** 요구되는 공기량($m^3$)

= $\frac{1m^3 \text{ 공기}}{0.236kg\ O_2} \times \frac{1kg\ O_2}{1kg\ BOD} \times 1.45 \times 10^3 kg\ BOD \times \frac{100}{7\%}$

= 87,772.40$m^3$

---

**answer** 12 ㉮   13 ㉮   14 ㉱   15 ㉰   16 ㉱

**17** 유출유입량 5,000m³/d, 저수량 500,000 m³인 호수에 A공장의 폐수가 일시적으로 방류되어 호수의 BOD가 100mg/L로 되었다. 이 호수의 BOD농도가 10mg/L로 저하될 때 필요한 기간(일)은? (단, 공장폐수 외 BOD 유입은 없으며 호수는 완전혼합 반응조이다. 1차 반응, 정상상태 기준이다.)

㉮ 230일  ㉯ 250일
㉰ 270일  ㉱ 290일

**풀이**

$$\ln\left(\frac{C_t}{C_o}\right) = -\left(\frac{Q}{V}\right) \times t$$

- $C_o$ : 초기농도(mg/L)
- $C_t$ : t시간 후의 농도(mg/L)
- $Q$ : 폐수량(m³/day)
- $V$ : 체적(m³)
- $t$ : 시간(day)

따라서 $\ln\left(\dfrac{10mg/L}{100mg/L}\right) = -\left(\dfrac{5,000m^3/day}{500,000m^3}\right) \times t$

∴ $t = 230.26$ day

**18** 어떤 도시에서 DO 0mg/L, $BOD_u$ 200 mg/L, 유량 1.0m³/sec, 온도 20℃의 하수를 유량 6m³/sec인 하천에 방류하고자 한다. 방류지점에서 몇 km 하류에서 가장 DO 농도가 작아지겠는가? (단, 하천의 온도 20℃, $BOD_u$ 1mg/L, DO 9.2mg/L, 방류 후 혼합된 유량의 유속 3.6 km/hr 이며 혼합수의 $k_1$ = 0.1/d, $k_2$ = 0.2/d, 20℃에서 산소포화농도는 9.2 mg/L이다. 상용대수기준)

㉮ 약 243  ㉯ 약 258
㉰ 약 273  ㉱ 약 292

**풀이** 유하지점(km)
= 유속(km/hr)×임계점 도달시간(hr)
임계점 도달시간($t_c$)
= $\dfrac{1}{k_1(f-1)} \log\left[f\left\{(1-(f-1)\dfrac{D_o}{L_o})\right\}\right]$

① 자정계수(f) = $\dfrac{k_2}{k_1} = \dfrac{0.2/day}{0.1/day} = 2$

② 혼합지점의 최종 BOD($BOD_u = L_o$)를 계산한다.

$C_m = \dfrac{Q_1C_1 + Q_2C_2}{Q_1+Q_2}$

$= \dfrac{1.0m^3/sec \times 200mg/L + 6m^3/sec \times 1mg/L}{1.0m^3/sec + 6m^3/sec}$

= 29.43mg/L

③ 혼합지점의 DO 농도를 계산한다.

$C_m = \dfrac{Q_1C_1 + Q_2C_2}{Q_1+Q_2}$

$= \dfrac{1.0m^3/sec \times 0mg/L + 6m^3/sec \times 9.2mg/L}{1.0m^3/sec + 6m^3/sec}$

= 7.886mg/L

④ 초기산소부족량($D_o$)
= 포화DO농도($C_s$)-혼합수의 DO 농도(C)
= 9.2mg/L-7.886mg/L
= 1.314mg/L

⑤ 임계점 도달시간($t_c$)를 계산한다.

$t_c = \dfrac{1}{0.1/day \times (2-1)} \log\left[2 \times \left\{1-(2-1)\right.\right.$
$\left.\left.\times\left(\dfrac{1.314mg/L}{29.43mg/L}\right)\right\}\right] = 2.812$ day

⑥ 유하지점(km)
= 유속(km/hr)×임계점 도달시간(hr)
= 3.6km/hr×24hr/day×2.812day
= 242.96km

**19** 전자쌍을 받는 화학종을 산, 전자쌍을 주는 화학종을 염기라고 정의하고 있는 것은 어느 것인가?

㉮ Arrhenius의 정의
㉯ Bronsted-Lowry의 정의
㉰ Lewis의 정의
㉱ Graham의 정의

**풀이** ㉰ Lewis의 정의에 대한 설명이다.

**answer** 17 ㉮  18 ㉮  19 ㉰

**20** Glycine($C_2H_5O_2N$)이 호기성 조건하에서 $CO_2$, $H_2O$, $NH_3$로 변화되고, 다시 $NH_3$가 $H_2O$, $HNO_3$로 변화된다면 50g의 Glycine이 $CO_2$, $H_2O$, $HNO_3$로 변화될 때 이론적으로 소요되는 산소총량(g)은 얼마인가?

㉮ 약 45g  ㉯ 약 55g
㉰ 약 65g  ㉱ 약 75g

**풀이** $C_2H_5O_2N + 3.5O_2 \rightarrow 2CO_2 + 2H_2O + HNO_3$
　　　75g　　:　3.5×32g
　　　50g　　:　X

$\therefore X = \dfrac{50g \times 3.5 \times 32g}{75g} = 74.67g$

---

## | 제2과목 | 상하수도 계획

**21** "계획오수량"에 대한 내용으로 틀린 것은 어느 것인가?

㉮ 합류식에서 우천시 계획오수량은 원칙적으로 계획 시간 최대오수량의 3배 이상으로 한다.
㉯ 계획 시간 최대오수량은 계획 1일 최대오수량의 1시간당 수량의 1.3~1.8배를 표준으로 한다.
㉰ 계획 1일 평균오수량은 계획 1일 최대오수량의 60~70%를 표준으로 한다.
㉱ 지하수량은 1인 1일 최대오수량의 10~20%로 한다.

**풀이** ㉰ 계획 1일 평균오수량은 계획 1일 최대오수량의 70~80%를 표준으로 한다.

**22** 막여과법을 정수처리에 적용하는 주된 선정 이유로 틀린 것은 어느 것인가?

㉮ 응집제를 사용하지 않거나 또는 적게 사용한다.
㉯ 막의 특성에 따라 원수 중의 현탁물질, 콜로이드, 세균류, 크립토스포리디움 등 일정한 크기 이상의 불순물을 제거할 수 있다.
㉰ 부지면적이 종래보다 적을 뿐 아니라 시설의 건설공사 기간도 짧다.
㉱ 막의 교환이나 세척 없이 반영구적으로 자동운전이 가능하여 유지관리 측면에서 에너지를 절약할 수 있다.

**풀이** ㉱ 막의 교환이나 세척이 필요하다.

**23** 상수처리를 위한 침사지 구조에 관한 기준으로 틀린 것은 어느 것인가?

㉮ 지의 상단높이는 고수위보다 0.3~0.6m의 여유고를 둔다.
㉯ 지내 평균유속은 2~7cm/s를 표준으로 한다.
㉰ 표면부하율은 200~500mm/min을 표준으로 한다.
㉱ 지의 유효수심은 3~4m를 표준으로 하고 퇴사심도를 0.5~1m로 한다.

**풀이** ㉮ 지의 상단높이는 고수위보다 0.6~1m의 여유고를 둔다.

**24** 빗물펌프장의 계획우수량 결정을 위해 원칙적으로 적용되는 확률년수의 기준은 얼마인가?

㉮ 20~30년　㉯ 20~40년
㉰ 30~40년　㉱ 30~50년

---

**answer**　20 ㉱　21 ㉰　22 ㉱　23 ㉮　24 ㉱

[풀이] ① 계획우수량 산정시 확률년수 : 10년~30년
② 계획우수량을 정할 때 고려하는 빗물펌프장의 확률년수 : 30년~50년

**25** 전식의 위험이 있는 철도 가까이에 금속관을 매설하는 경우, 금속관을 매설하는 측의 대책(전식방지방법)으로 틀린 것은 어느 것인가?

㉮ 이음부의 절연화
㉯ 강제배류법
㉰ 내부전원법
㉱ 유전양극법(또는 희생양극법)

[풀이] ㉰ 외부전원법

**26** 하수처리수 재이용 시설계획으로 알맞은 것은 어느 것인가?

㉮ 재이용수 공급관거는 계획일최대유량을 기준으로 계획한다.
㉯ 재이용수 공급관거는 계획시간최대유량을 기준으로 계획한다.
㉰ 재이용수 공급관거는 계획일평균유량을 기준으로 계획한다.
㉱ 재이용수 공급관거는 계획시간평균유량을 기준으로 계획한다.

**27** 계획취수량을 확보하기 위하여 필요한 저수용량의 결정에 사용하는 계획 기준년으로 알맞은 것은 어느 것인가?

㉮ 원칙적으로 5개년에 제1위 정도의 갈수를 표준으로 한다.
㉯ 원칙적으로 7개년에 제1위 정도의 갈수를 표준으로 한다.
㉰ 원칙적으로 10개년에 제1위 정도의 갈수를 표준으로 한다.
㉱ 원칙적으로 15개년에 제1위 정도의 갈수를 표준으로 한다.

**28** 해수담수화방식 중 상(相)변화방식인 증발법에 해당되는 것은 어느 것인가?

㉮ 가스수화물법    ㉯ 다중효용법
㉰ 냉동법        ㉱ 전기투석법

[풀이] 상변화방식 중 증발법에는 다단플래쉬법, 다중효용법, 증기압축법, 투과기화법이 있다.

**29** 하수관거 설계시 오수관거의 최소관경에 관한 기준으로 알맞은 것은 어느 것인가?

㉮ 150mm를 표준으로 한다.
㉯ 200mm를 표준으로 한다.
㉰ 250mm를 표준으로 한다.
㉱ 300mm를 표준으로 한다.

[풀이] 오수관거의 최소관경은 250mm, 최소관경 표준은 200mm이다.

answer  25 ㉰  26 ㉯  27 ㉰  28 ㉯  29 ㉯

**30** 상수처리를 위한 용존공기부상 공정 중 플록형성지에 대한 내용으로 틀린 것은 어느 것인가?

㉮ 플록형성지는 2지 이상으로 구분한다.
㉯ 플록형성지 유출부에 수평면에 대하여 60~70° 인 경사 저류벽을 설치한다.
㉰ 플록형성지 폭은 부상지의 폭과 같도록 하며 10m 정도로 한다.
㉱ 교반시간 즉 체류시간은 일반적으로 3~5분 정도이다.

**풀이** ㉱ 교반시간 즉 체류시간은 일반적으로 15~20분 정도이다.

**31** 회전수 20회/sec, 토출량 23m³/min, 전양정 8m의 터어빈 펌프의 비속도는 얼마인가?

㉮ 약 610rpm　㉯ 약 810rpm
㉰ 약 1,210rpm　㉱ 약 1,610rpm

**풀이** 펌프의 비속도(Ns) = $N \times \dfrac{Q^{\frac{1}{2}}}{H^{\frac{3}{4}}}$

$\begin{bmatrix} N : 규정회전수(rpm = 회/min) \\ Q : 토출량(m^3/min) \\ H : 전양정(m) \end{bmatrix}$

따라서 Ns = $(20회/sec \times 60sec/min) \times \dfrac{(23m^3/min)^{\frac{1}{2}}}{(8m)^{\frac{3}{4}}}$

= 1,209.84rpm

**32** 하수도계획의 목표연도는 어느 것인가?

㉮ 원칙적으로 10년으로 한다.
㉯ 원칙적으로 15년으로 한다.
㉰ 원칙적으로 20년으로 한다.
㉱ 원칙적으로 25년으로 한다.

**풀이** ① 상수도 계획의 목표연도는 15~20년이다.
② 하수도 계획의 목표연도는 20년이다.

**33** 복류수나 자유수면을 갖는 지하수를 취수하기 위한 집수매거에 대한 설명으로 틀린 것은 어느 것인가?

㉮ 일반적으로 집수매거는 복류수의 흐름방향에 대하여 평행으로 설치하는 것이 효율적이다.
㉯ 가능한 한 직접 지표수의 영향을 받지 않도록 하기 위하여 매설깊이는 5m 이상으로 하는 것이 바람직하다.
㉰ 집수매거의 길이는 시험우물 등에 의한 양수시험 결과에 따라 정한다.
㉱ 철근콘크리트조의 유공관 또는 권선형 스크린관을 표준으로 한다.

**풀이** ㉮ 일반적으로 집수매거는 복류수의 흐름방향에 대하여 수직으로 설치하는 것이 효율적이다.

**34** 정수처리시설인 응집지 내의 플록형성지에 대한 내용으로 틀린 것은 어느 것인가?

㉮ 플록형성지는 혼화지와 침전지 사이에 위치하고 침전지에 붙여서 설치한다.
㉯ 플록형성은 응집된 미소플록을 크게 성장시키기 위해 적당한 기계식교반이나 우류식교반이 필요하다.
㉰ 플록형성지 내의 교반강도는 하류로 갈수록 점차 증가시키는 것이 바람직하다.
㉱ 플록형성지는 단락류나 정체부가 생기지 않으면서 충분하게 교반될 수 있는 구조로 한다.

**풀이** ㉰ 플록형성지 내의 교반강도는 하류로 갈수록 점차 감소시키는 것이 바람직하다.

**answer** 30 ㉱　31 ㉰　32 ㉰　33 ㉮　34 ㉰

**35** 상수처리를 위한 정수시설인 급속여과지에 대한 내용으로 틀린 것은 어느 것인가?

㉮ 여과속도는 120~150m/d를 표준으로 한다.
㉯ 플록의 질이 일정한 것으로 가정하였을 때 여과층의 필요두께는 여재입경에 반비례한다.
㉰ 균등계수가 1에 가까울수록 탁질억류 가능량은 증가한다.
㉱ 세립자의 여과모래를 사용할수록 플록 저지율은 높지만, 표면여과의 경향이 강해진다.

**풀이** ㉯ 플록의 질이 일정한 것으로 가정하였을 때 여과층의 필요두께는 여재입경에 비례한다.

**36** 계획취수량이 10m³/s, 유입수심이 5m, 유입속도가 0.4m/s인 지역에 취수구를 설치하고자 할 때 취수구의 폭(B)은 얼마인가? (단, 취수보 설계 기준)

㉮ 0.5m  ㉯ 1.25m
㉰ 2.5m  ㉱ 5.0m

**풀이** 계획취수량(m³/sec)
= 면적(m²)×유입속도(m/sec)
따라서 10m³/sec = 5m×폭(m)×0.4m/sec

$$\therefore 폭 = \frac{10m^3/sec}{5m \times 0.4m/sec} = 5.0m$$

**37** 정수시설인 고속응집침전지를 선택할 때에 고려하여야 하는 조건과 구조 기준으로 틀린 것은 어느 것인가?

㉮ 원수 탁도는 10 NTU 이상이어야 한다.
㉯ 용량은 계획정수량의 1.5~2.0시간분으로 한다.
㉰ 최고 탁도는 1,000 NTU 이하인 것이 바람직하다.
㉱ 표면부하율은 60~120mm/min을 표준으로 한다.

**풀이** ㉱ 표면부하율은 40~50mm/min을 표준으로 한다.

**38** 하수관거의 단면형상이 계란형인 경우 설명이 틀린 것은 어느 것인가?

㉮ 유량이 적은 경우 원형거에 비해 수리학적으로 유리하다.
㉯ 수직방향의 시공에 정확도가 요구되므로 면밀한 시공이 필요하다.
㉰ 재질에 따라 제조비가 늘어나는 경우가 있다.
㉱ 원형거에 비해 관폭이 커도 되므로 수평방향의 토압에 유리하다.

**풀이** ㉱ 원형거에 비해 관폭이 작아도 되므로 수직방향의 토압에 유리하다.

**answer** 35 ㉯  36 ㉱  37 ㉱  38 ㉱

**39** 도수시설인 도수관로의 매설깊이에 관한 기준으로 알맞은 것은 어느 것인가?
(단, 도로하중은 고려함)

㉮ 관종 등에 따라 다르지만 일반적으로 관경 900mm 이하 관로의 매설깊이는 30cm 이상으로 한다.
㉯ 관종 등에 따라 다르지만 일반적으로 관경 900mm 이하 관로의 매설깊이는 60cm 이상으로 한다.
㉰ 관종 등에 따라 다르지만 일반적으로 관경 1,000mm 이상 관로의 매설깊이는 150cm 이상으로 한다.
㉱ 관종 등에 따라 다르지만 일반적으로 관경 1,000mm 이상 관로의 매설깊이는 200cm 이상으로 한다.

**40** 다음은 상수의 소독(살균)설비 중 저장설비에 관한 내용이다. ( )안에 알맞은 말은?

> 액화염소의 저장량은 항상 1일 사용량의 ( ) 이상으로 한다.

㉮ 5일분  ㉯ 10일분
㉰ 15일분  ㉱ 30일분

| 제3과목 | 수질오염방지기술

**41** Langmuir 등온 흡착식을 유도하기 위한 가정으로 틀린 것은 어느 것인가?

㉮ 한정된 표면만이 흡착에 이용된다.
㉯ 표면에 흡착된 용질물질은 그 두께가 분자 한 개 정도의 두께이다.
㉰ 흡착은 비가역적이다.
㉱ 평형조건이 이루어졌다.

**풀이** ㉰ 흡착은 가역적이다.

**42** 일반적인 양이온 교환물질에 있어 일반적인 양이온에 대한 선택성의 순서로 가장 적합한 것은 어느 것인가?

㉮ $Ba^{+2} > Pb^{+2} > Sr^{+2} > Ni^{+2} > Ca^{+2}$
㉯ $Ba^{+2} > Pb^{+2} > Ca^{+2} > Ni^{+2} > Sr^{+2}$
㉰ $Ba^{+2} > Pb^{+2} > Ca^{+2} > Sr^{+2} > Ni^{+2}$
㉱ $Ba^{+2} > Pb^{+2} > Sr^{+2} > Ca^{+2} > Ni^{+2}$

**풀이** 음이온에 대한 선택성의 순서
$SO_4^{2-} > I^- > NO_3^- > CrO_4^{2-} > Br^- > Cl^- > OH^-$

**TIP**
암기법 : 바낫쓰 칼슘

**answer** 39 ㉰  40 ㉯  41 ㉰  42 ㉱

**43** CFSTR에서 물질을 분해하여 효율 95%로 처리하고자 한다. 이 물질은 0.5차 반응으로 분해되며, 속도상수는 0.05 $(mg/L)^{1/2}/h$이다. 유량은 500L/h이고 유입농도는 250mg/L로서 일정하다면 CFSTR의 필요 부피($m^3$)는 얼마인가? (단, 정상상태라 가정한다.)

㉮ 약 520 $m^3$ ㉯ 약 570 $m^3$
㉰ 약 620 $m^3$ ㉱ 약 670 $m^3$

▶풀이 $Q(C_o-C_t) = k \cdot V \cdot C_t^{0.5}$
$0.5m^3/hr \times (250-12.5mg/L)$
$= 0.05/hr \times V \times (12.5mg/L)^{0.5}$

$\therefore V = \dfrac{0.5m^3/hr \times (250-12.5mg/L)}{0.05/hr \times (12.5mg/L)^{0.5}} = 671.75m^3$

여기서, $C_t = C_o \times (1-\eta) = 250mg/L \times (1-0.95)$
$= 12.5mg/L$

**44** 분리막을 이용한 다음의 폐수처리방법 중 구동력이 농도차인 것은 어느 것인가?

㉮ 역삼투(Reverse Osmosis)
㉯ 투석(Dialysis)
㉰ 한외여과(Ultrafiltration)
㉱ 정밀여과(Microfiltration)

▶풀이 ㉮ 역삼투 : 정수압차
㉯ 투석 : 농도차
㉰ 한외여과 : 정수압차
㉱ 정밀여과 : 정수압차

**45** 하수내 함유된 유기물질뿐 아니라 영양물질까지 제거하기 위하여 개발된 $A^2/O$ 공법에 대한 내용으로 틀린 것은 어느 것인가?

㉮ 인과 질소를 동시에 제거할 수 있다.
㉯ 혐기조에서는 인의 방출이 일어난다.
㉰ 폐 sludge내의 인함량은 비교적 높아서 (3~5%) 비료의 가치가 있다.
㉱ 무산소조에서는 인의 과잉섭취가 일어난다.

▶풀이 ㉱ 무산소조에서는 탈질작용이 일어난다.

**46** 폭기조 내 MLSS 농도가 4,000mg/L이고 슬러지 반송률이 55%인 경우 이 활성슬러지의 SVI는 얼마인가? (단, 유입수 SS 고려하지 않는다.)

㉮ 69 ㉯ 79
㉰ 89 ㉱ 99

▶풀이 ① 반송율(%) $= \dfrac{MLSS-SS_i}{SS_r-MLSS} \times 100$

따라서, $55\% = \dfrac{4,000mg/L}{SS_r-4,000mg/L} \times 100$

$\therefore SS_r = \dfrac{4,000mg/L + 0.55 \times 4,000mg/L}{0.55}$
$= 11,272.73mg/L$

② $SVI = \dfrac{10^6}{SS_r} = \dfrac{10^6}{11,272.73mg/L} = 88.71mL/g$

**TIP**

$\dfrac{1}{mg/L} = mL/g$

과년도 기출문제

answer 43 ㉱  44 ㉯  45 ㉱  46 ㉰

**47** 폐수처리장의 완속교반기 동력을 부피 1,000m³인 탱크에서 G값을 50/s를 적용하여 설계하고자 한다면 이론적으로 소요되는 동력(kW)은 얼마인가? (단, 폐수의 점도는 $1.139 \times 10^{-3}$ N·s/m²)

㉮ 약 2.15kW  ㉯ 약 2.45kW
㉰ 약 2.85kW  ㉱ 약 3.25kW

**풀이** ① 동력(Watt) = $G^2 \times V \times \mu$

  G : 속도경사(/sec)
  V : 체적(m³)
  $\mu$ : 점성계수(N·sec/m² = kg/m·sec)

따라서 동력(Watt)
= $(50/sec)^2 \times 1,000m^3 \times 1.139 \times 10^{-3}$ N·sec/m²
= 2,847.5Watt

② 동력(kW) = 2,847.5Watt $\times 10^{-3}$ = 2.85kW

---

**48** 1차 침전지의 유입 유량은 1,000m³/day이고 SS농도는 350mg/L이다. 1차 침전지에서의 SS 제거효율이 60%일 때 하루에 1차 침전지에서 발생되는 슬러지 부피(m³)는 얼마인가? (단, 슬러지의 비중은 1.05, 함수율은 94%, 기타 조건은 고려하지 않는다.)

㉮ 2.3m³  ㉯ 2.5m³
㉰ 2.7m³  ㉱ 3.3m³

**풀이** 슬러지 발생량(m³)
$= \dfrac{SS(kg/m^3) \times Q(m^3/day) \times \eta}{\text{비중량}(kg/m^3)} \times \dfrac{100}{100-P(\%)}$
$= \dfrac{0.35kg/m^3 \times 1,000m^3/day \times 0.60}{1,050kg/m^3} \times \dfrac{100}{100-94\%}$
= 3.33m³

**TIP**
① mg/L $\xrightarrow{\times 10^{-3}}$ kg/m³

---

② 비중(g/cm³) $\xrightarrow{\times 10^3}$ 비중량(kg/m³)

---

**49** 함수율 96%인 생분뇨가 분뇨처리장에 150m³/day의 율로 투입되고 있다. 이 분뇨에는 휘발성 고형물(VS)이 총 고형물(TS)의 50%이고, VS의 60%가 소화가스로 발생되었다. VS 1kg당 0.5m³의 소화가스가 발생 되었다면, 분뇨의 소화가스 총발생량(m³/day)은 얼마인가? (단, 분뇨의 비중은 1로 한다.)

㉮ 700m³/day  ㉯ 900m³/day
㉰ 1,100m³/day  ㉱ 1,300m³/day

**풀이** 소화가스 총 발생량(m³/day)
$= \dfrac{\text{생분뇨량}(m^3)}{(day)} \times \dfrac{\text{고형물 농도}(kg)}{(m^3)} \times \dfrac{VS(\%)}{100}$
$\times \dfrac{VS의 소화율(\%)}{100} \times \dfrac{\text{소화가스 발생량}(m^3)}{VS\ 1kg\ 당}$
$= \dfrac{150m^3}{day} \times \dfrac{40kg}{m^3} \times 0.50 \times 0.60 \times \dfrac{0.5m^3}{1kg}$
= 900m³/day

**TIP**
① % $\xrightarrow{\times 10^4}$ ppm(mg/L)
② mg/L $\xrightarrow{\times 10^{-3}}$ kg/m³
③ TS = 100-함수율(%) = 100-96% = 4%
④ 4% = 40kg/m³

---

**answer** 47 ㉰  48 ㉱  49 ㉯

**50** 슬러지 함수율이 90%인 슬러지 15m³/hr를 가압 탈수기로 탈수하고자 할 때 탈수기의 소요 면적(m²)은 얼마인가? (단, 비중은 1.0 기준, 탈수기의 탈수 속도는 3kg(건조 고형물)/m²·hr이다.)

㉮ 400m²  ㉯ 450m²
㉰ 500m²  ㉱ 550m²

**풀이** 탈수기의 탈수속도(kg/m²·hr)

$$= \frac{슬러지\ 농도(kg/m^3) \times 슬러지량(m^3/hr)}{소요면적(m^2)}$$

따라서 $3kg/m^2 \cdot hr = \frac{100kg/m^3 \times 15m^3/hr}{소요면적(m^2)}$

∴ 소요면적 = 500m²

**TIP**
① 슬러지농도 = 100-90% = 10%
② 10% = 10×10⁴mg/L = 100kg/m³

**51** Chick's law에 의하면 염소소독에 의한 미생물 사멸율은 1차 반응에 따른다고 한다. 미생물의 80%가 0.1mg/L 잔류염소로 2분 내에 사멸된다면 99.9%를 사멸시키기 위해서 요구되는 접촉시간(분)은 얼마인가?

㉮ 5.7분  ㉯ 8.6분
㉰ 12.7분  ㉱ 14.2분

**풀이** 1차반응식 : $\ln \frac{C_t}{C_o} = -k \times t$

① $\ln \frac{(100-80)\%}{100\%} = -k \times 2min$

∴ k = 0.8047/min

② $\ln \left( \frac{(100-99.9)\%}{100\%} \right) = -0.8047/min \times t$

∴ t = 8.58min

**52** 하수처리를 위한 회전 원판법에 대한 내용으로 틀린 것은 어느 것인가?

㉮ 질산화가 일어나기 쉬우며 pH가 저하되는 경우가 있다.
㉯ 원판의 회전으로 인해 부착생물과 회전판 사이에 전단력이 생긴다.
㉰ 살수여상과 같이 여상에 파리는 발생하지 않으나 하루살이가 발생하는 수가 있다.
㉱ 활성슬러지법에 비해 이차침전지 SS 유출이 적어 처리수의 투명도가 좋다.

**풀이** ㉱ 활성슬러지법에 비해 이차침전지 SS 유출이 많다.

**53** BOD 250mg/L인 폐수를 살수 여상법으로 처리할 때 처리수의 BOD는 80mg/L 이었고 이때의 온도가 20℃였다. 만일 온도가 23℃로 된다면 처리수의 BOD 농도(mg/L)는 얼마인가? (단, 온도 이외의 처리조건은 같고, E : 처리효율, $E_t = E_{20} \times C_i^{T-20}$, $C_i = 1.035$임)

㉮ 약 46mg/L  ㉯ 약 53mg/L
㉰ 약 62mg/L  ㉱ 약 71mg/L

**풀이** ① 20℃에서 살수여상의 효율(E)

$= \left(1 - \frac{BOD_o}{BOD_i}\right) \times 100$

따라서 $E = \left(1 - \frac{80mg/L}{250mg/L}\right) \times 100 = 68\%$

② $E(23℃) = E(20℃) \times 1.035^{(T-20)}$
$= 68\% \times 1.035^{(23-20)}$
$= 75.393\%$

③ 23℃에서 유출수의 BOD를 계산한다.

$E = \left(1 - \frac{BOD_o}{BOD_i}\right) \times 100$

$75.393\% = \left(1 - \frac{BOD_o}{250mg/L}\right) \times 100$

∴ $BOD_o = 250mg/L \times (1-0.75393)$
$= 61.52mg/L$

**answer** 50 ㉰  51 ㉯  52 ㉱  53 ㉰

**54** 수면부하율(또는 표면부하율)이 $75m^3/m^2 \cdot d$인 침전지에서 100% 제거될 수 있는 입자의 직경(mm)은 얼마 이상부터인가? (단, 폐수와 입자의 비중은 각각 1.0과 1.35이며 폐수의 점성계수는 $0.098kg/m \cdot s$이고, 입자의 침전은 stokes 공식을 따른다.)

㉮ 0.37mm 이상  ㉯ 0.47mm 이상
㉰ 0.57mm 이상  ㉱ 0.67mm 이상

**[풀이]**
① 수면부하율($V_o$) = $\frac{75m^3}{m^2 \cdot day} \times \frac{1day}{24hr} \times \frac{1hr}{3,600sec}$
  = $8.68 \times 10^{-4} m^3/m^2 \cdot sec$
② 침강속도($V_s$) = $\frac{d^2(\rho_s - \rho_w)g}{18\mu}$
③ 수면부하율($V_o$) × $\eta$ = 침강속도($V_s$)
  $8.68 \times 10^{-4} m^3/m^2 \cdot sec$
  = $\frac{d^2 \times (1,350-1,000)kg/m^3 \times 9.8m/sec^2}{18 \times 0.098 kg/m \cdot sec}$
∴ d = $6.681 \times 10^{-4}$ m = 0.67mm

**55** 2차 처리 유출수에 포함된 25mg/L의 유기물을 분말 활성탄 흡착법으로 3차 처리하여 2mg/L 될 때까지 제거하고자 할 때 폐수 $3m^3$ 당 필요한 활성탄의 양(g)은 얼마인가? (단, 오염물질의 흡착량과 흡착제거량과의 관계는 Freundlich 등온식에 따르며 k = 0.5, n = 1이다.)

㉮ 69g   ㉯ 76g
㉰ 84g   ㉱ 91g

**[풀이]**
① 등온흡착식: $\frac{(C_i - C_o)}{M} = k \times C_o^{\frac{1}{n}}$
  $\frac{(25-2)mg/L}{M} = 0.5 \times (2mg/L)^{\frac{1}{1}}$
∴ M = $\frac{(25-2)mg/L}{0.5 \times (2mg/L)^{\frac{1}{1}}}$ = 23mg/L
② 활성탄의 필요량(g) = $23g/m^3 \times 3m^3$ = 69g

**TIP**
① mg/L = $g/m^3$
② 23mg/L = $23g/m^3$

**56** 직경이 다른 두개의 원형입자를 동시에 20℃의 물에 떨어뜨려 침강실험을 했다. 입자 A의 직경은 $2 \times 10^{-2}$ cm이며 입자 B의 직경은 $5 \times 10^{-2}$ cm라면 입자 A와 입자 B의 침강속도의 비율($V_A/V_B$)은 얼마인가? (단, 입자 A와 B의 비중은 같으며, stokes 공식을 적용, 기타 조건은 같다.)

㉮ 0.28   ㉯ 0.23
㉰ 0.16   ㉱ 0.12

**[풀이]** 침강속도($V_s$) = $\frac{d^2(\rho_s - \rho_w)g}{18\mu}$

$V_s = d^2$

∴ $\frac{V_A}{V_B} = \frac{(2 \times 10^{-2} cm)^2}{(5 \times 10^{-2} cm)^2} = 0.16$

**57** 질산화 반응에 대한 설명으로 알맞은 것은 어느 것인가?

㉮ 질산균의 에너지원은 유기물이다.
㉯ 질산균의 증식속도는 활성슬러지 내 미생물보다 빠르다.
㉰ 질산균의 질산화 반응시 알칼리도가 생성된다.
㉱ 질산균의 질산화 반응시 용존산소는 2mg/L 이상이어야 한다.

**[풀이]** ㉮ 질산균의 에너지원은 무기물이다.
㉯ 질산균의 증식속도는 활성슬러지 내 미생물보다 느리다.
㉰ 질산균의 질산화 반응시 알칼리도는 생성되지 않는다.

**answer** 54 ㉱  55 ㉮  56 ㉰  57 ㉱

**58** 건조된 슬러지 무게의 1/5이 유기물질, 4/5가 무기물질이며 건조전 슬러지 함수율은 90%, 유기물질 비중은 1.0, 무기물질 비중이 2.5라면 건조전 슬러지 전체의 비중은 얼마인가?

㉮ 1.031  ㉯ 1.041
㉰ 1.051  ㉱ 1.061

**풀이**
$$\frac{1}{\rho_{SL}} = \frac{W_{VS}}{\rho_{VS}} + \frac{W_{FS}}{\rho_{FS}} + \frac{W_P}{\rho_P}$$

$$= \frac{0.1 \times \frac{1}{5}}{1.0} + \frac{0.1 \times \frac{4}{5}}{2.5} + \frac{0.90}{1.0}$$

$$\therefore \rho_{SL} = \frac{1}{0.952} = 1.05$$

**59** 역삼투 장치로 하루에 200,000L의 3차 처리된 유출수를 탈염시키고자 한다. 25℃에서 물질전달계수＝0.2068L/(d-m²)(kPa), 유입수와 유출수 사이의 압력차는 2,400kPa, 유입수와 유출수 사이의 삼투압차는 310kPa, 최저운전 온도는 10℃, $A_{10℃} = 1.58 A_{25℃}$라면 요구되는 막 면적(m²)은 얼마인가?

㉮ 약 730m²  ㉯ 약 830m²
㉰ 약 930m²  ㉱ 약 1030m²

**풀이**
① $Q_F$(유출수량)을 계산한다.
$Q_F = k \times (\triangle P - \triangle \pi)$
　　= 0.2068L/day·m²·kpa×(2,400-310)kpa
　　= 432.212L/day·m²

② $A_{25℃}$를 계산한다.
$A_{25℃} = \frac{Q}{Q_F} = \frac{200,000L/day}{432.212L/day \cdot m^2}$
　　= 462.736m²

③ $A_{10℃}$를 계산한다.
$A_{10℃} = 1.58 A_{25℃} = 1.58 \times 462.736m^2$
　　= 731.12m²

**60** 회분식 반응조를 일차반응의 조건으로 설계하고, A성분의 제거 또는 전환율이 95%가 되게 하고자 한다. 만일, 반응속도상수 k가 0.40/hr이면 이 회분식 반응조의 체류(반응)시간(hr)은 얼마인가?

㉮ 약 4.7hr  ㉯ 약 5.8hr
㉰ 약 6.4hr  ㉱ 약 7.5hr

**풀이**
1차 반응식: $\ln \frac{C_t}{C_o} = -k \cdot t$

$\ln \frac{(100-95)\%}{100\%} = -0.40/hr \times t$

∴ t = 7.49hr

| 제4과목 | 수질오염공정시험기준

**61** 다음은 총 유기탄소 시험에 적용되는 용어의 정의이다. (　)안에 알맞은 말은?

> 용존성 유기탄소는 총 유기탄소 중 공극 ( ① )의 막여지를 통과하는 유기탄소를 말하며, 비정화성 유기탄소는 총 탄소 중 ( ② ) 이하에서 포기에 의해 정화되지 않는 탄소를 말한다.

㉮ ① 0.35μm, ② pH 2
㉯ ① 0.35μm, ② pH 4
㉰ ① 0.45μm, ② pH 2
㉱ ① 0.45μm, ② pH 4

**answer**　58 ㉰　59 ㉮　60 ㉱　61 ㉰

**62** 총칙에 대한 내용으로 틀린 것은 어느 것인가?

㉮ 시험에 사용하는 시약은 따로 규정이 없는 한 1급 이상 또는 이와 동등한 규격의 시약을 사용한다.
㉯ "항량으로 될 때까지 건조한다"라는 의미는 같은 조건에서 1시간 더 건조할 때 전후 무게의 차가 g당 0.3mg 이하일 때를 말한다.
㉰ 기체 중의 농도는 표준상태(0℃, 1기압)로 환산 표시한다.
㉱ "정확히 취하여"라 하는 것은 규정한 양의 시료를 부피피펫으로 0.1mL까지 취하는 것을 말한다.

> **풀이** ㉱ "정확히 취하여"라 하는 것은 규정한 양의 액체를 부피피펫으로 눈금까지 취하는 것을 말한다.

**63** 사각 웨어에 의하여 유량을 측정하려고 한다. 웨어의 수두가 90cm, 절단 폭이 5m이면 이 사각 웨어의 유량(m³/min)은 얼마인가? (단, 유량 계수는 1.5이다.)

㉮ 5.2m³/min  ㉯ 5.6m³/min
㉰ 6.0m³/min  ㉱ 6.4m³/min

> **풀이** 사각웨어의 유량(Q) = $k \cdot b \cdot h^{\frac{3}{2}}$ (m³/min)
> 따라서 Q = $1.5 \times 5m \times (0.9m)^{\frac{3}{2}}$ = 6.40m³/min

**TIP**
삼각웨어의 유량(Q) = $k \cdot h^{\frac{5}{2}}$ (m³/min)

**64** 냄새 측정을 위한 시료의 최대보존기간은 얼마인가?

㉮ 즉시       ㉯ 6시간
㉰ 24시간    ㉱ 48시간

> **풀이** 냄새의 최대보관기간은 6시간이다.

**65** 식물성 플랑크톤을 현미경계수법으로 측정할 때 저배율 방법(200배율 이하) 적용에 대한 설명으로 틀린 것은 어느 것인가?

㉮ 세즈윅-라프터 챔버는 조작은 어려우나 재현성이 높아서 중배율 이상에서도 관찰이 용이하여 미소 플랑크톤의 검경에 적절하다.
㉯ 시료를 챔버에 채울 때 피펫은 입구가 넓은 것을 사용하는 것이 좋다.
㉰ 계수 시 스트립을 이용할 경우, 양쪽 경계면에 걸린 개체는 하나의 경계면에 대해서만 계수한다.
㉱ 계수 시 격자의 경우 격자 경계면에 걸린 개체는 4면 중 2면에 걸린 개체는 계수하고 나머지 2면에 들어온 개체는 계수하지 않는다.

> **풀이** ㉮ 세즈윅-라프터 챔버는 조작이 편리하고 재현성이 높은 반면 중배율 이상에서는 관찰이 어렵기 때문에 미소 플랑크톤의 검경에는 적절하지 않다.

**answer** 62 ㉱  63 ㉱  64 ㉯  65 ㉮

**66** 다음은 인산염인(자외선/가시선 분광법 – 아스코빈산환원법) 측정방법에 관한 내용이다. ( )안에 알맞은 말은?

> 물속에 존재하는 인산염인을 측정하기 위하여 몰리브덴산암모늄과 반응하여 생성된 몰리브덴산인암모늄을 아스코빈산으로 환원하여 생성된 몰리브덴산( )에서 측정하여 인산염인을 정량하는 방법이다.

㉮ 적색의 흡광도를 460nm
㉯ 적색의 흡광도를 540nm
㉰ 청의 흡광도를 660nm
㉱ 청의 흡광도를 880nm

**풀이** 인산염인의 아스코빈산환원법
① 청색, 880nm에서 흡광도 측정
② 정량한계 : 0.003mg/L
③ 측정파장 : 880nm에서 불가능할 경우 710nm

**67** 총질소의 측정방법으로 틀린 것은 어느 것인가?

㉮ 자외선/가시선 분광법(산화법)
㉯ 자외선/가시선 분광법(카드뮴-구리 환원법)
㉰ 자외선/가시선 분광법(연속흐름법)
㉱ 자외선/가시선 분광법(환원증류-킬달법)

**풀이** 총질소의 측정방법으로는 자외선/가시선 분광법(산화법), 자외선/가시선 분광법(카드뮴-구리 환원법), 자외선/가시선 분광법(환원증류-킬달법), 연속흐름법이 있다.

**68** 취급 또는 저장하는 동안에 기체 또는 미생물이 침입하지 아니하도록 내용물을 보호하는 용기는 어느 것인가?

㉮ 밀봉용기  ㉯ 밀폐용기
㉰ 기밀용기  ㉱ 차폐용기

**풀이** 용기
① 밀폐용기 : 이물질
② 기밀용기 : 공기 또는 다른 가스
③ 밀봉용기 : 기체 또는 미생물
④ 차광용기 : 광선

**69** 개수로에 의한 유량 측정시 수로의 구성, 재질, 형상, 기울기 등이 일정하지 않은 경우에 대한 내용으로 틀린 것은 어느 것인가?

㉮ 수로는 될수록 직선적이며, 수면이 물결치지 않는 곳을 고른다.
㉯ 10m를 측정구간으로 하여 5m마다 유수의 횡단면적을 측정한다.
㉰ 유속의 측정은 부표를 사용하여 10m 구간을 흐르는데 걸리는 시간을 스톱워치(Stop Watch)로 잰다.
㉱ 수로의 수량은 $Q = 60V \cdot A$, $V = 0.75Ve$로 한다. ($Q$ : 유량[$m^3$/분], $V$ : 총평균유속[m/s], $Ve$ : 표면 최대 유속[m/s], $A$ : 평균단면적[$m^2$])

**풀이** ㉯ 10m를 측정구간으로 하여 2m마다 유수의 횡단면적을 측정한다.

**answer** 66 ㉱  67 ㉰  68 ㉮  69 ㉯

**70** 메틸렌블루와 반응하여 생성된 청색의 착화합물을 클로로폼으로 추출하여 흡광도를 650nm에서 측정하여 정량하는 수질오염물질은 어느 것인가? (단, 자외선/가시선 분광법 기준이다.)

㉮ 음이온 계면활성제
㉯ 유기인
㉰ 인산염인
㉱ 폴리클로리네이티드 비페닐

**풀이** ㉮ 음이온 계면활성제에 대한 설명이다.

**71** 자외선/가시선 분광법에 의한 페놀류의 측정원리에 관한 내용으로 틀린 것은 어느 것인가?

㉮ 수용액에서는 510nm에서 흡광도를 측정한다.
㉯ 클로로폼용액에서는 460nm에서 흡광도를 측정한다.
㉰ 추출법의 정량한계는 0.1mg/L이다.
㉱ 황 화합물의 간섭이 있는 경우 인산($H_3PO_4$)이 사용된다.

**풀이** ㉰ 추출법의 정량한계는 0.005mg/L이다.

**TIP**
직접법의 정량한계 : 0.05mg/L

**72** 다음은 용기에 의한 유량 측정에 관한 내용이다. (   )안에 알맞은 말은?

> • 최대 유량 $1m^3$/분 이상인 경우 수조가 큰 경우는 유입시간에 있어서 유수의 부피는 상승한 수위와 상승수면의 평균표면적의 계측에 의하여 유량을 산출한다. 이 경우 측정시간은 ( ① ), 수위의 상승속도는 적어도 ( ② ) 이어야 한다.

㉮ ① 1분 정도, ② 매분 1cm 이상
㉯ ① 1분 정도, ② 매분 5cm 이상
㉰ ① 5분 정도, ② 매분 1cm 이상
㉱ ① 5분 정도, ② 매분 5cm 이상

**풀이** 최대유량 $1m^3$/분 이상인 경우
① 측정시간 : 5분 정도
② 수위상승속도 : 매분 1cm 이상

**73** 측정항목별 최대보존기간으로 알맞은 것은?

㉮ 부유물질 : 28일
㉯ 전기전도도 : 즉시
㉰ 음이온계면활성제 : 48시간
㉱ 질산성 질소 : 6시간

**풀이** 측정항목별 최대보존기간
㉮ 부유물질 : 7일
㉯ 전기전도도 : 24시간
㉱ 질산성 질소 : 48시간

---

**answer** 70 ㉮  71 ㉰  72 ㉰  73 ㉰

**74** 분석시 다음 그림의 장치가 필요한 항목은 어느 것인가?

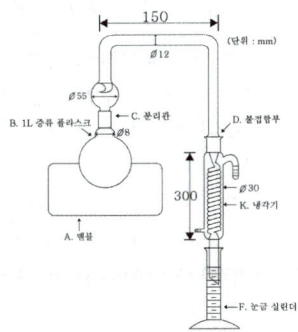

㉮ 페놀류   ㉯ 색도
㉰ 총유기탄소   ㉱ 클로로필 a

**풀이** 증류장치는 암모니아성 질소, 페놀류, 시안, 불소화합물 분석시 필요한 장치이다.

**75** 물벼룩을 이용한 급성 독성시험법에서 사용하는 용어의 정의로 틀린 것은?

㉮ 치사 : 일정 희석 비율로 준비된 시료에 물벼룩을 투입하여 24시간 경과 후 시험용기를 손으로 살짝 두드려 주고, 15초 후 관찰했을 때 독성물질에 의해 영향을 받아 움직임이 명백하게 없는 상태를 '치사'라 판정한다.
㉯ 유영저해 : 일정 희석 비율로 준비된 시료에 물벼룩을 투입하여 24시간 경과 후 시험용기를 손으로 살짝 두드려 주고, 15초 후 관찰했을 때 독성물질에 의해 영향을 받아 움직임이 없을 경우를 '유영저해'로 판정한다. 이 때 안테나 다리 등 부속지를 움직인다 하더라도 유영을 하지 못한다면 '유영저해'로 판정한다.
㉰ 반수영향농도 : 투입 시험생물의 50%가 치사 혹은 유영저해를 나타낸 농도이다.
㉱ 생태독성값 : 통계적 방법을 이용하여 반수영향농도 $EC_{50}$ 값을 구한 후 10에서 $EC_{50}$ 값을 나눠 준 값을 말한다. ($EC_{50}$ 값의 단위는 %이다.)

**풀이** ㉱ 생태독성값 : 통계적 방법을 이용하여 반수영향농도 $EC_{50}$ 값을 구한 후 100에서 $EC_{50}$ 값을 나눠 준 값을 말한다.($EC_{50}$ 값의 단위는 %이다.)

**76** 수질의 색도 측정에서 이용되는 색도표준원액 제조에 사용되는 시약으로 틀린 것은 어느 것인가?

㉮ 육염화백금포타슘
㉯ 염화코발트6수화물
㉰ 염화아연분말
㉱ 염산

**77** 다음은 비소-수소화물생성-원자흡수분광광도법에 관한 내용이다. ( )안에 알맞은 말은?

> 물속에 존재하는 비소를 측정하는 방법으로 아연 또는 (　)을 넣어 수소화 비소로 포집하여 아르곤(또는 질소)-수소 불꽃에서 원자화 시켜 흡광도를 측정한다.

㉮ 다이에틸디티오카비민산은수화물
㉯ 염화제이철수화물
㉰ 요오드화포타슘수화물
㉱ 소듐붕소수화물

**풀이** 환원제로 사용되는 시약은 아연 또는 소듐붕소수화물이다.

answer   74 ㉮   75 ㉱   76 ㉰   77 ㉱

**78** 잔류염소(비색법) 측정할 때 크롬산(2mg/L 이상)으로 인한 종말점 간섭을 방지하기 위해 가하는 시약은 어느 것인가?

㉮ 염화바륨   ㉯ 황산구리
㉰ 염산용액(25%)   ㉱ 과망간산포타슘

**풀이** 2mg/L 이상의 크롬산은 종말점에서 간섭을 하는데 이때 염화바륨을 가하여 침전시켜 제거한다.

**79** 시료 채취시 유의사항으로 틀린 것은 어느 것인가?

㉮ 시료 채취 용기는 깨끗이 세척된 용기 또는 멸균된 용기를 사용한다.
㉯ 시료 채취 용기에 시료를 채울 때에는 어떠한 경우에도 시료의 교란이 일어나서는 안 된다.
㉰ 지하수 시료는 취수정 내에 고여 있는 물과 원래 지하수의 성상이 달라질 수 있으므로 고여 있는 물을 충분히 퍼낸 다음 새로 나온 물을 채취한다.
㉱ 시료 채취량은 시험항목 및 시험 횟수의 필요량의 3~5배 채취를 원칙으로 한다.

**풀이** ㉱ 시료 채취량은 시험항목 및 시험 횟수에 따라 차이가 있으나 보통 3~5L 정도이어야 한다.

**80** 복수시료채취방법에 대한 설명으로 알맞은 것은 어느 것인가? (단, 배출허용기준 적합여부 판정을 위한 시료채취 시)

㉮ 자동시료채취기로 시료를 채취할 경우에는 6시간 이내에 30분 이상 간격으로 2회 이상 채취하여 일정량의 단일 시료로 한다.
㉯ 자동시료채취기로 시료를 채취할 경우에는 6시간 이내에 30분 이상 간격으로 4회 이상 채취하여 일정량의 단일 시료로 한다.
㉰ 자동시료채취기로 시료를 채취할 경우에는 8시간 이내에 30분 이상 간격으로 2회 이상 채취하여 일정량의 단일 시료로 한다.
㉱ 자동시료채취기로 시료를 채취할 경우에는 8시간 이내에 30분 이상 간격으로 4회 이상 채취하여 일정량의 단일 시료로 한다.

**풀이** 복수시료채취기준 내용 중 암기사항
6시간, 30분, 2회, 산술평균

**answer** 78 ㉮  79 ㉱  80 ㉮

# 2015 1회 기출문제

| 제1과목 | 수질오염개론

**01** 크롬에 대한 내용으로 잘못된 것은 어느 것인가?

㉮ 만성크롬중독인 경우에는 미나마타병이 발생한다.
㉯ 3가 크롬은 비교적 안정하나 6가 크롬 화합물은 자극성이 강하고 부식성이 강하다.
㉰ 3가 크롬은 피부흡수가 어려우나 6가 크롬은 쉽게 피부를 통과한다.
㉱ 만성중독현상으로는 비점막염증이 나타난다.

풀이 ㉮ 미나마타병은 수은(Hg)에 의해 발생되는 질환이다.

**02** 유해물질로 인하여 발생하는 대표적 질환으로 알맞은 것은 어느 것인가?

㉮ PCB : 파킨슨씨 증후군과 유사한 증상
㉯ 수은 : 중추신경계의 마비와 콩팥 기능의 장해
㉰ 아연 : 윌슨씨병
㉱ 구리 : 카네미유증

풀이 ㉮ PCB : 카네미유증
㉰ 아연 : 소인증
㉱ 구리 : 윌슨씨 증후군

**03** 친수성 콜로이드에 대한 내용으로 잘못된 것은 어느 것인가?

㉮ 유탁상태(에멀전)로 존재한다.
㉯ 물에 쉽게 분산된다.
㉰ 친수성 콜로이드의 대부분은 소수성 콜로이드를 보호하는 작용을 한다.
㉱ 틴달(Tyndall) 효과가 크다.

풀이 ㉱ 틴달(Tyndall) 효과가 약하거나 거의 없다.

**04** 다음의 수질을 가진 농업용수의 SAR값으로부터 $Na^+$가 흙에 미치는 영향을 바르게 판단한 것은 어느 것인가?

- 수질농도 : $Na^+$ = 1,150mg/L
  $Ca^{2+}$ = 60mg/L
  $Mg^{2+}$ = 36mg/L
  $PO_4^{3-}$ = 1,500mg/L
  $I^-$ = 200mg/L
- 원자량
  Na : 23, Mg : 24, P : 31, Ca : 40

㉮ 영향이 작다.
㉯ 영향이 중간 정도이다.
㉰ 영향이 비교적 크다.
㉱ 영향이 매우 크다.

풀이 ① SAR(소듐 흡착률) = $\dfrac{Na^+}{\sqrt{\dfrac{Ca^{2+}+Mg^{2+}}{2}}}$

② 단위 : meq/L = mN = mg/L÷1mg 당량

**answer** 01 ㉮  02 ㉯  03 ㉱  04 ㉱

$Na^+$ = 1,150mg/L÷23 = 50mN
$Ca^{2+}$ = 60mg/L÷20 = 3mN
$Mg^{2+}$ = 36mg/L÷12 = 3mN

③ SAR = $\dfrac{50}{\sqrt{\dfrac{3+3}{2}}}$ = 28.87

④ 판정
SAR 0 ~ 10 : 영향적다.
SAR 10 ~ 18 : 중간정도 영향
SAR 18 ~ 26 : 높은 영향
SAR 26 이상 : 아주 큰 영향

⑤ SAR이 29정도이므로 영향이 매우 크다.

**05** 산화와 환원반응에 관한 내용으로 잘못된 것은 어느 것인가?

㉮ 전자를 준 쪽은 산화된 것이고 전자를 얻는 쪽은 환원이 된 것이다.
㉯ 산화수가 증가하면 산화, 감소하면 환원반응이라 한다.
㉰ 산화제는 전자를 주는 물질이며 전자를 주는 힘이 클수록 더 강한 산화제이다.
㉱ 상대방을 산화시키고 자신을 환원시키는 물질을 산화제라 한다.

**풀이** ㉰ 산화제는 다른 물질로부터 전자를 빼앗는 물질이다.

**06** 콜로이드 응집의 기본 메카니즘으로 틀린 것은 어느 것인가?

㉮ 전하의 중화
㉯ 이중층의 압축
㉰ 입자간의 가교 형성
㉱ 중력에 따른 전단력 강화

**풀이** ㉱ 침전물에 의한 포착

**07** 반응조 혼합에 대한 설명으로 잘못된 것은 어느 것인가?

㉮ Morrill 지수가 1인 경우, 이상적인 플러그 흐름 상태이다.
㉯ 분산 수가 무한대가 되면 이상적인 플러그 흐름 상태이다.
㉰ 분산이 1 이면 이상적인 완전혼합 흐름 상태이다.
㉱ Morrill 지수의 값이 클수록 완전혼합 흐름 상태에 근접한다.

**풀이** ㉯ 분산 수가 무한대가 되면 완전혼합 흐름 상태이다.

**08** 하천의 자정작용에 대한 내용으로 잘못된 것은 어느 것인가?

㉮ 생물학적 자정작용인 혐기성분해는 중간 화합물이 휘발성이므로 유해한 경우가 많으며 호기성분해에 비하여 장시간이 요구된다.
㉯ 자정작용 중 가장 큰 비중을 차지하는 것은 생물학적 작용이라 할 수 있다.
㉰ 자정계수는 탈산소계수/재폭기계수를 뜻한다.
㉱ 화학적 자정작용인 응집작용은 흡수된 산소에 의해 오염물질이 분해될 때 발생되는 탄산가스가 물의 pH를 증가시켜 수산화물의 생성을 촉진시키므로 용해되어 있는 철이나 망간 등을 침전시킨다.

**풀이** ㉰ 자정계수는 재폭기계수/탈산소계수를 뜻한다.

**answer** 05 ㉰  06 ㉱  07 ㉯  08 ㉰

**09** 용량이 6,000m³인 수조에 200m³/hr의 유량이 유입된다면 수조 내 염소이온 농도가 200mg/L에서 20mg/L 될 때까지의 소요시간(hr)은 얼마인가? (단, 유입수 내 염소이온 농도는 0, 완전혼합형, 희석효과만 고려한다.)

㉮ 약 34hr  ㉯ 약 48hr
㉰ 약 57hr  ㉱ 약 69hr

**풀이**
$\ln\left(\dfrac{C_t}{C_o}\right) = -\left(\dfrac{Q}{V}\right) \times t$

$C_o$ : 초기농도(mg/L)
$C_t$ : t시간 후의 농도(mg/L)
$Q$ : 유량(m³/hr)
$V$ : 체적(m³)
$t$ : 시간(hr)

따라서 $\ln\left(\dfrac{20mg/L}{200mg/L}\right) = -\left(\dfrac{200m^3/hr}{6,000m^3}\right) \times t$

∴ t = 69.08hr

**10** Glucose($C_6H_{12}O_6$) 500mg/L 용액을 호기성 처리시 필요한 이론적인 인(P) 농도(mg/L)는 얼마인가? (단, $BOD_5$ : N : P = 100 : 5 : 1, $k_1$ = 0.1day⁻¹, 상용대수 기준, 완전분해 기준, $BOD_u$ = COD)

㉮ 약 3.7mg/L  ㉯ 약 5.6mg/L
㉰ 약 8.5mg/L  ㉱ 약 12.8mg/L

**풀이**
① $C_6H_{12}O_6$에서 최종 BOD($BOD_u$) 계산
$C_6H_{12}O_6 + 6O_2 \rightarrow 6CO_2 + 6H_2O$
180g : 6×32g
500mg/L : X($BOD_u$)
∴ X($BOD_u$) = 533.33mg/L

② $BOD_5$ 공식을 이용해 $BOD_5$ 계산
$BOD_5 = BOD_u \times (1-10^{-k_1 \times t})$
= 533.33mg/L × (1-10⁻⁰·¹ᵈᵃʸ×⁵ᵈᵃʸ)
= 364.68mg/L

③ 인(P)의 농도 계산
$BOD_5$ : P
100 : 1
364.68mg/L : X(P)
∴ X(P) = 3.65mg/L

**11** 해수의 함유성분들 중 가장 적게 함유된 성분은 어느 것인가?

㉮ $SO_4^{2-}$  ㉯ $Ca^{2+}$
㉰ $Na^+$  ㉱ $Mg^{2+}$

**풀이** 해수의 성분 순서는 $Cl^- > Na^+ > SO_4^{2-} > Mg^{2+} > Ca^{2+} > K^+ > HCO_3^-$ 이다.

**TIP**
암기법 : 염나황은 마네칼슘칼륨에서 중탄산을 먹는다.

**12** 수온 20℃, 유량 20m³/sec, $BOD_u$ 5mg/L인 하천에 점오염원으로부터 유량 3m³/sec, 수온 20℃, 부하량 50g $BOD_u$/sec의 오염물질이 유입되어 완전혼합 될 때 0.5일 유하 후의 잔류 BOD(mg/L)는 얼마인가? (단, 하천의 20℃의 탈산소 계수는 0.2/day(자연대수) 이고, BOD 분해에 필요한 만큼의 충분한 DO가 하천내에 존재한다.)

㉮ 약 7mg/L  ㉯ 약 6mg/L
㉰ 약 5mg/L  ㉱ 약 4mg/L

**풀이**
① 혼합공식을 이용해 혼합지점의 $BOD_u$ 계산
$C_m = \dfrac{Q_1C_1 + Q_2C_2}{Q_1 + Q_2}$
$= \dfrac{20m^3/sec \times 5g/m^3 + 50g/sec}{(20+3)m^3/sec}$
= 6.52mg/L

② 잔류공식을 이용해 $BOD_{0.5}$ 계산
$BOD_{0.5} = BOD_u \times e^{-k_1 \times t}$
= 6.52mg/L × e^(-0.2/day×0.5day)
= 5.90mg/L

**answer** 09 ㉱  10 ㉮  11 ㉯  12 ㉯

**13** 직경 3mm인 모세관의 표면장력이 0.0037kg_f/m이라면 물 기둥의 상승높이(cm)는 얼마인가? (단, $h = \dfrac{4 \cdot r \cdot \cos\beta}{\omega \cdot d}$, 접촉각 $\beta = 5°$)

㉮ 0.26cm  ㉯ 0.38cm
㉰ 0.49cm  ㉱ 0.57cm

▶풀이
$h = \dfrac{4 \cdot r \cdot \cos\beta}{\omega \cdot d}$

$\begin{bmatrix} h : 높이(m) \\ r : 표면장력(kg \cdot f/m) \\ \omega : 비중량(1000kg/m^3) \\ d : 직경(m) \end{bmatrix}$

여기서 $h = \dfrac{4 \times 0.0037kg_f/m \times \cos 5°}{1,000kg/m^3 \times 3 \times 10^{-3}m}$
= 0.0049m = 0.49cm

**14** 탈질에 대한 생물반응에 관한 내용으로 잘못된 것은 어느 것인가?

㉮ 관련 미생물 : 통성 혐기성균
㉯ 증식속도 : 2~8 mg $NO_3^-$-N/MLSS·hr
㉰ 알칼리도 : $NO_3^-$-N, $NO_2^-$-N 환원에 따라 알칼리도 생성
㉱ 용존산소 : 0mg/L에 가까움

**15** 분뇨의 일반적인 내용으로 잘못된 것은 어느 것인가?

㉮ 하수 슬러지에 비해 염분농도와 질소농도가 높다.
㉯ 다량의 유기물과 협잡물을 함유하나 고액분리가 용이하다.
㉰ 분뇨에 함유된 질소화합물이 pH 완충작용을 한다.
㉱ 일반적으로 수집·처분계획을 수립시, 1인 1일 1L를 기준으로 한다.

▶풀이 ㉯ 다량의 유기물과 협잡물을 함유하고, 고액분리가 어렵다.

**16** 정화조로 유입된 생분뇨의 BOD가 21,500 mg/L, 염소이온 농도가 5,500mg/L, 방류수의 염소이온 농도가 200mg/L 이라면, 방류수의 BOD 농도가 30mg/L일 때 정화조의 BOD 제거율(%)은 얼마인가?

㉮ 99.6%  ㉯ 96.2 %
㉰ 93.4%  ㉱ 89.8%

▶풀이 ① 희석배수치(P) 계산
$P = \dfrac{유입수의\ Cl^-}{유출수의\ Cl^-} = \dfrac{5,500mg/L}{200mg/L} = 27.5$

② BOD 제거효율(%) 계산
BOD 제거효율(%)
$= \left(1 - \dfrac{유출수의\ BOD \times P}{유입수의\ BOD}\right) \times 100$
$= \left(1 - \dfrac{30mg/L \times 27.5}{21,500mg/L}\right) \times 100$
= 96.16%

**17** 미생물 영양원 중 유황(sulfur)에 대한 내용으로 잘못된 것은 어느 것인가?

㉮ 황산화세균은 편성 혐기성 세균이다.
㉯ 유황을 함유한 아미노산은 세포 단백질의 필수 구성원이다.
㉰ 미생물세포에서 탄소 대 유황의 비는 100 : 1 정도이다.
㉱ 유황고정, 유황화합물 환원, 산화 순으로 변환된다.

▶풀이 ㉱ 유황고정, 유황화합물 산화, 환원 순으로 변환된다.

answer  13 ㉰  14 ㉯  15 ㉯  16 ㉯  17 ㉱

**18** DO 포화농도가 8mg/L인 하천에서 t = 0 일 때 DO가 5mg/L이라면 6일 유하했을 때의 DO 부족량(mg/L)은 얼마인가? (단, $BOD_u$ = 20mg/L, $k_1$ = 0.1/day, $k_2$ = 0.2/day, 상용대수 기준이다.)

㉮ 약 2mg/L    ㉯ 약 3mg/L
㉰ 약 4mg/L    ㉱ 약 5mg/L

▶ 풀이

$D_t = \dfrac{k_1 \times L_o}{k_2-k_1} \times (10^{-k_1 \times t} - 10^{-k_2 \times t}) + D_o \times (10^{-k_2 \times t})$

$= \dfrac{0.1/day \times 20mg/L}{0.2/day - 0.1/day} \times (10^{-0.1/day \times 6day} - 10^{-0.2/day \times 6day})$
$+ (8-5)mg/L \times (10^{-0.2/day \times 6day})$
$= 3.95mg/L$

**19** 호수의 수질관리를 위하여 일반적으로 사용할 수 있는 예측모형으로 잘못된 것은 어느 것인가?

㉮ WASP5 모델
㉯ WQRRS 모델
㉰ ROM 모델
㉱ Vollenweider 모델

▶ 풀이 ㉰ ROM 모델은 해양 대순환 모델이다.

**20** 아래와 같은 반응에 관여하는 미생물은 어느 것인가?

$2NO_3^- + 5H_2 \rightarrow N_2 + 2OH^- + 4H_2O$

㉮ Pseudomonas    ㉯ Sphaerotilus
㉰ Acinetobacter    ㉱ Nitrosomonas

▶ 풀이 탈질화과정에 참여하는 미생물을 찾는 문제이므로 Pseudomonas가 된다.

| 제2과목 | 상하수도 계획

**21** 상수도 시설용량의 계획에 관한 내용으로 잘못된 것은 어느 것인가?

㉮ 취수시설의 계획취수량은 계획1일 최대급수량을 기준으로 한다.
㉯ 도수시설의 계획도수량은 계획취수량을 기준으로 한다.
㉰ 정수시설의 계획정수량은 계획1일 최대급수량을 기준으로 한다.
㉱ 배수시설의 계획배수량은 계획1일 최대급수량을 기준으로 한다.

▶ 풀이 ㉱ 배수시설의 계획배수량은 계획시간 최대급수량을 기준으로 한다.

**22** 펌프의 토출량이 1.0m³/sec, 토출구의 유속이 3.55m/sec일 때 펌프의 구경(mm)은 얼마인가?

㉮ 500mm    ㉯ 600mm
㉰ 700mm    ㉱ 800mm

▶ 풀이

$D = 146 \times \sqrt{\dfrac{Q}{V}}$

D : 펌프의 흡입구경(mm)
Q : 펌프의 토출량(m³/min)
V : 유속(m/sec)

따라서 $D = 146 \times \sqrt{\dfrac{1.0m^3/sec \times 60sec/min}{3.55m/sec}}$
$= 600.23mm$

answer  18 ㉰  19 ㉰  20 ㉮  21 ㉱  22 ㉯

**23** 상수도시설인 집수매거의 구조에 관한 내용으로 잘못된 것은 어느 것인가?

㉮ 집수매거의 경사는 수평으로 하거나 1/500 이하의 완만한 경사로 한다.
㉯ 집수매거는 지형 등을 고려하여 가능한 한 복류수 흐름방향과 수평으로 설치하는 것이 효율적이다.
㉰ 집수매거의 매설깊이는 5m 이상으로 하는 것이 바람직하다.
㉱ 집수매거의 길이는 시험우물 등에 의한 양수시험 결과에 따라 정한다.

**풀이** ㉯ 집수매거는 지형 등을 고려하여 가능한 한 복류수 흐름방향과 수직으로 설치하는 것이 효율적이다.

**24** 우물의 양수량 결정시 적용되는 "적정양수량"의 정의로 알맞은 것은 어느 것인가?

㉮ 최대양수량의 70% 이하
㉯ 최대양수량의 80% 이하
㉰ 한계양수량의 70% 이하
㉱ 한계양수량의 80% 이하

**풀이** 적정양수량(경제양수량)은 한계양수량의 70%이하의 양수량을 말한다.

**25** 상수도시설의 등급별 내진설계 목표에 관한 설명이다. ( )안에 알맞은 말은 어느 것인가?

> 상수도시설물의 내진성능 목표에 따른 설계지진강도는 붕괴방지수준에서 시설물의 내진등급이 Ⅰ등급인 경우에는 재현주기 ( ① ), Ⅱ등급인 경우에는 ( ② )에 해당되는 지진지반운동으로 한다.

㉮ ① : 100년, ② : 50년
㉯ ① : 200년, ② : 100년
㉰ ① : 500년, ② : 200년
㉱ ① : 1000년, ② : 500년

**풀이** 등급별 내진설계 목표
① 내진 등급이 Ⅰ등급 : 1,000년
② 내진 등급이 Ⅱ등급 : 500년

**26** 길이 1.2km의 하수관이 2‰의 경사로 매설되어 있을 경우, 이 하수관 양 끝단 간의 고저차(m)는 얼마인가? (단, 기타 사항은 고려하지 않는다.)

㉮ 0.24m     ㉯ 2.4m
㉰ 0.6m      ㉱ 6.0m

**풀이**
$I = \dfrac{\triangle H}{\triangle L}$

$\begin{bmatrix} I : 기울기 \\ \triangle H : 고저차(m) \\ \triangle L : 길이차(m) \end{bmatrix}$

$\therefore \triangle H = I \times \triangle L$
$= \dfrac{2}{1,000} \times 1.2km \times 10^3 m/km$
$= 2.4m$

**answer** 23 ㉯   24 ㉰   25 ㉱   26 ㉯

**27** 하수처리시설인 순산소활성슬러지법에 대한 내용으로 잘못된 것은 어느 것인가?

㉮ 잉여슬러지 발생량은 슬러지의 체류시간에 의해서 큰 차이가 나므로 표준활성슬러지법에 비해서 일반적으로 적다.
㉯ MLSS 농도는 표준활성슬러지법의 2배 이상으로 유지 가능하다.
㉰ 포기조 내의 SVI는 보통 100 이하로 유지되고 슬러지 침강성은 양호하다.
㉱ 이차침전지에서 스컴이 거의 발생하지 않는다.

**풀이** ㉱ 이차침전지에서 스컴이 발생하는 경우가 많다.

**28** 정수시설의 착수정 구조와 형상에 대한 설계기준으로 잘못된 것은 어느 것인가?

㉮ 착수정은 분할을 원칙으로 하며 고수위 이상으로 유지되도록 월류관이나 월류위어를 설치한다.
㉯ 형상은 일반적으로 직사각형 또는 원형으로 하고 유입구에는 제수밸브 등을 설치한다.
㉰ 착수정의 고수위와 주변벽체의 상단간에는 60cm 이상의 여유를 두어야 한다.
㉱ 부유물이나 조류 등을 제거할 필요가 있는 장소에는 스크린을 설치한다.

**풀이** ㉮ 착수정은 분할을 원칙으로 하며 고수위 이상으로 올라가지 않도록 월류관이나 월류위어를 설치한다.

**29** 막여과 정수처리설비에 관한 설명으로 알맞은 것은 어느 것인가?

㉮ 막 여과유속은 경제성 및 보수성을 종합적으로 고려하여 최저치를 설정한다.
㉯ 회수율은 취수조건 등과 상관없이 일정하게 운영하는 것이 효율적이고 경제적이다.
㉰ 구동압방식과 운전제어방식은 구동압이나 막의 종류, 배수(配水)조건 등을 고려하여 최적방식을 선정한다.
㉱ 막 여과방식은 막 공급수질을 제외한 막 여과수량과 막의 종별 등의 조건을 고려하여 최적방식을 선정한다.

**풀이** ㉮ 막 여과유속은 경제성 및 보수성을 종합적으로 고려하여 최고치를 설정한다.
㉯ 회수율은 취수조건 등을 고려하여 일정하게 운영하는 것이 효율적이고 경제적이다.
㉱ 막 여과방식은 막 공급수질을 포함하여 막 여과수량과 막의 종류 등의 조건을 고려하여 최적 방식을 선정한다.

**30** 구경 400mm인 직렬펌프의 토출량이 10m³/min, 규정 전양정이 40m, 규정 회전속도가 4,200rpm일 때 비회전속도($N_S$)는 얼마인가?

㉮ 609rpm  ㉯ 756rpm
㉰ 835rpm  ㉱ 957rpm

**풀이**

$$N_S = N \times \frac{Q^{\frac{1}{2}}}{H^{\frac{3}{4}}}$$

$N_S$ : 펌프의 비교회전도(rpm)
$N$ : 펌프의 회전수(rpm)
$Q$ : 펌프의 규정토출량(m³/min)
$H$ : 전양정(m)

따라서 $N_S = 4,200\text{rpm} \times \dfrac{(10\text{m}^3/\text{min})^{\frac{1}{2}}}{(40\text{m})^{\frac{3}{4}}}$

= 835.03rpm

**answer** 27 ㉱  28 ㉮  29 ㉰  30 ㉰

**31** 분류식 하수배제방식에서 펌프장시설의 계획하수량 결정시 유입·방류펌프장 계획하수량으로 알맞은 것은 어느 것인가?

㉮ 계획시간최대오수량
㉯ 계획우수량
㉰ 우천시계획오수량
㉱ 계획일최대오수량

**풀이** 유입·방류펌프장의 계획하수량은 계획시간최대오수량을 기준으로 한다.

**32** 상수도시설 중 저수시설인 하구둑에 대한 내용으로 잘못된 것은 어느 것인가?
(단, 전용댐, 다목적댐과 비교)

㉮ 개발수량 : 중소규모의 개발이 기대된다.
㉯ 경제성 : 일반적으로 댐보다 저렴하다.
㉰ 설치지점 : 수요지 가까운 하천의 하구에 설치하여 농업용수에 바닷물의 침해 방지기능을 겸하는 경우가 많다.
㉱ 저류수의 수질 : 자체관리로 비교적 양호한 수질을 유지할 수 있어 염소이온 농도에 대한 주의가 필요 없다.

**풀이** ㉱ 저류수의 수질 : 염소이온 농도에 주의를 요한다.

**33** 용존공기부상(DAF)에 대한 설명이다. ( )안에 알맞은 것은 어느 것인가?

> DAF를 운영하는 정수장에서 고탁도( )의 원수가 유입되는 경우에는 DAF 전에 전처리시설로 예비침전지를 두어야 한다.

㉮ 100NTU 이상   ㉯ 1,000NTU 이상
㉰ 2,000NTU 이상   ㉱ 5,000NTU 이상

**34** 하수처리공법 중 접촉산화법에 관한 내용으로 잘못된 것은 어느 것인가?

㉮ 반송슬러지가 필요하지 않으므로 운전관리가 용이하다.
㉯ 생물상이 다양하여 처리효과가 안정적이다.
㉰ 부착생물량의 임의 조정이 어려워 조작조건 변경에 대응하기 쉽지 않다.
㉱ 접촉재가 조 내에 있기 때문에 부착생물량의 확인이 어렵다.

**풀이** ㉰ 부착생물량의 임의 조정이 용이하여 조작조건 변경에 대응하기 쉽다.

**35** 도수관 설계시 접합정에 관한 내용으로 잘못된 것은 어느 것인가?

㉮ 구조상 안전한 것으로 충분한 수밀성과 내구성을 지니며 용량은 계획도수량의 3분 이상으로 한다.
㉯ 유입속도가 큰 경우에는 접합정 내에 월류벽 등을 설치하여 유속을 감쇄시킨 다음 유출관으로 유출되는 구조로 한다.
㉰ 유출관의 유출구 중심높이는 저수위에서 관경의 2배 이상 낮게 하는 것을 원칙으로 한다.
㉱ 필요에 따라 양수장치, 배수설비, 월류장치를 설치하고 유출구와 배수설비에는 제수밸브 또는 제수문을 설치한다.

**풀이** ㉮ 구조상 안전한 것으로 충분한 수밀성과 내구성을 지니며 용량은 계획도수량의 1.5분 이상으로 한다.

**answer** 31 ㉮   32 ㉱   33 ㉮   34 ㉰   35 ㉮

**36** 하수처리시설의 계획유입수질 산정방식으로 알맞은 것은 어느 것인가?

㉮ 계획오염부하량을 계획1일평균오수량으로 나누어 산정한다.
㉯ 계획오염부하량을 계획시간평균오수량으로 나누어 산정한다.
㉰ 계획오염부하량을 계획1일최대오수량으로 나누어 산정한다.
㉱ 계획오염부하량을 계획시간최대오수량으로 나누어 산정한다.

> 풀이 하수처리시설의 계획유입수질 산정방식은 계획오염부하량을 계획1일평균오수량으로 나누어 산정한다.

**37** 하수시설에서 우수조정지 구조형식이 아닌 것은 어느 것인가?

㉮ 댐식(제방높이 15m 미만)
㉯ 저하식(관내 저류포함)
㉰ 굴착식
㉱ 유하식(자연 호소포함)

> 풀이 하수시설에서 우수조정지 구조형식으로는 댐식(제방높이 15m 미만), 저하식(관내 저류포함), 굴착식이 있다.

**38** 기존의 하수처리시설에 고도처리시설을 설치하고자 할 때 검토사항으로 잘못된 것은 어느 것인가?

㉮ 표준활성슬러지법이 설치된 기존처리장의 고도처리 개량은 개선대상 오염물질별 처리 특성을 감안하여 효율적인 설계가 되어야 한다.
㉯ 시설개량은 시설개량방식을 우선 검토하되 방류수 수질기준 준수가 곤란한 경우에 한 해 운전개선방식을 함께 추진하여야 한다.
㉰ 기본설계과정에서 처리장의 운영실태 정밀분석을 실시한 후 이를 근거로 사업추진방향 및 범위 등을 결정하여야 한다.
㉱ 기존시설물 및 처리공정을 최대한 활용하여야 한다.

> 풀이 ㉯ 시설개량은 시설개량방식을 우선 검토하되 방류수 수질기준 준수여부와 상관없이 운전개선 방식을 함께 추진하여야 한다.

**39** 하수도시설기준의 우수배제계획에서 계획우수량을 정할 때 빗물펌프장 확률년수 기준으로 알맞은 것은 어느 것인가?

㉮ 15~20년   ㉯ 20~30년
㉰ 30~50년   ㉱ 50~100년

> 풀이 ① 계획우수량을 정할 때 고려하는 빗물펌프장의 확률년수는 30년~50년이다.
> ② 계획우수량 산정시 확률년수는 원칙적으로 10~30년으로 한다.

**40** 계획오수량을 정할 때 고려되는 지하수량에 관한 내용으로 알맞은 것은 어느 것인가?

㉮ 1인1일 평균오수량의 5~10%로 한다.
㉯ 1인1일 최대오수량의 5~10%로 한다.
㉰ 1인1일 평균오수량의 10~20%로 한다.
㉱ 1인1일 최대오수량의 10~20%로 한다.

answer  36 ㉮   37 ㉱   38 ㉯   39 ㉰   40 ㉱

| 제3과목 | 수질오염방지기술

**41** 총 잔류염소 농도($Cl_2$)를 3.05mg/L에서 1.00mg/L로 탈염시키기 위해 유량 4,350m³/d인 물에 가해주어야 할 아황산염($SO_3^{2-}$)의 양(kg/d)은 얼마인가?
(단, Cl : 35.5, S : 32.1)

㉮ 약 6kg/d  ㉯ 약 8kg/d
㉰ 약 10kg/d  ㉱ 약 12kg/d

**풀이** ① $Cl_2$ : $SO_3^{2-}$
71g : 80.1g
(3.05-1.00)mg/L : X
∴ X = 2.31mg/L
② $SO_3^{2-}$의 총량(kg/day) 계산
총량(kg/day) = 농도(kg/m³)×유량(m³/day)
= 2.31×10⁻³kg/m³×4,350m³/day
= 10.05kg/day

**42** 9.0kg의 글루코스(Glucose)로부터 발생 가능한 0℃, 1atm에서의 $CH_4$ 가스의 용적(L)은 얼마인가? (단, 혐기성 분해 기준이다.)

㉮ 3,160L  ㉯ 3,360L
㉰ 3,560L  ㉱ 3,760L

**풀이** $C_6H_{12}O_6 \rightarrow 3CH_4 + 3CO_2$
180g : 3×22.4L
9×10³g : X
∴ X = 3,360L

**TIP**
① 글루코스 = 포도당 = $C_6H_{12}O_6$
② 질량(g) = 계수×분자량(g)
③ 체적(L) = 계수×22.4(L)

**43** 역삼투 장치로 하루에 500m³의 3차 처리된 유출수를 탈염시키고자 한다. 요구되는 막면적(m²)은 얼마인가?

- 25℃에서 물질전달계수
 : 0.2068L/(day·m²)(kPa)
- 유입수와 유출수 사이의 압력차 : 2,400kPa
- 유입수와 유출수의 삼투압차 : 310kPa
- 최저 운전온도 : 10℃
- $A_{10℃} = 1.28A_{25℃}$, A : 막면적

㉮ 약 1,130m²  ㉯ 약 1,280m²
㉰ 약 1,330m²  ㉱ 약 1,480m²

**풀이** ① $Q_F = k \times (\triangle P - \triangle \pi)$

$Q_F$ : 유출수량(L/m²·day)
k : 물질전달계수(L/day·m²·kPa)
$\triangle P$ : 압력차(kPa)
$\triangle \pi$ : 삼투압차(kPa)

따라서
$Q_F$ = 0.2068L/day·m²·kPa×(2,400-310)kPa
= 432.212L/day·m²

② 25℃ 막의 면적($A_{25℃}$) = $\dfrac{Q(유량)}{Q_F(유출수량)}$

= $\dfrac{500 \times 10^3 L/day}{432.212 L/day \cdot m^2}$ = 1,156.84m²

③ 10℃ 막의 면적($A_{10℃}$) = $1.28 \times A_{25℃}$
= 1.28×1,156.84m² = 1,480.76m²

**answer** 41 ㉰  42 ㉯  43 ㉱

**44** 폭기조의 MLSS 농도를 3,000mg/L로 유지하기 위한 재순환율(%)은 얼마인가? (단, SVI = 120, 유입 SS 고려하지 않고, 방류수 SS는 0mg/L이다.)

㉮ 36.3%  ㉯ 46.3%
㉰ 56.3%  ㉱ 66.3%

**풀이**

① 반송비(R) = $\dfrac{MLSS}{SS_r - MLSS} = \dfrac{MLSS}{\dfrac{10^6}{SVI} - MLSS}$

$= \dfrac{3,000\text{mg/L}}{\dfrac{10^6}{120} - 3,000\text{mg/L}} = 0.5625$

② 재순환율(%) = 반송비(R)×100
= 0.5625×100
= 56.25%

**TIP**

SVI = $\dfrac{10^6}{SS_r}$ 이므로 $SS_r = \dfrac{10^6}{SVI}$

**45** $NO_3^-$ 15mg/L가 탈질균에 의해 질소 가스화 될 때 소요되는 이론적 메탄올의 양(mg/L)은 얼마인가? (단, 기타 유기 탄소원은 고려하지 않는다.)

㉮ 5.5  ㉯ 6.5
㉰ 7.5  ㉱ 8.5

**풀이**

$6NO_3^- + 5CH_3OH \rightarrow 3N_2 + 5CO_2 + 7H_2O + 6OH^-$
6×62g : 5×32g
15mg/L : X
∴ X = 6.45mg/L

**46** 활성슬러지 공정의 폭기조 내 MLSS 농도 2,000mg/L, 폭기조의 용량 5m³, 유입 폐수의 BOD 농도 300mg/L, 폐수 유량 15m³/day 일 때, F/M비(kg BOD/kg MLSS·day)는 얼마인가?

㉮ 0.35  ㉯ 0.45
㉰ 0.55  ㉱ 0.65

**풀이**

F/M비(/day) = $\dfrac{BOD(kg/m^3) \times Q(m^3/day)}{MLSS(kg/m^3) \times V(m^3)}$

$= \dfrac{0.3kg/m^3 \times 15m^3/day}{2kg/m^3 \times 5m^3}$

= 0.45/day

**47** G = 200/sec, V = 150m³, 교반기 효율 80%, μ = 1.35×10⁻²g/cm·sec일 때 소요동력 P(kW)는 얼마인가?

㉮ 20.8kW  ㉯ 15.8kW
㉰ 10.1kW  ㉱ 5.1kW

**풀이**

G = $\sqrt{\dfrac{P}{\mu \cdot V}}$ 에서 P = $G^2 \times \mu \times V$

$\begin{bmatrix} P : 동력(kW) \\ G : 속도경사(/sec) \\ \mu : 점성계수(kg/m \cdot sec) \\ V : 체적(m^3) \end{bmatrix}$

따라서

P = $(200/sec)^2 \times 1.35 \times 10^{-3} kg/m \cdot sec \times 150m^3 \times \dfrac{100}{80\%}$

= 10,125W = 10.13kW

**TIP**

μ : 점성계수

Centipoise $\xrightarrow{\times 10^{-2}}$ poise(g/cm·sec) $\xrightarrow{\times 10^{-1}}$ kg/m·sec

**answer** 44 ㉰  45 ㉯  46 ㉯  47 ㉰

**48** 도시 하수처리장 1차 침전지의 SS 제거 효율이 약 38%이다. 유입수의 SS가 260mg/L이고, 유량이 8,000m³/day 라면 1차 침전지에서 제거되는 슬러지의 양(m³/day)은 얼마인가? (단, 1차 슬러지는 5%의 고형물을 함유하며, 슬러지의 비중은 1.1 이다.)

㉮ 약 6.4m³/day  ㉯ 약 9.4m³/day
㉰ 약 12.4m³/day  ㉱ 약 14.4m³/day

**풀이** 제거되는 슬러지량(m³/day)
$= \dfrac{SS농도(kg/m^3) \times Q(m^3/day) \times \eta(제거효율)}{비중량(kg/m^3)} \times \dfrac{100}{TS(\%)}$
$= \dfrac{0.26kg/m^3 \times 8,000m^3/day \times 0.38}{1,100kg/m^3} \times \dfrac{100}{5\%}$
$= 14.37 m^3/day$

**TIP**
① mg/L $\xrightarrow{\times 10^{-3}}$ kg/m³
② 비중(g/cm³) $\xrightarrow{\times 10^3}$ 비중량(kg/m³)

**49** 살수여상 처리공정에서 생성되는 슬러지의 농도는 4.5%이며 하루에 생성되는 고형물의 양은 1,000kg이다. 이 슬러지를 중력을 이용하여 농축시키고자 할 때 중력농축조의 직경(m)은 얼마인가? (단, 농축조의 형태는 원형이며 깊이는 3m, 중력농축조의 고형물 부하량은 25kg/m²·day, 비중은 1.0이다.)

㉮ 3.55m  ㉯ 5.10m
㉰ 6.72m  ㉱ 7.14m

**풀이** 고형물 부하량(kg/m²·day)
$= \dfrac{고형물의 양(kg/day)}{농축조의 면적(m^2)}$

따라서 $25kg/m^2 \cdot day = \dfrac{1,000kg/day}{\dfrac{\pi \times D^2}{4}}$

$\therefore D = \left(\dfrac{4 \times 1,000kg/day}{25kg/m^2 \cdot day \times \pi}\right)^{\frac{1}{2}} = 7.14m$

**50** 수량 36,000m³/day의 하수를 폭 15m, 길이 30m, 깊이 2.5m의 침전지에서 표면적 부하 40m³/m²·day의 조건으로 처리하기 위한 침전지 수는 얼마인가? (단, 병렬 기준이다.)

㉮ 2  ㉯ 3
㉰ 4  ㉱ 5

**풀이** 표면적 부하율(m³/m²·day)
$= \dfrac{유량(m^3/day)}{표면적(m^2)} \times \dfrac{1}{침전지수(n)}$

$40m^3/m^2 \cdot day = \dfrac{36,000m^3/day}{15m \times 30m} \times \dfrac{1}{n}$

$\therefore n = \dfrac{36,000m^3/day}{40m^3/m^2 \cdot day \times 15m \times 30m} = 2개$

**51** 아래의 공정은 A²/O 공정을 나타낸 것이다. 각 반응조의 주요 기능으로 알맞은 것은 어느 것인가?

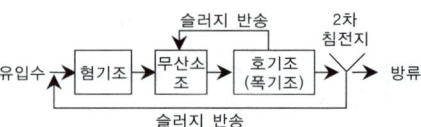

㉮ 혐기조 : 인방출, 무산소조 : 질산화
　폭기조 : 탈질, 인과잉섭취
㉯ 혐기조 : 인방출, 무산소조 : 탈질
　폭기조 : 인과잉섭취, 질산화
㉰ 혐기조 : 탈질, 무산소조 : 질산화
　폭기조 : 인방출 및 과잉섭취
㉱ 혐기조 : 탈질, 무산소조 : 인과잉섭취

**answer** 48 ㉱  49 ㉱  50 ㉮  51 ㉯

폭기조 : 질산화, 인방출

**52** MLSS의 농도가 1,500mg/L인 슬러지를 부상법(Flotation)에 의해 농축시키고자 한다. 압축 탱크의 유효전달 압력이 4기압이며 공기의 밀도를 1.3g/L, 공기의 용해량이 18.7mL/L일 때 Air/Solid (A/S)비는 얼마인가? (단, 유량은 300m³/day 이며 처리수의 반송은 없고 f = 0.5이다.)

㉮ 0.008 ㉯ 0.010
㉰ 0.016 ㉱ 0.020

**풀이**

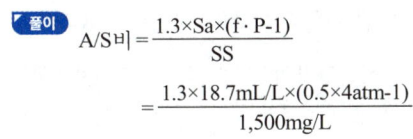

$= \dfrac{1.3 \times 18.7\text{mL/L} \times (0.5 \times 4\text{atm} - 1)}{1,500\text{mg/L}}$

$= 0.016$

**53** 활성슬러지 공정에서 폭기조 유입 BOD가 180mg/L, SS가 180mg/L, BOD 슬러지 부하가 0.6kg BOD/kg MLSS·day일 때, MLSS 농도(mg/L)는 얼마인가? (단, 폭기조 수리학적 체류시간은 6시간이다.)

㉮ 1,100mg/L ㉯ 1,200mg/L
㉰ 1,300mg/L ㉱ 1,400mg/L

**풀이**

F/M비 $= \dfrac{\text{BOD} \times Q}{\text{MLSS} \times V} = \dfrac{\text{BOD}}{\text{MLSS}} \times \dfrac{1}{t}$

따라서 $0.6/\text{day} = \dfrac{180\text{mg/L}}{\text{MLSS}} \times \dfrac{1}{\left(\dfrac{6\text{hr}}{24}\right)\text{day}}$

$\therefore \text{MLSS} = \dfrac{180\text{mg/L}}{0.6/\text{day} \times \left(\dfrac{6\text{hr}}{24}\right)\text{day}} = 1,200\text{mg/L}$

**54** 펜톤산화처리방법에 대한 내용으로 잘못된 것은 어느 것인가?

㉮ 일반적인 적정 반응 pH는 3 ~ 4.5 이다.
㉯ 펜톤시약은 철염과 과산화수소를 말한다.
㉰ 과산화수소수를 과량으로 첨가하면 수산화철의 침전율을 향상시킬 수 있다.
㉱ 폐수의 COD는 감소하지만 BOD는 증가할 수 있다.

**풀이** ㉰ 철염(황산제1철)을 과량으로 첨가하면 수산화철의 침전율을 향상시킬 수 있다.

**55** 하수고도처리 공법 중 생물학적 방법으로 질소와 인을 동시에 제거하는 방법은 어느 것인가?

㉮ Phostrip ㉯ 4단계 Bardenpho
㉰ A/O ㉱ A²/O

**풀이** 공법별 처리물질
㉮ Phostrip : 생물학적, 화학적 원리를 이용한 인(P) 제거공정
㉯ 4단계 Bardenpho : 질소(N) 제거공정
㉰ A/O : 인(P) 제거공정
㉱ A²/O : 질소(N)와 인(P) 제거공정

**56** 염소 소독의 장·단점으로 잘못된 것은 어느 것인가? (단, 자외선 소독과 비교 기준)

㉮ 소독력 있는 잔류염소를 수송관거 내에 유지시킬 수 있다.
㉯ 처리수의 총용존고형물이 감소한다.
㉰ 염소접촉조로부터 휘발성 유기물이 생성된다.
㉱ 처리수의 잔류독성이 탈염소과정에 의해 제거되어야 한다.

**풀이** ㉯ 처리수의 총용존고형물이 증가한다.

**answer** 52 ㉰  53 ㉯  54 ㉰  55 ㉱  56 ㉯

**57** 아래의 조건에서 탈질반응조(anoxic basin) 체류시간(hr)은 얼마인가?

- 반응조로의 유입수 질산염농도($S_0$) = 35mg/L
- 반응조로의 유출수 질산염농도(S) = 5mg/L
- MLVSS 농도(X) = 1,500mg/L
- 온도 = 10℃
- DO = 0.1mg/L
- 20℃에서의 탈질율($R_{DN}$) = 0.2/day
- k = 1.09

㉮ 3.3hr  ㉯ 4.3hr
㉰ 5.3hr  ㉱ 6.3hr

**풀이**
① 10℃의 탈질율($R_{DN}$) 계산
$R_{DN}(10℃) = R_{DN}(20℃) \times k^{(T-20)} \times (1-DO)$
$= 0.2/day \times 1.09^{(10-20)} \times (1-0.1mg/L)$
$= 0.076/day$

② 탈질반응조의 체류시간(hr) 계산
체류시간 $= \dfrac{S_0 - S}{R_{DN}(10℃) \times MLVSS}$
$= \dfrac{(35-5)mg/L}{0.076/day \times 1,500mg/L}$
$= 0.26316 day$
따라서 $0.26316 day \times 24hr/1day = 6.32hr$

**58** 활성슬러지를 탈수하기 위하여 98%(중량비)의 수분을 함유하는 슬러지에 응집제를 가했더니 [상등액 : 침전 슬러지]의 용적비가 2 : 1이 되었다. 이 때 침전 슬러지의 함수율(%)은 얼마인가? (단, 응집제의 양은 매우 적고, 비중은 1.0으로 가정한다.)

㉮ 92%  ㉯ 93%
㉰ 94%  ㉱ 95%

**풀이**
$V_1 \times (100-P_1) = V_2 \times (100-P_2)$
$3 \times (100-98\%) = 1 \times (100-P_2)$
∴ $P_2 = 94\%$

**59** 하수에서의 생물학적 질소 제거에 관한 내용으로 잘못된 것은 어느 것인가?

㉮ 탈질을 위해서는 유기탄소가 필요하다.
㉯ 부유성장 탈질 반응기에서의 전형적인 수리학적 체류시간은 5~6시간이다.
㉰ 질산화 미생물의 성장속도는 온도와 기타의 환경적 변수에 강하게 의존한다.
㉱ 탈질화는 알칼리도의 순생성을 나타내며 탈질을 위한 최적 pH는 6~8이다.

**풀이** ㉯부유성장 탈질 반응기에서의 전형적인 수리학적 체류시간은 2~3시간이다.

**60** 폐수 내 함유된 $NH_4^+$ 36mg/L를 제거하기 위하여 이온교환능력이 100g $CaCO_3$/m³인 양이온 교환수지를 이용하여 1,000m³의 폐수를 처리하고자 할 때 필요한 양이온 교환수지의 부피(m³)는 얼마인가?

㉮ 1,000m³  ㉯ 2,000m³
㉰ 3,000m³  ㉱ 4,000m³

**풀이**
① $2NH_4^+ + CaCO_3 \rightarrow (NH_4)_2CO_3 + Ca^{2+}$
$2 \times 18g : 100g$
$36mg/L(g/m^3) \times 1,000m^3 : X$
∴ $X = 100,000g$

② 필요한 양이온 교환수지의 부피(m³)
$= \dfrac{100,000g}{100g/m^3} = 1,000m^3$

**answer** 57 ㉱  58 ㉰  59 ㉯  60 ㉮

| 제4과목 | 수질오염공정시험기준

**61** 페놀류 측정시 붉은색의 안티피린계 색소의 흡광도를 측정하는 방법 중 클로로폼 용액에서는 몇 nm에서 측정하는가?

㉮ 460nm     ㉯ 480nm
㉰ 510nm     ㉱ 540nm

**풀이** 측정파장과 정량한계
① 클로로폼 용액(추출법) : 460nm, 0.005mg/L
② 수용액(직접법) : 510nm, 0.05mg/L

**62** 식물성플랑크톤을 현미경계수법으로 측정할 때 분석기기 및 기구에 대한 설명으로 잘못된 것은 어느 것인가?

㉮ 광학현미경 혹은 위상차 현미경 : 1000배율까지 확대 가능한 현미경을 사용한다.
㉯ 대물마이크로미터 : 눈금이 새겨져 있는 평평한 판으로, 현미경으로 물체의 길이를 측정하고자 할 때 쓰는 도구로 접안마이크로미터 한 눈금의 길이를 계산하는데 사용한다.
㉰ 혈구계수기 : 슬라이드글라스의 중앙에 격자모양의 계수 구역이 상하 2개로 구분되어 있으며, 계수 구역에는 격자모양으로 구분이 되어 있어 각 격자 구역 내의 침전된 조류를 계수한 후 mL 당 총 세포수를 환산한다.
㉱ 접안마이크로미터 : 평평한 유리에 새겨진 눈금으로 접안렌즈에 부착하여 대물마이크로미터 길이 환산에 적용한다.

**풀이** ㉱ 접안마이크로미터 : 둥근 유리에 새겨진 눈금으로 접안렌즈에 부착하여 사용한다.

**63** 전기전도도 측정계에 대한 설명으로 틀린 것은 어느 것인가?

㉮ 전기전도도 셀은 항상 수중에 잠긴 상태에서 보존하여야 하며 정기적으로 점검한 후 사용한다.
㉯ 전도도셀은 그 형태, 위치, 전극의 크기에 따라 각각 자체의 셀 상수를 가지고 있다.
㉰ 검출부는 한 쌍의 고정된 전극(보통 백금 전극 표면에 백금흑도금을 한 것)으로 된 전도도 셀 등을 사용한다.
㉱ 지시부는 직류 휘트스톤브리지 회로나 자체 보상회로로 구성된 것을 사용한다.

**풀이** ㉱ 지시부는 교류 휘트스톤브리지 회로나 연산 증폭기 회로 등으로 구성된 것을 사용한다.

**64** 용존산소(DO) 측정시 시료가 착색, 현탁된 경우에 사용하는 전처리시약은 어느 것인가?

㉮ 포타슘명반용액, 암모니아수
㉯ 황산구리, 술퍼민산용액
㉰ 황산, 플루오린화포타슘용액
㉱ 황산제이철용액, 과산화수소

**풀이** 시료가 착색, 현탁된 경우에는 포타슘명반용액, 암모니아수를 주입한다.

**answer** 61 ㉮   62 ㉱   63 ㉱   64 ㉮

**65** 다음 pH 표준액 중 pH 값이 0°C에서 가장 높은(큰) 값을 나타내는 표준액은 어느 것인가?

㉮ 프탈산염 표준액
㉯ 수산염 표준액
㉰ 탄산염 표준액
㉱ 붕산염 표준액

**풀이** pH 값이 0°C에서 가장 높은(큰) 값을 나타내는 표준액의 순서는 수산화칼슘>탄산염>붕산염>인산염>프탈산염>수산염 순이다.

**66** 수질오염물질의 농도표시 방법에 대한 설명으로 적절치 않은 것은?

㉮ 백만분율을 표시할 때는 ppm 또는 mg/L의 기호를 쓴다.
㉯ 십억분율을 표시할 때는 $\mu g/m^3$ 또는 ppb의 기호를 쓴다.
㉰ 용액의 농도를 %로만 표시할 때는 W/V%를 말한다.
㉱ 십억분율은 1ppm의 1/1,000이다.

**풀이** ㉯ 십억분율을 표시할 때는 $\mu g/L$ 또는 ppb의 기호를 쓴다.

**67** 원자흡수분광광도법의 간섭에 대한 내용으로 잘못된 것은 어느 것인가?

㉮ 분석에 사용하는 스펙트럼선이 다른 인접선과 완전히 분리되지 않은 경우에는 표준시료와 분석시료의 조성을 더욱 비슷하게 하면 간섭의 영향을 피할 수 있다.
㉯ 화학적 간섭은 불꽃의 온도가 분자를 들뜬 상태로 만들기에 충분히 높지 않아서, 해당 파장을 흡수하지 못하여 발생한다.
㉰ 물리적 간섭은 표준물질과 시료의 매질 차이에 의해 발생한다.
㉱ 이온화 간섭은 불꽃온도가 너무 높을 경우 중성원자에서 전자를 빼앗아 이온이 생성될 수 있으며 이 경우 음(-)의 오차가 발생하게 된다.

**풀이** ① 분석에 사용하는 스펙트럼선이 다른 인접선과 완전히 분리되지 않은 경우: 다른 분석선을 사용하여 재분석한다.
② 분석에 사용하는 스펙트럼선의 불꽃 중에서 생성되는 목적원소의 원자증기 이외에 물질에 의해 흡수되는 경우: 표준시료와 분석시료의 조성을 더욱 비슷하게 한다.

**68** 다음 측정항목 중 시료의 보존방법이 다른 물질은 어느 것인가?

㉮ 유기인
㉯ 화학적 산소요구량
㉰ 암모니아성 질소
㉱ 노말헥산추출물질

**풀이** ㉮ 유기인: NaOH 또는 $H_2SO_4$로 pH 5~9
㉯ 화학적 산소요구량: $H_2SO_4$로 pH 2 이하
㉰ 암모니아성 질소: $H_2SO_4$로 pH 2 이하
㉱ 노말헥산추출물질: $H_2SO_4$로 pH 2 이하

**69** 수질오염공정시험기준 크롬의 시험방법으로 틀린 것은?

㉮ 원자흡수분광광도법
㉯ 유도결합플라스마-원자발광분광법
㉰ 유도결합플라스마-질량분석법
㉱ 기체크로마토그래피

**풀이** 크롬의 시험방법
① 원자흡수분광광도법
② 유도결합플라스마-원자발광분광법
③ 유도결합플라스마-질량분석법

**answer** 65 ㉰  66 ㉯  67 ㉮  68 ㉮  69 ㉱

**70** 다음은 이온전극법에 관한 설명이다. ( )안에 알맞은 말은 어느 것인가?

> 이온전극은 [이온전극 | 측정용액 | 비교전극]의 측정계에서 측정대상 이온에 감응하여 ( )에 따라 이온활량에 비례하는 전위차를 나타낸다.

㉮ 네른스트 식  ㉯ 페러데이 식
㉰ 플레밍 식    ㉱ 아레니우스 식

**71** 다음은 기체크로마토그래피에 의한 알킬수은의 분석방법이다. ( )안에 알맞은 말은 어느 것인가?

> 알킬수은화합물을 ( ① )으로 추출하여 ( ② )에 선택적으로 역추출하고 다시 ( ① )으로 추출하여 기체크로마토그래프로 측정하는 방법이다.

㉮ ① 헥산, ② 염화메틸수은용액
㉯ ① 헥산, ② 크로모졸브용액
㉰ ① 벤젠, ② 펜토에이트용액
㉱ ① 벤젠, ② L-시스테인용액

▶풀이  알킬수은의 기체크로마토그래피
① 추출용매 : 벤젠
② 역추출용매 : L-시스테인용액
③ 정량한계 : 0.0005mg/L

**72** 유도결합플라스마 원자발광분광법에서 적용하는 정량방법으로 틀린 것은 어느 것인가?

㉮ 넓이백분율법  ㉯ 표준첨가법
㉰ 내표준법      ㉱ 검량선법

▶풀이 유도결합플라스마 원자발광분광법에서 적용하는 정량방법에는 검량선법, 내표준법, 표준첨가법이 있다.

**73** 총 노말헥산추출물질 시험방법에서 시료에 넣어주는 지시약과 염산(1+1)을 넣어 조절해야 하는 pH 범위로 가장 알맞은 것은 어느 것인가?

㉮ 메틸렌블루용액(0.1W/V%), pH 5.5 이하
㉯ 메틸레드용액(0.1W/V%), pH 5.5 이하
㉰ 메틸오렌지용액(0.1W/V%), pH 4 이하
㉱ 메틸레드용액(0.1W/V%), pH 4 이하

**74** 시료의 전처리를 위해 회화로를 사용하여 시료중의 유기물을 분해시키고자 한다. 회화로의 온도로 가장 알맞은 것은 어느 것인가?

㉮ 350℃   ㉯ 450℃
㉰ 550℃   ㉱ 650℃

▶풀이 회화에 의한 분해법에서 회화온도는 400~500℃이다.

**75** 0.1mgN/mL 농도의 $NH_3-N$ 표준원액을 1L 조제하고자 할 때 요구되는 $NH_4Cl$의 양 (mg/L)은 얼마인가? (단, $NH_4Cl$의 M.W = 53.5이다.)

㉮ 227mg/L   ㉯ 382mg/L
㉰ 476mg/L   ㉱ 591mg/L

▶풀이 $NH_4Cl$ : $NH_3-N$
 53.5g : 14g
  X : 0.1mg/mL×10³mL/L
∴ X = 382.14mg/L

**answer**  70 ㉮  71 ㉱  72 ㉮  73 ㉰  74 ㉯  75 ㉯

**76** 알킬수은화합물을 기체크로마토그래피에 따라 정량할 때 사용하는 검출기로 알맞은 것은 어느 것인가?

㉮ 불꽃광도형 검출기(FPD)
㉯ 전자포획형 검출기(ECD)
㉰ 불꽃열이온화 검출기(FTD)
㉱ 열전도도 검출기(TCD)

**풀이** 알킬수은의 기체크로마토그래피
① 검출기 : 전자포획형 검출기(ECD)
② 운반기체 : 99.999% 이상의 질소 또는 헬륨
③ 정량한계 : 0.0005mg/L

**77** 수질분석용 시료 채취시 유의 사항으로 틀린 것은 어느 것인가?

㉮ 채취용기는 시료를 채우기 전에 깨끗한 물로 3회 이상 씻은 다음 사용한다.
㉯ 유류 또는 부유물질 등이 함유된 시료는 시료의 균일성이 유지될 수 있도록 채취하여야 하며 침전물 등이 부상하여 혼입되어서는 안된다.
㉰ 용존가스, 환원성 물질, 휘발성유기화합물, 냄새, 유류 및 수소이온 등을 측정하는 시료는 시료용기에 가득 채워야 한다.
㉱ 시료 채취량은 보통 3 ~ 5L 정도이어야 한다.

**풀이** ㉮ 시료 채취 용기는 깨끗이 세척된 용기 또는 멸균된 용기를 사용한다.

**78** 다이에틸다이티오카르바민산법을 적용한 구리 측정에 대한 내용으로 잘못된 것은 어느 것인가?

㉮ 시료의 전처리를 하지 않고 직접 시료를 사용하는 경우, 시료 중에 시안화합물이 함유되어 있으면 염산 산성으로 하여서 끓여 시안화물을 완전히 분해 제거한 다음 시험한다.
㉯ 비스무트(Bi)가 구리의 양보다 2배 이상 존재할 경우에는 청색을 나타내어 방해한다.
㉰ 무수황산소듐 대신 건조거름종이를 사용하여 여과하여도 된다.
㉱ 추출용매는 아세트산 부틸 대신 사염화탄소, 클로로포름, 벤젠 등을 사용할 수 있다.

**풀이** ㉯ 비스무트(Bi)가 구리의 양보다 2배 이상 존재할 경우에는 황색을 나타내어 방해한다.

**79** 수은의 분석시 냉증기-원자흡수분광광도법에 사용하는 환원기화장치의 환원용기에 주입하는 용액은 어느 것인가?

㉮ 이염화주석
㉯ 염화제일철용액
㉰ 황산제일철용액
㉱ 염산 하이드록실아민용액

**풀이** 환원기화장치의 환원용기에 주입하는 용액은 이염화주석이다.

**80** 수질측정항목과 시료 최대보존기간의 연결이 틀린 것은 어느 것인가?

㉮ 생물화학적산소요구량 - 48시간
㉯ 용존 총인 - 48시간
㉰ 6가 크롬 - 24시간
㉱ 분원성 대장균군 - 24시간

**풀이** ㉯ 용존 총인 - 28일

**answer** 76 ㉯  77 ㉮  78 ㉯  79 ㉮  80 ㉯

# 2015 2회 기출문제

2015년 5월 31일 시행

| 제1과목 | 수질오염개론

**01** 진핵세포에 관한 내용으로 틀린 것은 어느 것인가?

㉮ 세포핵에 1개의 염색체를 가지고 있다.
㉯ 유사분열을 한다.
㉰ 몇 개의 DNA분자로 되어 있다.
㉱ 세포벽은 두껍거나 없다.

**풀이** ㉮ 염색체가 여러개이다.

**02** 다음 중 수질모델링을 위한 절차에 해당하는 항목으로 틀린 것은 어느 것인가?

㉮ 변수추정  ㉯ 수질예측 및 평가
㉰ 보정      ㉱ 감응도 분석

**풀이** 수질모델링 절차는 자료수집 → 모델링프로그램 선택 및 운영 → 보정 → 검증 → 감응도 분석 → 수질예측 및 평가 순이다.

**03** 하천모델 중 다음의 특징을 가지는 모델은 어느 것인가?

- 유속, 수심, 조도계수에 의한 확산계수 결정
- 하천과 대기 사이의 열복사, 열교환 고려
- 음해법으로 미분방정식의 해를 구함

㉮ QUAL-1   ㉯ WQRRS
㉰ DO SAG-1 ㉱ HSPE

**풀이** ㉮ QUAL-1 모델에 대한 설명이다.

**04** 건조고형물량이 3,000kg/day인 생슬러지를 저율혐기성소화조로 처리한다. 휘발성고형물은 건조고형물의 70%이고 휘발성고형물의 60%는 소화에 의해 분해된다. 소화된 슬러지의 총고형물 (kg/day)은 얼마인가?

㉮ 1,040kg/day   ㉯ 1,740kg/day
㉰ 2,040kg/day   ㉱ 2,440kg/day

**풀이** ① 소화된 휘발성 고형물

$$= 건조고형물량(kg/day) \times \frac{휘발성\ 고형물(\%)}{100}$$
$$\times \frac{100-분해율(\%)}{100}$$
$= 3,000kg/day \times 0.70 \times (1-0.60) = 840kg/day$

② 소화된 잔류성 고형물

$$= 건조고형물량(kg/day) \times \frac{100-휘발성\ 고형물(\%)}{100}$$
$= 3,000kg/day \times (1-0.70) = 900kg/day$

③ 소화된 슬러지의 총 고형물
$= 840kg/day + 900kg/day = 1,740kg/day$

---

**answer** 01 ㉮  02 ㉮  03 ㉮  04 ㉯

**05** 황산염에 대한 내용으로 틀린 것은 어느 것인가?

㉮ 황산이온은 자연수 속에 들어 있는 주요 음이온이다.
㉯ 용존산소와 질산염이 존재하지 않는 환경에서 황산이온은 수소원(전자공여체)으로 사용된다.
㉰ 황산이온이 과다하게 포함된 수돗물을 마시면 설사를 일으킨다.
㉱ 황산이온이 혐기성 상태에서 환원되어 생성되는 황화수소로 인하여 악취문제가 발생한다.

**풀이** ㉯ 용존산소와 질산염이 존재하지 않는 환경에서 황산이온은 전자수용체로 사용된다.

**TIP**
① 수소공여체(전자공여체) : 생체 산화환원계에서 수소를 다른 물질에 공급하고 그 자신은 산화되는 물질
② 수소수용체(전자수용체) : 탈수소반응의 반응물질에서 나오는 수소와 결합하여 스스로 변화하는 물질

**06** 유출, 유입량이 5,000m³/d, 저수량이 500,000m³인 호수에 A공장의 폐수가 일시적으로 방류되어 호수의 BOD 농도가 100mg/L로 되었다. 이 호수의 BOD농도가 1.0mg/L로 저하 되려면 얼마의 기간(일)이 필요한가? (단, 일시적으로 유입된 공장폐수 외의 BOD 유입은 없으며 호수는 완전혼합반응조이며, 1차반응으로 가정한다.)

㉮ 230일    ㉯ 330일
㉰ 460일    ㉱ 560일

**풀이** $\ln\left(\dfrac{C_t}{C_o}\right) = -\left(\dfrac{Q}{V}\right) \times t$

$C_o$ : 초기농도(mg/L)
$C_t$ : t시간 후의 농도(mg/L)
$Q$ : 유량(m³/day)
$V$ : 체적(m³)
$t$ : 시간(day)

따라서 $\ln\left(\dfrac{1.0\text{mg/L}}{100\text{mg/L}}\right) = -\left(\dfrac{5,000\text{m}^3/\text{day}}{500,000\text{m}^3}\right) \times t$

∴ t = 460.52day

**07** 해수의 성분에 대한 내용으로 틀린 것은 어느 것인가?

㉮ 해수의 염분은 무역풍대 해역보다 적도 해역이 낮다.
㉯ $Cl^-$은 해수에 녹아있는 성분 중 가장 많은 양을 차지한다.
㉰ 해수 내 성분 중 소듐 다음으로 가장 많은 성분을 차지하는 것은 포타슘이다.
㉱ 해수 내 전체 질소 중 35% 정도는 암모니아성 질소, 유기질소 형태이다.

**풀이** ㉰ 해수 내 성분 중 소듐이온 다음으로 가장 많은 성분을 차지하는 것은 황산이온이다.

**TIP**
Holy Seven 암기법
염나황은 마네칼슘칼륨에서 중탄산을 먹는다.

**08** 수은(Hg)에 대한 내용으로 틀린 것은 어느 것인가?

㉮ 아연정련업, 도금공장, 도자기제조업에서 주로 발생한다.
㉯ 대표적 만성질환으로는 미나마타병, 헌터-루셀 증후군이 있다.
㉰ 유기수은은 금속상태의 수은보다 생물체내에 흡수력이 강하다.
㉱ 상온에서 액체상태로 존재하며, 인체에 노출시 중추신경계에 피해를 준다.

**answer** 05 ㉯  06 ㉰  07 ㉰  08 ㉮

**풀이** ㉮ 제련, 살충제, 온도계, 압력계 제조업에서 주로 발생한다.

**09** 수원의 종류 중 지하수에 대한 내용으로 틀린 것은 어느 것인가?

㉮ 수온변동이 적고 탁도가 낮다.
㉯ 미생물이 없고 오염물이 적다.
㉰ 유속이 빠르고, 광역적인 환경조건의 영향을 받아 정화되는데 오랜 기간이 소요된다.
㉱ 무기염류 농도와 경도가 높다.

**풀이** ㉰ 유속이 느리고, 국소적인 환경조건의 영향을 받으며, 정화되는데 오랜 기간이 소요된다.

**10** 어떤 하천수의 수온은 10℃이다. 20℃의 탈산소계수 K(상용대수)가 0.1/day일 때 최종 BOD에 대한 $BOD_6$의 비는 얼마인가? (단, $K_T = K_{20} \times 1.047^{(T-20)}$, $BOD_6$/최종 BOD)

㉮ 0.42  ㉯ 0.58
㉰ 0.63  ㉱ 0.83

**풀이** ① 20℃의 탈산소계수를 10℃의 탈산소계수로 전환한다.
$k(T) = k_{20} \times 1.047^{(T-20)}$
$= 0.1/day \times 1.047^{(10-20)} = 0.063/day$

② $\dfrac{BOD_6}{최종\ BOD}$ 계산한다.

$BOD_6 = BOD_u \times (1-10^{-k \times t})$

$\dfrac{BOD_6}{BOD_u} = (1-10^{-k \times t})$

$= 1-10^{(-0.063/day \times 6day)} = 0.58$

**11** 어떤 시료의 생물학적 분해 가능 유기물질의 농도가 37mg/L이며, 경험적인 분자식이 $C_6H_{11}ON_2$라고 할 때 이 물질의 이론적 최종 BOD(mg/L)는 얼마인가?

$C_6H_{11}ON_2+(a)O_2$
$\rightarrow (b)CO_2+(c)H_2O+(d)NH_3$

㉮ 63mg/L  ㉯ 83mg/L
㉰ 103mg/L  ㉱ 123mg/L

**풀이** $C_6H_{11}ON_2+6.75O_2 \rightarrow 6CO_2+2.5H_2O+2NH_3$
127g : 6.75×32g
37mg/L : X(BOD$_u$)
∴ X(BOD$_u$) = 62.93mg/L

**12** pH 7인 물에서 $CO_2$의 해리상수는 $4.3 \times 10^{-7}$이고 $[HCO_3^-] = 4.3 \times 10^{-2}$mole/L일 때 $CO_2$의 농도(mg/L)는 얼마인가?

㉮ 1mg/L  ㉯ 10mg/L
㉰ 44mg/L  ㉱ 440mg/L

**풀이** ① $CO_2$의 농도를 계산한다.
$CO_2+H_2O \rightleftharpoons HCO_3^- +H^+$

해리상수$(Ka) = \dfrac{[HCO_3^-][H^+]}{[CO_2]}$

$[H^+] = 10^{-pH}$mol/L $= 10^{-7}$mol/L

따라서 $[CO_2] = \dfrac{[HCO_3^-][H^+]}{Ka}$

$= \dfrac{(4.3 \times 10^{-2}\text{mol/L}) \times (10^{-7}\text{mol/L})}{4.3 \times 10^{-7}} = 0.01\text{mol/L}$

② $CO_2$의 농도(mg/L)
$= \dfrac{0.01\text{mol}}{L} \times \dfrac{44g}{1\text{mol}} \times \dfrac{10^3\text{mg}}{1g} = 440\text{mg/L}$

**TIP**
$CO_2$ 1mol = 분자량(g) = 44g

**answer** 09 ㉰  10 ㉯  11 ㉮  12 ㉱

**13** 완충용액에 관한 내용으로 틀린 것은 어느 것인가?

㉮ 완충용액의 작용은 화학평형원리로 쉽게 설명된다.
㉯ 완충용액은 한도내에서 산을 가했을 때 pH에 약간의 변화만 준다.
㉰ 완충용액은 보통 약산과 그 약산의 짝염기의 염을 함유한 용액이다.
㉱ 완충용액은 보통 강염기와 그 염기의 강산의 염이 함유된 용액이다.

> **풀이** ㉱ 완충용액은 보통 약산과 그 산의 강염기의 염이 함유된 용액이다.

**14** 아래와 같은 폐수의 생물학적으로 분해가 불가능한 불용성 COD(mg/L)는 얼마인가? (단, $BOD_u/BOD_5 = 1.5$, COD = 1,583mg/L, SCOD = 948mg/L, $BOD_5$ = 659 mg/L, $SBOD_5$ = 484mg/L이다.)

㉮ 816.5mg/L  ㉯ 574.5mg/L
㉰ 372.5mg/L  ㉱ 235.5mg/L

> **풀이** ① COD = ICOD+SCOD
> ∴ ICOD = COD-SCOD
>   = 1,583mg/L-948mg/L = 635mg/L
> ② BDICOD = $IBOD_u$
>   = k×$IBOD_5$ = k×($BOD_5$-$SBOD_5$)
>   = 1.5×(659mg/L-484mg/L)
>   = 262.5mg/L
> ③ NBDICOD = ICOD-BDICOD
>   = 635mg/L-262.5mg/L
>   = 372.5mg/L

**15** 완전혼합흐름 상태에 대한 내용으로 알맞은 것은 어느 것인가?

㉮ 분산이 1일 때 이상적 완전혼합 상태이다.
㉯ 분산수가 0일 때 이상적 완전혼합 상태이다.
㉰ Morrill 지수의 값이 1에 가까울수록 이상적 완전혼합 상태이다.
㉱ 지체시간이 이론적 체류시간과 동일할 때 이상적 완전혼합 상태이다.

> **풀이** ㉯ 분산수가 무한대일 때 이상적 완전혼합 상태이다.
> ㉰ Morrill 지수의 값이 클수록 이상적 완전혼합 상태이다.
> ㉱ 지체시간이 0일 때 이상적 완전혼합 상태이다.

**TIP**

|  | CFSTR | PFR |
|---|---|---|
| 분산 | 1 | 0 |
| 분산수 | 무한대 | 0 |
| 모릴지수 | 클수록 | 1 |
| 지체시간 | 0 | 이론적 체류시간과 동일할 때 |

**16** 반감기가 3일인 방사성 폐수의 농도가 10mg/L라면 감소속도정수($day^{-1}$)는 얼마인가? (단, 1차 반응속도 기준, 자연대수 기준이다.)

㉮ 0.132  ㉯ 0.231
㉰ 0.326  ㉱ 0.430

> **풀이** 반감기 공식 : $\ln\frac{1}{2}$ = -k×t
>
> $\ln\frac{1}{2}$ = -k×3day
>
> ∴ k = 0.231/day

**answer** 13 ㉱  14 ㉰  15 ㉮  16 ㉯

**17** 하천수의 단위시간당 산소전달계수($K_{La}$)를 측정코자 하천수의 용존산소(DO) 농도를 측정하니 12mg/L였다. 이 때 용존산소의 농도를 완전히 제거하기 위하여 투입하는 $Na_2SO_3$의 이론적 농도(mg/L)는 얼마인가? (단, 원자량은 Na : 23, S : 32, O : 16)

㉮ 약 63mg/L  ㉯ 약 74mg/L
㉰ 약 84mg/L  ㉱ 약 95mg/L

**풀이** $Na_2SO_3 + 0.5O_2 \rightarrow Na_2SO_4$
126g : 0.5×32g
X : 12mg/L
∴ X = 94.5mg/L

**18** 세균(Bacteria)의 경험적 분자식으로 알맞은 것은 어느 것인가?

㉮ $C_5H_8O_2N$  ㉯ $C_5H_7O_2N$
㉰ $C_7H_8O_5N$  ㉱ $C_8H_9O_5N$

**풀이** 박테리아의 경험적 분자식(호기성 기준)은 $C_5H_7O_2N$이며, 암기법은 "오칠이"이다.

**19** 지표수와 비교한 지하수 특성으로 틀린 것은 어느 것인가?

㉮ 수온변동이 적고 자정속도가 느리다.
㉯ 지표수에 비해 염류의 함량이 크다.
㉰ 미생물이 없고, 오염물이 적다.
㉱ 지층 및 지역별로 수질차이가 작다.

**풀이** ㉱ 지층 및 지역별로 수질차이가 크다.

**20** 미생물의 세포증식과 관련한 Monod 형태의 식을 나타낸 것으로 틀린 것은 어느 것인가?

$$\left[ \mu = \mu_m \times \frac{S}{K_s + S} \right]$$

㉮ $\mu$는 비성장률로 단위는 시간$^{-1}$ 이다.
㉯ $\mu_m$은 최대 비성장률로 단위는 시간$^{-1}$ 이다.
㉰ S는 기질의 감소률(상수)로 단위는 무차원이다.
㉱ $K_s$는 반속도 상수로 최대성장률이 1/2일 때의 기질의 농도이다.

**풀이** ㉰ S는 제한기질의 농도이며 단위는 mg/L이다.

| 제2과목 | 상하수도 계획

**21** 상수처리시설 중 플록형성지의 플록형성 표준시간은? (단, 계획정수량 기준)

㉮ 5 ~ 10분간  ㉯ 10 ~ 20분간
㉰ 20 ~ 40분간  ㉱ 40 ~ 60분간

**풀이** 플록형성지의 플록형성 표준시간은 20 ~ 40분간이다.

**answer** 17 ㉱  18 ㉯  19 ㉱  20 ㉰  21 ㉰

**22** 상수 수원인 복류수에 대한 설명으로 틀린 것은 어느 것인가?

㉮ 취수량이 증가하면 자연여과 효율이 높아져 취수량 변화에 따른 수질 변화는 적어진다.
㉯ 원류인 하천이나 호소의 수질, 자연여과, 지층의 토질이나 그 두께 그리고 원류의 거리 등에 따라 수질이 변화한다.
㉰ 복류수는 반드시 가장 가까운 하천이나 호소의 물이 지하에 침투되었다고 할 수 없다.
㉱ 대체로 양호한 수질을 얻을 수 있어서 그대로 수원으로 사용되는 경우가 많다.

**풀이** ㉮ 취수량이 증가하면 자연여과 효율이 높아져 취수량 변화에 따른 수질 변화는 커진다.

**23** 막여과시설에서 막모듈의 열화에 관한 설명으로 틀린 것은 어느 것인가?

㉮ 미생물과 막 재질의 자화 또는 분비물의 작용에 의한 변화
㉯ 산화제에 의하여 막 재질의 특성변화나 분해
㉰ 건조되거나 수축으로 인한 막 구조의 비가역적인 변화
㉱ 응집제 투입에 따른 막모듈의 공급유로가 고형물로 폐색

**풀이** ㉱번은 파울링에 대한 내용이다.

**24** 직경 200cm 원형관로에 물이 1/2차서 흐를 경우, 이 관로의 경심(cm)은 얼마인가?

㉮ 15cm    ㉯ 25cm
㉰ 50cm    ㉱ 100cm

**풀이**

경심(R) = $\dfrac{단면적(A)}{윤변의 길이(S)} = \dfrac{\dfrac{\pi D^2}{4} \times \dfrac{1}{2}}{\pi \times D \times \dfrac{1}{2}} = \dfrac{D}{4}$ (m)

∴ R = $\dfrac{200cm}{4}$ = 50cm

**25** 콘크리트조의 장방형 수로(폭 2m, 깊이 2.5m)가 있다. 이 수로의 유효수심이 2m인 경우의 평균유속(m/sec)은 얼마인가? (단, Manning 공식으로 계산, 동수경사 : 1/2,000, 조도 계수 : 0.017이다.)

㉮ 1.00m/sec    ㉯ 1.42m/sec
㉰ 1.53m/sec    ㉱ 1.73m/sec

**풀이** Manning식에서 유속(v) = $\dfrac{1}{n} \times R^{\frac{2}{3}} \times I^{\frac{1}{2}}$ (m/sec)

R(경심) = $\dfrac{b \times h}{b+2h} = \dfrac{2m \times 2m}{2m+2 \times 2m} = 0.6667m$

I(기울기 = 구배 = 동수경사) = $\dfrac{1}{2,000}$

따라서 유속(v) = $\dfrac{1}{0.017} \times (0.6667)^{\frac{2}{3}} \times \left(\dfrac{1}{2,000}\right)^{\frac{1}{2}}$
= 1.00m/sec

**26** 접촉산화법의 특징 및 장·단점에 대한 설명으로 틀린 것은 어느 것인가?

㉮ 부착생물량을 임의로 조정하기 어려워 조작조건의 변경에 대응하기가 용이하지 않다.
㉯ 슬러지의 자산화가 기대되어 잉여슬러지량이 감소한다.
㉰ 반응조내 매체를 균일하게 포기 교반하는 조건설정이 어렵고 사수부가 발생할 우려가 있다.
㉱ 반송슬러지가 필요하지 않으므로 운전

**answer** 22 ㉮  23 ㉱  24 ㉰  25 ㉮  26 ㉮

관리가 용이하다.

**풀이** ㉮ 부착생물량을 임의로 조정하기 용이해 조작조건의 변경에 대응하기가 용이하다.

**27** 호소, 댐을 수원으로 하는 취수문에 대한 내용으로 틀린 것은 어느 것인가?

㉮ 일반적으로 중, 소량 취수에 쓰인다.
㉯ 일반적으로 가물막이(cofferdam)를 필요로 한다.
㉰ 파랑, 결빙 등의 기상조건에 영향이 거의 없다.
㉱ 갈수기에 호소에 유입되는 수량 이하로 취수 할 계획이면 안정 취수가 가능하다.

**풀이** ㉰ 갈수시, 홍수시, 결빙시에 영향을 받는다.

**28** 비교회전도가 700 ~ 1,200rpm인 경우에 사용되는 하수도용 펌프 형식으로 알맞은 펌프는 어느 것인가?

㉮ 터어빈펌프   ㉯ 볼류트펌프
㉰ 축류펌프    ㉱ 사류펌프

**풀이** ㉱ 사류펌프에 대한 설명이다.

**29** 정수처리시 랑겔리아지수(LI)의 개선을 위한 방법으로 알맞은 것은 어느 것인가? (단, 용해성 성분)

㉮ 알칼리제 처리   ㉯ 철세균 이용법
㉰ 전기분해      ㉱ 부상분리

**풀이** 정수처리시 랑겔리아지수(LI)의 개선을 위한 방법 (용해성 성분)은 알칼리제 처리이다.

**30** 단면형태가 직사각형인 하수관거의 장·단점으로 알맞은 것은 어느 것인가?

㉮ 시공장소의 흙두께 및 폭원에 제한을 받는 경우에 유리하다.
㉯ 만류가 되기까지는 수리학적으로 불리하다.
㉰ 철근이 해를 받았을 경우에도 상부하중에 대하여 대단히 안정적이다.
㉱ 현장 타설의 경우, 공사기간이 단축된다.

**풀이** ㉯ 만류가 되기까지는 수리학적으로 유리하다.
㉰ 철근이 해를 받았을 경우에는 상부하중에 대하여 대단히 불안정적이다.
㉱ 현장 타설의 경우, 공사기간이 지연된다.

**31** 캐비테이션(공동현상)의 방지대책으로 틀린 것은 어느 것인가?

㉮ 펌프의 설치위치를 가능한 한 낮추어 가용유효흡입 수두를 크게 한다.
㉯ 흡입관의 손실을 가능한 한 작게 하여 가용유효흡입 수두를 크게 한다.
㉰ 펌프의 회전속도를 낮게 선정하여 필요 유효흡입수두를 크게 한다.
㉱ 흡입측 밸브를 완전히 개방하고 펌프를 운전한다.

**풀이** ㉰ 펌프의 회전속도를 낮게 선정하여 필요유효 흡입수두를 작게 한다.

**answer** 27 ㉰  28 ㉱  29 ㉮  30 ㉮  31 ㉰

**32** 하수관거의 접합 방법 중 유수는 원활한 흐름이 되지만 굴착 깊이가 증가됨으로 공사비가 증대되고 펌프로 배수하는 지역에서는 양정이 높게 되는 단점이 있는 접합은 어느 것인가?

㉮ 수면접합   ㉯ 관정접합
㉰ 중심접합   ㉱ 관저접합

**풀이** ㉯관정접합에 대한 설명이다.

**33** 다음 표는 우수량을 산출하기 위해 조사한 지역 분포와 유출계수의 결과이다. 이 지역의 전체 평균 유출계수는 얼마인가?

| 지역 | 분포 | 유출계수 |
|---|---|---|
| 상업 | 20% | 0.6 |
| 주거 | 30% | 0.4 |
| 공원 | 10% | 0.2 |
| 공업 | 40% | 0.5 |

㉮ 0.30   ㉯ 0.35
㉰ 0.42   ㉱ 0.46

**풀이** 전체 평균 유출계수 = $\dfrac{합(유출계수 \times 분포)}{100}$

$= \dfrac{0.6 \times 20\% + 0.4 \times 30\% + 0.2 \times 10\% + 0.5 \times 40\%}{100}$

$= 0.46$

**34** 하수슬러지 개량방법과 특징으로 틀린 것은 어느 것인가?

㉮ 고분자응집제 첨가 : 슬러지 성상을 그대로 두고 탈수성, 농축성의 개선을 도모한다.
㉯ 무기약품 첨가 : 무기약품은 슬러지의 pH를 변화시켜 무기질 비율을 증가시키고 안정화를 도모한다.
㉰ 열처리 : 슬러지 성분의 일부를 용해시켜 탈수개선을 도모한다.
㉱ 세정 : 혐기성 소화슬러지의 알칼리도를 증가시켜 탈수 개선을 도모한다.

**풀이** ㉱세정 : 알칼리도를 줄이고 슬러지 탈수에 사용되는 응집제량을 줄일 수 있으며, 슬러지의 탈수 특성을 좋게 하기 위한 직접적인 방법은 아니다.

**35** 정수시 처리대상물질(항목)과 처리방법이 잘못 짝지어진 것은 어느 것인가?

㉮ 불용해성 성분 - 조류 - 부상분리
㉯ 불용해성 성분 - 미생물(크립토스포리디움) - 활성탄
㉰ 불용해성 성분 - 탁도 - 완속여과방식
㉱ 용해성 성분 - 트리클로로에틸렌 - 폭기 (스트리핑)

**풀이** ㉯불용해성 성분 - 미생물(크립토스포리디움) - 막여과

**36** 상수처리시설인 침사지의 구조 기준으로 틀린 것은 어느 것인가?

㉮ 표면부하율은 200~500mm/min을 표준으로 한다.
㉯ 지내 평균유속은 30cm/sec를 표준으로 한다.
㉰ 지의 상단높이는 고수위보다 0.6~1m의 여유고를 둔다.
㉱ 지의 유효수심은 3~4m를 표준으로 한다.

**풀이** ㉯지내 평균유속은 2~7cm/sec를 표준으로 한다.

**answer** 32 ㉯  33 ㉱  34 ㉱  35 ㉯  36 ㉯

**37** 계획우수량을 정할 때 고려하여야 할 사항으로 틀린 것은 어느 것인가?

㉮ 하수관거의 확률년수는 원칙적으로 10~30년으로 한다.
㉯ 유입시간은 최소단위배수구의 지표면 특성을 고려하여 구한다.
㉰ 유출계수는 지형도를 기초로 답사를 통하여 충분히 조사하고 장래 개발계획을 고려하여 구한다.
㉱ 유하시간은 최상류관거의 끝으로부터 하류관거의 어떤 지점까지의 거리를 계획유량에 대응한 유속으로 나누어 구하는 것을 원칙으로 한다.

**풀이** ㉰유출계수는 토지 이용도별 기초유출계수로부터 총괄유출계수를 구하는 것을 원칙으로 한다.

**38** 하수도 계획의 목표연도는 원칙적으로 몇 년 정도로 하는가?

㉮ 10년   ㉯ 15년
㉰ 20년   ㉱ 25년

**풀이** 하수도 계획의 목표연도는 20년, 상수도 계획의 목표연도는 15~20년

**39** 배수시설인 배수관의 수압에 대한 내용으로 (   )안에 알맞은 것은?

> 급수관을 분기하는 지점에서 배수관내의 최대정수압은 (   )kPa를 초과하지 않아야 한다.

㉮ 500   ㉯ 700
㉰ 900   ㉱ 1,100

**풀이** 배수관 내의 최대정수압은 700kPa(7kg/cm$^2$)를 초과하지 않아야 한다.

**40** 상수도시설 일반구조의 설계하중 및 외력에 대한 고려 사항으로 틀린 것은 어느 것인가?

㉮ 풍압은 풍량에 풍력계수를 곱하여 산정한다.
㉯ 얼음 두께에 비하여 결빙면이 작은 구조물의 설계에는 빙압을 고려한다.
㉰ 지하수위가 높은 곳에 설치하는 지상(地狀) 구조물은 비웠을 경우의 부력을 고려한다.
㉱ 양압력은 구조물의 전후에 수위차가 생기는 경우에 고려한다.

**풀이** ㉮ 풍압은 속도압에 풍력계수를 곱하여 산정한다.

| 제3과목 | 수질오염방지기술

**41** 설계부하가 37.6m$^3$/m$^2$·day이고, 처리할 폐수 유량이 9,568m$^3$/day인 경우의 원형 침전조 직경(m)은 얼마인가?

㉮ 12m   ㉯ 14m
㉰ 16m   ㉱ 18m

**풀이** 설계부하(m$^3$/m$^2$·day)

$$= \frac{Q(m^3/day)}{A(m^2)} = \frac{Q(m^3/day)}{\frac{\pi D^2}{4}(m^2)}$$

$$\therefore 37.6 m^3/m^2 \cdot day = \frac{9,568 m^3/day}{\frac{\pi D^2}{4}(m^2)}$$

$$\therefore D = \sqrt{\frac{4 \times 9,568 m^3/day}{\pi \times 37.6 m^3/m^2 \cdot day}} = 18.0 m$$

**answer** 37 ㉰  38 ㉰  39 ㉯  40 ㉮  41 ㉱

## 42. 연속회분식반응조(Sequencing Batch Reactor)에 대한 내용으로 틀린 것은 어느 것인가?

㉮ 하나의 반응조 안에서 호기성 및 혐기성 반응 모두를 이룰 수 있다.
㉯ 별도의 침전조가 필요없다.
㉰ 기본적인 처리계통도는 5단계로 이루어지며 요구하는 유출수에 따라 운전 Mode를 채택할 수 있다.
㉱ 기존 활성슬러지 처리에서의 시간개념을 공간개념으로 전환한 것이라 할 수 있다.

**풀이** ㉱ 기존 활성슬러지 처리에서의 공간개념을 시간개념으로 전환한 것이라 할 수 있다.

## 43. 활성슬러지 처리시설에서 1차 침전후의 $BOD_5$가 200mg/L인 폐수 2,000m³/d를 처리하려고 한다. 포기조 유기물부하는 0.2kg BOD/kgMLVSS·d, 체류시간이 6hr일 때, MLVSS(mg/L)는 얼마인가?

㉮ 1,000mg/L  ㉯ 2,000mg/L
㉰ 3,000mg/L  ㉱ 4,000mg/L

**풀이**
$$F/M비(/day) = \frac{BOD \times Q}{MLVSS \times V} = \frac{BOD}{MLVSS} \times \frac{1}{t}$$

$$0.2/day = \frac{200mg/L}{MLVSS(mg/L)} \times \frac{1}{\left(\frac{6hr}{24}\right)day}$$

$$\therefore MLVSS = 4,000mg/L$$

## 44. 수온 20℃에서 평균직경 1mm인 모래입자의 침전속도(m/sec)는 얼마인가?
(단, 동점성값은 $1.003 \times 10^{-6}$ m²/s, 모래비중은 2.5, Stoke's 법칙을 이용 하시오.)

㉮ 0.414 m/s  ㉯ 0.614 m/s
㉰ 0.814 m/s  ㉱ 1.014 m/s

**풀이**
① $\nu$(동점성 계수) = $\frac{\mu(점성계수)}{\rho(물의 밀도)}$

$1.003 \times 10^{-6} m^2/sec = \frac{\mu(kg/m \cdot sec)}{1,000 kg/m^3}$

$\therefore \mu = 1.003 \times 10^{-3} kg/m \cdot sec$

② $V_s = \frac{d^2(\rho_s - \rho_w)g}{18\mu}$

$= \frac{(1 \times 10^{-3}m)^2 \times (2,500-1,000)kg/m^3 \times 9.8m/sec^2}{18 \times 1.003 \times 10^{-3} kg/m \cdot sec}$

$= 0.814 m/sec$

## 45. 기계적으로 청소되는 바(bar)스크린의 바 두께는 5mm이고, 바 간의 거리는 20mm이다. 바를 통과하는 유속이 0.9 m/s라고 한다면 스크린을 통과하는 수두손실(m)는 얼마인가?
(단, H = [$(V_b^2 - V_a^2)/2g$][1/0.7])

㉮ 0.0157m  ㉯ 0.0212m
㉰ 0.0317m  ㉱ 0.0438m

**풀이**
$V_a \times A_a = V_b \times A_b \Rightarrow V_a = V_b \times \frac{A_b}{A_a}$

$A_a = W \times H$
$\begin{bmatrix} W : 수로의\ 폭 \\ H : 수심 \end{bmatrix}$

$A_b = W \times H \times \frac{바\ 간격}{바\ 두께 + 바\ 간격}$

$= W \times H \times \frac{20mm}{5mm + 20mm} = 0.8 W \times H$

따라서 $V_a = V_b \times \frac{A_b}{A_a} = 0.9 m/sec \times \frac{0.8 W \times H}{W \times H}$

$= 0.72 m/sec$

따라서 $H = \frac{V_b^2 - V_a^2}{2g} \times \frac{1}{0.7}$

$= \frac{(0.9 m/sec)^2 - (0.72 m/sec)^2}{2 \times 9.8 m/sec^2} \times \frac{1}{0.7}$

$= 0.0213 m$

**answer** 42 ㉱  43 ㉱  44 ㉰  45 ㉯

**TIP**
$A_a$는 수로이므로 바간격과 바두께 고려안함
$A_b$는 통과면적이므로 바간격과 바두께 고려함

**46** 생물학적 처리공정에서 질산화 반응은 다음의 총괄 반응식으로 나타낼 수 있다. [$NH_4^+ + 2O_2 \xrightarrow{질산화} NO_3^- + 2H^+ + H_2O$]의 반응식에서 $NH_4^+$–N 3mg/L가 질산화 되는데 요구되는 산소($O_2$)의 양(mg/L)은 얼마인가?

㉮ 11.2mg/L  ㉯ 13.7mg/L
㉰ 15.3mg/L  ㉱ 18.4mg/L

**풀이** $NH_4^+$-N+2$O_2$ → $NO_3^-$-N+2$H^+$+$H_2O$
14g : 2×32g
3mg/L : ThOD
∴ ThOD = 13.71mg/L

**47** 활성슬러지 폭기조의 유효용적이 1,000m³, MLSS 농도는 3,000mg/L이고 MLVSS는 MLSS 농도의 75%이다. 유입하수의 유량은 4,000m³/day이고, 합성계수 Y는 0.63mg MLVSS/mg-$BOD_{removed}$, 내생분해계수 k는 0.05day⁻¹, 1차 침전조 유출수의 BOD는 200mg/L, 폭기조 유출수의 BOD는 20mg/L 일 때, 슬러지 생성량(kg/day)은 얼마인가?

㉮ 301 kg/day  ㉯ 321kg/day
㉰ 341kg/day  ㉱ 361kg/day

**풀이** 잉여슬러지량($Q_w \cdot SS_w$)
= Y×Q×($BOD_i$-$BOD_o$)-k×V×MLVSS
= 0.63×4,000m³/day×(0.2-0.02)kg/m³-0.05/day
×1,000m³×3kg/m³×0.75
= 341.1kg/day

**48** 유입 유량이 500,000m³/day, $BOD_5$가 200mg/L인 폐수를 처리하기 위해 완전 혼합형 활성슬러지 처리장을 설계하려고 한다. 1차 침전지에서 제거된 유입수의 $BOD_5$는 34%, MLVSS는 3,000mg/L, 반응속도상수(k)는 1.0L/g MLVSS·hr이라면, 일차반응일 경우 F/M비는 얼마인가? (단, 유출수 $BOD_5$ 10mg/L이다.)

㉮ 0.24kg BOD/kg MLVSS·day
㉯ 0.28kg BOD/kg MLVSS·day
㉰ 0.32kg BOD/kg MLVSS·day
㉱ 0.36kg BOD/kg MLVSS·day

**풀이** ① 유기물 반응시간
$= \dfrac{S_i - S_o}{k \times MLVSS \times S_o}$
$= \dfrac{\{200mg/L \times (1-0.34)\} - 10mg/L}{1.0L/g \cdot hr \times 3g/L \times 10mg/L}$
= 4.0667hr

② 유기물 반응시간(day) = 4.0667hr × $\dfrac{1day}{24hr}$
= 0.17day

③ F/M비(/day) = $\dfrac{BOD \times Q}{MLVSS \times V} = \dfrac{BOD}{MLSS} \times \dfrac{1}{t}$
$= \dfrac{200mg/L \times (1-0.34)}{3,000mg/L} \times \dfrac{1}{0.17day}$
= 0.25/day

**answer** 46 ㉯  47 ㉰  48 ㉮

**49** 하수종말처리장에서 30분 침강율 20%, SVI 100, 반송슬러지 SS 농도가 9,000 mg/L일 때, 슬러지 반송율(%)은 얼마인가?

㉮ 약 30%  ㉯ 약 50%
㉰ 약 70%  ㉱ 약 90%

**풀이**
① $SVI = \dfrac{SV(\%)}{MLSS(mg/L)} \times 10^4$

$100 = \dfrac{20\%}{MLSS(mg/L)} \times 10^4$

∴ MLSS = 2,000mg/L

② 반송비(R) = $\dfrac{MLSS}{SS_r - MLSS}$

$= \dfrac{2,000mg/L}{9,000mg/L - 2,000mg/L} = 0.2857$

③ 반송율(%) = 반송비(R)×100
$= 0.2857 \times 100 = 28.57\%$

**50** 유입폐수량 50m³/hr, 유입수 BOD 농도 200g/m³, MLVSS 농도 2kg/m³, F/M비 0.5kg BOD/kg MLVSS·day일 때, 폭기조 용적(m³)은 얼마인가?

㉮ 240m³  ㉯ 380m³
㉰ 430m³  ㉱ 520m³

**풀이**
F/M비(/day) = $\dfrac{BOD \times Q}{MLVSS \times V}$

$0.5/day = \dfrac{0.2kg/m^3 \times 50m^3/hr \times 24hr/day}{2kg/m^3 \times V}$

∴ V = $\dfrac{0.2kg/m^3 \times 50m^3/hr \times 24hr/day}{0.5/day \times 2kg/m^3}$ = 240m³

**51** 하수의 인 제거 처리공정 중 인 제거율(%)이 가장 높은 것은 어느 것인가?

㉮ 역삼투  ㉯ 여과
㉰ RBC    ㉱ 탄소흡착

**풀이** 보기에서 인을 제거할 수 있는 공법은 역삼투이다.

**52** 무기수은계 화합물을 함유한 폐수의 처리방법으로 틀린 것은 어느 것인가?

㉮ 황화물 침전법  ㉯ 활성탄 흡착법
㉰ 산화분해법    ㉱ 이온교환법

**풀이** 무기수은계 화합물을 함유한 폐수의 처리방법으로는 아말감법, 황화물침전법, 이온교환법, 활성탄흡착법이 있다.

**53** 유해물질인 시안(CN)처리 방법에 대한 내용으로 틀린 것은 어느 것인가?

㉮ 오존산화법 : 오존은 알칼리성 영역에서 시안화합물을 $N_2$로 분해시켜 무해화한다.
㉯ 전해법 : 유가(有價)금속류를 회수할 수 있는 장점이 있다.
㉰ 충격법 : 시안을 pH 3 이하의 강산성 영역에서 강하게 폭기하여 산화하는 방법이다.
㉱ 감청법 : 알칼리성 영역에서 과잉의 황산알루미늄을 가하여 공침시켜 제거하는 방법이다.

**풀이** ㉱ 감청법 : 알칼리성 영역에서 과잉의 황산제1철 또는 황산제2철을 가하여 공침시켜 제거하는 방법이다.

**54** 정수처리 대상 항목의 처리방법으로 틀린 것은 어느 것인가?

㉮ 색도가 높은 경우에는 응집침전처리, 활성탄 처리 또는 오존처리를 한다.
㉯ 트리클로로에틸렌, 테트라클로로에틸렌, 1,1,1-트리클로로에탄 등을 함유한 경우에는 이를 저감시키기 위하여 폭기처리나 입상활성탄 처리를 한다.
㉰ 음이온 계면활성제를 다량으로 함유한 경우에는 음이온 계면활성제를 제거하기 위하여 활성탄 처리나 생물처리를 한다.
㉱ 침식성 유리탄산을 다량 포함한 경우에는 응집침전처리 또는 생물처리를 한다.

**풀이** ㉱ 침식성 유리탄산을 다량 포함한 경우에는 알칼리제 처리 및 폭기를 하여 처리한다.

**55** 인구 6,000명의 도시하수를 RBC로 처리한다. 평균유량 380L/cap·day, 유입 $BOD_5$ 200mg/L, 초기 침전조에서 $BOD_5$는 33% 제거되며, 총 유출 $BOD_5$는 20mg/L, 단수는 4이다. 실험에서 k는 50.6L/day·m²이라면 대수적 방법으로 구한 설계 수력학적 부하는 얼마인가?

(단, 성능식 : $\frac{S_n}{S_o} = \left[\frac{1}{\left(1+\frac{k}{Q/A}\right)}\right]^n$)

㉮ Q/A : 65.4L/day·m²
㉯ Q/A : 77.7L/day·m²
㉰ Q/A : 83.1L/day·m²
㉱ Q/A : 96.9L/day·m²

**풀이** $\frac{S_n}{S_o} = \left[\frac{1}{\left(1+\frac{k}{Q/A}\right)}\right]^n$

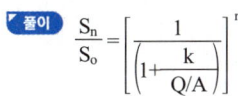

$$\frac{20mg/L}{200mg/L \times (1-0.33)} = \left[\frac{1}{\left(1+\frac{50.6L/day \cdot m^2}{Q/A}\right)}\right]$$

$$\left(\frac{20mg/L}{200mg/L \times (1-0.33)}\right)^{\frac{1}{4}} = \frac{1}{1+\frac{50.6L/day \cdot m^2}{Q/A}}$$

$$0.6216 = \frac{1}{1+\frac{50.6L/day \cdot m^2}{Q/A}}$$

$$0.6216 + \frac{0.6216 \times 50.6L/day \cdot m^2}{Q/A} = 1$$

$$\frac{0.6216 \times 50.6L/day \cdot m^2}{Q/A} = 1 - 0.6216$$

$$\therefore \frac{Q}{A} = \frac{0.6216 \times 50.6L/day \cdot m^2}{1 - 0.6216} = 83.1 L/day \cdot m^2$$

**56** 혐기성 소화시 소화가스 발생량 저하의 원인으로 틀린 것은 어느 것인가?

㉮ 저농도 슬러지 유입
㉯ 소화슬러지 과잉배출
㉰ 소화가스 누적
㉱ 조내 온도저하

**풀이** ㉰ 소화가스 누출될 때

answer  54 ㉱  55 ㉰  56 ㉰

**57** 하수관거가 매설되어 있지 않은 지역에 위치한 500개의 단독주택(정화조 설치)에서 생성된 정화조 슬러지를 소규모 하수처리장에 운반하여 처리할 경우, 이로 인한 BOD 부하량 증가율(%)(질량기준, 유입일 기준)은 얼마인가?

〈조건〉
- 정화조는 년 1회 슬러지 수거
- 각 정화조에서 발생되는 슬러지 : $3.8m^3$
- 년간 250일 동안 일정량의 정화조 슬러지를 수거, 운반, 하수처리장 유입 처리
- 정화조 슬러지 BOD 농도 : 6,000mg/L
- 하수처리장 유량 및 BOD 농도 : $3,800m^3$/day 및 220mg/L
- 슬러지 비중 1.0 가정

㉮ 약 3.5%  ㉯ 약 5.5%
㉰ 약 7.5%  ㉱ 약 9.5%

**풀이** ① 정화조의 슬러지량
 $= 3.8m^3$/년×$6kg/m^3$×500개 = 11,400kg/년
② 하수처리장의 슬러지량
 $= 3,800m^3$/day×250day/년×$0.22kg/m^3$
 $= 209,000$kg/년
③ BOD부하량 증가율(%)
 $= \dfrac{\text{정화조의 슬러지량}}{\text{하수처리장의 슬러지량}} \times 100$
 $= \dfrac{11,400\text{kg/년}}{209,000\text{kg/년}} \times 100 = 5.45\%$

**58** 역삼투법으로 하루에 $760m^3$의 3차 처리 유출수를 탈염하기 위하여 요구되는 막의 면적($m^2$)은 얼마인가?

〈조건〉
- 물질전달계수 : $0.104L/(d \cdot m^2)(kPa)$
- 유입, 유출수의 압력차 : 2,400kPa
- 유입, 유출수의 삼투압차 : 310kPa
- 운전온도는 고려하지 않음

㉮ 약 3,200  ㉯ 약 3,400
㉰ 약 3,500  ㉱ 약 3,600

**풀이** ① $Q_F = k \times (\triangle p - \triangle \pi)$
 $= 0.104L/day \cdot m^2 \cdot kPa \times (2,400-310)kPa$
 $= 217.36 L/day \cdot m^2$
② 막의 면적($m^2$) $= \dfrac{Q(\text{유량})}{Q_F(\text{유출수량})}$
 $= \dfrac{760,000L/day}{217.36L/day \cdot m^2}$
 $= 3,496.50 m^2$

**59** 하수로부터 인 제거를 위한 화학제의 선택에 영향을 미치는 인자로 틀린 것은 어느 것인가?

㉮ 유입수의 인 농도
㉯ 슬러지 처리시설
㉰ 알칼리도
㉱ 다른 처리공정과의 차별성

**풀이** ㉱ 다른 처리공정과의 차별성과는 관계없다.

**answer** 57 ㉯  58 ㉰  59 ㉱

**60** 하수처리에 생물막법의 효과적 적용이 필요한 경우로 틀린 것은 어느 것인가?

㉮ 특수한 기능을 가진 미생물을 반응조내 고정화해야 할 필요가 있는 경우
㉯ 증식속도가 빨라 고정화하지 않으면 미생물의 유출농도를 제어할 수 없는 경우
㉰ 활성슬러지로는 대응할 수 없는 정도의 큰 부하변동이 있는 경우
㉱ 생물반응의 저해물질이 유입되는 경우

**풀이** ㉯ 증식속도가 빠른 경우는 부유 성장식을 이용하는 것이 유리하다.

## 제4과목 | 수질오염공정시험기준

**61** 직각 3각 웨어에서 웨어의 수두 0.2m, 수로폭 0.5m, 수로의 밑면으로부터 절단 하부점까지의 높이 0.9m 일 때, 아래의 식을 이용하여 유량($m^3$/min)을 구하면 얼마인가?

$$k = 81.2+0.24/h+[(8.4+12/\sqrt{D})\times(h/B-0.09)^2]$$

㉮ 1.0 ㉯ 1.5
㉰ 2.0 ㉱ 2.5

**풀이**
① $k = 81.2 + \dfrac{0.24}{0.2m} + \left[\left(8.4 + \dfrac{12}{\sqrt{0.9m}}\right)\right.$
$\left.\times \left(\dfrac{0.2m}{0.5m} - 0.09\right)^2\right] = 84.42$

② $Q = k \times h^{\frac{5}{2}}(m^3/min)$
$= 84.42 \times (0.2m)^{\frac{5}{2}} = 1.51 m^3/min$

**62** 퇴적물 채취기 중 포나 그랩(ponar grab)에 대한 내용으로 틀린 것은 어느 것인가?

㉮ 모래가 많은 지점에서도 채취가 잘되는 중력식 채취기이다.
㉯ 채취기를 바닥 퇴적물 위에 내린 후 메신저를 투하하면 장방형 상자의 밑판이 닫힌다.
㉰ 부드러운 펄층이 두터운 경우에는 깊이 빠져 들어가기 때문에 사용하기 어렵다.
㉱ 원래의 모델은 무게가 무겁고 커서 윈치 등이 필요하지만 소형의 포나 그랩은 윈치 없이 내리고 올릴 수 있다.

**풀이** ㉯ 에크만 그랩에 대한 설명이다.

**63** 전기전도도 측정에 대한 내용으로 틀린 것은 어느 것인가?

㉮ 정밀도는 측정값의 % 상대표준편차로 계산하며 측정값이 20% 이내이어야 한다.
㉯ 정밀도 및 정확도는 연 1회 이상 산정하는 것을 원칙으로 한다.
㉰ 온도계는 0.1℃까지 측정 가능한 온도계를 사용한다.
㉱ 측정단위는 μV/cm이다.

**풀이** ㉱ 측정단위는 μS/cm이다.

**answer** 60 ㉯  61 ㉯  62 ㉯  63 ㉱

**64** 자외선/가시선 분광법(이염화주석환원법)을 이용한 인산염인 측정에서 시료가 산성인 경우 사용하는 지시약은 어느 것인가?

㉮ 메틸오렌지
㉯ 페놀프탈레인
㉰ p-나이트로페놀용액
㉱ 메틸레드

**풀이** 시료가 산성일 경우에는 P-나이트로페놀용액(0.1%)을 지시약으로 사용한다.

**65** 자외선/가시선 분광법을 적용한 음이온 계면활성제 측정에 대한 내용으로 틀린 것은 어느 것인가?

㉮ 정량한계는 0.02mg/L이다.
㉯ 시료중의 계면활성제를 종류별로 구분하여 측정할 수 없다.
㉰ 시료속에 미생물이 있는 경우 일부의 음이온계면활성제가 신속히 변할 가능성이 있으므로 가능한 빠른 시간안에 분석을 하여야 한다.
㉱ 양이온 계면활성제가 존재할 경우 양의 오차가 주로 발생한다.

**풀이** ㉱ 양이온 계면활성제가 존재할 경우 음의 오차가 주로 발생한다.

**66** 시료의 보존방법에 대한 내용으로 알맞은 것은 어느 것인가?

㉮ 노말헥산추출물질 측정용 시료는 염산(1+4)를 넣어 pH 4 이하로 하여 마개를 한다.
㉯ 페놀류 측정용 시료는 인산을 가하여 pH 4로 조절하고 시료 1L당 황산동 0.5g을 가하고 5∼10℃의 냉암소에 보관하며 채수 후 24시간 안에 분석하여야 한다.
㉰ 유기인은 $H_2SO_4$로 pH 2 이하로 조절한다.
㉱ 화학적 산소요구량은 $H_2SO_4$로 pH 2 이하로 조절한다.

**풀이** ㉮ 노말헥산추출물질은 $H_2SO_4$로 pH 2 이하로 조절한다.
㉯ 페놀류는 $H_3PO_4$로 pH 4 이하 조정한 후 시료 1L 당 $CuSO_4$ 1g을 첨가한다.
㉰ 유기인은 NaOH 또는 $H_2SO_4$로 pH 5∼9로 조절한다.

**67** 실험 일반 총칙에 대한 설명으로 틀린 것은 어느 것인가?

㉮ 공정시험기준 이외의 방법이라도 측정결과가 같거나 그 이상의 정확도가 있다고 국내·외에서 공인된 방법은 이를 사용할 수 있다.
㉯ 하나 이상의 공정시험기준으로 시험한 결과가 서로 달라 제반 기준의 적부에 영향을 줄 경우 항목별 공정시험기준의 주시험법에 의한 분석 성적에 의하여 판정한다.
㉰ 연속측정 또는 현장측정의 목적으로 사용되는 측정기기는 표준물질에 대한 보정을 행한 후 사용할 수 있다.
㉱ 시험결과의 표시는 정량한계의 결과 표시 자리수를 따르며 정량한계 미만인 불검출된 것으로 간주한다.

**풀이** ㉰ 연속측정 또는 현장측정의 목적으로 사용되는 측정기기는 공정시험기준에 의한 측정치와의 정확한 보정을 행한 후 사용할 수 있다.

**68** 공장폐수 및 하수유량[관(pipe)내의 유량측정 방법] 측정방법 중 오리피스에

---

answer 64 ㉰ 65 ㉱ 66 ㉱ 67 ㉰

대한 내용으로 틀린 것은 어느 것인가?

㉮ 설치에 비용이 적게 소요되며 비교적 유량측정이 정확하다.
㉯ 오리피스판의 두께에 따라 흐름의 수로 내외에 설치가 가능하다.
㉰ 오리피스 단면에 커다란 수두손실이 일어나는 단점이 있다.
㉱ 단면이 축소되는 목부분을 조절함으로써 유량이 조절된다.

**풀이** ㉯ 얇은 판 오리피스가 널리 이용되고 있으며 흐름의 수로 내에 설치한다.

### 69 중금속 측정을 위한 시료의 전처리 방법 중 용매추출법인 피로리딘 다이티오카르바민산 암모늄 추출법에 관한 내용으로 틀린 것은 어느 것인가?

㉮ 시료중의 구리, 아연, 납, 카드뮴, 니켈, 코발트 및 은 등의 측정에 이용되는 방법이다.
㉯ 철의 농도가 높을 때에는 다른 금속 추출에 방해를 줄 수 있다.
㉰ 망간은 착화합물 상태에서 매우 안정적이기 때문에 추출되기 어렵다.
㉱ 크롬은 6가 크롬 상태로 존재할 경우에만 추출된다.

**풀이** ㉰ 망간은 착화합물 상태에서 매우 불안정하므로 추출 즉시 측정하여야 한다.

### 70 냄새의 분석방법 및 절차에 대한 설명으로 틀린 것은 어느 것인가?

㉮ 잔류염소가 존재하면 티오황산소듐 용액을 첨가하여 잔류염소를 제거한다.
㉯ 측정자가 시료에 대한 선입견을 갖지 않도록 어둡게 처리된 플라스크 또는 갈색 플라스크를 사용한다.
㉰ 냄새를 정확하게 측정하기 위하여 측정자는 3명 이상으로 한다.
㉱ 시료 측정시 탁도, 색도 등이 있으면 온도변화에 따라 냄새가 발생할 수 있으므로 온도변화를 1℃ 이내로 유지한다.

**풀이** ㉰ 냄새를 정확하게 측정하기 위하여 측정자는 5명 이상으로 한다.

### 71 다음은 총대장균군(막여과법) 분석에 대한 내용이다. ( )안에 알맞은 것은?

물속에 존재하는 총대장균군을 측정하기 위하여 페트리접시에 배지를 올려놓은 다음 배양 후 금속성 광택을 띠는( ) 계통의 집락을 계수하는 방법이다.

㉮ 적색이나 진한 적색
㉯ 갈색이나 진한 갈색
㉰ 청색이나 진한 청색
㉱ 황색이나 진한 황색

**풀이** ① 총대장균군 : 적색계통 집락형성
② 분원성대장균군 : 청색계통 집락형성

**answer** 68 ㉯  69 ㉰  70 ㉰  71 ㉮

**72** 불소를 자외선/가시선 분광법으로 분석할 경우, 간섭물질로 작용하는 알루미늄 및 철의 방해를 제거할 수 있는 방법은 어느 것인가? (단, 수질오염공정시험기준)

㉮ 산화  ㉯ 증류
㉰ 침전  ㉱ 환원

**73** 시료채취 유의사항으로 알맞은 것은 어느 것인가?

㉮ 지하수의 심층부의 경우 고속정량펌프를 사용하여야 한다.
㉯ 냄새 측정을 위한 시료채취 시 유리기구류는 사용 직전에 새로 세척하여 사용한다.
㉰ 퍼클로레이트를 측정하기 위한 경우는 시료병에 시료를 가득 채워야 한다.
㉱ 1,4-다이옥산, 염화비닐, 아크릴로니트릴 등을 측정하기 위한 경우는 시료용기를 스테인레스강 재질의 채취기를 사용하여야 한다.

[풀이] ㉮ 지하수의 심층부의 경우 저속양수펌프를 사용하여야 한다.
㉰ 퍼클로레이트를 측정하기 위한 경우는 시료병에 시료를 2/3를 채운다.
㉱ 1,4-다이옥산, 염화비닐, 아크릴로니트릴 등을 측정하기 위한 경우는 시료용기를 갈색유리병을 사용한다.

**74** 투명도 측정에 대한 내용으로 틀린 것은 어느 것인가?

㉮ 측정시간은 오전 10시에서 오후 4시 사이에 측정한다.
㉯ 측정결과는 0.1m 단위로 표기한다.
㉰ 백색원판(백색원판)은 지름이 30cm로 무게가 약 3kg이 되는 원판에 지름 5cm의 구멍 8개가 뚫려 있다.
㉱ 흐름이 있어 줄이 기울어질 경우에는 5kg 이상의 추를 달아 줄을 세워야 한다.

[풀이] ㉱ 흐름이 있어 줄이 기울어질 경우에는 2kg 정도의 추를 달아 줄을 세워야 한다.

**75** 석유계 총탄화수소를 용매추출/기체크로마토그래피로 분석할 때 정량한계(mg/L)는 얼마인가?

㉮ 0.01mg/L  ㉯ 0.02mg/L
㉰ 0.1mg/L   ㉱ 0.2mg/L

[풀이] 석유계 총탄화수소의 용매추출/기체크로마토그래피
① 추출용매 : 다이클로로메탄
② 정량한계 : 0.2mg/L
③ 검출기 : 불꽃이온화검출기(FID)

**76** 다음은 하천수의 시료 채취 지점에 대한 설명이다. ( )안에 공통으로 들어갈 것은?

> 하천의 단면에서 수심이 가장 깊은 수면의 지점과 그 지점을 중심으로 하여 좌우로 수면폭을 2등분한 각각의 지점의 수면으로부터 수심 ( )미만일 때에는 수심의 1/3에서 수심( )이상일 때에는 수심의 1/3 및 2/3에서 각각 채수한다.

㉮ 2m  ㉯ 3m
㉰ 5m  ㉱ 6m

[풀이] 하천수의 시료채취지점
① 수심 2m 미만 : 수심의 $\frac{1}{3}$ 지점
② 수심 2m 이상 : 수심의 $\frac{1}{3}$ 지점, $\frac{2}{3}$ 지점

**answer** 72 ㉯  73 ㉯  74 ㉱  75 ㉱  76 ㉮

**77** 물벼룩을 이용한 급성독성 시험법에서 사용하는 용어의 정의로 틀린 것은?

㉮ 치사(Mortality) : 일정 희석 비율로 준비된 시료에 물벼룩을 투입하여 12시간 경과 후 시험용기를 손으로 살짝 두드려 주고, 30초 후 관찰했을 때 독성물질에 의해 영향을 받아 움직임이 명백하게 없는 상태를 '치사'라 판정한다.

㉯ 유영저해(Immobilization) : 일정 희석 비율로 준비된 시료에 물벼룩을 투입하여 24시간 경과 후 시험용기를 손으로 살짝 두드려 주고, 15초 후 관찰했을 때 독성물질에 의해 영향을 받아 움직임이 없을 경우를 '유영저해'로 판정한다. 이때 안테나나 다리 등 부속지를 움직인다 하더라도 유영을 하지 못한다면 '유영저해'로 판정한다.

㉰ 생태독성값(TU, Toxic unit) : 통계적 방법을 이용하여 반수영향농도 $EC_{50}$ 값을 구한 후 100에서 $EC_{50}$ 값을 나눠 준 값을 말한다. ($EC_{50}$ 값의 단위는 %이다.)

㉱ 지수식시험방법(Static non-renewal test) : 시험기간 중 시험용액을 교환하지 않는 시험을 말한다.

**풀이** ㉮ 치사(Mortality) : 일정 희석 비율로 준비된 시료에 물벼룩을 투입하여 24시간 경과 후 시험용기를 손으로 살짝 두드려 주고, 15초 후 관찰했을 때 독성물질에 의해 영향을 받아 움직임이 명백하게 없는 상태를 '치사'라 판정한다.

**78** 다음의 금속류 중 원자형광법으로 측정할 수 있는 물질은 어느 것인가? (단, 수질오염공정시험기준)

㉮ 수은  ㉯ 납
㉰ 6가 크롬  ㉱ 비소

**풀이** 수은의 측정방법으로는 냉증기-원자흡수분광광도법, 양극벗김 전압전류법, 냉증기-원자형광법이 있다.

**79** 시료의 분석 항목별 최대보존기간이 틀린 것은 어느 것인가? (단, 적절한 보존방법 적용 기준)

㉮ 냄새 - 즉시 측정  ㉯ 색도 - 48시간
㉰ 불소 - 28일  ㉱ 시안 - 14일

**풀이** ㉮ 냄새- 6시간

**80** 알킬수은 화합물의 분석방법으로서 알맞은 것은 어느 것인가? (단, 수질오염공정시험기준)

㉮ 기체크로마토그래피법
㉯ 자외선/가시선 분광법
㉰ 이온크로마토그래피법
㉱ 유도결합플라스마-원자발광분광법

**풀이** 알킬수은의 분석방법으로는 기체크로마토그래피, 원자흡수분광광도법이 있다.

answer  77 ㉮  78 ㉮  79 ㉮  80 ㉮

# 2015 3회 기출문제

2015년 8월 16일 시행

## | 제1과목 | 수질오염개론

**01** 콜로이드의 침전에 미치는 영향이 입자에 반대되는 전하를 가진 첨가된 전해질 이온이 지니고 있는 전하의 수에 따라 현저하게 증가한다는 법칙은 어느 것인가?

㉮ Schulze - Hardy 법칙
㉯ Derjagin - Verwey 법칙
㉰ Vander - Brown 법칙
㉱ Landau - Overbe 법칙

▶풀이 ㉮ Schulze - Hardy 법칙에 대한 설명이다.

**02** 하수가 유입된 하천의 자정작용을 하천 유하거리에 따라 분해지대, 활발한 분해지대, 회복지대, 정수지대의 4단계로 분류하여 나타내는 경우, 회복지대에 대한 설명으로 틀린 것은 어느 것인가?

㉮ 세균수가 감소한다.
㉯ 발생된 암모니아성 질소가 질산화 된다.
㉰ 용존산소의 농도가 포화될 정도로 증가한다.
㉱ 규조류가 사라지고 윤충류, 갑각류도 감소한다.

▶풀이 ㉱ 규조류가 번식하고 윤충류, 갑각류가 번식한다.

**03** 소수성 콜로이드에 대한 설명으로 틀린 것은 어느 것인가?

㉮ 물과 반발하는 성질을 가진다.
㉯ 물 속에 현탁상태로 존재한다.
㉰ 아주 작은 입자로 존재한다.
㉱ 염에 큰 영향을 받지 않는다.

▶풀이 ㉱ 염에 큰 영향을 받는다.

**04** 균류(Fungi)의 경험적 화학 조성식으로 알맞은 것은 어느 것인가?

㉮ $C_7H_{14}O_3N$  ㉯ $C_8H_{12}O_2N$
㉰ $C_{10}H_{17}O_6N$  ㉱ $C_{12}H_{19}O_7N$

▶풀이 경험적 화학 조성식
① 호기성 박테리아 : $C_5H_7O_2N$
② 혐기성 박테리아 : $C_5H_9O_3N$
③ 조류 : $C_5H_8O_2N$
④ 곰팡이(Fungi) : $C_{10}H_{17}O_6N$
⑤ 원생동물 : $C_7H_{14}O_3N$

**answer** 01 ㉮  02 ㉱  03 ㉱  04 ㉰

**05** 시료의 $BOD_5$가 200mg/L이고 탈산소 계수값이 0.15/day(밑수는 10)일 때 최종 BOD(mg/L)는 얼마인가?

㉮ 213mg/L  ㉯ 223mg/L
㉰ 233mg/L  ㉱ 243mg/L

**풀이**  $BOD_5 = BOD_u \times (1-10^{-k_1 \times t})$
200mg/L = $BOD_u \times (1-10^{-0.15/day \times 5day})$

∴ $BOD_u = \dfrac{200mg/L}{(1-10^{-0.15/day \times 5day})} = 243.26mg/L$

**06** 글루코스($C_6H_{12}O_6$) 300g을 35℃ 혐기성 소화조에서 완전분해시킬 때 발생 가능한 메탄가스의 양(L)은 얼마인가? (단, 메탄가스는 1기압, 35℃로 발생된다고 가정하시오.)

㉮ 약 112L  ㉯ 약 126L
㉰ 약 154L  ㉱ 약 174L

**풀이** ① $C_6H_{12}O_6 \rightarrow 3CH_4 + 3CO_2$
　　　　180g　：3×22.4L
　　　　300g　：X($CH_4$)

∴ X($CH_4$) = $\dfrac{300g \times 3 \times 22.4L}{180g}$ = 112L(표준상태)

② 35℃, 1기압상태의 $CH_4$(L)를 계산한다.
$112L \times \dfrac{273+35℃}{273} = 126.36L$

**풀이** ① 질량(g) = 계수×분자량(g)
② 체적(L) = 계수×22.4(L)

**07** 25℃, 2atm의 압력에 있는 메탄가스 5.0kg을 저장하는데 필요한 탱크의 부피($m^3$)는 얼마인가? (단, 이상기체의 법칙을 적용하고, R은 0.082L·atm/mol·K이다.)

㉮ 약 3.8$m^3$  ㉯ 약 5.3$m^3$
㉰ 약 7.6$m^3$  ㉱ 약 9.2$m^3$

**풀이** 이상기체 법칙 $PV = \dfrac{W}{M}RT$

$\begin{bmatrix} P : 압력(atm) \\ V : 부피(L) \\ W : 질량(g) \\ M : 분자량(g) \\ R : 기체상수(0.082L \cdot atm/mol \cdot k) \\ T : 절대온도(273+℃) \end{bmatrix}$

따라서 2atm×V(L) = $\dfrac{5 \times 10^3 g}{16g} \times 0.082L \cdot atm/mol \cdot k$
　　　　　　　　　×(273+25)k

∴ V = 3,818.125L = 3.82$m^3$

**08** 하천의 5일 BOD가 300mg/L이고 최종 BOD가 500mg/L이다. 이 하천의 탈산소계수(상용대수)는 얼마인가?

㉮ 0.06/day  ㉯ 0.08/day
㉰ 0.10/day  ㉱ 0.12/day

**풀이** $BOD_5 = BOD_u \times (1-10^{-k_1 \times t})$
300mg/L = 500mg/L×$(1-10^{-k_1 \times 5day})$

∴ $k_1 = \dfrac{\log\left(1-\dfrac{300mg/L}{500mg/L}\right)}{-5day} = 0.08/day$

**TIP**
① $10^x$를 제거하기 위해 맞은변에 log를 취한다.
② $e^x$를 제거하기 위해 맞은변에 ln을 취한다.

**answer** 05 ㉱　06 ㉯　07 ㉮　08 ㉯

**09** 수은주 높이 150mm는 수주로 몇 mm 인가?

㉮ 약 2,040  ㉯ 약 2,530
㉰ 약 3,240  ㉱ 약 3,530

**풀이** 150mmHg×13.6 = 2,040mmH₂O

**TIP**
① 수은주 비중 = $\dfrac{10,332\text{mmH}_2\text{O}}{760\text{mmHg}}$
   = 13.6(mmH₂O/mmHg)
② mmHg $\xrightarrow{\times 13.6}$ mmH₂O
③ mmH₂O $\xrightarrow{\div 13.6}$ mmHg

**10** 유량이 50,000m³/day인 폐수를 하천에 방류하였다. 폐수방류 전 하천의 BOD는 4mg/L이며, 유량은 4,000,000m³/day 이다. 방류한 폐수가 하천수와 완전 혼합 되었을 때 하천의 BOD가 1mg/L 높아진 다고 하면, 하천에 가해지는 폐수의 BOD 부하량(kg/day)은 얼마인가? (단, 폐수가 유입된 이후에 생물학적 분해로 인한 하천의 BOD량 변화는 고려하지 않는다.)

㉮ 1,280kg/day  ㉯ 2,810kg/day
㉰ 3,250kg/day  ㉱ 4,250kg/day

**풀이** ① 혼합공식을 이용해 폐수의 BOD 농도를 계산한다.
$C_m = \dfrac{Q_1C_1+Q_2C_2}{Q_1+Q_2}$
따라서
5mg/L = $\dfrac{4,000,000\text{m}^3/\text{day}\times 4\text{mg/L}+50,000\text{m}^3/\text{day}\times C_2}{4,000,000\text{m}^3/\text{day}+50,000\text{m}^3/\text{day}}$
∴ $C_2$ = 85mg/L
② 폐수의 BOD 부하량을 계산한다.
폐수의 BOD 부하량(kg/day)
= 폐수의 BOD 농도(kg/m³)×폐수량(m³/day)
= 85×10⁻³kg/m³×50,000m³/day
= 4,250kg/day

**TIP**
① 혼합지점의 농도
   = 하천의 BOD농도(4mg/L)+1mg/L = 5mg/L
② mg/L $\xrightarrow{\times 10^{-3}}$ kg/m³

**11** 금속을 통해 흐르는 전류의 특징으로 틀린 것은 어느 것인가?

㉮ 금속의 화학적 성질은 변하지 않는다.
㉯ 전류는 전자에 의해 운반된다.
㉰ 온도의 상승은 저항을 증가시킨다.
㉱ 대체로 전기저항이 용액의 경우보다 크다.

**풀이** ㉱ 대체로 전기저항이 용액의 경우보다 작다.

**12** 성층현상에 대한 내용으로 틀린 것은 어느 것인가?

㉮ 수심에 따른 온도변화로 발생되는 물의 밀도차에 의해 발생된다.
㉯ 봄, 가을에는 저수지의 수직혼합이 활발하여 분명한 층의 구별이 없어진다.
㉰ 여름에 수심에 따른 연직온도경사와 산소구배는 반대 모양을 나타내는 것이 특징이다.
㉱ 겨울과 여름에는 수직운동이 없어 정체현상이 생기며 수심에 따라 온도와 용존 산소농도 차이가 크다.

**풀이** ㉰ 여름에 수심에 따른 연직온도경사와 산소구배는 같은 모양을 나타내는 것이 특징이다.

**answer** 09 ㉮  10 ㉱  11 ㉱  12 ㉰

**13** 크기가 2,000m³인 탱크 내 염소이온 농도가 250mg/L이다. 탱크내의 물은 완전혼합이며, 염소이온이 없는 물이 20m³/hr로 연속적으로 유입되어 염소이온 농도가 2.5mg/L로 낮아질 때까지의 소요시간(hr)은 얼마인가?

㉮ 약 310hr   ㉯ 약 360hr
㉰ 약 410hr   ㉱ 약 460hr

**풀이**

$$\ln \frac{C_t}{C_o} = -\left(\frac{Q}{V}\right) \times t$$

- $C_o$ : 초기농도(mg/L)
- $C_t$ : t시간 후의 농도(mg/L)
- $Q$ : 유량(m³/hr)
- $V$ : 반응조의 크기(m³)
- $t$ : 시간(hr)

따라서 $\ln\left(\frac{2.5mg/L}{250mg/L}\right) = -\left(\frac{20m^3/hr}{2,000m^3}\right) \times t$

∴ t = 460.52hr

**14** 아래와 같은 특징을 나타내는 하천 모델은 어느 것인가?

- 하천 및 호수의 부영양화를 고려한 생태계 모델
- 정적 및 동적인 하천의 수질, 수문학적 특성이 고려
- 호수에는 수심별 1차원 모델이 적용

㉮ WASP    ㉯ DO-Sag
㉰ QUAL-I   ㉱ WQRRS

**풀이** ㉱ WQRRS 모델에 대한 설명으로 내용 중 핵심은 "부영양화 = WQRRS"모델임을 숙지하시면 됩니다.

**15** 3g의 아세트산($CH_3COOH$)을 증류수에 녹여 1L로 하였다. 이 용액의 수소이온 농도(mol/L)는 얼마인가? (단, 이온화상수 값은 $1.75 \times 10^{-5}$ 이다.)

㉮ $6.3 \times 10^{-4}$ mol/L   ㉯ $6.3 \times 10^{-5}$ mol/L
㉰ $9.3 \times 10^{-4}$ mol/L   ㉱ $9.3 \times 10^{-5}$ mol/L

**풀이** $CH_3COOH \rightarrow CH_3COO^- + H^+$

이온화상수(k) = $\frac{[CH_3COO^-][H^+]}{[CH_3COOH]}$

$CH_3COOH$의 mol/L = $\frac{3g}{L} \times \frac{1mol}{60g}$ = 0.05mol/L

$[CH_3COO^-] = [H^+]$이므로

따라서 이온화상수(k) = $\frac{[H^+]^2}{[CH_3COOH]}$

$[H^+] = \sqrt{k \times [CH_3COOH]}$
$= \sqrt{(1.75 \times 10^{-5}) \times (0.05mol/L)}$
$= 9.35 \times 10^{-4}$ mol/L

**16** 원핵세포와 진핵세포를 비교한 내용으로 틀린 것은 어느 것인가?

|  | 진핵세포 | 원핵세포 |
|---|---|---|
| 분열 | ㉠ | ㉡ |
| 핵막 | ㉢ | ㉣ |
| 세포크기 | ㉤ | ㉥ |
| 세포소기관 | ㉦ | ㉧ |

㉮ ㉠ 유사분열을 함 ㉡ 유사분열 없음
㉯ ㉢ 있음 ㉣ 없음
㉰ ㉤ 큼 ㉥ 작음
㉱ ㉦ 엽록체 등이 존재함
    ㉧ 액포 등이 존재함

**풀이** ㉱ ㉦ 엽록체 등이 존재함
    ㉧ 세포소기관 존재하지 않음

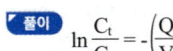

answer  13 ㉱   14 ㉱   15 ㉰   16 ㉱

**17** Mg(OH)$_2$ 290mg/L 용액의 pH는 얼마인가? (단, Mg(OH)$_2$는 완전해리 하며, 분자량은 58이다.)

㉮ 12.0 ㉯ 12.3
㉰ 12.6 ㉱ 12.9

**풀이** Mg(OH)$_2$ → Mg$^{2+}$ + 2OH$^-$
  XM    XM   2XM

Mg(OH)$_2$의 mol/L = $\frac{0.29g}{L} \times \frac{1mol}{58g}$ = 0.005mol/L

따라서 XM = 0.005mol/L이므로
[OH$^-$] = 2XM = 2×0.005mol/L
pH = 14 + log[OH$^-$]
   = 14 + log[2×0.005mol/L]
   = 12.0

**TIP**
① [OH$^-$]의 농도가 2XM에 주의해야 한다.
② 산성물질에서 pH = -log[H$^+$]
③ 알칼리성물질에서 pH = 14 + log[OH$^-$]

**18** 하천의 탈산소계수를 조사한 결과 20℃에서 0.19/day이었다. 하천수의 온도가 25℃로 증가되었다면 탈산소계수(/day)는 얼마인가? (단, 온도보정계수는 1.047이다.)

㉮ 0.22/day ㉯ 0.24/day
㉰ 0.26/day ㉱ 0.28/day

**풀이** k(T) = k$_1$(20℃) × 1.047$^{(T-20)}$
       = 0.19/day × 1.047$^{(25-20)}$ = 0.24/day

**19** BOD$_5$가 270mg/L이고, COD가 450mg/L인 경우, 탈산소계수(k$_1$)의 값이 0.1/day일 때, 생물학적으로 분해 불가능한 COD(mg/L)는 얼마인가? (단, BDCOD = BOD$_u$이며, 상용대수 기준이다.)

㉮ 약 55mg/L ㉯ 약 65mg/L
㉰ 약 75mg/L ㉱ 약 85mg/L

**풀이** ① 최종 BOD(BOD$_u$)를 계산한다.
BOD$_5$ = BOD$_u$ × (1 - 10$^{-k_1 \times t}$)
따라서 270mg/L = BOD$_u$ × (1 - 10$^{-0.1/day \times 5day}$)
∴ BOD$_u$ = 394.868mg/L
② NBDCOD를 계산한다.
NBDCOD = COD - BDCOD
       = 450mg/L - 394.868mg/L
       = 55.13mg/L

**TIP**
BDCOD = BOD$_u$

**20** Bacteria(C$_5$H$_7$O$_2$N)의 호기성 산화과정에서 박테리아 50g당 소요되는 이론적 산소요구량(g)은 얼마인가? (단, 박테리아는 CO$_2$, H$_2$O, NH$_3$로 전환된다.)

㉮ 27g ㉯ 43g
㉰ 71g ㉱ 96g

**풀이** C$_5$H$_7$O$_2$N + 5O$_2$ → 5CO$_2$ + 2H$_2$O + NH$_3$
113g : 5 × 32g
50g : ThOD
∴ ThOD = 70.80g

**answer** 17 ㉮  18 ㉯  19 ㉮  20 ㉰

| 제2과목 | 상하수도 계획

**21** 집수매거에 대한 내용으로 틀린 것은 어느 것인가?

㉮ 복류수를 집수할 경우에는 매설의 방향은 복류수의 방향에 수평으로 한다.
㉯ 집수매거의 경사는 1/500 이하의 완만한 경사로 하는 것이 좋다.
㉰ 매설깊이는 5m이상으로 하는 것이 바람직하다.
㉱ 집수매관의 유출단에서 평균유속은 1m/sec이하로 한다.

**풀이** ㉮ 복류수를 집수할 경우에는 매설의 방향은 복류수의 방향에 수직으로 한다.

**22** 응집시설 중 완속교반시설에 대한 내용으로 틀린 것은 어느 것인가?

㉮ 완속교반기는 패들형과 터빈형이 사용된다.
㉯ 완속교반시 속도경사는 40~100/초 정도로 낮게 유지한다.
㉰ 조의 형태는 폭 : 길이 : 깊이 = 1 : 1 : 1~1.2가 적당하다.
㉱ 체류시간은 5~10분이 적당하고 3~4개의 실로 분리하는 것이 좋다.

**풀이** ㉱ 체류시간은 20~30분이 적당하다.

**23** 배수지에 대한 내용으로 틀린 것은 어느 것인가?

㉮ 배수지는 급수지역의 중앙 가까이 설치하여야 한다.
㉯ 배수지의 유효용량은 계획1일 최대급수량으로 한다.
㉰ 배수지의 구조는 정수지(淨水池)의 구조와 비슷하다.
㉱ 자연유하식 배수지의 높이는 최소 동수압이 확보되는 높이로 하여야 한다.

**풀이** ㉯ 배수지의 유효용량은 시간변동조정용량과 비상대처용량을 합하여 급수구역의 계획1일최대급수량의 12시간분 이상을 표준으로 한다.

**24** $I = \dfrac{3,660}{t+15}$ mm/hr, 면적 2.0km², 유입시간 6분, 유출계수 C = 0.65, 관내유속이 1m/sec인 경우, 관길이 600m인 하수관에서 흘러나오는 우수량(m³/sec)은 얼마인가? (단, 합리식을 적용 하시오.)

㉮ 31m³/sec  ㉯ 38m³/sec
㉰ 43m³/sec  ㉱ 52m³/sec

**풀이**
$Q = \dfrac{1}{360} CIA$

$\begin{bmatrix} C : 유출계수 \\ I : 강우강도(mm/hr) \\ A : 면적(ha) \end{bmatrix}$

① $I = \dfrac{3,660}{t+15}$ (mm/hr)

t(유달시간) = 유입시간(min) + 유하시간(min)

유하시간 = $\dfrac{관의 길이(m)}{관내 유속(m/min)}$

$= \dfrac{600m}{1m/sec \times 60sec/min} = 10min$

따라서 t(유달시간) = 6min+10min = 16min

$I = \dfrac{3,660}{t+15} = \dfrac{3,660}{16min+15} = 118.0645mm/hr$

**answer** 21 ㉮  22 ㉱  23 ㉯  24 ㉰

② A(면적) = 2.0km²×100ha/1km² = 200ha

③ $Q = \dfrac{1}{360} CIA$

　　$= \dfrac{1}{360} \times 0.65 \times 118.0645 \text{mm/hr} \times 200\text{ha}$

　　$= 42.63 \text{m}^3/\text{sec}$

**25** 상수관(금속관)의 부식은 자연부식과 전식으로 나누어진다. 다음 중 전식에 해당되는 것은 어느 것인가?

㉮ 간섭
㉯ 이종금속
㉰ 산소농담(통기차)
㉱ 특수토양부식

**[풀이]** 전식에 해당하는 것은 간섭이다.

**26** 오수배제계획시 계획오수량, 오수관거 계획에 관하여 고려할 사항으로 틀린 것은?

㉮ 오수관거는 계획1일최대오수량을 기준으로 계획한다.
㉯ 합류식에서 하수의 차집관거는 우천시 계획오수량을 기준으로 계획한다.
㉰ 관거는 원칙적으로 암거로 하며 수밀한 구조로 하여야 한다.
㉱ 오수관거와 우수관거가 교차하여 역사이펀을 피할 수 없는 경우에는 오수관거를 역사이펀으로 하는 것이 바람직하다.

**[풀이]** ㉮ 오수관거는 계획시간최대오수량을 기준으로 계획한다.

**27** 수평으로 부설한 직경 300mm, 길이 3,000m의 주철관에 8,640m³/day로 송수시 관로 끝에서의 손실수두(m)은 얼마인가? (단, 마찰계수 f = 0.03, g = 9.8 m/sec², 마찰손실만 고려하시오.)

㉮ 약 10.8m　　㉯ 약 15.3m
㉰ 약 21.6m　　㉱ 약 30.6m

**[풀이]** $h_L = f \times \dfrac{L}{D} \times \dfrac{v^2}{2g}$

　$h_L$ : 관마찰손실수두(m)
　$f$ : 마찰계수
　$L$ : 길이(m)
　$D$ : 직경(m)
　$v$ : 유속(m/sec)
　$g$ : 중력가속도(9.8m/sec²)

① $v(\text{m/sec}) = \dfrac{Q(\text{m}^3/\text{sec})}{\dfrac{\pi D^2}{4}(\text{m}^2)}$

　$= \dfrac{8,640\text{m}^3/\text{day} \times 1\text{day}/24\text{hr} \times 1\text{hr}/3600\text{sec}}{\dfrac{\pi}{4} \times (0.3\text{m})^2}$

　$= 1.4147 \text{m/sec}$

② $h_L = 0.03 \times \dfrac{3,000\text{m}}{0.3\text{m}} \times \dfrac{(1.4147\text{m/sec})^2}{2 \times 9.8\text{m/sec}^2}$

　$= 30.63 \text{m}$

**answer** 25 ㉮　26 ㉮　27 ㉱

**28** 원심력 펌프의 규정회수는 2회/sec, 규정토출량이 32m³/min, 규정양정(H)이 8m이다. 이때 이 펌프의 비교 회전도(rpm)는 얼마인가?

㉮ 약 143rpm  ㉯ 약 164rpm
㉰ 약 182rpm  ㉱ 약 201rpm

**풀이**

$$Ns = N \times \frac{Q^{\frac{1}{2}}}{H^{\frac{3}{4}}}$$

- Ns : 비교회전도(rpm)
- N : 규정회전수(rpm)
- Q : 토출량(m³/min)
- H : 전양정(m)

따라서 $Ns = 2회/sec \times 60sec/min \times \frac{(32m^3/min)^{\frac{1}{2}}}{(8m)^{\frac{3}{4}}}$

= 142.70rpm

**TIP**
rpm = 회/sec×60sec/min

**29** 1분당 300m³의 물을 150m 양정(전양정)할 때 최고효율점에 달하는 펌프가 있다. 이 때의 회전수가 1,500rpm이라면 이 펌프의 비속도(비교회전도)(rpm)은 얼마인가?

㉮ 약 512rpm  ㉯ 약 554rpm
㉰ 약 606rpm  ㉱ 약 658rpm

**풀이**

$$Ns = N \times \frac{Q^{\frac{1}{2}}}{H^{\frac{3}{4}}}$$

- Ns : 비교회전도(rpm)
- N : 규정회전수(rpm)
- Q : 토출량(m³/min)
- H : 전양정(m)

따라서 $Ns = 1,500rpm \times \frac{(300m^3/min)^{\frac{1}{2}}}{(150m)^{\frac{3}{4}}}$

= 606.16rpm

**30** 직경 2m인 하수관을 매설하려 한다. 성토에 의하여 관에 가해지는 하중을 Marston의 방법에 의해 계산하면 얼마인가? (단, 흙의 단위중량은 1.9kN/m³, $C_1$은 1.86, 관의 상부 90° 부분에서의 관매설을 위해 굴토한 도랑의 폭은 3.3m이다.)

㉮ 약 25.7kN/m  ㉯ 약 38.5kN/m
㉰ 약 45.7kN/m  ㉱ 약 52.9kN/m

**풀이** $W = C_1 \times r \times B^2$

- W : 관이 받는 하중(kN/m)
- $C_1$ : 상수
- r : 흙의 단위 중량(kN/m³)
- B : 폭(m)

따라서 $W = 1.86 \times 1.9kN/m^3 \times (3.3m)^2 = 38.49kN/m$

**31** 상수처리시설인 '착수정'에 대한 내용으로 틀린 것은 어느 것인가?

㉮ 형상은 일반적으로 직사각형 또는 원형으로 하고 유입구에는 제수밸브 등을 설치한다.
㉯ 착수정의 고수위와 주변벽체의 상단간에는 60cm 이상의 여유를 두어야 한다.
㉰ 용량은 체류시간을 30~60분 정도로 한다.
㉱ 수심은 3~5m 정도로 한다.

**풀이** ㉰ 용량은 체류시간 1.5분 이상으로 한다.

**answer** 28 ㉮  29 ㉰  30 ㉯  31 ㉰

**32** 호소, 댐을 수원으로 하는 경우의 취수시설인 취수틀에 대한 내용으로 틀린 것은 어느 것인가?

㉮ 수위변화에 대한 영향이 비교적 작다.
㉯ 호소 등의 대소에는 영향을 받지 않는다.
㉰ 호소의 표면수를 안정적으로 취수할 수 있다.
㉱ 구조가 간단하고 시공도 비교적 용이하다.

**풀이** ㉰ 호소의 표면수는 취수할 수 없다.

**33** 하수처리에 사용되는 생물학적 처리공정 중 부유미생물을 이용한 공정으로 틀린 것은 어느 것인가?

㉮ 산화구법
㉯ 접촉산화법
㉰ 질산화내생탈질법
㉱ 막분리활성슬러지법

**풀이** ㉯ 접촉산화법은 부착미생물을 이용한 공정이다.

**34** 정수시설인 급속여과지 시설기준에 대한 내용으로 틀린 것은 어느 것인가?

㉮ 여과면적은 계획정수량을 여과속도로 나누어 구한다.
㉯ 여과지 1지의 여과면적은 200m² 이하로 한다.
㉰ 모래층의 두께는 여과모래의 유효경이 0.45~0.7mm의 범위인 경우에는 60~70cm를 표준으로 한다.
㉱ 여과속도는 120~150m/d를 표준으로 한다.

**풀이** ㉯ 여과지 1지의 여과면적은 150m² 이하로 한다.

**35** 집수정에서 가정까지의 급수계통을 순서적으로 나열한 것으로 알맞은 것은 어느 것인가?

㉮ 취수→도수→정수→송수→배수→급수
㉯ 취수→도수→정수→배수→송수→급수
㉰ 취수→송수→도수→정수→배수→급수
㉱ 취수→송수→배수→정수→도수→급수

**풀이** 급수계통의 순서는 취수→도수→정수→송수→배수→급수 순이다.

**TIP**
암기법 : 상치도 청송에 배급한다.

**36** 정수처리방법인 중간염소처리에서 염소의 주입지점으로 가장 적절한 것은 어느 것인가?

㉮ 혼화지와 침전지 사이
㉯ 침전지와 여과지 사이
㉰ 착수정과 혼화지 사이
㉱ 착수정과 도수관 사이

**풀이** 정수처리방법인 중간염소처리에서 염소의 주입지점은 침전지와 여과지 사이이다.

**answer** 32 ㉰  33 ㉯  34 ㉯  35 ㉮  36 ㉯

**37** 소규모 하수도 계획시 고려하여야 하는 소규모 지역 고유의 특성으로 틀린 것은 어느 것인가?

㉮ 계획구역이 작고 처리구역내의 생활양식이 유사하며 유입하수의 수량 및 수질의 변동이 거의 없다.
㉯ 처리수의 방류지점의 유량이 작은 소하천, 소호소 및 농업용수로 등이므로 처리수의 영향을 받기가 쉽다.
㉰ 하수도 운영에 있어서 지역주민과 밀접한 관련을 갖는다.
㉱ 고장 및 유지보수시에 기술자의 확보가 곤란하고 제조업체에 의한 신속한 서비스를 받기 어렵다.

[풀이] ㉮ 계획구역이 작고 처리구역내의 생활양식이 유사하며 유입하수의 수량 및 수질의 변동이 크다.

**38** 상수관로에서 조도계수 0.014, 동수경사 1/100이고, 관경이 400mm일 때 이 관로의 유량 ($m^3$/min)은 얼마인가? (단, 만관 기준, Manning 공식에 의함)

㉮ $3.8m^3$/min  ㉯ $6.2m^3$/min
㉰ $9.3m^3$/min  ㉱ $11.6m^3$/min

[풀이]
① 단면적(A) = $\dfrac{\pi D^2}{4} = \dfrac{\pi}{4} \times (0.4)^2 = 0.12566 m^2$

② 유속(v) = $\dfrac{1}{n} \times R^{\frac{2}{3}} \times I^{\frac{1}{2}}$

  n : 조도계수

  R(경심) = $\dfrac{단면적(A)}{윤변의 길이(S)} = \dfrac{D}{4} = \dfrac{0.4m}{4} = 0.1m$

  I(동수경사) = $\dfrac{1}{100}$

따라서 v = $\dfrac{1}{0.014} \times (0.1m)^{\frac{2}{3}} \times \left(\dfrac{1}{100}\right)^{\frac{1}{2}}$
   = 1.539m/sec

③ 유량(Q) = 단면적(A)×유속(v)
  = $0.12566m^2 \times 1.539$m/sec×60sec/min
  = $11.60m^3$/min

**39** 상수처리를 위한 약품침전지의 구성과 구조로 틀린 것은 어느 것인가?

㉮ 슬러지의 퇴적심도로서 30cm 이상을 고려한다.
㉯ 유효수심은 3 ~ 5.5m로 한다.
㉰ 침전지 바닥에는 슬러지 배제에 편리하도록 배수구를 향하여 경사지게 한다.
㉱ 고수위에서 침전지 벽체 상단까지의 여유고는 10cm정도로 한다.

[풀이] ㉱ 고수위에서 침전지 벽체 상단까지의 여유고는 30cm정도로 한다.

**40** 지하수의 취수지점 선정에 대한 내용으로 틀린 것은 어느 것인가?

㉮ 연해부의 경우에는 해수의 영향을 받지 않아야 한다.
㉯ 얕은 우물인 경우에는 오염원으로부터 5m 이상 떨어져서 장래에도 오염의 영향을 받지 않는 지점이어야 한다.
㉰ 복류수인 경우에는 오염원으로부터 15m 이상 떨어져서 장래에도 오염의 영향을 받지 않는 지점이어야 한다.
㉱ 복류수인 경우에 장래에 일어날 수 있는 유로변화 또는 하상저하 등을 고려하고 하천 개수계획에 지장이 없는 지점을 선정한다.

[풀이] ㉯ 얕은 우물인 경우에는 오염원으로부터 15m 이상 떨어져서 장래에도 오염의 영향을 받지 않는 지점이어야 한다.

answer  37 ㉮  38 ㉱  39 ㉱  40 ㉯

| 제3과목 | 수질오염방지기술

**41** 수량이 30,000m³/d, 수심이 3.5m, 하수 체류시간이 2.5hr인 침전지의 수면부하율 (또는 표면부하율)(m³/m² · d)은 얼마인가?

㉮ 67.1m³/m² · d  ㉯ 54.2m³/m² · d
㉰ 41.5m³/m² · d  ㉱ 33.6m³/m² · d

**풀이**
$$수면부하율(m³/m² · day) = \frac{수심(m)}{체류시간(day)}$$
$$= \frac{3.5m}{\left(\frac{2.5hr}{24}\right)day} = 33.6 m³/m² · day$$

**42** 회전원판법의 장·단점에 관한 내용으로 틀린 것은 어느 것인가?

㉮ 단회로 현상의 제어가 어렵다.
㉯ 폐수량 변화에 강하다.
㉰ 파리는 발생하지 않으나 하루살이가 발생하는 수가 있다.
㉱ 활성슬러지법에 비해 최종침전지에서 미세한 부유물질이 유출되기 쉽다.

**풀이** ㉮ 단회로 현상의 제어가 쉽다.

**43** 인구가 10,000명인 마을에서 발생되는 하수를 활성슬러지법으로 처리하는 처리장에 저율 혐기성 소화조를 설계하려고 한다. 생슬러지(건조고형물 기준) 발생량은 0.11kg/인·일이며, 휘발성고형물은 건조고형물의 70%이다. 가스발생량은 0.94m³/VSS·kg이고 휘발성고형물의 65%가 소화된다면 일일 가스발생량(m³/day)은 얼마인가?

㉮ 약 345m³/day  ㉯ 약 471m³/day
㉰ 약 563m³/day  ㉱ 약 644m³/day

**풀이** 가스발생량(m³/day)
= 0.11kg/인·일×10,000인×0.70×0.65×0.94m³/kg
= 470.47m³/day

**44** 수질 성분이 부식에 미치는 영향으로 틀린 것은 어느 것인가?

㉮ 높은 알칼리도는 구리와 납의 부식을 증가시킨다.
㉯ 암모니아는 착화물 형성을 통해 구리, 납 등의 금속용해도를 증가시킬 수 있다.
㉰ 잔류염소는 Ca와 반응하여 금속의 부식을 감소시킨다.
㉱ 구리는 갈바닉 전지를 이룬 배관상에 흠집(구멍)을 야기한다.

**풀이** ㉰ 잔류염소는 Ca와 반응하여 금속의 부식을 증가시킨다.

**answer** 41 ㉱  42 ㉮  43 ㉯  44 ㉰

**45** 정수처리시 적용되는 랑게리아 지수에 대한 설명으로 틀린 것은 어느 것인가?

㉮ 랑게리아 지수란 물의 실제 pH와 이론적 pH(pHs : 수중의 탄산칼슘이 용해되거나 석출되지 않는 평형상태로 있을 때의 pH)와의 차이를 말한다.
㉯ 랑게리아 지수가 양(+)의 값으로 절대치가 클수록 탄산칼슘피막 형성이 어렵다.
㉰ 랑게리아 지수가 음(-)의 값으로 절대치가 클수록 물의 부식성이 강하다.
㉱ 물의 부식성이 강한 경우의 랑게리아 지수는 pH, 칼슘경도, 알칼리도를 증가시킴으로써 개선할 수 있다.

**[풀이]** ㉯ 랑게리아 지수가 양(+)의 값으로 절대치가 클수록 탄산칼슘피막 형성이 쉽다.

**46** 도시하수 중의 질소제거를 위한 방법에 관한 내용으로 틀린 것은 어느 것인가?

㉮ 탈기법 : 하수의 pH를 높여 하수중 질소(암모늄이온)를 암모니아로 전환시킨 후 대기로 탈기시킨다.
㉯ 파괴점 염소처리법 : 충분한 염소를 투입하여 수중의 질소를 염소와 결합한 형태로 공침제거 시킨다.
㉰ 이온교환수지법 : $NH_4^+$이온에 대해 친화성 있는 이온교환수지를 사용하여 $NH_4^+$를 제거시킨다.
㉱ 생물학적 처리법 : 미생물이 산화 및 환원반응에 의하여 질소를 제거시킨다.

**[풀이]** ㉯ 파괴점 염소제거법 : 염소를 주입하여 암모늄염을 질소가스로 처리하는 방법이다.

**47** 하수의 고도처리를 위한 생물학적공법 중 인제거만을 주목적으로 개발된 공법은 어느 것인가?

㉮ Bardenpho process
㉯ $A^2$/O process
㉰ 수정 Bardenpho process
㉱ A/O process

**[풀이]** ㉱ A/O process은 인(P)만을 제거하는 공법이다.

**48** SBR 공법의 일반적인 운전단계 순서로 알맞은 것은 어느 것인가?

㉮ 주입(Fill) → 휴지(Idle) → 반응(React) → 침전(Settle) → 제거(Draw)
㉯ 주입(Fill) → 반응(React) → 휴지(Idle) → 침전(Settle) → 제거(Draw)
㉰ 주입(Fill) → 반응(React) → 침전(Settle) → 휴지(Idle) → 제거(Draw)
㉱ 주입(Fill) → 반응(React) → 침전(Settle) → 제거(Draw) → 휴지(Idle)

**[풀이]** SBR(연속회분식) 공법의 일반적인 운전단계 순서는 주입(Fill) → 반응(React) → 침전(Settle) → 제거(Draw) → 휴지(Idle) 순이다.

**answer** 45 ㉯  46 ㉯  47 ㉱  48 ㉱

**49** 하수소독시 적용되는 UV 소독방법에 대한 내용으로 틀린 것은 어느 것인가?
(단, 오존 및 염소소독 방법과 비교)

㉮ pH 변화에 관계없이 지속적인 살균이 가능하다.
㉯ 유량과 수질의 변동에 대해 적응력이 강하다.
㉰ 설치가 복잡하고, 전력 및 램프수가 많이 소요되므로 유지비가 높다.
㉱ 물이 혼탁하거나 탁도가 높으면 소독능력에 영향을 미친다.

**풀이** ㉰ 설치가 간단하고 유지비가 저렴하다.

**50** 반송슬러지의 탈인 제거 공정에 대한 내용으로 틀린 것은 어느 것인가?

㉮ 탈인조 상징액은 유입수량에 비하여 매우 작다.
㉯ 인을 침전시키기 위해 소요되는 석회의 양은 순수 화학처리방법보다 적다.
㉰ 유입수의 유기물 부하에 따른 영향이 크다.
㉱ 대표적인 인 제거공법으로는 phostrip process가 있다.

**풀이** ㉰ 유입수의 유기물 부하에 따른 영향을 크게 받지 않는다.

**51** 표준 활성슬러지법에서 하수처리를 위해 사용되는 미생물에 대한 내용으로 알맞은 것은 어느 것인가?

㉮ 지체기로부터 대수증식기에 걸쳐 존재하는 미생물에 의해 하수가 주로 처리된다.
㉯ 대수증식기로부터 감쇠증식기에 걸쳐 존재하는 미생물에 의해 하수가 주로 처리된다.
㉰ 감쇠증식기로부터 내생호흡기에 걸쳐 존재하는 미생물에 의해 하수가 주로 처리된다.
㉱ 내생호흡기로부터 사멸기에 걸쳐 존재하는 미생물에 의해 하수가 주로 처리된다.

**풀이** ㉰번이 하수처리 단계의 설명이다.

**52** 유량 2,000m³/day인 폐수를 탈질화하고자 한다. 다음 조건에서 탈질화에 사용되는 anoxic 반응조의 부피(m³)는 얼마인가? (단, 내부반송 등 기타 조건은 고려하지 않는다.)

- 반응조 유입수 질산염 농도 : 22mg/L
- 반응조 유출수 질산염 농도 : 3mg/L
- MLVSS : 2,000mg/L
- 용존산소 : 0.1mg/L
- 탈질율(U) : 0.1day$^{-1}$

㉮ 105m³   ㉯ 145m³
㉰ 175m³   ㉱ 190m³

**풀이** ① 무산소조(anoxic 반응조)의 체류시간
$$= \frac{(S_i - S_o)}{U \times MLVSS} = \frac{(22-3)mg/L}{0.1/day \times 2,000mg/L} = 0.095day$$
② 반응조의 부피(V) = 유량(m³/day)×체류시간(day)
= 2,000m³/day×0.095day
= 190m³

**answer** 49 ㉰  50 ㉰  51 ㉰  52 ㉱

**53** 환원처리공법으로 크롬함유 폐수를 수산화물 침전법으로 처리하고자 할 때 침전을 위한 적정 pH 범위는 얼마인가? (단, $Cr^{+3} + 3OH^- \rightarrow Cr(OH)_3 \downarrow$)

㉮ pH 4.0 ~ 4.5    ㉯ pH 5.5 ~ 6.5
㉰ pH 8.0 ~ 8.5    ㉱ pH 11.0 ~ 11.5

**54** 폭기조 혼합액의 SVI가 170에서 130으로 감소하였다. 처리장 운전시 대응 방법으로 알맞은 것은 어느 것인가?

㉮ 별다른 조치가 필요없다.
㉯ 반송슬러지 양을 감소시킨다.
㉰ 폭기시간을 증가시킨다.
㉱ 무기응집제를 첨가한다.

> **풀이** SVI(슬러지용적지수)가 50 ~ 150은 정상범위 이므로 별다른 조치를 취할 필요가 없다.

**55** 폐수처리에 관련된 침전현상으로 입자 간의 작용하는 힘에 의해 주변입자들의 침전을 방해하는 중간정도 농도 부유액에서의 침전은 어느 것인가?

㉮ 제1형 침전(독립입자침전)
㉯ 제2형 침전(응집침전)
㉰ 제3형 침전(계면침전)
㉱ 제4형 침전(압밀침전)

> **풀이** 입자간의 작용하는 힘에 의해 주변입자들의 침전을 방해하는 중간정도 농도 부유액에서의 침전은 제3형 침전(계면침전, 지역침전, 간섭침전, 방해침전)이다.

**56** 포기조의 유입수 BOD 150mg/L, 유출수 BOD 10mg/L, MLSS 3,000mg/L, 미생물 성장 계수(Y) 0.7kg·MLSS/kg·BOD, 내생호흡계수($k_d$) 0.03day$^{-1}$, 포기시간(t) 6시간이다. 미생물체류시간($\theta_c$)은 얼마인가?

㉮ 약 10day    ㉯ 약 12day
㉰ 약 14day    ㉱ 약 16day

> **풀이**
> $\dfrac{1}{\theta_C} = \dfrac{Y \cdot (BOD_i - BOD_o)}{MLSS \times t} - k_d$
> $\dfrac{1}{\theta_C} = \dfrac{0.7 \times (0.15-0.01) \text{kg/m}^3}{3 \text{kg/m}^3 \times \left(\dfrac{6hr}{24}\right) \text{day}} - 0.03/\text{day}$
> ∴ $\theta_C$ = 9.93day

> **TIP**
> ① $\theta_c = \dfrac{MLSS \cdot V}{Q_W \cdot SS_W}$
> ② $Q_W \cdot SS_W = Y \cdot Q \cdot (BOD_i - BOD_o) - k_d \cdot MLSS \cdot V$
> ③ $t = \dfrac{V}{Q} \Rightarrow \dfrac{1}{t} = \dfrac{Q}{V}$

**57** 소화조 슬러지 주입율이 100m³/day이고, 슬러지의 SS 농도가 6.47%, 소화조 부피가 1,250m³, SS 내 VS 함유율이 85%일 때 소화조에 주입되는 VS의 용적부하(kg/m³·day)는 얼마인가? (단, 슬러지의 비중은 1.0 이다.)

㉮ 1.4    ㉯ 2.4
㉰ 3.4    ㉱ 4.4

> **풀이** 소화조에 주입되는 VS의 용적부하(kg/m³·day)
> $= \dfrac{\text{소화조슬러지 주입율}(m^3/day) \times \text{SS농도}(kg/m^3) \times \dfrac{VS(\%)}{100}}{\text{소화조의 부피}(m^3)}$
> $= \dfrac{100m^3/day \times 64.7kg/m^3 \times 0.85}{1,250m^3} = 4.40 kg/m^3 \cdot day$

**answer** 53 ㉰  54 ㉮  55 ㉰  56 ㉮  57 ㉱

**TIP**

① % $\xrightarrow{\times 10^4}$ mg/L

② mg/L $\xrightarrow{\times 10^{-3}}$ kg/m³

③ % $\xrightarrow{\times 10^1}$ kg/m³

④ 6.47% $\xrightarrow{\times 10^1}$ 64.7kg/m³

---

**58** 수면적 55m²의 침전지에서 400m³/d의 폐수를 침전시킨다고 가정할 때, 이 침전지에서 98% 제거되는 입자의 침강속도(mm/min)는 얼마인가?

㉮ 약 2mm/min  ㉯ 약 3mm/min
㉰ 약 4mm/min  ㉱ 약 5mm/min

**풀이** 침강속도($V_S$) = 수면부하율($V_o$)×제거효율($\eta$)

수면부하율(m³/m²·day) = $\dfrac{폐수량(m^3/day)}{수면적(m^2)}$

= $\dfrac{400m^3/day}{55m^2}$ = 7.273m/day

따라서 침강속도(mm/min)

= $\dfrac{7.273m}{day} \times \dfrac{1day}{24hr} \times \dfrac{1hr}{60min} \times \dfrac{10^3 mm}{1m} \times 0.98$

= 4.95mm/min

---

**59** 물리·화학적으로 질소를 효과적으로 제거하는 방법으로 틀린 것은 어느 것인가?

㉮ 금속염(Al, Fe) 첨가법
㉯ 공기탈기법(Air Stripping)
㉰ 선택적 이온교환법
㉱ 파괴점 염소주입법

**풀이** 물리·화학적으로 질소 제거 방법으로는 막공법, 공기탈기법, 선택적이온교환법, 파괴점 염소주입법이 있다.

---

**60** 1,000m³의 폐수 중에서 SS 농도가 210mg/L일 때 처리효율 70%인 처리장에서 발생하는 슬러지의 양(m³)은 얼마인가? (단, 처리된 SS량과 발생슬러지량은 같다고 가정하고, 슬러지 비중은 1.03, 함수율은 94%이다.)

㉮ 약 2.4m³  ㉯ 약 3.8m³
㉰ 약 4.2m³  ㉱ 약 5.1m³

**풀이** 슬러지발생량(m³)

= $\dfrac{폐수량(m^3) \times SS(kg/m^3) \times 제거효율}{비중량(kg/m^3)} \times \dfrac{100}{100-함수율}$

= $\dfrac{1,000m^3 \times 0.21kg/m^3 \times 0.70}{1,030kg/m^3} \times \dfrac{100}{100-94\%}$

= 2.38m³

**TIP**

① 비중(g/cm³) $\xrightarrow{\times 10^3}$ 비중량(kg/m³)

② 1.03g/cm³ $\xrightarrow{\times 10^3}$ 1,030kg/m³

③ mg/L $\xrightarrow{\times 10^{-3}}$ kg/m³

---

| 제4과목 | 수질오염공정시험기준

**61** 분원성 대장균군-막여과법에서 배양온도 유지기준으로 알맞은 것은 어느 것인가?

㉮ 25±0.2℃  ㉯ 30±0.5℃
㉰ 35±0.5℃  ㉱ 44.5±0.2℃

**풀이** 배양온도
① 총대장균군 : (35±0.5)℃
② 분원성 대장균군 : (44.5±0.2)℃

---

**answer** 58 ㉱  59 ㉮  60 ㉮  61 ㉱

**62** 막여과법에 의한 총대장균군을 측정하기 위해, 시료를 10mL, 1mL 및 0.1mL 취해 시험한 결과 40, 9 및 1로 집락이 계수되었을 경우 총대장균군수는 얼마인가?

㉮ 390/100mL   ㉯ 400/100mL
㉰ 410/100mL   ㉱ 440/100mL

▶ 풀이
총대장균군수/100mL = $\frac{생성된 집락}{여과한 시료량(mL)} \times 100$

= $\frac{40}{10mL} \times 100 = 400/100mL$

**TIP**
금속성 광택을 띠는 적색이나 진한 적색 계통의 집락을 계수하며, 집락수가 20~80의 범위에 드는 것을 선정한다.

**63** 자외선/가시선 분광법으로 페놀류를 정량할 때 4-아미노안티피린과 함께 가하는 시약이름과 그 때 가장 적당한 pH는 얼마인가?

㉮ 초산이소듐, pH 4
㉯ 헥사시안화철(Ⅱ)산포타슘, pH 4
㉰ 초산이소듐, pH 10
㉱ 헥사시안화철(Ⅱ)산포타슘, pH 10

▶ 풀이
페놀류의 자외선/가시선 분광법은 증류한 시료에 염화암모늄-암모니아 완충용액을 넣어 pH 10으로 조절한 다음 4-아미노안티피린과 헥사시안화철(Ⅱ)산포타슘을 넣어 생성된 붉은색의 안티피린계 색소의 흡광도를 측정하는 방법이다.

**64** "정확히 취하여"라고 하는 것은 규정한 양의 액체를 무엇으로 눈금까지 취하는 것을 말하는가?

㉮ 메스실린더   ㉯ 뷰렛
㉰ 부피피펫   ㉱ 눈금비이커

**65** $I_0$ 단색광이 정색액을 통과할 때 그 빛의 50%가 흡수된다면 이 경우 흡광도는 얼마인가?

㉮ 0.6   ㉯ 0.5
㉰ 0.3   ㉱ 0.2

▶ 풀이
흡광도(A) = $\log \frac{1}{투과도} = \log \frac{1}{0.50} = 0.30$

**TIP**
① 흡수율(%)+투과율(%) = 100%
② 투과율(%) = 100 - 흡수율(%) = 100 - 50% = 50%

**66** 기체크로마토그래피의 전자포획검출기에 관한 설명이다. ( )안에 알맞은 말은 어느 것인가?

방사선 동위원소로부터 방출되는 ( )이 운반기체를 전리하여 미소전류를 흘려보낼 때 시료중의 할로겐이나 산소와 같이 전자포획력이 강한 화합물에 의하여 전자가 포착되어 전류가 감소하는 것을 이용하는 방법이다.

㉮ α(알파)선   ㉯ β(베타)선
㉰ γ(감마)선   ㉱ 중성자선

**answer**  62 ㉯  63 ㉱  64 ㉰  65 ㉰  66 ㉯

**67** 시험할 때 사용되는 용어의 정의로 틀린 것은 어느 것인가?

㉮ 감압 또는 진공 : 따로 규정이 없는 한 15mmHg 이하를 뜻한다.
㉯ 바탕시험 : 시료에 대한 처리 및 측정을 할 때 시료를 사용하지 않고 같은 방법으로 조작한 측정치를 더한 것을 뜻한다.
㉰ 용기 : 시험용액 또는 시험에 관계된 물질을 보존, 운반 또는 조작하기 위하여 넣어두는 것으로 시험에 지장을 주지 않도록 깨끗한 것을 뜻한다.
㉱ 정밀히 단다 : 규정된 양의 시료를 취하여 화학저울 또는 미량저울로 칭량함을 말한다.

**풀이** ㉯ 바탕시험 : 시료에 대한 처리 및 측정을 할 때, 시료를 사용하지 않고 같은 방법으로 조작한 측정치를 빼는 것을 뜻한다.

**68** 예상 BOD값에 대한 사전 경험이 없을 때, 희석하여 시료를 조제하는 기준으로 알맞은 것은 어느 것인가?

㉮ 강한 공장폐수 : 0.01 ~ 0.1%
㉯ 오염된 하천수 : 15 ~ 50%
㉰ 처리하여 방류된 공장폐수 : 25 ~ 70%
㉱ 처리하지 않은 공장폐수 : 1 ~ 5%

**풀이** 예상 BOD값에 대한 사전 경험이 없을 때, 희석하여 시료를 조제하는 기준
㉮ 강한 공장폐수 : 0.1 ~ 1.0%
㉯ 오염된 하천수 : 25 ~ 100%
㉰ 처리하여 방류된 공장폐수 : 5 ~ 25%
㉱ 처리하지 않은 공장폐수 : 1 ~ 5%

**69** 자외선/가시선 분광법을 적용하여 페놀류를 측정할 때 사용되는 시약은 어느 것인가?

㉮ 4-아미노안티피린
㉯ 인도 페놀
㉰ O-페난트로린
㉱ 디티존

**풀이** 페놀류의 자외선/가시선 분광법은 증류한 시료에 염화암모늄-암모니아 완충용액을 넣어 pH 10으로 조절한 다음 4-아미노안티피린과 헥사시안화철(Ⅱ)산포타슘을 넣어 생성된 붉은색의 안티피린계 색소의 흡광도를 측정하는 방법이다.

**70** 폴리클로리네이티드비페닐(PCB$_S$)의 측정에서 기체크로마토그래피법을 적용할 때 기구 및 기기의 조건으로 틀린 것은 어느 것인가?

㉮ 검출기는 전자포획검출기
㉯ 컬럼은 안지름이 0.20 ~ 0.35mm
㉰ 검출기 온도는 270 ~ 320℃
㉱ 시료도입부 온도는 50 ~ 200℃

**풀이** ㉱ 시료도입부 온도는 250 ~ 300℃

**71** 알킬수은을 기체크로마토그래피법으로 분석하고자 한다. 이때 운반기체의 유속범위로 알맞은 것은 어느 것인가?

㉮ 3 ~ 8mL/분   ㉯ 15 ~ 25mL/분
㉰ 30 ~ 80mL/분  ㉱ 150 ~ 250mL/분

**풀이** 알킬수은을 기체크로마토그래피법으로 분석할 때 운반기체의 유속범위는 30 ~ 80mL/분이다.

**answer** 67 ㉯  68 ㉱  69 ㉮  70 ㉱  71 ㉰

**72** 기준전극과 유리전극으로 구성된 pH 측정기를 사용하여 수소이온농도를 측정할 때 간섭물질에 대한 설명으로 틀린 것은 어느 것인가?

㉮ pH는 온도변화에 따라 영향을 받는다.
㉯ pH 10 이상에서 소듐에 의한 오차가 발생할 수 있는데 이는 낮은 소듐 오차 전극을 사용하여 줄일 수 있다.
㉰ 측정이 완료된 후에는 전극을 3M KCl 용액으로 잘 씻은 다음 정제수에 담가둔다.
㉱ 기름층이나 작은 입자상이 전극을 피복하여 pH 측정을 방해할 수 있다.

**풀이** ㉰ 측정이 완료된 후에는 전극을 정제수로 잘 씻은 다음 3M KCl 용액에 담가둔다.

**73** 다음 중 관내의 유량 측정 방법으로 틀린 것은 어느 것인가?

㉮ 오리피스
㉯ 자기식 유량 측정기(Magnetic flow meter)
㉰ 피토우(pitot)관
㉱ 위어(Weir)

**풀이** ㉱ 위어(Weir)는 관내의 압력이 필요하지 않은 측정 용수로에서 유량 측정 방법이다.

**74** 전기전도도 측정시 전도도 표준용액 조제에 사용되는 시약은 어느 것인가?

㉮ 염화칼슘     ㉯ 염화제이암모늄
㉰ 염화암모늄   ㉱ 염화포타슘

**75** 물속에 존재하는 셀레늄 측정방법으로 알맞은 것은 어느 것인가?

㉮ 자외선/가시선 분광법-산화법
㉯ 자외선/가시선 분광법-환원 증류법
㉰ 수소화물생성-원자흡수분광광도법
㉱ 양극벗김전압전류법

**풀이** 셀레늄 측정방법에는 수소화물생성 원자흡수분광광도법, 유도결합플라스마-질량분석법, 유도결합플라스마-원자발광분광법이 있다.

**76** 총인 측정에 대한 내용으로 틀린 것은 어느 것인가?

㉮ 아스코르빈산 환원 흡광도법으로 정량하여 총인의 농도를 구한다.
㉯ 분해되기 쉬운 유기물을 함유한 시료는 질산(시료 50mL, 질산 2mL)을 넣고 가열하여 전처리한다.
㉰ 시료 중 유기물을 산화 분해하여 용존 인화합물을 인산염($PO_4$) 형태로 변화시킨다.
㉱ 여액이 혼탁할 경우에는 반복하여 재여과한다.

**풀이** ㉯ 분해되기 쉬운 유기물을 함유한 시료는 과황산포타슘 분해법을 이용한다.

answer  72 ㉰  73 ㉱  74 ㉱  75 ㉰  76 ㉯

**77** 폐수의 부유물질(SS)을 측정하였더니 1,312mg/L 이었다. 시료 여과 전 유리섬유여지의 무게가 1.2113g 이고, 이 때 사용된 시료량이 100mL이었다면 시료 여과 후 건조시킨 유리섬유여지의 무게는 얼마인가?

㉮ 1.2242g  ㉯ 1.3425g
㉰ 2.5233g  ㉱ 3.5233g

**풀이**
$$SS농도(mg/L) = \frac{(여과후\ 무게 - 여과전\ 무게)(mg)}{시료량(L)}$$

$$1,312mg/L = \frac{(여과후\ 무게 - 1.2113g) \times 10^3 mg/g}{100 \times 10^{-3} L}$$

∴ 여과 후 무게 = 1.3425g

**78** 시료의 최대보존기간이 가장 짧은 항목은 어느 것인가?

㉮ 색도  ㉯ 셀레늄
㉰ 전기전도도  ㉱ 클로로필 a

**풀이** 시료의 최대보존기간
㉮ 색도 : 48시간
㉯ 셀레늄 : 6개월
㉰ 전기전도도 : 24시간
㉱ 클로로필 a : 7일

**79** 개수로 유량측정에 대한 내용으로 틀린 것은 어느 것인가? (단, 수로의 구성, 재질, 단면의 형상, 기울기 등이 일정하지 않은 개수로의 경우)

㉮ 수로는 될수록 직선적이며, 수면이 물결치지 않는 곳을 고른다.
㉯ 10m를 측정구간으로 하여 2m마다 유수의 횡단면적을 측정하고, 산출평균값을 구하여 유수의 평균 단면적으로 한다.
㉰ 유속의 측정은 부표를 사용하여 100m 구간을 흐르는데 걸리는 시간을 스톱워치로 재며 이때 실측유속을 표면 최대유속으로 한다.
㉱ 총 평균 유속(m/s)은 [0.75×표면 최대유속(m/s)]으로 계산된다.

**풀이** ㉰ 유속의 측정은 부표를 사용하여 10m 구간을 흐르는데 걸리는 시간을 스톱워치로 재며 이때 실측유속을 표면 최대유속으로 한다.

**80** 다음은 기체크로마토그래피법을 적용하여 석유계총탄화수소를 측정할 때의 원리이다. ( )안에 알맞은 말은 어느 것인가?

시료중의 제트유, 등유, 경유, 벙커 C유, 윤활유, 원유 등을 ( )(으)로 추출하여 기체크로마토그래피법에 따라 확인 및 정량한다.

㉮ 사염화탄소  ㉯ 클로로포름
㉰ 다이클로로메탄  ㉱ 노말헥산+에탄올

**풀이** 석유계 총탄화수소의 용매추출/기체크로마토그래피
① 추출용매 : 다이클로로메탄
② 정량한계 : 0.2mg/L
③ 검출기 : 불꽃이온화검출기(FID)

answer  77 ㉯  78 ㉰  79 ㉰  80 ㉰

# 2016 1회 기출문제

2016년 3월 6일 시행

| 제1과목 | 수질오염개론

**01** 곰팡이(Fungi)류의 경험적 화학 분자식으로 알맞은 것은 어느 것인가?

㉮ $C_{12}H_7O_4N$
㉯ $C_{12}H_8O_5N$
㉰ $C_{10}H_{17}O_6N$
㉱ $C_{10}H_{18}O_4N$

**풀이** 곰팡이(Fungi)류의 경험적 화학 분자식은 $C_{10}H_{17}O_6N$이며, 암기법은 "일공 일칠 육" 이다.

**02** 분뇨의 특징에 대한 내용으로 틀린 것은 어느 것인가?

㉮ 분뇨 내 질소화합물은 알칼리도를 높게 유지시켜 pH의 강하를 막아준다.
㉯ 분과 뇨의 구성비는 약 1 : 8~1 : 10 정도이며 고액분리가 용이하다.
㉰ 분의 경우 질소산화물은 전체 VS의 12~20% 정도 함유되어 있다.
㉱ 분뇨는 다량의 유기물을 함유하며, 점성이 있는 반고상 물질이다.

**풀이** ㉯ 분과 뇨의 구성비는 약 1 : 8~1 : 10 정도이며 고액분리가 어렵다.

**03** 콜로이드의 성질과 특성에 대한 내용으로 틀린 것은 어느 것인가?

㉮ 제타전위는 콜로이드 입자의 전하와 전하의 효력이 미치는 분산매의 거리를 측정한다.
㉯ 제타전위가 클수록 입자는 응집하기 쉬우므로 콜로이드를 완전히 응집시키는 데 제타전위를 5~10mV 이상으로 해야 한다.
㉰ 소수성 콜로이드는 전해질의 첨가에 따라 응집하며 응결시킬 때 필요한 이온에 대한 응결가는 이온가가 높은 쪽이 크다.
㉱ 친수성 콜로이드는 물에 대한 친화력이 대단히 크므로 소량의 전해질 첨가에는 영향을 받지 않고 대량의 전해질을 가하면 염석에 따라 침전한다.

**풀이** ㉯ Zeta 전위가 0에 가까워질수록 응결이 쉽게 일어난다.

**answer** 01 ㉰  02 ㉯  03 ㉯

**04** 호수의 성층현상에 관한 설명으로 틀린 것은 어느 것인가?

㉮ 수심에 따른 온도변화로 인해 발생되는 물의 밀도차에 의하여 발생한다.
㉯ Thermocline(약층)은 순환층과 정체층의 중간층으로 깊이에 따른 온도변화가 크다.
㉰ 봄이 되면 얼음이 녹으면서 수표면 부근의 수온이 높아지게 되고 따라서 수직운동이 활발해져 수질이 악화된다.
㉱ 여름이 되면 연직에 따른 온도경사와 용존산소 경사가 반대모양을 나타낸다.

풀이 ㉱ 여름이 되면 연직에 따른 온도경사와 용존산소 경사가 같은모양을 나타낸다.

**05** 경도가 $CaCO_3$로서 500mg/L이고 $Ca^{+2}$ 100mg/L, $Na^+$ 46mg/L, $Cl^-$ 1.3mg/L인 물에서의 $Mg^{+2}$의 농도(mg/L)는 얼마인가? (단, 원자량은 Ca 40, Mg 24, Na 23, Cl 35.5)

㉮ 30mg/L  ㉯ 60mg/L
㉰ 120mg/L  ㉱ 240mg/L

풀이 $\dfrac{경도(mg/L)}{50g} = \dfrac{Ca^{2+}mg/L}{20g} + \dfrac{Mg^{2+}mg/L}{12g}$

따라서 $\dfrac{500mg/L}{50g} = \dfrac{100mg/L}{20g} + \dfrac{Mg^{2+}mg/L}{12g}$

∴ $Mg^{2+}$ = 60mg/L

**06** 미생물을 진핵세포와 원핵세포로 나눌 때 원핵세포에는 없고 진핵세포에만 있는 것은 어느 것인가?

㉮ 리보솜  ㉯ 세포소기관
㉰ 세포벽  ㉱ DNA

풀이 원핵세포에는 없고 진핵세포에만 있는 것은 ㉯ 세포소기관(미토콘드리아, 엽록체, 액포 등)이다.

**07** 물의 특성에 대한 내용으로 틀린 것은 어느 것인가?

㉮ 수소와 산소의 공유결합 및 수소결합으로 되어 있다.
㉯ 수온이 감소하면 물의 점성도가 감소한다.
㉰ 물의 점성도는 표준상태에서 대기의 대략 100배 정도이다.
㉱ 물분자 사이의 수소결합으로 큰 표면장력을 갖는다.

풀이 ㉯ 수온이 감소하면 물의 점성도가 증가한다.

**08** 부영양화가 진행되는 단계에서의 지표현상으로 틀린 것은 어느 것인가?

㉮ 심수층의 DO 농도가 점차적으로 감소한다.
㉯ 플랑크톤 및 그 잔재물이 증가되고, 물의 투명도가 점차 낮아진다.
㉰ 퇴적된 저니의 용출이 현격하게 늘어나며 COD 농도가 증가한다.
㉱ 식물성 플랑크톤이 늘어나고 남조류, 녹조류 등이 규조류로 변화되어 진다.

풀이 ㉱ 식물성 플랑크톤이 늘어나고 규조류 등이 남조류로 변화되어 진다.

answer  04 ㉱  05 ㉯  06 ㉯  07 ㉯  08 ㉱

**09** 알칼리도(Alkalinity)에 대한 내용으로 틀린 것은 어느 것인가?

㉮ 알칼리도가 낮은 물은 철(Fe)에 대한 부식성이 강하다.
㉯ 알칼리도가 부족할 때는 소석회($Ca(OH)_2$)나 소다회($Na_2CO_3$)와 같은 약제를 첨가하여 보충한다.
㉰ 자연수의 알칼리도는 주로 중탄산염($HCO_3^-$)의 형태를 이룬다.
㉱ 중탄산염($HCO_3^-$)이 많이 함유된 물을 가열하면 pH는 낮아진다.

**풀이** ㉱ 중탄산염($HCO_3^-$)이 많이 함유된 물을 가열하면 pH는 높아진다.

**10** 유해물질, 배출원, 유해내용이 알맞게 짝지어진 것은 어느 것인가?

㉮ 카드뮴 - 전해소다공장, 농약공장 - 수족의 지각장애
㉯ 수은 - 금속광산, 정련공장, 원자로 - 동요성 보행
㉰ 납 - 합금, 도금, 제련 - 피부궤양
㉱ 망간 - 광산, 합금, 유리착색 - 파킨스병 유사증세

**풀이** ㉮ 카드뮴 - 아연정련업, 도금공업 - 이따이이따이병, 골연화증
㉯ 수은 - 제련, 살충제, 온도계, 압력계 제조업 - 헌터루셀 증후군, 미나마타병
㉰ 납 - 축전지, 인쇄, 도가니제조공업 - 피부질환

**11** 아세트산($CH_3COOH$) 1,000mg/L 용액의 pH가 3.0이었다면, 이 용액의 해리상수(Ka)는 얼마인가?

㉮ $2 \times 10^{-5}$  ㉯ $3 \times 10^{-5}$
㉰ $4 \times 10^{-5}$  ㉱ $6 \times 10^{-5}$

**풀이** $CH_3COOH \rightleftharpoons CH_3COO^- + H^+$

해리상수(Ka) = $\dfrac{[CH_3COO^-][H^+]}{[CH_3COOH]}$

① $CH_3COOH$의 mol/L
$= \dfrac{1,000mg}{L} \times \dfrac{1g}{10^3 mg} \times \dfrac{1mol}{60g}$
$= 0.0167 mol/L$

② pH = 3.0이므로
$[H^+] = 10^{-pH} mol/L = 10^{-3} mol/L$

③ $[H^+] = [CH_3COO^-] = 10^{-3} mol/L$

④ 산해리상수(Ka)
$= \dfrac{[10^{-3} mol/L][10^{-3} mol/L]}{[0.0167 mol/L]} = 6.0 \times 10^{-5}$

**12** BOD가 2,000mg/L인 폐수를 제거율 85%로 처리한 후 몇 배 희석하면 방류수 기준에 맞는가? (단, 방류수 기준은 40mg/L이라고 가정한다.)

㉮ 4.5배 이상  ㉯ 5.5배 이상
㉰ 6.5배 이상  ㉱ 7.5배 이상

**풀이** $\eta = \left(1 - \dfrac{BOD_o \times P}{BOD_i}\right) \times 100$

$85\% = \left(1 - \dfrac{40mg/L \times P}{2,000mg/L}\right) \times 100$

$\therefore P = \dfrac{2,000mg/L \times (1-0.85)}{40mg/L} = 7.5배$

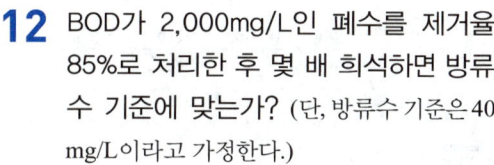

**answer** 09 ㉱  10 ㉱  11 ㉱  12 ㉱

**13** 적조현상에 의해 어패류가 폐사하는 원인으로 틀린 것은 어느 것인가?

㉮ 적조생물이 어패류의 아가미에 부착하여
㉯ 적조류의 광범위한 수면막 형성으로 인해
㉰ 치사성이 높은 유독물질을 분비하는 조류로 인해
㉱ 적조류의 사후분해에 의한 수중 부패 독의 발생으로 인해

**풀이** 적조현상에 의해 어패류가 폐사하는 원인은 ㉮·㉰·㉱에 의해서 이다.

**14** $H_2SO_4$의 비중이 1.84이며, 농도는 95중량%이다. N농도는 얼마인가?

㉮ 8.9　　㉯ 17.8
㉰ 35.7　　㉱ 71.3

**풀이**
$$eq/L = \frac{비중(g)}{(mL)} \times \frac{10^3 mL}{1L} \times \frac{1eq}{1당량\,g} \times \frac{\%농도}{100}$$

$$= \frac{1.84g}{mL} \times \frac{10^3 mL}{1L} \times \frac{1eq}{98g/2} \times \frac{95\%}{100}$$

$$= 35.67N$$

**TIP**
① N농도 = eq/L
② $H_2SO_4$　$1eq = \frac{분자량}{가수}$
③ $H_2SO_4$ 분자량 = $2\times1+32+4\times16 = 98g$

**15** 지구상의 담수 존재량의 가장 많은 부분을 차지하고 있는 것은 어느 것인가?

㉮ 지하수　　㉯ 토양수분
㉰ 빙하　　㉱ 하천수

**풀이** 담수 중에서 가장 많은 양을 차지하는 것은 빙하(만년설 포함)이고 다음이 지하수이다.

**16** 지하수의 일반적 특성으로 틀린 것은 어느 것인가?

㉮ 수온변동이 적고 탁도가 낮다.
㉯ 미생물이 거의 없고 오염물질이 적다.
㉰ 무기염류농도와 경도가 높다.
㉱ 자정속도가 빠르다.

**풀이** ㉱ 자정속도가 느리다.

**17** 수질오염과 관련된 미생물에 관한 내용으로 틀린 것은 어느 것인가?

㉮ 박테리아는 용해된 유기물을 섭취한다.
㉯ Fungi가 폐수처리 과정에서 많이 발생되면 유출수로부터 분리가 잘 안되며 이를 슬러지 팽화라 한다.
㉰ Protozoa는 호기성이며 탄소동화 작용을 하지 않고 박테리아 같은 미생물을 잡아먹는다.
㉱ 균류는 탄소동화 작용을 하는 생물로 무기물을 섭취하는 호기성 종속 미생물이다.

**풀이** ㉱ 균류(곰팡이)는 탄소동화 작용을 하지 않는다.

---

**answer** 13 ㉯　14 ㉰　15 ㉰　16 ㉱　17 ㉱

**18** 트리할로메탄(THM)에 대한 내용으로 틀린 것은 어느 것인가?

㉮ 일정 기준 이상의 염소를 주입하면 THM의 농도는 급감한다.
㉯ pH가 증가할수록 THM의 생성량은 증가한다.
㉰ 온도가 증가할수록 THM의 생성량은 증가한다.
㉱ 수돗물에 생성된 트리할로메탄류는 대부분 클로로포름으로 존재한다.

**풀이** ㉮ 일정 기준 이상의 염소를 주입하면 THM의 농도는 급증한다.

**19** 미생물의 종류를 분류할 때, 탄소 공급원에 따른 분류는?

㉮ Aerobic, Anaerobic
㉯ Thermophilic, Psychrophilic
㉰ Phytosynthetic, Chemosynthetic
㉱ Autotrophic, Heterotrophic

**풀이** 탄소공급원에 따라 Autotrophic(독립영양계)와 Heterotrophic(종속영양계)로 구분한다.

**20** 하천의 단면적이 350m², 유량이 428,400 m³/hr, 평균수심 1.7m일 때 탈산소계수가 0.12/day인 지점의 자정계수는 얼마인가? (단, $k_2 = 2.2 \times \dfrac{V}{H^{1.33}}$ 식에서 단위는 V[m/sec], H[m]이다.)

㉮ 0.3  ㉯ 1.6
㉰ 2.4  ㉱ 3.1

**풀이** 자정계수(f) = $\dfrac{k_2}{k_1}$

① $k_1$(탈산소계수) = 0.12/day
② $k_2$(재폭기계수) = $2.2 \times \dfrac{V}{H^{1.33}}$

$V(m/sec) = \dfrac{428,400m^3/hr \times 1hr/3,600sec}{350m^2}$
$= 0.34 m/sec$

따라서 $k_2 = 2.2 \times \dfrac{0.34 m/sec}{(1.7)^{1.33}} = 0.37/day$

③ 자정계수(f) = $\dfrac{k_2}{k_1} = \dfrac{0.37/day}{0.12/day} = 3.08$

| 제2과목 | 상하수도 계획

**21** 원심력 펌프의 규정회전수 N = 30회/sec, 규정토출량 Q = 0.8m³/sec, 규정양정 H = 15m일 때, 펌프의 비교회전도는 얼마인가? (단, 양흡입이 아님)

㉮ 약 1,050rpm   ㉯ 약 1,250rpm
㉰ 약 1,410rpm   ㉱ 약 1,640rpm

**풀이**
$N_S = N \times \dfrac{Q^{\frac{1}{2}}}{H^{\frac{3}{4}}}$

$\left[\begin{array}{l} N_s : 비교회전도(rpm = \dfrac{회}{min}) \\ N : 규정회전수(rpm) \\ Q : 토출량(m^3/min) \\ H : 전양정(m) \end{array}\right.$

따라서
$N_s = (30회/sec \times 60sec/min)$
$\times \dfrac{(0.8m^3/sec \times 60sec/min)^{\frac{1}{2}}}{(15m)^{\frac{3}{4}}} = 1,636.16 rpm$

**answer** 18 ㉮  19 ㉱  20 ㉱  21 ㉱

**22** 침전지 침전효율과 연관된 설명으로 알맞은 것은 어느 것인가?

㉮ 침전제거율 향상을 위해 침전지의 침강면적(A)을 작게 한다.
㉯ 침전제거율 향상을 위해 플록의 침강속도(V)를 작게 한다.
㉰ 침전제거율 향상을 위해 유량(Q)을 크게 한다.
㉱ 가장 기본적인 지표는 표면부하율이다.

**풀이** ㉮ 침전제거율 향상을 위해 침전지의 침강면적(A)을 크게 한다.
㉯ 침전제거율 향상을 위해 플록의 침강속도(V)를 크게 한다.
㉰ 침전제거율 향상을 위해 유량(Q)을 작게 한다.

**23** 상수시설 중 배수지에 대한 내용으로 틀린 것은 어느 것인가?

㉮ 유효용량은 시간변동조정용량, 비상대처용량을 합하여 급수구역의 계획1일 최대급수량의 12시간분 이상을 표준으로 한다.
㉯ 부득이한 경우 외에는 배수지를 급수지역의 중앙 가까이 설치한다.
㉰ 유효수심은 1~2m 정도를 표준으로 한다.
㉱ 자연유하식 배수지의 표고는 최소동수압이 확보되는 높이어야 한다.

**풀이** ㉰ 유효수심은 3~6m 정도를 표준으로 한다.

**24** 상수도 관종을 선정할 때 고려사항으로 틀린 것은 어느 것인가?

㉮ 관 재질에 의하여 물이 오염될 우려가 없어야 한다.
㉯ 내압과 외압에 대하여 안전해야 하며 매설조건에 적합해야 한다.
㉰ 통수능력 감소에 따른 내용년수를 고려해야 한다.
㉱ 매설환경에 적합한 시공성을 지녀야 한다.

**풀이** ㉰ 통수능력 증가에 따른 내용년수를 고려해야 한다.

**25** 계획분뇨처리량 기준으로 알맞은 것은 어느 것인가?

㉮ 1일평균 분뇨발생량을 기준으로 한다.
㉯ 년간 분뇨발생량을 기준으로 한다.
㉰ 계획지역 수거량을 기준으로 한다.
㉱ 지역별 분뇨처리시설 용량을 기준으로 한다.

**풀이** 계획분뇨처리량은 계획지역 수거량을 기준으로 한다.

**26** 하수도계획의 목표연도로 알맞은 것은 어느 것인가?

㉮ 원칙적으로 10년으로 한다.
㉯ 원칙적으로 15년으로 한다.
㉰ 원칙적으로 20년으로 한다.
㉱ 원칙적으로 25년으로 한다.

**풀이** 목표연도
상수도는 15~20년, 하수도는 20년이다.

**answer** 22 ㉱  23 ㉰  24 ㉰  25 ㉰  26 ㉰

**27** 배수탑에 관한 내용으로 틀린 것은 어느 것인가?

㉮ 배수탑의 총 수심은 20m 정도를 한계로 하여야 한다.
㉯ 유출관의 유출구 중심고는 저수위보다 관경의 2배 이상 낮게 하여야 한다.
㉰ 배수탑에는 고수위에 벨 마우스를 갖는 월류관을 설치하여야 한다.
㉱ 배수탑의 유입관, 유출관, 월류관, 배출관에는 부등침하나 신축에는 관계없으므로 신축 이음을 설치할 필요가 없다.

**풀이** ㉱ 배수탑의 유입관, 유출관, 월류관, 배출관에는 부등침하나 신축에 관계있으므로 신축이음을 설치하여야 한다.

**28** 하수도 시설인 중력식 침사지에 관한 내용으로 틀린 것은 어느 것인가?

㉮ 침사지의 평균유속은 0.3m/초를 표준으로 한다.
㉯ 저부경사는 보통 1/500~1/1,000로 하며 그리트 제거설비의 종류별 특성에 따라 범위가 적용된다.
㉰ 침사지의 표면부하율은 오수침사지의 경우 1,800m³/m²·일, 우수침사지의 경우 3,600m³/m²·일 정도로 한다.
㉱ 침사지 수심은 유효수심에 모래 퇴적부의 깊이를 더한 것으로 한다.

**풀이** ㉯ 저부경사는 보통 1/100~2/100로 하며 그리트 제거설비의 종류별 특성에 따라 범위가 적용된다.

**29** 펌프의 토출량이 0.1m³/sec, 토출구의 유속이 2m/sec로 할 때 펌프의 구경은 얼마인가?

㉮ 약 255mm   ㉯ 약 365mm
㉰ 약 475mm   ㉱ 약 545mm

**풀이** $D = 146 \times \sqrt{\dfrac{Q}{V}}$

$\begin{bmatrix} D : \text{펌프의 흡입구경(mm)} \\ Q : \text{펌프의 토출량}(m^3/min) \\ V : \text{유속}(m/sec) \end{bmatrix}$

따라서 $D = 146 \times \sqrt{\dfrac{0.1 m^3/sec \times 60 sec/min}{2 m/sec}}$

$= 252.88 mm$

**30** 상수시설의 도수관 중 공기밸브의 설치에 대한 내용으로 틀린 것은 어느 것인가?

㉮ 관로의 종단도상에서 상향 돌출부의 하단에 설치해야 하지만 제수밸브의 중간에 상향 돌출부가 없는 경우에는 높은 쪽의 제수밸브 바로 뒤쪽에 설치한다.
㉯ 관경 400mm 이상의 관에는 반드시 급속공기밸브 또는 쌍구공기밸브를 설치하고, 관경 350mm 이하의 관에 대해서는 급속공기밸브 또는 단구공기밸브를 설치한다.
㉰ 공기밸브에는 보수용의 제수밸브를 설치한다.
㉱ 매설관에 설치하는 공기밸브에는 밸브실을 설치한다.

**풀이** ㉮ 관로의 종단도상에서 상향 돌출부의 상단에 설치해야 하지만 제수밸브의 중간에 상향 돌출부가 없는 경우에는 높은 쪽의 제수밸브 바로 밑에 설치한다.

**answer** 27 ㉱  28 ㉯  29 ㉮  30 ㉮

**31** 하수처리를 위한 생물처리설비 중 회전원판장치에 대한 내용으로 틀린 것은 어느 것인가?

㉮ 접촉지의 용량은 액량면적비로 결정한다.
㉯ 처리계열은 2계열 이상으로 하고 각 계열은 2개 이상의 접촉지를 직렬로 배치한다.
㉰ 회전원판의 주변속도는 15~20m/min을 표준으로 한다.
㉱ 접촉지의 내벽과 원판 끝부분과의 간격은 원판직경의 5~8%를 표준으로 한다.

**32** 하수도에 사용되는 펌프형식 중 전양정이 3~12m일 때 적용하고, 펌프구경은 400mm 이상을 표준으로 하며 양정변화에 대하여 수량의 변동이 적고, 또 수량변동에 대해 동력의 변화도 적으므로 우수용 펌프 등 수위변동이 큰 곳에 적합한 펌프는 어느 것인가?

㉮ 원심펌프   ㉯ 사류펌프
㉰ 원심사류펌프   ㉱ 축류펌프

**[풀이]** ㉯ 사류펌프에 대한 설명이다.

**33** 하수의 계획오염부하량 및 계획유입수질에 대한 설명으로 틀린 것은 어느 것인가?

㉮ 계획유입수질 : 계획오염부하량을 계획 1일최대오수량으로 나눈 값으로 한다.
㉯ 생활오수에 의한 오염부하량 : 1인1일당 오염부하량 원단위를 기초로 하여 정한다.
㉰ 관광오수에 의한 오염부하량 : 당일관광과 숙박으로 나누고 각각의 원단위에서 추정한다.
㉱ 영업오수에 의한 오염부하량 : 업무의 종류 및 오수의 특징 등을 감안하여 결정한다.

**[풀이]** ㉮ 계획유입수질 : 계획오염부하량을 계획1일평균오수량으로 나눈 값으로 한다.

**34** 도시 하수처리장의 원형 침전지에 3,000 $m^3$/day의 하수가 유입되고 위어의 월류부하를 12$m^3$/m-day로 하고자 한다면, 최종 침전지 월류위어(weir)의 길이(m)는 얼마인가?

㉮ 220m   ㉯ 230m
㉰ 240m   ㉱ 250m

**[풀이]** 월류부하($m^3$/m·day) = $\dfrac{Q(m^3/day)}{L(m)}$

따라서 12$m^3$/m·day = $\dfrac{3,000 m^3/day}{L}$

∴ L = $\dfrac{3,000 m^3/day}{12 m^3/m·day}$ = 250m

**answer**  31 ㉱  32 ㉯  33 ㉮  34 ㉱

**35** 연평균 강우량이 1,135mm인 지역에 필요한 저수지의 용량(day)은 얼마인가? (단, 가정법 적용하시오.)

㉮ 약 126day   ㉯ 약 146day
㉰ 약 166day   ㉱ 약 186day

▶ 풀이 | 가정법 공식

$$C = \frac{5,000}{(0.8 \times R)^{\frac{1}{2}}}$$

⎡ C : 저수지의 용량(day)
⎣ R : 연평균 강우량(mm)

따라서 $C = \frac{5,000}{(0.8 \times 1,135mm)^{\frac{1}{2}}} = 165.93 day$

---

**36** 배수면적이 50km²인 지역의 우수량이 800m³/s일 때 이 지역의 강우강도(I)는 몇 mm/hr인가? (단, 유출계수 : 0.83, 우수량의 산출은 합리식 적용 하시오.)

㉮ 약 70   ㉯ 약 75
㉰ 약 80   ㉱ 약 85

▶ 풀이 | $Q = \frac{1}{360} CIA$

⎡ Q : 우수량(m³/sec)
  C : 유출계수
  I : 강우강도(mm/hr)
⎣ A : 면적(ha) 1km² = 100ha

따라서

$800m^3/sec = \frac{1}{360} \times 0.83 \times I \times 50km^2 \times 100ha/1km^2$

∴ I = 69.40mm/hr

---

**37** 천정호(얕은 우물)의 경우 양수량 $Q = \frac{\pi k(H^2 - h^2)}{2.3 \log(R/r)}$ 로 표시된다. 반경 0.5m의 천정호 시험정에서 H = 6m, h = 4m, R = 50m의 경우에 Q = 10L/sec의 양수량을 얻었다. 조건에서 투수계수 k는 얼마인가?

㉮ 0.043m/분   ㉯ 0.073m/분
㉰ 0.086m/분   ㉱ 0.146m/분

▶ 풀이 | 양수량$(Q) = \frac{\pi k(H^2 - h^2)}{2.3 \log(R/r)}$

① $Q(m^3/min) = 10L/sec \times 10^{-3} m^3/L \times 60 sec/min$
  $= 0.6 m^3/min$

② $0.6 m^3/min = \frac{\pi \times k \times (6^2 - 4^2)}{2.3 \log\left(\frac{50m}{0.5m}\right)}$

∴ k = 0.044m/min

---

**38** 강우강도 $I = \frac{3,970}{t+31}$ mm/hr, 유역면적 3.0km², 유입시간 180sec, 관거길이 1km, 유출계수 1.1, 하수관의 유속 33m/min일 경우 우수유출량은 얼마인가? (단, 합리식 적용하시오.)

㉮ 약 29m³/sec   ㉯ 약 33m³/sec
㉰ 약 48m³/sec   ㉱ 약 57m³/sec

▶ 풀이 | $Q = \frac{1}{360} CIA$

① 강우강도$(I) = \frac{3,970}{t+31}$

t(유달시간) = 유입시간 + 유하시간$\left(\frac{길이}{유속}\right)$

$= \left(\frac{180sec}{60}\right)min + \left(\frac{1,000m}{33m/min}\right)$

$= 33.303 min$

---

**answer** 35 ㉰   36 ㉮   37 ㉮   38 ㉱

따라서 $I = \dfrac{3,970}{t+31} = \dfrac{3,970}{33.303\,min+31}$
   $= 61.74\,mm/hr$

② 면적(A) = 3.0km² × 100ha/1km² = 300ha

③ $Q = \dfrac{1}{360} \times 1.1 \times 61.74\,mm/hr \times 300ha$
   $= 56.60\,m^3/sec$

**39** 하수도시설기준상 축류펌프의 비교회전도($N_S$) 범위로 알맞은 것은 어느 것인가?

㉮ 100~250rpm
㉯ 200~850rpm
㉰ 700~1,200rpm
㉱ 1,100~2,000rpm

**[풀이]** 축류펌프의 비교회전도는 1,100~2,000rpm이다.

**40** 상수도 시설의 내진설계 방법으로 틀린 것은 어느 것인가?

㉮ 등가적정해석법  ㉯ 다중회귀법
㉰ 응답변위법    ㉱ 동적해석법

**[풀이]** 상수도 시설의 내진설계 방법으로는 등가적정해석법, 응답변위법, 동적해석법이 있다.

## 제3과목 | 수질오염방지기술

**41** 활성슬러지법과 비교하여 생물막 공법의 특징으로 틀린 것은 어느 것인가?

㉮ 적은 에너지를 요구한다.
㉯ 단순한 운전이 가능하다.
㉰ 이차침전지에서 슬러지 벌킹의 문제가 없다.
㉱ 충격독성부하로부터 회복이 느리다.

**[풀이]** ㉱ 충격독성부하로부터 회복이 빠르다.

**42** 정수장 여과지의 여상 내부에 기포가 생기면 여과효율이 급격히 감소한다. 여상에 기포가 갇히게 되는 원인으로 틀린 것은 어느 것인가?

㉮ 여상 내부의 수온 상승
㉯ 여상 내부의 압력이 대기압보다 저하
㉰ 여상 내부에 조류가 증식하여 산소 발생
㉱ 여상 내부 수두손실의 급격한 변동

**[풀이]** ㉱ 여상에 기포가 갇히게 되는 원인과 여상내부 수두손실은 관계가 없다.

**answer** 39 ㉱  40 ㉯  41 ㉱  42 ㉱

**43** 활성슬러지 공법으로부터 1일 3,000kg (건조고형물 기준)이 발생되는 폐슬러지를 호기성으로 소화처리 하고자 할 때 소화조의 용적($m^3$)은 얼마인가? (단, 폐슬러지 농도는 3%, 수온이 20℃, 수리학적 체류시간 23일, 비중 1.03)

㉮ 약 1,515$m^3$  ㉯ 약 1,725$m^3$
㉰ 약 1,945$m^3$  ㉱ 약 2,233$m^3$

**풀이** ① 폐슬러지량($m^3$/day)
$= \dfrac{\text{고형물량(kg/day)}}{\text{비중량(kg/m}^3)} \times \dfrac{100}{TS(\%)}$
$= \dfrac{3,000\text{kg/day}}{1,030\text{kg/m}^3} \times \dfrac{100}{3\%} = 97.087\text{m}^3/\text{day}$
② 소화조의 용적($m^3$)
= 폐슬러지량($m^3$/day)×체류시간(day)
= 97.087$m^3$/day×23day = 2,233$m^3$

**44** 수질성분이 금속 하수도관의 부식에 미치는 영향으로 틀린 것은 어느 것인가?

㉮ 잔류염소는 용존산소와 반응하여 금속 부식을 억제시킨다.
㉯ 용존산소는 여러 부식 반응속도를 증가시킨다.
㉰ 고농도의 염화물이나 황산염은 철, 구리, 납의 부식을 증가시킨다.
㉱ 암모니아는 착화물의 형성을 통하여 구리, 납 등의 용해도를 증가시킬 수 있다.

**풀이** ㉮ 잔류염소는 용존산소와 반응하여 금속 부식을 증가시킨다.

**45** 기계적으로 청소가 되는 바 스크린의 바(bar) 두께는 5mm이고, 바 간의 거리는 30mm이다. 바를 통과하는 유속이 0.90 m/s일 때 스크린을 통과하는 수두손실(m)은 얼마인가?

(단, $h_L = \left(\dfrac{V_B^2 - V_A^2}{2g}\right)\left(\dfrac{1}{0.7}\right)$)

㉮ 0.0157m  ㉯ 0.0238m
㉰ 0.0325m  ㉱ 0.0452m

**풀이** $V_a A_a = V_b A_b$에서 $V_a = V_b \times \dfrac{A_b}{A_a}$

$A_b = W \times H \times \dfrac{\text{바간격}}{\text{바두께} + \text{바간격}}$

$= W \times H \times \dfrac{30\text{mm}}{(5+30)\text{mm}} = 0.857WH$

∴ $V_a = 0.90\text{m/sec} \times \dfrac{0.857WH}{WH} = 0.77\text{m/sec}$

따라서
$h_L = \dfrac{(0.9\text{m/sec})^2 - (0.77\text{m/sec})^2}{2 \times 9.8\text{m/sec}^2} \times \left(\dfrac{1}{0.7}\right)$
$= 0.0158\text{m}$

**TIP**
① $A_a$는 수로이므로 바간격과 바두께 고려안함
② $A_b$는 통과면적이므로 바간격과 바두께 고려함

**answer** 43 ㉱  44 ㉮  45 ㉮

**46** 펜톤처리공정에 대한 내용으로 틀린 것은 어느 것인가?

㉮ 펜톤시약의 반응시간은 철염과 과산화수소수의 주입 농도에 따라 변화를 보인다.
㉯ 펜톤시약을 이용하여 난분해성 유기물을 처리하는 과정은 대체로 산화반응과 함께 pH 조절, 펜톤산화, 중화 및 응집, 침전으로 크게 4단계로 나눌 수 있다.
㉰ 펜톤시약의 효과는 pH 8.3~10 범위에서 가장 강력한 것으로 알려져 있다.
㉱ 폐수의 COD는 감소하지만 BOD는 증가할 수 있다.

**풀이** ㉰ 펜톤시약의 효과는 pH 3~5 범위에서 가장 강력한 것으로 알려져 있다.

**47** BAC(Biological Activated Carbon : 생물활성탄)의 단점으로 틀린 것은 어느 것인가?

㉮ 활성탄이 서로 부착, 응집되어 수두손실이 증가될 수 있다.
㉯ 정상상태까지의 기간이 길다.
㉰ 미생물 부착으로 일반 활성탄보다 사용시간이 짧다.
㉱ 활성탄에 병원균이 자랐을 때 문제가 야기될 수 있다.

**풀이** ㉰ 일반 활성탄에 비해 수명을 4배 이상 연장할 수 있다.

**48** 깊이가 2.75m인 조에서 물의 체류시간을 2분으로 할 때 G값을 500s$^{-1}$로 유지하는데 필요한 공기의 양(m$^3$/s)은 얼마인가? (단, 수온 5℃인 경우, Q = 0.21m$^3$/s, μ=1.518×10$^{-3}$N·S/m$^2$, Pa = 101.3×10$^3$N/m$^2$, P = Pa×Qa×ln[(10.3+h)/10.3]식 적용하시오.)

㉮ 약 0.40m$^3$/s  ㉯ 약 0.55m$^3$/s
㉰ 약 0.86m$^3$/s  ㉱ 약 1.21m$^3$/s

**풀이** ① $P = G^2 \times \mu \times V$
   $= (500/sec)^2 \times 1.518 \times 10^{-3} N \cdot S/m^2$
   $\times (0.21 m^3/sec \times 60sec/min \times 2min)$
   $= 9,563.4 watt$

② $P = P_a \times Q_a \times \ln\dfrac{(10.3+h)}{10.3}$

   $9,563.4 watt$
   $= 101.3 \times 10^3 N/m^2 \times Q_a \times \ln\left(\dfrac{10.3+2.75m}{10.3}\right)$

   ∴ $Q_a = 0.40 m^3/sec$

**49** 포기조 내의 혼합액 중 부유물 농도(MLSS)가 2,000g/m$^3$, 반송슬러지의 부유물 농도가 9,576g/m$^3$이라면 슬러지 반송률(%)은 얼마인가? (단, 유입수내 SS는 고려하지 않는다)

㉮ 23.2%   ㉯ 26.4%
㉰ 28.6%   ㉱ 32.8%

**풀이** ① 반송비(R) $= \dfrac{MLSS-SS_i}{SS_r-MLSS}$

   $= \dfrac{2,000 g/m^3}{9,576 g/m^3 - 2,000 g/m^3} = 0.2640$

② 반송률(%) = 반송비(R)×100 = 0.2640×100
   =26.40%

**answer** 46 ㉰   47 ㉰   48 ㉮   49 ㉯

**50** SBR의 장점으로 틀린 것은 어느 것인가?

㉮ BOD 부하의 변화폭이 큰 경우에 잘 견딘다.
㉯ 처리용량이 큰 처리장에 적용이 용이하다.
㉰ 슬러지 반송을 위한 펌프가 필요없어 배관과 동력이 절감된다.
㉱ 질소와 인의 효율적인 제거가 가능하다.

**풀이** ㉯ 처리용량이 작은 처리장에 적용이 용이하다.

**TIP**
SBR은 연속회분식 활성슬러지법이다.

**51** 수은계 폐수 처리방법으로 틀린 것은 어느 것인가?

㉮ 수산화물 침전법   ㉯ 흡착법
㉰ 이온교환법       ㉱ 황화물침전법

**풀이** 수은계 폐수 처리방법으로는 아말감법, 황화물 침전법, 이온교환법, 흡착법이 있다.

**52** 인구 145,000명인 도시에 완전혼합 활성슬러지 처리장을 설계하고자 한다. 다음과 같은 조건을 이용하여 유출수 $BOD_5$ 10mg/L일 때 반응조 부피($m^3$)는 얼마인가?

- 유입수 유량 360L/인·d
- 유입수 $BOD_5$ 205mg/L
- 1차 침전지에서 제거된 유입수 $BOD_5$는 34%
- MLSS 3,000mg/L
- MLVSS는 MLSS의 75%
- K 0.926L/g MLVSS·hr
- 일차반응임
- $\theta = \dfrac{S_i - S_t}{KXS_t}$

㉮ 약 12,000$m^3$   ㉯ 약 13,000$m^3$
㉰ 약 14,000$m^3$   ㉱ 약 15,000$m^3$

**풀이** ① $\theta = \dfrac{S_i - S_t}{KXS_t}$

$= \dfrac{205mg/L \times (1-0.34) - 10mg/L}{0.926L/g \cdot hr \times 3g/L \times 0.75 \times 10mg/L}$

$= 6.014hr$

② 반응조 부피($m^3$) = 유량($m^3$/day)×체류시간(day)
유량(Q) = 0.36$m^3$/인·day×145,000인
$= 52,200m^3$/day

체류시간(day) =6.014hr× $\dfrac{1day}{24hr}$ = 0.25day

따라서 반응조 부피($m^3$)
= 52,200$m^3$/day×0.25day = 13,050$m^3$

answer  50 ㉯  51 ㉮  52 ㉯

**53** 고도 수처리를 하기 위한 방법인 정밀여과에 대한 내용으로 틀린 것은 어느 것인가?

㉮ 막은 대칭형 다공성막 형태이다.
㉯ 분리형태는 pore size 및 흡착현상에 기인한 체거름이다.
㉰ 추진력은 농도차이다.
㉱ 전자공업의 초순수제조, 무균수제조, 식품의 무균여과에 적용한다.

▶풀이 ㉰ 추진력은 정수압차이다.

**54** 분리막을 이용한 수처리 방법 중 추진력이 정수압차가 아닌 것은 어느 것인가?

㉮ 투석     ㉯ 정밀여과
㉰ 역삼투   ㉱ 한외여과

▶풀이 투석은 농도차, 전기투석은 전위차이다.

**55** 부유입자에 의한 백색광 산란을 설명하는 Raleigh의 법칙은 어느 것인가? (단, I : 산란광의 세기, V : 입자의 체적, λ : 빛의 파장, n : 입자의 수)

㉮ $I \propto \dfrac{V^2}{\lambda^4} n$   ㉯ $I \propto \dfrac{V}{\lambda^2} n$

㉰ $I \propto \dfrac{V}{\lambda} n^2$   ㉱ $I \propto \dfrac{V}{\lambda^2} n^2$

**56** 폐수처리시설을 설치하기 위하여 다음 설계기준으로 처리하고자 한다. 필요한 활성슬러지 반응조의 수리학적 체류시간(HRT)은 얼마인가? (단, 설계기준 : 일 폐수량 40L, BOD 농도 20,000mg/L, MLSS 5,000mg/L, F/M 1.5kg BOD/kg MLSS·d)

㉮ 24hr     ㉯ 48hr
㉰ 64hr     ㉱ 88hr

▶풀이 ① $F/M비 = \dfrac{BOD \times Q}{MLSS \times V} = \dfrac{BOD}{MLSS} \times \dfrac{1}{HRT}$

$1.5/day = \dfrac{20,000mg/L}{5,000mg/L} \times \dfrac{1}{HRT}$

$\therefore HRT = \dfrac{20,000mg/L}{1.5/day \times 5,000mg/L}$

$= 2.667day$

② $HRT(hr) = 2.667day \times \dfrac{24hr}{1day} = 64.0hr$

**57** $Cd^{2+}$가 함유된 폐수의 pH를 높여주면 수산화카드뮴의 침전물이 생성되어 제거된다. 20℃, pH 11에서 폐수 내 이론적 카드뮴 이온의 농도(mg/L)는 얼마인가? (단, 20℃, pH 11에서 수산화카드뮴의 용해도적은 $4.0 \times 10^{-14}$이며 카드뮴 원자량은 112.4이다.)

㉮ $3.5 \times 10^{-5}$mg/L   ㉯ $4.5 \times 10^{-5}$mg/L
㉰ $3.5 \times 10^{-3}$mg/L   ㉱ $4.5 \times 10^{-3}$mg/L

▶풀이 ① $Cd(OH)_2 \rightarrow Cd^{2+} + 2OH^-$
용해도적$(Ksp) = [Cd^{2+}][OH^-]^2$
$pH = 11 \Rightarrow pOH = 14-11 = 3$
$[OH^-] = 10^{-pOH}mol/L = 10^{-3}mol/L$
따라서 $4.0 \times 10^{-14} = [Cd^{2+}][10^{-3}mol/L]^2$

$\therefore [Cd^{2+}] = \dfrac{4.0 \times 10^{-14}}{[10^{-3}mol/L]^2} = 4.0 \times 10^{-8}mol/L$

② $Cd^{2+}$의 mg/L

**answer** 53 ㉰  54 ㉮  55 ㉮  56 ㉰  57 ㉱

$$= \frac{4.0 \times 10^{-8} \text{mol}}{\text{L}} \times \frac{112.4\text{g}}{1\text{mol}} \times \frac{10^3 \text{mg}}{1\text{g}}$$
$$= 4.5 \times 10^{-3} \text{mg/L}$$

**58** 활성슬러지 처리방법별 F/M 비가 가장 높은 공법은 어느 것인가?

㉮ 표준활성슬러지법
㉯ 순산소활성슬러지법
㉰ 장기포기법
㉱ 산화구법

**풀이** 활성슬러지 처리방법별 F/M 비
㉮ 표준활성슬러지법 : 0.2~0.4kgBOD/kgSS·day
㉯ 순산소활성슬러지법 : 0.3~0.6kgBOD/kgSS
　·day
㉰ 장기포기법 : 0.03~0.05kgBOD/kgSS·day
㉱ 산화구법 : 0.03~0.05kgBOD/kgSS·day

**59** 반지름이 8cm인 원형 관로에서 유체의 유속이 20m/sec일 때 반지름이 40cm인 곳에서의 유속(m/sec)은 얼마인가? (단, 유량은 동일하며 기타 조건은 고려하지 않는다.)

㉮ 0.8　　㉯ 1.6
㉰ 2.2　　㉱ 3.4

**풀이**
$$Q = A \times v = \frac{\pi D^2}{4} \times v$$
$$\frac{\pi}{4} \times (2 \times 0.08\text{m})^2 \times 20\text{m/sec} = \frac{\pi}{4} \times (2 \times 0.4\text{m})^2 \times v$$
∴ v = 0.8m/sec

**60** BOD 250mg/L, 유입 폐수량 30,000 m³/day, MLSS 농도 2,500mg/L이고 체류시간이 6시간인 폐수를 활성슬러지법으로 처리한다면 BOD 슬러지부하는 얼마인가?

㉮ 0.4kg BOD/kg MLSS·day
㉯ 0.3kg BOD/kg MLSS·day
㉰ 0.2kg BOD/kg MLSS·day
㉱ 0.1kg BOD/kg MLSS·day

**풀이**
$$\text{F/M비} = \frac{\text{BOD} \times Q}{\text{MLSS} \times V} = \frac{\text{BOD}}{\text{MLSS}} \times \frac{1}{t}$$
$$= \frac{250\text{mg/L}}{2,500\text{mg/L}} \times \frac{1}{\left(\frac{6\text{hr}}{24}\right)\text{day}} = 0.4/\text{day}$$

| 제4과목 | 수질오염공정시험기준

**61** 수산화소듐(NaOH) 10g을 물에 녹여서 500mL로 하였을 경우 몇 N 용액인가?

㉮ 0.1N　　㉯ 0.25N
㉰ 0.5N　　㉱ 0.75N

**풀이**
$$N = \frac{\text{질량(g)}}{\text{부피(L)}} \times \frac{1\text{eq}}{1\text{당량 g}} = \frac{10\text{g}}{0.5\text{L}} \times \frac{1\text{eq}}{40\text{g}} = 0.5\text{N}$$

**TIP**
① N = eq/L
② 1당량g = $\frac{\text{분자량(g)}}{\text{가수}}$
③ NaOH의 분자량 = 23+16+1 = 40g

**answer** 58 ㉯　59 ㉮　60 ㉮　61 ㉰

**62** 현장에서 용존산소 측정이 어려운 경우에는 시료를 가득 채운 300mL BOD병에 황산망간용액 1mL, 알칼리성 요오드화포타슘-아지이드화 소듐 용액 1mL를 넣는다. 만약 시료 중 Fe(Ⅲ)이 함유되어 있을 때에 넣어주는 용액은 어느 것인가?

㉮ KF 용액  ㉯ KI 용액
㉰ $H_2SO_4$  ㉱ 전분용액

**풀이** 황산을 첨가하기 전에 플루오린화포타슘(KF)용액을 넣어 준다.

**63** 흡광도 측정에서 투과율이 30%일 때 흡광도는 얼마인가?

㉮ 0.37  ㉯ 0.42
㉰ 0.52  ㉱ 0.63

**풀이** 흡광도(A) = $\log \dfrac{1}{투과율} = \log \dfrac{1}{0.30} = 0.52$

**TIP**
① 투과율+흡수율 = 100%
② 투과율 = 100-흡수율(%)

**64** 정량한계(LOQ)를 옳게 표시한 것은 어느 것인가?

㉮ 정량한계 = 3×표준편차
㉯ 정량한계 = 3.3×표준편차
㉰ 정량한계 = 5×표준편차
㉱ 정량한계 = 10×표준편차

**풀이** ① 정량한계 = 10×표준편차(S)
② 기기검출한계 = 3×표준편차(S)

**65** BOD 측정용 시료의 전처리 조작에 대한 내용으로 틀린 것은 어느 것인가?

㉮ 산성 시료는 수산화소듐용액(1M)으로 중화시킨다.
㉯ 알칼리성 시료는 염산용액(1M)으로 중화시킨다.
㉰ 일반적으로 잔류염소를 함유한 시료는 반드시 식종을 실시한다.
㉱ 수온이 20℃ 이상인 시료는 10℃ 이하로 식힌 후 통기시켜 산소를 포화시켜 준다.

**풀이** ㉱ 수온이 20℃ 이하인 시료는 23~25℃로 상승시킨 이후에 15분간 통기하여 방치하고 냉각하여 수온을 다시 20℃로 한다.

**66** 시료의 전처리 방법인 회화에 의한 분해 방법의 설명으로 틀린 것은 어느 것인가?

㉮ 시료중에 염화암모늄, 염화마그네슘 등이 다량 함유된 경우에는 납, 철, 주석, 아연 등이 휘산되어 손실을 가져오므로 주의하여야 한다.
㉯ 시료 적당량(100~500mL)을 취하여 백금, 실리카 또는 자체증발접시에 넣고 물중탕 또는 열판에서 가열하여 증발건고한다.
㉰ 잔류물이 녹으면 냉수 100mL를 넣고 여과하여 거름종이를 냉수로 2회 씻어준다.
㉱ 목적성분이 400℃ 이상에서 휘산되지 않고 쉽게 회화될 수 있는 시료에 적용된다.

**풀이** ㉰ 잔류물이 녹으면 온수 20mL를 넣고 여과하여 거름종이를 온수로 3회 씻어준다.

**answer** 62 ㉮  63 ㉰  64 ㉱  65 ㉱  66 ㉰

**67** 다음 중 비소의 수소화물생성-원자흡수분광광도법에 대한 내용으로 틀린 것은?

㉮ 아연 또는 소듐붕소수화물($NaBH_4$)을 넣어 수소화 비소로 포집한다.
㉯ 아르곤 (또는 질소)-수소 불꽃에서 원자화시켜 228.8nm에서 흡광도를 측정한다.
㉰ 정량한계는 0.005mg/L이다.
㉱ 높은 농도의 크롬, 코발트, 구리, 수은, 몰리브덴, 은 및 니켈은 비소 분석을 방해한다.

**풀이** ㉯ 아르곤 (또는 질소)-수소 불꽃에서 원자화시켜 193.7nm에서 흡광도를 측정한다.

**68** 다이페닐카바지이드와 반응하여 생성하는 적자색 착화합물의 흡광도를 540 nm에서 측정하는 중금속은 어느 것인가?

㉮ 6가 크롬     ㉯ 인산염인
㉰ 구리         ㉱ 총인

**풀이** ㉮ 6가 크롬에 대한 설명이다.

**69** 음이온 계면활성제를 자외선/가시선 분광법으로 측정할 때 사용되는 시약으로 알맞은 것은 어느 것인가?

㉮ 메틸 레드    ㉯ 메틸 오렌지
㉰ 메틸렌 블루  ㉱ 메틸렌 옐로우

**풀이** 음이온 계면활성제를 자외선/가시선 분광법으로 측정할 때 사용되는 시약은 메틸렌 블루이다.

**70** 원자흡수분광광도법에서 일어나는 간섭의 설명으로 틀린 것은 어느 것인가?

㉮ 광학적 간섭 : 분석하고자 하는 원소의 흡수파장과 비슷한 다른 원소의 파장이 서로 겹쳐 비이상적으로 높게 측정되는 경우
㉯ 물리적 간섭 : 표준용액과 시료 또는 시료와 시료간의 물리적 성질(점도, 밀도, 표면장력 등)의 차이 또는 표준물질과 시료의 매질(matrix) 차이에 의해 발생
㉰ 화학적 간섭 : 불꽃의 온도가 분자를 들뜬 상태로 만들기에 충분히 높지 않아서, 해당 파장을 흡수하지 못하여 발생
㉱ 이온화 간섭 : 불꽃온도가 너무 낮을 경우 중성원자에서 전자를 빼앗아 이온이 생성될 수 있으며 이 경우 양(+)의 오차가 발생

**풀이** ㉱ 이온화 간섭 : 불꽃온도가 너무 높을 경우 중성원자에서 전자를 빼앗아 이온이 생성될 수 있으며 이 경우 음(-)의 오차가 발생

**71** 원자흡수분광광도법에 의한 금속측정에 대한 내용으로 틀린 것은 어느 것인가?

㉮ 아연검정에 있어서 디티존에 따라 선택추출한 경우는 니켈이나 코발트를 억제하기 때문에 펠옥키소 이황산 포타슘을 가한다.
㉯ 6가 크롬 측정에 있어서 공존 금속류에 의한 간섭을 억제하기 위해서는 황산소듐을 첨가한다.
㉰ 용해성 철 측정에 있어서 다량의 실리카가 포함되어 있을 때는 칼슘을 첨가하여 그 간섭을 억제한다.
㉱ 용해성 망간 측정에 있어서 미량의 경우에는 철 공침법으로 농축한다.

**answer** 67 ㉯  68 ㉮  69 ㉰  70 ㉱  71 ㉮

**72** 다이크롬산포타슘법에 의한 화학적 산소요구량에 대한 내용으로 틀린 것은 어느 것인가?

㉮ 2시간 이상 끓인 다음 최초에 넣은 다이크롬산 포타슘액의 60~70%가 남도록 취하여야 한다.
㉯ 황산제일철암모늄용액으로 적정하여 시료에 의해 소비된 다이크롬산포타슘을 계산하고 이에 상당하는 산소의 양을 측정하는 방법이다.
㉰ 지표수, 지하수, 폐수 등에 적용하며, COD 5~50mg/L의 낮은 농도범위를 갖는 시료에 적용한다.
㉱ 염소이온의 농도가 1,000mg/L 이상의 농도일 때에는 COD값이 최소한 250 mg/L 이상의 농도이어야 한다.

**풀이** ㉮2시간 이상 끓인 다음 최초에 넣은 다이크롬산 포타슘액의 약 반이 남도록 취한다.

**73** 하천의 수심이 0.5m일 때 유속을 측정하기 위해 각 수심의 유속을 측정한 결과 수심 20%지점 1.7m/sec, 수심 40%지점 1.5m/sec, 60%지점 1.3m/sec, 80%지점 1.0m/sec이었다. 평균 유속(m/sec, 소구간단면기준)은 얼마인가?

㉮ 1.15  ㉯ 1.25
㉰ 1.35  ㉱ 1.45

**풀이** 평균유속 = $\dfrac{V_{0.2}+V_{0.8}}{2}$ = $\dfrac{1.7\text{m/sec}+1.0\text{m/sec}}{2}$
= 1.35m/sec

**TIP**
평균유속 공식
① 수심이 0.4m 미만일 때 평균유속 = $V_{0.6}$
② 수심이 0.4m 이상일 때 평균유속 = $\dfrac{V_{0.2}+V_{0.8}}{2}$

**74** 웨어의 수두가 0.8m, 절단의 폭이 5m인 4각 웨어를 사용하여 유량을 측정하고자 한다. 유량계수가 1.6일 때 유량($m^3$/day)은 얼마인가?

㉮ 약 4,345$m^3$/day  ㉯ 약 6,925$m^3$/day
㉰ 약 8,245$m^3$/day  ㉱ 약 10,370$m^3$/day

**풀이** ① Q = k · b · $h^{\frac{3}{2}}$ ($m^3$/min) = 1.6×5m×$(0.8\text{m})^{\frac{3}{2}}$
= 5.7243$m^3$/min

② Q($m^3$/day) = $\dfrac{5.7243m^3}{\text{min}}$ × $\dfrac{60\text{min}}{1\text{hr}}$ × $\dfrac{24\text{hr}}{1\text{day}}$
= 8,243$m^3$/day

**75** 기체크로마토그래피법으로 인 또는 유황화합물을 선택적으로 검출하려 할 때 사용되는 검출기는 어느 것인가?

㉮ ECD  ㉯ FID
㉰ FPD  ㉱ TCD

**풀이** 인 또는 유황화합물을 선택적으로 검출하려 할 때 사용되는 검출기는 불꽃광도검출기(FPD)이다.

**answer** 72 ㉮  73 ㉰  74 ㉰  75 ㉰

**76** 다음 설명 중 틀린 것은 어느 것인가?

㉮ 연속측정 또는 현장측정의 목적으로 사용하는 측정기기는 공정시험방법에 의한 측정치와의 정확한 보정을 행한 후 사용할 수 있다.
㉯ 검정곡선은 분석물질의 농도변화에 따른 지시값을 나타낸 것을 말한다.
㉰ 표준편차율이라 함은 평균값을 표준편차로 나눈 값의 백분율로서 반복조작시의 편차를 상대적으로 표시한 것을 말한다.
㉱ 기기검출한계(IDL)란 시험분석 대상물질을 기기가 검출할 수 있는 최소한의 농도 또는 양을 의미한다.

**풀이** ㉰ 표준편차율이라 함은 표준편차를 평균값으로 나눈 값의 백분율로서 반복 조작시의 편차를 상대적으로 표시한 것을 말한다.

**77** 수질오염공정시험기준 아연의 시험방법으로 틀린 것은?

㉮ 원자흡수분광광도법
㉯ 유도결합플라스마-원자발광분광법
㉰ 이온크로마토그래피
㉱ 양극벗김전압전류법

**풀이** 아연의 시험방법
① 원자흡수분광광도법
② 유도결합플라스마-원자발광분광법
③ 유도결합플라스마-질량분석법
④ 양극벗김전압전류법

**78** 시료채취 시 유의사항에 관한 내용으로 틀린 것은 어느 것인가?

㉮ 시료 채취 용기는 깨끗이 세척된 용기 또는 멸균된 용기를 사용한다.
㉯ 수소이온을 측정하기 위한 시료를 채취할 때에는 운반 중 공기와 접촉이 없도록 용기에 가득 채운다.
㉰ 휘발성유기화합물 분석용 시료를 채취할 때에는 뚜껑에 격막이 생성되지 않도록 주의 한다.
㉱ 시료채취량은 시험항목 및 시험회수에 따라 차이가 있으나 보통 3~5리터 정도이다.

**풀이** ㉰ 휘발성유기화합물 분석용 시료를 채취할 때에는 뚜껑의 격막을 만지지 않도록 주의하여야 한다.

**answer** 76 ㉰   77 ㉰   78 ㉰

**79** 물벼룩을 이용한 급성 독성시험법에서 사용하는 용어의 정의로 틀린 것은?

㉮ 치사 : 일정 희석 비율로 준비된 시료에 물벼룩을 투입하여 24시간 경과 후 시험 용기를 손으로 살짝 두드려 주고, 15초 후 관찰했을 때 독성물질에 의해 영향을 받아 움직임이 명백하게 없는 상태를 '치사'라 판정한다.

㉯ 유영저해 : 일정 희석 비율로 준비된 시료에 물벼룩을 투입하여 24시간 경과 후 시험용기를 손으로 살짝 두드려 주고, 15초 후 관찰했을 때 독성물질에 의해 영향을 받아 움직임이 없을 경우를 '유영저해'로 판정한다. 이 때 안테나나 다리 등 부속지를 움직인다 하더라도 유영을 하지 못한다면 '유영저해'로 판정한다.

㉰ 반수영향농도 : 투입 시험생물의 50%가 치사 혹은 유영저해를 나타낸 농도이다.

㉱ 지수식 시험방법 : 시험기간 중 시험용액을 교환하는 시험을 말한다.

[풀이] ㉱ 지수식 시험방법 : 시험기간 중 시험용액을 교환하지 않는 시험을 말한다.

**80** 부유물질 측정 시 간섭물질에 대한 내용으로 틀린 것은 어느 것인가?

㉮ 증발잔류물이 1,000mg/L 이상인 경우의 해수, 공장폐수 등은 특별히 취급하지 않을 경우, 높은 부유물질 값을 나타낼 수 있다.

㉯ 큰 모래입자 등과 같은 큰 입자들은 부유물질 측정에 방해를 주며 이 경우 직경 1mm 여과지에 먼저 통과시킨 후 분석을 실시한다.

㉰ 칼슘, 마그네슘, 염화물, 황산염 등의 농도가 높을 경우 금속 침전이 발생하며 부유물질 측정에 영향을 줄 수 있다.

㉱ 유지, 그리스, 왁스 등을 포함하는 시료의 경우 시료를 여과한다.

[풀이] ㉯ 큰 모래입자 등과 같은 큰 입자들은 부유물질 측정에 방해를 주며 이 경우 직경 2mm 금속망을 먼저 통과시킨 후 분석을 실시한다.

answer  79 ㉱  80 ㉯

## 2016년 2회 기출문제

2016년 5월 8일 시행

| 제1과목 | 수질오염개론

**01** 수질오염물질별 인체영향(질환)이 틀리게 연결된 것은 어느 것인가?

㉮ 비소 : 법랑 반점
㉯ 크롬 : 비중격 연골천공
㉰ 아연 : 기관지 자극 및 폐염
㉱ 납 : 근육과 관절의 장애

**풀이** ㉮ 불소 : 법랑 반점

**02** 하천의 DO가 8mg/L, $BOD_u$가 10mg/L 일 때, 용존산소곡선(DO Sag Curve)에서의 임계점에 도달하는 시간(day)은 얼마인가? (단, 온도는 20℃, DO 포화농도는 9.2mg/L, $k_1$ = 0.1/day, $k_2$ = 0.2/day, $t_c = \dfrac{1}{k_1(f-1)} \log\left[f\left\{1-(f-1)\dfrac{D_o}{L_o}\right\}\right]$이다. 상용대수 기준이다.)

㉮ 2.46day    ㉯ 2.64day
㉰ 2.78day    ㉱ 2.93day

**풀이** $t_c = \dfrac{1}{k_1(f-1)} \log\left[f\left\{1-(f-1)\dfrac{D_o}{L_o}\right\}\right]$

$\begin{bmatrix} t_c : \text{임계점 도달시간(day)} \\ k_1 : \text{탈산소계수(/day)} \\ k_2 : \text{재폭기계수(/day)} \\ f : \text{자정계수}\left(f = \dfrac{k_2}{k_1} = \dfrac{0.2/day}{0.1/day} = 2\right) \\ L_o : \text{최종 BOD}(= BOD_u) \\ D_o : \text{초기산소부족량} \\ (D_o = C_S - C = 9.2mg/L - 8mg/L = 1.2mg/L) \end{bmatrix}$

따라서

$t_c = \dfrac{1}{0.1/day \times (2-1)} \log\left\{2 \times \left[1-(2-1)\times\left(\dfrac{1.2mg/L}{10mg/L}\right)\right]\right\}$

= 2.46day

**03** 저수지의 용량이 $2.8 \times 10^8 m^3$이고 염분의 농도가 1.25%이며 유량은 $2.4 \times 10^9 m^3$/년 이라면 저수지 염분농도가 200 mg/L로 될 때까지의 소요시간(개월)은 얼마인가? (단, 염분 유입은 없으며 저수지는 완전혼합 반응조, 1차반응(자연대수)로 가정한다.)

㉮ 4.6개월    ㉯ 5.8개월
㉰ 6.9개월    ㉱ 7.4개월

**풀이** 1차 반응식 : $\ln\left(\dfrac{C_t}{C_o}\right) = -\left(\dfrac{Q}{V}\right) \times t$

$\begin{bmatrix} C_o : \text{초기농도}(1.25\% = 1.25 \times 10^4 mg/L) \\ C_t : \text{t시간 후의 농도}(200mg/L) \\ Q : \text{유량}(2.4 \times 10^9 m^3/\text{년}) \\ V : \text{체적}(2.8 \times 10^8 m^3) \end{bmatrix}$

따라서 $\ln\dfrac{200mg/L}{1.25 \times 10^4 mg/L} = -\left(\dfrac{2.4 \times 10^9 m^3/\text{년}}{2.8 \times 10^8 m^3}\right) \times t$

∴ t = 0.4824년 = 5.79달

**answer** 01 ㉮  02 ㉮  03 ㉯

**04** 우리나라의 하천에 관한 내용으로 알맞은 것은 어느 것인가?

㉮ 최소 유량에 대한 최대 유량의 비가 작다.
㉯ 유출시간이 길다.
㉰ 하천 유량이 안정되어 있다.
㉱ 하상 계수가 크다.

**풀이**
㉮ 최소 유량에 대한 최대 유량의 비가 크다.
㉯ 유출시간이 짧다.
㉰ 하천 유량이 안정되어 있지 않다.

**05** 소수성 콜로이드 입자가 전기를 띠고 있는 것을 조사할 때 적합한 것은 어느 것인가?

㉮ 콜로이드 입자에 강한 빛을 조사하여 Tyndall 현상을 조사한다.
㉯ 콜로이드 용액의 삼투압을 조사한다.
㉰ 한외현미경으로 입자의 Brown 운동을 관찰한다.
㉱ 전해질을 소량 넣고 응집을 조사한다.

**06** 분뇨의 특성에 대한 내용으로 틀린 것은 어느 것인가?

㉮ 분과 뇨의 구성비는 대략 부피비로 1 : 10 정도이고, 고형물의 비는 7 : 1 정도이다.
㉯ 음식문화의 차이로 인하여 우리나라와 일본의 분뇨 특성이 다르다.
㉰ 1인 1일 분뇨생산량을 분이 약 0.14L, 뇨가 2L 정도로서 합계 2.14L 이다.
㉱ 분뇨 내의 BOD와 SS는 COD의 1/3 ~1/2 정도를 나타낸다.

**07** 수은(Hg) 중독에 대한 설명으로 틀린 것은 어느 것인가?

㉮ 난청, 언어장애, 구심성 시야협착, 정신장애를 일으킨다.
㉯ 이따이이따이병을 유발한다.
㉰ 유기수은은 무기수은보다 독성이 강하며 신경계통에 장해를 준다.
㉱ 무기수은은 황화물 침전법, 활성탄 흡착법, 이온교환법 등으로 처리할 수 있다.

**풀이** ㉯ 이따이이따이병을 유발하는 것은 카드뮴(Cd)이다.

**08** 염소가스 물에 녹여 pH가 7이고 염소이온의 농도가 71mg/L이면 자유염소와 차아염소산간의 비($[HOCl]/[Cl_2]$)는 얼마인가? (단, 차아염소산은 해리되지 않는 것으로 가정, 전리상수값은 $4.5×10^{-4}$mol/L (25℃))

㉮ $3.57×10^7$　　㉯ $3.57×10^6$
㉰ $2.57×10^7$　　㉱ $2.25×10^6$

**풀이** ① $Cl_2 + H_2O \rightleftarrows HOCl + H^+ + Cl^-$

$$k = \frac{[HOCl][H^+][Cl^-]}{[Cl_2]}$$

$$\frac{[HOCl]}{[Cl_2]} = \frac{k}{[H^+][Cl^-]}$$

② $[H^+]$의 농도 계산
pH = 7이므로 pH = $-\log[H^+]$에서
$[H^+] = 10^{-pH}$ mol/L
따라서 $[H^+] = 10^{-7}$ mol/L

③ $[Cl^-]$의 농도 계산

$[Cl^-]$의 mol/L = $\frac{71mg}{L} × \frac{1g}{10^3 mg} × \frac{1mol}{35.5g}$

　　　　= 0.002 mol/L

④ $\frac{[HOCl]}{[Cl_2]} = \frac{k}{[H^+][Cl^-]}$

$= \frac{4.5×10^{-4} mol/L}{[10^{-7} mol/L][0.002 mol/L]}$

$= 2.25×10^6$

**answer** 04 ㉱　05 ㉱　06 ㉰　07 ㉯　08 ㉱

**09** 지구상 담수의 존재량을 볼 때 그 양이 가장 큰 형태는 어느 것인가?

㉮ 빙하 및 빙산  ㉯ 하천수
㉰ 지하수        ㉱ 수증기

**풀이** 지구상 담수중에서 가장 많은 것은 빙하 및 빙산이고, 그 다음이 지하수이다.

**10** 물의 물리적 특성으로 틀린 것은?

㉮ 고체상태인 경우 수소결합에 의해 육각형 결정구조를 형성한다.
㉯ 액체상태의 경우 공유결합과 수소결합의 구조로 $H^+$, $OH^-$로 전리되어 전하적으로 양성을 가진다.
㉰ 동점성계수는 점성계수/밀도이며 포이즈(poise) 단위를 적용한다.
㉱ 물은 물분자 사이의 수소결합으로 인하여 큰 표면장력을 갖는다.

**풀이** ㉰ 동점성계수는 점성계수/밀도이며, 단위는 $cm^2$/sec이다.

**11** 물의 순환과 이용에 대한 내용으로 틀린 것은 어느 것인가?

㉮ 지구전체의 강수량은 대략 $4 \times 10^{14} m^3$/년으로서 그 중 약 1/4 가량이 육지에 떨어진다.
㉯ 지구상의 물의 전체량의 약 97%가 해수이다.
㉰ 담수중 50%가 곧 바로는 이용이 불가능하다.
㉱ 담수중 하천수가 차지하는 비율은 약 0.32% 정도이다.

**풀이** ㉰ 담수중 90% 정도가 곧 바로는 이용이 불가능하다.

**12** 분뇨 특성에 대한 설명 중 틀린 것은 어느 것인가?

㉮ 분과 뇨의 양적 혼합비는 10 : 1 이고, 고형물의 비로는 약 7 : 1 정도이다.
㉯ 우리나라 사람은 1인당 BOD는 50g정도 발생한다.
㉰ 분뇨의 발생가스중 주 부식성 가스는 $H_2S$, $NH_3$ 등이다.
㉱ 분뇨의 비중은 약 1.02 이다.

**풀이** ㉮ 분과 뇨의 양적 혼합비는 1 : 8 이고, 고형물의 비로는 약 7 : 1 정도이다.

**13** 유기화합물이 무기화합물과 다른 점을 알맞게 나타낸 것은 어느 것인가?

㉮ 유기화합물들은 대체로 이온반응보다는 분자반응을 하므로 반응속도가 느리다.
㉯ 유기화합물들은 대체로 분자반응보다는 이온반응을 하므로 반응속도가 느리다.
㉰ 유기화합물들은 대체로 이온반응보다는 분자반응을 하므로 반응속도가 빠르다.
㉱ 유기화합물들은 대체로 분자반응보다는 이온반응을 하므로 반응속도가 빠르다.

**14** 수질관리 모델로 틀린 것은 어느 것인가?

㉮ WASP model    ㉯ RAM model
㉰ WQRRS model   ㉱ HSPF model

**풀이** ㉯ RAM model는 대기분산모델에 해당한다.

**answer** 09 ㉮  10 ㉰  11 ㉰  12 ㉮  13 ㉮  14 ㉯

**15** 하수등의 유입으로 인한 하천 변화 상태를 Whipple의 4지대로 나타낼 수 있다. 다음 중 '활발한 분해지대'에 대한 설명으로 틀린 것은 어느 것인가?

㉮ 용존산소가 없어 부패상태이며 물리적으로 이 지대는 회색 내지 흑색으로 나타난다.
㉯ 혐기성세균과 곰팡이류가 호기성균과 교체되어 번식한다.
㉰ 수중의 $CO_2$ 농도나 암모니아성 질소가 증가한다.
㉱ 화장실 냄새나 $H_2S$에 의한 달걀 썩는 냄새가 난다.

**풀이** ㉯ 호기성세균이 혐기성세균으로 교체된다.

**16** 그램음성 독립영양세균에 속하지 않는 것은 어느 것인가?

㉮ Nitrosomonas속   ㉯ Beggiatoa속
㉰ Micrococcus속   ㉱ Thiobacillus속

**풀이** ㉰ Micrococcus속은 탈질미생물로서 종속영양세균에 속한다.

**17** 지하수의 특성에 관한 내용으로 틀린 것은 어느 것인가?

㉮ 지하수는 국지적인 환경조건의 영향을 크게 받는다.
㉯ 지하수의 염분농도는 지표수 평균농도보다 낮다.
㉰ 주로 세균에 의한 유기물 분해작용이 일어난다.
㉱ 지하수는 토양수내 유기물질 분해에 따른 탄산가스의 발생과 약산성의 빗물로 인하여 광물질이 용해되어 경도가 높다.

**풀이** ㉯ 지하수의 염분농도는 지표수 평균농도보다 높다.

**18** 박테리아를 환경적인 조건에 따라 분류할 때, 바닷물과 비슷한 염 조건하에서 잘 자라는 박테리아(호염균)는 어느 것인가?

㉮ Hyperthermophiles
㉯ Microaerophiles
㉰ Halophiles
㉱ Chemotrophs

**풀이** ㉰ Halophiles에 대한 설명이다.

**19** 생물농축에 관한 내용으로 틀린 것은 어느 것인가?

㉮ 수생생물의 체내의 각종 중금속 농도는 환경수중의 농도보다는 높은 경우가 많다.
㉯ 생물체중의 농도와 환경수중의 농도비를 농축비 또는 농축계수라고 말한다.
㉰ 수생생물의 종류에 따라서 중금속의 농축비가 다르게 되어 있는 것이 많다.
㉱ 농축비는 먹이사슬 과정에서 높은 단계의 소비자에 상당하는 생물일수록 낮게 된다.

**풀이** ㉱ 농축비는 먹이사슬과정에서 높은 단계의 소비자에 상당하는 생물일수록 높게 된다.

**answer** 15 ㉯   16 ㉰   17 ㉯   18 ㉰   19 ㉱

**20** 콜로이드(Colloid)용액이 갖는 일반적인 특성으로 틀린 것은 어느 것인가?

- ㉮ 광선을 통과시키면 입자가 빛을 산란하여 빛의 진로를 볼 수 없게 된다.
- ㉯ 콜로이드 입자가 분산매 및 다른 입자와 충돌하여 불규칙한 운동을 하게 된다.
- ㉰ 콜로이드 입자는 질량에 비해서 표면적이 크므로 용액속에 있는 다른 입자를 흡착하는 힘이 크다.
- ㉱ 콜로이드 용액에서는 콜로이드 입자가 양이온 또는 음이온을 띠고 있다.

**풀이** ㉮ 광선을 통과시키면 입자가 빛을 산란하여 빛의 진로를 볼 수 있게 된다.

---

| 제2과목 | 상하수도 계획

**21** 펌프 운전 시 발생할 수 있는 비정상현상에 대한 설명이다. 펌프 운전 중에 토출량과 토출압이 주기적으로 숨이 찬 것처럼 변동하는 상태를 일으키는 현상으로 펌프 특성 곡선이 산형에서 발생하며 큰 진동을 발생하는 현상은 무엇인가?

- ㉮ 캐비테이션(Cavitation)
- ㉯ 서어징(Surging)
- ㉰ 수격작용(Water hammer)
- ㉱ 크로스컨넥숀(Cross connection)

**풀이** ㉯ 서어징(Surging)에 대한 설명이다.

**22** 하수슬러지 소각을 위한 유동층소각로의 장단점으로 틀린 것은 어느 것인가?

- ㉮ 연소효율이 높고 소각되지 않는 양이 적기 때문에 로 잔사매립에 의한 2차 공해가 없다.
- ㉯ 유동매체로 규소 등을 사용할 때에 손실이 발생하므로 손실보충을 연속적으로 하여야 한다.
- ㉰ 로 내 온도의 자동제어 및 열회수가 용이하다.
- ㉱ 로 내의 기계적 가동부분이 많아 유지관리가 어렵다.

**풀이** ㉱ 로 내의 기계적 가동부분이 적어 유지관리가 쉽다.

**23** 배수시설인 배수관의 최소동수압 및 최대정수압 기준으로 알맞은 것은 어느 것인가? (단, 급수관을 분기하는 지점에서 배수관내 수압기준이다.)

- ㉮ 100kPa 이상을 확보 함, 500kPa를 초과하지 않아야 한다.
- ㉯ 100kPa 이상을 확보 함, 600kPa를 초과하지 않아야 한다.
- ㉰ 150kPa 이상을 확보 함, 700kPa를 초과하지 않아야 한다.
- ㉱ 150kPa 이상을 확보 함, 800kPa를 초과하지 않아야 한다.

---

answer  20 ㉮  21 ㉯  22 ㉱  23 ㉰

**24** 펌프의 토출량이 1,200m³/hr, 흡입구의 유속이 2.0m/sec일 경우 펌프의 흡입구경(mm)은 얼마인가?

㉮ 약 262mm  ㉯ 약 362mm
㉰ 약 462mm  ㉱ 약 562mm

 $D = 146 \times \sqrt{\dfrac{Q}{V}}$

$\begin{bmatrix} D : 펌프의\ 흡입구경(mm) \\ Q : 펌프의\ 토출량(m^3/min) \\ V : 유속(m/sec) \end{bmatrix}$

따라서 $D = 146 \times \sqrt{\dfrac{1{,}200m^3/hr \times 1hr/60min}{2.0m/sec}}$

$= 461.69mm$

**25** 유역면적이 1.2km², 유출계수가 0.2인 산림지역에 강우 강도가 2.5mm/min일 때 우수유출량(m³/sec)은 얼마인가?
(단, 합리식 적용)

㉮ 4m³/sec  ㉯ 6m³/sec
㉰ 8m³/sec  ㉱ 10m³/sec

 $Q = \dfrac{1}{360} \times C \times I \times A\ (m^3/sec)$

$\begin{bmatrix} C : 유출계수 \\ I : 강우강도(mm/hr) \\ A : 면적(ha) \end{bmatrix}$

따라서
$Q = \dfrac{1}{360} \times 0.2 \times 2.5mm/min \times 60min/hr \times 1.2km^2$
$\times 100ha/1km^2 = 10m^3/sec$

**26** 상수도 관종 중 강관의 단점으로 틀린 것은 어느 것인가?

㉮ 가공성이 나쁘다(약하다).
㉯ 전식에 대하여 고려해야 한다.
㉰ 내외의 방식면이 손상되면 부식되기 쉽다.
㉱ 용접이음은 숙련공이나 특수한 공구를 필요로 한다.

풀이 ㉮ 가공성이 좋다.

**27** 상수시설인 배수지의 용량에 대한 설명으로 (   )안에 알맞은 말은 어느 것인가?

> 유효용량은 "시간변동조정용량"과 "비상대처용량"을 합하여 급수구역의 계획 1일 최대급수량의 (      ) 이상을 표준으로 하여야 하며 지역특성과 상수도시설의 안정성 등을 고려하여 결정한다.

㉮ 6시간분  ㉯ 8시간분
㉰ 10시간분  ㉱ 12시간분

answer  24 ㉰  25 ㉱  26 ㉮  27 ㉱

**28** 하수시설인 중력식침사지에 관한 내용으로 알맞은 것은 어느 것인가?

㉮ 체류시간은 3~6분을 표준으로 한다.
㉯ 수심은 유효수심에 모래퇴적부의 깊이를 더한 것으로 한다.
㉰ 오수침사지의 표면부하율은 3,600m³/m²·day 정도로 한다.
㉱ 우수침사지의 표면부하율은 1,800m³/m²·day 정도로 한다.

**풀이** ㉮ 체류시간은 30~60초를 표준으로 한다.
㉰ 오수침사지의 표면부하율은 1,800m³/m²·day 정도로 한다.
㉱ 우수침사지의 표면부하율은 3,600m³/m²·day 정도로 한다.

**29** 상수시설인 도수관을 설계할 때의 평균유속에 대한 설명으로 ( )에 알맞은 말은 어느 것인가?

> 자연유하식인 경우에는 허용최대한도를 ( ① )로 하고 도수관의 평균유속의 최소한도는 ( ② )로 한다.

㉮ ① 1m/s, ② 0.3m/s
㉯ ① 2m/s, ② 0.5m/s
㉰ ① 3m/s, ② 0.3m/s
㉱ ① 5m/s, ② 0.5m/s

**TIP**
관거별 유속기준

| 관거 종류 | 기준 | 최소 유속 | 최대 유속 |
| --- | --- | --- | --- |
| 도수관거 | 자연유하식 | 0.3m/sec | 3.0m/sec |
| 오수관거 | 계획시간 최대오수량 | 0.6m/sec | 3.0m/sec |
| 우수관거, 합류관거 | 계획우수량 | 0.8m/sec | 3.0m/sec |

**30** 상수처리를 위한 정수시설 중 착수정에 대한 설명으로 틀린 것은 어느 것인가?

㉮ 수위가 고수위 이상으로 올라가지 않도록 월류관이나 월류위어를 설치한다.
㉯ 착수정의 고수위와 주변벽체의 상단간에는 60cm 이상의 여유를 두어야 한다.
㉰ 착수정의 용량은 체류시간을 30분 이상으로 한다.
㉱ 필요에 따라 분말활성탄을 주입할 수 있는 장치를 설치하는 것이 바람직하다.

**풀이** ㉰ 착수정의 용량은 체류시간을 1.5분 이상으로 한다.

**31** 펌프의 캐비테이션이 발생하는 것을 방지하기 위한 대책으로 틀린 것은 어느 것인가?

㉮ 펌프의 설치위치를 가능한 한 높게 하여 펌프의 필요유효흡입수두를 작게 한다.
㉯ 펌프의 회전수를 낮게 선정하여 펌프의 필요유효흡입수두를 작게 한다.
㉰ 흡입관의 손실을 가능한 한 작게 하여 펌프의 필요유효흡입수두를 크게 한다.
㉱ 흡입측 밸브를 완전히 개방하고 펌프를 운전한다.

**풀이** ㉮ 펌프의 설치위치를 가능한 한 낮추어 하여 펌프의 필요유효흡입수두를 크게 한다.

**answer** 28 ㉯  29 ㉰  30 ㉰  31 ㉮

**32** 상수의 급속여과지 설계기준에 관한 내용으로 틀린 것은 어느 것인가?

㉮ 단층의 여과속도는 200~350m/일을 표준으로 한다.
㉯ 모래층의 두께는 여과사의 유효경이 0.45~0.7mm의 범위인 경우에는 60~70cm를 표준으로 한다.
㉰ 여과면적은 계획정수량을 여과속도로 나누어 구한다.
㉱ 1지의 여과면적은 150m² 이하로 한다.

**풀이** ㉮ 단층의 여과속도는 120~150m/일을 표준으로 한다.

**33** 관거 직선부에서 하수도 맨홀의 최대 간격 표준은 얼마인가? (단, 600mm 이하의 관을 기준으로 한다.)

㉮ 50m  ㉯ 75m
㉰ 100m  ㉱ 150m

**풀이**

| 관경(mm) | 최대간격(m) |
|---|---|
| 300 이하 | 50 |
| 600 이하 | 75 |
| 1000 이하 | 100 |
| 1500 이하 | 150 |
| 1650 이하 | 200 |

**34** 토출량 20m³/min, 전양정 6m, 회전속도 1,200rpm인 펌프의 비교회전도(rpm)는 얼마인가?

㉮ 약 1,300rpm  ㉯ 약 1,400rpm
㉰ 약 1,500rpm  ㉱ 약 1,600rpm

**풀이**

$$N_S = N \times \frac{Q^{\frac{1}{2}}}{H^{\frac{3}{4}}}$$

$N_S$ : 비교회전도(rpm = 회/min)
$N$ : 규정회전수(rpm)
$Q$ : 토출량(m³/min)
$H$ : 총양정(m)

따라서 $N_S = 1,200\text{rpm} \times \frac{(20\text{m}^3/\text{min})^{\frac{1}{2}}}{(6\text{m})^{\frac{3}{4}}}$
$= 1,399.85\text{rpm}$

**35** 상수시설인 침사지의 구조에 관한 설명으로 틀린 것은?

㉮ 표면부하율은 500~800mm/min을 표준으로 한다.
㉯ 지내평균유속은 2~7cm/sec를 표준으로 한다.
㉰ 지의 길이는 폭의 3~8배를 표준으로 한다.
㉱ 지의 상단높이는 고수위보다 0.6~1m의 여유고를 둔다.

**풀이** ㉮ 표면부하율은 200~500mm/min을 표준으로 한다.

**answer** 32 ㉮  33 ㉯  34 ㉯  35 ㉮

**36** 계획오수량에 대한 내용으로 틀린 것은 어느 것인가?

㉮ 합류식에서 우천시 계획오수량은 원칙적으로 계획1일최대오수량의 3배 이상으로 한다.
㉯ 계획1일최대오수량은 1인1일최대오수량에 계획인구를 곱한 후, 여기에 공장폐수량, 지하수량 및 기타 배수량을 더한 것으로 한다.
㉰ 지하수량은 1인1일최대오수량의 10~20%로 한다.
㉱ 계획1일평균오수량은 계획1일 최대오수량의 70~80%를 표준으로 한다.

▶ 풀이 ㉮ 합류식에서 우천시 계획오수량은 원칙적으로 계획시간최대오수량의 3배 이상으로 한다.

**37** 하수관거 중 우수관거 및 합류관거의 유속 기준으로 알맞은 것은 어느 것인가?

㉮ 계획우수량에 대하여 유속을 최소 0.6 m/s, 최대 3.0m/s로 한다.
㉯ 계획우수량에 대하여 유속을 최소 0.8 m/s, 최대 3.0m/s로 한다.
㉰ 계획우수량에 대하여 유속을 최소 1.0 m/s, 최대 3.0m/s로 한다.
㉱ 계획우수량에 대하여 유속을 최소 1.2 m/s, 최대 3.0m/s로 한다.

**TIP**
관거별 유속기준

| 관거 종류 | 기준 | 최소 유속 | 최대 유속 |
|---|---|---|---|
| 도수관거 | 자연유하식 | 0.3m/sec | 3.0m/sec |
| 오수관거 | 계획시간 최대오수량 | 0.6m/sec | 3.0m/sec |
| 우수관거, 합류관거 | 계획우수량 | 0.8m/sec | 3.0m/sec |

**38** 용지이용율을 높이고자 고안된 심층포기조에 대한 내용으로 틀린 것은 어느 것인가?

㉮ 조의 용적은 계획1일 최대오수량에 따라서 설정한다.
㉯ 조의 수는 2조 이상으로 한다.
㉰ 형상은 정사각형으로 하고 폭은 수심에 대해 3배 정도로 한다.
㉱ 수심은 10m 정도로 한다.

▶ 풀이 ㉰ 형상은 직사각형으로 하고 폭은 수심에 대해 1배 정도로 한다.

**39** 직경 0.3m로 판 자유수면 정호에서 양수 전의 지하수위는 불투수층 위로 30m였다. 100m³/hr로 양수할 때 양수정으로부터 10m와 20m 떨어진 관측정의 수위는 3m와 1m 각각 저하하였다. 이때 대수층의 투수계수는 얼마인가?

㉮ 약 0.20m/s   ㉯ 약 0.20m/hr
㉰ 약 0.25m/s   ㉱ 약 0.25m/hr

▶ 풀이
$$Q = 2\pi kb \frac{H-h_o}{2.3\log_{10}\left(\frac{R}{r_o}\right)}$$

Q : 양수량(m³/hr)
k : 투수계수(m/hr)
b : 피압대수층 두께(m)
H-h₀ : 양수정에서의 수위강하(m)
R : 피압수 우물에서 반경(m)
r : 우물반경(m)
2.3log₁₀ = ln

$$100\text{m}^3/\text{hr} = 2\times\pi\times k\times 30\text{m}\times\frac{3\text{m}-1\text{m}}{\ln\left(\frac{0.3\text{m}}{0.15\text{m}}\right)}$$

∴ k = 0.18m/hr

**answer** 36 ㉮  37 ㉯  38 ㉰  39 ㉯

**40** 내경 1.0m인 강관에 내압 10MPa로 물이 흐른다. 내압에 의한 원주방향의 응력도가 1,500N/mm²일 때 강관두께(mm)는 얼마인가?

㉮ 약 3.3mm  ㉯ 약 5.2mm
㉰ 약 7.4mm  ㉱ 약 9.5mm

**[풀이]** $T = \dfrac{P \times D}{2 \times \sigma t}$

$\begin{bmatrix} T : 강관두께(mm) \\ D : 내경(mm) \\ P : 강관 내압 \\ \sigma t : 응력도(N/mm^2) \end{bmatrix}$

따라서 $T = \dfrac{10\text{MPa} \times 1,000\text{mm}}{2 \times 1,500\text{N/mm}^2} = 3.33\text{mm}$

---

## 제3과목 | 수질오염방지기술

**41** 염소 소독에 의한 세균의 사멸은 1차 반응 속도식에 따른다. 잔류염소 농도 0.4mg/L에서 2분 간에 85%의 세균이 살균되었다면 99.9% 살균을 위해 필요한 시간(분)은 얼마인가? (단, base는 자연대수 기준.)

㉮ 약 5.9분  ㉯ 약 7.3분
㉰ 약 10.2분  ㉱ 약 16.7분

**[풀이]** 1차 반응식 : $\ln \dfrac{N_t}{N_0} = -k \times t$

① $\ln \dfrac{100-85}{100} = -k \times 2\text{min}$

∴ k = 0.9486/min

② $\ln \dfrac{100-99.9}{100} = -0.9486/\text{min} \times t$

∴ t = 7.28min

---

**42** 유량이 6,750m³/d, 부유물질농도(SS)가 55mg/L인 폐수에 황산제이철($Fe_2(SO_4)_3$) 100mg/L를 응집제로 주입한다. 이 물에 알칼리도가 없는 경우 매일 첨가해야 하는 석회의 양(kg/d)은 얼마인가? (단, 원자량 Fe = 55.8, Ca = 40)

㉮ 315  ㉯ 346
㉰ 375  ㉱ 386

**[풀이]** $Fe_2(SO_4)_3 + 3Ca(OH)_2 \rightarrow 3CaSO_4 + 2Fe(OH)_3$
399.6g : 3×74g
0.1kg/m³×6,750m³/day : X
∴ X = 375kg/day

---

**43** 염소살균에 대한 내용으로 틀린 것은 어느 것인가?

㉮ HOCl의 살균력은 OCl⁻의 약 80배 정도 강한 것으로 알려져 있다.
㉯ 수중 용존 염소는 페놀과 반응하여 클로로페놀을 형성하여 불쾌한 맛과 냄새를 유발한다.
㉰ pH 9 이상에서는 물에 주입된 염소는 대부분이 HOCl로 존재한다.
㉱ 유리잔류염소는 수중의 암모니아나 유기성 질소화합물이 존재할 경우 이들과 반응하여 결합잔류염소를 형성한다.

**[풀이]** ㉰ pH 9 이상에서는 물에 주입된 염소는 대부분이 OCl⁻로 존재한다.

---

**answer** 40 ㉮  41 ㉯  42 ㉰  43 ㉰

**44** SS 3,600mg/L를 함유하고 있는 폐수 내 입자의 침강속도 분포가 그림과 같을 때 폐수 28,800m³/day를 보통 침전처리하여 SS 90% 이상을 제거하고자 한다. 필요한 침전지의 최소 소요면적(m²)은 얼마인가?

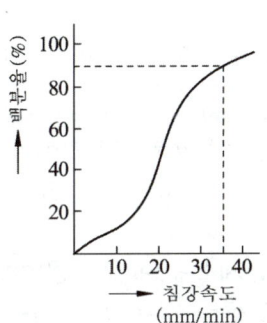

㉮ 약 100m²  ㉯ 약 200m²
㉰ 약 1,000m²  ㉱ 약 2,000m²

**풀이** SS 제거율이 90%일 때 제거되지 않는 SS는 10%이므로 그림에서 10%에서의 침강속도는 10mm/min이다.

침전지의 최소 소요면적 = 폐수량/침강속도

$$= \frac{28,800 m^3/day}{10mm/min \times 10^{-3}m \times 60min/hr \times 24hr/day}$$

$= 2,000 m^2$

**45** 활성슬러지법 운전 중 슬러지부상 문제를 해결할 수 있는 방법으로 틀린 것은 어느 것인가?

㉮ 폭기조에서 이차침전지로의 유량을 감소시킨다.
㉯ 이차침전지 슬러지 수집장치의 속도를 높인다.
㉰ 슬러지 폐기량을 감소시킨다.
㉱ 이차침전지에서 슬러지체류시간을 감소시킨다.

**풀이** ㉰ 슬러지 폐기량을 증가시킨다.

**46** 생물학적으로 질소를 제거하기 위해 질산화-탈질공정을 운영함에 있어, 호기성 상태에서 산화된 $NO_3^-$ 60mg/L를 탈질시키는데 소모되는 이론적인 메탄올 농도(mg/L)는 얼마인가?

$$\frac{5}{6}CH_3OH + NO_3^- + \frac{1}{6}H_2CO_3 \rightarrow \frac{1}{2}N_2 + HCO_3^- + \frac{4}{3}H_2O$$

㉮ 약 14mg/L  ㉯ 약 18mg/L
㉰ 약 22mg/L  ㉱ 약 26mg/L

**풀이** $\frac{5}{6}CH_3OH : NO_3^-$

$\frac{5}{6} \times 32g : 62g$

X : 60mg/L

∴ X = 25.81mg/L

answer  44 ㉱  45 ㉰  46 ㉱

**47** 유량 10,000m³/d인 폐수를 처리하기 위한 장방형 skimming 탱크의 표면적 부하율(m³/m²·d)은 얼마인가? (단, 체류시간은 10분이고, 상승속도는 200mm/min 임)

㉮ 213  ㉯ 233
㉰ 258  ㉱ 288

**풀이**
표면적 부하율(m³/m²·d) = $\frac{유량(m^3/day)}{수면적(m^2)}$

상승속도와 동일하다.
따라서 표면적 부하율(m³/m²·d)

= $\frac{200mm}{min} \times \frac{1m}{10^3 mm} \times \frac{60min}{1hr} \times \frac{24hr}{1day}$

= 288m/day = 288m³/m²·day

**48** 완전혼합 활성슬러지 공법의 장점으로 틀린 것은 어느 것인가?

㉮ 산소소모율(oxygen uptake rate)에 있어서 최대 균등화
㉯ 유입물질이 반응조 전체에 분산됨으로 인한 충격부하영향의 최소화
㉰ 호기성생물학적 산화가 일어나는 동안 발생되는 $CO_2$의 적절한 중화
㉱ 독성물질 유입시 플록(floc) 형성의 안정성

**풀이** ㉱ 독성물질 유입시 플록(floc) 형성의 불안정성

**49** 회전원판접촉법(RBC)의 장점으로 틀린 것은 어느 것인가?

㉮ 충격부하의 조절이 가능하다.
㉯ 다단계 공정에서 높은 질산화율을 얻을 수 있다.
㉰ 활성슬러지 공법에 비하여 소요동력이 적다.
㉱ 반송에 따른 처리효율의 효과적 증대가 가능하다.

**풀이** ㉱ 슬러지 반송이 필요없다.

**50** 5단계 Bardenpho 공법에 대한 내용으로 틀린 것은 어느 것인가?

㉮ 슬러지 생산량은 비교적 많으나 반응조의 규모가 작다.
㉯ 호기조에서 1차 무산소조로 내부반송을 한다.
㉰ 효과적인 인 제거를 위해서는 혐기조에 질산성 질소가 유입되지 않아야 한다.
㉱ 인 제거는 과잉의 인을 섭취한 슬러지를 폐기함으로서 이루어진다.

**풀이** ㉮ 슬러지 생산량은 적으나 비교적 큰 규모의 반응조가 요구된다.

**answer** 47 ㉱  48 ㉱  49 ㉱  50 ㉮

**51** 함수율 98%, 유기물함량이 62%인 슬러지 100 m³/day를 25일 소화하여 유기물의 2/3를 가스화 및 액화하여 함수율 95%의 소화슬러지로 추출하는 경우 소화조 용량(m³)은 얼마인가? (단, 슬러지 비중은 1.0, 기타 조건은 고려하지 않음)

㉮ 1,244m³   ㉯ 1,344m³
㉰ 1,444m³   ㉱ 1,544m³

**풀이**
① $Q_1$ (소화조로 유입되는 슬러지량) = 100m³/day
② 잔류 VS량
 = 슬러지량(m³) × 고형물량 × VS량 × (1-소화율)
 = 100m³/day × (1 − 0.98) × 0.62 × $\left(1 − \dfrac{2}{3}\right)$
 = 0.4133 m³/day
③ FS량 = 슬러지량(m³) × 고형물량 × FS량
 = 100m³/day × (1 − 0.98) × (1 − 0.62)
 = 0.76 m³/day
④ $Q_2$ (소화 슬러지량)
 = (잔류VS량 + FS량) m³/day
  × $\dfrac{100}{100 - 함수율(\%)}$
 = (0.4133 + 0.76) m³/day × $\dfrac{100}{100 - 95\%}$
 = 23.466 m³/day
⑤ 소화조의 용적(m³)
 = $\dfrac{Q_1 + Q_2}{2}$ × 체류시간
 = $\dfrac{(100 + 23.466) \text{m}^3/\text{day}}{2}$ × 25 day
 = 1,543.33 m³

**52** 단면이 직사각형인 하천의 깊이가 0.2m이고 깊이에 비하여 폭이 매우 넓을 때 동수반경(m)은 얼마인가?

㉮ 0.2   ㉯ 0.5
㉰ 0.8   ㉱ 1.0

**풀이**
동수경사 = 경심(R) = $\dfrac{면적(A)}{윤변의 길이(S)}$
= $\dfrac{b \times h}{b + 2h} = \dfrac{b \times 0.2\text{m}}{b} = 0.2\text{m}$

**TIP**
폭(b)은 깊이(h)에 비해 무척 넓으므로 윤변의 길이를 계산할 때의 깊이(h)는 무시 할 수 있다.

**53** 용해성 $BOD_5$가 250mg/L인 폐수가 완전혼합 활성슬러지 공정으로 처리된다. 유출수의 용해성 $BOD_5$는 7.4mg/L이다. 유량이 18,925m³/day일 때 포기조 용적(m³)은 얼마인가?

〈조건〉
• MLVSS = 4,000mg/L
• Y = 0.65kg미생물/kg소모된 $BOD_5$
• $k_d$ = 0.06/day
• 미생물 평균 체류시간 $\theta_c$ = 10day
• 24시간 연속폭기

㉮ 3,330   ㉯ 4,663
㉰ 5,330   ㉱ 6,270

**풀이**
$\dfrac{1}{\theta_c} = \dfrac{Y \cdot Q \cdot (BOD_i - BOD_o)}{MLSS \cdot V} - k_d$

$\dfrac{1}{10\text{day}} = \dfrac{0.65 \times 18,925\text{m}^3/\text{day} \times (250-7.4)\text{mg/L}}{4,000\text{mg/L} \times V} - 0.06/\text{day}$

∴ V = $\dfrac{0.65 \times 18,925\text{m}^3/\text{day} \times (250-7.4)\text{mg/L}}{\left(0.06/\text{day} + \dfrac{1}{10\text{day}}\right) \times 4,000\text{mg/L}}$

= 4,662.94 m³

**answer** 51 ㉱   52 ㉮   53 ㉯

**54** 하·폐수처리시 슬러지 팽화(bulking) 현상을 조절하는 방법으로 틀린 것은 어느 것인가?

㉮ 염소나 과산화수소를 반송슬러지에 주입한다.
㉯ 선택반응조(selector)를 이용한다.
㉰ fungi를 성장시켜 F/M비를 감소시킨다.
㉱ 포기조 내의 용존산소의 농도를 변화시킨다.

**풀이** ㉰ 곰팡이(fungi)의 성장을 억제한다.

**55** 침전하는 입자들이 너무 가까이 있어서 입자간의 힘이 이웃입자의 침전을 방해하게 되고 동일한 속도로 침전하며 최종 침전지 중간 정도의 깊이에서 일어나는 침전형태는 어느 것인가?

㉮ 지역침전  ㉯ 응집침전
㉰ 독립침전  ㉱ 압축침전

**풀이** ㉮ 지역침전에 대한 설명이다.

**56** 수질성분이 금속하수도관의 부식에 미치는 영향으로 틀린 것은 어느 것인가?

㉮ 고농도의 칼슘은 침전물이 쌓이는 곳에 부식을 가속화한다.
㉯ 마그네슘은 알칼리도와 pH 완충효과를 향상시킬 수 있다.
㉰ 구리는 갈바닉 전지를 이룬 배관상에 구멍을 야기한다.
㉱ 암모니아는 착화물의 형성을 통해 구리, 납 등의 금속 용해도를 증가시킬 수 있다.

**풀이** ㉮ 고농도의 칼슘은 침전물이 쌓이는 곳에 부식을 느리게 한다.

**57** 폐수 유량의 첨두인자(peaking factor)란 무엇인가?

㉮ 첨두유량과 최소유량의 비
㉯ 첨두유량과 평균유량의 비
㉰ 첨두유량과 최대유량의 비
㉱ 첨두유량과 첨두유량의 1/3과의 비

**풀이** 첨두인자 = $\dfrac{첨두유량}{평균유량}$

**58** 슬러지 개량법의 특징으로 틀린 것은 어느 것인가?

㉮ 고분자 응집제 첨가 : 슬러지 응결을 촉진한다.
㉯ 무기약품 첨가 : 무기약품은 슬러지의 pH를 변화시켜 무기질 비율을 증가시키고 안정화를 도모한다.
㉰ 세정 : 혐기성 소화슬러지의 알칼리도를 감소시켜 산성금속염의 주입량을 감소시킨다.
㉱ 열처리 : 슬러지의 함수율을 감소시키고 응결핵을 생성시켜 탈수를 개선한다.

**풀이** ㉱ 열처리 : 친수성 콜로이드 슬러지에 130℃ 이상에서 약 20분간 열처리하여 세포막 파괴와 유기물의 구조를 변경시켜 탈수를 개선한다.

**59** 산성조건하에서 $NaHSO_3$ 혹은 $FeSO_4$ 등을 사용하여 환원과정을 거친 후 중화시켜 침전물을 제거함으로써 처리할 수 있는 폐수는 어느 것인가?

㉮ 철, 망간 함유폐수
㉯ 시안 함유폐수
㉰ 카드뮴 함유폐수
㉱ 6가크롬 함유폐수

**answer** 54 ㉰  55 ㉮  56 ㉮  57 ㉯  58 ㉱  59 ㉱

**풀이** ㉣ 6가크롬 함유폐수에 대한 설명이다.

**60** 기계식 봉 스크린을 0.64m/s로 흐르는 수로에 설치하고자 한다. 봉의 두께는 10mm이고, 간격이 30mm라면 봉 사이로 지나는 유속(m/s)은 얼마인가?

㉮ 0.75m/s ㉯ 0.80m/s
㉰ 0.85m/s ㉱ 0.90m/s

**풀이**
$V_a A_a = V_b A_b \Rightarrow V_b = V_a \times \dfrac{A_a}{A_b}$

$A_b = W \times H \times \dfrac{바간격}{바두께 + 바간격}$

$= W \times H \times \dfrac{30mm}{10mm+30mm} = 0.75WH$

$A_a = W \times H$

따라서 $V_b = V_a \times \dfrac{A_a}{A_b} = 0.64\text{m/sec} \times \dfrac{W \times H}{0.75 \times W \times H}$

$= 0.85\text{m/sec}$

**TIP**
$A_a$는 수로이므로 바간격과 바두께를 고려하지 않는다.
$A_b$는 통과면적이므로 바간격과 바두께를 고려한다.

| 제4과목 | 수질오염공정시험기준

**61** 예상 BOD치에 대한 사전경험이 없을 때 오염된 하천수의 검액조제 방법은 어느 것인가?

㉮ 25~100%의 시료가 함유되도록 희석 조제한다.
㉯ 15~25%의 시료가 함유되도록 희석 조제한다.
㉰ 5~15%의 시료가 함유되도록 희석 조제한다.
㉱ 1~5%의 시료가 함유되도록 희석 조제한다.

**풀이** 사전경험이 없을 때 검액조제방법
① 오염정도가 심한 공장 폐수: 0.1%~1.0%
② 처리하지 않은 공장 폐수와 침전된 하수: 1%~5%
③ 처리하여 방류된 공장 폐수: 5%~25%
④ 오염된 하천수: 25%~100%

**62** 95% 황산(비중 1.84)이 있다면 이 황산의 N 농도는 얼마인가?

㉮ 15.6N ㉯ 19.4N
㉰ 27.8N ㉱ 35.7N

**풀이**
$N = \dfrac{비중(g)}{(mL)} \times \dfrac{10^3 mL}{1L} \times \dfrac{1eq}{1당량 g} \times \dfrac{농도(\%)}{100}$

$= \dfrac{1.84g}{mL} \times \dfrac{10^3 mL}{1L} \times \dfrac{1eq}{98g/2} \times \dfrac{95\%}{100}$

$= 35.67N$

**TIP**
① N농도 = eq/L
② 황산 = $H_2SO_4$
③ $H_2SO_4$의 분자량 = $2 \times 1 + 32 + 4 \times 16 = 98g$

**answer** 60 ㉰  61 ㉮  62 ㉱

**63** 기체크로마토그래프 검출기에 대한 내용으로 틀린 것은 어느 것인가?

㉮ 열전도도 검출기는 금속 필라멘트 또는 전기저항체를 검출소자로 한다.
㉯ 불꽃이온화검출기의 본체는 수소연소 노즐, 이온수집기, 대극(對極), 배기구로 구성 된다.
㉰ 알칼리 열이온화 검출기는 함유할로겐 화합물 및 함유황화합물을 고감도로 검출할 수 있다.
㉱ 전자포획형 검출기는 많은 나이트로 화합물, 유기금속화합물 등을 선택적으로 검출할 수 있다.

▶풀이 ㉰ 알칼리 열이온화 검출기는 질소인 검출기라고도 하며 인 화합물 및 질소화합물을 고감도로 검출할 수 있다.

**64** 수질분석을 위한 시료 채취 시 유의사항으로 틀린 것은 어느 것인가?

㉮ 채취용기는 시료를 채우기 전에 맑은 물로 3회 이상 씻은 다음 사용한다.
㉯ 용존가스, 환원성 물질, 휘발성 유기물질 등의 측정을 위한 시료는 운반중 공기와의 접촉이 없도록 가득 채워져야 한다.
㉰ 지하수 시료는 취수정 내에 고여있는 물을 충분히 퍼낸(고여 있는 물의 4~5배 정도이니 pH 및 전기전도도를 연속적으로 측정하여 이 값이 평형을 이룰 때까지로 한다.) 다음 새로 나온 물을 채취한다.
㉱ 시료채취량은 시험항목 및 시험횟수에 따라 차이가 있으나 보통 3~5L 정도이어야 한다.

▶풀이 ㉮ 시료 채취 용기는 깨끗이 세척된 용기 또는 멸균된 용기를 사용한다.

**65** 시료를 $H_2SO_4$로 pH를 2 이하로 보존하여야 하는 측정대상 항목이 아닌 것은 어느 것인가?

㉮ 총질소
㉯ 총인
㉰ 화학적산소요구량
㉱ 유기인

▶풀이 유기인 : NaOH 또는 $H_2SO_4$로 pH 5~9

**66** 투명도 측정에 대한 설명으로 틀린 것은 어느 것인가?

㉮ 백색원판(백색원판)의 지름은 30cm 이다.
㉯ 백색원판에 뚫린 구멍의 지름은 5cm 이다.
㉰ 백색원판에는 구멍이 8개 뚫려 있다.
㉱ 백색원판의 무게는 약 2kg 이다.

▶풀이 ㉱ 백색원판의 무게는 약 3kg 이다.

**67** 항량으로 될 때까지 건조한다는 용어의 의미로 알맞은 것은 어느 것인가?

㉮ 같은 조건에서 1시간 더 건조하였을 때 전후 무게의 차가 거의 없을 때
㉯ 같은 조건에서 1시간 더 건조하였을 때 전후 무게의 차가 g당 0.1mg 이하일 때
㉰ 같은 조건에서 1시간 더 건조하였을 때 전후 무게의 차가 g당 0.3mg 이하일 때
㉱ 같은 조건에서 1시간 더 건조하였을 때 전후 무게의 차가 g당 0.5mg 이하일 때

**answer** 63 ㉰  64 ㉮  65 ㉱  66 ㉱  67 ㉰

**68** 알킬수은 화합물을 기체크로마토그래피에 따라 정량하는 방법에 대한 내용으로 틀린 것은 어느 것인가?

㉮ 전자포획형 검출기(ECD)를 사용한다.
㉯ 알킬수은화합물을 벤젠으로 추출한다.
㉰ 운반기체는 순도 99.999% 이상의 질소 또는 헬륨을 사용한다.
㉱ 정량한계는 0.05mg/L 이다.

[풀이] ㉱ 정량한계는 0.0005mg/L 이다.

**69** 수질오염공정시험기준 상 양극벗김전압전류법을 적용하여 측정하는 금속류는 어느 것인가?

㉮ 아연       ㉯ 주석
㉰ 카드뮴     ㉱ 크롬

[풀이] 아연의 시험방법으로는 원자흡수분광광도법, 유도결합플라스마-원자발광분광법, 유도결합플라스마-질량분석법, 양극벗김전압전류법이 있다.

**70** 유도결합플라스마-원자발광광도계의 측정 시 유도코일 상단으로부터 플라스마 발광부 관측높이(mm)는 얼마인가?
(단, 알칼리 원소 경우 제외)

㉮ 15~18mm     ㉯ 20~25mm
㉰ 30~34mm     ㉱ 40~43mm

**71** 폐수의 유량 측정법에 있어 $1m^3/min$ 이하로 폐수유량이 배출될 경우 용기에 의한 측정방법에 관한 내용이다. ( )에 알맞은 말은 어느 것인가?

> 용기는 용량 100~200L인 것을 사용하여 유수를 채우는 데에 요하는 시간을 스톱워치로 잰다. 용기에 물을 받아 넣는 시간을 ( )이 되도록 용량을 결정한다.

㉮ 10초 이상     ㉯ 20초 이상
㉰ 30초 이상     ㉱ 40초 이상

**72** 다음 중 비소의 수소화물생성-원자흡수분광광도법에 대한 내용으로 틀린 것은?

㉮ 아연 또는 소듐붕소수화물($NaBH_4$)을 넣어 수소화 비소로 포집한다.
㉯ 아르곤(또는 질소)-수소 불꽃에서 원자화시켜 228.8nm에서 흡광도를 측정한다.
㉰ 정량한계는 0.005mg/L이다.
㉱ 높은 농도의 크롬, 코발트, 구리, 수은, 몰리브덴, 은 및 니켈은 비소 분석을 방해한다.

[풀이] ㉯ 아르곤(또는 질소)-수소 불꽃에서 원자화시켜 193.7nm에서 흡광도를 측정한다.

answer  68 ㉱  69 ㉮  70 ㉮  71 ㉯  72 ㉯

**73** 암모니아성 질소의 측정방법으로 틀린 것은 어느 것인가?

㉮ 자외선/가시선 분광법
㉯ 이온전극법
㉰ 이온크로마토그래피
㉱ 적정법

**풀이** 암모니아성 질소의 측정방법으로는 자외선/가시선 분광법, 이온전극법, 적정법이 있다.

**74** 유도결합플라스마-원자발광분광법에서 일반적으로 냉각가스의 유량(L/min)은 얼마인가?

㉮ 0.1~2L/min
㉯ 0.5~2L/min
㉰ 5~10L/min
㉱ 10~19L/min

**75** 수질오염공정시험기준 구리의 시험방법으로 틀린 것은?

㉮ 원자흡수분광광도법
㉯ 유도결합플라스마-원자발광분광법
㉰ 유도결합플라스마-질량분석법
㉱ 양극벗김전압전류법

**풀이** 구리의 시험방법
① 원자흡수분광광도법
② 유도결합플라스마-원자발광분광법
③ 유도결합플라스마-질량분석법

**76** 4각 웨어에 의하여 유량을 측정하려고 한다. 웨어의 수두 0.5m, 절단의 폭이 4m이면 유량($m^3$/min)은 얼마인가? (단, 유량 계수는 4.8이다.)

㉮ 약 4.3$m^3$/min   ㉯ 약 6.8$m^3$/min
㉰ 약 8.1$m^3$/min   ㉱ 약 10.4$m^3$/min

**풀이** $Q = k \cdot b \cdot h^{\frac{3}{2}}$
$= 4.8 \times 4m \times (0.5m)^{\frac{3}{2}}$
$= 6.79 m^3/min$

**TIP**
삼각웨어의 유량($Q$) = $k \cdot h^{\frac{5}{2}}$ ($m^3$/min)

**77** 식물성 플랑크톤 측정에 대한 내용으로 틀린 것은 어느 것인가?

㉮ 시료가 육안으로 녹색이나 갈색으로 보일 경우 정제수로 적절한 농도로 희석한다.
㉯ 물속에 식물성 플랑크톤은 평판집락법을 이용하여 면적당 분포하는 개체수를 조사한다.
㉰ 식물성 플랑크톤은 운동력이 없거나 극히 적어 수체의 유동에 따라 수체 내에 부유하면서 생활하는 단일개체, 집락성, 선상형태의 광합성 생물을 총칭한다.
㉱ 시료의 개체수는 계수면적당 10~40 정도가 되도록 희석 또는 농축한다.

**풀이** ㉯ 물속의 식물성 플랑크톤은 현미경계수법을 이용하여 개체수를 조사하는 정량분석 방법이다.

---

**answer** 73 ㉰  74 ㉱  75 ㉱  76 ㉯  77 ㉯

**78** 이온전극법에 관한 내용으로 틀린 것은 어느 것인가?

㉮ 시료용액의 교반은 이온전극의 응답속도 이외의 전극범위, 정량한계값에는 영향을 미치지 않는다.
㉯ 전극과 비교전극을 사용하여 전위를 측정하고 그 전위차로부터 정량하는 방법이다.
㉰ 이온전극법에 사용하는 장치의 기본구성은 비교전극, 이온전극, 자석교반기, 저항 전위계, 이온측정기 등으로 되어 있다.
㉱ 이온전극의 종류에는 유리막 전극, 고체막 전극, 격막형 전극으로 구분된다.

**[풀이]** ㉮ 시료용액의 교반을 이온전극의 응답속도 이외의 전극범위, 정량한계값에도 영향을 미친다.

**80** 산성 과망간산포타슘법에 의해 COD를 측정할 때 0.050N 과망간산포타슘 용액 1mL은 산소 몇 mg에 상당하는가?

㉮ 0.2mg  ㉯ 0.4mg
㉰ 0.8mg  ㉱ 0.16mg

**[풀이]**
$$산소(g) = \frac{0.05eq}{L} \times 1mL \times \frac{1L}{10^3 mL} \times \frac{8g}{1eq} \times \frac{10^3 mg}{1g}$$
$$= 0.4mg$$

**TIP**
① 산소는 $O^{2-}$으로 2당량 물질이다.
② $1eq = \dfrac{원자량(g)}{당량수} = \dfrac{16g}{2} = 8g$

**79** 순수한 정제수 500mL에 HCl(비중 1.18) 100mL를 혼합했을 경우 이 용액의 염산농도 (중량 %)는 얼마인가?

㉮ 19.1%  ㉯ 20.0%
㉰ 23.4%  ㉱ 31.7%

**[풀이]**
$$중량(\%) = \frac{용질}{용질+용매} \times 100(\%)$$
$$= \frac{100mL \times 1.18g/mL}{100mL \times 1.18g/mL + 500mL \times 1.0g/mL} \times 100$$
$$= 19.09\%$$

**answer** 78 ㉮  79 ㉮  80 ㉯

# 2016 3회 기출문제

2016년 8월 21일 시행

| 제1과목 | 수질오염개론

**01** Streeter-Phelps식의 기본 가정조건으로 틀린 것은 어느 것인가?

㉮ 오염원은 점오염원이다.
㉯ 하상퇴적물의 유기물분해를 고려하지 않는다.
㉰ 조류의 광합성은 무시, 유기물의 분해는 1차 반응이다.
㉱ 하천의 흐름 방향 분산을 고려한다.

**풀이** ㉱ 하천의 흐름 방향 분산을 고려하지 않는다.

**02** 생물학적 질산화 중 아질산화에 대한 내용으로 틀린 것은 어느 것인가?

㉮ Nitrobacter에 의해 수행된다.
㉯ 수율은 0.04~0.13mgVSS/mgNH$_4^+$-N 정도이다.
㉰ 관련 미생물은 독립영양성 세균이다.
㉱ 산소가 필요하다.

**풀이** ㉮ Nitrosomonas에 의해 수행된다.

**03** 미생물에 의한 영양대사과정 중 에너지 생성반응으로서 기질이 세포에 의해 이용되고 복잡한 물질에서 간단한 물질로 분해되는 과정(작용)을 무엇이라 하는가?

㉮ 이화     ㉯ 동화
㉰ 동기화   ㉱ 환원

**풀이** ㉮ 이화작용에 대한 설명이다.

**04** 해수의 특성에 관한 내용으로 알맞은 것은 어느 것인가?

㉮ 염분은 적도해역과 극해역이 다소 높다.
㉯ 해수의 주요성분 농도비는 수온, 염분의 함수로 수심이 깊어질수록 증가한다.
㉰ 해수의 Na/Ca비는 3~4 정도로 담수보다 매우 높다.
㉱ 해수 내 전체 질소 중 35% 정도는 암모니아성 질소, 유기질소 형태이다.

**풀이** ㉮ 염분은 적도해역에서는 높고 극해역에서는 다소 낮다.
㉯ 해수의 주요성분 농도비는 항상 일정하다.
㉰ 해수의 Mg/Ca비는 3~4 정도로 담수보다 매우 높다.

**answer** 01 ㉱  02 ㉮  03 ㉮  04 ㉱

**05** 확산의 기본법칙인 Fick's 제1법칙을 가장 알맞게 설명한 것은 어느 것인가?
(단, 확산에 의해 어떤 면적요소를 통과하는 물질의 이동속도 기준)

㉮ 이동속도는 확산물질의 조성비에 비례한다.
㉯ 이동속도는 확산물질의 농도경사에 비례한다.
㉰ 이동속도는 확산물질의 분자확산계수와 반비례한다.
㉱ 이동속도는 확산물질의 유입과 유출의 차이만큼 축적된다.

**풀이** Fick's 제1법칙은 확산에 의해 어떤 면적요소를 통과하는 물질의 이동속도 기준에서 이동속도는 확산물질의 농도경사에 비례한다.

**06** 진핵세포에 대한 내용으로 틀린 것은 어느 것인가?

㉮ 핵막이 있다.
㉯ 분리분열을 한다.
㉰ 세포소기관으로 미토콘드리아, 엽록체, 액포 등이 존재한다.
㉱ 리보솜은 80S(예외 : 미토콘드리아와 엽록체는 70S)이다.

**풀이** ㉯ 유사분열을 한다.

**07** 분뇨에 대한 내용으로 틀린 것은 어느 것인가?

㉮ 분뇨의 영양물질은 $NH_4HCO_3$ 및 $(NH_4)_2CO_3$ 형태로 존재하며 소화조 내의 알칼리도 유지 및 pH 강하를 막아주는 완충역할을 담당한다.
㉯ 분과 뇨의 구성비는 약 1 : 8~10 정도이며 고액 분리가 어렵다.
㉰ 뇨의 경우 질소화합물은 전체 VS의 10~20% 정도 함유하고 있다.
㉱ 분뇨의 비중은 1.02 정도이고, 점도는 비점도로서 1.2~2.2 정도이다.

**풀이** ㉰ 분의 경우 질소화합물은 전체 VS의 10~20% 정도 함유하고 있다.

**08** 공중 위생상 중요한 방사능 물질인 스트론튬($Sr^{90}$)은 29년의 반감기를 가지고 있다. 주어진 양의 스트론튬을 90% 감소시키기 위한 저장기간(년)은 얼마인가? (단, 1차 반응, 자연대수 기준)

㉮ 약 37년   ㉯ 약 67년
㉰ 약 97년   ㉱ 약 113년

**풀이** ① 반감기 : $\ln \frac{1}{2} = -k \times t$

$\ln \frac{1}{2} = -k \times 29$년

∴ $k = 0.024$/년

② 1차반응식 : $\ln \frac{C_t}{C_o} = -k \times t$

$\ln \frac{10\%}{100\%} = -0.024$/년$\times t$

∴ $t = 96$년

**answer** 05 ㉯  06 ㉯  07 ㉰  08 ㉰

**09** 호소의 영양상태를 평가하기 위한 Carlson 지수를 산정하기 위해 요구되는 인자로 틀린 것은 어느 것인가?

㉮ Chlorophyll-a   ㉯ SS
㉰ 투명도          ㉱ T-P

**풀이** Carlson 지수 산정 인자로는 Chlorophyll-a, 투명도, T-P가 있다.

**10** 산성강우에 관한 내용으로 틀린 것은 어느 것인가?

㉮ 주요 원인물질은 유황산화물, 질소산화물, 염산을 들 수 있다.
㉯ 대기오염이 혹심한 지역에 국한되는 현상으로 비교적 정확한 예보가 가능하다.
㉰ 초목의 잎과 토양으로부터 $Ca^{++}$, $Mg^{++}$, $K^+$ 등의 용출 속도를 증가시킨다.
㉱ 보통 대기 중 탄산가스와 평형상태에 있는 물은 약 pH 5.6의 산성을 띠고 있다.

**풀이** ㉯ 대기오염이 혹심한 지역 뿐만 아니라 전지역에서 발생하는 현상으로 비교적 정확한 예보가 불가능하다.

**11** 150kL/day의 분뇨를 포기하여 BOD의 20%를 제거하였다. BOD 1kg을 제거하는데 필요한 공기공급량이 $60m^3$이라 했을 때 시간당 공기공급량($m^3$)은 얼마인가? (단, 연속포기, 분뇨의 BOD는 20,000 mg/L이다.)

㉮ $100m^3/hr$    ㉯ $500m^3/hr$
㉰ $1,000m^3/hr$  ㉱ $1,500m^3/hr$

**풀이** 공급공기량($m^3/hr$)
$$= \frac{60m^3}{1kg제거BOD} \times \frac{150m^3}{day} \times \frac{20kg}{m^3} \times 0.2 \times \frac{1day}{24hr}$$
$= 1,500m^3/hr$

**TIP**
① 150kL/day = $150m^3$/day
② BOD 20,000mg/L = BOD $20kg/m^3$

**12** 이상적인 완전혼합 흐름상태를 나타내는 반응조 혼합정도의 표시로 틀린 것은 어느 것인가?

㉮ 분산이 1일 때
㉯ 지체시간이 0일 때
㉰ Morrill 지수가 1에 가까울수록
㉱ 분산수가 무한대일 때

**풀이** ㉰ Morrill 지수는 클수록

**TIP**
CFSTR과 PFR의 비교

|  | CFSTR | PFR |
|---|---|---|
| 분산 | 1 | 0 |
| 분산수 | 무한대(∞) | 0 |
| 모릴지수 | 클수록 | 1 |
| 지체시간 | 0 | 이론적 체류시간과 동일할 때 |

**answer** 09 ㉯  10 ㉯  11 ㉱  12 ㉰

**13** 평균수온이 5℃인 저수지의 수심이 10m이고 수면적이 0.1km²이었다. 이 저수지의 수온차가 10℃라 할 때 정상상태에서의 열전달속도(kcal/hr)는 얼마인가? (단, 5℃에서의 열전도도 $K_T$ = 5.8kcal/[(hr·m²)(℃/m)])

㉮ $2.9×10^5$
㉯ $5.8×10^5$
㉰ $2.9×10^6$
㉱ $5.8×10^6$

**풀이** 열전달속도(kcal/hr)
= 5.8kcal/[(hr·m²)(℃/m)]×0.1×10⁶m² × $\dfrac{10℃}{10m}$
= $5.8×10^5$ kcal/hr

**TIP**
1km² = 10⁶m²

**14** glycine($CH_2(NH_2)COOH$) 7몰을 분해하는데 필요한 이론적 산소 요구량($gO_2$)은 얼마인가? (단, 최종산물은 $HNO_3$, $CO_2$, $H_2O$이다.)

㉮ 724g
㉯ 742g
㉰ 768g
㉱ 784g

**풀이** $CH_2(NH_2)COOH + 3.5O_2 → 2CO_2 + 2H_2O + HNO_3$
  1mol   : 3.5×32g
  7mol   : ThOD
∴ ThOD = 784g

**15** 부조화형 호수가 아닌 것은 어느 것인가?

㉮ 부식 영양형 호수
㉯ 부 영양형 호수
㉰ 알칼리 영양형 호수
㉱ 산 영양형 호수

**16** 용존산소농도를 6mg/L로 유지하기 위하여 산소섭취속도가 40mg/L·hr인 포기기를 설치하였다. 이 때 $K_{La}$값(총괄산소전달계수, $hr^{-1}$)은 약 얼마인가? (단, 20℃에서 용존산소 포화농도 9.07mg/L이다.)

㉮ $9.0hr^{-1}$
㉯ $10.5hr^{-1}$
㉰ $12.3hr^{-1}$
㉱ $13.0hr^{-1}$

**풀이** $\dfrac{dO}{dt} = k_{La}×(C_s-C)$

$\dfrac{dO}{dt}$ : 산소섭취속도(mg/L·hr)
$k_{La}$ : 총괄산소전달계수
$C_s$ : 용존산소 포화농도(mg/L)
$C$ : 용존산소농도(mg/L)

따라서 40mg/L·hr = $k_{La}$×(9.07-6)mg/L
∴ $k_{La}$ = 13.03/hr

**17** 물의 물리적 특성과 이와 관련된 용어의 설명으로 틀린 것은 어느 것인가?

㉮ 물의 비중은 4℃에서 1.0이다.
㉯ 점성계수란 전단응력에 대한 유체의 거리에 대한 속도 변화율에 대한 비를 말한다.
㉰ 표면장력은 액체표면의 분자가 액체 내부로 끌리는 힘에 기인된다.
㉱ 동점성계수는 밀도를 점성계수로 나눈 것을 말한다.

**풀이** ㉱ 동점성계수는 점성계수를 밀도로 나눈 것을 말한다.

**answer** 13 ㉯  14 ㉱  15 ㉯  16 ㉱  17 ㉱

**18** 카드뮴에 관한 설명으로 틀린 것은 어느 것인가?

㉮ 카드뮴은 흰 은색이며 아연 정련업, 도금공업 등에서 배출된다.
㉯ 골연화증이 유발된다.
㉰ 만성폭로로 인한 흔한 증상은 단백뇨이다.
㉱ 윌슨씨병 증후군과 소인증이 유발된다.

**풀이** ㉱ 카드뮴의 대표질환으로는 이따이이따이병이다.

**19** 섬유상 유황박테리아로 에너지원으로 황화수소를 이용하며 균체에 황입자를 축적하는 것은 어느 것인가?

㉮ sphaerotilus   ㉯ zooglea
㉰ cyanophyia    ㉱ beggiatoa

**풀이** ㉱ 베기아토아(beggiatoa)에 대한 설명이다.

**TIP**

**유황산화 박테리아**
Beggiatoa, Thiobaciuas, Thiooxdans, Thiotrix

**20** 유량 400,000m³/day의 하천에 인구 20만명의 도시로부터 30,000m³/day의 하수가 유입되고 있다. 하수 유입 전 하천의 BOD는 0.5mg/L이고, 유입 후 하천의 BOD를 2mg/L로 하기 위해서 하수처리장을 건설하려고 한다면 이 처리장의 BOD 제거효율(%)은 얼마인가?
(단, 인구 1인당 BOD 배출량은 20g/day이다.)

㉮ 약 84%   ㉯ 약 87%
㉰ 약 90%   ㉱ 약 93%

**풀이** ① $C_m = \dfrac{Q_1 C_1 + Q_2 C_2}{Q_1 + Q_2}$

$2mg/L = \dfrac{400,000m^3/day \times 0.5mg/L + 30,000m^3/day \times C_2}{(400,000+30,000)m^3/day}$

$\therefore C_2(BOD_O) = 22mg/L = 22g/m^3$

② BOD 제거효율(%) $= \left(1 - \dfrac{BOD_o}{BOD_i}\right) \times 100$

$= \left(1 - \dfrac{22g/m^3 \times 30,000m^3/day}{20g/인 \cdot day \times 200,000인}\right) \times 100$

$= 83.5\%$

---

### | 제2과목 | 상하수도 계획

**21** 폭 4m, 높이 3m인 개수로의 수심이 2m이고 경사가 4‰일 경우 Manning 공식에 의한 유속(m/sec)은 약 얼마인가?
(단, n = 0.014)

㉮ 1.13m/sec   ㉯ 2.26m/sec
㉰ 4.52m/sec   ㉱ 9.04m/sec

**풀이**

Manning식 : $v = \dfrac{1}{n} \times R^{\frac{2}{3}} \times I^{\frac{1}{2}}$ (m/sec)

경심(R) $= \dfrac{단면적(A)}{윤변의 길이(S)} = \dfrac{b \times h}{b+2h}$

$= \dfrac{4m \times 2m}{4m + 2 \times 2m} = 1m$

기울기(I) $= 4‰ = \dfrac{4}{1,000}$

따라서 $v = \dfrac{1}{0.014} \times (1m)^{\frac{2}{3}} \times \left(\dfrac{4}{1,000}\right)^{\frac{1}{2}} = 4.52m/sec$

---

**answer** 18 ㉱   19 ㉱   20 ㉮   21 ㉰

**22** 유역면적이 2km²인 지역에서의 우수 유출량을 산정하기 위하여 합리식을 사용하였다. 다음 조건일 때 관거 길이 1,000m인 하수관의 우수유출량(m³/sec)은 얼마인가? (단, 강우강도 $I(mm/hr) = \dfrac{3,660}{t+30}$, 유입시간 6분, 유출계수 0.7, 관내의 평균 유속 1.5m/sec)

㉮ 약 25m³/sec　㉯ 약 30m³/sec
㉰ 약 35m³/sec　㉱ 약 40m³/sec

 풀이

$Q = \dfrac{1}{360} CIA$

- Q : 우수유출량(m³/sec)
- C : 유출계수
- I : 강우강도(mm/hr)
- A : 면적(ha)

유달시간(t) = 유입시간 + 유하시간 $\left(\dfrac{길이}{유속}\right)$

= 6분 + $\dfrac{1,000m}{1.5m/sec \times 60sec/min}$ = 17.11분

강우강도(I) = $\dfrac{3,660}{17.11분 + 30}$ = 77.6905mm/hr

따라서 강우유출량(Q)

= $\dfrac{1}{360} \times 0.7 \times 77.6905mm/hr \times 2km^2 \times 100ha/1km^2$

= 30.21m³/sec

**23** 상수시설인 도수관을 설계할 때의 평균 유속에 관한 설명으로 (　)안에 알맞은 말은 어느 것인가?

> 자연유하식인 경우에는 허용최대한도를 ( ① )로 하고 도수관의 평균유속의 최소한도는 ( ② ) 로 한다.

㉮ ① 3.0m/s, ② 0.3m/s
㉯ ① 3.0m/s, ② 1m/s
㉰ ① 5.0m/s, ② 0.3m/s
㉱ ① 5.0m/s, ② 1m/s

**TIP**
관거별 유속기준

| 관거 종류 | 기준 | 최소 유속 | 최대 유속 |
|---|---|---|---|
| 도수관거 | 자연유하식 | 0.3m/sec | 3.0m/sec |
| 오수관거 | 계획시간 최대오수량 | 0.6m/sec | 3.0m/sec |
| 우수관거, 합류관거 | 계획우수량 | 0.8m/sec | 3.0m/sec |

**24** 상수도관으로 사용되는 관종 중 스테인리스강관에 대한 설명으로 틀린 것은 어느 것인가?

㉮ 강인성이 뛰어나고 충격에 강하다.
㉯ 용접접속에 시간이 걸린다.
㉰ 라이닝이나 도장을 필요로 하지 않는다.
㉱ 이종금속과의 절연처리가 필요없다.

풀이　㉱ 이종금속과의 절연처리가 필요하다.

answer　22 ㉯　23 ㉮　24 ㉱

**25** 상수도 취수 시 계획취수량의 기준으로 알맞은 것은 어느 것인가?

㉮ 계획 1일 최대급수량의 10% 정도 증가된 수량으로 정함
㉯ 계획 1일 평균급수량의 10% 정도 증가된 수량으로 정함
㉰ 계획 1시간 최대급수량의 10% 정도 증가된 수량으로 정함
㉱ 계획 1시간 평균급수량의 10% 정도 증가된 수량으로 정함

**풀이** 상수도 취수 시 계획취수량의 기준은 계획 1일 최대급수량의 10% 정도 증가된 수량 으로 정한다.

**26** 내경 500mm의 강관 내압 1.0MPa으로 물이 흐르고 있다. 매설 강관의 최소 두께(mm)는 약 얼마인가? (단, 내압에 의한 원주방향의 응력도는 110N/mm²이다.)

㉮ 2.27mm  ㉯ 4.52mm
㉰ 6.54mm  ㉱ 9.08mm

**풀이**
$$T = \frac{P \times D}{2\sigma_t}$$

$T$ : 관두께(mm)
$P$ : 관내수압(MPa)
$D$ : 직경(mm)
$\sigma_t$ : 응력도(N/mm²)

따라서 $T = \dfrac{1.0\text{MPa} \times 500\text{mm}}{2 \times 110\text{N/mm}^2} = 2.27\text{mm}$

**27** 복류수를 취수하는 집수매거의 유출단에서 매거 내의 평균유속으로 알맞은 것은 어느 것인가?

㉮ 0.3m/sec 이하  ㉯ 0.5m/sec 이하
㉰ 0.8m/sec 이하  ㉱ 1.0m/sec 이하

**풀이** 집수매거의 유출단에서 매거 내의 평균유속은 1.0 m/sec 이하이다.

**28** 활성슬러지법에서 사용하는 수중형 포기기에 대한 내용으로 틀린 것은 어느 것인가?

㉮ 저속터빈과 압력튜브 혹은 보통관을 통한 압축공기를 주입하는 형식이다.
㉯ 혼합정도가 좋으며 결빙문제나 유체가 튀지 않는다.
㉰ 깊은 반응조에 적용하며 운전에 융통성이 있다.
㉱ 송풍조의 규모를 줄일 수 있어 전기료가 적게 소요된다.

**풀이** ㉱ 송풍조의 규모를 줄일 수 없어 전기료가 많이 소요된다.

**answer** 25 ㉮  26 ㉮  27 ㉱  28 ㉱

**29** 펌프의 비교회전도에 대한 내용으로 알맞은 것은 어느 것인가?

㉮ 비교회전도가 크게 될수록 흡입성능이 나쁘고 공동현상이 발생하기 쉽다.
㉯ 비교회전도가 크게 될수록 흡입성능은 나쁘나 공동현상이 발생하기 어렵다.
㉰ 비교회전도가 크게 될수록 흡입성능이 좋고 공동현상이 발생하기 어렵다.
㉱ 비교회전도가 크게 될수록 흡입성능은 좋으나 공동현상이 발생하기 쉽다.

**풀이** 비교회전도가 크게 될수록 흡입성능이 나쁘고 공동현상이 발생하기 쉽고 유량이 적은 저양정의 펌프가 된다.

**30** 배수관로 상에 유리관을 세웠을 때 다음 그림과 같은 상태였다. 이 때 배수관 내의 유속(m/sec)은 얼마인가? (단, 수면의 차이는 10cm이다.)

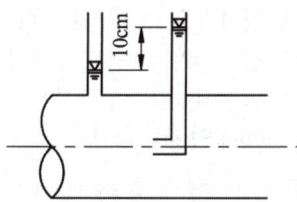

㉮ 1.0m/sec  ㉯ 1.4m/sec
㉰ 1.8m/sec  ㉱ 2.2m/sec

**풀이** $V = C \times \sqrt{2gh}$

$V$ : 유속(m/sec)
$g$ : 중력가속도(9.8m/sec$^2$)
$h$ : 속도수두(m)

따라서 $V = \sqrt{2 \times 9.8 \text{m/sec}^2 \times 0.1\text{m}} = 1.4$m/sec

**31** 하수처리시설의 이차침전지에 관한 내용으로 틀린 것은 어느 것인가?

㉮ 유효수심은 2.5~4m를 표준으로 한다.
㉯ 이차침전지의 고형물부하율은 95~145 kg/m$^2 \cdot$d로 한다.
㉰ 침전시간은 계획 1일 최대오수량에 따라 정하며 일반적으로 6~8시간으로 한다.
㉱ 침전지 수면의 여유고는 40~60cm 정도로 한다.

**풀이** ㉰ 침전시간은 계획 1일 최대오수량에 따라 정하며 일반적으로 3~5시간으로 한다.

**32** 하수관거에 대한 설명으로 틀린 것은 어느 것인가?

㉮ 도관은 내산 및 내알칼리성이 뛰어나고 마모에 강하며 이형관을 제조하기 쉽다.
㉯ 폴리에틸렌관은 가볍고 취급이 용이하여 시공성은 좋으나 산, 알칼리에 약한 단점이 있다.
㉰ 덕타일주철관은 내압성 및 내식성이 우수하다.
㉱ 파형강관은 용융아연도금된 강판을 스파이럴형으로 제작한 강관이다.

**풀이** ㉯ 폴리에틸렌관은 가볍고 취급이 용이하여 시공성이 좋고 산, 알칼리에 강하다.

**answer** 29 ㉮  30 ㉯  31 ㉰  32 ㉯

**33** 정수시설 중 플록형성지에 대한 내용으로 틀린 것은 어느 것인가?

㉮ 기계식교반에서 플록큐레이터(flocculator)의 주변속도는 5~10cm/sec를 표준으로 한다.
㉯ 플록형성시간은 계획정수량에 대하여 20~40분간을 표준으로 한다.
㉰ 직사각형이 표준이다.
㉱ 혼화지와 침전지 사이에 위치하고 침전지에 붙여서 설치한다.

**풀이** ㉮ 기계식교반에서 플록큐레이터(flocculator)의 주변속도는 15~80cm/sec를 표준으로 한다.

**34** 취수시설 중 취수탑에 대한 내용으로 틀린 것은 어느 것인가?

㉮ 연간을 통하여 최소 수심이 2m 이상으로 하천에 설치하는 경우에는 유심이 제방에 되도록 근접한 지점으로 한다.
㉯ 취수탑의 횡단면은 환상으로서 원형 또는 타원형으로 한다.
㉰ 취수탑의 상단 및 관리교의 하단은 하천, 호소 및 댐의 계획최고수위보다 높게 한다.
㉱ 취수탑을 하천에 설치하는 경우에는 장축방향을 흐름 방향과 직각이 되도록 설치한다.

**풀이** ㉱ 취수탑을 하천에 설치하는 경우에는 장축방향을 흐름 방향과 일치하도록 설치한다.

**35** 수격작용(water hammer)을 방지 또는 줄이는 방법으로 틀린 것은 어느 것인가?

㉮ 펌프에 fly wheel을 붙여 펌프의 관성을 증가시킨다.
㉯ 흡입측 관로에 압력조절수조(surge tank)를 설치하여 부압을 유지시킨다.
㉰ 펌프 토출구 부근에 공기탱크를 두거나 부압발생지점에 흡기밸브를 설치하여 압력강하시 공기를 넣어준다.
㉱ 관내유속을 낮추거나 관거상황을 변경한다.

**풀이** ㉯ 토출측 관로에 압력조절수조를 설치해서 부압발생 장소에 물을 보급하여 부압을 방지함과 아울러 압력상승도 흡수한다.

**36** 상향류식 경사판 침전지에 관한 내용으로 틀린 것은 어느 것인가?

㉮ 표면부하율은 4~9mm/min으로 한다.
㉯ 경사각은 55~60°로 한다.
㉰ 침강장치는 1단으로 한다.
㉱ 침전지 내의 평균상승유속은 250mm/min 이하로 한다.

**풀이** ㉮ 표면부하율은 12~28nm/min으로 한다.

**37** 펌프 회전차나 동체 속에 흐르는 압력이 국소적으로 저하하여 그 액체의 포화 증기압 이하로 떨어져 발생하는 펌프 운전시의 비정상 현상을 무엇이라 하는가?

㉮ 캐비테이션  ㉯ 서어징
㉰ 수격 작용  ㉱ 맥놀이 현상

**풀이** ㉮ 캐비테이션(공동현상)에 대한 설명이다.

**answer** 33 ㉮  34 ㉱  35 ㉯  36 ㉮  37 ㉮

**38** 관경 1,100mm, 동수경사 2.4‰, 유속 1.63m/sec, 연장 L = 30.6m일 때 역사이폰의 손실수두(m)는 약 얼마인가?
(단, 손실수두에 관한 여유 α = 0.042m이다.)

㉮ 0.42m  ㉯ 0.32m
㉰ 0.25m  ㉱ 0.16m

**풀이**

$$H = I \times L + 1.5 \times \frac{V^2}{2g} + \alpha$$

- H : 손실수두(m)
- I : 역사이편내의 유속에 대한 동수구배
- L : 관의 길이(m)
- V : 관내유속(m/sec)
- g : 중력가속도(9.8m/sec²)
- α : 손실수두에 관한 여유

따라서

$$H = \frac{2.4}{1,000} \times 30.6m + 1.5 \times \frac{(1.63m/sec)^2}{2 \times 9.8m/sec^2} + 0.042m$$
$$= 0.32m$$

**39** 상수시설인 착수정의 체류시간, 수심 기준으로 알맞은 것은 어느 것인가?

㉮ 체류시간 : 1.5분 이상, 수심 : 2~3m 정도
㉯ 체류시간 : 1.5분 이상, 수심 : 3~5m 정도
㉰ 체류시간 : 3.0분 이상, 수심 : 2~3m 정도
㉱ 체류시간 : 3.0분 이상, 수심 : 3~5m 정도

**40** 하수도계획 목표연도는 몇 년을 원칙으로 하는가?

㉮ 10년  ㉯ 20년
㉰ 30년  ㉱ 40년

**풀이** 계획 목표연도가 하수도 20년, 상수도 15~20년이다.

| 제3과목 | 수질오염방지기술

**41** 핀 플록(pin-floc)이나 플록파괴(deflocculation)가 발생하는 원인으로 틀린 것은 어느 것인가?

㉮ 독성(toxic)물질 유입
㉯ 혐기성(anaerobic) 상태
㉰ 유황(sulfide)
㉱ 장기폭기(extended aeration)

**풀이** 핀 플록이나 플록파괴가 발생하는 원인으로는 독성물질 유입, 혐기성상태, 장기폭기 등이 있다.

**42** 300m³/day의 폐수를 배출하는 도금공장이 있다. 이 폐수 중에는 CN⁻이 150 mg/L 함유되어 다음 반응식을 이용하여 처리하고자 할 때 필요한 NaClO의 양(kg)은 약 얼마인가?

$$2NaCN + 5NaClO + H_2O \rightarrow 2NaHCO_3 + N_2 + 5NaCl$$

㉮ 180.4kg  ㉯ 322.4kg
㉰ 344.8kg  ㉱ 300.5kg

**풀이** 2CN⁻ : 5NaClO
2×26g : 5×74.5g
0.15kg/m³×300m³/day : X
∴ X = 322.36kg/day

**answer** 38 ㉯  39 ㉯  40 ㉯  41 ㉰  42 ㉯

**43** Monod 식을 이용한 세포의 비증식속도(Specific growth rate, hr⁻¹)는 얼마인가? (단, 제한기질농도 200mg/L, 1/2포화농도(Ks) 50mg/L, 세포의 비증식속도 최대치 0.1hr⁻¹이다.)

㉮ 0.08hr⁻¹  ㉯ 0.12hr⁻¹
㉰ 0.16hr⁻¹  ㉱ 0.24hr⁻¹

**풀이**
$$\mu = \mu_{max} \times \frac{S}{K_s + S}$$

- $\mu$ : 세포의 비증식 계수(/hr)
- $\mu_{max}$ : 세포의 최대 비증식 계수(/hr)
- $S$ : 제한기질의 농도(mg/L)
- $K_s$ : 반포화 농도(mg/L)

따라서 $\mu = 0.1/hr \times \frac{200mg/L}{(50+200)mg/L} = 0.08/hr$

**44** 막공법 중 물질 분리를 유발하는 추진력(driving force)으로 틀린 것은 어느 것인가?

㉮ 전기투석(Electrodialysis) - 기전력
㉯ 투석(Dialysis) - 정수압차
㉰ 역삼투(Reverse Osmosis) - 정수압차
㉱ 한외여과(Utrafiltration) - 정수압차

**풀이** ㉯ 투석(Dialysis) - 농도차

**45** 수질성분이 금속도관의 부식에 미치는 영향으로 설명이 틀린 것은 어느 것인가?

㉮ 암모니아는 착화물의 형성을 통해 구리, 납 등의 금속 용해도를 증가시킬 수 있다.
㉯ 칼슘은 $CaCO_3$로 침전하여 부식을 보호하고 부식속도를 감소시킨다.
㉰ 마그네슘은 갈바닉 전지를 이룬 배관 상에 구멍을 야기한다.
㉱ pH가 높으면 관을 보호하고 부식속도를 감소시킨다.

**풀이** ㉰ 구리는 갈바닉 전지를 이룬 배관 상에 구멍을 야기한다.

**46** 폐수 유량이 2,000m³/d, 부유 고형물의 농도가 200mg/L이다. 설계온도 20℃, 이 때의 공기 용해도는 18.7mL/L, 흡수비 0.5, 표면부하율이 120m³/(m²·d), 운전압력이 3기압 이라면 반송비와 부상조의 필요한 표면적(m²)은 약 얼마인가? (단, A/S비는 0.05, 반송이 있는 공기부상조 기준이다.)

㉮ 0.82, 25m²  ㉯ 0.82, 30m²
㉰ 0.87, 25m²  ㉱ 0.87, 30m²

**풀이**
① A/S비 = $\frac{1.3 \times Sa \times (f \times P - 1)}{SS} \times R$

$0.05 = \frac{1.3 \times 18.7mL/L \times (0.5 \times 3atm - 1)}{200mg/L} \times R$

∴ R = 0.82

② 부하율(m³/m²·day) = $\frac{Q(m^3/min)}{A(m^2)}$

$Q = Q \times (1+R) = 2,000m^3/day \times (1+0.82)$
$= 3,640m^3/day$

따라서 $120m^3/m^2 \cdot day = \frac{3,640m^3/day}{A(m^2)}$

∴ A = 30.333m²

**answer** 43 ㉮  44 ㉯  45 ㉰  46 ㉯

**47** 혐기성 소화조 운전 중 이상발포가 발생되었을 때의 대책으로 틀린 것은 어느 것인가?

㉮ 슬러지의 유입을 줄이고 배출을 일시 중지한다.
㉯ 소화온도를 높인다.
㉰ 조내 교반을 중지한다.
㉱ 스컴을 파쇄·제거한다.

**풀이** ㉰ 조내 교반을 한다.

**48** 도금폐수 중 시안함유폐수의 처리에 대한 내용으로 틀린 것은 어느 것인가?

㉮ pH 3 이하의 산성으로 하여 공기를 격렬하게 주입시켜 HCN 가스를 대기 중에 발산시켜 제거한다.
㉯ 시안착화합물로 변화시키는 방법은 크롬폐수와 혼합되어 있을 때의 처리에 적합하다.
㉰ 알칼리성으로 하여 염소화하는 방법이 가장 일반적이다.
㉱ 선택침전법은 여러 가지 폐수가 혼재되어 있을 때 적용하며 슬러지 발생량이 적은 장점이 있다.

**풀이** ㉱ 선택침전법은 시안함유폐수의 처리법이 아니다.

**49** 슬러지 발생량이 3,000kg/d인 소화조가 있다. 슬러지는 70%의 휘발성물질을 포함하고 있으며 이중 60%가 분해된다. 슬러지 1kg이 분해될 때 50%의 메탄이 함유된 0.874m³/kg의 소화가스가 발생한다. 소화조 보온에 필요한 에너지는 530,000kJ/h이다. 발생된 에너지의 몇 %가 실질적으로 소화조의 가온에 사용되었는가? (단, 메탄의 열량 35,850kJ/m³, 가온장치 열효율 70%, 24시간 연속 가온 기준이다.)

㉮ 65%  ㉯ 74%
㉰ 81%  ㉱ 92%

**풀이** 소화조 가온에 사용된 발생에너지(%)

$= \dfrac{\text{소화조 가온에 필요한 열량}}{CH_4 \text{ 발열량}} \times 100(\%)$

$= \dfrac{530{,}000 kJ/hr \times 24 hr/day \times \dfrac{100}{70\%}}{3{,}000 kg/day \times 0.70 \times 0.60 \times 0.874 m^3/kg \times 0.50 \times 35{,}850 kJ/m^3} \times 100$

$= 92.06\%$

**50** 용수 응집시설의 급속 혼합조를 설계하고자 한다. 혼합조의 설계유량은 18,480 m³/day이며 정방향으로 하고 깊이는 폭의 1.25배로 한다면 교반을 위한 필요동력(kW)은? (단, $\mu = 0.00131 N \cdot s/m^2$, 속도 구배 = 900sec⁻¹, 체류시간 30초)

㉮ 약 4.3kW  ㉯ 약 5.6kW
㉰ 약 6.8kW  ㉱ 약 7.3kW

**풀이** ① V(m³) = Q(m³/day)×t(day)

$= \dfrac{18{,}480 m^3}{day} \times 30 sec \times \dfrac{1 hr}{3{,}600 sec} \times \dfrac{1 day}{24 hr}$

$= 6.4167 m^3$

**answer** 47 ㉰  48 ㉱  49 ㉱  50 ㉰

② $P = G^2 \times \mu \times V$
  $= (900/sec)^2 \times 0.00131 N \cdot s/m^2 \times 6.4167 m^3$
  $= 6,808.76 Watt = 6.81 kW$

**51** 입자형상계수가 0.75이고 평균입경이 1.7mm인 안트라사이트가 600mm로 구성된 여층에서 물이 $180L/m^2 \cdot min$의 속도로 흐를 때 Reynolds 수는?
(단, 동점성계수는 $1.003 \times 10^{-6} m^2/s$)

㉮ 약 2.81  ㉯ 약 3.81
㉰ 약 4.81  ㉱ 약 5.81

**[풀이]**

$Re = \dfrac{D \times V}{\nu}$

$= \dfrac{1.7 \times 10^{-3} m \times 0.75 \times 0.18 m/min \times 1min/60sec}{1.003 \times 10^{-6} m^2/sec}$

$= 3.81$

**[TIP]**
① D = 평균입경 × 입자형상계수
② $V = 180L/m^2 \cdot min = 0.18 m^3/m^2 \cdot min$
  $= 0.18 m/min$

**52** 함수율 96%인 축산폐수 $500m^3/day$가 혐기성소화조에 투입되고 있다. VS/TS 비는 50% 이며 혐기성 소화 후 VS 물질의 80%가 가스로 발생하고 있다. 이 소화조에서 하루 발생한 소화가스의 열량(kcal/day)은? (단, 축산폐수의 비중 1.0, VS 1ton은 $25m^3$의 소화가스를 발생, 소화가스 $1m^3$의 열량은 6,000kcal이다.)

㉮ 130,000kcal/day
㉯ 400,000kcal/day
㉰ 840,000kcal/day
㉱ 1,200,000kcal/day

**[풀이]** 발생한 소화가스의 열량(kcal/day)
$= 500m^3/day \times 40kg/m^3 \times 0.50 \times 0.80 \times 25m^3/ton$
$\times 1ton/10^3 kg \times 6,000kcal/m^3$
$= 1,200,000 kcal/day$

**[TIP]**
① 고형물(TS) = 100-함수율(P) = 100-96% = 4%
② % $\xrightarrow{\times 10^4}$ ppm
③ mg/L $\xrightarrow{\times 10^{-3}}$ $kg/m^3$
④ % $\xrightarrow{\times 10}$ $kg/m^3$
⑤ TS = 4% $\xrightarrow{\times 10}$ $40 kg/m^3$

**53** 역삼투장치로 하루에 600,000L의 3차 처리된 유출수를 탈염하고자 한다. 다음과 같을 때, 요구되는 막 면적($m^2$)은 얼마인가?

- 25℃에서 물질전달계수
  $= 0.2068 L/(day \cdot m^2)(kPa)$
- 유입수와 유출수의 압력차 = 2,400 kPa
- 유입수와 유출수의 삼투압차 = 310 kPa
- 최저 운전온도 = 10℃
- $A_{10℃} = 1.3 A_{25℃}$

㉮ 약 $1,200 m^2$  ㉯ 약 $1,400 m^2$
㉰ 약 $1,600 m^2$  ㉱ 약 $1,800 m^2$

**[풀이]** ① $Q_F = k \times (\triangle P - \triangle \pi)$

$\begin{bmatrix} Q_F : 유출수량(L/m^2 \cdot day) \\ k : 물질전달계수(L/m^2 \cdot day \cdot kPa) \\ \triangle P : 압력차(kPa) \\ \triangle \pi : 삼투압차(kPa) \end{bmatrix}$

따라서
$Q_F = 0.2068 L/m^2 \cdot day \cdot kPa \times (2,400-310) kPa$
$= 432.212 L/m^2 \cdot day$

② 25℃의 막의 면적($A_{25℃}$)

**answer** 51 ㉯  52 ㉱  53 ㉱

$$= \frac{Q(\text{유량})}{Q_F(\text{유출수량})} = \frac{600,000\text{L/day}}{432.212\text{L/m}^2\cdot\text{day}}$$
$$= 1,388.2076\text{m}^2$$
③ $A_{10℃} = 1.3 \times A_{25℃} = 1.3 \times 1,388.2076\text{m}^2$
$$= 1,804.67\text{m}^2$$

**54** MLSS 농도 3,000mg/L, F/M비가 0.4인 포기조에 BOD 350mg/L의 폐수가 3,000m³/day로 유입되고 있다. 포기조 체류시간(hr)은 얼마인가?

㉮ 5hr  ㉯ 7hr
㉰ 9hr  ㉱ 11hr

**풀이**
① F/M비(/day) = $\frac{\text{BOD}(\text{kg/m}^3) \times Q(\text{m}^3/\text{day})}{\text{MLSS}(\text{kg/m}^3) \times V(\text{m}^3)}$

$= \frac{\text{BOD}(\text{kg/m}^3)}{\text{MLSS}(\text{kg/m}^3)} \times \frac{1}{t(\text{day})}$

따라서 0.4/day = $\frac{0.35\text{kg/m}^3}{3\text{kg/m}^3} \times \frac{1}{t(\text{day})}$

$\therefore t = \frac{0.35\text{kg/m}^3}{3\text{kg/m}^3 \times 0.4/\text{day}} = 0.2917\text{day}$

② t(hr) = $0.2917\text{day} \times \frac{24\text{hr}}{1\text{day}} = 7.0\text{hr}$

**55** 함수율이 90%인 슬러지 겉보기 비중이 1.02이었다. 이 슬러지를 탈수하여 함수율이 60%인 슬러지를 얻었다면 탈수된 슬러지가 갖는 비중은 얼마인가? (단, 물의 비중은 1.0이다.)

㉮ 약 1.09  ㉯ 약 1.19
㉰ 약 1.29  ㉱ 약 1.39

**풀이**
$\frac{1}{\rho_{SL}} = \frac{W_{TS}}{\rho_{TS}} + \frac{W_P}{\rho_P}$

① $\frac{1}{1.02} = \frac{0.10}{\rho_{TS}} + \frac{0.90}{1.0}$

$\therefore \rho_{TS} = 1.244$

② $\frac{1}{\rho_{SL}} = \frac{0.40}{1.244} + \frac{0.60}{1.0}$

$\therefore \rho_{SL} = 1.09$

**56** 3,000명의 주민이 살고 있는 도시의 우유제조 공장에서 하루 평균 80m³씩의 폐수가 배출되고 있다. 폐수의 BOD가 1,000mg/L이며 인구 1인당 하루 70g의 BOD를 배출할 때 필요한 안정화지의 면적(m²)은 얼마인가? (단, 안정화지 설계 BOD부하량은 2.5g/m²·day이다.)

㉮ 12,500m²  ㉯ 65,500m²
㉰ 116,000m²  ㉱ 148,000m²

**풀이** 안정화지 설계 BOD부하량(g/m²·day)

$= \frac{\text{BOD 부하량}(\text{g/day})}{A(\text{m}^2)}$

따라서 2.5g/m²·day

$= \frac{(1,000\text{g/m}^3 \times 80\text{m}^3/\text{day}) + (70\text{g/인}\cdot\text{day} \times 3,000\text{인})}{A(\text{m}^2)}$

$\therefore A = 116,000\text{m}^2$

**57** 침전지에서 입자의 침강속도가 증대되는 원인으로 틀린 것은 어느 것인가?

㉮ 입자 비중의 증가
㉯ 액체 점성계수 증가
㉰ 수온의 증가
㉱ 입자 직경의 증가

**풀이** ㉯ 액체 점성계수 감소

**TIP**
침강속도 = $\frac{d^2(\rho_s - \rho_w)g}{18\mu}$

**answer** 54 ㉯  55 ㉮  56 ㉰  57 ㉯

**58** 생물화학적 인 및 질소 제거 공법 중 인 제거만을 주목적으로 개발된 공법은 어느 것인가?

㉮ Phostrip ㉯ $A^2/O$
㉰ UCT ㉱ Bardenpho

**풀이** 인 제거만을 주목적으로 개발된 공법은 Phostrip 공법과 A/O 공법이다.

**59** 브롬화염소 살균에 대한 내용으로 틀린 것은 어느 것인가?

㉮ 브롬화염소는 기화속도가 낮기 때문에 염소보다 덜 유해하다.
㉯ 부식성이 높아 염소와 관련된 배관이나 용기에 철제를 쓸 수 없다.
㉰ 하수의 살균제로 쓰일 때 브롬화염소는 액화기체로서 주입된다.
㉱ 브롬화염소 잔류량은 접촉조 안에서 빨리 감소하므로 주입지점에서 하수와 잘 섞어줄 필요가 있다.

**풀이** ㉯ 브롬화염소는 부식성이 낮다.

**60** 폐수의 화학적 성분 중 무기물이 아닌 것은 어느 것인가?

㉮ 염화물 ㉯ 카드뮴
㉰ 질산성질소 ㉱ 계면활성제

**풀이** ㉱ 계면활성제는 유기물이다.

| 제4과목 | 수질오염공정시험기준

**61** 공장폐수나 하수의 관내 유량측정방법 중 공정수(process water)에 적용되는 장치로 틀린 것은 어느 것인가?

㉮ 유량측정용 노즐
㉯ 벤튜리미터
㉰ 오리피스
㉱ 자기식 유량측정기

**풀이** 공정수에 적용되는 장치에는 유량측정용 노즐, 오리피스, 피토우관, 자기식 유량측정기가 있다.

**62** 감응계수를 알맞게 표현한 것은 어느 것인가? (단, 검정곡선 작성용 표준용액의 농도 : C, 반응값 : R)

㉮ 감응계수 = R/C ㉯ 감응계수 = C/R
㉰ 감응계수 = R×C ㉱ 감응계수 = C-R

**63** 시료채취시 유의사항으로 틀린 것은 어느 것인가?

㉮ 시료 채취 용기는 깨끗이 세척된 용기 또는 멸균된 용기를 사용한다.
㉯ 유류 또는 부유물질 등이 함유된 시료는 균질성이 유지될 수 있도록 채취하여야 하며, 침전물 등이 부상하여 혼합되어서는 안 된다.
㉰ 심부층의 지하수 채취시에는 고속양수펌프를 이용하여 채취시간을 최소화함으로써 수질의 변질을 방지하여야 한다.
㉱ 용존가스, 환원성 물질, 휘발성유기화합물, 냄새, 유류 및 수소이온 등을 측정하기 위한 시료를 채취할 때는 운반중 공

**answer** 58 ㉮ 59 ㉯ 60 ㉱ 61 ㉯ 62 ㉮ 63 ㉰

기와의 접촉이 없도록 시료 용기에 가득 채운 후 빠르게 뚜껑을 닫는다.

**풀이** ㉰ 심부층의 지하수 채취시에는 저속양수펌프를 이용하여 반드시 저속시료채취하여 시료 교란을 최소화 하여야 한다.

**64** 공장의 폐수 100mL를 취하여 산성 100℃에서 $KMnO_4$에 의한 화학적 산소 소비량을 측정하였다. 시료의 적정에 소비된 0.025N $KMnO_4$의 양이 7.5mL였다면 이 폐수의 COD(mg/L)는 약 얼마인가? (단, 0.025N $KMnO_4$ factor 1.02, 바탕시험 적정에 소비된 0.025N $KMnO_4$ 1.00mL)

㉮ 13.3mg/L ㉯ 16.7mg/L
㉰ 24.8mg/L ㉱ 32.2mg/L

**풀이** 
$$COD(mg/L) = \frac{(b-a) \times f \times 0.2}{V(L)}$$
$$= \frac{(7.5-1.0)mL \times 1.02 \times 0.2}{100 \times 10^{-3}L}$$
$$= 13.26 mg/L$$

**65** 공정시험기준의 설명으로 틀린 것은 어느 것인가?

㉮ 온수는 60~70℃, 냉수는 15℃ 이하를 말한다.
㉯ 방울수는 20℃에서 정제수 20방울을 적하할 때, 그 부피가 약 1mL가 되는 것을 뜻한다.
㉰ '정밀히 단다'라 함은 규정된 수치의 무게를 0.1mg까지 다는 것을 말한다.
㉱ 시험에 쓰는 물은 따로 규정이 없는 한 증류수 또는 정제수로 한다.

**풀이** ㉰ '정밀히 단다'라 함은 규정된 양의 시료를 취하여 화학저울 또는 미량저울로 칭량함을 말한다.

**66** 하천의 BOD를 측정하기 위해 검수에 희석수를 가해 40배로 희석한 것을 BOD병에 채우고 20℃에서 5일간 부란시키기 전 희석 검수의 DO는 8.5mg/L, 5일 부란 후 적정에 사용된 0.025N-$Na_2S_2O_3$용액이 1.5mL, BOD병 내용적이 303mL, 적정에 사용된 검수량이 100mL, 0.025N-$Na_2S_2O_3$의 역가는 1이다. 이 하천수의 BOD(mg/L)는 얼마인가? (단, DO측정을 위해 투입된 $MnSO_4$와 알칼리성 요오드화포타슘 아지드화소듐 용액의 양은 각각 1mL로 한다.)

㉮ 약 190mg/L ㉯ 약 220mg/L
㉰ 약 250mg/L ㉱ 약 280mg/L

**풀이**
① $DO_1 = 8.5mg/L$
② $DO_2 = a \times f \times \frac{V_1}{V_2} \times \frac{1,000}{V_1-R} \times 0.2$
$$= 1.5mL \times 1.0 \times \frac{303mL}{100mL} \times \frac{1,000}{303mL-2mL} \times 0.2$$
$$= 3.02mg/L$$
③ BOD(mg/L) = $(DO_1-DO_2) \times$ 희석배수치
$$= (8.5-3.02)mg/L \times 40배$$
$$= 219.2mg/L$$

**67** 유도결합플라스마-원자발광분광법에 관한 내용으로 틀린 것은 어느 것인가?

㉮ 토치는 2중으로 된 석영관을 사용한다.
㉯ 냉각 가스는 아르곤을 사용한다.
㉰ 운반 가스는 아르곤을 사용한다.
㉱ 플라스마는 그 자체가 광원으로 이용된다.

**풀이** ㉮ 토치는 내부직경이 18, 12, 1.5mm인 3개의 동심원 또는 동등한 규격의 석영관을 사용한다.

**answer** 64 ㉮  65 ㉰  66 ㉯  67 ㉮

**68** 염소이온 측정법에 대한 내용으로 틀린 것은 어느 것인가?

㉮ 정량 범위는 적정법 경우 0.1 mg/L, 이온크로마토그래피법의 경우 0.7mg/L 이상이다.
㉯ 적정법의 경우 시료가 심하게 착색되어 있으면 포타슘명반현탁액을 넣어 탈색시켜야 한다.
㉰ 적정법에 의한 종말점은 엷은 적황색 침전이 나타날 때이다.
㉱ 적정법은 질산은이 크롬산과 반응하여 크롬산은의 침전으로 나타나는 점을 적정의 종말점으로 한다.

**풀이** ㉮ 정량 범위는 적정법 경우 0.7mg/L, 이온크로마토그래피법의 경우 0.1mg/L 이상이다.

**69** 자외선/가시선 분광법으로 페놀류를 정량할 때의 내용이다. ( )안에 알맞은 말은 어느 것인가?

> 증류한 시료에 염화암모늄-암모니아 완충액을 넣어 ( )으로 조절한 다음 4-아미노안티피린과 헥사시안화철(Ⅱ)산포타슘을 넣어 생성된 붉은색의 안티피린계 색소의 흡광도를 측정하는 방법이다.

㉮ pH 8  ㉯ pH 9
㉰ pH 10  ㉱ pH 11

**풀이** 페놀류의 자외선/가시선 분광법
① pH 10으로 조절
② 수용액(직접법) : 510nm, 0.05mg/L
③ 클로로폼용액(추출법) : 460nm, 0.005mg/L

**70** 유속-면적법에 의한 하천유량을 구하기 위한 소구간 단면에 있어서의 평균유속 $V_m$을 구하는 식으로 알맞은 것은 어느 것인가? (단, $V_{0.2}$, $V_{0.4}$, $V_{0.5}$, $V_{0.6}$, $V_{0.8}$은 각각 수면으로부터 전수심의 20%, 40%, 50%, 60% 및 80%인 점의 유속이다.)

㉮ 수심이 0.4m 미만일 때 $V_m = V_{0.5}$
㉯ 수심이 0.4m 미만일 때 $V_m = V_{0.8}$
㉰ 수심이 0.4m 이상일 때
$V_m = (V_{0.2} + V_{0.8}) \times 1/2$
㉱ 수심이 0.4m 이상일 때
$V_m = (V_{0.4} + V_{0.6}) \times 1/2$

**풀이** ① 수심이 0.4 m 미만일 때 $V_m = V_{0.6}$
② 수심이 0.4m 이상일 때 $V_m = \dfrac{(V_{0.2} + V_{0.8})}{2}$

**71** 자외선/가시선 분광법을 적용한 음이온계면활성제 시험방법에 대한 내용으로 틀린 것은 어느 것인가?

㉮ 메틸렌블루와 반응시켜 생성된 청색의 착화합물을 추출하여 흡광도를 측정한다.
㉯ 컬럼을 통과시켜 시료 중의 계면활성제를 종류별로 구분하여 측정할 수 있다.
㉰ 메틸렌블루와 반응시켜 생성된 착화합물을 추출할 때 클로로폼을 사용한다.
㉱ 약 1,000mg/L 이상의 염소이온 농도에서 양의 간섭을 나타내며 따라서 염분농도가 높은 시료의 분석에는 사용할 수 없다.

**풀이** ㉯ 컬럼을 통과시켜 시료 중의 계면활성제를 종류별로 구분하여 측정할 수 없다.

**answer** 68 ㉮  69 ㉰  70 ㉰  71 ㉯

**72** 폭기조 내의 폐수 DO를 측정하기 위하여 시료 300mL를 취하여 윙클러 아자이드법에 의하여 처리하고 203mL를 분취하여 0.025N $Na_2S_2O_3$로 적정하니 3mL가 소모되었다. 이 폐수의 DO(mg/L)는 약 얼마인가? (단, 0.025N $Na_2S_2O_3$의 역가 1.2, 전체 시료량에 넣은 시약 4mL이다.)

㉮ 3.2mg/L  ㉯ 3.6mg/L
㉰ 4.2mg/L  ㉱ 4.6mg/L

**풀이**
$$DO = a \times f \times \frac{V_1}{V_2} \times \frac{1,000}{V_1-R} \times 0.2$$
$$= 3mL \times 1.2 \times \frac{300mL}{203mL} \times \frac{1,000}{300mL-4mL} \times 0.2$$
$$= 3.59 mg/L$$

**73** 식물성 플랑크톤의 정량시험 중 저배율에 의한 방법은 어느 것인가? (단, 200배율 이하)

㉮ 스트립 이용 계수
㉯ 팔머-말로니 챔버 이용 계수
㉰ 혈구계수기 이용 계수
㉱ 최적 확수 이용 계수

**풀이** 저배율 방법(200배율 이하)에는 스트립 이용 계수와 격자 이용 계수가 있다.

**74** 하천수의 시료채취에 대한 설명으로 알맞은 것은 어느 것인가? (단, 수심 1.5m 기준)

㉮ 하천 단면에서 수심이 가장 깊은 수면의 지점과 그 지점을 중심으로 좌우로 수면 폭을 3등분한 각각의 지점의 수면으로부터 수심의 1/3 지점을 채수한다.
㉯ 하천 단면에서 수심이 가장 깊은 수면의 지점과 그 지점을 중심으로 좌우로 수면 폭을 3등분한 각각의 지점의 수면으로부터 수심의 1/2 지점을 채수한다.
㉰ 하천 단면에서 수심이 가장 깊은 수면의 지점과 그 지점을 중심으로 좌우로 수면 폭을 2등분한 각각의 지점의 수면으로부터 수심의 1/3 지점을 채수한다.
㉱ 하천 단면에서 수심이 가장 깊은 수면의 지점과 그 지점을 중심으로 좌우로 수면 폭을 2등분한 각각의 지점의 수면으로부터 수심의 1/2 지점을 채수한다.

**풀이** 수심이 2m 미만일 때에는 수심의 1/3지점에서, 수심이 2m 이상일 때에는 수심의 1/3, 2/3지점에서 채수한다.

**75** 수질시료를 보존할 때 반드시 유리용기에 넣어 보존해야 하는 측정항목으로 틀린 것은 어느 것인가?

㉮ 폴리클로리네이티드비페닐
㉯ 페놀류
㉰ 유기인
㉱ 불소

**풀이** ㉱ 불소는 폴리에틸렌병에만 보관해야 한다.

**76** 취급 또는 저장하는 동안에 이물질이 들어가거나 또는 내용물이 손실되지 아니하도록 보호하는 용기는 어느 것인가?

㉮ 밀봉용기    ㉯ 밀폐용기
㉰ 기밀용기    ㉱ 압밀용기

**풀이** 용기
① 밀폐용기 : 이물질

answer  72 ㉯  73 ㉮  74 ㉰  75 ㉱  76 ㉯

② 기밀용기 : 공기
③ 밀봉용기 : 미생물
④ 차광용기 : 광선

**77** 부유물질 측정 시 간섭물질에 대한 내용으로 틀린 것은 어느 것인가?

㉮ 유지, 그리스, 왁스 등을 포함하는 시료의 경우 시료를 여과한다.
㉯ 칼슘, 마그네슘, 염화물, 황산염 등의 농도가 높을 경우 금속 침전이 발생하며 부유물질 측정에 영향을 줄 수 있다.
㉰ 나무 조각, 큰 모래입자 등과 같은 큰 입자들은 부유물질 측정에 방해를 주며, 이 경우 직경 2mm 금속망에 먼저 통과시킨 후 분석을 실시한다.
㉱ 증발잔유물이 1,000mg/L 이상인 공장폐수 등은 여과지에 의한 측정 오차를 최소화하기 위해 여과지 세척을 하지 않는다.

**풀이** ㉱ 증발잔유물이 1,000mg/L 이상인 공장폐수 등은 여과지에 의한 측정 오차를 최소화하기 위해 여과지 세척을 여러번 한다.

**78** BOD 실험에서 시료를 희석함에 있어 예상 BOD 값에 대한 사전경험이 없을 때, 적용되는 경우에 관한 내용으로 알맞은 것은 어느 것인가?

㉮ 오염이 심한 공장폐수 1.0~5.0%의 시료가 함유되도록 희석, 조제한다.
㉯ 침전된 하수는 5.0~10%의 시료가 함유되도록 희석, 조제한다.
㉰ 처리하여 방류된 공장폐수는 25~50%의 시료가 함유되도록 희석, 조제한다.
㉱ 오염된 하천수는 25.0~100%의 시료가 함유되도록 희석 조제한다.

**풀이** ㉮ 오염이 심한 공장폐수 0.1~1.0%의 시료가 함유되도록 희석, 조제한다.
㉯ 침전된 하수와 처리하지 않은 공장폐수는 1~5%의 시료가 함유되도록 희석, 조제한다.
㉰ 처리하여 방류된 공장폐수는 5~25%의 시료가 함유되도록 희석, 조제한다.

**79** 다이페닐카바자이드를 작용시켜 생성되는 착화합물의 흡광도를 540nm에서 측정하여 정량하는 항목은 어느 것인가?

㉮ 니켈  ㉯ 6가 크롬
㉰ 구리  ㉱ 카드뮴

**풀이** 6가크롬의 자외선/가시선 분광법
① 적자색, 540nm에서 흡광도 측정
② 정량한계 : 0.040mg/L

**80** 6가 크롬 표준용액(0.5mg/mL) 1L를 조제하기 위하여 소요되는 표준시약(다이크롬산포타슘)의 양(g)은 약 얼마인가?
(단, 원자량 : 포타슘 39, 크롬 52)

㉮ 1.413g  ㉯ 2.826g
㉰ 3.218g  ㉱ 4.641g

**풀이** $K_2Cr_2O_7$ : $2Cr^{6+}$
294g : 2×52g
X : 0.5mg/mL(= g/L)×1L
∴ X = 1.413g

**answer** 76 ㉯  77 ㉱  78 ㉱  79 ㉯  80 ㉮

# 2017 1회 기출문제

2017년 3월 5일 시행

## | 제1과목 | 수질오염개론

**01** 생체내에 필수적인 금속으로 결핍 시에는 인슐린의 저하를 일으킬 수 있는 유해물질은 어느 것인가?

㉮ Cd
㉯ Mn
㉰ CN
㉱ Cr

**풀이** ㉱ 크롬(Cr)에 대한 설명으로 내용 중 핵심인 "인슐린 저하 = 크롬"임을 숙지하시면 됩니다.

**02** 우리나라 개인하수처리시설에서 발생되는 정화조 오니에 관한 내용으로 틀린 것은 어느 것인가?

㉮ BOD농도 8,000mg/L 내외
㉯ SS농도 22,000mg/L 내외
㉰ 분뇨보다 생물학적 분해불가능 성분을 적게 포함한다.
㉱ 성상은 처리시설 형식에 따라 현격한 차이를 보인다.

**풀이** ㉰ 분뇨보다 생물학적 분해불가능 성분을 많이 포함한다.

**03** 하천의 $BOD_5$가 220mg/L이고, $BOD_u$가 470mg/L일 때 탈산소계수($k_1$, $day^{-1}$) 값은? (단, 상용대수 기준)

㉮ 0.045
㉯ 0.055
㉰ 0.065
㉱ 0.075

**풀이** $BOD_5 = BOD_u \times (1-10^{-k_1 \times t})$
$220mg/L = 470mg/L \times (1-10^{-k_1 \times 5day})$

$$\therefore k_1 = \frac{\log\left(1 - \frac{220mg/L}{470mg/L}\right)}{-5day} = 0.055/day$$

**TIP**
① $10^x$를 제거하기 위해 맞은변에 log를 취한다.
② $e^x$를 제거하기 위해 맞은변에 ln을 취한다.

**04** 알칼리도(Alkalinity)에 대한 내용으로 틀린 것은 어느 것인가?

㉮ P-알칼리도와 M-알칼리도를 합친 것을 총알칼리도라 한다.
㉯ 알칼리도 계산은 다음 식으로 나타낸다.
$$Alk(CaCO_3 mg/L) = \frac{a \cdot N \cdot 50}{V} \times 1,000$$
a : 소비된 산의 부피(mL), N : 산의 농도(eq/L), V : 시료의 양(mL)
㉰ 실용목적에서는 자연수에 있어서 수산화물, 탄산염, 중탄산염 이외, 기타물질에 기인되는 알칼리도는 중요하지 않다.
㉱ 부식제어에 관련되는 중요한 변수인 Langelier 포화지수 계산에 적용된다.

**풀이** ㉮ M-알칼리도가 총알칼리도이다.

---

answer  01 ㉱  02 ㉰  03 ㉯  04 ㉮

**05** 물에 대한 내용으로 틀린 것은 어느 것인가?

㉮ 수소결합을 하고 있다.
㉯ 수온이 증가할수록 표면장력은 커진다.
㉰ 온도가 상승하거나 하강하면 체적은 증대한다.
㉱ 융융열과 증발열이 높다.

▶풀이 ㉯ 수온이 증가할수록 표면장력은 작아진다.

**06** 지구상에 분포하는 수량 중 빙하(만년설포함) 다음으로 가장 많은 비율을 차지하고 있는 것은 어느 것인가? (단, 담수 기준)

㉮ 하천수   ㉯ 지하수
㉰ 대기습도   ㉱ 토양수

▶풀이 담수의 분포는 빙하(만년설 포함) > 지하수 > 지표수 > 토양의 수분 > 대기중의 수분 순서이다.

**07** 하천의 수질관리를 위하여 1920년대 초에 개발된 수질예측모델로 BOD와 DO 반응 즉 유기물 분해로 인한 DO소비와 대기로부터 수면을 통해 산소가 재공급되는 재폭기만 고려한 모델은 어느 것인가?

㉮ DO SAG I 모델
㉯ QUAL-I 모델
㉰ WQRRS 모델
㉱ Streeter-Phelps 모델

▶풀이 ㉱ Streeter-Phelps 모델에 대한 설명이다.

**08** 해수에서 영양염류가 수온이 낮은 곳에 많고 수온이 높은 지역에서 적은 이유로 틀린 것은 어느 것인가?

㉮ 수온이 낮은 바다의 표층수는 본래 영양염류가 풍부한 극지방의 심층수로부터 기원하기 때문이다.
㉯ 수온이 높은 바다의 표층수는 적도부근의 표층수로부터 기원하므로 영양염류가 결핍되어 있다.
㉰ 수온이 낮은 바다는 겨울에도 표층수 냉각에 따른 밀도 변화가 적어 심층수로의 침강작용이 일어나지 않기 때문이다.
㉱ 수온이 높은 바다는 수계의 안정으로 수직혼합이 일어나지 않아 표층수의 영양염류가 플랑크톤에 의해 소비되기 때문이다.

▶풀이 문제가 항상 동일하게 출제되므로 정답을 잘 숙지하시면 됩니다.

**09** 물질대사 중 동화작용을 가장 알맞게 표현한 것은 어느 것인가?

㉮ 잔여영양분 + ATP → 세포물질 + ADP + 무기인 + 배설물
㉯ 잔여영양분 + ADP + 무기인 → 세포물질 + ATP + 배설물
㉰ 세포내 영양분의 일부 + ATP → ADP + 무기인 + 배설물
㉱ 세포내 영양분의 일부 + ADP + 무기인 → ATP + 배설물

▶풀이 동화작용에 대한 설명은 ㉮번이며, 동화작용은 세포가 새로운 세포를 합성하는데 이용되는 흡열반응이고 소비반응이다.

answer   05 ㉯   06 ㉯   07 ㉱   08 ㉰   09 ㉮

**10** 해수의 특성으로 틀린 것은 어느 것인가?

㉮ 해수의 밀도는 수온, 염분, 수압에 영향을 받는다.
㉯ 해수는 강전해질로서 1L당 평균 35g의 염분을 함유한다.
㉰ 해수내 전체질소 중 35%정도는 질산성 질소 등 무기성 질소 형태이다.
㉱ 해수의 Mg/Ca비는 3 ~ 4 정도이다.

**풀이** ㉰ 해수내 전체질소 중 35%정도는 암모니아성질소와 유기질소 형태이다.

**11** 25℃, 2기압의 메탄가스 40kg을 저장하는데 필요한 탱크의 부피($m^3$)는 얼마인가? (단, 이상기체의 법칙, R = 0.082L·atm/mol·k 적용)

㉮ 20.6$m^3$  ㉯ 25.3$m^3$
㉰ 30.6$m^3$  ㉱ 35.3$m^3$

**풀이** 이상기체상태 방정식 : $PV = \dfrac{W}{M}RT$를 이용한다.

P : 압력(atm)
V : 부피($m^3$)
n : 몰수
W : 질량(g)
M : 분자량(g)
R : 기체상수(L·atm/mol·k)
T : 절대온도(K)

따라서 2atm×V(L)
$= \dfrac{40 \times 10^3 g}{16g} \times (0.082 L \cdot atm/mol \cdot k)$
$\times (273 + 25)k$
∴ V = 30,545L = 30.55$m^3$

**12** 자정상수(f)의 영향인자에 대한 내용으로 알맞은 것은 어느 것인가?

㉮ 수심이 깊을수록 자정상수는 커진다.
㉯ 수온이 높을수록 자정상수는 작아진다.
㉰ 유속이 완만할수록 자정상수는 커진다.
㉱ 바닥구배가 클수록 자정상수는 작아진다.

**풀이** ㉮ 수심이 깊을수록 자정상수는 작아진다.
㉰ 유속이 완만할수록 자정상수는 작아진다.
㉱ 바닥구배가 클수록 자정상수는 커진다.

**13** 하천이나 호수의 심층에서 미생물의 작용에 대한 내용으로 틀린 것은 어느 것인가?

㉮ 수중의 유기물은 분해되어 일부가 세포합성이나 유지대사를 위한 에너지원이 된다.
㉯ 호수심층에 산소가 없을 때 질산이온을 전자수용체로 이용하는 종속영양세균인 탈질화 세균이 많아진다.
㉰ 유기물이 다량 유입되면 혐기성 상태가 되어 $H_2S$와 같은 기체를 유발하지만 호기성 상태가 되면 암모니아성 질소가 증가한다.
㉱ 어느 정도 유기물이 분해된 하천의 경우 조류발생이 증가할 수 있다.

**풀이** ㉰ 유기물이 다량 유입되면 혐기성 상태가 되어 $H_2S$와 같은 기체를 유발하지만 호기성 상태가 되면 질산성 질소가 증가한다.

**answer** 10 ㉰  11 ㉰  12 ㉯  13 ㉰

**14** 다음 화합물($C_5H_7O_2N$)에 대한 이론적인 $BOD_{10}/COD$는 얼마인가? (단, 탈산소계수 0.1/day, base는 상용대수, 화합물은 100% 산화됨 (최종산물은 $CO_2$, $NH_3$, $H_2O$), $COD = BOD_u$)

㉮ 0.80   ㉯ 0.85
㉰ 0.90   ㉱ 0.95

**풀이** $C_5H_7O_2N + 5O_2 \rightarrow 5CO_2 + 2H_2O + NH_3$
$BOD_{10} = BOD_u \times (1-10^{-k_1 \times t})$
$\therefore \frac{BOD_{10}}{BOD_u} = 1-10^{-k_1 \times t} = 1-10^{(-0.1/day \times 10day)} = 0.90$

**TIP**
$BOD_u = COD$이므로 $\frac{BOD_{10}}{BOD_u} = \frac{BOD_{10}}{COD}$

**15** 하수량에서 첨두율(peaking factor)은 무엇인가?

㉮ 하수량의 평균유량에 대한 비
㉯ 하수량의 최소유량에 대한 비
㉰ 하수량의 최대유량에 대한 비
㉱ 최대유량의 최소유량에 대한 비

**풀이** ㉮하수량에서 첨두율은 하수량의 평균유량에 대한 비이다.

**16** 하천수의 난류확산 방정식과 상관성이 적은 인자는 어느 것인가?

㉮ 유량   ㉯ 침강속도
㉰ 난류확산계수   ㉱ 유속

**풀이** 하천수의 난류확산 방정식의 인자는 침강속도, 난류확산계수, 유속 등이다.

**17** 세포의 형태에 따른 세균의 종류를 알맞게 연결한 것은 어느 것인가?

㉮ 구형 - Vibrio cholera
㉯ 구형 - Spirillum volutans
㉰ 막대형 - Bacillus subtilis
㉱ 나선형 - Streptococcus

**18** 오염된 물속에 있는 유기성 질소가 호기성 조건하에서 50일 정도 시간이 지난 후에 가장 많이 존재하는 질소의 형태는 어느 것인가?

㉮ 암모니아성 질소   ㉯ 아질산성 질소
㉰ 질산성 질소   ㉱ 유기성 질소

**풀이** 호기성 조건이므로 질산화과정이 일어나므로 질산성 질소가 가장 많이 존재한다.

**19** 하천 수질모델 중 WQRRS에 대한 내용으로 틀린 것은 어느 것인가?

㉮ 하천 및 호수의 부영양화를 고려한 생태계 모델이다.
㉯ 유속, 수심, 조도계수에 의해 확산계수를 결정한다.
㉰ 호수에는 수심별 1차원 모델이 적용된다.
㉱ 정적 및 동적인 하천의 수질, 수문학적 특성이 광범위하게 고려된다.

**풀이** ㉯번의 설명은 QUAL-I 모델이다.

**answer** 14 ㉰   15 ㉮   16 ㉮   17 ㉰   18 ㉰   19 ㉯

**20** 글리신($CH_2(NH_2)COOH$)의 이론적 COD/TOC의 비는 얼마인가? (단, 글리신의 최종 분해산물은 $CO_2$, $HNO_3$, $H_2O$이다.)

㉮ 2.83 ㉯ 3.76
㉰ 4.67 ㉱ 5.38

**풀이** $CH_2(NH_2)COOH + 3.5O_2 \rightarrow 2CO_2 + 2H_2O + HNO_3$

$$\frac{COD}{TOC} = \frac{3.5 \times 32g}{2 \times 12g} = 4.67$$

| 제2과목 | 상하수도 계획

**21** 공동현상(Cavitation)이 발생하는 것을 방지하기 위한 대책으로 틀린 것은 어느 것인가?

㉮ 흡입측 밸브를 완전히 개방하고 펌프를 운전한다.
㉯ 흡입관의 손실을 가능한 크게 한다.
㉰ 펌프의 위치를 가능한 한 낮춘다.
㉱ 펌프의 회전속도를 낮게 선정한다.

**풀이** ㉯ 흡입관의 손실을 가능한 작게 한다.

**22** 정수시설인 배수지에 대한 설명으로 ( )에 알맞은 말은?

> 유효용량은 시간변동조정용량과 비상대처용량을 합하여 급수구역의 계획 1일최대급수량의 ( )을 표준으로 하여야 하며 지역특성과 상수도시설의 안정성 등을 고려하여 결정한다.

㉮ 4시간분 이상 ㉯ 6시간분 이상
㉰ 8시간분 이상 ㉱ 12시간분 이상

**23** 하수도 관거 계획 시 고려할 사항으로 틀린 것은 어느 것인가?

㉮ 오수관거는 계획시간최대오수량을 기준으로 계획한다.
㉯ 오수관거와 우수관거가 교차하여 역사이폰을 피할 수 없는 경우, 우수관거를 역사이폰으로 하는 것이 좋다.
㉰ 분류식과 합류식이 공존하는 경우에는 원칙적으로 양 지역의 관거는 분리하여 계획한다.
㉱ 관거는 원칙적으로 암거로 하며 수밀한 구조로 하여야 한다.

**풀이** 오수관거와 우수관거가 교차하여 역사이폰을 피할 수 없는 경우, 오수관거를 역사이폰으로 하는 것이 좋다.

answer 20 ㉰ 21 ㉯ 22 ㉱ 23 ㉯

**24** 유역면적이 100ha이고 유입시간(time of inlet)이 8분, 유출계수(C)가 0.38일 때 최대계획 우수유출량($m^3$/sec)은 얼마인가? (단, 하수관거의 길이(L) = 400m, 관유속= 1.2m/sec로 되도록 설계, $I = \dfrac{655}{\sqrt{t} + 0.09}$ (mm/hr), 합리식 적용)

㉮ 약 18$m^3$/sec  ㉯ 약 24$m^3$/sec
㉰ 약 36$m^3$/sec  ㉱ 약 42$m^3$/sec

**풀이** $Q = \dfrac{1}{360} CIA$

$\begin{bmatrix} C : 유출계수 \\ I : 강우강도(mm/hr) \\ A : 면적(ha) \end{bmatrix}$

① $I = \dfrac{655}{\sqrt{t} + 0.09}$ (mm/hr)

t(유달시간) = 유입시간(min) + 유하시간(min)

유하시간 = $\dfrac{관의 길이(m)}{관내 유속(m/min)}$

= $\dfrac{400m}{1.2m/sec \times 60sec/min}$ = 5.56min

따라서 t(유달시간) = 8min + 5.56min = 13.56min

$I = \dfrac{655}{\sqrt{t} + 0.09}$ (mm/hr) = $\dfrac{655}{\sqrt{13.56} + 0.09}$

= 173.63mm/hr

② A(면적) = 100ha

③ $Q = \dfrac{1}{360} CIA$

= $\dfrac{1}{360} \times 0.38 \times 173.63mm/hr \times 100ha$

= 18.32$m^3$/sec

**25** 하수 고도처리(잔류 SS 및 잔류 용존유기물 제거)방법인 막 분리법에 적용되는 분리막 모듈형식으로 틀린 것은 어느 것인가?

㉮ 중공사형     ㉯ 투사형
㉰ 판형         ㉱ 나선형

**풀이** 막 분리법에 적용되는 분리막 모듈형식은 중공사형, 관형, 나선형, 판형이 있다.

**26** 합류식에서 우천시 계획오수량은 원칙적으로 계획시간 최대오수량의 몇 배 이상으로 고려하여야 하는가?

㉮ 1.5배   ㉯ 2.0배
㉰ 2.5배   ㉱ 3.0배

**풀이** 합류식에서 우천시 계획오수량은 원칙적으로 계획시간 최대오수량의 3.0배 이상으로 한다.

**27** 관거별 계획하수량을 정할 때 고려할 사항으로 틀린 것은 어느 것인가?

㉮ 오수관거에서는 계획1일최대오수량으로 한다.
㉯ 우수관거에서는 계획우수량으로 한다.
㉰ 합류식 관거에서는 계획시간최대오수량에 계획우수량을 합한 것으로 한다.
㉱ 차집관거는 우천시 계획오수량으로 한다.

**풀이** ㉮ 오수관거에서는 계획시간 최대오수량을 기준으로 계획한다.

**answer** 24 ㉮  25 ㉯  26 ㉱  27 ㉮

**28** 로지스틱(logistic)인구 추정공식 $\left(y = \dfrac{K}{1+e^{a-bx}}\right)$에 대한 내용으로 틀린 것은 어느 것인가?

㉮ y : 추정치
㉯ K : 년평균 인구증가율
㉰ x : 경과년수
㉱ a, b : 상수

▶풀이  ㉯ K : 포화인구

**29** 하천표류수 취수시설 중 취수문에 대한 내용으로 틀린 것은 어느 것인가?

㉮ 취수보에 비해서는 대량취수에도 쓰이나, 보통 소량취수에 주로 이용된다.
㉯ 유심이 안정된 하천에 적합하다.
㉰ 토사, 부유물의 유입방지가 용이하다.
㉱ 갈수 시 일정수심확보가 안되면 취수가 불가능하다.

▶풀이  ㉰ 토사, 부유물의 유입방지가 용이하지 못하다.

**30** 막여과 정수시설의 막을 약품 세척할 때 사용되는 약품과 제거가능 물질로 틀린 것은 어느 것인가?

㉮ 수산화소듐 : 유기물
㉯ 황산 : 무기물
㉰ 옥살산 : 유기물
㉱ 산 세제 : 무기물

▶풀이  ㉰ 옥살산 : 무기물

**31** 상수의 배수시설인 배수지에 대한 내용으로 틀린 것은 어느 것인가?

㉮ 가능한 한 급수지역의 중앙 가까이 설치한다.
㉯ 유효수심은 1 ~ 2m 정도를 표준으로 한다.
㉰ 유효용량은 "시간변동조정용량"과 "비상대처용량"을 합하여 급수구역의 계획1일최대급수량의 12시간분 이상을 표준으로 한다.
㉱ 자연유하식 배수지의 표고는 최소동수압이 확보되는 높이여야 한다.

▶풀이  ㉯ 유효수심은 3 ~ 6m 정도를 표준으로 한다.

**32** 하수 관거시설에 관한 내용으로 틀린 것은 어느 것인가?

㉮ 오수관거의 유속은 계획시간최대오수량에 대하여 최소 0.6m/s, 최대 3.0m/s로 한다.
㉯ 우수관거 및 합류관거에서의 유속은 계획우수량에 대하여 최소 0.8m/s, 최대 3.0m/s로 한다.
㉰ 오수관거의 최소관경은 200mm를 표준으로 한다.
㉱ 우수관거 및 합류관거의 최소관경은 350mm를 표준으로 한다.

▶풀이  ㉱ 우수관거 및 합류관거의 최소관경은 250mm를 표준으로 한다.

**TIP**

① 오수관거의 최소관경은 250mm $\xrightarrow{표준}$ 200mm
② 우수관거 및 합류관거의 최소관경은 300mm $\xrightarrow{표준}$ 250mm

**answer**   28 ㉯   29 ㉰   30 ㉰   31 ㉯   32 ㉱

**33** 수돗물의 부식성 관련 지표인 랑게리아 지수(포화지수, LI)의 계산식으로 알맞은 것은 어느 것인가? (단, pH = 물의 실제 pH, pHs = 수중의 탄산칼슘이 용해되거나 석출되지 않는 평형상태의 pH)

㉮ LI = pH + pHs  ㉯ LI = pH - pHs
㉰ LI = pH×pHs   ㉱ LI = pH / pHs

**34** 상수도 시설인 도수시설의 도수노선에 대한 내용으로 틀린 것은 어느 것인가?

㉮ 원칙적으로 공공도로 또는 수도 용지로 한다.
㉯ 수평이나 수직방향의 급격한 굴곡을 피한다.
㉰ 관로상 어떤 지점도 동수경사선보다 낮게 위치하지 않도록 한다.
㉱ 몇 개의 노선에 대하여 건설비 등의 경제성, 유지관리의 난이도 등을 비교, 검토하고 종합적으로 판단하여 결정한다.

[풀이] ㉰ 가능한 한 최소동수경사선 이하가 되도록 도수노선을 선정한다.

**35** 하천표류수를 수원으로 할 때 하천 기준수량은 어느 것인가?

㉮ 평수량   ㉯ 갈수량
㉰ 홍수량   ㉱ 최대홍수량

[풀이] 하천표류수를 수원으로 할 때 하천 기준수량은 갈수량이다.

**36** 정수시설인 플록형성지에 대한 내용으로 틀린 것은 어느 것인가?

㉮ 혼화지와 침전지 사이에 위치하고 침전지에 붙여서 설치한다.
㉯ 플록형성시간은 계획정수량에 대하여 20 ~ 40분간을 표준으로 한다.
㉰ 플록형성지 내의 교반강도는 하류로 갈수록 점차 감소시키는 것이 바람직하다.
㉱ 야간근무자도 플록형성상태를 감시할 수 있는 투명도 게이지를 설치하여야 한다.

[풀이] ㉱ 야간근무자도 플록형성상태를 감시할 수 있도록 적절한 조명장치를 설치하여야 한다.

**37** 하수도시설인 유량조정조에 대한 설명으로 틀린 것은 어느 것인가?

㉮ 조의 용량은 체류시간 3시간을 표준으로 한다.
㉯ 유효수심은 3 ~ 5m를 표준으로 한다.
㉰ 유량조정조의 유출수는 침사지에 반송하거나 펌프로 일차침전지 혹은 생물반응조에 송수한다.
㉱ 조내에 침전물의 발생 및 부패를 방지하기 위해 교반장치 및 산기장치를 설치한다.

[풀이] ㉮ 조의 용량은 체류시간 1.5분을 표준으로 한다.

---

**answer** 33 ㉯  34 ㉰  35 ㉯  36 ㉱  37 ㉮

**38** 역사이펀 관로의 길이 500m, 관경은 500mm이고, 경사는 0.3%라고 하면 상기 관로에서 일어나는 손실수두(m)와 유량($m^3$/sec)은? (단, Manning 조도 계수 (n)값 = 0.013, 역사이펀 관로의 미소손실 = 총 5cm 수두, 역사이펀 손실수두(H) = i×L+(1.5 ×$V^2$/2g)+a, 만관이라 가정)

㉮ 1.63, 0.207   ㉯ 2.61, 0.207
㉰ 1.63, 0.827   ㉱ 2.61, 0.827

**[풀이]**

① 유속(V) = $\frac{1}{n} \times R^{\frac{2}{3}} \times I^{\frac{1}{2}}$

　　[ n : 조도계수(0.013)

　　R(경심) = $\frac{단면적(A)}{윤변의 길이(S)} = \frac{D}{4} = \frac{0.5m}{4}$
　　　　　　= 0.125m

　　I(동수경사) = $\frac{0.3}{100}$

　　따라서 v = $\frac{1}{0.013} \times (0.125m)^{\frac{2}{3}} \times \left(\frac{0.3}{100}\right)^{\frac{1}{2}}$
　　　　　　= 1.0533m/sec

② H = i×L+1.5×$\frac{V^2}{2g}$ + α

　　[ H : 손실수두(m)
　　　i : 동수구배(기울기)
　　　L : 관의 길이(m)
　　　g : 중력가속도(9.8m/$sec^2$)
　　　α : 손실수두에 관한 여유(5cm = 0.05m)

　　따라서
　　H = $\frac{0.3}{100} \times 500m + 1.5 \times \frac{(1.0533m/sec)^2}{2 \times 9.8m/sec^2}$ +0.05m
　　　= 1.63m

③ 유량($m^3$/sec) = 면적(A)×유속(v)
　　　　　　　= $\frac{\pi D^2}{4} \times v$
　　　　　　　= $\frac{\pi \times (0.5m)^2}{4} \times 1.0533$m/sec
　　　　　　　= 0.2068$m^3$/sec

**39** 정수처리를 위한 막여과설비에서 적절한 막여과의 유속 설정 시 고려사항으로 틀린 것은 어느 것인가?

㉮ 막의 종류
㉯ 막공급의 수질과 최고 수온
㉰ 전처리설비의 유무와 방법
㉱ 입지조건과 설치공간

**[풀이]** 유속 설정과 수질 및 최고 수온은 무관하다.

**40** 정수장에서 염소 소독 시 pH가 낮아질수록 소독효과가 커지는 이유는 무엇인가?

㉮ $OCl^-$의 증가
㉯ HOCl의 증가
㉰ $H^+$의 증가
㉱ O(발생기 산소)의 증가

**[풀이]** pH가 낮아질수록 HOCl의 증가하여 소독효과가 커진다.

| 제3과목 | 수질오염방지기술

**41** $NO_3^-$가 박테리아에 의하여 $N_2$로 환원되는 경우 폐수의 pH는?

㉮ 증가한다.
㉯ 감소한다.
㉰ 변화없다.
㉱ 감소하다가 증가한다.

**[풀이]** $NO_3^-$가 박테리아에 의하여 $N_2$로 환원되는 경우는 $OH^-$가 증가하므로 pH는 증가 한다.

**answer** 38 ㉮  39 ㉯  40 ㉯  41 ㉮

**42** 활성슬러지 공정에서 폭기조나 침전지 표면에 갈색거품을 유발시키는 방선균의 일종인 Nocardia의 과도한 성장을 유발시킬 수 있는 요인 또는 제어방법에 대한 설명으로 틀린 것은 어느 것인가?

㉮ 낮은 F/M 비가 유발 요인이 된다.
㉯ 불충분한 슬러지 인출로 인한 MLSS 농도의 증가가 유발 요인이 된다.
㉰ 미생물 체류시간을 증가시킨다.
㉱ 화학약품을 투여하여 폭기조의 pH를 낮춘다.

▶풀이  ㉰ 미생물 체류시간을 감소시킨다.

**43** 생물학적 질소제거공정에서 질산화로 생성된 $NO_3-N$ 40mg/L가 탈질되어 질소로 환원될 때 필요한 이론적인 메탄올($CH_3OH$)의 양(mg/L)은 얼마인가?

㉮ 17.2  ㉯ 36.6
㉰ 58.4  ㉱ 76.2

▶풀이  $6NO_3^- + 5CH_3OH \rightarrow 3N_2 + 5CO_2 + 7H_2O + 6OH^-$
6×14g : 5×32g
40mg/L : X
∴ x = 76.20mg/L

**44** 하수관거 내에서 황화수소($H_2S$)가 발생되는 조건으로 틀린 것은 어느 것인가?

㉮ 용존산소의 결핍
㉯ 황산염의 환원
㉰ 혐기성 세균의 증식
㉱ 염기성 pH

▶풀이  황화수소($H_2S$)가 발생되는 조건은 혐기성상태이다. 따라서 산소와 관련지어 답을 찾는다.

**45** 미처리 폐수에서 냄새를 유발하는 화합물과 냄새의 특징으로 틀린 것은 어느 것인가?

㉮ 황화수소 - 썩은 달걀냄새
㉯ 유기 황화물 - 썩은 채소냄새
㉰ 스카톨 - 배설물 냄새
㉱ 다이아민류 - 생선 냄새

▶풀이  ㉱ 다이아민류 - 부패된 고기 냄새

**46** 어떤 물질이 1차 반응으로 분해되며, 속도상수는 $0.05d^{-1}$이다. 유량이 $395m^3/d$일 때, 이 물질의 90%를 제거하는데 필요한 PFR부피($m^3$)는?

㉮ 17,250  ㉯ 18,190
㉰ 19,530  ㉱ 20,350

▶풀이  ① $\ln \frac{C_t}{C_o} = -k \times t$

$\ln \frac{10\%}{100\%} = -0.05/day \times t$

∴ t = 46.05day

② $V = Q \times t = 395m^3/day \times 46.05day = 18,189.75m^3$

**47** 슬러지를 진공 탈수시켜 부피가 50% 감소되었다. 유입슬러지 함수율이 98%이었다면 탈수 후 슬러지의 함수율(%)은? (단, 슬러지 비중은 1.0 기준)

㉮ 90  ㉯ 92
㉰ 94  ㉱ 96

▶풀이  부피 감소율(%) = $(1 - \frac{V_2}{V_1}) \times 100 = (1 - \frac{100-P_1}{100-P_2}) \times 100$

$50\% = (1 - \frac{100-98}{100-P_2}) \times 100$

∴ $P_2 = 96\%$

---

**answer**  42 ㉰  43 ㉱  44 ㉱  45 ㉱  46 ㉯  47 ㉱

**48** 평균유량이 20,000m³/d이고 최고유량이 30,000m³/d인 하수처리장에 1차 침전지를 설계하고자 한다. 표면월류는 평균유량 조건하에서 25m/d, 최대유량조건하에서 60m/d를 유지하고자 할 때 실제 설계하여야 하는 1차 침전지의 수면적(m²)은 얼마인가? (단, 침전지는 원형 침전지라 가정)

㉮ 500m²  ㉯ 650m²
㉰ 800m²  ㉱ 1,300m²

**풀이** ① 평균유량에서 표면적(A)
$= \dfrac{평균유량}{평균속도} = \dfrac{20,000 m^3/day}{25 m/day} = 800 m^2$
② 최고유량에서 표면적(A)
$= \dfrac{최고유량}{최고속도} = \dfrac{30,000 m^3/day}{60 m/day} = 500 m^2$
따라서 큰 표면적을 설계 표면적으로 해야 하므로 1차 침전지의 표면적은 800m²이다.

**49** 1차 처리된 분뇨의 2차 처리를 위해 폭기조, 2차침전지로 구성된 표준 활성슬러지를 운영하고 있다. 운영 조건이 다음과 같을 때 고형물 체류시간(SRT, day)은 얼마인가? (단, 유입유량 = 1,000 m³/day, 폭기조 수리학적 체류시간 = 6시간, MLSS 농도 = 3,000mg/L, 잉여슬러지 배출량 = 30m³/day, 잉여슬러지 SS농도 = 10,000 mg/L, 2차침전지 유출수 SS농도 = 5mg/L)

㉮ 약 2day  ㉯ 약 2.5day
㉰ 약 3day  ㉱ 약 3.5day

**풀이**
$SRT = \dfrac{MLSS \times V}{Q_w \cdot SS_w + Q_o \cdot SS_o}$
$= \dfrac{3,000 mg/L \times 1,000 m^3/day \times \left(\dfrac{6hr}{24}\right) day}{30 m^3/day \times 10,000 mg/L + (1,000-30) m^3/day \times 5 mg/L}$
$= 2.46 day$

**50** 다음 물질 중 증기압(mmHg)이 가장 큰 것은 어느 것인가?

㉮ 물  ㉯ 에틸 알코올
㉰ n-헥산  ㉱ 벤젠

**51** 역삼투장치로 하루에 20,000L의 3차 처리된 유출수를 탈염시키고자 한다. 25℃에서의 물질전달계수는 0.2068L/{(day−m²)(kPa)}, 유입수와 유출수의 압력차는 2,400kPa, 유입수와 유출수의 삼투압차는 310kPa, 최저운전온도는 10℃이다. 요구되는 막면적(m²)은 얼마인가? (단, $A_{10℃} = 1.2 A_{25℃}$)

㉮ 약 39m²  ㉯ 약 56m²
㉰ 약 78m²  ㉱ 약 94m²

**풀이** ① $Q_F$(유출수량) 계산
$Q_F = k \times (\triangle P - \triangle \pi)$
$= 0.2068 L/day \cdot m^2 \cdot kpa \times (2,400-310) kpa$
$= 432.212 L/day \cdot m^2$
② $A_{25℃}$ 계산
$A_{25℃} = \dfrac{Q}{Q_F} = \dfrac{20,000 L/day}{432.212 L/day \cdot m^2} = 46.2736 m^2$
③ $A_{10℃}$ 계산
$A_{10℃} = 1.2 A_{25℃} = 1.2 \times 46.2736 m^2 = 55.53 m^2$

**answer** 48 ㉰  49 ㉯  50 ㉰  51 ㉯

**52** 2,000m³/day의 하수를 처리하는 하수처리장의 1차침전지에서 침전고형물이 0.4ton/day, 2차침전지에서 0.3ton/day이 제거되며 이 때 각 고형물의 함수율은 98%, 99.5%이다. 체류시간을 3일로 하여 고형물을 농축시키려면 농축조의 크기(m³)는 얼마인가? (단, 고형물의 비중은 1.0으로 가정)

㉮ 80m³  ㉯ 240m³
㉰ 620m³  ㉱ 1,860m³

**풀이** ① 슬러지 발생량(m³/day) 계산
1차 침전지슬러지 발생량(m³/day)
$= \dfrac{건조슬러지량(kg/day)}{비중량(kg/m^3)} \times \dfrac{100}{100-함수율(\%)}$
$= \dfrac{400kg/day}{1,000kg/m^3} \times \dfrac{100}{100-98\%} = 20m^3/day$
2차 침전지슬러지 발생량(m³/day)
$= \dfrac{건조슬러지량(kg/day)}{비중량(kg/m^3)} \times \dfrac{100}{100-함수율(\%)}$
$= \dfrac{300kg/day}{1,000kg/m^3} \times \dfrac{100}{100-99.5\%} = 60m^3/day$
② 소화조의 용적(m³) 계산
소화조의 용적(m³)
= 슬러지 발생량(m³/day)×수리학적 체류시간(day)
= (20+60)m³/day×3day = 240m³

**53** 다음 그림은 하수 내 질소, 인을 효과적으로 제거하기 위한 어떤 공법을 나타낸 것인가?

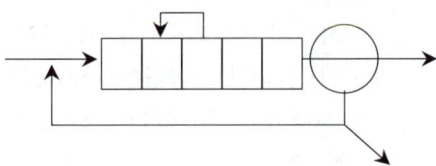

㉮ VIP process
㉯ A²/O process
㉰ 수정-Bardenpho process
㉱ phostrip process

**풀이** ㉰ 수정-Bardenpho process(5단계 바덴포, 수정바덴포)의 계통도이다.

**54** 플록을 형성하여 침강하는 입자들이 서로 방해를 받으므로 침전속도는 점차 감소하게 되며 침전하는 부유물과 상등수 간에 뚜렷한 경계면이 생기는 침전형태는 어느 것인가?

㉮ 지역침전  ㉯ 압축침전
㉰ 압밀침전  ㉱ 응집침전

**풀이** ㉮ Ⅲ형 침전(지역침전, 간섭침전, 방해침전)에 대한 설명이다.

answer  52 ㉯  53 ㉰  54 ㉮

**55** 여과에서 단일 메디아 여과상보다 이중 메디아 혹은 혼합 메디아를 사용하는 장점으로 틀린 것은 어느 것인가?

㉮ 높은 여과속도
㉯ 높은 탁도를 가진 물을 여과하는 능력
㉰ 긴 운전시간
㉱ 메디아 수명 연장에 따른 높은 경제성

**풀이** 단일 메디아에 비해 이중 메디아 혹은 혼합 메디아는 경제성이 낮다.

**56** 혼합에 사용되는 교반강도의 식에 관한 내용으로 틀린 것은 어느 것인가? (단, 교반강도 식 : $G = (P/\mu V)^{1/2}$)

㉮ G = 속도경사(1/sec)
㉯ P = 동력(N/sec)
㉰ $\mu$ = 점성계수($N \cdot sec/m^2$)
㉱ V = 부피($m^3$)

**풀이** ㉯ P = 동력(Watt = $kg \cdot m^2/sec^3$)

**57** 염소의 살균력에 관한 내용으로 틀린 것은 어느 것인가?

㉮ 살균강도는 $HOCl > OCl^-$ 이다.
㉯ 염소의 살균력은 반응시간이 길고 온도가 높을 때 강하다.
㉰ 염소의 살균력은 주입농도가 높고 pH가 낮을 때 강하다.
㉱ Chloramines은 살균력은 강하나 살균작용은 오래 지속되지 않는다.

**풀이** ㉱ Chloramines은 살균력은 약하나 살균작용은 오래 지속된다.

**58** 급속 모래여과를 운전할 때 나타나는 문제점이라 할 수 없는 것은?

㉮ 진흙 덩어리(mud ball)의 축적
㉯ 여재의 층상구조 형성
㉰ 여과상의 수축
㉱ 공기 결합(air binding)

**풀이** 급속 모래여과를 운전할 때 나타나는 문제점은 진흙 덩어리의 축적, 여과상의 수축, 공기 결합 등이다.

**59** 폐수 중 크롬이 함유되었을 경우의 설명으로 틀린 것은 어느 것인가?

㉮ 크롬은 자연수에서 3가 크롬 형태로 존재한다.
㉯ 3가 크롬은 인체 건강에 그다지 해를 끼치지 않는다.
㉰ 3가 크롬은 자연수에서 완전 가수분해 된다.
㉱ 6가 크롬은 합금, 도금, 페인트 생산 공정에 이용된다.

**풀이** ㉮ 크롬은 자연수에서 6가 크롬 형태로 존재한다.

**60** 수처리 과정에서 부유되어 있는 입자의 응집을 초래하는 원인으로 틀린 것은 어느 것인가?

㉮ 제타 포텐셜의 감소
㉯ 플록에 의한 체거름 효과
㉰ 정전기 전하 작용
㉱ 가교현상

**풀이** 응집의 원인으로는 이중층의 압축, 체거름 효과, 입자간의 가교작용, 제타전위의 감소, 침전물에 의한 흡착, 전하의 중화 등이 있다.

**answer** 55 ㉱  56 ㉯  57 ㉱  58 ㉯  59 ㉮  60 ㉰

| 제4과목 | 수질오염공정시험기준

**61** 램버트-비어(Lambert-Beer)의 법칙에서 흡광도의 의미는 어느 것인가? (단, $I_o$ = 입사광의 강도, $I_t$ = 투사광의 강도, t = 투과도)

㉮ $\dfrac{I_t}{I_o}$  ㉯ $t \times 100$

㉰ $\log \dfrac{1}{t}$  ㉱ $I_t \times 10^{-1}$

▶ 풀이 흡광도(A) = $\log \dfrac{1}{\text{투과도}(t)}$ 이다.

**62** 0.005M-KMnO$_4$ 400mL를 조제하려면 KMnO$_4$약 몇 g을 취해야 하는가? (단, 원자량 K = 39, Mn = 55)

㉮ 약 0.32  ㉯ 약 0.63
㉰ 약 0.84  ㉱ 약 0.98

▶ 풀이 $M = \dfrac{W(g)}{V(L)} \times \dfrac{1\text{mol}}{\text{분자량}(g)}$

$0.005M = \dfrac{W(g)}{0.4L} \times \dfrac{1\text{mol}}{158g}$

∴ W = 0.316g

**63** 배수로에 흐르는 폐수의 유량을 부유체를 사용하여 측정했다. 수로의 평균단면적 0.5m², 표면 최대속도 6m/s일 때 이 폐수의 유량(m³/min)은 얼마인가? (단, 수로의 구성, 재질, 수로단면의 형상, 기울기 등이 일정하지 않은 개수로)

㉮ 115  ㉯ 135
㉰ 185  ㉱ 245

▶ 풀이 유량(m³/min) = 평균 단면적(m²)×평균유속(m/min)
= 0.5m²×6m/sec×0.75×60sec/min
= 135m³/min

**TIP**
평균유속 = 표면최대유속 × 0.75

**64** 흡광광도계용 흡수셀의 재질과 그에 따른 파장범위가 잘못 연결된 것은 어느 것인가? (단, 재질 - 파장범위)

㉮ 유리제 - 가시부
㉯ 유리제 - 근적외부
㉰ 석영제 - 자외부
㉱ 플라스틱제 - 근자외부

▶ 풀이 ㉱ 플라스틱제 - 근적외부

**65** 크롬-원자흡수분광광도법의 정량한계는?

㉮ 357.9 nm에서의 산처리법은 0.01 mg/L, 용매추출법은 0.001 mg/L이다.
㉯ 357.9 nm에서의 산처리법은 0.001 mg/L, 용매추출법은 0.01 mg/L이다.
㉰ 357.9 nm에서의 산처리법은 0.01 mg/L, 용매추출법은 0.01 mg/L이다.
㉱ 357.9 nm에서의 산처리법은 0.001 mg/L, 용매추출법은 0.001 mg/L이다.

**answer**  61 ㉰  62 ㉮  63 ㉯  64 ㉱  65 ㉮

**66** 수질연속자동측정기기의 설치방법 중 시료채취 지점에 대한 설명으로 ( )에 알맞은 말은?

> 취수구의 위치는 수면하 10cm 이상, 바닥으로부터 ( )을 유지하여 동절기의 결빙을 방지하고 바닥 퇴적물이 유입되지 않도록 하되, 불가피한 경우는 수면하 5cm에서 채취할 수 있다.

㉮ 5cm 이상  ㉯ 15cm 이상
㉰ 25cm 이상  ㉱ 35cm 이상

**[풀이]** 시료채취지점 중 취수구의 위치
① 수면하 10cm 이상
② 바닥으로 부터 15cm 이상

**67** 유기물을 다량 함유하고 있으면서 산 분해가 어려운 시료에 적용되는 전처리법은 어느 것인가?

㉮ 질산 - 염산법  ㉯ 질산 - 황산법
㉰ 질산 - 초산법  ㉱ 질산 - 과염소산법

**[풀이]** ㉱ 질산-과염소산법에 대한 설명이다.

**68** 기체크로마토그래피법의 어떤 정량법에 대한 설명인가?

> 크로마토그램으로부터 얻은 시료 각 성분의 봉우리 면적을 측정하고 그것들의 합을 100으로 하여 이에 대한 각각의 봉우리 넓이 비를 각 성분의 함유율로 한다.

㉮ 내부표준 백분율법
㉯ 보정성분 백분율법
㉰ 성분 백분율법
㉱ 넓이 백분율법

**[풀이]** ㉱ 넓이 백분율법에 대한 설명으로 내용 중 핵심인 "봉우리 넓이 비 = 넓이 백분율법"임을 숙지하시면 됩니다.

**69** 백분율(W/V, %)의 설명으로 알맞은 것은 어느 것인가?

㉮ 용액 100g 중의 성분무게(g)를 표시
㉯ 용액 100mL 중의 성분용량(mL)을 표시
㉰ 용액 100mL 중의 성분무게(g)를 표시
㉱ 용액 100g 중의 성분용량(mL)을 표시

**[풀이]** 백분율(W/V, %)는 용액 100mL 중의 성분무게(g)를 표시한 것이다.

**70** 취급 또는 저장하는 동안에 이물질이 들어가거나 내용물이 손실되지 아니하도록 보호하는 용기는 어느 것인가?

㉮ 밀폐용기  ㉯ 기밀용기
㉰ 밀봉용기  ㉱ 차광용기

**[풀이]** ㉮ 밀폐용기에 대한 설명으로 내용 중 핵심인 "이물질 = 밀폐용기"임을 숙지하시면 됩니다.

**71** 유도결합플라스마 발광광도법에 관한 내용으로 틀린 것은 어느 것인가?

㉮ 플라스마는 그 자체가 광원으로 이용되기 때문에 매우 넓은 농도범위에서 시료를 측정한다.
㉯ ICP의 토치는 제일 안쪽으로는 시료가 운반가스와 함께 흐르며, 가운데 관으로는 보조가스, 제일 바깥쪽 관에는 냉각가스가 도입된다.
㉰ 알곤플라스마는 토치 위에 불꽃형태로

answer  66 ㉯  67 ㉱  68 ㉱  69 ㉰  70 ㉮  71 ㉰

생성되지만 온도, 전자 밀도가 가장 높은 영역은 중심축보다 안쪽에 위치한다.
㉣ ICP 발광광도 분석장치는 시료주입부, 고주파전원부, 광원부, 분광부, 연산처리부 및 기록부로 구성되어 있다.

**풀이** ㉢ 알곤플라스마는 토치 위에 불꽃형태로 생성되지만 온도, 전자 밀도가 가장 높은 영역은 중심축보다 약간 바깥쪽에 위치한다.

## 72 수질오염공정시험기준에서 암모니아성 질소의 분석방법으로 틀린 것은 어느 것인가?

㉮ 자외선/가시선 분광법
㉯ 연속흐름법
㉰ 이온전극법
㉱ 적정법

**풀이** 암모니아성 질소의 분석방법으로는 자외선/가시선 분광법, 이온전극법, 적정법이 있다.

## 73 기체크로마토그래피법에 의한 PCB 정량법에서 실리카겔 칼럼의 역할은 무엇인가?

㉮ 기체크로마토그래피의 정량물질을 고열로부터 보호하기 위한 칼럼이다.
㉯ 기체크로마토그래피에 분석용 시료를 주입하기 전에 PCB 이외 극성화합물을 제거하는 칼럼이다.
㉰ 분석용 시료 중의 수분을 흡수시키는 칼럼이다.
㉱ 시료중 가용성 염류를 분리시키는 이온교환 칼럼이다.

**풀이** PCB 정량법에서 실리카겔 칼럼의 역할은 분석용 시료를 주입하기 전에 PCB 이외 극성화합물을 제거하는 것이다.

## 74 수질오염공정시험기준 망간의 시험방법으로 틀린 것은?

㉮ 원자흡수분광광도법
㉯ 유도결합플라스마-원자발광분광법
㉰ 유도결합플라스마-질량분석법
㉱ 양극벗김전압전류법

**풀이** 망간의 시험방법
① 원자흡수분광광도법
② 유도결합플라스마-원자발광분광법
③ 유도결합플라스마-질량분석법

## 75 분원성 대장균군-막여과법의 측정방법으로 ( )에 알맞은 말은?

> 물속에 존재하는 분원성대장균군을 측정하기 위하여 페트리접시에 배지를 올려놓은 다음 배양 후 여러 가지 색조를 띠는 ( )의 집락을 계수하는 방법이다.

㉮ 황색         ㉯ 녹색
㉰ 적색         ㉱ 청색

**풀이** ① 총대장균군 : 적색 계통의 집락
② 분원성대장균군 : 청색 계통의 집락

## 76 원자흡수분광광도법의 일반적인 분석 오차원인으로 틀린 것은 어느 것인가?

㉮ 계산의 잘못
㉯ 파장선택부의 불꽃 역화 또는 과열
㉰ 검량선 작성의 잘못
㉱ 표준시료와 분석시료의 조성이나 물리적 화학적 성질의 차이

**풀이** ㉯ 파장선택부의 광학계의 조절 불량

**answer** 72 ㉯  73 ㉯  74 ㉱  75 ㉱  76 ㉯

**77** 다음 중 수은의 냉증기-원자흡수분광광도법에 대한 내용으로 틀린 것은?

㉮ 시료에 이염화주석($SnCl_2$)을 넣어 금속수은으로 환원시킨다.
㉯ 이 용액에 통기하여 발생하는 수은증기를 원자흡수분광광도법으로 253.7nm의 파장에서 측정한다.
㉰ 정량한계는 0.05mg/L로 저농도 수은분석시 사용한다.
㉱ 시료 중 염화물이온이 다량 함유된 경우에는 환원 조작시 유리염소를 발생하여 253.7nm에서 흡광도를 나타낸다.

[풀이] ㉰ 정량한계는 0.0005mg/L로 저농도 수은분석시 사용한다.

**78** 물 100g에 30g의 NaCl을 가하여 용해시키면 몇 %(W/W)의 NaCl 용액이 제조되는가?

㉮ 5.0%  ㉯ 15.0%
㉰ 23.0%  ㉱ 30.0%

[풀이] $\% = \dfrac{용질(g)}{용매(g) + 용질(g)} \times 100$
$= \dfrac{30g}{100g + 30g} \times 100 = 23.08\%$

**79** 셀레늄의 수소화물생성법-원자흡수분광광도법에 대한 내용으로 틀린 것은?

㉮ 소듐붕소수화물($NaBH_4$)을 넣어 수소화 셀레늄으로 포집한다.
㉯ 아르곤(또는 질소)-수소 불꽃에서 원자화시켜 196.0nm에서 흡광도를 측정한다.
㉰ 정량한계는 0.05mg/L이다.
㉱ 간섭물질 높은 농도의 크롬, 코발트, 구리, 수은, 몰리브덴, 은 및 니켈은 셀레늄 분석을 방해한다.

[풀이] ㉰ 정량한계는 0.005mg/L이다.

**80** 수질오염공정시험기준 상 냄새 측정에 대한 설명으로 틀린 것은 어느 것인가?

㉮ 물속의 냄새를 측정하기 위하여 측정자의 후각을 이용하는 방법이다.
㉯ 잔류염소의 냄새는 측정에서 제외한다.
㉰ 냄새 역치는 냄새를 감지할 수 있는 최대 희석배수를 말한다.
㉱ 각 판정요원의 냄새의 역치를 산술평균하여 결과로 보고한다.

[풀이] ㉱ 각 판정요원의 냄새의 역치를 기하평균하여 결과로 보고한다.

answer  77 ㉰  78 ㉰  79 ㉰  80 ㉱

# 2017년 2회 기출문제

2017년 5월 7일 시행

| 제1과목 | 수질오염개론

**01** 산소포화농도가 9mg/L인 하천에서 처음의 용존산소농도가 7mg/L라면 3일간 흐른 후 하천 하류지점에서의 용존산소 농도(mg/L)는 얼마인가? (단, $BOD_u$ = 10mg/L, 탈산소계수 = $0.1day^{-1}$, 재폭기계수 = $0.2day^{-1}$, 상용대수기준)

㉮ 4.5mg/L  
㉯ 5.0mg/L  
㉰ 5.5mg/L  
㉱ 6.0mg/L

 풀이

$$D_t = \frac{k_1 \times L_o}{k_2 - k_1} \times (10^{-k_1 \times t} - 10^{-k_2 \times t}) + D_o \times (10^{-k_2 \times t})$$

$D_t$ : t시간 후 DO 부족농도(mg/L)  
$k_1$ : 탈산소계수(/day)  
$k_2$ : 재포기계수(/day)  
$L_o$ : 최종 BOD(mg/L)  
$D_o$ : 초기산소 부족량(mg/L)  
$D_o$ = 포화 DO 농도($C_s$)-하천의 DO 농도(C)  
= 9mg/L-7mg/L = 2mg/L

3일 유하 후 하류에서의 DO농도

$$D_t = \frac{0.1/day \times 10mg/L}{0.2/day - 0.1/day} \times (10^{-0.1/day \times 3day} - 10^{-0.2/day \times 3day})$$
$$+ 2mg/L \times (10^{-0.2/day \times 3day}) = 3.0mg/L$$

따라서 하류에서의 DO 농도  
= $C_S - D_{3day}$ = 9mg/L-3.0mg/L = 6.0mg/L

**02** 담수와 해수에 관한 내용으로 틀린 것은 어느 것인가?

㉮ 해수의 용존산소 포화도는 담수보다 작은데 주로 해수 중의 염류 때문이다.  
㉯ up welling은 담수가 해수의 표면으로 상승하는 현상이다.  
㉰ 해수의 주성분으로는 $Cl^-$, $Na^+$, $SO_4^{2-}$ 등이 가장 많다.  
㉱ 하구에서는 담수와 해수가 쐐기 형상으로 교차한다.

풀이 ㉯ up welling은 심수층의 물이 표수층으로 상승하는 현상이다.

**03** 생물체 내에서 일어나는 에너지 대사에 적용되는 열역학법칙에 대한 설명으로 틀린 것은 어느 것인가?

㉮ 에너지의 총량은 일정하다.  
㉯ 자연적인 반응은 질서도가 커지는 방향으로 진행한다.  
㉰ 엔트로피는 끊임없이 증가하고 있다.  
㉱ 절대온도 0°K(-273.16℃)에서는 분자운동이 없으며 엔트로피는 0 이다.

풀이 ㉯ 자연적인 반응은 질서도가 작아지는 방향으로 진행한다.

answer 01 ㉱ 02 ㉯ 03 ㉯

**04** 분변성 오염을 나타낼 때 사용되는 지표 미생물이 갖추어야 할 조건으로 틀린 것은 어느 것인가?

㉮ 사람의 대변에만 많은 수로 존재해야 한다.
㉯ 자연환경에는 없거나 적은 수로 존재해야 한다.
㉰ 비병원성으로 간단한 방법에 의해 쉽고 빠르게 검출될 수 있어야 한다.
㉱ 병원균보다 적은 수로 존재하고 자연환경에서 병원균보다 생존력이 약해야 한다.

**풀이** ㉱ 병원균보다 많은 수로 존재하고 자연환경에서 병원균보다 생존력이 강해야 한다.

**05** 운동기관이 없으며, 먹이를 흡수에 의해 섭식하는 원생동물 종류는 어느 것인가?

㉮ 포자충류     ㉯ 편모충류
㉰ 섬모충류     ㉱ 육질충류

**풀이** ㉮ 포자충류에 대한 설명이다.

**06** 0.01M-KBr과 0.02M-ZnSO₄ 용액의 이온강도는? (단, 완전 해리 기준)

㉮ 0.08     ㉯ 0.09
㉰ 0.12     ㉱ 0.14

**풀이**
KBr → K⁺ + Br⁻
0.01M   0.01M   0.01M
ZnSO₄ → Zn²⁺ + SO₄²⁻
0.02M   0.02M   0.02M

이온강도(I) = $\dfrac{\text{합}\{\text{몰수} \times (\text{가수})^2\}}{2}$

= $\dfrac{1}{2}\{(0.01M \times 1^2)+(0.01M \times 1^2)+(0.02M \times 2^2)+(0.02M \times 2^2)\}$ = 0.09

**TIP**
이온강도(I) : 용액중에 있는 이온의 전체농도를 나타내는 척도이다.

**07** 지하수 오염의 특징으로 틀린 것은 어느 것인가?

㉮ 지하수의 오염경로는 단순하여 오염원에 의한 오염범위를 명확하게 구분하기가 용이하다.
㉯ 지하수는 흐름을 눈으로 관찰할 수 없기 때문에 대부분의 경우 오염원의 흐름방향을 명확하게 확인하기 어렵다.
㉰ 오염된 지하수층을 제거, 원상 복구하는 것은 매우 어려우며 많은 비용과 시간이 소요된다.
㉱ 지하수는 대부분 지역에서 느린 속도로 이동하여 관측정이 오염원으로부터 원거리에 위치한 경우 오염원의 발견에 많은 시간이 소요될 수 있다.

**풀이** ㉮ 지하수의 오염경로는 다양하여 오염원에 의한 오염범위를 명확하게 구분하기가 용이하지 못하다.

**08** 광합성에 관한 내용으로 틀린 것은 어느 것인가?

㉮ 호기성광합성(녹색식물의 광합성)은 진조류와 청녹조류를 위시하여 고등식물에서 발견된다.
㉯ 녹색식물의 광합성은 탄산가스와 물로부터 산소와 포도당(또는 포도당 유도산물)을 생성하는 것이 특징이다.
㉰ 세균활동에 의한 광합성은 탄산가스의 산화를 위하여 물 이외의 화합물질이 수소원자를 공여, 유리산소를 형성한다.
㉱ 녹색식물의 광합성 시 광은 에너지를 그리고 물은 환원반응에 수소를 공급해 준다.

**answer** 04 ㉱  05 ㉮  06 ㉯  07 ㉮  08 ㉰

**09** 생하수 내에 주로 존재하는 질소의 형태는 어느 것인가?

㉮ 암모니아와 $N_2$
㉯ 유기성질소와 암모니아성질소
㉰ $N_2$와 $NO$
㉱ $NO_2^-$와 $NO_3^-$

**[풀이]** 생하수 내의 질소는 주로 유기성질소와 암모니아성질소이다.

**10** 우리나라 근해의 적조(red tide)현상의 발생조건에 관한 내용으로 알맞은 것은 어느 것인가?

㉮ 햇빛이 약하고 수온이 낮을 때 이상 균류의 이상 증식으로 발생한다.
㉯ 수괴의 연직 안정도가 적어질 때 발생된다.
㉰ 정체수역에서 많이 발생된다.
㉱ 질소, 인 등의 영양분이 부족하여 적색이나 갈색의 적조 미생물이 이상적으로 증식한다.

**[풀이]** ㉮ 햇빛이 강하고 수온이 높을 때 조류의 이상 증식으로 발생한다.
㉯ 수괴의 연직 안정도가 클 때 발생된다.
㉱ 질소, 인 등의 영양분이 충분하여 적색이나 갈색의 적조 미생물이 이상적으로 증식한다.

**11** 호수내의 성층현상에 대한 내용으로 틀린 것은 어느 것인가?

㉮ 여름성층의 연직 온도경사는 분자확산에 의한 DO구배와 같은 모양이다.
㉯ 성층의 구분 중 약층(thermocline)은 수심에 따른 수온변화가 적다.
㉰ 겨울성층은 표층수 냉각에 의한 성층이어서 역성층이라고도 한다.
㉱ 전도현상은 가을과 봄에 일어나며 수괴(水傀)의 연직혼합이 왕성하다.

**[풀이]** ㉯ 성층의 구분 중 약층(thermocline)은 수심에 따른 수온변화가 크다.

**12** 하천수에서 난류확산에 의한 오염물질의 농도분포를 나타내는 난류확산방정식을 이용하기 위하여 일차적으로 고려해야 할 인자로 틀린 것은 어느 것인가?

㉮ 대상 오염물질의 침강속도(m/s)
㉯ 대상 오염물질의 자기감쇠계수
㉰ 유속(m/s)
㉱ 하천수의 난류지수(Re.No)

**[풀이]** 난류확산방정식을 이용하기 위한 고려인자에는 대상오염물질의 침강속도, 자기감쇠계수, 유속 등이 있다.

---

**answer** 09 ㉯  10 ㉰  11 ㉯  12 ㉱

**13** 수질예측모형이 공간성에 따른 분류에 대한 내용으로 틀린 것은 어느 것인가?

㉮ 0차원 모형 : 식물성 플랑크톤의 계절적 변동사항에 주로 이용된다.
㉯ 1차원 모형 : 하천이나 호수를 종방향 또는 횡방향의 연속교반 반응조로 가정한다.
㉰ 2차원 모형 : 수질의 변동이 일방향성이 아닌 이방향성으로 분포하는 것으로 가정한다.
㉱ 3차원 모형 : 대호수의 순환 패턴분석에 이용된다.

**풀이** ㉮ 0차원 모형 : 식물성 플랑크톤의 계절적 변동사항에는 적용하기 곤란하다.

**14** 호소수의 전도현상(Turnover)이 호소수 수질환경에 미치는 영향에 대한 설명으로 틀린 것은 어느 것인가?

㉮ 수괴의 수직운동 촉진으로 호소 내 환경용량이 제한되어 물의 자정능력이 감소된다.
㉯ 심층부까지 조류의 혼합이 촉진되어 상수원의 취수 심도에 영향을 끼치게 되므로 수도의 수질이 악화된다.
㉰ 심층부의 영양염이 상승하게 됨에 따라 표층부에 규조류가 번성하게 되어 부영양화가 촉진된다.
㉱ 조류의 다량 번식으로 물의 탁도가 증가되고 여과지가 폐색되는 등의 문제가 발생한다.

**풀이** ㉮ 수괴의 수직운동 촉진으로 호소내 환경용량이 허용되어 물의 자정능력이 감소된다.

**15** 시료의 수질분석을 실시하여 다음 표와 같은 결과값을 얻었을 때 시료의 비탄산경도(mg/L as $CaCO_3$)는 얼마인가?
(단, K = 39, Na = 23, Ca = 40, Mg = 24, C = 12, O = 16, H = 1, Cl = 35.5, S = 32)

| 성분 | 농도(mg/L) | 성분 | 농도(mg/L) |
|---|---|---|---|
| $K^+$ | 13 | $OH^-$ | 32 |
| $Na^+$ | 23 | $Cl^-$ | 71 |
| $Ca^{2+}$ | 20 | $SO_4^{2-}$ | 96 |
| $Mg^{2+}$ | 12 | $HCO_3^-$ | 61 |

㉮ 50  ㉯ 100
㉰ 150  ㉱ 200

**풀이** 
$$\frac{비탄산경도(mg/L)}{50g} = \frac{Cl^- mg/L}{35.5g} + \frac{SO_4^{2-} mg/L}{48g}$$

$$\frac{비탄산경도(mg/L)}{50g} = \frac{71 mg/L}{35.5g} + \frac{96 mg/L}{48g}$$

∴ 비탄산경도 = 200mg/L as $CaCO_3$

**16** 하구(estuary)의 혼합 형식 중 하상구배와 조차가 적어서 염수와 담수의 2층의 밀도류가 발생되는 것은 어느 것인가?

㉮ 강 혼합형  ㉯ 약 혼합형
㉰ 중 혼합형  ㉱ 완 혼합형

**풀이** ㉯ 약 혼합형에 대한 설명이다.

**answer** 13 ㉮  14 ㉮  15 ㉱  16 ㉯

**17** Glucose($C_6H_{12}O_6$) 500mg/L 용액을 호기성 처리시 필요한 이론적인 인(P) 농도(mg/L)는 얼마인가? (단, $BOD_5$ : N : P = 100 : 5 : 1, $k_1$ = 0.1day$^{-1}$, 상용대수기준, 완전분해 기준, $BOD_u$ = COD)

㉮ 약 3.7mg/L  ㉯ 약 5.6mg/L
㉰ 약 8.5mg/L  ㉱ 약 12.8mg/L

**풀이** ① $C_6H_{12}O_6$에서 최종 BOD($BOD_u$) 계산
$C_6H_{12}O_6 + 6O_2 \rightarrow 6CO_2 + 6H_2O$
180g : 6×32g
500mg/L : X($BOD_u$)
∴ X($BOD_u$) = 533.33mg/L
② $BOD_5$ 공식을 이용해 $BOD_5$ 계산
$BOD_5 = BOD_u \times (1-10^{-k_1 \times t})$
= 533.33mg/L × (1-10$^{-0.1/day \times 5day}$)
= 364.68mg/L
③ 인(P)의 농도 계산
$BOD_5$ : P
100 : 1
364.68mg/L : X(P)
∴ X(P) = 3.65mg/L

**18** 기상수(우수, 눈 우박 등)에 대한 내용으로 틀린 것은 어느 것인가?

㉮ 기상수는 대기중에서 지상으로 낙하할 때는 상당한 불순물을 함유한 상태이다.
㉯ 우수의 주성분은 육수의 주성분과 거의 동일하다.
㉰ 해안 가까운 곳의 우수는 염분함량의 변화가 크다.
㉱ 천수는 사실상 증류수로서 증류단계에서는 순수에 가까워 다른 자연수보다 깨끗하다.

**풀이** ㉯ 우수의 주성분은 해수의 주성분과 거의 동일하다.

**19** 20℃의 하천수에 있어서 바람 등에 의한 DO공급량이 0.02mgO$_2$/L·day이고, 이 강이 항상 DO 농도가 7mg/L 이상 유지되어야 한다면 이 강의 산소전달계수(hr$^{-1}$)는? (단, $\alpha$와 $\beta$는 무시, 20℃ 포화 DO = 9.17mg/L)

㉮ 1.3×10$^{-3}$  ㉯ 3.8×10$^{-3}$
㉰ 1.3×10$^{-4}$  ㉱ 3.8×10$^{-4}$

**풀이** $\frac{dO}{dt} = K_{La} \times (C_s - C)$
따라서 0.02mg/L·day × 1day/24hr = $K_{La}$ × (9.17-7)mg/L
∴ $K_{La}$ = 3.84×10$^{-4}$/hr

**20** 호수의 수질관리를 위하여 일반적으로 사용할 수 있는 예측모형으로 틀린 것은 어느 것인가?

㉮ WASP5 모델
㉯ WQRRS 모델
㉰ POM 모델
㉱ Vollenweider 모델

**풀이** ㉰ POM 모델은 해양 대순환 모델이다.

**answer** 17 ㉮  18 ㉯  19 ㉱  20 ㉰

| 제2과목 | 상하수도 계획

**21** 정수시설의 시설능력에 대한 설명이다. ( )안에 들어갈 알맞은 말은?

> 소비자에게 고품질의 수도 서비스를 중단없이 제공하기 위하여 정수시설은 유지보수, 사고대비, 시설 개량 및 확장 등에 대비하여 적절한 예비용량을 갖춤으로서 수도시스템으로서의 안정성을 높여야 한다. 이를 위하여 예비용량을 감안한 정수시설의 가동율은 ( )내외가 적당하다.

㉮ 55%   ㉯ 65%
㉰ 75%   ㉱ 85%

**풀이** 정수시설의 가동율은 75% 내외가 적당하다.

**22** 상수도관 부식의 종류 중 매크로셀 부식으로 틀린 것은 어느 것인가? (단, 자연부식 기준)

㉮ 콘크리트·토양
㉯ 이종금속
㉰ 산소농담(통기차)
㉱ 박테리아

**풀이** ㉱ 박테리아는 Micro cell 부식에 해당한다.

**TIP**
(1) 자연부식
  ① Macro cell 부식 : 콘크리트, 토양, 이종금속, 산소농담(통기차)
  ② Micro cell 부식 : 산성토양, 박테리아, 일반토양, 대기중 부식
(2) 전기식(전식) 부식 : 간섭

**23** 경사가 2‰인 하수관거의 길이가 6,000m일 때 상류관과 하류관의 고저차(m)는 얼마인가? (단, 기타 조건은 고려하지 않음)

㉮ 3m   ㉯ 6m
㉰ 9m   ㉱ 12m

**풀이**
$I(경사) = \dfrac{고저차(\triangle H)}{길이차(\triangle L)}$

$\dfrac{2}{1,000} = \dfrac{\triangle H}{6,000m}$

∴ $\triangle H = 12m$

**24** 지하수 취수시 적용되는 양수량 중에서 적정양수량의 정의로 알맞은 것은 어느 것인가?

㉮ 최대양수량의 80% 이하의 양수량
㉯ 한계양수량의 80% 이하의 양수량
㉰ 최대양수량의 70% 이하의 양수량
㉱ 한계양수량의 70% 이하의 양수량

**풀이** 적정 양수량이란 한계양수량의 70% 이하의 양수량을 말한다.

answer   21 ㉰   22 ㉱   23 ㉱   24 ㉱

**25** 펌프효율 η = 80%, 전양정 H = 16m인 조건하에서 양수량 Q = 12L/sec로 펌프를 회전시킨다면 이 때 필요한 축동력(kW)은 얼마인가? (단, 전동기는 직결, 물의 밀도 r = 1,000kg/m³)

㉮ 1.28kW  ㉯ 1.73kW
㉰ 2.35kW  ㉱ 2.88kW

 풀이

$$kW = \frac{r \times Q \times H}{102 \times \eta} \times \alpha$$

$\begin{bmatrix} r : 비중량(1,000kg/m^3) \\ Q : 펌프의 토출량(m^3/sec) \\ H : 전양정(m) \\ \eta : 펌프의 효율 \\ \alpha : 여유율 \end{bmatrix}$

$$\therefore kW = \frac{1,000kg/m^3 \times 12 \times 10^{-3}m^3/sec \times 16m}{102 \times 0.8}$$
$$= 2.35kW$$

**26** 양수량(Q) 14m³/min, 전양정(H) 10m, 회전수(N) 1,100rpm인 펌프의 비교회전도(Ns)는 얼마인가?

㉮ 412rpm  ㉯ 732rpm
㉰ 1,302rpm  ㉱ 1,416rpm

 풀이

$$Ns = N \times \frac{Q^{\frac{1}{2}}}{H^{\frac{3}{4}}}$$

$\begin{bmatrix} Ns : 비교회전도(rpm) \\ N : 규정회전수(rpm) \\ Q : 토출량(m^3/min) \\ H : 전양정(m) \end{bmatrix}$

따라서 $Ns = 1,100rpm \times \frac{(14m^3/min)^{\frac{1}{2}}}{(10m)^{\frac{3}{4}}} = 732rpm$

**TIP**

$$rpm = \frac{회}{min} = \frac{회}{sec} = \frac{60sce}{1min}$$

**27** 취수시설에서 침사지에 대한 내용으로 틀린 것은 어느 것인가?

㉮ 지의 위치는 가능한 한 취수구에 근접하여 제내지에 설치한다.
㉯ 지의 상단높이는 고수위보다 0.3~0.6m의 여유고를 둔다.
㉰ 지의 고수위는 계획취수량이 유입될 수 있도록 취수구의 계획최저수위 이하로 정한다.
㉱ 지의 길이는 폭의 3~8배, 지내 평균 유속은 2~7cm/sec를 표준으로 한다.

풀이 ㉯ 지의 상단높이는 고수위보다 0.6~1m의 여유고를 둔다.

**28** Cavitation 발생을 방지하기 위한 대책으로 틀린 것은 어느 것인가?

㉮ 펌프의 설치위치를 가능한 한 낮추어 가용유효흡입수두를 크게 한다.
㉯ 펌프의 회전속도를 낮게 선정하여 필요유효흡입수두를 크게 한다.
㉰ 흡입측 밸브를 완전히 개방하고 펌프를 운전한다.
㉱ 흡입관에 손실을 가능한 한 작게 하여 가용유효흡입수두를 크게 한다.

풀이 ㉯ 펌프의 회전속도를 낮게 선정하여 필요유효흡입수두를 작게 한다.

answer 25 ㉰  26 ㉯  27 ㉯  28 ㉯

**29** 정수시설인 급속여과지 시설기준에 대한 내용으로 틀린 것은 어느 것인가?

㉮ 여과면적은 계획정수량을 여과속도로 나누어 구한다.
㉯ 1지의 여과면적은 200m² 이상으로 한다.
㉰ 여과모래의 유효경이 0.45~0.7mm의 범위인 경우에는 모래층의 두께는 60~70cm를 표준으로 한다.
㉱ 여과속도는 120~150m/d를 표준으로 한다.

**풀이** ㉯ 1지의 여과면적은 150m² 이하로 한다.

**30** 정수시설인 막여과시설에서 막모듈의 파울링에 해당되는 내용은 어느 것인가?

㉮ 막모듈의 공급유로 또는 여과수 유로가 고형물로 폐색되어 흐르지 않는 상태
㉯ 미생물과 막 재질의 자화 또는 분비물의 작용에 의한 변화
㉰ 건조되거나 수축으로 인한 막 구조의 비가역적인 변화
㉱ 원수 중의 고형물이나 진동에 의한 막 면의 상처나 마모, 파단

**풀이** ㉯·㉰·㉱는 열화에 대한 내용이다.

**31** 급수시설의 설계유량에 관한 내용으로 틀린 것은 어느 것인가?

㉮ 수원지, 저수지, 유역면적 결정에는 1일 평균급수량이 기준
㉯ 배수지, 송수관구경 결정에는 1일최대급수량을 기준
㉰ 배수본관의 구경결정에는 시간최대급수량을 기준
㉱ 정수장의 설계유량은 1일평균급수량을 기준

**풀이** ㉱ 정수장의 설계유량은 시간최대급수량을 기준

**32** 도시의 상수도 보급을 위하여 최근 7년간의 인구를 이용하여 급수인구를 추정하려고 한다. 최근 7년간 도시의 인구가 다음과 같은 경향을 나타낼 때, 2018년도의 인구를 등차급수법으로 추정한 것은 어느 것인가?

| 년도 | 인구 | 년도 | 인구 |
|------|------|------|------|
| 2008 | 157,000 | 2012 | 201,100 |
| 2009 | 176,200 | 2013 | 213,520 |
| 2010 | 185,400 | 2014 | 225,270 |
| 2011 | 198,400 | | |

㉮ 약 265,324명　㉯ 약 270,786명
㉰ 약 277,750명　㉱ 약 294,416명

**풀이** 연간 증가되는 평균 인구수(a)
$= \dfrac{P_o - P_t}{t} = \dfrac{225{,}270 - 157{,}000}{6년} = 11{,}378명$
$P_n = P_o + N \times a = 225{,}270명 + 4년 \times 11{,}378명$
$= 270{,}782명$

answer  29 ㉯  30 ㉮  31 ㉱  32 ㉯

**33** 상수도시설의 계획 기준으로 틀린 것은 어느 것인가?

㉮ 계획취수량은 계획1일최대급수량을 기준으로 한다.
㉯ 계획배수량은 원칙적으로 해당 배수구역의 계획1일최대급수량으로 한다.
㉰ 도수시설의 계획도수량은 계획취수량을 기준으로 한다.
㉱ 계획정수량은 계획1일최대급수량을 기준으로 한다.

**풀이** ㉯계획배수량은 원칙적으로 해당 급수구역의 계획1일최대급수량으로 한다.

**34** 최근 정수장에서 응집제로서 많이 사용되고 있는 폴리염화알루미늄(PACl)에 관한 내용으로 알맞은 것은 어느 것인가?

㉮ 일반적으로 황산알루미늄보다 적정주입 pH의 범위가 넓으며 알칼리도의 감소가 적다.
㉯ 일반적으로 황산알루미늄보다 적정주입 pH의 범위가 좁으며 알칼리도의 감소가 적다.
㉰ 일반적으로 황산알루미늄보다 적정주입 pH의 범위가 좁으며 알칼리도의 감소가 크다.
㉱ 일반적으로 황산알루미늄보다 적정주입 pH의 범위가 넓으며 알칼리도의 감소가 크다.

**35** 하수관거 설계시 오수관거의 최소관경 기준으로 알맞은 것은 어느 것인가?

㉮ 150mm를 표준으로 한다.
㉯ 200mm를 표준으로 한다.
㉰ 250mm를 표준으로 한다.
㉱ 300mm를 표준으로 한다.

**풀이** 오수관거의 최소관경은 250mm이고 최소관경 표준은 200mm이다.

**36** 도수거에 관한 내용으로 알맞은 것은 어느 것인가?

㉮ 도수거의 개수로 경사는 일반적으로 1/100 ~ 1/300의 범위에서 선정된다.
㉯ 개거나 암거인 경우에는 대개 30 ~ 50m 간격으로 시공조인트를 겸한 신축조인트를 설치한다.
㉰ 도수거에서 평균유속의 최대한도는 2.0m/s로 한다.
㉱ 도수거에서 최소유속은 0.5m/s로 한다.

**풀이** ㉮ 도수거의 개수로 경사는 일반적으로 1/1000 ~ 1/3000의 범위에서 선정된다.
㉰ 도수거에서 평균유속의 최대한도는 3.0m/s로 한다.
㉱ 도수거에서 최소유속은 0.3m/s로 한다.

**answer** 33 ㉯  34 ㉮  35 ㉯  36 ㉯

**37** 하수슬러지 소각을 위한 소각로 중에서 건설비가 가장 많이 드는 것은 어느 것인가?

㉮ 다단소각로
㉯ 유동층소각로
㉰ 기류건조소각로
㉱ 회전소각로

**풀이** ㉰ 기류건조소각로에 대한 설명이다.

**38** 상수관로의 길이 800m, 내경 200mm에서 유속 2m/sec로 흐를 때 관마찰 손실수두(m)는 얼마인가? (단, Darcy-Weisbach 공식을 이용, 마찰손실계수 = 0.02)

㉮ 약 16.3m  ㉯ 약 18.4m
㉰ 약 20.7m  ㉱ 약 22.6m

**풀이**
$H_L = f \times \dfrac{L}{D} \times \dfrac{V^2}{2g}$ (mmH$_2$O)

$= 0.02 \times \dfrac{800m}{0.2m} \times \dfrac{(2m/sec)^2}{2 \times 9.8m/sec^2} = 16.32m$

**39** 상수도 기본계획수립 시 기본사항에 대한 결정 중 계획(목표)년도에 대한 설명으로 알맞은 것은 어느 것인가?

㉮ 기본계획의 대상이 되는 기간으로 계획수립시부터 10~15년간을 표준으로 한다.
㉯ 기본계획의 대상이 되는 기간으로 계획수립시부터 15~20년간을 표준으로 한다.
㉰ 기본계획의 대상이 되는 기간으로 계획수립시부터 20~25년간을 표준으로 한다.
㉱ 기본계획의 대상이 되는 기간으로 계획수립시부터 25~30년간을 표준으로 한다.

**풀이** 상수도의 계획년도는 15~20년, 하수도의 계획년도는 20년이다.

**40** 계획취수량이 10m³/sec, 유입수심이 5m, 유입속도가 0.4m/sec인 지역에 취수구를 설치하고자 할 때 취수구의 폭(m)은 얼마인가? (단, 취수보 설계 기준)

㉮ 0.5m  ㉯ 1.25m
㉰ 2.5m  ㉱ 5.0m

**풀이** 계획취수량(m³/sec)
= 폭(m)×유효수심(m)×유입속도(m/sec)
따라서 10m³/sec = 폭×5m×0.4m/sec
∴ 폭 = 5.0m

| 제3과목 | 수질오염방지기술

**41** 직경이 1.0×10⁻²cm인 원형 입자의 침강속도(m/hr)는 얼마인가? (단, Stokes 공식 사용, 물의 밀도 = 1.0g/cm³, 입자의 밀도 = 2.1g/cm³, 물의 점성계수 = 1.0087×10⁻²g/cm·sec)

㉮ 21.4m/hr  ㉯ 24.4m/hr
㉰ 28.4m/hr  ㉱ 32.4m/hr

**풀이**
① $V_S = \dfrac{d^2(\rho_s - \rho_w)g}{18\mu}$

$V_S$ : 침강속도(m/sec)
$d$ : 직경(m)
$\rho_s$ : 입자의 밀도(kg/m³)
$\rho_w$ : 물의 밀도(kg/m³)
$g$ : 중력가속도(9.8m/sec²)
$\mu$ : 점성도(kg/m·sec)

따라서
$V_S = \dfrac{(1.0 \times 10^{-2}cm)^2 \times (2.1-1.0)g/cm^3 \times 980cm/sec^2}{18 \times 1.0087 \times 10^{-2} g/cm \cdot sec}$

$= 0.5937$ cm/sec

② $V_S$(m/hr) $= \dfrac{0.5937cm}{sec} \times \dfrac{1m}{10^2 cm} \times \dfrac{3,600sec}{1hr}$

$= 21.37$ m/hr

**answer** 37 ㉰  38 ㉮  39 ㉯  40 ㉱  41 ㉮

**42** Michaelis-Menten 공식에서 반응속도 (r)가 $R_{max}$의 80%일 때의 기질농도와 $R_{max}$의 20%일 때의 기질농도의 비 ($[S]_{80}/[S]_{20}$)는?

㉮ 8  ㉯ 16
㉰ 24  ㉱ 41

**풀이**

Monod식 : $\mu = \mu_{max} \times \dfrac{S}{K_S+S}$

$\mu$ : 세포의 비증식 계수(/hr)
$\mu_{max}$ : 세포의 최대 비증식 계수(/hr)
S : 제한기질의 농도(mg/L)
$K_S$ : 반포화 농도(mg/L)

① $\mu_{max} = 100\%$, $\mu = \mu_{max}$의 80%일 때

$0.8 = 1 \times \dfrac{S_{80}}{K_S+S_{80}}$

$\Rightarrow 0.8(K_S+S_{80}) = S_{80}$

$\Rightarrow (1-0.8)S_{80} = 0.8K_S$

$\Rightarrow S_{80} = \dfrac{0.8K_S}{1-0.8} = 4K_S$

② $\mu_{max} = 100\%$, $\mu = \mu_{max}$의 20%일 때

$0.2 = 1 \times \dfrac{S_{20}}{K_S+S_{20}}$

$\Rightarrow 0.2(K_S+S_{20}) = S_{20}$

$\Rightarrow (1-0.2)S_{20} = 0.2K_S$

$\Rightarrow S_{20} = \dfrac{0.2K_S}{1-0.2} = 0.25K_S$

③ $\dfrac{S_{80}}{S_{20}} = \dfrac{4K_S}{0.25K_S} = 16$

**TIP**
구민사 독자만을 위한 초간편 풀이방법
$\dfrac{S_{80}}{S_{20}} = \dfrac{80/20}{20/80} = 16$

**43** 분뇨의 생물학적 처리공법으로서 호기성 미생물이 아닌 혐기성 미생물을 이용한 혐기성 처리공법을 주로 사용하는 근본적인 이유는 무엇인가?

㉮ 분뇨에는 혐기성미생물이 살고 있기 때문에
㉯ 분뇨에 포함된 오염물질은 혐기성미생물만이 분해할 수 있기 때문에
㉰ 분뇨의 유기물 농도가 너무 높아 포기에 너무 많은 비용이 들기 때문에
㉱ 혐기성처리공법으로 발생되는 메탄가스가 공법에 필수적이기 때문에

**풀이** 분뇨처리시 혐기성처리 공법을 이용하는 근본적인 이유는 분뇨의 유기물 농도가 너무 높아 포기에 너무 많은 비용이 들기 때문이다.

**44** 상수처리를 위한 사각 침전조에 유입되는 유량은 30,000m³/d이고 표면부하율은 24m³/m²·d이며 체류시간은 6시간이다. 침전조의 길이와 폭의 비는 2:1이라면 조의 크기는 얼마인가?

㉮ 폭 : 20m, 길이 : 40m, 깊이 : 6m
㉯ 폭 : 20m, 길이 : 40m, 깊이 : 4m
㉰ 폭 : 25m, 길이 : 50m, 깊이 : 6m
㉱ 폭 : 25m, 길이 : 50m, 깊이 : 4m

**풀이**

① 표면적부하율(m³/m²·day) = $\dfrac{Q(m^3/day)}{A(m^2)}$

$\therefore A(m^2) = \dfrac{30,000 m^3/day}{24 m^3/m^2 \cdot day} = 1,250 m^2$

여기서 수면적(A) = 폭(W)×길이(L)
$1250 m^2 = W \times 2W = 2W^2$

$\therefore W = \sqrt{\dfrac{1,250 m^2}{2}} = 25m$

$\therefore L = 50m$

**answer** 42 ㉯  43 ㉰  44 ㉰

② 표면부하율$((m^3/m^2 \cdot day)) = \dfrac{H}{t}$

$24 m^3/m^2 \cdot day = \dfrac{H}{\left(\dfrac{6hr}{24}\right)day}$

∴ H = 6m

③ W(폭) = 25m, L(길이) = 50m, H(깊이) = 6m

**45** 수량 36,000m³/day의 하수를 폭 15m, 길이 30m, 깊이 2.5m의 침전지에서 표면적 부하 40m³/m²·d의 조건으로 처리하기 위한 침전지 수는 얼마인가? (단, 병렬 기준)

㉮ 2  ㉯ 3
㉰ 4  ㉱ 5

**풀이**
① 표면부하율$(m^3/m^2 \cdot day) = \dfrac{유량(m^3/day)}{표면적(m^2)}$

$40 m^3/m^2 \cdot day = \dfrac{36,000 m^3/day}{A}$

∴ A = 900m²

② 침전지 수 = $\dfrac{표면적}{표면적} = \dfrac{900 m^2}{15m \times 30m} = 2.0$

**46** 생물학적 원리를 이용하여 하수 내 질소를 제거(3차 처리)하기 위한 공정으로 틀린 것은 어느 것인가?

㉮ SBR 공정  ㉯ UCT 공정
㉰ A/O 공정  ㉱ Bardenpho 공정

**풀이** ㉰ A/O 공정은 인(P)만을 제거하는 공법이다.

**47** NaOH를 1% 함유하고 있는 60m³의 폐수를 HCl 36% 수용액으로 중화하려할 때 소요되는 HCl 수용액의 양(kg)은 얼마인가?

㉮ 1102.46  ㉯ 1303.57
㉰ 1520.83  ㉱ 1601.57

**풀이**
① NaOH의 eq/L = $\dfrac{1 \times 10^4 mg}{L} \times \dfrac{10^{-3}g}{mg} \times \dfrac{1eq}{40g}$

= 0.25eq/L

② HCl(kg) = $\dfrac{0.25eq}{L} \times \dfrac{36.5g}{1eq} \times 60m^3 \times \dfrac{100}{36\%}$

= 1,520.83kg

**TIP**
① N = eq/L
② NaOH 1eq = 40g
③ HCl 1eq = 36.5g
④ % $\xrightarrow{\times 10^4}$ ppm(mg/L)

**48** A²/O 공법에 관한 내용으로 틀린 것은 어느 것인가?

㉮ 혐기조 - 무산소조 - 호기조 - 침전조 순으로 구성된다.
㉯ A²/O 공정은 내부재순환이 있다.
㉰ 미생물에 의한 인의 섭취는 주로 혐기조에서 일어난다.
㉱ 무산소조에서는 질산성질소가 질소가스로 전환된다.

**풀이** ㉰ 미생물에 의한 인의 섭취는 주로 호기조에서 일어난다.

**answer** 45 ㉮  46 ㉰  47 ㉰  48 ㉰

**49** 질산화 반응에 대한 내용으로 알맞은 것은 어느 것인가?

㉮ 질산균의 에너지원은 유기물이다.
㉯ 질산균의 증식속도는 활성슬러지 내 미생물보다 빠르다.
㉰ 질산균의 질산화 반응시 알칼리도가 생성된다.
㉱ 질산균의 질산화 반응시 용존산소는 2mg/L 이상이어야 한다.

**풀이** ㉮ 질산균의 에너지원은 무기물이다.
㉯ 질산균의 증식속도는 활성슬러지 내 미생물보다 느리다.
㉰ 질산균의 질산화 반응시 알칼리도가 생성되지 않는다.

**50** 역삼투장치로 하루에 1,710m³의 3차 처리된 유출수를 탈염시킬 때 요구되는 막면적(m²)은 얼마인가? (단, 유입수와 유출수 사이의 압력차 = 2,400kPa, 25℃에서 물질전달계수 = 0.2068L/(day-m²)(kPa), 최저 운전 온도 = 10℃, $A_{10℃}$ = 1.58$A_{25℃}$, 유입수와 유출수의 삼투압 차 = 310kPa)

㉮ 약 5,351   ㉯ 약 6,251
㉰ 약 7,351   ㉱ 약 8,121

**풀이** ① $Q_F = k \times (\triangle P - \triangle \pi)$

$Q_F$ : 유출수량(L/m²·day)
k : 물질전달계수(L/day·m²·kPa)
$\triangle P$ : 압력차(kPa)
$\triangle \pi$ : 삼투압차(kPa)

따라서
$Q_F$ = 0.2068L/day·m²·kpa×(2,400-310)kpa
     = 432.212L/day·m²

② 25℃ 막의 면적($A_{25℃}$)
= $\dfrac{Q(유량)}{Q_F(유출수량)}$ = $\dfrac{1,710 \times 10^3 L/day}{432.212 L/day \cdot m^2}$
= 3,956.39m²

③ 10℃ 막의 면적($A_{10℃}$) = 1.58×$A_{10℃}$
= 1.58×3,956.39m² = 6,251.10m²

**51** 슬러지 건조상 면적을 결정하기 위한 건조고형성분 중량치(건조 alum 슬러지)는 73kg/m², 평균 alum 주입량 10mg/L, 원수의 평균 탁도가 12NTU 이라면 30일간의 슬러지를 저류하기 위한 정사각형 슬러지 건조상의 한 변의 길이(m)는 얼마인가? (단, 일일 평균 처리수 유량 75,700m³)

1일당 건조 alum 슬러지 발생량(단위 : 처리수 1,000m³ 당 kg)은 [alum 주입량(mg/L)×0.26]+[원수 탁도(NTU)×1.3]의 공식으로 산정

㉮ 약 12m   ㉯ 약 16m
㉰ 약 20m   ㉱ 약 24m

**풀이** ① 1일당 건조 alum 슬러지 발생량(kg)
= (10mg/L×0.26)+(12NTU×1.3)
= 18.2kg/day

② 1,000m³/day : 18.2kg/day = 75,700m³/day : X
∴ X = 1,377.74kg/day

③ 면적(A) = $\dfrac{1,377.74 kg/day}{73 kg/m^2}$ = 18.870m²/day

④ 정사각형이므로 한변의 길이
= $\sqrt{18.87 m^2/day \times 30일}$ = 23.79m

**answer** 49 ㉱  50 ㉯  51 ㉱

**52** 폭기조 내 MLSS 농도가 4,000mg/L이고 슬러지 반송률이 55%인 경우 이 활성슬러지의 SVI는 얼마인가? (단, 유입수 SS 고려하지 않음)

㉮ 약 69 　　㉯ 약 79
㉰ 약 89 　　㉱ 약 99

**풀이**
① 반송율(%) = $\dfrac{MLSS}{SS_r - MLSS} \times 100$

따라서 55% = $\dfrac{4,000mg/L}{SS_r - 4,000mg/L} \times 100$

∴ $SS_r = \dfrac{4,000mg/L + 0.55 \times 4,000mg/L}{0.55}$

  = 11,272.73mg/L

② SVI = $\dfrac{10^6}{SS_r} = \dfrac{10^6}{11,272.73mg/L} = 88.71 mL/g$

**TIP**
$\dfrac{1}{mg/L} = mL/g$

**53** 연속회분식(SBR)의 운전단계에 대한 내용으로 틀린 것은 어느 것인가?

㉮ 주입 : 주입단계 운전의 목적은 기질(원폐수 또는 1차 유출수)을 반응조에 주입하는 것이다.
㉯ 주입 : 주입단계는 총 cycle 시간의 약 25% 정도이다.
㉰ 반응 : 반응단계는 총 cycle 시간의 약 65% 정도이다.
㉱ 침전 : 연속흐름식 공정에 비하여 일반적으로 더 효율적이다.

**풀이** ㉰ 반응 : 반응단계는 총 cycle 시간의 약 35% 정도이다.

**54** 하수고도처리를 위한 A/O공정의 특징으로 알맞은 것은 어느 것인가? (단, 일반적인 활성슬러지공법과 비교 기준)

㉮ 혐기조에서 인의 과잉흡수가 일어난다.
㉯ 폭기조 내에서 탈질이 잘 이루어진다.
㉰ 잉여슬러지 내의 인 농도가 높다.
㉱ 표준 활성슬러지공법의 반응조 전반 10% 미만을 혐기반응조로 하는 것이 표준이다.

**풀이** ㉮ 혐기조에서 인의 방출이 일어난다.
㉯ 폭기조 내에서 인의 과잉흡수가 일어난다.
㉱ 표준 활성슬러지공법의 반응조 전반 20 ~ 40% 미만을 혐기반응조로 하는 것이 표준이다.

**55** 생물학적 방법과 화학적 방법을 함께 이용한 고도처리 방법은 어느 것인가?

㉮ 수정 Bardenpho 공정
㉯ Phostrip 공정
㉰ SBR 공정
㉱ UCT 공정

**풀이** 생물학적 방법과 화학적 방법을 함께 이용한 고도처리 방법은 Phostrip 공정이며, 인(P)을 제거하기 위해 사용한다.

**56** 고농도의 유기물질(BOD)이 오염이 적은 수계에 배출될 때 나타나는 현상으로 틀린 것은 어느 것인가?

㉮ pH의 감소 　　㉯ DO의 감소
㉰ 박테리아의 증가 　　㉱ 조류의 증가

**풀이** 고농도의 유기물질이 오염이 적은 수계에 배출되면 질산화작용에 의해 pH는 감소하고, 유기물을 분해하기 위해 박테리아의 증가 그리고 유기물 분해에 용존산소가 소모되므로 용존산소가 감소한다.

**answer** 52 ㉰　53 ㉰　54 ㉰　55 ㉯　56 ㉱

**57** 혐기성 소화법과 비교한 호기성 소화법의 장·단점으로 틀린 것은 어느 것인가?

㉮ 운전이 용이하다.
㉯ 소화슬러지 탈수가 용이하다.
㉰ 가치 있는 부산물이 생성되지 않는다.
㉱ 저온시의 효율이 저하된다.

**풀이** ㉯ 소화슬러지 탈수가 용이하지 못하다.

**58** 고도 수처리에 이용되는 정밀여과 분리막 방법에 대한 내용으로 틀린 것은 어느 것인가?

㉮ 분리형태 : 용해, 확산
㉯ 구동력 : 정수압차(0.1 ~ 1Bar)
㉰ 막형태 : 대칭형 다공성막(Pore size 0.1 ~ 10μm)
㉱ 적용분야 : 전자공업의 초순수 제조, 무균수제조

**풀이** ㉮ 분리형태는 pore size 및 흡착현상에 기인한 체걸름이다.

**59** 회전원판법의 특징으로 틀린 것은 어느 것인가?

㉮ 운전관리상 조작이 간단하고 소비전력량은 소규모 처리시설에서는 표준활성슬러지법에 비하여 적다.
㉯ 질산화가 일어나기 쉬우며 이로 인하여 처리수의 BOD가 낮아진다.
㉰ 활성슬러지법에 비해 이차침전지에서 미세한 SS가 유출되기 쉽고 처리수의 투명도가 나쁘다.
㉱ 살수여상과 같이 파리는 발생하지 않으나 하루살이가 발생하는 수가 있다.

**풀이** ㉯ 질산화가 일어나기 쉬우며, 처리수의 BOD가 높은 편이다.

**60** 4L의 물은 0.3atm의 분압에서 $CO_2$를 포함하는 가스혼합물과 평형상태에 있다. $H_2CO_3$의 용해도에 대한 Henry 상수는 2.0g/L·atm이다. 물에서 용존된 $CO_2$는 몇 g이며 물의 pH는 얼마인가?
(단, $H_2CO_3$의 일차 용해도적 $k_1 = 4.3×10^{-7}$, 이차해리는 무시)

㉮ 1.20g, pH = 2.56
㉯ 1.45g, pH = 4.12
㉰ 2.23g, pH = 2.56
㉱ 2.41g, pH = 4.12

**풀이** 동일하게 출제가 예상되는 문제이므로 정답을 잘 숙지하시면 됩니다.

**answer** 57 ㉯  58 ㉮  59 ㉯  60 ㉱

| 제4과목 | 수질오염공정시험기준

**61** 수질오염공정시험기준 철의 시험방법으로 알맞은 것은?

㉮ 원자흡수분광광도법
㉯ 기체크로마토그래피
㉰ 원자형광법
㉱ 양극벗김전압전류법

**풀이** 철의 시험방법
① 원자흡수분광광도법
② 유도결합플라스마-원자발광분광법

**62** 수산화소듐 1g을 증류수에 용해시켜 400mL로 하였을 때 이 용액의 pH는?

㉮ 13.8
㉯ 12.8
㉰ 11.8
㉱ 10.8

**풀이** ① $NaOH \rightarrow Na^+ + OH^-$
   XM    XM   XM

$NaOH$의 $mol/L = \dfrac{질량(g)}{부피(L)} \times \dfrac{1mol}{분자량(g)}$

$= \dfrac{1g}{0.4L} \times \dfrac{1mol}{40g} = 0.0625 mol/L$

따라서 $[OH^-] = XM = 0.0625 mol/L$ 이다.
② $pH = 14 + log[OH^-] = 14 + log[0.0625 mol/L]$
   $= 12.80$

**TIP**
① M농도 = mol/L
② 1mol = 분자량(g)
③ NaOH의 분자량 = 23+16+1 = 40g
④ 산성물질에서 $pH = -log[H^+]$
⑤ 알칼리성물질에서 $pH = 14 + log[OH^-]$

**63** 노말헥산 추출물질의 정량한계(mg/L)는 얼마인가?

㉮ 0.1
㉯ 0.5
㉰ 1.0
㉱ 5.0

**풀이** 노말헥산 추출물질의 정량한계는 0.5mg/L이다.

**64** 산소전달율을 측정하기 위하여 실험 시작 초기에 물속에 존재하는 DO를 제거하기 위하여 첨가하는 시약은 어느 것인가?

㉮ $AgNO_3$
㉯ $Na_2SO_3$
㉰ $CaCO_3$
㉱ $NaN_3$

**풀이** 물속에 존재하는 DO를 제거하기 위하여 첨가하는 시약은 아황산소듐($Na_2SO_3$)이다.

**65** 공장폐수 및 하수의 관내 유량측정을 위한 측정장치 중 관내의 흐름이 완전히 발달하여 와류에 영향을 받지 않고 실질적으로 직선적인 흐름을 유지하기 위해 난류 발생의 원인이 되는 관로상의 점으로부터 충분히 하류지점에 설치하여야 하는 것은 무엇인가?

㉮ 오리피스
㉯ 벤튜리미터
㉰ 피토우관
㉱ 자기식 유량측정기

**풀이** ㉯ 벤튜리미터에 대한 설명이다.

**answer** 61 ㉮  62 ㉯  63 ㉯  64 ㉯  65 ㉯

**66** 전기전도도 측정계에 대한 설명으로 틀린 것은 어느 것인가?

㉮ 전기전도도 셀은 항상 수중에 잠긴 상태에서 보존하여야 하며 정기적으로 점검한 후 사용한다.
㉯ 전도도셀은 그 형태, 위치, 전극의 크기에 따라 각각 자체의 셀 상수를 가지고 있다.
㉰ 검출부는 한 쌍의 고정된 전극(보통 백금 전극 표면에 백금흑도금을 한 것)으로 된 전도도셀 등을 사용한다.
㉱ 지시부는 직류 휘트스톤브리지 회로나 자체보상회로로 구성된 것을 사용한다.

**풀이** ㉱ 지시부는 교류 휘트스톤브리지 회로나 자체보상 회로로 구성된 것을 사용한다.

**67** 수질오염물질을 측정함에 있어 측정의 정확성과 통일성을 유지하기 위한 제반사항에 대한 내용으로 틀린 것은 어느 것인가?

㉮ 시험에 사용하는 시약은 따로 규정이 없는 한 1급 이상 또는 이와 동등한 규격의 시약을 사용한다.
㉯ "항량으로 될 때까지 건조한다"라는 의미는 같은 조건에서 1시간 더 건조할 때 전후 무게의 차가 g당 0.3mg이하일 때를 말한다.
㉰ 기체 중의 농도는 표준상태(0℃, 1기압)로 환산 표시한다.
㉱ "정확히 취하여"라 하는 것은 규정한 양의 시료를 부피피펫으로 0.1mL까지 취하는 것을 말한다.

**풀이** ㉱ "정확히 취하여"라 하는 것은 규정한 양의 시료를 부피피펫으로 눈금까지 취하는 것을 말한다.

**68** 수질오염공정시험기준에서 시료의 최대 보존기간이 서로 다른 측정항목은 어느 것인가?

㉮ 페놀류
㉯ 인산염인
㉰ 화학적산소요구량
㉱ 황산이온

**풀이** 시료의 최대 보존기간
㉮ 페놀류 : 28일
㉯ 인산염인 : 48시간
㉰ 화학적산소요구량 : 28일
㉱ 황산이온 : 28일

**69** 유도결합플라스마 발광광도 분석장치 순서가 바르게 된 것은 어느 것인가?

㉮ 시료주입부 - 고주파전원부 - 광원부 - 분광부 - 연산처리부 및 기록부
㉯ 시료주입부 - 고주파전원부 - 분광부 - 광원부 - 연산처리부 및 기록부
㉰ 시료주입부 - 광원부 - 분광부 - 고주파전원부 - 연산처리부 및 기록부
㉱ 시료주입부 - 광원부 - 고주파전원부 - 분광부 - 연산처리부 및 기록부

**풀이** 암기법 : 유도는 시고 광분 연기이다.

answer 66 ㉱ 67 ㉱ 68 ㉯ 69 ㉮

**70** 수질오염공정시험기준에서 금속류인 바륨의 시험방법으로 틀린 것은 어느 것인가?

㉮ 원자흡수분광광도법
㉯ 자외선/가시선 분광법
㉰ 유도결합플라스마 원자발광분광법
㉱ 유도결합플라스마 질량분석법

**풀이** 바륨의 시험방법으로는 원자흡수분광광도법, 유도결합플라스마 원자발광분광법, 유도결합플라스마 질량분석법이 있다.

**71** 배출허용기준 적합여부 판정을 위한 시료채취시 복수 시료채취방법 적용을 제외할 수 있는 경우가 아닌 것은 어느 것인가?

㉮ 환경오염사고, 취약시간대의 환경오염 감시 등 신속한 대응이 필요한 경우
㉯ 부득이 복수시료채취 방법으로 할 수 없을 경우
㉰ 유량이 일정하며 연속적으로 발생되는 폐수가 방류되는 경우
㉱ 사업장내에서 발생하는 폐수를 회분식 등 간헐적으로 처리하여 방류하는 경우

**풀이** ㉰ 물환경보전법에 의한 비정상적 행위를 한 경우

**72** 수질오염공정시험기준에서 시료보존 방법이 지정되어 있지 않은 측정항목은 어느 것인가?

㉮ 용존산소(윙클리법)
㉯ 불소
㉰ 색도
㉱ 부유물질

**풀이** 시료보존 방법이 지정되어 있지 않은 측정항목은 불소이다.

**73** 다음 중 시료의 보존방법이 서로 다른 측정항목은 어느 것인가?

㉮ 화학적산소요구량
㉯ 질산성질소
㉰ 암모니아성질소
㉱ 총질소

**풀이** ㉯ 질산성 질소는 보존방법이 없고, ㉮, ㉰, ㉱는 $H_2SO_4$로 pH 2 이하이다.

answer  70 ㉯  71 ㉰  72 ㉯  73 ㉯

**74** 원자흡수분광광도법에서 사용하고 있는 용어에 대한 내용으로 틀린 것은 어느 것인가?

㉮ 공명선은 원자가 외부로부터 빛을 흡수했다가 다시 먼저 상태로 돌아갈 때 방사하는 스펙트럼선이다.
㉯ 역화는 불꽃의 연소속도가 작고 혼합기체의 분출속도가 클 때 연소현상이 내부로 옮겨지는 것이다.
㉰ 소연료불꽃은 가연성가스와 조연성 가스의 비를 적게한 불꽃. 즉 가연성가스/조연성 가스의 값을 적게 한 불꽃이다.
㉱ 멀티패스는 불꽃중에서 광로를 길게하고 흡수를 증대시키기 위하여 반사를 이용하여불꽃 중에 빛을 여러번 투과시키는 것이다.

**풀이** ㉯ 역화는 불꽃의 연소속도가 크고 혼합기체의 분출속도가 작을 때 연소현상이 내부 로 옮겨지는 것이다.

**75** 생물화학적 산소요구량(BOD)을 측정할 때 가장 신뢰성이 높은 결과를 갖기 위해서는 용존산소 감소율이 5일 후 어느 정도이어야 하는가?

㉮ 10~20%  ㉯ 20~40%
㉰ 40~70%  ㉱ 70~90%

**풀이** 용존산소감소율은 5일 후 40~70% 정도이다.

**76** NaOH 0.01M은 몇 mg/L인가?

㉮ 40  ㉯ 400
㉰ 4,000  ㉱ 40,000

**풀이** $mg/L = \dfrac{0.01mol}{L} \times \dfrac{40g}{1mol} \times \dfrac{10^3 mg}{g} = 400 mg/L$

**77** 기체크로마토그래피법에 대한 내용으로 틀린 것은 어느 것인가?

㉮ 가스시료도입부는 가스계량관(통상 0.5~5mL)과 유로변환기구로 구성된다.
㉯ 검출기오븐은 검출기 한 개를 수용하며, 분리관 오븐 온도보다 높게 유지되어서는 안된다.
㉰ 열전도도형 검출기에서는 순도 99.9% 이상의 수소나 헬륨을 사용한다.
㉱ 불꽃이온화검출기에서는 순도 99.9% 이상의 질소 또는 헬륨을 사용한다.

**풀이** ㉯ 검출기오븐은 검출기 한 개 또는 여러개를 수용할 수 있고, 분리관 오븐과 동일하거나 그 이상의 온도를 유지할 수 있어야 한다.

**78** COD 값을 증가시키는 원인이 되지 않는 이온은 어느 것인가?

㉮ 염소 이온  ㉯ 제1철 이온
㉰ 아질산 이온  ㉱ 크롬산 이온

**풀이** COD값을 증가시키는 원인이 되지 않는 이온은 크롬산 이온이다.

---

**answer** 74 ㉯  75 ㉰  76 ㉯  77 ㉯  78 ㉱

**79** 흡광광도 분석 장치의 구성 순서로 알맞은 것은 어느 것인가?

㉮ 광원부 - 파장선택부 - 시료부 - 측광부
㉯ 시료부 - 광원부 - 파장선택부 - 측광부
㉰ 시료부 - 파장선택부 - 광원부 - 측광부
㉱ 광원부 - 시료부 - 파장선택부 - 측광부

**풀이** 암기법 : 흡광은 광파 시측이다.

**80** 수질오염공정시험기준의 원자흡수분광광도법에 의한 수은 측정시 수은표준원액 제조를 위한 표준시약은 무엇인가?

㉮ 염화수은   ㉯ 이산화수은
㉰ 황화수은   ㉱ 황화제이수은

**풀이** 수은 측정시 수은표준원액 제조를 위한 표준시약은 염화수은이다.

**answer** 79 ㉮   80 ㉮

# 2017 3회 기출문제

2017년 8월 26일 시행

## 제1과목 | 수질오염개론

**01** 40℃에서 순수한 물 1L의 물 농도(mole/L)는 얼마인가? (단, 40℃의 물의 밀도 = 0.9455kg/L)

㉮ 25.4mol/L  ㉯ 37.6mol/L
㉰ 48.8mol/L  ㉱ 52.5 mol/L

**풀이**
$$mol/L = \frac{0.9455kg}{L} \times \frac{10^3 g}{1kg} \times \frac{1mol}{18g} = 52.53 mol/L$$

**02** 원생동물(Protozoa)의 종류에 대한 설명으로 알맞은 것은 어느 것인가?

㉮ Paramecia는 자유롭게 수영하면서 고형물질을 섭취한다.
㉯ Vorticella는 불량한 활성슬러지에서 주로 발견된다.
㉰ Sarcodina는 나팔의 입에서 물흐름을 일으켜 고형물질만 걸러서 먹는다.
㉱ Suctoria는 몸통을 움직이면서 위족으로 고형물질을 몸으로 싸서 먹는다.

**풀이**
㉯ Vorticella는 양질의 활성슬러지에서 주로 발견된다.
㉰ Sarcodina는 몸통을 움직이면서 위족으로 먹이를 섭취한다.
㉱ Suctoria는 물에서 고착생활을 하며 관같이 생긴 촉수로 양분을 섭취한다.

**03** 10가지 오염물질 즉 DO, pH, 대장균군, 비전도도, 알칼리도, 염소이온농도, CCE, 용해성 물질 보정계수 등을 대상으로 각 기가중치를 주어 계산하는 수질오염평가지수는 무엇인가?

㉮ Dinins Social Accounting System
㉯ Prati's Implicit Index of pollution
㉰ NSF water Quality Index
㉱ Hotton's Quality Index

**풀이** ㉱ Hotton's Quality Index에 대한 설명이다.

**04** 해수에서 영양염류가 수온이 낮은 곳에 많고 수온이 높은 지역에서 적은 이유로 틀린 것은 어느 것인가?

㉮ 수온이 낮은 바다의 표층수는 원래 영양염류가 풍부한 극지방의 심층수로부터 기원하기 때문이다.
㉯ 수온이 높은 바다의 표층수는 적도부근의 표층수로부터 기원하므로 영양염류가 결핍되어 있다.
㉰ 수온이 낮은 바다는 겨울에 표층수가 냉각되어 밀도가 커지므로 침강작용이 일어나지 않기 때문이다.
㉱ 수온이 높은 바다는 수계의 안정으로 수직혼합이 일어나지 않아 표층수의 영양염류가 플랑크톤에 의해 소비되기 때문이다.

**answer** 01 ㉱  02 ㉮  03 ㉱  04 ㉰

**05** 미생물 중 세균(Bacteria)에 대한 내용으로 틀린 것은 어느 것인가?

㉮ 원시적 엽록소를 이용하여 부분적인 탄소동화작용을 한다.
㉯ 용해된 유기물을 섭취하며 주로 세포분열로 번식한다.
㉰ 수분 80%, 고형물 20% 정도로 세포가 구성되며 고형물중 유기물이 90%를 차지한다.
㉱ 환경인자(pH, 온도)에 대하여 민감하며 열보다 낮은 온도에서 저항성이 높다.

**풀이** ㉮ 박테리아는 엽록소가 없어 탄소동화작용을 하지 않는다.

**06** 직경이 0.1mm인 모세관에서 10℃일 때 상승하는 물의 높이(cm)는 얼마인가?
(단, 공기밀도 $1.25 \times 10^{-3} g \cdot cm^{-3}$)(10℃ 일때), 접촉각은 0°, 표면장력 $74.2 dyne \cdot cm^{-1}$)

㉮ 30.3m  ㉯ 42.5m
㉰ 51.7m  ㉱ 63.9m

**풀이**
$$h = \frac{4 \cdot r \cdot \cos\beta}{\omega \cdot d}$$

$\begin{bmatrix} h : 높이(cm) \\ r : 표면장력(g \cdot f/cm) \\ \omega : 비중량(1g/cm^3) \\ d : 직경(cm) \end{bmatrix}$

$$h = \frac{4 \times (74.2/980) gf/cm \times \cos 0°}{1g/cm^3 \times 0.01cm} = 30.29 cm$$

**07** 글루코스($C_6H_{12}O_6$) 300g을 35℃ 혐기성 소화조에서 완전분해시킬 때 발생 가능한 메탄가스의 양(L)은 얼마인가? (단, 메탄가스는 1 기압, 35℃로 발생 가정)

㉮ 약 112L   ㉯ 약 126L
㉰ 약 154L   ㉱ 약 174L

**풀이** ① $C_6H_{12}O_6 \rightarrow 3CH_4 + 3CO_2$
180g : 3×22.4L
300g : X(CH₄)

$\therefore X(CH_4) = \frac{300g \times 3 \times 22.4L}{180g} = 112L$(표준상태)

② 35℃, 1기압상태의 $CH_4(L)$를 계산한다.

$112L \times \frac{273 + 35℃}{273} = 126.36L$

**08** 물의 전도도(도전율)에 대한 설명으로 틀린 것은 어느 것인가?

㉮ 함유 이온이나 염의 농도를 종합적으로 표시하는 지표이다.
㉯ 0℃에서 단면 $1cm^2$, 길이 1 cm 용액의 대면간의 비저항치로 표시된다.
㉰ 하구와 같이 담수와 해수가 혼합되어 있으면 그 분포를 해석함에 있어 전도도 조사가 간편하다.
㉱ 증류수나 탈이온화수의 광물 함량도의 평가에 이용된다

**풀이** ㉯ 25℃에서 단면 $1cm^2$, 길이 1 cm 용액의 대면간의 비저항치로 표시된다.

**answer**  05 ㉮  06 ㉮  07 ㉯  08 ㉯

**09** 우리나라의 수자원 이용현황 중 가장 많은 용도로 사용하는 용수는 무엇인가?

㉮ 생활용수  ㉯ 공업용수
㉰ 농업용수  ㉱ 유지용수

> **풀이** 이용현황 순서는 농업용수 > 하천유지용수 > 생활용수 > 공업용수 순이다.

**10** 150 kL/day의 분뇨를 산기관을 이용하여 포기 하였더니 BOD의 20%가 제거되었다. BOD 1kg을 제거하는데 필요한 공기공급량이 40m³이라 했을 때 하루당 공기공급량(m³)은 얼마인가? (단, 연속포기, 분뇨의 BOD = 20,000 mg/L)

㉮ 2,400m³   ㉯ 12,000m³
㉰ 24,000m³  ㉱ 36,000m³

> **풀이** 공기공급량($m^3$/day)
> $$= \frac{40m^3 \text{ Air}}{1kg \text{ 제거 BOD}} \times \frac{150m^3 \text{ 분뇨}}{day} \times \frac{20kg \text{ BOD}}{m^3 \text{ 분뇨}}$$
> $$\times \frac{20\%}{100}$$
> $$= 24,000 m^3/day$$

**11** 물의 일반적인 성질로 틀린 것은 어느 것인가?

㉮ 물의 밀도는 수온, 압력에 따라 달라진다.
㉯ 물의 점성은 수온증가에 따라 증가한다.
㉰ 물의 표면장력은 수온증가에 따라 감소한다.
㉱ 물의 온도가 증가하면 포화증기압도 증가한다.

> **풀이** ㉯ 물의 점성은 수온증가에 따라 감소한다.

**12** 하천의 자정단계와 오염의 정도를 파악하는 Whipple의 자정단계(지대별 구분)에 관한 내용으로 틀린 것은 어느 것인가?

㉮ 분해지대 : 유기성 부유물의 침전과 환원 및 분해에 의한 탄산가스의 방출이 일어난다.
㉯ 분해지대 : 용존산소의 감소가 현저하다.
㉰ 활발한 분해지대 : 수중환경은 혐기성 상태가 되어 침전저니는 흑갈색 또는 황색을 띤다.
㉱ 활발한 분해지대 : 오염에 강한 실지렁이가 나타나고 혐기성 곰팡이가 증식한다.

> **풀이** ㉱ 활발한 분해지대 : 오염에 강한 실지렁이가 나타나고 혐기성 박테리아가 증식한다.

**13** 식물과 조류세포의 엽록체에서 광합성의 명반응과 암반응을 담당하는 곳은 무엇인가?

㉮ 틸라코이드와 스트로마
㉯ 스트로마와 그라나
㉰ 그라나와 내막
㉱ 내막과 외막

> **풀이** 엽록체에서 광합성의 명반응과 암반응을 담당하는 곳은 틸라코이드와 스트로마이다.

---

**answer** 09 ㉰  10 ㉰  11 ㉯  12 ㉱  13 ㉮

**14** 분뇨의 특성에 대한 내용으로 틀린 것은 어느 것인가?

㉮ 분의 경우 질소화합물을 전체 VS의 12 ~ 20% 정도 함유하고 있다.
㉯ 뇨의 경우 질소화합물을 전체 VS의 40 ~ 50% 정도 함유하고 있다.
㉰ 질소화합물은 주로 $(NH_4)_2CO_3$, $NH_4HCO_3$ 형태로 존재한다.
㉱ 질소화합물은 알칼리도를 높게 유지시켜 주므로 pH의 강하를 막아주는 완충작용을 한다.

> **풀이** ㉯뇨의 경우 질소화합물은 전체 VS의 80 ~ 90% 정도 함유하고 있다.

**15** 호수나 저수지 등에 오염된 물이 유입될 경우, 수온에 따른 밀도차에 의하여 형성되는 성층현상에 관한 내용으로 틀린 것은 어느 것인가?

㉮ 표수층(epilimnion)과 수온약층(thermocline)의 깊이는 대개 7m정도이며 그 이하는 저수층(hypolimnion)이다.
㉯ 여름에는 가벼운 물이 밀도가 큰 물 위에 놓이게 되며 온도차가 커져서 수직운동은 점차 상부층에만 국한된다.
㉰ 저수지 물이 급수원으로 이용될 경우 봄, 가을 즉 성층현상이 뚜렷하지 않을 경우가 유리하다.
㉱ 봄과 가을의 저수지 물의 수직운동은 대기중의 바람에 의해서 더욱 가속된다.

> **풀이** ㉰저수지 물이 급수원으로 이용될 경우 봄, 가을에는 전도현상이 일어나므로 좋지않다.

**16** 지하수의 수질을 분석한 결과가 다음과 같을 때 지하수의 이온강도(I)는 얼마인가? (단, $Ca^{2+}$ : $3 \times 10^{-4}$ mole/L, $Na^+$ : $5 \times 10^{-4}$ mole/L, $Mg^{2+}$ : $5 \times 10^{-5}$ mole/L, $CO_3^{2-}$ : $2 \times 10^{-5}$ mole/L)

㉮ 0.0099  ㉯ 0.00099
㉰ 0.0085  ㉱ 0.00085

> **풀이**
> 이온강도(I) = $\dfrac{\text{합}\{\text{이온의 몰수} \times (\text{이온가수})^2\}}{2}$
> = $\dfrac{1}{2}\{(3 \times 10^{-4} \times 2^2) + (5 \times 10^{-4} \times 1^2)$
> $+ (5 \times 10^{-5} \times 2^2) + (2 \times 10^{-5} \times 2^2)\}$
> = 0.00099

> **TIP** 이온강도(I)는 용액에 들어있는 이온의 전체농도를 나타내는 척도이다.

**17** 무더운 늦여름에 급증식하는 조류로서 수화현상(water bloom)과 가장 관련이 있는 것은 어느 것인가?

㉮ 청 - 녹조류  ㉯ 갈조류
㉰ 규조류  ㉱ 적조류

> **풀이** ㉮ 청-녹조류에 대한 설명이다.

answer 14 ㉯  15 ㉰  16 ㉯  17 ㉮

**18** 미생물과 그 특성에 대한 내용으로 틀린 것은 어느 것인가?

㉮ Algae : 녹조류와 규조류 등은 조류 중 진핵조류에 해당한다.
㉯ Fungi : 곰팡이와 효모를 총칭하며, 경험적 조성식이 $C_7H_{14}O_3N$ 이다.
㉰ Bacteria : 아주 작은 단세포생물로서 호기성 박테리아의 경험적 조성식은 $C_5H_7O_2N$ 이다.
㉱ Protozoa : 대개 호기성이며 크기가 100μm이내가 많다.

**풀이** ㉯ Fungi : 곰팡이를 의미하며, 경험적 조성식이 $C_{10}H_{17}O_6N$ 이다.

**19** 호수의 성층 중에서 부영양화(Eutrophication)가 주로 발생하는 곳은 어디인가?

㉮ epilimnion   ㉯ thermocline
㉰ hypolimnion  ㉱ mesolimnion

**풀이** ㉮ 표수층(epilimnion)에 대한 설명이다.

**20** 다음 물질 중 산화제로 틀린 것은 어느 것인가?

㉮ 오존      ㉯ 염소
㉰ 아황산소듐  ㉱ 브롬

**풀이** ㉰ 아황산소듐($Na_2SO_3$)은 산화제가 아니고 환원제로 사용된다.

---

**| 제2과목 | 상하수도 계획**

**21** 정수시설 중 약품침전지에 관한 내용으로 틀린 것은 어느 것인가?

㉮ 각 지마다 독립하여 사용 가능한 구조로 하여야 한다.
㉯ 고수위에서 침전지 벽체 상단까지의 여유고는 30cm 이상으로 한다.
㉰ 지의 형상은 직사각형으로 하고 길이는 폭의 3~8배 이상으로 한다.
㉱ 유효수심은 2~2.5m로 하고 슬러지 퇴적심도는 50cm 이하를 고려하되 구조상 합리적으로 조정할 수 있다.

**풀이** ㉱ 유효수심은 3~5.5m이다.

**22** 정수시설의 플록형성지에 대한 내용으로 틀린 것은 어느 것인가?

㉮ 플록형성지는 혼화지와 침전지 사이에 위치하게 하고 침전지에 붙여서 설치한다.
㉯ 플록형성지는 응집된 미소플록을 크게 성장시키기 위하여 기계식교반이나 우류식교반이 필요하다.
㉰ 기계식교반에서 플록큐레이터의 주변속도는 15~30cm/s를 표준으로 한다.
㉱ 플록형성지 내의 교반강도는 하류로 갈수록 점차 증가시켜 플록 간접촉횟수를 높인다.

**풀이** ㉱ 플록형성지 내의 교반강도는 하류로 갈수록 점차 감소시킨다.

---

**answer** 18 ㉯  19 ㉮  20 ㉰  21 ㉱  22 ㉱

**23** 하수관의 최소관경 기준으로 알맞은 것은 어느 것인가?

㉮ 오수관거 : 150mm,
　우수관거 및 합류관거 : 200mm
㉯ 오수관거 : 200mm,
　우수관거 및 합류관거 : 250mm
㉰ 오수관거 : 250mm,
　우수관거 및 합류관거 300mm
㉱ 오수관거 : 350mm,
　우수관거 및 합류관거 : 300mm

**TIP**
① 오수관거 : 250mm $\xrightarrow{표준}$ 200mm
② 우수관거 및 합류관거 : 300mm $\xrightarrow{표준}$ 250mm

**24** 정수처리시설 중에서, 이상적인 침전지에서의 효율을 검증하고자 한다. 실험결과, 입자의 침전속도가 0.15cm/s이고 유량이 30,000m³/day로 나타났을 때 침전효율(제거율, %)은 얼마인가? (단, 침전지의 유효면적은 100m²이고 수심은 4m이며 이상적 흐름상태 가정)

㉮ 73.2%  ㉯ 63.2%
㉰ 53.2%  ㉱ 43.2%

**풀이** 침강속도(Vs) = 수면적부하율(Vo)×η
0.15×10⁻²m/sec
$= \dfrac{30,000m^3/day \times 1day/24hr \times 1hr/3600sec}{100m^2} \times \eta$
∴ η = 43.2%

**25** 원형관수로에 물의 수심이 50%로 흐르고 있다. 경심은? (단, D : 관수로 직경)

㉮ D       ㉯ D/2
㉰ D/4     ㉱ D/8

**풀이** 원형관수로에서
$R(경심) = \dfrac{단면적}{윤변의 길이} = \dfrac{\dfrac{\pi D^2}{4} \times 0.5}{\pi \times D \times 0.5} = \dfrac{D}{4}$

**TIP** 물의 수심이 50%로 흐르지만 단면적이나 윤변의 길이에 각각 보정해야 하므로 $R = \dfrac{D}{4}$가 된다.

**26** 정수시설인 착수정의 용량기준으로 알맞은 것은 어느 것인가?

㉮ 체류시간 : 0.5분 이상,
　수심 : 2 ~ 4m 정도
㉯ 체류시간 : 1.0분 이상,
　수심 : 2 ~ 4m 정도
㉰ 체류시간 : 1.5분 이상,
　수심 : 3 ~ 5m 정도
㉱ 체류시간 : 1.0분 이상,
　수심 : 3 ~ 5m 정도

**27** 펌프의 흡인관 설치요령으로 틀린 것은 어느 것인가?

㉮ 흡인관은 각 펌프마다 설치해야 한다.
㉯ 저수위로부터 흡입구까지의 수심은 흡인관 직경의 1.5배 이상으로 한다.
㉰ 흡입관과 취수정 벽의 유격은 직경의 1.5배 이상으로 한다.
㉱ 흡입관과 취수정 바닥까지의 깊이는 흡입관 직경의 1.5배 이상으로 유격을 둔다.

**answer** 23 ㉰  24 ㉱  25 ㉰  26 ㉰  27 ㉱

**풀이** ㉣ 흡입관과 흡수정 벽체 사이의 거리는 흡입관 직경의 1.5배 이상 유격을 둔다.

**28** 하수관거시설인 우수토실에 대한 내용으로 틀린 것은 어느 것인가?

㉮ 우수월류량은 계획하수량에서 우천 시 계획오수량을 뺀 양으로 한다.
㉯ 우수토실의 우수유출관거에는 소정의 유량 이상이 흐르도록 하여야 한다.
㉰ 우수토실은 위어형 이외에 수직오리피스, 기계식 수동 수문 및 자동식 수문, 볼텍스 밸브류 등을 사용할 수 있다.
㉱ 우수토실을 설치하는 위치는 차집관거의 배치, 방류수면 및 방류지역의 주변 환경 등을 고려하여 선정한다.

**풀이** ㉯ 우수토실의 우수유출관거에는 소정의 유량 이상은 흐르지 않도록 하여야 한다.

**29** 우수배제계획의 수립 중 우수유출량의 억제에 대한 계획으로 틀린 것은 어느 것인가?

㉮ 우수유출량의 억제방법은 크게 우수저류형, 우수침투형 및 토지이용의 계획적관리로 나눌 수 있다.
㉯ 우수저류형 시설 중 On-site시설은 단지 내 저류 및 우수조정지, 우수체수지 등이 있다.
㉰ 우수침투형은 우수유출총량을 감소시키는 효과로서 침투 지하매설관, 침투성 포장 등이 있다.
㉱ 우수저류형은 우수유출총량은 변하지 않으나 첨두유출량을 감소시키는 효과가 있다.

**풀이** ㉯ 우수저류형 시설 중 off-site 시설은 단지 내 저류, 우수조정지, 우수체수지 등이 있다.

**TIP**
용어
① on-site = 지역내 시설
② off-site = 지역외 시설

**30** 하수관거를 매설하기 위해 굴토한 도랑의 폭이 1.8m이다. 매설지점의 표토는 젖은 진흙으로서 흙의 밀도가 $2.0t/m^3$이고, 흙의 종류와 관의 깊이에 따라 결정되는 계수 $C_1 = 1.5$이었다. 이때 매설관이 받는 하중(t/m)은 얼마인가? (단, Marston공식에 의해 계산)

㉮ 2.5t/m    ㉯ 5.8t/m
㉰ 7.4t/m    ㉱ 9.7t/m

**풀이** $W = C_1 \times r \times B^2$

$\begin{bmatrix} W : 관이 받는 하중(t/m) \\ C_1 : 상수 \\ r : 흙의 단위 중량(t/m^3) \\ B : 폭(m) \end{bmatrix}$

따라서 $W = 1.5 \times 2.0 t/m^3 \times (1.8m)^2 = 9.72 t/m$

**31** 상수시설에서 급수관을 배관하고자 할 경우의 고려사항으로 틀린 것은 어느 것인가?

㉮ 급수관을 공공도로에 부설할 경우에는 다른 매설물과의 간격을 30cm 이상 확보한다.
㉯ 수요가의 대지 내에서 가능한 한 직선배관이 되도록 한다.
㉰ 가급적 건물이나 콘크리트의 기초 아래

**answer** 28 ㉯  29 ㉯  30 ㉱  31 ㉰

를 횡단하여 배관하도록 한다.
㉱ 급수관이 개거를 횡단하는 경우에는 가능한 한 개거의 아래로 부설한다.

**풀이** ㉰ 가급적 건물이나 콘크리트의 기초 아래를 횡단하지 않도록 배관하도록 한다.

**32** 수원 선정 시 고려하여야 할 사항으로 틀린 것은 어느 것인가?

㉮ 수량이 풍부하여야 한다.
㉯ 수질이 좋아야 한다.
㉰ 가능한 한 높은 곳에 위치해야 한다.
㉱ 수돗물 소비지에서 먼 곳에 위치해야 한다.

**풀이** ㉱ 수돗물 소비지에서 가까운 곳에 위치해야 한다.

**33** 취수탑 설치 위치는 갈수기에도 최소 수심이 얼마 이상이어야 하는가?

㉮ 1m  ㉯ 2m
㉰ 3m  ㉱ 3.5m

**풀이** 취수탑 설치 위치는 갈수기에도 최소 수심이 2m 이상 이어야 한다.

**34** 상수도 시설 중 침사지에 대한 내용으로 틀린 것은 어느 것인가?

㉮ 지의 길이는 폭의 3~8배를 표준으로 한다.
㉯ 지의 상단높이는 고수위보다 0.6~1m의 여유고를 둔다.
㉰ 지의 유효수심은 5~7m를 표준으로 한다.
㉱ 표면부하율은 200~500mm/min을 표준으로 한다.

**풀이** ㉰ 지의 유효수심은 3~4m를 표준으로 한다.

**35** 기존의 하수처리시설에 고도처리시설을 설치하고자 할 때 검토사항으로 틀린 것은 어느 것인가?

㉮ 표준활성슬러지법이 설치된 기존처리장의 고도처리 개량은 개선대상 오염물질별 처리 특성을 감안하여 효율적인 설계가 되어야 한다.
㉯ 시설개량은 시설개량방식을 우선 검토하되 방류수 수질기준 준수가 곤란한 경우에 한 해 운전개선방식을 함께 추진해야 한다.
㉰ 기본설계과정에서 처리장의 운영실태 정밀분석을 실시한 후 이를 근거로 사업 추진방향 및 범위 등을 결정하여야 한다.
㉱ 기존시설물 및 처리공정을 최대한 활용하여야 한다.

**풀이** ㉯ 시설개량은 시설개량방식을 우선 검토하되 방류수 수질기준 준수와 관계없이 운전개선 방식을 함께 추진해야 한다.

**36** 캐비테이션 방지대책으로 틀린 것은 어느 것인가?

㉮ 펌프의 설치위치를 가능한 한 낮춘다.
㉯ 펌프의 회전속도를 낮게 한다.
㉰ 흡입측 밸브를 조금만 개방하고 펌프를 운전한다.
㉱ 흡입관의 손실을 가능한 한 적게 한다.

**풀이** ㉰ 흡입측 밸브를 완전히 개방하고 펌프를 운전한다.

answer  32 ㉱  33 ㉯  34 ㉰  35 ㉯  36 ㉰

**37** 막 여과 정수처리설비에 관한 설명으로 알맞은 것은 어느 것인가?

㉮ 막 여과유속은 경제성 및 보수성을 종합적으로 고려하여 최저치를 설정한다.
㉯ 회수율은 취수조건 등과 상관없이 일정하게 운영하는 것이 효율적이고 경제적이다.
㉰ 구동압방식과 운전제어방식은 구동압이나 막의 종류, 배수(配水)조건 등을 고려하여 최적방식을 선정한다.
㉱ 막 여과방식은 막 공급수질을 제외한 막 여과수량과 막의 종별 등의 조건을 고려하여 최적방식을 선정한다.

**풀이** ㉮ 막 여과유속은 경제성 및 보수성을 종합적으로 고려하여 최고치를 설정한다.
㉯ 회수율은 취수조건 등을 고려하여 일정하게 운영하는 것이 효율적이고 경제적이다.
㉱ 막 여과방식은 막 공급수질을 포함한 막 여과수량과 막의 종류 등의 조건을 고려하여 최적방식을 선정한다.

**38** 강우 배수구역이 다음 표와 같은 경우 평균 유출계수는 얼마인가?

| 구분 | 유출계수 | 면적 |
|---|---|---|
| 주거지역 | 0.4 | 2ha |
| 상업지역 | 0.6 | 3ha |
| 녹지지역 | 0.2 | 7ha |

㉮ 0.22    ㉯ 0.33
㉰ 0.44    ㉱ 0.55

**풀이** 유출계수 = $\frac{0.4 \times 2ha + 0.6 \times 3ha + 0.2 \times 7ha}{2ha + 3ha + 7ha}$ = 0.33

**39** 정수처리 방법 중 트리할로메탄(trihalomethane)을 감소 또는 제거시킬 수 있는 방법으로 틀린 것은 어느 것인가?

㉮ 중간염소처리    ㉯ 전염소처리
㉰ 활성탄처리      ㉱ 결합염소처리

**풀이** 트리할로메탄을 감소 또는 제거시킬 수 있는 방법에는 중간염소처리, 활성탄처리, 결합염소처리가 있다.

**40** 상수시설인 배수시설 중 배수지의 유효수심(표준)으로 알맞은 것은 어느 것인가?

㉮ 6 ~ 8m    ㉯ 3 ~ 6m
㉰ 2 ~ 3m    ㉱ 1 ~ 2m

**풀이** 배수지의 유효수심(표준)은 3 ~ 6 m이다.

| 제3과목 | 수질오염방지기술

**41** 농축슬러지를 혐기성소화로 안정화시키고자 할 때 메탄 생성량(kg/day)은 얼마인가? (단, 농축슬러지에 포함된 유기성분은 모두 글루코오스($C_6H_{12}O_6$)이며 미생물에 의해 100% 분해, 소화조에서 모두 메탄과 이산화탄소로 전환된다고 가정, 농축슬러지 BOD = 480mg/L, 유입유량 = 200m³/day)

㉮ 18kg/day    ㉯ 24kg/day
㉰ 32kg/day    ㉱ 41kg/day

**풀이** ① $C_6H_{12}O_6$(글루코스)의 농도를 계산한다.
$C_6H_{12}O_6 + 6O_2 \rightarrow 6CO_2 + 6H_2O$
180g : 6×32g
$X_1$ : 480mg/L

**answer** 37 ㉰  38 ㉯  39 ㉯  40 ㉯  41 ㉯

∴ $X_1$(유기물) = 450mg/L
② $CH_4$의 농도를 계산한다.
$C_6H_{12}O_6 \rightarrow 3CH_4 + 3CO_2$
  180g : 3×16g
  450mg/L : $X_2$
∴ $X_2(CH_4)$ = 120mg/L
③ $CH_4$의 생성량(kg/day)
= 메탄의 농도(kg/m³)×유량(m³/day)
= 0.12kg/m³×200m³/day = 24kg/day

## 42
원형 1차침전지를 설계하고자 할 때 가장 적당한 침전지의 직경(m)은 얼마인가? (단, 평균유량 = 9,000m³/day, 평균표면부하율 = 45m³/m²·day, 최대유량 = 2.5×평균 유량, 최대표면부하율 = 100m³/m²·day)

㉮ 12m  ㉯ 15m
㉰ 17m  ㉱ 20m

**풀이** ① 최대유량 = 2.5×평균유량
      = 2.5×9,000m³/day = 22,500m³/day
② 최대표면부하율(m³/m²·day)
= $\dfrac{최대유량(m^3/day)}{단면적(m^2)}$

∴ 100m³/m²·day = $\dfrac{22,500m^3/day}{Am^2}$

∴ A = 225m²

③ A = $\dfrac{\pi \cdot D^2}{4}$

225m² = $\dfrac{\pi \cdot D^2}{4}$

∴ D = $\sqrt{\dfrac{4 \times 225m^2}{\pi}}$ = 16.93m

## 43
생물학적 처리법 가운데 살수여상법에 관한 내용으로 틀린 것은 어느 것인가?

㉮ 슬러지일령은 부유성장 시스템보다 높아 100일 이상의 슬러지일령에 쉽게 도달된다.
㉯ 총괄 관측수율은 전형적인 활성슬러지 공정의 60~80% 정도이다.
㉰ 덮개 없는 여상의 재순환율을 증대시키면 실제로 여상 내의 평균온도가 높아진다.
㉱ 정기적으로 여상에 살충제를 살포하거나 여상을 침수토록 하여 파리문제를 해결할 수 있다.

**풀이** ㉰ 덮개 없는 여상의 재순환율을 증대시키면 실제로 여상 내의 평균온도가 낮아진다.

## 44
탈질소 공정에서 폐수에 첨가하는 약품은 어느 것인가?

㉮ 응집제  ㉯ 질산
㉰ 소석회  ㉱ 메탄올

**풀이** 탈질소 공정에서 폐수에 첨가하는 약품은 탄소공급원으로 제공하는 메탄올($CH_3OH$)이다.

## 45
다음에서 설명하는 분리방법으로 가장 적합한 것은 어느 것인가?

- 막형태 : 대칭형 다공성막
- 구동력 : 정수압차
- 분리형태 : Pore size 및 흡착현상에 기인한 체거름
- 적용분야 : 전자공업의 초순수 제조, 무균수 제조식품의 무균여과

㉮ 역삼투  ㉯ 한외여과
㉰ 정밀여과  ㉱ 투석

**풀이** ㉰ 정밀여과에 대한 설명이다.

**answer** 42 ㉰  43 ㉰  44 ㉱  45 ㉰

**46** 활성슬러지 공정의 2차 침전지에서 나타나는 일반적인 고형물 농도와 침전속도의 관계를 바르게 나타낸 그래프는 어느 것인가?

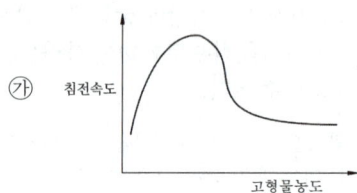
㉮

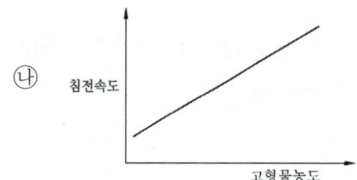
㉯

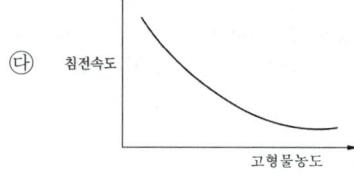
㉰

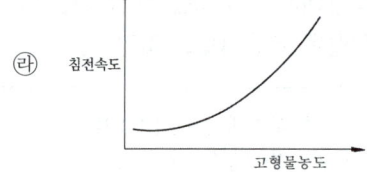
㉱

**47** 유기물의 감소반응이 2차반응($V_c = -KC^2$)이라 할 때 반응 후 초기농도($C_o = 1$)에 대하여 유출 농도($C_e = 0.2$)가 80% 감소되도록 하는데 필요한 CFSTR(완전혼합반응기)와 PFR(플럭흐름반응기)의 부피비는 얼마인가? (단, CFSTR의 물질수지식 : $0 = QC_o - QC_e - VKC_e^2$ (정상 상태), PFR은 정상상태에서 $V = \dfrac{Q}{K}\left(\dfrac{1}{C_e} - \dfrac{1}{C_o}\right)$의 식으로 표현)

㉮ CFSTR : PFR = 5 : 1
㉯ CFSTR : PFR = 7 : 1
㉰ CFSTR : PFR = 10
㉱ CFSTR : PFR = 15 : 1

▶풀이 ① CFSTR에서 체적(V)를 구한다.
$Q(C_o - C_e) = k \times V \times C_e^2$
$V = \dfrac{Q \times (C_o - C_e)}{k \times C_e^2} = \dfrac{Q \times (1 - 0.2)}{k \times 0.2^2} = 20 \times \dfrac{Q}{k}$

② PFR에서 체적(V)를 구한다.
$\dfrac{1}{C_o} - \dfrac{1}{C_e} = -k \times t$
$\dfrac{1}{C_e} - \dfrac{1}{C_o} = k \times \dfrac{V}{Q}$
$V = \left(\dfrac{1}{C_e} - \dfrac{1}{C_o}\right) \times \left(\dfrac{Q}{k}\right) = \left(\dfrac{1}{0.2} - \dfrac{1}{1}\right) \times \left(\dfrac{Q}{k}\right) = 4 \times \dfrac{Q}{k}$

③ CFSTR : PFR $= \left(20 \times \dfrac{Q}{k}\right) : \left(4 \times \dfrac{Q}{k}\right) = 5 : 1$

**48** 폐수처리 후 나머지 BOD 25kg과 인 1.5kg을 호수로 방류하였다. 1mg의 인은 0.1g의 algae를 합성하고 1g의 algae가 부패하면 140mg의 DO를 소비한다. 이 처리로 인한 호수의 DO 소비량(kg)은 얼마인가? (단, BOD 1kg = $O_2$ 1kg이다.)

㉮ 21kg  ㉯ 25kg
㉰ 46kg  ㉱ 55kg

▶풀이 ① $\dfrac{140\text{mg DO}}{1\text{g algae}} \times \dfrac{0.1\text{g algae}}{1\text{mg 인}} \times 1.5\text{kg인} = 21\text{kg DO}$

② BOD 1 kg이 $O_2$ 1 kg이므로 BOD 25 kg은 $O_2$ 25 kg이다.

③ 호수의 DO 소비량 = 21kg + 25kg = 46kg

🔑 answer  46 ㉰  47 ㉮  48 ㉰

**49** G = 200/sec, V = 150m³, 교반기 효율 80%, μ = 1.35×10⁻²g/cm·sce일 때 소요동력 P(kW)는 얼마인가?

㉮ 20.8kW  ㉯ 15.8kW
㉰ 10.1kW  ㉱ 5.1kW

**풀이** $G = \sqrt{\dfrac{P}{\mu \cdot V}}$ 에서 $P = G^2 \times \mu \times V \times \dfrac{100}{효율\%}$

따라서

$P = (200/sec)^2 \times 1.35 \times 10^{-3} kg/m \cdot sec \times 150 m^3 \times \dfrac{100}{80\%}$

$= 10,125W = 10.13 kW$

**TIP**
μ : 점성계수

Centipoise $\xrightarrow{\times 10^{-2}}$ poise(g/cm·sec) $\xrightarrow{\times 10^{-1}}$ kg/m·sec

---

**50** 소독을 위한 자외선방사에 대한 내용으로 틀린 것은 어느 것인가?

㉮ 5~400 nm 스펙트럼 범위의 단파장에서 발생하는 전자기 방사를 말한다.
㉯ 미생물이 사멸되며 수중에 잔류방사량(잔류살균력이 있음)이 존재한다.
㉰ 자외선소독은 화학물질 소비가 없고 해로운 부산물도 생성되지 않는다.
㉱ 물과 수중의 성분은 자외선의 전달 및 흡수에 영향을 주며 Beer-Lambert법칙이 적용된다.

**풀이** ㉯ 미생물이 사멸되며 수중에 잔류방사량(잔류살균력이 있음)이 존재하지 않는다.

---

**51** 활성슬러지의 2차 침전조에 관한 내용으로 틀린 것은 어느 것인가?

㉮ 고형물 부하로만 설계한다.
㉯ 미생물(Biomass)의 보관 창고 역할을 한다.
㉰ 슬러지 농축의 역할을 한다.
㉱ 고액 분리의 역할을 한다.

**풀이** ㉮ 고형물부하율, 수면부하율 등을 고려하여 설계한다.

---

**52** 연속 회분식 활성슬러지법인 SBR (Sequencing Batch Reactor)에 대한 설명으로 '최대의 수량을 포기조 내에 유지한 상태에서 운전목적에 따라 포기와 교반을 하는 단계'는 어느 것인가?

㉮ 유입기  ㉯ 반응기
㉰ 침전기  ㉱ 유출기

**풀이** ㉯ 반응기에 대한 설명이다.

---

**53** 하수내 질소 및 인을 생물학적으로 처리하는 UCT 공법의 경우 다른 공법과는 달리 침전지에서 반송되는 슬러지를 혐기조로 반송하지 않고 무산소조로 반송하는데, 그 이유로 알맞은 것은 어느 것인가?

㉮ 혐기조에 질산염의 부하를 감소시킴으로써 인의 방출을 증대시키기 위해
㉯ 호기조에서 질산화된 질소의 일부를 잔류 유기물을 이용하여 탈질시키기 위해
㉰ 무산소조에 유입되는 유기물 부하를 감소시켜 탈질을 증대시키기 위해
㉱ 후속되는 호기조의 질산화를 증대시키기 위해

---

**answer** 49 ㉰  50 ㉯  51 ㉮  52 ㉯  53 ㉮

**54** 다음 공정에서 처리 될 수 있는 폐수의 종류는 어느 것인가?

```
         H₂SO₄    Ca(OH)₂
           ↓        ↓
 폐수 → 혼합 → 혼합 → 침전 → 유출수
           ↑        ↑
         FeSO₄    슬러지
```

㉮ 크롬폐수  ㉯ 시안폐수
㉰ 비소폐수  ㉱ 방사능폐수

▶ 풀이 ㉮ 크롬폐수에 대한 설명이다.

**55** 음용수 중 철과 망간이 기준 농도에 맞추기 위한 그 제거 공정으로 틀린 것은 어느 것인가?

㉮ 포기에 의한 침전
㉯ 생물학적 여과
㉰ 제올라이트 수착
㉱ 인산염에 의한 산화

**56** 평균유량이 $20,000m^3/day$인 도시하수처리장의 1차 침전지를 설계하고자 한다. 최대 유량/평균유량 = 2.75이라면 침전조의 직경(m)은 얼마인가? (단, 1차 침전지에 대한 권장 설계기준 : 최대 표면부하율 = $50m^3/m^2 \cdot day$, 평균 표면부하율 = $20m^3/m^2 \cdot day$)

㉮ 32.7m   ㉯ 37.4m
㉰ 42.5m   ㉱ 48.7m

▶ 풀이 ① $\dfrac{최대유량}{평균유량} = 2.75$

최대유량 = 평균유량×2.75 = $20,000m^3/day$×2.75
= $55,000m^3/day$

② 최대 표면부하율($m^3/m^2 \cdot day$)
$= \dfrac{최대유량(m^3/day)}{단면적(m^2)}$

$50m^3/m^2 \cdot day) = \dfrac{55,000m^3/day}{A m^2}$

∴ A = $1,100m^2$

③ $A = \dfrac{\pi \times D^2}{4}$

$1,100m^2 = \dfrac{\pi \times D^2}{4}$

∴ $D = \sqrt{\dfrac{4 \times 1,100m^2}{\pi}} = 37.42m$

**57** 물 $5m^3$의 DO가 9.0mg/L이다. 이 산소를 제거하는 데 필요한 아황산소듐이 양(g)은 얼마인가?

㉮ 256.5g   ㉯ 354.7g
㉰ 452.6g   ㉱ 488.8g

▶ 풀이 $Na_2SO_3 + 0.5O_2 \rightarrow Na_2SO_4$
126g : 0.5×32g
X : 9.0mg/L(g/$m^3$)×5$m^3$

∴ X = 354.38g

**58** 생물학적 인제거공정에서 설계 SRT가 생대적으로 짧으며, 높은 유기부하율을 설계에 사용할 수 있는 장점이 있고, 타 공법에 비해 운전이 비교적 간단하고 폐 슬러지의 인함량이 높아(3~5%) 비료의 가치를 가지는 공정은 어느 것인가?

㉮ A/O공정
㉯ 개량 Bardenpho공정
㉰ 연속회분식반응조(SBR)공정
㉱ UCT공법

▶ 풀이 ㉮ A/O공정에 대한 설명이다.

🔑 answer  54 ㉮  55 ㉱  56 ㉯  57 ㉯  58 ㉮

**59** CSTR 반응조를 일차반응조건으로 설계하고, A의 제거 또는 전환율이 90%가 되게 하고자 한다. 반응상수 k가 0.35 /hr일 때 CSTR 반응조의 체류시간(hr)은 얼마인가?

㉮ 12.5hr   ㉯ 25.7hr
㉰ 32.5hr   ㉱ 43.7hr

**풀이** 1차 반응식 : $Q \times (C_o - C_t) = k \times V \times C_t$

$(C_o - C_t) = k \times V \times \dfrac{V}{Q}$ (여기서 $\dfrac{V}{Q} = t$)

$\therefore t = \dfrac{C_o - C_t}{k \times C_t} = \dfrac{(1 - 0.1)}{0.35/hr \times 0.1} = 25.71hr$

**60** SS가 55mg/L, 유량이 4,500m³/d인 흐름에 황산제이철을 응집제로 50mg/L를 주입한다. 이 물에 알칼리도가 없는 경우 매일 첨가해야 할 $Ca(OH)_2$의 양은? (단, Fe = 55.8, Ca = 40)

$Fe_2(SO_4)_3 + 3Ca(OH)_2$
$\rightarrow 2Fe(OH)_3 + 3CaSO_4$

㉮ 75k/d   ㉯ 95k/d
㉰ 125k/d   ㉱ 175k/d

**풀이** $Fe_2(SO_4)_3$ : $3Ca(OH)_2$
399.6g : 3×74g
50×10⁻³kg/m³×4,500m³/day : X
∴ X = 125kg/day

| 제4과목 | 수질오염공정시험기준

**61** 유기물 함량이 비교적 높지 않고 금속의 수산화물, 산화물, 인산염 및 황화물을 함유하는 시료의 전처리(산분해법)방법으로 알맞은 것은 어느 것인가?

㉮ 질산법   ㉯ 황산법
㉰ 질산 - 황산법   ㉱ 질산 - 염산법

**풀이** ㉱ 질산 - 염산법에 대한 설명이다.

**62** 시험과 관련된 총칙에 대한 내용으로 틀린 것은 어느 것인가?

㉮ "방울수"라 함은 0℃에서 정제수 20방울을 적하할 때 그 부피가 약 10mL 되는 것을 뜻 한다.
㉯ "찬 곳"은 따로 규정이 없는 한 0~15℃의 곳을 뜻한다.
㉰ "감압 또는 진공"이라 함은 따로 규정이 없는 한 15mmHg 이하를 말한다.
㉱ "약"이라 함은 기재된 양에 대하여 ±10% 이상의 차가 있어서는 안된다.

**풀이** ㉮ "방울수"라 함은 20℃에서 정제수 20방울을 적하할 때 그 부피가 약 1mL 되는 것을 뜻한다.

**answer** 59 ㉯   60 ㉰   61 ㉱   62 ㉮

**63** 용매추출/기체크로마토그래피를 이용한 휘발성 유기화합물 측정에 대한 설명으로 틀린 것은 어느 것인가?

㉮ 채수한 시료를 헥산으로 추출하여 기체크로마토그래프를 이용하여 분석하는 방법이다.
㉯ 검출기는 전자포획형검출기를 선택하여 측정한다.
㉰ 운반기체는 질소로 유량은 20 ~ 40mL/min이다.
㉱ 컬럼온도는 35 ~ 250℃이다.

**풀이** ㉰ 운반기체는 질소로 유량은 0.5 ~ 2mL/min이다.

**64** 물벼룩을 이용한 급성독성 시험법에 대한 설명으로 틀린 것은 어느 것인가?

㉮ 물벼룩은 배양상태가 좋을 때 7 ~ 10일 사이에 첫 부하된 건강한 새끼를 시험에 사용한다.
㉯ 시험하기 2시간 전에 먹이를 충분히 공급하여 시험 중 먹이가 주는 영향을 최소화 한다.
㉰ 시험생물은 물벼룩인 Daphnia magna straus를 사용하며, 출처가 명확하고 건강한 개체를 사용한다.
㉱ 먹이는 녹조류와 yeast, cerophyll(R), trout chow의 혼합액인 YCT를 사용한다.

**풀이** ㉮ 물벼룩은 배양상태가 좋을 때 7 ~ 10일 사이에 첫 부하된 새끼는 시험에 사용하지 않고 어미가 약 네번째 부하한 새끼부터 시험에 사용하여야 한다.

**65** 수질오염공정시험기준상 시료의 보존방법이 다른 항목은 어느 것인가?

㉮ 클로로필 a
㉯ 색도
㉰ 부유물질
㉱ 음이온계면활성제

**풀이** ㉮ 클로로필a는 가능한 한 빨리 여과하여 -20 ℃ 이하에서 보관
㉯ 색도 : 보존방법 없음
㉰ 부유물질 : 보존방법 없음
㉱ 음이온계면활성제 : 보존방법 없음

**66** 유량산출의 기초가 되는 수두측정치는 영점 수위측정치에서 무엇을 뺀 값인가?

㉮ 흐름의 수위측정치
㉯ 웨어의 수두
㉰ 유속측정치
㉱ 수로의 폭

**풀이** 수두측정치 = 영점 수위측정치 - 흐름의 수위측정치

**67** 6가 크롬-원자흡수분광광도법에 대한 내용으로 틀린 것은?

㉮ 피로리딘 디티오카르바민산 착물로 만들어 메틸아이소부틸케톤으로 추출한다.
㉯ 정량한계는 0.01mg/L이다.
㉰ 폐수에 반응성이 큰 다른 금속 이온이 존재할 경우 방해 영향이 크다.
㉱ 방해의 영향이 큰 경우 질산소듐 1%를 첨가하여 측정한다.

**풀이** ㉱ 방해의 영향이 큰 경우 황산소듐 1%를 첨가하여 측정한다.

**answer** 63 ㉰  64 ㉮  65 ㉮  66 ㉮  67 ㉱

**68** 원자흡수분광광도법의 용어에 대한 내용으로 틀린 것은 어느 것인가?

㉮ 공명선 : 원자가 외부로부터 빛을 흡수했다가 다시 처음 상태로 돌아갈 때 방사하는 스펙트럼 선
㉯ 역화 : 불꽃의 연소속도가 크고 혼합기체의 분출속도가 작을 때 연소현상이 내부로 옮겨지는 것
㉰ 다음극 중공음극램프 : 두 개 이상의 중공음극을 갖는 중공음극램프
㉱ 선프로파일 : 파장에 대한 스펙트럼선의 근접도를 나타내는 곡선

**풀이** ㉱ 선프로파일 : 파장에 대한 스펙트럼선의 강도를 나타내는 곡선

**69** 불소화합물 측정에 적용 가능한 시험방법으로 틀린 것은 어느 것인가? (단, 수질오염공정 시험기준)

㉮ 자외선/가시선 분광법
㉯ 원자흡수분광광도법
㉰ 이온전극법
㉱ 이온크로마토그래피

**풀이** 불소화합물의 시험방법에는 자외선/가시선 분광법, 이온전극법, 이온크로마토그래피, 연속흐름법이 있다.

**70** 수질오염공정시험기준상 질산성 질소의 측정법으로 알맞은 것은 어느 것인가?

㉮ 자외선/가시선 분광법(디아조화법)
㉯ 이온크로마토그래피법
㉰ 이온전극법
㉱ 카드뮴 환원법

**풀이** 질산성질소의 시험방법에는 이온크로마토그래피, 자외선/가시선 분광법(부루신법), 자외선/가시선 분광법(활성탄흡착법), 데발다합금 환원증류법이 있다.

**71** 시험관법으로 분원성대장균군을 측정하는 방법으로 ( )안에 들어갈 알맞은 말은?

물속에 존재하는 분원성대장균군을 측정하기 위하여 ( )을 이용하는 추정시험과 백금이를 이용하는 확정시험으로 나뉘며 추정시험이 양성일 경우 확정시험을 시행하는 방법이다.

㉮ 배양시험관  ㉯ 다람시험관
㉰ 페트리시험관  ㉱ 멸균시험관

**풀이** 분원성대장균군의 시험관법
① 다람시험관 이용 : 추정시험
② 백금이 이용 : 확정시험

**72** 기체크로마토그래피로 측정되지 않는 것은 어느 것인가?

㉮ 염소이온
㉯ 알킬수은
㉰ PCB
㉱ 휘발성저급염소화탄화수소류

**풀이** 염소이온의 시험방법에는 이온크로마토그래피, 적정법, 이온전극법이 있다.

answer  68 ㉱  69 ㉯  70 ㉯  71 ㉯  72 ㉮

**73** 배출허용기준 적합여부를 판정을 위해 자동 시료채취기로 시료를 채취하는 방법의 기준은 어느 것인가?

㉮ 6시간 이내에 30분이상 간격으로 2회 이상 채취하여 일정량의 단일 시료로 한다.
㉯ 6시간 이내에 1시간이상 간격으로 2회 이상 채취하여 일정량의 단일 시료로 한다.
㉰ 8시간 이내에 1시간이상 간격으로 2회 이상 채취하여 일정량의 단일 시료로 한다.
㉱ 8시간 이내에 2시간이상 간격으로 2회 이상 채취하여 일정량의 단일 시료로 한다.

> **풀이** 자동시료채취기로 시료 채취방법의 내용 중 암기사항
> 6시간, 30분, 2회, 산술평균

**74** 자외선/가시선 분광법으로 시안을 정량할 때 시료에 포함되어 분석에 영향을 미치는 물질과 이를 제거하기 위해 사용하는 시약을 잘못 연결한 것은 어느 것인가?

㉮ 유지류 : 클로로폼
㉯ 황화합물 : 아세트산아연용액
㉰ 잔류염소 : 아비산소듐용액
㉱ 질산염 : L-아스코르빈산

> **풀이** ㉱ 잔류염소 : L-아스코르빈산

**75** 용존산소를 적정법으로 측정하고자 할 때 Fe(Ⅲ)(100~200mg/L)이 함유되어 있는 시료의 전처리방법으로 알맞은 것은 어느 것인가?

㉮ 황산의 첨가 후 플루오린화포타슘용액(100g/L) 1mL를 가한다.
㉯ 황산의 첨가 후 플루오린화포타슘용액(300g/L) 1mL를 가한다.
㉰ 황산의 첨가 전 플루오린화포타슘용액(100g/L) 1mL를 가한다.
㉱ 황산의 첨가 전 플루오린화포타슘용액(300g/L) 1mL를 가한다.

**76** 크롬을 원자흡수분광광도법으로 분석할 때 0.02M-KMnO₄(MW=158.03)용액을 조제하는 방법으로 알맞은 것은 어느 것인가?

㉮ KMnO₄ 8.1g을 정제수에 녹여 전량을 100mL로 한다.
㉯ KMnO₄ 3.4g을 정제수에 녹여 전량을 100mL로 한다.
㉰ KMnO₄ 1.8g을 정제수에 녹여 전량을 100mL로 한다.
㉱ KMnO₄ 0.32g을 정제수에 녹여 전량을 100mL로 한다.

> **풀이**
> $$M = \frac{W(g)}{V(L)} \times \frac{1\text{mol}}{\text{분자량}(g)}$$
> $$0.02\text{mol/L} = \frac{W(g)}{1L} \times \frac{1\text{mol}}{158.03g}$$
> ∴ W = 3.16g
> 따라서 100mL에는 0.316g을 녹인다.

---

**answer** 73 ㉮  74 ㉱  75 ㉱  76 ㉱

**77** 기준전극과 유리전극으로 구성된 pH 측정기를 사용하여 수소이온농도를 측정할 때 간섭물질에 대한 설명으로 틀린 것은 어느 것인가?

㉮ pH는 온도변화에 따라 영향을 받는다.
㉯ pH 10 이상에서 소듐에 의한 오차가 발생할 수 있는데 이는 낮은 소듐 오차 전극을 사용하여 줄일 수 있다.
㉰ 측정이 완료된 후에는 전극을 3M KCl 용액으로 잘 씻은 다음 정제수에 담가둔다.
㉱ 기름층이나 작은 입자상이 전극을 피복하여 pH 측정을 방해할 수 있다.

**풀이** ㉰ 측정이 완료된 후에는 전극을 정제수로 잘 씻은 다음 3M KCl 용액에 담가둔다.

**78** 알킬수은 화합물의 분석방법으로 알맞은 것은 어느 것인가? (단, 수질오염공정시험기준)

㉮ 기체크로마토그래피법
㉯ 자외선/가시선 분광법
㉰ 이온크로마토그래피법
㉱ 유도결합플라스마-원자발광분광법

**풀이** 알킬수은 화합물의 분석방법은 기체크로마토그래피법이다.

**79** 유속면적법을 이용하여 하천유량을 측정할 때 적용 적합 지점에 대한 설명으로 틀린 것은 어느 것인가?

㉮ 가능하면 하상이 안정되어 있고 식생의 성장이 없는 지점
㉯ 합류나 분류가 없는 지점
㉰ 교량 등 구조물 근처에서 측정할 경우 교량의 상류지점
㉱ 대규모 하천을 제외하고 가능한 부자로 측정할 수 있는 지점

**풀이** ㉱ 대규모 하천을 제외하고 가능하면 도섭으로 측정할 수 있는 지점

**80** 수질분석용 시료 채취시 유의사항으로 틀린 것은 어느 것인가?

㉮ 시료 채취 용기는 시료를 채우기 전에 깨끗한 물로 3회 이상 씻은 다음 사용한다.
㉯ 유류 또는 부유물질 등이 함유된 시료는 시료의 균일성이 유지될 수 있도록 채취하여야 하며 침전물 등이 부상하여 혼입되어서는 안 된다.
㉰ 용존가스, 환원성 물질, 휘발성유기화합물, 냄새, 유류 및 수소이온 등을 측정하는 시료는 시료용기에 가득 채워야 한다.
㉱ 시료 채취량은 보통 3~5L 정도이어야 한다.

**풀이** ㉮ 시료 채취 용기는 깨끗이 세척된 용기 또는 멸균된 용기를 사용한다.

**answer** 77 ㉰  78 ㉮  79 ㉱  80 ㉮

# 2018 1회 기출문제

2018년 3월 4일 시행

## 제1과목 | 수질오염개론

**01** 수자원의 순환에서 가장 큰 비중을 차지하는 것은 무엇인가?

㉮ 해양으로의 강우
㉯ 증발
㉰ 증산
㉱ 육지로의 강우

**풀이** 수자원의 순환에서 가장 큰 비중을 차지하는 것은 증발이다.

**02** $C_2H_6$ 15g이 완전 산화하는데 필요한 이론적 산소량(g)은 얼마인가?

㉮ 약 46   ㉯ 약 56
㉰ 약 66   ㉱ 약 76

**풀이** $C_2H_6 + 3.5O_2 \rightarrow 2CO_2 + 3H_2O$
30g : 3.5×32g
15g : ThOD
∴ ThOD = 56g

**TIP** 여기서 ThOD는 이론적인 산소요구량을 의미한다.

**03** $PbSO_4$가 25℃ 수용액내에서 용해도가 0.075g/L이라면 용해도적은 얼마인가? (단, Pb 원자량 = 207)

㉮ $3.4 \times 10^{-9}$   ㉯ $4.7 \times 10^{-9}$
㉰ $5.8 \times 10^{-8}$   ㉱ $6.1 \times 10^{-8}$

**풀이** $PbSO_4 \rightarrow Pb^{2+} + SO_4^{2-}$
  XM    XM    XM
용해도적(Ksp) = $[Pb^{2+}][SO_4^{2-}]$ = X×X = $X^2$

① $PbSO_4$의 mol/L = $\frac{0.075g}{L} \times \frac{1mol}{303g}$
  = $2.475 \times 10^{-4}$ mol/L
② XM = $2.475 \times 10^{-4}$ mol/L이므로
③ 용해도적(Ksp) = $X^2 = (2.475 \times 10^{-4} mol/L)^2$
  = $6.1 \times 10^{-8}$

**TIP**
① $PbSO_4$의 분자량 = 207+32+(4×16) = 303g
② $PbSO_4$ 1mol = 303g

**04** 하천의 자정계수(f)에 대한 내용으로 알맞은 것은 어느 것인가? (단, 기타 조건은 같다고 가정함)

㉮ 수온이 상승할수록 자정계수는 작아진다.
㉯ 수온이 상승할수록 자정계수는 커진다.
㉰ 수온이 상승하여도 자정계수는 변화가 없이 일정하다.
㉱ 수온이 20℃인 경우, 자정계수는 가장 크며 그 이상의 수온에서는 점차로 낮아진다.

**answer** 01 ㉯  02 ㉯  03 ㉱  04 ㉮

**풀이** 자정계수$(f) = \dfrac{k_2(\text{재폭기계수})}{k_1(\text{탈산소계수})}$ 이며, 온도가 상승할수록 $k_1$과 $k_2$ 모두 증가하지만 $k_2$에 비해 $k_1$의 값이 상대적으로 더 큰값으로 증가하므로 자정계수$(f)$는 작아진다.

**05** 하천수의 수온은 10℃이다. 20℃의 탈산소계수 K(상용대수)가 $0.1\,day^{-1}$일 때 최종 BOD에 대한 $BOD_6$의 비는 얼마인가? (단, $K_T = K_{20} \times 1.047^{(T-20)}$)

㉮ 0.42   ㉯ 0.58
㉰ 0.63   ㉱ 0.83

**풀이** ① 20℃의 탈산소계수를 10℃의 탈산소계수로 전환한다.
$k(T) = k_{20} \times 1.047^{(T-20)}$
$= 0.1/day \times 1.047^{(10-20)} = 0.063/day$

② $\dfrac{BOD_6}{\text{최종 BOD}}$ 계산한다.
$BOD_6 = BOD_u \times (1-10^{-k \times t})$
$\dfrac{BOD_6}{BOD_u} = (1-10^{-k \times t})$
$= 1-10^{(-0.063/day \times 6day)} = 0.58$

**06** 피부점막, 호흡기로 흡입되어 국소 및 전신 마비, 피부염, 색소 침착을 일으키며 안료, 색소, 유리공업 등이 주요 발생원인 중금속은 어느 것인가?

㉮ 비소   ㉯ 납
㉰ 크롬   ㉱ 구리

**풀이** ㉮ 비소(As)에 대한 설명이다.

**07** 연못의 수면에 용존산소 농도가 11.3 mg/L 이고 수온이 20℃인 경우, 가장 적절한 판단이라 볼 수 있는 것은 어느 것인가?

㉮ 수면의 난류로 계속 폭기가 일어나 DO가 계속 높아질 가능성이 있다.
㉯ 연못에 산화제가 유입되었을 가능성이 있다.
㉰ 조류가 번식하여 DO가 과포화 되었을 가능성이 있다.
㉱ 물속에 수산화물과 (중)탄산염을 포함하여 완충능력이 클 가능성이 있다.

**풀이** 연못에는 조류가 서식하므로 조류의 광합성작용에 의해 용존산소(DO)가 증가한 것으로 판단할 수 있다.

**08** 효소 및 기질이 효소-기질을 형성하는 가역반응과 생성물 P를 이탈시키는 착화합물의 비가역 분해과정인 다음의 식에서 Michaelis 상수 $K_m$은 얼마인가?
(단, $K_1 = 1.0 \times 10^7 M^{-1} s^{-1}$, $K_{-1} = 1.0 \times 10^2 s^{-1}$, $K_2 = 3.0 \times 10^2 s^{-1}$)

$$E+S \underset{K_{-1}}{\overset{K_1}{\rightleftharpoons}} ES \xrightarrow{K_2} E+P$$

㉮ $1.0 \times 10^{-5} M$   ㉯ $2.0 \times 10^{-5} M$
㉰ $3.0 \times 10^{-5} M$   ㉱ $4.0 \times 10^{-5} M$

**풀이** Michaelis 상수$(K_m) = \dfrac{K_{-1} + K_2}{K_1}$
$= \dfrac{(1.0 \times 10^2/s) + (3.0 \times 10^2/s)}{(1.0 \times 10^7/M \cdot s)}$
$= 4.0 \times 10^{-5} M$

**answer** 05 ㉯  06 ㉮  07 ㉰  08 ㉱

**09** 다음 설명과 가장 관계있는 것은 무엇인가?

> - 유리산소가 존재해야만 생장하며, 최적온도는 20~30℃, 최적 pH는 4.5~6.0이다.
> - 유기산과 암모니아를 생성해 pH를 상승 또는 하강시킬 때도 있다.

㉮ 박테리아  ㉯ 균류
㉰ 조류      ㉱ 원생동물

**풀이** ㉯ 균류(fungi)에 대한 설명이다.

**10** Formaldehyde($CH_2O$)의 COD/TOC 비는 얼마인가?

㉮ 1.37   ㉯ 1.67
㉰ 2.37   ㉱ 2.67

**풀이** $CH_2O + O_2 \rightarrow CO_2 + H_2O$

$$\frac{COD(산소량)}{TOC(총유기탄소량)} = \frac{1 \times 32g}{1 \times 12g} = 2.67$$

**11** 0.2N $CH_3COOH$ 100mL를 NaOH로 적정하고자 하여 0.2N NaOH 97.5mL를 가했을 때 이 용액의 pH는 얼마인가?
(단, $CH_3COOH$의 해리상수 Ka = $1.8 \times 10^{-5}$)

㉮ 3.67   ㉯ 5.56
㉰ 6.34   ㉱ 6.87

**풀이**
① $N = \dfrac{N_1V_1 - N_2V_2}{V_1 + V_2}$

$= \dfrac{0.2N \times 100mL - 0.2N \times 97.5mL}{100mL + 97.5mL} = 2.53 \times 10^{-3}N$

② $[CH_3COOH] = 2.53 \times 10^{-3}M$
③ $CH_3COOH \rightarrow CH_3COO^- + H^+$

$ka = \dfrac{[CH_3COO^-][H^+]}{[CH_3COOH]}$

여기서 $[H^+] = [CH_3COO^-]$

따라서 $[H^+] = \sqrt{ka \times [CH_3COOH]}$
$= \sqrt{1.8 \times 10^{-5} \times 2.53 \times 10^{-3}M}$
$= 2.13 \times 10^{-4}M$

④ $pH = -\log[H^+] = -\log[2.13 \times 10^{-4}M] = 3.67$

**12** 수질오염물질 중 중금속에 관한 설명으로 틀린 것은 어느 것인가?

㉮ 카드뮴 : 인체 내에서 투과성이 높고 이동성이 있는 독성 메틸 유도체로 전환된다.
㉯ 비소 : 인산염 광물에 존재해서 인 화합물 형태로 환경 중에 유입된다.
㉰ 납 : 급성독성은 신장, 생식계통, 간 그리고 뇌와 중추신경계에 심각한 장애를 유발한다.
㉱ 수은 : 수은 중독은 BAL, $Ca_2EDTA$로 치료할 수 있다.

**13** 분뇨를 퇴비화 처리할 때 초기의 최적 환경조건으로 틀린 것은 어느 것인가?

㉮ 축분에 수분조정을 위해 부자재를 혼합할 때 퇴비재료의 적정 C/N비는 25~30이 좋다.
㉯ 부자재를 혼합하여 수분함량이 20~30%가 되도록 한다.
㉰ 퇴비화는 호기성미생물을 활용하는 기술이므로 산소공급을 충분히 한다.
㉱ 초기 재료의 pH는 6.0~8.0으로 조정한다.

**풀이** ㉯ 부자재를 혼합하여 수분함량이 50~60%가 되도록 한다.

**answer** 09 ㉯  10 ㉱  11 ㉮  12 ㉮  13 ㉯

**14** 부영양화 현상을 억제하는 방법으로 틀린 것은 어느 것인가?

㉮ 비료나 합성세제의 사용을 줄인다.
㉯ 축산폐수의 유입을 막는다.
㉰ 과잉번식된 조류(algae)는 황산망간($MnSO_4$)을 살포하여 제거 또는 억제할 수 있다.
㉱ 하수처리장에서 질소와 인을 제거하기 위해 고도처리공정을 도입하여 질소, 인의 호소 유입을 막는다.

**풀이** ㉰ 과잉번식된 조류(algae)는 황산동($CuSO_4$)을 살포하여 제거 또는 억제할 수 있다.

**15** 보통 농업용수의 수질평가시 SAR로 정의하는데 이에 대한 설명으로 틀린 것은?

㉮ SAR 값이 20정도이면 $Na^+$가 토양에 미치는 영향이 적다.
㉯ SAR의 값은 $Na^+$, $Ca^{2+}$, $Mg^{2+}$ 농도와 관계가 있다.
㉰ 경수가 연수보다 토양에 더 좋은 영향을 미친다고 볼 수 있다.
㉱ SAR의 계산식에 사용되는 이온의 농도는 meq/L를 사용한다.

**풀이** ㉮ SAR 값이 20정도이면 $Na^+$가 토양에 미치는 영향이 크다.

**TIP**

① $SAR = \dfrac{Na^+}{\sqrt{\dfrac{Ca^{2+}+Mg^{2+}}{2}}}$

② 판정
  ㉠ SAR이 0~10이면 영향 적음
  ㉡ SAR이 10~18이면 중간정도 영향
  ㉢ SAR이 18~26이면 큰 영향
  ㉣ SAR이 26 이상이면 아주 큰 영향

**16** 팔당호와 의암호와 같이 짧은 체류시간, 호수 수질의 수평적 균일성의 특징을 가지는 호수의 형태는 어느 것인가?

㉮ 하천형 호수   ㉯ 가지형 호수
㉰ 저수지형 호수  ㉱ 하구형 호수

**풀이** ㉮ 하천형 호수에 대한 설명이다.

**17** 분체증식을 하는 미생물을 회분배양하는 경우 미생물은 시간에 따라 5단계를 거치게 된다. 5단계 중 생존한 미생물의 중량보다 미생물 원형질의 전체 중량이 더 크게 되며, 미생물수가 최대가 되는 단계는 어느 것인가?

㉮ 증식단계     ㉯ 대수성장단계
㉰ 감소성장단계  ㉱ 내생성장단계

**풀이** 생존한 미생물의 중량보다 미생물 원형질의 전체 중량이 더 크게 되며, 미생물수가 최대가 되는 단계는 감소성장단계이다.

**18** 공장의 COD가 5,000mg/L, $BOD_5$가 2,100mg/L이었다면 이 공장의 NBDCOD(mg/L)은 얼마인가? (단, K = $BOD_u/BOD_5$ = 1.5)

㉮ 1,850   ㉯ 1,550
㉰ 1,450   ㉱ 1,250

**풀이** COD = BDCOD+NBDCOD
① BDOCD($BOD_u$) = $BOD_5$ ×k
            = 2,100mg/L×1.5
            = 3,150mg/L
② NBDCOD = COD-BDCOD
          = 5000mg/L-3,150mg/L
          = 1,850mg/L

**answer** 14 ㉰  15 ㉮  16 ㉮  17 ㉰  18 ㉮

**19** 일차반응에서 반응물질의 반감기가 5일이라고 한다면 물질의 90%가 소모되는데 소요되는 시간(일)은 얼마인가?

㉮ 약 14  ㉯ 약 17
㉰ 약 19  ㉱ 약 22

**풀이**
① 반감기 공식 : $\ln \dfrac{1}{2} = -k \times t$

$\ln \dfrac{1}{2} = -k \times 5\text{day}$

∴ $k = 0.1386/\text{day}$

② 1차반응식 공식 : $\ln \dfrac{C_t}{C_o} = -k \times t$

$\ln \dfrac{10\%}{100\%} = -0.1386/\text{day} \times t$

∴ $t = 16.61\text{day}$

**20** 공장폐수의 BOD를 측정하였을 때 초기 DO는 8.4mg/L이고, 20℃에서 5일간 보관한 후 측정한 DO는 3.6mg/L이었다. BOD 제거율이 90%가 되는 활성슬러지 처리시설에서 처리하였을 경우 방류수의 BOD(mg/L)는?
(단, BOD 측정 시 희석배율 = 50배)

㉮ 12  ㉯ 16
㉰ 21  ㉱ 24

**풀이**
① $BOD = (DO_1 - DO_2) \times P$

여기서
- $DO_1$ : 초기 DO농도(mg/L)
- $DO_2$ : 5일간 배양후 DO농도(mg/L)
- $P$ : 희석 배수치

따라서 $BOD = (8.4-3.6)\text{mg/L} \times 50\text{배} = 240\text{mg/L}$

② 제거효율(%) = $\left(1 - \dfrac{\text{유출수의 BOD}}{\text{유입수의 BOD}}\right) \times 100$

따라서 $90\% = \left(1 - \dfrac{\text{유출수의 BOD}}{240\text{mg/L}}\right) \times 100$

∴ 유출수의 BOD = $240\text{mg/L} \times (1-0.90)$
= 24mg/L

| **제2과목** | 상하수도 계획

**21** 펌프의 회전수 N = 2,400rpm, 최고 효율점의 토출량 Q = 162m³/hr, 전양정 H = 90m인 원심펌프의 비회전도는 얼마인가?

㉮ 약 115rpm  ㉯ 약 125rpm
㉰ 약 135rpm  ㉱ 약 145rpm

**풀이**
$N_s = N \times \dfrac{Q^{\frac{1}{2}}}{H^{\frac{3}{4}}}$

여기서
- $N_s$ : 비교회전도(rpm)
- $N$ : 규정회전수(rpm)
- $Q$ : 토출량(m³/min)
- $H$ : 전양정(m)

따라서 $N_s = 2{,}400\text{rpm} \times \dfrac{(162\text{m}^3/\text{hr} \times 1\text{hr}/60\text{min})^{\frac{1}{2}}}{(90\text{m})^{\frac{3}{4}}}$

= 134.96rpm

**TIP**
rpm = 회/min

**22** 펌프의 공동현상(Cavitation)에 대한 내용으로 틀린 것은 어느 것인가?

㉮ 공동현상이 생기면 소음이 발생한다.
㉯ 공동 속의 압력은 절대로 0이 되지는 않는다.
㉰ 장시간이 경과하면 재료의 침식을 생기게 한다.
㉱ 펌프의 흡입양정이 작아질수록 공동현상이 발생하기 쉽다.

**풀이** ㉱ 펌프의 흡입양정이 커질수록 공동현상이 발생하기 쉽다.

**answer** 19 ㉯  20 ㉱  21 ㉰  22 ㉱

**23** 펌프의 토출유량은 1,800m³/hr, 흡입구의 유속은 4m/sec일 때 펌프의 흡입구경(mm)은?

㉮ 약 350   ㉯ 약 400
㉰ 약 450   ㉱ 약 500

**풀이**
$D = 146 \times \sqrt{\dfrac{Q}{v}}$

여기서
- D : 흡입구경(mm)
- Q : 토출량(m³/min)
- v : 유속(m/sec)

따라서 $D = 146 \times \sqrt{\dfrac{1,800m^3/hr \times 1hr/60min}{4m/sec}}$

$= 399.84mm$

**24** 하수관거 개·보수계획 수립 시 포함되어야 할 사항이 아닌 것은 어느 것인가?

㉮ 불명수량 조사
㉯ 개·보수 우선 순위의 결정
㉰ 개·보수 공사 범위의 설정
㉱ 주변 인근 신설관거 현황 조사

**풀이** ㉱ 주변 인근 신설관거 현황 조사는 하수관거 개·보수계획 수립 시 포함되어야 할 사항이 아니다.

**25** 단면 ①(지름 0.5m)에서 유속이 2 m/sec일 때, 단면 ②(지름 0.2m)에서의 유속(m/sec)은 얼마인가? (단, 만관 기준이며 유량은 변화 없음)

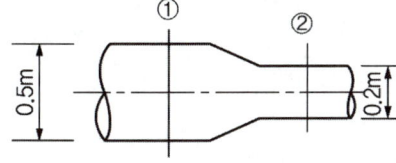

㉮ 약 5.5    ㉯ 약 8.5
㉰ 약 9.5    ㉱ 약 12.5

**풀이** 유량(Q) = 단면적(A)×유속(v)

$= \dfrac{\pi \times D^2}{4} \times v$

따라서 $\dfrac{\pi \times (0.5m)^2}{4} \times 2m/sec = \dfrac{\pi \times (0.2m)^2}{4} \times v$

∴ v = 12.5m/sec

**26** 상수도 취수시설 중 취수틀에 대한 내용으로 틀린 것은 어느 것인가?

㉮ 구조가 간단하고 시공도 비교적 용이하다.
㉯ 수중에 설치하므로 호소표면수는 취수할 수 없다.
㉰ 단기간에 완성하고 안정된 취수가 가능하다.
㉱ 보통 대형취수에 사용되며 수위변화에 영향이 적다.

**풀이** ㉱ 호소의 중소량 취수시설로 많이 사용한다.

**27** 다음 하수관로에서 평균유속이 2.5 m/sec일 때 흐르는 유량(m³/sec)은 얼마인가?

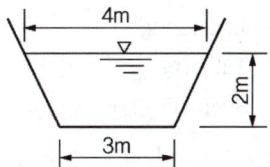

㉮ 7.8     ㉯ 12.3
㉰ 17.5    ㉱ 23.3

**풀이** 유량(Q) = 단면적(A)×유속(v)

$= \dfrac{h \times (B_1 + B_2)}{2} \times v$

$= \dfrac{2m \times (4m + 3m)}{2} \times 2.5m/sec$

$= 17.5 m^3/sec$

**answer** 23 ㉯   24 ㉱   25 ㉱   26 ㉱   27 ㉰

**28** 관경 1100mm, 역사이펀 관거 내의 동수경사 2.4‰, 유속 2.15m/sec, 역사이펀 관거의 길이 L = 76m일 때, 역사이펀의 손실수두(m)는 얼마인가? (단, $\beta$ = 1.5, $\alpha$ = 0.05 m이다.)

㉮ 0.29　　㉯ 0.39
㉰ 0.49　　㉱ 0.59

**풀이**

$$H = I \times L + 1.5 \times \frac{v^2}{2g} + \alpha$$

여기서
- H : 손실수두(m)
- I : 동수구배(기울기)
- L : 관의 길이(m)
- g : 중력가속도(9.8m/sec²)
- v : 유속(m/sec)
- $\alpha$ : 손실수두에 관한 여유

따라서 $H = \frac{2.4}{1,000} \times 76m + 1.5 \times \frac{(2.15m/sec)^2}{2 \times 9.8m/sec^2} + 0.05m$
    = 0.59m

**29** 24시간 이상 장시간의 강우강도에 대해 가까운 저류시설 등을 계획할 경우에 적용하는 강우 강도식은 어느 것인가?

㉮ Cleveland형
㉯ Japanese형
㉰ Talbot형
㉱ Sherman형

**풀이** 24시간 이상 장시간의 강우강도에 대해 가까운 저류시설 등을 계획할 경우에 적용하는 강우 강도식은 Cleveland형이다.

**30** 하수배제방식이 합류식인 경우 중계펌프장의 계획 하수량으로 알맞은 것은 어느 것인가?

㉮ 우천시 계획오수량
㉯ 계획우수량
㉰ 계획시간최대오수량
㉱ 계획1일최대오수량

**풀이** 하수배제방식이 합류식인 경우 중계펌프장이나 처리장내 펌프장은 우천시 계획오수량으로 한다.

**31** 우물의 양수량 결정 시 적용되는 "적정양수량"의 정의로 알맞은 것은 어느 것인가?

㉮ 최대양수량의 70% 이하
㉯ 최대양수량의 80% 이하
㉰ 한계양수량의 70% 이하
㉱ 한계양수량의 80% 이하

**풀이** 적정양수량은 한계양수량의 70% 이하이다.

**32** 우리나라 대규모 상수도의 수원으로 가장 많이 이용되며 오염물질에 노출을 주의해야하는 수원은?

㉮ 지표수　　㉯ 지하수
㉰ 용천수　　㉱ 복류수

**풀이** 우리나라 대규모 상수도의 수원으로 가장 많이 이용되며 오염물질에 노출을 주의해야 하는 수원은 지표수이다.

**answer** 28 ㉱　29 ㉮　30 ㉮　31 ㉰　32 ㉮

**33** 계획송수량과 계획도수량의 기준이 되는 수량은 무엇인가?

㉮ 계획송수량 : 계획1일최대급수량
　　계획도수량 : 계획시간최대급수량
㉯ 계획송수량 : 계획시간최대급수량
　　계획도수량 : 계획1일최대급수량
㉰ 계획송수량 : 계획취수량
　　계획도수량 : 계획1일최대급수량
㉱ 계획송수량 : 계획1일최대급수량
　　계획도수량 : 계획취수량

**풀이** 계획송수량은 계획1일최대급수량을 기준으로 하고, 계획도수량은 계획취수량을 기준으로 한다.

**34** 정수처리시설인 응집지 내의 플록형성지에 대한 내용으로 틀린 것은 어느 것인가?

㉮ 플록형성지는 혼화지와 침전지 사이에 위치하고 침전지에 붙여서 설치한다.
㉯ 플록형성은 응집된 미소플록을 크게 성장시키기 위해 적당한 기계식교반이나 우류식교반이 필요하다.
㉰ 플록형성지 내의 교반강도는 하류로 갈수록 점차 증가시키는 것이 바람직하다.
㉱ 플록형성지는 단락류나 정체부가 생기지 않으면서 충분하게 교반될 수 있는 구조로 한다.

**풀이** ㉰ 플록형성지 내의 교반강도는 하류로 갈수록 점차 감소시키는 것이 바람직하다.

**35** 상수도 기본계획 수립 시 기본적 사항인 계획1일최대급수량에 관한 내용으로 적절한 것은?

㉮ 계획1일평균사용수량/계획유효율
㉯ 계획1일평균사용수량/계획부하율
㉰ 계획1일평균급수량/계획유효율
㉱ 계획1일평균급수량/계획부하율

**풀이** 계획1일최대급수량 $= \dfrac{\text{계획1일평균급수량}}{\text{계획부하율}}$

**36** 취수시설 중 취수보의 위치 및 구조에 대한 고려사항으로 틀린 것은 어느 것인가?

㉮ 유심이 취수구에 가까우며 안정되고 홍수에 의한 하상변화가 적은 지점으로 한다.
㉯ 원칙적으로 철근콘크리트 구조로 한다.
㉰ 침수 및 홍수시 수면상승으로 인하여 상류에 위치한 하천공작물 등에 미치는 영향이 적은 지점에 설치한다.
㉱ 원칙적으로 홍수의 유심방향과 평형인 직선형으로 가능한 한 하천의 곡선부에 설치한다.

**풀이** ㉱ 원칙적으로 홍수의 유심방향과 직각인 직선형으로 가능한 한 하천의 직선부에 설치한다.

**37** 길이 1.2km의 하수관이 2‰의 경사로 매설되어 있을 경우, 이 하수관 양 끝단 간의 고저차(m)는 얼마인가? (단, 기타 사항은 고려하지 않음)

㉮ 0.24　　㉯ 2.4
㉰ 0.6　　㉱ 6.0

**풀이** 기울기(I) $= \dfrac{\triangle H}{\triangle L}$

따라서 $\triangle H = I \times \triangle L$
$= \dfrac{2}{1,000} \times 1.2\text{km} \times 10^3 \text{m/1km}$
$= 2.4\text{m}$

**answer** 33 ㉱　34 ㉰　35 ㉱　36 ㉱　37 ㉯

**38** 도수관을 설계할 때 평균유속 기준으로 알맞은 것은 어느 것인가?

> 자연유하식인 경우에는 허용최대한도를 ( ㉠ )로 하고, 도수관의 평균유속의 최소한도는 ( ㉡ )로 한다.

㉮ ㉠ 1.5m/s, ㉡ 0.3m/s
㉯ ㉠ 1.5m/s, ㉡ 0.6m/s
㉰ ㉠ 3.0m/s, ㉡ 0.3m/s
㉱ ㉠ 3.0m/s, ㉡ 0.6m/s

**풀이** 도수관 설계시 평균유속의 기준은 자연유하식인 경우에는 허용최대한도를 3.0m/sec로 하고, 도수관의 평균유속의 최소한도는 0.3m/sec로 한다.

**39** 하수 관거시설인 빗물받이의 설치에 관한 설명으로 틀린 것은 어느 것인가?

㉮ 협잡물 및 토사의 유입을 저감할 수 있는 방안을 고려하여야 한다.
㉯ 설치위치는 보·차도 구분이 없는 경우에는 도로와 사유지의 경계에 설치한다.
㉰ 도로 옆의 물이 모이기 쉬운 장소나 L형 측구의 유하 방향 하단부에 설치한다.
㉱ 우수침수방지를 위하여 횡단보도 및 가옥의 출입구 앞에 설치함을 원칙으로 한다.

**풀이** ㉱ 우수침수방지를 위하여 횡단보도 및 가옥의 출입구 앞에는 가급적 설치하지 않는다.

**40** 상수처리를 위한 약품침전지의 구성과 구조로 틀린 것은 어느 것인가?

㉮ 슬러지의 퇴적심도로서 30cm 이상을 고려한다.
㉯ 유효수심은 3 ~ 5.5m로 한다.
㉰ 침전지 바닥에는 슬러지 배제에 편리하도록 배수구를 향하여 경사지게 한다.
㉱ 고수위에서 침전지 벽체 상단까지의 여유고는 10cm 정도로 한다.

**풀이** ㉱ 고수위에서 침전지 벽체 상단까지의 여유고는 30cm 정도로 한다.

| 제3과목 | 수질오염방지기술

**41** 정수장 응집 공정에 사용되는 화학약품 중 나머지 셋과 용도가 다른 하나는 어느 것인가?

㉮ 오존   ㉯ 명반
㉰ 폴리비닐아민   ㉱ 황산제일철

**풀이** 화학약품의 용도
㉮ 오존 : 살균제
㉯ 명반(황산알루미늄 = Alum) : 응집제
㉰ 폴리비닐아민 : 응집제
㉱ 황산제일철 : 응집제

**42** 처리유량이 200m³/hr이고 염소요구량이 9.5mg/L, 잔류염소 농도가 0.5mg/L일 때 하루에 주입되는 염소의 양(kg/day)은 얼마인가?

㉮ 2   ㉯ 12
㉰ 22   ㉱ 48

**answer** 38 ㉰  39 ㉱  40 ㉱  41 ㉮  42 ㉱

**풀이**
① 염소주입량 = 염소요구량 + 염소잔류량
　　　　　　= 9.5mg/L + 0.5mg/L
　　　　　　= 10mg/L
② 염소주입량(kg/day)
　= 염소주입량(kg/m³) × 처리유량(m³/day)
　= 10 × 10⁻³kg/m³ × 200m³/hr × 24hr/day
　= 48kg/day

**43** 폐수를 처리하기 위해 시료 200mL를 취하여 Jar Test하여 응집제와 응집보조제의 최적주입농도를 구한 결과, $Al_2(SO_4)_3$ 200mg/L, $Ca(OH)_2$ 500mg/L였다. 폐수량 500m³/day을 처리하는데 필요한 $Al_2(SO_4)_3$의 양(kg/day)은 얼마인가?

㉮ 50　　㉯ 100
㉰ 150　　㉱ 200

**풀이** $Al_2(SO_4)_3$의 양(kg/day) = 0.2kg/m³ × 500m³/day
　　　　　　　　　　　　　　= 100kg/day

**44** 분뇨 소화슬러지 발생량은 1일 분뇨투입량의 10%이다. 발생된 소화슬러지의 탈수 전 함수율이 96%라고 하면 탈수된 소화슬러지의 1일 발생량(m³)은 얼마인가? (단, 분뇨투입량 = 360 kL/day, 탈수된 소화 슬러지의 함수율 = 72%, 분뇨 비중 = 1.0)

㉮ 2.47　　㉯ 3.78
㉰ 4.21　　㉱ 5.14

**풀이** $V_1 \times (100-P_1) = V_2 \times (100-P_2)$
360m³/day × 0.1 × (100-96) = $V_2$ × (100-72)
∴ $V_2$ = 5.14m³

**45** 유기물을 함유한 유체가 완전혼합연속반응조를 통과할 때 유기물의 농도가 200mg/L에서 20mg/L로 감소한다. 반응조 내의 반응이 일차반응이고 반응조 체적이 20m³이며 반응속도상수가 0.2day⁻¹이라면 유체의 유량(m³/day)은 얼마인가?

㉮ 0.11　　㉯ 0.22
㉰ 0.33　　㉱ 0.44

**풀이** $Q(C_o - C_t) = k \cdot V \cdot C_t$
여기서
　Q : 유량(m³/day)
　$C_o$ : 초기농도(mg/L)
　$C_t$ : t시간 후의 농도(mg/L)
　k : 상수(/day)
　V : 체적(m³)

따라서 Q × (200-20)mg/L = 0.2/day × 20m³ × 20mg/L

∴ Q = $\dfrac{0.2/day \times 20m^3 \times 20mg/L}{(200-20)mg/L}$ = 0.44m³/day

**46** BOD 400mg/L, 폐수량 1,500m³/day의 공장폐수를 활성슬러지법으로 처리하고자 한다. BOD-MLSS 부하를 0.25 kg/kg·day, MLSS 2,500mg/L로 운전한다면 포기조의 크기(m³)는 얼마인가?

㉮ 2,000　　㉯ 1,500
㉰ 1,250　　㉱ 960

**풀이** F/M비(/day) = $\dfrac{BOD(kg/m^3) \times Q(m^3/day)}{MLSS(kg/m^3) \times V(m^3)}$

따라서 0.25/day = $\dfrac{0.4kg/m^3 \times 1,500m^3/day}{2.5kg/m^3 \times V(m^3)}$

∴ V = $\dfrac{0.4kg/m^3 \times 1,500m^3/day}{2.5kg/m^3 \times 0.25/day}$ = 960m³

**answer** 43 ㉯　44 ㉱　45 ㉱　46 ㉱

**47** 고농도의 액상 PCB 처리방법으로 틀린 것은 어느 것인가?

㉮ 방사선조사(코발트 60에 의한 γ 선 조사)
㉯ 연소법
㉰ 자외선조사법
㉱ 고온 고압 알칼리 분해법

**풀이** 고농도의 액상 PCB 처리방법으로는 연소법, 자외선조사법, 고온 고압 알칼리 분해법이 있다.

**48** 일반적으로 염소계 산화제를 사용하여 무해한 물질로 산화 분해시키는 처리방법을 사용하는 폐수의 종류는 어느 것인가?

㉮ 납을 함유한 폐수
㉯ 시안을 함유한 폐수
㉰ 유기인을 함유한 폐수
㉱ 수은을 함유한 폐수

**풀이** 염소계 산화제를 사용하여 무해한 물질로 산화 분해시키는 처리방법을 사용하는 폐수의 종류는 시안을 함유한 폐수이다.

**49** SS가 55mg/L, 유량이 13,500m³/day인 흐름에 황산제이철($Fe_2(SO_4)_3$)을 응집제로 사용하여 50mg/L가 되도록 투입한다. 응집제를 투입하는 흐름에 알칼리도가 없는 경우, 황산 제이철과 반응시키기 위해 투입하여야 하는 이론적인 석회($Ca(OH)_2$)의 양(kg/day)은 얼마인가?
(단, Fe = 55.8, S= 32, O = 16, Ca = 40, H = 1)

㉮ 285  ㉯ 375
㉰ 465  ㉱ 545

**풀이** $Fe_2(SO_4)_3 + 3Ca(OH)_2 \rightarrow 2Fe(OH)_3 + 3CaSO_4$
399.6g : 3×74g
$50\times10^{-3}$kg/m³×13,500m³/day : X
∴ X = 375kg/day

**50** 바퀴모양의 극미동물이며, 상당히 양호한 생물학적 처리에 대한 지표미생물은 무엇인가?

㉮ Psychodidae  ㉯ Rotifera
㉰ Vorticella   ㉱ Sphaerotillus

**풀이** 바퀴모양의 극미동물이며, 상당히 양호한 생물학적 처리에 대한 지표미생물은 로티퍼(Rotifera)이다.

**51** pH = 3.0인 산성폐수 1,000m³/day를 도시하수 시스템으로 방출하는 공장이 있다. 도시하수의 유량은 10,000 m³/day이고 pH = 8.0이다. 하수와 폐수의 온도는 20℃이고 완충작용이 없다면 산성폐수 첨가 후 하수의 pH는 얼마인가?

㉮ 3.2  ㉯ 3.5
㉰ 3.8  ㉱ 4.0

**풀이** ① 혼합물의 [H⁺] 계산한다.
$$= \frac{10^{-3}\,\text{mol/L} \times 1,000\,\text{m}^3/\text{day} - 10^{-6.0}\,\text{mol/L} \times 10,000}{1,000\,\text{m}^3/\text{day} + 10,000\,\text{m}^3/\text{day}}$$
$= 9.0 \times 10^{-5}$ mol/L
② pH = $-\log[H^+]$
$= -\log[9.0 \times 10^{-5}\,\text{mol/L}] = 4.05$

**TIP**
① $[H^+] = 10^{-pH}$ mol/L 이므로
  pH 3.0 ⇒ $[H^+] = 10^{-3.0}$ mol/L
② $[OH^-] = 10^{-pOH}$ mol/L
③ pH = 8.0
  ⇒ pOH = 14 - pH = 14 - 8.0 = 6.0이므로
  pOH 6.0 ⇒ $[OH^-] = 10^{-6.0}$ mol/L
④ $[H^+] = \dfrac{10^{-pH}\,\text{mol/L} \times Q_1 - 10^{-pOH}\,\text{mol/L} \times Q_2}{Q_1 + Q_2}$

**answer** 47 ㉮  48 ㉯  49 ㉯  50 ㉯  51 ㉰

**52** MLSS의 농도가 1,500mg/L인 슬러지를 부상법(Flotation)에 의해 농축시키고자 한다. 압축탱크의 유효전달 압력이 4기압이며 공기의 밀도를 1.3g/L, 공기의 용해량이 18.7mL/L일 때 Air/Solid(A/S)비는 얼마인가? (단, 유량은 300m³/day이며 처리수의반송은 없고 f = 0.5이다.)

㉮ 0.008  ㉯ 0.010
㉰ 0.016  ㉱ 0.020

**[풀이]**
$$A/S비 = \frac{1.3 \times Sa \times (f \cdot P - 1)}{SS}$$
$$= \frac{1.3 \times 18.7 mL/L \times (0.5 \times 4atm - 1)}{1,500 mg/L}$$
$$= 0.016$$

**53** 연속회분식 활성슬러지법(SBR, Sequencing Batch Reactor)에 대한 설명으로 틀린 것은 어느 것인가?

㉮ 단일 반응조에서 1주기(cycle) 중에 호기-무산소-혐기 등의 조건을 설정하여 질산화와 탈질화를 도모할 수 있다.
㉯ 충격부하 또는 첨두유량에 대한 대응성이 약하다.
㉰ 처리용량이 큰 처리장에는 적용하기 어렵다.
㉱ 질소(N)와 인(P)의 동시제거 시 운전의 유연성이 크다.

**[풀이]** ㉯ 충격부하 또는 첨두유량에 대한 대응성이 강하다.

**TIP**
① 충격부하 : 비교적 짧은 시간에 외부에서 유입되는 오염물질의 총량을 의미한다.
② 첨두유량 : 1일 또는 일정기간에 대해 시간에 따른 유량곡선을 작성할 때 유량이 가장 높은 지점을 의미한다.

**54** 혐기성 처리와 호기성 처리의 비교 설명으로 틀린 것은 어느 것인가?

㉮ 호기성 처리가 혐기성 처리보다 유출수의 수질이 더 좋다.
㉯ 혐기성 처리가 호기성 처리보다 슬러지 발생량이 더 적다.
㉰ 호기성 처리에서는 1차침전지가 필요하지만 혐기성 처리에서는 1차침전지가 필요 없다.
㉱ 주어진 기질량에 대한 영양물질의 필요성은 호기성 처리보다 혐기성 처리에서 더 크다.

**[풀이]** ㉱ 주어진 기질량에 대한 영양물질의 필요성은 혐기성 처리보다 호기성 처리에서 더 크다.

**55** 부피가 2,649m³인 탱크에서 G값을 50/s로 유지하기 위해 필요한 이론적 소요동력(W)과 패들 면적(m²)은 얼마인가?

단, • 유체 점성 계수 $1.139 \times 10^{-3} N \cdot s/m^2$
• 밀도 $1,000 kg/m^3$
• 직사각형 패들의 항력계수 1.8
• 패들 주변속도 0.6m/s
• 패들 상대속도 = 패들 주변속도×0.75로 가정
• 패들면적 (A) = $[2P/(C \cdot \rho \cdot V^3)]$식 적용

㉮ 8,543, 104  ㉯ 8,543, 92
㉰ 7,543, 104  ㉱ 7,543, 92

**[풀이]**
① $G = \sqrt{\frac{P}{\mu \cdot V}}$ 에서 $P = G^2 \times \mu \times V$

따라서 $P = (50/sec)^2 \times 1.139 \times 10^{-3} N \cdot S/m^2 \times 2,649 m^3$
$= 7,543.03 N \cdot m/sec$
$= 7,543.03 kg \cdot m^2/sec^3$

② $A = \frac{2 \times P}{C \times \rho \times V^3}$

**answer** 52 ㉰  53 ㉯  54 ㉱  55 ㉱

$$= \frac{2 \times 7,543.03 \text{kg} \cdot \text{m}^2/\text{sec}^3}{1.8 \times 1,000 \text{kg/m}^3 \times (0.6 \text{m/sec} \times 0.75)^3}$$
$$= 91.97 \text{m}^2$$

**56** 생물학적 질소 및 인 동시제거공정으로서 혐기성, 무산소조, 호기조로 구성되며, 혐기조에서 인 방출, 무산소조에서 탈질화, 호기조에서 질산화 및 인 섭취가 일어나는 공정은 어느 것인가?

㉮ $A^2/O$ 공정
㉯ Phostrip 공정
㉰ Modified Bardenphor 공정
㉱ Modified UCT 공정

▶ 풀이 ㉮ $A^2/O$ 공정에 대한 설명이다.

**57** 혐기성 공법 중 혐기성 유동상의 장점으로 틀린 것은 어느 것인가?

㉮ 짧은 수리학적 체류시간과 높은 부하율로 운전이 가능하다.
㉯ 유출수의 재순환이 필요 없으므로 공정이 간단하다.
㉰ 매질의 첨가나 제거가 쉽다.
㉱ 독성물질에 대한 완충능력이 좋다.

▶ 풀이 ㉯ 유출수의 재순환이 필요하며, 공정이 복잡하다.

**58** 하·폐수를 통하여 배출되는 계면활성제에 대한 설명으로 틀린 것은 어느 것인가?

㉮ 계면활성제는 메틸렌블루 활성물질이라고도 한다.
㉯ 계면활성제는 주로 합성세제로부터 배출되는 것이다.
㉰ 물에 약간 녹으며 폐수처리 플랜트에서 거품을 만들게 된다.
㉱ ABS는 생물학적으로 분해가 매우 쉬우나 LAS는 생물학적으로 분해가 어려운 난분해성 물질이다.

▶ 풀이 ㉱ LAS는 생물학적으로 분해가 매우 쉬우나 ABS는 생물학적으로 분해가 어려운 난분해성 물질이다.

**59** 오존을 이용한 소독에 관한 설명으로 틀린 것은 어느 것인가?

㉮ 오존은 화학적으로 불안정하여 현장에서 직접 제조하여 사용해야 한다.
㉯ 오존은 산소의 동소체로서 HOCl보다 더 강력한 산화제이다.
㉰ 오존은 20℃ 증류수에서 반감기가 20~30분이고 용액 속에 산화제를 요구하는 물질이 존재하면 반감기는 더욱 짧아진다.
㉱ 잔류성이 강하여 2차 오염을 방지하며 냄새제거에 매우 효과적이다.

▶ 풀이 ㉱ 잔류성이 없으며, 탈취와 탈색효과가 크다.

answer 56 ㉮  57 ㉯  58 ㉱  59 ㉱

**60** pH = 3.0인 산성폐수 1,000m³/day를 도시하수 시스템으로 방출하는 공장이 있다. 도시하수의 유량은 10,000m³/day이고 pH = 8.0이다. 하수와 폐수의 온도는 20°C이고 완충작용이 없다면 산성폐수 첨가 후 하수의 pH는 얼마인가?

㉮ 3.2　　㉯ 3.5
㉰ 3.8　　㉱ 4.0

**풀이** ① 혼합물의 [$H^+$] 계산한다.

$$[H^+] = \frac{10^{-3}mol/L \times 1,000m^3/day - 10^{-6}mol/L \times 10,000m^3/day}{1,000m^3/day + 10,000m^3/day}$$

$$= 9.0 \times 10^{-5} mol/L$$

② pH = -log[$H^+$]
 = -log[$9.0 \times 10^{-5}$ mol/L]
 = 4.04

**TIP**
① pH 3 ⇒ [$H^+$] = $10^{-pH}$ mol/L = $10^{-3}$ mol/L
② pH 8 ⇒ pOH = 14-pH = 14-8 = 6
③ pOH 6 ⇒ [$OH^-$] = $10^{-pOH}$ mol/L = $10^{-6}$ mol/L

| 제4과목 | 수질오염공정시험기준

**61** 알칼리성 $KMnO_4$법으로 COD를 측정하기 위하여 사용하는 표준적정액은 무엇인가?

㉮ NaOH　　㉯ $KMnO_4$
㉰ $Na_2S_2O_3$　　㉱ $Na_2C_2O_4$

**풀이** 적정용액
① 산성 과망간산포타슘법 : 0.005M 과망간산포타슘 용액
② 알칼리성 과망간산포타슘법 : 0.025M 티오황산소듐용액
③ 다이크롬산포타슘법 : 0.025N 황산제일철암모늄용액

**62** 수질오염공정시험기준상 탁도 측정에 관한 설명으로 틀린 것은 어느 것인가?

㉮ 시료 내 입자가 큰 침전물이 빠르게 침전되는 경우 탁도값이 낮게 측정된다.
㉯ 물에 색깔이 있는 시료는 잠재적으로 측정값이 높게 분석된다.
㉰ 시료 속에 거품은 빛을 산란시키고 높은 측정값을 나타낸다.
㉱ 탁도를 측정하기 위해서는 탁도계를 이용하여 물의 흐림 정도를 측정한다.

**풀이** ㉯ 물에 색깔이 있는 시료는 색이 빛을 흡수하기 때문에 잠재적으로 측정값이 낮게 분석된다.

**63** pH 미터의 유지관리에 대한 설명으로 틀린 것은 어느 것인가?

㉮ 전극이 더러워 졌을 때는 유리전극을 묽은 염산에 잠시 담갔다가 증류수로 씻는다.
㉯ 유리전극을 사용하지 않을 때는 증류수에 담가둔다.
㉰ 유지, 그리스 등이 전극표면에 부착되면 유기용매로 적신 부드러운 종이로 전극을 닦고 증류수로 씻는다.
㉱ 전극에 발생하는 조류나 미생물은 전극을 보호하는 작용이므로 떨어지지 않게 주의한다.

**풀이** ㉱ 전극에 발생하는 조류나 미생물은 pH측정을 방해하므로 제거하여야 한다.

**answer** 60 ㉱　61 ㉰　62 ㉯　63 ㉱

**64** 분원성 대장균군-막여과법에서 배양온도 유지 기준은 얼마인가?

㉮ 25±0.2℃  ㉯ 30±0.5℃
㉰ 35±0.5℃  ㉱ 44.5±0.2℃

**풀이** 배양온도
① 총대장균군의 막여과법 : 35±0.5℃
② 분원성대장균군의 막여과법 : 44.5±0.2℃
③ 대장균의 효소기질정량법 : 35±0.5℃

**65** 시중에 판매되는 농황산의 비중은 약 1.84, 농도는 96%(중량기준) 정도이다. 이 농황산의 N농도는 얼마인가?

㉮ 16N  ㉯ 26N
㉰ 36N  ㉱ 46N

**풀이**
$$eq/L = \frac{비중(g)}{(mL)} \times \frac{10^3 mL}{1L} \times \frac{1eq}{1당량(g)} \times \frac{\%농도}{100}$$

$$= \frac{1.84g}{mL} \times \frac{10^3 mL}{1L} \times \frac{1eq}{98g/2} \times \frac{96\%}{100}$$

$$= 36.05N$$

**66** 채취된 시료를 즉시 실험할 수 없을 때 NaOH로 pH 12 이상으로 보존해야 하는 항목은 어느 것인가?

㉮ 시안  ㉯ 클로로필a
㉰ 페놀류  ㉱ 노말헥산추출물질

**풀이** 시료의 보존방법
㉮ 시안 : NaOH로 pH 12 이상
㉯ 클로로필a : 가능한 한 빨리 여과하여 -20℃ 이하
㉰ 페놀류 : $H_3PO_4$ 로 pH 4 이하
㉱ 노말헥산추출물질 : $H_2SO_4$ 로 pH 2 이하

**67** 퇴적물의 완전연소가능량 측정에 관한 내용으로 ( )에 들어갈 알맞은 말은?

> 110℃에서 건조시킨 시료를 도가니에 담고 무게를 측정한 다음 ( ㉠ )℃에서 ( ㉡ )시간 가열한 후 다시 무게를 측정한다.

㉮ ㉠ 400, ㉡ 1  ㉯ ㉠ 400, ㉡ 2
㉰ ㉠ 550, ㉡ 1  ㉱ ㉠ 550, ㉡ 2

**풀이** 가열온도는 550℃이고, 가열시간은 2시간이다.

**68** 폐수 20mL를 취하여 산성과망간산포타슘법으로 분석하였더니 0.005M-$KMnO_4$ 용액의 적정량이 4mL이었다. 이 폐수의 COD(mg/L)는 얼마인가? (단, 공시험값 = 0 mL, 0.005M-$KMnO_4$용액의 f = 1.00)

㉮ 16  ㉯ 40
㉰ 60  ㉱ 80

**풀이**
$$COD = \frac{(b-a) \times f \times 0.2}{V(L)}$$

$$= \frac{(4mL-0) \times 1.00 \times 0.2}{20 \times 10^{-3} L} = 40mg/L$$

**69** 총유기탄소 분석기기 내 산화부에서 유기탄소를 이산화탄소로 산화하는 방법으로 옳게 짝지은 것은?

㉮ 고온연소 산화법, 저온연소 산화법
㉯ 고온연소 산화법, 전기전도도 산화법
㉰ 고온연소 산화법, 과황산 열 산화법
㉱ 고온연소 산화법, 비분산적외선 산화법

**풀이** 총유기탄소 분석기기 내 산화부에서 유기탄소를 이산화탄소로 산화하는 방법은 고온연소 산화법과 과황산 UV 및 과황산 열 산화법이 있다.

**answer** 64 ㉱  65 ㉰  66 ㉮  67 ㉱  68 ㉯  69 ㉰

**70** "정확히 취하여"라고 하는 것은 규정한 양의 액체를 무엇으로 눈금까지 취하는 것을 말하는가?

㉮ 메스실린더　㉯ 뷰렛
㉰ 부피피펫　㉱ 눈금 비이커

**TIP** 주의해야 할 용어
① 정밀히 단다함은 규정된 양의 시료를 취하여 화학저울 또는 미량저울로 칭량함.
② 정확히 단다함은 규정된 수치의 무게를 0.1mg까지 다는 것을 말함.
③ 정확히 취하여라 함은 규정한 양의 액체를 부피피펫으로 눈금까지 취는 것을 말함.

**71** ppm을 설명한 것으로 틀린 것은 어느 것인가?

㉮ ppb농도의 1000배 이다.
㉯ 백만분율이라고 한다.
㉰ mg/kg이다.
㉱ %농도의 1/1000 이다.

**풀이** ㉱ %농도의 1/10,000 이다.

**72** BOD 측정 시 산성 또는 알칼리성 시료에 대하여 전처리를 할 때 중화를 위해 넣어주는 산 또는 알칼리의 양은 시료량의 몇 %가 넘지 않도록 하여야 하는가?

㉮ 0.5　㉯ 1.0
㉰ 2.0　㉱ 3.0

**풀이** BOD 측정 시 산성 또는 알칼리성 시료에 대하여 전처리를 할 때 중화를 위해 넣어주는 산 또는 알칼리의 양은 시료량의 0.5%를 넘지 않도록 한다.

**73** 수질오염공정시험기준에서 기체크로마토그래피로 측정하지 않는 항목은 무엇인가?

㉮ 유기인
㉯ 음이온계면활성제
㉰ 폴리클로리네이티드비페닐
㉱ 알킬수은

**풀이** 음이온계면활성제의 시험방법은 자외선/가시선분광법과 연속흐름법이다.

**74** 총 질소−연속흐름법에 관한 내용으로 ( )에 들어갈 알맞은 말은?

> 시료 중 모든 질소화합물을 산화분해하여 질산성질소 형태로 변화시킨 다음 ( )을 통과시켜 아질산성질소의 양을 550nm 또는 기기에서 정해진 파장에서 측정하는 방법이다.

㉮ 수산화소듐(0.025N)용액 칼럼
㉯ 무수황산소듐 환원 칼럼
㉰ 환원증류·킬달 칼럼
㉱ 카드뮴-구리환원 칼럼

**75** 하수 및 폐수 종말처리장 등의 원수, 공정수, 배출수 등의 개수로의 유량을 측정하는데 사용하는 웨어의 정확도 기준은 어느 것인가? (단, 실제유량에 대한 %)

㉮ ±5%　㉯ ±10%
㉰ ±15%　㉱ ±25%

**풀이** 웨어 및 파살수로의 정확도는 ±5% 이다.

**answer** 70 ㉰　71 ㉱　72 ㉮　73 ㉯　74 ㉱　75 ㉮

**76** 시료의 전처리 방법 중 유기물을 다량 함유하고 있으면서 산분해가 어려운 시료에 적용하는 방법은 어느 것인가?

㉮ 질산-염산 산분해법
㉯ 질산 산분해법
㉰ 마이크로파 산분해법
㉱ 질산-황산 산분해법

**풀이** **산분해법**
㉮ 질산-염산 산분해법 : 유기물 함량이 비교적 높지 않고 금속의 수산화물, 산화물, 인산염 및 황화물을 함유하고 있는 시료
㉯ 질산산분해법 : 유기물함량이 비교적높지않은시료
㉰ 마이크로파 산분해법 : 유기물을 다량 함유하고 있으면서 산분해가 어려운 시료에 적용
㉱ 질산-황산 산분해법 : 유기물 등을 많이 함유하고 있는 대부분의 시료

**77** 일반적으로 기체크로마토그래피의 열전도도 검출기에서 사용하는 운반기체의 종류는 어느 것인가?

㉮ 헬륨    ㉯ 질소
㉰ 산소    ㉱ 이산화탄소

**풀이** 열전도도 검출기에서 사용하는 운반기체의 종류는 헬륨(He)과 수소($H_2$)이다.

**78** 수질오염공정시험기준 카드뮴의 시험방법으로 틀린 것은?

㉮ 원자흡수분광광도법
㉯ 유도결합플라스마-원자발광분광법
㉰ 유도결합플라스마-질량분석법
㉱ 양극벗김전압전류법

**풀이** **카드뮴의 시험방법**
① 원자흡수분광광도법
② 유도결합플라스마-원자발광분광법
③ 유도결합플라스마-질량분석법

**79** 전기전도도 측정에 관한 설명으로 틀린 것은 어느 것인가?

㉮ 용액이 전류를 운반할 수 있는 정도를 말한다.
㉯ 온도차에 의한 영향이 적어 폭 넓게 적용된다.
㉰ 용액에 담겨있는 2개의 전극에 일정한 전압을 가해주면 가한 전압이 전류를 흐르게 하며, 이 때 흐르는 전류의 크기는 용액의 전도도에 의존한다는 사실을 이용한다.
㉱ 용액 중의 이온세기를 신속하게 평가할 수 있는 항목으로 국제적으로 S(Siemens) 단위가 통용되고 있다.

**풀이** ㉯ 온도차에 의한 영향이 크다.

**80** 수질오염공정시험기준 아연-원자흡수분광광도법의 정량한계는?

㉮ 0.02mg/L    ㉯ 0.002mg/L
㉰ 0.05mg/L    ㉱ 0.005mg/L

**풀이** **아연의 시험방법 별 정량한계**
① 원자흡수분광광도법 : 0.002mg/L
② 유도결합플라스마-원자발광분광법 : 0.002mg/L
③ 유도결합플라스마-질량분석법 : 0.006mg/L
④ 양극벗김전압전류법 : 0.0001mg/L

**answer**  76 ㉰  77 ㉮  78 ㉱  79 ㉯  80 ㉯

# 2018 2회 기출문제

2018년 4월 28일 시행

| 제1과목 | 수질오염개론

**01** 유기화합물에 대한 설명으로 옳지 않은 것은?

㉮ 유기화합물들은 일반적으로 녹는점과 끓는점이 낮다.
㉯ 유기화합물들은 하나의 분자식에 대하여 여러 종류의 화합물이 존재할 수 있다.
㉰ 유기화합물들은 대체로 이온 반응보다는 분자반응을 하므로 반응속도가 빠르다.
㉱ 대부분의 유기화합물은 박테리아의 먹이가 될 수 있다.

**풀이** ㉰ 유기화합물들은 대체로 이온 반응보다는 분자반응을 하므로 반응속도가 느리다.

**02** 도시에서 DO 0mg/L, BODu 200mg/L, 유량 1.0m³/sce, 온도 20℃의 하수를 유량 6m³/sec인 하천에 방류하고자 한다. 방류지점에서 몇 km 하류에서 DO 농도가 가장 낮아지겠는가? (단, 하천의 온도 20℃, BODu 1mg/L, DO 9.2mg/L, 방류 후 혼합된 유량의 유속 3.6 km/hr이며, 혼합수의 $k_1$ = 0.1/day, $k_2$ = 0.2/day, 20℃에서 산소 포화농도는 9.2mg/L이다. 상용대수기준)

㉮ 약 243   ㉯ 약 258
㉰ 약 273   ㉱ 약 292

**풀이** 유하지점(km) = 유속(km/hr)×임계점 도달시간(hr)

임계점 도달시간($t_c$) = $\dfrac{1}{k_1(f-1)} \log\left[f\left\{1-(f-1)\dfrac{D_o}{L_o}\right\}\right]$

① 자정계수(f) = $\dfrac{k_2}{k_1}$ = $\dfrac{0.2/day}{0.1/day}$ = 2

② 혼합지점의 최종 BOD($BOD_u = L_o$)를 계산한다.

$C_m = \dfrac{Q_1C_1+Q_2C_2}{Q_1+Q_2}$

$= \dfrac{1.0m^3/sec \times 200mg/L + 6m^3/sec \times 1mg/L}{1.0m^3/sec + 6m^3/sec}$

$= 29.43mg/L$

③ 혼합지점의 DO 농도를 계산한다.

$C_m = \dfrac{Q_1C_1+Q_2C_2}{Q_1+Q_2}$

$= \dfrac{1.0m^3/sec \times 0mg/L + 6m^3/sec \times 9.2mg/L}{1.0m^3/sec + 6m^3/sec}$

$= 7.886mg/L$

④ 초기산소부족량($D_O$)
= 포화DO농도($C_s$)-혼합수의 DO농도(C)
= 9.2mg/L-7.886mg/L = 1.314mg/L

⑤ 임계점 도달시간($t_c$)를 계산한다.

$t_c = \dfrac{1}{0.1/day \times (2-1)} \times \log\left[2\times\left\{1-(2-1)\times\left(\dfrac{1.314mg/L}{29.43mg/L}\right)\right\}\right] = 2.812day$

⑥ 유하지점(km)
= 유속(km/day)×임계점 도달시간(day)
= 3.6km/hr×24hr/day×2.812day = 242.96km

answer  01 ㉰   02 ㉮

**03** 직경 3mm인 모세관의 표면장력이 0.0037kgf/m이라면 물 기둥의 상승높이(cm)는 얼마인가?

(단, $h = \dfrac{4r\cos\beta}{wd}$, 접촉각 $\beta = 5°$)

㉮ 0.26  ㉯ 0.38
㉰ 0.49  ㉱ 0.57

**[풀이]**
$h = \dfrac{4 \times 0.0037 kgf/m \times \cos 5}{1,000 kg/m^3 \times (3 \times 10^{-3} m)}$
$= 0.00491 m = 0.49 cm$

**04** 산화-환원에 대한 설명으로 알맞지 않은 것은?

㉮ 산화는 전자를 받아들이는 현상을 말하며, 환원은 전자를 잃는 현상을 말한다.
㉯ 이온 원자가 공유원자가에 (+)나 (-) 부호를 붙인 것을 산화수라 한다.
㉰ 산화는 산화수의 증가를 말하며, 환원은 산화수의 감소를 말한다.
㉱ 산화는 수소화합물에서 수소를 잃는 현상이며 환원은 수소와 화합하는 현상을 말한다.

**[풀이]** ㉮ 산화는 전자를 잃는 현상을 말하며, 환원은 전자를 받아들이는 현상을 말한다.

**05** 해수의 특성으로 틀린 것은 어느 것인가?

㉮ 해수는 $HCO_3^-$를 포화시킨 상태로 되어 있다.
㉯ 해수의 밀도는 염분비 일정법칙에 따라 항상 균일하게 유지된다.
㉰ 해수 내 전체 질소 중 약 35% 정도는 암모니아성 질소와 유기 질소의 형태이다.
㉱ 해수의 Mg/Ca 비는 3~4 정도로 담수에 비하여 크다.

**[풀이]** ㉯ 해수의 밀도는 염분, 수온, 수압의 함수로 수심이 깊을수록 증가한다.

**06** 배양기의 제한기질농도(S)가 100mg/L, 세포 최대비증식계수($\mu_{max}$)가 $0.35 hr^{-1}$일 때 Monod식에 의한 세포의 비증식계수($\mu$, $hr^{-1}$)는 얼마인가? (단, 제한기질 반포화농도(Ks) = 30mg/L)

㉮ 약 0.27  ㉯ 약 0.34
㉰ 약 0.42  ㉱ 약 0.54

**[풀이]**
Monod식 : $\mu = \mu_{max} \times \dfrac{S}{Ks+S}$

여기서
$\mu$ : 세포의 비증식 계수(/hr)
$\mu_{max}$ : 세포의 최대 비증식 계수(/hr)
S : 제한기질의 농도(mg/L)
Ks : 반포화 농도(mg/L)

따라서 $\mu = 0.35/hr \times \dfrac{100 mg/L}{30 mg/L + 100 mg/L} = 0.27/hr$

**07** 유리산소가 존재하는 상태에서 발육하기 어려운 미생물로 가장 알맞은 것은?

㉮ 호기성 미생물
㉯ 통성혐기성 미생물
㉰ 편성혐기성 미생물
㉱ 미호기성 미생물

**[풀이]** ㉰ 편성혐기성 미생물은 유리산소가 존재하는 데에서는 생육할 수 없는 미생물로 발효만으로 에너지를 획득하기 때문에 산소가 없는 곳에서만 자라는 미생물을 말한다.

**answer**  03 ㉰  04 ㉮  05 ㉯  06 ㉮  07 ㉰

**08** 자체의 염분농도가 평균 20mg/L인 폐수에 시간당 4kg의 소금을 첨가시킨 후 하류에서 측정한 염분의 농도가 55 mg/L이었을 때 유량($m^3$/sec)은 얼마인가?

㉮ 0.0317
㉯ 0.317
㉰ 0.0634
㉱ 0.634

**풀이** 유량 ($m^3$/sec) = $\dfrac{4kg/hr \times 1hr/3600sec}{(55mg/L - 20mg/L) \times 10^{-3} kg/m^3}$
　　　　　　= $0.0317 m^3$/sec

**09** 방사성 물질인 스트론튬($Sr^{90}$)의 반감기가 29년이라면 주어진 양의 스트론튬($Sr^{90}$)이 99% 감소하는데 걸리는 시간(년)은 얼마인가?

㉮ 143
㉯ 193
㉰ 233
㉱ 273

**풀이** ① 반감기 이용

$\ln \dfrac{1}{2} = -k \times t$

$\ln \dfrac{1}{2} = -k \times 29$년

$\therefore k = \dfrac{\ln \dfrac{1}{2}}{-29년} = 0.0239$/년

② 1차 반응식 이용

$\ln \dfrac{C_t}{C_o} = -k \times t$

$\ln \dfrac{1\%}{100\%} = -0.0239$/년$\times t$

$\therefore t = \dfrac{\ln \dfrac{1\%}{100\%}}{-0.0239/년} = 192.69$년

**10** 우리나라 호수들의 형태에 따른 분류와 그 특성을 나타낸 것으로 가장 거리가 먼 것은?

㉮ 하천형 : 긴 체류시간
㉯ 가지형 : 복잡한 연안구조
㉰ 가지형 : 호수 내 만의 발달
㉱ 하구형 : 높은 오염부하량

**풀이** ㉮ 하천형 : 짧은 체류시간

**11** 일반적으로 처리조 설계에 있어서 수리모형으로 plug flow형과 완전혼합형이 있다. 다음의 혼합 정도를 나타내는 표시항 중 이상적인 plug flow형일 때 얻어지는 값은?

㉮ 분산수 : 0
㉯ 통계학적 분산 : 1
㉰ Morrill지수 : 1보다 크다.
㉱ 지체시간 : 0

**풀이** ㉯ 통계학적 분산 : 0
㉰ Morrill지수 : 1
㉱ 지체시간 : 이론적 체류시간과 동일할 때

**12** 수산화칼슘($Ca(OH)_2$)은 중탄산칼슘($Ca(HCO_3)_2$)과 반응하여 탄산칼슘($CaCO_3$)의 침전을 형성한다고 할 때 10g의 $Ca(OH)_2$에 대하여 몇 g의 $CaCO_3$가 생성되는가?
(단, 원자량 Ca : 40)

㉮ 37g
㉯ 27g
㉰ 17g
㉱ 7g

**풀이** $Ca(OH)_2 + Ca(HCO_3)_2 \rightarrow 2CaCO_3 + 2H_2O$
　　　74g　　　　　　:　$2 \times 100$g
　　　10g　　　　　　:　X
$\therefore X = 27.03g$

**answer** 08 ㉮　09 ㉯　10 ㉮　11 ㉮　12 ㉯

**13** 수온이 20°C인 저수지의 용존산소 농도가 12.4mg/L이었을 때 저수지의 상태를 가장 적절하게 평가한 것은?

㉮ 물이 깨끗하다.
㉯ 대기로부터의 산소 재폭기가 활발히 일어나고 있다.
㉰ 조류가 많이 번성하고 있다.
㉱ 수생동물이 많다.

**풀이** 저수지에는 조류가 서식하여 조류의 광합성작용에 의해 용존산소(DO)가 증가한 것으로 판단되므로 이 저수지에는 조류가 번성하고 있다.

**14** 호소의 부영양화를 방지하기 위해서 호소로 유입되는 영양염류의 저감과 성장 조류를 제거하는 수면관리 대책을 동시에 수립하여야 하는데, 유입저감 대책으로 바르지 않은 것은?

㉮ 배출허용기준의 강화
㉯ 약품에 의한 영양염류의 침전 및 황산동 살포
㉰ 하·폐수의 고도처리
㉱ 수변구역의 설정 및 유입배수의 우회

**풀이** ㉯번은 유입저감대책이 아니라 조류 발생 후 처리 방법이다.

**15** 생물학적 질화 중 아질산화에 관한 설명으로 옳지 않은 것은?

㉮ 반응속도가 매우 빠르다.
㉯ 관련 미생물은 독립영양성 세균이다.
㉰ 에너지원은 화학에너지이다.
㉱ 산소가 필요하다.

**풀이** ㉮ 반응속도가 매우 느리다.

**16** 일반적으로 적용되는 부영양화모델의 방정식 $\frac{\partial x}{\partial t} = f(X, u, a, p)$의 설명으로 틀린 것은?

㉮ a : 호수생태계의 특색을 나타내는 상수 vector
㉯ f : 유입, 유출, 호수 내에서의 이류, 확산 등 상태 변수의 변화속도
㉰ p : 수량부하, 일사량 등에 관련되는 입력함수
㉱ x : 호수 및 저니 속의 어떤 지점에서의 물리적, 화학적, 생물학적인 상태량

**17** 미생물에 의한 산화·환원 반응에 있어 전자 수용체에 속하지 않는 것은?

㉮ $O_2$   ㉯ $CO_2$
㉰ $NH_3$   ㉱ 유기물

**풀이** ㉰ 암모니아($NH_3$)는 전자공여체이다. 참고로 전자공여체는 전자를 다른 물질에 공급하는 것을 말한다.

**18** 바다에서 발생되는 적조현상에 관한 설명과 가장 거리가 먼 것은?

㉮ 적조 조류의 독소에 의한 어패류의 피해가 발생한다.
㉯ 해수 중 용존산소의 결핍에 의한 어패류의 피해가 발생한다.
㉰ 갈수기 해수 내 염소량이 높아질 때 발생된다.
㉱ 플랑크톤의 번식에 충분한 광량과 영양염류가 공급될 때 발생된다.

**풀이** ㉰ 홍수기 해수 내 염분량이 낮아질 때 발생된다.

answer  13 ㉰  14 ㉯  15 ㉮  16 ㉰  17 ㉰  18 ㉰

**19** 물의 특성을 설명한 것으로 적절치 못한 것은?

㉮ 상온에서 알칼리금속, 알칼리토금속, 철과 반응하여 수소를 발생시킨다.
㉯ 표면장력은 불순물농도가 낮을수록 감소한다.
㉰ 표면장력은 수온이 증가하면 감소한다.
㉱ 점도는 수온과 불순물의 농도에 따라 달라지는데 수온이 증가할수록 점도는 낮아진다.

**풀이** ㉯ 표면장력은 불순물농도가 낮을수록 증가한다.

**20** 시료의 $BOD_5$가 200mg/L이고 탈산소계수 값이 $0.15day^{-1}$일 때 최종 BOD(mg/L)는 얼마인가?

㉮ 약 213  ㉯ 약 223
㉰ 약 233  ㉱ 약 243

**풀이** $BOD_5 = BOD_u \times 1-10^{(-k_1 \times t)}$
$200mg/L = BOD_u \times (1-10^{-0.15/day \times 5day})$
∴ $BOD_u = 243.26 gm/L$

---

| 제2과목 | 상하수도 계획

**21** 배수지의 고수위와 저수위와의 수위차, 즉 배수지의 유효수심의 표준으로 적절한 것은?

㉮ 1 ~ 2m  ㉯ 2 ~ 4m
㉰ 3 ~ 6m  ㉱ 5 ~ 8m

**풀이** 배수지의 유효수심 표준은 3 ~ 6m이다.

**22** 오수관로의 유속 범위로 알맞은 것은?
(단, 계획시간최대오수량 기준)

㉮ 최소 0.2m/sec, 최대 2.0m/sec
㉯ 최소 0.3m/sec, 최대 2.0m/sec
㉰ 최소 0.6m/sec, 최대 3.0m/sec
㉱ 최소 0.8m/sec, 최대 3.0m/sec

**풀이** 오수관로의 유속은 계획시간최대오수량에 대하여 최소 0.6m/sec, 최대 3.0m/sec로 한다.

**23** 정수시설 중 응집을 위한 시설인 플록형성지의 플록형성시간은 계획정수량에 대하여 몇 분을 표준으로 하는가?

㉮ 0.5 ~ 1분  ㉯ 1 ~ 3분
㉰ 5 ~ 10분  ㉱ 20 ~ 40분

**풀이** 플록형성시간은 계획정수량에 대하여 20 ~ 40분간을 표준으로 한다.

**24** 응집시설 중 완속교반시설에 관한 설명으로 틀린 것은?

㉮ 완속교반기는 패들형과 터빈형이 사용된다.
㉯ 완속교반 시 속도경사는 $40 ~ 100초^{-1}$ 정도로 낮게 유지한다.
㉰ 조의 형태는 폭 : 길이 : 깊이 = 1 : 1 : 1 ~ 1.2가 적당하다.
㉱ 체류시간은 5 ~ 10분이 적당하고 3 ~ 4개의 실로 분리하는 것이 좋다.

**풀이** ㉱ 체류시간은 20 ~ 30분이 적당하다.

---

answer  19 ㉯  20 ㉱  21 ㉰  22 ㉰  23 ㉱  24 ㉱

**25** 비교회전도가 700 ~ 1200rpm인 경우에 사용되는 하수도용 펌프 형식으로 옳은 것은?

㉮ 터빈펌프   ㉯ 볼류트펌프
㉰ 축류펌프   ㉱ 사류펌프

**풀이** 시험에 자주 출제되는 비교회전도
① 축류펌프 : 1,100 ~ 2,000rpm
② 사류펌프 : 700 ~ 1200rpm
③ 원심펌프 : 100 ~ 250rpm

**26** 하수관로의 유속과 경사는 하류로 갈수록 어떻게 되도록 설계하여야 하는가?

㉮ 유속 : 증가, 경사 : 감소
㉯ 유속 : 증가, 경사 : 증가
㉰ 유속 : 감소, 경사 : 증가
㉱ 유속 : 감소, 경사 : 감소

**풀이** 하수관로에서 하류로 갈수록 유속은 증가하고, 경사는 감소하도록 설계하여야 한다.

**27** 원형 원심력 철근콘크리트관에 만수된 상태로 송수된다고 할 때 Manning 공식에 의한 유속 (m/sec)은 얼마인가? (단, 조도계수 = 0.013, 동수경사 = 0.002, 관지름 d = 250mm)

㉮ 0.24   ㉯ 0.54
㉰ 0.72   ㉱ 1.03

**풀이** Manning식에서 유속(v) = $\frac{1}{n} \times R^{\frac{2}{3}} \times I^{\frac{1}{2}}$ (m/sec)

경심(R) = $\frac{D}{4} = \frac{0.25m}{4}$ = 0.0625m

I(기울기 = 구배 = 동수경사) = 0.002

따라서 유속(v) = $\frac{1}{0.013} \times (0.0625m)^{\frac{2}{3}} \times (0.002)^{\frac{1}{2}}$
= 0.54m/sec

**28** 취수탑의 위치에 관한 내용으로 ( )에 들어갈 알맞은 말은?

> 연간을 통하여 최소수심이 ( ) 이상으로 하천에 설치하는 경우에는 유심이 제방에 되도록 근접한 지점으로 한다.

㉮ 1m   ㉯ 2m
㉰ 3m   ㉱ 4m

**풀이** 하천에 취수탑을 설치하는 경우 최소수심은 2m 이상으로 한다.

**29** 상향류식 경사판 침전지의 표준 설계요소에 관한 설명으로 틀린 것은?

㉮ 표면부하율은 4 ~ 9 mm/min로 한다.
㉯ 침강장치는 1단으로 한다.
㉰ 경사각은 55 ~ 60°로 한다.
㉱ 침전지내의 평균상승유속은 250 mm/min 이하로 한다.

**풀이** ㉮ 표면부하율은 12~28mm/min로 한다.

**30** 지하수(복류수포함)의 취수 시설 중 집수매거에 관한 설명으로 틀린 것은?

㉮ 복류수의 유황이 좋으면 안정된 취수가 가능하다.
㉯ 하천의 대소에 영향을 받으며 주로 소하천에 이용된다.
㉰ 침투된 물은 취수하므로 토사유입은 거의 없고 대개는 수질이 좋다.
㉱ 하천바닥의 변동이나 강바닥의 저하가 큰 지점은 노출될 우려가 크므로 적당하지 않다.

**풀이** ㉯ 하천의 대소에 관계없이 이용된다.

**answer** 25 ㉱   26 ㉮   27 ㉯   28 ㉯   29 ㉮   30 ㉯

**31** 저수댐의 위치에 관한 설명으로 틀린 것은?

㉮ 댐 지점 및 저수지의 지질이 양호하여야 한다.
㉯ 가장 작은 댐의 크기로서 필요한 양의 물을 저수할 수 있어야 한다.
㉰ 유역면적이 작고 수원보호상 유리한 지형이어야 한다.
㉱ 저수지용지 내에 보상해야 할 대상물이 적어야 한다.

▶ 풀이 ㉰ 유역면적이 크고 수원보호상 유리한 지형이어야 한다.


**32** 계획우수량을 정할 때 고려하여야 할 사항 중 틀린 것은?

㉮ 하수관거의 확률년수는 원칙적으로 10~30년으로 한다.
㉯ 유입시간은 최소단위배수구의 지표면 특성을 고려하여 구한다.
㉰ 유출계수는 지형도를 기초로 답사를 통하여 충분히 조사하고 장래 개발계획을 고려하여 구한다.
㉱ 유하시간은 최상류관거의 끝으로부터 하류관거의 어떤 지점까지의 거리를 계획유량에 대응한 유속으로 나누어 구하는 것을 원칙으로 한다.

▶ 풀이 ㉰ 유출계수는 토지이용도별 기초유출계수로부터 총괄유출계수를 구하는 것을 원칙으로 한다.


**33** $I = \dfrac{3,660}{t+15}$ mm/hr, 면적 $2.0km^2$, 유입시간 6분, 유출계수 C = 0.65, 관내유속이 1m/sec인 경우, 관길이 600m인 하수관에서 흘러나오는 우수량($m^3$/sec)은 얼마인가? (단, 합리식 적용)

㉮ 약 31  ㉯ 약 38
㉰ 약 43  ㉱ 약 52

▶ 풀이 $Q = \dfrac{1}{360}CIA$

여기서
- C : 유출계수
- I : 강우강도(mm/hr)
- A : 면적(ha)

① $I = \dfrac{3,660}{t+15}$ (mm/hr)

t(유달시간) = 유입시간(min) + 유하시간(min)

유하시간 = $\dfrac{관의\ 길이(m)}{관내\ 유속(m/min)}$

$= \dfrac{600m}{1m/sec \times 60sec/min} = 10min$

따라서 t(유달시간) = 6min + 10min = 16min

$I = \dfrac{3,660}{t+15} = \dfrac{3,660}{16min+15} = 118.0645 mm/hr$

② A(면적) = $2.0km^2 \times 100ha/1km^2 = 200ha$

③ $Q = \dfrac{1}{360}CIA$

$= \dfrac{1}{360} \times 0.65 \times 118.0645mm/hr \times 200ha$

$= 42.63 m^3/sec$

---

answer  31 ㉰  32 ㉰  33 ㉰

**34** 하수의 배제방식에 대한 설명으로 틀린 것은?

㉮ 하수의 배제방식에는 분류식과 합류식이 있다.
㉯ 하수의 배제방식의 결정은 지역의 특성이나 방류수역의 여건을 고려해야 한다.
㉰ 제반 여건상 분류식이 어려운 경우 합류식으로 설치할 수 있다.
㉱ 분류식 중 오수관로는 소구경관로로 폐쇄 염려가 있고, 청소가 어렵고, 시간이 많이 소요된다.

**풀이** ㉱ 분류식 중 오수관로는 소구경관로로 폐쇄 염려가 있고, 청소가 용이하고, 시간이 적게 소요된다.

**35** 1분당 300m³의 물을 150m 양정(전양정)할 때 최고효율점에 달하는 펌프가 있다. 이 때의 회전수가 1,500rpm이라면, 이 펌프의 비속도(비교회전도)는 얼마인가?

㉮ 약 512   ㉯ 약 554
㉰ 약 606   ㉱ 약 658

**풀이**
$$N_S = N \times \frac{Q^{\frac{1}{2}}}{H^{\frac{3}{4}}}$$

여기서
- $N_S$ : 비교회전도(rpm)
- $N$ : 규정회전수(rpm)
- $Q$ : 펌프의 토출량(m³/min)
- $H$ : 총양정(m)

따라서 $N_s = 1,500\text{rpm} \times \dfrac{(300\text{m}^3/\text{min})^{\frac{1}{2}}}{(150\text{m})^{\frac{3}{4}}}$

= 606.16rpm

**TIP**
$$\text{rpm} = \frac{회}{\min} = \frac{회}{\sec} \times \frac{60\sec}{1\min}$$

**36** 계획오수량에 관한 내용으로 틀린 것은?

㉮ 지하수 유입량은 토질, 지하수위, 공법에 따라 다르지만 1인1일 평균 오수량의 10 ~ 20% 정도로 본다.
㉯ 계획 1일 최대오수량은 1인1일 최대오수량에 계획인구를 곱한후 여기에 공장폐수량, 지하수량 및 기타배수량을 가산한 것으로 한다.
㉰ 계획 1일 평균오수량은 계획 1일 최대오수량의 70 ~ 80%를 표준으로 한다.
㉱ 계획시간최대오수량은 계획1일 최대오수량의 1시간당의 수량의 1.3 ~ 1.8배를 표준으로 한다.

**풀이** ㉮ 지하수 유입량은 토질, 지하수위, 공법에 따라 다르지만 1인1일 최대 오수량의 10 ~ 20% 정도로 본다.

**37** 상수도시설의 등급별 내진설계 목표에 대한 내용으로 (    )에 들어갈 알맞은 말은?

> 상수도시설물의 내진성능 목표에 따른 설계지진강도는 붕괴방지수준에서 시설물의 내진등급이 Ⅰ등급인 경우에는 재현주기( ㉠ ), Ⅱ등급인 경우에는 ( ㉡ )에 해당되는 지진지반운동으로 한다.

㉮ ㉠ 100년, ㉡ 50년
㉯ ㉠ 200년, ㉡ 100년
㉰ ㉠ 500년, ㉡ 200년
㉱ ㉠ 1,000년, ㉡ 500년

**풀이** 등급별 내진설계 재현주기
① Ⅰ등급 : 1,000년
② Ⅱ등급 : 500년

**answer** 34 ㉱  35 ㉰  36 ㉮  37 ㉱

**38** 하수처리시설의 계획유입수질 산정방식으로 옳은 것은?

㉮ 계획오염부하량을 계획1일평균오수량으로 나누어 산정한다.
㉯ 계획오염부하량을 계획시간평균오수량으로 나누어 산정한다.
㉰ 계획오염부하량을 계획1일최대오수량으로 나누어 산정한다.
㉱ 계획오염부하량을 계획시간최대오수량으로 나누어 산정한다.

**풀이** 하수처리시설의 계획유입수질 산정방식은 계획오염부하량을 계획1일평균오수량으로 나누어 산정한다.

**39** 정수시설인 급속여과지의 표준 여과속도 (m/day)는 얼마인가?

㉮ 120 ~ 150  ㉯ 150 ~ 180
㉰ 180 ~ 250  ㉱ 250 ~ 300

**풀이** 급속여과지의 표준 여과속도는 120 ~ 150m/day이다.

**40** 지하수의 취수지점 선정에 관련한 설명 중 틀린 것은?

㉮ 연해부의 경우에는 해수의 영향을 받지 않아야 한다.
㉯ 얕은 우물인 경우에는 오염원으로부터 5 m 이상 떨어져서 장래에도 오염의 영향을 받지 않는 지점이어야 한다.
㉰ 기존 우물 또는 집수매거의 취수에 영향을 주지 않아야 한다.
㉱ 복류수인 경우에 장래에 일어날 수 있는 유로변화 또는 하상저하 등을 고려하고 하천개수계획에 지장이 없는 지점을 선정한다.

**풀이** ㉯ 얕은 우물인 경우에는 오염원으로부터 15m 이상 떨어져서 장래에도 오염의 영향을 받지 않는 지점이어야 한다.

| 제3과목 | 수질오염방지기술

**41** 하수처리방식 중 회전원판법에 관한 설명으로 틀린 것은?

㉮ 활성슬러지법에 비해 2차 침전지에서 미세한 SS가 유출되기 쉽고, 처리수의 투명도가 나쁘다.
㉯ 운전관리상 조작이 간단한 편이다.
㉰ 질산화가 거의 발생하지 않으며, pH 저하도 거의 없다.
㉱ 소비 전력량이 소규모 처리시설에는 표준 활성 슬러지법에 비하여 적은 편이다.

**풀이** ㉰ 다단계 공정에서는 높은 질산화율을 얻을 수 있다.

**42** 무기물이 0.30g/g VSS로 구성된 생물성 VSS를 나타내는 폐수의 경우, 혼합액 중의 TSS와 VSS 농도가 각각 2,000mg/L, 1,480mg/L라 하면 유입수로부터 기인된 불활성 고형물에 대한 혼합액 중의 농도 (mg/L)는 얼마인가? (단, 유입된 불활성 부유 고형물질의 용해는 전혀 없다고 가정)

㉮ 76mg/L  ㉯ 86mg/L
㉰ 96mg/L  ㉱ 116mg/L

**풀이** ① FSS = TSS-VSS
　　　 = 2,000mg/L-1,480mg/L = 520mg/L
② FS = VSS×0.30g/g
　　　= 1,480mg/L×0.3g/g = 444mg/L
③ 불활성 고형물에 대한 혼합액 중의 농도(mg/L)
　= FSS-FS = 520mg/L-444mg/L = 76mg/L

**answer** 38 ㉮  39 ㉮  40 ㉯  41 ㉰  42 ㉮

**43** 반지름이 8cm인 원형 관로에서 유체의 유속이 20m/sec일 때 반지름이 40cm인 곳에서의 유속(m/sec)은 얼마인가? (단, 유량 동일, 기타 조건은 고려하지 않음)

㉮ 0.8   ㉯ 1.6
㉰ 2.2   ㉱ 3.4

**풀이** 유량(Q) = 단면적(A)×유속(v)
$$= \frac{\pi \times D^2}{4} \times v$$

따라서 $\frac{\pi \times (0.016m)^2}{4} \times 20m/sec = \frac{\pi \times (0.08m)^2}{4} \times v$

∴ v = 0.8m/sec

**44** 포기조 부피가 1,000m³이고 MLSS농도가 3,500mg/L일 때, MLSS농도를 2,500mg/L로 운전하기 위해 추가로 폐기시켜야 할 잉여슬러지량(m³)은 얼마인가? (단, 반송슬러지 농도 = 8,000mg/L)

㉮ 65   ㉯ 85
㉰ 105   ㉱ 125

**풀이** ① MLSS량(kg) = (3.5-2.5)kg/m³×1,000m³
= 1,000kg

② 잉여슬러지량(m³) = $\frac{1,000kg}{8kg/m^3}$ = 125m³

**TIP**
ppm = mg/L = g/m³

**45** 활성슬러지 공정에서 폭기조 유입 BOD가 180mg/L, SS가 180mg/L, BOD-슬러지부하가 0.6kg BOD/kg MLSS·day일 때, MLSS농도(mg/L)는 얼마인가? (단, 폭기조 수리학적 체류시간=6시간)

㉮ 1,100   ㉯ 1,200
㉰ 1,300   ㉱ 1,400

**풀이** $F/M비 = \frac{BOD \times Q}{MLSS \times V} = \frac{BOD}{MLSS} \times \frac{1}{t}$

$0.6/day = \frac{180mg/L}{MLSS} \times \frac{1}{\left(\frac{6hr}{24}\right)day}$

∴ MLSS = $\frac{180mg/L}{0.6/day \times \left(\frac{6hr}{24}\right)day}$

= 1,200mg/L

**46** 폐수로부터 암모니아를 제거하는 방법의 하나로 천연 제올라이트를 사용하기로 한다. 천연 제올라이트로 암모니아를 제거할 경우 재생방법을 가장 적절하게 나타낸 것은?

㉮ 깨끗한 증류수로 세척한다.
㉯ 황산이나 질산등 산성 용액으로 재생한다.
㉰ NaOH나 석회수 등 알칼리성 용액으로 재생한다.
㉱ LAS 등 세제로 세척한 후 가열하여 재생한다.

**풀이** 천연 제올라이트로 암모니아를 제거할 경우 NaOH나 석회수 등 알칼리성 용액으로 재생한다.

**answer** 43 ㉮  44 ㉱  45 ㉯  46 ㉰

**47** 폐수의 고도처리에 관한 다음의 기술 중 틀린 것은?

㉮ $Cl^-$, $SO_4^{2-}$ 등의 무기염류의 제거에는 전기투석법이 이용된다.
㉯ 활성탄 흡착법에서 폐수 중의 인산은 제거되지 않는다.
㉰ 모래여과법은 고도처리 중에서 흡착법이나 전기투석법의 전처리로써 이용된다.
㉱ 폐수 중의 무기성질소 화합물은 철염에 의한 응집침전으로 완전히 제거된다.

**풀이** ㉱ 폐수 중의 무기성질소 화합물은 철염에 의한 응집침전으로 제거되지 않는다.

**48** 총 잔류염소 농도를 3.05mg/L에서 1.00mg/L로 탈염시키기 위해 유량 4,350m³/day인 물에 가해주는 아황산염($SO_3^{2-}$)의 양(kg/day)은 얼마인가? (단, 원자량 : Cl = 35.5, S = 32.1)

㉮ 약 6   ㉯ 약 8
㉰ 약 10   ㉱ 약 12

**풀이**
$Cl_2$ : $SO_3^{2-}$
71g : 80g
(3.05mg/L-1.00mg/L)×10⁻³kg/m³×4,350m³/day : X
∴ X = 10.05kg/day

**49** 슬러지의 열처리에 대해 기술한 것으로 틀린 것은?

㉮ 슬러지의 열처리는 탈수의 전처리로서 한다.
㉯ 슬러지의 열처리에 의해, 슬러지의 탈수성과 침강성이 좋아진다.
㉰ 슬러지의 열처리에 의해, 슬러지 중의 유기물이 가수분해되어 가용화된다.
㉱ 슬러지의 열처리에 의한 분리액은 BOD가 낮으므로 그대로 방류할 수 있다.

**풀이** ㉱ 슬러지의 열처리에 의한 분리액은 BOD가 높으므로 처리하여 방류해야 한다.

**50** 길이 : 폭의 비가 3 : 1인 장방형 침전조에 유량 850m³/day의 흐름이 도입된다. 깊이는 4.0m이고 체류시간은 1.92 hr이라면 표면부하율(m³/m²·day)은 얼마인가? (단, 흐름은 침전조 단면적에 균일하게 분배)

㉮ 20   ㉯ 30
㉰ 40   ㉱ 50

**풀이** 표면부하율(m³/m²·day)
$$= \frac{Q(m^3/day)}{A(m^2)} = \frac{H(m)}{t(day)}$$
$$= \frac{4.0m}{\left(\frac{1.92hr}{24}\right)day} = 50m^3/m^2 \cdot day$$

**51** 수질 성분이 부식에 미치는 영향으로 틀린 것은?

㉮ 높은 알칼리도는 구리와 납의 부식을 증가시킨다.
㉯ 암모니아는 착화물 형성을 통해 구리, 납 등의 금속용해도를 증가시킬 수 있다.
㉰ 잔류염소는 Ca와 반응하여 금속의 부식을 감소시킨다.
㉱ 구리는 갈바닉 전지를 이룬 배관상에 홈집(구멍)을 야기한다.

**풀이** ㉰ 잔류염소는 Ca와 반응하여 금속의 부식을 증가시킨다.

**answer** 47 ㉱  48 ㉰  49 ㉱  50 ㉱  51 ㉰

**52** 잔류염소 농도 0.6mg/L에서 3분간에 90%의 세균이 사멸되었다면 같은 농도에서 95%살균을 위해서 필요한 시간(분)은 얼마인가? (단, 염소소독에 의한 세균의 사멸이 1차반응속도식을 따른다고 가정)

㉮ 2.6  ㉯ 3.2
㉰ 3.9  ㉱ 4.5

**풀이** 1차반응식 : $\ln\frac{C_t}{C_o} = -k \times t$

① $\ln\frac{(100-90)\%}{100\%} = -k \times 3\text{min}$

∴ $k = 0.7675/\text{min}$

② $\ln\frac{(100-95)\%}{100\%} = -0.7675/\text{min} \times t$

∴ $t = 3.90\text{min}$

**53** 1차 처리결과 슬러지의 함수율이 80%, 고형물 중 무기성고형물질이 30%, 유기성고형물질이 70%, 유기성고형물질의 비중 1.1, 무기성고형물질의 비중이 2.2일 때 슬러지의 비중은 얼마인가?

㉮ 1.017  ㉯ 1.023
㉰ 1.032  ㉱ 1.047

**풀이** $\frac{1}{\rho_{SL}} = \frac{W_{FS}}{\rho_{FS}} + \frac{W_{VS}}{\rho_{VS}} + \frac{W_P}{\rho_P}$

여기서
$\rho_{SL}$ : 슬러지의 비중
$\rho_{FS}$ : 무기성 고형물의 비중
$W_{FS}$ : 무기성 고형물의 함량
$\rho_{VS}$ : 유기성 고형물의 비중
$W_{VS}$ : 유기성 고형물의 함량
$\rho_P$ : 수분의 비중
$W_P$ : 수분의 함량

따라서 $\frac{1}{\rho_{SL}} = \frac{0.2 \times 0.3}{2.2} + \frac{0.2 \times 0.7}{1.1} + \frac{0.8}{1.0}$

∴ $\rho_{SL} = \frac{1}{0.9545} = 1.048$

**TIP**
① 물(수분)의 비중 = 1.0
② $W_{FS}$ : 고형물 함량×무기성 고형물 함량
③ $W_{VS}$ : 고형물 함량×유기성 고형물 함량
④ 고형물 함량 = 1-수분의 함량

**54** 생물학적 3차 처리를 위한 A/O 공정을 나타낸 것으로 각 반응조 역할을 가장 적절하게 설명한 것은?

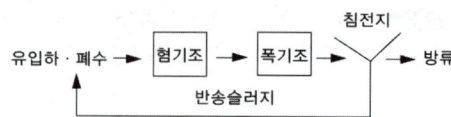

㉮ 혐기조에서는 유기물 제거와 인의 방출이 일어나고, 폭기조에서는 인의 과잉섭취가 일어난다.
㉯ 폭기조에서는 유기물 제거가 일어나고, 혐기조에서는 질산화 및 탈질이 동시에 일어난다.
㉰ 제거율을 높이기 위해서는 외부탄소원인 메탄올 등을 폭기조에 주입한다.
㉱ 혐기조에서는 인의 과잉섭취가 일어나며, 폭기조에서는 질산화가 일어난다.

**풀이** 반응조의 역할
① 폭기조(호기성조) : 인(P)의 과잉흡수
② 혐기성조 : 유기물 제거 및 인(P)의 방출

**answer** 52 ㉰  53 ㉱  54 ㉮

**55** 여섯 개의 납작한 날개를 가진 터빈임펠러로 탱크의 내용물을 교반하려 한다. 교반은 난류 영역에서 일어나며 임펠러의 직경은 3m이고 깊이 20m, 바닥에서 4m 위에 설치되어 있다. 30rpm으로 임펠러가 회전할 때 소요되는 동력(kg·m/s)은 얼마인가? (단, $P = k\rho n^3 D^5/g_c$ 식 적용, 소요 동력을 나타내는 계수 $k = 3.3$)

㉮ 9,356　　㉯ 10,228
㉰ 12,350　　㉱ 15,421

**풀이**
$$P = \frac{k \times \rho \times n^3 \times D^5}{g_c}$$
$$= \frac{3.3 \times 1g/cm^3 \times 5^3 \times (3m)^5}{9.8 m/sec^2}$$
$$= 10,228.32 kg \cdot m/sec$$

**TIP**
n = 날개의 갯수 - 1 = 6 - 1 = 5

**56** 하수로부터 인 제거를 위한 화학제의 선택에 영향을 미치는 인자로 틀린 것은?

㉮ 유입수의 인 농도
㉯ 슬러지 처리시설
㉰ 알칼리도
㉱ 다른 처리공정과의 차별성

**풀이** 하수로부터 인 제거를 위한 화학제의 선택에 영향을 미치는 인자에는 유입수의 인 농도, 슬러지 처리시설, 알칼리도 등이 있다.

**57** 무기수은계 화합물을 함유한 폐수의 처리방법이 아닌 것은?

㉮ 황화물 침전법　㉯ 활성탄 흡착법
㉰ 산화분해법　　㉱ 이온교환법

**풀이** 무기수은계 화합물을 함유한 폐수의 처리방법에는 아말감법, 황화물침전법, 이온교환법, 활성탄흡착법이 있다.

**58** 하수처리과정에서 소독 방법 중 염소와 자외선 소독의 장·단점을 비교할 때 염소소독의 장·단점으로 틀린 것은?

㉮ 암모니아의 첨가에 의해 결합잔류염소가 형성된다.
㉯ 염소접촉조로부터 휘발성유기물이 생성된다.
㉰ 처리수의 총용존고형물이 감소한다.
㉱ 처리수의 잔류독성이 탈염소과정에 의해 제거되어야 한다.

**풀이** ㉰ 처리수의 총용존고형물이 증가한다.

**59** 질소 제거를 위한 파괴점 염소 주입법에 관한 설명으로 틀린 것은?

㉮ 적절한 운전으로 모든 암모니아성 질소의 산화가 가능하다.
㉯ 시설비가 낮고 기존 시설에 적용이 용이하다.
㉰ 수생생물에 독성을 끼치는 잔류염소농도가 높아진다.
㉱ 독성물질과 온도에 민감하다.

**풀이** ㉱ 독성물질과 온도에 민감하지 않다.

**answer** 55 ㉯　56 ㉱　57 ㉰　58 ㉰　59 ㉱

**60** CFSTR에서 물질을 분해하여 효율 95%로 처리하고자 한다. 이 물질은 0.5차 반응으로 분해되며, 속도상수는 $0.05(mg/L)^{1/2}/h$ 이다. 유량은 500L/h이고 유입농도는 250 mg/L로 일정하다면 CFSTR의 필요 부피($m^3$)는 얼마인가? (단, 정상상태 가정)

㉮ 약 520 ㉯ 약 570
㉰ 약 620 ㉱ 약 670

**풀이** $Q \times (C_o - C_t) = k \cdot V \cdot C_t^{0.5}$
$0.5 m^3/hr \times (250 - 12.5 mg/L)$
$= 0.05/hr \times V \times (12.5 mg/L)^{0.5}$

$\therefore V = \dfrac{0.5 m^3/hr \times (250-12.5 mg/L)}{0.05/hr \times (12.5 mg/L)^{0.5}} = 671.75 m^3$

**TIP**
$C_t = C_o \times (1-\eta) = 250 mg/L \times (1-0.95) = 12.5 mg/L$

---

| 제4과목 | 수질오염공정시험기준

**61** 수질분석용 시료의 보존 방법에 관한 설명 중 틀린 것은?

㉮ 6가 크롬분석용 시료는 c-HNO₃ 1mL/L를 넣어 보관한다.
㉯ 페놀분석용 시료는 인산을 넣어 pH 4 이하로 조정한 후, 황산구리(1g/L)를 첨가하여 보관한다.
㉰ 시안 분석용 시료는 수산화소듐으로 pH 12 이상으로 하여 보관한다.
㉱ 화학적산소요구량 분석용 시료는 황산으로 pH 2 이하로 하여 보관한다.

**풀이** 6가 크롬 분석용 시료는 보존방법 없음

**62** BOD측정 시 표준 글루코오스 및 글루타민산 용액의 적정 BOD값(mg/L)이 아닌 것은? (단, 글루코오스 및 글루타민산을 각 150mg씩 물에 녹여 1000mL로 함)

㉮ 200 ㉯ 215
㉰ 230 ㉱ 260

**63** 0.1 mgN/mL 농도의 $NH_3-N$ 표준원액을 1L 조제하고자 할 때 요구되는 $NH_4Cl$의 양(mg/L)은? (단, $NH_4Cl$의 MW = 53.5)

㉮ 227 ㉯ 382
㉰ 476 ㉱ 591

**풀이** $NH_4Cl$ : $NH_3-N$
53.5g : 14g
X : $0.1mg/mL \times 10^3 mL/L$
$\therefore X = 382.14 mg/L$

**64** 불소 측정시험 시 수증기 증류법으로 전처리하지 않아도 되는 것은?

㉮ 색도가 30도인 시료
㉯ $PO_4^{3-}$의 농도가 4mg/L인 시료
㉰ $Al^{3+}$의 농도가 2mg/L인 시료
㉱ $Fe^{2+}$의 농도가 7mg/L인 시료

**answer** 60 ㉱  61 ㉮  62 ㉱  63 ㉯  64 ㉱

**65** 전기전도도의 정밀도 기준으로 ( )에 들어갈 알맞은 말은?

> 측정값의 % 상대표준편차(RSD)로 계산하며 측정값이 ( ) 이내 이어야 한다.

㉮ 15%  ㉯ 20%
㉰ 25%  ㉱ 30%

**66** pH 표준액의 온도보정은 온도별 표준액의 pH값을 표에서 구하고 또한 표에 없는 온도의 pH값은 내삽법으로 구한다. 다음 중 20℃에서 가장 낮은 pH값을 나타내는 표준액은?

㉮ 붕산염 표준액
㉯ 프탈산염 표준액
㉰ 탄산염 표준액
㉱ 인산염 표준액

풀이 20℃에서 pH값 순서는 수산염<프탈산염<인산염<붕산염<탄산염<수산화칼슘염이다.

**67** 20℃ 이하에서 BOD 측정 시료의 용존산소가 과포화되어 있을 때 처리하는 방법은?

㉮ 시료의 산소 과포화되어 있어도 배양전 용존 산소 값으로 측정됨으로 상관이 없다.
㉯ 시료의 수온을 23~25℃로 하여 15분간 통기하고 방냉한 후 수온을 20℃로 한다.
㉰ 아황산소듐을 적당량 넣어 산소를 소모시킨다.
㉱ 5℃ 이하로 냉각시켜 냉암소에서 15분간 잘 저어준다.

풀이 온도가 높으면 DO값이 낮아지고, 온도가 낮으면 DO값이 높아지므로 ㉯번이 정답이다.

**68** 자외선/가시선 분광법을 적용하여 페놀류를 측정할 때 사용되는 시약은?

㉮ 4-아미노안티피린
㉯ 인도 페놀
㉰ 0-페난트로린
㉱ 디티존

풀이 자외선/가시선 분광법을 적용하여 페놀류를 측정할 때 사용되는 시약은 염화암모늄-암모니아 완충용액, 4-아미노안티피린, 헥사시안화철(Ⅱ)산포타슘이다.

**69** 시료 중 구리, 아연, 납, 카드뮴, 니켈, 철, 망간, 6가크롬, 코발트 및 은 등 측정에 적용되고 이들을 암모니아수로 색을 변화 후 다시 산으로 처리하는 전처리 방법은?

㉮ DDTC - MIBK 법
㉯ 디티존 - MIBK 법
㉰ 디티존 - 사염화탄소법
㉱ APDC - MIBK 법

**70** 수질오염공정시험기준상 기체크로마토그래피법으로 정량하는 물질은?

㉮ 불소  ㉯ 유기인
㉰ 수은  ㉱ 비소

풀이 유기인을 분석방법은 용매추출/기체크로마토그래피법이다.

**answer** 65 ㉯  66 ㉯  67 ㉯  68 ㉮  69 ㉱  70 ㉯

**71** '항량으로 될 때까지 강열한다.'는 의미에 해당하는 것은?

㉮ 강열할 때 전후무게의 차가 g당 0.1mg 이하일 때
㉯ 강열할 때 전후무게의 차가 g당 0.3mg 이하일 때
㉰ 강열할 때 전후무게의 차가 g당 0.5mg 이하일 때
㉱ 강열할 때 전후무게의 차가 없을 때

> **풀이** 항량으로 될 때까지 건조한다함은 같은 조건에서 1시간 더 건조할 때 전후 무게의 차가 g당 0.3mg 이하일 때를 말한다.

**72** 온도에 관한 내용으로 틀린 것은?

㉮ 찬 곳은 따로 규정이 없는 한 0~15℃의 곳을 뜻한다.
㉯ 냉수는 15℃ 이하를 말한다.
㉰ 온수는 70~90℃를 말한다.
㉱ 상온은 15~25℃를 말한다.

> **풀이** 온수는 60~70℃를 말한다.

**73** 흡광광도 측정에서 입사광의 60%가 흡수되었을 때의 흡광도는?

㉮ 약 0.6     ㉯ 약 0.5
㉰ 약 0.4     ㉱ 약 0.3

> **풀이** 흡광도(A) = $\log \dfrac{1}{\text{투과도}}$ = $\log \dfrac{1}{0.4}$ = 0.40

**TIP**
① 흡광도(A) = $\log \dfrac{1}{\text{투과도}}$
② 투과율+흡수율 = 100%
③ 투과율 = 100%-흡수율

**74** 수질오염공정시험기준 철-원자흡수분광광도법의 정량한계는?

㉮ 0.01mg/L     ㉯ 0.001mg/L
㉰ 0.03mg/L     ㉱ 0.003mg/L

> **풀이** 철의 시험방법 별 정량한계
> ① 원자흡수분광광도법 : 0.03mg/L
> ② 유도결합플라스마-원자발광분광법 : 0.007mg/L

**75** 시료를 채취해 얻은 결과가 다음과 같고, 시료량이 50mL이었을 때 부유고형물의 농도(mg/L)와 휘발성부유고형물의 농도(mg/L)는?

- Whatman CF/C 여과지무게 = 1.5433g
- 105℃ 건조 후 Whatman GF/C 여과지의 잔여무게 = 1.5553g
- 550℃ 소각 후 Whatman GF/C 여과지의 잔여무게 = 1.5531g

㉮ 44, 240     ㉯ 240, 44
㉰ 24, 4.4     ㉱ 4.4, 24

> **풀이**
> ① 부유고형물의 농도
> = $\dfrac{(\text{포집 후 무게-포집 전 무게})(\text{mg})}{\text{시료량(L)}}$
> = $\dfrac{(1.5553\text{g}-1.5433\text{g})\times 10^3\text{mg/g}}{0.05\text{L}}$
> = 240mg/L
> ② 휘발성부유고형물의 농도
> = $\dfrac{(\text{건조 후 무게-강열 후 무게})(\text{mg})}{\text{시료량(L)}}$
> = $\dfrac{(1.5553\text{g}-1.5531\text{g})\times 10^3\text{mg/g}}{0.05\text{L}}$
> = 44mg/L

**answer**  71 ㉯  72 ㉰  73 ㉰  74 ㉰  75 ㉯

**76** 다음 중 용량분석법으로 측정하지 않는 항목은?

㉮ 용존산소
㉯ 부유물질
㉰ 화학적 산소요구량
㉱ 염소이온

**풀이** 부유물질과 노말헥산추출물질은 중량법으로 측정한다.

**77** 시료 채취 시 유의사항으로 틀린 것은?

㉮ 시료 채취 용기는 깨끗이 세척된 용기 또는 멸균된 용기를 사용한다.
㉯ 시료 채취 용기에 시료를 채울 때에는 어떠한 경우에도 시료의 교란이 일어나서는 안 된다.
㉰ 지하수 시료는 취수정 내에 고여 있는 물과 원래 지하수의 성상이 달라질 수 있으므로 고여 있는 물을 충분히 퍼낸 다음 새로 나온 물을 채취한다.
㉱ 시료채취량은 시험항목 및 시험횟수의 필요량의 3~5배 채취를 원칙으로 한다.

**풀이** ㉱ 시료채취량은 시험항목 및 시험횟수에 따라 차이가 있으나 보통 3~5L 정도이어야 한다.

**78** COD 측정에서 최초의 첨가한 $KMnO_4$량의 1/2 이상이 남도록 첨가하는 이유는?

㉮ $KMnO_4$ 잔류량이 1/2 이하로 되면 유기물의 분해온도가 저하한다.
㉯ $KMnO_4$ 잔류량이 1/2 이상이면 모든 유기물의 산화가 완료한다.
㉰ $KMnO_4$ 잔류량이 많을 경우 유기물의 산화속도가 저하한다.
㉱ $KMnO_4$ 농도가 저하되면 유기물의 산화율이 저하한다.

**풀이** COD 측정에서 최초의 첨가한 과망간산포타슘($KMnO_4$)량의 1/2 이상이 남도록 첨가하는 이유는 과망간산포타슘($KMnO_4$) 농도가 저하되면 유기물의 산화율이 저하되기 때문이다.

**79** 원자흡수분광광도법을 적용하여 비소를 분석할 때 수소화비소를 직접적으로 발생시키기 위해 사용하는 시약은?

㉮ 염화제일주석   ㉯ 아연
㉰ 요오드화포타슘   ㉱ 과망간산포타슘

**풀이** 비소의 시험방법인 수소화물생성-원자흡수분광광도법은 물속에 존재하는 비소를 측정하는 방법으로 아연 또는 소듐붕소수화물을 넣어 수소화비소로 포집하여 아르곤(또는 질소)-수소 불꽃에서 원자화시켜 193.7nm에서 흡광도를 측정하고 비소를 정량하는 방법이다.

**80** 0.1N $Na_2S_2O_3$용액 100ml에 증류수를 가해 500ml로 한 다음, 여기서 250ml을 취하여 다시 증류수로 전량 500ml로 하면 용액의 규정농도(N)는?

㉮ 0.01   ㉯ 0.02
㉰ 0.04   ㉱ 0.05

**풀이** ① $N_1V_1 = N_2V_2$
0.1N×100mL = $N_2$×500mL
∴ $N_2$ = 0.02N
② N = 0.02N × $\frac{250mL}{500mL}$
= 0.01N

**answer** 76 ㉯   77 ㉱   78 ㉱   79 ㉯   80 ㉮

# 2018 3회 기출문제

2018년 8월 19일 시행

## 제1과목 | 수질오염개론

**01** 알칼리도가 수질환경에 미치는 영향에 관한 설명으로 틀린 것은?

㉮ 높은 알칼리도를 갖는 물은 쓴맛을 낸다.
㉯ 알칼리도가 높은 물은 다른 이온과 반응성이 좋아 관내에 scale을 형성할 수 있다.
㉰ 알칼리도는 물 속에서 수중생물의 성장에 중요한 역할을 함으로써 물의 생산력을 추정하는 변수로 활용한다.
㉱ 자연수 중 알칼리도의 형태는 대부분 수산화물의 형태이다.

**풀이** ㉱ 자연수 중 알칼리도의 형태는 대부분 중탄산염($HCO_3^-$)형태이다.

**02** 성층현상에 관한 설명으로 틀린 것은?

㉮ 수심에 따른 온도변화로 발생되는 물의 밀도차에 의해 발생된다.
㉯ 봄, 가을에는 저수지의 수직혼합이 활발하여 분명한 층의 구별이 없어진다.
㉰ 여름에는 수심에 따른 연직온도경사와 산소구배가 반대 모양을 나타내는 것이 특징이다.
㉱ 겨울과 여름에는 수직운동이 없어 정체현상이 생기며 수심에 따라 온도와 용존산소농도의 차이가 크다.

**풀이** ㉰ 여름에는 수심에 따른 연직온도경사와 산소구배가 같은 모양을 나타내는 것이 특징이다.

**03** 다음 물질 중 이온화도가 가장 큰 것은?

㉮ $CH_3COOH$   ㉯ $H_2CO_3$
㉰ $HNO_3$      ㉱ $NH_3$

**풀이** 이온화도가 큰 물질은 강산성 물질이므로 ㉰ 질산($HNO_3$)이 정답이다.

**04** 수산화칼슘[$Ca(OH)_2$]이 중탄산칼슘[$Ca(HCO_3)_2$]과 반응하여 탄산칼슘($CaCO_3$)의 침전이 형성될 때 10g의 $Ca(OH)_2$에 대하여 생성되는 $CaCO_3$의 양(g)은 얼마인가? (단, 칼슘 원자량 = 40)

㉮ 17   ㉯ 27
㉰ 37   ㉱ 47

**풀이** $Ca(OH)_2 + Ca(HCO_3)_2 \rightarrow 2CaCO_3 + 2H_2O$
 74g : 2×100g
 10g : X
∴ X = 27.03g

**05** 2,000mg/L $Ca(OH)_2$ 용액의 pH는 얼마인가? (단, $Ca(OH)_2$는 완전 해리, Ca 원자량 = 40)

㉮ 12.13   ㉯ 12.43
㉰ 12.73   ㉱ 12.93

**answer** 01 ㉱  02 ㉰  03 ㉰  04 ㉯  05 ㉰

**풀이** $Ca(OH)_2 \rightarrow Ca^{2+} + 2OH^-$
　　　　XM　　　XM　　2XM

① $Ca(OH)_2$의 mol/L를 구한다.

$$\frac{mol}{L} = \frac{2g}{L} \times \frac{1mol}{74g} = 0.027 mol/L$$

② $[OH^-]$농도 = 2XM = 2×0.027mol/L

④ pH = 14+log$[OH^-]$
　　　= 14+log[2×0.027mol/L] = 12.73

**TIP**
pH 계산
① 산성물질 pH = -log$[H^+]$
② 알칼리성물질 pH = 14+log$[OH^-]$

**06** 다음 반응식 중 환원상태가 되면 가장 나중에 일어나는 반응은? (단, ORP값 기준)

㉮ $SO_4^{2-} \rightarrow S^{2-}$　　㉯ $NO_2^- \rightarrow NH_3$
㉰ $Fe^{3+} \rightarrow Fe^{2+}$　　㉱ $NO_3^- \rightarrow NO_2^-$

**풀이** ㉮ ORP(산화환원 전위)가 가장 작으므로 가장 나중에 반응이 일어난다.

**TIP**
ORP(산화환원 전위)값
㉮ ORP 0.1 ~ 0.06V
㉯ ORP 0.40 ~ 0.35V
㉰ ORP 0.30 ~ 0.20V
㉱ ORP 0.45 ~ 0.40V

**07** 부영양호의 수면관리 대책으로 틀린 것은?

㉮ 수생식물의 이용
㉯ 준설
㉰ 약품에 의한 영양염류의 침전 및 황산동 살포
㉱ N, P 유입량의 증대

**풀이** ㉱ N, P 유입 방지

**08** 카드뮴이 인체에 미치는 영향으로 틀린 것은?

㉮ 칼슘 대사기능 장해
㉯ Hunter-Russel 장해
㉰ 골연화증
㉱ Fanconi씨 증후군

**풀이** ㉯번은 수은(Hg)의 영향이다.

**09** 알칼리도에 관한 반응 중 가장 부적절한 것은?

㉮ $CO_2+H_2O \rightarrow H_2CO_3 \rightarrow HCO_3^- +H^+$
㉯ $HCO_3^- \rightarrow CO_3^{-2}+H^+$
㉰ $CO_3^{-2}+H_2O \rightarrow HCO_3^- +OH^-$
㉱ $HCO_3^- +H_2O \rightarrow H_2CO_3+OH^-$

**10** BOD 1kg의 제거에 보통 1kg의 산소가 필요하다면 1.45ton의 BOD가 유입된 하천에서 BOD를 완전히 제거하고자 할 때 요구되는 공기량($m^3$)은 얼마인가? (단, 물의 공기 흡수율은 7%(부피기준)이며, 공기 $1m^3$은 0.236 kg의 $O_2$를 함유한다고 하고 하천의 BOD는 고려하지 않음)

㉮ 약 84,773　　㉯ 약 85,773
㉰ 약 86,773　　㉱ 약 87,773

**풀이** 요구되는 공기량($m^3$) = $\frac{1m^3 공기}{0.236 kg O_2} \times \frac{1 kg O_2}{1 kg BOD}$

$1.45 \times 10^3 kg BOD \times \frac{100}{7\%}$

= 87,772.40$m^3$

**answer**　06 ㉮　07 ㉱　08 ㉯　09 ㉱　10 ㉱

**11** 소수성 콜로이드의 특성으로 틀린 것은?

㉮ 물속에서 에멀션으로 존재함
㉯ 염에 아주 민감함
㉰ 물에 반발하는 성질이 있음
㉱ 소량의 염을 첨가하여도 응결 침전됨

**풀이** ㉮번은 친수성 콜로이드의 특성이다.

**12** 하수나 기타 물질에 의하여 수원이 오염되었을 때 물은 일련의 변화과정을 거친다. fungi와 같은 정도로 청록색 내지 녹색 조류가 번식하고, 하류가 내려갈수록 규조류가 성장하는 지대는?

㉮ 분해지대
㉯ 활발한 분해지대
㉰ 회복지대
㉱ 정수지대

**풀이** ㉰ 회복지대에 대한 설명이다.

**13** 25℃ 4atm의 압력에 있는 메탄가스 15kg을 저장하는 데 필요한 탱크의 부피($m^3$)는 얼마인가? (단, 이상기체의 법칙 적용, 표준상태 기준, R = 0.082 L·atm/mol·K)

㉮ 4.42   ㉯ 5.73
㉰ 6.54   ㉱ 7.45

**풀이** 이상기체법칙 $PV = nRT \Rightarrow PV = \frac{W}{M}RT$를 이용한다.

여기서
- P : 압력(atm)
- V : 부피(L)
- n : 몰수
- W : 질량(g)
- M : 분자량(g)
- R : 기체상수(L·atm/mol·k)
- T : 절대온도(K)

따라서
$4atm \times V(L) = \frac{15 \times 10^3 g}{16g} \times (0.082 L \cdot atm/mol \cdot k) \times (273+25)k$

∴ V = 5,727.19L = 5.73$m^3$

**14** 수원의 종류 중 지하수에 관한 설명으로 틀린 것은?

㉮ 수온 변동이 적고 탁도가 낮다.
㉯ 미생물이 거의 없고 오염물이 적다.
㉰ 유속이 빠르고, 광역적인 환경조건의 영향을 받아 정화되는데 오랜 기간이 소요된다.
㉱ 무기염류 농도와 경도가 높다.

**풀이** ㉰ 유속이 느리고, 국지적인 환경조건의 영향을 받으며, 정화되는데 오랜 기간이 소요된다.

**15** Fungi(균류, 곰팡이류)에 관한 설명으로 틀린 것은?

㉮ 원시적 탄소동화작용을 통하여 유기물질을 섭취하는 독립영양계 생물이다.
㉯ 폐수내의 질소와 용존산소가 부족한 경우에도 잘 성장하며 pH가 낮은 경우에도 잘 성장한다.
㉰ 구성물질의 75~80%가 물이며 $C_{10}H_{17}O_6N$을 화학구조식으로 사용한다.
㉱ 폭이 약 5~10μm로서 현미경으로 쉽게 식별되며 슬러지팽화의 원인이 된다.

**풀이** ㉮ Fungi는 엽록소가 없어 탄소동화작용을 하지 않는다.

**answer**  11 ㉮   12 ㉰   13 ㉯   14 ㉰   15 ㉮

**16** 내경 5mm인 유리관을 정수 중에 연직으로 세울 때 유리관내의 모세관높이 (cm)는 얼마인가? (단, 물의 수온 = 15℃, 이때의 표면장력 = 0.076g/cm, 물과 유리의 접촉각 = 8°)

㉮ 0.5  ㉯ 0.6
㉰ 0.7  ㉱ 0.8

**풀이** $h = \dfrac{4 \cdot Tm \cdot \cos\theta}{r \cdot d}$

여기서
- h : 높이(cm)
- Tm : 표면장력(g/cm)
- r : 비중량(1.0g/cm³)
- d : 직경(cm)

∴ $h = \dfrac{4 \times 0.076 g/cm \times \cos 8°}{1.0 g/cm^3 \times 5 \times 10^{-1} cm} = 0.60 cm$

**17** 미생물 세포의 비증식 속도를 나타내는 식에 대한 설명으로 틀린 것은?

$$\mu = \mu_{max} \times \dfrac{[S]}{[S]+Ks}$$

㉮ $\mu_{max}$는 최대 비증식속도로 시간⁻¹ 단위이다.
㉯ Ks는 반속도상수로서 최대성장률이 1/2일 때의 기질의 농도이다.
㉰ $\mu = \mu_{max}$인 경우, 반응속도가 기질농도에 비례하는 1차 반응을 의미한다.
㉱ [S]는 제한기질 농도이고 단위는 mg/L 이다.

**풀이** ㉰ $\mu = \mu_{max}$인 경우, 반응속도가 기질농도에 관계없는 0차 반응을 의미한다.

**18** 세균(Bacteria)의 경험적 분자식으로 옳은 것은?

㉮ $C_5H_7O_2N$  ㉯ $C_5H_8O_2N$
㉰ $C_7H_8O_5N$  ㉱ $C_8H_9O_5N$

**풀이** 자주 출제되는 경험적 분자식
① 박테리아 : $C_5H_7O_2N$
② 조류 : $C_5H_8O_2N$
③ 곰팡이 : $C_{10}H_{17}O_6N$
④ 원생동물 : $C_7H_{14}O_3N$

**19** 수은(Hg)에 관한 설명으로 틀린 것은?

㉮ 아연정련업, 도금공장, 도자기제조업에서 주로 발생한다.
㉯ 대표적 만성질환으로는 미나마타병, 헌터-루셀 증후군이 있다.
㉰ 유기수은은 금속상태의 수은보다 생물체내에 흡수력이 강하다.
㉱ 상온에서 액체상태로 존재하며, 인체에 노출시 중추신경계에 피해를 준다.

**풀이** ㉮ 제련업, 살충제, 온도계, 압력계 제조업에서 주로 발생한다.

**20** pH 2.5인 용액을 pH 6.0의 용액으로 희석할 때 용량비를 1 : 9로 혼합하면 혼합액의 pH는 얼마인가?

㉮ 3.1  ㉯ 3.3
㉰ 3.5  ㉱ 3.7

**풀이** ① $C_m = \dfrac{C_1Q_1 + C_2Q_2}{Q_1 + Q_2}$
$= \dfrac{10^{-2.5}M \times 1 + 10^{-6.0}M \times 9}{1+9}$
$= 3.17 \times 10^{-4} M$
② pH = $-\log[H^+]$ = $-\log[3.17 \times 10^{-4} M]$ = 3.50

**answer** 16 ㉯  17 ㉰  18 ㉮  19 ㉮  20 ㉰

### TIP
**pH 계산**
① pH = -log[H⁺] ⇒ [H⁺] = $10^{-pH}$ M
② pOH = -log[OH⁻] ⇒ [OH⁻] = $10^{-pOH}$ M
③ 산성물질에서 pH = -log[H⁺]
④ 알칼리성물질에서 pH = 14+log[OH⁻]

| 제2과목 | 상하수도 계획

**21** 용해성성분으로 무기물은 불소(처리대상물질)를 제거하기 위해 유효한 고도 정수처리 방법으로 틀린 것은?

㉮ 응집침전  ㉯ 골탄
㉰ 이온교환  ㉱ 전기분해

**풀이** 불소처리방법은 응집침전법, 활성알루미나법, 골탄법, 전기분해법이 있다.

**22** 하수도계획의 목표연도는 원칙적으로 몇 년으로 설정하는가?

㉮ 15년  ㉯ 20년
㉰ 25년  ㉱ 30년

**풀이** 목표연도
① 상수도 : 15~20년
② 하수도 : 20년

**23** 길이가 100m, 직경이 40cm인 하수관로의 하수유속을 1m/sec로 유지하기 위한 하수관로의 동수경사는 얼마인가? (단, 만관기준, Manning 식의 조도계수 n = 0.012)

㉮ $1.2 \times 10^{-3}$  ㉯ $2.3 \times 10^{-3}$
㉰ $3.1 \times 10^{-3}$  ㉱ $4.6 \times 10^{-3}$

**풀이** Manning식에 의한 유속(v)

$$v = \frac{1}{n} \times R^{\frac{2}{3}} \times I^{\frac{1}{2}} \text{ (m/sec)}$$

여기서
v : 유속(m/sec)
n : 조도계수
R : 경심(m)
I : 기울기

① 경심(R) = $\frac{\text{단면적(A)}}{\text{윤변의 길이(S)}} = \frac{\frac{\pi D^2}{4}}{\pi \cdot D} = \frac{D}{4}$ (m)

$= \frac{0.4m}{4} = 0.1m$

② 1m/sec = $\frac{1}{0.012} \times (0.1m)^{\frac{2}{3}} \times I^{\frac{1}{2}}$

∴ I = $\left(\frac{1m/sec \times 0.012}{(0.1m)^{2/3}}\right)^2 = 3.10 \times 10^{-3}$

**24** 복류수나 자유수면을 갖는 지하수를 취수하는 시설인 집수매거에 관한 설명으로 틀린 것은?

㉮ 집수매거의 길이는 시험우물 등에 의한 양수시험 결과에 따라 정한다.
㉯ 집수매거의 매설깊이는 1.0m 이하로 한다.
㉰ 집수매거는 수평 또는 흐름방향으로 향하여 완경사로 하고 집수매거의 유출단에서 매거내의 평균유속은 1.0m/s 이하로 한다.
㉱ 세굴의 우려가 있는 제외지에 설치할 경우에는 철근콘크리트틀 등으로 방호한다.

**풀이** ㉯ 집수매거의 매설깊이는 5m를 표준으로 한다.

---

**answer** 21 ㉰  22 ㉯  23 ㉰  24 ㉯

**25** 계획오수량에 관한 설명으로 틀린 것은?

㉮ 지하수량은 1인1일최대오수량의 20% 이하로 한다.
㉯ 계획시간최대오수량은 계획1일최대오수량의 1시간당 수량의 1.3 ~ 1.8배를 표준으로 한다.
㉰ 합류식에서 우천 시 계획오수량은 원칙적으로 계획시간최대오수량의 3배 이상으로 한다.
㉱ 계획1일평균오수량은 계획1일최대오수량의 50 ~ 60%를 표준으로 한다.

**풀이** ㉱ 계획1일평균오수량은 계획1일최대오수량의 70 ~ 80%를 표준으로 한다.

**26** 표준맨홀의 형상별 용도에서 내경 1,500mm 원형에 해당하는 것은?

㉮ 1호맨홀  ㉯ 2호맨홀
㉰ 3호맨홀  ㉱ 4호맨홀

**풀이** 맨홀의 명칭과 치수 및 형상
① 1호 맨홀 : 내경 900mm 원형
② 2호 맨홀 : 내경 1,200mm 원형
③ 3호 맨홀 : 내경 1,500mm 원형
④ 4호 맨홀 : 내경 1,800mm 원형
⑤ 5호 맨홀 : 내경 2,100mm 원형

**27** 비교회전도(Ns)에 대한 설명으로 틀린 것은?

㉮ 펌프는 Ns 값에 따라 그 형식이 변한다.
㉯ Ns 값이 같으면 펌프의 크기에 관계없이 같은 형식의 펌프로 하고 특성도 대체로 같아진다.
㉰ 수량과 전양정이 같다면 회전수가 많을수록 Ns 값이 커진다.
㉱ 일반적으로 Ns 값이 적으면 유량이 큰 저양정의 펌프가 된다.

**풀이** ㉱ 일반적으로 Ns 값이 적으면 유량이 작은 고양정의 펌프가 된다.

**28** 하수관이 부식하기 쉬운 곳은 어느 곳인가?

㉮ 바닥 부분  ㉯ 양 옆 부분
㉰ 하수관 전체  ㉱ 관정부(crown)

**풀이** 하수관은 혐기성에 의해 황화수소가 발생하며, 공기와 반응해서 황산이 형성되며, 그로 인해 관정부식이 발생된다.

**29** 상수도 취수관거의 취수구에 관한 설명으로 틀린 것은?

㉮ 높이는 배사문의 바닥높이보다 0.5 ~ 1m 이상 낮게 한다.
㉯ 유입속도는 0.4 ~ 0.8m/s를 표준으로 한다.
㉰ 제수문의 전면에는 스크린을 설치한다.
㉱ 계획취수위는 취수구로부터 도수기점까지의 손실수두를 계산하여 결정한다.

**풀이** ㉮ 높이는 배사문의 바닥높이보다 0.5 ~ 1m 이상 높게 한다.

**30** 우수배제 계획에서 계획우수량을 산정할 때 고려할 사항이 아닌 것은?

㉮ 유출계수  ㉯ 유속계수
㉰ 배수면적  ㉱ 유달시간

**풀이** 계획우수량을 산정할 때 고려할 사항으로는 유출계수, 배수면적, 확률년수, 유달시간이 있다.

answer  25 ㉱  26 ㉰  27 ㉱  28 ㉱  29 ㉮  30 ㉯

**31** 상수도 급수배관에 관한 설명으로 틀린 것은?

㉮ 급수관을 공공도로에 부설할 경우에는 도로 관리자가 정한 점용위치와 깊이에 따라 배관해야 하며 다른 매설물과의 간격을 30cm 이상 확보한다.
㉯ 급수관을 부설하고 되메우기를 할 때에는 양질토 또는 모래를 사용하여 적절하게 다짐하여 관을 보호한다.
㉰ 급수관이 개거를 횡단하는 경우에는 가능한 한 개거의 위로 부설한다.
㉱ 동결이나 결로의 우려가 있는 급수설비의 노출부분에 대해서는 적절한 방한조치나 결로방지조치를 강구한다.

**풀이** ㉰ 급수관이 개거를 횡단하는 경우에는 가능한 한 개거의 아래로 부설한다.

**32** 상수도시설인 완속여과지에 관한 설명으로 틀린 것은?

㉮ 여과지 깊이는 하부집수장치의 높이에 자갈층 두께와 모래층 두께까지 2.5 ~ 3.5m를 표준으로 한다.
㉯ 완속여과지의 여과속도는 4 ~ 5m/day를 표준으로 한다.
㉰ 모래층의 두께는 70 ~ 90cm를 표준으로 한다.
㉱ 여과지의 모래면 위의 수심은 90 ~ 120cm를 표준으로 한다.

**풀이** ㉮ 여과지 깊이는 하부집수장치의 높이에 자갈층 두께와 모래층 두께, 모래면위의 수심과 여유고를 더하여 2.5 ~ 3.5m를 표준으로 한다.

**33** 전양정에 대한 펌프의 형식 중 틀린 것은?

㉮ 전양정 5m 이하는 펌프구경 400mm 이상의 축류펌프를 사용한다.
㉯ 전양정 3 ~ 12m는 펌프구경 400mm 이상의 원심펌프를 사용한다.
㉰ 전양정 5 ~ 20m는 펌프구경 300mm 이상의 원심 사류 펌프를 사용한다.
㉱ 전양정 4m 이상은 펌프구경 80mm 이상의 원심펌프를 사용한다.

**풀이** ㉯ 원심펌프는 전양정이 4m 이상, 펌프구경 80mm 이상, 비교회전도가 100 ~ 250rpm이다.

**34** 펌프의 규정회전수는 10회/sec, 토출량은 0.3m³/sec, 펌프의 규정양정이 5m일 때 비교회전도는 얼마인가?

㉮ 642  ㉯ 761
㉰ 836  ㉱ 935

**풀이**

$$Ns = N \times \frac{Q^{\frac{1}{2}}}{H^{\frac{3}{4}}}$$

여기서
Ns : 비교회전도(rpm)
N : 규정회전수(rpm)
Q : 토출량(m³/min)
H : 전양정(m)

따라서
Ns = 10회/sec×60sec/min

$$\times \frac{(0.3 m^3/sec \times 60 sec/min)^{\frac{1}{2}}}{(5m)^{\frac{3}{4}}}$$

= 761.31rpm

**TIP**
rpm = 회/sec×60sec/min

**answer** 31 ㉰  32 ㉮  33 ㉯  34 ㉯

**35** 계획우수량 산정 시 고려하는 하수관로의 설계강우로 알맞은 것은?

㉮ 30~50년빈도  ㉯ 10~30년빈도
㉰ 10~15년빈도  ㉱ 5~10년빈도

▶ 풀이  계획우수량 산정 시 고려하는 하수관로의 설계강우는 10~30년빈도이다.

**36** 상수도 송수시설의 계획송수량 산정에 기준이 되는 수량은 어느 것인가?

㉮ 계획 1일 최대급수량
㉯ 계획 1일 평균급수량
㉰ 계획 1일 시간 최대급수량
㉱ 계획 1일 시간 평균급수량

▶ 풀이  상수도 송수시설의 계획송수량 산정에 기준이 되는 수량은 계획 1일 최대급수량이다.

**37** 정수처리를 위해 완속여과방식(불용해성 성분의 처리방식)만을 선택하였을 때 거의 처리할 수 없는 항목(물질)은 어느 것인가?

㉮ 탁도       ㉯ 철분, 망간
㉰ ABS       ㉱ 농약

**38** 관로의 접합과 관련된 고려 사항으로 틀린 것은?

㉮ 접합의 종류에는 관정접합, 관중심접합, 수면접합, 관저접합 등이 있다.
㉯ 관로의 관경이 변화하는 경우의 접합방법은 원천적으로 수면접합 또는 관정접합으로 한다.
㉰ 2개의 관로가 합류하는 경우 중심교각은 되도록 60°이상으로 한다.
㉱ 지표의 경사가 급한 경우에는 관경변화에 대한 유무에 관계없이 원칙적으로 단차접합 또는 계단접합을 한다.

▶ 풀이  ㉰ 2개의 관로가 합류하는 경우 중심교각은 되도록 30~45°로 한다.

**39** 정수시설의 착수정 구조와 형상에 관한 설계기준으로 틀린 것은?

㉮ 착수정은 분할을 원칙으로 하며 고수위 이상으로 유지되도록 월류관이나 월류위어를 설치한다.
㉯ 형상은 일반적으로 직사각형 또는 원형으로 하고 유입구에는 제수밸브 등을 설치한다.
㉰ 착수정의 고수위와 주변벽체의 상단 간에는 60cm 이상의 여유를 두어야 한다.
㉱ 부유물이나 조류 등을 제거할 필요가 있는 장소에는 스크린을 설치한다.

▶ 풀이  ㉮ 착수정은 분할을 원칙으로 하며 고수위 이상으로 올라가지 않도록 월류관이나 월류위어를 설치한다.

answer  35 ㉯  36 ㉮  37 ㉱  38 ㉰  39 ㉮

**40** 펌프를 선정할 때 고려 사항으로 틀린 것은?

㉮ 펌프를 최대효율점 부근에서 운전하도록 용량 및 대수를 결정한다.
㉯ 펌프의 설치대수는 유지관리상 가능한 적게 하고 동일용량의 것으로 한다.
㉰ 펌프는 저용량일수록 효율이 높으므로 가능한 저용량으로 한다.
㉱ 내부에서 막힘이 없고, 부식 및 마모가 적어야 한다.

**풀이** ㉰ 펌프는 고용량일수록 효율이 높으므로 가능한 고용량으로 한다.

| 제3과목 | 수질오염방지기술

**41** 활성슬러지법의 변법인 접촉안정화법에 대한 설명으로 틀린 것은?

㉮ 활성슬러지를 하수와 약 5~20분간 비교적 짧은 시간동안 접촉조에서 폭기, 혼합한다.
㉯ 활성슬러지를 안정조에서 3~6시간 폭기하여 흡수, 흡착된 유기물질을 산화시킨다.
㉰ 침전지에서는 접촉조에서 유기물을 흡수, 흡착한 슬러지를 분리한다.
㉱ 유기물의 상당량이 콜로이드 상태로 존재하는 도시하수처리에 적합하다.

**풀이** ㉮ 활성슬러지를 하수와 비교적 긴 시간동안 접촉조에서 폭기, 혼합한다.

**42** 소독제로서 오존($O_3$)의 효율성에 대한 설명으로 틀린 것은?

㉮ 오존은 대단히 반응성이 큰 산화제이다.
㉯ 오존은 매우 효과적인 바이러스 사멸제이다.
㉰ 오존처리는 용존 고형물을 증가시키지 않는다.
㉱ pH가 높을 때 소독효과가 좋다.

**풀이** ㉱ 오존의 소독효과는 pH와 관계없다.

**43** 호기성 미생물에 의하여 발생되는 반응은 어느 것인가?

㉮ 포도당 → 알코올
㉯ 초산 → 메탄
㉰ 아질산염 → 질산염
㉱ 포도당 → 초산

**풀이** 호기성 미생물은 산소를 소모하므로 아질산염($NO_2^-$) → 질산염($NO_3^-$)이 해당한다.

**44** 난분해성 폐수처리에 이용되는 펜톤 시약은 어느 것인가?

㉮ $H_2O_2$+철염
㉯ 알루미늄염+철염
㉰ $H_2O_2$+알루미늄염
㉱ 철염+고분자응집제

**풀이** 펜톤시약은 과산화수소($H_2O_2$)이고 촉매는 철염(황산제일철)이다.

**answer** 40 ㉰  41 ㉮  42 ㉱  43 ㉰  44 ㉮

**45** BOD 250mg/L인 폐수를 살수여상법으로 처리할 때 처리수의 BOD는 80mg/L, 온도가 20℃였다. 만일 온도가 23℃로 된다면 처리수의 BOD 농도(mg/L)는 얼마인가? (단, 온도 이외의 처리조건은 같음, $E_t = E_{20} \times Ci^{T-20}$, E : 처리효율, Ci = 1.035)

㉮ 약 46  ㉯ 약 53
㉰ 약 62  ㉱ 약 71

**풀이** ① 20℃에서 처리효율을 계산한다.
$$E_{20℃} = \left\{1 - \frac{유출수\ BOD}{유입수\ BOD}\right\} \times 100$$
$$= \left\{1 - \frac{80mg/L}{250mg/L}\right\} \times 100 = 68\%$$
② 20℃ 처리효율을 23℃의 처리효율로 전환한다.
$E_{23℃} = 68\% \times 1.035^{(23-20)} = 75.39\%$
③ 23℃에서 유출수의 BOD 농도를 계산한다.
$$75.39\% = \left\{1 - \frac{유출수의\ BOD}{250mg/L}\right\} \times 100$$
∴ 유출수 BOD = 250mg/L×(1-0.7539)
= 61.53mg/L

**46** 흡착장치 중 고정상 흡착장치의 역세척에 관한 설명으로 가장 알맞은 것은?

( ㉠ ) 동안 먼저 표면세척을 한 다음 ( ㉡ ) $m^3/m^2 \cdot hr$의 속도로 역세척수를 사용하여 층을 ( ㉢ ) 정도 부상시켜 실시한다.

㉮ ㉠ 24시간, ㉡ 14~48, ㉢ 25~30%
㉯ ㉠ 24시간, ㉡ 24~28, ㉢ 10~50%
㉰ ㉠ 짧은시간, ㉡ 14~28, ㉢ 25~30%
㉱ ㉠ 짧은시간, ㉡ 24~48, ㉢ 10~50%

**47** 정수장의 침전조 설계 시 어려운 점은 물의 흐름은 수평방향이고 입자 침강방향은 중력방향이어서 두 방향의 운동을 해석해야 한다는 점이다. 이상적인 수평 흐름 장방형침전지(제 Ⅰ형 침전)설계를 위한 기본 가정 중 틀린 것은?

㉮ 유입부의 깊이에 따라 SS농도는 선형으로 높아진다.
㉯ 슬러지 영역에서는 유체이동이 전혀 없다.
㉰ 슬러지 영역상부에 사영역이나 단락류가 없다.
㉱ 플러그 흐름이다.

**풀이** ㉮ 유입부의 깊이에 따라 SS농도는 균일하다.

**48** 아래의 공정은 $A^2/O$ 공정을 나타낸 것이다. 각 반응조의 주요 기능에 대하여 옳은 것은?

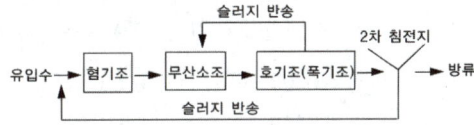

㉮ 혐기조 : 인방출, 무산소조 : 질산화,
폭기조 : 탈질, 인과잉섭취
㉯ 혐기조 : 인방출, 무산소조 : 탈질,
폭기조 : 인과잉섭취, 질산화
㉰ 혐기조 : 탈질, 무산소조 : 질산화,
폭기조 : 인방출 및 과잉섭취
㉱ 혐기조 : 탈질, 무산소조 : 인과잉섭취,
폭기조 : 질산화, 인방출

**answer** 45 ㉰  46 ㉱  47 ㉮  48 ㉯

**49** 폐수의 고도처리에 관한 설명으로 틀린 것은?

㉮ 염수 등 무기염류의 제거에는 전기투석, 역삼투 등을 사용한다.
㉯ 질소제거는 소석회 등을 사용하여 pH 10.8 ~ 11.5에서 암모니아 스트리핑을 한다.
㉰ 인산이온은 수산화소듐 등으로 중화하여 침전 처리한다.
㉱ 잔류 COD는 급속사여과 후 활성탄 흡착 처리한다.

**풀이** ㉰ 인산이온은 응집제를 이용하여 침전 제거한다.

**50** Bar rack의 설계조건이 다음과 같을 때 손실수두(m)는 얼마인가?

(단, $h_L = 1.79 \left(\dfrac{W}{b}\right)^{4/3} \cdot \dfrac{v^2}{2g} \sin\theta$, 원형봉의 지름 = 20 mm, bar의 유효간격 = 25 mm, 수평설치각도 = 50°, 접근유속 = 1.0m/sec)

㉮ 0.0427  ㉯ 0.0482
㉰ 0.0519  ㉱ 0.0599

**풀이**
$h_L = 1.79 \times \left(\dfrac{W}{b}\right)^{4/3} \times \dfrac{v^2}{2 \times g} \sin\theta \text{(m)}$

여기서
- W : 원형봉의 지름(mm)
- b : bar의 유효간격(mm)
- v : 접근유속(m/sec)
- g : 중력가속도(9.8m/sec²)

∴ $h_L = 1.79 \times \left(\dfrac{20mm}{25mm}\right)^{4/3} \times \dfrac{(1.0m/sec)^2}{2 \times 9.8m/sec^2} \times \sin 50°$
     = 0.05196m

**51** 화학적 인 제거 방법으로 정석탈인법에 사용되는 것은?

㉮ Al  ㉯ Fe
㉰ Ca  ㉱ Mg

**풀이** 화학적 인 제거 방법으로 정석탈인법에 사용되는 것은 칼슘(Ca)이다.

**TIP** 정석탈인법이란 인을 함유한 오염된 물을 염기상태로 조절한 뒤 칼슘을 주입하여 생성된 인산칼슘으로 용해도가 낮은 결정을 형성시켜 인을 처리하는 방법이다.

**52** 특정의 반응물을 포함하는 폐수가 연속 혼합반응조를 통과할 때 반응물의 농도가 250mg/L에서 25mg/L로 감소하였다. 반응조 내의 반응은 일차반응이고, 폐수의 유량이 1일 5,000m³이면 반응조의 체적(m³)은 얼마인가? (단, 반응속도 상수(k) = 0.2day⁻¹)

㉮ 45,000   ㉯ 90,000
㉰ 112,500  ㉱ 214,286

**풀이** $Q(C_0 - C_t) = k \cdot V \cdot C_t$
여기서
- Q : 유량(m³/day)
- $C_0$ : 초기농도(mg/L)
- $C_t$ : t시간 후의 농도(mg/L)
- k : 상수(/day)
- V : 체적(m³)

따라서 5,000m³/day×(250-25)mg/L
     = 0.2/day×V(m³)×25mg/L

∴ $V = \dfrac{5,000m^3/day \times (250-25)mg/L}{0.2/day \times 25mg/L}$
     = 225,000m³

**answer** 49 ㉰  50 ㉰  51 ㉰  52 ㉱

**53** 살수여상처리공정에서 생성되는 슬러지의 농도는 4.5%이며 하루에 생성되는 고형물의 양은 1000kg이다. 중력을 이용하여 농축할 때 중력농축조의 직경(m)은 얼마인가? (단, 농축조의 형태는 원형, 깊이 = 3m, 중력농축조의 고형물 부하량 = 25kg/m² · day, 비중 = 1.0)

㉮ 3.55   ㉯ 5.10
㉰ 6.72   ㉱ 7.14

**풀이** 고형물 부하량(kg/m² · day)

$$= \frac{\text{고형물의 양(kg/day)}}{\text{농축조의 면적(m}^2)}$$

따라서 $25\text{kg/m}^2 \cdot \text{day} = \dfrac{1{,}000\text{kg/day}}{\dfrac{\pi \times D^2}{4}}$

$\therefore D = \left(\dfrac{4 \times 1{,}000\text{kg/day}}{25\text{ kg/m}^2 \cdot \text{day} \times \pi}\right)^{\frac{1}{2}} = 7.14\text{m}$

**54** 혐기성 소화조내의 pH가 낮아지는 원인으로 틀린 것은?

㉮ 유기물 과부하
㉯ 과도한 교반
㉰ 중금속 등 유해물질 유입
㉱ 온도 저하

**풀이** ㉯번은 상징수 악화의 원인이다.

**55** 정수장에 적용되는 완속여과의 장점으로 틀린 것은?

㉮ 여과시스템의 신뢰성이 높고 양질의 음용수를 얻을 수 있다.
㉯ 수량과 탁질의 급격한 부하변동에 대응할 수 있다.
㉰ 고도의 지식이나 기술을 가진 운전자를 필요로 하지 않고 최소한의 전력만 필요로 한다.
㉱ 여과지를 간헐적으로 사용하여도 양질의 여과수를 얻을 수 있다.

**풀이** ㉱ 여과지를 연속적으로 사용하여야 양질의 여과수를 얻을 수 있다.

**56** 막공법에 관한 설명으로 틀린 것은?

㉮ 투석은 선택적 투과막을 통해 용액 중에 다른 이온 혹은 분자의 크기가 다른 용질을 분리시키는 것이다.
㉯ 투석에 대한 추진력은 막을 기준으로 한 용질의 농도차이다.
㉰ 한외여과 및 미여과의 분리는 주로 여과작용에 의한 것으로 역삼투현상에 의한 것이 아니다.
㉱ 역삼투는 반투막으로 용매를 통과시키기 위해 동수압을 이용한다.

**풀이** ㉱ 역삼투는 반투막으로 용매(물)를 통과시키기 위해 정수압을 이용한다.

**57** 수질성분이 금속 하수도관의 부식에 미치는 영향으로 틀린 것은?

㉮ 잔류염소는 용존산소와 반응하여 금속 부식을 억제시킨다.
㉯ 용존산소는 여러 부식 반응속도를 증가시킨다.
㉰ 고농도의 염화물이나 황산염은 철, 구리, 납의 부식을 증가시킨다.
㉱ 암모니아는 착화물의 형성을 통하여 구리, 납 등의 용해도를 증가시킬 수 있다.

**풀이** ㉮ 잔류염소는 용존산소와 반응하여 금속 부식을 촉진시킨다.

**answer** 53 ㉱   54 ㉯   55 ㉱   56 ㉱   57 ㉮

**58** 포기조의 MLSS 농도가 3,000mg/L이고, 1L 실린더에 30분 동안 침전시킨 후 슬러지부피가 150mL이면 슬러지의 SVI는 얼마인가?

㉮ 20  ㉯ 50
㉰ 100  ㉱ 150

**풀이**
$$SVI(mL/g) = \frac{SV(mL/L)}{MLSS(mg/L)} \times 10^3$$
$$= \frac{150mL/L}{3,000mg/L} \times 10^3$$
$$= 50mL/g$$

**59** 인구가 10,000명인 마을에서 발생되는 하수를 활성슬러지법으로 처리하는 처리장에 저율혐기성소화조를 설계하려고 한다. 생슬러지(건조고형물기준) 발생량은 0.11kg/인·일이며, 휘발성고형물은 건조고형물의 70%이다. 가스 발생량은 0.94m³/VSS·kg이고 휘발성고형물의 65%가 소화된다면 일일 가스발생량(m³/day)은 얼마인가?

㉮ 약 345  ㉯ 약 471
㉰ 약 563  ㉱ 약 644

**풀이** 가스발생량(m³/day)
= 0.11kg/인·일×10,000인×0.70×0.65×0.94m³/kg
= 470.47m³/day

**60** 폐수로부터 질소물질을 제거하는 주요 물리화학적 방법으로 틀린 것은?

㉮ Phostrip법
㉯ 암모니아스트리핑법
㉰ 파과점염소처리법
㉱ 이온교환법

**풀이** ㉮ Phostrip법은 인(P)을 제거하는 방법이다.

| 제4과목 | 수질오염공정시험기준

**61** 원자흡수분광광도법에서 일어나는 간섭에 대한 설명으로 틀린 것은?

㉮ 광학적 간섭 : 분석하고자 하는 원소의 흡수파장과 비슷한 다른 원소의 파장이 서로 겹쳐 비이상적으로 높게 측정되는 경우
㉯ 물리적 간섭 : 표준용액과 시료 또는 시료와 시료 간의 물리적 성질(점도, 밀도, 표면장력 등)의 차이 또는 표준물질과 시료의 매질(matrix) 차이에 의해 발생
㉰ 화학적 간섭 : 불꽃의 온도가 분자를 들뜬 상태로 만들기에 충분히 높지 않아서, 해당 파장을 흡수하지 못하여 발생
㉱ 이온화 간섭 : 불꽃온도가 너무 낮을 경우 중성원자에서 전자를 빼앗아 이온이 생성될 수 있으며 이 경우 양(+)의 오차가 발생

**풀이** ㉱ 이온화 간섭 : 불꽃온도가 너무 높을 경우 중성원자에서 전자를 빼앗아 이온이 생성될 수 있으며 이 경우 음(-)의 오차가 발생

**answer** 58 ㉯  59 ㉯  60 ㉮  61 ㉱

**62** 수질오염공정시험기준 아연의 유도결합플라스마-원자발광분광법의 정량한계는?

㉮ 0.02mg/L   ㉯ 0.002mg/L
㉰ 0.05mg/L   ㉱ 0.005mg/L

> **풀이** 아연의 시험방법 별 정량한계
> ① 원자흡수분광광도법 : 0.002mg/L
> ② 유도결합플라스마-원자발광분광법 : 0.002mg/L
> ③ 유도결합플라스마-질량분석법 : 0.006mg/L
> ④ 양극벗김전압전류법 : 0.0001mg/L

**63** 하천수의 시료 채취 지점에 관한 내용으로 ( )에 공통으로 들어갈 내용은?

> 하천의 단면에서 수심이 가장 깊은 수면의 지점과 그 지점을 중심으로 하여 좌우로 수면폭을 2등분한 각각의 지점의 수면으로부터 수심( )미만일 때에는 수심의 1/3에서 수심( )이상일 때에는 수심의 1/3 및 2/3에서 각각 채수한다.

㉮ 2m   ㉯ 3m
㉰ 5m   ㉱ 6m

> **풀이** 하천수의 시료 채취 지점
> ① 수심이 2m 미만 : 수심의 1/3지점
> ② 수심이 2m 이상 : 수심이 1/3, 2/3지점

**64** 불꽃원자흡수분광광도법 분석절차 중 가장 먼저 수행되는 것은?

㉮ 최적의 에너지 값을 얻도록 선택파장을 최적화 한다.
㉯ 버너헤드를 설치하고 위치를 조정한다.
㉰ 바탕시료를 주입하여 영점조정을 한다.
㉱ 공기와 아세틸렌을 공급하면서 불꽃을 발생시키고 최대감도를 얻도록 유량을 조절한다.

**65** 기기분석법에 관한 설명으로 틀린 것은?

㉮ 유도결합플라스마(ICP)는 시료도입부, 고주파전원부, 광원부, 분광부, 연산처리부 및 기록부로 구성되어 있다.
㉯ 원자흡수분광광도법은 시료중의 유해중금속 및 기타 원소의 분석에 적용한다.
㉰ 자외선/가시선분광법(흡광광도법)은 파장 200 ~ 900nm에서의 액체의 흡광도를 측정한다.
㉱ 기체크로마토그래피법의 검출기 중 열전도도검출기는 인 또는 유황화합물의 선택적 검출에 주로 사용된다.

> **풀이** ㉱ 기체크로마토그래피법의 검출기 중 불꽃광도형 검출기는 인 또는 유황화합물의 선택적 검출에 주로 사용된다.

**answer**  62 ㉯  63 ㉮  64 ㉮  65 ㉱

**66** 기체크로마토그래피법의 전자포획검출기에 관한 설명으로 ( )에 알맞은 말은?

> 방사선 동위원소로부터 방출되는 ( )이 운반기체를 전리하여 미소전류를 흘려보낼 때 시료 중의 할로겐이나 산소와 같이 전자포획력이 강한 화합물에 의하여 전자가 포획되어 전류가 감소하는 것을 이용하는 방법이다.

㉮ α(알파)선  ㉯ β(베타)선
㉰ γ(감마)선  ㉱ 중성자선

**풀이** 기체크로마토그래피법의 전자포획검출기
① 운반기체 전리 : β(베타)선
② 검출물질 : 유기할로겐화합물, 나이트로화합물, 유기금속화합물

**67** 시료 중 분석대상물의 농도가 낮거나 복잡한 매질 중에서 분석대상물만을 선택적으로 추출하여 분석하고자 할 때 사용되는 전처리방법으로 가장 적당한 것은?

㉮ 마이크로파 산분해법
㉯ 전기회화로법
㉰ 산분해법
㉱ 용매추출법

**풀이** ㉱용매추출법에 대한 설명이며, 내용 중 핵심인 "선택적으로 추출하여 분석 = 용매추출법"임을 숙지하시면 됩니다.

**68** 분석물질의 농도변화에 대한 지시값을 나타내는 검정곡선방법에 대한 설명으로 옳은 것은?

㉮ 검정곡선법은 시료의 농도와 지시값과의 상관성을 검정곡선식에 대입하여 작성하는 방법으로, 직선성이 유지되는 농도범위 내에서 제조농도 3~5개를 사용한다.
㉯ 표준물첨가법은 시료와 동일한 매질에 일정량의 표준물질을 첨가하여 검정곡선을 작성하는 것으로, 시험분석 절차, 기기 또는 시스템의 변동으로 발생하는 오차를 보정하기위해 사용한다.
㉰ 내부표준법은 표준용액과 시료에 동일한 양의 내부표준물질을 첨가하여 검정곡선을 작성하는 것으로, 매질효과가 큰 시험분석 방법에서 분석 대상 시료와 동일한 매질의 시료를 확보하지 못한 경우에 매질효과를 보정하기 위해 사용한다.
㉱ 검정곡선의 검증은 방법검출한계의 2~5배 또는 검정곡선의 중간 농도에 해당하는 표준용액에 대한 측정값이 검정곡선 작성시의 지시값과 10% 이내에서 일치하여야 한다.

**풀이** ㉯표준물첨가법은 시료와 동일한 매질에 일정량의 표준물질을 첨가하여 검정곡선을 작성하는 것으로, 매질효과가 큰 시험분석 방법에서 분석대상 시료와 동일한 매질의 표준시료를 확보하지 못한 경우에 매질효과를 보정하여 분석할 수 있는 방법이다.
㉰ 내부표준법은 표준용액과 시료에 동일한 양의 내부표준물질을 첨가하여 시험분석 절차, 기기 또는 시스템의 변동으로 발생하는 오차를 보정하기 위해 사용하는 방법이다.
㉱ 검정곡선의 검증은 방법검출한계의 5~50배 또는 검정곡선의 중간 농도에 해당하는 표준용액에 대한 측정값이 검정곡선 작성시의 지시값과 10% 이내에서 일치하여야 한다.

**answer** 66 ㉯  67 ㉱  68 ㉮

**69** 막여과법에 의한 총대장균군 측정방법에 대한 설명으로 틀린 것은?

㉮ 패트리접시에 배지를 올려놓은 다음 배양 후 금속성 광택을 띠는 적색이나 진한 적색계통의 집락을 계수하는 방법이다
㉯ 총대장균군은 그람음성, 무아포성의 간균으로서 락토스를 분해하여 가스 또는 산을 발생하는 모든 호기성 또는 통성 혐기성균을 말한다.
㉰ 양성대조군은 E. Coil 표준균주를 사용하고 음성대조군은 멸균 희석수를 사용하도록 한다.
㉱ 고체배지는 에탄올(90%) 20mL를 포함한 정제수 1 L에 배지를 정해진 고체배지 조성대로 넣고 완전히 녹을 때까지 저어주면서 끓인다. 이 때 고압증기 멸균한다.

▶풀이 ㉱ 고체배지는 에탄올(95%) 20mL를 포함한 정제수 1 L에 배지를 정해진 고체배지조성대로 넣고 완전히 녹을 때까지 저어주면서 끓인다. 이 때 고압증기 멸균하지 않는다.

**70** 웨어의 수두가 0.25m, 수로의 폭이 0.8m, 수로의 밑면에서 절단 하부점까지의 높이가 0.7m인 직각 3각웨어의 유량($m^3$/min)은 얼마인가?

(단, 유량계수 $k = 81.2 + \dfrac{0.24}{h} + \left(8.4 + \dfrac{12}{\sqrt{D}}\right) \times \left(\dfrac{h}{B} - 0.09\right)^2$)

㉮ 1.4
㉯ 2.1
㉰ 2.6
㉱ 2.9

▶풀이
① $k = 81.2 + \dfrac{0.24}{h} + \left(8.4 + \dfrac{12}{\sqrt{D}}\right) \times \left(\dfrac{h}{B} - 0.09\right)^2$

$= 81.2 + \dfrac{0.24}{0.25m} + \left(8.4 + \dfrac{12}{\sqrt{0.7m}}\right) \times \left(\dfrac{0.25m}{0.8m} - 0.09\right)^2$

$= 83.29$

② 삼각웨어의 유량(Q) $= k \cdot h^{\frac{5}{2}}$ ($m^3$/min)
$= 83.29 \times (0.25)^{\frac{5}{2}}$
$= 2.60 m^3$/min

**71** 원자흡수분광광도법에 의한 크롬측정에 관한 설명으로 ( )에 들어갈 알맞은 말은?

공기-아세틸렌 불꽃에 주입하여 분석하며 정량한계는 ( )nm에서의 산처리법 ( )mg/L, 용매추출법은 ( )mg/L 이다.

㉮ 357.9, 0.01, 0.001
㉯ 357.9, 0.001, 0.01
㉰ 715.8, 0.01, 0.001
㉱ 715.8, 0.001, 0.01

▶풀이 크롬의 원자흡수분광광도법
① 산처리법의 정량한계 : 0.01mg/L
② 용매추출법의 정량한계 : 0.001mg/L
③ 측정파장 : 357.9nm
④ 정밀도(% RDS) : 25%

▶answer 69 ㉱ 70 ㉰ 71 ㉮

**72** 유기물 함량이 낮은 깨끗한 하천수나 호소수 등의 시료 전처리 방법으로 이용되는 것은?

㉮ 질산에 의한 분해
㉯ 염산에 의한 분해
㉰ 황산에 의한 분해
㉱ 아세트산에 의한 분해

**풀이** ㉮ 질산에 의한 분해에 대한 설명이다.

**73** 수질오염공정시험기준 총칙에서 용어의 정의가 틀린 것은?

㉮ 무게를 "정확히 단다"라 함은 규정된 수치의 무게를 0.1mg까지 다는 것을 말한다.
㉯ 시험조작 중 "즉시"란 30초 이내에 표시된 조작을 하는 것을 뜻한다.
㉰ "바탕시험을 하여 보정한다"라 함은 시료를 사용하여 같은 방법으로 조작한 측정치를 보정하는 것을 말한다.
㉱ "정확히 취하여"라 하는 것은 규정한 양의 액체를 부피피펫으로 눈금까지 취하는 것을 말한다.

**풀이** ㉰ "바탕시험을 하여 보정한다"라 함은 시료에 대한 처리 및 측정을 할 때, 시료를 사용하지 않고 정제수를 이용하여 같은 방법으로 측정한 분석값을 시료의 분석값에서 빼는 것을 뜻한다.

**74** 유도결합플라스마-원자발광분광법에 의해 측정할 수 있는 항목이 아닌 것은?

㉮ 6가크롬   ㉯ 비소
㉰ 불소      ㉱ 망간

**풀이** 불소의 분석방법으로는 자외선/가시선 분광법, 이온전극법, 이온크로마토그래피법, 연속흐름법이 있다.

**75** 총대장균군 측정 시에 사용하는 배양기의 배양온도기준으로 옳은 것은?

㉮ 20±1℃   ㉯ 25±0.5℃
㉰ 30±1℃   ㉱ 35±0.5℃

**풀이** 배양기의 배양온도기준
① 총대장균군 : 35±0.5℃
② 분원성대장균군 : 44.5±0.2℃
③ 대장균 : 35±0.5℃

**76** 산화성물질이 함유된 시료나 착색된 시료에 적합하며 특히 윙클러-아자이드화소듐변법에 사용할 수 없는 폐하수의 용존산소 측정에 유용하게 사용할 수 있는 측정법은?

㉮ 이온크로마토그래피법
㉯ 기체크로마토그래피법
㉰ 알칼리비색법
㉱ 전극법

**풀이** 용존산소의 분석법은 적정법(윙클러-아자이드화소듐변법), 전극법, 광학식 센서방법이다.

**77** 자외선/가시선 분광법을 적용한 페놀류 측정에 관한 내용으로 옳은 것은?

㉮ 정량한계는 클로로폼측정법일 때 0.025 mg/L이다.
㉯ 정량한계는 직접측정법일 때 0.025~0.05mg/L이다.
㉰ 증류한 시료에 염화암모늄-암모니아 완충액을 넣어 pH 10으로 조절한다.
㉱ 4-아미노안티피린과 페리시안 포타슘을 넣어 생성된 청색의 안티피린계 색소의 흡광도를 측정하는 방법이다.

answer   72 ㉮   73 ㉰   74 ㉰   75 ㉱   76 ㉱   77 ㉰

**풀이** ㉮ 정량한계는 클로로폼측정법일 때 0.005mg/L이다.
㉯ 정량한계는 직접측정법일 때 0.05mg/L이다.
㉰ 4-아미노안티피린과 헥사시안화철(Ⅱ)산포타슘을 넣어 생성된 붉은색의 안티피린계 색소의 흡광도를 측정하는 방법이다.

**78** 환원제인 $FeSO_4$ 용액 25mL을 $H_2SO_4$ 산성에서 $0.1N-K_2Cr_2O_7$으로 산화시키는 데 31.25mL 소비되었다. $FeSO_4$ 용액 200mL를 0.05N 용액으로 만들려고 할 때 가하는 물의 양(mL)은 얼마인가?

㉮ 200
㉯ 300
㉰ 400
㉱ 500

**풀이** 이 문제는 답만 암기를 해 두시면 됩니다.

**79** 용기에 의한 유량 측정방법 중 최대유량 $1m^3$/분 이상인 경우에 관한 내용으로 ( )에 들어갈 알맞은 말은?

> 수조가 큰 경우는 유입시간에 있어서 유수의 부피는 상승한 수위와 상승 수면의 평균 표면적의 계측에 의하여 유량을 산출한다. 이 경우 측정시간은 ( ㉠ )정도, 수위의 상승속도는 적어도 ( ㉡ ) 이상이어야 한다.

㉮ ㉠ 1분, ㉡ 매분 1cm
㉯ ㉠ 1분, ㉡ 매분 3cm
㉰ ㉠ 5분, ㉡ 매분 1cm
㉱ ㉠ 5분, ㉡ 매분 3cm

**80** 자외선/가시선 분광법(인도페놀법)으로 암모니아성 질소를 측정할 때 암모늄 이온이 차아염소산의 공존 아래에서 페놀과 반응하여 생성하는 인도페놀의 색깔과 파장은?

㉮ 적자색, 510nm
㉯ 적색, 540nm
㉰ 청색, 630nm
㉱ 황갈색, 610nm

**풀이** 암모니아성 질소의 자외선/가시선 분광법
① 발색 : 청색
② 측정파장 : 630nm

**answer** 78 ㉯  79 ㉰  80 ㉰

# 2019 1회 기출문제

## 제1과목 | 수질오염개론

**01** 3g의 아세트산($CH_3COOH$)을 증류수에 녹여 1L로 하였을 때 수소이온 농도(mol/L)는? (단, 이온화 상수값은 $1.75 \times 10^{-5}$이다.)

㉮ $6.3 \times 10^{-4}$
㉯ $6.3 \times 10^{-5}$
㉰ $9.3 \times 10^{-4}$
㉱ $9.3 \times 10^{-5}$

**풀이** $CH_3COOH \rightarrow CH_3COO^- + H^+$

이온화상수(k) = $\dfrac{[CH_3COO^-][H^+]}{[CH_3COOH]}$

$CH_3COOH$의 mol/L = $\dfrac{3g}{1L} \times \dfrac{1mol}{60g}$
$= 0.05 mol/L$

$[CH_3COO^-] = [H^+]$이므로

따라서 이온화상수(k) = $\dfrac{[H^+]^2}{[CH_3COOH]}$

$[H^+] = \sqrt{k \times [CH_3COOH]}$
$= \sqrt{(1.75 \times 10^{-5}) \times (0.05 mol/L)}$
$= 9.35 \times 10^{-4} mol/L$

**02** 지하수의 특성에 관한 설명으로 틀린 것은?

㉮ 염분함량이 지표수보다 낮다.
㉯ 주로 세균(혐기성)에 의한 유기물 분해 작용이 일어난다.
㉰ 국지적인 환경조건의 영향을 크게 받는다.
㉱ 빗물로 인하여 광물질이 용해되어 경도가 높다.

**풀이** ㉮ 염분함량이 지표수보다 높다.

**03** $BaCO_3$의 용해도적 Ksp = $8.1 \times 10^{-9}$ 일 때 순수한 물에서 $BaCO_3$의 몰용해도(mol/L)는?

㉮ $0.7 \times 10^{-4}$
㉯ $0.7 \times 10^{-5}$
㉰ $0.9 \times 10^{-4}$
㉱ $0.9 \times 10^{-5}$

**풀이** ① $BaCO_3 \rightleftharpoons Ba^{2+} + CO_3^{2-}$ 에서
용해도적[Ksp] = $[Ba^{2+}][CO_3^{2-}]$으로 계산한다.
따라서 $BaCO_3 \rightleftharpoons Ba^{2+} + CO_3^{2-}$
　　　　　　　XM　　XM　XM
∴ Ksp = $[Ba^{2+}][CO_3^{2-}] = X \times X = X^2$
따라서 $X = \sqrt{ksp} = \sqrt{8.1 \times 10^{-9}}$
$= 0.9 \times 10^{-4} mol/L$
② $BaCO_3$의 몰용해도는 XM이므로 $0.9 \times 10^{-4} mol/L$가 된다.

**04** 오염물질의 희석 및 확산작용에 대한 내용으로 틀린 것은?

㉮ 수계에 오염물질이 유입되면 Brown 운동, 밀도차, 온도차, 농도차로 인해 발생된 밀도흐름이나 난류에 의해서 희석 및 확산된다.
㉯ 폐쇄성수역은 수질 밀도류보다는 난류가 희석에 큰 영향을 준다.

answer　01 ㉰　02 ㉮　03 ㉰　04 ㉯

㉰ 바다는 오염물질의 방류지점에서 생긴 분출확산, 밀도류, 밀물, 썰물, 파도, 표층부의 난류확산으로 희석된다.
㉱ 하천수는 상류에서 하류로의 오염물질 이동이 희석에 큰 영향을 준다.

풀이 ㉯ 폐쇄성수역은 난류보다는 수질 밀도류가 희석에 큰 영향을 준다.

**05** $BOD_5$가 270mg/L이고, COD가 450mg/L인 경우, 탈산소계수($k_1$)의 값이 0.1/day일 때, 생물학적으로 분해 불가능한 COD(mg/L)는? (단, BDCOD = $BOD_u$, 상용대수 기준)

㉮ 약 55  ㉯ 약 65
㉰ 약 75  ㉱ 약 85

풀이 ① 최종 BOD($BOD_u$)를 계산한다.
$BOD_5 = BOD_u \times (1-10^{-k_1 \times t})$
따라서 $270mg/L = BOD_u \times (1-10^{-0.1/day \times 5day})$
∴ $BOD_u = 394.868 mg/L$
② NBDCOD를 계산한다.
NBDCOD = COD - BDCOD
= 450mg/L - 394.868mg/L
= 55.13mg/L

**TIP**
BDCOD = $BOD_u$

**06** 물의 특성에 관한 설명으로 틀린 것은?

㉮ 물은 2개의 수소원자가 산소원자를 사이에 두고 104.5°의 결합각을 가진 구조로 되어있다.
㉯ 물은 극성을 띠지 않아 다양한 물질의 용매로 사용된다.
㉰ 물은 유사한 분자량의 다른 화합물보다 비열이 매우 커 수온의 급격한 변화를 방지해준다.
㉱ 물의 밀도는 4℃에서 가장 크다.

풀이 ㉯ 물은 극성을 띠어 다양한 물질의 용매로 사용된다.

**07** 최근 해양에서의 유류 유출로 인한 피해가 증가하고 있는데, 유출된 유류를 제어하는 방법으로 적당하지 않은 것은?

㉮ 계면활성제를 살포하여 기름을 분산시키는 방법
㉯ 미생물을 이용하여 기름을 생화학적으로 분해하는 방법
㉰ 오일펜스를 띄워 기름의 확산을 차단하는 방법
㉱ 누출된 기름의 막이 두꺼워졌을 때 연소시키는 방법

풀이 ㉱ 연소를 시키는 방법은 대형의 화재를 유발할 수 있으므로 적당하지 않다.

**08** 탈질화와 가장 관계가 깊은 미생물은?

㉮ Nitrosomonas  ㉯ Pseudomonas
㉰ Thiobacillus  ㉱ Vorticella

풀이 미생물의 종류
① 질산화 미생물 : Nitrosomonas, Nitrobacter
② 탈질화 미생물 : Pseudomonas, micrococcus

answer  05 ㉮  06 ㉯  07 ㉱  08 ㉯

**09** 바닷물에 0.054M의 $MgCl_2$가 포함되어 있을 때 바닷물 250mL에 포함되어 있는 $MgCl_2$의 양(g)은?
(단, 원자량 Mg = 24.3, Cl = 35.5)

㉮ 약 0.8  ㉯ 약 1.3
㉰ 약 2.6  ㉱ 약 3.9

**풀이** $MgCl_2$의 1mol = 95.3g

$$M농도\left(\frac{mol}{L}\right) = \frac{w(g)}{V(L)} \times \frac{1mol}{분자량(g)}$$

따라서 $0.054M = \frac{w(g)}{0.25L} \times \frac{1mol}{95.3g}$

∴ w = 1.29g

**TIP**
① $MgCl_2$의 분자량 = 24.3+2×35.5 = 95.3g
② $MgCl_2$의 1mol = 분자량(g) = 95.3g
③ M농도 = mol/L

---

**10** NBDCOD가 0일 경우 탄소(C)의 최종 BOD와 TOC 간의 비($BOD_u$/TOC)는?

㉮ 0.37  ㉯ 1.32
㉰ 1.83  ㉱ 2.67

**풀이** $C + O_2 \rightarrow CO_2$

$$\frac{BOD_u(산소량)}{TOC(총 유기탄소량)} = \frac{1 \times 32g}{1 \times 12g} = 2.67$$

---

**11** 섬유상 유황박테리아로 에너지원으로 황화수소를 이용하며 균체에 황입자를 축적하는 것은?

㉮ Sphaerotilus  ㉯ Zooglea
㉰ Cyanphyia  ㉱ Beggiatoa

**풀이** 유황산화 박테리아 ㉱ Beggiatoa에 대한 설명이다.

---

**TIP**
유황산화 박테리아 종류
① Beggiatoa(베기아토아)
② Thiobacillus(티오바실러스)
③ Thiooxidans(티오옥시던스)
④ Thiotrix(티오트릭스)

---

**12** 해수의 특성에 대한 설명으로 옳은 것은?

㉮ 염분은 적도해역과 극해역이 다소 높다.
㉯ 해수의 주요성분 농도비는 수온, 염분의 함수로 수심이 깊어질수록 증가한다.
㉰ 해수의 Na/Ca 비는 3~4 정도로 담수보다 매우 높다.
㉱ 해수 내 전체 질소 중 35% 정도는 암모니아성 질소, 유기질소 형태이다.

**풀이** ㉮ 염분은 적도해역에서는 높고, 극(남극과 북극)해역에서는 다소 낮다.
㉯ 해수의 주요성분 농도비는 항상 일정하다.
㉰ 해수의 Mg/Ca 비는 3~4 정도로 담수보다 매우 높다.

---

**13** 물의 순환과 이용에 관한 설명으로 틀린 것은?

㉮ 지구전체의 강수량은 대략 $4 \times 10^{14} m^3$/년으로서 그 중 약 1/4 가량이 육지에 떨어진다.
㉯ 지구상 존재하는 물의 약 97%가 해수이다.
㉰ 물의 순환은 물의 이동이 일정하게 연속적으로 이루어진다는 의미를 갖는다.
㉱ 자연계에서 물을 순환하게 하는 근원은 태양에너지이다.

**풀이** ㉰ 물의 순환에서 물의 이동은 일정하지 않고 비연속적으로 이루어진다.

---

**answer** 09 ㉯  10 ㉱  11 ㉱  12 ㉱  13 ㉰

**14** 하천의 자정작용에 관한 설명으로 틀린 것은?

㉮ 하천의 자정작용은 일반적으로 겨울보다 수온이 상승하여 자정계수(f)가 커지는 여름에 활발하다.
㉯ β중부수성 수역(초록색)의 수질은 평지의 일반하천에 상당하며 많은 종류의 조류가 출현한다.(Kolkwitz - Marson법 기준)
㉰ 하천에서 활발한 분해가 일어나는 지대는 혐기성세균이 호기성세균을 교체하며 fungi는 사라진다.(Wipple의 4지대 기준)
㉱ 하천이 회복되고 있는 지대는 용존산소가 포화될 정도로 증가한다. (Wipple의 4지대기준)

**풀이** ㉮ 하천의 자정작용은 일반적으로 겨울보다 수온이 상승하여 자정계수(f)가 작아지는 여름에 활발하다.

**TIP**
자정계수(f)와 온도와의 상관관계
① 탈산소계수($k_1$)는 온도가 상승하면 커진다.
② 재폭기계수($k_2$)는 온도가 상승하면 커진다.
③ 자정계수(f) = $\dfrac{k_2(/day)}{k_1(/day)}$
④ 온도가 상승하면 자정계수(f)는 작아진다.

**15** 하천의 단면적이 350m², 유량이 428,400 m³/h, 평균수심이 1.7m일 때, 탈산소계수가 0.12/day인 지점의 자정계수는? (단, $k_2 = 2.2 \times \dfrac{V}{H^{1.33}}$, 단위는 V[m/sec], H[m])

㉮ 0.3　　㉯ 1.6
㉰ 2.4　　㉱ 3.1

**풀이**
① $V(m/sec) = \dfrac{Q(m^3/sec)}{A(m^2)}$
$= \dfrac{428,400m^3/hr \times 1hr/3,600sec}{350m^2}$
$= 0.34m/sec$

② 재폭기계수($k_2$) = $2.2 \times \dfrac{V}{H^{1.33}}$
$= 2.2 \times \dfrac{0.34m/sec}{(1.7m)^{1.33}}$
$= 0.369/day$

③ 탈산소계수($k_1$) = 0.12/day

④ 자정계수(f) = $\dfrac{k_2(/day)}{k_1(/day)} = \dfrac{0.369/day}{0.12/day} = 3.08$

**TIP**
$k_2$ 공식에 대입하는 V의 시간 단위는 반드시 sec이며, day로 환산하면 안된다는 점이 문제해결 포인트이다.

**16** 호수의 성층현상에 대한 설명으로 틀린 것은?

㉮ 수심에 따른 온도변화로 인해 발생되는 물의 밀도차에 의하여 발생한다.
㉯ Thermocline(약층)은 순환층과 정체층의 중간층으로 깊이에 따른 온도변화가 크다.
㉰ 봄이 되면 얼음이 녹으면서 수표면 부근의 수온이 높아지게 되고 따라서 수직운동이 활발해져 수질이 악화된다.
㉱ 여름이 되면 연직에 따른 온도경사와 용존산소 경사가 반대모양을 나타낸다.

**풀이** ㉱ 여름이 되면 연직에 따른 온도경사와 용존산소 경사가 같은 모양을 나타낸다.

answer　14 ㉮　15 ㉱　16 ㉱

**17** 다음의 기체 법칙 중 옳은 것은?

㉮ Boyle의 법칙 : 일정한 압력에서 기체의 부피는 절대온도에 정비례한다.
㉯ Henry의 법칙 : 기체와 관련된 화학반응에서는 반응하는 기체와 생성되는 기체의 부피 사이에 정수관계가 있다.
㉰ Graham의 법칙 : 기체의 확산속도(조그마한 구멍을 통한 기체의 탈출)는 기체 분자량의 제곱근에 반비례한다.
㉱ Gay - Lussac의 결합 부피 법칙 : 혼합기체 내의 각 기체의 부분압력은 혼합물 속의 기체의 양에 비례한다.

> 풀이  ㉮ Boyle의 법칙 : 일정온도에서 기체의 압력과 그 부피는 서로 반비례한다.
> ㉯ Henry의 법칙 : 용해도가 크지 않은 기체가 일정한 온도에서 일정량의 액체에 녹는 무게는 압력에 비례하며, 혼합기체는 그 부분압력에 비례한다.
> ㉱ Gay - Lussac의 결합 부피 법칙 : 기체가 관련된 화학반응에서는 반응하는 기체와 생성된 기체의 부피사이에는 정수관계가 성립된다.

**18** 수은(Hg) 중독과 관련이 없는 것은?

㉮ 난청, 언어장애, 구심성 시야협착, 정신장애를 일으킨다.
㉯ 이따이이따이병을 유발한다.
㉰ 유기수은은 무기수은보다 독성이 강하며 신경계통에 장해를 준다.
㉱ 무기수은은 황화물 침전법, 활성탄 흡착법, 이온교환법 등으로 처리할 수 있다.

> 풀이  ㉯ 미나마타병, 헌터 - 루셀증후군을 유발한다.

> TIP
> 이따이이따이병은 카드뮴(Cd)에 의해 발생되는 질환이다.

**19** 수질오염물질별 인체영향(질환)이 틀리게 짝지어진 것은?

㉮ 비소 : 반상치(법랑반점)
㉯ 크롬 : 비중격 연골천공
㉰ 아연 : 기관지 자극 및 폐렴
㉱ 납 : 근육과 관절의 장애

> 풀이  ㉮ 비소 : 피부 흑색(청색)화

> TIP
> 반상치(법랑반점)은 불소에 의한 만성질환이다.

**20** 이상적 plug flow에 관한 내용으로 옳은 것은?

㉮ 분산 = 0, 분산수 = 0
㉯ 분산 = 0, 분산수 = 1
㉰ 분산 = 1, 분산수 = 0
㉱ 분산 = 1, 분산수 = 1

> 풀이  CFSTR과 PFR의 비교
> 
> |  | 완전혼합형 반응조 (CFSTR) | 플러그흐름반응조 (PFR) |
> | --- | --- | --- |
> | 분산 | 1 | 0 |
> | 분산수 | 무한대($\infty$) | 0 |
> | 모릴지수 | 클수록 | 1 |
> | 지체시간 | 0 | 이론적 체류시간과 동일할 때 |

answer  17 ㉰  18 ㉯  19 ㉮  20 ㉮

| 제2과목 | 상하수도계획

**21** 유출계수가 0.65인 1km²의 분수계에서 흘러내리는 우수의 양(m³/sec)은?
(단, 강우강도 = 3mm/min, 합리식 적용)

㉮ 1.3  ㉯ 6.5
㉰ 21.7  ㉱ 32.5

**풀이**
$Q = \dfrac{1}{360} \times C \times I \times A$

여기서 C : 유출계수 = 0.65
　　　 I : 강우강도(mm/hr)
　　　 $I = \dfrac{3mm}{min} \times \dfrac{60min}{1hr} = 180mm/hr$
　　　 A : 면적(ha)
　　　 $A = 1km^2 \times 100ha/1km^2 = 100ha$

따라서 $Q = \dfrac{1}{360} \times 0.65 \times 180mm/hr \times 100ha$
　　　　 $= 32.5 m^3/sec$

**22** 펌프의 형식 중 베인의 양력작용에 의하여 임펠러 내의 물에 압력 및 속도에너지를 주고 가이드베인으로 속도에너지의 일부를 압력으로 변환하여 양수작용을 하는 펌프는?

㉮ 원심펌프  ㉯ 축류펌프
㉰ 사류펌프  ㉱ 플랜지펌프

**풀이** ㉯ 축류펌프에 대한 설명이다.

**TIP**
각 펌프의 비교회전도
① 원심펌프 : 100~250rpm
② 사류펌프 : 700~1,200rpm
③ 축류펌프 : 1,100~2,000rpm

**23** 표준활성슬러지법에 관한 내용으로 틀린 것은?

㉮ 수리학적 체류시간은 6~8시간을 표준으로 한다.
㉯ 반응조내 MLSS 농도는 1500~2500mg/L를 표준으로 한다.
㉰ 포기조의 유효수심은 심층식의 경우 10m를 표준으로 한다.
㉱ 포기조의 여유고는 표준식의 경우 30~60cm 정도를 표준으로 한다.

**풀이** ㉱ 포기조의 여유고는 산기식의 경우 30~60cm 정도를 표준으로 한다.

**TIP**
포기기의 여유고
① 산기식 포기기 : 0.3~0.6m = 30~60cm
② 기계식 포기기 : 1~1.5m = 100~150cm

**24** 급속여과지에 대한 설명으로 틀린 것은?

㉮ 여과 및 여과층의 세척이 충분하게 이루어질 수 있어야 한다.
㉯ 급속여과지는 중력식과 압력식이 있으며 압력식을 표준으로 한다.
㉰ 여과면적은 계획정수량을 여과속도로 나누어 계산한다.
㉱ 여과지 1지의 여과면적은 150m² 이하로 한다.

**풀이** ㉯ 급속여과지는 중력식과 압력식이 있으며 중력식을 표준으로 한다.

answer　21 ㉱　22 ㉯　23 ㉱　24 ㉯

**25** 토출량 20m³/min, 전양정 6m, 회전속도 1,200rpm인 펌프의 비교회전도(비속도)는?

㉮ 약 1,300  ㉯ 약 1,400
㉰ 약 1,500  ㉱ 약 1,600

**풀이**

$$N_s = N \times \frac{Q^{\frac{1}{2}}}{H^{\frac{3}{4}}}$$

여기서 $N_s$ : 비교회전도(rpm)
  $N$ : 회전속도(rpm)
  $Q$ : 토출량(m³/min)
  $H$ : 전양정(m)

따라서 $N_s = 1,200rpm \times \frac{(20m^3/min)^{\frac{1}{2}}}{(6m)^{\frac{3}{4}}}$

  $= 1,399.85rpm$

**TIP**

$rpm = \frac{회}{min}$

**26** 슬러지탈수 방법 중 가압식 벨트프레스 탈수기에 관한 내용으로 틀린 것은?
(단, 원심탈수기와 비교)

㉮ 소음이 적다.
㉯ 동력이 적다.
㉰ 부대장치가 적다.
㉱ 소모품이 적다.

**풀이** ㉰ 부대장치가 많다.

**27** 농축 후 소화를 하는 공정이 있다. 농축조에서의 건조슬러지가 1m³이고, 소화공정에서 VSS 60%, 소화율 50%, 소화 후 슬러지의 함수율이 96%일 때 소화 후 슬러지의 부피(m³)는?

㉮ 0.7  ㉯ 9
㉰ 18  ㉱ 36

**풀이** ① 소화 후 VSS량 = 1m³×0.6×(1-0.5) = 0.3m³
② 소화 후 FSS량 = 1m³×(1-0.6) = 0.4m³
③ 소화 후 슬러지량 = (VSS량+FSS량) × $\frac{100}{100-P(\%)}$
④ 소화 후 슬러지량 = (0.3m³+0.4m³) × $\frac{100}{100-96(\%)}$
  $= 17.5m^3$

**TIP**

FSS = 100-VSS = 100-60% = 40%
  = 1-VSS = 1-0.6 = 0.4

**28** 펌프의 운전 시 발생되는 현상이 아닌 것은?

㉮ 공동현상
㉯ 수격작용(수충작용)
㉰ 노크현상
㉱ 맥동현상

**TIP**

**펌프의 운전 시 발생되는 현상**
① 공동현상(캐비테이션) : 물이 관속을 유동하고 있을 때 유동하는 물 속의 어느 부분의 정압이 그 때의 증기압보다 낮아지면 부분적으로 기화하여 관내부에 증기부, 즉 공동이 발생되는 현상
② 수격현상(수충작용) : 관속을 충만하게 흐르고 있는 액체의 속도를 급격히 변화시키면서 액체에 큰 압력 변화가 발생하여 관내에 있는 액체에 물리적 변화가 일어남으로써 충격압을 형성시킴과 동시에 이로 인한 유체가 관벽을 치는 현상
③ 맥동(서어징)현상 : 펌프 운전시 비정상 현상으로 토출량과 토출압이 주기적으로 변동하는 상태를 일으키며 펌프 특성 곡선이 산고형에서 발생하는 큰 진동이 발생되는 현상

**answer** 25 ㉯  26 ㉰  27 ㉰  28 ㉰

**29** 하수배제 방식 중 합류식에 관한 설명으로 틀린 것은?

㉮ 관로계획 : 우수를 신속히 배수하기 위해 지형조건에 적합한 관거망이 된다.
㉯ 청천 시의 월류 : 없음
㉰ 관로 오접 : 없음
㉱ 토지이용 : 기존의 측구를 폐지할 경우는 뚜껑의 보수가 필요하다.

▶ 풀이 ㉱ 토지이용 : 기존의 측구를 폐지할 경우 뚜껑의 보수가 필요없다.

**30** 정수시설 중 플록형성지에 관한 설명으로 틀린 것은?

㉮ 기계식교반에서 플록큐레이터(flocculator)의 주변속도는 5~10cm/sec를 표준으로 한다.
㉯ 플록형성시간은 계획정수량에 대하여 20~40 분간을 표준으로 한다.
㉰ 직사각형이 표준이다.
㉱ 혼화지와 침전지 사이에 위치하고 침전지에 붙여서 설치한다.

▶ 풀이 ㉮ 기계식교반에서 플록큐레이터의 주변속도는 15~80cm/sec를 표준으로 한다.

**31** 강우강도에 대한 설명 중 틀린 것은?

㉮ 강우강도는 그 지점에 내린 우량을 mm/hr 단위로 표시한 것이다.
㉯ 확률강우강도는 강우강도의 확률적 빈도를 나타낸 것이다.
㉰ 범람의 피해가 적을 것으로 예상될 때는 재현기간 2~5년의 확률강우강도를 채택한다.
㉱ 강우강도가 큰 강우일수록 빈도가 높다.

▶ 풀이 ㉱ 강우강도가 큰 강우일수록 빈도가 낮다.

**32** 호소, 댐을 수원으로 하는 취수문에 관한 설명으로 틀린 것은?

㉮ 일반적으로 중, 소량 취수에 쓰인다.
㉯ 일반적으로 취수량을 조정하기 위한 수문 또는 수위조절판(stop log)를 설치한다.
㉰ 파랑, 결빙 등의 기상조건에 영향이 거의 없다.
㉱ 하천의 표류수나 호소의 표층수를 취수하기 위하여 물가에 만들어지는 취수시설이다.

▶ 풀이 ㉰ 갈수시, 홍수시, 결빙시 영향을 받는다.

**33** 화학적 응집에 영향을 미치는 인자의 설명 중 틀린 내용은?

㉮ 수온 : 수온 저하 시 플록형성에 소요되는 시간이 길어지고, 응집제의 사용량도 많아진다.
㉯ pH : 응집제의 종류에 따라 최적의 pH 조건을 맞추어 주어야 한다.
㉰ 알칼리도 : 하수의 알칼리도가 많으면 플록을 형성하는데 효과적이다.
㉱ 응집제 양 : 응집제 양을 많이 넣을수록 응집효율이 좋아진다.

▶ 풀이 ㉱ 응집제 양 : 응집제는 최적의 양을 넣을수록 응집효율이 좋아진다.

answer 29 ㉱  30 ㉮  31 ㉱  32 ㉰  33 ㉱

**34** 상수시설 중 배수지에 관한 설명 중 틀린 것은?

㉮ 유효용량은 시간변동조정용량, 비상대처용량을 합하여 급수구역의 계획1일 최대 급수량의 12시간분 이상을 표준으로 한다.
㉯ 배수지는 가능한 한 급수지역의 중앙 가까이 설치한다.
㉰ 유효수심은 1~2m 정도를 표준으로 한다.
㉱ 자연유하식 배수지의 표고는 최소동수압이 확보되는 높이여야 한다.

▶풀이 ㉰ 유효수심은 3~6m 정도를 표준으로 한다.

**35** 계획급수량 결정 시, 사용수량의 내역이나 다른 기초자료가 정비되어 있지 않은 경우 산정의 기초로 사용할 수 있는 것은?

㉮ 계획 1인 1일 최대급수량
㉯ 계획 1인 1일 평균급수량
㉰ 계획 1인 1일 평균사용수량
㉱ 계획 1인 1일 최대사용수량

▶풀이 계획급수량 결정의 산정은 ㉰ 계획 1인 1일 평균사용수량을 사용한다.

**36** 하수처리계획에서 계획오염부하량 및 계획유입 수질에 관한 설명으로 틀린 것은?

㉮ 계획유입수질 : 하수의 계획유입수질은 계획오염부하량을 계획1일평균오수량으로 나눈값으로 한다.
㉯ 공장폐수에 의한 오염부하량 : 폐수배출 부하량이 큰 공장은 업종별 오염부하량 원단위를 기초로 추정하는 것이 바람직하다.
㉰ 생활오수에 의한 오염부하량 : 1인1일당 오염부하량 원단위를 기초로 하여 정한다.
㉱ 관광오수에 의한 오염부하량 : 당일 관광과 숙박으로 나누고 각각의 원단위에서 추정한다.

▶풀이 ㉯ 공장폐수에 의한 오염부하량 : 재해시설 등을 감안하되 실측자료를 기초로 하여 정함을 원칙으로 한다.

**37** 정수방법인 완속여과방식에 관한 설명으로 틀린 것은?

㉮ 약품처리가 필요 없다.
㉯ 완속여과의 정화는 주로 생물작용에 의한 것이다.
㉰ 비교적 양호한 원수에 알맞은 방식이다.
㉱ 소요 부지면적이 적다.

▶풀이 ㉱ 소요 부지면적이 넓다.

**38** 상수처리를 위한 응집지의 플록형성지에 대한 설명 중 틀린 것은?

㉮ 플록형성지는 혼화지와 침전지 사이에 위치하고 침전지에 붙여서 설치한다.
㉯ 플록형성시간은 계획정수량에 대하여 20~40분간을 표준으로 한다.
㉰ 플록형성지 내의 교반강도는 하류로 갈수록 점차 감소시키는 것이 바람직하다.
㉱ 플록형성지에 저류벽이나 정류벽 등을 설치하면 단락류가 생겨 유효저류시간을 줄일 수 있다.

▶풀이 ㉱ 플록형성지에 저류벽이나 정류벽 등을 설치하면 단락류가 생겨 유효저류시간이 증가한다.

**answer** 34 ㉰  35 ㉰  36 ㉯  37 ㉱  38 ㉱

**39** 상수처리를 위한 침사지 구조에 관한 기준으로 틀린 것은?

㉮ 지의 상단높이는 고수위보다 0.3~0.6m의 여유고를 둔다.
㉯ 지내 평균유속은 2~7cm/s를 표준으로 한다.
㉰ 표면부하율은 200~500mm/min을 표준으로 한다.
㉱ 지의 유효수심은 3~4m를 표준으로 하고 퇴사심도를 0.5~1m로 한다.

**풀이** ㉮ 지의 상단높이는 고수위보다 0.6~1m의 여유고를 둔다.

**40** 말굽형 하수관로의 장점으로 틀린 것은?

㉮ 대구경 관로에 유리하며 경제적이다.
㉯ 수리학적으로 유리하다.
㉰ 단면형상이 간단하여 시공성이 우수하다.
㉱ 상반부의 아치작용에 의해 역학적으로 유리하다.

**풀이** ㉰ 단면형상이 복잡하기 때문에 시공성이 열악하다.

| 제3과목 | 수질오염방지기술

**41** 공장에서 배출되는 pH 2.5인 산성폐수 500m³/day를 인접 공장 폐수와 혼합처리하고자 한다. 인접 공장 폐수 유량은 10,000m³/day이고, pH는 6.5이다. 두 폐수를 혼합한 후의 pH는?

㉮ 1.61  ㉯ 3.82
㉰ 7.64  ㉱ 9.54

**풀이** ① 혼합공식을 이용하여 혼합 후 농도를 계산

$$C_m = \frac{Q_1 \times C_1 + Q_2 \times C_2}{Q_1 + Q_2}$$

$$= \frac{500 \text{m}^3/\text{day} \times 10^{-2.5} \text{mol/L} + 10,000 \text{m}^3/\text{day} \times 10^{-6.5} \text{mol/L}}{(500+10,000) \text{m}^3/\text{day}}$$

$$= 1.51 \times 10^{-4} \text{mol/L}$$

② pH = $-\log[\text{H}^+]$
= $-\log[1.51 \times 10^{-4} \text{mol/L}]$
= 3.82

**TIP**
① pH = $-\log[\text{H}^+] \Rightarrow [\text{H}^+] = 10^{-\text{pH}}$ mol/L
② pOH = $-\log[\text{OH}^-] \Rightarrow [\text{OH}^-] = 10^{-\text{pOH}}$ mol/L
③ 산성물질에서 pH = $-\log[\text{H}^+]$
④ 알칼리성물질에서 pH = $14 + \log[\text{OH}^-]$

**42** 생물학적 폐수처리 반응과 그것을 주도하는 미생물 분류 중에서 틀린 것은?

㉮ 활성 슬러지 : 화학유기 영양계
㉯ 질산화 : 화학무기 영양계
㉰ 탈질산화 : 화학유기 영양계
㉱ 회전원판(생물막) : 광유기 영양계

**풀이** ㉱ 회전원판(생물막) : 화학유기 영양계

**43** 포기조내의 혼합액 중 부유물 농도(MLSS)가 2,000g/m³, 반송슬러지의 부유물 농도가 9,576g/m³이라면 슬러지 반송률(%)은?

㉮ 23.2  ㉯ 26.4
㉰ 28.6  ㉱ 32.8

**풀이** ① 반송비(R) = $\frac{\text{MLSS} - \text{SS}_i}{\text{SS}_r - \text{MLSS}}$

유입수 SS 무시하면

**answer** 39 ㉮  40 ㉰  41 ㉯  42 ㉱  43 ㉯

$$R = \frac{MLSS}{SS_r - MLSS}$$

$$= \frac{2,000 g/m^3}{9,576 g/m^3 - 2,000 g/m^3} = 0.2640$$

② 반송율(%) = 반송비(R)×100
= 0.2640×100 = 26.40%

## 44 정수처리 시 적용되는 랑게리아 지수에 관한 내용으로 틀린 것은?

㉮ 랑게리아 지수란 물의 실제 pH와 이론적 pH(pHs : 수중의 탄산칼슘이 용해되거나 석출되지 않는 평형상태로 있을 때의 pH)와의 차이를 말한다.
㉯ 랑게리아 지수가 양(+)의 값으로 절대치가 클수록 탄산칼슘피막 형성이 어렵다.
㉰ 랑게리아 지수가 음(-)의 값으로 절대치가 클수록 물의 부식성이 강하다.
㉱ 물의 부식성이 강한 경우의 랑게리아 지수는 pH, 칼슘경도, 알칼리도를 증가시킴으로써 개선할 수 있다.

**풀이** ㉯ 랑게리아 지수가 양(+)의 값으로 절대치가 클수록 탄산칼슘피막 형성이 용이하다.

**TIP**
**랑게리아 지수(LI)**
① LI = 0인 경우 : 물의 안정도가 평형인 상태
② LI > 0인 경우 : LI의 양(+)의 값이므로 과포화상태($CaCO_3$ 침전)
③ LI < 0인 경우 : LI의 음(-)의 값이므로 불포화상태(부식성 증가)

## 45 염소 소독의 특징으로 틀린 것은?
(단, 자외선 소독과 비교)

㉮ 소독력 있는 잔류염소를 수송관로 내에 유지시킬 수 있다.
㉯ 처리수의 총용존고형물이 감소한다.
㉰ 염소접촉조로부터 휘발성 유기물이 생성된다.
㉱ 처리수의 잔류독성이 탈염소과정에 의해 제거되어야 한다.

**풀이** ㉯ 처리수의 총용존고형물이 증가한다.

## 46 활성슬러지를 탈수하기 위하여 98%(중량비)의 수분을 함유하는 슬러지에 응집제를 가했더니 [상등액 : 침전슬러지]의 용적비가 2 : 1이 되었다. 이 때 침전슬러지의 함수율(%)은? (단, 응집제의 양은 매우 적고, 비중 = 1.0)

㉮ 92   ㉯ 93
㉰ 94   ㉱ 95

**풀이** $V_1 \times (100-P_1) = V_2 \times (100-P_2)$
$3 \times (100-98) = 1 \times (100-P_2)$
∴ $P_2$ = 94%

## 47 하수소독 시 적용되는 UV 소독방법에 관한 설명으로 틀린 것은? (단, 오존 및 염소 소독방법과 비교)

㉮ pH 변화에 관계없이 지속적인 살균이 가능하다.
㉯ 유량과 수질의 변동에 대해 적응력이 강하다.
㉰ 설치가 복잡하고, 전력 및 램프 수가 많이 소요되므로 유지비가 높다.
㉱ 물이 혼탁하거나 탁도가 높으면 소독능력에 영향을 미친다.

**풀이** ㉰ 설치가 간단하고 유지비가 저렴하다.

**answer** 44 ㉯  45 ㉯  46 ㉰  47 ㉰

**48** 생물화학적 인 및 질소 제거 공법 중 인 제거만을 주목적으로 개발된 공법은?

㉮ Phostrip  ㉯ $A^2/O$
㉰ UCT  ㉱ Bardenpho

**풀이** ㉮ Phostrip 공법은 폐수중의 인 성분을 생물학적, 화학적 원리를 함께 이용하여 제거하는 공법이다.

**49** 함수율이 95%이고 고형물 중 유기물이 70%인 하수슬러지 300m³/일을 소화시켜 유기물의 2/3가 분해되고 함수율 90%인 소화슬러지를 얻었다. 소화슬러지의 양(m³/일)은?
(단, 슬러지의 비중은 1.0)

㉮ 80m³/일  ㉯ 90m³/일
㉰ 100m³/일  ㉱ 110m³/일

**풀이** 소화슬러지 부피(m³) = (잔류VS+FS)×$\frac{100}{100-P}$

① 잔류VS(m³)
 = 슬러지량(m³)×고형물량×유기물량
  ×유기물 잔류량
 = 300m³/day×0.05×0.70×$\left(1-\frac{2}{3}\right)$ = 3.5m³/day

② FS(m³) = 슬러지량(m³)×고형물량×무기물량
 = 300m³/day×0.05×0.3 = 4.5m³/day

③ 소화슬러지 부피(m³)
 = (3.5m³+4.5m³)×$\frac{100}{100-90\%}$ = 80m³/day

**TIP**
① 고형물(%) = 100 - 함수율(%) = 100 - 95% = 5%
② 무기물(%) = 100 - 유기물 = 100% - 70% = 30%

**50** 하수고도처리 공법 중 생물학적 방법으로 질소와 인을 동시에 제거하기 위한 것은?

㉮ Phostrip  ㉯ 4단계 Bardenpho
㉰ A/O  ㉱ $A^2/O$

**풀이** ㉮ Phostrip : 인(P)만 제거
㉯ 4단계 Bardenpho : 질소(N)만 제거
㉰ A/O : 인(P)만 제거
㉱ $A^2/O$ : 인(P)과 질소(N) 제거

**51** 연속회분식반응조(Sequencing Batch Reactor)에 관한 설명으로 틀린 것은?

㉮ 하나의 반응조 안에서 호기성 및 혐기성 반응 모두를 이룰 수 있다.
㉯ 별도의 침전조가 필요없다.
㉰ 기본적인 처리계통도는 5단계로 이루어지며 요구하는 유출수에 따라 운전 mode를 채택할 수 있다.
㉱ 기존 활성슬러지 처리에서의 시간개념을 공간개념으로 전환한 것이라 할 수 있다.

**풀이** ㉱ 기존 활성슬러지 처리에서의 공간개념을 시간개념으로 전환한 것이라 할 수 있다.

**52** 펜톤처리공정에 관한 설명으로 틀린 것은?

㉮ 펜톤시약의 반응시간은 철염과 과산화수소의 주입 농도에 따라 변화를 보인다.
㉯ 펜톤시약을 이용하여 난분해성 유기물을 처리하는 과정은 대체로 산화반응과 함께 pH조절, 펜톤산화, 중화 및 응집, 침전으로 크게 4단계로 나눌 수 있다.
㉰ 펜톤시약의 효과는 pH 8.3~10 범위에

answer  48 ㉮  49 ㉮  50 ㉱  51 ㉱  52 ㉰

서 가장 강력한 것으로 알려져 있다.
㉣ 폐수의 COD는 감소하지만 BOD는 증가할 수 있다.

**풀이** ㉢ 펜톤시약의 효과는 pH 3~5 범위에서 가장 강력한 것으로 알려져 있다.

**TIP**
Fenton 산화법
① 시약 : $H_2O_2$
② 촉매 : 철염(황산제1철)
③ 강산화제 : 애라디칼
④ 적정 pH : 3~4.5(5)
⑤ 유기물 변화 : COD 감소, BOD 증가

**53** 폐수처리에 관련된 침전현상으로 입자 간에 작용하는 힘에 의해 주변입자들의 침전을 방해하는 중간정도 농도 부유액에서의 침전은?

㉮ 제1형 침전(독립입자침전)
㉯ 제2형 침전(응집침전)
㉰ 제3형 침전(계면침전)
㉱ 제4형 침전(압밀침전)

**풀이** 주변입자들의 침전을 방해하는 침전은 제3형 침전으로 계면침전, 지역침전, 간섭침전, 방해침전이라고도 한다.

**54** 활성슬러지법과 비교하여 생물막 공법의 특징이 아닌 것은?

㉮ 적은 에너지를 요구한다.
㉯ 단순한 운전이 가능하다.
㉰ 2차 침전지에서 슬러지 벌킹의 문제가 없다.
㉱ 충격독성부하로부터 회복이 느리다.

**풀이** ㉱ 충격독성부하로부터 회복이 빠르다.

**55** 역삼투장치로 하루에 600,000L의 3차 처리된 유출수를 탈염하고자 할 때 10℃에서 요구되는 막 면적($m^2$)은?

- 25℃에서 물질전달계수 = 0.2068L/(day · $m^2$)(kPa)
- 유입수와 유출수의 압력차 = 2,400kPa
- 유입수와 유출수의 삼투압차 = 310kPa
- 최저운전온도 = 10℃
- $A_{10℃}$ = 1.3$A_{25℃}$

㉮ 약 1,200
㉯ 약 1,400
㉰ 약 1,600
㉱ 약 1,800

**풀이** ① $Q_F$(유출수량)을 계산한다.
$Q_F = k \times (\triangle P - \triangle \pi) = 0.2068$L/day · $m^2$ · kPa
$\times (2,400-310)$kPa
$= 432.212$L/day · $m^2$

② $A_{25℃}$를 계산한다.
$A_{25℃} = \dfrac{Q}{Q_F} = \dfrac{600,000\text{L/day}}{432.212\text{L/day} \cdot m^2}$
$= 1,388.2076m^2$

③ $A_{10℃}$를 계산한다.
$A_{10℃} = 1.3A_{25℃} = 1.3 \times 1,388.208m^2$
$= 1,804.67m^2$

**56** 포기조의 MLSS 농도를 3,000mg/L로 유지하기 위한 재순환율(%)은?
(단, SVI = 120, 유입 SS 고려하지 않고, 방류수 SS = 0mg/L)

㉮ 36.3
㉯ 46.3
㉰ 56.3
㉱ 66.3

**풀이**
재순환율(%) = $\dfrac{\text{MLSS}}{SS_r - \text{MLSS}} \times 100$

$= \dfrac{3,000\text{mg/L}}{\dfrac{10^6}{120} - 3,0000\text{mg/L}} \times 100$

$= 56.25\%$

**answer** 53 ㉰  54 ㉱  55 ㉱  56 ㉰

**TIP**

① $SS_i$는 고려하지 않으므로

$$R = \frac{MLSS - SS_i}{SS_r - MLSS} = \frac{MLSS}{SS_r - MLSS}$$

② $SVI = \frac{10^6}{SS_r} \Rightarrow SS_r = \frac{10^6}{SVI}$

$$R = \frac{MLSS}{SS_i - MLSS} = \frac{MLSS}{\frac{10^6}{SVI} - MLSS}$$

**57** 분리막을 이용한 다음의 폐수처리방법 중 구동력이 농도차에 의한 것은?

㉮ 역삼투(Reverse Osmosis)
㉯ 투석(Dialysis)
㉰ 한외여과(Ultrafiltration)
㉱ 정밀여과(Microfiltration)

**풀이** 구동력
㉮ 역삼투 : 정수압차
㉯ 투석 : 농도차
㉰ 한외여과 : 정수압차
㉱ 정밀여과 : 정수압차

**TIP**
구동력
① 전기투석 : 전위차
② 나노여과 : 정수압차

**58** 유해물질인 시안(CN)처리 방법에 관한 설명으로 틀린 것은?

㉮ 오존산화법 : 오존은 알칼리성 영역에서 시안화합물을 $N_2$로 분해시켜 무해화 한다.
㉯ 전해법 : 유가(有價)금속류를 회수할 수 있는 장점이 있다.
㉰ 충격법 : 시안을 pH 3 이하의 강산성 영역에서 강하게 폭기하여 산화하는 방법이다.
㉱ 감청법 : 알칼리성 영역에서 과잉의 황산 알루미늄을 가하여 공침시켜 제거하는 방법이다.

**풀이** ㉱ 감청법 : 알칼리성 영역에서 과잉의 황산제1철 또는 황산제2철염을 가하여 공침시켜 제거하는 방법이다.

**59** 질산화 미생물의 전자공여체로 가장 거리가 먼 것은?

㉮ 메탄올
㉯ 암모니아
㉰ 아질산염
㉱ 환원된 무기성 화합물

**풀이** ㉮ 메탄올($CH_3OH$)은 탈질화 미생물의 전자공여체이다.

**answer** 57 ㉯  58 ㉱  59 ㉮

**60** $300m^3$/day의 도금공장 폐수 중 $CN^-$이 150mg/L 함유되어, 다음 반응식을 이용하여 처리하고자 할 때 필요한 NaClO의 양(kg)은?

> $2NaCN + 5NaClO + H_2O$
> $\rightarrow 2NaHCO_3 + N_2 + 5NaCl$

㉮ 180.4　　㉯ 300.5
㉰ 322.4　　㉱ 344.8

**풀이**
$2CN^-$ : $5NaClO$
$2 \times 26g$ : $5 \times 74.5g$
$150 \times 10^{-3} kg/m^3 \times 300 m^3/day$ : X
∴ X = 322.36kg/day

**TIP**
① mg/L $\xrightarrow{\times 10^{-3}}$ $kg/m^3$
② 총량(kg/day) = 농도($kg/m^3$) × 유량($m^3$/day)

---

| 제4과목 | 수질오염공정시험기준

**61** 자외선/가시선 분광법에 관한 설명으로 틀린 것은?

㉮ 측정파장은 원칙적으로 최고의 흡광도가 얻어질 수 있는 최대 흡수파장을 선정한다.
㉯ 대조액은 일반적으로 용매 또는 바탕시험액을 사용한다.
㉰ 측정된 흡광도는 되도록 1.0~1.5의 범위에 들도록 시험용액의 농도 및 흡수셀의 길이를 선정한다.
㉱ 부득이 흡광도를 0.1 미만에서 측정할 때는 눈금 확대기를 사용하는 것이 좋다.

**풀이** ㉰ 측정된 흡광도는 되도록 0.2~0.8의 범위에 들도록 시험용액의 농도 및 흡수셀의 길이를 선정한다.

**62** 수질오염공정시험기준에서 사용하는 용어에 대한 설명으로 틀린 것은?

㉮ "항량으로 될 때까지 건조한다."라 함은 같은 조건에서 1시간 더 건조하여 전후 차가 g당 0.3mg 이하일 때를 말한다.
㉯ 시험조작 중 "즉시"란 30초 이내에 표시된 조작을 하는 것을 뜻한다.
㉰ "기밀용기"라 함은 취급 또는 저장하는 동안에 이물질이 들어가거나 또는 내용물이 손실되지 아니하도록 보호하는 용기를 말한다.
㉱ "방울수"라 함은 20℃에서 정제수 20방울을 적하할 때 그 부피가 약 1mL가 되는 것을 뜻한다.

**풀이** ㉰ "기밀용기"라 함은 취급 또는 저장하는 동안에 밖으로부터의 공기 또는 다른 가스가 침입하지 아니 하도록 내용물을 보호하는 용기를 말한다.

**63** 시료를 적절한 방법으로 보존할 때 최대 보존기간이 다른 항목은?

㉮ 시안
㉯ 노말헥산추출물질
㉰ 화학적산소요구량
㉱ 총인

**풀이** 최대 보존기간
㉮ 시안 : 14일
㉯ 노말헥산추출물질 : 28일
㉰ 화학적산소요구량 : 28일
㉱ 총인 : 28일

**answer** 60 ㉰　61 ㉰　62 ㉰　63 ㉮

**64** 다음 설명 중 틀린 것은?

㉮ 현장 이중시료는 동일 위치에서 동일한 조건으로 중복 채취한 시료를 말한다.
㉯ 검정곡선은 분석물질의 농도변화에 따른 지시값을 나타낸 것을 말한다.
㉰ 정량범위라 함은 시험분석 대상을 정량화할 수 있는 측정값을 말한다.
㉱ 기기검출한계(IDL)란 시험분석 대상물질을 기기가 검출할 수 있는 최소한의 농도 또는 양을 의미한다.

**풀이** ㉰ 정량범위라 함은 표준편차율 10% 이하에서 측정할 수 있는 정량하한과 정량상한의 범위를 말한다.

**65** 총대장균군 – 시험관법의 정량방법에 대한 설명으로 틀린 것은?

㉮ 용량 1mL~25mL의 멸균된 눈금피펫이나 자동 피펫을 사용한다.
㉯ 안지름 9mm, 높이 30mm정도의 다람시험관을 사용한다.
㉰ 고리의 안지름이 10mm인 백금이를 사용한다.
㉱ 배양온도를 (35±0.5)℃로 유지할 수 있는 배양기를 사용한다.

**풀이** ㉰ 고리의 안지름이 약 3mm인 백금이를 사용한다.

**66** 적정법으로 용존산소를 정량 시 0.01N $Na_2S_2O_3$용액 1mL가 소요되었을 때 이것 1mL는 산소 몇 mg에 상당하겠는가?

㉮ 0.08　　㉯ 0.16
㉰ 0.2　　㉱ 0.8

**풀이** 적정 용액의 N농도 × 산소 1당량의 g
 = 0.01N × 8
 = 0.08

**TIP**
① 산소(O)는 $O^{2-}$이므로 2당량이다.
② 산소 1당량 g = $\dfrac{16g}{2}$ = 8g
③ 다른 풀이방법
 mg = $\dfrac{0.01eq}{L} \times 1mL \times \dfrac{1L}{10^3 mL} \times \dfrac{8g}{1eq} \times \dfrac{10^3 mg}{1g}$
 = 0.08mg

**67** 용존산소의 정량에 관한 설명으로 틀린 것은?

㉮ 전극법은 산화성물질이 함유된 시료나 착색된 시료에 적합하다.
㉯ 일반적으로 온도가 일정할 때 용존산소 포화량은 수중의 염소이온량이 클수록 크다.
㉰ 시료가 착색, 현탁된 경우는 시료에 포타슘명반 용액과 암모니아수를 주입한다.
㉱ Fe(Ⅲ) 100~200mg/L가 함유되어 있는 시료의 경우 황산을 첨가하기 전에 플루오린화포타슘용액 1mL을 가한다.

**풀이** ㉯ 일반적으로 온도가 일정할 때 용존산소 포화량은 수중의 염소이온량이 작을수록 크다.

**68** 음이온계면활성제를 자외선/가시선 분광법으로 분석하고자 할 때 음이온계면활성제와 메틸렌블루가 반응하여 생성된 청색의 착화합물을 추출하는데 사용하는 용액은?

㉮ 디티존
㉯ 디티오카르바민산
㉰ 메틸이소부틸케톤
㉱ 클로로폼

**풀이** 음이온계면활성제를 자외선/가시선 분광법으로 분석할 때 추출용매는 클로로폼이다.

**answer** 64 ㉰　65 ㉰　66 ㉮　67 ㉯　68 ㉱

**69** 기체크로마토그래피법에서 검출기와 사용되는 운반가스를 틀리게 짝지은 것은?

㉮ 열전도도형 검출기 - 질소
㉯ 열전도도형 검출기 - 헬륨
㉰ 전자포획형 검출기 - 헬륨
㉱ 전자포획형 검출기 - 질소

**풀이** ㉮ 열전도도형 검출기 - 수소

**70** 채취된 폐수시료의 보존에 관한 설명으로 옳은 것은?

㉮ BOD 검정용 시료는 동결하면 장기간 보존할 수 있다.
㉯ COD 검정용 시료는 황산을 가하여 약산성으로 한다.
㉰ 노말헥산추출물질 검정용 시료는 염산으로 pH 4 이하로 한다.
㉱ 부유물질 검정용 시료는 황산을 가하여 pH 4로 한다.

**TIP**
**노말헥산 추출물질의 분석절차**
시료적당량(노말헥산 추출물질로서 5~200mg 해당량)을 분별깔때기에 넣고 메틸오렌지용액(0.1%) 2~3방울을 넣고 적색으로 변할 때까지 염산(1+1)을 넣어 시료의 pH를 4이하로 조절한다.

**71** 수질오염공정시험기준 상 총대장균군의 시험방법이 아닌 것은?

㉮ 현미경계수법     ㉯ 막여과법
㉰ 시험관법         ㉱ 평판집락법

**풀이** 시험방법의 종류
① 총대장균군 : 막여과법, 시험관법, 평판집락법, 효소기질정량법, 건조필름법
② 분원성대장균군 : 막여과법, 시험관법, 효소기질정량법
③ 대장균 : 막여과법, 시험관법, 효소기질정량법

**72** 자외선/가시선 분광법을 적용한 페놀류 측정에 관한 내용으로 틀린 것은?

㉮ 붉은 색의 안티피린계 색소의 흡광도를 측정한다.
㉯ 수용액에서는 510nm, 클로로폼 용액에서는 460nm에서 측정한다.
㉰ 정량한계는 클로로폼 추출법일 때 0.05mg, 직접법일 때 0.5mg이다.
㉱ 시료 중의 페놀을 종류별로 구분하여 정량할 수 없다.

**풀이** ㉰ 정량한계는 클로로폼 추출법일 때 0.005mg, 직접법일 때 0.05mg이다.

**73** 질산성질소의 자외선/가시선 분광법 중 부루신법에 대한 설명으로 틀린 것은?

㉮ 이 시험기준은 지표수, 지하수, 폐수 등에 적용할 수 있으며 정량한계는 0.1mg/L이다.
㉯ 용존 유기물질이 황산산성에서 착색이 선명하지 않을 수 있으며 이 때 부루신설퍼닐산을 포함한 모든 시약을 추가로 첨가하여야 한다.
㉰ 바닷물과 같이 염분이 높은 경우 바탕시료와 표준용액에 염화소듐용액(30%)을 첨가하여 염분의 영향을 제거한다.
㉱ 잔류염소는 이산화비소산소듐으로 제거할 수 있다.

**풀이** ㉯ 용존 유기물질이 황산산성에서 착색이 선명하지 않을 수 있으며 이때 부루신설퍼닐산을 제외한 모든 시약을

**answer**  69 ㉮   70 ㉰   71 ㉮   72 ㉰   73 ㉯

**74** 30배 희석한 시료를 15분간 방치한 후와 5일간 배양한 후의 DO가 각각 8.6mg/L, 3.6mg/L이었고, 식종액의 BOD를 측정할 때 식종액의 배양 전과 후의 DO가 각각 7.5mg/L, 3.7mg/L이었다면 이 시료의 BOD(mg/L)는? (단, 희석시료 중의 식종액 함유율과 희석한 식종액 중의 식종액 함유율의 비는 0.1이다.)

㉮ 139  
㉯ 143  
㉰ 147  
㉱ 150  

**풀이** BOD(mg/L) = [($D_1-D_2$)-($B_1-B_2$)×f]×P  
여기서  
$D_1$ : 15분간 방치된 후의 희석한 시료의 DO(mg/L)  
$D_2$ : 5일간 배양한 다음의 희석한 시료의 DO(mg/L)  
$B_1$ : 식종액의 BOD를 측정할 때 희석된 식종액의 배양 전 DO(mg/L)  
$B_2$ : 식종액의 BOD를 측정할 때 희석된 식종액의 배양 후 DO(mg/L)  
f : 희석시료 중의 식종액 함유율과 희석한 식종액 중의 식종액 함유율의 비  
P : 희석시료 중 희석배수  
BOD(mg/L) = [(8.6-3.6)-(7.5-3.7)×0.1]×30배  
= 138.6mg/L

**75** 유도결합플라스마 - 원자발광분광법에 의한 원소별 정량한계로 틀린 것은?

㉮ Cu : 0.006mg/L  
㉯ Pb : 0.004mg/L  
㉰ Ni : 0.015mg/L  
㉱ Mn : 0.002mg/L  

**풀이** ㉯ Pb : 0.04mg/L

**76** 물 속에 존재하는 비소의 측정방법으로 틀린 것은?

㉮ 수소화물생성 - 원자흡수분광광도법  
㉯ 유도결합플라스마-원자발광분광법  
㉰ 양극벗김전압전류법  
㉱ 이온크로마토그래피법  

**풀이** 비소의 측정방법  
① 수소화물생성 - 원자흡수분광광도법  
② 유도결합플라스마 - 원자발광분광법  
③ 유도결합플라스마 - 질량분석법  
④ 양극벗김전압전류법

**77** 냄새 측정 시 잔류염소 제거를 위해 첨가하는 용액은?

㉮ L - 아스코빈산소듐  
㉯ 티오황산소듐  
㉰ 과망간산포타슘  
㉱ 질산은  

**풀이** 냄새 측정 시 잔류염소 제거를 위해 첨가하는 용액은 티오황산소듐이다.

**78** 시료채취 방법 중 틀린 것은?

㉮ 지하수 시료는 물을 충분히 퍼낸 다음, pH와 전기전도도를 연속적으로 측정하여 각각의 값이 평형을 이룰 때 채취한다.  
㉯ 시료채취 용기에 시료를 채울 때에는 어떠한 경우라도 시료교란이 일어나서는 안된다.  
㉰ 시료채취량은 시험항목 및 시험횟수에 따라 차이가 있으나 보통 1L~2 L 정도이어야 한다.  
㉱ 시료 채취 용기는 깨끗이 세척된 용기 또는 멸균된 용기를 사용한다.

**answer** 74 ㉮  75 ㉯  76 ㉱  77 ㉯  78 ㉰

**풀이** ㉰ 시료채취량은 시험항목 및 시험횟수에 따라 차이가 있으나 보통 3L~5 L 정도이어야 한다.

**79** 잔류염소(비색법)를 측정할 때 크롬산(2mg/L 이상)으로 인한 종말점 간섭을 방지하기 위해 가하는 시약은?

㉮ 염화바륨  ㉯ 황산구리
㉰ 염산용액(25%)  ㉱ 과망간산포타슘

**풀이** 종말점 간섭을 방지하기 위해서 염화바륨을 가한다.

**80** COD 측정에 있어서 COD값에 영향을 주는 인자가 아닌 것은?

㉮ 온도  ㉯ $MnO_4^-$ 농도
㉰ 황산량  ㉱ 가열시간

**풀이** COD값에 영향을 주는 인자는 온도, 가열시간, 황산량이다.

**answer** 79 ㉮  80 ㉯

# 2019 2회 기출문제

## | 제1과목 | 수질오염개론

**01** 1차 반응에 있어 반응 초기의 농도가 100mg/L이고, 4시간 후에 10mg/L로 감소되었다. 반응 2시간 후의 농도(mg/L)는?

㉮ 17.8
㉯ 24.8
㉰ 31.6
㉱ 42.8

**풀이**

1차 반응식 : $\ln \dfrac{C_t}{C_o} = -k \times t$를 이용한다.

여기서
- $C_o$ : 초기농도(mg/L)
- $C_t$ : t시간 후의 농도(mg/L)
- $k$ : 상수(/hr)
- $t$ : 시간(hr)

① $\ln \dfrac{10\text{mg/L}}{100\text{mg/L}} = -k \times 4\text{hr}$

∴ $k = \dfrac{\ln \dfrac{10\text{mg/L}}{100\text{mg/L}}}{-4\text{hr}} = 0.5756/\text{hr}$

② $\ln \dfrac{C_t \text{mg/L}}{100\text{mg/L}} = -0.5756/\text{hr} \times 2\text{hr}$

∴ $C_t = 100\text{mg/L} \times e^{(-0.5756/\text{hr} \times 2\text{hr})}$
= 31.63mg/L

**TIP**

$\ln \dfrac{C_t}{C_o} = -k \times t$
⇒ $C_t = C_o \times e^{(-k \times t)}$

**02** 호소의 성층현상에 관한 설명으로 옳지 않은 것은?

㉮ 수온 약층은 순환층과 정체층의 중간층에 해당되고 변온층이라고도 하며 수온이 수심에 따라 크게 변화된다.
㉯ 호소수의 성층현상은 연직 방향의 밀도차에 의해 층상으로 구분되어지는 것을 말한다.
㉰ 겨울 성층은 표층수의 냉각에 의한 성층이며 역성층이라고도 한다.
㉱ 여름 성층은 뚜렷한 층을 형성하며 연직 온도경사와 분자확산에 의한 DO구배가 반대모양을 나타낸다.

**풀이** ㉱ 여름 성층은 뚜렷한 층을 형성하며 연직온도경사와 분자확산에 의한 DO구배가 같은 모양을 나타낸다.

**03** 생물농축에 대한 설명으로 가장 거리가 먼 것은?

㉮ 수생생물 체내의 각종 중금속 농도는 환경수중의 농도보다는 높은 경우가 많다.
㉯ 생물체중의 농도와 환경수중의 농도비를 농축비 또는 농축계수라고 한다.
㉰ 수생생물의 종류에 따라서 중금속의 농축비가 다르게 되어 있는 것이 많다.
㉱ 농축비는 먹이사슬 과정에서 높은 단계의 소비자에 상당하는 생물일수록 낮게 된다.

**answer** 01 ㉰  02 ㉱  03 ㉱

**풀이** ㉣ 농축비는 먹이사슬 과정에서 높은 단계의 소비자에 상당하는 생물일수록 높게 된다.

**04** 호소의 부영양화에 대한 일반적 영향으로 틀린 것은?

㉮ 부영양화가 진행된 수원을 농업용수로 사용하면 영양염류의 공급으로 농산물 수확량이 지속적으로 증가한다.
㉯ 조류나 미생물에 의해 생성된 용해성 유기물질이 불쾌한 맛과 냄새를 유발한다.
㉰ 부영양화 평가모델은 인(P)부하모델인 Vollenweider 모델 등이 대표적이다.
㉱ 심수층의 용존산소량이 감소한다.

**풀이** ㉮ 부영양화가 진행된 수원을 농업용수로 사용하면 영양염류의 공급으로 농산물 수확량이 일시적으로 증가한다.

**05** 미생물 영양원 중 유황(sulfur)에 관한 설명으로 틀린 것은?

㉮ 황환원세균은 편성 혐기성 세균이다.
㉯ 유황을 함유한 아미노산은 세포 단백질의 필수 구성원이다.
㉰ 미생물세포에서 탄소 대 유황의 비는 100 : 1 정도이다.
㉱ 유황고정, 유황화합물 환원, 산화 순으로 변환된다.

**풀이** ㉱ 유황고정, 유황화합물 산화, 환원 순으로 변환된다.

**06** Formaldehyde($CH_2O$) 500mg/L의 이론적 COD값(mg/L)은?

㉮ 약 512  ㉯ 약 533
㉰ 약 553  ㉱ 약 576

**풀이** $CH_2O + O_2 \rightarrow CO_2 + H_2O$
30g : 32g
500mg/L : COD

$\therefore COD = \dfrac{32g \times 500mg/L}{30g} = 533.33mg/L$

**07** 프로피온산($C_2H_5COOH$) 0.1M 용액이 4%로 이온화 된다면 이온화 정수는?

㉮ $1.7 \times 10^{-4}$  ㉯ $7.6 \times 10^{-4}$
㉰ $8.3 \times 10^{-5}$  ㉱ $9.3 \times 10^{-5}$

**풀이** $C_2H_5COOH \xrightarrow{4\% \text{이온화}} C_2H_5COO^- + H^+$

이온화전  0.1M            0M          0M
이온화후  (0.1−0.1×0.04)M  (0.1×0.04)M  (0.1×0.04)M

따라서 이온화상수 $= \dfrac{(0.1 \times 0.04)M \times (0.1 \times 0.04)M}{(0.1 - 0.1 \times 0.04)M}$

$= 1.67 \times 10^{-4}$

**08** 곰팡이(Fungi)류의 경험적 분자식은?

㉮ $C_{12}H_7O_4N$  ㉯ $C_{12}H_8O_5N$
㉰ $C_{10}H_{17}O_6N$  ㉱ $C_{10}H_{18}O_4N$

**풀이** 암기해야 할 경험적인 화학식 및 암기법
① 곰팡이 : $C_{10}H_{17}O_6N$(일공 일칠 육)
② 박테리아 : $C_5H_7O_2N$(오칠이)
③ 조류 : $C_5H_8O_2N$(오팔이)
④ 원생동물 : $C_7H_{14}O_3N$(칠 일사 삼)

**answer** 04 ㉮  05 ㉱  06 ㉯  07 ㉮  08 ㉰

**09** 호수의 수질특성에 관한 설명으로 가장 거리가 먼 것은?

㉮ 표수층에서 조류의 활발한 광합성 활동 시 호수의 pH는 8∼9 혹은 그 이상을 나타낼 수 있다.
㉯ 호수의 유기물량 측정을 위한 항목은 COD보다 BOD와 클로로필-a를 많이 이용한다.
㉰ 수심별 전기전도도의 차이는 수온의 효과와 용존된 오염물질의 농도차로 인한 결과이다.
㉱ 표수층에서 조류의 활발한 광합성 활동 시에는 무기탄소원인 $HCO_3^-$나 $CO_3^{2-}$을 흡수하고 $OH^-$를 내보낸다.

풀이 ㉯ 호수의 유기물량 측정을 위한 항목은 COD를 주로 이용한다.

**TIP**
유기물의 척도
① COD는 해수, 폐수, 호소수의 유기물 척도로 사용된다.
② BOD는 하천수, 하수의 유기물 척도로 사용된다.

**10** 물의 물리적 특성을 나타내는 용어의 단위가 잘못된 것은?

㉮ 밀도 : $g/cm^3$
㉯ 동점성계수 : $cm^2/sec$
㉰ 표면장력 : $dyne/cm^2$
㉱ 점성계수 : $g/cm \cdot sec$

풀이 ㉰ 표면장력 : $dyne/cm$

**11** 적조(red tide)에 관한 설명으로 틀린 것은?

㉮ 갈수기로 인하여 염도가 증가된 정체 해역에서 주로 발생한다.
㉯ 수중 용존산소 감소에 의한 어패류의 폐사가 발생된다.
㉰ 수괴의 연직안정도가 크고 독립해 있을 때 발생한다.
㉱ 해저에 빈산소층이 형성될 때 발생한다.

풀이 ㉮ 홍수기로 인하여 염도가 낮아진 정체 해역에서 주로 발생한다.

**12** 25℃, 2atm의 압력에 있는 메탄가스 5.0kg을 저장하는데 필요한 탱크의 부피($m^3$)는? (단, 이상기체의 법칙 적용, R = 0.082L·atm/mol·K)

㉮ 약 3.8  ㉯ 약 5.3
㉰ 약 7.6  ㉱ 약 9.2

풀이 이상기체 상태방정식 : $P \times V = \dfrac{W}{M} \times R \times T$

여기서
- P : 압력(atm)
- V : 부피(L)
- W : 질량(g)
- M : 분자량(g)
- R : 기체상수(L·atm/mol·k)
- T : 절대온도(K)

따라서 $2atm \times V(L)$
$= \dfrac{5 \times 10^3 g}{16g} \times 0.082 L \cdot atm/mol \cdot k \times (273+25)k$

∴ V = 3,818.125L = 3.82$m^3$

answer  09 ㉯  10 ㉰  11 ㉮  12 ㉮

**13** 소수성 콜로이드의 특성으로 틀린 것은?

㉮ 물과 반발하는 성질을 가진다.
㉯ 물속에 현탁상태로 존재한다.
㉰ 아주 작은 입자로 존재한다.
㉱ 염에 큰 영향을 받지 않는다.

**풀이** ㉱ 염에 큰 영향을 받는다.

**14** 다음 유기물 1mole이 완전산화될 때 이론적인 산소요구량(ThOD)이 가장 적은 것은?

㉮ $C_6H_6$ ㉯ $C_6H_{12}O_6$
㉰ $C_2H_5OH$ ㉱ $CH_3COOH$

**풀이** 이론적인 산소요구량(ThOD)이 가장 적은 것은 호기성 반응에서 산소의 갯수가 가장 적은 ㉱번이 정답이 된다.
㉮ $C_6H_6 + 7.5O_2 \rightarrow 6CO_2 + 3H_2O$
㉯ $C_6H_{12}O_6 + 6O_2 \rightarrow 6CO_2 + 6H_2O$
㉰ $C_2H_5OH + 3O_2 \rightarrow 2CO_2 + 3H_2O$
㉱ $CH_3COOH + 2O_2 \rightarrow 2CO_2 + 2H_2O$

**TIP**
① ThOD가 가장 큰 물질 = 반응식에서 산소갯수가 가장 큰 물질
② ThOD가 가장 적은 물질 = 반응식에서 산소갯수가 가장 적은 물질

**15** 산성강우에 대한 설명으로 틀린 것은?

㉮ 주요원인물질은 유황산화물, 질소산화물, 염산을 들 수 있다.
㉯ 대기오염이 혹심한 지역에 국한되는 현상으로 비교적 정확한 예보가 가능하다.
㉰ 초목의 잎과 토양으로부터 $Ca^{++}$, $Mg^{++}$, $K^+$ 등의 용출 속도를 증가시킨다.
㉱ 보통 대기 중 탄산가스와 평형상태에 있는 순수한 빗물은 pH 약 5.6의 산성을 띤다.

**풀이** ㉯ 대기오염이 혹심한 지역에 국한되지 않고 정확한 예보가 불가능하다.

**16** 하천 모델 중 다음의 특징을 가지는 것은?

- 유속, 수심, 조도계수에 의한 확산계수 결정
- 하천과 대기 사이의 열복사, 열교환 고려
- 음해법으로 미분방정식의 해를 구함

㉮ QUAL-1 ㉯ WQRRS
㉰ DO SAG-1 ㉱ HSPE

**풀이** ㉮ QUAL-1에 대한 설명이다.

**17** 연속류 교반 반응조(CFSTR)에 관한 내용으로 틀린 것은?

㉮ 충격부하에 강하다.
㉯ 부하변동에 강하다.
㉰ 유입된 액체에 일부분은 즉시 유출된다.
㉱ 동일 용량 PFR에 비해 제거효율이 좋다.

**풀이** ㉱ 동일 용량 PFR(플러그흐름반응조)에 비해 제거효율이 나쁘다.

**18** 우리나라 연평균강수량은 약 1,300mm 정도로 세계 연평균강수량 970mm에 비해 많은 편이지만, UN에서는 물 부족 국가로 인정하고 있다. 이는 우리나라 하천의 특성에 의한 것인데, 그러한 이유로 타당하지 않은 것은?

㉮ 계절적인 강우분포의 차이가 크다.
㉯ 하상계수가 작다.

**answer** 13 ㉱ 14 ㉱ 15 ㉯ 16 ㉮ 17 ㉱ 18 ㉯

㉰ 하천의 경사도가 급하다.
㉱ 하천의 유역면적이 작고 길이가 짧다.

**풀이** ㉯ 하상계수가 크다.

**TIP**
하상계수 = 최대유량 / 최소유량

**19** 0℃에서 DO 7.0mg/L인 물의 DO 포화도(%)는? (단, 대기의 화학적 조성 중 $O_2$ 21%(V/V), 0℃에서 순수한 물의 공기 용해도 = 38.46mL/L, 1기압 기준)

㉮ 약 61  ㉯ 약 74
㉰ 약 82  ㉱ 약 87

**풀이** DO 포화도(%) = (현재 DO 농도 / 포화 DO 농도) × 100(%)

① 현재 DO 농도 = 7.0mg/L

② 포화 DO 농도 = $\frac{38.46mL}{L} \times \frac{32mg}{22.4mL} \times \frac{21\%}{100}$
 = 11.538mg/L

③ DO 포화도(%) = $\frac{7.0mg/L}{11.538m/L} \times 100 = 60.67\%$

**TIP**
$O_2$ 1mol $\begin{cases} 32mg \\ 22.4mL \end{cases}$

**20** 건조고형물량이 3,000kg/day인 생슬러지를 저율혐기성 소화조로 처리할 때 휘발성고형물은 건조고형물의 70%이고 휘발성고형물의 60%는 소화에 의해 분해된다. 소화된 슬러지의 총고형물(kg/day)은?

㉮ 1,040  ㉯ 1,740

㉰ 2,040  ㉱ 2,440

**풀이** ① 소화 후 휘발성고형물(kg/day)
 = 3,000kg/day×0.70×(1-0.60) = 840kg/day
② 소화 후 잔류성고형물(kg/day)
 = 3,000kg/day×0.30 = 900kg/day
③ 소화된 슬러지의 총고형물
 = 840kg/day+900kg/day = 1,740kg/day

**TIP**
① 고형물(TS) = 휘발성고형물+잔류성고형물
② VS = 휘발성고형물 = 유기물
③ FS = 잔류성고형물 = 무기물
④ FS = 100-VS = 100-70% = 30%

| 제2과목 | 상하수도계획

**21** 하수관로시설인 오수관로의 유속범위 기준으로 옳은 것은?

㉮ 계획시간최대오수량에 대하여 유속을 최소 0.3m/sec, 최대 3.0m/sec로 한다.
㉯ 계획시간최대오수량에 대하여 유속을 최소 0.6m/sec, 최대 3.0m/sec로 한다.
㉰ 계획1일최대오수량에 대하여 유속을 최소 0.3m/sec, 최대 3.0m/sec로 한다.
㉱ 계획1일최대오수량에 대하여 유속을 최소 0.6m/sec, 최대 3.0m/sec로 한다.

**풀이** 오수관로의 유속범위 기준은 계획시간최대오수량에 대하여 유속을 최소 0.6m/sec, 최대 3.0m/sec로 한다.

answer 19 ㉮  20 ㉯  21 ㉯

### TIP
**유속범위 기준**

| 관로 | 기준 | 최소유속 | 최대유속 |
|---|---|---|---|
| 도수관거 | 자연유하식 | 0.3m/s | 3.0m/s |
| 오수관거 | 계획시간<br>최대오수량 | 0.6m/s | 3.0m/s |
| 우수관거<br>합류관거 | 계획우수량 | 0.8m/s | 3.0m/s |

**22** 상수처리를 위한 정수시설인 급속여과지에 관한 설명으로 틀린 것은?

㉮ 여과속도는 120~150m/day를 표준으로 한다.
㉯ 플록의 질이 일정한 것으로 가정하였을 때 여과층의 필요두께는 여재입경에 반비례한다.
㉰ 여과면적은 계획정수량을 여과속도로 나누어 계산한다.
㉱ 여과지 1지의 여과면적은 150m² 이하로 한다.

**풀이** ㉯ 플록의 질이 일정한 것으로 가정하였을 때 여과층의 필요두께는 여재입경에 비례한다.

**23** 강우강도가 2mm/min, 면적이 1km², 유입 시간이 6분, 유출계수가 0.65인 경우 우수량(m³/sec)은? (단, 합리식 적용)

㉮ 21.7   ㉯ 0.217
㉰ 1.30   ㉱ 13.0

**풀이** $Q = \dfrac{1}{360} C \times I \times A$

여기서
C : 유출계수 = 0.65
I : 강우강도(mm/hr) ⇒ I = 2mm/min×60min/hr
  = 120mm/hr
A : 면적(ha) ⇒ A = 1.0km²×100ha/1km² = 100ha

따라서 $Q = \dfrac{1}{360} \times 0.65 \times 120\text{mm/hr} \times 100\text{ha}$
       $= 21.67\text{m}^3/\text{sec}$

**24** 막여과법을 정수처리에 적용하는 주된 선정 이유로 가장 거리가 먼 것은?

㉮ 응집제를 사용하지 않거나 또는 적게 사용한다.
㉯ 막의 특성에 따라 원수 중의 현탁물질, 콜로이드, 세균류, 크립토스포리디움 등 일정한 크기 이상의 불순물을 제거할 수 있다.
㉰ 부지면적이 종래보다 적을 뿐 아니라 시설의 건설공사기간도 짧다.
㉱ 막의 교환이나 세척 없이 반영구적으로 자동운전이 가능하여 유지관리 측면에서 에너지를 절약할 수 있다.

**풀이** ㉱ 막의 교환이나 세척이 필요하다.

**25** 하수처리시설 중 소독시설에서 사용하는 오존의 장·단점으로 틀린 것은?

㉮ 병원균에 대하여 살균작용이 강하다.
㉯ 철 및 망간의 제거능력이 크다.
㉰ 경제성이 좋다.
㉱ 바이러스의 불활성화 효과가 크다.

**풀이** ㉰ 경제성이 낮다.

**answer** 22 ㉯  23 ㉮  24 ㉱  25 ㉰

**26** 상수관로에서 조도계수 0.014, 동수경사 1/100, 관경 400mm일 때 이 관로의 유량(m³/min)은? (단, Manning 공식 적용, 만관 기준)

㉮ 3.8  ㉯ 6.2
㉰ 9.3  ㉱ 11.6

**풀이**

① $A(m^2) = \dfrac{\pi \times D^2}{4} = \dfrac{\pi \times (0.4m)^2}{4} = 0.12566 m^2$

② $V(m/sec) = \dfrac{1}{n} \times R^{\frac{2}{3}} \times I^{\frac{1}{2}}$

$R(경심) = \dfrac{A(단면적)}{S(윤변의 길이)} = \dfrac{D}{4} = \dfrac{0.4m}{4}$
$= 0.1m$

$I(기울기 = 동수경사) = \dfrac{1}{100}$

$\therefore V = \dfrac{1}{0.014} \times (0.1m)^{\frac{2}{3}} \times \left(\dfrac{1}{100}\right)^{\frac{1}{2}}$
$= 1.539 m/sec$

③ 유량(Q) = 면적(A)×유속(V)
$= 0.12566 m^2 \times 1.539 m/sec \times 60 sec/min$
$= 11.60 m^3/min$

**27** 우수배제계획에서 계획우수량의 설계강우에 관한 내용으로 ( )에 알맞은 것은?

하수관로의 설계강우는 10~30년 빈도, 빗물 펌프장의 설계강우는 ( )빈도를 원칙으로 하며, 지역의 특성 또는 방재상 필요성, 기후 변화로 인한 강우특성의 변화추세에 따라 이보다 크게 또는 작게 정할 수 있다.

㉮ 15~20년  ㉯ 20~30년
㉰ 30~50년  ㉱ 50~100년

**풀이**
① 하수관로의 설계강우는 10~30년 빈도
② 빗물 펌프장의 설계강우는 30~50년 빈도

**28** 하수처리시설의 계획하수량에 관한 설명으로 옳은 것은?

㉮ 합류식 하수도에서 일차침전지까지 처리장내 연결관로는 계획시간 최대오수량으로 한다.
㉯ 합류식 하수도에서 우천시에는 계획시간 최대오수량을 유입시켜 2차처리해야 한다.
㉰ 합류식 하수도는 우천 시 일차침전지의 침전시간을 0.5시간 이상 확보하도록 한다.
㉱ 합류식 하수도의 소독시설 계획하수량은 계획시간최대오수량으로 한다.

**풀이**
㉮ 합류식 하수도에서 일차침전지까지 처리장내 연결관로는 우천시 계획 오수량으로 한다.
㉯ 합류식 하수도에서 우천시에는 우천시 계획오수량을 유입시켜 2차처리해야 한다.
㉱ 합류식 하수도의 소독시설 계획하수량은 우천시 계획 오수량으로 한다.

**29** 하수슬러지 개량방법과 특징으로 틀린 것은?

㉮ 고분자응집제 첨가 : 슬러지 성상을 그대로 두고 탈수성, 농축성의 개선을 도모한다.
㉯ 무기약품 첨가 : 무기약품은 슬러지의 pH를 변화시켜 무기질 비율을 증가시키고 안정화를 도모한다.
㉰ 열처리 : 슬러지 성분의 일부를 용해시켜 탈수개선을 도모한다.
㉱ 세정 : 혐기성 소화슬러지의 알칼리도를 증가시켜 탈수개선을 도모한다.

**풀이** ㉱ 세정 : 소화슬러지의 알칼리도를 감소시켜 탈수개선을 도모한다.

**answer** 26 ㉱  27 ㉰  28 ㉰  29 ㉱

**30** 호소, 댐을 수원으로 하는 경우의 취수시설인 취수틀에 관한 설명으로 틀린 것은?

㉮ 하천이나 호소 바닥이 안정되어 있는 곳에 설치한다.
㉯ 선박의 항로에서 벗어나 있어야 한다.
㉰ 호소의 표면수를 안정적으로 취수할 수 있다.
㉱ 틀의 본체를 하천이나 호소 바닥에 견고하게 고정시킨다.

**풀이** ㉰ 수중에 설치되므로 호소의 표면수를 취수하기 곤란하다.

**31** 직경 200cm 원형관로에 물이 1/2 차서 흐를 경우, 이 관로의 경심(cm)은?

㉮ 15  ㉯ 25
㉰ 50  ㉱ 100

**풀이**
$$경심(R) = \frac{단면적(A)}{윤변의 길이(S)} = \frac{\frac{\pi D^2}{4} \times \frac{1}{2}}{\pi \times D \times \frac{1}{2}} = \frac{D}{4}(m)$$

$$\therefore R = \frac{200cm}{4} = 50cm$$

**32** 케이싱 내에서 임펠러를 회전시켜 유체를 이송하는 터보형 펌프에 속하지 않는 것은?

㉮ 회전펌프  ㉯ 원심펌프
㉰ 사류펌프  ㉱ 축류펌프

**풀이** 회전펌프는 케이싱 중에서 빈틈이 거의 없도록 내접하는 회전자의 회전에 의해 생기는 밀폐공간의 이동에 의해서 유체를 수송하는 펌프이다.

**33** 상수처리시설 중 플록형성지의 플록형성 표준시간은? (단, 계획정수량 기준)

㉮ 5~10분간   ㉯ 10~20분간
㉰ 20~40분간  ㉱ 40~60분간

**풀이** 플록형성지의 플록형성 표준시간은 20~40분간이다.

**34** 생물막을 이용한 처리방식의 하나인 접촉산화법을 적용하여 오수를 처리할 때 반응조내 오수의 교반과 용존산소 유지를 위한 송풍량에 관한 내용으로 (  )에 옳은 것은?

> 접촉재를 전면에 설치하는 경우, 계획오수량에 대하여 (  )를 표준으로 한다.

㉮ 2배  ㉯ 4배
㉰ 6배  ㉱ 8배

**풀이** 접촉산화법을 적용하여 오수를 처리할 때 반응조내 오수의 교반과 용존산소 유지를 위한 송풍량은 접촉재를 전면에 설치하는 경우, 계획오수량에 대하여 8배를 표준으로 한다.

**35** 계획오수량에 관한 설명으로 틀린 것은?

㉮ 계획시간최대오수량은 계획1일 최대오수량의 1시간당 수량의 1.3~1.8배를 표준으로 한다.
㉯ 지하수량은 1인 1일 최대오수량의 20% 이하로 한다.
㉰ 합류식에서 우천 시 계획오수량은 원칙적으로 계획 1일 최대오수량의 1.5배 이상으로 한다.
㉱ 계획1일 평균오수량은 계획 1일 최대 오수량의 70~80%를 표준으로 한다.

**answer** 30 ㉰  31 ㉰  32 ㉮  33 ㉰  34 ㉱  35 ㉰

풀이 ㉰ 합류식에서 우천 시 계획오수량은 원칙적으로 계획 시간 최대오수량의 3배 이상으로 한다.

**36** 취수지점으로부터 정수장까지 원수를 공급하는 시설 배관은?

㉮ 취수관  ㉯ 송수관
㉰ 도수관  ㉱ 배수관

풀이 취수지점으로부터 정수장까지 원수를 공급하는 시설 배관은 도수관이다.

**TIP**
상수도의 구성
취수 → 도수 → 정수 → 송수 → 배수 → 급수

**37** 취수보의 취수구 표준 유입속도(m/s)로 가장 적절한 것은?

㉮ 0.1~0.4  ㉯ 0.4~0.8
㉰ 0.8~1.2  ㉱ 1.2~1.6

풀이 취수보의 취수구 표준 유입속도는 0.4~0.8m/s 이다.

**38** 약품주입설비와 점검에 대한 설명으로 틀린 것은?

㉮ 응집약품을 납품받고 저장하기 위하여 적절한 검수용 계량장비를 설치한다.
㉯ 약품저장설비는 구조적으로 안전하고 약품의 종류와 성상에 따라 적절한 재질로 한다.
㉰ 저장설비의 용량은 계획정수량에 각 약품의 최대 주입률을 곱하여 산정한다.
㉱ 저장설비 용량은 응집제는 30일분 이상,

응집보조제는 10일분 이상으로 한다.

풀이 ㉰ 저장설비의 용량은 계획정수량에 각 약품의 평균 주입률을 곱하여 산정한다.

**39** 취수시설인 침사지에 관한 설명으로 틀린 것은?

㉮ 표면부하율은 500~800mm/min을 표준으로 한다.
㉯ 지내 평균유속은 2~7cm/sec를 표준으로 한다.
㉰ 지의 상단높이는 고수위보다 0.6~1m의 여유고를 둔다.
㉱ 지의 유효수심은 3~4m를 표준으로 하고, 퇴사심도를 0.5~1m로 한다.

풀이 ㉮ 표면부하율은 200~500mm/min을 표준으로 한다.

**40** 펌프의 수격작용(Water hammer)에 관한 설명으로 가장 거리가 먼 것은?

㉮ 관내 물의 속도가 급격히 변하여 수압의 심한 변화를 야기하는 현상이다.
㉯ 정전 등의 사고에 의하여 운전 중인 펌프가 갑자기 고동력을 소실할 경우에 발생할 수 있다.
㉰ 펌프계에서의 수격현상은 역회전 역류, 정회전 역류, 정회전 정류의 단계로 진행된다.
㉱ 펌프가 급정지할 때는 수격작용 유무를 점검해야 한다.

풀이 ㉰ 펌프계에서의 수격현상은 정회전 정류, 정회전 역류, 역회전 역류의 단계로 진행한다.

answer 36 ㉰  37 ㉯  38 ㉰  39 ㉮  40 ㉰

| 제3과목 | 수질오염방지기술

**41** 수량이 30,000m³/day, 수심이 3.5m, 하수 체류시간이 2.5hr인 침전지의 수면부하율(또는 표면부하율, m³/m²·day)은?

㉮ 67.1
㉯ 54.2
㉰ 41.5
㉱ 33.6

**풀이** 수면부하율(m³/m²·day)

$$= \frac{수심(H)}{체류시간(day)} = \frac{3.5m}{\left(\frac{2.5hr}{24}\right)day} = 33.6 m/day$$

**TIP**

① 수면부하율(표면부하율) $= \frac{유량(m^3/day)}{수면적(m^2)}$

$= \frac{수심(m)}{체류시간(day)}$

② m³/m²·day = m/day

**42** 혐기성 소화 시 소화가스 발생량 저하의 원인이 아닌 것은?

㉮ 저농도 슬러지 유입
㉯ 소화슬러지 과잉배출
㉰ 소화가스 누적
㉱ 조내 온도저하

**풀이** ㉰ 소화가스 누출

**43** SBR 공법의 일반적인 운전단계 순서는?

㉮ 주입(Fill) → 휴지(Idle) → 반응(React) → 침전(Settle) → 제거(Draw)
㉯ 주입(Fill) → 반응(React) → 휴지(Idle) → 침전(Settle) → 제거(Draw)
㉰ 주입(Fill) → 반응(React) → 침전(Settle) → 휴지(Idle) → 제거(Draw)
㉱ 주입(Fill) → 반응(React) → 침전(Settle) → 제거(Draw) → 휴지(Idle)

**풀이** 연속회분식 활성슬러지법(SBR)의 운전단계 순서는 주입 → 반응 → 침전 → 제거 → 휴지 순이다.

**44** 경사판 침전지에서 경사판의 효과가 아닌 것은?

㉮ 수면적 부하율의 증가효과
㉯ 침전지 소요면적의 저감효과
㉰ 고형물의 침전효율 증대효과
㉱ 처리효율의 증대효과

**풀이** ㉮ 수면적 부하율의 감소효과

**45** 응집을 이용하여 하수를 처리할 때 하수 온도가 응집반응에 미치는 영향을 설명한 내용으로 틀린 것은?

㉮ 수온이 높으면 반응속도는 증가한다.
㉯ 수온이 높으면 물의 점도저하로 응집제의 화학반응이 촉진된다.
㉰ 수온이 낮으면 입자가 커지고 응집제 사용량도 적어진다.
㉱ 수온이 낮으면 플록 형성에 소요되는 시간이 길어진다.

**풀이** ㉰ 수온이 낮으면 입자가 작아지고 응집제 사용량이 많아진다.

**answer** 41 ㉱  42 ㉰  43 ㉱  44 ㉮  45 ㉰

**46** NH₃을 제거하기 위한 방법으로 적당하지 못한 것은?

㉮ air stripping을 실시한다.
㉯ break point 염소처리를 한다.
㉰ 질산화 - 탈질산화를 실시한다.
㉱ 명반을 이용하여 응집침전 처리를 한다.

▶ 풀이  ㉱ 질소화합물은 응집제인 명반을 이용해서 응집침전 처리를 할 수 없다.

**47** 물속의 휘발성유기화합물(VOC)을 에어스트리핑으로 제거할 때 제거 효율 관계를 설명한 것으로 옳지 않은 것은?

㉮ 액체 중의 VOC농도가 클수록 효율이 증가한다.
㉯ 오염되지 않은 공기를 주입할 때 제거효율은 증가한다.
㉰ $K_{La}$가 감소하면 효율이 증가한다.
㉱ 온도가 상승하면 효율이 증가한다.

▶ 풀이  ㉰ 산소전달계수($K_{La}$)가 감소하면 효율이 감소한다.

**48** 수은계 폐수 처리방법으로 틀린 것은?

㉮ 수산화물침전법   ㉯ 흡착법
㉰ 이온교환법       ㉱ 황화물침전법

▶ 풀이  수은계 폐수 처리방법으로는 아말감법, 흡착법, 이온교환법, 황화물침전법이 있다.

**TIP**
수은함유 폐수처리방법 암기법
수은아 황화강에 이온 좀 붙여라.

**49** 월류 부하가 200m³/m·day인 원형 침전지에서 1일 4,000m³를 처리하고자 한다. 원형침전지의 적당한 직경(m)은?

㉮ 5.4    ㉯ 6.4
㉰ 7.4    ㉱ 8.4

▶ 풀이
월류부하(m³/m·day) = $\dfrac{유량(Q)}{원의\ 길이(\pi \times D)}$

200m³/m·day = $\dfrac{4,000m³/day}{\pi \times D}$

∴ D = $\dfrac{4,000m³/day}{200m³/m·day \times \pi}$ = 6.37m

**TIP**
원의 둘레 = 원의 길이 = 원주 길이 = $\pi \times D$(m)

**50** 단면이 직사각형인 하천의 깊이가 0.2m이고 깊이에 비하여 폭이 매우 넓을 때 동수반경(m)은?

㉮ 0.2    ㉯ 0.5
㉰ 0.8    ㉱ 1.0

▶ 풀이
동수반경(R) = $\dfrac{b \times h}{b+2h} = \dfrac{b \times h}{b} = \dfrac{b \times 0.2m}{b}$
= 0.2m

**TIP**
① 깊이(h)에 비하여 폭(b)이 매우 넓다는 단서에 의해서 윤변의 길이를 나타낼 때 h를 생략할 수 있으므로 b로 나타낼 수 있다.
② 동수경사 = 경심 = R

 **answer**   46 ㉱   47 ㉰   48 ㉮   49 ㉯   50 ㉮

**51** 환원처리공법으로 크롬함유 폐수를 수산화물침전법으로 처리하고자 할 때 침전을 위한 적정 pH 범위는?
(단, $Cr^{+3} + 3OH^- \rightarrow Cr(OH)_3 \downarrow$)

㉮ pH 4.0~4.5　㉯ pH 5.5~6.5
㉰ pH 8.0~8.5　㉱ pH 11.0~11.5

**풀이** 환원처리공법으로 크롬함유 폐수를 수산화물침전법으로 처리하고자 할 때 침전을 위한 적정 pH 범위는 pH 8.0~8.5이다.

**52** 생물학적 원리를 이용하여 질소, 인을 제거하는 공정인 5단계 Bardenpho공법에 관한 설명으로 옳지 않은 것은?

㉮ 인 제거를 위해 혐기성조가 추가된다.
㉯ 조 구성은 혐기조, 무산소조, 호기조, 무산소조, 호기조 순이다.
㉰ 내부반송률은 유입유량 기준으로 100~200% 정도이며 2단계 무산소조로부터 1단계 무산소조로 반송된다.
㉱ 마지막 호기성 단계는 폐수 내 잔류 질소가스를 제거하고 최종 침전지에서 인의 용출을 최소화하기 위하여 사용한다.

**풀이** ㉰ 내부반송은 1단계 호기조에서 1단계 무산소조로 반송한다.

**53** 하수의 인 제거 처리공정 중 인 제거율(%)이 가장 높은 것은?

㉮ 역삼투　㉯ 여과
㉰ RBC　㉱ 탄소흡착

**풀이** 하수의 인 제거 처리공정 중 인 제거율(%)이 가장 높은 것은 역삼투공법이다.

**54** 슬러지 탈수 방법에 관한 설명으로 틀린 것은?

㉮ 원심분리기 : 고농도의 부유성 고형물에 적합함
㉯ 벨트형 여과기 : 슬러지 특성에 민감함
㉰ 원심분리기 : 건조한 슬러지 케익을 생산함
㉱ 벨트형 여과기 : 유입부에 슬러지 분쇄기 설치가 필요함

**풀이** ㉮ 원심분리기 : 고농도의 부유성 고형물에 부적합함

**55** 역삼투 장치로 하루에 500m³의 3차 처리된 유출수를 탈염시키고자 할 때 요구되는 막면적(m²)은? (단, 25℃에서 물질전달계수 : 0.2068L/(day·m²)(kPa), 유입수와 유출수 사이의 압력차 : 2,400 kPa, 유입수와 유출수의 삼투압차 : 310 kPa, 최저 운전온도 : 10℃, $A_{10℃} = 1.28 A_{25℃}$, A : 막면적)

㉮ 약 1,130　㉯ 약 1,280
㉰ 약 1,330　㉱ 약 1,480

**풀이** ① $Q_F = k \times (\triangle P - \triangle \pi)$
여기서
　$Q_F$ : 유출수량(L/m²·day)
　k : 물질전달계수(L/m²·day·kPa)
　$\triangle P$ : 압력차(kPa)
　$\triangle \pi$ : 삼투압차(kPa)
따라서
$Q_F$ = 0.2068L/day·m²·kPa×(2,400-310)kPa
　　= 432.212L/day·m²
② 25℃ 막의 면적($A_{25℃}$)
= $\dfrac{Q(유량)}{Q_F(유출수량)}$ = $\dfrac{500 \times 10^3 L/day}{432.212 L/day·m²}$
= 1,156.84m²
③ 10℃ 막의 면적($A_{10℃}$)
= 1.28×$A_{25℃}$ = 1.28×1,156.84m²
= 1,480.76m²

**answer** 51 ㉰　52 ㉰　53 ㉮　54 ㉮　55 ㉱

> **TIP**
> $Q_F$(유출수량) 계산 시 k(물질전달계수)의 단위를 살펴서 계산하는 것이 문제풀이 포인트이다.

> **TIP**
> ① 비중(g/cm³) $\xrightarrow{\times 10^3}$ 비중량(kg/m³)
> ② 1.03g/cm³ $\xrightarrow{\times 10^3}$ 1,030kg/m³
> ③ mg/L $\xrightarrow{\times 10^{-3}}$ kg/m³

**56** 상향류혐기성 슬러지상(UASB)공법에 대한 설명으로 틀린 것은?
   ㉮ BOD 및 SS 농도가 높은 폐수의 처리가 가능하다.
   ㉯ HRT가 작아 반응조 용량을 작게할 수 있다.
   ㉰ 상향류이므로 반응기 하부에 폐수의 분산을 위한 장치가 필요하다.
   ㉱ 기계적인 교반이나 여재가 불필요하다.

▶ 풀이 ㉮ BOD 및 SS 농도가 높은 폐수의 처리가 어렵다.

**57** 유량 4,000m³/day, 부유물질 농도 220mg/L인 하수를 처리하는 일차침전지에서 발생되는 슬러지의 양(m³/day)은? (단, 슬러지 단위 중량(비중) = 1.03, 함수율 = 94%, 일차침전지 체류시간 = 2시간, 부유물질 제거효율 = 60%, 기타 조건은 고려하지 않음)
   ㉮ 6.32   ㉯ 8.54
   ㉰ 10.72   ㉱ 12.53

▶ 풀이 슬러지 발생량(m³/day)
$= \dfrac{폐수량(m^3/day) \times SS(kg/m^3) \times 제거효율}{비중량(kg/m^3)} \times \dfrac{100}{100-함수율}$
$= \dfrac{4,000m^3/day \times 0.22kg/m^3 \times 0.60}{1,030kg/m^3} \times \dfrac{100}{100-94}$
$= 8.54 m^3/day$

**58** 표면적이 2m²이고 깊이가 2m인 침전지에 유량 48m³/day의 폐수가 유입될 때 폐수의 체류시간(hr)은?
   ㉮ 2   ㉯ 4
   ㉰ 6   ㉱ 8

▶ 풀이 체류시간(hr) $= \dfrac{체적(m^3)}{유량(m^3/hr)}$
$= \dfrac{2m^2 \times 2m}{48m^3/day \times 1day/24hr} = 2hr$

**59** 증류수를 가하여 25mL로 희석된 10mL의 시료를 표준 시험법에 따라 분석하였다. 소모된 중크롬산염(DC)은 $3.12 \times 10^{-4}$ 몰로 측정되었을 때 시료의 COD(mgO₂/L)는? (단, 증류수 희석은 유기물 존재량에 영향을 미치지 않음, DC와 산소에 대한 반응으로부터 DC 1몰은 6전자 당량을 가지며 O₂ 1몰은 4당량을 가짐, 산소의 당량은 32.0g/4eq =8.0g/eq이다.)
   ㉮ 1,273   ㉯ 1,498
   ㉰ 2,038   ㉱ 2,251

▶ 풀이 정답만 암기해 두시면 되는 문제이다.

**60** 활성슬러지 공정 운영에 대한 설명으로 잘못된 것은?

㉮ 폭기조 내의 미생물 체류시간을 증가시키기 위해 잉여슬러지 배출량을 감소시켰다.
㉯ F/M비를 낮추기 위해 잉여슬러지 배출량을 줄이고 반송유량을 증가시켰다.
㉰ 2차 침전지에서 슬러지가 상승하는 현상이 나타나 잉여슬러지 배출량을 증가시켰다.
㉱ 핀 플록(pin floc) 현상이 발생하여 잉여슬러지 배출량을 감소시켰다.

**풀이** ㉱ 핀 플록(pin floc) 현상이 발생하여 잉여슬러지 배출량을 증가시켰다.

| 제4과목 | 수질오염공정시험기준

**61** 기체크로마토그래피법으로 유기인 시험을 할 때 사용되는 검출기로 가장 일반적인 것은?

㉮ 열전도도 검출기
㉯ 불꽃 이온화 검출기
㉰ 전자 포집형 검출기
㉱ 불꽃 광도형 검출기

**풀이** 유기인 시험을 할 때 사용되는 검출기는 불꽃 광도형 검출기(FPD) 또는 질소인검출기(NPD)를 사용한다.

**62** 음이온 계면활성제를 자외선/가시선 분광법으로 측정할 때 사용되는 시약은?

㉮ 메틸 레드  ㉯ 메틸 오렌지
㉰ 메틸렌 블루  ㉱ 메틸렌 옐로우

**풀이** 음이온 계면활성제를 자외선/가시선 분광법은 물 속에 존재하는 음이온 계면활성제를 측정하기 위하여 메틸렌블루와 반응시켜 생성된 청색의 착화합물을 클로로폼으로 추출하여 흡광도를 650nm에서 측정하는 방법이다.

**63** 다음의 금속류 중 원자형광법으로 측정할 수 있는 것은? (단, 수질오염공정시험기준)

㉮ 수은  ㉯ 납
㉰ 6가 크롬  ㉱ 바륨

**풀이** 시험방법
㉮ 수은 : 냉증기 - 원자흡수분광광도법, 양극벗김전압전류법, 냉증기 - 원형광법
㉯ 납 : 원자흡수분광광도법, 유도결합플라스마-원자발광분광법, 유도결합플라스마 - 질량분석법, 양극벗김전압전류법
㉰ 6가 크롬 : 원자흡수분광광도법, 자외선/가시선 분광법, 유도결합플라스마 - 원자발광 분광법
㉱ 바륨 : 원자흡수분광광도법, 유도결합플라스마-원자발광분광법, 유도결합플라스마 - 질량분석법

**64** 수질오염공정시험기준 구리-원자흡수분광광도법의 정량한계는?

㉮ 0.05mg/L  ㉯ 0.005mg/L
㉰ 0.08mg/L  ㉱ 0.008mg/L

**풀이** 구리의 시험방법 별 정량한계
① 원자흡수분광광도법 : 0.008mg/L
② 유도결합플라스마-원자발광분광법 : 0.005mg/L
③ 유도결합플라스마-질량분석법 : 0.002mg/L

**answer** 60 ㉱  61 ㉱  62 ㉰  63 ㉮  64 ㉱

**65** 암모니아성 질소를 분석할 때에 관한 설명으로 ( )에 옳은 것은?

> 암모니아성 질소를 자외선/가시선 분광법으로 측정하고자 할 때의 측정파장( ㉠ )과 이온전극법으로 측정하고자 할 때 암모늄 이온을 암모니아로 변화시킬 때의 시료의 적정 pH 범위( ㉡ )으로 한다.

㉮ ㉠ 630nm, ㉡ 4∼6
㉯ ㉠ 540nm, ㉡ 4∼6
㉰ ㉠ 630nm, ㉡ 11∼13
㉱ ㉠ 540nm, ㉡ 11∼13

**풀이** 암모니아성 질소 분석법
① 자외선/가시선 분광법에서 정량한계는 0.01mg/L 이고 발색은 청색이며 측정파장은 630nm이다.
② 이온전극법에서 정량한계는 0.08mg/L이고, 시료의 pH는 11∼13이다.
③ 적정법에서 정량한계는 1mg/L이고 혼합지시약은 메틸레드-브로모크레졸 그린 혼합지시약이며, 종말점은 자회색이다.

**66** 예상 BOD치에 대한 사전경험이 없는 경우 오염된 하천수의 희석검액조제 방법은?

㉮ 0.1∼1.0%의 시료가 함유되도록 희석제조
㉯ 1∼5%의 시료가 함유되도록 희석제조
㉰ 5∼25%의 시료가 함유되도록 희석제조
㉱ 25∼100%의 시료가 함유되도록 희석제조

**풀이** ① 오염정도가 심한 공장폐수 : 0.1∼1.0%
② 처리하지 않은 공장폐수와 침전된 하수 : 1∼5%
③ 처리하여 방류된 공장폐수 : 5∼25%
④ 오염된 하천수 : 25∼100%

**67** 다음 설명에 해당하는 기체크로마토그래피법의 정량법은?

> 크로마토그램으로부터 얻은 시료 각 성분의 봉우리 면적을 측정하고 그것들의 합을 100으로 하여 이에 대한 각각의 봉우리 넓이 비를 각 성분의 함유율로 한다.

㉮ 내부표준 백분율법
㉯ 보정성분 백분율법
㉰ 성분 백분율법
㉱ 넓이 백분율법

**풀이** ㉱ 넓이 백분율법에 대한 설명이다.

**68** 분원성 대장균군-막여과법의 측정방법으로 ( )에 옳은 것은?

> 물속에 존재하는 분원성대장균군을 측정하기 위하여 페트리접시에 배지를 올려놓은 다음 배양 후 여러 가지 색조를 띠는 ( )의 집락을 계수하는 방법이다.

㉮ 황색    ㉯ 녹색
㉰ 적색    ㉱ 청색

**풀이** ① 총대장균군 - 막여과법의 집락 계수 : 적색이나 진한 적색계통
② 분원성 대장균군 - 막여과법의 집락 계수 : 청색

**answer** 65 ㉰  66 ㉱  67 ㉱  68 ㉱

**69** 수질분석을 위한 시료 채취 시 유의사항과 가장 거리가 먼 것은?

㉮ 채취용기는 시료를 채우기 전에 맑은 물로 3회 이상 씻은 다음 사용한다.
㉯ 용존가스, 환원성 물질, 휘발성 유기물질 등의 측정을 위한 시료는 운반중 공기와의 접촉이 없도록 가득 채워야 한다.
㉰ 지하수 시료는 취수정 내에 고여 있는 물을 충분히 퍼낸(고여 있는 물의 4~5배 정도나 pH 및 전기전도도를 연속적으로 측정하여 이 값이 평형을 이룰 때까지로 한다.)다음 새로 나온 물을 채취한다.
㉱ 시료채취량은 시험항목 및 시험횟수에 따라 차이가 있으나 보통 3L~5 L 정도이어야 한다.

**풀이** ㉮ 시료 채취 용기는 깨끗이 세척된 용기 또는 멸균된 용기를 사용한다.

**70** 총인을 자외선/가시선 분광법으로 정량하는 방법에 대한 설명으로 가장 거리가 먼 것은?

㉮ 분해되기 쉬운 유기물을 함유한 시료는 질산-과염소산으로 전처리한다.
㉯ 다량의 유기물을 함유한 시료는 질산-황산으로 전처리한다.
㉰ 전처리로 유기물을 산화분해시킨 후 몰리브덴산암모늄·아스코르빈산혼액 2mL를 넣어 흔들어 섞는다.
㉱ 정량한계는 0.005mg/L이며, 상대표준편차는 ±25% 이내이다.

**풀이** ㉮ 분해되기 쉬운 유기물을 함유한 시료는 과황산포타슘으로 전처리한다.

**71** 흡광광도분석장치 중 파장선택부에 거름종이를 사용한 것으로 단광속형이 많고 비교적 구조가 간단하여 작업 분석용에 적당한 것은?

㉮ 광전광도계  ㉯ 광전자증배관
㉰ 광전도셀   ㉱ 광전분광광도계

**풀이** ㉮ 광전광도계에 대한 설명이다.

**72** 식물성 플랑크톤 측정에 관한 설명으로 틀린 것은?

㉮ 시료가 육안으로 녹색이나 갈색으로 보일 경우 정제수로 적절한 농도로 희석한다.
㉯ 물속의 식물성 플랑크톤을 평판집락법을 이용하여 면적당 분포하는 개체수를 조사한다.
㉰ 식물성 플랑크톤은 운동력이 없거나 극히 적어 수체의 유동에 따라 수체 내에 부유하면서 생활하는 단일개체, 집락성, 선상형태의 광합성 생물을 총칭한다.
㉱ 시료의 개체수는 계수면적당 10~40 정도가 되도록 희석 또는 농축한다.

**풀이** ㉯ 물속의 식물성 플랑크톤을 현미경계수법을 이용하여 개체수를 조사한다.

**73** 다음 용어의 정의로 틀린 것은?

㉮ 감압 또는 진공 : 따로 규정이 없는 한 15mmHg 이하를 뜻한다.
㉯ 바탕시험 : 시료에 대한 처리 및 측정을 할 때 시료를 사용하지 않고 같은 방법으로 조작한 측정치를 더한 것을 뜻한다.
㉰ 용기 : 시험용액 또는 시험에 관계된 물질을 보존, 운반 또는 조작하기 위하여

**answer** 69 ㉮  70 ㉮  71 ㉮  72 ㉯  73 ㉯

넣어 둔 것으로 시험에 지장을 주지 않도록 깨끗한 것을 뜻한다.
㉣ 정밀히 단다 : 규정된 양의 시료를 취하여 화학저울 또는 미량저울로 칭량함을 말한다.

**풀이** ㉯ 바탕시험 : 시료에 대한 처리 및 측정을 할 때 시료를 사용하지 않고 같은 방법으로 조작한 측정치를 빼는 것을 뜻한다.

**74** 불소화합물을 자외선/가시선 분광법으로 분석할 경우, 간섭 물질로 작용하는 알루미늄 및 철의 방해를 제거할 수 있는 방법은?

㉮ 산화   ㉯ 증류
㉰ 침전   ㉣ 환원

**풀이** 불소화합물를 자외선/가시선 분광법으로 측정 시 간섭물질인 알루미늄 및 철의 방해가 크나 증류하면 영향이 없다.

**75** 백분율(W/V, %)의 설명으로 옳은 것은?

㉮ 용액 100g 중의 성분무게(g)를 표시
㉯ 용액 100mL 중의 성분용량(mL)을 표시
㉰ 용액 100mL 중의 성분무게(g)를 표시
㉣ 용액 100g 중의 성분용량(mL)을 표시

**풀이** $W/V(\%) = \dfrac{성분무게(g)}{용액\ 100mL}$

**76** 수질오염공정시험기준에서 아질산성 질소를 자외선/가시선 분광법으로 측정하는 흡광도 파장(nm)은?

㉮ 540   ㉯ 620
㉰ 650   ㉣ 690

**풀이** 자외선/가시선 분광법으로 측정하는 흡광도 파장
① 암모니아성 질소 : 630nm
② 아질산성 질소 : 540nm

**77** 36%의 염산(비중 1.18)을 가지고 1N의 HCl 1L를 만들려고 한다. 36%의 염산 몇 mL를 물로 희석해야 하는가? (단, 염산을 물로 희석하는 데 있어서 용량 변화는 없다.)

㉮ 70.4   ㉯ 75.9
㉰ 80.4   ㉣ 85.9

**풀이**
① $eq/L = \dfrac{비중(g)}{(mL)} \times \dfrac{10^3 mL}{1L} \times \dfrac{1eq}{1당량\ g} \times \dfrac{\%농도}{100}$

$= \dfrac{1.18g}{mL} \times \dfrac{10^3 mL}{1L} \times \dfrac{1eq}{36.5g} \times \dfrac{36\%}{100}$

$= 11.638 eq/L$

② $N_1 \times V_1 = N_2 \times V_2$
$11.638N \times V_1 = 1N \times 1,000mL$
$\therefore V_1 = 85.93mL$

**TIP**
① N농도 = eq/L
② $1eq = \dfrac{분자량(g)}{당량수}$
③ HCl의 분자량 = 1+35.5 = 36.5g
④ HCl의 $1eq = \dfrac{36.5g}{1} = 36.5g$
⑤ 적정공식 : $N_1 \times V_1 = N_2 \times V_2$

**answer** 74 ㉯  75 ㉰  76 ㉮  77 ㉣

**78** 카드뮴의 시험방법별 정량한계로 틀린 것은?

㉮ 원자흡수분광광도법 : 0.002mg/L
㉯ 유도결합플라스마-원자발광분광법 : 0.004mg/L
㉰ 유도결합플라스마-질량분석법 : 0.002mg/L
㉱ 양극벗김전압전류법 : 0.0001mg/L

> 풀이 ㉱번은 카드뮴의 시험방법에 해당하지 않는다.

**TIP**
**총 노말헥산 추출물질의 분석**
① 시료 적당량 : 노말헥산 추출물질로서 5mg~20mg 해당량
② 지시약 : 메틸오렌지용액(0.1%) 2방울~3방울
③ 적정 시약 : 염산(1+1)
④ 종말점 : 황색 → 적색이 되는 점(pH 4 이하)

**79** 총유기탄소(TOC)의 공정시험기준에 준하여 시험을 수행하였을 때 잘못된 것은?

㉮ 용존성유기탄소(DOC)를 측정하기 위하여 0.45㎛ 여과지를 사용하였다.
㉯ 비정화성유기탄소(NPOC)를 측정하기 위하여 pH를 4로 조절하였다.
㉰ 부유물질 정도관리를 위하여 셀룰로오스를 사용하였다.
㉱ 탄소를 검출하기 위하여 고온연소산화법을 측정하였다.

> 풀이 ㉯ 비정화성유기탄소(NPOC)를 측정하기 위하여 pH를 2 이하로 조절하였다.

**80** 노말헥산 추출물질 정량에 관한 내용으로 가장 거리가 먼 것은?

㉮ 시료를 pH 4 이하 산성으로 한다.
㉯ 정량한계는 0.5mg/L이다.
㉰ 상대표준편차가 ±25% 이내이다.
㉱ 시료용기는 노말헥산 20mL씩으로 1회 씻는다.

> 풀이 ㉱ 시료용기는 노말헥산 20mL씩으로 2회 씻는다.

**answer** 78 ㉱  79 ㉯  80 ㉱

# 2019 3회 기출문제

| 제1과목 | 수질오염개론

**01** Alkalinity의 정의에서 물속에 Carbonate만 있는 경우에 대한 가장 거리가 먼 것은?

㉮ pH는 약 9.5 이상이다.
㉯ 페놀프탈레인 종말점은 Total Alkalinity의 절반이 된다.
㉰ Carbonate Alkalinity는 Total Alkalinity와 같다.
㉱ 산을 주입시키면 사실상 페놀프탈레인 종말점만 찾을 수 있다.

**풀이** ㉱ 산을 주입시키면 페놀프탈레인과 메틸오렌지의 종말점을 찾을 수 있다.

**02** 지구상에 분포하는 수량 중 빙하(만년설포함) 다음으로 가장 높은 비율을 차지하고 있는 것은? (단, 담수 기준)

㉮ 하천수    ㉯ 지하수
㉰ 대기습도  ㉱ 토양수

**풀이** 담수의 분포순서는 빙하(만년설 포함) > 지하수 > 지표수 > 토양의 수분 > 대기 중의 수분 순이다.

**03** 금속수산화물 M(OH)$_2$의 용해도적($K_{SP}$)이 $4.0 \times 10^{-9}$이면 M(OH)$_2$의 용해도(g/L)는? (단, M은 2가, M(OH)$_2$의 분자량 = 80)

㉮ 0.04    ㉯ 0.08
㉰ 0.12    ㉱ 0.16

**풀이** M(OH)$_2$ ⇌ M$^{2+}$+2OH$^-$
XM     XM   2XM

① Ksp(용해도적) = [M$^{2+}$][OH$^-$]$^2$
= X×(2X)$^2$ = 4X$^3$

② X = $\sqrt[3]{\dfrac{Ksp}{4}}$ = $\sqrt[3]{\dfrac{4.0 \times 10^{-9}}{4}}$ = 0.001M

③ M(OH)$_2$는 XM이므로 0.001M이다.

④ 용해도(g/L) = $\dfrac{0.001 mol}{L} \times \dfrac{80g}{1mol}$
= 0.08g/L

**TIP**
M 농도의 단위는 mol/L이다.

**04** 진핵세포 미생물과 원핵세포 미생물로 구분할 때 원핵세포에는 없고 진핵세포에만 있는 것은?

㉮ 리보솜    ㉯ 세포소기관
㉰ 세포벽    ㉱ DNA

**풀이** 원핵세포에는 없고 진핵세포에만 있는 것은 세포소기관이다.

**answer** 01 ㉱  02 ㉯  03 ㉯  04 ㉯

**05** 하천이 바다로 유입되는 지역으로 반폐쇄성 수역인 하구에서 물의 흐름에 대한 설명으로 틀린 것은?

㉮ 밀도류에 의해 흐름이 발생한다.
㉯ 조류의 증가나 감소에 의해 흐름이 발생한다.
㉰ 간조나 만조사이에 물의 이동방향은 하류방향이다.
㉱ 간조 시에는 담수의 흐름이 바다로 향한 이동에 작용한다.

**풀이** ㉰ 간조나 만조사이에 물의 이동방향은 상류방향이다.

**06** 생분뇨의 BOD는 19,500ppm, 염소이온 농도는 4,500ppm이다. 정화조 방류수의 염소이온 농도가 225ppm이고 BOD 농도가 30ppm일 때, 정화조의 BOD 제거 효율(%)은? (단, 희석 적용, 염소는 분해되지 않음)

㉮ 96  ㉯ 97
㉰ 98  ㉱ 99

**풀이** ① 희석배수치(P) 계산

$$P = \frac{\text{유입수의 Cl}^-}{\text{유출수의 Cl}^-} = \frac{4,500\text{ppm}}{225\text{ppm}} = 20$$

② BOD 제거율(%) $= \left(1 - \frac{\text{유출수의 BOD} \times P}{\text{유입수의 BOD}}\right) \times 100$

$= \left(1 - \frac{30\text{ppm} \times 20}{19,500\text{ppm}}\right) \times 100$

$= 96.92\%$

**07** 하천수의 난류확산 방정식과 상관성이 적은 인자는?

㉮ 유량    ㉯ 침강속도
㉰ 난류확산계수  ㉱ 유속

**풀이** 하천수의 난류확산 방정식은 침강속도, 난류확산계수, 유속과 관계있다.

**TIP** 확산은 속도에 관련성이 있음을 숙지해야 한다.

**08** 부조화형 호수가 아닌 것은?

㉮ 부식영향형 호수
㉯ 부영양형 호수
㉰ 알칼리영양형 호수
㉱ 산영양형 호수

**풀이** 부조화형 호수는 부식영향형 호수, 알칼리영양형 호수, 산영양형 호수를 말한다.

**09** 하수의 $BOD_3$가 140mg/L이고 탈산소계수 k(상용대수)가 0.2/day일 때 최종 BOD(mg/L)는?

㉮ 약 164  ㉯ 약 172
㉰ 약 187  ㉱ 약 196

**풀이** $BOD_3 = BOD_u \times (1-10^{-k \times t})$
$140\text{mg/L} = BOD_u \times (1-10^{-0.2/\text{day} \times 3\text{day}})$

$\therefore BOD_u = \frac{140\text{mg/L}}{(1-10^{-0.2/\text{day} \times 3\text{day}})} = 186.96\text{mg/L}$

**answer** 05 ㉰  06 ㉯  07 ㉮  08 ㉯  09 ㉰

**10** glycine($CH_2(NH_2)COOH$) 7몰을 분해하는 데 필요한 이론적 산소 요구량($gO_2$/mol)은? (단, 최종산물 $HNO_3$, $CO_2$, $H_2O$)

㉮ 724  ㉯ 742
㉰ 768  ㉱ 784

**풀이** $CH_2(NH_2)COOH + 3.5O_2 \rightarrow 2CO_2 + 2H_2O + HNO_3$
1mol : 3.5×32g
7mol : ThOD

∴ ThOD = $\dfrac{7mol \times 3.5 \times 32g}{1mol}$ = 784g

**TIP**
① 글리신 = $CH_2(NH_2)COOH = C_2H_5O_2N$
② ThOD = 이론적산소요구량

**11** 0.1N HCl 용액 100mL에 0.2N NaOH 용액 75mL를 섞었을 때 혼합용액의 pH는? (단, 전리도는 100% 기준)

㉮ 약 10.1  ㉯ 약 10.4
㉰ 약 11.3  ㉱ 약 12.5

**풀이**
① 혼합용액의 농도 = $\dfrac{0.2M \times 75mL - 0.1M \times 100mL}{100mL + 75mL}$
= 0.02857M
② NaOH의 농도 = 0.02857M
③ [$OH^-$] = 0.02857M
④ pH = 14 + log[$OH^-$]
= 14 + log[0.02857M]
= 12.46

**TIP**
① M농도의 단위는 mol/L이다.
② 1가 물질은 M농도와 N농도가 동일하다.
③ 액성이 다른 혼합물의 농도 = $\dfrac{C_1 \times Q_1 - C_2 \times Q_2}{Q_1 + Q_2}$
④ 산성물질에서 pH = -log[$H^+$]
⑤ 알칼리성물질에서 pH = 14 + log[$OH^-$]

**12** 지하수의 특성에 대한 설명으로 틀린 것은?

㉮ 지하수는 국지적인 환경조건의 영향을 크게 받는다.
㉯ 지하수의 염분농도는 지표수 평균농도보다 낮다.
㉰ 주로 세균에 의한 유기물 분해작용이 일어난다.
㉱ 지하수는 토양수내 유기물질 분해에 따른 탄산가스의 발생과 약산성의 빗물로 인하여 광물질이 용해되어 경도가 높다.

**풀이** ㉯ 지하수의 염분농도는 지표수 평균농도보다 높다.

**13** 미생물의 종류를 분류할 때, 탄소 공급원에 따른 분류는?

㉮ Aerobic, Anaerobic
㉯ Thermophilic, Psychrophilic
㉰ Phytosynthetic, Chemosynthetic
㉱ Autotrophic, Heterotrophic

**풀이** 미생물을 탄소 공급원에 따라서 독립영양계(Autotrophic)와 종속영양계(Heterotrophic)로 나눌 수 있다.

**14** 세포의 형태에 따른 세균의 종류를 올바르게 짝지은 것은?

㉮ 구형-Vibrio cholera
㉯ 구형-Spirillum volutans
㉰ 막대형-Bacillus subtilis
㉱ 나선형-Streptococcus

**풀이** ㉮ 막대형-Vibrio cholera
㉯ 나선형-Spirillum volutans
㉱ 구형-Streptococcus

**answer** 10 ㉱  11 ㉱  12 ㉯  13 ㉱  14 ㉰

**15** 물의 이온화적($K_W$)에 관한 설명으로 옳은 것은?

㉮ 25℃에서 물의 $K_W$가 $1.0 \times 10^{-14}$이다.
㉯ 물은 강전해질로서 거의 모두 전리된다.
㉰ 수온이 높아지면 감소하는 경향이 있다.
㉱ 순수의 pH는 7.0이며 온도가 증가할수록 pH는 높아진다.

**풀이** ㉯ 물은 약전해질이다.
㉰ 수온이 높아지면 증가하는 경향이 있다.
㉱ 순수의 pH는 7.0이며 온도가 증가할수록 pH는 낮아진다.

**16** 수중의 물질이동확산에 관한 설명으로 옳은 것은?

㉮ 해역에서의 난류확산은 수평방향이 심하고 수직방향은 비교적 완만하다.
㉯ 일정한 온도에서 일정량의 물에 용해하는 기체의 부피는 그 기체의 분압에 비례한다.
㉰ 수중에서 오염물질의 확산속도는 분자량이 커질수록 작아지며, 기체 밀도의 제곱근에 반비례한다.
㉱ 하천, 호수, 해역 등에 유입된 오염물질은 분자확산, 여과, 전도현상 등에 의해 점점 농도가 높아진다.

**풀이** ㉯ 일정한 온도에서 일정량의 물에 용해하는 기체의 부피는 그 기체의 분압에 반비례한다.
㉰ 수중에서 오염물질의 확산속도는 분자량이 커질수록 작아지며, 기체 밀도의 제곱근에 비례한다.
㉱ 하천, 호수, 해역 등에 유입된 오염물질은 분자확산, 여과, 전도현상 등에 의해 점점 농도가 낮아진다.

**17** 아래와 같은 반응에 관여하는 미생물은?

$$2NO_3^- + 5H_2 \rightarrow N_2 + 2OH^- + 4H_2O$$

㉮ Pseudomonas  ㉯ Sphaerotilus
㉰ Acinetobacter  ㉱ Nitrosomonas

**풀이** 탈질화과정이므로 탈질화 미생물인 수도모나스(Pseudomonas)가 반응에 관여한다.

**18** 오염물질 중 생분해성 유기물이 아닌 것은?

㉮ 알코올   ㉯ PCB
㉰ 전분     ㉱ 에스테르

**풀이** ㉯ PCB(폴리클로리네이티드비페닐)은 난분해성 물질이다.

**19** 아세트산($CH_3COOH$) 1,000mg/L 용액의 pH가 3.0일 때 용액의 해리상수($K_a$)는?

㉮ $2 \times 10^{-5}$   ㉯ $3 \times 10^{-5}$
㉰ $4 \times 10^{-5}$   ㉱ $6 \times 10^{-5}$

**풀이** $CH_3COOH \rightleftarrows CH_3COO^- + H^+$

산해리상수($k_a$) = $\dfrac{[CH_3COO^-][H^+]}{[CH_3COOH]}$

① $CH_3COOH$의 mol/L = $\dfrac{1g}{L} \times \dfrac{1mol}{60g}$
= 0.01667M
② $[H^+] = 10^{-pH}M = 10^{-3}M$
③ $[H^+] = [CH_3COO^-] = 10^{-3}M$
④ 산해리상수($K_a$)
= $\dfrac{[10^{-3}M][10^{-3}M]}{[0.01667M]} = 6.0 \times 10^{-5}$

**TIP**
① M농도의 단위는 mol/L이다.
② 1,000mg/L = 1g/L

**answer** 15 ㉮  16 ㉮  17 ㉮  18 ㉯  19 ㉱

**20** Streeter-Phelps식의 기본가정이 틀린 것은?

㉮ 오염원은 점오염원
㉯ 하상퇴적물의 유기물분해를 고려하지 않음
㉰ 조류의 광합성은 무시, 유기물의 분해는 1차 반응
㉱ 하천의 흐름 방향 분산을 고려

**풀이** ㉱ 하천의 흐름 방향 분산을 고려하지 않음.

| 제2과목 | 상하수도계획

**21** 펌프의 흡입(하수)관에 관한 설명으로 옳은 것은?

㉮ 흡입관은 각 펌프마다 설치할 필요는 없다.
㉯ 흡입관을 수평으로 부설하는 것은 피한다.
㉰ 횡축펌프의 토출관 끝은 마중물을 고려하여 수중에 잠기지 않도록 한다.
㉱ 연결부나 기타 부근에서는 공기가 흡입되도록 한다.

**풀이** ㉮ 흡입관은 각 펌프마다 설치해야 한다.
㉰ 횡축펌프의 토출관 끝은 마중물을 고려하여 수중에 잠기도록 한다.
㉱ 연결부나 기타 부근에서는 공기가 흡입되지 않도록 한다.

**TIP** 마중물이란 펌프질을 할 때 물을 끌어올리기 위하여 위에서 붓는 물을 의미한다.

**22** 유역면적 40ha, 유출계수 0.7, 유입시간 15분, 유하시간 10분인 지역에서의 합리식에 의한 우수관거 설계유량(m³/sec)은? (단, 강우강도 공식 $I = \frac{3,640}{t+40}$)

㉮ 4.36        ㉯ 5.09
㉰ 5.60        ㉱ 7.01

**풀이** $Q = \frac{1}{360} \times C \times I \times A$

여기서
- C : 유출계수
- I : 강우강도(mm/hr)
- A : 면적(ha)

① $I = \frac{3,640}{t+40}$ (mm/hr)

t(유달시간) = 유입시간(min) + 유하시간(min)
= 15min + 10min = 25min

$I = \frac{3,640}{t+40} = \frac{3,640}{25min+40}$
= 56mm/hr

② $Q = \frac{1}{360} \times C \times I \times A$

$= \frac{1}{360} \times 0.70 \times 56mm/hr \times 40ha$
$= 4.36 m^3/sec$

**23** 취수탑의 취수구에 관한 설명으로 가장 거리가 먼 것은?

㉮ 단면형상은 정방형을 표준으로 한다.
㉯ 취수탑의 내측이나 외측에 슬루스게이트(제수문), 버터플라이밸브 또는 제수밸브 등을 설치한다.
㉰ 전면에는 협잡물을 제거하기 위한 스크린을 설치해야 한다.
㉱ 최하단에 설치하는 취수구는 계획최저수위를 기준으로 하고 갈수 시에도 계획취수량을 확실하게 취수할 수 있는 것으로 한다.

**풀이** ㉮ 단면형상은 장방형 또는 원형을 표준으로 한다.

**answer** 20 ㉱  21 ㉯  22 ㉮  23 ㉮

**24** 수돗물의 랑게리아지수에 관한 설명으로 틀린 것은?

㉮ 랑게리아지수는 pH, 칼슘경도, 알칼리도를 증가시킴으로써 개선할 수 있다.
㉯ 물의 실제 pH와 이론적 pH(pHs : 수중의 탄산칼슘이 용해되거나 석출되지 않는 평형상태로 있을 때에 pH)와의 차이를 말한다.
㉰ 지수가 양(+)의 값으로 절대치가 클수록 탄산칼슘의 석출이 일어나기 어렵다.
㉱ 소석회·이산화탄소병용법은 칼슘경도, 유리탄산, 알칼리도가 낮은 원수의 랑게리아지수 개선에 알맞다.

**풀이** ㉰ 지수가 양(+)의 값으로 절대치가 클수록 탄산칼슘의 석출이 일어나기 쉽다.

**TIP**
랑게리아 지수(LI)
① LI = 0인 경우 : 물의 안정도가 평형상태
② LI > 0인 경우 : LI가 양(+)의 값이므로 과포화상태($CaCO_3$가 침전)
③ LI < 0인 경우 : LI가 음(-)의 값이므로 불포화상태(부식성 증가)

**25** 양수량(Q) 14m³/min, 전양정(H) 10m, 회전수(N) 1,100rpm인 펌프의 비교회전도(Ns)는?

㉮ 412  ㉯ 732
㉰ 1,302 ㉱ 1,416

**풀이**
$Ns = N \times \dfrac{Q^{\frac{1}{2}}}{H^{\frac{3}{4}}}$

여기서
- Ns : 비교회전도(rpm)
- N : 규정회전수(rpm)
- Q : 토출량(m³/min)
- H : 전양정(m)

따라서
$Ns = 1,100rpm \times \dfrac{(14m^3/min)^{\frac{1}{2}}}{(10m)^{\frac{3}{4}}}$
$= 731.91rpm$

**TIP**
$rpm = \dfrac{회}{min}$

**26** 관경 1,100mm, 동수경사 2.4‰, 유속 1.63m/sec, 연장 L = 30.6m일 때 역사이폰의 손실수두(m)는? (단, 손실수두에 관한 여유 a = 0.042m)

㉮ 0.42  ㉯ 0.32
㉰ 0.25  ㉱ 0.16

**풀이**
$H = I \times L + 1.5 \times \dfrac{V^2}{2g} + \alpha$

여기서
- H : 손실수두(m)
- I : 동수구배(기울기)
- L : 관의 길이(m)
- g : 중력가속도(9.8m/sec²)
- α : 손실수두에 관한 여유

따라서
$H = \dfrac{2.4}{1,000} \times 30.6m + 1.5 \times \dfrac{(1.63m/sec)^2}{2 \times 9.8m/sec^2} + 0.042m$
$= 0.32m$

---

**answer** 24 ㉰  25 ㉯  26 ㉯

**27** 상수도시설인 배수지 용량에 대한 설명이다. ( )의 내용으로 옳은 것은?

> 유효용량은 시간변동조정용량과 비상대처용량을 합하여 급수구역의 ( ) 이상을 표준으로 한다.

㉮ 계획시간최대급수량의 8시간분
㉯ 계획시간최대급수량의 12시간분
㉰ 계획1일최대급수량의 8시간분
㉱ 계획1일최대급수량의 12시간분

**풀이** 배수지의 유효용량은 시간변동조정용량과 비상대처용량을 합하여 급수구역의 계획1일최대급수량의 12시간분 이상을 표준으로 한다.

**28** 상수도 취수 시 계획취수량의 기준은?

㉮ 계획1일최대급수량의 10% 정도 증가된 수량으로 정함
㉯ 계획1일평균급수량의 10% 정도 증가된 수량으로 정함
㉰ 계획1시간최대급수량의 10% 정도 증가된 수량으로 정함
㉱ 계획1시간평균급수량의 10% 정도 증가된 수량으로 정함

**풀이** 상수도 취수 시 계획취수량의 기준은 계획1일최대급수량의 10% 정도 증가된 수량으로 정한다.

**29** 정수시설인 막여과시설에서 막모듈의 파울링에 해당되는 것은?

㉮ 막모듈의 공급유로 또는 여과수 유로가 고형물로 폐색되어 흐르지 않는 상태
㉯ 미생물과 막 재질의 자화 또는 분비물의 작용에 의한 변화
㉰ 건조되거나 수축으로 인한 막 구조의 비가역적인 변화
㉱ 원수 중의 고형물이나 진동에 의한 막 면의 상처나 마모, 파단

**풀이** ① 막모듈 파울링 : ㉮
② 막의 열화 : ㉯, ㉰, ㉱

**TIP**
막의 열화 및 파울링
1. 열화
   (1) 정의 : 막 자체의 변질로 생긴 비가역적인 막 성능의 저하를 의미한다.
   (2) 내용
      ① 장기적인 압력부하에 의한 막 구조의 압밀화
      ② 원수 중의 고형물이나 진동에 의한 막 면의 상처나 마모, 파단
      ③ 건조되거나 수축으로 인한 막 구조의 비가역적인 변화
      ④ 막이 pH나 온도 등의 작용에 의한 분해
      ⑤ 산화제에 의하여 막 재질의 특성변화나 분해
      ⑥ 미생물과 막 재질의 자화 또는 분비물의 작용에 의한 변화
2. 파울링
   (1) 정의 : 막 자체의 변질이 아닌 외적 인자로 생긴 막 성능의 저하를 의미한다.
   (2) 내용
      ① 막의 다공질부의 흡착, 석출, 포착 등에 의한 폐색(막힘)
      ② 막모듈의 공급유로 또는 여과수 유로가 고형물로 폐색되어 흐르지 않는 상태(유로 폐색)

**30** 지하수 취수 시 적용되는 양수량 중에서 적정양수량의 정의로 옳은 것은?

㉮ 최대양수량의 80% 이하의 양수량
㉯ 한계양수량의 80% 이하의 양수량
㉰ 최대양수량의 70% 이하의 양수량
㉱ 한계양수량의 70% 이하의 양수량

**풀이** 적정양수량은 한계양수량의 70% 이하의 양수량을 의미한다.

answer  27 ㉱  28 ㉮  29 ㉮  30 ㉱

**31** 우수관거 및 합류관거의 최소관경에 관한 내용으로 옳은 것은?

㉮ 200mm를 표준으로 한다.
㉯ 250mm를 표준으로 한다
㉰ 300mm를 표준으로 한다
㉱ 350mm를 표준으로 한다

**풀이** 우수관거 및 합류관거
① 최소관경은 300mm
② 최소관경 표준은 250mm

**32** 펌프의 제원 결정 시 고려해야 할 사항이 아닌 것은?

㉮ 전양정  ㉯ 비속도
㉰ 토출량  ㉱ 구경

**풀이** 펌프의 제원 결정시 고려사항은 전양정, 비교회전도, 토출량, 구경 등이다.

**33** 도수시설인 접합정에 관한 설명으로 옳지 않은 것은?

㉮ 접합정은 충분한 수밀성과 내구성을 지니며, 용량은 계획도수량의 1.5분 이상으로 한다.
㉯ 유입속도가 큰 경우에는 접합정 내에 월류벽 등을 설치한다.
㉰ 수압이 높은 경우에는 필요에 따라 수압제어용 밸브를 설치한다.
㉱ 유출관의 유출구 중심높이는 저수위에서 관경의 2배 이상 높게 하는 것을 원칙으로 한다.

**풀이** ㉱ 유출관의 유출구 중심높이는 저수위에서 관경의 2배 이상 낮게 하는 것을 원칙으로 한다.

**34** 하수관거 연결방법의 특징에 관한 설명 중 틀린 것은?

㉮ 소켓(Socket)연결은 시공이 쉽고 고무링이나 압축조인트를 사용하는 경우에는 배수가 곤란한 곳에서도 시공이 가능하고 수밀성도 높다.
㉯ 맞물림(Butt)연결은 중구경 및 대구경의 시공이 쉽고 배수가 곤란한 곳에서도 시공이 가능하다.
㉰ 맞물림 연결은 수밀성도 있지만 연결부의 관두께가 얇기 때문에 연결부가 약하고 고무링으로 연결 시 누수의 원인이 된다.
㉱ 맞대기 연결(수밀밴드사용)은 흄관의 Butt 연결을 대체하는 방법으로서 수밀성이 크게 향상된 수밀밴드 등을 사용하여 시공한다.

**풀이** ㉱ 맞대기 연결(수밀밴드 사용)은 흄관의 칼라연결을 대체하는 방법으로서 수밀밴드를 사용하여 수밀성을 향상시키는 시공방법이다.

**35** 정수장의 플록형성지에 관한 설명으로 틀린 것은?

㉮ 플록형성지는 혼화지와 침전지 사이에 위치하고 침전지에 붙여서 설치한다.
㉯ 플록형성시간은 계획정수량에 대하여 20~40분간을 표준으로 한다.
㉰ 플록큐레이터의 주변속도는 15~80 cm/sec로 한다.
㉱ 플록형성지 내의 교반강도는 상류, 하류를 동일하게 유지하여 일정한 강도의 플록을 형성시킨다.

**풀이** ㉱ 플록형성지내의 교반강도는 하류로 갈수록 점차 감소시키는 것이 바람직하다.

**TIP** 플록형성지는 완속교반조이다.

**answer** 31 ㉯  32 ㉯  33 ㉱  34 ㉱  35 ㉱

**36** 정수처리를 위한 막여과설비에서 적절한 막여과의 유속 설정 시 고려사항으로 틀린 것은?

㉮ 막의 종류
㉯ 막공급의 수질과 최고 수온
㉰ 전처리설비의 유무와 방법
㉱ 입지조건과 설치 공간

**풀이** 막여과의 유속 설정 시 고려사항은 막의 종류, 전처리설비의 유무와 방법, 입지조건, 설치 공간 등이다.

**37** 정수시설의 '착수정'에 관한 설명으로 틀린 것은?

㉮ 형상은 일반적으로 직사각형 또는 원형으로 하고 유입구에는 제수밸브 등을 설치한다.
㉯ 착수정의 고수위와 주변벽체의 상단 간에는 60cm 이상의 여유를 두어야 한다.
㉰ 용량은 체류시간을 30~60분 정도로 한다.
㉱ 수심은 3~5m 정도로 한다.

**풀이** ㉰ 용량은 체류시간을 1.5분 이상으로 한다.

**38** 저수시설을 형태적으로 분류할 때의 구분과 가장 거리가 먼 것은?

㉮ 지하댐  ㉯ 하구둑
㉰ 유수지  ㉱ 저류지

**풀이** 저수시설을 형태적으로 분류하면 지하댐, 하구둑, 유수지로 분류한다.

**39** 지름 2,000mm의 원심력 철근콘크리트관이 포설되어 있다. 만관으로 흐를 때의 유량(m³/s)은? (단, 조도계수 = 0.015, 동수구배 = 0.001, Manning 공식 이용)

㉮ 4.17  ㉯ 2.45
㉰ 1.67  ㉱ 0.66

**풀이**
① 단면적(A) = $\dfrac{\pi D^2}{4}$ = $\dfrac{\pi}{4} \times (2m)^2$ = 3.1416m²

② 유속(V) = $\dfrac{1}{n} \times R^{\frac{2}{3}} \times I^{\frac{1}{2}}$

여기서, n : 조도계수

R(경심) = $\dfrac{단면적(A)}{윤변의 길이(S)}$ = $\dfrac{D}{4}$ = $\dfrac{2m}{4}$
 = 0.5m

I(동수경사) = 0.001

따라서 v = $\dfrac{1}{0.015} \times (0.5m)^{\frac{2}{3}} \times (0.001)^{\frac{1}{2}}$
 = 1.32807m/sec

③ 유량(Q) = 단면적(A)×유속(v)
 = 3.1416m²×1.32807m/sec
 = 4.17m³/sec

**40** 계획오염부하량 및 계획유입수질에 관한 내용으로 틀린 것은?

㉮ 관광오수에 의한 오염부하량은 당일 관광과 숙박으로 나누고 각각의 원단위에서 추정한다.
㉯ 영업오수에 의한 오염부하량은 업무의 종류 및 오수의 특징 등을 감안하여 결정한다.
㉰ 생활오수에 의한 오염부하량은 1인1일당 오염부하량 원단위를 기초로 하여 정한다.
㉱ 하수의 계획유입수질은 계획오염부하량을 계획1일 최대오수량으로 나눈값으로 한다.

**answer** 36 ㉯  37 ㉰  38 ㉱  39 ㉮  40 ㉱

**풀이** ㉣ 하수의 계획유입수질은 계획오염부하량을 계획 1일 평균오수량으로 나눈값으로 한다.

㉰ 염소 산화법     ㉣ 혐기성 소화

**풀이** 슬러지내 중금속의 제거방법은 염소 산화법이다.

## | 제3과목 | 수질오염방지기술

**41** 폐수 중에 함유된 콜로이드 입자의 안정성은 Zeta 전위의 크기에 의존한다. Zeta 전위를 표시한 식으로 알맞은 것은? (단, q = 단위면적당 전하, $\sigma$ = 전하가 영향을 미치는 전단표면 주위의 층의 두께, D = 액체의 도전상수)

㉮ $4\pi\sigma q/D$    ㉯ $4\pi qD/\sigma$
㉰ $\pi\sigma q/4D$    ㉣ $\pi qD/4\sigma$

**풀이** Zeta 전위 $= \dfrac{4\times\pi\times\sigma\times q}{D}$

**42** 암모니아 제거방법 중 파과점염소처리의 단점으로 가장 거리가 먼 것은?

㉮ 용존성 고형물 증가
㉯ 많은 경비 소비
㉰ pH를 10 이상으로 높혀야 함
㉣ THM 등 건강에 해로운 물질 생성

**풀이** ㉰번의 설명은 암모니아성 질소 탈기법에 해당한다.

**43** 슬러지 안정화 방법 중 슬러지 내 중금속을 제거시키는 방법으로 가장 알맞은 것은?

㉮ 석회석 안정화    ㉯ 습식 산화법

**44** 회전원판법의 장·단점에 대한 설명으로 틀린 것은?

㉮ 단회로 현상의 제어가 어렵다.
㉯ 폐수량 변화에 강하다.
㉰ 파리는 발생하지 않으나 하루살이가 발생하는 수가 있다.
㉣ 활성슬러지법에 비해 최종침전지에서 미세한 부유물질이 유출되기 쉽다.

**풀이** ㉮ 단회로 현상의 제어가 용이하다.

**45** A²/O 공법에 대한 설명으로 틀린 것은?

㉮ 혐기조 - 무산소조 - 호기조 - 침전조 순으로 구성된다.
㉯ A²/O 공정은 내부재순환이 있다.
㉰ 미생물에 의한 인의 섭취는 주로 혐기조에서 일어난다.
㉣ 무산소조에서는 질산성질소가 질소가 스스로 전환된다.

**풀이** ㉰ 미생물에 의한 인의 섭취는 주로 호기성조에서 일어난다.

**46** 하수 고도처리 도입 이유로 가장 거리가 먼 것은?

㉮ 개방형 수역의 부영양화 촉진
㉯ 방류수역의 수질환경기준의 달성
㉰ 방류수역의 이용도 향상
㉣ 처리수의 재이용

**answer**   41 ㉮   42 ㉰   43 ㉰   44 ㉮   45 ㉰   46 ㉮

**풀이** 하수 고도처리 도입 이유
① 방류수역의 수질환경기준의 달성
② 방류수역의 이용도 향상
③ 처리수의 재이용

**47** 하수슬러지를 감량하고 혐기성 소화조의 처리 효율을 증대하기 위해 다양한 슬러지 가용화 방법이 개발 및 적용되고 있다. 하수슬러지 가용화의 방법으로 적당하지 않은 것은?

㉮ 오존처리   ㉯ 초음파처리
㉰ 열적처리   ㉱ 염소처리

**풀이** 하수슬러지 가용화의 방법
① 오존처리
② 초음파처리
③ 열적처리

**48** 고농도의 유기물질(BOD)이 오염이 적은 수계에 배출될 때 나타나는 현상으로 가장 거리가 먼 것은?

㉮ pH의 감소   ㉯ DO의 감소
㉰ 박테리아의 증가   ㉱ 조류의 증가

**풀이** 조류는 오염물질(BOD)이 적고, 용존산소가 풍부한 깨끗한 물에서 나타난다.

**49** 유효수심 3.5m, 체류시간 3시간인 일차 침전지의 수면적부하($m^3/m^2 \cdot day$)는?

㉮ 14   ㉯ 28
㉰ 56   ㉱ 112

**풀이** 수면적부하($m^3/m^2 \cdot day$) = $\dfrac{H(m)}{t(day)}$

= $\dfrac{3.5m}{\left(\dfrac{3hr}{24}\right)day}$

= $28.0 m^3/m^2 \cdot day$

**TIP**
① 수면적부하($m^3/m^2 \cdot day$) = $\dfrac{Q(m^3/day)}{A(m^2)}$
  = $\dfrac{Q(m^3/day)}{길이(m) \times 폭(m)}$
  = $\dfrac{수심(m)}{체류시간(day)}$
② 표면(적)부하 = 수면(적)부하
③ $m^3/m^2 \cdot day = m/day$

**50** BOD에 대한 설명으로 가장 거리가 먼 것은?

㉮ 최종 BOD가 같다고 해도 시간과 반응계수(K)에 따라 달라진다.
㉯ 반응계수가 클수록 시간에 대한 산소 소비율은 커진다.
㉰ 질산화 박테리아의 성장이 늦기 때문에 반응초기에 많은 양의 질산화 박테리아가 존재하여도 5일 BOD실험에는 방해가 되지 않는다.
㉱ 질산화 반응을 억제하기 위한 억제제(inhibitory agent)로는 methylene blue, thiourea 등이 있다.

**풀이** ㉰ 질산화 박테리아의 성장이 늦기 때문에 반응초기에 많은 양의 질산화 박테리아가 존재하면 5일 BOD실험에 방해가 된다.

**answer** 47 ㉱   48 ㉱   49 ㉯   50 ㉰

**51** Langmuir 등온 흡착식을 유도하기 위한 가정으로 옳지 않은 것은?

㉮ 한정된 표면만이 흡착에 이용된다.
㉯ 표면에 흡착된 용질물질은 그 두께가 분자 한 개 정도의 두께이다.
㉰ 흡착은 비가역적이다.
㉱ 평형조건이 이루어졌다.

**풀이** ㉰ 흡착은 가역적이다.

**52** 소화조 슬러지 주입율 $100m^3/day$, 슬러지의 SS농도 6.47%, 소화조 부피 $1,250m^3$, SS 내 VS 함유율 85%일 때 소화조에 주입되는 VS의 용적부하($kg/m^3 \cdot day$)는? (단, 슬러지의 비중 = 1.0)

㉮ 1.4  ㉯ 2.4
㉰ 3.4  ㉱ 4.4

**풀이** 소화조에 주입되는 VS의 용적부하($kg/m^3 \cdot day$)

$$= \frac{\text{소화조슬러지주입율}(m^3/day) \times \text{SS농도}(kg/m^3) \times \frac{VS(\%)}{100}}{\text{소화조의 부피}(m^3)}$$

$$= \frac{100m^3/day \times 64.7kg/m^3 \times 0.85}{1,250m^3}$$

$$= 4.40 kg/m^3 \cdot day$$

**TIP**
① % $\xrightarrow{\times 10^4}$ mg/L
② mg/L $\xrightarrow{\times 10^{-3}}$ $kg/m^3$
③ % $\xrightarrow{\times 10}$ $kg/m^3$
③ 6.47% $\xrightarrow{\times 10}$ $64.7kg/m^3$

**53** 분뇨의 생물학적 처리공법으로서 호기성 미생물이 아닌 혐기성 미생물을 이용한 혐기성처리공법을 주로 사용하는 근본적인 이유는?

㉮ 분뇨에는 혐기성미생물이 살고 있기 때문에
㉯ 분뇨에 포함된 오염물질은 혐기성미생물만이 분해할 수 있기 때문에
㉰ 분뇨의 유기물 농도가 너무 높아 포기에 너무 많은 비용이 들기 때문에
㉱ 혐기성처리공법으로 발생되는 메탄가스가 공법에 필수적이기 때문에

**풀이** 분뇨처리에서 혐기성처리를 하는 이유는 유기물 농도가 너무 높아 포기에 너무 많은 비용이 소요되기 때문이다.

**54** 폐수를 살수여상법으로 처리할 때 처리효율이 가장 좋은 것은?

㉮ 저속여상(low-rate)
㉯ 중속여상(intermediate-rate)
㉰ 고속여상(high-rate)
㉱ 초고속여상(super-rate)

**풀이** 살수여상법에서 처리효율이 가장 우수한 방법은 저속여상법이다.

**55** CSTR 반응조를 일차반응조건으로 설계하고, A의 제거 또는 전환율이 90%가 되게 하고자 한다. 만일, 반응상수 k가 0.35/hr이면 이 CSTR 반응조의 체류시간(hr)은 얼마인가?

㉮ 12.5hr  ㉯ 25.7hr
㉰ 32.5hr  ㉱ 43.7hr

**answer** 51 ㉰  52 ㉱  53 ㉰  54 ㉮  55 ㉯

풀이  $Q(C_o-C_t) = k \cdot V \cdot C_t$

여기서 $t = \dfrac{V}{Q}$ 이므로

$(C_o-C_t) = k \cdot C_t \cdot \left(\dfrac{V}{Q}\right)$

$t = \dfrac{C_o-C_t}{k \times C_t} = \dfrac{(1-0.1)}{(0.35/hr \times 0.1)} = 25.71hr$

**56** 활성슬러지 혼합액의 고형물을 0.26%에서 3%까지 농축하고자 할 때 가압순환 흐름이 있는 경우의 부상농축기를 설계하고자 한다. 다음의 조건하에서 소요 순환유량($m^3$/day)은? (단, A/S = 0.06, 온도 = 20℃, 공기용해도 = 18.7mL/L, 압력 = 3.7atm, 용존 공기비율 = 0.5, 부유고형물 농도 = 4,000mg/L, 슬러지 유량 = 400$m^3$/day)

㉮ 약 2,500  ㉯ 약 3,000
㉰ 약 3,500  ㉱ 약 4,500

풀이  ① A/S비 = $\dfrac{1.3 \times Sa \times (f \cdot P - 1)}{SS} \times R$

따라서 $0.06 = \dfrac{1.3 \times 18.7mL/L \times (0.5 \times 3.7atm - 1)}{4,000mg/L} \times R$

∴ R = 11.6147

② 소요순환유량($Q_R$) = 유량(Q)×반송비(R)
= 400$m^3$/day × 11.6147
= 4,645.88$m^3$/day

**57** 유량이 3,000$m^3$/day, BOD농도가 400mg/L인 폐수를 활성슬러지법으로 처리할 때 내호흡율(kd, /day)은? (단, 포기시간 = 8시간, 처리수 농도(BOD = 30mg/L), MLSS 농도 = 4,000mg/L, 잉여슬러지 발생량 = 50$m^3$/day, 잉여슬러지 농도 = 0.9%, 세포증식 계수 = 0.8)

㉮ 약 0.052  ㉯ 약 0.110
㉰ 약 0.123  ㉱ 약 0.183

풀이  $Q_w \cdot SS_w = Y \cdot Q \cdot (BOD_i - BOD_o) - kd \cdot MLSS \cdot V$

50$m^3$/day × 9kg/$m^3$
= 0.8 × 3,000$m^3$/day × (0.4 - 0.03)kg/$m^3$ - kd × 4kg/$m^3$
× 3,000$m^3$/day × $\left(\dfrac{8hr}{24}\right)$day

∴ kd = 0.110/day

**TIP**

① mg/L $\xrightarrow{\times 10^{-3}}$ kg/$m^3$

② % $\xrightarrow{\times 10^4}$ ppm

③ $SS_w$ = 0.9% = 0.9 × $10^4$mg/L = 9kg/$m^3$

**58** 기계식 봉 스크린을 0.64m/s로 흐르는 수로에 설치하고자 한다. 봉의 두께는 10mm이고, 간격이 30mm라면 봉 사이로 지나는 유속(m/s)은?

㉮ 0.75  ㉯ 0.80
㉰ 0.85  ㉱ 0.90

풀이  $V_a A_a = V_b \times A_b \Rightarrow V_b = V_a \times \dfrac{A_a}{A_b}$

여기서
$\begin{bmatrix} W : 수로의\ 폭 \\ H : 수심 \end{bmatrix}$

$A_a = W \times H$

$A_b = W \times H \times \dfrac{바간격}{바두께 + 바간격}$
$= W \times H \times \dfrac{30mm}{10mm + 30mm} = 0.75 \times W \times H$

$V_b = V_a \times \dfrac{A_a}{A_b}$
$= 0.64m/s \times \dfrac{W \times H}{0.75 \times W \times H}$
$= 0.85m/s$

answer  56 ㉱  57 ㉯  58 ㉰

**59** 50m³/day의 폐수를 배출하는 도금공장에서 폐수 중에 CN⁻가 150g/m³ 함유되어 있다면 배출허용 농도를 1mg/L 이하로 처리할 때 필요한 NaClO의 양 (kg/day)은? (단, NaCN 49, NaClO 74.5 반응식 2NaCN + 5NaClO + H₂O → 2NaHCO₃+N₂+5NaCl)

㉮ 약 35  ㉯ 약 42
㉰ 약 47  ㉱ 약 53

**풀이**

$2CN^- \quad : \quad 5NaOCl$
$2 \times 26g \quad : \quad 5 \times 74.5g$
$(0.15-0.001)kg/m^3 \times 50m^3/day \quad : \quad X$
$\therefore X = 53.37 kg/day$

**TIP**
① $ppm = mg/L = g/m^3$
② $mg/L \xrightarrow{\times 10^{-3}} kg/m^3$

**60** 다음 조건의 활성슬러지조에서 1일 발생하는 잉여슬러지량(kg/day)은? (단, 유입수량 = 10,500m³/day, 유입수 BOD = 200mg/L, 유출수 BOD = 20mg/L, Y = 0.6, kd = 0.05/day, $\theta_C$ = 10일)

㉮ 624  ㉯ 756
㉰ 847  ㉱ 966

**풀이** 잉여슬러지량($Q_w \cdot SS_w$)

$= \dfrac{Y \cdot Q \cdot (BOD_i - BOD_o)}{1+(kd \cdot SRT)}$

$= \dfrac{0.6 \times 10,500 m^3/day \times (0.2-0.02)kg/m^3}{1+(0.05/day \times 10day)}$

$= 756 kg/day$

| 제4과목 | 수질오염공정시험기준

**61** 다음 시험항목 중 측정할 때 증류장치가 필요하지 않는 것은?

㉮ 암모니아성 질소 시험법
㉯ 아질산성 질소 시험법
㉰ 페놀류 시험법
㉱ 시안 시험법

**풀이** 증류장치가 필요한 물질은 시안, 불소, 암모니아성 질소, 페놀이다.

**62** 자외선/가시선 분광법에 의한 페놀류의 측정원리를 설명한 내용으로 옳지 않은 것은?

㉮ 수용액에서는 510nm에서 흡광도를 측정한다.
㉯ 클로로폼용액에서는 460nm에서 흡광도를 측정한다.
㉰ 추출법의 정량한계는 0.1mg/L이다.
㉱ 황 화합물의 간섭이 있는 경우 인산($H_3PO_4$)이 사용된다.

**풀이** 자외선/가시선 분광법의 정량한계
① 클로로폼추출법 : 0.005mg/L
② 직접측정법 : 0.05mg/L

**63** 식물성 플랑크톤의 정량시험 중 저배율에 의한 방법은? (단, 200배율 이하)

㉮ 스트립 이용 계수
㉯ 팔머-말로니 챔버 이용 계수
㉰ 혈구계수기 이용 계수
㉱ 최적 확수 이용 계수

**answer** 59 ㉱  60 ㉯  61 ㉯  62 ㉰  63 ㉮

**풀이** 정량시험
① 저배율(200배율 이하)방법 : 스트립이용계수법, 격자이용 계수법
② 중배율(200~500배율 이하)방법 : 팔머-말로니 챔버 이용 계수법, 혈구계수기 이용계수법

$= A \times N \times f \times \dfrac{1,000}{V} \times 50$

$= 13.5mg \times \dfrac{1}{50}N \times 1.0 \times \dfrac{1,000}{50mL} \times 50$

$= 270mg/L$

## 64 시료채취 시 유의사항에 관한 내용으로 가장 거리가 먼 것은?

㉮ 시료 채취 용기는 깨끗이 세척된 용기 또는 멸균된 용기를 사용한다.
㉯ 수소이온을 측정하기 위한 시료를 채취할 때에는 운반 중 공기와 접촉이 없도록 용기에 가득 채운다.
㉰ 휘발성유기화합물 분석용 시료를 채취할 때에는 뚜껑에 격막이 생성되지 않도록 주의한다.
㉱ 시료채취량은 시험항목 및 시험회수에 따라 차이가 있으나 보통 3L~5L 정도이다.

**풀이** ㉰ 휘발성유기화합물 분석용 시료를 채취할 때에는 뚜껑의 격막을 만지지 않도록 주의 한다.

## 65 물의 알칼리도를 측정하기 위해 50mL의 시료를 N/50 황산으로 측정하여 phenolphthalein 지시약의 종점에서 4.3mg, methyl orange 지시약의 종점에서 13.5mg이었다. 이 물의 총 알칼리도(mg/L)CaCO₃는? (단, N/50 황산의 역가 = 1)

㉮ 68    ㉯ 120
㉰ 186   ㉱ 270

**풀이** 총 알칼리도(mg/L)

## 66 중금속 측정을 위하여 물 250mL를 비이커에 취하여 질산(비중 : 1.409, 70%)을 5mL 첨가하고, 가열하여 액량을 5mL로 증발 농축한 후, 방냉한 다음 여과하여 물을 첨가하여 정확히 100mL로 할 경우 규정 농도(N)는? (단, 질산의 손실은 없다고 가정)

㉮ 0.04   ㉯ 0.07
㉰ 0.35   ㉱ 0.78

**풀이** 
① $eq/L = \dfrac{1.409g}{mL} \times \dfrac{10^3 mL}{1L} \times \dfrac{1eq}{63g} \times \dfrac{70\%}{100}$
  $= 15.656N$
② $N_1 \times V_1 = N_2 \times V_2$
  $15.656N \times 5mL = N_2 \times 100mL$
  $\therefore N_2 = 0.78N$

**TIP**
① N농도의 단위는 eq/L이다.
② $HNO_3$의 분자량 = 1+14+16×3 = 63
③ 적정공식 : $N_1 \times V_1 = N_2 \times V_2$

## 67 검정곡선 작성용 표준용액과 시료에 동일한 양의 내부표준물질을 첨가하여 시험분석 절차, 기기 또는 시스템의 변동으로 발생하는 오차를 보정하기 위해 사용하는 방법은?

㉮ 검량선법       ㉯ 표준물첨가법
㉰ 절대검량선법   ㉱ 내부표준법

**풀이** ㉱ 내부표준법에 대한 설명이다.

**answer** 64 ㉰  65 ㉱  66 ㉱  67 ㉱

**68** 고형물질이 많아 관을 메울 우려가 있는 폐·하수의 관내 유량을 측정하는 장치로 가장 옳은 것은?

㉮ 자기식 유량측정기(magnetic flow meter)
㉯ 유량측정용 노즐(nozzle)
㉰ 파샬수로(parshall flume)
㉱ 피토관(pitot)

**풀이** 고형물질이 많아 관을 메울 우려가 있는 폐·하수의 관내 유량을 측정하는 장치는 자기식 유량측정기이다.

**69** 이온전극법에 대한 설명으로 틀린 것은?

㉮ 시료용액의 교반은 이온전극의 응답속도 이외의 전극범위, 정량한계값에는 영향을 미치지 않는다.
㉯ 전극과 비교전극을 사용하여 전위를 측정하고 그 전위차로부터 정량하는 방법이다.
㉰ 이온전극법에 사용하는 장치의 기본구성은 비교전극, 이온전극, 자석교반기, 저항 전위계, 이온측정기 등으로 되어 있다.
㉱ 이온전극의 종류에는 유리막 전극, 고체막 전극, 격막형 전극으로 구분된다.

**풀이** ㉮ 시료용액의 교반은 이온전극의 응답속도 이외의 전극범위, 정량한계값에도 영향을 미친다.

**70** 폐수의 유량 측정법에 있어 최대 유량이 $1m^3/min$ 미만으로 폐수유량이 배출될 경우 용기에 의한 측정 방법에 관한 내용으로 ( )에 옳은 것은?

> 용기는 용량 100L~200L인 것을 사용하여 유수를 채우는 데에 요하는 시간을 스톱워치로 잰다. 용기에 물을 받아 넣는 시간을 ( )이 되도록 용량을 결정한다.

㉮ 10초 이상    ㉯ 20초 이상
㉰ 30초 이상    ㉱ 40초 이상

**풀이** 필수 암기사항
① 용기의 용량 : 100L~200L
② 용기에 물을 받아 넣는 시간 : 20초 이상

**71** 다음 용어의 정의로 옳지 않은 것은?

㉮ 밀폐용기 : 취급 또는 저장하는 동안에 이물질이 들어가거나 또는 내용물을 손실 되지 아니하도록 보호하는 용기를 말한다.
㉯ 즉시 : 30초 이내에 표시된 조작을 하는 것을 뜻한다.
㉰ 정확히 단다. : 규정된 수치의 무게를 0.001mg까지 다는 것을 말한다.
㉱ 냄새가 없다. : 냄새가 없거나 또는 거의 없는 것을 표시하는 것이다.

**풀이** ㉰ 정확히 단다. : 규정된 수치의 무게를 0.1mg까지 다는 것을 말한다.

**answer** 68 ㉮  69 ㉮  70 ㉯  71 ㉰

**72** 지하수 시료는 취수정 내에 고여 있는 물과 원래 지하수의 성상이 달라질 수 있으므로 고여 있는 물을 충분히 퍼낸 다음 새로 나온 물을 채취한다. 이 경우 퍼내는 양은?

㉮ 고여 있는 물의 절반 정도
㉯ 고여 있는 물의 전체량 정도
㉰ 고여 있는 물의 2배~3배 정도
㉱ 고여 있는 물의 4배~5배 정도

**풀이** 지하수 시료에서 퍼내는 물의 양은 고여 있는 물의 4배~5배 정도이다.

**73** 수산화소듐 1g을 증류수에 용해시켜 400mL로 하였을 때 이 용액의 pH는?

㉮ 13.8  ㉯ 12.8
㉰ 11.8  ㉱ 10.8

**풀이**
① NaOH의 mol/L = $\dfrac{1g}{0.4L} \times \dfrac{1mol}{40g} = 0.0625M$

② $[OH^-]$의 농도는 0.0625M

② pH = $14+\log[OH^-]$
     = $14+\log[0.0625M]$
     = 12.80

**TIP**
① M농도의 단위는 mol/L이다.
② 산성물질에서 pH = $-\log[H^+]$
⑤ 알칼리성물질에서 pH = $14+\log[OH^-]$

**74** 용존산소 측정 시 티오황산소듐 표준용액을 표정할 때 표준물질로 사용되는 $KIO_3$는 아래와 같은 반응을 한다.

$$IO_3^- + 5I^- + 6H^+ = 3I_2 + 3H_2O$$

이 때 0.1N $KIO_3$ 용액을 만들려면 $KIO_3$ 몇 g을 달아 물에 녹여 1L로 만들면 되는가?

(단, $KIO_3$의 분자량은 214)

㉮ 21.4  ㉯ 4.28
㉰ 3.57  ㉱ 2.14

**풀이**
$0.1eq/L = \dfrac{W(g)}{1L} \times \dfrac{1eq}{214g/6}$

∴ W = 3.57g

**TIP**
① N농도의 단위는 eq/L이다.
② $KIO_3$는 6당량 물질이다.
③ 1eq = $\dfrac{분자량(g)}{당량수} = \dfrac{214g}{6}$

**75** 수질오염공정시험기준상 냄새 측정에 관한 내용으로 틀린 것은?

㉮ 물속의 냄새를 측정하기 위하여 측정자의 후각을 이용하는 방법이다.
㉯ 잔류염소의 냄새는 측정에서 제외한다.
㉰ 냄새역치는 냄새를 감지할 수 있는 최대 희석배수를 말한다.
㉱ 각 판정요원의 냄새의 역치를 산술평균하여 결과로 보고한다.

**풀이** ㉱ 각 판정요원의 냄새의 역치를 기하평균하여 결과로 보고한다.

answer  72 ㉱  73 ㉯  74 ㉰  75 ㉱

**76** 페놀류-자외선/가시선 분광법의 분석에 대한 측정원리에 관한 설명으로 ( )에 옳은 것은?

> 증류한 시료에 염화암모늄-암모니아 완충용액을 넣어 ( )으로 조절한 다음 4-아미노안티피린과 헥사시안화철(Ⅱ)산 포타슘을 넣어 생성된 붉은색의 안티피린계 색소의 흡광도를 측정한다.

㉮ pH 7 ㉯ pH 8
㉰ pH 9 ㉱ pH 10

**77** 예상 BOD값에 대한 사전경험이 없을 때에는 희석하여 시료를 제조한다. 처리하지 않은 공장 폐수와 침전된 하수가 시료에 함유되는 정도는?

㉮ 0.1%~1.0% ㉯ 1%~5%
㉰ 5%~25% ㉱ 25%~100%

**풀이** 희석하여 시료제조 방법
① 오염정도가 심한 공장폐수 : 0.1%~1.0%
② 처리하지 않은 공장폐수와 침전된 하수 : 1%~5%
③ 처리하여 방류된 공장폐수 : 5%~25%
④ 오염된 하천수 : 25%~100%

**78** 퍼지-트랩-기체크로마토그래프(질량분석법)법으로 분석하는 휘발성 저급탄화수소와 가장 거리가 먼 것은?

㉮ 벤젠
㉯ 사염화탄소
㉰ 폴리클로리네이티드비페닐
㉱ 1,1-다이클로로에틸렌

**풀이** ㉰ 폴리클로리네이티드비페닐(PCBs)는 용매추출/기체크로마토그래피를 이용한다.

**79** 총인을 아스코르빈산 환원법에 의해 흡광도를 측정할 때 880nm에서 측정이 불가능한 경우, 어느 파장(nm)에서 측정할 수 있는가?

㉮ 560 ㉯ 660
㉰ 710 ㉱ 810

**풀이** 총인을 아스코르빈산 환원법으로 흡광도 측정시 880nm에서 측정이 불가능한 경우, 710nm에서 측정할 수 있다.

**80** $I_0$ 단색광이 정색액을 통과할 때 그 빛의 50%가 흡수된다면 이 경우 흡광도는?

㉮ 0.6 ㉯ 0.5
㉰ 0.3 ㉱ 0.2

**풀이** 흡광도(A) = $\log \dfrac{1}{투과도}$

$= \log \dfrac{1}{0.50} = 0.30$

**answer** 76 ㉱ 77 ㉯ 78 ㉰ 79 ㉰ 80 ㉰

# 2020 1·2회 기출문제

| 제1과목 | 수질오염개론

**01** 물의 물리적 특성으로 가장 거리가 먼 것은?

㉮ 물의 표면장력이 낮을수록 세탁물의 세정효과가 증가한다.
㉯ 물이 얼면 액체상태보다 밀도가 커진다.
㉰ 물의 융해열은 다른 액체보다 높은 편이다.
㉱ 물의 여러 가지 특성은 물분자의 수소결합 때문에 나타난다.

**풀이** ㉯ 물이 얼면 액체상태보다 밀도가 작아진다.

**TIP**
4℃에서 물의 밀도가 가장 크다.

**02** DO 포화농도가 8mg/L인 하천에서 t = 0일 때 DO가 5mg/L이라면, 6일 유하했을 때의 DO 부족량(mg/L)은 얼마인가? (단, $BOD_u$ = 20mg/L, $k_1$ = 0.1day$^{-1}$, $k_2$ = 0.2day$^{-1}$, 상용대수)

㉮ 약 2        ㉯ 약 3
㉰ 약 4        ㉱ 약 5

**풀이** $D_t = \dfrac{k_1 \times L_o}{k_2 - k_1} \times (10^{-k_1 \times t} - 10^{-k_2 \times t}) + D_o \times (10^{-k_2 \times t})$

여기서 $D_t$ : t시간 후의 DO부족농도(mg/L)
$k_1$ : 탈산소계수(/day)
$k_2$ : 재폭기계수(/day)
$L_o$ : 최종 BOD(= $BOD_u$)(mg/L)
$D_o$ : 초기 산소 부족량(mg/L)
$D_o$ = 포화DO 농도($C_s$) - 하천의 DO 농도(C)

따라서
$D_t = \dfrac{0.1/day \times 20mg/L}{0.2/day - 0.1/day} \times (10^{-0.1/day \times 6day} - 10^{-0.2/day \times 6day})$
$\quad + (8mg/L - 5mg/L) \times (10^{-0.2/day \times 6day})$
$\quad = 3.95mg/L$

**03** 생체 내에 필수적인 금속으로 결핍 시에는 인슐린의 저하를 일으킬 수 있는 유해물질은?

㉮ Cd        ㉯ Mn
㉰ CN        ㉱ Cr

**풀이** 생체 내에 필수적인 금속으로 결핍 시에 인슐린의 저하를 일으킬 수 있는 유해물질은 크롬(Cr)이다.

**04** 지구상의 담수 중 차지하는 비율이 가장 큰 것은?

㉮ 빙하 및 빙산        ㉯ 하천수
㉰ 지하수              ㉱ 수증기

**풀이** 지구상의 담수 중 가장 많이 존재하는 것은 빙하 및 빙산이며, 그 다음이 지하수이다.

**answer**  01 ㉯   02 ㉰   03 ㉱   04 ㉮

**05** 생물학적 변환(생분해)을 통한 유기물의 환경에서의 거동 또는 처리에 관한 내용으로 옳지 않은 것은?

㉮ 케톤은 알데하이드보다 분해되기 어렵다.
㉯ 다환 방향족 탄화수소의 고리가 3개 이상이면 생분해가 어렵다.
㉰ 포화지방족 화합물은 불포화 지방족 화합물(이중결합) 보다 쉽게 분해된다.
㉱ 벤젠고리에 첨가된 염소나 나이트로기의 수가 증가할수록 생분해에 대한 저항이 크고 독성이 강해진다.

**풀이** ㉰ 포화지방족 화합물은 불포화 지방족 화합물(이중결합) 보다 분해가 어렵다.

**06** $Na^+ = 360mg/L$, $Ca^{2+} = 80mg/L$, $Mg^{2+} = 96mg/L$인 농업용수의 SAR 값은 얼마인가? (단, 원자량 : Na = 23, Ca = 40, Mg = 24)

㉮ 약 4.8      ㉯ 약 6.4
㉰ 약 8.2      ㉱ 약 10.6

**풀이**
$$SAR = \frac{Na^+}{\sqrt{\frac{Ca^{2+}+Mg^{2+}}{2}}}$$

① 이온의 단위 : mN = meq/L
② mN = mg/L ÷ 1당량mg
  $Na^+$ = 360mg/L ÷ 23 = 15.65mN
  $Ca^{2+}$ = 80mg/L ÷ 20 = 4mN
  $Mg^{2+}$ = 96mg/L ÷ 12 = 8mN
③ $SAR = \dfrac{15.65}{\sqrt{\dfrac{4+8}{2}}} = 6.39$

**07** 생물학적 오탁지표들에 대한 설명으로 틀린 것은?

㉮ BIP(Biological Index of Pollution) : 현미경적 생물을 대상으로 전생물 수에 대한 동물성 생물수의 백분율을 나타낸 것으로 값이 클수록 오염이 심하다.
㉯ BI(Biotix Index) : 육안적 동물을 대상으로 전생물 수에 대한 청수성 및 광범위 출현미생물의 백분율을 나타낸 것으로, 값이 클수록 깨끗한 물로 판정된다.
㉰ TSI(Trophic State Index) : 투명도에 대한 부영양화지수와 투명도-클로로필농도의 상관관계에 의한 부영양화지수, 클로로필 농도-총인의 상관관계를 이용한 부영양화 지수가 있다.
㉱ SDI(Species Diversity Index) : 종의 수와 개체수에 대한 비로 물의 오염도를 나타내는 지표로 값이 클수록 종의 수는 적고 개체수는 많다.

**풀이** ㉱ SDI(Species Diversity Index)는 종의 수와 개체수에 대한 비로 물의 오염도를 나타내는 지표로 값이 클수록 종의 수가 많고 개체수도 많다.

**08** 콜로이드 입자가 분산매 분자들과 충돌하여 불규칙하게 움직이는 현상은?

㉮ 투석현상(Dialysis)
㉯ 틴들현상(Tyndall)
㉰ 브라운운동(Brown motion)
㉱ 반발력(Zeta potential)

**풀이** 콜로이드 입자가 분산매 분자들과 충돌하여 불규칙하게 움직이는 현상은 브라운운동이다.

**answer**   05 ㉰   06 ㉯   07 ㉱   08 ㉰

**09** 수질분석결과 $Na^+ = 10mg/L$, $Ca^{2+} = 20mg/L$, $Mg^{2+} = 24mg/L$, $Sr^{2+} = 2.2mg/L$일 때, 총경도(mg/L as $CaCO_3$)는 얼마인가? (단, 원자량 : Na = 23, Ca = 40, Mg = 24, Sr = 87.6)

㉮ 112.5　　㉯ 132.5
㉰ 152.5　　㉱ 172.5

**풀이**
$$\frac{총경도(mg/L)}{50g} = \frac{Ca^{2+}mg/L}{20g} + \frac{Mg^{2+}mg/L}{12g} + \frac{Sr^{2+}mg/L}{43.8g}$$
$$= \frac{20mg/L}{20g} + \frac{24mg/L}{12g} + \frac{2.2mg/L}{43.8g}$$
∴ 총경도 = 152.51mg/L

**10** 호수 내의 성층현상에 관한 설명으로 가장 거리가 먼 것은?

㉮ 여름성층의 연직 온도경사는 분자확산에 의한 DO구배와 같은 모양이다.
㉯ 성층의 구분 중 약층(thermocline)은 수심에 따른 수온변화가 적다.
㉰ 겨울성층은 표층수 냉각에 의한 성층이어서 역성층이라고도 한다.
㉱ 전도현상은 가을과 봄에 일어나며 수괴의 연직혼합이 왕성하다.

**풀이** ㉯ 성층의 구분 중 약층(thermocline)은 수심에 따른 수온변화가 가장 크다.

**11** 다음에 기술한 반응식에 관여하는 미생물 중에서 전자수용체가 다른 것은?

㉮ $H_2S + 2O_2 \rightarrow H_2SO_4$
㉯ $2NH_3 + 3O_2 \rightarrow 2HNO_2^- + 2H_2O$
㉰ $NO_3^- \rightarrow N_2$
㉱ $Fe^{2+} + O_2 \rightarrow Fe^{3+}$

**풀이** 전자수용체로 산소를 사용하지 않는 것을 찾으면 되므로 ㉰번이 정답이 된다.

**12** 자체의 염분농도가 평균 20mg/L인 폐수에 시간당 4kg의 소금을 첨가시킨 후 하류에서 측정한 염분의 농도가 55mg/L이었을 때 유량($m^3$/sec)은 얼마인가?

㉮ 0.0317　　㉯ 0.317
㉰ 0.0634　　㉱ 0.634

**풀이**
$$유량(m^3/sec) = \frac{4kg/hr \times 1hr/3600sec}{(55-20) \times 10^{-3}kg/m^3}$$
$$= 0.0317 m^3/sec$$

**TIP**
① $ppm = mg/L = g/m^3$
② $mg/L \xrightarrow{\times 10^{-3}} kg/m^3$

**13** 하천 수질모형의 일반적인 가정 조건이 아닌 것은?

㉮ 오염물질이 하천에 유입되자마자 즉시 완전 혼합된다.
㉯ 정상상태이다.
㉰ 확산에 의한 영향을 무시한다.
㉱ 오염물질의 농도분포는 흐름방향으로 이루어진다.

**answer** 09 ㉰　10 ㉯　11 ㉰　12 ㉮　13 ㉮

**풀이** 하천 수질모형의 일반적인 가정 조건
① 시간의 변화에 따른 X방향의 수질변화는 없다.
② 정상상태이다.
③ 유속에 의한 오염물질의 이동이 지배적이다.
④ 확산에 의한 영향을 무시한다.
⑤ 오염물질의 농도 분포는 흐름 방향으로 이루어진다.

**14** 카드뮴에 대한 내용으로 틀린 것은?

㉮ 카드뮴은 은백색이며 아연 정련업, 도금공업 등에서 배출된다.
㉯ 골연화증이 유발된다.
㉰ 만성폭로로 인한 흔한 증상은 단백뇨이다.
㉱ 윌슨씨병 증후군과 소인증이 유발된다.

**풀이** ㉱ 윌슨씨병 증후군은 구리에 의해서 유발되며, 소인증은 아연에 의해서 유발된다.

**15** 분뇨의 특징에 관한 설명으로 틀린 것은?

㉮ 분뇨 내 질소화합물은 알칼리도를 높게 유지시켜 pH의 강하를 막아준다.
㉯ 분과 뇨의 구성비는 약 1 : 8 ~ 1 : 10 정도이며 고액분리가 용이하다.
㉰ 분의 경우 질소산화물은 전체 VS의 12~20% 정도 함유되어 있다.
㉱ 분뇨는 다량의 유기물을 함유하며, 점성이 있는 반고상 물질이다.

**풀이** ㉯ 분과 뇨의 구성비는 약 1 : 8 ~ 1 : 10 정도이며 고액분리가 어렵다.

**16** 평균 단면적 400m², 유량 5,478,600 m³/day, 평균 수심 1.5m, 수온 20℃인 강의 재포기계수($k_2$, $day^{-1}$)는 얼마인가?
(단, $k_2 = 2.2 \times (V/H^{1.33})$로 가정)

㉮ 0.20  ㉯ 0.23
㉰ 0.26  ㉱ 0.29

**풀이**
$$k_2(\text{재포기계수}) = 2.2 \times \frac{V}{H^{1.33}}$$

$$V(m/sec) = \frac{5,478,600 m^3/day \times 1day/24hr \times 1hr/3,600sec}{400m^2}$$
$$= 0.1585 m/sec$$

따라서 $k_2 = 2.2 \times \frac{0.1585 m/sec}{(1.5m)^{1.33}} = 0.2034/day$

**TIP**
$k_2$ 공식에 대입하는 V의 시간 단위는 반드시 sec이며, day로 환산하면 안된다는 점이 문제해결 포인트이다.

**17** 암모니아를 처리하기 위해 살균제로 차아염소산을 반응시켜 mono-chloramine이 형성되었다. 이 때 각 반응물질이 50% 감소하였다면, 반응속도는 몇 % 감소하는가?

(단, 반응속도식 : $-\frac{d[HOCl]}{(dt)_{나중}} = Kxy$)

㉮ 75  ㉯ 60
㉰ 50  ㉱ 25

**풀이** $NH_3 + HOCl \rightleftarrows NH_2Cl + H_2O$

$r = \frac{-d[HOCl]}{dt} = -k[NH_3][HOCl]$

$r_1 = -k[NH_3][HOCl] = 1r_1$
$r_2 = -k[NH_3] \times 0.5 \times [HOCl] \times 0.5 = 0.25r_2$

따라서 감소율(%) $= \left(1 - \frac{0.25r_1}{1r_1}\right) \times 100$
$= 75\%$

**answer** 14 ㉱  15 ㉯  16 ㉮  17 ㉮

**18** 금속을 통해 흐르는 전류의 특성으로 가장 거리가 먼 것은?

㉮ 금속의 화학적 성질은 변하지 않는다.
㉯ 전류는 전자에 의해 운반된다.
㉰ 온도의 상승은 저항을 증가시킨다.
㉱ 대체로 전기저항이 용액의 경우보다 크다.

**풀이** ㉱ 대체로 전기저항이 용액의 경우보다 작다.

**19** 급성독성을 평가하기 위하여 일반적으로 사용되는 기준은?

㉮ $TL_m$(Median Tolerance Limit)
㉯ MicroTox
㉰ Daphnia
㉱ ORP(Oxidation - Reduction Potential)

**풀이** 급성독성을 평가하기 위하여 일반적으로 사용되는 기준은 $TL_m$을 사용한다.

**TIP**
$TL_m$은 반수생존한계농도로서 어류에 대한 독성시험 결과를 나타내는 값이며, 24시간, 48시간, 96시간 $TL_m$이 있다.

**20** 하천의 자정작용 단계 중 회복지대에 대한 설명으로 틀린 것은?

㉮ 물이 비교적 깨끗하다.
㉯ DO가 포화농도의 40% 이상이다.
㉰ 박테리아가 크게 번성한다.
㉱ 원생동물 및 윤충이 출현한다.

**풀이** ㉰ 회복지대에는 조류가 크게 번식한다.

| 제2과목 | **상하수도계획**

**21** 취수관로 구조 결정 시 바람직하지 않은 것은?

㉮ 취수관로를 고수부지에 부설하는 경우, 그 매설깊이는 원칙적으로 계획고수부지고에서 2m 이상 깊게 매설한다.
㉯ 관로에 작용하는 내압 및 외압에 견딜 수 있는 구조로 한다.
㉰ 사고 등에 대비하기 위하여 가능한 한 2열 이상으로 부설한다.
㉱ 취수관로가 제방을 횡단하는 경우, 취수관로는 원지반보다는 가능한 한 성토부분에 매설하여 제방을 횡단하도록 한다.

**풀이** ㉱ 취수관로가 제방을 횡단하는 경우, 취수관로는 성토부분보다 원지반에 매설하여 제방을 횡단하도록 한다.

**22** 도시의 인구가 매년 일정한 비율로 증가한 결과라면 연평균 증가율은 얼마인가? (단, 현재 인구 450,000명, 10년 전 인구 200,000명, 장래에 크게 발전할 가망성이 있는 도시)

㉮ 0.225　　㉯ 0.084
㉰ 0.438　　㉱ 0.076

**풀이** 등비급수법에서 연평균 인구 증가율을 계산한다.
연평균 인구 증가율
$= \left(\dfrac{\text{현재인구}}{\text{현재부터 t년 전의 인구}}\right)^{\frac{1}{\text{기간(년)}}} - 1$
$= \left(\dfrac{450{,}000}{200{,}000}\right)^{\frac{1}{10}} - 1$
$= 0.084$

**answer** 18 ㉱　19 ㉮　20 ㉰　21 ㉱　22 ㉯

> **TIP**
> 등차급수법에서 연평균 증가되는 인구
> $= \dfrac{\text{현재인구} - \text{현재부터 t년 전의 인구}}{\text{경과시간(년)}}$

**23** 하수관로에 관한 내용으로 틀린 것은?

㉮ 도관은 내산 및 내알칼리성이 뛰어나고 마모에 강하며 이형관을 제조하기 쉽다.
㉯ 폴리에틸렌관은 가볍고 취급이 용이하여 시공성은 좋으나 산, 알칼리에 약한 단점이 있다.
㉰ 덕타일주철관은 내압성 및 내식성이 우수하다.
㉱ 파형강관은 용융아연도금된 강판을 스파이럴형으로 제작한 강관이다.

**풀이** ㉯ 폴리에틸렌관은 가볍고 취급이 용이하여 시공성이 좋으며, 산이나 알칼리에 강하다.

**24** 하수관로시설의 황화수소 부식 대책으로 가장 거리가 먼 것은?

㉮ 관거를 청소하고 미생물의 생식 장소를 제거한다.
㉯ 환기에 의해 관내 황화수소를 희석한다.
㉰ 황산염환원세균의 활동을 촉진시켜 황화수소 발생을 억제한다.
㉱ 방식재료를 사용하여 관을 방호한다.

**풀이** ㉰ 황산염환원세균의 활동을 억제시켜 황화수소 발생을 억제한다.

**25** 급속여과지의 여과모래에 대한 설명으로 가장 거리가 먼 것은?

㉮ 유효경은 0.45~1.0mm의 범위 내에 있어야 한다.
㉯ 균등계수는 1.7 이하로 한다.
㉰ 마모율은 3% 이하로 한다.
㉱ 신규투입 여과사의 세척탁도는 5~10도 범위 내에 있어야 한다.

**풀이** ㉱ 신규투입 여과사의 세척탁도는 30도 이하여야 한다.

**26** 계획우수유출량의 산정방법으로 쓰이는 합리식 $Q = \dfrac{1}{360} C \cdot I \cdot A$에 대한 설명으로 틀린 것은?

㉮ C는 유출계수이다.
㉯ 우수유출량 산정에 있어 가장 기본이 되는 공식이다.
㉰ I는 유달시간(t)내의 평균강우강도이다.
㉱ A는 우수배제관거의 통수단면적이다.

**풀이** ㉱ A는 우수배제구역의 단면적이다.

**27** 펌프의 토출량이 12m³/min, 펌프의 유효흡입 수두 8m, 규정 회전수 2,000회/분인 경우, 이 펌프의 비교 회전도는 얼마인가? (단, 양흡입의 경우가 아님)

㉮ 892
㉯ 1,045
㉰ 1,286
㉱ 1,457

**풀이** 
$$Ns = N \times \dfrac{Q^{\frac{1}{2}}}{H^{\frac{3}{4}}}$$
여기서

**answer** 23 ㉯  24 ㉰  25 ㉱  26 ㉱  27 ㉱

$$\begin{bmatrix} Ns : 비교회전도(rpm) \\ N : 규정회전수(rpm) \\ Q : 토출량(m^3/min) \\ H : 전양정(m) \end{bmatrix}$$

따라서 $Ns = 2,000회/min \times \dfrac{(12m^3/min)^{\frac{1}{2}}}{(8m)^{\frac{3}{4}}}$

$= 1,456.48 rpm$

**TIP**

① $rpm = \dfrac{회}{min}$

② 2,000회/분 = 2,000rpm

### 28 공동현상(Cavitation)이 발생하는 것을 방지하기 위한 대책으로 틀린 것은?

㉮ 흡입측 밸브를 완전히 개방하고 펌프를 운전한다.
㉯ 흡입관의 손실을 가능한 크게 한다.
㉰ 펌프의 위치를 가능한 한 낮춘다.
㉱ 펌프의 회전속도를 낮게 선정한다.

**풀이** ㉯ 흡입관의 손실을 가능한 작게 한다.

### 29 하수의 계획오염부하량 및 계획유입수질에 관한 내용으로 틀린 것은?

㉮ 계획유입수질 : 계획오염부하량을 계획 1일최대오수량으로 나눈 값으로 한다.
㉯ 생활오수에 의한 오염부하량 : 1인1일당 오염부하량 원단위를 기초로 하여 정한다.
㉰ 관광오수에 의한 오염부하량 : 당일관광과 숙박으로 나누고 각각의 원단위에서 추정한다.
㉱ 영업오수에 의한 오염부하량 : 업무의 종류 및 오수의 특징 등을 감안하여 결정한다.

**풀이** ㉮ 계획유입수질 : 계획오염부하량을 계획1일평균오수량으로 나눈 값으로 한다.

### 30 상수처리시설 중 장방형 침사지의 구조에 관한 설명으로 틀린 것은?

㉮ 지의 길이는 폭의 3~8배를 표준으로 한다.
㉯ 지의 고수위는 계획취수량이 유입될 수 있도록 취수구의 계획최저수위 이하로 정한다.
㉰ 지내평균유속은 2~7cm/sec를 표준으로 한다.
㉱ 침사지 바닥경사는 1/20 이상의 경사를 두어야 한다.

**풀이** ㉱ 침사지 바닥경사는 보통 1/100 ~ 2/100로 한다.

### 31 펌프효율 $\eta = 80\%$, 전양정 H = 16m인 조건하에서 양수량 Q = 12L/sec로 펌프를 회전시킨다면 이 때 필요한 축동력(kW)은 얼마인가? (단, 전동기는 직결, 물의 밀도 r = 1,000kg/m³)

㉮ 1.28  ㉯ 1.73
㉰ 2.35  ㉱ 2.88

**풀이**

$kW = \dfrac{r \times Q \times H}{102 \times \eta} \times \alpha$

$\begin{bmatrix} r : 비중량(1,000kg/m^3) \\ Q : 펌프의 양수량(m^3/sec) \\ H : 전양정(m) \\ \eta : 펌프의 효율 \\ \alpha : 여유율 \end{bmatrix}$

$\therefore kW = \dfrac{1,000kg/m^3 \times 12 \times 10^{-3} m^3/sec \times 16m}{102 \times 0.8}$

$= 2.35 kW$

**answer** 28 ㉯  29 ㉮  30 ㉱  31 ㉰

> **TIP**
> 1kw = 102kg·m/sec이므로 양수량의 시간단위는 반드시 sec이어야 한다.

**32** 상수취수를 위한 저수시설 계획기준년에 관한 내용으로 ( )에 알맞은 것은?

> 계획취수량을 확보하기 위하여 필요한 저수용량의 결정에 사용하는 계획기준년은 원칙적으로 ( )를 표준으로 한다.

㉮ 7개년에 제1위 정도의 갈수
㉯ 10개년에 제1위 정도의 갈수
㉰ 7개년에 제1위 정도의 홍수
㉱ 10개년에 제1위 정도의 홍수

▸ **풀이** 계획기준년은 원칙적으로 10개년에 제1위 정도의 갈수를 표준으로 한다.

**33** 상수도시설인 도수시설의 도수노선에 관한 설명으로 틀린 것은?

㉮ 원칙적으로 공공도로 또는 수도 용지로 한다.
㉯ 수평이나 수직방향의 급격한 굴곡을 피한다.
㉰ 관로상 어떤 지점도 동수경사선보다 낮게 위치하지 않도록 한다.
㉱ 몇 개의 노선에 대하여 건설비 등의 경제성, 유지관리의 난이도 등을 비교·검토하고 종합적으로 판단하여 결정한다.

▸ **풀이** ㉰ 가능한 한 동수경사선 이하가 되도록 도수노선을 정한다.

**34** 상수도시설 중 저수시설인 하구둑에 관한 설명으로 틀린 것은? (단, 전용댐, 다목적댐과 비교)

㉮ 개발수량 : 중소규모의 개발이 기대된다.
㉯ 경제성 : 일반적으로 댐보다 저렴하다.
㉰ 설치지점 : 수요지 가까운 하천의 하구에 설치하여 농업용수에 바닷물의 침해 방지기능을 겸하는 경우가 많다.
㉱ 저류수의 수질 : 자체관리로 비교적 양호한 수질을 유지할수 있어 염소이온 농도에 대한 주의가 필요 없다.

▸ **풀이** ㉱ 저류수의 수질 : 자체관리로 비교적 양호한 수질을 유지할 수 있으나, 염소이온농도에 대한 주의도 필요하다.

**35** 상수도시설인 급속여과지에 관한 내용으로 옳지 않은 것은?

㉮ 여과속도는 단층의 경우 120~150m/d를 표준으로 한다.
㉯ 여과지 1지의 여과면적은 100m² 이하로 한다.
㉰ 여과면적은 계획정수량을 여과속도로 나누어 계산한다.
㉱ 급속여과지는 중력식과 압력식이 있으며 중력식을 표준으로 한다.

▸ **풀이** ㉯ 여과지 1지의 여과면적은 150m² 이하로 한다.

---

**answer** 32 ㉯  33 ㉰  34 ㉱  35 ㉯

**36** 콘크리트조의 장방형 수조(폭 2m, 깊이 2.5m)가 있다. 이 수로의 유효수심이 2m인 경우의 평균유속(m/sec)은 얼마인가? (단, Manning 공식 이용, 동수경사 = 1/2,000, 조도계수 = 0.017)

㉮ 1.00  ㉯ 1.42
㉰ 1.53  ㉱ 1.73

**풀이** Manning식에서 유속(v) = $\frac{1}{n} \times R^{\frac{2}{3}} \times I^{\frac{1}{2}}$ (m/sec)

R(경심) = $\frac{b \times h}{b+2h} = \frac{2m \times 2m}{2m+2 \times 2m} = 0.6667m$

I(기울기 = 구배 = 동수경사) = $\frac{1}{2,000}$

따라서 유속(V) = $\frac{1}{0.017} \times (0.6667m)^{\frac{2}{3}} \times \left(\frac{1}{2,000}\right)^{\frac{1}{2}}$
= 1.00m/sec

**37** 유역면적이 100ha이고 유입시간(time of inlet)이 8분, 유출계수(C)가 0.38일 때 최대계획우수유출량(m³/sec)은 얼마인가? (단, 하수관거의 길이(L) = 400m, 관유속 = 1.2m/sec로 되도록 설계, I = $\frac{655}{\sqrt{t}+0.09}$ (mm/hr), 합리식 적용)

㉮ 약 18  ㉯ 약 24
㉰ 약 36  ㉱ 약 42

**풀이** Q = $\frac{1}{360}$ CIA

여기서
┌ C : 유출계수
│ I : 강우강도(mm/hr)
└ A : 면적(ha)

① I = $\frac{655}{\sqrt{t}+0.09}$ (mm/hr)

t(유달시간) = 유입시간(min) + 유하시간(min)

유하시간 = $\frac{관의 길이(m)}{관내 유속(m/min)}$

= $\frac{400m}{1.2m/sec \times 60sec/min}$ = 5.556min

따라서
t(유달시간) = 8min+5.556min = 13.556min

I = $\frac{655}{\sqrt{13.556min}+0.09}$ = 173.655mm/hr

② A(면적) = 100ha

③ Q = $\frac{1}{360}$ CIA

= $\frac{1}{360} \times 0.38 \times 173.655mm/hr \times 100ha$

= 18.33m³/sec

**38** 하수관로의 접합방법을 정할 때의 고려사항으로 ( )에 가장 적합한 것은?

2개의 관로가 합류하는 경우의 중심교각은 되도록 ( ㉠ ) 이하로 하고, 곡선을 갖고 합류하는 경우의 곡률반경은 내경의 ( ㉡ ) 이상으로 한다.

㉮ ㉠ 60°, ㉡ 5배
㉯ ㉠ 60°, ㉡ 3배
㉰ ㉠ 30~45°, ㉡ 5배
㉱ ㉠ 30~45°, ㉡ 3배

**풀이** 하수관로 접합방법 고려사항
① 2개의 관로가 합류하는 경우의 중심교각은 되도록 30°~45° (단, 장애물이 있을 경우 60° 이하)
② 곡선을 갖고 합류하는 경우의 곡률반경은 내경의 5배 이상

**answer** 36 ㉮  37 ㉮  38 ㉰

**39** 하수도시설인 유량조정조에 관한 내용으로 틀린 것은?

㉮ 조의 용량은 체류시간 3시간을 표준으로 한다.
㉯ 유효수심은 3~5m를 표준으로 한다.
㉰ 유량조정조의 유출수는 침사지에 반송하거나 펌프로 일차침전지 혹은 생물반응조에 송수한다.
㉱ 조내에 침전물의 발생 및 부패를 방지하기 위해 교반장치 및 산기장치를 설치한다.

**풀이** ㉮ 조의 용량은 체류시간 1.5분을 표준으로 한다.

**40** 단면형태가 직사각형인 하수관로의 장·단점으로 옳은 것은?

㉮ 시공장소의 흙두께 및 폭원에 제한을 받는 경우에 유리하다.
㉯ 만류가 되기까지는 수리학적으로 불리하다.
㉰ 철근이 해를 받았을 경우에도 상부하중에 대하여 대단히 안정적이다.
㉱ 현장 타설의 경우, 공사기간이 단축된다.

**풀이** ㉯ 만류가 되기까지는 수리학적으로 유리하다.
㉰ 철근이 해를 받았을 경우에도 상부하중에 대하여 대단히 불안정적이다.
㉱ 현장 타설의 경우, 공사기간이 지연된다.

| 제3과목 | 수질오염방지기술

**41** 폐수를 활성슬러지법으로 처리하기 위한 실험에서 BOD를 90% 제거하는데 6시간의 aeration이 필요하였다. 동일한 조건으로 BOD를 95% 제거하는데 요구되는 포기시간(hr)은 얼마인가? (단, BOD 제거반응은 1차반응(base 10)에 따른다.)

㉮ 7.31  ㉯ 7.81
㉰ 8.31  ㉱ 8.81

**풀이** 1차반응식 : $\log \frac{C_t}{C_0} = -k \times t$

① $\log \frac{(100-90)\%}{100\%} = -k \times 6hr$
∴ $k = 0.1667/hr$

② $\log \left(\frac{(100-95)\%}{100\%}\right) = -0.1667/hr \times t$
∴ $t = 7.81 hr$

**TIP**
① base가 10이면 log(상용대수) 사용
② base가 e이면 ln(자연대수) 사용

**42** 활성탄 흡착 처리 공정의 효율이 가장 낮은 것은?

㉮ 음용수의 맛과 냄새물질 제거 공정
㉯ 트리할로메탄, 농약, 유기 염소 화합물과 같은 미량 유기물질 제거 공정
㉰ 처리된 폐수의 잔존 유기물 제거 공정
㉱ 산업폐수 및 침출수 처리

**풀이** ㉱ 산업폐수 및 침출수는 난분해성물질이 대부분을 차지하므로 활성탄을 이용한 흡착처리 공정으로는 효율이 낮다.

**answer** 39 ㉮  40 ㉮  41 ㉯  42 ㉱

**43** 수처리 과정에서 부유되어 있는 입자의 응집을 초래하는 원인으로 가장 거리가 먼 것은?

㉮ 제타 포텐셜의 감소
㉯ 플록에 의한 체거름 효과
㉰ 정전기 전하 작용
㉱ 가교현상

**풀이** 입자의 응집을 초래하는 원인
① 이중층의 압축 강화
② 체거름
③ 입자간의 가교작용
④ 제타전위의 감소
⑤ 침전물에 의한 포착
⑥ 전하의 전기적 중화

**44** 폐수 처리시설을 설치하기 위한 설계 기준이 다음과 같을 때, 필요한 활성슬러지 반응조의 수리학적 체류시간(HRT, hr)은 얼마인가? (단, 일 폐수량 = 40L, BOD농도 = 20,000mg/L, MLSS = 5,000mg/L, F/M = 1.5kgBOD/kg MLSS · day)

㉮ 24   ㉯ 48
㉰ 64   ㉱ 88

**풀이**
① F/M비(/day) = $\dfrac{BOD \times Q}{MLSS \times V} = \dfrac{BOD}{MLSS} \times \dfrac{1}{t}$

따라서 1.5/day = $\dfrac{20,000mg/L}{5,000mg/L} \times \dfrac{1}{t}$

∴ t = $\dfrac{20,000mg/L}{1.5/day \times 5,000mg/L}$ = 2.667day

② t(hr) = 2.667day × $\dfrac{24hr}{1day}$ = 64hr

**TIP**
① 수리학적 체류시간(t) = $\dfrac{체적(V)}{유량(m^3/hr)}$
② t = $\dfrac{V}{Q}$ ⇒ $\dfrac{1}{t} = \dfrac{Q}{V}$

**45** 미처리 폐수에서 냄새를 유발하는 화합물과 냄새의 특징으로 가장 거리가 먼 것은?

㉮ 황화수소 - 썩은 달걀냄새
㉯ 유기 황화물 - 썩은 채소냄새
㉰ 스카톨 - 배설물 냄새
㉱ 디아민류 - 생선 냄새

**풀이** ㉱ 디아민류 - 부패된 고기 냄새

**46** 생물학적 처리공정에서 질산화 반응은 다음의 총괄 반응식으로 나타낼 수 있다.

$$NH_4^+ + 2O_2 \xrightarrow{질산화} NO_3^- + 2H^+ + H_2O$$

$NH_4^+$-N 3mg/L가 질산화 되는데 요구되는 산소의 양(mg/L)은 얼마인가?

㉮ 11.2   ㉯ 13.7
㉰ 15.3   ㉱ 18.4

**풀이**
$NH_4^+ + 2O_2 \xrightarrow{질산화} NO_3^- + 2H^+ + H_2O$

14g : 2×32g
3mg/L : X

∴ X = $\dfrac{3mg/L \times 2 \times 32g}{14g}$ = 13.71mg/L

---

answer  43 ㉰   44 ㉰   45 ㉱   46 ㉯   47 ㉮

**TIP**
풀이에서 $NH_4^+$의 분자량인 18g을 사용하지 않고 N의 원자량 14g을 사용한 이유는 3mg/L가 N의 농도이기 때문이다.

**47** 유입 폐수량 $50m^3/hr$, 유입수 BOD 농도 $200g/m^3$, MLVSS 농도 $2kg/m^3$, F/M 비 0.5kg BOD/kg MLVSS·day일 때, 포기조 용적($m^3$)은 얼마인가?

㉮ 240  ㉯ 380
㉰ 430  ㉱ 520

**풀이**
$$F/M 비(/day) = \frac{BOD(kg/m^3) \times Q(m^3/day)}{MLVSS(kg/m^3) \times V(m^3)}$$

$$0.5/day = \frac{0.2kg/m^3 \times 50m^3/hr \times 24hr/1day}{2kg/m^3 \times V(m^3)}$$

$$\therefore V = 240m^3$$

**TIP**
① ppm = mg/L = $g/m^3$
② $g/m^3 \xrightarrow{\times 10^{-3}} kg/m^3$

**48** 기체가 물에 녹을 때 Henry법칙이 적용된다. 다음 설명 중 적합하지 않은 것은?

㉮ 수온이 증가할수록 기체의 포화용존 농도는 높아진다.
㉯ 염분의 농도가 증가할수록 기체의 포화용존 농도는 낮아진다.
㉰ 기체의 포화용존 농도는 기체상태의 분압에 비례한다.
㉱ 물에 용해되어 이온화하는 기체에는 적용되지 않는다.

**풀이** ㉮ 수온이 증가할수록 기체의 포화용존 농도는 낮아진다.

**49** 심층포기법의 장점으로 옳지 않은 것은?

㉮ 지하에 건설되므로 부지면적이 작게 소요 되며, 외기와 접하는 부분이 작아 온도 영향이 적다.
㉯ 고압에서 산소전달을 하므로 산소전달율이 높다.
㉰ 산소전달율이 높아 MLSS를 높일 수 있어 농도가 높은 폐수를 처리할 수 있고, BOD용적부하를 증가시킬 수 있어 단위 체적당 처리량을 증가시킬 수 있다.
㉱ 깊은 하부에 MLSS와 폐수를 같이 순환시키는데 에너지가 적게 소요된다.

**풀이** ㉱ 깊은 하부에 MLSS와 폐수를 같이 순환시키는데 에너지가 많이 소요된다.

**50** 대장균의 사멸속도는 현재의 대장균수에 비례한다. 대장균의 반감기는 1시간이며, 시료의 대장균수는 1,000개/mL이라면, 대장균의 수가 10개/mL가 될 때까지 걸리는 시간(hr)은 얼마인가?

㉮ 약 4.7  ㉯ 약 5.7
㉰ 약 6.7  ㉱ 약 7.7

**풀이**
1차 반응식 : $\ln \frac{C_t}{C_o} = -k \times t$

① $\ln \frac{1}{2} = -k \times 1hr$

$$\therefore k = \frac{\ln \frac{1}{2}}{-1hr} = 0.6931/hr$$

② $\ln \frac{10개/mL}{1,000개/mL} = -0.6931/hr \times t$

$$\therefore t = \frac{\ln \frac{10개/mL}{1,000개/mL}}{-0.6931/hr} = 6.64hr$$

**answer** 48 ㉮  49 ㉱  50 ㉰

**51** 1일 10,000m³의 폐수를 급속혼화지에서 체류시간 60sec, 평균속도경사(G) 400sec⁻¹인 기계식고속 교반장치를 설치하여 교반하고자 한다. 이 장치에 필요한 소요 동력(W)은 얼마인가? (단, 수온 10℃, 점성계수 $(\mu) = 1.307 \times 10^{-3}$ kg/m·s)

㉮ 약 2,621  ㉯ 약 2,226
㉰ 약 1,842  ㉱ 약 1,452

**풀이** $P = G^2 \times \mu \times V$
여기서
- P : 동력(W)
- G : 속도경사(/sec)
- μ : 점성계수(kg/m·sec)
- V : 체적(m³)

① $V(m^3) = Q(m^3/day) \times t(day)$
$= \dfrac{10,000m^3}{day} \times \dfrac{1day}{24hr} \times \dfrac{1hr}{3,600sec} \times 60sec$
$= 6.94m^3$

② $P = (400/sec)^2 \times 1.307 \times 10^{-3} kg/m \cdot sec \times 6.94m^3$
$= 1,451.29 Watt$

**52** 다음 중 폐수처리방법으로 가장 적절하지 않은 것은?

㉮ 시안(CN) 함유 폐수를 처리하기 위해 pH를 4 이하로 조정하고 차아염소산소듐(NaClO)을 사용하였다.
㉯ 카드뮴(Cd) 함유 폐수를 처리하기 위해 pH를 10 정도로 조정하고 수산화소듐(NaOH)을 사용하였다.
㉰ 크롬(Cr) 함유 폐수를 처리하기 위해 pH를 3 정도로 조정하고 황산철(FeSO₄)을 사용하였다.
㉱ 납(Pb) 함유 폐수를 처리하기 위해 pH를 10정도로 조정하고 수산화소듐(NaOH)을 사용하였다.

**풀이** ㉮ 시안(CN) 함유 폐수를 처리하기 위해 pH를 8 정도로 조정하고 차아염소산소듐(NaClO)을 사용하였다.

**53** 유량 20,000m³/day, BOD 2mg/L인 하천에 유량 500m³/day, BOD 500mg/L인 공장폐수를 폐수처리시설로 유입하여 처리 후 하천으로 방류시키고자 한다. 완전히 혼합된 후 합류지점의 BOD를 3mg/L 이하로 하고자 한다면 폐수처리시설의 BOD 제거율(%)은 얼마인가?
(단, 혼합 후의 기타변화는 없다고 가정)

㉮ 61.8  ㉯ 76.9
㉰ 87.2  ㉱ 91.4

**풀이**

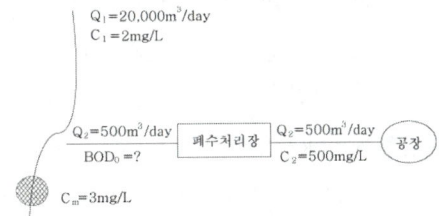

폐수처리장의 효율(%) = $\left(1 - \dfrac{\text{유출수의 BOD}}{\text{유입수의 BOD}}\right) \times 100$

① $C_m = \dfrac{Q_1 C_1 + Q_2 BOD_o}{Q_1 + Q_2}$

$3mg/L = \dfrac{20,000m^3/day \times 2mg/L + 500m^3/day \times BOD_o}{(20,000+5,000)m^3/day}$

∴ $BOD_o = 43mg/L$

② 유입수 $BOD(BOD_i) = 500mg/L$

③ 폐수처리장의 효율(%)
$= \left(1 - \dfrac{43mg/L}{500mg/L}\right) \times 100$
$= 91.4\%$

**54** 지름이 0.05mm이고 비중이 0.6인 기름방울은 비중이 0.8인 기름방울보다 수중에서의 부상속도가 얼마나 더 큰가? (단, 물의 비중 = 1.0)

㉮ 1.5배   ㉯ 2.0배
㉰ 2.5배   ㉱ 3.0배

**[풀이]** $Vf = \dfrac{d^2(\rho_w - \rho_s)g}{18 \times \mu}$ 에서
부상속도$(Vf) = (\rho_w - \rho_s)$
$Vf = \dfrac{(1.0-0.6)}{(1.0-0.8)} = 2$배

**55** 생물학적 질소, 인 제거공정에서 포기조의 기능과 가장 거리가 먼 것은?

㉮ 질산화   ㉯ 유기물 제거
㉰ 탈질     ㉱ 인 과잉섭취

**[풀이]** ㉰ 탈질(질소제거)은 무산소조의 기능이다.

**56** 입자의 침전속도가 작게 되는 경우는? (단, 기타 조건은 동일하며 침전속도는 스톡스 법칙에 따른다.)

㉮ 부유물질 입자 밀도가 클 경우
㉯ 부유물질 입자의 입경이 클 경우
㉰ 처리수의 밀도가 작을 경우
㉱ 처리수의 점성도가 클 경우

**[풀이]** 침전속도가 작게 되는 조건
① 부유물질 입자 밀도가 작을 경우
② 부유물질 입자의 입경이 작을 경우
③ 처리수의 밀도가 클 경우
④ 처리수의 점성도가 클 경우
⑤ 부유물질의 밀도와 처리수 밀도의 차가 작을 때

**57** 유입유량 500,000m³/day, BOD₅ 200mg/L인 폐수를 처리하기 위해 완전혼합형 활성슬러지 처리장을 설계하려고 한다. 1차침전지에서 제거된 유입수 BOD₅ 34%, MLVSS 3,000mg/L, 반응속도상수 (K) 1.0L/g MLVSS·hr이라면, 일차반응일 경우 F/M비(kg BOD/kg MLVSS·day)는 얼마인가? (단, 유출수 BOD₅ = 10mg/L)

㉮ 0.26   ㉯ 0.28
㉰ 0.32   ㉱ 0.36

**[풀이]** ① 유기물 반응시간 $= \dfrac{S_i - S_o}{k \times MLVSS \times S_o}$

$= \dfrac{\{200mg/L \times (1-0.34)\} - 10mg/L}{1.0L/g \cdot hr \times 3g/L \times 10mg/L}$

$= 4.0667hr$

② 유기물 반응시간(day) $= 4.0667hr \times \dfrac{1day}{24hr}$

$= 0.17day$

③ F/M비(/day) $= \dfrac{BOD \times Q}{MLSS \times V} = \dfrac{BOD}{MLSS} \times \dfrac{1}{t}$

$= \dfrac{200mg/L \times (1-0.34)}{3,000mg/L} \times \dfrac{1}{0.17day}$

$= 0.259/day$

**58** 다음 활성슬러지 포기조의 수질 측정값에 대한 설명으로 옳은 것은?
(단, 수온 = 27℃, pH 6.5, DO = 1mg/L, MLSS = 2,500mg/L, 유입수 BOD = 100mg/L, 유입수 $NH_3$-N = 6mg/L, 유입수 $PO_4^{3-}$-P = 2mg/L, 유입수 $CN^-$ = 5mg/L)

㉮ F/M비가 너무 낮으므로 MLSS 농도를 1,000mg/L 정도로 낮춘다.
㉯ 수온은 15℃ 정도, pH는 8.5 정도, DO는 2mg/L 정도로 조정하는 것이 좋다.
㉰ 미생물의 원활한 성장을 위해 질소와 인을 추가 공급할 필요가 있다.

**answer** 54 ㉯  55 ㉰  56 ㉱  57 ㉮  58 ㉱

㉣ CN⁻는 포기조에 유입되지 않도록 하는 것이 좋다.

**풀이** ㉮ MLSS 농도는 2,500mg/L 정도로 유지하면 된다.
㉯ 수온은 25~30℃ 정도, pH는 6~8 정도, DO는 2mg/L 정도로 조정하는 것이 좋다.
㉰ 생물의 원활한 성장을 위해 질소와 인을 추가 공급할 필요가 없다.

**59** 부유입자에 의한 백색광 산란을 설명하는 Raleigh의 법칙은? (단, I : 산란광의 세기, V : 입자의 체적, λ : 빛의 파장, n : 입자의 수)

㉮ $I \propto \dfrac{V^2}{\lambda^4} n$   ㉯ $I \propto \dfrac{V}{\lambda^2} n$

㉰ $I \propto \dfrac{V}{\lambda} n^2$   ㉱ $I \propto \dfrac{V}{\lambda^2} n^2$

**풀이** Raleigh의 법칙에서 산란광의 세기(I)는 입자의 체적 제곱에 비례하고, 입자의 수에 비례하고, 빛의 파장 4승에 반비례하므로 정답은 $I \propto \dfrac{V^2}{\lambda^4} \times n$이다.

**60** 플록을 형성하여 침강하는 입자들이 서로 방해를 받으므로 침전속도는 점차 감소하게 되며 침전하는 부유물과 상등수간에 뚜렷한 경계면이 생기는 침전형태는?

㉮ 지역침전   ㉯ 압축침전
㉰ 압밀침전   ㉱ 응집침전

**풀이** ㉮ 지역침전(Ⅲ형침전, 간섭침전, 방해침전)에 대한 설명이다.

## 제4과목 | 수질오염공정시험기준

**61** 수질분석 관련 용어의 설명 중 잘못된 것은?

㉮ 수욕상 또는 수욕 중에서 가열한다라 함은 따로 규정이 없는 한 수온 100℃에서 가열함을 뜻한다.
㉯ 용액의 산성, 중성 또는 알칼리성을 검사할 때는 따로 규정이 없는 한 유리전극법에 의한 pH 미터로 측정하고 구체적으로 표시할 때는 pH 값을 쓴다.
㉰ 진공이라 함은 15mmH₂O 이하의 진공도를 말한다.
㉱ 분석용 저울은 0.1mg까지 달 수 있는 것이어야 한다.

**풀이** ㉰ 진공이라 함은 15mmHg 이하의 진공도를 말한다.

**62** 배수로에 흐르는 폐수에 유량을 부유체를 사용하여 측정했다. 수로의 평균단면적 0.5m² 표면 최대속도 6m/s일 때 이 폐수의 유량(m³/min)은 얼마인가? (단, 수로의 구성, 재질, 수로단면의 형상, 기울기 등이 일정하지 않은 개수로)

㉮ 115   ㉯ 135
㉰ 185   ㉱ 245

**풀이** 유량(m³/min)
= 평균 단면적(m²)×평균유속(m/min)
= 0.5m²×6m/sec×0.75×60sec/min = 135m³/min

**TIP**
평균유속 = 표면최대유속×0.75

**answer** 59 ㉮   60 ㉮   61 ㉰   62 ㉯

**63** 퇴적물 채취기 중 포나 그랩(ponar grab)에 관한 설명으로 틀린 것은?

㉮ 모래가 많은 지점에서도 채취가 잘되는 중력식 채취기 이다.
㉯ 채취기를 바닥 퇴적물 위에 내린 후 메신저를 투하하면 장방형 상자의 밑판이 닫힌다.
㉰ 부드러운 펄층이 두터운 경우에는 깊이 빠져 들어가기 때문에 사용하기 어렵다.
㉱ 원래의 모델은 무게가 무겁고 커서 윈치 등이 필요하지만 소형의 포나 그랩은 윈치 없이 내리고 올릴 수 있다.

> 풀이 ㉯ 에크만 그랩에 대한 설명이다.

**64** 시료의 전처리 방법인 피로리딘다이티오카르바민산 암모늄 추출법에서 사용하는 지시약으로 알맞은 것은?

㉮ 티몰블루·에틸알코올용액
㉯ 메타이소부틸 에틸알코올용액
㉰ 브로모페놀블루·에틸알코올용액
㉱ 메타크레졸퍼플 에틸알코올용액

> 풀이 시료의 전처리 방법인 피로리딘다이티오카르바민산 암모늄 추출법에서 사용하는 지시약은 브로모페놀블루·에틸알코올용액이다.

**65** 원자흡수분광광도법으로 분석할 때 측정 파장이 가장 긴 것은?

㉮ 구리      ㉯ 아연
㉰ 카드뮴    ㉱ 크롬

> 풀이 원자흡수분광광도법에서 측정 파장
> ㉮ 구리 : 324.7nm
> ㉯ 아연 : 213.9nm
> ㉰ 카드뮴 : 228.8nm
> ㉱ 크롬 : 357.9nm

**66** 유리전극에 의한 pH 측정에 관한 설명으로 알맞지 않은 것은?

㉮ 유리전극을 미리 정제수에 수 시간 담가둔다.
㉯ pH 전극 보정 시 측정기의 전원을 켜고 시험 시작까지 30분 이상 예열한다.
㉰ 전극을 프탈산염 표준용액(pH 6.88) 또는 pH 7.00 표준용액에 담그고 표시된 값을 보정한다.
㉱ 온도보정 시 pH 4 또는 10 표준용액에 전극을 담그고 표준용액의 온도를 10℃~30℃사이로 변화시켜 5℃ 간격으로 pH를 측정하여 차이를 구한다.

> 풀이 ㉰ 전극을 프탈산염 표준용액(pH 4.00) 또는 pH 4.01 표준용액에 담그고 표시된 값을 보정한다.

**67** 기체크로마토그래피에 의한 알킬수은의 분석방법으로 (　)에 알맞은 것은?

> 알킬수은화합물을 ( ㉠ )으로 추출하여 ( ㉡ )에 선택적으로 역추출하고 다시 ( ㉠ )으로 추출하여 기체크로마토그래프로 측정하는 방법이다.

㉮ ㉠ 헥산, ㉡ 염화메틸수은용액
㉯ ㉠ 헥산, ㉡ 크로모졸브용액
㉰ ㉠ 벤젠, ㉡ 펜토에이트용액
㉱ ㉠ 벤젠, ㉡ L-시스테인용액

> 풀이 알킬수은의 기체크로마토그래피법
> ① 추출용매 : 벤젠
> ② 역추출용매 : L-시스테인
> ③ 정량한계 : 0.0005mg/L
> ④ 운반가스 : 99.999%이상의 질소 또는 헬륨
> ⑤ 검출기 : 전자포획형 검출기

**answer** 63 ㉯  64 ㉰  65 ㉱  66 ㉰  67 ㉱

**68** 유도결합 플라스마 발광분석장치의 측정 시 플라스마 발광부 관측 높이는 유도 코일 상단으로부터 얼마의 범위(mm)에서 측정하는가? (단, 알칼리 원소는 제외)

㉮ 15~18  ㉯ 35~38
㉰ 55~58  ㉱ 75~78

**풀이** 유도결합 플라스마 발광분석장치의 측정 시 플라스마 발광부 관측 높이는 유도 코일상단으로부터 15mm~18mm 범위에서 측정한다.

**69** 니켈의 시험방법별 정량한계로 틀린 것은?

㉮ 원자흡수분광광도법 : 0.01mg/L
㉯ 유도결합플라스마-원자발광분광법 : 0.015mg/L
㉰ 유도결합플라스마-질량분석법 : 0.002mg/L
㉱ 양극벗김전압전류법 : 0.01mg/L

**풀이** ㉱번은 니켈의 시험방법에 해당하지 않는다.

**70** 이온전극법에서 격막형 전극을 이용하여 측정하는 이온이 아닌 것은?

㉮ $F^-$  ㉯ $CN^-$
㉰ $NH_4^+$  ㉱ $NO_2^-$

**풀이** 이온전극법에서 측정하는 이온
① 유리막 전극 : $NH_4^+$, $Na^+$, $K^+$
② 격막형 전극 : $NH_4^+$, $NO_2^-$, $CN^-$

**TIP**
암기법
암모늄은 공통/유리나 칼로/경아질시하데

**71** 불소화합물의 분석방법과 가장 거리가 먼 것은? (단, 수질오염공정시험기준)

㉮ 자외선/가시선 분광법
㉯ 이온전극법
㉰ 이온크로마토그래피
㉱ 불꽃 원자흡수분광광도법

**풀이** 불소화합물의 분석방법으로는 자외선/가시선 분광법, 이온전극법, 이온크로마토그래피, 연속흐름법이 있다.

**TIP**
불꽃 원자흡수분광광도법은 중금속을 분석하는 방법이므로 불소화합물이 중금속인지를 판단하면 쉽게 답을 찾을 수 있다.

**72** 총질소의 측정원리에 관한 내용으로 ( )에 알맞은 것은?

시료 중 모든 질소화합물을 알칼리성 ( )을 사용하여 120℃ 부근에서 유기물과 함께 분해하여 질산이온으로 산화시킨 후 산성상태로 하여 흡광도를 220nm에서 측정하여 총질소를 정량하는 방법이다.

㉮ 과황산포타슘
㉯ 몰리브덴산 암모늄
㉰ 염화제일주석산
㉱ 아스코르빈산

**풀이** 총질소(T-N)의 자외선/가시선 분광법
① 분해시약 : 알칼리성 과황산포타슘
② 분해온도 : 120℃ 부근
③ 측정파장 : 220nm
④ 발색되는 색 : 무색

**answer** 68 ㉮  69 ㉱  70 ㉮  71 ㉱  72 ㉮

**73** 공장폐수의 BOD를 측정하기 위해 검수에 희석을 가하여 50배로 희석하여 20℃, 5일 배양하였다. 희석 후 초기 DO를 측정하기 위해 소모된 0.025 N-Na₂S₂O₃의 양은 4.0mL였으며 5일 배양 후 DO를 측정하는데 0.025 N-Na₂S₂O₃ 2.0mL 소모되었을 때 공장폐수의 BOD(mg/L)는 얼마인가? (단 BOD 병 = 285mL, 적정에 사용된 액량 = 100mL, BOD병에 가한 시약은 황산망간과 아지드소듐 용액 = 총 2mL, 적정시액의 factor = 1)

㉮ 201.5
㉯ 211.5
㉰ 221.5
㉱ 231.5

**풀이**

① $DO_1 = a \times f \times \dfrac{V_1}{V_2} \times \dfrac{1,000}{V_1-R} \times 0.2$

$= 4.0mL \times 1.0 \times \dfrac{285mL}{100mL} \times \dfrac{1,000}{285mL-2mL} \times 0.2$

$= 8.056 mg/L$

② $DO_2 = a \times f \times \dfrac{V_1}{V_2} \times \dfrac{1,000}{V_1-R} \times 0.2$

$= 2.0mL \times 1.0 \times \dfrac{285mL}{100mL} \times \dfrac{1,000}{285mL-2mL} \times 0.2$

$= 4.028 mg/L$

③ BOD(mg/L) = (DO₁-DO₂)×희석배수치
  = (8.056-4.028)mg/L×50배
  = 201.4mg/L

**74** 시료의 용기를 폴리에틸렌병으로 사용하여도 무방한 항목은?

㉮ 노말헥산추출물질
㉯ 페놀류
㉰ 유기인
㉱ 음이온계면활성제

**풀이** 시료용기
㉮ 노말헥산추출물질 : 유리용기
㉯ 페놀류 : 유리용기
㉰ 유기인 : 유리용기
㉱ 음이온계면활성제 : 유리용기, 폴리에틸렌용기

**75** 원자흡수분광광도법에서 공존물질과 작용하여 해리하기 어려운 화합물이 생성되어 흡광에 관계하는 기저상태의 원자수가 감소하는 경우 일어나는 화학적 간섭을 피하는 방법이 아닌 것은?

㉮ 이온교환이나 용매추출 등을 이용하여 방해물질을 제거한다.
㉯ 과량의 간섭원소를 첨가한다.
㉰ 간섭을 피하는 양이온, 음이온 또는 은폐제 킬레이트제 등을 첨가한다.
㉱ 표준시료와 분석시료와의 조성을 같게 한다.

**풀이** ㉱ 표준시료와 분석시료와의 조성을 다르게 한다.

**76** 시료 채취 시 유의사항으로 틀린 것은?

㉮ 시료 채취 용기는 깨끗이 세척된 용기 또는 멸균된 용기를 사용한다.
㉯ 유류 또는 부유물질 등이 함유된 시료는 균질성이 유지될 수 있도록 채취해야 하며, 침전물 등이 부상하여 혼입되어서는 안된다.
㉰ 심부층의 지하수 채취 시에는 고속양수펌프를 이용하여 채취시간을 최소화함으로써 수질의 변질을 방지하여야 한다.
㉱ 용존가스, 환원성 물질, 휘발성유기화합물, 냄새, 유류 및 수소이온 등을 측정하기 위한 시료를 채취할 때는 운반 중 공기와의 접촉이 없도록 시료 용기에 가득 채운 후 빠르게 뚜껑을 닫는다.

**풀이** ㉰ 심부층의 지하수 채취 시에는 저속양수펌프를

answer 73 ㉮  74 ㉱  75 ㉱  76 ㉰

이용하여 반드시 저속시료채취하여 시료의 교란을 최소화 하여야 한다.

**TIP**
① NaOH = 수산화소듐 = 수산화소듐
② NaOH 1mol = 40g
③ M농도의 단위 : mol/L
④ ppm의 단위 : mg/L

**77** 자외선/가시선 분광법으로 불소 시험 중 탈색현상이 나타났을 때 원인이 될 수 있는 것은?

㉮ 황산이 분해되어 유출된 경우
㉯ 염소이온이 다량 함유되어 있을 경우
㉰ 교반속도가 일정하지 않았을 경우
㉱ 시료 중 불소함량이 정량범위를 초과할 경우

**풀이** 자외선/가시선 분광법으로 불소 시험 중 탈색현상이 나타나는 원인은 시료 중 불소함량이 정량범위를 초과할 경우이다.

**78** 반드시 유리시료용기를 사용하여 시료를 보관해야 하는 항목은?

㉮ 염소이온   ㉯ 총인
㉰ 시안       ㉱ 유기인

**풀이** 시료용기
㉮ 염소이온 : 유리용기, 폴리에틸렌용기
㉯ 총인 : 유리용기, 폴리에틸렌용기
㉰ 시안 : 유리용기, 폴리에틸렌용기
㉱ 유기인 : 유리용기

**79** NaOH 0.01M은 몇 mg/L인가?

㉮ 40        ㉯ 400
㉰ 4,000     ㉱ 40,000

**풀이** 
$$mg/L = \frac{0.01mol}{L} \times \frac{40g}{1mol} \times \frac{10^3 mg}{1g}$$
$$= 400 mg/L$$

**80** 자외선/가시선 분광법을 적용하여 페놀류를 측정할 때 간섭물질에 관한 설명으로 ( )에 옳은 것은?

황 화합물의 간섭을 받을 수 있는데 이는 ( )을 사용하여 pH 4로 산성화하여 교반하면 황화수소, 이산화황으로 제거할 수 있다.

㉮ 염산      ㉯ 질산
㉰ 인산      ㉱ 과염소산

**풀이** 황 화합물에 의한 간섭은 시료에 인산을 첨부하여 pH 4로 산성화하여 교반하면 황화수소, 이산화황으로 제거할 수 있으며, 황산구리를 넣어 제거할 수도 있다.

**answer** 77 ㉱   78 ㉱   79 ㉯   80 ㉰

# 2020 3회 기출문제

| 제1과목 | 수질오염개론

**01** 자연계에 질소순환에 대한 설명으로 가장 거리가 먼 것은?

㉮ 대기의 질소는 방전작용, 질소고정세균 그리고 조류에 의하여 끊임없이 소비된다.
㉯ 소변 속의 질소는 주로 요소로 바로 탄산암모늄으로 가수 분해된다.
㉰ 유기질소는 부패균이나 곰팡이의 작용으로 암모니아성 질소로 변환된다.
㉱ 암모니아성 질소는 혐기성 상태에서 환원균에 의해 바로 질소가스로 변환된다.

**풀이** ㉱ 암모니아성 질소는 호기성 상태에서 질산균에 의해 아질산성 질소와 질산성 질소로 변환된다.

**02** 20℃에서 $k_1$이 0.16/day(base 10)이라 하면, 10℃에 대한 $BOD_5/BOD_u$ 비는? (단, $\theta$ = 1.047)

㉮ 0.63
㉯ 0.68
㉰ 0.73
㉱ 0.78

**풀이** ① 20℃의 $k_1$을 10℃의 $k_1$으로 전환한다.
$k_{(T)} = k(20℃) \times 1.047^{(T-20)} = 0.16/day \times 1.047^{(10-20)}$
$= 0.1011/day$
② $BOD_5 = BOD_u \times (1-10^{-k_1 \times t})$
$\dfrac{BOD_5}{BOD_u} = 1-10^{-k_1 \times t} = 1-10^{(-0.1011/day \times 5day)} = 0.6877$

**03** 유량 400,000m³/day의 하천에 인구 20만명의 도시로부터 30,000m³/day의 하수가 유입되고 있다. 하수 유입 전 하천의 BOD는 0.5mg/L이고, 유입 후 하천의 BOD를 2mg/L로 하기 위해서 하수처리장을 건설하려고 한다면 이 처리장의 BOD 제거효율(%)은? (단, 인구 1인당 BOD 배출량 = 20g/day)

㉮ 약 84
㉯ 약 87
㉰ 약 90
㉱ 약 93

**풀이**

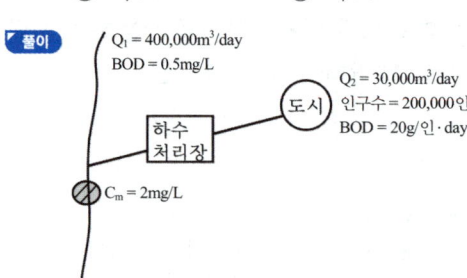

① 혼합공식을 이용해 $C_2(BOD_0)$를 계산한다.
$C_m = \dfrac{Q_1C_1+Q_2C_2}{Q_1+Q_2}$

$2mg/L = \dfrac{400,000m^3/day \times 0.5mg/L + 30,000m^3/day \times C_2}{(400,000+30,000)m^3/day}$

∴ $C_2(BOD_0)$ = 22mg/L

② 하수처리장의 BOD 제거효율을 계산한다.
제거효율(%) = $\left(1-\dfrac{BOD_0}{BOD_i}\right) \times 100$

$= \left(1-\dfrac{22mg/L}{133.33mg/L}\right) \times 100 = 83.50\%$

여기서 $BOD_i = \dfrac{20g/인 \cdot day \times 200,000인}{30,000m^3/day}$
$= 133.33g/m^3 = 133.33mg/L$

**answer** 01 ㉱  02 ㉯  03 ㉮

**04** 에탄올($C_2H_5OH$) 300mg/L가 함유된 폐수의 이론적 COD값(mg/L)은? (단, 기타 오염물질은 고려하지 않음)

㉮ 312  ㉯ 453
㉰ 578  ㉱ 626

**풀이** $C_2H_5OH + 3O_2 \rightarrow 2CO_2 + 3H_2O$
　　　46g　:　3×32g
　　300mg/L　:　COD
　∴ COD = 626.09mg/L

**05** 유량 4.2m³/sec, 유속 0.4m/sec, BOD 7mg/L인 하천이 흐르고 있다. 이 하천에 유량 25.2m³/min, BOD 500mg/L인 공장폐수가 유입되고 있다면 하천수와 공장폐수의 합류지점의 BOD(mg/L)는? (단, 완전 혼합이라 가정)

㉮ 약 33  ㉯ 약 45
㉰ 약 52  ㉱ 약 67

**풀이** 혼합공식 $C_m = \dfrac{Q_1C_1 + Q_2C_2}{Q_1 + Q_2}$ 을 이용한다.

$C_m = \dfrac{4.2m^3/sec \times 7mg/L + 25.2m^3/min \times 1min/60sec \times 500mg/L}{4.2m^3/sec + 25.2m^3/min \times 1min/60sec}$

　　= 51.82mg/L

**06** Glucose($C_6H_{12}O_6$) 500mg/L 용액을 호기성 처리 시 필요한 이론적인 인(P)농도(mg/L)는? (단, $BOD_5$ : N : P = 100 : 5 : 1, $k_1$ = 0.1day⁻¹, 상용대수기준, 완전분해기준, $BOD_u$ = COD)

㉮ 약 3.7  ㉯ 약 5.6
㉰ 약 8.5  ㉱ 약 12.8

**풀이** ① $C_6H_{12}O_6$ 에서 최종BOD($BOD_u$) 계산

$C_6H_{12}O_6 + 6O_2 \rightarrow 6CO_2 + 6H_2O$
　180g　　:　6×32g
　500mg/L　:　X($BOD_u$)
∴ X($BOD_u$) = 533.33mg/L

② $BOD_5$ 공식을 이용해 $BOD_5$ 계산
$BOD_5 = BOD_u \times (1 - 10^{-k_1 \times t})$
　　　= 533.33mg/L × (1 - 10⁻⁰·¹ᵈᵃʸ×⁵ᵈᵃʸ)
　　　= 364.68mg/L

③ 인(P)의 농도 계산
　$BOD_5$　:　P
　100　　:　1
　364.68mg/L　:　X(P)
∴ X(P) = 3.65mg/L

**07** Graham의 기체법칙에 관한 내용으로 ( )에 알맞은 것은?

수소의 확산속도에 비해 염소는 약 ( ㉠ ), 산소는 ( ㉡ ) 정도의 확산속도를 나타낸다.

㉮ ㉠ 1/6, ㉡ 1/4　　㉯ ㉠ 1/6, ㉡ 1/9
㉰ ㉠ 1/4, ㉡ 1/6　　㉱ ㉠ 1/9, ㉡ 1/6

**풀이** ㉠ 염소 : $\dfrac{\sqrt{2}}{\sqrt{71}} = \dfrac{1}{6}$

㉡ 산소 : $\dfrac{\sqrt{2}}{\sqrt{32}} = \dfrac{1}{4}$

**TIP**
① 수소($H_2$)의 분자량 = 1×2 = 2
② 염소($Cl_2$)의 분자량 = 35.5×2 = 71
③ 산소($O_2$)의 분자량 = 16×2 = 32

answer　04 ㉱　05 ㉰　06 ㉮　07 ㉮

**08** 적조현상에 의해 어패류가 폐사하는 원인과 가장 거리가 먼 것은?

㉮ 적조생물이 어패류의 아가미에 부착하여
㉯ 적조류의 광범위한 수면막 형성으로 인해
㉰ 치사성이 높은 유독물질을 분비하는 조류로 인해
㉱ 적조류의 사후분해에 의한 수중 부패 독의 발생으로 인해

**풀이** 적조현상에 의한 어패류의 폐사 원인
① 적조생물이 어패류의 아가미에 부착하여
② 치사성이 높은 유독물질을 분비하는 조류로 인해
③ 적조류의 사후분해에 의한 수중 부패 독의 발생으로 인해

**09** 우리나라의 수자원에 관한 설명으로 가장 거리가 먼 것은?

㉮ 강수량의 지역적 차이가 크다.
㉯ 주요 하천 중 한강의 수자원 보유량이 가장 많다.
㉰ 하천의 유역면적은 크지만 하천경사는 급하다.
㉱ 하천의 하상계수가 크다.

**풀이** ㉰ 하천의 유역면적은 작고 하천경사는 급하다.

**10** 세균의 구조에 대한 설명이 올바르지 못한 것은?

㉮ 세포벽 : 세포의 기계적인 보호
㉯ 협막과 점액층 : 건조 혹은 독성물질로부터 보호
㉰ 세포막 : 호흡대사 기능을 발휘
㉱ 세포질 : 유전에 관계되는 핵산 포함

**풀이** 세포질은 세포막 안에 있는 액체 상태 물질과 세포내 소기관들로 구분되며, 핵산은 포함되지 않는다.

**11** 화학흡착에 관한 내용으로 옳지 않은 것은?

㉮ 흡착된 물질은 표면에 농축되어 여러 개의 겹쳐진 층을 형성함
㉯ 흡착 분자는 표면에 한 부위로의 이동이 자유롭지 못함
㉰ 흡착된 물질 제거를 위해 일반적으로 흡착제를 높은 온도로 가열함
㉱ 거의 비가역적임

**풀이** ㉮번은 물리적흡착에 대한 내용이다.

**12** 크롬에 관한 설명으로 틀린 것은?

㉮ 만성크롬중독인 경우에는 미나마타병이 발생한다.
㉯ 3가 크롬은 비교적 안정하나 6가 크롬화합물은 자극성이 강하고 부식성이 강하다.
㉰ 3가 크롬은 피부흡수가 어려우나 6가 크롬은 쉽게 피부를 통과한다.
㉱ 만성중독현상으로는 비점막염증이 나타난다.

**풀이** ㉮ 미나마타병은 수은(Hg)에 의해 발생되는 질환이다.

**TIP**
필수 암기사항
① 수은(Hg) : 미나마타병, 헌터-루셀증후군
② 카드뮴(Cd) : 이따이이따이병
③ 폴리클로리네이티드비페닐(PCB) : 카네미유증

**answer** 08 ㉯  09 ㉰  10 ㉱  11 ㉮  12 ㉮

**13** 자정상수(f)의 영향 인자에 관한 설명으로 옳은 것은?

㉮ 수심이 깊을수록 자정상수는 커진다.
㉯ 수온이 높을수록 자정상수는 작아진다.
㉰ 유속이 완만할수록 자정상수는 커진다.
㉱ 바닥구배가 클수록 자정상수는 작아진다.

**풀이** ㉮ 수심이 깊을수록 자정상수는 작아진다.
㉰ 유속이 완만할수록 자정상수는 작아진다.
㉱ 바닥구배가 클수록 자정상수는 커진다.

**TIP**
자정상수(f) = $\dfrac{k_2}{k_1}$ 에서 수온이 증가하면 $k_2$보다 $k_1$의 값이 더 커지므로 자정상수(f)는 작아지게 된다.

**14** 물질대사 중 동화작용을 가장 알맞게 나타낸 것은?

㉮ 잔여영양분 + ATP → 세포물질 + ADP + 무기인 + 배설물
㉯ 잔여영양분 + ADP + 무기인 → 세포물질 + ATP + 배설물
㉰ 세포내 영양분의 일부 + ATP → ADP + 무기인 + 배설물
㉱ 세포내 영양분의 일부 + ADP + 무기인 → ATP + 배설물

**풀이** 동화작용은 에너지를 이용하여 새로운 세포를 합성하는 반응이므로 ㉮번이다.

**15** 유해물질과 그 중독증상(영향)과의 관계로 가장 거리가 먼 것은?

㉮ Mn : 흑피증
㉯ 유기인 : 현기증, 동공축소
㉰ $Cr^{6+}$ : 피부궤양
㉱ PCB : 카네미유증

**풀이** ㉮ 망간(Mn) : 파킨슨씨 증후군과 유사한 증상

**16** 수자원의 순환에서 가장 큰 비중을 차지하는 것은?

㉮ 해양으로의 강우
㉯ 증발
㉰ 증산
㉱ 육지로의 강우

**풀이** 수자원의 순환에서 가장 큰 비중을 차지하는 것은 증발이다.

**17** Formaldehyde($CH_2O$)의 COD/TOC 비는?

㉮ 1.37   ㉯ 1.67
㉰ 2.37   ㉱ 2.67

**풀이** $CH_2O + O_2 \rightarrow CO_2 + H_2O$

$\dfrac{COD(산소량)}{TOC(총유기탄소량)} = \dfrac{1 \times 32g}{1 \times 12g} = 2.67$

**answer** 13 ㉯  14 ㉮  15 ㉮  16 ㉯  17 ㉱

**18** 경도에 관한 관계식으로 틀린 것은?

㉮ 총경도 - 비탄산경도 = 탄산경도
㉯ 총경도 - 탄산경도 = 마그네슘경도
㉰ 알칼리도 < 총경도 일 때 탄산경도 = 비탄산경도
㉱ 알칼리도 ≥ 총경도 일 때 탄산경도 = 총경도

> **풀이** ㉰ 알칼리도 < 총경도 일 때 탄산경도 = 알칼리도

**19** 하구의 혼합 형식 중 하상구배와 조차가 적어서 염수와 담수의 2층 밀도류가 발생되는 것은?

㉮ 강 혼합형    ㉯ 약 혼합형
㉰ 중 혼합형    ㉱ 완 혼합형

> **풀이** 하상구배와 조차가 적어 염수와 담수의 2층 밀도류가 발생되는 것은 약 혼합형이다.

**20** 150kL/day의 분뇨를 포기하여 BOD의 20%를 제거하였다. BOD 1kg을 제거하는 데 필요한 공기공급량이 60m³라 했을 때 시간당 공기공급량(m³)은? (단, 연속포기, 분뇨의 BOD = 20,000mg/L)

㉮ 100     ㉯ 500
㉰ 1,000   ㉱ 1,500

> **풀이** 공기공급량(m³/hr)
> $= \dfrac{60m^3}{BOD\ 1kg\ 제거} \times \dfrac{20kg}{m^3} \times \dfrac{150m^3}{day} \times 0.20 \times \dfrac{1day}{24hr}$
> $= 1,500 m^3/hr$

| 제2과목 | 상하수도계획

**21** 계획취수량을 확보하기 위하여 필요한 저수용량의 결정에 사용하는 계획기준년의 표준으로 가장 적절한 것은?

㉮ 3개년에 제1위 정도의 갈수
㉯ 5개년에 제1위 정도의 갈수
㉰ 7개년에 제1위 정도의 갈수
㉱ 10개년에 제1위 정도의 갈수

> **풀이** 계획기준년의 표준은 10개년에 제1위 정도의 갈수이다.

**22** 수격작용을 방지 또는 줄이는 방법이라 할 수 없는 것은?

㉮ 펌프에 플라이휠을 붙여 펌프의 관성을 증가시킨다.
㉯ 흡입측 관로에 압력조절수조를 설치하여 부압을 유지시킨다.
㉰ 펌프 토출구 부근에 공기탱크를 두거나 부압 발생지점에 흡기밸브를 설치하여 압력강하시 공기를 넣어준다.
㉱ 관내유속을 낮추거나 관거상황을 변경한다.

> **풀이** ㉯ 토출측 관로에 압력조절수조를 설치하여 부압을 방지한다.

> **TIP**
> 수격작용(Water Hammer)는 관속을 충만하게 흐르고 있는 액체의 속도를 급격히 변화시키면 액체에 큰 압력 변화가 발생하여 관내에 있는 액체에 물리적 변화가 일어남으로써 충격압을 형성시킴과 동시에 이로 인한 유체가 관벽을 치는 현상이다.

**answer** 18 ㉰  19 ㉯  20 ㉱  21 ㉱  22 ㉯

**23** 도수관을 설계할 때 평균유속 기준으로 ( )에 옳은 것은?

> 자연유하식인 경우에는 허용최대한도를 ( ㉠ )로 하고, 도수관의 평균유속의 최소한도는 ( ㉡ )로 한다.

㉮ ㉠ 1.5 m/s, ㉡ 0.3 m/s
㉯ ㉠ 1.5 m/s, ㉡ 0.6 m/s
㉰ ㉠ 3.0 m/s, ㉡ 0.3 m/s
㉱ ㉠ 3.0 m/s, ㉡ 0.6 m/s

**TIP**
유속범위 기준

| 관로 | 기준 | 최소유속 | 최대유속 |
|---|---|---|---|
| 도수관거 | 자연유하식 | 0.3m/s | 3.0m/s |
| 오수관거 | 계획시간 최대오수량 | 0.6m/s | 3.0m/s |
| 우수관거 합류관거 | 계획우수량 | 0.8m/s | 3.0m/s |

**24** 펌프의 캐비테이션(공동현상) 발생을 방지하기 위한 대책으로 옳은 것은?

㉮ 펌프의 설치위치를 가능한 한 높게 하여 가용유효흡입수두를 크게 한다.
㉯ 흡입관의 손실을 가능한 한 작게 하여 가용유효흡입수두를 크게 한다.
㉰ 펌프의 회전속도를 높게 선정하여 필요유효흡입수두를 작게 한다.
㉱ 흡입 측 밸브를 완전히 폐쇄하고 펌프를 운전한다.

**풀이**
㉮ 펌프의 설치위치를 가능한 한 낮게 하여 가용유효흡입수두를 크게 한다.
㉰ 펌프의 회전속도를 낮게 선정하여 필요유효흡입수두를 작게 한다.
㉱ 흡입 측 밸브를 완전히 개방하여 펌프를 운전한다.

**TIP**
공동현상(Cavitation)은 물이 관속을 유동하고 있을 때 유동하는 물속의 어느 부분의 정압이 그 때의 증기압보다 낮아지면 부분적으로 기화(증발)하여 관내부에 공동이 발생되는 현상이다.

**25** 피압수 우물에서 영향원 직경 1km, 우물직경 1m, 피압대수층의 두께 20m, 투수계수 20m/day로 추정되었다면, 양수정에서의 수위강하를 5m로 유지하기 위한 양수량(m³/sec)은?

(단, $Q = 2\pi kb \dfrac{H - h_o}{2.3 \log_{10} \dfrac{R}{r_o}}$)

㉮ 약 0.005　　㉯ 약 0.02
㉰ 약 0.05　　㉱ 약 0.1

**풀이**
$Q = 2\pi kb \dfrac{H - h_o}{2.3 \log_{10}\left(\dfrac{R}{r_o}\right)}$

k(투수계수) = 20m/day × $\dfrac{1\text{day}}{24\text{hr}}$  × $\dfrac{1\text{hr}}{3{,}600\text{sec}}$
　　　　　= $2.31 \times 10^{-4}$ m/sec
b(피압대수층 두께) = 20m
$H - h_o$(양수정에서의 수위강하) = 5m
R(피압수 우물에서 반경) = 500m
$r_o$(우물반경) = 0.5m
$2.3 \log_{10} = \ln$

따라서 Q = $\dfrac{2 \times \pi \times 2.31 \times 10^{-4} \text{m/sec} \times 20\text{m} \times 5\text{m}}{\ln\left(\dfrac{500\text{m}}{0.5\text{m}}\right)}$

　　　= 0.02 m³/sec

**answer** 23 ㉰　24 ㉯　25 ㉯

**26** 지표수의 취수를 위해 하천수를 수원으로 하는 경우의 취수탑에 관한 설명으로 옳지 않은 것은?

㉮ 대량 취수 시 경제적인 것이 특징이다.
㉯ 취수보와 달리 토사유입을 방지할 수 있다.
㉰ 공사비는 일반적으로 크다.
㉱ 시공 시 가물막이 등 가설공사는 비교적 소규모로 할 수 있다.

**풀이** ㉯ 토사유입을 방지할 수 없다.

**27** 상수의 도수관로의 자연부식 중 매크로 셀 부식에 해당되지 않은 것은?

㉮ 이종금속
㉯ 간섭
㉰ 산소농담(통기차)
㉱ 콘크리트·토양

**풀이** ㉯ 간섭은 전기식 부식에 해당한다.

**TIP**
**상수도관의 부식**
① 자연부식
  ㉠ Macro cell 부식 : 콘크리트, 토양, 이종금속, 산소농담(통기차)
  ㉡ Micro cell 부식 : 산성토양, 박테리아, 일반토양, 대기중 부식
② 전기식(전식) 부식 : 간섭

**28** 우수배제계획 수립에 적용되는 하수관거의 계획우수량 결정을 위한 확률년수는?

㉮ 5~10년    ㉯ 10~15년
㉰ 10~30년   ㉱ 30~50년

**풀이** 하수관거의 계획우수량 결정을 위한 확률년수는 10~30년이다.

**29** 취수시설에서 취수된 원수를 정수시설까지 끌어들이는 시설은?

㉮ 배수시설    ㉯ 급수시설
㉰ 송수시설    ㉱ 도수시설

**풀이** 취수시설에서 취수된 원수를 정수시설까지 끌어들이는 시설은 도수시설이다.

**TIP**
**상수도의 구성 순서**
취수 → 도수 → 정수 → 송수 → 배수 → 급수
(암기법)
상(상수도)치(취수)도 청(정수)송(송수)에 배(배수)급(급수)한다.

**30** 상수도관으로 사용되는 관종 중 스테인리스강관에 관한 특징으로 틀린 것은?

㉮ 강인성이 뛰어나고 충격에 강하다.
㉯ 용접접속에 시간이 걸린다.
㉰ 라이닝이나 도장을 필요로 하지 않는다.
㉱ 이종금속과의 절연처리가 필요없다.

**풀이** ㉱ 이종금속과의 절연처리가 필요하다.

---

**answer** 26 ㉯  27 ㉯  28 ㉰  29 ㉱  30 ㉱

**31** 계획송수량과 계획도수량의 기준이 되는 수량은?

㉮ 계획송수량 : 계획1일최대급수량,
　　계획도수량 : 계획시간최대급수량
㉯ 계획송수량 : 계획시간최대급수량,
　　계획도수량 : 계획1일최대급수량
㉰ 계획송수량 : 계획취수량,
　　계획도수량 : 계획1일최대급수량
㉱ 계획송수량 : 계획1일최대급수량,
　　계획도수량 : 계획취수량

**풀이** 계획송수량은 계획1일최대급수량, 계획도수량은 계획취수량이 기준이다.

**32** 원수의 냄새물질(2-MIB, geosmin 등), 색도, 미량유기물질, 소독부산물전구물질, 암모니아성 질소, 음이온계면활성제, 휘발성, 유기물질 등을 제거하기 위한 수처리공정으로 가장 적합한 것은?

㉮ 완속여과　　㉯ 급속여과
㉰ 막여과　　　㉱ 활성탄여과

**풀이** ㉱ 활성탄여과에 대한 설명이다.

**33** 하수 펌프장 시설인 스크류펌프(screw pump)의 일반적인 장·단점으로 틀린 것은?

㉮ 회전수가 낮기 때문에 마모가 적다.
㉯ 수중의 협잡물이 물과 함께 떠올라 폐쇄 가능성이 크다.
㉰ 기동에 필요한 물채움장치나 밸브 등 부대시설이 없어 자동운전이 쉽다.
㉱ 토출측의 수로를 압력관으로 할 수 없다.

**풀이** ㉯ 수중의 협잡물을 물과 함께 양수시키므로 막힘이 거의 없다.

**34** 계획오수량에 관한 설명으로 옳지 않은 것은?

㉮ 계획1일최대오수량은 1인1일최대오수량에 계획인구를 곱한 후, 여기에 공장폐수량, 지하수량 및 기타 배수량을 더한 것으로 한다.
㉯ 합류식에서 우천 시 계획오수량은 원칙적으로 계획시간최대오수량의 3배 이상으로 한다.
㉰ 지하수량은 1인1일 평균오수량의 5~10%로 한다.
㉱ 계획시간최대오수량은 계획1일 최대오수량의 1시간당 수량의 1.3~1.8배를 표준으로 한다.

**풀이** ㉰ 지하수량은 1인1일 최대오수량의 10~20%로 한다.

**35** 하수관거 배수설비의 설명 중 옳지 않은 것은?

㉮ 배수설비는 공공하수도의 일종이다.
㉯ 배수설비 중의 물받이의 설치는 배수구역 경계지점 또는 배수구역 안에 설치하는 것을 기본으로 한다.
㉰ 결빙으로 인한 우·오수 흐름의 지장이 발생되지 않도록 하여야 한다.
㉱ 배수관은 암거로 하며, 우수만을 배수하는 경우에는 개거도 가능하다.

**풀이** ㉮ 배수설비는 공공하수도의 일종에 해당하지 않는다.

**answer** 31 ㉱　32 ㉱　33 ㉯　34 ㉰　35 ㉮

**36** 호소의 중소량 취수시설로 많이 사용되고 구조가 간단하며 시공도 비교적 용이하나 수중에 설치되므로 호소의 표면수는 취수할 수 없는 것은?

㉮ 취수틀  ㉯ 취수보
㉰ 취수관거  ㉱ 취수문

**풀이** ㉮ 취수틀에 대한 설명이다.

**37** 상수도시설 일반구조의 설계하중 및 외력에 대한 고려 사항으로 틀린 것은?

㉮ 풍압은 풍량에 풍력계수를 곱하여 산정한다.
㉯ 얼음 두께에 비하여 결빙 면이 작은 구조물의 설계에는 빙압을 고려한다.
㉰ 지하수위가 높은 곳에 설치하는 지상 구조물은 비웠을 경우의 부력을 고려한다.
㉱ 양압력은 구조물의 전후에 수위차가 생기는 경우에 고려한다.

**풀이** ㉮ 풍압은 속도압에 풍력계수를 곱하여 산정한다.

**38** 직경 1m의 원형콘크리트관에 하수가 흐르고 있다. 동수구배(I)가 0.01이고, 수심이 0.5m일 때 유속(m/sec은)? (단, 조도계수(n) = 0.013, Manning 공식적용, 만관기준)

㉮ 2.1  ㉯ 2.7
㉰ 3.1  ㉱ 3.7

**풀이** 유속(v) = $\frac{1}{n} \times R^{\frac{2}{3}} \times I^{\frac{1}{2}}$

여기서 n : 조도계수(0.013)

R(경심) = $\frac{단면적(A)}{윤변의 길이(S)} = \frac{D}{4} = \frac{1m}{4}$ = 0.25m

I(동수경사) = 0.01

따라서 v = $\frac{1}{0.013} \times (0.25m)^{\frac{2}{3}} \times (0.01)^{\frac{1}{2}}$

= 3.05m/sec

**39** 상수도시설인 취수탑의 취수구에 관한 내용과 가장 거리가 먼 것은?

㉮ 계획취수위는 취수구로부터 도수기점까지의 수두손실을 계산하여 결정한다.
㉯ 취수탑의 내측이나 외측에 슬루스게이트(제수문), 버터플라이밸브 또는 제수밸브 등을 설치한다.
㉰ 전면에서는 협잡물을 제거하기 위한 스크린을 설치해야 한다.
㉱ 단면형상은 장방형 또는 원형으로 한다.

**풀이** ㉮번에 대한 설명은 취수보의 취수구에 대한 설명이다.

**TIP**
최하단에 설치하는 취수구는 계획최저수위를 기준으로 한다.

**answer** 36 ㉮  37 ㉮  38 ㉰  39 ㉮

**40** 자유수면을 갖는 천정호(반경 $r_o = 0.5$ m, 원지하수위 $H = 7.0m$)에 대한 양수시험결과 양수량이 $0.03m^3/sec$일 때 정호의 수심 $h_o = 5.0m$, 영향반경 $R = 200m$에서 평형이 되었다. 이 때 투수계수 $k(m/sec)$는?

㉮ $4.5×10^{-4}$     ㉯ $2.4×10^{-3}$
㉰ $3.5×10^{-3}$     ㉱ $1.6×10^{-2}$

**풀이**
$$Q = \frac{\pi \times k \times (H^2 - h_o^2)}{2.3\log\left(\frac{R}{r_o}\right)}$$

$$0.03m^3/sec = \frac{\pi \times k \times (7.0^2 - 5.0^2)m^2}{2.3 \times \log\left(\frac{200m}{0.5m}\right)}$$

$k = 2.38 \times 10^{-3} m/sec$

**TIP**
$2.3\log = \ln$

| 제3과목 | 수질오염방지기술

**41** 막분리 공법을 이용한 정수처리의 장점으로 가장 거리가 먼 것은?

㉮ 부산물이 생기지 않는다.
㉯ 정수장 면적을 줄일 수 있다.
㉰ 시설의 표준화로 부품관리 시공이 간편하다.
㉱ 자동화, 무인화가 용이하다.

**풀이** ㉰ 시설의 표준화가 되어있지 않아 부품관리 시공이 어렵다.

**42** 포기조 유효용량이 $1,000m^3$이고, 잉여슬러지 배출량이 $25m^3/day$로 운전되는 활성슬러지공정이 있다. 반송슬러지의 SS 농도($X_r$)에 대한 MLSS 농도(X)의 비($X/X_r$)가 0.25일 때 평균 미생물 체류시간(day)은? (단, 2차 침전지 유출수의 SS 농도는 무시)

㉮ 7     ㉯ 8
㉰ 9     ㉱ 10

**풀이** 평균 미생물 체류시간(MCRT)
$$= \frac{MLSS \times V}{Q_w \times SS_w} = \frac{V}{Q_w} \times \frac{MLSS}{SS_w} = \frac{V}{Q_w} \times \left(\frac{X}{X_r}\right)$$
$$= \frac{1,000m^3}{25m^3/day} \times 0.25 = 10 day$$

**43** 인이 8mg/L 들어 있는 하수의 인 침전(인을 침전시키는 실험에서 인 1몰 당 알루미늄 1.5몰이 필요)을 위해 필요한 액체 명반($Al_2(SO_4)_3 \cdot 18H_2O$)의 양(L/day)은?

(단, 액체명반의 순도 = 48%, 단위중량 = $1,281kg/m^3$, 명반 분자량 = 666.7, 알루미늄 원자량 = 26.98, 인 원자량 = 31, 유량 = $10,000m^3/day$)

㉮ 약 2,100     ㉯ 약 2,800
㉰ 약 3,200     ㉱ 약 3,700

**풀이** ① 1.5Al : P
   $1.5 \times 26.98g$ : $31g$
   Al : $8 \times 10^{-3} kg/m^3 \times 10,000m^3/day$
   ∴ Al = 104.44 kg/day

② 액체명반($Al_2(SO_4)_3 \cdot 18H_2O$)
$$= \frac{104.44kg}{day} \times \frac{666.7g \text{ 명반}}{2 \times 26.98g \text{ Al}} \times \frac{100}{48\%} \times \frac{m^3}{1,281kg}$$
$$\times \frac{10^3 L}{1m^3}$$
$= 2,098.63 L/day$

answer  40 ㉯  41 ㉰  42 ㉱  43 ㉮

**TIP**
① ppm = mg/L = g/m³
② mg/L $\xrightarrow{\times 10^{-3}}$ kg/m³
③ 총량(kg/day) = 농도(kg/m³)×유량(m³/day)

**44** 농도 5,500mg/L인 폭기조 활성슬러지 1L를 30분간 정치시킨 후 침강 슬러지의 부피가 45%를 차지하였을 때의 SDI는?

㉮ 1.22　　㉯ 1.48
㉰ 1.61　　㉱ 1.83

**풀이** ① $SVI = \dfrac{SV(\%)}{MLSS(mg/L)} \times 10^4 = \dfrac{45\%}{5,500mg/L} \times 10^4$
　　　　　 $= 81.82$
　　　② $SDI = \dfrac{1}{SVI} \times 100 = \dfrac{1}{81.82} \times 100 = 1.22$

**TIP**
SVI : 슬러지용적지수(mL/g)
SDI : 슬러지밀도지수(g/100mL)

**45** 하수처리과정에서 염소소독과 자외선 소독을 비교할 때 염소소독의 장·단점으로 틀린 것은?

㉮ 암모니아의 첨가에 의해 결합잔류염소가 형성된다.
㉯ 염소접촉조로부터 휘발성유기물이 생성된다.
㉰ 처리수의 총용존고형물이 감소한다.
㉱ 처리수의 잔류독성이 탈염소과정에 의해 제거되어야 한다.

**풀이** ㉰ 처리수의 총용존고형물이 증가한다.

**46** 침전지에서 입자의 침강 속도가 증대되는 원인이 아닌 것은?

㉮ 입자비중의 증가
㉯ 액체 점성계수의 증가
㉰ 수온의 증가
㉱ 입자 직경의 증가

**풀이** ㉯ 액체 점성계수의 감소

**47** 바이오 센서와 수질오염공정시험기준에서 독성평가에 사용되기도 하는 생물종으로 가장 가까운 것은?

㉮ Leptodora　　㉯ Monia
㉰ Daphnia　　　㉱ Alona

**풀이** ㉰ Daphnia(대퍼니어)는 동물물벼룩의 일종으로 독성평가에 사용되는 생물종이다.

**48** 다음 공정에서 처리될 수 있는 폐수의 종류는?

　　　　H₂SO₄　　Ca(OH)₂
　　　　 ↓　　　　 ↓
폐수 → 혼합 → 혼합 → 침전 → 유출수
　　　　 ↑　　　　 ↓
　　　　FeSO₄　　슬러지

㉮ 크롬폐수　　㉯ 시안폐수
㉰ 비소폐수　　㉱ 방사능폐수

**풀이** ㉮ 크롬폐수를 처리하는 공정도이다.

**answer** 44 ㉮　45 ㉰　46 ㉯　47 ㉰　48 ㉮

**49** 활성슬러지 공정을 사용하여 BOD 200 mg/L의 하수 2,000m³/day를 BOD 30mg/L까지 처리하고자 한다. 포기조의 MLSS를 1,600mg/L로 유지하고, 체류시간을 8시간으로 하고자 할 때의 F/M비(kg BOD/kg MLSS·day)는?

㉮ 0.12
㉯ 0.24
㉰ 0.38
㉱ 0.43

**풀이**
$$F/M비 = \frac{BOD \times Q}{MLSS \times V} = \frac{BOD}{MLSS} \times \frac{1}{t}$$
$$= \frac{200 mg/L}{1,600 mg/L} \times \frac{1}{\left(\frac{8hr}{24}\right)day}$$
$$= 0.38 kg\ BOD/kg\ MLSS \cdot day$$

**50** 활성탄 흡착단계를 설명한 것으로 가장 거리가 먼 것은?

㉮ 흡착제 주위의 막을 통하여 피흡착제의 분자가 이동하는 단계
㉯ 피흡착제의 극성에 의해 제타포텐샬(Zeta Potential)이 적용되는 단계
㉰ 흡착제 공극을 통하여 피흡착제가 확산하는 단계
㉱ 흡착이 되면서 흡착제와 피흡착제 사이에 결합이 일어나는 단계

**풀이** ㉯ 경계막을 통한 용질의 확산 단계

**51** 음용수 중 철과 망간의 기준 농도에 맞추기 위한 그 제거 공정으로 알맞지 않은 것은?

㉮ 포기에 의한 침전
㉯ 생물학적 여과
㉰ 제올라이트 수착
㉱ 인산염에 의한 산화

**풀이** 음용수 중 철과 망간의 기준 농도에 맞추기 위한 그 제거 공정으로는 포기에 의한 침전, 생물학적 여과, 제올라이트 수착 등이 있다.

**52** 하수처리방식 중 회전원판법에 관한 설명으로 가장 거리가 먼 것은?

㉮ 활성슬러지법에 비해 2차 침전지에서 미세한 SS가 유출되기 쉽고, 처리수의 투명도가 나쁘다.
㉯ 운전관리상 조작이 간단한 편이다.
㉰ 질산화가 거의 발생하지 않으며, pH 저하도 거의 없다.
㉱ 소비 전력량이 소규모 처리시설에는 표준 활성 슬러지법에 비하여 적은 편이다.

**풀이** ㉰ 회전원판법은 질산화가 잘 이루어지는 공법이다.

**53** 하·폐수를 통하여 배출되는 계면활성제에 대한 설명 중 잘못된 것은?

㉮ 계면활성제는 메틸렌블루 활성물질이라고도 한다.
㉯ 계면활성제는 주로 합성세제로부터 배출되는 것이다.
㉰ 물에 약간 녹으며 폐수처리 플랜트에서 거품을 만들게 된다.
㉱ ABS는 생물학적으로 분해가 매우 쉬우나 LAS는 생물학적으로 분해가 어려운 난분해성 물질이다.

**풀이** ㉱ LAS는 생물학적으로 분해가 매우 쉬우나 ABS는 생물학적으로 분해가 어려운 난분해성 물질이다.

**answer** 49 ㉰  50 ㉯  51 ㉱  52 ㉰  53 ㉱

**54** 폐수유량 1,000m³/day, 고형물농도 2,700 mg/L인 슬러지를 부상법에 의해 농축시키고자 한다. 압축탱크의 압력이 4기압이며 공기의 밀도 1.3g/L, 공기의 용해량 29.2cm³/L일 때 air/solid비는? (단, f = 0.5, 비순환방식 기준)

㉮ 0.009　　㉯ 0.014
㉰ 0.019　　㉱ 0.025

**풀이**
$$A/S비 = \frac{1.3 \times Sa \times (f \cdot P - 1)}{SS}$$
$$= \frac{1.3 \times 29.2 cm^3/L \times (0.5 \times 4atm - 1)}{2,700 mg/L}$$
$$= 0.014$$

**TIP**
① $cm^3/L = mL/L$
② 순환식인 경우
$$A/S비 = \frac{1.3 \times Sa \times (f \cdot P - 1)}{SS} \times R$$

**55** 접촉매체를 이용한 생물막공법에 대한 설명으로 틀린 것은?

㉮ 유지관리가 쉽고, 유기물 농도가 낮은 기질제거에 유효하다.
㉯ 수온의 변화나 부하변동에 강하고 처리효율에 나쁜 영향을 주는 슬러지 팽화문제를 해결할 수 있다.
㉰ 공극폐쇄 시에도 양호한 처리수질을 얻을 수 있으며 세정조작이 용이하다.
㉱ 슬러지 발생량이 적고 고도처리에도 효과적이다.

**풀이** ㉰ 공극폐쇄 시 수처리가 어려우며, 세정조작이 용이하지 못하다.

**56** 무기수은계 화합물을 함유한 폐수의 처리방법이 아닌 것은?

㉮ 황화물침전법　㉯ 활성탄흡착법
㉰ 산화분해법　　㉱ 이온교환법

**풀이** 무기수은계 화합물을 함유한 폐수의 처리방법에는 황화물침전법, 활성탄흡착법, 아말감법, 이온교환법이 있다.

**TIP**
(암기법) 수은아 황화강에 이온 좀 붙여라.

**57** 9.0kg의 글루코스(Glucose)로부터 발생 가능한 0℃, 1atm에서의 $CH_4$ 가스의 용적(L)은? (단, 혐기성 분해 기준)

㉮ 3,160　　㉯ 3,360
㉰ 3,560　　㉱ 3,760

**풀이** $C_6H_{12}O_6 \rightarrow 3CH_4 + 3CO_2$
180g : 3×22.4L
9×10³g : X
∴ X = 3,360L

**TIP**
① 글루코스 = 포도당 = $C_6H_{12}O_6$
② 질량(g) = 계수×분자량
③ 체적(L) = 계수×22.4

 answer　54 ㉯　55 ㉰　56 ㉰　57 ㉯

**58** 2,000m³/day의 하수를 처리하는 하수 처리장의 1차 침전지에서 침전고형물이 0.4ton/day, 2차 침전지에서 0.3ton/day이 제거되며 이때 각 고형물의 함수율은 98%, 99.5%이다. 체류 시간을 3일로 하여 고형물을 농축시키려면 농축조의 크기(m³)는? (단, 고형물의 비중 = 1.0 가정)

㉮ 80　　㉯ 240
㉰ 620　　㉱ 1,860

**풀이** ① 슬러지 발생량(m³/day) 계산
슬러지 발생량(m³/day)
$= \dfrac{\text{제거된 고형물량(kg/day)}}{\text{비중량(kg/m}^3)} \times \dfrac{100}{100-\text{함수율(\%)}}$

1차 침전지슬러지 발생량
$= \dfrac{400\text{kg/day}}{1,000\text{kg/m}^3} \times \dfrac{100}{100-98\%} = 20\text{m}^3/\text{day}$

2차 침전지슬러지 발생량
$= \dfrac{300\text{kg/day}}{1,000\text{kg/m}^3} \times \dfrac{100}{100-99.5\%} = 60\text{m}^3/\text{day}$

② 농축조의 크기(m³)
= 슬러지 발생량(m³/day)×체류시간(day)
= (20+60)m³/day×3day = 240m³

**59** 하수처리를 위한 소독방식의 장단점에 관한 내용으로 틀린 것은?

㉮ $ClO_2$ : 부산물에 의한 청색증이 유발될 수 있다.
㉯ $ClO_2$ : pH 변화에 따른 영향이 적다.
㉰ NaOCl : 잔류효과가 작다.
㉱ NaOCl : 유량이나 탁도 변동에서 적응이 쉽다.

**풀이** ㉰ NaOCl : 잔류효과가 크다.

**TIP**
① 염소($Cl_2$) 및 염소화합물 소독 : 잔류효과가 크다.
② 오존($O_3$) 및 자외선(UV) 소독 : 잔류효과가 없다.

**60** Monod 식을 이용한 세포의 비증식속도($hr^{-1}$)는? (단, 제한기질농도 = 200mg/L, 1/2 포화농도 = 50mg/L, 세포의 비증식속도 최대치 = $0.1hr^{-1}$)

㉮ 0.08　　㉯ 0.12
㉰ 0.16　　㉱ 0.24

**풀이** Monod식 : $\mu = \mu_{max} \times \dfrac{S}{K_S+S}$

여기서
μ : 세포의 비증식 계수(/hr)
$\mu_{max}$ : 세포의 최대 비증식 계수(/hr)
S : 제한기질의 농도(mg/L)
$K_S$ : 반포화 농도(mg/L)

따라서 $\mu = 0.1/\text{hr} \times \dfrac{200\text{mg/L}}{50\text{mg/L}+200\text{mg/L}} = 0.08/\text{hr}$

| 제4과목 | 수질오염공정시험기준

**61** 정도관리 요소 중 정밀도를 옳게 나타낸 것은?

㉮ 정밀도(%) = (연속적으로 n회 측정한 결과의 평균값/표준편차) × 100
㉯ 정밀도(%) = (표준편차/연속적으로 n회 측정한 결과의 평균값) × 100
㉰ 정밀도(%) = (상대편차/연속적으로 n회 측정한 결과의 평균값) × 100
㉱ 정밀도(%) = (연속적으로 n회 측정한 결과의 평균값/상대편차) × 100

**풀이** ① 정밀도(%) = $\dfrac{\text{표준편차}}{\text{연속적으로 n회 측정한 결과의 평균값}} \times 100$

② 정량한계 = 10×표준편차(S)

**answer** 58 ㉯　59 ㉰　60 ㉮　61 ㉯

**62** 수산화소듐(NaOH) 10g을 물에 녹여서 500mL로 하였을 경우 용액의 농도(N)는?

㉮ 0.25  ㉯ 0.5
㉰ 0.75  ㉱ 1.0

**풀이**
$N(eq/L) = \dfrac{질량(g)}{부피(L)} \times \dfrac{1eq}{1당량g} = \dfrac{10g}{0.5L} \times \dfrac{1eq}{40g}$
$= 0.5 N(eq/L)$

**TIP**
① 수산화소듐 = 수산화소듐 = NaOH
② NaOH의 분자량 = 23+16+1 = 40g
③ 1eq = 분자량(g)/당량수
④ NaOH는 OH가 1개이므로 1당량이다.

**63** 수질오염공정시험기준에 의해 분석할 시료를 채수 후 측정시간이 지연될 경우 시료를 보존하기 위해 염산으로 pH를 5~9정도로 유지하여야 하는 항목은?

㉮ 부유물질  ㉯ 망간
㉰ 알킬수은  ㉱ 유기인

**풀이** 시료의 보존방법
㉮ 부유물질 : 보존방법 없음
㉯ 망간 : 시료 1L당 $HNO_3$ 2mL 첨가
㉰ 알킬수은 : $HNO_3$ 2mL
㉱ 유기인 : NaOH 또는 $H_2SO_4$로 pH 5~9

**TIP**
NaOH 또는 $H_2SO_4$로 pH 5~9로 보관하는 항목은 유기인과 PCB이다.

**64** 산성 과망간산포타슘법에 의한 화학적 산소요구량 측정 시 황산은($Ag_2SO_4$)을 첨가하는 이유는?

㉮ 발색조건을 균일하게 하기 위해서
㉯ 염소이온의 방해를 억제하기 위해서
㉰ pH 조절하여 종말점을 분명하게 하기 위해서
㉱ 과망간산포타슘의 산화력을 증가시키기 위해서

**풀이** 산성 과망간산포타슘법에 의한 화학적산소요구량 측정 시 황산은($Ag_2SO_4$)을 첨가하는 이유는 염소이온의 방해를 억제하기 위해서이다.

**65** 다이페닐카바자이드와 반응하여 생성하는 적자색 착화합물의 흡광도를 540nm에서 측정하는 중금속은?

㉮ 6가크롬  ㉯ 인산염인
㉰ 구리    ㉱ 총인

**풀이** 다이페닐카바자이드와 반응하여 생성하는 적자색 착화합물의 흡광도를 540nm에서 측정하는 중금속은 6가크롬($Cr^{6+}$)이다.

**66** 정량한계(LOQ)를 옳게 표시한 것은?

㉮ 정량한계 = 3 × 표준편차
㉯ 정량한계 = 3.3 × 표준편차
㉰ 정량한계 = 5 × 표준편차
㉱ 정량한계 = 10 × 표준편차

**풀이** 정량한계 = 10 × 표준편차(S)이다.

**answer** 62 ㉯  63 ㉱  64 ㉯  65 ㉮  66 ㉱

**67** 총칙 중 관련 용어의 정의로 틀린 것은?

㉮ 용기 : 시험에 관련된 물질을 보호하고 이물질이 들어가는 것을 방지할 수 있는 것을 말한다.
㉯ 바탕시험을 하여 보정한다 : 시료에 대한 처리 및 측정을 할 때, 시료를 사용하지 않고 정제수를 이용하여 같은 방법으로 측정한 분석값을 시료의 분석값에서 빼는 것을 뜻한다.
㉰ 정확히 취하여 : 규정한 양의 액체를 부피피펫으로 눈금까지 취하는 것을 말한다.
㉱ 정밀히 단다 : 규정된 양의 시료를 취하여 화학저울 또는 미량저울로 칭량함을 말한다.

**풀이** ㉮ 용기 : 시험용액 또는 시험에 관계된 물질을 보존, 운반 또는 조작하기 위하여 넣어두는 것으로 시험에 지장을 주지 않도록 깨끗한 것을 뜻한다.

**68** 막여과법에 의한 총대장균군 시험의 분석절차에 대한 설명으로 틀린 것은?

㉮ 멸균된 핀셋으로 여과막을 눈금이 위로 가게 하여 여과장치의 지지대 위에 올려놓은 후 막여과장치의 깔대기를 조심스럽게 부착시킨다.
㉯ 페트리접시에 20개~80개의 세균 집락을 형성하도록 시료를 여과관 상부에 주입하면서 흡인여과하고 멸균수 20mL~30mL로 씻어준다.
㉰ 여과하여야 할 예상 시료량이 10mL보다 적을 경우에는 멸균된 희석액으로 희석하여 여과하여야 한다.
㉱ 총대장균군수를 예측할 수 없는 경우에는 여과량을 달리하여 여러 개의 시료를 분석하고 한 여과 표면위의 모든 형태의 집락수가 200개 이상의 집락이 형성되도록 하여야 한다.

**풀이** ㉱ 총대장균군수를 예측할 수 없는 경우에는 여과량을 달리하여 여러 개의 시료를 분석하고 한 여과 표면 위의 모든 형태의 집락수가 200개 이상의 집락이 형성되지 않도록 하여야 한다.

**69** 자외선/가시선 분광법에 의한 페놀류 시험 방법에 대한 설명으로 틀린 것은?

㉮ 정량한계는 클로로폼 추출법일 때 0.005 mg/L, 직접측정법일 때 0.05mg/L이다.
㉯ 완충액을 시료에 가하여 pH 10으로 조절한다.
㉰ 붉은색의 안티피린계 색소의 흡광도를 측정한다.
㉱ 흡광도를 측정하는 방법으로 수용액에서는 460nm, 클로로폼 용액에서는 510nm에서 측정한다.

**풀이** ㉱ 흡광도를 측정하는 방법으로 수용액에서는 510nm, 클로로폼 용액에서는 460nm에서 측정한다.

**70** 금속성분을 측정하기 위한 시료의 전처리 방법 중 유기물을 다량 함유하고 있으면서 산분해가 어려운 시료에 적용되는 방법은?

㉮ 질산-염산에 의한 분해
㉯ 질산-불화수소산에 의한 분해
㉰ 질산-과염소산에 의한 분해
㉱ 질산-과염소산-불화수소산에 의한 분해

**풀이** 산분해법
㉮ 질산-염산에 의한 분해 : 유기물 함량이 비교적 높지 않고 금속의 수산화물, 산화물, 인산염 및 황화물을 함유하고 있는 시료에 적용
㉯ 질산-황산에 의한 분해 : 유기물 등을 많이 함유하고 있는 대부분의 시료에 적용

**answer** 67 ㉮  68 ㉱  69 ㉱  70 ㉰

㉰ 질산-과염소산에 의한 분해 : 유기물을 다량 함유하고 있으면서 산분해가 어려운 시료에 적용
㉱ 질산-과염소산-불화수소산에 의한 분해 : 다량의 점토질 또는 규산염을 함유한 시료에 적용

## 71
예상 BOD치에 대한 사전경험이 없을 때 오염정도가 심한 공장폐수의 희석배율(%)은?

㉮ 25～100  ㉯ 5～25
㉰ 1～5  ㉱ 0.1～1.0

**풀이** 사전경험이 없을 때 시료 조제방법
① 오염정도가 심한 공장폐수 : 0.1%～1.0%
② 처리하지 않은 공장폐수와 침전된 하수 : 1%～5%
③ 처리하여 방류된 공장폐수 : 5%～25%
④ 오염된 하천수 : 25%～100%

## 72
수은을 냉증기-원자흡수분광광도법으로 측정할 때 유리염소를 환원시키기 위해 사용하는 시약과 잔류하는 염소를 통기시켜 추출하기 위해 사용하는 가스는?

㉮ 염산하이드록실아민, 질소
㉯ 염산하이드록실아민, 수소
㉰ 과망간산포타슘, 질소
㉱ 과망간산포타슘, 수소

**풀이** 수은의 냉증기-원자흡수분광광도법
① 유리염소를 환원시키기 위해 사용하는 시약 : 염산하이드록실아민
② 염소를 통기시켜 추출하기 위해 사용하는 가스 : 질소

## 73
자외선/가시선분광법의 이론적 기초가 되는 Lembert-Beer의 법칙을 나타낸 것은? (단, $I_o$ : 입사광의 강도, $I_t$ : 투사광의 강도, $C$ : 농도, $l$ : 빛의 투과거리, $\varepsilon$ : 흡광계수)

㉮ $I_t = I_o \cdot 10^{-\varepsilon Cl}$  ㉯ $I_t = I_o \cdot (-\varepsilon Cl)$
㉰ $I_t = I_o/(10^{-\varepsilon Cl})$  ㉱ $I_t = I_o/-\varepsilon Cl$

**풀이** Lembert-Beer의 법칙
① $I_t = I_o \cdot 10^{-\varepsilon Cl}$
② $I_o = I_t \cdot 10^{\varepsilon Cl}$

## 74
시료채취 시 유의사항으로 틀린 것은?

㉮ 유류 또는 부유물질 등이 함유된 시료는 시료의 균일성이 유지될 수 있도록 채취해야 하며 침전물 등이 부상하여 혼입되어서는 안 된다.
㉯ 퍼클로레이트를 측정하기 위한 시료를 채취할 때 시료의 공기접촉이 없도록 시료병에 가득 채운다.
㉰ 시료채취량은 시험항목 및 시험횟수에 따라 차이가 있으나 보통 3L～5L 정도이어야 한다.
㉱ 휘발성유기화합물 분석용 시료를 채취할 때에는 뚜껑의 격막을 만지지 않도록 주의 하여야 한다.

**풀이** ㉯ 퍼클로레이트를 측정하기 위한 시료채취 시 시료용기를 질산 및 정제수로 씻은 후 사용하며, 시료채취 시 시료병의 2/3를 채운다.

answer  71 ㉱  72 ㉮  73 ㉮  74 ㉯

**75** 금속류-유도결합플라스마-원자발광분광법의 간섭물질 중 발생 가능성이 가장 낮은 것은?

㉮ 물리적 간섭
㉯ 이온화 간섭
㉰ 분광 간섭
㉱ 화학적 간섭

▶ 풀이 **간섭물질**
① 금속류-불꽃 원자흡수분광광도법 : 광학적 간섭, 물리적 간섭, 이온화 간섭, 화학적 간섭
② 금속류-유도결합플라스마-원자발광분광법 : 물리적 간섭, 이온화 간섭, 분광 간섭

**76** 기체크로마토그래프법을 이용한 유기인 측정에 관한 내용으로 틀린 것은?

㉮ 크로마토그램을 작성하여 나타난 피이크의 유지시간에 따라 각 성분의 농도를 정량한다.
㉯ 유기인 화합물 중 이피엔, 파라티온, 메틸디메톤, 다이아지논 및 펜토에이트 측정에 적용한다.
㉰ 불꽃광도검출기 또는 질소인 검출기를 사용한다.
㉱ 운반기체는 질소 또는 헬륨을 사용하여 유량은 0.5mL/min∼3mL/min을 사용한다.

▶ 풀이 ㉮ 채수한 시료를 헥산으로 추출하여 필요 시 실리카겔 또는 플로리실 컬럼을 통과시켜 정제하고 이 액을 농축시켜 기체크로마토그래피에 주입하고 크로마토그램을 작성하여 유기인을 확인하고 정량한다.

**77** 유량계 중 최대유량/최소유량 비가 가장 큰 것은?

㉮ 벤튜리미터
㉯ 오리피스
㉰ 자기식 유량측정기
㉱ 피토우관

▶ 풀이 **최대유량/최소유량 비**
㉮ 벤튜리미터 4 : 1
㉯ 오리피스 4 : 1
㉰ 자기식 유량측정기 10 : 1
㉱ 피토우관 3 : 1

**78** 0.1M KMnO₄ 용액을 용액층의 두께가 10mm 되도록 용기에 넣고 5,400Å의 빛을 비추었을 때 그 30%가 투과되었다. 같은 조건하에서 40%의 빛을 흡수하는 KMnO₄ 용액농도(M)는?

㉮ 0.02
㉯ 0.03
㉰ 0.04
㉱ 0.05

▶ 풀이
① $\log \dfrac{1}{투과도} = \epsilon \times C \times L$

$\log \dfrac{1}{0.30} = \epsilon \times 0.1M \times 1cm$

∴ $\epsilon = 5.2288$

② $\log \dfrac{1}{0.60} = 5.2288 \times C \times 1cm$

∴ $C = 0.04M$

**TIP**
① 투과율(%)+흡수율(%) = 100%
② 흡수율 40%이면 투과율 = 100-40% = 60%

answer  75 ㉱  76 ㉮  77 ㉰  78 ㉰

**79** 노말헥산추출물질 분석에 관한 설명으로 틀린 것은?

㉮ 시료를 pH 4 이하의 산성으로 하여 노말헥산층에 용해되는 물질을 노말헥산으로 추출한다.
㉯ 폐수 중의 비교적 휘발되지 않는 탄화수소, 탄화수소유도체, 그리이스유상물질 및 광유류를 함유하고 있는 시료를 측정대상으로 한다.
㉰ 광유류의 양을 시험하고자 할 경우에는 활성규산마그네슘 컬럼으로 광유류를 흡착한 후 추출한다.
㉱ 지표수, 지하수, 폐수 등에 적용할 수 있으며, 정량한계는 0.5 mg/L이다.

**풀이** ㉰ 광유류의 양을 시험하고자 할 경우에는 활성규산마그네슘 컬럼으로 동식물유지류를 흡착·제거한 후 추출한다.

**80** 웨어의 수두가 0.8m, 절단의 폭이 5m인 4각웨어를 사용하여 유량을 측정하고자 한다. 유량계수가 1.6일 때 유량($m^3$/day)은?

㉮ 약 4,345    ㉯ 약 6,925
㉰ 약 8,245    ㉱ 약 10,370

**풀이** ① 4각웨어의 유량(Q) = $k \cdot b \cdot h^{\frac{3}{2}}$ ($m^3$/min)
여기서
$\begin{bmatrix} k : 유량계수 \\ b : 폭(m) \\ h : 수두(m) \end{bmatrix}$

따라서 Q = 1.6×5m×(0.8m)$^{\frac{3}{2}}$ = 5.7243$m^3$/min

② Q($m^3$/day) = $\dfrac{5.7243 m^3}{min} \times \dfrac{60min}{1hr} \times \dfrac{24hr}{1day}$
= 8,242.99$m^3$/day

**answer** 79 ㉰  80 ㉰

# 2020 4회 기출문제

| 제1과목 | 수질오염개론

**01** 일차 반응에서 반응물질의 반감기가 5일이라고 한다면 물질의 90%가 소모되는데 소요되는 시간(일)은?

㉮ 약 14  ㉯ 약 17
㉰ 약 19  ㉱ 약 22

**풀이**
① 반감기 공식 : $\ln \frac{1}{2} = -k \times t$

따라서 $\ln \frac{1}{2} = -k \times 5\text{day}$

∴ $k = \dfrac{\ln \frac{1}{2}}{-5\text{day}} = 0.1386/\text{day}$

② 1차반응식 : $\ln \dfrac{C_t}{C_o} = -k \times t$

따라서 $\ln\left(\dfrac{100\%-90\%}{100\%}\right) = -0.1386/\text{day} \times t$

∴ $t = 16.61\text{day}$

**02** 화학합성균 중 독립영양균에 속하는 호기성균으로서 대표적인 황산화세균에 속하는 것은?

㉮ Sphaerotilus  ㉯ Crenothrix
㉰ Thiobacillus  ㉱ Leptothrix

**풀이**
㉮ 철산화세균
㉯ 철산화세균
㉰ 황산화세균
㉱ 철산화세균

**TIP**
유황산화 박테리아 종류
① Beggiatoa(베기아토아)
② Thiobacillus(티오바실러스)
③ Thiooxidans(티오옥시던스)
④ Thiotrix(티오트릭스)

**03** 0.1ppb Cd 용액 1L 중에 들어있는 Cd의 양(g)은?

㉮ $1 \times 10^{-6}$  ㉯ $1 \times 10^{-7}$
㉰ $1 \times 10^{-8}$  ㉱ $1 \times 10^{-9}$

**풀이**
Cd의 양(g) = $\dfrac{0.1\mu g}{L} \times \dfrac{1g}{10^6 \mu g} \times 1L = 1.0 \times 10^{-7}g$

**TIP**
① ppb = $\mu g/L$
② $\mu g \xrightarrow{\times 10^{-6}} g$

**04** 호수에 부하되는 인산량을 적용하여 대상 호수의 영양 상태를 평가, 예측하는 모델 중 호수내의 인의 물질수지 관계식을 이용하여 평가하는 방법으로 가장 널리 이용되는 것은?

㉮ Vollenweider model
㉯ Streeter-Phelps model

**answer** 01 ㉯  02 ㉰  03 ㉯  04 ㉮

㉰ 2차원 POM
㉱ ISC model

**풀이** ㉮ Vollenweider model에 대한 설명이다.

**05** 하천수에서 난류확산에 의한 오염물질의 농도분포를 나타내는 난류확산방정식을 이용하기 위하여 일차적으로 고려해야 할 인자와 가장 관련이 적은 것은?

㉮ 대상 오염물질의 침강속도(m/s)
㉯ 대상 오염물질의 자기감쇠계수
㉰ 유속(m/s)
㉱ 하천수의 난류지수(Re. No)

**풀이** 난류확산방정식을 이용하기 위하여 일차적으로 고려해야 할 인자로는 대상 오염물질의 침강속도, 대상 오염물질의 자기감쇠계수, 유속 등이 있다.

**06** 탈산소계수가 0.15/day이면 $BOD_5$와 $BOD_u$의 비($BOD_5/BOD_u$)는? (단, 밑수는 상용대수이다.)

㉮ 약 0.69  ㉯ 약 0.74
㉰ 약 0.82  ㉱ 약 0.91

**풀이** $BOD_5 = BOD_u \times (1-10^{-k \times t})$

$\dfrac{BOD_5}{BOD_u} = 1-10^{(-k \times t)}$

$= 1-10^{(-0.15/day \times 5day)} = 0.82$

**07** 미생물 세포의 비증식 속도를 나타내는 식에 대한 설명이 잘못된 것은?

$$\mu = \mu_{max} \times \dfrac{[S]}{[S]+K_s}$$

㉮ $\mu_{max}$는 최대 비증식속도로 시간$^{-1}$ 단위이다.
㉯ $K_s$는 반속도상수로서 최대성장률이 1/2일 때의 기질의 농도이다.
㉰ $\mu = \mu_{max}$인 경우, 반응속도가 기질농도에 비례하는 1차 반응을 의미한다.
㉱ [S]는 제한기질 농도이고 단위는 mg/L이다.

**풀이** ㉰ $\mu = \mu_{max}$인 경우, 반응속도가 기질농도에 무관한 0차 반응을 의미한다.

**08** $\mu$(세포비증가율)가 $\mu_{max}$의 80%일 때 기질농도($S_{80}$)와 $\mu_{max}$의 20%일 때의 기질농도($S_{20}$)와의 ($S_{80}/S_{20}$)비는? (단, 배양기내의 세포비증가율은 Monod식이 적용)

㉮ 4   ㉯ 8
㉰ 16  ㉱ 32

**풀이** ① $\mu_{max} = 100\%$, $\mu = \mu_{max}$의 80%일 때

$0.8 = 1 \times \dfrac{S_{80}}{K_S+S_{80}}$

$\Rightarrow 0.8(K_s+S_{80}) = S_{80}$
$\Rightarrow (1-0.8)S_{80} = 0.8K_s$
$\Rightarrow S_{80} = \dfrac{0.8K_s}{1-0.8} = 4K_s$

② $\mu_{max} = 100\%$, $\mu = \mu_{max}$의 20%일 때

$0.2 = 1 \times \dfrac{S_{20}}{K_S+S_{20}}$

$\Rightarrow 0.2(K_s+S_{20}) = S_{20}$
$\Rightarrow (1-0.2)S_{20} = 0.2K_s$

**answer** 05 ㉱  06 ㉰  07 ㉰  08 ㉰

$$\Rightarrow S_{20} = \frac{0.2Ks}{1-0.2} = 0.25Ks$$

③ $\dfrac{S_{80}}{S_{20}} = \dfrac{4Ks}{0.25Ks} = 16$

**TIP**
쉽고 간단하게 답을 찾는 풀이법
$\dfrac{[S_{80}]}{[S_{20}]} = \dfrac{80/20}{20/80} = 16$

**09** 회전원판공법(RBC)에서 원판면적의 약 몇 %가 폐수속에 잠겨서 운전하는 것이 가장 좋은가?

㉮ 20  ㉯ 30
㉰ 40  ㉱ 50

**풀이** 회전원판공법(RBC)에서 원판면적의 약 40%가 폐수 속에 잠겨서 운전하는 것이 가장 적당하다.

**10** 콜로이드 응집의 기본 메카니즘과 가장 거리가 먼 것은?

㉮ 이중층 분산
㉯ 전하의 중화
㉰ 침전물에 의한 포착
㉱ 입자간의 가교 형성

**풀이** ㉮ 이중층의 압축

**TIP**
콜로이드 응집의 기본 메카니즘에는 ① 이중층의 압축 강화, ② 체거름, ③ 입자간의 가교작용, ④ 제타전위의 감소, ⑤ 침전물에 의한 포착, ⑥ 전하의 중화가 있다.

**11** 수질예측모형의 공간성에 따른 분류에 관한 설명으로 틀린 것은?

㉮ 0차원 모형 : 식물성 플랑크톤의 계절적 변동사항에 주로 이용된다.
㉯ 1차원 모형 : 하천이나 호수를 종방향 또는 횡방향의 연속교반 반응조로 가정한다.
㉰ 2차원 모형 : 수질의 변동이 일방향성이 아닌 이방향성으로 분포하는 것으로 가정한다.
㉱ 3차원 모형 : 대호수의 순환 패턴분석에 이용된다.

**풀이** ㉮ 0차원 모형 : 식물성 플랑크톤의 계절적 변동사항에는 적용하기 곤란하다.

**12** 다음 수질을 가진 농업용수의 SAR값으로 판단할 때 $Na^+$가 흙에 미치는 영향은? (단, 수질농도 $Na^+$ = 230mg/L, $Ca^{2+}$ = 60mg/L, $Mg^{2+}$ = 36mg/L, $PO_4^{3-}$ = 1500mg/L, $Cl^-$ = 200mg/L, 원자량 = 소듐 23, 칼슘 40, 마그네슘 24, 인 31)

㉮ 영향이 적다.
㉯ 영향이 중간정도이다.
㉰ 영향이 비교적 높다.
㉱ 영향이 매우 높다.

**풀이** ① SAR(소듐 흡착률) = $\dfrac{Na^+}{\sqrt{\dfrac{Ca^{2+}+Mg^{2+}}{2}}}$

② 단위 : meq/L = mN = mg/L÷1당량mg
$Na^+$ = 230mg/L÷23 = 10mN
$Ca^{2+}$ = 60mg/L÷20 = 3mN
$Mg^{2+}$ = 36mg/L÷12 = 3mN

③ SAR = $\dfrac{10}{\sqrt{\dfrac{3+3}{2}}} = 5.77$

④ 판정
SAR이 0 ~ 10 : 적은 영향

**answer** 09 ㉰  10 ㉮  11 ㉮  12 ㉮

SAR이 10 ~ 18 : 중간 정도 영향
SAR이 18 ~ 26 : 높은 영향
SAR이 26 이상 : 아주 큰 영향
⑤ SAR이 5.77이므로 영향이 적다.

**13** 확산의 기본법칙인 Fick's 제1법칙을 가장 알맞게 설명한 것은? (단, 확산에 의해 어떤 면적요소를 통과하는 물질의 이동속도 기준)

㉮ 이동속도는 확산물질의 조성비에 비례한다.
㉯ 이동속도는 확산물질의 농도경사에 비례한다.
㉰ 이동속도는 확산물질의 분자확산계수와 반비례한다.
㉱ 이동속도는 확산물질의 유입과 유출의 차이 만큼 축적된다.

**풀이** Fick's 제1법칙에서 이동속도는 확산물질의 농도경사에 비례한다.

**14** 부영양화의 영향으로 틀린 것은?

㉮ 부영양화가 진행되면 상품가치가 높은 어종들이 사라져 수산업의 수익성이 저하된다.
㉯ 부영양화된 호수의 수질은 질소와 인 등 영양염류의 농도가 높으나 이의 과잉공급은 농작물의 이상 성장을 초래하고 병충해에 대한 저항력을 약화시킨다.
㉰ 부영양호의 pH는 중성 또는 약산성이나 여름에는 일시적으로 강산성을 나타내어 저니층의 용출을 유발한다.
㉱ 조류로 인해 정수공정의 효율이 저하된다.

**풀이** ㉰ 부영양호의 pH는 중성 또는 약알칼리성이나 여름에는 일시적으로 강알칼리성을 나타낸다.

**15** 직경이 0.1mm인 모세관에서 10℃일 때 상승하는 물의 높이(cm)는? (단, 공기밀도 $1.25 \times 10^{-3}$g/cm$^3$(10℃일 때), 접촉각은 0°, h(상승높이) = $4\sigma/[gr(Y-Y_a)]$, 표면장력 74.2dyne/cm)

㉮ 30.3  ㉯ 42.5
㉰ 51.7  ㉱ 63.9

**풀이**
$$h(상승높이) = \frac{4 \times \sigma}{g \times r \times (Y-Y_a)}$$
$$= \frac{4 \times (74.2 \text{dyne/cm} \div 980) \text{g/cm}}{0.1 \times 10^{-1} \text{cm} \times 1 \text{g/cm}^3 \times \cos 0°}$$
$$= 30.29 \text{cm}$$

**TIP**
$h(상승높이) = \dfrac{4 \times \sigma}{g \times r \times (Y-Y_a)}$
표면장력($\sigma$) = dyne ÷ 980(g/cm)
물의 밀도(g) = 1.0g/cm$^3$ = 1,000kg/m$^3$
직경(r) : mm $\xrightarrow{\times 10^{-1}}$ cm
$(Y-Y_a) = \cos\theta$

**16** 우리나라의 수자원 이용현황 중 가장 많이 이용되어져 온 용수는?

㉮ 공업용수  ㉯ 농업용수
㉰ 생활용수  ㉱ 유지용수(하천)

**풀이** 우리나라의 수자원 이용현황은 농업용수 > 하천유지용수 > 생활용수 > 공업용수 순이다.

**answer** 13 ㉯  14 ㉰  15 ㉮  16 ㉯

**17** Fungi(균류, 곰팡이류)에 관한 설명으로 틀린 것은?

㉮ 원시적 탄소동화작용을 통하여 유기물질을 섭취하는 독립영양계 생물이다.
㉯ 폐수내의 질소와 용존산소가 부족한 경우에도 잘 성장하며 pH가 낮은 경우에도 잘 성장한다.
㉰ 구성물질의 75~80%가 물이며 $C_{10}H_{17}O_6N$을 화학구조식으로 사용한다.
㉱ 폭이 약 5~10μm로서 현미경으로 쉽게 식별되며 슬러지팽화의 원인이 된다.

**풀이** ㉮ Fungi(균류, 곰팡이류)는 엽록소가 없어 탄소동화작용을 할 수 없다.

**18** 산소포화농도가 9mg/L인 하천에서 처음의 용존산소농도가 7mg/L라면 3일간 흐른 후 하천 하류지점에서의 용존산소농도(mg/L)는? (단, $BOD_u$ = 10mg/L, 탈산소계수 = 0.1day$^{-1}$, 재폭기계수 = 0.2 day$^{-1}$, 상용대수기준)

㉮ 4.5  ㉯ 5.0
㉰ 5.5  ㉱ 6.0

**풀이**
① $D_t = \dfrac{k_1 \times L_o}{k_2-k_1} \times (10^{-k_1 \times t} - 10^{-k_2 \times t}) + D_o \times (10^{-k_2 \times t})$

$= \dfrac{0.1/day \times 10mg/L}{0.2/day - 0.1/day} \times (10^{-0.1/day \times 3day} - 10^{-0.2/day \times 3day})$
$+ (9mg/L - 7mg/L) \times (10^{-0.2/day \times 3day})$
$= 3.0mg/L$

② 3일 유하거리의 하류지점에서의 DO농도
$= C_s - D_t = 9mg/L - 3.0mg/L = 6.0mg/L$

**19** $C_2H_6$ 15g이 완전 산화하는데 필요한 이론적 산소량(g)은?

㉮ 약 46  ㉯ 약 56
㉰ 약 66  ㉱ 약 76

**풀이** $C_2H_6 + 3.5O_2 \rightarrow 2CO_2 + 3H_2O$
30g : 3.5×32g
15g : ThOD
∴ ThOD = 56g

**TIP**
ThOD = 이론적인 산소요구량

**20** 바다에서 발생되는 적조현상에 관한 설명과 가장 거리가 먼 것은?

㉮ 적조 조류의 독소에 의한 어패류의 피해가 발생한다.
㉯ 해수 중 용존산소의 결핍에 의한 어패류의 피해가 발생한다.
㉰ 갈수기 해수 내 염소량이 높아질 때 발생된다.
㉱ 플랑크톤의 번식에 충분한 광량과 영양염류가 공급될 때 발생된다.

**풀이** ㉰ 홍수기 해수 내 염소량이 낮아질 때 발생된다.

answer  17 ㉮  18 ㉱  19 ㉯  20 ㉰

| 제2과목 | 상하수도계획

**21** 하천수를 수원으로 하는 경우, 취수시설인 취수문에 대한 설명으로 틀린 것은?

㉮ 취수지점은 일반적으로 상류부의 소하천에 사용되고 있다.
㉯ 하상변동이 작은 지점에서 취수할 수 있어 복단면의 하천 취수에 유리하다.
㉰ 시공조건에서 일반적으로 가물막이를 하고 임시도 설치 등을 고려해야 한다.
㉱ 기상조건에서 파랑에 대하여 특히 고려할 필요는 없다.

**풀이** ㉯ 하상변동이 작은 지점에서 취수할 수 있고, 복단면의 하천 취수에는 불리하다.

**22** 하수관거시설이 황화수소에 의하여 부식되는 것을 방지하기 위한 대책으로 틀린 것은?

㉮ 관거를 청소하고 미생물의 생식 장소를 제거한다.
㉯ 염화제2철을 주입하여 황화물을 고정화한다.
㉰ 염소를 주입하여 ORP를 저하시킨다.
㉱ 환기에 의해 관내 황화수소를 희석한다.

**풀이** ㉰ 염소를 주입하여 산화환원전위(ORP)를 상승시킨다.

**23** 유역면적이 2km²인 지역에서의 우수 유출량을 산정하기 위하여 합리식을 사용하였다. 다음 조건일 때 관거 길이 1,000m인 하수관의 우수유출량(m³/sec)은? (단, 강우강도 $I(mm/hr) = \frac{3,660}{t+30}$, 유입시간 6분, 유출계수 0.7, 관내의 평균 유속 1.5m/sec)

㉮ 약 25
㉯ 약 30
㉰ 약 35
㉱ 약 40

**풀이** $Q = \frac{1}{360} CIA$

여기서
C : 유출계수
I : 강우강도(mm/hr)
A : 면적(ha)

① $I = \frac{3,660}{t+30}$ (mm/hr)

t(유달시간) = 유입시간(min) + 유하시간(min)

유하시간 = $\frac{관의 길이(m)}{관내 유속(m/min)}$

= $\frac{1,000m}{1.5m/sec \times 60sec/min}$

= 11.1111min

따라서 t(유달시간) = 6min + 11.1111min
= 17.1111min

$I = \frac{3,660}{t+30} = \frac{3,660}{17.1111min+30} = 77.6887mm/hr$

② A(면적) = 2.0km² × 100ha/1km² = 200ha

③ $Q = \frac{1}{360} CIA$

= $\frac{1}{360} \times 0.7 \times 77.6887mm/hr \times 200ha$

= 30.21m³/sec

**answer** 21 ㉯  22 ㉰  23 ㉯

**24** 화학적 처리를 위한 응집시설 중 급속혼화시설에 관한 설명으로 ( )에 옳은 내용은?

> 기계식 급속혼화시설을 채택하는 경우에는 ( ) 이내의 체류시간을 갖는 혼화지에 응집제를 주입한 다음 즉시 급속교반 시킬 수 있는 혼화장치를 설치한다.

㉮ 30초  ㉯ 1분
㉰ 3분  ㉱ 5분

**풀이** 기계식 급속혼화시설을 채택하는 경우에는 1분 이내의 체류시간을 갖는 혼화지에 응집제를 주입한 다음 즉시 급속교반 시킬 수 있는 혼화장치를 설치한다.

**25** 복류수를 취수하는 집수매거의 유출단에서 매거 내의 평균유속 기준은?

㉮ 0.3m/sec 이하  ㉯ 0.5m/sec 이하
㉰ 0.8m/sec 이하  ㉱ 1.0m/sec 이하

**풀이** 복류수를 취수하는 집수매거의 유출단에서 매거 내의 평균유속 기준은 1.0m/sec 이하이다.

**TIP**
집수매거 조건
① 복류수 흐름방향과 직각으로 설치
② 매설 깊이는 5m
③ 집수구멍의 직경은 10~20mm이고 관거표면적은 $1m^2$당 20~30개 정도
④ 집수매거 내 속도는 1m/sec 이하

**26** 계획취수량은 계획 1일 최대급수량의 몇 % 정도의 여유를 두고 정하는가?

㉮ 5%  ㉯ 10%
㉰ 15%  ㉱ 20%

**풀이** 계획취수량은 계획 1일 최대급수량의 10% 정도의 여유를 두고 정한다.

**27** 상수시설의 급수설비 중 급수관 접속 시 설계기준과 관련한 고려사항(위험한 접속)으로 옳지 않은 것은?

㉮ 급수관은 수도사업자가 관리하는 수도관 이외의 수도관이나 기타 오염의 원인으로 될 수 있는 관과 직접 연결해서는 안된다.
㉯ 급수관을 방화수조, 수영장 등 오염의 원인이 될 우려가 있는 시설과 연결하는 경우에는 급수관의 토출구를 만수면보다 25mm 이상의 높이에 설치해야 한다.
㉰ 대변기용 세척밸브는 유효한 진공파괴설비를 설치한 세척밸브나 대변기를 사용하는 경우를 제외하고는 급수관에 직결해서는 안된다.
㉱ 저수조를 만들 경우에 급수관의 토출구는 수조의 만수면에서 급수관경 이상의 높이에 만들어야 한다. 다만, 관경이 50mm 이하의 경우는 그 높이를 최소 50mm로 한다.

**풀이** ㉯ 급수관을 방화수조, 수영장 등 오염의 원인이 될 우려가 있는 시설과 연결하는 경우에는 급수관의 토출구를 만수면 보다 200mm 이상의 높이에 설치해야 한다.

**answer** 24 ㉯  25 ㉱  26 ㉯  27 ㉯

**28** 상수시설에서 급수관을 배관하고자 할 경우의 고려사항으로 옳지 않은 것은?

㉮ 급수관을 공공도로에 부설할 경우에는 다른 매설물과의 간격을 30cm 이상 확보한다.
㉯ 수요가의 대지 내에서 가능한 한 직선배관이 되도록 한다.
㉰ 가급적 건물이나 콘크리트의 기초 아래를 횡단하여 배관하도록 한다.
㉱ 급수관이 개거를 횡단하는 경우에는 가능한 한 개거의 아래로 부설한다.

**풀이** ㉰ 가급적 건물이나 콘크리트의 기초 아래를 피하여 배관하도록 한다.

**29** 합류식에서 우천 시 계획오수량은 원칙적으로 계획시간 최대오수량의 몇 배 이상으로 고려하여야 하는가?

㉮ 1.5배  ㉯ 2.0배
㉰ 2.5배  ㉱ 3.0배

**풀이** 합류식에서 우천 시 계획오수량은 원칙적으로 계획시간 최대오수량의 3.0배이상으로 한다.

**30** 자연부식 중 매크로셀 부식에 해당되는 것은?

㉮ 산소농담(통기차)
㉯ 특수토양부식
㉰ 간섭
㉱ 박테리아 부식

**풀이** 자연부식 중 매크로셀 부식에 해당되는 것은 산소농담(통기차) 이다.

> **TIP**
> 상수도관의 부식
> ① 자연부식
>  ㉠ Macro cell 부식 : 콘크리트, 토양, 이종금속, 산소농담(통기차)
>  ㉡ Micro cell 부식 : 산성토양, 박테리아, 일반토양, 대기중 부식
> ② 전기식(전식) 부식 : 간섭

**31** 해수담수화시설 중 역삼투설비에 관한 설명으로 옳지 않은 것은?

㉮ 해수담수화시설에서 생산된 물은 pH나 경도가 낮기 때문에 필요에 따라 적절한 약품을 주입하거나 다른 육지의 물과 혼합하여 수질을 조정한다.
㉯ 막모듈은 플러싱과 약품세척 등을 조합하여 세척한다.
㉰ 고압펌프를 정지할 때에는 드로백이 유지 되도록 체크 밸브를 설치하여야 한다.
㉱ 고압펌프는 효율과 내식성이 좋은 기종으로 하며 그 형식은 시설규모 등에 따라 선정한다.

**풀이** ㉰ 고압펌프를 정지할 때에는 드로백 방지를 위해 체크밸브를 설치하여야 한다.

**32** 상수도시설인 착수정에 관한 설명으로 ( )에 옳은 것은?

> 착수정의 용량은 체류시간을 ( )이상으로 한다.

㉮ 0.5분  ㉯ 1.0분
㉰ 1.5분  ㉱ 3.0분

**풀이** 착수정의 용량은 체류시간을 1.5분 이상으로 한다.

---

**answer** 28 ㉰  29 ㉱  30 ㉮  31 ㉰  32 ㉰

**33** 하수도 계획의 목표연도는 원칙적으로 몇 년 정도로 하는가?

㉮ 10년   ㉯ 15년
㉰ 20년   ㉱ 25년

**풀이** ① 하수도 계획의 목표연도 : 20년
② 상수도 계획의 목표연도 : 15~20년

**34** 펌프의 비교회전도에 관한 설명으로 옳은 것은?

㉮ 비교회전도가 크게 될수록 흡입성능이 나쁘고 공동현상이 발생하기 쉽다.
㉯ 비교회전도가 크게 될수록 흡입성능은 나쁘나 공동현상이 발생하기 어렵다.
㉰ 비교회전도가 크게 될수록 흡입성능이 좋고 공동현상이 발생하기 어렵다.
㉱ 비교회전도가 크게 될수록 흡입성능은 좋으나 공동현상이 발생하기 쉽다.

**풀이** $N_S = N \times \dfrac{Q^{1/2}}{H^{3/4}}$

- $N_S$ : 비교회전도(rpm)
- $N$ : 규정회전수(rpm)
- $Q$ : 펌프의 토출량($m^3$/min)
- $H$ : 전양정(m)

**35** 상수도 취수보의 취수구에 관한 설명으로 틀린 것은?

㉮ 높이는 배사문의 바닥높이보다 0.5~1m 이상 낮게 한다.
㉯ 유입속도는 0.4~0.8m/sec를 표준으로 한다.
㉰ 제수문의 전면에는 스크린을 설치한다.
㉱ 계획취수위는 취수구로부터 도수기점까지의 손실수두를 계산하여 결정한다.

**풀이** ㉮ 높이는 배사문의 바닥높이보다 0.5~1m 이상 높게 한다.

**TIP**
배사문이란 하천으로부터 취수구 부근에 쌓이는 토사를 흘려보내 송수로로 토사가 유입되는 것을 방지하는 문이다.

**36** 정수시설인 배수관의 수압에 관한 내용으로 옳은 것은?

㉮ 급수관을 분기하는 지점에서 배수관내의 최대 정수압은 150kPa(약 1.6kgf/$cm^2$)를 초과하지 않아야 한다.
㉯ 급수관을 분기하는 지점에서 배수관내의 최대 정수압은 250kPa(약 2.6kgf/$cm^2$)를 초과하지 않아야 한다.
㉰ 급수관을 분기하는 지점에서 배수관내의 최대 정수압은 450kPa(약 4.6kgf/$cm^2$)를 초과하지 않아야 한다.
㉱ 급수관을 분기하는 지점에서 배수관내의 최대 정수압은 700kPa(약 7.1kgf/$cm^2$)를 초과하지 않아야 한다.

**37** 원형 원심력 철근콘크리트관에 만수된 상태로 송수된다고 할 때 Manning 공식에 의한 유속(m/sec)은? (단, 조도계수 = 0.013, 동수경사 = 0.002, 관지름 = 250mm)

㉮ 0.24   ㉯ 0.54
㉰ 0.72   ㉱ 1.03

**풀이** Manning식에서 유속 $(v) = \dfrac{1}{n} \times R^{\frac{2}{3}} \times I^{\frac{1}{2}}$ (m/sec)

$R$(경심) $= \dfrac{D}{4} = \dfrac{0.25m}{4} = 0.0625m$

$I$(기울기 = 구배 = 동수경사) $= 0.002$

**answer** 33 ㉰  34 ㉮  35 ㉮  36 ㉱  37 ㉯

따라서 유속(v) = $\dfrac{1}{0.013} \times (0.0625m)^{\frac{2}{3}} \times (0.002)^{\frac{1}{2}}$
= 0.54m/sec

**38** 관경 1,100mm, 역사이펀 관거 내의 동수경사 2.4‰, 유속 2.15m/sec, 역사이펀 관거의 길이 76m일 때, 역사이펀의 손실수두(m)는? (단, $\beta$ = 1.5, $\alpha$ = 0.05m이다.)

㉮ 0.29  ㉯ 0.39
㉰ 0.49  ㉱ 0.59

▶ 풀이

$H = I \times L + 1.5 \times \dfrac{v^2}{2g} + \alpha$

$= \dfrac{2.4}{1,000} \times 76m + 1.5 \times \dfrac{(2.15m/sec)^2}{2 \times 9.8m/sec^2} + 0.05m$

= 0.59m

**TIP**

$H = I \times L + 1.5 \times \dfrac{v^2}{2g} + \alpha$

여기서 H : 손실수두(m)
　　　 I : 동수구배(기울기)
　　　 L : 관의 길이(m)
　　　 g : 중력가속도(9.8m/sec²)
　　　 $\alpha$ : 손실수두에 관한 여유

**39** 상수도 시설 중 침사지에 관한 설명으로 틀린 것은?

㉮ 위치는 가능한 한 취수구에 근접하여 제내지에 설치한다.
㉯ 지의 유효수심은 2~3m를 표준으로 한다.
㉰ 지의 상단높이는 고수위보다 0.6~1m의 여유고를 둔다.
㉱ 지내평균유속은 2~7cm/sec를 표준으로 한다.

▶ 풀이 ㉯ 지의 유효수심은 3~4m를 표준으로 한다.

**40** 수평부설한 직경 300mm, 길이 3,000m의 주철관에 8,640m³/day로 송수 시 관로 끝에서의 손실수두(m)는? (단, 마찰계수 f = 0.03, g = 9.8m/sec², 마찰손실만 고려)

㉮ 약 10.8  ㉯ 약 15.3
㉰ 약 21.6  ㉱ 약 30.6

▶ 풀이

① V(m/sec) = $\dfrac{Q(m^3/sec)}{\dfrac{\pi D^2}{4}(m^2)}$

= $\dfrac{8,640m^3/day \times 1day/24hr \times 1hr/3,600sec}{\dfrac{\pi}{4} \times (0.3m)^2}$

= 1.4147m/sec

② $h_L = f \times \dfrac{L}{D} \times \dfrac{V^2}{2g}$

= $0.03 \times \dfrac{3,000m}{0.3m} \times \dfrac{(1.4147m/sec)^2}{2 \times 9.8m/sec^2}$

= 30.63m

**TIP**

$h_L = f \times \dfrac{L}{D} \times \dfrac{V^2}{2g}$

여기서 $h_L$ : 관마찰손실수두(m)
　　　 f : 마찰계수
　　　 L : 길이(m)
　　　 D : 직경(m)
　　　 v : 유속(m/sec)
　　　 g : 중력가속도(9.8m/sec²)

answer   38 ㉱   39 ㉯   40 ㉱

| 제3과목 | 수질오염방지기술

**41** 활성슬러지 공정 중 핀플럭이 주로 많이 발생하는 공정은?

㉮ 심층폭기법  ㉯ 장기폭기법
㉰ 점감식폭기법  ㉱ 계단식폭기법

**풀이** 활성슬러지 공정 중 핀플럭이 주로 많이 발생하는 공정은 장기폭기법이다.

**42** CFSTR에서 물질을 분해하여 효율 95%로 처리하고자 한다. 이 물질은 0.5차 반응으로 분해되며, 속도상수는 0.05(mg/L)$^{1/2}$/hr이다. 유량은 500L/hr이고 유입농도는 250mg/L로 일정하다면 CFSTR의 필요 부피(m$^3$)는? (단, 정상상태 가정)

㉮ 약 520  ㉯ 약 572
㉰ 약 620  ㉱ 약 672

**풀이** $Q \times (C_o - C_t) = k \cdot V \cdot C_t^{0.5}$
0.5m$^3$/hr × (250-12.5)mg/L
= 0.05/hr × V × (12.5mg/L)$^{0.5}$

∴ $V = \dfrac{0.5\text{m}^3/\text{hr} \times (250-12.5)\text{mg/L}}{0.05/\text{hr} \times (12.5\text{mg/L})^{0.5}} = 671.75\text{m}^3$

**TIP**
① $C_t = C_o \times (1-\eta) = 250\text{mg/L} \times (1-0.95) = 12.5\text{mg/L}$
② 500L/hr = 0.5m$^3$/hr

**43** Chick's law에 의하면 염소소독에 의한 미생물 사멸율은 1차 반응에 따른다. 미생물의 80%가 0.1mg/L 잔류 염소로 2분 내에 사멸된다면 99.9%를 사멸시키기 위해서 요구되는 접촉시간(분)은?

㉮ 5.7  ㉯ 8.6
㉰ 12.7  ㉱ 14.2

**풀이** 1차반응식 : $\ln \dfrac{C_t}{C_o} = -k \times t$

① $\ln \dfrac{(100-80)\%}{100\%} = -k \times 2\text{min}$

∴ k = 0.8047/min

② $\ln \dfrac{(100-99.9)\%}{100\%} = -0.8047/\text{min} \times t$

∴ t = 8.58min

**44** 1차 침전지의 유입 유량은 1,000m$^3$/day이고 SS 농도는 350mg/L이다. 1차 침전지에서의 SS 제거효율이 60%일 때 하루에 1차 침전지에서 발생되는 슬러지 부피(m$^3$)는? (단, 슬러지의 비중 = 1.05, 함수율 = 94%, 기타 조건은 고려하지 않음)

㉮ 2.3  ㉯ 2.5
㉰ 2.7  ㉱ 3.3

**풀이** 슬러지 발생량(m$^3$/day)

$= \dfrac{\text{SS(kg/m}^3) \times Q(\text{m}^3/\text{day}) \times \eta}{\text{비중량(kg/m}^3)} \times \dfrac{100}{100-P(\%)}$

$= \dfrac{0.35\text{kg/m}^3 \times 1,000\text{m}^3/\text{day} \times 0.60}{1,050\text{kg/m}^3} \times \dfrac{100}{100-94\%}$

= 3.33m$^3$/day

**TIP**
① mg/L $\xrightarrow{\times 10^{-3}}$ kg/m$^3$
② g/cm$^3$ $\xrightarrow{\times 10^3}$ 비중량(kg/m$^3$)

**answer** 41 ㉯  42 ㉱  43 ㉯  44 ㉱

**45** 회전생물막접촉기(RBC)에 관한 설명으로 틀린 것은?

㉮ 재순환이 필요 없고 유지비가 적게 든다.
㉯ 메디아는 전형적으로 약 40%가 물에 잠긴다.
㉰ 운영변수가 적어 모델링이 간단하고 편리하다.
㉱ 설비는 경량재료로 만든 원판으로 구성되며 1∼2rpm의 속도로 회전한다.

**풀이** ㉰ 운영변수가 많아 모델링이 복잡하다.

**46** 질산화 박테리아에 대한 설명으로 옳지 않은 것은?

㉮ 절대호기성이어서 높은 산소농도를 요구한다.
㉯ Nitrobacter는 암모늄이온의 존재하에서 pH 9.5 이상이면 성장이 억제된다.
㉰ 질산화 반응의 최적온도는 25℃이며 20℃ 이하, 40℃ 이상에서는 활성이 없다.
㉱ Nitrosomonas는 알칼리성 상태에서는 활성이 크지만 pH 6.0 이하에서는 생장이 억제된다.

**풀이** ㉰ 질산화 반응의 최적온도는 30℃이다.

**47** 수량 36,000m³/day의 하수를 폭 15m, 길이 30m, 깊이 2.5m의 침전지에서 표면적부하 40m³/m²·day의 조건으로 처리하기 위한 침전지의 수(개)는? (단, 병렬 기준)

㉮ 2    ㉯ 3
㉰ 4    ㉱ 5

**풀이** $40m^3/m^2 \cdot day = \dfrac{36,000m^3/day}{15m \times 30m \times n}$

∴ 침전지의 수(n) = 2개

**48** 효소 및 기질이 효소–기질을 형성하는 가역반응과 생성물 P를 이탈시키는 착화합물의 비가역 분해과정인 다음의 식에서 Michaelis 상수 $K_m$은 얼마인가? (단, $K_1 = 1.0 \times 10^7 M^{-1}s^{-1}$, $K_{-1} = 1.0 \times 10^2 s^{-1}$, $K_2 = 3.0 \times 10^2 s^{-1}$)

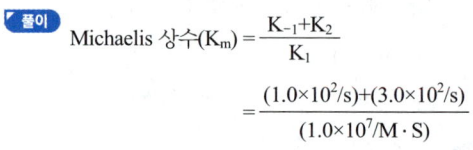

㉮ $1.0 \times 10^{-5} M$    ㉯ $2.0 \times 10^{-5} M$
㉰ $4.0 \times 10^{-5} M$    ㉱ $6.0 \times 10^{-5} M$

**풀이** Michaelis 상수$(K_m) = \dfrac{K_{-1} + K_2}{K_1}$

$= \dfrac{(1.0 \times 10^2/s) + (3.0 \times 10^2/s)}{(1.0 \times 10^7/M \cdot S)}$

$= 4.0 \times 10^{-5} M$

**49** 응집에 관한 설명으로 옳지 않은 것은?

㉮ 황산알루미늄을 응집제로 사용할 때 수산화물 플록을 만들기 위해서는 황산알루미늄과 반응할 수 있도록 물에 충분한 알칼리도가 있어야 한다.
㉯ 응집제로 황산알루미늄은 대개 철염에 비해 가격이 저렴한 편이다.
㉰ 응집제로 황산알루미늄은 철염보다 넓은 pH 범위에서 적용이 가능하다.
㉱ 응집제로 황산알루미늄을 사용하는 경우, 적당한 pH 범위는 대략 4.5에서 8이다.

**answer** 45 ㉰  46 ㉰  47 ㉮  48 ㉰  49 ㉰

**풀이** ㉰ 응집제로 황산알루미늄은 철염보다 좁은 pH 범위에서 적용이 가능하다.

> **TIP**
> 적정 pH범위
> ① 황산알루미늄 : 5~8
> ② 철염(염화제2철) : pH 4~12

**50** 부피가 4,000m³인 폭기조의 MLSS 농도가 2,000mg/L, 반송슬러지의 SS 농도가 8,000mg/L, 슬러지 체류시간(SRT)이 5일이면 폐슬러지의 유량(m³/day)은?
(단, 2차 침전지 유출수 중의 SS는 무시한다.)

㉮ 125  ㉯ 150
㉰ 175  ㉱ 200

**풀이**
$$SRT = \frac{MLSS \times V}{Q_w \times SS_w}$$

$$5\,day = \frac{2{,}000\,mg/L \times 4{,}000\,m^3}{Q_w \times 8{,}000\,mg/L}$$

$$\therefore Q_w = \frac{2{,}000\,mg/L \times 4{,}000\,m^3}{5\,day \times 8{,}000\,mg/L} = 200\,m^3/day$$

> **TIP**
> $SS_r$(반송슬러지 농도) = $SS_w$(폐슬러지 농도)

**51** 도시 폐수의 침전시간에 따라 변화하는 수질인자의 종류와 거리가 가장 먼 것은?

㉮ 침전성 부유물
㉯ 총부유물
㉰ $BOD_5$
㉱ SVI 변화

**풀이** 도시 폐수의 침전시간에 따라 변화하는 수질인자의 종류에는 침전성 부유물, 총부유물, SVI 변화 등이 있다.

**52** 생물학적 질소 및 인 동시제거공정으로서 혐기조, 무산소조, 호기조로 구성되며, 혐기조에서 인 방출, 무산소조에서 탈질화, 호기조에서 질산화 및 인 섭취가 일어나는 공정은?

㉮ $A^2/O$ 공정
㉯ Phostrip 공정
㉰ Modified Bardenphor 공정
㉱ Modified UCT 공정

**풀이** 생물학적 질소 및 인 동시제거공정으로서 혐기조, 무산소조, 호기조로 구성되어 있는 공정은 $A^2/O$ 공정이다.

**53** 정수장 응집 공정에 사용되는 화학 약품 중 나머지 셋과 그 용도가 다른 하나는?

㉮ 오존        ㉯ 명반
㉰ 폴리비닐아민   ㉱ 황산제일철

**풀이** 오존은 소독제(살균제)이며, 나머지는 응집제이다.

**54** 고농도의 액상 PCB 처리방법으로 가장 거리가 먼 것은?

㉮ 방사선 조사(코발트 60에 의한 γ 선 조사)
㉯ 연소법
㉰ 자외선조사법
㉱ 고온 고압 알칼리 분해법

**풀이** 고농도의 액상 PCB 처리방법으로는 연소법, 자외선조사법, 고온 고압 알칼리 분해법이 있다.

---

**answer** 50 ㉱  51 ㉰  52 ㉮  53 ㉮  54 ㉮

**55** 무기물이 0.30g/g VSS로 구성된 생물성 VSS를 나타내는 폐수의 경우, 혼합액 중의 TSS와 VSS 농도가 각각 2,000mg/L, 1,480mg/L라 하면 유입수로부터 기인된 불활성고형물에 대한 혼합액 중의 농도(mg/L)는? (단, 유입된 불활성 부유 고형물질의 용해는 전혀 없다고 가정)

㉮ 76 ㉯ 86
㉰ 96 ㉱ 116

**풀이**
① FSS = TSS-VSS
    = 2,000mg/L-1,480mg/L = 520mg/L
② FS = VSS×0.30g/g
    = 1,480mg/L×0.3g/g = 444mg/L
③ 불활성 고형물에 대한 혼합액 중의 농도(mg/L)
    = FSS-FS = 520mg/L-444mg/L = 76mg/L

**56** 폐수 내 시안화합물 처리방법인 알칼리 염소법에 관한 설명과 가장 거리가 먼 것은?

㉮ CN의 분해를 위해 유지되는 pH는 10 이상이다.
㉯ 니켈과 철의 시안착염이 혼입된 경우 분해가 잘 되지 않는다.
㉰ 산화제의 투입량이 과잉인 경우에는 염화시안이 발생되므로 산화제는 약간 부족하게 주입한다.
㉱ 염소처리 시 강알칼리성 상태에서 1단계로 염소를 주입하여 시안화합물을 시안 산화물로 변환시킨 후 중화하고 2단계로 염소를 재주입하여 $N_2$와 $CO_2$로 분해시킨다.

**풀이** ㉰ 산화제의 투입량이 적은 경우에는 염화시안이 발생되므로 산화제는 약간 과잉으로 주입한다.

**57** 생물학적 3차 처리를 위한 A/O 공정을 나타낸 것으로 각 반응조 역할을 가장 적절하게 설명한 것은?

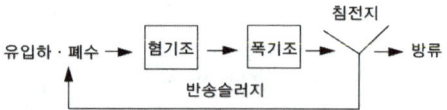

㉮ 혐기조에서는 유기물 제거와 인의 방출이 일어나고, 폭기조에서는 인의 과잉섭취가 일어난다.
㉯ 폭기조에서는 유기물 제거가 일어나고, 혐기조에서는 질산화 및 탈질이 동시에 일어난다.
㉰ 제거율을 높이기 위해서는 외부탄소원인 메탄올 등을 폭기조에 주입한다.
㉱ 혐기조에서는 인의 과잉섭취가 일어나며, 폭기조에서는 질산화가 일어난다.

**풀이** 각 반응조 역할
① 혐기조 : 유기물 제거와 인의 방출
② 폭기조 : 인의 과잉섭취

**58** 1차 처리된 분뇨의 2차 처리를 위해 폭기조, 2차침전지로 구성된 표준 활성슬러지를 운영하고 있다. 운영 조건이 다음과 같을 때 고형물 체류시간(SRT, day)은? (단, 유입유량 1,000m³/day, 폭기조 수리학적 체류시간 = 6시간, MLSS 농도 = 3,000mg/L, 잉여슬러지배출량 = 30m³/day, 잉여슬러지 SS농도 = 10,000mg/L, 2차침전지 유출수 SS 농도 = 5mg/L)

㉮ 약 2 ㉯ 약 2.5
㉰ 약 3 ㉱ 약 3.5

**풀이**
$$SRT = \frac{MLSS \times V}{Q_w\,SS_w + Q_o\,SS_o}$$

**answer** 55 ㉮  56 ㉰  57 ㉮  58 ㉯

$$= \frac{3{,}000\,mg/L \times 1{,}000\,m^3/day \times \left(\frac{6hr}{24}\right)day}{30\,m^3/day \times 10{,}000\,mg/L + (1{,}000-30)\,m^3/day \times 5\,mg/L}$$

$$= 2.46\,day$$

**TIP**
① $V(m^3) = Q(m^3/day) \times t(day)$
② $Q_o = Q_i - Q_w$

**59** 생물학적 인 제거를 위한 A/O 공정에 관한 설명으로 옳지 않은 것은?

㉮ 폐슬러지 내의 인의 함량이 비교적 높고 비료의 가치가 있다.
㉯ 비교적 수리학적 체류시간이 짧다.
㉰ 낮은 BOD/P 비가 요구된다.
㉱ 추운 기후의 운전조건에서 성능이 불확실하다.

**풀이** ㉰ 높은 BOD/P 비가 요구된다.

**60** 살수여상 상단에서 연못화(ponding)가 일어나는 원인으로 가장 거리가 먼 것은?

㉮ 여재가 너무 작을 때
㉯ 여재가 견고하지 못하고 부서질 때
㉰ 탈락된 생물막이 공극을 폐쇄할 때
㉱ BOD 부하가 낮을 때

**풀이** ㉱ BOD 부하가 높을 때

| 제4과목 | 수질오염공정시험기준

**61** 폐수의 부유물질(SS)을 측정하였더니 1,312mg/L이었다. 시료 여과 전 유리섬유여지의 무게가 1.2113g이고, 이 때 사용된 시료량이 100mL이었다면 시료 여과 후 건조시킨 유리섬유여지의 무게(g)는?

㉮ 1.2242  ㉯ 1.3425
㉰ 2.5233  ㉱ 3.5233

**풀이**
SS농도(mg/L) = $\frac{(여과\ 후\ 무게 - 여과\ 전\ 무게)(mg)}{시료량(L)}$

$1{,}312\,mg/L = \frac{(여과\ 후\ 무게 - 1.2113g) \times 10^3 mg/g}{100 \times 10^{-3} L}$

∴ 여과 후 무게 = 1.3425g

**62** 석유계총탄화수소 용매추출/기체크로마토그래프에 대한 설명으로 틀린 것은?

㉮ 컬럼은 안지름 (0.20~0.35)mm, 필름두께 (0.1~3.0)μm, 길이 (15~60)m의 DB-1, DB-5 및 DB-624 등의 모세관이나 동등한 분리 성능을 가진 모세관으로 대상 분석 물질의 분리가 양호한 것을 택하여 시험한다.
㉯ 운반기체는 순도 99.999 % 이상의 헬륨으로서(또는 질소) 유량은 (0.5~5)mL/min로 한다.
㉰ 검출기는 불꽃광도검출기(FPD)를 사용한다.
㉱ 시료 주입부 온도는 (280~320)℃, 컬럼온도는 (40~320)℃로 사용한다.

**풀이** ㉰ 검출기는 불꽃이온화검출기(FID)를 사용한다.

**answer** 59 ㉰  60 ㉱  61 ㉯  62 ㉰

**63** 측정항목 중 $H_2SO_4$를 이용하여 pH를 2 이하로 한 후 보존하는 것이 아닌 것은?

㉮ 화학적 산소요구량
㉯ 질산성 질소
㉰ 암모니아성 질소
㉱ 총질소

▶풀이 ㉯ 질산성 질소는 보존방법 없음

**64** 다음 중 관내의 유량 측정 방법이 아닌 것은?

㉮ 오리피스
㉯ 자기식 유량측정기
㉰ 피토우(pitot)관
㉱ 위어(Weir)

▶풀이 관내의 유량 측정 방법에는 벤츄리미터, 유량측정용 노즐, 오리피스, 자기식 유량측정기, 피토우관이 있다.

**65** 2N와 7N HCl 용액을 혼합하여 5N–HCl 1L를 만들고자 한다. 각각 몇 mL씩을 혼합해야 하는가?

㉮ 2N-HCl 400mL와 7N-HCl 600mL
㉯ 2N-HCl 500mL와 7N-HCl 400mL
㉰ 2N-HCl 300mL와 7N-HCl 700mL
㉱ 2N-HCl 700mL와 7N-HCl 300mL

▶풀이 $\dfrac{2N \times 0.4L + 7N \times 0.6L}{(0.4+0.6)L} = 5N$

**66** 예상 BOD치에 대한 사전 경험이 없을 때, 희석하여 시료를 조제하는 기준으로 알맞은 것은?

㉮ 오염정도가 심한 공장폐수 : 0.01%~0.05%
㉯ 오염된 하천수 : 10%~20%
㉰ 처리하여 방류된 공장폐수 : 50%~70%
㉱ 처리하지 않은 공장폐수 : 1%~5%

▶풀이 ㉮ 오염정도가 심한 공장폐수 : 0.1%~1.0%
㉯ 오염된 하천수 : 25%~100%
㉰ 처리하여 방류된 공장폐수 : 5%~25%

**67** 흡광도 측정에서 투과율이 30%일 때 흡광도는?

㉮ 0.37
㉯ 0.42
㉰ 0.52
㉱ 0.63

▶풀이 흡광도(A) = $\log \dfrac{1}{투과도} = \log \dfrac{1}{0.30} = 0.52$

**68** 분원성대장균군(막여과법) 분석 시험에 관한 내용으로 틀린 것은?

㉮ 분원성대장균군이란 온혈동물의 배설물에서 발견되는 그람음성·무아포성의 간균이다.
㉯ 물속에 존재하는 분원성대장균군을 측정하기 위하여 페트리접시에 배지를 올려놓은 다음 배양 후 여러 가지 색조를 띠는 청색의 집락을 계수하는 방법이다.
㉰ 배양기 또는 항온수조는 배양온도를 (25±0.5)℃로 유지할 수 있는 것을 사용한다.
㉱ 실험결과는 '분원성대장균군수/100mL'로 표기한다.

▶풀이 ㉰ 배양기 또는 항온수조는 배양온도를 (44.5±0.2)℃로 유지할 수 있는 것을 사용한다.

**answer** 63 ㉯  64 ㉱  65 ㉮  66 ㉱  67 ㉰  68 ㉰

**69** BOD 측정용 시료를 희석할 때 식종 희석수를 사용하지 않아도 되는 시료는?

㉮ 잔류염소를 함유한 폐수
㉯ pH 4 이하 산성으로 된 폐수
㉰ 화학공장 폐수
㉱ 유기물질이 많은 가정 하수

**70** 시료량 50mL를 취하여 막여과법으로 총대장균군수를 측정하려고 배양을 한 결과, 50개의 집락수가 생성되었을 때 총대장균군수/100mL는?

㉮ 10   ㉯ 100
㉰ 1,000   ㉱ 10,000

**풀이** 총대장균수/100mL = $\dfrac{\text{생성된 집락}}{\text{여과한 시료량(mL)}} \times 100$

$= \dfrac{50}{50\text{mL}} \times 100 = 100/100\text{mL}$

**71** 유도결합플라스마 원자발광분광법으로 금속류를 측정할 때 간섭에 관한 내용으로 옳지 않은 것은?

㉮ 물리적 간섭 : 시료 도입부의 분무과정에서 시료의 비중, 점성도, 표면장력의 차이에 의해 발생한다.
㉯ 분광 간섭 : 측정원소의 방출선에 대해 플라스마의 기체성분이나 공존 물질에서 유래하는 분광학적 요인에 의해 원래의 방출선의 세기 변동 및 다른 원자 혹은 이온의 방출선관의 겹침 현상이 발생할 수 있다.
㉰ 이온화 간섭 : 이온화 에너지가 큰 소듐 또는 포타슘 등 알칼리 금속이 공존원소로 시료에 존재 시 플라스마의 전자밀도를 감소시킨다.
㉱ 물리적 간섭 : 시료의 종류에 따라 분무기의 종류를 바꾸거나 시료의 희석, 매질 일치법, 내부표준법, 농축분리법을 사용하여 간섭을 최소화 한다.

**풀이** ㉰ 이온화 간섭 : 이온화 에너지가 작은 소듐 또는 포타슘 등 알칼리 금속이 공존원소로 시료에 존재 시 플라스마의 전자밀도를 증가시킨다.

**72** 물벼룩을 이용한 급성 독성시험법에서 사용하는 용어의 정의로 틀린 것은?

㉮ 치사 : 일정 희석 비율로 준비된 시료에 물벼룩을 투입하여 24시간 경과 후 시험용기를 손으로 살짝 두드려주고, 15초 후 관찰했을 때 독성물질에 의해 영향을 받아 움직임이 명백하게 없는 상태를 '치사'라 판정한다.
㉯ 유영저해 : 일정 희석 비율로 준비된 시료에 물벼룩을 투입하여 24시간 경과 후 시험용기를 손으로 살짝 두드려주고, 15초 후 관찰했을 때 독성물질에 의해 영향을 받아 움직임이 없을 경우를 '유영저해'로 판정한다.
㉰ 반수영향농도 : 투입 시험생물의 50%가 치사 혹은 유영저해를 나타낸 농도이다.
㉱ 지수식 시험방법 : 시험기간 중 시험용액을 교환하여 농도를 지수적으로 계산하는 시험을 말한다.

**풀이** ㉱ 지수식 시험방법 : 시험기간 중 시험용액을 교환하지 않는 시험을 말한다.

answer   69 ㉱   70 ㉯   71 ㉰   72 ㉱

**73** 카드뮴의 시험방법별 정량한계로 틀린 것은?

㉮ 원자흡수분광광도법 : 0.002mg/L
㉯ 유도결합플라스마-원자발광분광법 : 0.004mg/L
㉰ 유도결합플라스마-질량분석법 : 0.002mg/L
㉱ 양극벗김전압전류법 : 0.0001mg/L

> **풀이** ㉱번은 카드뮴의 시험방법에 해당하지 않는다.

**74** 금속류-불꽃 원자흡수분광광도법에서 일어나는 간섭 중 광학적 간섭에 관한 설명으로 맞은 것은?

㉮ 표준용액과 시료 또는 시료와 시료간의 물리적 성질(점도, 밀도, 표면장력 등)의 차이 또는 표준물질과 시료의 매질 차이에 의해 발생한다.
㉯ 불꽃온도가 너무 높을 경우 중성원자에서 전자를 빼앗아 이온이 생성될 수 있으며 이 경우 음(-)의 오차가 발생하게 된다.
㉰ 분석하고자 하는 원소의 흡수파장과 비슷한 다른 원소의 파장이 서로 겹쳐 비이상적으로 높게 측정되는 경우이다.
㉱ 불꽃의 온도가 분자를 들뜬 상태로 만들기에 충분히 높지 않아서, 해당 파장을 흡수하지 못하여 발생한다.

> **풀이** 금속류-불꽃 원자흡수분광광도법에서 광학적 간섭의 발생 조건
> ① 분석하고자 하는 원소의 흡수파장과 비슷한 다른 원소의 파장이 서로 겹쳐 비이상적으로 높게 측정되는 경우
> ② 시료 중에 유기물의 농도가 높은 경우 이들에 의한 복사선 흡수가 일어나 양(+)의 오차를 유발하는 경우
> ③ 용존 고체물질 농도가 높으면 빛 산란 등 비원자적 흡수현상이 발생하는 경우

**75** 데발다 합금 환원 증류법으로 질산성 질소를 측정하는 원리의 설명으로 틀린 것은?

㉮ 데발다 합금으로 질산성 질소를 암모니아성 질소로 환원한다.
㉯ 지표수, 지하수, 폐수 등에 적용할 수 있으며, 정량한계는 중화적정법은 0.1mg/L, 흡광도법은 0.5mg/L이다.
㉰ 아질산성질소는 설퍼민산으로 분해 제거한다.
㉱ 암모니아성 질소 및 일부 분해되기 쉬운 유기질소는 알칼리성에서 증류 제거한다.

> **풀이** ㉯ 지표수, 지하수, 폐수 등에 적용할 수 있으며, 정량한계는 중화적정법은 0.5mg/L, 흡광도법은 0.1mg/L이다.

**76** 감응계수를 옳게 나타낸 것은? (단, 검정곡선 작성용 표준용액의 농도 : C, 반응값 : R)

㉮ 감응계수 = R / C
㉯ 감응계수 = C / R
㉰ 감응계수 = R × C
㉱ 감응계수 = C - R

> **풀이** 감응계수 = $\dfrac{\text{반응값}(R)}{\text{표준용액의 농도}(C)}$

**answer** 73 ㉱  74 ㉰  75 ㉯  76 ㉮

**77** 연속흐름법으로 시안 측정 시 사용되는 흐름 주입분석기에 관한 설명으로 옳지 않은 것은?

㉮ 연속흐름분석기의 일종이다.
㉯ 다수의 시료를 연속적으로 자동분석하기 위하여 사용된다.
㉰ 기본적인 본체의 구성은 분할흐름분석기와 같으나 용액의 흐름 사이에 공기방울을 주입하지 않는 것이 차이점이다.
㉱ 시료의 연속흐름에 따라 상호 오염을 미연에 방지할 수 있다.

**풀이** ㉱ 시료의 연속흐름에 따라 상호 오염을 미연에 방지할 수 없다.

**78** 수질오염공정시험기준 상 시료보존방법이 지정되어 있는 항목은?

㉮ 용존산소(적정법)
㉯ 불소
㉰ 색도
㉱ 부유물질

**풀이** ㉮ 가능한 한 빨리 용존산소 고정 후 암소 보관, ㉯, ㉰, ㉱는 보존방법 없음

**79** 수질오염물질을 측정함에 있어 측정의 정확성과 통일성을 유지하기 위한 제반 사항에 관한 설명으로 틀린 것은?

㉮ 시험에 사용하는 시약은 따로 규정이 없는 한 1급 이상 또는 이와 동등한 규격의 시약을 사용한다.
㉯ "항량으로 될 때까지 건조한다"라는 의미는 같은 조건에서 1시간 더 건조할 때 전후 무게의 차가 g당 0.3mg 이하일 때를 말한다.
㉰ 기체 중의 농도는 표준상태(0℃, 1기압)로 환산 표시한다.
㉱ "정확히 취하여"라 하는 것은 규정한 양의 시료를 부피피펫으로 0.1mL까지 취하는 것을 말한다.

**풀이** ㉱ "정확히 취하여"라 하는 것은 규정한 양의 시료를 부피피펫으로 눈금까지 취하는 것을 말한다.

**80** 하천수의 시료 채취 지점에 관한 내용으로 ( )에 공통으로 들어갈 내용은?

> 하천의 단면에서 수심이 가장 깊은 수면의 지점과 그 지점을 중심으로 하여 좌우로 수면폭을 2등분한 각각의 지점의 수면으로부터 수심 ( ) 미만일 때에는 수심의 1/3에서 수심 ( ) 이상일 때에는 수심의 1/3 및 2/3에서 각각 채수한다.

㉮ 2m  ㉯ 3m
㉰ 5m  ㉱ 6m

**풀이** 하천수의 시료 채취 지점
① 수심 2m 미만인 경우 : 수심의 1/3 지점
② 수심 2m 이상인 경우 : 수심의 1/3 및 2/3 지점

**answer** 77 ㉱  78 ㉮  79 ㉱  80 ㉮

# 2021 1회 기출문제

| 제1과목 | 수질오염개론

**01** 미생물 중 세균(Bacteria)에 관한 특징으로 가장 거리가 먼 것은?

㉮ 원시적 엽록소를 이용하여 부분적인 탄소동화작용을 한다.
㉯ 용해된 유기물을 섭취하며 주로 세포분열로 번식한다.
㉰ 수분 80%, 고형물 20% 정도로 세포가 분열되며 고형물 중 유기물이 90%를 차지한다.
㉱ pH, 온도에 대하여 민감하며, 열보다 낮은 온도에서 저항성이 높다.

**풀이** ㉮ 엽록소가 없어 탄소동화작용을 못한다.

**02** 하천 수질모델 중 WQRRS에 관한 설명으로 가장 거리가 먼 것은?

㉮ 하천 및 호수의 부영양화를 고려한 생태계 모델이다.
㉯ 유속, 수심, 조도계수에 의해 확산계수를 결정한다.
㉰ 호수에는 수심별 1차원 모델이 적용된다.
㉱ 정적 및 동적인 하천의 수질, 수문학적 특성이 광범위하게 고려된다.

**풀이** ㉯번의 설명은 QUAL-Ⅰ 모델이다.

**03** 농업용수의 수질을 분석할 때 이용되는 SAR(Sodium Adsorption Ratio)과 관계없는 것은?

㉮ $Na^+$   ㉯ $Mg^{2+}$
㉰ $Ca^{2+}$   ㉱ $Fe^{2+}$

**풀이** 소듐 흡착률(SAR) = $\dfrac{Na^+}{\sqrt{\dfrac{Ca^{2+}+Mg^{2+}}{2}}}$

**04** 다음이 설명하는 일반적 기체 법칙은?

> 여러 물질이 혼합된 용액에서 어느 물질의 증기압(분압)은 혼합액에서 그 물질의 몰분율에 순수한 상태에서 그 물질의 증기압을 곱한 것과 같다.

㉮ 라울트의 법칙   ㉯ 게이-루삭의 법칙
㉰ 헨리의 법칙   ㉱ 그레함의 법칙

**풀이** ㉮ 라울트의 법칙에 대한 설명이다.

**05** 우리나라의 수자원 이용현황 중 가장 많은 용도로 사용하는 용수는?

㉮ 생활용수   ㉯ 공업용수
㉰ 농업용수   ㉱ 유지용수

**풀이** 우리나라의 수자원 이용현황은 농업용수 > 하천유지용수 > 생활용수 > 공업용수 순이다.

---

**answer**   01 ㉮   02 ㉯   03 ㉱   04 ㉮   05 ㉰

**06** 2차처리 유출수에 함유된 10mg/L의 유기물을 활성탄흡착법으로 3차처리하여 농도가 1mg/L인 유출수를 얻고자 한다. 이때 폐수 1L 당 필요한 활성탄의 양(mg)은?
(단, Freundlich 등온식 사용, K = 0.5, n = 2)

㉮ 9  ㉯ 12
㉰ 16  ㉱ 18

▶풀이  Freundlich 등온식 : $\dfrac{(C_i - C_o)}{M} = k \times C_o^{\frac{1}{n}}$

$\dfrac{(10-1)\text{mg/L}}{M} = 0.5 \times (1\text{mg/L})^{\frac{1}{2}}$

∴ M = 18mg/L

**07** 원생동물(Protozoa)의 종류에 관한 내용으로 옳은 것은?

㉮ Paramecia는 자유롭게 수영하면서 고형물질을 섭취한다.
㉯ Vorticella는 불량한 활성슬러지에서 주로 발견된다.
㉰ Sarcodina는 나팔의 입에서 물흐름을 일으켜 고형물질만 걸러서 먹는다.
㉱ Suctoria는 몸통을 움직이면서 위족으로 고형물질을 몸으로 싸서 먹는다.

▶풀이 ㉯ Vorticella는 양호한 활성슬러지에서 주로 발견된다.
㉰ Sarcodina는 몸통을 움직이면서 위족으로 고형물질을 몸으로 싸서 먹는다.
㉱ Suctoria는 나팔의 입에서 물흐름을 일으켜 고형물질만 걸러서 먹는다.

**08** 다음 설명과 가장 관계있는 것은?

> 유리산소가 존재해야만 생장하며, 최적 온도는 20~30℃, 최적 pH는 4.5~6.0이다.
> 유기산과 암모니아를 생성해 pH를 상승 또는 하강시킬 때도 있다.

㉮ 박테리아  ㉯ 균류
㉰ 조류  ㉱ 원생동물

▶풀이 ㉯ 균류(Fungi)에 대한 설명이다.

**09** 산과 염기의 정의에 관한 설명으로 옳지 않은 것은?

㉮ Arrhenius는 수용액에서 수산화이온을 내어 놓는 물질을 염기라고 정의하였다.
㉯ Lewis는 전자쌍을 받는 화학종을 염기라고 정의하였다.
㉰ Arrhenius는 수용액에서 양성자를 내어 놓는 것을 산이라고 정의하였다.
㉱ Brönsted-Lowry는 수용액에서 양성자를 내어주는 물질을 산이라고 정의하였다.

▶풀이 ㉯ Lewis는 전자쌍을 주는 화학종을 염기라고 정의하였다.

**10** 25℃, 4atm의 압력에 있는 메탄가스 15kg을 저장하는 데 필요한 탱크의 부피($m^3$)는? (단, 이상기체의 법칙 적용, 표준상태 기준, R = 0.082L · atm/mol · K)

㉮ 4.42  ㉯ 5.73
㉰ 6.54  ㉱ 7.45

**answer**  06 ㉱  07 ㉮  08 ㉯  09 ㉯  10 ㉯

**풀이** $4\text{atm} \times V(L)$
$= \dfrac{15 \times 10^3 \text{g}}{16\text{g}} \times (0.082 \text{L} \cdot \text{atm/mol} \cdot \text{k}) \times (273+25)\text{k}$
$\therefore V = 5,727.19\text{L} = 5.73\text{m}^3$

**TIP**

기체상태방정식 : $PV = nRT \Rightarrow PV = \dfrac{W}{M}RT$

여기서 P : 압력(atm)
V : 부피(L)
n : 몰수
W : 질량(g)
M : 분자량(g)
R : 기체상수(L·atm/mol·k)
T : 절대온도(k)

## 12 유기화합물에 대한 설명으로 옳지 않은 것은?

㉮ 유기화합물들은 일반적으로 녹는 점과 끓는 점이 낮다.
㉯ 유기화합물들은 하나의 분자식에 대하여 여러 종류의 화합물이 존재할 수 있다.
㉰ 유기화합물들은 대체로 이온 반응보다는 분자반응을 하므로 반응속도가 빠르다.
㉱ 대부분의 유기화합물은 박테리아의 먹이가 될 수 있다.

**풀이** ㉰ 유기화합물들은 대체로 이온 반응보다는 분자반응을 하므로 반응속도가 느리다.

## 11 글루코스($C_6H_{12}O_6$) 1,000mg/L를 혐기성 분해 시킬 때 생산되는 이론적 메탄량(mg/L)은?

㉮ 227  ㉯ 247
㉰ 267  ㉱ 287

**풀이** $C_6H_{12}O_6 \rightarrow 3CH_4 + 3CO_2$
180g : 3×16g
1,000mg/L : X

$\therefore X = \dfrac{1,000\text{mg/L} \times 3 \times 16\text{g}}{180\text{g}} = 266.67 \text{mg/L}$

**TIP**
① $C_6H_{12}O_6$ = 포도당 = 글루코스
② $C_6H_{12}O_6$의 분자량 = 6×12+12×1+6×16 = 180g

## 13 Colloid 중에서 소량의 전해질에서 쉽게 응집이 일어나는 것으로써 주로 무기물질의 Colloid는?

㉮ 서스펜션 Colloid
㉯ 에멀션 Colloid
㉰ 친수성 Colloid
㉱ 소수성 Colloid

**풀이** 소량의 전해질에서 쉽게 응집이 일어나는 것으로써 주로 무기물질의 Colloid는 소수성 Colloid이다.

## 14 열수 배출에 의한 피해현상으로 가장 거리가 먼 것은?

㉮ 발암물질 생성
㉯ 부영양화
㉰ 용존산소의 감소
㉱ 어류의 폐사

**풀이** 열수 배출에 의한 피해현상으로는 부영양화, 용존산소의 감소, 어류의 폐사 등이 있다.

**answer** 11 ㉰  12 ㉰  13 ㉱  14 ㉮

**15** 피부점막, 호흡기로 흡입되어 국소 및 전신 마비, 피부염, 색소 침착을 일으키며 안료, 색소, 유리공업 등이 주요 발생 원인 중금속은?

㉮ 비소　　㉯ 납
㉰ 크롬　　㉱ 구리

**풀이** ㉮ 비소(As)에 대한 설명이다.

**16** BOD가 2,000mg/L인 폐수를 제거율 85%로 처리한 후 몇 배 희석하면 방류수 기준에 맞는가? (단, 방류수 기준은 40mg/L이라고 가정)

㉮ 4.5배 이상　　㉯ 5.5배 이상
㉰ 6.5배 이상　　㉱ 7.5배 이상

**풀이** 희석배수 = $\dfrac{2,000\text{mg/L} \times (1-0.85)}{40\text{mg/L}}$ = 7.5배

**17** 수은주 높이 150mm는 수주로 몇 mm인가?

㉮ 약 2,040　　㉯ 약 2,530
㉰ 약 3,240　　㉱ 약 3,530

**풀이** 150mmHg × 13.6 = 2,040mmH$_2$O

**TIP**
① 수은주 비중 = $\dfrac{10,332\text{mmH}_2\text{O}}{760\text{mmHg}}$
　　　= 13.6(mmH$_2$O/mmHg)
② mmHg $\xrightarrow{\times 13.6}$ mmH$_2$O
③ mmH$_2$O $\xrightarrow{\div 13.6}$ mmHg

**18** 하천의 탈산소계수를 조사한 결과 20℃에서 0.19/day이었다. 하천수의 온도가 25℃로 증가 되었다면 탈산소계수(/day)는? (단, 온도보정계수 = 1.047)

㉮ 0.22　　㉯ 0.24
㉰ 0.26　　㉱ 0.28

**풀이** $k(T) = k_1(20℃) \times 1.047^{(T-20)}$
　　　= 0.19/day × 1.047$^{(25-20)}$ = 0.24/day

**19** 호소수의 전도현상(Turnover)이 호소수 수질환경에 미치는 영향을 설명한 내용 중 옳지 않은 것은?

㉮ 수괴의 수직운동 촉진으로 호수 내 환경용량이 제한되어 물의 자정능력이 감소된다.
㉯ 심층부까지 조류의 혼합이 촉진되어 상수원의 취수 심도에 영향을 끼치게 되므로 수도의 수질이 악화된다.
㉰ 심층부의 영양염이 상승하게 됨에 따라 표층부에 규조류가 번성하게 되어 부영양화가 촉진된다.
㉱ 조류의 다량 번식으로 물의 탁도가 증가되고 여과지가 폐색되는 등의 문제가 발생한다.

**풀이** ㉮ 수괴의 수평운동 억제로 호수 내 환경용량이 제한되어 물의 자정능력이 감소된다.

**answer** 15 ㉮　16 ㉱　17 ㉮　18 ㉯　19 ㉮

**20** 적조 현상에 관한 설명으로 틀린 것은?

㉮ 수괴의 연직안정도가 작을 때 발생한다.
㉯ 강우에 따른 하천수의 유입으로 해수의 염분량이 낮아지고 영양염류가 보급될 때 발생한다.
㉰ 적조조류에 의한 아가미 폐색과 어류의 호흡장애가 발생한다.
㉱ 수중 용존산소 감소에 의한 어패류의 폐사가 발생한다.

**풀이** ㉮ 수괴의 연직안정도가 클 때 발생한다.

| 제2과목 | **상하수도계획**

**21** $I = \dfrac{3,660}{t+15}$ mm/hr, 면적 2.0km², 유입시간 6분, 유출계수 C = 0.65, 관내유속이 1m/sec인 경우, 관길이가 600m인 하수관에서 흘러나오는 우수량(m³/sec)은? (단, 합리식 적용)

㉮ 약 31  ㉯ 약 38
㉰ 약 43  ㉱ 약 52

**풀이**
① $I = \dfrac{3,660}{t+15}$ (mm/hr)

t(유달시간) = 유입시간(min) + 유하시간(min)

유하시간 = $\dfrac{관의 길이(m)}{관내 유속(m/min)}$

$= \dfrac{600m}{1m/sec \times 60sec/min} = 10min$

따라서 t(유달시간) = 6min+10min = 16min

$I = \dfrac{3,660}{t+15} = \dfrac{3,660}{16min+15} = 118.0645mm/hr$

② A(면적) = 2.0km² × 100ha/1km² = 200ha
③ $Q = \dfrac{1}{360}CIA$

$= \dfrac{1}{360} \times 0.65 \times 118.0645mm/hr \times 200ha$

$= 42.63 m^3/sec$

**TIP**
$Q = \dfrac{1}{360}CIA$
여기서 C : 유출계수
  I : 강우강도(mm/hr)
  A : 면적(ha)

**22** 우수배제계획의 수립 중 우수유출량의 억제에 대한 계획으로 옳지 않은 것은?

㉮ 우수유출량의 억제방법은 크게 우수저류형, 우수침투형 및 토지이용의 계획적관리로 나눌 수 있다.
㉯ 우수저류형 시설 중 On-site 시설은 단지 내 저류, 우수조정지, 우수체수지 등이 있다.
㉰ 우수침투형은 우수를 지중에 침투시키므로 우수유출총량을 감소시키는 효과를 발휘한다.
㉱ 우수저류형은 우수유출총량은 변하지 않으나 첨두유출량을 감소시키는 효과가 있다.

**풀이** ㉯ 우수저류형 시설 중 Off-site 시설은 단지 내 저류, 우수조정지, 우수체수지 등이 있다.

**TIP**
용어
① On-site 시설 = 지역내 시설
② Off-site 시설 = 지역외 시설

**answer** 20 ㉮  21 ㉰  22 ㉯

**23** 수원에 관한 설명으로 틀린 것은?

㉮ 복류수는 대체로 수질이 양호하며 대개의 경우 침전지를 생략하는 경우도 있다.
㉯ 용천수는 지하수가 종종 자연적으로 지표에 나타난 것으로 그 성질은 대개 지표수와 비슷하다.
㉰ 우리나라의 일반적인 하천수는 연수인 경우가 많으므로 침전과 여과에 의하여 용이하게 정화되는 경우도 많다.
㉱ 호소수는 하천의 유수보다 자정작용이 큰 것이 특징이다.

풀이 ㉯ 용천수는 지하수가 종종 자연적으로 지표에 나타난 것으로 그 성질은 대개 지표수와 다르다.

**24** 하수처리공법 중 접촉산화법에 대한 설명으로 틀린 것은?

㉮ 반송슬러지가 필요하지 않으므로 운전관리가 용이하다.
㉯ 생물상이 다양하여 처리효과가 안정적이다.
㉰ 부착생물량의 임의 조정이 어려워 조작조건 변경에 대응하기 쉽지 않다.
㉱ 접촉제가 조 내에 있기 때문에 부착생물량의 확인이 어렵다.

풀이 ㉰ 부착생물량을 임의로 조정할 수 있기 때문에 조작조건 변경에 대응하기 쉽다.

**25** 분류식 하수배제방식에서, 펌프장시설의 계획하수량 결정 시 유입·방류펌프장 계획하수량으로 옳은 것은?

㉮ 계획시간최대오수량
㉯ 계획우수량
㉰ 우천시계획오수량
㉱ 계획일최대오수량

풀이 분류식 하수배제방식에서, 펌프장시설의 계획하수량 결정 시 유입·방류펌프장 계획하수량은 계획시간최대오수량 기준이다.

**26** 24시간 이상 장시간의 강우강도에 대해 가까운 저류시설 등을 계획할 경우에 적용하는 강우강도식은?

㉮ Cleveland형   ㉯ Japanese형
㉰ Talbot형      ㉱ Sherman형

풀이 24시간 이상 장시간의 강우강도에 대해 가까운 저류시설 등을 계획할 경우에 적용하는 강우강도식은 ㉮ Cleveland형이다.

**27** 계획오수량에 관한 설명으로 틀린 것은?

㉮ 지하수량은 1인1일최대오수량의 10~20%로 한다.
㉯ 계획시간최대오수량은 계획1일 최대오수량의 1시간당 수량의 1.3~1.8배를 표준으로 한다.
㉰ 합류식에서 우천 시 계획오수량은 원칙적으로 계획시간최대오수량의 3배 이상으로 한다.
㉱ 계획1일평균오수량은 계획1일최대오수량의 50~60%를 표준으로 한다.

풀이 ㉱ 계획1일평균오수량은 계획1일최대오수량의 70~80%를 표준으로 한다.

answer  23 ㉯  24 ㉰  25 ㉮  26 ㉮  27 ㉱

**28** 길이 1.2km의 하수관이 2‰의 경사로 매설되어 있을 경우, 이 하수관 양 끝단 간의 고저차(m)는? (단, 기타 사항은 고려하지 않음)

㉮ 0.24  ㉯ 2.4
㉰ 0.6   ㉱ 6.0

**풀이**

기울기(I) = $\dfrac{\triangle H}{\triangle L}$

따라서 $\triangle H = I \times \triangle L$

$= \dfrac{2}{1,000} \times 1.2\text{km} \times 10^3 \text{m}/1\text{km}$

$= 2.4\text{m}$

---

**29** 비교회전도($N_s$)에 대한 설명 중 틀린 것은?

㉮ 펌프의 규정 회전수가 증가하면 비교회전도도 증가한다.
㉯ 펌프의 규정양정이 증가하면 비교회전도는 감소한다.
㉰ 일반적으로 비교회전도가 크면 유량이 많은 저양정의 펌프가 된다.
㉱ 비교회전도가 크게 될수록 흡입성능이 좋아지고 공동현상 발생이 줄어든다.

**풀이** ㉱ 비교회전도가 크게 될수록 흡입성능이 나쁘고 공동현상 발생이 쉽다.

**TIP**
다음 페이지 35번 문제의 Tip 공식 참고

---

**30** 상수처리를 위한 약품침전지의 구성과 구조로 틀린 것은?

㉮ 슬러지의 퇴적심도로서 30cm 이상을 고려한다.
㉯ 유효수심은 3~5.5m로 한다.
㉰ 침전지 바닥에는 슬러지 배제에 편리하도록 배수구를 향하여 경사지게 한다.
㉱ 고수위에서 침전지 벽체 상단까지의 여유고는 10cm 정도로 한다.

**풀이** ㉱ 고수위에서 침전지 벽체 상단까지의 여유고는 30cm 정도로 한다.

---

**31** 상수도 급수배관에 관한 설명으로 틀린 것은?

㉮ 급수관을 공공도로에 부설할 경우에는 도로 관리자가 정한 점용위치와 깊이에 따라 배관해야 하며 다른 매설물과의 간격을 30cm 이상 확보한다.
㉯ 급수관을 부설하고 되메우기를 할 때에는 양질토 또는 모래를 사용하여 적절하게 다짐하여 관을 보호한다.
㉰ 급수관이 개거를 횡단하는 경우에는 가능한 한 개거의 위로 부설한다.
㉱ 동결이나 결로의 우려가 있는 급수설비의 노출부분에 대해서는 적절한 방한조치나 결로방지조치를 강구한다.

**풀이** ㉰ 급수관이 개거를 횡단하는 경우에는 가능한 한 개거의 아래로 부설한다.

---

**answer** 28 ㉯  29 ㉱  30 ㉱  31 ㉰

**32** 하수처리시설의 계획유입수질 산정방식으로 옳은 것은?

㉮ 계획오염부하량을 계획1일평균오수량으로 나누어 산정한다.
㉯ 계획오염부하량을 계획시간평균오수량으로 나누어 산정한다.
㉰ 계획오염부하량을 계획1일최대오수량으로 나누어 산정한다.
㉱ 계획오염부하량을 계획시간최대오수량으로 나누어 산정한다.

**풀이** 하수처리시설의 계획유입수질 산정방식은 계획오염부하량을 계획1일평균오수량으로 나누어 산정한다.

**33** 하수시설에서 우수조정지 구조형식이 아닌 것은?

㉮ 댐식(제방높이 15m 미만)
㉯ 저하식 (관내 저류 포함)
㉰ 굴착식
㉱ 유하식(자연 호소포함)

**풀이** 하수시설에서 우수조정지 구조형식에는 댐식(제방높이 15m 미만), 저하식(관내 저류 포함), 굴착식이 있다.

**TIP** 우수조정지는 유량을 조절하기 위해 만들어 놓은 저수지로 하류의 배수시설 관로나 펌프장의 빗물 배출능력이 부족할 경우 빗물을 일정 시간 동안 저장하는 역할을 한다.

**34** 하수관로 개·보수계획 수립 시 포함되어야 할 사항이 아닌 것은?

㉮ 불명수량 조사
㉯ 개·보수 우선순위의 결정
㉰ 개·보수공사 범위의 설정
㉱ 주변 인근 신설관로 현황 조사

**풀이** ㉱번은 하수관로 개·보수계획 수립 시 포함되어야 할 사항과 관계없다.

**35** 펌프의 회전수 N = 2,400rpm, 최고 효율점의 토출량 Q = 162m³/hr, 전양정 H = 90m인 원심펌프의 비회전도는?

㉮ 약 115     ㉯ 약 125
㉰ 약 135     ㉱ 약 145

**풀이**
$$Ns = 2,400rpm \times \frac{(162m^3/hr \times \frac{1hr}{60min})^{\frac{1}{2}}}{(90m)^{\frac{3}{4}}}$$

= 134.96rpm

**TIP**
① $Ns = N \times \frac{Q^{\frac{1}{2}}}{H^{\frac{3}{4}}}$

여기서 Ns : 비교회전도(rpm)
N : 규정회전수(rpm)
Q : 토출량(m³/min)
H : 전양정(m)

② $rpm = \frac{회}{min}$

**answer** 32 ㉮  33 ㉱  34 ㉱  35 ㉰

**36** 집수정에서 가정까지의 급수계통을 순서적으로 나열할 것으로 옳은 것은?

㉮ 취수→도수→정수→송수→배수→급수
㉯ 취수→도수→정수→배수→송수→급수
㉰ 취수→송수→도수→정수→배수→급수
㉱ 취수→송수→배수→정수→도수→급수

> **TIP**
> 상수도의 구성 순서 암기법
> 상(상수도)치(취수)도(도수) 청(정수)송(송수)에 배(배수)급(급수)한다.

**37** 표준활성슬러지법에 관한 설명으로 잘못된 것은?

㉮ 수리학적 체류시간(HRT)은 6~8시간을 표준으로 한다.
㉯ 수리학적 체류시간(HRT)은 계획하수량에 따라 결정하며, 반송슬러지량을 고려한다.
㉰ MLSS농도는 1,500~2,500mg/L를 표준으로 한다.
㉱ MLSS농도가 너무 높으면 필요산소량이 증가하거나 이차침전지의 침전효율이 악화될 우려가 있다.

> **풀이** ㉯ 수리학적 체류시간(HRT)은 계획하수량에 따라 결정하며, 반송유량을 고려한다.

**38** 계획취수량을 확보하기 위하여 필요한 저수용량의 결정에 사용하는 계획 기준년은?

㉮ 원칙적으로 5개년에 제1위 정도의 갈수를 표준으로 한다.
㉯ 원칙적으로 7개년에 제1위 정도의 갈수를 표준으로 한다.
㉰ 원칙적으로 10개년에 제1위 정도의 갈수를 표준으로 한다.
㉱ 원칙적으로 15개년에 제1위 정도의 갈수를 표준으로 한다.

> **풀이** 저수용량의 결정에 사용하는 계획 기준년은 원칙적으로 10개년에 제1위 정도의 갈수를 표준으로 한다.

**39** 상수의 소독(살균)설비 중 저장설비에 관한 내용으로 ( )에 가장 적합한 것은?

> 액화염소의 저장량은 항상 1일 사용량의 ( )이상으로 한다.

㉮ 5일분  ㉯ 10일분
㉰ 15일분  ㉱ 30일분

> **풀이** 액화염소의 저장량은 항상 1일 사용량의 10일분 이상으로 한다.

**40** 상수도 시설 중 완속여과지의 여과속도 표준 범위는?

㉮ 4~5m/day  ㉯ 5~15m/day
㉰ 15~25m/day  ㉱ 25~50m/day

> **풀이** 여과속도
> ① 완속여과지 : 4~5m/day
> ② 급속여과지 : 120~150m/day

**answer** 36 ㉮  37 ㉯  38 ㉰  39 ㉯  40 ㉮

| 제3과목 | 수질오염방지기술

**41** 반지름이 8cm인 원형 관로에서 유체의 유속이 20m/sec일 때 반지름이 40cm 인 곳에서의 유속(m/sec)은? (단, 유량 동일, 기타 조건은 고려하지 않음)

㉮ 0.8  ㉯ 1.6
㉰ 2.2  ㉱ 3.4

**풀이**
$Q = \dfrac{\pi d^2}{4} \times v$

$\dfrac{\pi \times (8cm \times 2)^2}{4} \times 20m/sec = \dfrac{\pi \times (40cm \times 2)^2}{4} \times v$

$\therefore v = 0.8 m/sec$

**42** 농도 4,000mg/L인 포기조내 활성슬러지 1L를 30분간 정치시켰을 때, 침강슬러지 부피가 40%를 차지하였다. 이 때 SDI는?

㉮ 1  ㉯ 2
㉰ 10  ㉱ 100

**풀이**
① $SVI = \dfrac{SV(\%)}{MLSS(mg/L)} \times 10^4 = \dfrac{40\%}{4,000mg/L} \times 10^4$
  $= 100$
② $SDI = \dfrac{1}{SVI} \times 100 = \dfrac{1}{100} \times 100 = 1.0$

**TIP**
SVI : 슬러지용적지수(mL/g)
SDI : 슬러지밀도지수(g/100mL)

**43** 질산화 반응에 의한 알칼리도의 변화는?

㉮ 감소한다.
㉯ 증가한다.
㉰ 변화하지 않는다.
㉱ 증가 후 감소한다.

**풀이**
① 질산화반응은 [H$^+$]의 증가로 pH 감소하므로 알칼리도 감소
② 탈질화반응은 [OH$^-$]의 증가로 pH 증가하므로 알칼리도 증가

**44** 하수처리를 위한 회전 원판법에 관한 설명으로 틀린 것은?

㉮ 질산화가 일어나기 쉬우며 pH가 저하되는 경우가 있다.
㉯ 원판의 회전으로 인해 부착생물과 회전판 사이에 전단력이 생긴다.
㉰ 살수여상과 같이 여상에 파리는 발생하지 않으나 하루살이가 발생하는 수가 있다.
㉱ 활성슬러지법에 비해 이차침전지 SS 유출이 적어 처리수의 투명도가 좋다.

**풀이** ㉱ 활성슬러지법에 비해 이차침전지 SS 유출이 많아 처리수의 투명도가 나쁘다.

**45** 길이 : 폭 비가 3 : 1인 장방형 침전조에 유량 850m³/day의 흐름이 도입된다. 깊이는 4.0m, 체류 시간은 2.4hr이라면 (m³/m²·day)은? (단, 흐름은 침전조 단면적에 균일하게 분배된다고 가정)

㉮ 20  ㉯ 30
㉰ 40  ㉱ 50

 answer   41 ㉮   42 ㉮   43 ㉮   44 ㉱   45 ㉰

**풀이** 표면부하율$((m^3/m^2 \cdot day)) = \dfrac{Q(m^3/day)}{A(m^2)} = \dfrac{H(m)}{t(day)}$

$= \dfrac{4.0m}{2.4hr \times \dfrac{1day}{24hr}}$

$= 40m^3/m^2 \cdot day$

**46** 반송슬러지의 탈인 제거 공정에 관한 설명으로 틀린 것은?

㉮ 탈인조 상징액은 유입수량에 비하여 매우 작다.
㉯ 인을 침전시키기 위해 소요되는 석회의 양은 순수 화학처리방법보다 적다.
㉰ 유입수의 유기물 부하에 따른 영향이 크다.
㉱ 대표적인 인 제거공법으로는 phostrip process가 있다.

**풀이** ㉰ 유입수의 유기물 부하에 따른 영향이 작다.

**47** 다음에서 설명하는 분리방법으로 가장 적합한 것은?

- 막형태 : 대칭형 다공성막
- 구동력 : 정수압차
- 분리형태 : Pore size 및 흡착현상에 기인한 체거름
- 적용분야 : 전자공업의 초순수 제조, 무균수 제조식품의 무균여과

㉮ 역삼투  ㉯ 한외여과
㉰ 정밀여과  ㉱ 투석

**풀이** ㉰ 정밀여과에 대한 설명이다.

**48** 탈기법을 이용, 폐수 중의 암모니아성 질소를 제거하기 위하여 폐수의 pH를 조절하고자 한다. 수중 암모니아를 $NH_3$(기체분자의 형태) 98%로 하기 위한 pH는? (단, 암모니아성질소의 수중에서의 평형은 다음과 같다. $NH_3 + H_2O \rightleftarrows NH_4^+ + OH^-$, 평형상수 $K = 1.8 \times 10^{-5}$)

㉮ 11.25  ㉯ 11.03
㉰ 10.94  ㉱ 10.62

**풀이** ① $NH_3(\%) = \dfrac{[NH_3]}{[NH_3]+[NH_4^+]} \times 100$

$= \dfrac{[NH_3]/[NH_3]}{[NH_3]/[NH_3]+[NH_4^+]/[NH_3]} \times 100$

$= \dfrac{1}{1+[NH_4^+]/[NH_3]} \times 100$

따라서 $0.98 = \dfrac{1}{1+[NH_4^+]/[NH_3]}$

$[NH_4^+]/[NH_3] \times 0.98 = 1-0.98$

$[NH_4^+]/[NH_3] = \dfrac{1-0.98}{0.98} = 0.02$

② $K$(평형상수) $= \dfrac{[NH_4^+][OH^-]}{[NH_3]} = \dfrac{[NH_4^+]}{[NH_3]} \times [OH^-]$

$1.8 \times 10^{-5} = 0.02 \times [OH^-]$

$\therefore [OH^-] = \dfrac{1.8 \times 10^{-5}}{0.02} = 9.0 \times 10^{-4} mol/L$

③ $pH = 14 + \log[OH^-] = 14 + \log[9.0 \times 10^{-4} mol/L]$
$= 10.95$

**49** 폐수의 고도처리에 관한 다음의 기술 중 옳지 않은 것은?

㉮ $Cl^-$, $SO_4^{2-}$ 등의 무기염류의 제거에는 전기투석법이 이용된다.
㉯ 활성탄 흡착법에서 폐수 중의 인산은 제거되지 않는다.
㉰ 모래여과법은 고도처리 중에서 흡착법이나 전기투석법의 전처리로써 이용된다.

**answer** 46 ㉰  47 ㉰  48 ㉰  49 ㉱

㉣ 폐수 중의 무기성질소 화합물은 철염에 의한 응집침전으로 완전히 제거된다.

**풀이** ㉣ 폐수 중의 무기성질소 화합물은 철염에 의한 응집침전으로 제거할 수 없다.

**50** 용수 응집시설의 급속 혼합조를 설계하고자 한다. 혼합조의 설계유량은 18,480 m³/day이며 정방형으로 하고 깊이는 폭의 1.25배로 한다면 교반을 위한 필요동력(kW)은? (단, $\mu = 0.00131 N \cdot s/m^2$, 속도 구배 = 900sec$^{-1}$, 체류시간 30초)

㉮ 약 4.3 　　㉯ 약 5.6
㉰ 약 6.8 　　㉱ 약 7.3

**풀이** ① $V(m^3) = Q(m^3/day) \times t(day)$
$= \dfrac{18,480 m^3}{day} \times 30sec \times \dfrac{1hr}{3,600sec} \times \dfrac{1day}{24hr}$
$= 6.4167 m^3$

② $P = G^2 \times \mu \times V$
$P = (900/sec)^2 \times 0.00131 N \cdot s/m^2 \times 6.4167 m^3$
$= 6,808.76 Watt = 6.81 kW$

**TIP**
점성계수의 단위
$N \cdot s/m^2 = kg/m \cdot sec$

**51** 침전하는 입자들이 너무 가까이 있어서 입자 간의 힘이 이웃입자의 침전을 방해하게 되고 동일한 속도로 침전하며 최종침전지 중간 정도의 깊이에서 일어나는 침전형태는?

㉮ 지역침전　　㉯ 응집침전
㉰ 독립침전　　㉱ 압축침전

**풀이** Ⅲ형 침전(지역침전, 간섭침전, 방해침전)에 대한 설명이다.

**52** 살수여상 공정으로부터 유출되는 유출수의 부유 물질을 제거하고자 한다. 유출수의 평균유량은 12,300m³/day, 여과지의 여과속도는 17L/m²·min이고, 4개의 여과지(병렬기준)를 설계하고자 할 때 여과지 하나의 면적(m²)은?

㉮ 약 75 　　㉯ 약 100
㉰ 약 125 　　㉱ 약 150

**풀이**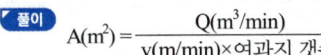
$= \dfrac{12,300 m^3/day \times \dfrac{1day}{24hr} \times \dfrac{1hr}{60min}}{17 \times 10^{-3} m/min \times 4}$
$= 125.61 m^2$

**TIP**
① $17 L/m^2 \cdot min = 17 \times 10^{-3} m^3/m^2 \cdot min$
② $m^3/m^2 \cdot min = m/min$

**53** 폐수량 500m³/day, BOD 300mg/L인 폐수를 표준활성슬러지공법으로 처리하여 최종방류수 BOD 농도를 20mg/L 이하로 유지하고자 한다. 최초침전지 BOD 제거효율이 30%일 때 포기조와 최종침전지, 즉 2차 처리 공정에서 유지되어야 하는 최저 BOD 제거효율(%)은?

㉮ 약 82.5 　　㉯ 약 85.5
㉰ 약 90.5 　　㉱ 약 94.5

**풀이** 최저 BOD 제거효율(%)
$= \left(1 - \dfrac{20mg/L}{300mg/L \times (1-0.30)}\right) \times 100 = 90.48\%$

**answer** 50 ㉰　51 ㉮　52 ㉰　53 ㉰

**54** 하수로부터 인 제거를 위한 화학제의 선택에 영향을 미치는 인자가 아닌 것은?

㉮ 유입수의 인 농도
㉯ 슬러지 처리시설
㉰ 알칼리도
㉱ 다른 처리공정과의 차별성

**[풀이]** 하수로부터 인 제거를 위한 화학제의 선택에 영향을 미치는 인자로는 유입수의 인 농도, 슬러지 처리시설, 알칼리도 등이 있다.

**55** CSTR 반응조를 일차반응조건으로 설계하고, A의 제거 또는 전환율이 90%가 되게 하고자 한다. 반응상수 k가 0.35/hr일 때 CSTR 반응조의 체류시간(hr)은?

㉮ 12.5   ㉯ 25.7
㉰ 32.5   ㉱ 43.7

**[풀이]** $Q(C_o - C_t) = k \cdot V \cdot C_t$

여기서 $t = \dfrac{V}{Q}$ 이므로

$(C_o - C_t) = k \cdot C_t \cdot \left(\dfrac{V}{Q}\right)$

$t = \dfrac{C_o - C_t}{k \times C_t} = \dfrac{1 - 0.1}{0.35/hr \times 0.1} = 25.71 hr$

**56** 활성슬러지 공정의 폭기조 내 MLSS 농도 2,000mg/L, 폭기조의 용량 5m³, 유입 폐수 BOD 농도 300mg/L, 폐수 용량이 15m³/day일 때, F/M 비(kg BOD/kg MLSS·day)는?

㉮ 0.35   ㉯ 0.45
㉰ 0.55   ㉱ 0.65

**[풀이]** $F/M 비 = \dfrac{BOD \times Q}{MLSS \times V}$

$= \dfrac{300mg/L \times 15m^3/day}{2,000mg/L \times 5m^3}$

$= 0.45/day$

**57** 수질 성분이 부식에 미치는 영향으로 틀린 것은?

㉮ 높은 알칼리도는 구리와 납의 부식을 증가시킨다.
㉯ 암모니아는 착화물 형성을 통해 구리, 납 등의 금속용해도를 증가시킬 수 있다.
㉰ 잔류염소는 Ca와 반응하여 금속의 부식을 감소시킨다.
㉱ 구리는 갈바닉 전지를 이룬 배관상에 홈집(구멍)을 야기한다.

**[풀이]** ㉰ 잔류염소는 Ca와 반응하여 금속의 부식을 증가시킨다.

**58** Freundlich 등온 흡착식($X/M = KC_e^{1/n}$)에 대한 설명으로 틀린 것은?

㉮ X는 흡착된 용질의 양을 나타낸다.
㉯ K, n은 상수값으로 평형농도에 적용한 단위에 상관없이 동일하다.
㉰ $C_e$는 용질의 평형농도(질량/체적)를 나타낸다.
㉱ 한정된 범위의 용질농도에 대한 흡착 평형값을 나타낸다.

**[풀이]** ㉯ K, n은 경험적 상수값으로 평형농도에 적용한 단위에 따라 달라진다.

**answer**  54 ㉱  55 ㉯  56 ㉯  57 ㉰  58 ㉯

**59** 생물학적 인, 질소제거 공정에서 호기조, 무산소조, 혐기조 공정의 주된 역할을 가장 올바르게 설명한 것은? (단, 유기물 제거는 고려하지 않으며, 호기조 - 무산소조 - 혐기조 순서임)

㉮ 질산화 및 인의 과잉 흡수 - 탈질소 - 인의 용출
㉯ 질산화 - 탈질소 및 인의 과잉 흡수 - 인의 용출
㉰ 질산화 및 인의 용출 - 인의 과잉 흡수 - 탈질소
㉱ 질산화 및 인의 용출 - 탈질소 - 인의 과잉 흡수

**풀이** $A_2/O$공법으로 유입수 → 혐기성조(인의 용출 및 유기물 제거) → 무산소조(탈질소) → 호기성조(질산화 및 인의 과잉 흡수) → 유출수 순서로 이루어져 있다.

**60** 호기성 미생물에 의하여 발생되는 반응은?

㉮ 포도당 → 알코올
㉯ 초산 → 메탄
㉰ 아질산염 → 질산염
㉱ 포도당 → 초산

**풀이** 호기성 미생물은 산소를 이용하는 반응이며, 아질산염($NO_2^-$) → 질산염($NO_3^-$)가 해당한다.

| 제4과목 | 수질오염공정시험기준

**61** 불소-자외선/가시선 분광법에 대한 내용으로 틀린 것은?

㉮ 시료에 넣은 란탄알리자린 콤프렉손의 착화합물이 불소이온과 반응한다.
㉯ 생성하는 청색의 복합 착화합물의 흡광도를 520nm에서 측정한다.
㉰ 정량한계는 0.15mg/L이다.
㉱ 알루미늄 및 철의 방해가 크나 증류하면 영향이 없다.

**풀이** ㉯ 생성하는 청색의 복합 착화합물의 흡광도를 620 nm에서 측정한다.

**62** 0.005 M-$KMnO_4$ 400mL를 조제하려면 $KMnO_4$ 약 몇 g을 취해야 하는가?
(단, 원자량 K = 39, Mn = 55)

㉮ 약 0.32   ㉯ 약 0.63
㉰ 약 0.84   ㉱ 약 0.98

**풀이**
$$0.005M = \frac{w(g)}{0.4L} \times \frac{1mol}{158g}$$
$\therefore$ w = 0.316g ≒ 0.32g

**answer** 59 ㉮  60 ㉰  61 ㉯  62 ㉮

**63** 유속-면적법에 의한 하천유량을 구하기 위한 소구간 단면에 있어서의 평균유속 $V_m$을 구하는 식은? (단, $V_{0.2}$, $V_{0.4}$, $V_{0.5}$, $V_{0.6}$, $V_{0.8}$은 각각 수면으로부터 전수심의 20%, 40%, 50%, 60%, 80%인 점의 유속이다.)

㉮ 수심이 0.4 m 미만일 때 $V_m = V_{0.5}$
㉯ 수심이 0.4 m 미만일 때 $V_m = V_{0.8}$
㉰ 수심이 0.4 m 이상일 때
　$V_m = (V_{0.2}+V_{0.8})\times 1/2$
㉱ 수심이 0.4m 이상일 때
　$V_m = (V_{0.4}+V_{0.6})\times 1/2$

**풀이** 평균유속
① 수심이 0.4 m 미만일 때 $V_m = V_{0.6}$
② 수심이 0.4 m 이상일 때 $V_m = \dfrac{V_{0.2}+V_{0.8}}{2}$

**64** 용해성 망간을 측정하기 위해 시료를 채취 후 속히 여과해야 하는 이유는?

㉮ 망간을 공침시킬 우려가 있는 현탁물질을 제거하기 위해
㉯ 망간 이온을 접촉적으로 산화, 침전시킬 우려가 있는 이산화망간을 제거하기 위해
㉰ 용존상태에서 존재하는 망간과 침전상태에서 존재하는 망간을 분리하기 위해
㉱ 단시간 내에 석출, 침전할 우려가 있는 콜로이드 상태의 망간을 제거하기 위해

**풀이** 시료를 채취 후 속히 여과해야 하는 이유는 용존상태에서 존재하는 망간과 침전상태에서 존재하는 망간을 분리하기 위해서이다.

**65** 시안($CN^-$) 분석용 시료를 보관할 때 20% NaOH 용액을 넣어 pH 12의 알칼리성으로 보관하는 이유는?

㉮ 산성에서는 $CN^-$ 이온이 HCN으로 되어 휘산하기 때문
㉯ 산성에서는 탄산염을 형성하기 때문
㉰ 산성에서는 시안이 침전되기 때문
㉱ 산성에서나 중성에서는 시안이 분해 변질 되기 때문

**풀이** 시안($CN^-$) 분석용 시료를 보관할 때 20% NaOH 용액을 넣어 pH 12의 알칼리성으로 보관하는 이유는 산성에서는 $CN^-$ 이온이 HCN으로 되어 휘산하기 때문이다.

**66** 대장균-효소기질정량법에 대한 내용이다. ( )안에 들어갈 알맞은 것은?

> 상용화된 용기와 시약을 사용하고, 무균조작으로 시료 100mL와 상용화된 효소기질 시약을 넣어 완전히 혼합하고 적정시간 (35±0.5)℃에서 배양 후 ( )램프를 사용하여 암실에서 형광을 관찰하여 MUG(4-methyl-umbelliferyl-$\beta$-D-glucuronide)에 의한 형광이 관찰되면 대장균 양성으로 판정하여 정량한다.

㉮ X-선　　㉯ 자외선
㉰ 적외선　㉱ 가시광선

**풀이** 대장균의 효소기질정량법에서는 자외선 램프(365nm~366nm, 6와트)를 사용한다.

**answer** 63 ㉰　64 ㉰　65 ㉮　66 ㉯

**67** 0.025N 과망간산포타슘 표준용액의 농도계수를 구하기 위해 0.025N 수산화소듐 용액 10mL를 정확히 취해 종점까지 적정하는데 0.025N 과망간산포타슘용액이 10.15mL 소요되었다. 0.025N 과망간산포타슘 표준용액의 농도계수(F)는?

㉮ 1.015 ㉯ 1.000
㉰ 0.9852 ㉱ 0.025

**풀이** $N_1V_1F_1 = N_2V_2F_2$
0.025N×10mL×1.0 = 0.025N×10.15mL×$F_2$
∴ $F_2$ = 0.9852

**TIP**
NaOH의 역가(F)는 1.0을 기준으로 한다.

**68** "항량으로 될 때까지 건조한다."라 함은 같은 조건에서 어느 정도 더 건조시켜 전후 무게 차가 g당 0.3mg 이하일 때를 말하는가?

㉮ 30분 ㉯ 60분
㉰ 120분 ㉱ 240분

**풀이** "항량으로 될 때까지 건조한다."라 함은 같은 조건에서 1시간 더 건조시켜 전후무게 차가 g당 0.3mg 이하일 때를 말한다.

**69** 원자흡수분광광도법으로 셀레늄을 측정할 때 수소화셀레늄을 발생시키기 위해 전처리한 시료에 주입하는 것은?

㉮ 염화제일주석 용액
㉯ 아연분말
㉰ 요오드화소듐 분말
㉱ 수산화소듐 용액

**풀이** 원자흡수분광광도법으로 셀레늄을 측정할 때 수소화셀레늄을 발생시키기 위해 전처리한 시료에 주입하는 것은 아연분말이다.

**70** 수질오염공정시험기준 구리-원자흡수분광광도법의 정량한계는?

㉮ 0.05mg/L ㉯ 0.005mg/L
㉰ 0.08mg/L ㉱ 0.008mg/L

**풀이** 구리의 시험방법 별 정량한계
① 원자흡수분광광도법 : 0.008mg/L
② 유도결합플라스마-원자발광분광법 : 0.005mg/L
③ 유도결합플라스마-질량분석법 : 0.002mg/L

**71** 복수시료채취방법에 대한 설명으로 ( )에 옳은 것은? (단, 배출허용기준 적합여부 판정을 위한 시료채취 시)

자동시료채취기로 시료를 채취할 경우에는 ( ㉠ ) 이내에 30분 이상 간격으로 ( ㉡ ) 이상 채취하여 일정량의 단일 시료로 한다.

㉮ ㉠6시간, ㉡2회 ㉯ ㉠6시간, ㉡4회
㉰ ㉠8시간, ㉡2회 ㉱ ㉠8시간, ㉡4회

**풀이** 자동시료채취기로 시료를 채취할 경우에는 6시간 이내에 30분 이상 간격으로 2회 이상 채취하여 일정량의 단일 시료로 한다.

**TIP**
암기해야할 내용
① 채취 : 2회  ② 시간 간격 : 6시간
③ 분 간격 : 30분  ④ 평균 : 산술평균

**answer** 67 ㉰  68 ㉯  69 ㉯  70 ㉱  71 ㉮

**72** 수질연속자동측정기기의 설치방법 중 시료 채취지점에 관한 내용으로 ( )에 옳은 것은?

> 취수구의 위치는 수면하 10cm 이상, 바닥으로부터 ( )cm 이상을 유지하여 동절기의 결빙을 방지하고 바다 퇴적물이 유입되지 않도록 하되, 불가피한 경우는 수면하 5cm에서 채취할수 있다.

㉮ 5  ㉯ 15
㉰ 25  ㉱ 35

**풀이** 취수구의 위치
① 취수구의 위치는 수면하 10cm 이상
② 바닥으로부터 15cm 이상

**73** BOD 실험에서 배양기간 중에 4.0mg/L의 DO 소모를 바란다면 BOD 200mg/L로 예상되는 폐수를 실험할 때 300mL BOD 병에 몇 mL 넣어야 하는가?

㉮ 2.0  ㉯ 4.0
㉰ 6.0  ㉱ 8.0

**풀이** $200mg/L = 4.0mg/L \times \dfrac{300mL}{XmL}$

∴ X = 6.0mL

**74** 기체크로마토그래프 검출기에 관한 설명으로 틀린 것은?

㉮ 열전도도검출기는 금속 필라멘트 또는 전기저항체를 검출소자로 한다.
㉯ 불꽃이온화검출기의 본체는 수소연소 노즐, 이온수집기, 대극, 배기구로 구성된다.
㉰ 알칼리열이온화검출기는 함유할로겐화합물 및 함유황화물을 고감도로 검출할 수 있다.
㉱ 전자포획형검출기는 많은 나이트로화합물, 유기금속화합물 등을 선택적으로 검출할 수 있다.

**풀이** ㉰ 황화합물의 검출기는 불꽃광도검출기(FPD), 유기할로겐화합물의 검출기는 전자포획형검출기(ECD)이다.

**75** 하천유량 측정을 위한 유속 면적법의 적용범위로 틀린 것은?

㉮ 대규모 하천을 제외하고 가능하면 도섭으로 측정할 수 있는 지점
㉯ 교량 등 구조물 근처에서 측정할 경우 교량의 상류지점
㉰ 합류나 분류되는 지점
㉱ 선정된 유량측정 지점에서 말뚝을 박아 동일 단면에서 유량측정을 수행할 수 있는 지점

**풀이** ㉰ 합류나 분류가 없는 지점

**76** 이온크로마토그래피에 관한 설명 중 틀린 것은?

㉮ 물 시료 중 음이온의 정성 및 정량분석에 이용된다.
㉯ 기본구성은 용리액조, 시료 주입부, 펌프, 분리컬럼, 검출기 및 기록계로 되어 있다.
㉰ 시료의 주입량은 보통 10μL~100μL 정도이다.
㉱ 일반적으로 음이온 분석에는 이온교환검출기를 사용한다.

**answer** 72 ㉯  73 ㉰  74 ㉰  75 ㉰  76 ㉱

**풀이** ㉣ 일반적으로 음이온 분석에는 전기전도도검출기를 사용한다.

## 77. pH 미터의 유지관리에 대한 설명으로 틀린 것은?

㉮ 전극이 더러워졌을 때는 유리전극을 묽은 염산에 잠시 담갔다가 증류수로 씻는다.
㉯ 유리전극을 사용하지 않을 때는 증류수에 담가둔다.
㉰ 유지, 그리스 등이 전극표면에 부착되면 유기용매로 적신 부드러운 종이로 전극을 닦고 증류수로 씻는다.
㉱ 전극에 발생하는 조류나 미생물은 전극을 보호하는 작용이므로 떨어지지 않게 주의한다.

**풀이** ㉱ 전극에 발생하는 조류나 미생물은 전극을 오염시키므로 발생하지 않도록 주의한다.

## 78. 4각 웨어에 의하여 유량을 측정하려고 한다. 웨어의 수두 0.5m, 절단의 폭이 4m이면 유량(m³/분)은? (단, 유량 계수 = 4.8)

㉮ 약 4.3
㉯ 약 6.8
㉰ 약 8.1
㉱ 약 10.4

**풀이** 사각웨어의 유량 $(Q) = k \cdot b \cdot h^{\frac{3}{2}} (m^3/min)$
따라서 $Q = 4.8 \times 4m \times (0.5m)^{\frac{3}{2}} = 6.79 m^3/min$

**TIP**
삼각웨어의 유량 $(Q) = k \cdot h^{\frac{5}{2}} (m^3/min)$

## 79. 배출허용기준 적합여부 판정을 위한 시료채취 시 복수시료채취방법 적용을 제외할 수 있는 경우가 아닌 것은?

㉮ 환경오염사고 또는 취약시간대의 환경오염감시 등 신속한 대응이 필요한 경우
㉯ 부득이 복수시료채취방법으로 할 수 없을 경우
㉰ 유량이 일정하며 연속적으로 발생되는 폐수가 방류되는 경우
㉱ 사업장내에서 발생하는 폐수를 회분식 등 간헐적으로 처리하여 방류하는 경우

**풀이** ㉰ 물환경 보전법에 의한 비정상적 행위를 할 경우

## 80. 총질소 실험방법과 가장 거리가 먼 것은? (단, 수질오염공정시험기준 적용)

㉮ 연속흐름법
㉯ 자외선/가시선 분광법 - 활성탄흡착법
㉰ 자외선/가시선 분광법 - 카드뮴·구리환원법
㉱ 자외선/가시선 분광법 - 환원증류·킬달법

**풀이** ㉯ 자외선/가시선 분광법 - 산화법

**answer** 77 ㉱ 78 ㉯ 79 ㉰ 80 ㉯

# 2021 2회 기출문제

| 제1과목 | 수질오염개론

**TIP**
① 산성물질의 pH = -log[H⁺]
② 알칼리성물질의 pH = 14+log[OH⁻]

**01** 분뇨에 관한 설명으로 옳지 않은 것은?

㉮ 분뇨는 다량의 유기물과 대장균을 포함하고 있다.
㉯ 도시하수에 비하여 고형물 함유도와 점도가 높다.
㉰ 분과 뇨의 혼합비는 1 : 10이다.
㉱ 분과 뇨의 고형물비는 약 1 : 1이다.

**풀이** ㉱ 분과 뇨의 고형물비는 약 7 : 1이다.

**02** 아세트산($CH_3COOH$) 120mg/L 용액의 pH는? (단, 아세트산 $K_a = 1.8 \times 10^{-5}$)

㉮ 4.65  ㉯ 4.21
㉰ 3.72  ㉱ 3.52

**풀이** $CH_3COOH \rightarrow CH_3COO^- + H^+$

$k_a = \dfrac{[CH_3COO^-][H^+]}{[CH_3COOH]}$ 에서

$[CH_3COO^-] = [H^+]$ 이므로

$k_a = \dfrac{[H^+]^2}{[CH_3COOH]}$ 에서

$[H^+] = \sqrt{k_a \times [CH_3COOH]}$

$[CH_3COOH]$의 mol/L = $\dfrac{0.12g}{L} \times \dfrac{1mol}{60g}$ = 0.002M

$[H^+] = \sqrt{(1.8 \times 10^{-5}) \times (0.002M)}$
     $= 1.9 \times 10^{-4}$ mol/L

pH = -log[H⁺] = -log[1.9×10⁻⁴mol/L] = 3.72

**03** 자당(sucrose, $C_{12}H_{22}O_{11}$)이 완전히 산화될 때 이론적인 ThOD/TOC 비는?

㉮ 2.67  ㉯ 3.83
㉰ 4.43  ㉱ 5.68

**풀이** $C_{12}H_{22}O_{11} + 12O_2 \rightarrow 12CO_2 + 11H_2O$

$\dfrac{ThOD(이론적인 산소요구량)}{TOC(총유기탄소량)} = \dfrac{12 \times 32g}{12 \times 12g} = 2.67$

**04** 호소의 조류생산 잠재력조사(AGP 시험)를 적용한 대표적 응용사례와 가장 거리가 먼 것은?

㉮ 제한 영양염의 추정
㉯ 조류증식에 대한 저해물질의 유무추정
㉰ 1차 생산량 측정
㉱ 방류수역의 부영양화에 미치는 배수의 영향평가

**answer** 01 ㉱  02 ㉰  03 ㉮  04 ㉰

## 05
시료의 대장균수가 5,000개/mL라면 대장균수가 20개/mL가 될 때까지의 소요시간(hr)은? (단, 일차반응기준, 대장균수의 반감기 = 2시간)

㉮ 약 16  ㉯ 약 18
㉰ 약 20  ㉱ 약 22

**풀이**
① 반감기 공식 : $\ln \frac{1}{2} = -k \times t$

$\ln \frac{1}{2} = -k \times 2hr$

∴ $k = 0.3466/hr$

② 1차반응식 : $\ln \frac{C_t}{C_o} = -k \times t$

$\ln \frac{20\text{개/mL}}{5,000\text{개/mL}} = -0.3466/hr \times t$

∴ $t = 15.93hr$

## 06
1차 반응식이 적용될 때 완전혼합반응기(CFSTR) 체류시간은 압출형반응기(PFR) 체류시간의 몇 배가 되는가? (단, 1차 반응에 의해 초기농도의 70%가 감소되었고, 자연대수로 계산하며 속도상수는 같다고 가정함)

㉮ 1.34  ㉯ 1.51
㉰ 1.72  ㉱ 1.94

**풀이**
① 완전혼합형 반응조(CFSTR)의 1차 반응식
$Q(C_o - C_t) = k \cdot V \cdot C_t$

$(C_o - C_t) = \frac{V}{Q} \cdot k \cdot C_t$

$t = \frac{C_o - C_t}{k \cdot C_t} = \frac{1 - 0.3}{k \times 0.3} = \frac{2.33}{k}$

② 압출형 반응기(PFR)의 1차 반응식
$\ln \frac{C_t}{C_o} = -k \times t$

$\ln \frac{C_o}{C_t} = k \times t$

$t = \frac{\ln \frac{C_o}{C_t}}{k} = \frac{\ln \frac{1}{0.3}}{k} = \frac{1.20}{k}$

③ $\frac{CFSTR}{PFR} = \frac{2.33/k}{1.20/k} = 1.94$

**TIP**
① $C_o$(초기농도) = 100% = 1
② $C_t$(t시간 후 농도) = 100-70% = 30% = 0.3
③ $t = \frac{V}{Q}$

## 07
해양오염에 관한 설명으로 가장 거리가 먼 것은?

㉮ 육지와 인접해 있는 대륙붕은 오염되기 쉽다.
㉯ 유류오염은 산소의 전달을 억제한다.
㉰ 원유가 바다에 유입되면 해면에 얇은 막을 형성하며 분산된다.
㉱ 해수 중에서 오염물질의 확산은 일반적으로 수직방향이 수평방향보다 더 빠르게 진행된다.

**풀이** ㉱ 해수 중에서 오염물질의 확산은 일반적으로 수평방향이 수직방향보다 더 빠르게 진행된다.

## 08
자연계 내에서 질소를 고정할 수 있는 생물과 가장 거리가 먼 것은?

㉮ Blue green algae  ㉯ Rhizobium
㉰ Azotobacter  ㉱ Flagellates

**풀이** ㉱ Flagellates는 편모를 가지고 수중생활을 하는 단세포생물인 편모조류이다.

answer  05 ㉮  06 ㉱  07 ㉱  08 ㉱

**09** 광합성의 영향인자와 가장 거리가 먼 것은?

㉮ 빛의 강도  ㉯ 빛의 파장
㉰ 온도  ㉱ $O_2$ 농도

▶풀이 ㉱ $O_2$농도는 광합성 반응 시 발생되는 물질이다.

**10** 식물과 조류세포의 엽록체에서 광합성의 명반응과 암반응을 담당하는 곳은?

㉮ 틸라코이드와 스트로마
㉯ 스트로마와 그라나
㉰ 그라나와 내막
㉱ 내막과 외막

▶풀이 식물과 조류세포의 엽록체에서 광합성의 명반응과 암반응을 담당하는 곳은 명반응을 담당하는 틸라코이드와 암반응을 담당하는 스트로마이다.

**11** 물의 특성에 관한 설명으로 틀린 것은?

㉮ 수소와 산소의 공유결합 및 수소결합으로 되어 있다.
㉯ 수온이 감소하면 물의 점성도가 감소한다.
㉰ 물의 점성도는 표준상태에서 대기의 대략 100배 정도이다.
㉱ 물분자 사이의 수소결합으로 큰 표면장력을 갖는다.

▶풀이 ㉯ 수온이 감소하면 물의 점성도가 증가한다.

**12** 25℃, 2기압의 메탄가스 40kg을 저장하는데 필요한 탱크의 부피($m^3$)는? (단, 이상기체의 법칙, R = 0.082L·atm/mol·K)

㉮ 20.6  ㉯ 25.3
㉰ 30.5  ㉱ 35.3

▶풀이 $2atm \times V(L)$
$= \dfrac{40 \times 10^3 g}{16g} \times (0.082L \cdot atm/mol \cdot k) \times (273+25)k$
∴ V = 30,545L = 30.55$m^3$

**TIP**
기체상태 방정식

$PV = nRT$ 에서 $PV = \dfrac{W}{M}RT$

여기서 P : 압력(atm)
V : 부피(L)
n : 몰수
W : 질량(g)
M : 분자량(g)
R : 기체상수(L·atm/mol·k)
T : 절대온도(K)

**13** 호소의 영양상태를 평가하기 위한 Carlson 지수를 산정하기 위해 요구되는 인자가 아닌 것은?

㉮ Chlorophyll-a  ㉯ SS
㉰ 투명도  ㉱ T-P

▶풀이 Carlson 지수를 산정하기 위해 요구되는 인자로는 Chlorophyll-a, 투명도, T-P가 있다.

answer  09 ㉱  10 ㉮  11 ㉯  12 ㉰  13 ㉯

**14** 유기화합물이 무기화합물과 다른 점을 올바르게 설명한 것은?

㉮ 유기화합물들은 대체로 이온반응보다는 분자반응을 하므로 반응속도가 느리다.
㉯ 유기화합물들은 대체로 분자반응보다는 이온반응을 하므로 반응속도가 느리다.
㉰ 유기화합물들은 대체로 이온반응보다는 분자반응을 하므로 반응속도가 빠르다.
㉱ 유기화합물들은 대체로 분자반응보다는 이온반응을 하므로 반응속도가 빠르다.

풀이 유기화합물이 무기화합물과 다른 점은 유기화합물들은 대체로 이온반응보다는 분자반응을 하므로 반응속도가 느린점이다.

**15** 하천의 수질관리를 위하여 1920년대 초에 개발된 수질예측모델로 BOD와 DO 반응 즉 유기물 분해로 인한 DO소비와 대기로부터 수면을 통해 산소가 재공급되는 재폭기만 고려한 것은?

㉮ DO SAG I 모델
㉯ QUAL-I 모델
㉰ WQRRS 모델
㉱ Streeter-Phelps 모델

풀이 ㉱ Streeter-Phelps 모델에 대한 설명이다.

**16** 보통 농업용수의 수질평가 시 SAR로 정의하는데 이에 대한 설명으로 틀린 것은?

㉮ SAR값이 20 정도이면 $Na^+$가 토양에 미치는 영향이 적다.
㉯ SAR의 값은 $Na^+$, $Ca^{2+}$, $Mg^{2+}$ 농도와 관계가 있다.
㉰ 경수가 연수보다 토양에 더 좋은 영향을 미친다고 볼 수 있다.
㉱ SAR의 계산식에 사용되는 이온의 농도는 meq/L를 사용한다.

풀이 ㉮ SAR값이 20 정도이면 $Na^+$가 토양에 미치는 영향이 크다.

**TIP**
① SAR(소듐 흡착률) = $\dfrac{Na^+}{\sqrt{\dfrac{Ca^{2+}+Mg^{2+}}{2}}}$
② 단위 : meq/L = mN = mg/L÷1mg 당량
③ 판정
SAR 0 ~ 10 : 영향 적음
SAR 10 ~ 18 : 중간 정도 영향
SAR 18 ~ 26 : 큰 영향
SAR 26 이상 : 아주 큰 영향

**17** 황조류로 엽록소 a, c와 크산토필의 색소를 가지고 있고 세포벽이 형태상 독특한 단세포 조류이며, 찬물 속에서도 잘 자라 북극지방에서나 겨울철에 번성하는 것은?

㉮ 녹조류
㉯ 갈조류
㉰ 규조류
㉱ 쌍편모조류

풀이 ㉰ 규조류에 대한 설명이다.

answer 14 ㉮  15 ㉱  16 ㉮  17 ㉰

**18** 해수에 관한 다음의 설명 중 옳은 것은?

㉮ 해수의 중요한 화학적 성분 7가지는 $Cl^-$, $Na^+$, $Mg^{2+}$, $SO_4^{2-}$, $HCO_3^-$, $K^+$, $Ca^{2+}$이다.
㉯ 염분은 적도해역에서 낮고 남북 양극 해역에서 높다.
㉰ 해수의 Mg/Ca비는 담수보다 작다.
㉱ 해수의 밀도는 수심이 깊을수록 염농도가 감소함에 따라 작아진다.

**풀이** ㉯ 염분은 적도해역에서 높고 남북 양극 해역에서 낮다.
㉰ 해수의 Mg/Ca비는 담수보다 크다.
㉱ 해수의 밀도는 염분, 수온, 수압의 함수로 수심이 깊을수록 증가한다.

**19** 약산인 $0.01N-CH_3COOH$가 18% 해리될 때 수용액의 pH는?

㉮ 약 2.15  ㉯ 약 2.25
㉰ 약 2.45  ㉱ 약 2.75

**풀이**
$$CH_3COOH \rightarrow CH_3COO^- + H^+$$
해리 전   0.01M          0M          0M
해리 후   0.01M-0.01M×0.18   0.01M×0.18   0.01M×0.18
∴ pH = $-\log[H^+]$ = $-\log[0.01M \times 0.18]$ = 2.75

**20** 3mol의 글리신(glycine, $CH_2(NH_2)COOH$)이 분해되는데 필요한 이론적 산소요구량(g $O_2$)은?

- 1단계 : 유기탄소는 이산화탄소($CO_2$), 유기질소는 암모니아($NH_3$)로 전환된다.
- 2, 3단계 : 암모니아는 산화과정을 통하여 아질산, 최종적으로 질산염까지 전환된다.

㉮ 317   ㉯ 336
㉰ 362   ㉱ 392

**풀이**
$CH_2(NH_2)COOH + 3.5O_2 \rightarrow 2CO_2 + 2H_2O + HNO_3$
1mol         : 3.5×32g
3mol         : ThOD

∴ ThOD = $\dfrac{3mol \times 3.5 \times 32g}{1mol}$ = 336g

**TIP**
① 글리신 = $CH_2(NH_2)COOH$ = $C_2H_5O_2N$
② ThOD = 이론적 산소요구량

| 제2과목 | 상하수도계획

**21** 펌프의 캐비테이션이 발생하는 것을 방지하기 위한 대책으로 볼 수 없는 것은?

㉮ 펌프의 설치위치를 가능한 한 높게 하여 펌프의 필요유효흡입수두를 작게 한다.
㉯ 펌프의 회전속도를 낮게 선정하여 펌프의 필요유효흡입수두를 작게 한다.
㉰ 흡입관의 손실을 가능한 한 작게 하여 펌프의 가용유효흡입수두를 크게 한다.
㉱ 흡입측 밸브를 완전히 개방하고 펌프를 운전한다.

**풀이** ㉮ 펌프의 설치 위치를 가능한 한 낮게 하여 펌프의 가용유효흡입수두를 크게 한다.

answer   18 ㉮   19 ㉱   20 ㉯   21 ㉮

**22** 응집지(정수시설)내 급속혼화시설의 급속혼화방식과 가장 거리가 먼 것은?

㉮ 공기식
㉯ 수류식
㉰ 기계식
㉱ 펌프확산에 의한 방법

**풀이** 응집지(정수시설)내 급속혼화시설의 급속혼화방식에는 수류식, 기계식, 펌프확산에 의한 방법이 있다.

**23** 하수 고도처리를 위한 급속여과법에 관한 설명과 가장 거리가 먼 것은?

㉮ 여층의 운동방식에 의해 고정상형 및 이동상형으로 나눌 수 있다.
㉯ 여층의 구성은 유입수와 여과수의 수질, 역세척 주기 및 여과면적을 고려하여 정한다.
㉰ 여과속도는 유입수와 여과수의 수질, SS의 포획능력 및 여과지속시간을 고려하여 정한다.
㉱ 여재는 종류, 공극률, 비표면적, 균등계수 등을 고려하여 정한다.

**풀이** ㉯ 여층의 구성은 SS 제거율, 유지관리의 경제성 등을 고려하여 정한다.

**24** 하수시설인 중력식침사지에 대한 설명 중 옳은 것은?

㉮ 체류시간은 3~6분을 표준으로 한다.
㉯ 수심은 유효수심에 모래퇴적부의 깊이를 더한 것으로 한다.
㉰ 오수침사지의 표면부하율은 $3,600 m^3/m^2 \cdot day$ 정도로 한다.
㉱ 우수침사지의 표면부하율은 $1,800 m^3/m^2 \cdot day$ 정도로 한다.

**풀이** ㉮ 체류시간은 30~60초를 표준으로 한다.
㉰ 오수침사지의 표면부하율은 $1,800 m^3/m^2 \cdot day$ 정도로 한다.
㉱ 우수침사지의 표면부하율은 $3,600 m^3/m^2 \cdot day$ 정도로 한다.

**25** 정수장에서 송수를 받아 해당 배수구역으로 배수하기 위한 배수지에 대한 설명(기준)으로 틀린 것은?

㉮ 유효용량은 시간변동조정용량과 비상대처용량을 합한다.
㉯ 유효용량은 급수구역의 계획1일최대급수량의 6시간분 이상을 표준으로 한다.
㉰ 배수지의 유효수심은 3~6m 정도를 표준으로 한다.
㉱ 고수위로부터 정수지 상부 슬래브까지는 30cm 이상의 여유고를 둔다.

**풀이** ㉯ 유효용량은 급수구역의 계획1일최대급수량의 12시간분 이상을 표준으로 한다.

answer   22 ㉮   23 ㉯   24 ㉯   25 ㉯

**26** 도시의 장래하수량 추정을 위해 인구증가 현황을 조사한 결과 매년 증가율이 5%로 나타났다. 이 도시의 20년 후의 추정인구(명)는? (단, 현재의 인구는 73,000명이다.)

㉮ 약 132,000  ㉯ 약 162,000
㉰ 약 183,000  ㉱ 약 194,000

**풀이** $P_n = 73,000명 \times (1+0.05)^{20} = 193,690명$

**TIP**
$P_n = P_o \times (1+r)^n$
여기서
$P_n$ : 현재로부터 n년 후 추정되는 인구
$P_o$ : 현재인구
$r$ : 인구 증가율 $\left(r = \dfrac{P_o}{P_t} - 1\right)$
$P_t$ : 현재부터 t년 전의 인구
$n$ : 설계기간(년)

**27** 계획오수량에 대한 설명 중 올바르지 않은 것은?

㉮ 합류식에서 우천 시 계획오수량은 원칙적으로 계획시간최대오수량의 3배 이상으로 한다.
㉯ 계획1일최대오수량은 1인1일평균오수량에 계획인구를 곱한 후, 여기에 공장폐수량, 지하수량 및 기타 배수량을 더한 것으로 한다.
㉰ 계획1일평균오수량은 계획1일최대오수량의 70~80%를 표준으로 한다.
㉱ 계획시간최대오수량은 계획1일 최대오수량의 1시간당 수량의 1.3~1.8배를 표준으로 한다.

**풀이** ㉯ 계획1일최대오수량은 1인1일최대오수량에 계획인구를 곱한 후, 여기에 공장폐수량, 지하수량 및 기타 배수량을 더한 것으로 한다.

**28** 해수담수화를 위해 해수를 취수할 때 취수위치에 따른 장·단점으로 틀린 것은?

㉮ 해중취수(10 m 이상) : 기상변화, 해조류의 영향이 적다.
㉯ 해안취수(10 m 이내) : 계절별 수질, 수온 변화가 심하다.
㉰ 염지하수 취수 : 추가적 전처리 비용이 발생한다.
㉱ 해안취수(10 m 이내) : 양적으로 가장 경제적이다.

**풀이** ㉰ 염지하수 취수 : 추가적 전처리 비용이 발생하지 않는다.

**29** 상수시설 중 도수거에서의 최소유속(m/sec)은?

㉮ 0.1  ㉯ 0.3
㉰ 0.5  ㉱ 1.0

**풀이** 도수거에서의 허용최대한도는 3m/sec이고 최소유속은 0.3m/sec이다.

**TIP**
**유속범위 기준**

| 관로 | 기준 | 최소유속 | 최대유속 |
|---|---|---|---|
| 도수관거 | 자연유하식 | 0.3m/s | 3.0m/s |
| 오수관거 | 계획시간 최대오수량 | 0.6m/s | 3.0m/s |
| 우수관거 합류관거 | 계획우수량 | 0.8m/s | 3.0m/s |

**answer** 26 ㉱  27 ㉯  28 ㉰  29 ㉯

**30** 하수도계획 수립 시 포함되어야 하는 사항과 가장 거리가 먼 것은?

㉮ 침수방지계획
㉯ 슬러지 처리 및 자원화 계획
㉰ 물관리 및 재이용계획
㉱ 하수도 구축지역 계획

**풀이** ㉱ 수질보전 계획

**31** 강우강도 $I = \dfrac{3,970}{t+31}$ mm/hr, 유역면적 3.0km², 유입시간 180sec, 관거길이 1km, 유출계수 1.1, 하수관의 유속 33m/min일 경우 우수유출량(m³/sec)은? (단, 합리식 적용)

㉮ 약 29     ㉯ 약 33
㉰ 약 48     ㉱ 약 57

**풀이**
$Q = \dfrac{1}{360} CIA$

여기서
- C : 유출계수
- I : 강우강도(mm/hr)
- A : 면적(ha)

① $I = \dfrac{3,970}{t+31}$(mm/hr)

t(유달시간) = 유입시간(min) + 유하시간(min)

유하시간 = $\dfrac{\text{관의 길이(m)}}{\text{관내 유속(m/min)}}$

$= \dfrac{1,000m}{33m/min} = 30.3030min$

따라서

t(유달시간) = $180sec \times \dfrac{1min}{60sec}$ + 30.3030min

= 33.303min

$I = \dfrac{3,970}{t+31} = \dfrac{3,970}{33.303min+31} = 61.739mm/hr$

② A(면적) = 3.0km² × 100ha/1km² = 300ha

③ $Q = \dfrac{1}{360} CIA$

$= \dfrac{1}{360} \times 1.1 \times 61.739mm/hr \times 300ha$

$= 56.59m^3/sec$

**32** 상수의 취수시설에 관한 설명 중 틀린 것은?

㉮ 취수탑은 탑의 설치 위치에서 갈수 수심이 최소 2m 이상이어야 한다.
㉯ 취수보의 취수구의 유입 유속은 1m/sec 이상이 표준이다.
㉰ 취수탑의 취수구 단면형상은 장방형 또는 원형으로 한다.
㉱ 취수문을 통한 유입속도가 0.8m/sec 이하가 되도록 취수문의 크기를 정한다.

**풀이** ㉯ 취수보의 취수구의 유입 유속은 0.4~0.8m/sec를 표준으로 한다.

**33** 펌프의 특성곡선에서 펌프의 양수량과 양정간의 관계를 가장 잘 나타낸 곡선은?

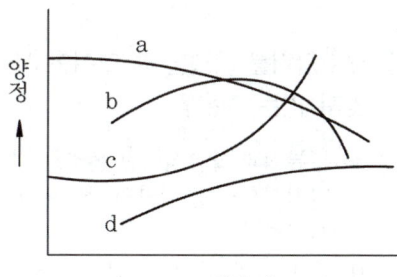

㉮ a 곡선     ㉯ b 곡선
㉰ c 곡선     ㉱ d 곡선

**풀이** 펌프의 양수량과 양정은 반비례관계이므로 a곡선이 해당한다.

**answer** 30 ㉱  31 ㉱  32 ㉯  33 ㉮

**34** 복류수나 자유수면을 갖는 지하수를 취수하는 시설인 집수매거에 관한 설명으로 틀린 것은?

㉮ 집수매거의 길이는 시험우물 등에 의한 양수시험 결과에 따라 정한다.
㉯ 집수매거의 매설깊이는 1.0m 이하로 한다.
㉰ 집수매거는 수평 또는 흐름방향으로 향하여 완경사로 하고 집수매거의 유출단에서 매거내의 평균유속은 1.0 m/sec 이하로 한다.
㉱ 세굴의 우려가 있는 제외지에 설치할 경우에는 철근콘크리트틀 등으로 방호한다.

> **풀이** ㉯ 집수매거의 매설깊이는 5.0m를 표준으로 한다.

**TIP**

**집수매거 조건**
① 복수류 흐름방향과 직각으로 설치
② 매설 깊이는 5m
③ 집수구면의 직경은 10~20mm이고 관거표면적은 1m²당 20~30개 정도
④ 집수매거 내 속도는 1m/sec 이하

**35** 오수관거를 계획할 때 고려할 사항으로 맞지 않는 것은?

㉮ 분류식과 합류식이 공존하는 경우에는 원칙적으로 양 지역의 관거는 분리하여 계획한다.
㉯ 관거는 원칙적으로 암거로 하며, 수밀한 구조로 하여야 한다.
㉰ 관거단면, 형상 및 경사는 관거 내에 침전물이 퇴적하지 않도록 적당한 유속을 확보한다.
㉱ 관거의 역사이펀이 발생하도록 계획한다.

> **풀이** ㉱ 관거의 역사이펀이 발생하지 않도록 계획한다.

**36** 상수처리시설인 침사지의 구조 기준으로 틀린 것은?

㉮ 표면부하율은 200~500mm/min을 표준으로 한다.
㉯ 지내 평균유속은 30cm/sec를 표준으로 한다.
㉰ 지의 상단높이는 고수위보다 0.6~1m의 여유고를 둔다.
㉱ 지의 유효수심은 3~4m를 표준으로 한다.

> **풀이** ㉯ 지내 평균유속은 2~7cm/sec를 표준으로 한다.

**37** 펌프를 선정할 때 고려 사항으로 적당하지 않은 것은?

㉮ 펌프를 최대효율점 부근에서 운전하도록 용량 및 대수를 결정한다.
㉯ 펌프의 설치대수는 유지관리상 가능한 적게 하고 동일용량의 것으로 한다.
㉰ 펌프는 저용량일수록 효율이 높으므로 가능한 저용량으로 한다.
㉱ 내부에서 막힘이 없고, 부식 및 마모가 적어야 한다.

> **풀이** ㉰ 펌프는 고용량일수록 효율이 높으므로 가능한 고용량으로 한다.

**answer** 34 ㉯  35 ㉱  36 ㉯  37 ㉰

**38** 슬러지탈수 방법 중 가압식 벨트프레스 탈수기에 관한 내용으로 옳지 않은 것은? (단, 원심탈수기와 비교)

㉮ 소음이 적다.
㉯ 동력이 적다.
㉰ 부대장치가 적다.
㉱ 소모품이 적다.

**풀이** ㉰ 부대장치가 많다.

**39** 유출계수가 0.65인 1km²의 분수계에서 흘러내리는 우수의 양(m³/sec)은? (단, 강우강도 = 3mm/min, 합리식 적용)

㉮ 1.3   ㉯ 6.5
㉰ 21.7  ㉱ 32.5

**풀이** $Q = \dfrac{1}{360} CIA$

여기서
- C : 유출계수
- I : 강우강도(mm/hr)
- A : 면적(ha)

우수의 양
$= \dfrac{1}{360} \times 0.65 \times 3\text{mm/min} \times \dfrac{60\text{min}}{1\text{hr}} \times 1\text{km}^2 \times \dfrac{100\text{ha}}{1\text{km}^2}$
$= 32.5 \text{m}^3/\text{sec}$

**40** 정수시설인 완속여과지에 관한 내용으로 옳지 않은 것은?

㉮ 주위벽 상단은 지반보다 60cm 이상 높여 여과지 내로 오염수나 토사 등의 유입을 방지한다.
㉯ 여과속도는 4~5m/day를 표준으로 한다.
㉰ 모래층의 두께는 70~90cm를 표준으로 한다.
㉱ 여과면적은 계획정수량을 여과속도로 나누어 구한다.

**풀이** ㉮ 주위벽 상단은 지반보다 15cm 이상 높여 여과지 내로 오염수나 토사 등의 유입을 방지한다.

| 제3과목 | 수질오염방지기술

**41** 활성슬러지 포기조의 유효용적 1,000m³, MLSS 농도 3,000mg/L, MLVSS는 MLSS 농도의 75%, 유입 하수 유량 4,000m³/day, 합성계수(Y) 0.63mg MLVSS/mg BOD_removed, 내생분해계수(k) 0.05day⁻¹, 1차 침전조 유출수의 BOD 200mg/L, 포기조 유출수의 BOD 20mg/L일 때, 슬러지 생성량(kg/day)은?

㉮ 301   ㉯ 321
㉰ 341   ㉱ 361

**풀이** 슬러지 생성량($Q_w \cdot SS_w$)
$= Y \times Q \times (BOD_i - BOD_o) - k \times V \times MLVSS$
$= 0.63 \times 4,000\text{m}^3/\text{day} \times (0.2-0.02)\text{kg/m}^3 - 0.05/\text{day} \times 1,000\text{m}^3 \times 3\text{kg/m}^3 \times 0.75$
$= 341.1 \text{kg/day}$

answer  38 ㉰  39 ㉱  40 ㉮  41 ㉰

**42** 1,000m³의 하수로부터 최초침전지에서 생성되는 슬러지 양(m³)은? (단, 최초침전지 체류시간=2시간, 부유물질 제거효율=60%, 부유물질농도=220mg/L, 부유물질 분해없음, 슬러지 비중=1.0, 슬러지 함수율=97%)

㉮ 2.4
㉯ 3.2
㉰ 4.4
㉱ 5.2

**풀이** 슬러지발생량(m³)

$= \dfrac{SS농도(kg/m^3) \times 슬러지량(m^3) \times 제거효율}{비중량(kg/m^3)} \times \dfrac{100}{100-함수율(\%)}$

$= \dfrac{0.22kg/m^3 \times 1,000m^3 \times 0.60}{1,000kg/m^3} \times \dfrac{100}{100-97\%}$

$= 4.4m^3$

**TIP**
① mg/L $\xrightarrow{\times 10^{-3}}$ kg/m³
② SS 220mg/L = SS 0.22kg/m³
③ 비중(g/cm³) $\xrightarrow{\times 10^3}$ 비중량(kg/m³)
④ 비중 1.0g/cm³ $\xrightarrow{\times 10^3}$ 1,000kg/m³

**43** 다음 조건과 같이 혐기성 반응을 시킬 때 세포생산량(kg 세포/day)은?

- 세포생산계수(Y) = 0.04g 세포/g BOD$_L$
- 폐수유량(Q) = 1,000m³/day
- BOD 제거효율(E) = 0.7
- 세포내호흡계수(Kd) = 0.015/day
- 체류시간($\theta c$) = 20일
- 폐수유기물질농도(So) = 10g BOD$_L$/L

㉮ 84
㉯ 182
㉰ 215
㉱ 334

**풀이**

세포생산량 $= \dfrac{Y \times Q \times BOD \times \eta}{1+(kd \times \theta_c)}$

$= \dfrac{0.04 \times 1,000m^3/day \times 10kg/m^3 \times 0.7}{1+(0.015/day \times 20일)}$

$= 215.38kg/day$

**44** 연속회분식(SBR)의 운전단계에 관한 설명으로 틀린 것은?

㉮ 주입 : 주입단계 운전의 목적은 기질(원폐수 또는 1차 유출수)을 반응조에 주입하는 것이다.
㉯ 주입 : 주입단계는 총 cycle 시간의 약 25% 정도이다.
㉰ 반응 : 반응단계는 총 cycle 시간의 약 65% 정도이다.
㉱ 침전 : 연속흐름식 공정에 비하여 일반적으로 더 효율적이다.

**풀이** ㉰ 반응 : 반응단계는 총 cycle 시간의 약 35% 정도이다.

**45** 농축조에 함수율 99%인 일차슬러지를 투입하여 함수율 96%의 농축슬러지를 얻었다. 농축 후의 슬러지량은 초기 일차 슬러지량의 몇 %로 감소하였는가? (단, 비중은 1.0 기준)

㉮ 50
㉯ 33
㉰ 25
㉱ 20

**풀이** $V_1 \times (100-P_1) = V_2 \times (100-P_2)$
$V_1 \times (100-99) = V_2 \times (100-96)$
$V_2 = \dfrac{V_1 \times (100-99)}{(100-96)} = 0.25V_1$
따라서 $V_2$는 $V_1$의 25%에 해당된다.

**answer** 42 ㉰  43 ㉰  44 ㉰  45 ㉰

**46** 평균입도 3.2mm인 균일한 층 30cm에서의 Reynolds 수는? (단, 여과속도 = 160L/m² · min, 동점성계수 = 1.003×10⁻⁶m²/sec)

㉮ 8.5   ㉯ 11.6
㉰ 15.9  ㉱ 18.3

**풀이**
$$Re = \frac{D \times v}{\nu} = \frac{0.0032m \times 0.16m/min \times \frac{1min}{60sec}}{1.003 \times 10^{-6} m^2/sec} = 8.51$$

**47** 활성슬러지 포기조 용액을 사용한 실험값으로부터 얻은 결과에 대한 설명으로 가장 거리가 먼 것은?

> MLSS 농도가 1,600mg/L인 용액 1리터를 30분간 침강시킨 후 슬러지의 부피가 400mL이었다.

㉮ 최종침전지에서 슬러지의 침강성이 양호하다.
㉯ 슬러지 밀도지수(SDI)는 0.5 이하이다.
㉰ 슬러지 용량지수(SVI)는 200 이상이다.
㉱ 실모양의 미생물이 많이 관찰된다.

**풀이**
$$SVI(mL/g) = \frac{SV(mL/L)}{MLSS(mg/L)} \times 10^3 = \frac{400mL/L}{1,600mg/L} \times 10^3 = 250$$
$$SDI(g/100mL) = \frac{1}{SVI} \times 100 = \frac{1}{250} \times 100 = 0.4$$
SVI가 250이므로 슬러지 팽화(벌킹)이 발생하며, 슬러지의 침강성이 불량하다.

**48** 급속교반 탱크에 유입되는 폐수를 6평날 터빈임펠러로 완전 혼합하고자 한다. 임펠러의 직경은 2.0m, 깊이 6.0m인 탱크의 바닥으로부터 1.2m 높이에서 설치되었다. 수온 30°C에서 임펠러의 회전속도가 30rpm일 때 동력소비량(kW)은? (단, $P = k\rho n^3 D^5$, 30°C 액체의 밀도 995.7kg/m³, k = 6.3)

㉮ 약 115   ㉯ 약 86
㉰ 약 54    ㉱ 약 25

**풀이**
$P = k \times \rho \times n^3 \times D^5$
$= 6.3 \times 0.9957 g/cm^3 \times 5^3 \times (2.0m)^5$
$= 25,091.64 Watt = 25.09 kW$

**TIP**
n의 값을 대입 시 n = (날의 수-1)임에 주의해야 한다.

**49** 침전지내에서 기타의 모든 조건이 같다면 비중이 0.3인 입자에 비하여 0.8인 입자의 부상속도는 얼마나 되는가?

㉮ 7/2배 늘어난다.
㉯ 8/3배 늘어난다.
㉰ 2/7배 줄어든다.
㉱ 3/8로 줄어든다.

**풀이**
$V_f = \frac{d^2(\rho_w - \rho_s)g}{18\mu}$에서 부상속도($V_f$) = ($\rho_w - \rho_s$)이므로
$V_f = \frac{(1.0-0.8)}{(1.0-0.3)} = \frac{2}{7}$ 배

**answer**  46 ㉮   47 ㉮   48 ㉱   49 ㉰

**50** 처리유량이 200m³/hr이고 염소요구량이 9.5mg/L, 잔류염소 농도가 0.5mg/L일 때 하루에 주입되는 염소의 양(kg/day)은?

㉮ 2  ㉯ 12
㉰ 22  ㉱ 48

**풀이** ① 염소주입량 = 염소요구량 + 염소잔류량
  = 9.5mg/L + 0.5mg/L
  = 10mg/L
② 염소주입량(kg/day)
  = $10.0 \times 10^{-3} kg/m^3 \times 200 m^3/hr \times \dfrac{24hr}{1day}$
  = 48kg/day

**TIP**
염소주입량 = 염소요구량 + 염소잔류량
(암기법) 주입은 요잔에

**51** 하수처리장에서 발생되는 슬러지를 혐기성 소화조에서 처리하는 도중 소화가스량이 급격하게 감소하였다. 소화가스의 발생량이 감소하는 원인에 대한 설명 중 틀린 것은?

㉮ 유기산이 과도하게 축적되는 경우
㉯ 적정온도범위가 유지되지 않거나 독성물질이 유입된 경우
㉰ 알칼리도가 크게 낮아진 경우
㉱ pH가 증가된 경우

**풀이** ㉰ 알칼리도가 크게 높아진 경우

**52** 생물학적 폐수처리공정에서 생물 반응조에 슬러지를 반송시키는 주된 이유는?

㉮ 폐수처리에 필요한 미생물을 공급하기 위하여
㉯ 폐수에 들어있는 독성물질을 중화시키기 위하여
㉰ 활성슬러지가 자라는데 필요한 영양소를 공급하기 위하여
㉱ 슬러지처리공정으로 들어가는 잉여슬러지의 양을 증가시키기 위하여

**풀이** 생물학적 폐수처리공정에서 생물 반응조에 슬러지를 반송시키는 주된 이유는 폐수처리에 필요한 미생물을 공급하기 위해서이다.

**53** 농약을 제조하는 공장의 폐수 중에는 유기인이 함유되고 있는 경우가 많다. 이들을 처리하는데 가장 적당한 처리방법은?

㉮ 활성탄 흡착
㉯ 이온교환수지법
㉰ 황산 알미늄으로 응집
㉱ 염화철로 응집

**풀이** 농약에 함유되어 있는 유기인 처리에 가장 적당한 방법은 활성탄 흡착법이다.

---

answer  50 ㉱  51 ㉰  52 ㉮  53 ㉮

**54** 수온 20℃에서 평균직경 1mm인 모래입자의 침전속도(m/sec)는 얼마인가? (단, 동점성값은 $1.003 \times 10^{-6} m^2/s$, 모래비중은 2.5, Stoke's 법칙을 이용하시오.)

㉮ 0.414m/s   ㉯ 0.614m/s
㉰ 0.814m/s   ㉱ 1.014m/s

**풀이**
① $\nu(\text{동점성 계수}) = \dfrac{\mu(\text{점성계수})}{\rho(\text{물의 밀도})}$

$$1.003 \times 10^{-6} m^2/sec = \dfrac{\mu(kg/m \cdot sec)}{1,000 kg/m^3}$$

$$\therefore \mu = 1.003 \times 10^{-3} kg/m \cdot sec$$

② $Vs = \dfrac{d^2(\rho_s - \rho_w)g}{18\mu}$

$$= \dfrac{(1 \times 10^{-3} m)^2 \times (2,500-1,000) kg/m^3 \times 9.8 m/sec^2}{18 \times 1.003 \times 10^{-3} kg/m \cdot sec}$$

$$= 0.814 m/sec$$

**55** 회전원판법(RBC)에서 근접 배치한 얇은 원형판들을 폐수가 흐르는 통에 몇 % 정도가 잠기는 것(침적율)이 가장 적합한가?

㉮ 20%   ㉯ 30%
㉰ 40%   ㉱ 50%

**풀이** 회전원판법에서 근접 배치한 얇은 원형판들을 폐수가 흐르는 통에 40% 정도가 잠기는 것(침적율)이 가장 적합하다.

**56** 하수처리에 관련된 침전현상(독립, 응집, 간섭, 압밀)의 종류 중 '간섭침전'에 관한 설명과 가장 거리가 먼 것은?

㉮ 생물학적 처리시설과 함께 사용되는 2차 침전시설내에서 발생한다.
㉯ 입자 간의 작용하는 힘에 의해 주변 입자들의 침전을 방해하는 중간 정도 농도의 부유액에서의 침전을 말한다.
㉰ 입자 등은 서로 간의 간섭으로 상대적 위치를 변경시켜 전체 입자들이 한 개의 단위로 침전한다.
㉱ 함께 침전하는 입자들의 상부에 고체와 액체의 경계면이 형성된다.

**풀이** ㉰ 입자 등은 서로 간의 상대적 위치를 변경시키지 않고 입자들은 구조물을 형성하여 한 개의 단위로 침전한다.

**57** 혐기성 소화조내의 pH가 낮아지는 원인이 아닌 것은?

㉮ 유기물 과부하
㉯ 과도한 교반
㉰ 중금속 등 유해물질 유입
㉱ 온도 저하

**풀이** 혐기성 소화조내의 pH가 낮아지는 원인은 유기물 과부하, 중금속 등 유해물질 유입, 온도 저하 등이다.

**58** 일반적으로 염소계 산화제를 사용하여 무해한 물질로 산화 분해시키는 처리방법을 사용하는 폐수의 종류는?

㉮ 납을 함유한 폐수
㉯ 시안을 함유한 폐수
㉰ 유기인을 함유한 폐수

**answer** 54 ㉰   55 ㉰   56 ㉰   57 ㉯   58 ㉯

㉑ 수은을 함유한 폐수

**풀이** 염소계 산화제를 사용하여 무해한 물질로 산화 분해시키는 처리방법을 사용하는 폐수의 종류는 시안을 함유한 폐수이며, 방법은 알칼리염소법이다.

**59** 응집과정 중 교반의 영향에 관한 설명으로 알맞지 않은 것은?

㉮ 교반에 따른 응집효과는 입자의 농도가 높을수록 좋다.
㉯ 교반에 따른 응집효과는 입자의 지름이 불균일할수록 좋다.
㉰ 교반을 위한 동력은 응결지 부피와 비례한다.
㉱ 교반을 위한 동력은 속도경사와 반비례한다.

**풀이** ㉱ 교반을 위한 동력은 속도경사의 제곱에 비례한다.

**60** 상향류 혐기성 슬러지상(USAB)에 관한 설명으로 틀린 것은?

㉮ 미생물 부착을 위한 여재를 이용하여 혐기성 미생물을 슬러지층으로 축적시켜 폐수를 처리하는 방식이다.
㉯ 수리학적 체류시간을 작게 할 수 있어 반응조 용량이 축소된다.
㉰ 폐수의 성상에 의하여 슬러지의 입상화가 크게 영향을 받는다.
㉱ 고형물의 농도가 높을 경우 고형물 및 미생물이 유실될 우려가 있다.

**풀이** ㉮ 상향류 혐기성 슬러지상(USAB)은 기계적인 교반이나 미생물 부착을 위한 여재가 필요없다.

| 제4과목 | 수질오염공정시험기준

**61** 직각 3각 웨어에서 웨어의 수두 0.2m, 수로폭 0.5m, 수로의 밑면으로부터 절단 하부점까지의 높이 0.9m일 때, 아래의 식을 이용하여 유량($m^3$/min)을 구하면?

$$K = 81.2 + \frac{0.24}{h} + [(8.4 + \frac{12}{\sqrt{D}}) \times (\frac{h}{B} - 0.09)^2]$$

㉮ 1.0   ㉯ 1.5
㉰ 2.0   ㉱ 2.5

**풀이**
① $k = 81.2 + \frac{0.24}{0.2m} + [(8.4 + \frac{12}{\sqrt{0.9m}}) \times (\frac{0.2m}{0.5m} - 0.09)^2]$
   $= 84.42$
② $Q = k \times h^{\frac{5}{2}}$ ($m^3$/min)
   $= 84.42 \times (0.2m)^{\frac{5}{2}} = 1.51 m^3/min$

**62** 시료의 최대보존기간이 다른 측정 항목은?

㉮ 시안
㉯ 불소
㉰ 염소이온
㉱ 노말헥산추출물질

**풀이** 시료의 최대보존기간
㉮ 시안 : 14일
㉯ 불소 : 28일
㉰ 염소이온 : 28일
㉱ 노말헥산추출물질 : 28일

**answer** 59 ㉱  60 ㉮  61 ㉯  62 ㉮

**63** 개수로 유량측정에 관한 설명으로 틀린 것은? (단, 수로의 구성, 재질, 단면의 형상, 기울기 등이 일정하지 않은 개수로의 경우)

㉮ 수로는 될수록 직선적이며, 수면이 물결치지 않는 곳을 고른다.
㉯ 10m를 측정구간으로 하여 2m 마다 유수의 횡단면적을 측정하고, 산출평균값을 구하여 유수의 평균 단면적으로 한다.
㉰ 유속의 측정은 부표를 사용하여 100m 구간을 흐르는데 걸리는 시간을 스톱워치로 재며 이때 실측 유속을 표면 최대 유속으로 한다.
㉱ 총 평균 유속(m/s)은 [0.75 × 표면 최대 유속(m/s)]으로 계산된다.

**풀이** ㉰ 유속의 측정은 부표를 사용하여 10m 구간을 흐르는데 걸리는 시간을 스톱워치로 재며 이때 실측 유속을 표면 최대유속으로 한다.

**64** 기체크로마토그래피법으로 PCB를 정량할 때 관련이 없는 것은?

㉮ 전자포획형 검출기
㉯ 석영가스 흡수 셀
㉰ 실리카겔 칼럼
㉱ 질소캐리어 가스

**풀이** ㉯ 흡수셀은 자외선/가시선 분광법에서 사용한다.

**65** 공정시험기준의 내용으로 가장 거리가 먼 것은?

㉮ 온수는 (60~70)℃, 냉수는 15℃ 이하를 말한다.
㉯ 방울수는 20℃에서 정제수 20방울을 적하할 때, 그 부피가 약 1mL가 되는 것을 뜻한다.
㉰ '정밀히 단다'라 함은 규정된 수치의 무게를 0.1mg까지 다는 것을 말한다.
㉱ 시험에 쓰는 물은 따로 규정이 없는 한 증류수 또는 정제수로 한다.

**풀이** ㉰ '정확히 단다'라 함은 규정된 수치의 무게를 0.1mg까지 다는 것을 말한다.

**TIP** 정밀히 단다함은 규정된 양의 시료를 취하여 화학저울 또는 미량저울로 칭량함을 말한다.

**66** 환원제인 $FeSO_4$ 용액 25mL를 $H_2SO_4$ 산성에서 $0.1N-K_2Cr_2O_7$으로 산화시키는 데 31.25mL 소비되었다. $FeSO_4$ 용액 200mL를 0.05N 용액으로 만들려고 할 때 가하는 물의 양(mL)은?

㉮ 200  ㉯ 300
㉰ 400  ㉱ 500

**풀이** 이 문제는 답만 암기를 해 두면 된다!!

**answer** 63 ㉰  64 ㉯  65 ㉰  66 ㉯

**67** 수질오염공정시험기준상 음이온 계면활성제 실험방법으로 옳은 것은?

㉮ 자외선/가시선 분광법
㉯ 원자흡수분광광도법
㉰ 기체크로마토그래피법
㉱ 이온전극법

**풀이** 음이온 계면활성제 실험방법은 자외선/가시선 분광법, 연속흐름법이 있다.

**68** $NO_3^-$(질산성 질소) 0.1mg N/L의 표준원액을 만들려고 한다. $KNO_3$ 몇 mg을 달아 증류수에 녹여 1L로 제조하여야 하는가? (단, $KNO_3$ 분자량 = 101.1)

㉮ 0.10  ㉯ 0.14
㉰ 0.52  ㉱ 0.72

**풀이**
$KNO_3$ : $NO_3^-$-N
101.1g : 14g
X : 0.1mg/L
∴ X = 0.72mg/L

**69** 폐수 20mL를 취하여 산성과망간산포타슘법으로 분석하였더니 0.005M-$KMnO_4$ 용액의 적정량이 4mL이었다. 이 폐수의 COD(mg/L)는? (단, 공시험값 = 0mL, 0.005M-$KMnO_4$ 용액의 f = 1.00)

㉮ 16  ㉯ 40
㉰ 60  ㉱ 80

**풀이**
$$COD(mg/L) = \frac{(b-a) \times f \times 0.2}{V(L)}$$
$$= \frac{(4-0)mL \times 1.00 \times 0.2}{20 \times 10^{-3}L}$$
$$= 40mg/L$$

**70** "정확히 취하여"라고 하는 것은 규정한 양의 액체를 무엇으로 눈금까지 취하는 것을 말하는가?

㉮ 메스실린더  ㉯ 뷰렛
㉰ 부피피펫    ㉱ 눈금 비이커

**풀이** ㉰ 부피피펫에 대한 설명이다.

**71** 노말헥산 추출물질의 정량한계(mg/L)는?

㉮ 0.1  ㉯ 0.5
㉰ 1.0  ㉱ 5.0

**풀이** 노말헥산 추출물질의 정량한계는 0.5mg/L이다.

**72** 수질분석용 시료 채취 시 유의사항과 가장 거리가 먼 것은?

㉮ 시료 채취 용기는 시료를 채우기 전에 깨끗한 물로 3회 이상 씻은 다음 사용한다.
㉯ 유류 또는 부유물질 등이 함유된 시료는 시료의 균일성이 유지될 수 있도록 채취하여야 하며 침전물 등이 부상하여 혼입되어서는 안 된다.
㉰ 용존가스, 환원성 물질, 휘발성유기화합물, 냄새, 유류 및 수소이온 등을 측정하는 시료는 시료용기에 가득 채워야 한다.
㉱ 시료 채취량은 보통 3L~5L 정도이어야 한다.

**풀이** ㉮ 시료 채취 용기는 깨끗이 세척된 용기 또는 멸균된 용기를 사용한다.

**answer** 67 ㉮  68 ㉱  69 ㉯  70 ㉰  71 ㉯  72 ㉮

**73** 부유물질 측정 시 간섭물질에 관한 설명으로 틀린 것은?

㉮ 증발잔류물이 1,000mg/L 이상인 경우의 해수, 공장폐수 등은 특별히 취급하지 않을 경우, 높은 부유물질 값을 나타낼 수 있다.
㉯ 5mm 금속망을 통과시킨 큰 입자들은 부유물질 측정에 방해를 주지 않는다.
㉰ 칼슘, 마그네슘, 염화물, 황산염 등의 농도가 높을 경우 금속 침전이 발생하며 부유물질 측정에 영향을 줄 수 있다.
㉱ 유지, 그리스, 왁스 등을 포함하는 시료의 경우 시료를 여과한다.

▶ 풀이 ㉯ 2mm 금속망을 통과시킨 큰 입자들은 부유물질 측정에 방해를 준다.

**74** 알킬수은 화합물을 기체크로마토그래피에 따라 정량하는 방법에 관한 설명으로 가장 거리가 먼 것은?

㉮ 전자포획형 검출기(ECD)를 사용한다.
㉯ 알킬수은화합물을 벤젠으로 추출한다.
㉰ 운반기체는 순도 99.999% 이상의 질소 또는 헬륨을 사용한다.
㉱ 정량한계는 0.05mg/L이다.

▶ 풀이 ㉱ 정량한계는 0.0005mg/L이다.

**75** 6가 크롬−원자흡수분광광도법에 대한 내용으로 틀린 것은?

㉮ 피로리딘 디티오카르바민산 착물로 만들어 메틸아이소부틸케톤으로 추출한다.
㉯ 정량한계는 0.01mg/L이다.
㉰ 폐수에 반응성이 큰 다른 금속 이온이 존재할 경우 방해 영향이 크다.
㉱ 방해의 영향이 큰 경우 질산소듐 1%를 첨가하여 측정한다.

▶ 풀이 ㉱ 방해의 영향이 큰 경우 황산소듐 1%를 첨가하여 측정한다.

**76** 식물성 플랑크톤을 현미경계수법으로 측정할 때 저배율 방법(200배율 이하) 적용에 관한 내용으로 틀린 것은?

㉮ 세즈윅-라프터 챔버는 조작은 어려우나 재현성이 높아서 중배율 이상에서도 관찰이 용이하여 미소 플랑크톤의 검경에 적절하다.
㉯ 시료를 챔버에 채울 때 피펫은 입구가 넓은 것을 사용하는 것이 좋다.
㉰ 계수 시 스트립을 이용할 경우, 양쪽 경계면에 걸린 개체는 하나의 경계면에 대해서만 계수한다.
㉱ 계수 시 격자의 경우 격자 경계면에 걸린 개체는 4면 중 2면에 걸린 개체는 계수하고 나머지 2면에 들어온 개체는 계수하지 않는다.

▶ 풀이 ㉮ 세즈윅-라프터 챔버는 조작이 편리하고 재현성이 높은 반면 중배율 이상에서는 관찰이 어렵기 때문에 미소 플랑크톤의 검경에는 적절하지 못하다.

answer  73 ㉯  74 ㉱  75 ㉱  76 ㉮

**77** 자외선/가시선 흡광광도계의 구성 순서로 가장 적합한 것은?

㉮ 광원부 - 파장선택부 - 시료부 - 측광부
㉯ 광원부 - 파장선택부 - 단색화부 - 측광부
㉰ 시료도입부 - 광원부 - 파장선택부 - 측광부
㉱ 시료도입부 - 광원부 - 검출부 - 측광부

**풀이** 자외선/가시선 흡광광도계의 구성 순서는 광원부 - 파장선택부 - 시료부 – 측광부 순이다.

**78** 취급 또는 저장하는 동안에 이물질이 들어가거나 또는 내용물이 손실되지 아니하도록 보호하는 용기는?

㉮ 밀봉용기   ㉯ 밀폐용기
㉰ 기밀용기   ㉱ 압밀용기

**풀이** ㉯ 밀폐용기에 대한 설명이다.

**79** 시료 보존 시 반드시 유리병을 사용하여야 하는 측정 항목이 아닌 것은?

㉮ 노말헥산추출물질
㉯ 음이온계면활성제
㉰ 유기인
㉱ PCB

**풀이** ㉯ 음이온계면활성제는 유리용기와 폴리에틸렌용기를 사용할 수 있다.

**80** 기체크로마토그래피법으로 유기인계 농약성분인 다이아지논을 측정할 때 사용되는 검출기는?

㉮ ECD   ㉯ FID
㉰ FPD   ㉱ TCD

**풀이** 유기인계 농약성분인 다이아지논을 측정할 때 사용되는 검출기는 불꽃광도검출기(FPD)이다.

**answer**  77 ㉮   78 ㉯   79 ㉯   80 ㉰

# 2021 3회 기출문제

| 제1과목 | 수질오염개론

**01** 미생물 영양원 중 유황(sulfur)에 관한 설명으로 틀린 것은?

㉮ 황환원세균은 편성 혐기성 세균이다.
㉯ 유황을 함유한 아미노산은 세포 단백질의 필수 구성원이다.
㉰ 미생물세포에서 탄소 대 유황의 비는 100 : 1 정도이다.
㉱ 유황고정, 유황화합물 환원, 산화 순으로 변환된다.

**풀이** ㉱ 유황고정, 유황화합물 산화, 환원 순으로 변화된다.

**02** 최종 BOD가 20mg/L, DO가 5mg/L인 하천의 상류지점으로부터 3일 유하거리의 하류지점에서의 DO 농도(mg/L)는? (단, 온도변화는 없으며 DO 포화농도는 9mg/L이고, 탈산소계수는 0.1/day, 재폭기계수는 0.2/day, 상용대수기준임)

㉮ 약 4.0   ㉯ 약 4.5
㉰ 약 3.0   ㉱ 약 2.5

**풀이**
① $D_t = \dfrac{k_1 \times L_o}{k_2 - k_1} \times (10^{-k_1 \times t} - 10^{-k_2 \times t}) + D_o \times (10^{-k_2 \times t})$

$= \dfrac{0.1/day \times 20mg/L}{0.2/day - 0.1/day} \times (10^{-0.1/day \times 3day} - 10^{-0.2/day \times 3day})$
$+ (9mg/L - 5mg/L) \times (10^{-0.2/day \times 3day})$
$= 6.005 mg/L$

② 3일 유하거리의 하류지점에서의 DO농도
= $Cs - D_t$ = 9mg/L - 6.005mg/L = 3.0mg/L

**03** 공장폐수의 시료 분석결과가 다음과 같을 때 NBDICOD(Non-biodegradable insolubleCOD)농도 (mg/L)는? (단, K는 1.72를 적용할 것)

COD = 857mg/L, SCOD = 380mg/L,
BOD₅ = 468mg/L, SBOD₅ = 214mg/L,
TSS = 384mg/L, VSS = 318mg/L

㉮ 24.68   ㉯ 32.56
㉰ 40.12   ㉱ 52.04

**풀이**
① COD = ICOD + SCOD
  여기서 ICOD : 비용해성 COD
       SCOD : 용해성 COD
  따라서 ICOD = COD - SCOD
          = 857 mg/L - 380 mg/L
          = 477 mg/L
② ICOD = BDICOD + NBDICOD
  여기서
  BDICOD : 생물학적 분해 가능한 비용해성 COD
  NBDICOD : 생물학적 분해 불가능한 비용해성 COD
  따라서 BDICOD = $IBOD_u$ = k × $IBOD_5$
               = k × ($BOD_5 - SBOD_5$)
∴ NBDICOD
  = ICOD - BDICOD = ICOD - {k × ($BOD_5 - SBOD_5$)}
  = 477 mg/L - {1.72 × (468mg/L - 214mg/L)}
  = 40.12 mg/L

과년도 기출문제

**answer** 01 ㉱  02 ㉰  03 ㉰

**04** 이상적 완전혼합형 반응조내 흐름(혼합)에 관한 설명으로 틀린 것은?

㉮ 분산수(dispersion number)가 0에 가까울수록 완전혼합 흐름상태라 할 수 있다.
㉯ Morrill지수의 값이 클수록 이상적인 완전혼합 흐름상태에 가깝다.
㉰ 분산(Variance)이 1일 때 완전혼합흐름 상태라 할 수 있다.
㉱ 지체시간(lag time)이 0이다.

풀이 ㉮ 분산수가 무한대일 경우 완전혼합 흐름상태라 할 수 있다.

**TIP**

|  | CFSTR (완전혼합형반응조) | PFR (플러그흐름반응조) |
|---|---|---|
| 분산 | 1 | 0 |
| 분산수 | 무한대(∞) | 0 |
| 모릴지수 | 클수록 | 1 |
| 지체시간 | 0 | 이론적 체류시간과 동일할 때 |

**05** 건조고형물량이 3,000kg/day인 생슬러지를 저율혐기성소화조로 처리할 때 휘발성고형물은 건조고형물의 70%이고 휘발성고형물의 60%는 소화에 의해 분해된다. 소화된 슬러지의 총고형물 량(kg/day)은?

㉮ 1,040  ㉯ 1,740
㉰ 2,040  ㉱ 2,440

풀이 ① 소화 후 휘발성고형물량
= 3,000kg/day×0.70×(1-0.60) = 840kg/day
② 소화 후 잔류성고형물량
= 3,000kg/day×(1-0.70) = 900kg/day
③ 소화된 슬러지의 총고형물량(kg/day)
= 840kg/day + 900kg/day = 1,740kg/day

**06** 글루코스($C_6H_{12}O_6$) 100mg/L인 용액을 호기성 처리할 때 이론적으로 필요한 질소량(mg/L)은? (단, $K_1$(상용대수) = 0.1/day, $BOD_5 : N = 100 : 5$, $BOD_u$ = ThOD로 가정)

㉮ 약 3.7  ㉯ 약 4.2
㉰ 약 5.3  ㉱ 약 6.9

풀이 ① $C_6H_{12}O_6 + 6O_2 \rightarrow 6CO_2 + 6H_2O$
  180g : 6×32g
  100mg/L : $BOD_u$
  ∴ $BOD_u = \dfrac{6\times32g\times100mg/L}{180g} = 106.67mg/L$
② $BOD_5 = BOD_u \times (1-10^{-k_1 \times t})$
  = 106.67mg/L×$(1-10^{-0.1/day \times 5day})$
  = 72.94mg/L
③ $BOD_5$ : N
  100 : 5
  72.94mg/L : N
  ∴ N = 3.65mg/L

**07** Formaldehyde($CH_2O$) 500mg/L의 이론적 COD값(mg/L)은?

㉮ 약 512  ㉯ 약 533
㉰ 약 553  ㉱ 약 576

풀이 $CH_2O + O_2 \rightarrow CO_2 + H_2O$
 30g : 32g
 500mg/L : COD
 ∴ $COD = \dfrac{32g\times500mg/L}{30g} = 533.33mg/L$

answer  04 ㉮  05 ㉯  06 ㉮  07 ㉯

**08** 담수와 해수에 대한 일반적인 설명으로 틀린 것은?

㉮ 해수의 용존산소 포화도는 주로 염류 때문에 담수보다 작다.
㉯ upwelling은 담수가 해수의 표면으로 상승하는 현상이다.
㉰ 해수의 주성분으로는 $Cl^-$, $Na^+$, $SO_4^{2-}$ 등이 있다.
㉱ 하구에서는 담수와 해수가 쐐기 형상으로 교차한다.

**풀이** ㉯ upwelling은 해양에서 비교적 찬 해수가 아래에서 위로 표층해수를 제치고 올라오는 현상이다.

**09** 하천의 길이가 500km이며, 유속은 56 m/min이다. 상류지점의 $BOD_u$가 280ppm이라면, 상류지점에서부터 378km가 되는 하류지점의 BOD(mg/L)는? (단, 상용대수 기준, 탈산소계수는 0.1/day, 수온은 20℃, 기타조건은 고려하지 않음)

㉮ 45   ㉯ 68
㉰ 95   ㉱ 132

**풀이**
① $t(시간) = \dfrac{L(m)}{v(m/day)}$
  $= \dfrac{378 \times 10^3 m}{56m/min \times 60min/hr \times 24hr/day}$
  $= 4.69 \, day$
② $BOD_{4.69} = BOD_u \times 10^{-k_1 \times t}$
  $= 280ppm \times 10^{(-0.1/day \times 4.69day)}$
  $= 95.10 \, ppm$

**10** 3g의 아세트산($CH_3COOH$)을 증류수에 녹여 1L로 하였을 때 수소이온 농도(mol/L)는? (단, 이온화 상수값 = $1.75 \times 10^{-5}$)

㉮ $6.3 \times 10^{-4}$   ㉯ $6.3 \times 10^{-5}$
㉰ $9.3 \times 10^{-4}$   ㉱ $9.3 \times 10^{-5}$

**풀이** $CH_3COOH \rightarrow CH_3COO^- + H^+$

이온화상수(k) = $\dfrac{[CH_3COO^-][H^+]}{[CH_3COOH]}$

$CH_3COOH$의 mol/L = $\dfrac{3g}{1L} \times \dfrac{1mol}{60g} = 0.05 mol/L$

$[CH_3COO^-] = [H^+]$이므로

따라서 이온화상수(k) = $\dfrac{[H^+]^2}{[CH_3COOH]}$

$[H^+] = \sqrt{k \times [CH_3COOH]}$
  $= \sqrt{(1.75 \times 10^{-5}) \times (0.05 mol/L)}$
  $= 9.35 \times 10^{-4} mol/L$

**11** 소수성 콜로이드의 특성으로 틀린 것은?

㉮ 물과 반발하는 성질을 가진다.
㉯ 물속에 현탁상태로 존재한다.
㉰ 아주 작은 입자로 존재한다.
㉱ 염에 큰 영향을 받지 않는다.

**풀이** ㉱ 염에 큰 영향을 받는다.

**12** 연속류 교반 반응조(CFSTR)에 관한 내용으로 틀린 것은?

㉮ 충격부하에 강하다.
㉯ 부하변동에 강하다.
㉰ 유입된 액체의 일부분은 즉시 유출된다.
㉱ 동일 용량 PFR에 비해 제거효율이 좋다.

**풀이** ㉱ 동일 용량 PFR에 비해 제거효율이 낮다.

**answer** 08 ㉯   09 ㉰   10 ㉰   11 ㉱   12 ㉱

**13** 수중에서 유기질소가 유입되었을 때 유기질소는 미생물에 의하여 여러 단계를 거치면서 변화된다. 정상적으로 변화되는 과정에서 가장 적은 양으로 존재하는 것은?

㉮ 유기질소　　㉯ $NO_2^-$
㉰ $NO_3^-$　　㉱ $NH_4^+$

🔑 **풀이** 질소화합물 중에서 정상적인 변화과정에서 가장 적은 양으로 존재하는 것은 아질산염($NO_2^-$)이다.

**14** 오염된 지하수를 복원하는 방법 중 오염물질의 유발요인이 한 지점에 집중적이고 오염된 면적이 비교적 작을 때 적용할 수 있는 적합한 방법은?

㉮ 현장공기추출법
㉯ 유해물질 굴착제거법
㉰ 오염된 지하수의 양수처리법
㉱ 토양 내 미생물을 이용한 처리법

🔑 **풀이** ㉯ 유해물질 굴착제거법에 대한 설명이다.

**15** 분체 증식을 하는 미생물을 회분 배양하는 경우 미생물은 시간에 따라 5단계를 거치게 된다. 5단계 중 생존한 미생물의 중량보다 미생물원형질의 전체 중량이 더 크게 되며, 미생물수가 최대가 되는 단계로 가장 적합한 것은?

㉮ 증식단계　　㉯ 대수성장단계
㉰ 감소성장단계　　㉱ 내생성장단계

🔑 **풀이** ㉰ 감소성장단계에 대한 설명이다.

**16** 다음 유기물 1M이 완전산화될 때 이론적인 산소요구량(ThOD)이 가장 적은 것은?

㉮ $C_6H_6$　　㉯ $C_6H_{12}O_6$
㉰ $C_2H_5OH$　　㉱ $CH_3COOH$

🔑 **풀이** 이론적인 산소요구량(ThOD)이 가장 적은 것은 호기성 반응에서 산소의 갯수가 가장 적은 ㉱번이 정답이 된다.
㉮ $C_6H_6 + 7.5O_2 \rightarrow 6CO_2 + 3H_2O$
㉯ $C_6H_{12}O_6 + 6O_2 \rightarrow 6CO_2 + 6H_2O$
㉰ $C_2H_5OH + 3O_2 \rightarrow 2CO_2 + 3H_2O$
㉱ $CH_3COOH + 2O_2 \rightarrow 2CO_2 + 2H_2O$

**17** 농도가 A인 기질을 제거하기 위한 반응조를 설계하려고 한다. 요구되는 기질의 전환율이 90%일 경우에 회분식 반응조에서의 체류시간(hr)은? (단, 반응은 1차 반응 (자연대수기준)이며, 반응상수 K = 0.45/hr)

㉮ 5.12　　㉯ 6.58
㉰ 13.16　　㉱ 19.74

🔑 **풀이** 1차반응식 : $\ln \dfrac{C_t}{C_o} = -k \times t$

$\ln \dfrac{(100-90)\%}{100\%} = -0.45/hr \times t$

$\therefore t = \dfrac{\ln \dfrac{(100-90)\%}{100\%}}{-0.45/hr} = 5.12 hr$

---

**answer**　13 ㉯　14 ㉯　15 ㉰　16 ㉱　17 ㉮

**18** 생물농축에 대한 설명으로 가장 거리가 먼 것은?

㉮ 생물농축은 생태계에서 영양단계가 낮을수록 현저하게 나타난다.
㉯ 독성물질 뿐 아니라 영양물질도 똑같이 물질 순환을 통해 축적될 수 있다.
㉰ 생물체내의 오염물질 농도는 환경 수중의 농도보다 일반적으로 높다.
㉱ 생물체는 서식장소에 존재하는 물질의 필요 유무에 관계없이 섭취한다.

**풀이** ㉮ 생물농축은 생태계에서 영양단계가 높을수록 현저하게 나타난다.

**19** 해수의 HOLY SEVEN에서 가장 농도가 낮은 것은?

㉮ $Cl^-$    ㉯ $Mg^{2+}$
㉰ $Ca^{2+}$   ㉱ $HCO_3^-$

**풀이** 해수의 HOLY SEVEN에서 농도순서는
$Cl^- > Na^+ > SO_4^{2-} > Mg^{2+} > Ca^{2+} > K^+ > HCO_3^-$ 이다.

**TIP**
(암기법) 염나황은 마녜칼슘칼륨에서 중탄산을 먹는다.

**20** 하천의 자정단계와 오염의 정도를 파악하는 Whipple의 자정단계(지대별구분)에 대한 설명으로 틀린 것은?

㉮ 분해지대 : 유기성 부유물의 침전과 환원 및 분해에 의한 탄산가스의 방출이 일어난다.
㉯ 분해지대 : 용존산소의 감소가 현저하다.
㉰ 활발한 분해지대 : 수중환경은 혐기성 상태가 되어 침전저니는 흑갈색 또는 황색을 띈다.
㉱ 활발한 분해지대 : 오염에 강한 실지렁이가 나타나고 혐기성 곰팡이가 증식한다.

**풀이** ㉱ 활발한 분해지대 : 수중에 용존산소가 거의 없어 혐기성 박테리아가 번식한다.

| 제2과목 | **상하수도계획**

**21** 다음 중 생물막법과 가장 거리가 먼 것은?

㉮ 살수여상법    ㉯ 회전원판법
㉰ 접촉산화법    ㉱ 산화구법

**풀이** 살수여상법, 회전원판법, 접촉산화법은 부착성장식인 생물막법에 해당한다.

**22** 취수보의 위치와 구조 결정 시 고려할 사항으로 적절하지 않은 것은?

㉮ 유심이 취수구에 가까우며, 홍수에 의한 변화가 적은 지점으로 한다.
㉯ 홍수의 유심방향과 직각의 직선형으로 가능한 한 하천의 직선부에 설치한다.
㉰ 고정보의 상단 또는 가동보의 상단 높이는 유하단면 내에 설치한다.
㉱ 원칙적으로 철근콘크리트구조로 한다.

**풀이** ㉰ 고정보의 상단 또는 가동보의 상단 높이는 유하단면 밖에 설치한다.

---

**answer** 18 ㉮  19 ㉱  20 ㉱  21 ㉱  22 ㉰

**23** 하수의 배제방식 중 합류식에 관한 설명으로 틀린 것은?

㉮ 관거내의 보수 : 폐쇄의 염려가 없다.
㉯ 토지이용 : 기존의 측구를 폐지할 경우는 도로폭을 유효하게 이용할 수 있다.
㉰ 관거오접 : 철저한 감시가 필요하다.
㉱ 시공 : 대구경관거가 되면 좁은 도로에서의 매설에 어려움이 있다.

[풀이] ㉰ 관거오접 : 철저한 감시가 필요없다.

**24** 취수탑의 위치에 관한 내용으로 ( )에 옳은 것은?

> 연간을 통하여 최소수심이 ( ) 이상으로 하천에 설치하는 경우에는 유심이 제방에 되도록 근접한 지점으로 한다.

㉮ 1m   ㉯ 2m
㉰ 3m   ㉱ 4m

[풀이] 취수탑의 위치는 연간을 통하여 최소수심이 2m 이상으로 하천에 설치하는 경우에는 유심이 제방에 되도록 근접한 지점으로 한다.

**25** 펌프의 캐비테이션이 발생하는 것을 방지하기 위한 대책으로 잘못된 것은?

㉮ 펌프의 설치위치를 가능한 낮추어 가용유효흡입수두를 크게 한다.
㉯ 흡입관의 손실을 가능한 작게 하여 가용유효흡입수두를 크게 한다.
㉰ 펌프의 회전속도를 높게 선정하여 필요유효흡입수두를 크게 한다.
㉱ 흡입측 밸브를 완전히 개방하고 펌프를 운전한다.

[풀이] ㉰ 펌프의 회전속도를 낮게 선정하여 필요유효흡입수두를 작게 한다.

**26** 양정변화에 대하여 수량의 변동이 적고 또 수량변동에 대하여 동력의 변화도 적으므로 우수용 펌프 등 수위 변동이 큰 곳에 적합한 펌프는?

㉮ 원심펌프   ㉯ 사류펌프
㉰ 축류펌프   ㉱ 스크류펌프

[풀이] ㉯ 사류펌프에 대한 설명이다.

**27** 상수시설 중 배수시설을 설계하고 정비할 때에 설계상의 기본적인 사항 중 옳은 것은?

㉮ 배수지의 용량은 시간변동조정용량, 비상시대처용량, 소화용수량 등을 고려하여 계획시간최대급수량의 24시간 분 이상을 표준으로 한다.
㉯ 배수관을 계획할 때에 지역의 특성과 상황에 따라 직결급수의 범위를 확대하는 것 등을 고려하여 최대정수압을 결정하며, 수압의 기준점은 시설물의 최고높이로 한다.
㉰ 배수본관은 단순한 수지상 배관으로 하지 말고 가능한 한 상호 연결된 관망형태로 구성한다.
㉱ 배수지관의 경우 급수관을 분기하는 지점에서 배수관내의 최대정수압은 150kPa을 넘지 않도록 한다.

[풀이] ㉮ 배수지의 용량은 시간변동조정용량, 비상시대처용량, 소화용수량 등을 고려하여 계획1일최대급수량의 12시간 분 이상을 표준으로 한다.
㉯ 배수관을 계획할 때에 지역의 특성과 상황에 따

**answer** 23 ㉰   24 ㉯   25 ㉰   26 ㉯   27 ㉰

라 직결급수의 범위를 확대하는 것 등을 고려하여 최소정수압을 결정한다.
㉣ 배수지관의 경우 급수관을 분기하는 지점에서 배수관내의 최대정수압은 700kPa을 넘지 않도록 한다.

## 28  하수도 계획에 대한 설명으로 옳은 것은?

㉮ 하수도 계획의 목표연도는 원칙적으로 30년으로 한다.
㉯ 하수도 계획구역은 행정상의 경계구역을 중심으로 수립한다.
㉰ 새로운 시가지의 개발에 따른 하수도계획구역은 기존시가지를 포함한 종합적인 하수도 계획의 일환으로 수립한다.
㉱ 하수처리구역의 경계는 자연유하에 의한 하수배제를 위해 배수구역 경계와 교차하도록 한다.

**풀이**
㉮ 하수도 계획의 목표연도는 원칙적으로 20년으로 한다.
㉯ 하수도 계획구역은 행정상의 중심지역을 기준으로 수립한다.
㉱ 하수처리구역의 경계는 자연유하에 의한 하수배제를 위해 배수구역 경계와 교차하지 않도록 한다.

## 29  펌프의 토출량이 1,200m³/hr 흡입구의 유속이 2.0m/sec인 경우 펌프의 흡입구경(mm)은?

㉮ 약 262   ㉯ 약 362
㉰ 약 462   ㉱ 약 562

**풀이**
$D = 146 \times \sqrt{\dfrac{Q}{v}}$

여기서 D : 흡입구경(mm)
Q : 토출량(m³/min)
v : 유속(m/sec)

따라서 $D = 146 \times \sqrt{\dfrac{1,200 m^3/hr \times 1hr/60min}{2.0 m/sec}}$
= 461.69mm

## 30  고도정수 처리 시 해당 물질의 처리 방법으로 가장 거리가 먼 것은?

㉮ pH가 낮은 경우에는 플록형성 후에 알칼리제를 주입하여 pH를 조정한다.
㉯ 색도가 높을 경우에는 응집침전처리, 활성탄처리 또는 오존처리를 한다.
㉰ 음이온 계면활성제를 다량 함유한 경우에는 응집 또는 염소처리를 한다.
㉱ 원수 중에 불소가 과량으로 포함된 경우에는 응집처리, 활성알루미나, 골탄, 전해 등의 처리를 한다.

**풀이** ㉰ 음이온 계면활성제를 다량 함유한 경우에는 활성탄처리나 생물처리를 한다.

## 31  상수도 수요량 산정 시 불필요한 항목은?

㉮ 계획1인1일 최대사용량
㉯ 계획1인1일 평균급수량
㉰ 계획1인1일 최대급수량
㉱ 계획1인당 시간최대급수량

**풀이** 상수도 수요량 산정 시 필요한 항목은 급수량이다. 따라서 급수량이 아닌 항목이 정답이다.

answer  28 ㉰  29 ㉰  30 ㉰  31 ㉮

**32** 정수시설인 배수지에 관한 내용으로 옳은 내용은?

> 유효용량은 시간변동조정 용량과 비상 대처용량을 합하여 급수구역의 계획1일 최대급수량의 (　　)을 표준으로 하여야 하며 지역특성과 상수도시설의 안정성 등을 고려하여 결정한다.

㉮ 4시간분 이상　　㉯ 8시간분 이상
㉰ 12시간분 이상　㉱ 24시간분 이상

**풀이** 배수지의 유효용량은 계획1일최대급수량의 12시간분 이상을 표준으로 한다.

**33** 계획우수량을 정할 때 고려하여야 할 사항 중 틀린 것은?

㉮ 하수관거의 확률년수는 원칙적으로 10~30년으로 한다.
㉯ 유입시간은 최소단위 배수구의 지표면 특성을 고려하여 구한다.
㉰ 유출계수는 지형도를 기초로 답사를 통하여 충분히 조사하고 장래 개발계획을 고려하여 구한다.
㉱ 유하시간은 최상류관거의 끝으로부터 하류관거의 어떤 지점까지의 거리를 계획유량에 대응한 유속으로 나누어 구하는 것을 원칙으로 한다.

**풀이** ㉰ 유출계수는 토지 이용도별 기초유출계수로부터 총괄유출계수를 구한다.

**34** $I = \dfrac{3,660}{t+15}$ mm/hr, 면적 3.0km², 유입시간 6분, 유출계수 C = 0.65, 관내 유속이 1m/sec인 경우 관 길이 600m인 하수관에서 흘러나오는 우수량(m³/sec)은? (단, 합리식 적용)

㉮ 64　　㉯ 76
㉰ 82　　㉱ 91

**풀이** $Q = \dfrac{1}{360} CIA$

여기서 C : 유출계수
　　　　I : 강우강도(mm/hr)
　　　　A : 면적(ha)

① $I = \dfrac{3,660}{t+15}$(mm/hr)

t(유달시간) = 유입시간(min) + 유하시간(min)

유하시간 = $\dfrac{\text{관의 길이(m)}}{\text{관내 유속(m/min)}}$

= $\dfrac{600m}{1m/sec \times 60sec/min}$ = 10min

따라서 t(유달시간) = 6min + 10min = 16min

$I = \dfrac{3,660}{t+15} = \dfrac{3,660}{16min+15} = 118.0645$mm/hr

② A(면적) = 3.0km² × 100ha/1km² = 300ha

③ $Q = \dfrac{1}{360} CIA$

= $\dfrac{1}{360} \times 0.65 \times 118.0645$mm/hr × 300ha

= 63.95m³/sec

**35** 취수구 시설에서 스크린, 수문 또는 수위조절판(Stop log)을 설치하여 일체가 되어 작동하게 되는 취수시설은?

㉮ 취수보　　㉯ 취수탑
㉰ 취수문　　㉱ 취수관거

**풀이** ㉰ 취수문에 대한 설명이다.

**answer** 32 ㉰　33 ㉰　34 ㉮　35 ㉰

**36** 활성슬러지법에서 사용하는 수중형 포기장치에 관한 설명으로 틀린 것은?

㉮ 저속터빈과 압력튜브 혹은 보통관을 통한 압축공기를 주입하는 형식이다.
㉯ 혼합정도가 좋으며 단위용량당주입량이 크다.
㉰ 깊은 반응조에 적용하며 운전에 융통성이 있다.
㉱ 송풍조의 규모를 줄일 수 있어 전기료가 적게 소요된다.

풀이 ㉱ 수중형 포기장치의 전기료는 많이 소요된다.

**37** 정수시설인 착수정의 용량기준으로 적절한 것은?

㉮ 체류시간 : 0.5분 이상, 수심 : 2~4m 정도
㉯ 체류시간 : 1.0분 이상, 수심 : 2~4m 정도
㉰ 체류시간 : 1.5분 이상, 수심 : 3~5m 정도
㉱ 체류시간 : 1.0분 이상, 수심 : 3~5m 정도

풀이 정수시설인 착수정의 용량기준은 체류시간 1.5분 이상이고 수심은 3~5m 정도이다.

**38** 막여과시설에서 막모듈의 열화에 대한 내용으로 틀린 것은?

㉮ 미생물과 막 재질의 자화 또는 분비물의 작용에 의한 변화
㉯ 산화제에 의하여 막 재질의 특성변화나 분해
㉰ 건조되거나 수축으로 인한 막 구조의 비가역적인 변화
㉱ 응집제 투입에 따른 막모듈의 공급유로가 고형물로 폐색

풀이 ㉱번은 파울링에 대한 설명이다.

**39** 정수시설인 하니콤 방식에 관한 설명으로 틀린 것은? (단, 회전원판방식과 비교 기준)

㉮ 체류시간 : 2시간 정도
㉯ 손실수두 : 거의 없음
㉰ 폭기설비 : 필요 없음
㉱ 처리수조의 깊이 : 5~7m

풀이 ㉰ 폭기설비 : 필요 있음

**40** 면적이 3km²이고, 유입시간이 5분, 유출계수 C = 0.65, 관내 유속 1m/sec로 관 길이 1,200m인 하수관으로 우수가 흐르는 경우 유달시간(분)은?

㉮ 10   ㉯ 15
㉰ 20   ㉱ 25

풀이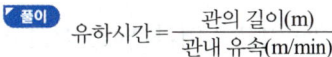

유하시간 = $\dfrac{\text{관의 길이(m)}}{\text{관내 유속(m/min)}}$

= $\dfrac{1{,}200\text{m}}{1\text{m/sec} \times 60\text{sec/min}}$ = 20min

t(유달시간) = 유입시간(min) + 유하시간(min)
= 5min + 20min = 25min

answer  36 ㉱  37 ㉰  38 ㉱  39 ㉰  40 ㉱

| 제3과목 | 수질오염방지기술

**41** 생물막을 이용한 하수처리 방식인 접촉산화법의 설명으로 틀린 것은?

㉮ 분해속도가 낮은 기질제거에 효과적이다.
㉯ 난분해성 물질 및 유해물질에 대한 내성이 높다.
㉰ 고부하시에도 매체의 공극으로 인하여 폐쇄위험이 적다.
㉱ 매체에 생성되는 생물량은 부하조건에 의하여 결정된다.

**풀이** ㉰ 고부하시 매체의 공극으로 인하여 폐쇄위험이 높다.

**42** 표면적이 $2m^2$이고 깊이가 2m인 침전지에 유량 $48m^3$/day의 폐수가 유입될 때 폐수의 체류시간(hr)은?

㉮ 2     ㉯ 4
㉰ 6     ㉱ 8

**풀이** 체류시간 $= \dfrac{체적(m^3)}{유량(m^3/hr)} = \dfrac{2m^2 \times 2m}{48m^3/day \times \dfrac{1day}{24hr}} = 2hr$

**43** 혐기성 소화조 설계 시 고려해야 할 사항과 관계가 먼 것은?

㉮ 소요산소량
㉯ 슬러지 소화정도
㉰ 슬러지 소화를 위한 온도
㉱ 소화조에 주입되는 슬러지의 양과 특성

**풀이** 혐기성 소화조 설계 시 소요산소량과는 무관하다.

**44** 하수관거가 매설되어 있지 않은 지역에 위치한 500개의 단독주택(정화조 설치)에서 생성된 정화조 슬러지를 소규모 하수처리장에 운반하여 처리할 경우, 이로 인한 BOD 부하량증가율(질량기준, 유입일 기준, %)은?

- 정화조는 년 1회 슬러지 수거
- 각 정화조에서 발생되는 슬러지 : $3.8m^3$
- 년간 250일 동안 일정량의 정화조 슬러지를 수거, 운반, 하수처리장 유입처리
- 정화조 슬러지 BOD 농도 : 6,000mg/L
- 하수처리장 유량 및 BOD 농도 : $3,800 m^3$/day 및 220mg/L
- 슬러지 비중 1.0 가정

㉮ 약 3.5     ㉯ 약 5.5
㉰ 약 7.5     ㉱ 약 9.5

**풀이** ① 정화조의 슬러지량
$= 3.8m^3/년 \times 6kg/m^3 \times 500개 = 11,400kg/년$
② 하수처리장의 슬러지량
$= 3,800m^3/day \times 250day/년 \times 0.22kg/m^3$
$= 209,000kg/년$
③ BOD부하량 증가율(%)
$= \dfrac{정화조의 슬러지량}{하수처리장의 슬러지량} \times 100$
$= \dfrac{11,400kg/년}{209,000kg/년} \times 100$
$= 5.45\%$

**answer** 41 ㉰   42 ㉮   43 ㉮   44 ㉯

**45** 상수처리를 위한 사각 침전조에 유입되는 유량은 30,000m³/day이고 표면부하율은 24m³/m²·day이며 체류시간은 6시간이다. 침전조의 길이와 폭의 비는 2 : 1이라면 조의 크기는?

㉮ 폭 : 20m, 길이 : 40m, 깊이 : 6m
㉯ 폭 : 20m, 길이 : 40m, 깊이 : 4m
㉰ 폭 : 25m, 길이 : 50m, 깊이 : 6m
㉱ 폭 : 25m, 길이 : 50m, 깊이 : 4m

**풀이** ① 표면적부하율(m³/m²·day) = $\dfrac{Q(m^3/day)}{A(m^2)}$

∴ $A(m^2) = \dfrac{30,000m^3/day}{24m^3/m^2 \cdot day} = 1,250m^2$

여기서 수면적(A) = 폭(W)×길이(L)
$1,250m^2 = W \times 2W = 2W^2$

∴ $W = \sqrt{\dfrac{1,250m^2}{2}} = 25m$

∴ L = 50m

② 표면부하율((m³/m²·day) = $\dfrac{H}{t}$

$24m^3/m^2 \cdot day = \dfrac{H}{\left(\dfrac{6hr}{24}\right)day}$

∴ H = 6m

③ W(폭) = 25m, L(길이) = 50m, H(깊이) = 6m

**46** 슬러지 내 고형물 무게의 1/3이 유기물질, 2/3가 무기물질이며, 이 슬러지 함수율은 80%, 유기물질 비중이 1.0, 무기물질 비중은 2.5라면 슬러지 전체의 비중은?

㉮ 1.072   ㉯ 1.087
㉰ 1.095   ㉱ 1.112

**풀이** $\dfrac{1}{\rho_{SL}} = \dfrac{W_{VS}}{\rho_{VS}} + \dfrac{W_{FS}}{\rho_{FS}} + \dfrac{W_P}{\rho_P}$

$= \dfrac{0.2 \times \dfrac{1}{3}}{1.0} + \dfrac{0.2 \times \dfrac{2}{3}}{2.5} + \dfrac{0.8}{1.0}$

∴ $\dfrac{1}{\rho_{SL}} = 0.92$

따라서 $\rho_{SL} = \dfrac{1}{0.92} = 1.087$

**47** 정수장의 침전조 설계 시 어려운 점은 물의 흐름은 수평방향이고 입자 침강방향은 중력방향이어서 두 방향의 운동을 해석해야 한다는 점이다. 이상적인 수평흐름 장방형 침전지(제Ⅰ형 침전)설계를 위한 기본 가정 중 틀린 것은?

㉮ 유입부의 깊이에 따라 SS 농도는 선형으로 높아진다.
㉯ 슬러지 영역에서는 유체이동이 전혀 없다.
㉰ 슬러지 영역상부에 사영역이나 단락류가 없다.
㉱ 플러그 흐름이다.

**풀이** ㉮ 유입부의 깊이에 따라 SS 농도는 균일하다.

**48** 염소이온 농도가 500mg/L, BOD 2,000 mg/L인 폐수를 희석하여 활성슬러지법으로 처리한 결과 염소이온 농도와 BOD는 각각 50mg/L이었다. 이 때의 BOD 제거율(%)은? (단, 희석수의 BOD, 염소이온 농도는 0이다.)

㉮ 85   ㉯ 80
㉰ 75   ㉱ 70

**풀이** ① 희석배수치(P)

$= \dfrac{\text{유입수의 Cl}^-}{\text{유출수의 Cl}^-} = \dfrac{500mg/L}{50mg/L} = 10$

**answer** 45 ㉰   46 ㉯   47 ㉮   48 ㉰

② BOD 제거율(%) = $\left(1 - \dfrac{유출수의\ BOD \times P}{유입수의\ BOD}\right) \times 100$

   $= \left(1 - \dfrac{50mg/L \times 10}{2,000mg/L}\right) \times 100$

   $= 75\%$

**49** 생물학적 방법을 이용하여 하수내 인과 질소를 동시에 효과적으로 제거할 수 있다고 알려진 공법과 가장 거리가 먼 것은?

㉮ $A^2/O$ 공법
㉯ 5단계 Bardenpho 공법
㉰ Phostrip 공법
㉱ SBR 공법

🔑 **풀이** Phostrip 공법은 생물학적처리와 화학적처리를 이용하여 인을 처리하는 공법이다.

**50** 미생물을 이용하여 폐수에 포함된 오염물질인 유기물, 질소, 인을 동시에 처리하는 공법은 대체로 혐기조, 무산소조, 포기조로 구성되어 있다. 이 중 혐기조에서의 주된 생물학적 오염물질 제거반응은?

㉮ 인 방출    ㉯ 인 과잉흡수
㉰ 질산화    ㉱ 탈질화

🔑 **풀이** 반응조의 역할
① 호기성조(포기조) : 인의 과잉흡수 및 질산화
② 혐기성조 : 인의 방출 및 유기물 제거
③ 무산소조 : 탈질작용에 의한 질소제거

**51** 막공법에 관한 설명으로 가장 거리가 먼 것은?

㉮ 투석은 선택적 투과막을 통해 용액 중에 다른 이온, 혹은 분자 크기가 다른 용질을 분리시키는 것이다.
㉯ 투석에 대한 추진력은 막을 기준으로 한 용질의 농도차이다.
㉰ 한외여과 및 미여과의 분리는 주로 여과작용에 의한 것으로 역삼투현상에 의한 것이 아니다.
㉱ 역삼투는 반투막으로 용매를 통과시키기 위해 동수압을 이용한다.

🔑 **풀이** ㉱ 역삼투는 반투막으로 용매를 통과시키기 위해 정수압을 이용한다.

**52** 폐수를 처리하기 위해 시료 200mL를 취하여 Jar Test하여 응집제와 응집 보조제의 최적 주입농도를 구한 결과, $Al_2(SO_4)_3$ 200mg/L, $Ca(OH)_2$ 500mg/L였다. 폐수량 500m³/day을 처리하는데 필요한 $Al_2(SO_4)_3$의 양(kg/day)은?

㉮ 50        ㉯ 100
㉰ 150       ㉱ 200

🔑 **풀이** Alum의 필요량(kg/day)
= Alum의 농도(kg/m³) × 폐수량(m³/day)
= 0.2kg/m³ × 500m³/day
= 100kg/day

**TIP**
① mg/L $\xrightarrow{\times 10^{-3}}$ kg/m³
② 200mg/L $\xrightarrow{\times 10^{-3}}$ 0.2kg/m³

🔑 **answer**  49 ㉰   50 ㉮   51 ㉱   52 ㉯

**53** 유량이 500m³/day, SS 농도가 220mg/L인 하수가 체류시간이 2시간인 최초침전지에서 60%의 제거효율을 보였다. 이 때 발생되는 슬러지 양(m/day)은? (단, 슬러지 비중은 1.0, 함수율은 98%, SS만 고려함)

㉮ 약 4.2  ㉯ 약 3.3
㉰ 약 2.4  ㉱ 약 1.8

**풀이** 발생되는 슬러지량($m^3$/day)
$$= \frac{SS농도(kg/m^3) \times Q(m^3/day) \times \eta(제거효율)}{비중량(kg/m^3)} \times \frac{100}{100-함수율(\%)}$$
$$= \frac{0.22kg/m^3 \times 500m^3/day \times 0.60}{1,000kg/m^3} \times \frac{100}{100-98\%}$$
$$= 3.3 m^3/day$$

**TIP**
① mg/L $\xrightarrow{\times 10^{-3}}$ $kg/m^3$
② 비중($g/cm^3$) $\xrightarrow{\times 10^3}$ 비중량($kg/m^3$)

**54** 정수장에서 사용하는 소독제의 특성과 가장 거리가 먼 것은?

㉮ 미잔류성
㉯ 저렴한 가격
㉰ 주입조작 및 취급이 쉬울 것
㉱ 병원성 미생물에 대한 효과적 살균

**풀이** 염소 및 염소화합물은 잔류성을 가진다.

**55** 직사각형 급속여과지의 설계조건이 다음과 같을 때, 필요한 급속여과지의 수(개)는? (단, 설계조건 : 유량 30,000$m^3$/day, 여과속도 120m/day, 여과지 1지의 길이 10m, 폭 7m, 기타 조건은 고려하지 않음)

㉮ 2  ㉯ 4
㉰ 6  ㉱ 8

**풀이** 표면적 부하율($m^3/m^2 \cdot day$)
$$= \frac{유량(m^3/day)}{수면적(m^2)} \times \frac{1}{여과지수(n)}$$
$$120 m/day = \frac{30,000 m^3/day}{10m \times 7m} \times \frac{1}{n}$$
∴ n = 3.57개 ≒ 4개

**56** 만일 혐기성 처리공정에서 제거된 1kg의 용해성 COD가 혐기성 미생물 0.15kg의 순생산을 나타낸다면 표준상태에서의 이론적인 메탄생성 부피($m^3$)는?

㉮ 0.3  ㉯ 0.4
㉰ 0.5  ㉱ 0.6

**풀이**
$$CH_4(m^3) = \frac{0.35 m^3 CH_4}{1kg BOD_u(=COD)}$$
$$\times \left[ 1kg BOD_u - \frac{1.42 kg BOD_u}{1kg VSS} \times 세포량 \right]$$
$$= \frac{0.35 m^3 CH_4}{1 kg BOD_u}$$
$$\times \left[ 1kg BOD_u - \frac{1.42 kg BOD_u}{1 kg VSS} \times 0.15 kg VSS \right]$$
$$= 0.27 m^3 ≒ 0.3 m^3$$

**TIP**
① $BOD_u$(COD) 1kg 제거시 발생되는 $CH_4$량
㉠ $C_6H_{12}O_6 + 6O_2 \rightarrow 6CO_2 + 6H_2O$
   180kg : 6×32kg
   $C_6H_{12}O_6$ : 1kg
   ∴ $C_6H_{12}O_6$ = 0.9375kg

**answer** 53 ㉯  54 ㉮  55 ㉯  56 ㉮

ⓒ $C_6H_{12}O_6 \rightarrow 3CH_4 + 3CO_2$
180kg : $3 \times 22.4m^3$
0.9375kg : $CH_4$
∴ $CH_4 = 0.35m^3$

② 박테리아(VSS) 1kg당 요구되는 산소량($BOD_u$)
$C_5H_7O_2N + 5O_2 \rightarrow 5CO_2 + 2H_2O + NH_3$
113kg : $5 \times 32$kg
1kg : $BOD_u$
∴ $BOD_u = 1.42$kg

**57** 직경이 다른 두개의 원형입자를 동시에 20℃의 물에 떨어뜨려 침강실험을 했다. 입자 A의 직경은 $2 \times 10^{-2}$cm이며 입자 B의 직경은 $5 \times 10^{-2}$cm라면 입자 A와 입자 B의 침강속도의 비율($V_A/V_B$)은? (단, 입자 A와 B의 비중은 같으며, stokes 공식을 적용, 기타 조건은 같음)

㉮ 0.28  ㉯ 0.23
㉰ 0.16  ㉱ 0.12

**풀이** 침강속도($V_s$) = $\dfrac{d^2(\rho_s - \rho_w)g}{18\mu}$

여기서 $V_s \propto d^2$ 관계이므로

∴ $\dfrac{V_A}{V_B} = \dfrac{(2 \times 10^{-2}\text{cm})^2}{(5 \times 10^{-2}\text{cm})^2} = 0.16$

**58** 물속의 휘발성유기화합물(VOC)을 에어스트리핑으로 제거할 때 제거 효율관계를 설명한 것으로 옳지 않은 것은?

㉮ 액체 중의 VOC 농도가 높을수록 효율이 증가한다.
㉯ 오염되지 않은 공기를 주입할 때 제거효율은 증가한다.
㉰ $K_{La}$가 감소하면 효율이 증가한다.
㉱ 온도가 상승하면 효율이 증가한다.

**풀이** ㉰ $K_{La}$가 감소하면 효율이 감소한다.

**59** 하수 내 함유된 유기물질뿐 아니라 영양물질까지 제거하기 위하여 개발된 $A^2/O$ 공법에 관한 설명으로 틀린 것은?

㉮ 인과 질소를 동시에 제거할 수 있다.
㉯ 혐기조에서는 인의 방출이 일어난다.
㉰ 폐슬러지 내의 인함량은 비교적 높아서 (3~5%) 비료의 가치가 있다.
㉱ 무산소조에서는 인의 과잉섭취가 일어난다.

**풀이** ㉱ 무산소조에서는 탈질작용에 의해 질소가 제거된다.

**60** 폐수 처리시설에서 직경 0.01cm, 비중 2.5인 입자를 중력 침강시켜 제거하고자 한다. 수온 4.0℃에서 물의 비중은 1.0, 점성계수는 $1.31 \times 10^{-2}$g/cm·sec일 때, 입자의 침강속도(m/hr)는? (단, 입자의 침강속도는 Stokes 식에 따른다.)

㉮ 12.2  ㉯ 22.4
㉰ 31.6  ㉱ 37.6

answer  57 ㉰  58 ㉰  59 ㉱  60 ㉯

**풀이**

① $V_s = \dfrac{d^2(\rho_s - \rho_w)g}{18\mu}$

여기서 $V_s$ : 침강속도(cm/sec)
  $d$ : 직경(cm)
  $\rho_s$ : 입자의 밀도(g/cm³)
  $\rho_w$ : 물의 밀도(g/cm³)
  $g$ : 중력가속도(980cm/sec²)
  $\mu$ : 점성계수(g/cm·sec)

따라서 $V_s = \dfrac{(0.01cm)^2 \times (2.5-1.0)g/cm^3 \times 980cm/sec^2}{18 \times 1.31 \times 10^{-2} g/cm \cdot sec}$

$= 0.6234$ cm/sec

② $V_s(m/hr) = \dfrac{0.6234cm}{sec} \times \dfrac{1m}{10^2 cm} \times \dfrac{3,600sec}{1hr}$

$= 22.44$ m/hr

---

## 제4과목 | 수질오염공정시험기준

**61** 수질오염공정시험기준의 구리시험법(원자흡수분광광도법)에서 사용하는 조연성 가스는?

㉮ 수소   ㉯ 아르곤
㉰ 아산화질소   ㉱ 공기

**풀이** 구리의 원자흡수분광광도법에서 사용하는 불꽃의 조합은 아세틸렌-공기이다.

**62** 수질오염공정시험기준에서 아질산성 질소를 자외선/가시선 분광법으로 측정하는 흡광도 파장(nm)은?

㉮ 540   ㉯ 620
㉰ 650   ㉱ 690

**풀이** 아질산성 질소를 자외선/가시선 분광법으로 측정하는 흡광도 파장은 540nm이다.

**63** 식물성 플랑크톤 시험 방법으로 옳은 것은? (단, 수질오염공정시험기준 기준)

㉮ 현미경계수법
㉯ 최적확수법
㉰ 평판집락계수법
㉱ 시험관정량법

**풀이** 식물성 플랑크톤 시험방법은 현미경계수법이다.

**64** 웨어의 수두가 0.25m, 수로의 폭이 0.8m, 수로의 밑면에서 절단 하부점까지의 높이가 0.7m인 직각 3각웨어의 유량(m³/min)은?

(단, 유량계수 $k = 81.2 + \dfrac{0.24}{h} + (8.4 + \dfrac{12}{\sqrt{D}})$

$\times (\dfrac{h}{B} - 0.09)^2$)

㉮ 1.4   ㉯ 2.1
㉰ 2.6   ㉱ 2.9

**풀이**

① $k = 81.2 + \dfrac{0.24}{h} + \left(8.4 + \dfrac{12}{\sqrt{D}}\right)$

$\times \left(\dfrac{h}{B} - 0.09\right)^2$

$= 81.2 + \dfrac{0.24}{0.25m} + \left(8.4 + \dfrac{12}{\sqrt{0.7m}}\right)$

$\times \left(\dfrac{0.25m}{0.8m} - 0.09\right)^2$

$= 83.29$

② 삼각웨어의 유량(Q) $= k \cdot h^{\frac{5}{2}}$ (m³/min)

$= 83.29 \times (0.25m)^{\frac{5}{2}}$

$= 2.60$ m³/min

**TIP**

**웨어의 유량계수 적용 공식**

| 구분 | 적용 공식 | 유량계수(k) |
| --- | --- | --- |
| 삼각웨어 | $Q = k \times h^{5/2}$ (m³/min) | 83~85 |
| 사각웨어 | $Q = k \times b \times h^{3/2}$ (m³/min) | 109~111 |

---

**answer** 61 ㉱   62 ㉮   63 ㉮   64 ㉰

**65** 기체크로마토그래피에 사용되는 운반기체 중 분리도가 큰 순서대로 나타낸 것은?

㉮ $N_2 > He > H_2$
㉯ $He > H_2 > N_2$
㉰ $N_2 > H_2 > He$
㉱ $H_2 > He > N_2$

> 풀이 운반기체 중 분리도가 큰 순서는 $H_2 > He > N_2$이다.

**66** 폐수의 BOD를 측정하기 위하여 다음과 같은 자료를 얻었다. 이 폐수의 BOD(mg/L)는? (단, F = 1.0)

> BOD병의 부피는 300mL이고 BOD병에 주입된 폐수량 5mL, 희석된 식종액의 배양전 및 배양후의 DO는 각각 7.6mg/L, 7.0mg/L, 희석한 시료용액을 15분간 방치한 후 DO 및 5일간 배양한 다음의 희석한 시료용액의 DO는 각각 7.6mg/L, 4.0mg/L이었다.

㉮ 180 ㉯ 216
㉰ 246 ㉱ 270

> 풀이 BOD(mg/L) = [($D_1 - D_2$) - ($B_1 - B_2$) × f] × P
> 여기서 $D_1$ : 15분간 방치된 후의 희석한 시료의 DO(mg/L)
> $D_2$ : 5일간 배양한 다음의 희석한 시료의 DO(mg/L)
> $B_1$ : 식종액의 BOD를 측정할 때 희석된 식종액의 배양 전 DO(mg/L)
> $B_2$ : 식종액의 BOD를 측정할 때 희석된 식종액의 배양 후 DO(mg/L)
> f : 희석시료 중의 식종액 함유율과 희석한 식종액 중의 식종액 함유율의 비
> P : 희석시료 중 희석배수
> BOD(mg/L) = [(7.6 - 4.0) - (7.6 - 7.0) × 1.0]
> $\times \dfrac{300mL}{5mL}$
> = 180mg/L

**67** 유량이 유체의 탁도, 점성, 온도의 영향은 받지 않고, 유속에 의해 결정되며 손실수두가 적은 유량계는?

㉮ 피토우관
㉯ 오리피스
㉰ 벤튜리미터
㉱ 자기식 유량측정기

> 풀이 ㉱ 자기식 유량측정기에 대한 설명이다.

**68** 적정법으로 용존산소를 측정할 때 0.025N 티오황산소듐 용액 5mL에 해당되는 용존산소량(mg)은?

㉮ 0.02 ㉯ 0.20
㉰ 1.00 ㉱ 5.00

> 풀이 적정 용액의 N농도 × 적정용액 소비량(mL) × 산소 1당량의 g(8)
> = 0.025N × 5mL × 8 = 1.00mg

**TIP**
① 산소(O)는 $O^{2-}$이므로 2당량이다.
② 산소 1당량 g = $\dfrac{16g}{2}$ = 8g
③ 단위환산 풀이방법
mg = $\dfrac{0.025eq}{L} \times 5mL \times \dfrac{1L}{10^3 mL} \times \dfrac{8g}{1eq} \times \dfrac{10^3 mg}{1g}$
= 1.00mg

**69** 수질오염공정시험기준상 양극벗김전압전류법으로 측정하는 금속은?

㉮ 구리 ㉯ 납
㉰ 니켈 ㉱ 카드뮴

**answer** 65 ㉱  66 ㉮  67 ㉱  68 ㉰  69 ㉯

풀이 시험방법
㉮ 구리 : 원자흡수분광광도법, 유도결합플라스마-원자발광분광법, 유도결합플라스마-질량분석법
㉯ 납 : 원자흡수분광광도법, 유도결합플라스마-원자발광분광법, 유도결합플라스마-질량분석법, 양극벗김전압전류법
㉰ 니켈 : 원자흡수분광광도법, 유도결합플라스마-원자발광분광법, 유도결합플라스마-질량분석법
㉱ 카드뮴 : 원자흡수분광광도법, 유도결합플라스마-원자발광분광법, 유도결합플라스마-질량분석법

**70** 클로로필 a량을 계산할 때 클로로필 색소를 추출하여 흡광도를 측정한다. 이때 색소추출에 사용하는 용액은?

㉮ 아세톤용액  ㉯ 클로로포름용액
㉰ 에탄올용액  ㉱ 포르말린용액

풀이 색소추출에 사용하는 용액은 아세톤(9+1)용액이다.

**71** 최적응집제 주입량을 결정하는 실험을 하려고 한다. 다음 중 실험에 반드시 필요한 것이 아닌 것은?

㉮ 비이커     ㉯ pH 완충용액
㉰ Jar Tester  ㉱ 시계

풀이 최적응집제 주입량을 결정하는 실험에 반드시 필요한 것은 비이커, Jar Tester, 시계, 응집제 등이다.

**72** 질산성 질소의 정량시험 방법 중 정량한계가 0.1mg $NO_3$-N/L가 아닌 것은?

㉮ 이온크로마토그래피법
㉯ 자외선/가시선 분광법(부루신법)
㉰ 자외선/가시선 분광법(활성탄흡착법)
㉱ 데발다합금 환원증류법(분광법)

풀이 자외선/가시선 분광법(활성탄흡착법)의 정량한계는 0.3mg/L이다.

**73** 전기전도도의 측정에 관한 설명으로 잘못된 것은?

㉮ 온도차에 의한 영향은 ±5%/℃ 정도이며 측정 결과값의 통일을 위하여 보정하여야 한다.
㉯ 측정단위는 μS/cm로 한다.
㉰ 전기전도도는 용액이 전류를 운반할 수 있는 정도를 말한다.
㉱ 전기전도도 셀은 항상 수중에 잠긴 상태에서 보존하여야 하며, 정기적으로 점검한 후 사용한다.

풀이 ㉮ 온도차에 의한 영향은 ±2%/℃ 정도이며 측정 결과값의 통일을 위하여 보정하여야 한다.

answer  70 ㉮  71 ㉯  72 ㉰  73 ㉮

**74** 시료 전처리 방법 중 중금속 측정을 위한 용매 추출법인 피로리딘 다이티오카르바민산암모늄추출법에 관한 설명으로 알맞지 않은 것은?

㉮ 크롬은 3가크롬과 6가크롬 상태로 존재할 경우에 추출된다.
㉯ 망간을 측정하기 위해 전처리한 경우는 망간착화합물의 불안전성 때문에 추출 즉시 측정하여야 한다.
㉰ 철의 농도가 높은 경우에는 다른 금속추출에 방해를 줄 수 있다.
㉱ 시료 중 구리, 아연, 납, 카드뮴, 니켈, 코발트 및 은 등의 측정에 적용된다.

**풀이** ㉮ 크롬은 6가크롬 상태로 존재할 경우에만 추출된다.

**75** 벤튜리미터(Venturi Meter)의 유량 측정공식, $Q = \dfrac{C \cdot A}{\sqrt{1-[(\text{ㄱ})]^4}} \cdot \sqrt{2g \cdot h}$ 에서 (ㄱ)에 들어갈 내용으로 옳은 것은? (단, Q = 유량($cm^3/sec$), C = 유량계수, A = 목 부분의 단면적($cm^2$), g = 중력가속도 (980 $cm/sec^2$), H = 수두차(cm))

㉮ 유입부의 직경 / 목(throat)부의 직경
㉯ 목(throat)부의 직경 / 유입부의 직경
㉰ 유입부 관 중심부에서의 수두 / 목(throat)부의 수두
㉱ 목(throat)부의 수두 / 유입부 관 중심부에서의 수두

**76** 램버트-비어(Lambert-Beer)의 법칙에서 흡광도의 의미는? (단, $I_o$ = 입사광의 강도, $I_t$ = 투사광의 강도, t = 투과도)

㉮ $\dfrac{I_t}{I_o}$  ㉯ $t \times 100$
㉰ $\log \dfrac{1}{t}$  ㉱ $I_t \times 10^{-1}$

**풀이** 흡광도(A) = $\log \dfrac{1}{\frac{I_t}{I_o}} = \log \dfrac{1}{t}$

**77** 백분율(W/V, %)의 설명으로 옳은 것은?

㉮ 용액 100g 중의 성분무게(g)를 표시
㉯ 용액 100mL 중의 성분용량(mL)을 표시
㉰ 용액 100mL 중의 성분무게(g)를 표시
㉱ 용액 100g 중의 성분용량(mL)을 표시

**78** 수질측정기기 중에서 현장에서 즉시 측정하기 위한 것이 아닌 것은?

㉮ DO meter   ㉯ pH meter
㉰ TOC meter  ㉱ Thermometer

**풀이** 현장에서 즉시 측정할 수 있는 항목은 용존산소, pH, 온도이다.

---

**answer** 74 ㉮  75 ㉯  76 ㉰  77 ㉰  78 ㉰

**79** 하천의 일정 장소에서 시료를 채수하고자 한다. 그 단면의 수심이 2m 미만 일 때 채수위치는 수면으로부터 수심의 어느 위치인가?

㉮ 1/2 지점
㉯ 1/3 지점
㉰ 1/3 지점과 2/3 지점
㉱ 수면상과 1/2 지점

**풀이** 하천수 채수위치
① 수심이 2m 미만인 경우 : 수심의 1/3지점
② 수심이 2m 이상인 경우 : 수심의 1/3지점, 2/3지점

**80** 물벼룩을 이용한 급성 독성 시험법에서 사용하는 용어의 정의로 옳지 않은 것은?

㉮ 치사 : 일정 희석 비율로 준비된 시료에 물벼룩을 투입하여 12시간 경과 후 시험용기를 손으로 살짝 두드려주고, 30초 후 관찰했을 때 독성물질에 의해 영향을 받아 움직임이 명백히 없는 상태로 판정한다.
㉯ 유영저해 : 일정 희석 비율로 준비된 시료에 물벼룩을 투입하여 24시간 경과 후 시험용기를 손으로 살짝 두드려주고, 15초 후 관찰했을 때 독성물질에 의해 영향을 받아 움직임이 없는 경우를 판정한다.
㉰ 표준 독성물질 : 독성시험이 정상적인 조건에서 수행되는지를 주기적으로 확인하기 위하여 사용하며 다이크롬산포타슘을 이용한다.
㉱ 지수식 시험방법 : 시험기간 중 시험용액을 교환하지 않는 시험을 말한다.

**풀이** ㉮ 치사 : 일정 희석 비율로 준비된 시료에 물벼룩을 투입하여 24시간 경과 후 시험용기를 손으로 살짝 두드려주고, 15초 후 관찰했을 때 독성물질에 의해 영향을 받아 움직임이 명백히 없는 상태로 판정한다.

answer  79 ㉯  80 ㉮

# 2022 1회 기출문제

| 제1과목 | 수질오염개론

**01** 미생물에 의한 영양대사과정 중 에너지 생성반응으로서 기질이 세포에 의해 이용되고, 복잡한 물질에서 간단한 물질로 분해되는 과정(작용)은 무엇인가?

㉮ 이화 ㉯ 동화
㉰ 환원 ㉱ 동기화

**풀이** ㉮ 이화작용에 대한 설명이다.

**TIP**
동화작용은 세포가 새로운 세포를 합성하는데 이용되며, 흡열반응이고 소비반응에 해당한다.

**02** 다음 산화제(또는 환원제) 중 g당량이 가장 큰 화합물은 어느 것인가? (단, Na, K, Cr, Mn, I, S의 원자량은 각각 23, 39, 52, 55, 127, 32이다.)

㉮ $Na_2S_2O_3$ ㉯ $K_2Cr_2O_7$
㉰ $KMnO_4$ ㉱ $KIO_3$

**풀이**
㉮ $Na_2S_2O_3$ 의 g당량 $= \dfrac{158g}{1} = 158g$

㉯ $K_2Cr_2O_7$ 의 g당량 $= \dfrac{294g}{6} = 49g$

㉰ $KMnO_4$ 의 g당량 $= \dfrac{158g}{5} = 31.6g$

㉱ $KIO_3$ 의 g당량 $= \dfrac{214g}{5} = 42.8g$

**TIP**
g당량 $= \dfrac{분자량(g)}{당량수}$

**03** 하천 모델 중 다음의 특징을 가지는 것은?

- 유속, 수심, 조도계수에 의한 확산계수 결정
- 하천과 대기 사이의 열복사, 열교환 고려
- 음해법으로 미분방정식의 해를 구함

㉮ QUAL-I ㉯ WQRRS
㉰ DO SAG-I ㉱ HSPE

**풀이** ㉮ QUAL-I 모델에 대한 설명이다.

**04** 다음 중 수자원에 대한 특성으로 알맞은 것은?

㉮ 지하수는 지표수에 비하여 자연, 인위적인 국지 조건에 따른 영향이 크다.
㉯ 해수는 염분, 온도, pH 등 물리화학적 성상이 불안정하다.
㉰ 하천수는 주변지질의 영향이 적고 유기물을 많이 함유하는 경우가 거의 없다.
㉱ 우수의 주성분은 해수의 주성분과 거의 동일하다.

**answer** 01 ㉮ 02 ㉮ 03 ㉮ 04 ㉱

**풀이** ㉮ 지하수는 지표수에 비하여 자연, 인위적인 국지 조건에 따른 영향이 작다.
㉯ 해수는 염분, 온도, pH 등 물리화학적 성상이 안정하다.
㉰ 하천수는 주변 지질의 영향이 크고 유기물을 많이 함유한다.

**05** 수온이 20℃인 하천은 대기로부터의 용존산소 공급량이 0.06mgO₂/L·hr라고 한다. 이 하천의 평상시 용존산소농도가 4.8mg/L로 유지되고 있다면 이 하천의 산소전달계수(/hr)는 얼마인가? (단, $\alpha$, $\beta$ 값은 각각 0.75이며, 포화용존산소농도는 9.2mg/L이다.)

㉮ $3.8 \times 10^{-1}$   ㉯ $3.8 \times 10^{-2}$
㉰ $3.8 \times 10^{-3}$   ㉱ $3.8 \times 10^{-4}$

**풀이** $\dfrac{dO}{dt} = \alpha \times K_{La} \times (\beta \times C_s - C)$

$\dfrac{0.06 \text{mg}}{\text{L} \cdot \text{hr}} = 0.75 \times K_{La} \times (0.75 \times 9.2 \text{mg/L} - 4.8 \text{mg/L})$

$\therefore K_{La} = 3.81 \times 10^{-2} / \text{hr}$

**06** BOD 곡선에서 탈산소 계수를 구하는 데 적용되는 방법으로 가장 알맞은 것은?

㉮ O Connor - Dobbins 식
㉯ Thomas 도해법
㉰ Rippl 법
㉱ Tracer 법

**풀이** BOD 곡선에서 탈산소 계수를 구하는 데 적용되는 방법은 Thomas 도해법이다.

**07** 수질오염물질별 인체영향(질환)이 틀리게 짝지어진 것은?

㉮ 비소 : 반상치(법랑반점)
㉯ 크롬 : 비중격 연골천공
㉰ 아연 : 기관지 자극 및 폐렴
㉱ 납 : 근육과 관절의 장애

**풀이** ㉮ 비소 : 피부흑색(청색)화

**TIP**
주요 유해물질과 만성질환
① 불소 : 반상치(법랑반점)
② PCB : 카네미유증
③ 수은 : 헌터-루셀 증후군, 미나마타병
④ 카드뮴 : 이따이이따이병

**08** 알칼리도에 관한 반응 중 가장 부적절한 것은?

㉮ $CO_2 + H_2O \rightarrow H_2CO_3 \rightarrow HCO_3^- + H^+$
㉯ $HCO_3^- \rightarrow CO_3^{2-} + H^+$
㉰ $CO_3^{2-} + H_2O \rightarrow HCO_3^- + OH^-$
㉱ $HCO_3^- + H_2O \rightarrow H_2CO_3 + OH^-$

**풀이** ㉱ $HCO_3^- + H_2O \rightarrow CO_3^{2-} + H_3O^+$

**09** 하천 모델의 종류 중 DO SAG - I, II, III 에 관한 설명으로 틀린 것은?

㉮ 2차원 정상상태 모델이다.
㉯ 점오염원 및 비점오염원이 하천의 용존산소에 미치는 영향을 나타낼 수 있다.
㉰ Streeter-Phelps 식을 기본으로 한다.
㉱ 저질의 영향이나 광합성 작용에 의한 용존산소반응을 무시한다.

**풀이** ㉮ 1차원 정상상태 모델이다.

**answer** 05 ㉯  06 ㉯  07 ㉮  08 ㉱  09 ㉮

**10** 혐기성 미생물의 성장을 알아보기 위해 혐기성 배양을 하는 방법으로 분석하고자 할 때 가장 적합한 기술은 무엇인가?

㉮ 평판계수법
㉯ 단백질 농도 측정법
㉰ 광학밀도 측정법
㉱ 용존산소 소모율 측정법

> 풀이 ㉯ 단백질 농도 측정법에 대한 설명이다.

**11** 녹조류(Green Algae)에 관한 설명으로 틀린 것은?

㉮ 조류 중 가장 큰 문(division)이다.
㉯ 저장 물질은 라미나린(다당류)이다.
㉰ 세포벽은 섬유소이다.
㉱ 클로로필 a, b를 가지고 있다.

> 풀이 ㉯ 저장 물질은 아밀로오스, 아밀로펙틴(다당류)이다.

**12** 응집제 투여량이 많으면 많을수록 응집 효과가 커지게 되는 Schulze-hardy rule의 크기를 옳게 나타낸 것은?

㉮ $Al^{3+} > Ca^{2+} > K^+$
㉯ $K^+ > Ca^{2+} > Al^{3+}$
㉰ $K^+ > Al^{3+} > Ca^{2+}$
㉱ $Ca^{2+} > K^+ > Al^{3+}$

> 풀이 슐츠-하디 법칙의 크기는 금속 양이온물질 중 가수가 클수록 크다.

**13** 길이가 500km이고 유속이 1m/sec인 하천에서 상류지점의 $BOD_u$ 농도가 250mg/L이면 이 지점부터 300km 하류지점의 잔존 BOD 농도(mg/L)는 얼마인가? (단, 탈산소계수는 0.1/day, 수온 20℃, 상용대수 기준, 기타조건은 고려하지 않음)

㉮ 약 51    ㉯ 약 82
㉰ 약 113   ㉱ 약 138

> 풀이
> ① $t(\text{시간}) = \dfrac{\text{길이}}{\text{유속}}$
> $= \dfrac{300 \times 10^3 \, m}{1 \, m/sec \times \dfrac{3,600 \, sec}{1 \, hr} \times \dfrac{24 \, hr}{day}}$
> $= 3.47 \, day$
> ② $BOD_{3.47} = BOD_u \times 10^{(-k_1 \times t)}$
> $= 250 \, mg/L \times 10^{(-0.1/day \times 3.47 \, day)}$
> $= 112.45 \, mg/L$

**14** 카드뮴이 인체에 미치는 영향으로 가장 거리가 먼 것은?

㉮ 칼슘 대사기능 장해
㉯ Hunter-Russel 장해
㉰ 골연화증
㉱ Fanconi씨 증후군

> 풀이 ㉯ Hunter-Russel 장해는 수은(Hg)에 대한 질환이다.

---

answer   10 ㉯   11 ㉯   12 ㉮   13 ㉰   14 ㉯

**15** 우리나라의 수자원 특성에 대한 설명으로 틀린 것은?

㉮ 우리나라의 연간 강수량은 약 1,274 mm로서 이는 세계평균 강수량의 1.2배에 이른다.
㉯ 우리나라의 1인당 강수량은 세계평균량의 1/11 정도이다.
㉰ 우리나라 수자원의 총 이용율은 9% 이내로 OECD 국가에 비해 적은 편이다.
㉱ 수자원 이용현황은 농업용수가 가장 많은 비율을 차지하고 있고 하천유지용수, 생활용수, 공업용수의 순이다.

▶풀이 ㉰ 우리나라 수자원의 총 이용율은 24% 정도로 OECD 국가에 비해 많은 편이다.

**16** 완충용액에 대한 설명으로 틀린 것은?

㉮ 완충용액의 작용은 화학평형 원리로 쉽게 설명된다.
㉯ 완충용액은 한도 내에서 산을 가했을 때 pH에 약간의 변화만 준다.
㉰ 완충용액은 보통 약산과 그 약산의 짝염기의 염을 함유한 용액이다.
㉱ 완충용액은 보통 강염기와 그 염기의 강산의 염이 함유된 용액이다.

▶풀이 ㉱ 완충용액은 보통 약산과 그 약산의 강염기의 염이 함유하거나, 약염기와 그 약염기의 강산의 염이 함유된 용액이다.

**17** 간격 0.5cm의 평행평판 사이에 점성계수가 0.04poise인 액체가 가득 차 있다. 한쪽 평판을 고정하고 다른 쪽의 평판을 2m/sec의 속도로 움직이고 있을 때 고정판에 작용하는 전단응력($g/cm^2$)은 얼마인가?

㉮ $1.61 \times 10^{-2}$  ㉯ $4.08 \times 10^{-2}$
㉰ $1.61 \times 10^{-5}$  ㉱ $4.08 \times 10^{-5}$

▶풀이 이 문제는 동일하게 출제되는 문제이므로 정답만 숙지하시면 됩니다.

**18** 수은(Hg) 중독과 관련이 없는 것은?

㉮ 난청, 언어장애, 구심성 시야협착, 정신장애를 일으킨다.
㉯ 이따이이따이병을 유발한다.
㉰ 유기수은은 무기수은보다 독성이 강하며 신경계통에 장해를 준다.
㉱ 무기수은은 황화물 침전법, 활성탄 흡착법, 이온교환법 등으로 처리할 수 있다.

▶풀이 ㉯번은 카드뮴(Cd)의 만성질환에 해당한다.

**19** 완전혼합 흐름 상태에 관한 설명 중 알맞은 것은?

㉮ 분산이 1일 때 이상적 완전혼합 상태이다.
㉯ 분산수가 0일 때 이상적 완전혼합 상태이다.
㉰ Morrill 지수의 값이 1에 가까울수록 이상적 완전혼합 상태이다.
㉱ 지체시간이 이론적 체류시간과 동일할 때 이상적 완전혼합 상태이다.

**answer** 15 ㉰  16 ㉱  17 ㉮  18 ㉯  19 ㉮

**[풀이]**

| | 완전혼합흐름 | 플러그흐름 |
|---|---|---|
| 분산 | 1 | 0 |
| 분산수 | 무한대 | 0 |
| 모릴지수 | 클수록 | 1 |
| 지체시간 | 0 | 이론적 체류시간과 동일할 때 |

**20** 하천수의 분석결과가 다음과 같을 때 총경도(mg/L as $CaCO_3$)는 얼마인가?
(단, 원자량 : Ca 40, Mg 24, Na 23, Sr 88)

<분석 결과>
$Na^+$(25mg/L), $Mg^{2+}$(11mg/L),
$Ca^{2+}$(8mg/L), $Sr^{2+}$(2mg/L)

㉮ 약 68   ㉯ 약 78
㉰ 약 88   ㉱ 약 98

**[풀이]**
$$\frac{총경도}{50g} = \frac{Ca^{2+} mg/L}{20g} + \frac{Mg^{2+} mg/L}{12g} + \frac{Sr^{2+} mg/L}{44g}$$
$$= \frac{8mg/L}{20g} + \frac{11mg/L}{12g} + \frac{2mg/L}{44g}$$
∴ 경도 = 68.11 mg/L

## 제2과목 | 상하수도계획

**21** 하천표류수를 수원으로 할 때 하천기준 수량은 무엇인가?

㉮ 평수량   ㉯ 갈수량
㉰ 홍수량   ㉱ 최대홍수량

**[풀이]** 하천표류수를 수원으로 할 때 하천기준 수량은 갈수량이다.

**22** 펌프의 크기를 나타내는 구경을 산정하는 식은 어느 것인가? (단, D = 펌프의 구경(mm), Q = 펌프의 토출량($m^3$/min), v = 흡입구 또는 토출구의 유속(m/sec))

㉮ $D = 146\sqrt{\dfrac{Q}{V}}$   ㉯ $D = 146\sqrt{\dfrac{Q}{2V}}$

㉰ $D = 148\sqrt{\dfrac{Q}{V}}$   ㉱ $D = 148\sqrt{\dfrac{Q}{2V}}$

**23** 정수처리시설 중에서 이상적인 침전지에서의 효율을 검증하고자 한다. 실험결과, 입자의 침전속도가 0.15cm/sec이고 유량이 30,000$m^3$/day로 나타났을 때 침전효율(제거율, %)은? (단, 침전지의 유효표면적 = 100$m^2$, 수심 = 4m, 이상적 흐름상태로 가정)

㉮ 73.2   ㉯ 63.2
㉰ 53.2   ㉱ 43.2

**[풀이]** 침강속도($V_s$) = 표면부하율($V_o$) × 제거효율($\eta$)
표면부하율($V_o$) = $\dfrac{유량(Q)}{유효표면적(A)}$

$$\frac{0.15 \times 10^{-2} m}{sec} \times \frac{3,600sec}{1hr} \times \frac{24hr}{1day}$$
$$= \frac{30,000 m^3/day}{100 m^2} \times \eta$$

∴ $\eta$ = 0.432 따라서 43.2%

**answer** 20 ㉮   21 ㉯   22 ㉮   23 ㉱

**24** 상수처리를 위한 정수시설 중 착수정에 관한 내용으로 틀린 것은?

㉮ 수위가 고수위 이상으로 올라가지 않도록 월류관이나 월류위어를 설치한다.
㉯ 착수정의 고수위와 주변벽체의 상단 간에는 60cm 이상의 여유를 두어야 한다.
㉰ 착수정의 용량은 체류시간을 30분 이상으로 한다.
㉱ 필요에 따라 분말 활성탄을 주입할 수 있는 장치를 설치하는 것이 바람직하다.

풀이 ㉰ 착수정의 용량은 체류시간을 1.5분 이상으로 한다.

**25** 하수처리수 재이용 처리시설에 대한 계획으로 틀린 것은?

㉮ 처리시설의 위치는 공공하수처리시설 부지내에 설치하는 것을 원칙으로 한다.
㉯ 재이용수 공급관로는 계획시간최대유량을 기준으로 계획한다.
㉰ 처리시설에서 발생되는 농축수는 공공하수처리시설로 반류하지 않도록 한다.
㉱ 재이용수 저장시설 및 펌프장은 일 최대 공급유량을 기준으로 한다.

풀이 ㉰ 처리시설에서 발생되는 농축수는 공공하수처리시설로 반류한다.

**26** 계획오수량에 관한 설명으로 틀린 것은?

㉮ 계획시간최대 오수량은 계획 1일 최대 오수량의 1시간당 수량의 1.3~1.8배를 표준으로 한다.
㉯ 지하수량은 1인 1일 최대오수량의 20% 이하로 한다.
㉰ 합류식에서 우천 시 계획오수량은 원칙적으로 계획 1일 최대오수량의 1.5배 이상으로 한다.
㉱ 계획 1일 평균 오수량은 계획 1일 최대 오수량의 70~80%를 표준으로 한다.

풀이 ㉰ 합류식에서 우천 시 계획오수량은 원칙적으로 계획 시간 최대오수량의 3배 이상으로 한다.

**27** 펌프의 수격작용을 방지하기 위한 방법으로 틀린 것은?

㉮ 펌프의 플라이휠을 제거하는 방법
㉯ 토출관쪽에 조압수조를 설치하는 방법
㉰ 펌프 토출측에 완폐체크밸브를 설치하는 방법
㉱ 관내 유속을 낮추거나 관로상황을 변경하는 방법

풀이 ㉮ 펌프의 플라이휠을 부착하는 방법

answer  24 ㉰   25 ㉰   26 ㉰   27 ㉮

**28** 하수도시설인 우수조정지의 여수토구에 관한 설명으로 ( )에 옳은 것은?

> 여수토구는 확률년수 ( ㉠ )년 강우의 최대우수유출량의 ( ㉡ )배 이상의 유량을 방류시킬 수 있는 것으로 한다.

㉮ ㉠ 10, ㉡ 1.2
㉯ ㉠ 10, ㉡ 1.44
㉰ ㉠ 100, ㉡ 1.2
㉱ ㉠ 100, ㉡ 1.44

**풀이** 우수조정지의 여수토구는 확률년수 100년 강우의 최대우수유출량의 1.44배 이상의 유량을 방류시킬 수 있는 것으로 한다.

**29** 하수도시설의 목적으로 틀린 것은?

㉮ 침수방지
㉯ 하수의 배제와 이에 따른 생활환경의 개선
㉰ 공공수역의 수질보전과 건전한 물순환의 회복
㉱ 폐수의 적정처리와 이에 따른 산업단지 환경개선

**풀이** ㉱ 지속발전 가능한 물순환 구조구축

**30** 하수처리에 사용되는 생물학적 처리공정 중 부유미생물을 이용한 공정이 아닌 것은?

㉮ 산화구법
㉯ 접촉산화법
㉰ 질산화내생탈질법
㉱ 막분리활성슬러지법

**풀이** ㉯ 접촉산화법은 부착미생물을 이용하는 공정이다.

**TIP**
생물학적 처리 { 부유성장식 : 활성슬러지법
　　　　　　　 { 부착성장식 : 살수여상법, 회전원판법

**31** 하천의 제내지나 제외지 혹은 호소부근에 매설되어 복류수를 취수하기 위하여 사용하는 집수매거에 관한 설명으로 틀린 것은?

㉮ 집수매거의 방향은 통상 복류수의 흐름방향에 직각이 되도록 한다.
㉯ 집수매거의 매설깊이는 5m를 표준으로 한다.
㉰ 집수매거의 유출단에서 매거내의 평균유속은 1m/sec이하로 한다.
㉱ 집수구멍의 직경은 2~8mm로 하며 그 수는 관거표면적 $1m^2$당 200~300개 정도로 한다.

**풀이** ㉱ 집수구멍의 직경은 10~20mm로 하며 그 수는 관거표면적 $1m^2$당 20~30개 정도로 한다.

**32** 정수방법인 완속여과방식에 관한 설명으로 틀린 것은?

㉮ 약품처리가 필요 없다.
㉯ 완속여과의 정화는 주로 생물작용에 의한 것이다.
㉰ 비교적 양호한 원수에 알맞은 방식이다.
㉱ 소요 부지면적이 작다.

**풀이** ㉱ 소요 부지면적이 크다.

**answer** 28 ㉱　29 ㉱　30 ㉯　31 ㉱　32 ㉱

**33** 펌프의 흡입관 설치요령으로 틀린 것은?

㉮ 흡입관은 펌프 1대당 하나로 한다.
㉯ 흡입관이 길 때에는 중간에 진동방지대를 설치할 수도 있다.
㉰ 흡입관은 연결부나 기타 부분으로부터 절대로 공기가 흡입하지 않도록 한다.
㉱ 흡입관과 취수정 바닥까지의 깊이는 흡입관 직경의 1.5배 이상으로 유격을 둔다.

[풀이] ㉱ 흡입관과 흡수정 벽체사이의 거리는 흡인관 직경의 1.5배 이상 유격을 둔다.

**34** 막여과법을 정수처리에 적용하는 주된 선정 이유로 틀린 것은?

㉮ 응집제를 사용하지 않거나 또는 적게 사용한다.
㉯ 막의 특성에 따라 원수 중의 현탁물질, 콜로이드, 세균류, 크립토스포리디움 등 일정한 크기 이상의 불순물을 제거할 수 있다.
㉰ 부지면적이 종래보다 적을 뿐 아니라 시설의 건설공사기간도 짧다.
㉱ 막의 교환이나 세척 없이 반영구적으로 자동운전이 가능하여 유지관리 측면에서 에너지를 절약할 수 있다.

[풀이] ㉱ 막의 교환이나 세척이 필요하다.

**35** 계획우수량의 설계강우 산정 시 측정된 강우자료 분석을 통해 고려해야 하는 지선 관로의 최소 설계빈도는 얼마인가?

㉮ 50년
㉯ 30년
㉰ 10년
㉱ 5년

[풀이] 계획우수량의 설계강우 산정 시 측정된 강우자료 분석을 통해 고려해야 하는 지선 관로의 최소 설계빈도는 10년이다.

**36** 상수처리를 위한 정수시설인 급속여과지에 관한 설명으로 틀린 것은?

㉮ 여과속도는 120~150m/day를 표준으로 한다.
㉯ 플록의 질이 일정한 것으로 가정하였을 때 여과층의 필요두께는 여재입경에 반비례한다.
㉰ 여과면적은 계획정수량을 여과속도로 나누어 계산한다.
㉱ 여과지 1지의 여과면적은 150m² 이하로 한다.

[풀이] ㉯ 플록의 질이 일정한 것으로 가정하였을 때 여과층의 필요두께는 여재입경에 비례한다.

answer  33 ㉱  34 ㉱  35 ㉰  36 ㉯

**37** 정수시설의 시설 능력에 관한 설명으로 ( )에 옳은 것은?

> 소비자에게 고품질의 수도 서비스를 중단 없이 제공하기 위하여 정수시설은 유지보수, 사고대비, 시설 개량 및 확장 등에 대비하여 적절한 예비용량을 갖춤으로서 수도시스템으로의 안정성을 높여야 한다. 이를 위하여 예비용량을 감안한 정수시설의 가동율은 ( ) 내외가 적정하다.

㉮ 70%  ㉯ 75%
㉰ 80%  ㉱ 85%

**풀이** 예비용량을 감안한 정수시설의 가동율은 75% 내외가 적정하다.

**38** 상수도 취수시설 중 취수틀에 관한 설명으로 틀린 것은?

㉮ 구조가 간단하고 시공도 비교적 용이하다.
㉯ 수중에 설치되므로 호소표면수는 취수할 수 없다.
㉰ 단기간에 완성하고 안정된 취수가 가능하다.
㉱ 보통 대형취수에 사용되며 수위변화에 영향이 적다.

**풀이** ㉱ 보통 중소량 취수에 사용되며 수위변화에 영향이 크다.

**39** 하수관로에서 조도계수 0.014, 동수경사 1/100이고 관경이 400mm일 때 이 관로의 유량(m³/sec)은? (단, 만관기준, Manning 공식에 의함)

㉮ 약 0.08  ㉯ 약 0.12
㉰ 약 0.15  ㉱ 약 0.19

**풀이**
① $A(면적) = \dfrac{\pi D^2}{4}$
$= \dfrac{\pi \times (0.4\text{m})^2}{4} = 0.12566\text{m}^2$

② $R(경심) = \dfrac{D}{4}(\text{m}) = \dfrac{0.4\text{m}}{4} = 0.1\text{m}$

③ $I(기울기 = 동수경사) = \dfrac{1}{100}$

④ Manning 공식
$유속(v) = \dfrac{1}{n} \times R^{\frac{2}{3}} \times I^{\frac{1}{2}}\,(\text{m/sec})$
$= \dfrac{1}{0.014} \times (0.1\text{m})^{\frac{2}{3}} \times \left(\dfrac{1}{100}\right)^{\frac{1}{2}}$
$= 1.539\,\text{m/sec}$

⑤ 유량(Q)
$= 면적(A) \times 유속(v)$
$= 0.12566\text{m}^2 \times 1.539\text{m/sec} = 0.19\text{m}^3/\text{sec}$

**40** 하수도 관로의 접합방법 중 아래 설명에 해당되는 것은?

> 굴착 깊이를 얕게 하므로 공사비용을 줄일 수 있으며, 수위상승을 방지하고 양정고를 줄일 수 있어 펌프로 배수하는 지역에 적합하나 상류부에서는 동수경사선이 관정보다 높이 올라 갈 우려가 있음

㉮ 수면접합  ㉯ 관저접합
㉰ 동수접합  ㉱ 관정접합

**풀이** ㉯ 관저접합에 대한 설명이다.

**answer** 37 ㉯  38 ㉱  39 ㉱  40 ㉯

| 제3과목 | 수질오염방지기술

**41** 분뇨 소화슬러지 발생량은 1일 분뇨투입량의 10%이다. 발생된 소화슬러지의 탈수 전 함수율이 96%라고 하면 탈수된 소화슬러지의 1일 발생량($m^3$)은 얼마인가? (단, 분뇨투입량 360kL/day, 탈수된 소화슬러지의 함수율 = 72%, 분뇨 비중 = 1.0)

㉮ 2.47　　㉯ 3.78
㉰ 4.21　　㉱ 5.14

**풀이** 슬러지 공식 : $V_1 \times (100 - P_1) = V_2 \times (100 - P_2)$
$360 m^3/day \times 0.1 \times (100 - 96\%) = V_2 \times (100 - 72\%)$
따라서 $V_2 = 5.14 m^3$.

**TIP**
$V_1 = 360 kL/day \times 0.1 = 360 m^3/day \times 0.1$

**42** 표준활성슬러지법에서 포기조의 MLSS 농도를 3,000mg/L로 유지하기 위해서 슬러지 반송율(%)은? (단, 반송 슬러지의 SS 농도 = 8,000mg/L)

㉮ 40　　㉯ 50
㉰ 60　　㉱ 70

**풀이** 반송율(%) = $\dfrac{MLSS}{SS_r - MLSS} \times 100$
$= \dfrac{3,000 mg/L}{8,000 mg/L - 3,000 mg/L} \times 100$
$= 60\%$

**TIP**
반송비(R) = $\dfrac{MLSS - SS_i}{SS_r - MLSS}$

유입수 $SS(SS_i)$를 무시하면 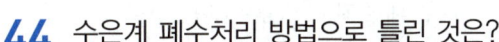 $R = \dfrac{MLSS}{SS_r - MLSS}$

**43** 폐수량 1,000$m^3$/day, BOD 300mg/L인 폐수를 완전혼합 활성슬러지 공법으로 처리하는데 포기조 MLSS 농도 3,000mg/L, 반송슬러지 농도 8,000mg/L로 유지하고자 한다. 이때 슬러지 반송비는? (단, 폐수 및 방류수 MLSS 농도는 0, 미생물생장률과 사멸률은 같다.)

㉮ 0.6　　㉯ 0.7
㉰ 0.8　　㉱ 0.9

**풀이** 반송비(R) = $\dfrac{MLSS}{SS_r - MLSS}$
$= \dfrac{3,000 mg/L}{8,000 mg/L - 3,000 mg/L}$
$= 0.60$

**44** 수은계 폐수처리 방법으로 틀린 것은?

㉮ 수산화물침전법　㉯ 흡착법
㉰ 이온교환법　　　㉱ 황화물침전법

**풀이** ㉮ 아말감법

**TIP**
**수은계 폐수처리방법 암기법**
수은아 황화강에 이온 좀 붙여라.

**answer** 41 ㉱　42 ㉰　43 ㉮　44 ㉮

**45** 생물학적 질소, 인 처리공정인 5단계 Bardenpho공법에 관한 설명으로 틀린 것은?

㉮ 폐슬러지내의 인의 농도가 높다.
㉯ 1차 무산소조에서는 탈질화 현상으로 질소제거가 이루어진다.
㉰ 호기성조에서는 질산화와 인의 방출이 이루어진다.
㉱ 2차 무산소조에서는 잔류 질산성질소가 제거된다.

**풀이** ㉰ 호기성조에서는 질산화와 인의 과잉흡수가 일어난다.

**46** 활성슬러지를 탈수하기 위하여 98%(중량비)의 수분을 함유하는 슬러지에 응집제를 가했더니 [상등액 : 침전 슬러지]의 용적비가 2 : 1이 되었다. 이 때 침전 슬러지의 함수율(%)은? (단, 응집제의 양은 매우 적고, 비중 = 1.0)

㉮ 92   ㉯ 93
㉰ 94   ㉱ 95

**풀이** $V_1 \times (100-P_1) = V_2 \times (100-P_2)$
$3 \times (100-98\%) = 1 \times (100-P_2)$
∴ $P_2 = 94\%$

**47** 활성슬러지 공법으로 폐수를 처리할 경우 산소요구량 결정에 중요한 인자가 아닌 것은?

㉮ 유입수의 BOD와 처리수의 BOD
㉯ 포기시간과 고형물 체류시간
㉰ 포기조 내의 MLSS 중 미생물 농도
㉱ 유입수의 SS와 DO

**풀이** 활성슬러지 공법으로 폐수를 처리할 경우 산소요구량 결정에 중요한 인자는 유입수의 BOD와 처리수의 BOD, 포기시간과 고형물 체류시간, 포기조 내의 MLSS 중 미생물 농도 등이다.

**48** 질소 제거를 위한 파과점 염소 주입법에 관한 설명으로 틀린 것은?

㉮ 적절한 운전으로 모든 암모니아성 질소의 산화가 가능하다.
㉯ 시설비가 낮고 기존 시설에 적용이 용이하다.
㉰ 수생생물에 독성을 끼치는 잔류염소 농도가 높아진다.
㉱ 독성물질과 온도에 민감하다.

**풀이** ㉱ 독성물질과 온도에 민감하지 않다.

**49** 정수장에 적용되는 완속여과의 장점으로 틀린 것은?

㉮ 여과시스템의 신뢰성이 높고 양질의 음용수를 얻을 수 있다.
㉯ 수량과 탁질의 급격한 부하변동에 대응할 수 있다.
㉰ 고도의 지식이나 기술을 가진 운전자를 필요로 하지 않고 최소한의 전력만 필요로 한다.
㉱ 여과지를 간헐적으로 사용하여도 양질의 여과수를 얻을 수 있다.

**풀이** ㉱ 여과지를 간헐적으로 사용하면 양질의 여과수를 얻을 수 없다.

**answer** 45 ㉰   46 ㉰   47 ㉱   48 ㉱   49 ㉱

**50** 생물학적 질소, 인제거를 위한 $A^2/O$ 공정 중 호기조의 역할로 옳게 짝지은 것은?

㉮ 질산화, 인방출  ㉯ 질산화, 인흡수
㉰ 탈질화, 인방출  ㉱ 탈질화, 인흡수

**풀이** 호기조의 역할은 질산화와 인의 과잉흡수이다.

**51** 생물학적 처리 중 호기성 처리법이 아닌 것은?

㉮ 활성슬러지법  ㉯ 혐기성소화법
㉰ 산화지법     ㉱ 살수여상법

**풀이** ㉯ 혐기성소화법은 혐기상태에서 슬러지를 안정화시키는 방법이다.

**TIP**
생물학적 처리방법
① 호기성처리 : 유기물 + $O_2$ → $CO_2$ + $H_2O$
② 혐기성처리 : 유기물 → $CO_2$ + $CH_4$

**52** 바 랙(bar rack)의 수두손실은 바모양 및 바사이 흐름의 속도수두의 함수이다. kirschmer는 손실수두를 $h_L = \beta (w/b)^{4/3} h_v \sin\theta$ 로 나타내었다. 여기서 바 형상인자($\beta$)에 의해 수두손실이 달라지는데 수두손실이 가장 큰 형상인자($\beta$)는 어느 것인가?

㉮ 끝이 예리한 장방형
㉯ 상류면이 반원형인 장방형
㉰ 원형
㉱ 상류 및 하류면이 반원형인 장방형

**풀이** 수두손실이 가장 큰 형상인자($\beta$)는 끝이 예리한 장방형이다.

**53** 초심층포기법 (Deep Shaft Aeration System)에 대한 설명 중 틀린 것은?

㉮ 기포와 미생물이 접촉하는 시간이 표준활성슬러지법 보다 길어서 산소전달효율이 높다.
㉯ 순환류의 유속이 매우 빠르기 때문에 난류상태가 되어 산소전달율을 증가시킨다.
㉰ F/M비는 표준활성슬러지 공법에 비하여 낮게 운전한다.
㉱ 표준활성슬러지공법에 비하여 MLSS 농도를 높게 운전한다.

**풀이** ㉰ F/M비는 표준활성슬러지 공법에 비하여 높게 운전한다.

**54** 자외선 살균효과가 가장 높은 파장의 범위(nm)는 어느 것인가?

㉮ 680 ~ 710   ㉯ 510 ~ 530
㉰ 250 ~ 270   ㉱ 180 ~ 200

**풀이** 자외선 살균효과가 가장 높은 파장의 범위는 250 ~ 270nm이다.

**TIP**
이 문제에서 답을 찾기 위한 포인트는 자외선 파장 영역이 200nm ~ 400nm임을 숙지하는 것이다.

**55** 질산염($NO_3^-$) 40mg/L가 탈질되어 질소로 환원될 때 필요한 이론적인 메탄올($CH_3OH$)의 양(mg/L)은?

㉮ 17.2   ㉯ 36.6
㉰ 58.4   ㉱ 76.2

**answer** 50 ㉯  51 ㉯  52 ㉮  53 ㉰  54 ㉰  55 ㉮

**풀이** $6NO_3^- + 5CH_3OH \rightarrow 3N_2 + 5CO_2 + 7H_2O + 6OH^-$
$6 \times 62g : 5 \times 32g$
$40mg/L : X$
$\therefore X = 17.20 mg/L$

**56** 활성슬러지 변형법 중 폐수를 여러 곳으로 유입시켜 plug-flow system이지만 F/M비를 포기조 내에서 유지하는 것은 어느 공법인가?

㉮ 계단식 포기법(step aeration)
㉯ 점감 포기법(tapered aeration)
㉰ 접촉 안정법(contact stablization)
㉱ 단기(개량) 포기법(short or modified aeration)

**풀이** ㉮ 계단식 포기법에 대한 설명이다.

**57** 흡착장치 중 고정상 흡착장치의 역세척에 관한 설명으로 가장 알맞은 것은?

( ㉠ ) 동안 먼저 표면세척을 한 다음 ( ㉡ ) $m^3/m^2 \cdot hr$의 속도로 역세척수를 사용하여 층을 ( ㉢ ) 정도 부상시켜 실시한다.

㉮ ㉠ 24시간, ㉡ 14~48, ㉢ 25~30%
㉯ ㉠ 24시간, ㉡ 24~28, ㉢ 10~50%
㉰ ㉠ 10~15분, ㉡ 14~28, ㉢ 25~30%
㉱ ㉠ 10~15분, ㉡ 24~48, ㉢ 10~50%

**풀이** 고정상 흡착장치의 역세척
① 표면세척 시간 : 10~15분
② 역세척 속도 : 24~48$m^3/m^2 \cdot hr$
③ 부상율 : 10~50%

**58** 침사지의 설치 목적으로 틀린 것은?

㉮ 펌프나 기계설비의 마모 및 파손방지
㉯ 관의 폐쇄 방지
㉰ 활성슬러지조의 dead space 등에 사석이 쌓이는 것을 방지
㉱ 침전지와 슬러지 소화조 내의 축적

**59** 기계적으로 청소가 되는 바(bar)스크린의 바 두께는 5mm이고, 바 간의 거리는 20mm이다. 바를 통과하는 유속이 0.9 m/sec라고 한다면 스크린을 통과하는 수두손실(m)은?
(단, $H = [(V_b^2 - V_a^2)/2g][1/0.7]$ )

㉮ 0.0157　㉯ 0.0212
㉰ 0.0317　㉱ 0.0438

**풀이** $V_a \times A_a = V_b \times A_b \Rightarrow V_a = V_b \times \dfrac{A_b}{A_a}$

W : 수로의 폭, H : 수심
$A_a = W \times H$
$A_b = W \times H \times \dfrac{바\ 간격}{바\ 두께 + 바\ 간격}$
$= W \times H \times \dfrac{20mm}{5mm + 20mm} = 0.8W \times H$

따라서
$V_a = V_b \times \dfrac{A_b}{A_a}$
$= 0.9 m/sec \times \dfrac{0.8W \times H}{W \times H} = 0.72 m/sec$

따라서 $H = \dfrac{V_b^2 - V_a^2}{2g} \times \dfrac{1}{0.7}$
$= \dfrac{(0.9 m/sec)^2 - (0.72 m/sec)^2}{2 \times 9.8 m/sec^2} \times \dfrac{1}{0.7}$
$= 0.0213 m$

**answer** 56 ㉮　57 ㉱　58 ㉱　59 ㉯

> **TIP**
> $A_a$는 수로이므로 바간격과 바두께 고려 안함
> $A_b$는 통과면적이므로 바간격과 바두께 고려 함

**60** 바닥면적이 $1km^2$인 호수의 물 깊이는 5m로 측정되었다. 한 달(30일) 사이 호수물의 인농도가 $250\mu g/L$에서 $40\mu g/L$로 감소하고 감소한 인은 모두 침강된 것으로 추정될 때 인의 침전율($mg/m^2 \cdot day$)은 얼마인가? (단, 호수의 유입, 유출은 고려하지 않음)

㉮ 26.6㉯ 35.0
㉰ 48.0㉱ 52.3

> **풀이** 인의 침전율($mg/m^2 \cdot day$)
> $= \dfrac{(250-40)\mu g}{L \cdot 달}(mg/m^3 \cdot 달) \times 10^6 m^2 \times 5m$
> $\times \dfrac{1달}{30 day} \times \dfrac{1}{10^6 m^2}$
> $= 35.0 \, mg/m^2 \cdot day$

> **TIP**
> ① $\mu g/L \cdot 달 = mg/m^3 \cdot 달$
> ② $km^2 \xrightarrow{\times 10^6} m^2$

| 제4과목 | 수질오염공정시험기준

**61** 95.5% $H_2SO_4$(비중 1.83)을 사용하여 $0.5N-H_2SO_4$ 250mL를 만들려면 95.5% $H_2SO_4$ 몇 mL가 필요한가?

㉮ 17㉯ 14
㉰ 8.5㉱ 3.5

> **풀이** ① N농도(eq/L)
> $= \dfrac{1.83 \times 10^3 g}{L} \times \dfrac{1 eq}{98 g/2} \times \dfrac{95.5\%}{100}$
> $= 35.67 N$
> ② $N_1 \times V_1 = N_2 \times V_2$
> $0.5N \times 250mL = 35.67N \times V_2$
> $\therefore V_2 = 3.50 mL$

**62** 노말헥산 추출물질의 정도관리로 맞는 것은?

㉮ 정량한계는 0.5mg/L로 설정하였다.
㉯ 상대표준편차가 ±35%이내이면 만족한다.
㉰ 정확도가 110%여서 재시험을 수행하였다.
㉱ 정밀도가 10%여서 재시험을 수행하였다.

> **풀이** 정도관리 항목
> ① 정량한계 : 0.5mg/L
> ② 정밀도 : 상대표준편차가 ±25% 이내
> ③ 정확도 : 75% ~ 125%

**63** 투명도 측정에 관한 내용으로 틀린 것은?

㉮ 투명도판(백색원판)의 지름은 30cm이다.
㉯ 투명도판에 뚫린 구멍의 지름은 5cm이다.
㉰ 투명도판에는 구멍이 8개 뚫려있다.
㉱ 투명도판의 무게는 약 2kg이다.

> **풀이** ㉱ 투명도판의 무게는 약 3kg이다.

**answer** 60 ㉯61 ㉱62 ㉮63 ㉱

**64** 노말 헥산 추출물질을 측정할 때 시험과정 중 지시약으로 사용되는 것은?

㉮ 메틸레드
㉯ 메틸오렌지
㉰ 메틸렌블루
㉱ 페놀프탈레인

▶ 풀이 │ 시료 적당량을 분별깔때기에 넣고 메틸오렌지용액(0.1%) 2방울~3방울을 넣고 황색이 적색으로 변할 때까지 염산(1+1)을 넣어 시료의 pH를 4 이하로 조절한다.

**65** 배출허용기준 적합여부를 판정을 위해 자동 시료채취기로 시료를 채취하는 방법의 기준은 어느 것인가?

㉮ 6시간 이내에 30분 이상 간격으로 2회 이상 채취하여 일정량의 단일 시료로 한다.
㉯ 6시간 이내에 1시간 이상 간격으로 2회 이상 채취하여 일정량의 단일 시료로 한다.
㉰ 8시간 이내에 1시간 이상 간격으로 2회 이상 채취하여 일정량의 단일 시료로 한다.
㉱ 8시간 이내에 2시간 이상 간격으로 2회 이상 채취하여 일정량의 단일 시료로 한다.

**TIP**
암기할 내용
① 측정 : 2회
② 시간 간격 : 6시간
③ 분 간격 : 30분
④ 평균 : 산술평균

**66** 수중 시안을 측정하는 방법으로 가장 거리가 먼 것은?

㉮ 자외선/가시선 분광법
㉯ 이온전극법
㉰ 이온크로마토그래피법
㉱ 연속흐름법

▶ 풀이 │ 시안을 측정하는 방법에는 자외선/가시선 분광법, 이온전극법, 연속흐름법이 있다.

**67** 시료의 전처리를 위한 산분해법 중 질산-과염소산법에 관한 설명으로 틀린 것은?

㉮ 과염소산을 넣을 경우 질산이 공존하지 않으면 폭발할 위험이 있으므로 반드시 질산을 먼저 넣어 주어야 한다.
㉯ 납을 측정할 경우 과염소산에 따른 납 증기발생으로 측정치에 손실을 가져온다.
㉰ 유기물을 다량 함유하고 있으면서 산분해가 어려운 시료들에 적용한다.
㉱ 유기물을 함유한 뜨거운 용액에 과염소산을 넣어서는 안 된다.

▶ 풀이 │ ㉯ 납을 측정할 경우 시료중에 황산이온($SO_4^{2-}$)이 다량 존재하면 불용성의 황산납이 생성되어 측정치에 손실을 가져온다.

**68** 물 1L에 NaOH 0.8g이 용해되었을 때의 농도(몰)는 얼마인가?

㉮ 0.1
㉯ 0.2
㉰ 0.01
㉱ 0.02

▶ 풀이 │ M농도(mol/L) = $\dfrac{0.8g}{1L} \times \dfrac{1mol}{40g}$ = 0.02M

---

**answer** 64 ㉯   65 ㉮   66 ㉰   67 ㉯   68 ㉱

**69** 이온 전극법에 대한 설명으로 틀린 것은?

㉮ 시료용액의 교반은 이온전극의 응답 속도 이외의 전극범위, 정량한계값에는 영향을 미치지 않는다.
㉯ 전극과 비교전극을 사용하여 전위를 측정하고 그 전위차로부터 정량하는 방법이다.
㉰ 이온전극법에 사용하는 장치의 기본 구성은 비교전극, 이온 전극, 자석교반기, 저항전위계, 이온측정기 등으로 되어 있다.
㉱ 이온전극의 종류에는 유리막 전극, 고체막전극, 격막형 전극이 있다.

▶풀이 ㉮ 시료용액의 교반은 이온전극의 응답속도 및 전극범위, 정량한계값에 영향을 미친다.

**70** 분원성 대장균군(시험관법)측정에 관한 내용으로 틀린 것은?

㉮ 분원성 대장균군 시험은 추정시험과 확정시험으로 한다.
㉯ 최적확수시험 결과는 분원성 대장균군수/1,000mL로 표시한다.
㉰ 확정시험에서 가스가 발생한 시료는 분원성 대장균군 양성으로 판정한다.
㉱ 분원성 대장균군은 온혈동물의 배설물에서 발견된 그람음성·무아포성의 간균으로서 44.5℃에서 락토오스를 분해하여 가스 또는 산을 생성하는 모든 호기성 또는 통기성 혐기성균을 말한다.

▶풀이 ㉯ 최적확수시험 결과는 분원성 대장균군수/100mL로 표시한다.

**71** 용존산소의 정량에 관한 설명으로 틀린 것은?

㉮ 전극법은 산화성물질이 함유된 시료나 착색된 시료에 적합하다.
㉯ 일반적으로 온도가 일정할 때 용존산소포화량은 수중의 염소이온량이 클수록 크다.
㉰ 시료가 착색, 현탁된 경우는 시료에 포타슘명반 용액과 암모니아수를 주입한다.
㉱ Fe(III) 100~200mg/L가 함유되어 있는 시료의 경우 황산을 첨가하기 전에 플루오린화포타슘용액 1mL을 가한다.

▶풀이 ㉯ 일반적으로 온도가 일정할 때 용존산소포화량은 수중의 염소이온량이 클수록 작다.

**72** 공장폐수 및 하수유량-관(pipe)내의 유량측정장치인 벤튜리미터의 범위(최대유량 : 최소유량)로 옳은 것은?

㉮ 2:1   ㉯ 3:1
㉰ 4:1   ㉱ 5:1

▶풀이 벤튜리미터의 범위(최대유량 : 최소유량)는 4:1이다.

answer  69 ㉮   70 ㉯   71 ㉯   72 ㉰

**73** 기체크로마토그래피를 적용한 알킬수은 정량에 관한 내용으로 틀린 것은?

㉮ 검출기는 전자포획형 검출기를 사용하고 검출기의 온도는 140℃ ~ 200℃로 한다.
㉯ 정량한계는 0.0005mg/L이다.
㉰ 알킬수은화합물을 사염화탄소로 추출한다.
㉱ 정밀도(% RSD)는 ±25%이다.

**풀이** ㉰ 알킬수은화합물을 벤젠으로 추출한다.

**74** 자외선/가시선분광법을 이용한 음이온 계면활성제 측정에 관한 내용으로 ( )에 옳은 내용은?

> 물속에 존재하는 음이온 계면활성제를 측정하기 위해 ( ㉠ )와 반응시켜 생성된 ( ㉡ )의 착화합물을 클로로폼으로 추출하여 흡광도를 측정하는 방법이다.

㉮ ㉠ 메틸레드, ㉡ 적색
㉯ ㉠ 메틸렌레드, ㉡ 적자색
㉰ ㉠ 메틸오렌지, ㉡ 황색
㉱ ㉠ 메틸렌블루, ㉡ 청색

**풀이** 음이온 계면활성제를 측정하기 위해 메틸렌블루와 반응시켜 생성된 청색의 착화합물을 클로로폼으로 추출한다.

**75** 식물성 플랑크톤(조류)분석 시 즉시 시험하기 어려울 경우 시료보존을 위해 사용되는 것은? (단, 침강성이 좋지 않은 남조류나 파괴되기 쉬운 와편모 조류인 경우)

㉮ 사염화탄소용액  ㉯ 에틸알콜용액
㉰ 메틸알콜용액    ㉱ 루골용액

**풀이** 식물성 플랑크톤(조류)분석 시 즉시 시험하기 어려울 경우 루골용액을 사용하여 시료를 보존한다.

**76** 염소이온 측정방법 중 질산은 적정법의 정량한계(mg/L)는 얼마인가?

㉮ 0.1    ㉯ 0.3
㉰ 0.5    ㉱ 0.7

**풀이** 염소이온 측정방법 및 정량한계
① 이온크로마토그래피 : 0.1mg/L
② 적정법(질산은 적정법) : 0.7mg/L
③ 이온전극법 : 7mg/L

**77** 수질분석을 위한 시료 채취 시 유의사항으로 틀린 것은?

㉮ 채취용기는 시료를 채우기 전에 맑은 물로 3회 이상 씻은 다음 사용한다.
㉯ 용존가스, 환원성 물질, 휘발성 유기물질 등의 측정을 위한 시료는 운반 중 공기와의 접촉이 없도록 가득 채워야 한다.
㉰ 지하수 시료는 취수정 내에 고여 있는 물을 충분히 퍼낸(고여 있는 물의 4 ~ 5배 정도이나 pH 및 전기전도도를 연속적으로 측정하여 이 값이 평형을 이룰 때까지로 한다.) 다음 새로 나온 물을 채취한다.
㉱ 시료채취량은 시험항목 및 시험 횟수에 따라 차이가 있으나 보통 3L ~ 5L 정도이어야 한다.

**풀이** ㉮ 시료 채취 용기는 깨끗이 세척된 용기 또는 멸균된 용기를 사용한다.

**answer** 73 ㉰  74 ㉱  75 ㉱  76 ㉱  77 ㉮

**78** 기체크로마토그래피법의 전자포획검출기에 관한 설명으로 ( )에 알맞은 것은?

> 방사선 동위원소로부터 방출되는 ( )이 운반기체를 전리하여 미소전류를 흘려보낼 때 시료 중의 할로겐이나 산소와 같이 전자포획력이 강한 화합물에 의하여 전자가 포획되어 전류가 감소하는 것을 이용하는 방법이다.

㉮ $\alpha$ (알파)선　㉯ $\beta$ (베타)선
㉰ $\gamma$ (감마)선　㉱ 중성자선

**79** 현재 널리 사용되고 있는 유도결합 플라스마의 고주파 전원으로 알맞은 것은?

㉮ 라디오고주파 발생기의 27.12MHz로 1kW 출력
㉯ 라디오고주파 발생기의 40.68MHz로 5kW 출력
㉰ 라디오고주파 발생기의 27.12MHz로 100kW 출력
㉱ 라디오고주파 발생기의 40.68MHz로 1,000kW 출력

[풀이] 유도결합 플라스마의 고주파 전원은 라디오고주파 발생기의 27.12 MHz로 1kW 출력이다.

**80** 중금속 측정을 위한 시료 전처리 방법 중 용매추출법인 피로리딘다이티오카르바민산 암모늄 추출법에 대한 설명으로 틀린 것은?

㉮ 시료 중의 구리, 아연, 납, 카드뮴, 니켈, 코발트 및 은 등의 측정에 이용되는 방법이다.
㉯ 철의 농도가 높을 때에는 다른 금속 추출에 방해를 줄 수 있다.
㉰ 망간은 착화합물 상태에서 매우 안정적이기 때문에 추출되기 어렵다.
㉱ 크롬은 6가 크롬 상태로 존재할 경우에만 추출된다.

[풀이] ㉰ 망간은 착화합물 상태에서 매우 불안정하므로 추출 즉시 측정하여야 한다.

answer　78 ㉯　79 ㉮　80 ㉰

## 2022 2회 기출문제

| 제1과목 | 수질오염개론

**01** 하수가 유입된 하천의 자정작용을 하천 유하거리에 따라 분해지대, 활발한 분해지대, 회복지대, 정수지대의 4단계로 분류하여 나타내는 경우, 회복지대의 특성으로 틀린 것은?

㉮ 세균수가 감소한다.
㉯ 발생된 암모니아성 질소가 질산화 된다.
㉰ 용존산소의 농도가 포화될 정도로 증가한다.
㉱ 규조류가 사라지고 윤충류, 갑각류도 감소한다.

**풀이** ㉱ 규조류가 나타나고 윤충류, 갑각류도 증가한다.

**02** 강우의 pH에 관한 설명으로 틀린 것은?

㉮ 보통 대기중의 이산화탄소와 평형상태에 있는 물은 약 pH 5.7의 산성을 띠고 있다.
㉯ 산성강우의 주요원인 물질로 황산화물, 질소산화물 및 염소산화물을 들 수 있다.
㉰ 산성 강우현상은 대기오염이 혹심한 지역에 국한되어 나타난다.
㉱ 강우는 부유재(fly ash)로 인하여 때때로 알칼리성을 띨 수 있다.

**풀이** ㉰ 산성 강우현상은 대기오염이 혹심한 지역 뿐만 아니라 전체적으로 나타난다.

**03** 호소의 부영양화에 대한 일반적 영향으로 틀린 것은?

㉮ 부영양화가 진행된 수원을 농업용수로 사용하면 영양염류의 공급으로 농산물 수확량이 지속적으로 증가한다.
㉯ 조류나 미생물에 의해 생성된 용해성 유기물질이 불쾌한 맛과 냄새를 유발한다.
㉰ 부영양화평가모델은 인(P)부하 모델인 Vollenweider 모델 등이 대표적이다.
㉱ 심수층의 용존산소량이 감소한다.

**풀이** ㉮ 부영양화가 진행된 수원을 농업용수로 사용하면 영양염류의 공급으로 농산물 수확량이 일시적으로 증가한다.

**answer** 01 ㉱  02 ㉰  03 ㉮

## 04 수질오염물질 중 중금속에 관한 설명으로 틀린 것은?

㉮ 카드뮴 : 인체 내에서 투과성이 높고 이동성이 있는 독성 메틸 유도체로 전환된다.
㉯ 비소 : 인산염 광물에 존재해서 인 화합물 형태로 환경 중에 유입된다.
㉰ 납 : 급성독성은 신장, 생식계통, 간 그리고 뇌와 중추신경계에 심각한 장애를 유발한다.
㉱ 수은 : 수은 중독은 BAL, $Ca_2EDTA$로 치료할 수 있다.

**풀이** ㉮ 카드뮴 : 인체 내에서 투과성이 낮고 이동성이 없는 유도체로 전환된다.

**TIP**
**암기해야 할 오염물질별 질환**
① 수은(Hg) : 미나마타병, 헌터-루셀증후군
② 카드뮴(Cd) : 이따이이따이병
③ 폴리클로리네이티드비페닐(PCB) : 카네미유증

## 05 광합성에 대한 설명으로 틀린 것은?

㉮ 호기성광합성(녹색식물의 광합성)은 진조류와 청녹조류를 위시하여 고등식물에서 발견된다.
㉯ 녹색식물의 광합성은 탄산가스와 물로부터 산소와 포도당(또는 포도당 유도산물)을 생성하는 것이 특징이다.
㉰ 세균활동에 의한 광합성은 탄산가스의 산화를 위하여 물 이외의 화합물질이 수소원자를 공여, 유리산소를 형성한다.
㉱ 녹색식물의 광합성 시 광은 에너지를 그리고 물은 환원반응에 수소를 공급해 준다.

**풀이** ㉰ 세균활동에 의한 광합성은 황화수소와 수소를 수소원으로 하며, 산소를 발생하지 않는다.

## 06 물의 특성에 대한 설명으로 틀린 것은?

㉮ 기화열이 크기 때문에 생물의 효과적인 체온 조절이 가능하다.
㉯ 비열이 크기 때문에 수온의 급격한 변화를 방지해 줌으로써 생물활동이 가능한 기온을 유지한다.
㉰ 융해열이 작기 때문에 생물체의 결빙이 쉽게 일어나지 않는다.
㉱ 빙점과 비점사이가 100℃나 되므로 넓은 범위에서 액체 상태를 유지할 수 있다.

**풀이** ㉰ 융해열이 크기 때문에 생물체의 결빙이 쉽게 일어나지 않는다.

**TIP**
물의 특성에 대한 내용은 시험에 출제빈도가 높으므로 이론편의 내용을 숙지해야 한다.

## 07 생물농축에 대한 설명으로 가장 틀린 것은?

㉮ 수생생물체 내의 각종 중금속 농도는 환경수중의 농도보다는 높은 경우가 많다.
㉯ 생물체중의 농도와 환경수중의 농도비를 농축비 또는 농축계수라고 한다.
㉰ 수생생물의 종류에 따라서 중금속의 농축비가 다른 경우가 많다.
㉱ 농축비는 먹이사슬 과정에서 높은 단계의 소비자에 상당하는 생물일수록 낮게 된다.

**answer** 04 ㉮  05 ㉰  06 ㉰  07 ㉱

**풀이** ㉣ 농축비는 먹이사슬 과정에서 높은 단계의 소비자에 상당하는 생물일수록 높게 된다.

**08** 벤젠, 톨루엔, 에틸벤젠, 자일렌이 같은 몰수로 혼합된 용액이 라울트 법칙을 따른다고 가정하면 혼합액의 총 증기압(25℃기준, atm)은 얼마인가? (단, 벤젠, 톨루엔, 에틸벤젠, 자일렌의 25℃에서 순수액체의 증기압은 각각 0.126, 0.038, 0.0126, 0.01177atm이며, 기타조건은 고려하지 않음)

㉮ 0.047  ㉯ 0.057
㉰ 0.067  ㉱ 0.077

**풀이** 혼합액의 총 증기압
$$= \frac{(0.126+0.038+0.0126+0.01177)\,atm}{4}$$
$$= 0.047\,atm$$

**09** $BOD_5$가 270mg/L이고, COD가 450mg/L인 경우, 탈산소계수($K_1$)의 값이 0.1/day일 때, 생물학적으로 분해 불가능한 COD(mg/L)는 얼마인가? (단, BDCOD = $BOD_u$, 상용대수 기준)

㉮ 약 55  ㉯ 약 65
㉰ 약 75  ㉱ 약 85

**풀이** ① $BOD_5 = BOD_u \times (1-10^{-k_1 \times t})$
  $270mg/L = BOD_u \times (1-10^{-0.1/day \times 5day})$
  ∴ $BOD_u = 394.868\,mg/L$
② NBDCOD = COD − BDCOD
  = 450 mg/L − 394.868 mg/L
  = 55.13 mg/L

**10** 다음은 수질조사에서 얻은 결과인데, $Ca^{2+}$ 결과치의 분실로 인하여 기재가 되지 않았다. 주어진 자료로부터 $Ca^{2+}$ 농도(mg/L)는 얼마인가?

| 양이온(mg/L) | | 음이온(mg/L) | |
|---|---|---|---|
| $Na^+$ | 46 | $Cl^-$ | 71 |
| $Ca^{2+}$ | - | $HCO_3^-$ | 122 |
| $Mg^{2+}$ | 36 | $SO_4^{2-}$ | 192 |

㉮ 20  ㉯ 40
㉰ 60  ㉱ 80

**풀이** ① $\dfrac{총경도(mg/L)}{50g} = \dfrac{Mg^{2+}\,mg/L}{12g}$
  $\dfrac{총경도(mg/L)}{50g} = \dfrac{36\,mg/L}{12g}$
  ∴ 총경도 = 150 mg/L
② $\dfrac{총경도(mg/L)}{50g} = \dfrac{Ca^{2+}\,mg/L}{20\,g}$
  $\dfrac{150\,mg/L}{50\,g} = \dfrac{Ca^{2+}}{20\,g}$
  ∴ $Ca^{2+} = 60\,mg/L$

**11** 부영양화가 진행된 호소에 대한 수면관리대책으로 틀린 것은?

㉮ 수중 폭기한다.
㉯ 퇴적층을 준설한다.
㉰ 수생식물을 이용한다.
㉱ 살조제는 황산알루미늄을 주로 많이 쓴다.

**풀이** ㉱ 살조제는 황산동($CuSO_4$)을 주로 많이 쓴다.

**answer** 08 ㉮  09 ㉮  10 ㉰  11 ㉱

**12** 생물학적 질화 중 아질산화에 관한 설명으로 틀린 것은?

㉮ Nitrobacter에 의해 수행된다.
㉯ 수율은 0.04 ~ 0.13mg VSS/mg $NH_4^+$-N 정도이다.
㉰ 관련 미생물은 독립영양성 세균이다.
㉱ 산소가 필요하다.

 ㉮ Nitrosomonas에 의해 수행된다.

**TIP**
Nitrobacter는 $NO_2^- \rightarrow NO_3^-$에 참여하는 질산균으로 독립영양계에 해당한다.

**13** 0.01M-KBr과 0.02M-ZnSO₄ 용액의 이온강도는 얼마인가? (단, 완전 해리 기준)

㉮ 0.08   ㉯ 0.09
㉰ 0.12   ㉱ 0.14

풀이
KBr → $K^+$ + $Br^-$
0.01M   0.01M   0.01M
ZnSO₄ → $Zn^{2+}$ + $SO_4^{2-}$
0.02M   0.02M   0.02M

이온강도(I)
$= \dfrac{합\{몰수 \times (가수)^2\}}{2}$
$= \dfrac{1}{2} \times \{(0.01M \times 1^2) + (0.01M \times 1^2) + (0.02M \times 2^2) + (0.02M \times 2^2)\}$
$= 0.09$

**TIP**
이온강도(I) : 용액중에 있는 이온의 전체농도를 나타내는 척도이다.

**14** 바닷물에 0.054M의 MgCl₂가 포함되어 있을 때 바닷물 250mL에 포함되어 있는 MgCl₂의 양(g)은 얼마인가? (단, 원자량 Mg = 24.3, Cl = 35.5)

㉮ 약 0.8   ㉯ 약 1.3
㉰ 약 2.6   ㉱ 약 3.9

풀이 MgCl₂의 1mol = 95.3g

$\dfrac{mol}{L} = \dfrac{w(g)}{V(L)} \times \dfrac{1mol}{분자량(g)}$

따라서 $0.054M(mol/L) = \dfrac{w(g)}{0.25L} \times \dfrac{1mol}{95.3g}$

∴ w = 1.29g

**15** 반응속도에 관한 설명으로 틀린 것은?

㉮ 영차반응 : 반응물의 농도에 독립적인 속도로 진행하는 반응이다.
㉯ 일차반응 : 반응속도가 시간에 따른 반응물의 농도변화 정도에 반비례하여 진행하는 반응이다.
㉰ 이차반응 : 반응속도가 한가지 반응물 농도의 제곱에 비례하여 진행하는 반응이다.
㉱ 실험치에 따라 특정 반응속도의 차수를 구하기 위하여는 시간에 따른 농도변화를 그래프로 그리고 직선으로부터의 편차를 구하여 평가한다.

풀이 ㉯ 일차반응 : 반응속도가 시간에 따른 반응물의 농도변화 정도에 비례하여 진행하는 반응이다.

answer   12 ㉮   13 ㉯   14 ㉯   15 ㉯

**16** 방사성 물질인 스트론튬($Sr^{90}$)의 반감기가 29년이라면 주어진 양의 스트론튬($Sr^{90}$)이 99% 감소하는데 걸리는 시간(년)은?

㉮ 143  ㉯ 193
㉰ 233  ㉱ 273

**풀이** ① 반감기 이용
$$\ln\frac{1}{2} = -k \times t$$
$$\ln\frac{1}{2} = -k \times 29년$$
$$\therefore k = \frac{\ln\frac{1}{2}}{-29년} = 0.0239/년$$

② 1차 반응식 이용
$$\ln\frac{C_t}{C_o} = -k \times t$$
$$\ln\frac{1\%}{100\%} = -0.0239/년 \times t$$
$$\therefore t = \frac{\ln\frac{1\%}{100\%}}{-0.0239/년} = 192.69년$$

**17** 수질모델링을 위한 절차에 해당하는 항목으로 틀린 것은?

㉮ 변수추정  ㉯ 수질 예측 및 평가
㉰ 보정       ㉱ 감응도 분석

**TIP** 수질모델링을 위한 절차에는 모델의 설계 및 자료수집, 보정, 검증, 감응도 분석, 수질 예측 및 평가 등이 필요하다.

**18** 다음과 같은 수질을 가진 농업용수의 SAR값은? (단, $Na^+$ = 460mg/L, $PO_4^{3-}$ = 1,500mg/L, $Cl^-$ = 108mg/L, $Ca^{2+}$ = 600mg/L, $Mg^{2+}$ = 240mg/L, $NH_3-N$ = 380mg/L, 원자량 = Na : 23, P : 31, Cl : 35.5, Ca : 40, Mg : 24)

㉮ 2  ㉯ 4
㉰ 6  ㉱ 8

**풀이** ① mN = mg/L ÷ 1당량 mg
$Na^+$ = 460mg/L ÷ 23 = 20mN
$Ca^{2+}$ = 600mg/L ÷ 20 = 30mN
$Mg^{2+}$ = 240mg/L ÷ 12 = 20mN

② SAR(나트륨흡착률)
$$= \frac{Na^+}{\sqrt{\frac{Ca^{2+} + Mg^{2+}}{2}}}$$
$$= \frac{20mN}{\sqrt{\frac{30mN + 20mN}{2}}} = 4$$

**19** 다음의 기체 법칙 중 옳은 것은?

㉮ Boyle의 법칙 : 일정한 압력에서 기체의 부피는 절대온도에 정비례한다.
㉯ Henry의 법칙 : 기체와 관련된 화학반응에서는 반응하는 기체와 생성되는 기체의 부피사이에 정수관계가 있다.
㉰ Graham의 법칙 : 기체의 확산속도(조그마한 구멍을 통한 기체의 탈출)는 기체 분자량의 제곱근에 반비례한다.
㉱ Gay-Lussac의 결합 부피 법칙 : 혼합 기체 내의 각 기체의 부분압력은 혼합물 속의 기체의 양에 비례한다.

**풀이** ㉮ Boyle의 법칙 : 일정한 온도에서 기체의 압력과 그 부피는 반비례한다.
㉯ Henry의 법칙 : 용해도가 크지 않은 기체가 일정한 온도에서 일정량의 액체에 녹는 무게는

**answer** 16 ㉯  17 ㉮  18 ㉯  19 ㉰

압력에 비례하며, 혼합기체는 그 부분압력에 비례한다.
㉣ Gay-Lussac의 결합 부피 법칙 : 기체와 관련된 화학반응에서는 반응하는 기체와 생성되는 기체의 부피사이에 정수관계가 있다.

**20** 시료의 $BOD_5$가 200mg/L이고 탈산소계수값이 $0.15day^{-1}$일 때 최종 BOD(mg/L)는?

㉮ 약 213  ㉯ 약 223
㉰ 약 233  ㉱ 약 243

풀이
$BOD_5 = BOD_u \times (1 - 10^{-k_1 \times t})$
$200mg/L = BOD_u \times (1 - 10^{-0.15/day \times 5day})$
$\therefore BOD_u = \dfrac{200mg/L}{(1 - 10^{-0.15/day \times 5day})}$
$= 243.26 \text{ mg/L}$

| 제2과목 | 상하수도계획

**21** 계획 오수량에 관한 설명으로 ( )에 알맞은 내용은?

> 합류식에서 우천 시 계획 오수량은 ( ) 이상으로 한다.

㉮ 원칙적으로 계획 1일 최대 오수량의 2배
㉯ 원칙적으로 계획 1일 최대 오수량의 3배
㉰ 원칙적으로 계획시간 최대 오수량의 2배
㉱ 원칙적으로 계획시간 최대 오수량의 3배

풀이 합류식에서 우천 시 계획 오수량은 원칙적으로 계획시간 최대 오수량의 3배 이상으로 한다.

**22** 하수 배제 방식의 특징에 대한 설명으로 틀린 것은?

㉮ 분류식은 우천 시에 월류가 없다.
㉯ 분류식은 강우초기 노면 세정수가 하천 등으로 유입되지 않는다.
㉰ 합류식 시설의 일부를 개선 또는 개량하면 강우초기의 오염된 우수를 수용해서 처리할 수 있다.
㉱ 합류식은 우천 시 일정량 이상이 되면 오수가 월류한다.

풀이 ㉯ 분류식은 강우초기 노면 세정수가 하천 등으로 유입된다.

**23** 정수처리 방법인 중간염소처리에서 염소의 주입 지점으로 가장 적절한 것은?

㉮ 혼화지와 침전지 사이
㉯ 침전지와 여과지 사이
㉰ 착수정과 혼화지 사이
㉱ 착수정과 도수관 사이

풀이 중간염소처리에서 염소의 주입 지점은 침전지와 여과지 사이이다.

answer  20 ㉱   21 ㉱   22 ㉯   23 ㉯

**24** 계획취수량을 확보하기 위하여 필요한 저수용량의 결정에 사용되는 계획기준년에 관한 내용으로 ( )에 적절한 것은?

> 원칙적으로 ( )에 제1위 정도의 갈수를 표준으로 한다.

㉮ 5개년　　㉯ 7개년
㉰ 10개년　　㉱ 15개년

**풀이** 계획기준년은 원칙적으로 10개년에 제1위 정도의 갈수를 표준으로 한다.

**25** 하수관로에 관한 설명 중 틀린 것은?

㉮ 우수관로에서 계획하수량은 계획우수량으로 한다.
㉯ 합류식 관로에서 계획하수량은 계획시간 최대오수량에 계획우수량을 합한 것으로 한다.
㉰ 차집관로에서 계획하수량은 계획시간 최대오수량으로 한다.
㉱ 지역의 실정에 따라 계획하수량에 여유율을 둘 수 있다.

**풀이** ㉰ 차집관로에서 계획하수량은 우천시 계획 오수량으로 한다.

**26** 기존의 하수처리시설에 고도처리시설을 설치하고자 할 때 검토사항으로 틀린 것은?

㉮ 표준활성슬러지법이 설치된 기존처리장의 고도처리 개량은 개선대상 오염물질별 처리특성을 감안하여 효율적인 설계가 되어야 한다.
㉯ 시설개량은 시설개량방식을 우선 검토하되 방류수 수질기준 준수가 곤란한 경우에 한해 운전 개선 방식을 함께 추진하여야 한다.
㉰ 기본설계과정에서 처리장의 운영실태 정밀분석을 실시한 후 이를 근거로 사업추진방향 및 범위 등을 결정하여야 한다.
㉱ 기존시설물 및 처리공정을 최대한 활용하여야 한다.

**풀이** ㉯ 시설개량은 시설개량방식을 우선 검토하되 방류수 수질기준 준수 여부와 상관없이 운전 개선 방식을 함께 추진하여야 한다.

**27** 해수담수화방식 중 상(相)변화 방식인 증발법에 해당되는 것은?

㉮ 가스수화물법　　㉯ 다중효용법
㉰ 냉동법　　㉱ 전기투석법

**풀이** 해수담수화방식 중 상(相)변화 방식
① 증발법 : 다단 플래쉬법, 다중 효용법, 증기 압축법, 투과 기화법
② 결정법 : 냉동법, 가스수화물법

**28** 1분당 300m³의 물을 150m 양정(전양정)할 때 최고효율점에 달하는 펌프가 있다. 이때의 회전수가 1,500rpm이라면, 이 펌프의 비속도(비교회전도)는?

㉮ 약 512　　㉯ 약 554
㉰ 약 606　　㉱ 약 658

**풀이**
$$Ns = N \times \frac{Q^{\frac{1}{2}}}{H^{\frac{3}{4}}}$$
여기서 Ns : 비교회전도(rpm)

**answer** 24 ㉰　25 ㉰　26 ㉯　27 ㉯　28 ㉰

N : 규정회전수(rpm)
Q : 토출량(m³/min)
H : 전양정(m)

따라서 $Ns = 1,500 \text{rpm} \times \dfrac{(300\text{m}^3/\text{min})^{\frac{1}{2}}}{(150\text{m})^{\frac{3}{4}}}$

$= 606.15 \text{rpm}$

**29** 펌프의 토출량이 0.20m³/sec, 흡입구 유속이 3m/sec인 경우, 펌프의 흡입구경(mm)은?

㉮ 약 198  ㉯ 약 292
㉰ 약 323  ㉱ 약 413

**풀이**

$D = 146 \times \sqrt{\dfrac{Q}{V}}$

여기서 D : 펌프의 흡입구경(mm)
Q : 펌프의 토출량(m³/min)
V : 유속(m/sec)

따라서 $D = 146 \times \sqrt{\dfrac{0.2\text{m}^3/\text{sec} \times 60\text{sec/min}}{3\text{m/sec}}}$

$= 292 \text{mm}$

**30** 막모듈의 열화와 가장 거리가 먼 것은?

㉮ 장기적인 압력부하에 의한 막 구조의 압밀화
㉯ 건조되거나 수축으로 인한 막 구조의 비가역적인 변화
㉰ 원수 중의 고형물이나 진동에 의한 막면의 상처, 마모, 파단
㉱ 막의 다공질부의 흡착, 석출, 포착 등에 의한 폐색

**풀이** ㉱번은 파울링에 대한 설명이다.

**TIP**

용어설명
① 막의 열화 : 막 자체의 변질로 생긴 비가역적인 막 성능의 저하를 의미한다.
② 막의 파울링 : 막 자체의 변질이 아닌 외적 인자로 생긴 막 성능의 저하를 의미한다.

**31** 상수도 계획급수량과 관련된 내용으로 틀린 것은?

㉮ 계획 1일 평균급수량 = 계획1일평균사용수량/계획유효율
㉯ 계획 1일 최대급수량 = 계획1일평균급수량×계획첨두율
㉰ 일반적인 산정절차는 각 용도별 1일평균사용수량(실적) → 각 계획용도별 1일평균사용수량 → 계획 1일평균사용수량 → 계획 1일평균급수량 → 계획 1일최대급수량으로 한다.
㉱ 일반적으로 소규모 도시일수록 첨두율 값이 작다.

**풀이** ㉱ 일반적으로 소규모 도시일수록 첨두율(평균유량/하수량) 값이 크다.

**32** 오수 이송방법은 자연유하식, 압력식, 진공식이 있다. 이중 압력식(다중압송)에 관한 내용으로 틀린 것은?

㉮ 지형변화에 대응이 어렵다.
㉯ 지속적인 유지관리가 필요하다.
㉰ 저지대가 많은 경우 시설이 복잡하다.
㉱ 정전 등 비상대책이 필요하다.

**풀이** ㉮ 지형변화에 대응이 용이하다.

answer  29 ㉯  30 ㉱  31 ㉱  32 ㉮

**33** 도수거에 관한 설명으로 틀린 것은?

㉮ 수리학적으로 자유 수면을 갖고 중력 작용으로 경사진 수로를 흐르는 시설이다.
㉯ 개거나 암거인 경우에는 대개 300 ~ 500m 간격으로 시공조인트를 겸한 신축조인트를 설치한다.
㉰ 균일한 동수경사(통상 1/3,000 ~ 1/1,000)로 도수하는 시설이다.
㉱ 도수거의 평균유속의 최대한도는 3.0 m/sec로 하고 최소유속은 0.3m/sec로 한다.

> 풀이  ㉯ 개거나 암거인 경우에는 대개 30 ~ 50m 간격으로 시공조인트를 겸한 신축조인트를 설치한다.

**34** 하수처리를 위한 산화구법에 관한 설명으로 틀린 것은?

㉮ 용량은 HRT가 24 ~ 48시간이 되도록 정한다.
㉯ 형상은 장원형무한수로로 하며 수심은 1.0 ~ 3.0m, 수로 폭은 2.0 ~ 6.0m 정도가 되도록 한다.
㉰ 저부하조건의 운전으로 SRT가 길어 질산화반응이 진행되기 때문에 무산소 조건을 적절히 만들면 70% 정도의 질소제거가 가능하다.
㉱ 산화구내의 혼합상태가 균일하여도 구내에서 MLSS, 알칼리도 농도의 구배는 크다.

> 풀이  ㉱ 산화구내의 혼합상태에 따른 용존산소 농도는 흐름의 방향에 따라 농도 구배가 발생하지만 MLSS농도, 알칼리도는 구내에서 균일하다.

**35** 취수시설에서 침사지에 관한 설명으로 틀린 것은?

㉮ 지의 위치는 가능한 한 취수구에 근접하여 제내지에 설치한다.
㉯ 지의 상단높이는 고수위보다 0.3 ~ 0.6m의 여유고를 둔다.
㉰ 지의 고수위는 계획 취수량이 유입될 수 있도록 취수구의 계획최저수위 이하로 정한다.
㉱ 지의 길이는 폭의 3 ~ 8배, 지내 평균 유속은 2 ~ 7cm/sec를 표준으로 한다.

> 풀이  ㉯ 지의 상단높이는 고수위보다 0.6 ~ 1m 정도의 여유고를 둔다.

**36** 상수의 공급과정을 바르게 나타낸 것은?

㉮ 취수→도수→정수→송수→배수→급수
㉯ 취수→도수→송수→정수→배수→급수
㉰ 취수→송수→정수→배수→도수→급수
㉱ 취수→송수→배수→정수→도수→급수

> 풀이  상수의 공급과정은 취수→도수→정수→송수→배수→급수 순이다.

answer  33 ㉯  34 ㉱  35 ㉯  36 ㉮

**37** 계획 취수량이 10m³/sec, 유입수심이 5m, 유입속도가 0.4m/sec인 지역에 취수구를 설치하고자 할 때 취수구의 폭 (m)은? (단, 취수보 설계 기준)

㉮ 0.5  ㉯ 1.25
㉰ 2.5  ㉱ 5.0

**풀이** 취수량 = 면적 × 유입속도
$10\,\text{m}^3/\text{sec} = 폭 \times 5\,\text{m} \times 0.4\,\text{m}/\text{sec}$
∴ 폭 = 5.0 m

**38** 정수시설 중 플록형성지에 관한 설명으로 틀린 것은?

㉮ 기계식교반에서 플록큐레이터(flocculator)의 주변 속도는 5~10cm/sec를 표준으로 한다.
㉯ 플록형성시간은 계획정수량에 대하여 20~40분간을 표준으로 한다.
㉰ 직사각형이 표준이다.
㉱ 혼화지와 침전지 사이에 위치하고 침전지에 붙여서 설치한다.

**풀이** ㉮ 기계식교반에서 플록큐레이터의 주변 속도는 15~80cm/sec를 표준으로 한다.

**TIP** 플록형성지 = 완속교반조

**39** 오수관거 계획 시 기준이 되는 오수량은?

㉮ 계획 시간 최대 오수량
㉯ 계획 1일 최대 오수량
㉰ 계획 시간 평균 오수량
㉱ 계획 1일 평균 오수량

**풀이** 오수관거 계획 시 기준이 되는 오수량은 계획 시간 최대 오수량이다.

**40** 천정호(얕은우물)의 경우 양수량 $Q = \dfrac{\pi k(H^2 - h^2)}{2.3\log(R/r)}$ 로 표시된다. 반경 0.5m의 천정호 시험정에서 H = 6m, h = 4m, R = 50m인 경우에 Q = 10L/sec의 양수량을 얻었다. 이 조건에서 투수계수(k, m/min)는 얼마인가?

㉮ 0.044  ㉯ 0.073
㉰ 0.086  ㉱ 0.146

**풀이** $Q(\text{m}^3/\text{min}) = 0.01\,\text{m}^3/\text{sec} \times 60\,\text{sec/min}$
$= 0.6\,\text{m}^3/\text{min}$
$0.6\,\text{m}^3/\text{min} = \dfrac{\pi \times k \times (6^2 - 4^2)}{\ln\left(\dfrac{50\,\text{m}}{0.5\,\text{m}}\right)}$
∴ k = 0.044 m/min

**TIP**
① 2.3log = ln
② 10 L/sec = 10 × 10⁻³ m³/sec = 0.01 m³/sec

| 제3과목 | 수질오염방지기술

**41** 탈질소 공정에서 폐수에 탄소원 공급용으로 가해지는 약품은?

㉮ 응집제  ㉯ 질산
㉰ 소석회  ㉱ 메탄올

**풀이** 탈질소 공정에서 탄소원 공급용은 메탄올($CH_3OH$)이다.

answer  37 ㉱  38 ㉮  39 ㉮  40 ㉮  41 ㉱

**42** MLSS의 농도가 1,500mg/L인 슬러지를 부상법으로 농축시키고자 한다. 압축탱크의 유효전달 압력이 4기압이며 공기의 밀도가 1.3g/L, 공기의 용해량이 18.7mL/L일 때 A/S비는 얼마인가? (단, 유량 = 300m³/day, f = 0.5, 처리수의 반송은 없다.)

㉮ 0.008  ㉯ 0.010
㉰ 0.016  ㉱ 0.020

**풀이**
$$A/S비 = \frac{1.3 \times Sa \times (f \cdot P - 1)}{SS}$$
$$= \frac{1.3 \times 18.7\text{mL/L} \times (0.5 \times 4\text{atm} - 1)}{1,500\text{mg/L}}$$
$$= 0.016$$

**43** 포기조 내의 혼합액의 SVI가 100이고, MLSS농도를 2,200mg/L로 유지하려면 적정한 슬러지의 반송률(%)은 얼마인가? (단, 유입수의 SS는 무시한다.)

㉮ 23.6  ㉯ 28.2
㉰ 33.6  ㉱ 38.3

**풀이**
① 반송비(R)
$$= \frac{MLSS}{SS_r - MLSS} = \frac{MLSS}{\frac{10^6}{SVI} - MLSS}$$
$$= \frac{2,200\text{mg/L}}{\frac{10^6}{100} - 2,200\text{mg/L}} = 0.2821$$

② 재순환율(%) = 반송비(R) × 100
= 0.2821 × 100 = 28.21%

**TIP**
$SVI = \frac{10^6}{SS_r}$ 이므로 $SS_r = \frac{10^6}{SVI}$

**44** 기계적으로 청소가 되는 바 스크린의 바(bar)두께는 5mm이고, 바 간의 거리는 30mm이다. 바를 통과하는 유속이 0.90m/sec일 때 스크린을 통과하는 수두손실(m)은? (단, $h_L = \left(\frac{V_b^2 - V_a^2}{2g}\right)\left(\frac{1}{0.7}\right)$)

㉮ 0.0157  ㉯ 0.0238
㉰ 0.0325  ㉱ 0.0452

**풀이**
$$V_a \times A_a = V_b \times A_b \Rightarrow V_a = V_b \times \frac{A_b}{A_a}$$

W : 수로의 폭, H : 수심
$A_a = W \times H$
$A_b = W \times H \times \frac{바\ 간격}{바\ 두께 + 바\ 간격}$
$= W \times H \times \frac{30\text{mm}}{5\text{mm} + 30\text{mm}} = 0.8571 W \times H$

따라서 $V_a = V_b \times \frac{A_b}{A_a}$
$= 0.90\text{m/sec} \times \frac{0.8571 W \times H}{W \times H}$
$= 0.7714\text{m/sec}$

따라서 $H = \frac{V_b^2 - V_a^2}{2g} \times \frac{1}{0.7}$
$= \frac{(0.90\text{m/sec})^2 - (0.7714\text{m/sec})^2}{2 \times 9.8\text{m/sec}^2} \times \frac{1}{0.7}$
$= 0.01567\text{m}$

**TIP**
$A_a$는 수로이므로 바간격과 바두께 고려 안함
$A_b$는 통과면적이므로 바간격과 바두께 고려 함

**45** 경사판 침전지에서 경사판의 효과가 아닌 것은?

㉮ 수면적 부하율의 증가효과
㉯ 침전지 소요면적의 저감효과
㉰ 고형물의 침전효율 증대효과
㉱ 처리효율의 증대효과

**answer** 42 ㉰  43 ㉯  44 ㉮  45 ㉮

풀이 ㉮ 수면적 부하율의 감소효과

**46** 분뇨의 생물학적 처리공법으로서 호기성 미생물이 아닌 혐기성 미생물을 이용한 혐기성 처리공법을 주로 사용하는 근본적인 이유는?

㉮ 분뇨에는 혐기성 미생물이 살고 있기 때문에
㉯ 분뇨에 포함된 오염물질은 혐기성 미생물만이 분해할 수 있기 때문에
㉰ 분뇨의 유기물 농도가 너무 높아 포기에 너무 많은 비용이 들기 때문에
㉱ 혐기성 처리 공법으로 발생되는 메탄가스가 공법에 필수적이기 때문에

풀이 혐기성 처리공법을 주로 사용하는 근본적인 이유는 분뇨의 유기물 농도가 너무 높아 포기에 너무 많은 비용이 들기 때문이다.

**47** 크롬함유 폐수를 환원처리공법 중 수산화물침전법으로 처리하고자 할 때 침전을 위한 적정 pH 범위는?
(단, $Cr^{3+} + 3OH^- \rightarrow Cr(OH)_3 \downarrow$)

㉮ pH 4.0~4.5   ㉯ pH 5.5~6.5
㉰ pH 8.0~8.5   ㉱ pH 11.0~11.5

풀이 침전을 위한 적정 pH 범위는 pH 8.0~8.5이다.

**48** Side Stream을 적용하여 생물학적 방법과 화학적 방법으로 인을 제거하는 공정은?

㉮ 수정 Bardenpho 공정
㉯ Phostrip 공정
㉰ SBR 공정
㉱ UCT 공정

풀이 Side Stream을 적용하여 생물학적 방법과 화학적 방법으로 인처리가 주목적인 공정은 Phostrip 공정이다.

**49** 이온교환막 전기투석법에 관한 설명 중 틀린 것은?

㉮ 칼슘, 마그네슘 등 경도 물질의 제거효율은 높지만 인 제거율은 상대적으로 낮다.
㉯ 콜로이드성 현탁물질 제거에 주로 적용된다.
㉰ 배수 중의 용존염분을 제거하여 양질의 처리수를 얻는다.
㉱ 소요전력은 용존염분농도에 비례하여 증가한다.

풀이 ㉯ 콜로이드성 현탁물질 제거에는 적용되지 않는다.

**50** 분리막을 이용한 수처리 방법 중 추진력이 정수압차가 아닌 것은?

㉮ 투석       ㉯ 정밀여과
㉰ 역삼투     ㉱ 한외여과

풀이 ㉮ 투석의 추진력은 농도차이다.

answer 46 ㉰  47 ㉰  48 ㉯  49 ㉯  50 ㉮

> **TIP**
> **막공법의 구동력**
> ① 전기투석 - 전위차
> ② 투석 - 농도차
> ③ 역삼투, 한외여과, 나노여과, 정밀여과 - 정수압차

**51** 폐수처리에 관련된 침전현상으로 입자 간에 작용하는 힘에 의해 주변입자들의 침전을 방해하는 중간 정도 농도 부유액에서의 침전은?

㉮ 제1형 침전(독립침전)
㉯ 제2형 침전(응집침전)
㉰ 제3형 침전(계면 침전)
㉱ 제4형 침전(압밀침전)

▎풀이 ㉰ 제3형 침전(계면침전, 지역침전, 간섭침전, 방해침전)에 대한 설명이다.

**52** 생물학적 원리를 이용하여 질소, 인을 제거하는 공정인 5단계 Bardenpho 공법에 관한 설명으로 틀린 것은?

㉮ 인 제거를 위해 혐기성조가 추가된다.
㉯ 조 구성은 혐기성조, 무산소조, 호기성조, 무산소조, 호기성조 순이다.
㉰ 내부반송률은 유입유량 기준으로 100 ~ 200% 정도이며 2단계 무산소조로부터 1단계 무산소조로 반송된다.
㉱ 마지막 호기성 단계는 폐수 내 잔류질소 가스를 제거하고 최종 침전지에서 인의 용출을 최소화하기 위하여 사용한다.

▎풀이 ㉰ 내부반송률은 유입유량 기준으로 100 ~ 200% 정도이며 1단계 호기성조로부터 1단계 무산소조로 반송된다.

**53** 회전원판법(RBC)의 장점으로 가장 틀린 것은?

㉮ 미생물에 대한 산소 공급 소요전력이 적다.
㉯ 고정메디아로 높은 미생물농도 및 슬러지일령을 유지할 수 있다.
㉰ 기온에 따른 처리효율의 영향이 적다.
㉱ 재순환이 필요 없다.

▎풀이 ㉰ 기온에 따른 처리효율의 영향이 크다.

**54** 상향류 혐기성 슬러지상의 장점이라 볼 수 없는 것은?

㉮ 미생물 체류시간을 적절히 조절하면 저농도 유기성 폐수의 처리도 가능하다.
㉯ 기계적인 교반이나 여재가 필요 없기 때문에 비용이 적게 든다.
㉰ 고액 및 기액분리장치를 제외하면 전체적으로 구조가 간단하다.
㉱ 폐수 성상이 슬러지 입상화에 미치는 영향이 적어 안정된 처리가 가능하다.

▎풀이 ㉱ 폐수 성상이 슬러지 입상화에 미치는 영향이 커 안정된 처리가 어렵다.

**55** 하수 고도처리 공법인 Phostrip 공정에 관한 설명으로 틀린 것은?

㉮ 기존 활성슬러지 처리장에 쉽게 적용 가능하다.
㉯ 인제거 시 BOD/P비에 의하여 조절되지 않는다.
㉰ 최종침전지에서 인용출을 위해 용존산소를 낮춘다.

**answer** 51 ㉰  52 ㉰  53 ㉰  54 ㉱  55 ㉰

㉘ Mainstream 화학침전에 비하여 약품 사용량이 적다.

**풀이** ㉓ 최종침전지에서 인용출을 방지하기 위해 용존산소를 높인다.

## 56 생물학적 처리법 가운데 살수여상법에 대한 설명으로 틀린 것은?

㉮ 슬러지 일령은 부유성장 시스템보다 높아 100일 이상의 슬러지일령에 쉽게 도달된다.
㉯ 총괄 관측수율은 전형적인 활성슬러지 공정의 60 ~ 80% 정도이다.
㉰ 덮개 없는 여상의 재순환율을 증대시키면 실제로 여상 내의 평균온도가 높아진다.
㉱ 정기적으로 여상에 살충제를 살포하거나 여상을 침수토록 하여 파리문제를 해결할 수 있다.

**풀이** ㉰ 덮개 없는 여상의 재순환율을 증대시키면 실제로 여상 내의 평균온도는 낮아진다.

## 57 평균 유입하수량 10,000m³/day인 도시 하수처리장의 1차침전지를 설계하고자 한다. 1차침전지의 표면부하율을 50m³/m²·day로 하여 원형침전지를 설계한다면 침전지의 직경(m)은?

㉮ 약 14   ㉯ 약 16
㉰ 약 18   ㉱ 약 20

**풀이** 표면부하율(m³/m²·day)

$$= \frac{Q(m^3/day)}{A(m^2)} = \frac{Q(m^3/day)}{\frac{\pi D^2}{4}(m^2)}$$

$$\therefore 50m^3/m^2 \cdot day = \frac{10,000m^3/day}{\frac{\pi D^2}{4}(m^2)}$$

$$\therefore D = \sqrt{\frac{4 \times 10,000m^3/day}{\pi \times 50m^3/m^2 \cdot day}} = 15.96m$$

## 58 공장에서 배출되는 pH 2.5인 산성폐수 500m³/day를 인접 공장 폐수와 혼합처리하고자 한다. 인접 공장 폐수 유량은 10,000m³/day이고, pH는 6.5이다. 두 폐수를 혼합한 후의 pH는 얼마인가?

㉮ 1.61   ㉯ 3.82
㉰ 7.64   ㉱ 9.54

**풀이** ① 혼합공식을 이용하여 혼합 후 농도를 계산

$$C_m = \frac{Q_1 \times C_1 + Q_2 \times C_2}{Q_1 + Q_2}$$

$$= \frac{500m^3/day \times 10^{-2.5}mol/L + 10,000m^3/day \times 10^{-6.5}mol/L}{(500+10,000)m^3/day}$$

$$= 1.51 \times 10^{-4} mol/L$$

② $pH = -\log[H^+]$
$= -\log[1.51 \times 10^{-4} mol/L] = 3.82$

### TIP
① $pH = -\log[H^+] \Rightarrow [H^+] = 10^{-pH} mol/L$
② $pOH = -\log[OH^-]$
$\Rightarrow [OH^-] = 10^{-pOH} mol/L$
③ 산성물질에서 $pH = -\log[H^+]$
④ 알칼리성에서 $pH = 14 + \log[OH^-]$

**answer** 56 ㉰  57 ㉯  58 ㉯

**59** 2차 처리 유출수에 포함된 25mg/L의 유기물을 분말 활성탄 흡착법으로 3차 처리하여 2mg/L될 때까지 제거하고자 할 때 폐수 3m³당 필요한 활성탄의 양(g)은 얼마인가? (단, Freundlich 등온식 활용, k = 0.5, n =1)

㉮ 69  ㉯ 76
㉰ 84  ㉱ 91

**풀이**
① 등온흡착식 : $\dfrac{(C_i - C_o)}{M} = k \times C_o^{\frac{1}{n}}$

$\dfrac{(25-2)\text{mg/L}}{M} = 0.5 \times (2\text{mg/L})^{\frac{1}{1}}$

$\therefore M = \dfrac{(25-2)\text{mg/L}}{0.5 \times (2\text{mg/L})^{\frac{1}{1}}} = 23\text{mg/L}$

② 활성탄의 필요량(g) $= 23\text{g/m}^3 \times 3\text{m}^3 = 69\text{g}$

**TIP**
① $\text{mg/L} = \text{g/m}^3 = \text{ppm}$
② $23\text{mg/L} = 23\text{g/m}^3$

**60** 수온 20℃에서 평균직경 1mm인 모래입자의 침전속도(m/sec)는 얼마인가? (단, 동점성값은 $1.003 \times 10^{-6} \text{m}^2/\text{sec}$, 모래비중은 2.5, Stoke's 법칙 이용)

㉮ 0.414  ㉯ 0.614
㉰ 0.814  ㉱ 1.014

**풀이**
① $\nu$(동점성 계수) $= \dfrac{\mu(\text{점성계수})}{\rho(\text{물의 밀도})}$

$1.003 \times 10^{-6} \text{m}^2/\text{sec} = \dfrac{\mu(\text{kg/m} \cdot \text{sec})}{1,000 \text{kg/m}^3}$

$\therefore \mu = 1.003 \times 10^{-3} \text{kg/m} \cdot \text{sec}$

② $V_s = \dfrac{d^2(\rho_s - \rho_w)g}{18\mu}$

$= \dfrac{(1 \times 10^{-3}\text{m})^2 \times (2,500-1,000)\text{kg/m}^3 \times 9.8 \text{m/sec}^2}{18 \times 1.003 \times 10^{-3} \text{kg/m} \cdot \text{sec}}$

$= 0.814 \text{m/sec}$

| 제4과목 | 수질오염공정시험기준

**61** 시료의 보존방법으로 틀린 것은?

㉮ 아질산성 질소 : $H_2SO_4$로 pH 2 이하
㉯ 총질소(용존 총질소) : $H_2SO_4$로 pH 2 이하
㉰ 화학적 산소요구량 : $H_2SO_4$로 pH2 이하
㉱ 암모니아성 질소 : $H_2SO_4$로 pH 2이하

**풀이** ㉮ 아질산성 질소 : 보존방법 없음

**62** 원자흡수분광광도법에서 일어나는 간섭에 대한 설명으로 틀린 것은?

㉮ 광학적 간섭 : 분석하고자 하는 원소의 흡수파장과 비슷한 다른 원소의 파장이 서로 겹쳐 비이상적으로 높게 측정되는 경우 발생
㉯ 물리적 간섭 : 표준용액과 시료 또는 시료와 시료 간의 물리적 성질(점도, 밀도, 표면장력 등)의 차이 또는 표준물질과 시료의 매질(matrix) 차이에 의해 발생
㉰ 화학적 간섭 : 불꽃의 온도가 분자를 들뜬상태로 만들기에 충분히 높지 않아서, 해당 파장을 흡수하지 못하여 발생
㉱ 이온화 간섭 : 불꽃온도가 너무 낮을 경우 중성원자에서 전자를 빼앗아 이온이 생성될 수 있으며 이 경우 양(+)의 오차가 발생

**풀이** ㉱ 이온화 간섭 : 불꽃온도가 너무 높을 경우 중성원자에서 전자를 빼앗아 이온이 생성될 수 있으며 이 경우 음(-)의 오차가 발생

**answer** 59 ㉮  60 ㉰  61 ㉮  62 ㉱

**63** 공장의 폐수 100mL를 취하여 산성 100℃에서 $KMnO_4$에 의한 화학적산소소비량을 측정하였다. 시료의 적정에 소비된 0.025N $KMnO_4$의 양이 7.5mL였다면 이 폐수의 COD(mg/L)는 얼마인가? (단, 0.025N $KMnO_4$ factor 1.02, 바탕시험 적정에 소비된 0.025 N $KMnO_4$ = 1.00mL)

㉮ 13.3  ㉯ 16.7
㉰ 24.8  ㉱ 32.2

**풀이**
$$COD = \frac{(b-a) \times f \times 0.2}{V(L)}$$
$$= \frac{(7.5 - 1.0)mL \times 1.02 \times 0.2}{0.1L}$$
$$= 13.26 \, mg/L$$

**64** 35% HCl(비중 1.19)을 10% HCl으로 만들기 위한 35% HCl과 물의 용량비는?

㉮ 1 : 1.5  ㉯ 3 : 1
㉰ 1 : 3    ㉱ 1.5 : 1

**풀이** 이 문제는 동일하게 출제되는 문제이므로 정답만 기억하면 된다.

**65** 분원성 대장균군 – 막여과법에서 배양온도 유지기준은?

㉮ (25 ± 0.2)℃   ㉯ (30 ± 0.5)℃
㉰ (35 ± 0.5)℃   ㉱ (44.5 ± 0.2)℃

**풀이** 배양온도
① 총대장균군 : (35 ± 0.5)℃
② 분원성 대장균군 : (44.5 ± 0.2)℃
③ 대장균 : 35±0.5℃

**66** ppm을 설명한 것으로 틀린 것은?

㉮ ppb농도의 1,000배이다.
㉯ 백만분율이라고 한다.
㉰ mg/kg이다.
㉱ %농도의 1/1,000이다.

**풀이** ㉱ %농도의 1/10,000이다.

**67** 유도결합플라스마-원자발광분광법에 의한 원소별 정량한계로 틀린 것은?

㉮ Cu : 0.006mg/L  ㉯ Pb : 0.004mg/L
㉰ Ni : 0.015mg/L  ㉱ Mn : 0.002mg/L

**풀이** ㉯ 납(Pb)의 정량한계는 0.04mg/L이다.

**68** 수질오염공정시험기준상 이온크로마토그래피법을 정량분석에 이용할 수 없는 항목은?

㉮ 염소이온     ㉯ 아질산성 질소
㉰ 질산성 질소   ㉱ 암모니아성 질소

**풀이** 암모니아성 질소의 분석방법에는 자외선/가시선 분광법, 이온전극법, 적정법이 있다.

**answer**  63 ㉮  64 ㉰  65 ㉱  66 ㉱  67 ㉯  68 ㉱

**69** 자외선/가시선 분광법을 적용한 음이온 계면활성제 측정에 관한 설명으로 틀린 것은?

㉮ 정량한계는 0.02mg/L이다.
㉯ 시료 중의 계면활성제를 종류별로 구분하여 측정할 수 없다.
㉰ 시료 속에 미생물이 있는 경우 일부의 음이온 계면활성제가 신속히 변할 가능성이 있으므로 가능한 빠른 시간 안에 분석을 하여야 한다.
㉱ 양이온 계면활성제가 존재할 경우 양의 오차가 발생한다.

▶풀이 ㉱ 양이온 계면활성제가 존재할 경우 음(-)의 오차가 발생한다.

**70** 적절한 보존방법을 적용한 경우 시료최대보존기간이 가장 짧은 항목은?

㉮ 시안  ㉯ 용존 총인
㉰ 질산성 질소  ㉱ 암모니아성 질소

▶풀이 시료최대보존기간
㉮ 시안 : 14일
㉯ 용존 총인 : 28일
㉰ 질산성 질소 : 48시간
㉱ 암모니아성 질소 : 28일

**71** 용존산소(DO)측정 시 시료가 착색, 현탁된 경우에 사용하는 전처리시약은?

㉮ 포타슘명반용액, 암모니아수
㉯ 황산구리, 설파민산용액
㉰ 황산, 플루오린화포타슘용액
㉱ 황산제이철용액, 과산화수소

▶풀이 전처리 시약
㉮ 포타슘명반용액, 암모니아수 : 시료가 착색, 현탁된 경우
㉯ 황산구리, 설파민산용액 : 미생물 플록 형성
㉰ 황산, 플루오린화포타슘용액 : 산화성 물질 함유

**72** 수질오염공정시험기준상 총대장균군의 시험 방법이 아닌 것은?

㉮ 현미경계수법  ㉯ 막여과법
㉰ 시험관법  ㉱ 평판집락법

▶풀이 시험방법
① 총대장균군 : 막여과법, 시험관법, 평판집락법, 효소기질정량법, 건조필름법
② 분원성대장균군 : 막여과법, 시험관법, 효소기질정량법
③ 대장균 : 막여과법, 시험관법, 효소기질정량법

**73** 노말헥산추출물질 측정을 위한 시험방법에 관한 설명으로( )에 옳은 것은?

> 시료 적당량을 분액깔대기에 넣고 ( ) 변할 때까지 염산(1+1)을 넣어 pH 4이하로 조절한다.

㉮ 메틸오렌지 용액(0.1 %) 2 ~ 3방울을 넣고 황색이 적색으로
㉯ 메틸오렌지 용액(0.1 %) 2 ~ 3방울을 넣고 적색이 황색으로
㉰ 메틸레드 용액(0.5 %) 2 ~ 3방울을 넣고 황색이 적색으로
㉱ 메틸레드 용액(0.5 %) 2 ~ 3방울을 넣고 적색이 황색으로

answer  69 ㉱  70 ㉰  71 ㉮  72 ㉮  73 ㉮

**74** 전기전도도 측정에 관한 설명으로 틀린 것은?

㉮ 용액이 전류를 운반할 수 있는 정도를 말한다.
㉯ 온도차에 의한 영향이 적어 폭 넓게 적용된다.
㉰ 용액에 담겨있는 2개의 전극에 일정한 전압을 가해주면 가한 전압이 전류를 흐르게 하며, 이때 흐르는 전류의 크기는 용액의 전도도에 의존한다는 사실을 이용한다.
㉱ 용액 중의 이온세기를 신속하게 평가할 수 있는 항목으로 국제적으로 S(Siemens) 단위가 통용되고 있다.

풀이 ㉯ 온도차에 의한 영향이 많아 폭 넓게 적용되지 않는다.

**75** 크롬 – 원자흡수분광광도법의 정량한계에 관한 내용으로 ( )에 옳은 것은?

> 357.9nm에서의 산처리법은 ( ㉠ ) mg/L, 용매추출법은 ( ㉡ ) mg/L이다.

㉮ ㉠ 0.1, ㉡ 0.01
㉯ ㉠ 0.01, ㉡ 0.1
㉰ ㉠ 0.01, ㉡ 0.001
㉱ ㉠ 0.001, ㉡ 0.01

풀이 크롬 – 원자흡수분광광도법의 정량한계
① 산처리법은 0.01mg/L
② 용매추출법은 0.001mg/L

**76** 온도에 관한 내용으로 틀린 것은?

㉮ 찬 곳은 따로 규정이 없는 한 (0~15)℃ 곳을 뜻한다.
㉯ 냉수는 15℃ 이하를 말한다.
㉰ 온수는 (70~90)℃를 말한다.
㉱ 상온은 (15~25)℃를 말한다.

풀이 ㉰ 온수는 (60~70)℃를 말한다.

**77** '항량으로 될 때까지 건조한다'는 정의 중 ( )에 해당하는 것은?

> 같은 조건에서 1시간 더 건조할 때 전후 무게의 차가 g당 ( ) mg 이하일 때

㉮ 0    ㉯ 0.1
㉰ 0.3  ㉱ 0.5

풀이 항량으로 될 때까지 건조한다라 함은 같은 조건에서 1시간 더 건조할 때 전후 무게의 차가 g당 0.3 mg 이하일 때를 의미한다.

**78** 냄새역치(TON)의 계산식으로 옳은 것은? (단, A : 시료부피(mL), B : 무취 정제수 부피(mL))

㉮ (A+B)/B    ㉯ (A+B)/A
㉰ A/(A+B)   ㉱ B/(A+B)

풀이 냄새역치(TON)
$$= \frac{\text{시료부피}(A) + \text{무취 정제수 부피}(B)}{\text{시료부피}(A)}$$

실전문제
과년도 기출문제

**answer**  74 ㉯   75 ㉰   76 ㉰   77 ㉰   78 ㉯

**79** 취급 또는 저장하는 동안에 기체 또는 미생물이 침입하지 아니하도록 내용물을 보호하는 용기는?

㉮ 밀봉용기  ㉯ 밀폐용기
㉰ 기밀용기  ㉱ 차폐용기

**풀이** ㉮ 밀봉용기에 대한 설명이다.

**80** 공장폐수 및 하수유량 – 관(pipe)내의 유량측정 방법 중 오리피스에 관한 설명으로 틀린 것은?

㉮ 설치에 비용이 적게 소요되며 비교적 유량 측정이 정확하다.
㉯ 오리피스판의 두께에 따라 흐름의 수로 내외에 설치가 가능하다.
㉰ 오리피스 단면에 커다란 수두손실이 일어나는 단점이 있다.
㉱ 단면이 축소되는 목부분을 조절함으로써 유량이 조절된다.

**풀이** ㉯ 오리피스판의 두께에 따라 흐름의 수로 내에 설치가 가능하다.

**answer** 79 ㉮  80 ㉯

# 2023 1회 CBT 복원문제

| 제1과목 | 수질오염개론

**01** 다음의 기체의 법칙에 대한 내용으로 알맞은 것은?

㉮ Boyle의 법칙 : 일정한 압력에서 기체의 부피는 절대온도에 정비례한다.
㉯ Henry의 법칙 : 기체와 관련된 화학반응에서는 반응하는 기체와 생성되는 기체의 부피사이에 정수관계가 있다.
㉰ Graham의 법칙 : 기체의 확산속도(조그마한 구멍을 통한 기체의 탈출)는 기체 분자량의 제곱근에 반비례한다.
㉱ Gay-Lussac의 결합 부피 법칙 : 혼합 기체 내의 각 기체의 부분압력은 혼합물 속의 기체의 양에 비례한다.

**풀이** ㉮ Boyle의 법칙 : 일정한 온도에서 기체의 압력과 그 부피는 반비례한다.
㉯ Henry의 법칙 : 용해도가 크지 않은 기체가 일정한 온도에서 일정량의 액체에 녹는 무게는 압력에 비례하며, 혼합기체는 그 부분압력에 비례한다.
㉱ Gay-Lussac의 결합 부피 법칙 : 기체와 관련된 화학반응에서는 반응하는 기체와 생성되는 기체의 부피사이에 정수관계가 있다.

**02** 하천 모델의 종류 중 DO SAG - Ⅰ, Ⅱ, Ⅲ에 대한 내용으로 틀린 것은?

㉮ 2차원 정상상태 모델이다.
㉯ 점오염원 및 비점오염원이 하천의 용존산소에 미치는 영향을 나타낼 수 있다.
㉰ Streeter-Phelps 식을 기본으로 한다.
㉱ 저질의 영향이나 광합성 작용에 의한 용존산소반응을 무시한다.

**풀이** ㉮ 1차원 정상상태 모델이다.

**03** 수온이 20℃인 어느 강에 대기에서의 용존산소 공급량이 $0.08\,mg\,O_2/L\cdot hr$이라고 한다. 이 강의 상시 용존산소 농도가 7mg/L로 유지된다고 할 때 이 강의 산소 전달계수($hr^{-1}$)는? (단, $\alpha$, $\beta$ 값은 0.9이고, 20℃에서 포화용존 산소농도는 9.0mg/L이다.)

㉮ 0.02   ㉯ 0.05
㉰ 0.08   ㉱ 0.12

**풀이** $\dfrac{dO}{dt} = \alpha \times K_{La} \times (\beta \times C_s - C_t)$

$0.08\,mgO_2/L\cdot hr$
$= 0.9 \times K_{La} \times (0.9 \times 9.0\,mg/L - 7\,mg/L)$

$\therefore K_{La} = \dfrac{0.08\,mgO_2/L\cdot hr}{0.9 \times (0.9 \times 9.0\,mg/L - 7.0\,mg/L)}$
$= 0.08/hr$

answer  01 ㉰   02 ㉮   03 ㉰

## 04 소수성 콜로이드에 대한 내용으로 틀린 것은?

㉮ 물과 반발하는 성질을 가진다.
㉯ 물속에 현탁상태로 존재한다.
㉰ 아주 작은 입자로 존재한다.
㉱ 염에 큰 영향을 받지 않는다.

**풀이** ㉱ 염에 큰 영향을 받는다.

## 05 유기화합물이 무기화합물과 다른 점을 알맞게 설명한 것은?

㉮ 유기화합물들은 대체로 이온반응보다는 분자반응을 하므로 반응속도가 느리다.
㉯ 유기화합물들은 대체로 분자반응보다는 이온반응을 하므로 반응속도가 느리다.
㉰ 유기화합물들은 대체로 이온반응보다는 분자반응을 하므로 반응속도가 빠르다.
㉱ 유기화합물들은 대체로 분자반응보다는 이온반응을 하므로 반응속도가 빠르다.

**풀이** 유기화합물은 "분자반응을 하므로 반응속도가 느리다"를 숙지하시면 됩니다.

## 06 어느 공장의 COD가 5,000mg/L, $BOD_5$가 2,100mg/L이었다면 이 공장의 NBDCOD는?

(단, $K = BOD_u / BOD_5 = 1.5$)

㉮ 1,850mg/L  ㉯ 1,550mg/L
㉰ 1,450mg/L  ㉱ 1,250mg/L

**풀이**
$COD = BDCOD + NBDCOD$
$k = \dfrac{BOD_u}{BOD_5}$ 에서
$BOD_u = BOD_5 \times k$
$= 2,100\,mg/L \times 1.5 = 3,150\,mg/L$
$NBDCOD = COD - BDCOD(= BOD_u)$
$= 5,000\,mg/L - 3,150\,mg/L$
$= 1,850\,mg/L$

## 07 세균(Bacteria)에 대한 내용으로 틀린 것은?

㉮ 원시적 엽록소를 이용하여 부분적인 탄소동화작용을 한다.
㉯ 용해된 유기물을 섭취하며 주로 세포분열로 번식한다.
㉰ 수분 80%, 고형물 20% 정도로 세포가 분열되며 고형물 중 유기물이 90%를 차지한다.
㉱ pH, 온도에 대하여 민감하며, 열보다 낮은 온도에서 저항성이 높다.

**풀이** ㉮ 엽록소가 없어 탄소동화작용을 못한다.

## 08 Fungi(균류, 곰팡이류)에 대한 내용으로 틀린 것은?

㉮ 원시적 탄소동화작용을 통하여 유기물질을 섭취하는 독립영양계 생물이다.
㉯ 폐수 내의 질소와 용존산소가 부족한 경우에도 잘 성장하며 pH가 낮은 경우에도 잘 성장한다.
㉰ 구성물질의 75~80%가 물이며 $C_{10}H_{17}O_6N$을 화학구조식으로 사용한다.
㉱ 폭이 약 5~10㎛로서 현미경으로 쉽게 식별되며 슬러지팽화의 원인이 된다.

**answer** 04 ㉱  05 ㉮  06 ㉮  07 ㉮  08 ㉮

**풀이** ㉮ Fungi(균류, 곰팡이류)는 엽록소가 없어 탄소동화작용을 할 수 없다.

**09** 콜로이드 응집의 기본 메카니즘으로 틀린 것은?

㉮ 이중층 분산
㉯ 전하의 중화
㉰ 침전물에 의한 포착
㉱ 입자간의 가교 형성

**풀이** ㉮ 이중층의 압축

> **TIP**
> 콜로이드 응집의 기본 메카니즘
> ① 이중층의 압축강화
> ② 체거름
> ③ 입자간의 가교작용
> ④ 제타전위의 감소
> ⑤ 침전물에 의한 포착
> ⑥ 전하의 중화

**10** 다음은 해수의 특성에 대한 내용으로 틀린 것은?

㉮ 해수의 pH는 약 8.2 정도이며 염분은 극지방에 비하여 적도 부근에서 다소 낮다.
㉯ 해수의 밀도는 염분, 수온, 수압의 함수로 수심이 깊을수록 증가한다.
㉰ 해수 내 전체 질소 중 약 35% 정도는 암모니아성 질소와 유기질소의 형태이다.
㉱ 해수의 Mg/Ca 비는 3~4 정도로 담수에 비하여 크다.

**풀이** ㉮ 해수의 pH는 약 8.2 정도이며, 염분은 극지방에 비하여 적도 부근에서 다소 높다.

**11** 우리나라의 수자원에 대한 내용으로 틀린 것은?

㉮ 강수량의 지역적 차이가 매우 크다.
㉯ 주요 하천 중 한강의 수자원 보유량이 가장 많다.
㉰ 하천의 유역면적이 크고 하천경사는 완만한 편이다.
㉱ 하천의 하상계수가 크다.

**풀이** ㉰ 하천의 유역면적은 작고 하천경사는 급한 편이다.

**12** 산소의 포화농도가 9mg/L인 하천에서 처음의 DO농도가 6mg/L라면 물이 3일 후의 유하한 후의 하류에서의 DO 부족량(mg/L)은? (단, 최종 BOD는 10mg/L이며, $k_1$과 $k_2$는 각각 $0.1\,day^{-1}$과 $0.2\,day^{-1}$, 밑수는 상용대수이다.)

㉮ 약 2.3
㉯ 약 3.3
㉰ 약 4.3
㉱ 약 5.3

**풀이** 
$$D_t = \frac{k_1 \cdot L_o}{k_2 - k_1}\left(10^{-k_1 \times t} - 10^{-k_2 \times t}\right) + D_o \times 10^{-k_2 \times t}$$

여기서 $D_t$ : t일후의 용존산소 부족량(mg/L)
$L_o$ : 최종 $BOD(=BOD_u)$(mg/L)
$D_o$ : 초기 산소 부족량(mg/L)

$D_o$ = 포화 DO농도($C_s$) − 혼합수 중 DO 농도(C)
  = 9mg/L − 6mg/L = 3mg/L
$k_1$ : 탈산소계수($day^{-1}$)
$k_2$ : 재포기계수($day^{-1}$)

$$D_t = \frac{0.1\,day^{-1} \times 10\,mg/L}{(0.2-0.1)\,day^{-1}}$$
$$\times \left(10^{-0.1\,day^{-1} \times 3day} - 10^{-0.2\,day^{-1} \times 3day}\right)$$
$$+ 3mg/L \times 10^{-0.2\,day^{-1} \times 3day}$$
$$= 3.25\,mg/L$$

실전문제
CBT 복원문제

**answer** 09 ㉮  10 ㉮  11 ㉰  12 ㉯

**13** 산소가 적은 곳에서 번식하며 $H_2S$를 산화하고 그 에너지를 이용하여 생장하는 세균은?

㉮ Sphaerotilus  ㉯ Zoogloea
㉰ Beggiatoa    ㉱ Crenthrix

**풀이** 유황산화 박테리아(황세균)를 찾는 문제이므로 정답은 ㉰번이며, 종류에는 베기아토아, 티오바실러스, 티오옥시던스, 티오트릭스가 있으며, 암기법은 "베기아토아+티오=황세균"임을 숙지하시면 됩니다.

**14** Glycine($C_2H_5O_2N$)이 호기성 조건하에서 $CO_2$, $H_2O$, $NH_3$로 변화되고 다시 $NH_3$가 $H_2O$, $HNO_3$로 변환된다면 30g의 Glycine이 $CO_2$, $H_2O$, $HNO_3$로 변화될 때 이론적으로 소요되는 산소 총량(g)은?

㉮ 약 35   ㉯ 약 45
㉰ 약 55   ㉱ 약 65

**풀이** $C_2H_5O_2N + 3.5O_2 \rightarrow 2CO_2 + 2H_2O + HNO_3$
75g : $3.5 \times 32$g
30g : ThOD

$\therefore \text{ThOD} = \dfrac{30g \times 3.5 \times 32g}{75g} = 44.8g$

**15** 다음의 내용으로 정의되는 법칙은?

> 여러 물질이 혼합된 용액에서 어느 물질의 증기압(분압)은 혼합액에서 그 물질의 몰 분율에 순수한 상태에서 그 물질의 증기압을 곱한 것과 같다.

㉮ Graham's 법칙
㉯ Raoult's 법칙
㉰ Henry's 법칙
㉱ Dalton's 법칙

**풀이** ㉯ 라울트의 법칙에 대한 내용이며, 핵심 내용인 "증기압(분압)의 법칙=라울트의 법칙"임을 숙지하시면 됩니다.

**16** 주로 육안적 동물을 대상으로 하여 전생물수에 대한 청수성 및 광범위 출현 미생물의 백분율로 표시되는 BI(생물지수)의 계산식으로 맞는 것은?
(단, A : 청수성 미생물, B : 광범위 출현종의 미생물, C : 오수성 미생물)

㉮ $[(A+B)/(A+2B+C)] \times 100$
㉯ $[(2A+B)/(A+2B+C)] \times 100$
㉰ $[(A+B)/(A+B+C)] \times 100$
㉱ $[(2A+B)/(A+B+C)] \times 100$

**17** 물의 특성에 대한 설명으로 틀린 것은?

㉮ 기화열이 크기 때문에 생물의 효과적인 체온 조절이 가능하다.
㉯ 비열이 크기 때문에 수온의 급격한 변화를 방지해 줌으로써 생물활동이 가능한 기온을 유지한다.

**answer** 13 ㉰  14 ㉯  15 ㉯  16 ㉱  17 ㉰

㉢ 융해열이 작기 때문에 생물체의 결빙이 쉽게 일어나지 않는다.
㉣ 빙점과 비점사이가 100℃나 되므로 넓은 범위에서 액체상태를 유지할 수 있다.

**풀이** ㉢ 융해열이 크기 때문에 생물체의 결빙이 쉽게 일어나지 않는다.

**18** 아세트산($CH_3COOH$) 3g을 증류수에 녹여 1L로 하였다. 이 용액의 수소이온 농도는? (단, 이온화 상수값(k)은 $1.75 \times 10^{-5}$이다.)

㉮ $6.3 \times 10^{-7} \, mol/L$
㉯ $7.3 \times 10^{-6} \, mol/L$
㉰ $8.3 \times 10^{-5} \, mol/L$
㉱ $9.3 \times 10^{-4} \, mol/L$

**풀이** $CH_3COOH$의 농도

$= \dfrac{3g}{L} \times \dfrac{1mol}{60g} = 0.05 \, mol/L = 0.05M$

$CH_3COOH \rightleftarrows CH_3COO^- + H^+$

이온화상수$(k) = \dfrac{[CH_3COO^-][H^+]}{[CH_3COOH]}$

$[CH_3COO^-] = [H^+]$ 이므로

$1.75 \times 10^{-5} = \dfrac{[H^+]^2}{[0.05M]}$

$\therefore [H^+] = \sqrt{1.75 \times 10^{-5} \times 0.05M}$
$\quad\quad\quad\quad = 9.35 \times 10^{-4} \, mol/L$

**19** Wipple의 하천정화 단계 중 활발한 분해지대에 대한 내용으로 틀린 것은?

㉮ 흑색 및 점성질의 슬러지 침전물이 생기고 기체방울이 수면으로 떠오른다.
㉯ 수중에 $CO_2$ 농도나 $NH_3-N$ 농도가 증가하며 fungi가 사라진다.
㉰ 수중에 DO가 풍부하여 호기성 박테리아가 번식한다.
㉱ 호기성 세균이 혐기성세균으로 교체된다.

**풀이** ㉰ 수중에 DO가 거의 없어 혐기성 박테리아가 번식한다.

**20** 호소에서 발생하는 현상에 대한 내용으로 틀린 것은?

㉮ 호소의 성층현상은 기후 특성, 호소 저수용량에 따른 유입 유출량의 크기, 호수의 크기 등 다양한 환경인자에 의해 영향을 받는다.
㉯ 겨울과 여름에는 수직혼합이 없어 정체현상이 생기며 수심에 따른 온도와 용존산소농도 차이가 크고 겨울보다 여름이 정체가 더 뚜렷이 생긴다.
㉰ 성층현상 및 전도현상은 수심에 따른 온도변화로 인해 발생되는 물의 밀도차에 의해 일어나며, 겨울에는 호수바닥의 물이 최대 밀도를 나타낸다.
㉱ 수온에 따라 표수층, 수온약층, 심수층의 성층을 이루며, 수온약층은 표수층에 비해 수심에 따른 온도차이가 작다.

**풀이** ㉱ 수온에 따라 표수층, 수온약층, 심수층의 성층을 이루며, 수온약층은 표수층에 비해 수심에 따른 온도차이가 크다.

**answer** 18 ㉱  19 ㉰  20 ㉱

| 제2과목 | 상하수도계획

**21** 다음 중 오수량 산정에 대한 내용으로 틀린 것은?

㉮ 계획1일 평균오수량은 계획1일 평균 오수량의 70~80%를 표준으로 한다.
㉯ 합류식에서 우천시 계획오수량은 원칙적으로 계획시간 최대오수량의 3배 이상으로 한다.
㉰ 지하수량은 1인 1일 최대오수량의 10~20%로 한다.
㉱ 계획시간 최대오수량은 계획1일 최대 오수량의 1시간당 수량의 1.3~1.8배를 표준으로 한다.

**풀이** ㉮ 계획1일 평균오수량은 계획1일 최대오수량의 70~80%를 표준으로 한다.

**22** 계획우수량을 산정할 때 고려하여야 할 사항으로 틀린 것은?

㉮ 우수배제계획에서 계획우수량 산정시 고려사항은 유출계수, 배수면적, 확률년수이다.
㉯ 유하시간은 최상류관거의 끝으로부터 하류관거의 어떤 지점까지의 거리를 계획유량에 대응한 유속으로 나누어 구한다.
㉰ 유출계수는 지형도를 기초로 답사를 통하여 충분히 조사하고 장래 개발계획을 고려하여 구한다.
㉱ 최대 계획 우수 유출량의 산정은 합리식에 의한 것으로 한다.

**풀이** ㉰ 유출계수는 토지 이용도별 기초유출계수로부터 총괄유출계수를 구하는 것을 원칙으로 한다.

**23** 다음 중 우수받이의 설치 시 고려사항으로 틀린 것은?

㉮ 협작물 및 토사의 유입을 저감할 수 있는 방안을 고려하여야 한다.
㉯ 설치위치는 보도, 차도구분이 없는 경우에는 도로와 사유지의 경계에 설치한다.
㉰ 도로옆 물이 모이기 쉬운 장소나 C형 측구의 유하방향 하단부에 반드시 설치한다.
㉱ 가급적이면 횡단보도 및 가옥의 출입구 앞에 설치한다.

**풀이** ㉱ 횡단보도 및 가옥의 출입구 앞에는 가급적 설치하지 않는다.

**24** 하수의 배제방식인 분류식에 대한 내용으로 틀린 것은?

㉮ 오수관거와 우수관거의 2계통을 건설하는 경우는 비싸지만 오수관거만을 건설하는 경우는 가장 저렴하다.
㉯ 오수관거에서는 소구경 관거를 매설하므로 시공이 용이하지만 관거의 경사가 급하면 매설깊이가 크게 된다.
㉰ 관거 내의 퇴적이 많으나 수세효과를 기대할 수 있다.
㉱ 관거오접의 철저한 감시가 필요하다.

**풀이** ㉰ 관거 내의 퇴적이 적으나 수세효과는 기대할 수 없다.

answer  21 ㉮  22 ㉰  23 ㉱  24 ㉰

**25** 계획취수량이 10m³/s, 유효수심이 5m, 유입속도가 0.4m/s인 지역에 취수구를 설치하고자 할 때 취수구의 폭(B)은?
(단, 취수보 설계 기준)

㉮ 0.5m  ㉯ 1.25m
㉰ 2.5m  ㉱ 5.0m

**풀이** 계획취수량$(m^3/sec)$
= 면적$(m^2)$ × 유입속도$(m/sec)$
면적$(m^2)$ = 유효수심$(m)$ × 폭$(m)$
$10m^3/sec = 5m × 폭(m) × 0.4m/sec$
∴ 폭 $= \dfrac{10m^3/sec}{5m × 0.4m/sec} = 5.0m$

**26** 다음 중 역사이펀관에 대한 내용으로 틀린 것은?

㉮ 역사이펀 관거와 유입구와 유출구는 손실수두를 적게 하기 위하여 종모양으로 하고 관거 내의 유속은 상류측 관거 내에서 유속을 20~30% 증가시킨 것으로 한다.
㉯ 역사이펀실에는 수문설비 및 깊이 0.5m 정도의 이토실을 설치한다.
㉰ 관거의 흙두께는 1m 이상이며 역사이펀관의 관경은 최소 250mm 이상으로 한다.
㉱ 오수관거와 우수관거가 교차하며 역사이펀을 피할 수 없는 경우 우수관거를 역사이펀으로 하는 것이 좋다.

**풀이** ㉱ 오수관거와 우수관거가 교차하며 역사이펀을 피할 수 없는 경우 오수관거를 역사이펀으로 하는 것이 좋다.

**27** 상수시설인 배수지의 위치와 높이에 대한 내용으로 틀린 것은?

㉮ 자연유하식 배수지의 표고는 최소동수압이 확보되는 높이여야 한다.
㉯ 배수지는 부득이한 경우 외에는 급수지역 중앙에 위치하지 않도록 하여야 한다.
㉰ 급수구역 내의 지반 고저가 심할 때는 높은 지구, 낮은 지구 또는 높은 지구, 중간 지구, 낮은 지구의 2~3개 급수구역으로 분할하여 각 구역마다 배수지를 만들거나 감압밸브 또는 가압펌프를 설치한다.
㉱ 배수지는 붕괴의 우려가 있는 비탈의 상부나 하부 가까이는 피해야 한다.

**풀이** ㉯ 배수지는 부득이한 경우 외에는 급수지역의 중앙 가까이 위치하도록 설치한다.

**28** 수도관으로 사용되는 관종 중 경질염화비닐관의 장·단점으로 틀린 것은?

㉮ 특정 유기용제에 약하며 내면조도의 변화가 발생한다.
㉯ 조인트의 종류에 따라 이형관 보호공을 필요로 한다.
㉰ 저온시에 내충격성이 저하된다.
㉱ 가공성이 좋다.

**풀이** ㉮ 유기용제, 열, 자외선에 약하며, 내면조도의 변화가 없다.

answer  25 ㉱  26 ㉱  27 ㉯  28 ㉮

**29** 하수시설인 맨홀 및 맨홀부속물에 대한 내용 중 틀린 것은?

㉮ 맨홀의 최대 설치간격은 100m 이내로 한다.
㉯ 관거의 기점 및 방향이 변화하는 곳에 설치한다.
㉰ 맨홀부속물인 인버트(invert) 발디딤부는 10~20%의 횡단경사를 둔다.
㉱ 맨홀부속물인 인버트(invert)는 하류 관거의 관경 및 경사와 동일하게 한다.

**풀이** ㉮ 맨홀의 최대 설치간격은 200m 이내로 한다.

**TIP**
맨홀의 설치간격

| 관경(mm) | 최대간격(m) |
|---|---|
| 300 이하 | 50 |
| 600 이하 | 75 |
| 1,000 이하 | 100 |
| 1,500 이하 | 150 |
| 1,650 이하 | 200 |

**30** 길이 1.2km의 하수관이 2‰의 경사로 매설되어 있을 경우, 이 하수관 양 끝단 간의 고저차(m)는? (단, 기타 사항은 고려하지 않는다.)

㉮ 0.24m　㉯ 2.4m
㉰ 0.6m　㉱ 6.0m

**풀이** $I = \dfrac{\Delta H}{\Delta L}$
여기서 $I$ : 기울기
　　　$\Delta H$ : 고저차(m)
　　　$\Delta L$ : 길이차(m)
∴ $\Delta H = I \times \Delta L$
　　$= \dfrac{2}{1,000} \times 1.2\text{km} \times 10^3 \text{m/km} = 2.4\text{m}$

**31** 다음 중 관거의 접합에 대한 내용으로 틀린 것은?

㉮ 접합의 종류에는 관정접합, 관중심접합, 수면접합, 관저접합 등이 있다.
㉯ 관거의 관경이 변화하는 경우의 접합 방법은 원칙적으로 수면접합 또는 관정접합으로 한다.
㉰ 2개의 관거가 합류하는 경우 중심교각은 되도록 45°~90°로 하고 곡선을 갖고 합류하는 경우의 곡률반경은 내경의 5배 이상으로 한다.
㉱ 지표의 경사가 급한 경우에는 관경 변화에 대한 유무에 관계없이 원칙적으로 단차접합 또는 계단접합을 한다.

**풀이** ㉰ 2개의 관거가 합류하는 경우 중심 교각은 되도록 30°~45° 이하로 하고 곡선을 갖고 합류하는 경우의 곡률반경은 내경의 5배 이상으로 한다.

**TIP**
① 2개의 관거가 합류하는 경우 중심교각 : 되도록 30°~45° 이하
② 2개의 관거가 합류하는 경우 중심교각(장애물 등이 있을 경우) : 60° 이하
③ 곡선을 가지고 합류하는 경우 곡률반경 : 내경의 5배 이상

**32** 하수배제방식이 합류식인 경우 중계펌프장이나 처리장내 펌프장의 계획하수량으로 가장 알맞은 것은?

㉮ 계획시간최대오수량
㉯ 계획우수량
㉰ 우천시 계획오수량
㉱ 계획 1일최대오수량

 answer　29 ㉮　30 ㉯　31 ㉰　32 ㉰

**풀이** 하수 배제방식에 따른 계획하수량
① 분류식인 경우 중계 펌프장, 처리장내 펌프장 : 시간계획 최대 오수량
② 분류식인 경우 빗물 펌프장 : 계획 우수량
③ 합류식인 경우 중계 펌프장, 처리장내 펌프장 : 우천시 계획 오수량

따라서 $Ns = 1,500rpm \times \dfrac{(300m^3/min)^{\frac{1}{2}}}{(150m)^{\frac{3}{4}}}$
$= 606.16 rpm$

**TIP**
$rpm = \dfrac{회}{min} = \dfrac{회}{sec} \times \dfrac{60 sec}{1 min}$

**33** 일반적으로 사용되는 하수관거의 형태 중 원형관의 장점이라 볼 수 없는 것은?

㉮ 공장제품을 사용하므로 이음이 적어져 지하수 침투를 효과적으로 막을 수 있다.
㉯ 역학계산이 간단하다.
㉰ 수리학적으로 유리하다.
㉱ 일반적으로 내경 3,000mm 정도까지 공장 제품을 사용할 수 있어 공사기간이 단축된다.

**풀이** ㉮ 공장제품을 사용하므로 이음이 많아져 지하수 침투를 효과적으로 막을 수 없다.

**34** 1분당 300m³의 물을 150m 양정(전양정)할 때 최고 효율점에 달하는 펌프가 있다. 이때의 회전수가 1,500rpm이라면 이 펌프의 비속도(비교회전도)는?

㉮ 약 512   ㉯ 약 554
㉰ 약 606   ㉱ 약 658

**풀이**
$Ns = N \times \dfrac{Q^{\frac{1}{2}}}{H^{\frac{3}{4}}}$

여기서 Ns : 비교회전도(rpm)
N : 규정회전수(rpm)
Q : 펌프의 토출량( m³/min )
H : 총양정(m)

**35** 하수 펌프장 시설인 스크류펌프에 대한 내용으로 틀린 것은?

㉮ 양정에 제한이 있으며, 일반 펌프에 비해 펌프가 크게 되는 경향이 있다.
㉯ 토출측의 수로를 압력관으로 할 수 없으며, 회전수가 낮기 때문에 마모가 적다.
㉰ 수중의 협잡물을 물과 함께 양수시키므로 막힘이 많이 발생하므로 주의해야 한다.
㉱ 가동에 필요한 물채움 장치나 밸브 등 부대시설이 없어 자동운전이 용이하다.

**풀이** ㉰ 수중의 협잡물을 물과 함께 양수시키므로 막힘이 거의 없다.

**36** 펌프의 캐비테이션(공동현상)의 방지대책으로 틀린 것은?

㉮ 펌프의 설치 위치를 가능한 한 낮추어 가용유효흡입수두를 크게 한다.
㉯ 흡입관의 손실을 가능한 한 작게하여 가용유효흡입수두를 크게 한다.
㉰ 펌프의 회전속도를 낮게 선정하여 필요유효흡입수두를 크게 한다.
㉱ 흡입측 밸브를 완전히 개방하고 펌프를 운전한다.

**answer** 33 ㉮  34 ㉰  35 ㉰  36 ㉰

**풀이** ㉣ 펌프의 회전속도를 낮게 선정하여 필요유효흡입수두를 작게 한다.

**37** 정수시설의 플록 형성지에 대한 내용으로 틀린 것은?

㉮ 플록 형성지는 단락류나 정체부가 생기지 않으면서 충분하게 교반될 수 있는 구조로 한다.
㉯ 플록 형성지는 혼화지와 침전지 사이에 위치하고 침전지에 붙여서 사용한다.
㉰ 플록 형성 시간은 계획 정수량에 대하여 20~40분간을 표준으로 한다.
㉱ 플록형성지의 기계식 교반에서 플록큐레이터의 주변속도는 5~15cm/sec 범위로 한다.

**풀이** ㉱ 플록형성지의 기계식 교반에서 플록큐레이터의 주변속도는 15~80cm/sec 범위로 한다.

**38** 펌프의 토출량이 0.1m³/sec, 토출구의 유속이 2m/sec로 할 때 펌프의 구경은?

㉮ 약 253mm   ㉯ 약 363mm
㉰ 약 473mm   ㉱ 약 543mm

**풀이**
$D = 146 \times \sqrt{\dfrac{Q}{v}}$

여기서 D : 펌프의 흡입구경(mm)
Q : 펌프의 토출량(m³/min)
v : 유속(m/sec)

$D = 146 \times \sqrt{\dfrac{0.1 m^3/sec \times 60 sec/min}{2 m/sec}}$

$= 252.88 mm$

**39** 하수관로에서 조도계수 0.014, 동수경사 1/100이고 관경이 400mm일 때 이 관로의 유량은? (단, 만관기준, Manning 공식에 의함)

㉮ 약 0.08 m³/sec   ㉯ 약 0.12 m³/sec
㉰ 약 0.15 m³/sec   ㉱ 약 0.19 m³/sec

**풀이** ① A(면적)
$= \dfrac{\pi D^2}{4}$
$= \dfrac{\pi \times (0.4m)^2}{4} = 0.12566 m^2$

② R(경심) $= \dfrac{D}{4}(m) = \dfrac{0.4m}{4} = 0.1m$

③ I(기울기=동수경사) $= \dfrac{1}{100}$

④ Manning 공식에서 유속(v)를 구한다.
$v = \dfrac{1}{n} \times R^{\frac{2}{3}} \times I^{\frac{1}{2}} (m/sec)$

여기서 n : 조도계수
R : 경심(m)
I : 기울기

$v = \dfrac{1}{0.014} \times (0.1m)^{\frac{2}{3}} \times \left(\dfrac{1}{100}\right)^{\frac{1}{2}}$
$= 1.539 m/sec$

⑤ 유량(Q) = 면적(A) × 유속(v)
$= 0.12566 m^2 \times 1.539 m/sec$
$= 0.19 m^3/sec$

**40** 해수 담수화방식의 상변화방식 중 결정법인 것은?

㉮ 다중효용법   ㉯ 투과기화법
㉰ 가스수화물법   ㉱ 증기압축법

**풀이** ① 상변화방식 중 증발법 : 다단 플래쉬법, 다중 효용법, 증기 압축법, 투과기화법
② 상변화방식 중 결정법 : 냉동법, 가스수화물법
③ 상불변화방식 중 막법 : 역삼투법, 전기투석법
④ 상불변화방식 중 용매추출법 : 용매추출법

**answer** 37 ㉱   38 ㉮   39 ㉱   40 ㉰

| 제3과목 | 수질오염방지기술

**41** 침전지에서 입자의 침강속도가 증대되는 원인으로 틀린 것은?

㉮ 입자 비중의 증가
㉯ 액체 점성계수 증가
㉰ 수온의 증가
㉱ 입자 직경의 증가

풀이  ㉯ 액체 점성계수 감소

**42** 생물화학적 인 및 질소 제거 공법 중 인 제거만을 주목적으로 개발된 공법은?

㉮ Phostrip      ㉯ $A^2/O$
㉰ UCT          ㉱ Bardenpho

풀이  인 제거만을 주목적으로 개발된 공법은 A/O 공법과 Phostrip 공법이다.

**43** 활성슬러지 공정에서 폭기조 유입 BOD가 180mg/L, SS가 180mg/L, BOD 슬러지 부하가 0.6 kg BOD/kg MLSS·day일 때, MLSS 농도(mg/L)는?
(단, 폭기조 수리학적 체류시간은 6시간이다.)

㉮ 1,100mg/L      ㉯ 1,200mg/L
㉰ 1,300mg/L      ㉱ 1,400mg/L

풀이
$$F/M비 = \frac{BOD \times Q}{MLSS \times V} = \frac{BOD}{MLSS} \times \frac{1}{t}$$
$$0.6/day = \frac{180mg/L}{MLSS} \times \frac{1}{\left(\frac{6hr}{24}\right)day}$$
∴ MLSS = 1,200mg/L

**44** 펜톤산화처리방법에 대한 내용으로 잘못된 것은?

㉮ 일반적인 적정 반응 pH는 3~4.5이다.
㉯ 펜톤시약은 철염과 과산화수소를 말한다.
㉰ 과산화수소수를 과량으로 첨가하면 수산화철의 침전율을 향상시킬 수 있다.
㉱ 폐수의 COD는 감소하지만 BOD는 증가한다.

풀이  ㉰ 철염(황산제1철)을 과량으로 첨가하면 수산화철의 침전율을 향상시킬 수 있다.

**45** 인구가 10,000명인 마을에서 발생되는 하수를 활성슬러지법으로 처리하는 처리장에 저율혐기성 소화조를 설계하려고 한다. 생슬러지(건조고형물 기준) 발생량은 0.11kg/인·일이며, 휘발성고형물은 건조고형물의 70%이다. 가스발생량은 $0.94\,m^3/VSS\cdot kg$ 이고 휘발성고형물의 65%가 소화된다면 일일 가스발생량($m^3/day$)은?

㉮ 약 345 $m^3/day$    ㉯ 약 471 $m^3/day$
㉰ 약 563 $m^3/day$    ㉱ 약 644 $m^3/day$

풀이  가스발생량($m^3/day$)
$= 0.11\,kg/인·일 \times 10,000인 \times 0.70 \times 0.65 \times 0.94\,m^3/kg$
$= 470.47\,m^3/day$

answer  41 ㉯  42 ㉮  43 ㉯  44 ㉰  45 ㉯

**46** 수질 성분이 부식에 미치는 영향으로 틀린 것은?

㉮ 높은 알칼리도는 구리와 납의 부식을 증가시킨다.
㉯ 암모니아는 착화물 형성을 통해 구리, 납 등의 금속용해도를 증가시킬 수 있다.
㉰ 잔류염소는 Ca와 반응하여 금속의 부식을 감소시킨다.
㉱ 구리는 갈바닉 전지를 이룬 배관상에 흠집(구멍)을 야기한다.

▶ 풀이  ㉰ 잔류염소는 Ca와 반응하여 금속의 부식을 증가시킨다.

**47** 다음 중 $A_2/O$ 공법에 대한 내용으로 틀린 것은?

㉮ 내부반송율은 유입유량 기준으로 100~300% 정도이다.
㉯ A/O공법에 비해 탈질성능이 우수하며, 인과 질소를 동시에 처리할 수 있다.
㉰ 폭기조에서 질산화를 통하여 생성된 질산성 질소를 혐기조로 내부반송하여 질소를 제거한다.
㉱ 폐슬러지내의 인 함유량은 일반 슬러지에 비해 3~5% 높아 비료로서의 가치가 높다.

▶ 풀이  ㉰ 폭기조에서 질산화를 통하여 생성된 질산성 질소를 무산소조로 내부반송하여 질소를 제거한다.

**48** $Cd^{2+}$가 함유된 폐수의 pH를 높여주면 수산화카드뮴의 침전물이 생성되어 제거된다. 20℃, pH 11에서 폐수 내 이론적 카드뮴 이온의 농도(mg/L)는? (단, 20℃, pH 11에서 수산화카드뮴의 용해도적은 $4.0 \times 10^{-14}$이며 카드뮴 원자량은 112.4이다.)

㉮ $3.5 \times 10^{-5}$ mg/L  ㉯ $4.5 \times 10^{-5}$ mg/L
㉰ $3.5 \times 10^{-3}$ mg/L  ㉱ $4.5 \times 10^{-3}$ mg/L

▶ 풀이  ① $Cd(OH)_2 \rightarrow Cd^{2+} + 2OH^-$
용해도적(Ksp) = $[Cd^{2+}][OH^-]^2$
pH = 11 ⇒ pOH = 14 − 11 = 3
$[OH^-] = 10^{-pOH}$ mol/L = $10^{-3}$ mol/L
$4.0 \times 10^{-14} = [Cd^{2+}][10^{-3} \text{mol/L}]^2$
∴ $[Cd^{2+}] = \dfrac{4.0 \times 10^{-14}}{[10^{-3}\text{mol/L}]^2}$
$= 4.0 \times 10^{-8}$ mol/L

② $Cd^{2+}$의 mg/L
$= \dfrac{4.0 \times 10^{-8} \text{mol}}{L} \times \dfrac{112.4 \text{g}}{1 \text{mol}} \times \dfrac{10^3 \text{mg}}{1 \text{g}}$
$= 4.5 \times 10^{-3}$ mg/L

**49** 활성슬러지 처리방법별 F/M 비가 가장 높은 공법은?

㉮ 표준활성슬러지법
㉯ 순산소활성슬러지법
㉰ 장기포기법
㉱ 산화구법

▶ 풀이  활성슬러지 처리방법별 F/M 비
㉮ 표준활성슬러지법 :
  0.2 ~ 0.4 kg BOD/kg SS·day
㉯ 순산소활성슬러지법 :
  0.3 ~ 0.6 kg BOD/kg SS·day
㉰ 장기포기법 : 0.03 ~ 0.05 kg BOD/kg SS·day
㉱ 산화구법 : 0.03 ~ 0.05 kg BOD/kg SS·day

**answer**  46 ㉰  47 ㉰  48 ㉱  49 ㉯

**50** 활성슬러지법 운전 중 슬러지부상 문제를 해결할 수 있는 방법으로 틀린 것은?

㉮ 폭기조에서 2차 침전지로의 유량을 감소시킨다.
㉯ 2차 침전지 슬러지 수집장치의 속도를 높인다.
㉰ 슬러지 폐기량을 감소시킨다.
㉱ 2차 침전지에서 슬러지체류시간을 감소시킨다.

▶풀이 ㉰ 슬러지 폐기량을 증가시킨다.

**51** 생물학적으로 질소를 제거하기 위해 질산화-탈질공정을 운영함에 있어, 호기성 상태에서 산화된 $NO_3^-$ 60mg/L를 탈질시키는데 소모되는 이론적인 메탄올 농도(mg/L)는?

$$\frac{5}{6}CH_3OH + NO_3^- + \frac{1}{6}H_2CO_3 \rightarrow \frac{1}{2}N_2 + HCO_3^- + \frac{4}{3}H_2O$$

㉮ 약 14mg/L   ㉯ 약 18mg/L
㉰ 약 22mg/L   ㉱ 약 26mg/L

▶풀이 $\frac{5}{6}CH_3OH$ : $NO_3^-$
$\frac{5}{6} \times 32g$ : 62g
X : 60mg/L
∴ X = 25.81 mg/L

**52** 혐기성 소화조 운전 중 이상발포가 발생되었을 때의 대책으로 틀린 것은?

㉮ 슬러지의 유입을 줄이고 배출을 일시 중지한다.
㉯ 소화온도를 높인다.
㉰ 조내 교반을 중지한다.
㉱ 스컴을 파쇄·제거한다.

▶풀이 ㉰ 조내 교반을 한다.

**53** 슬러지 발생량이 3,000 kg/d 인 소화조가 있다. 슬러지는 70%의 휘발성물질을 포함하고 있으며 이 중 60%가 분해된다. 슬러지 1kg이 분해될 때 50%의 메탄이 함유된 0.874 m³/kg의 소화가스가 발생한다. 소화조 보온에 필요한 에너지는 530,000 kJ/h 이다. 발생된 에너지의 몇 %가 실질적으로 소화조의 가온에 사용되었는가? (단, 메탄의 열량 35,850kJ/m³, 가온장치 열효율 70%, 24시간 연속 가온 기준이다.)

㉮ 65%   ㉯ 74%
㉰ 81%   ㉱ 92%

▶풀이 소화조 가온에 사용된 발생에너지(%)
$= \frac{\text{소화조 가온에 필요한 열량}}{CH_4 \text{ 발열량}} \times 100(\%)$

$= \frac{530,000 kJ/hr \times 24 hr/day \times \frac{100}{70\%}}{3,000 kg/day \times 0.70 \times 0.60 \times 0.874 m^3/kg \times 0.50 \times 35,850 kJ/m^3}$
$\times 100$
$= 92.06\%$

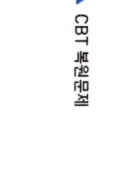

answer   50 ㉰   51 ㉱   52 ㉰   53 ㉱

**54** 다음 중 살수여상법에 대한 내용으로 틀린 것은?

㉮ 연못화 현상이 발생하고 파리가 번식하는 문제점이 있다.
㉯ 슬러지 일령은 부유성장 시스템보다 높아 100일 이상의 슬러지 일령에 쉽게 도달한다.
㉰ 슬러지 팽화가 발생하지 않으며, 슬러지가 많이 발생한다.
㉱ 총괄관측 수율은 전형적인 활성슬러지 공정의 60~80% 정도이다.

▶ 풀이 ㉰ 슬러지 팽화가 발생하지 않으며, 슬러지가 적게 발생한다.

**55** 고도 수처리에 이용되는 정밀여과 분리막 방법에 대한 내용으로 틀린 것은?

㉮ 분리형태 : 용해, 확산
㉯ 구동력 : 정수압차(0.1~1Bar)
㉰ 막형태 : 대칭형 다공성막(Pore size 0.1~10㎛)
㉱ 적용분야 : 전자공업의 초순수 제조, 무균수제조

▶ 풀이 ㉮ 분리형태 : Pore size 및 흡착현상에 기인한 체걸름이다.

**56** 폐수 $300\,m^3/day$를 배출하는 도금공장이 있다. 이 폐수 중에는 $CN^-$이 150 mg/L 함유되어 다음 반응식을 이용하여 처리하고자 할 때 필요한 NaClO의 양(kg)은?

$$2NaCN + 5NaClO + H_2O$$
$$\rightarrow 2NaHCO_3 + N_2 + 5NaCl$$

㉮ 180.4kg ㉯ 322.4kg
㉰ 344.8kg ㉱ 300.5kg

▶ 풀이 $2CN^-$ : $5NaClO$
$2 \times 26g$ : $5 \times 74.5g$
$0.15\,kg/m^3 \times 300\,m^3/day$ : $X$
∴ $X = 322.36\,kg/day$

**57** 막공법 중 물질 분리를 유발하는 추진력(driving force)으로 틀린 것은?

㉮ 전기투석(Electrodialysis) - 전위차
㉯ 투석(Dialysis) - 정수압차
㉰ 역삼투(Reverse Osmosis) - 정수압차
㉱ 한외여과(Utrafiltration) - 정수압차

▶ 풀이 ㉯ 투석(Dialysis) - 농도차

**answer** 54 ㉰ 55 ㉮ 56 ㉯ 57 ㉯

**58** 하수처리장 기준의 1차 침전지에 대한 내용으로 틀린 것은?

㉮ 슬러지 수집기를 설치하는 경우의 침전지 바닥기울기는 직사각형에서 1/100 ~ 2/100으로 한다.
㉯ 유효수심은 2.5 ~ 4m를 표준으로 하고 침전시간은 2 ~ 4시간을 표준으로 한다.
㉰ 표면부하율은 계획1일 최대오수량에 대하여 분류식은 25 ~ 50 $m^3/m^2 \cdot day$, 합류식의 경우 35 ~ 70 $m^3/m^2 \cdot day$로 한다.
㉱ 침전지의 지수는 2지 이상으로 하고 장방형의 경우 폭과 길이의 비는 1 : 3 이상으로 한다.

**풀이** ㉰ 표면부하율은 계획1일 최대오수량에 대하여 분류식은 35 ~ 70 $m^3/m^2 \cdot day$, 합류식의 경우 25 ~ 50 $m^3/m^2 \cdot day$로 한다.

**59** 하수 염소 소독의 장단점으로 틀린 것은? (단, UV, 오존소독과 비교 기준)

㉮ 유량변동에 대해 적응하기가 어렵다.
㉯ 인체에 위해성이 높다.
㉰ 바이러스에 대하여 효과적이다.
㉱ 잔류효과가 크다.

**풀이** ㉰ 바이러스에 대하여 효과가 낮은 편이다.

**60** 하수 내 질소 및 인을 생물학적으로 처리하는 UCT 공법의 경우 다른 공법과는 달리 침전지에서 반송되는 슬러지를 혐기조로 반송하지 않고 무산소조로 반송하는데, 그 이유는?

㉮ 혐기조에서 질산염의 부하를 감소시킴으로써 인의 방출을 증대시키기 위해서
㉯ 호기조에서 질산화된 질소의 일부를 잔류 유기물을 이용하여 탈질시키기 위해서
㉰ 무산소조에 유입되는 유기물 부하를 감소시켜 탈질을 증대시키기 위해서
㉱ 후속되는 호기조의 질산화를 증대시키기 위해서

**풀이** UCT 공법에서 반송슬러지를 무산소조로 반송하는 이유는 혐기조에서 질산염의 부하를 감소시킴으로써 인의 방출을 증대시키기 위해서이다.

| 제4과목 | 수질오염공정시험기준

**61** 냄새 측정 시 잔류염소 제거를 위해 첨가하는 용액은?

㉮ L-아스코빈산소듐
㉯ 티오황산소듐
㉰ 과망간산포타슘
㉱ 질산은

**풀이** 냄새 측정 시 잔류염소 제거를 위해 첨가하는 용액은 티오황산소듐이다.

**answer** 58 ㉰  59 ㉰  60 ㉮  61 ㉯

**62** 다음 중 관내의 유량 측정방법이 아닌 것은?

㉮ 오리피스
㉯ 자기식 유량측정기
㉰ 피토우(pitot)관
㉱ 웨어(Weir)

> 풀이 관내의 유량 측정 방법에는 벤츄리미터, 유량측정용 노즐, 오리피스, 자기식 유량측정기, 피토우관이 있다.

**63** 자외선/가시선 분광법으로 암모니아성 질소를 측정할 때 암모늄 이온이 하이포염소산의 존재하에서 페놀과 반응하여 생성하는 인도페놀의 색깔과 파장은?

㉮ 적자색, 510 nm
㉯ 적색, 540 nm
㉰ 청색, 630 nm
㉱ 황갈색, 610 nm

> 풀이 암모니아성 질소의 자외선/가시선 분광법
> ① 발색 : 청색
> ② 측정파장 : 630nm

**64** 2N와 7N HCl 용액을 혼합하여 5N-HCl 1L를 만들고자 한다. 각각 몇 mL씩을 혼합해야 하는가?

㉮ 2 N-HCl 400mL와 7 N-HCl 600mL
㉯ 2 N-HCl 50 mL와 7 N-HCl 400mL
㉰ 2 N-HCl 300mL와 7 N-HCl 700mL
㉱ 2 N-HCl 700mL와 7 N-HCl 300mL

> 풀이 $\dfrac{2N \times 0.4L + 7N \times 0.6L}{(0.4+0.6)L} = 5N$

**65** 페놀류를 자외선/가시선 분광법으로 분석할 때의 내용으로 틀린 것은?

㉮ 정량한계는 클로로폼 추출법일 때 0.005mg/L, 직접측정법일 때 0.05mg/L 이다.
㉯ 완충액을 시료에 가하여 pH 10으로 조절한다.
㉰ 붉은색의 안티피린계 색소의 흡광도를 측정한다.
㉱ 수용액에서는 460nm, 클로로폼 용액에서는 510nm에서 흡광도를 측정한다.

> 풀이 ㉱ 수용액에서는 510nm, 클로로폼 용액에서는 460nm에서 흡광도를 측정한다.

**66** 금속성분을 측정하기 위한 시료의 전처리 방법 중 유기물을 다량 함유하고 있으면서 산분해가 어려운 시료에 적용되는 방법은?

㉮ 질산-염산법
㉯ 질산-불화수소산법
㉰ 질산-과염소산법
㉱ 질산-과염소산-불화수소산법

> 풀이 ㉰ 질산-과염소산법에 대한 내용이며, 암기법은 "과염 산분해=질산-과염소산법"임을 숙지하시면 됩니다.

answer  62 ㉱  63 ㉰  64 ㉮  65 ㉱  66 ㉰

**67** 예상 BOD값에 대한 사전경험이 없을 때에는 희석하여 시료를 제조한다. 처리하지 않은 공장 폐수와 침전된 하수가 시료에 함유되는 정도는?

㉮ 0.1~1.0%　　㉯ 1~5%
㉰ 5~25%　　㉱ 25~100%

**풀이** 희석하여 시료제조 방법
① 오염정도가 심한 공장폐수 : 0.1~1.0%
② 처리하지 않은 공장폐수와 침전된 하수 : 1~5%
③ 처리하여 방류된 공장폐수 : 5~25%
④ 오염된 하천수 : 25~100%

**68** 총인을 자외선/가시선 분광법에 의해 흡광도를 측정할 때 880nm에서 측정이 불가능한 경우, 어느 파장(nm)에서 측정할 수 있는가?

㉮ 560　　㉯ 660
㉰ 710　　㉱ 810

**풀이** 총인을 자외선/가시선 분광법으로 흡광도 측정시 880nm에서 측정이 불가능한 경우, 710nm에서 측정할 수 있다.

**69** 수질오염공정시험기준 아연의 시험방법 별 정량한계로 틀린 것은?

㉮ 원자흡수분광광도법 : 0.002mg/L
㉯ 유도결합플라스마-원자발광분광법 : 0.002mg/L
㉰ 유도결합플라스마-질량분석법 : 0.002mg/L
㉱ 양극벗김전압전류법 : 0.0001mg/L

**풀이** ㉰ 유도결합플라스마-질량분석법 : 0.006mg/L

**70** 하천수의 시료 채취지점에 대한 내용이다. ( )에 공통으로 들어갈 내용은?

> 하천의 단면에서 수심이 가장 깊은 수면의 지점과 그 지점을 중심으로 하여 좌우로 수면폭을 2등분한 각각의 지점의 수면으로부터 수심 (　) 미만일 때에는 수심의 1/3에서 수심 (　) 이상일 때에는 수심의 1/3 및 2/3에서 각각 채수한다.

㉮ 2m　　㉯ 3m
㉰ 5m　　㉱ 6m

**풀이** 하천수의 시료 채취지점
① 수심이 2m 미만 : 수심의 1/3 지점
② 수심이 2m 이상 : 수심의 1/3, 2/3 지점

**71** 웨어의 수두가 0.25m, 수로의 폭이 0.8m, 수로의 밑면에서 절단 하부점까지의 높이가 0.7m인 직각 3각웨어의 유량($m^3/min$)은?

(단, 유량계수 $k = 81.2 + \dfrac{0.24}{h} + (8.4 + \dfrac{12}{\sqrt{D}}) \times (\dfrac{h}{B} - 0.09)^2$)

㉮ 1.4　　㉯ 2.1
㉰ 2.6　　㉱ 2.9

**풀이**
① $k = 81.2 + \dfrac{0.24}{h} + \left(8.4 + \dfrac{12}{\sqrt{D}}\right) \times \left(\dfrac{h}{B} - 0.09\right)^2$
$= 81.2 + \dfrac{0.24}{0.25m} + \left(8.4 + \dfrac{12}{\sqrt{0.7m}}\right) \times \left(\dfrac{0.25m}{0.8m} - 0.09\right)^2$
$= 83.29$

② 삼각웨어의 유량(Q)
$= k \cdot h^{\frac{5}{2}} \; (m^3/min)$
$= 83.29 \times (0.25m)^{\frac{5}{2}} = 2.60 \, m^3/min$

---

answer　67 ㉯　68 ㉰　69 ㉰　70 ㉮　71 ㉰

> **TIP**
> 
> **유량(Q)공식 및 유량계수(k)**
> 
> ① 삼각웨어 : $Q = k \times h^{\frac{5}{2}} \, (m^3/min)$,
>   $k = 83 \sim 85$
> 
> ② 사각웨어 : $Q = k \times b \times h^{\frac{3}{2}} \, (m^3/min)$,
>   $k = 109 \sim 111$

**72** 다음 중 6가 크롬의 분석방법으로 틀린 것은?

㉮ 원자흡수분광광도법
㉯ 유도결합플라스마-질량분석법
㉰ 자외선/가시선 분광법
㉱ 유도결합플라스마-원자발광분광법

> **풀이** 6가 크롬의 분석방법
> ① 원자흡수분광광도법
> ② 자외선/가시선 분광법
> ③ 유도결합플라스마-원자발광분광법

**73** 다음 중 비소의 수소화물생성-원자흡수분광광도법에 대한 내용으로 틀린 것은?

㉮ 아연 또는 소듐붕소수화물($NaBH_4$)을 넣어 수소화 비소로 포집한다.
㉯ 아르곤(또는 질소)-수소 불꽃에서 원자화시켜 228.8nm에서 흡광도를 측정한다.
㉰ 정량한계는 0.005mg/L이다.
㉱ 높은 농도의 크롬, 코발트, 구리, 수은, 몰리브덴, 은 및 니켈은 비소 분석을 방해한다.

> **풀이** ㉯ 아르곤(또는 질소)-수소 불꽃에서 원자화시켜 193.7nm에서 흡광도를 측정한다.

**74** 유기인을 용매추출/기체크로마토그래피로 측정할 경우 각 성분별 정량한계는?

㉮ 0.5mg/L   ㉯ 0.05mg/L
㉰ 0.005mg/L  ㉱ 0.0005mg/L

> **풀이** 유기인을 용매추출/기체크로마토그래피로 측정할 경우 각 성분별 정량한계는 0.0005mg/L이다.

**75** 폴리클로리네이티드비페닐(PCBs)을 용매추출/기체크로마토그래피로 측정할 경우 추출용매로 알맞은 것은?

㉮ 헥산   ㉯ 사염화탄소
㉰ 벤젠   ㉱ 아세트산부틸

> **풀이** 폴리클로리네이티드비페닐(PCBs)을 용매추출/기체크로마토그래피로 측정할 경우 추출용매는 헥산이다.

**76** 물벼룩을 이용한 급성 독성 시험법에서 사용하는 시험생물에 대한 내용으로 틀린 것은?

㉮ 같은 어미가 약 네번째 부화한 새끼부터 시험에 사용한다.
㉯ 외부기관에서 새로 분양을 받았다면 2번의 세대교체 후 물벼룩을 시험에 사용해야 한다.
㉰ 시험하기 전에는 먹이의 공급을 중단하여 시험 중 먹이가 주는 영향을 최소화하도록 한다.
㉱ 태어난지 24시간 이내의 시험생물일지라도 가능한 한 크기가 동일한 시험생물을 시험에 사용한다.

> **풀이** ㉰ 시험하기 2시간 전에 먹이를 충분히 공급하여 시험 중 먹이가 주는 영향을 최소화하도록 한다.

**answer** 72 ㉯  73 ㉯  74 ㉱  75 ㉮  76 ㉰

**77** 수질오염공정시험기준에서 사용하는 용어의 정의로 틀린 것은?

㉮ "정밀히 단다"함은 규정된 양의 시료를 취하여 화학저울 또는 미량저울로 칭량함을 말한다.
㉯ "약"이라 함은 기재된 양에 대하여 ±5% 이상의 차가 있어서는 안된다.
㉰ "냄새가 없다"라고 기재한 것은 냄새가 없거나, 또는 거의 없는 것을 표시하는 것이다.
㉱ 시험에 쓰는 물은 따로 규정이 없는 한 증류수 또는 정제수로 한다.

▶ 풀이 ㉯ "약"이라 함은 기재된 양에 대하여 ±10% 이상의 차가 있어서는 안된다.

**78** 유속 면적법을 이용하여 하천유량을 측정할 때 적용 적합지점에 대한 내용으로 틀린 것은?

㉮ 가능하면 하상이 안정되어 있고, 식생의 성장이 없는 지점
㉯ 합류나 분류가 없는 지점
㉰ 대규모 하천을 포함하고 가능하면 도섭으로 측정할 수 있는 지점
㉱ 교량 등 구조물 근처에서 측정할 경우 교량의 상류지점

▶ 풀이 ㉰ 대규모 하천을 제외하고 가능하면 도섭으로 측정할 수 있는 지점

**79** 다음 중 최대보존기간이 다른 것은?

㉮ 음이온 계면활성제
㉯ 인산염인
㉰ 질산성 질소
㉱ 전기전도도

▶ 풀이 최대보존기간
㉮ 음이온 계면활성제 : 48시간
㉯ 인산염인 : 48시간
㉰ 질산성 질소 : 48시간
㉱ 전기전도도 : 24시간

**80** 질산성 질소의 자외선/가시선 분광법(부루신법)에 대한 내용으로 틀린 것은?

㉮ 황색 화합물의 흡광도를 410nm에서 측정한다.
㉯ 정량한계는 0.1mg/L이다.
㉰ 바닷물과 같이 염분이 높을 경우, 바탕시료와 표준용액에 수산화소듐용액(30%)을 첨가하여 염분의 영향을 제거한다.
㉱ 잔류염소는 이산화비소산소듐으로 제거할 수 있다.

▶ 풀이 ㉰ 바닷물과 같이 염분이 높을 경우, 바탕시료와 표준용액에 염화소듐용액(30%)을 첨가하여 염분의 영향을 제거한다.

answer 77 ㉯  78 ㉰  79 ㉱  80 ㉰

# 2023 3회 CBT 복원문제

## 제1과목 | 수질오염개론

**01** 호소나 저수지의 여름철 성층현상에 대한 내용으로 틀린 것은?

㉮ 수온차에 따라 표수층, 수온약층, 심수층의 성층을 이룬다.
㉯ 하층의 물은 표층으로 잘 순환(turn over)되지 않고 수직운동은 상층에만 국한한다.
㉰ 완충작용을 하는 수온약층은 깊이에 따른 수온차이가 표층수에 비해 매우 작다.
㉱ 봄철 기온이 높고 바람이 약할 경우에는 성층이 늦게 이루어진다.

**풀이** ㉰ 완충작용을 하는 수온약층은 깊이에 따른 수온차이가 표층수에 비해 매우 크다.

**02** 완전혼합 흐름상태에 대한 내용으로 알맞은 것은?

㉮ 분산이 1일 때 이상적 완전혼합 상태이다.
㉯ 분산수가 0일 때 이상적 완전혼합 상태이다.
㉰ Morrill 지수의 값이 1에 가까울수록 이상적 완전혼합 상태이다.
㉱ 지체시간이 이론적 체류시간과 동일할 때 이상적 완전혼합 상태이다.

**풀이** ㉯ 분산수가 무한대일 때 이상적 완전혼합 상태이다.
㉰ Morrill 지수의 값이 클수록 이상적 완전혼합 상태이다.
㉱ 지체시간이 0일 때 이상적 완전혼합 상태이다.

### TIP
**완전혼합흐름과 플러그흐름 비교**

| | 완전혼합흐름 | 플러스흐름 |
|---|---|---|
| 분산 | 1 | 0 |
| 분산수 | 무한대(∞) | 0 |
| 모릴지수 | 클수록 | 1 |
| 지체시간 | 0 | 이론적 체류시간과 동일할 때 |

**03** 수중에서 유기질소가 유입되었을 때 유기질소는 미생물에 의하여 여러 단계를 거치면서 변화된다. 정상적으로 변화되는 과정에서 가장 적은 양으로 존재하는 것은?

㉮ 유기질소
㉯ $NO_2^-$
㉰ $NO_3^-$
㉱ $NH_4^+$

**풀이** 질소화합물 중에서 정상적인 변화과정에서 가장 적은 양으로 존재하는 것은 아질산염($NO_2^-$)이다.

**answer** 01 ㉰ 02 ㉮ 03 ㉯

**04** 물의 특성에 대한 내용으로 틀린 것은?

㉮ 수소와 산소의 공유결합 및 수소결합으로 되어 있다.
㉯ 수온이 감소하면 물의 점성도가 감소한다.
㉰ 물의 점성도는 표준상태에서 대기의 대략 100배 정도이다.
㉱ 물분자 사이의 수소결합으로 큰 표면장력을 갖는다.

**풀이** ㉯ 수온이 감소하면 물의 점성도가 증가한다.

**05** 하천 수질모델 중 WQRRS에 대한 내용으로 틀린 것은?

㉮ 하천 및 호수의 부영양화를 고려한 생태계 모델이다.
㉯ 유속, 수심, 조도계수에 의해 확산계수를 결정한다.
㉰ 호수에는 수심별 1차원 모델이 적용된다.
㉱ 정적 및 동적인 하천의 수질, 수문학적 특성이 광범위하게 고려된다.

**풀이** ㉯번의 설명은 QUAL-I 모델이다.

**06** $CaF_2$의 포화용액 중에 $F^-$의 농도는 $4 \times 10^{-4}$ mol/L이다. 이때 $CaF_2$의 용해도적은?

㉮ $3.2 \times 10^{-8}$  ㉯ $3.2 \times 10^{-9}$
㉰ $3.2 \times 10^{-10}$  ㉱ $3.2 \times 10^{-11}$

**풀이** $CaF_2 \rightleftarrows Ca^{2+} + 2F^-$
xM    xM    2xM
$[F^-] = 2x = 4 \times 10^{-4}$ mol/L

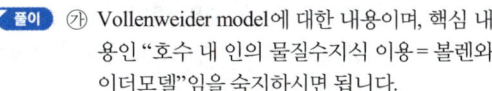

$\therefore$ Ksp(용해도적)
$= [Ca^{2+}][F^-]^2$
$= (\frac{1}{2} \times 4 \times 10^{-4}$ mol/L$) \times (4 \times 10^{-4}$ mol/L$)^2$
$= 3.2 \times 10^{-11}$

**07** 호수에 부하되는 인산량을 적용하여 대상 호수의 영양상태를 평가, 예측하는 모델 중 호수 내의 인의 물질수지 관계식을 이용하여 평가하는 방법으로 가장 널리 이용되는 것은?

㉮ Vollenweider model
㉯ Streerer-Phelps model
㉰ 2차원 POM
㉱ ISC model

**풀이** ㉮ Vollenweider model에 대한 내용이며, 핵심 내용인 "호수 내 인의 물질수지식 이용 = 볼렌와이더모델"임을 숙지하시면 됩니다.

**08** 자정상수(f)의 영향인자에 대한 내용으로 알맞은 것은?

㉮ 수심이 깊을수록 자정상수는 커진다.
㉯ 수온이 높을수록 자정상수는 작아진다.
㉰ 유속이 완만할수록 자정상수는 커진다.
㉱ 바닥구배가 클수록 자정상수는 작아진다.

**풀이** ㉮ 수심이 깊을수록 자정상수는 작아진다.
㉰ 유속이 완만할수록 자정상수는 작아진다.
㉱ 바닥구배가 클수록 자정상수는 커진다.

**answer** 04 ㉯  05 ㉯  06 ㉱  07 ㉮  08 ㉯

**09** 용존산소농도가 9.0mg/L인 물 200L가 있다면 이 물의 용존산소를 완전히 제거하려 할 때 필요한 이론적 $Na_2SO_3$의 양(g)은? (단, Na의 원자량은 23)

㉮ 14.2     ㉯ 15.2
㉰ 16.2     ㉱ 17.2

**풀이**
$Na_2SO_3 + 0.5O_2 \rightarrow Na_2SO_4$
126g : 0.5 × 32g
X : 9.0mg/L × 200L
∴ $X = \dfrac{126g \times 9.0mg/L \times 200L}{0.5 \times 32g}$
$= 14,175mg = 14.18g$

**10** 다음 중 적조현상에 대한 내용으로 틀린 것은?

㉮ 질소, 인 등의 영양분이 풍부하고 규소, 칼슘, 마그네슘 등의 영양염과 더불어 미량의 금속, 비타민 등이 존재할 때 많이 발생한다.
㉯ 플랑크톤의 증식을 위해 햇빛이 강하고 수온이 높을 때 많이 발생한다.
㉰ 적조생물 중 독성을 갖는 편모조류가 치사성의 독소를 분비, 어패류를 폐사시킨다.
㉱ 여름철 갈수시로 인한 염분농도가 증가된 정체된 해역에서 주로 발생한다.

**풀이** ㉱ 여름철 홍수시로 인한 염분농도가 감소된 정체된 해역에서 주로 발생한다.

**11** 유해물질과 만성질환의 연결이 잘못된 것은?

㉮ PCB : 윌슨씨 증후군
㉯ 수은 : 헌터-루셀 증후군
㉰ 망간 : 파킨슨씨 증후군과 유사한 증상
㉱ 카드뮴 : 이따이이따이병

**풀이** ㉮ PCB는 카네미유증을 유발하고, 구리는 윌슨씨 증후군을 유발한다.

**12** 약산인 $0.01N - CH_3COOH$가 6% 해리되어 있다면 이 수용액의 pH는?

㉮ 3.2     ㉯ 3.5
㉰ 3.8     ㉱ 4.1

**풀이**
$CH_3COOH \xrightleftharpoons{6\% 해리} CH_3COO^- + H^+$
0.01M    0.01M × 0.06    0.01M × 0.06
$pH = -\log[H^+]$
$= -\log[0.01 \times 0.06 mol/L] = 3.22$

**TIP**
$CH_3COOH$는 1가 이므로 M 농도와 N농도는 동일하다.

**13** 하천의 모형화에 이용되는 동적모델과 정적모델에 대한 내용으로 틀린 것은?

㉮ 동적모델은 하구의 수질모델링에서 매우 중요하다.
㉯ 동적모델은 부영양화의 관리와 예측에 이용된다.
㉰ 정적모델은 특정지역의 장기적으로 수질관리 대책을 수립할 때 사용한다.
㉱ 정적모델은 변수가 시간의 변화에 따라 변하는 모델이다.

**answer** 09 ㉮   10 ㉱   11 ㉮   12 ㉮   13 ㉱

**풀이** ㉣ 동적모델은 변수가 시간의 변화에 따라 변하는 모델이며, 정적모델은 변수가 시간의 변화에 관계없이 항상 일정하다는 모델이다.

**14** 다음 중 해수에 대한 내용으로 틀린 것은?

㉮ 해수의 pH는 약 8.2 정도이며, 강전해질이다.
㉯ 해수의 주요성분 농도비는 항상 일정하다.
㉰ 해수의 Ca/Mg비는 3~4 정도로 담수에 비해서 크다.
㉱ 염분은 적도 해역에서는 높고 남극과 북극 해역에서는 다소 낮다.

**풀이** ㉰ 해수의 Mg/Ca비는 3~4 정도로 담수에 비해서 크다.

**15** 원핵세포에 대한 내용으로 틀린 것은?

㉮ 원핵세포의 세포벽은 세포막의 외부에 위치하며 세포를 지지하고 보호해주는 견고한 구조로 되어 있다.
㉯ 원핵세포의 리보솜은 단백질과 리보핵산으로 구성되어 있는 작은 과립체이다.
㉰ 원핵세포는 유사분열을 하며, 핵막이 있다.
㉱ 원핵세포의 세포크기는 진핵세포에 비하여 작다.

**풀이** ㉰ 원핵세포는 유사분열을 하지 않으며, 핵막이 없다.

**16** 지하수 수직 깊이에 따른 수질분포의 특성으로 틀린 것은?

㉮ 산화-환원전위 : 상층수는 높고 하층수는 낮다.
㉯ 알칼리도 : 상층수는 작고 하층수는 크다.
㉰ 염분 : 상층수는 높고 하층수는 낮다.
㉱ 질소 : 상층수는 낮고 하층수는 높다.

**풀이** ㉰ 염분 : 상층수는 낮고 하층수는 높다.

**TIP**
암기법은 "대(상층수)소(하층수)왕자는 4공(ORP, DO, $SO_4^{2-}$, $NO_3^-$) 파(pH) 유(유리탄산)"임을 숙지하시면 됩니다.

**17** A하천의 탈산소계수를 조사한 결과 20℃에서 0.19/day이었다. 하천수의 온도가 25℃로 증가되었다면 탈산소계수는? (단, 온도보정계수는 1.047이다.)

㉮ 0.22/day   ㉯ 0.24/day
㉰ 0.26/day   ㉱ 0.28/day

**풀이** $k_{(T)} = k_{1(20℃)} \times \theta^{(T-20)}$
$k_{(25℃)} = 0.19/day \times 1.047^{(25-20)} = 0.24/day$

**answer** 14 ㉰  15 ㉰  16 ㉰  17 ㉯

**18** 물이 함유하고 있는 이온 용해염의 농도를 종합적으로 표시하는 것으로 수온, pH와 호수 내 수계의 구분이나 성층구조 현상, 수질의 연속적 변화양상 등을 쉽게 파악할 수 있는 지표는?

㉮ 총용존성고형물(TDS)
㉯ 전기전도도
㉰ 이온강도
㉱ 비저항계수

**풀이** ㉯ 전기전도도에 대한 내용이며, 핵심 내용인 "이온 용해염의 농도를 종합적으로 표시=전기전도도"임을 숙지하시면 됩니다.

**19** 소수성 콜로이드에 대한 내용으로 틀린 것은?

㉮ 염에 아주 민감하다.
㉯ 표면장력이 용매보다 약하다.
㉰ 현탁상태로 존재한다.
㉱ 틴달 효과가 크다.

**풀이** ㉯ 표면장력이 용매와 비슷하다.

**20** 방사성 핵 종인 $P^{32}$를 100mg/L 포함하고 있는 폐수가 있다. 이 $P^{32}$의 반감기가 14.3일이라면 이 폐수의 $P^{32}$를 10mg/L로 감소시키기 위한 기간은? (단, 1차반응 기준)

㉮ 24.6일    ㉯ 47.5일
㉰ 72.1일    ㉱ 96.7일

**풀이** 1차 반응식 : $\ln \dfrac{C_t}{C_0} = -k \times t$

① $\ln \dfrac{1}{2} = -k \times 14.3 \,day$
∴ $k = 0.04847/day$

② $\ln \dfrac{10\,mg/L}{100\,mg/L} = -0.04847/day \times t$
∴ $t = 47.51\,day$

| 제2과목 | 상하수도계획

**21** 자연부식 중 매크로셀 부식에 해당되는 것은?

㉮ 산소농담(통기차)
㉯ 특수토양부식
㉰ 간섭
㉱ 박테리아부식

**풀이** ① 자연부식 중 Macro cell 부식 : 콘크리트, 토양, 이종금속, 산소농담(통기차)
② 자연부식 중 Micro cell 부식 : 산성토양, 박테리아, 일반토양, 대기 중 부식
③ 전기식(전식) 부식 : 간섭

**22** 하수의 배제방식 중 합류식에 대한 내용으로 틀린 것은?

㉮ 관거내의 보수측면에서 보면 폐쇄의 염려가 없으며, 검사 및 수리가 비교적 용이하다.
㉯ 토지이용 측면에서 보면 기존의 측구를 폐지할 경우에는 도로폭을 유용하게 이용할 수 있다.
㉰ 관거오접 측면에서 보면 철저한 감시가 필요하며, 우천시 오수의 월류가 있다.
㉱ 시공 측면에서 보면 대구경 관거가 되

**answer** 18 ㉯  19 ㉯  20 ㉯  21 ㉮  22 ㉰

면 좁은 도로에서의 매설에 어려움이 있다.

**풀이** ㉰ 관거오접 측면에서 보면 철저한 감시가 필요 없으며, 우천시 오수의 월류가 있다.

**23** 막분리 활성슬러지법(MBR공법)에 대한 내용으로 틀린 것은?

㉮ 고액분리가 양호하고 반응조 내 MLSS를 높게 유지할 수 있다.
㉯ 유기물 제거와 질산화과정이 우수하다.
㉰ 미세공극의 분리막으로 인해 병원성 미생물 제거가 용이하다.
㉱ 침전조가 필요하고 농축조의 부피가 증가되어 공정이 복잡하다.

**풀이** ㉱ 침전조가 필요없고 농축조의 부피가 감소되어 공정이 간결하다.

**TIP**
막분리 활성슬러지법(MBR 공법=Membrane Bio Reactor 공법) : 기존의 활성슬러지공법의 단점을 보완하기 위해 생물학적 공정과 멤브레인 여과공정을 조합한 공법으로 유기물과 질소, 인 성분은 생물학적처리 공정으로 처리하고 입자상 물질은 멤브레인 여과공정을 이용하여 처리하는 공법이다.

**24** $I = \dfrac{3{,}660}{t+15}$ mm/hr, 면적 $3.0\,km^2$, 유입시간 6분, 유출계수 $C = 0.65$, 관내 유속이 1m/sec인 경우 관 길이 600m인 하수관에서 흘러나오는 우수량은?
(단, 합리식 적용)

㉮ $64\,m^3/sec$　　㉯ $76\,m^3/sec$
㉰ $82\,m^3/sec$　　㉱ $91\,m^3/sec$

**풀이** 합리식 $Q = \dfrac{1}{360}C \cdot I \cdot A$

여기서 C : 유출계수
　　　　I : 강우강도(mm/hr)
　　　　A : 면적(ha)

① 유하시간(min)
$= \dfrac{L(길이)}{v(유속)}$
$= \dfrac{600m}{1m/sec \times 60sec/min} = 10min$

② 유달시간 = 유입시간 + 유하시간
　　　　　　= 6min + 10min = 16min

③ $I = \dfrac{3{,}660}{t+15} = \dfrac{3{,}660}{16min+15} = 118.06\,mm/hr$

④ $A(ha) = 3.0km^2 \times 100ha/1km^2 = 300ha$

⑤ $Q = \dfrac{1}{360} \times 0.65 \times 118.06\,mm/hr \times 300ha$
　　　$= 63.95\,m^3/sec$

**25** 펌프에서 발생하는 수격작용(Water Hammer)의 방지대책으로 틀린 것은?

㉮ 펌프에 플라이휠을 붙인다.
㉯ 토출관측 관로에 압력 릴리프밸브를 설치한다.
㉰ 토출측 관로에 압력조절수조를 설치하여 부압 발생 장소에 물을 차단하여 부압을 방지한다.
㉱ 펌프토출구 부근에 공기탱크를 두거나 부압 발생지점에 흡기밸브를 설치하여 압력 강하시 공기를 넣어 준다.

**풀이** ㉰ 토출측 관로에 압력조절수조를 설치하여 부압 발생장소에 물을 보급하여 부압을 방지한다.

**answer** 23 ㉱　24 ㉮　25 ㉰

**26** 상수처리시설인 침사지의 구조 기준으로 틀린 것은?

㉮ 표면부하율은 200~500mm/min을 표준으로 한다.
㉯ 지내 평균유속은 30cm/sec를 표준으로 한다.
㉰ 지의 상단높이를 고수위보다 0.6~1m의 여유고를 둔다.
㉱ 지의 유효수심은 3~4m를 표준으로 한다.

▶풀이 ㉯ 지내 평균유속은 2~7cm/sec를 표준으로 한다.

**27** 관거별 계획하수량에 대한 내용으로 틀린 것은?

㉮ 오수관거에서는 계획 1일 최대오수량으로 한다.
㉯ 우수관거에서는 계획우수량으로 한다.
㉰ 차집관거에서는 우천시 계획오수량으로 한다.
㉱ 지역의 실정에 따라 계획하수량에 여유율을 둘 수 있다.

▶풀이 ㉮ 오수관거에서는 계획 시간 최대오수량으로 한다.

**28** 관경 1,100mm, 역사이펀 관거 내의 유속에 대한 동수경사 2.4‰, 유속 2.15m/sec, 역사이펀 관거의 길이 L = 76m 일 때, 역사이펀의 손실수두(m)는? (단, $\beta$ = 1.5, $\alpha$ = 0.05m)

㉮ 0.29m  ㉯ 0.39m
㉰ 0.49m  ㉱ 0.59m

▶풀이
$$H = I \times L + 1.5 \times \frac{V^2}{2g} + \alpha$$
여기서 H : 손실수두(m)
　　　I : 동수구배(기울기)
　　　L : 관의 길이(m)
　　　g : 중력가속도(9.8m/sec$^2$)
　　　$\alpha$ : 손실수두에 관한 여유
$$H = \frac{2.4}{1,000} \times 76m + 1.5 \times \frac{(2.15 m/sec)^2}{2 \times 9.8 m/sec^2} + 0.05 m$$
$$= 0.59 m$$

**29** 하수관거 중 원형관의 내용으로 틀린 것은?

㉮ 안전하게 지지시키기 위해서 모래 기초 외에 별도로 적당한 기초공을 필요로 하는 경우가 있다.
㉯ 역학계산이 간단하고 수리학적으로 유리하다.
㉰ 내경 3m 정도까지 공장제품을 사용할 수 있어 공사기간이 단축된다.
㉱ 공장제품 사용시 이음이 작아 지하수 침투를 효과적으로 막을 수 있다.

▶풀이 ㉱ 공장제품 사용시 이음이 많아져 지하수 침투를 효과적으로 막을 수 없다.

**30** 하수관거의 유속 및 경사에 대한 내용으로 틀린 것은?

㉮ 오수관거의 유속은 계획시간 최대 오수량에 대하여 최소 0.3m/sec, 최대 2m/sec로 한다.
㉯ 유속은 일반적으로 하류방향으로 흐름에 따라 점차로 커지도록 한다.
㉰ 우수관거 및 합류관거의 유속은 계획우수량에 대하여 최소 0.8m/sec, 최대

**answer** 26 ㉯  27 ㉮  28 ㉱  29 ㉱  30 ㉮

3.0m/sec로 한다.

㉣ 관거 경사는 일반적으로 하류방향으로 흐름에 따라 점차 작아지도록 한다.

**풀이** ㉮ 오수관거의 유속은 계획시간 최대 오수량에 대하여 최소 0.6m/sec, 최대 3.0m/sec로 한다.

**31** 상수의 송수시설에 대한 내용으로 틀린 것은?

㉮ 송수시설의 계획송수량은 원칙적으로 계획시간 최대 급수량을 기준으로 한다.
㉯ 송수는 관수로로 하는 것을 원칙으로 하되 개수로로 할 경우에는 터널 또는 수밀성의 암거로 한다.
㉰ 송수시설은 정수장에서 배수지까지 송수하는 시설이다.
㉱ 송수방식은 자연유하식, 펌프가압식 및 병용식이 있다.

**풀이** ㉮ 송수시설의 계획송수량은 원칙적으로 계획1일 최대 급수량을 기준으로 한다.

**33** 수도용 경질염화비닐관(PVC)에 대한 내용으로 틀린 것은?

㉮ 조인트의 종류에 따라 이형관 보호공을 필요로 한다.
㉯ 고무윤형은 조인트의 신축성이 있고, 관의 지반변동에 유연하게 대응할 수 있다.
㉰ 내면조도의 변화가 없고, 열, 유기용제, 자외선에 강하다.
㉱ 산, 알칼리에 대한 내식성이 크고 내면이 매끈하여 손실수두가 적고 중량도 가볍다.

**풀이** ㉰ 내면조도의 변화가 없고, 열, 유기용제, 자외선에 약하다.

**33** 상수처리를 위한 정수시설 중 완속여과지의 수심표준으로 알맞은 것은?

㉮ 여과지의 모래면 위의 수심은 30~60cm를 표준으로 한다.
㉯ 여과지의 모래면 위의 수심은 60~90cm를 표준으로 한다.
㉰ 여과지의 모래면 위의 수심은 90~120cm를 표준으로 한다.
㉱ 여과지의 모래면 위의 수심은 120~150cm를 표준으로 한다.

**풀이** 완속여과지의 수심표준은 여과지의 모래면 위의 수심은 90~120cm(0.9~1.2m)를 표준으로 한다.

**34** 펌프의 토출량이 0.1m³/sec, 토출구의 유속이 2m/sec로 할 때 펌프의 구경은?

㉮ 약 255mm  ㉯ 약 365mm
㉰ 약 475mm  ㉱ 약 545mm

**풀이**

$$D = 146 \times \sqrt{\frac{Q}{v}}$$

여기서 D : 펌프의 흡입구경(mm)
Q : 펌프의 토출량(m³/min)
v : 유속(m/sec)

$$D = 146 \times \sqrt{\frac{0.1m^3/sec \times 60sec/min}{2m/sec}}$$

$$= 252.88mm$$

**answer** 31 ㉮  32 ㉰  33 ㉰  34 ㉮

**35** 상수도시설인 도수시설에 대한 내용으로 틀린 것은?

㉮ 도수시설의 계획도수량은 계획취수량을 기준으로 한다.
㉯ 도수노선은 원칙적으로 공공도로 및 수도용지로 한다.
㉰ 가능한 한 최소동수경사선 이상이 되도록 도수노선을 선정한다.
㉱ 도수시설을 취수시설에서 취수된 원수를 정수시설까지 끌어들이는 시설로 도수관 또는 도수거, 펌프설비 등으로 구성된다.

▶풀이 ㉰ 가능한 한 최소동수경사선 이하가 되도록 도수노선을 선정한다.

**36** 경사가 2‰인 하수관거의 길이가 6,000m일 때 상류관과 하류관의 고저차는?
(단, 기타조건은 고려하지 않음)

㉮ 3m  ㉯ 6m
㉰ 9m  ㉱ 12m

▶풀이 경사$(I) = \dfrac{\Delta H}{\Delta L}$
∴ $\Delta H = 경사(I) \times \Delta L$
$= \dfrac{2}{1,000} \times 6,000m = 12m$

**37** 펌프의 규정토출량 $50\,m^3/min$, 펌프의 규정회전수 900회/min, 펌프의 규정양정 15m일 때 비교회전도는?

㉮ 약 835  ㉯ 약 926
㉰ 약 1,048  ㉱ 약 1,135

▶풀이
$$Ns = N \times \dfrac{Q^{\frac{1}{2}}}{H^{\frac{3}{4}}}$$

여기서 Ns : 비교회전도(rpm)
N : 규정회전수(rpm)
Q : 토출량($m^3$/min)
H : 전양정(m)

$$Ns = 900회/min \times \dfrac{(50\,m^3/min)^{\frac{1}{2}}}{(15m)^{\frac{3}{4}}} = 834.95\,rpm$$

**TIP**
$rpm = \dfrac{회}{min} = \dfrac{회}{sec} \times \dfrac{60\,sec}{1\,min}$

**38** 다음 ( )안에 들어갈 알맞은 말은?

소규모 하수도는 하나의 하수도 계획구역에서 계획인구가 ( )이하인 하수도를 말한다. 단, 농어촌 마을 단위의 하수도 사업은 마을 하수도로 구분한다.

㉮ 약 100명  ㉯ 약 1,000명
㉰ 약 10,000명  ㉱ 약 100,000명

**39** 상수의 취수시설인 심정호에 대한 내용으로 틀린 것은?

㉮ 심정호는 피압대수층으로부터 취수하는 우물이다.
㉯ 굴착방법 중 캐스트 홀(casec hole) 공법은 굴착공의 붕괴를 방지하기 위해 가설 케이싱을 지층에 삽입하면서 굴진하는 방법이다.
㉰ 충전 자갈은 계산된 투입량 보다 20% 정도 많이 준비한다.

**answer** 35 ㉰  36 ㉱  37 ㉮  38 ㉰  39 ㉱

㉣ 심정호 스크린 내로 유입되는 물의 속도를 가능한 빠르게 하기 위해 스크린 개구율을 크게 한다.

**[풀이]** ㉣ 심정호 스크린내로 유입되는 물의 속도를 가능한 빠르게 하기 위해 스크린 개구율을 작게 한다.

**40** 상수도 시설의 기본계획 중 기본사항인 계획(목표) 연도는?

㉮ 5~10년  ㉯ 10~15년
㉰ 15~20년  ㉱ 20~25년

**[풀이]** 기본계획의 목표년도
① 상수도 시설 : 15~20년
② 하수도 시설 : 20년

| 제3과목 | 수질오염방지기술

**41** 하수도 시설의 중력식 침전지에 대한 내용으로 틀린 것은?

㉮ 침사지의 수심은 유효수심에 모래 퇴적부의 깊이를 더한 것으로 한다.
㉯ 침사지의 표면부하율은 오수침사지의 경우 3,600 m³/m²·day, 우수침사지의 경우 1,800 m³/m²·day 정도로 한다.
㉰ 수로형 침사지의 길이는 20m 이하로 하고, 포기식 침사지는 주로 무기성의 그릿만을 제거하게 된다.
㉱ 저부의 경사는 보통 1/100~2/100로 하며 그릿 제거설비의 종류별 특성에 따라 범위가 적용된다.

**[풀이]** ㉯ 침사지의 표면부하율은 오수침사지의 경우 1,800 m³/m²·day, 우수침사지의 경우 3,600 m³/m²·day 정도로 한다.

**42** 다음 중 Ⅲ형침전(간섭침전)에 대한 내용으로 틀린 것은?

㉮ 생물학적 처리시설과 함께 사용되는 2차 침전시설 내에서 발생한다.
㉯ 입자간에 작용하는 힘에 의해 주변입자들의 침전을 방해하는 중간정도 농도의 부유액에서의 침전을 말한다.
㉰ 깊은 2차 침전시설과 슬러지 농축시설의 바닥에서와 같이 깊은 슬러지층의 하부에서 보통 일어난다.
㉱ 입자 등은 서로 간의 상대적 위치를 변경시키지 않고 입자들은 구조물을 형성하여 한개의 단위로 침전한다.

**[풀이]** ㉰번은 Ⅳ형침전(압밀침전)에 대한 내용이다.

**43** MLSS의 농도가 1,500mg/L인 슬러지를 부상법(Flotation)에 의해 농축시키고자 한다. 압축 탱크의 유효전달 압력이 4기압이며 공기의 밀도를 1.3g/L, 공기의 용해량이 18.7mL/L일 때 Air/Solid(A/S) 비는? (단, 유량은 300 m³/day 이며 처리수의 반송은 없고 f = 0.5 이다.)

㉮ 0.008  ㉯ 0.010
㉰ 0.016  ㉱ 0.020

**[풀이]**
$$A/S비 = \frac{1.3 \times Sa \times (f \cdot P - 1)}{SS}$$
$$= \frac{1.3 \times 18.7 mL/L \times (0.5 \times 4atm - 1)}{1,500 mg/L}$$
$$= 0.016$$

**answer** 40 ㉰  41 ㉯  42 ㉰  43 ㉰

**44** 하수고도처리 공법 중 생물학적 방법으로 질소와 인을 동시에 제거하는 방법은?

㉮ Phostrip
㉯ 4단계 Bardenpho
㉰ A/O
㉱ A²/O

**풀이** 공법별 처리물질
㉮ Phostrip : 인(P) 제거공정
㉯ 4단계 Bardenpho : 질소(N) 제거공정
㉰ A/O : 인(P) 제거공정
㉱ A²/O : 질소(N)와 인(P) 제거공정

**45** 상수시설 기준의 완속여과지의 특성에 대한 내용으로 틀린 것은?

㉮ 주위벽 상단은 지반보다 15cm 이상 높여서 여과지 내로 오염수나 토사 등의 유입을 방지하여야 한다.
㉯ 여과속도의 표준은 4~5m/day이고, 균등계수는 2.0 이하이다.
㉰ 건설비가 싸고, 유지관리비는 많이 들고, 세균제거에 용이하지 못하다.
㉱ 여과지는 2지 이상으로 하고, 10지마다 1지의 비율로 예비지를 둔다.

**풀이** ㉰ 건설비가 비싸고, 유지관리비는 저렴하며, 세균 제거에 용이하다.

**46** 설계부하가 $37.6\,m^3/m^2 \cdot day$이고, 처리할 폐수 유량이 $9,568\,m^3/day$인 경우의 원형 침전조 직경(m)은?

㉮ 12m
㉯ 14m
㉰ 16m
㉱ 18m

**풀이** 설계부하($m^3/m^2 \cdot day$)
$$= \frac{Q(m^3/day)}{A(m^2)} = \frac{Q(m^3/day)}{\frac{\pi D^2}{4}(m^2)}$$

$$37.6\,m^3/m^2 \cdot day = \frac{9,568\,m^3/day}{\frac{\pi D^2}{4}(m^2)}$$

$$\therefore D = \sqrt{\frac{4 \times 9,568\,m^3/day}{\pi \times 37.6\,m^3/m^2 \cdot day}} = 18.0m$$

**47** 연속회분식반응조(Sequencing Batch Reactor)에 대한 내용으로 틀린 것은?

㉮ 하나의 반응조 안에서 호기성 및 혐기성 반응 모두를 이룰 수 있다.
㉯ 별도의 침전조가 필요없다.
㉰ 기본적인 처리 계통도는 5단계로 이루어지며 요구하는 유출수에 따라 운전 Mode를 채택할 수 있다.
㉱ 기존 활성슬러지 처리에서의 시간개념을 공간개념으로 전환한 것이라 할 수 있다.

**풀이** ㉱ 기존 활성슬러지 처리에서의 공간개념을 시간개념으로 전환한 것이라 할 수 있다.

**48** 응집제의 특징에 대한 설명으로 틀린 것은?

㉮ 철염의 floc은 무겁고 침강이 빠르며 pH 9 이상에서 망간 제거가 가능하다.
㉯ 철염은 Alum에 비해 가격이 비싸고 부식성이 강한 편이다.
㉰ Alum의 적정 pH의 폭은 4~12이며, 염화제2철의 적정 pH의 폭은 5~8이다.
㉱ Alum은 독성이 없으며, 탁도, 조류, 세

**answer** 44 ㉱  45 ㉰  46 ㉱  47 ㉱  48 ㉰

균 등의 현탁성 물질, 부유물 제거에 효과적이다.

**풀이** ㉰ Alum의 적정 pH의 폭은 5~8이며, 염화제2철의 적정 pH의 폭은 4~12이다.

## 49 다음 중 생물활성탄(BAC)에 대한 내용으로 틀린 것은?

㉮ 분해에 적응시간이 필요한 용해성 유기물질의 제거에 효과적이다.
㉯ 오염물질에 따라 생물분해, 흡착작용이 상호보완하여 준다.
㉰ 일반 활성탄에 비해 수명을 4배 이상 연장할 수 있다.
㉱ 활성탄 사용시간 연장 및 재생이 어렵고, 충격부하에 약하다.

**풀이** ㉱ 활성탄 사용시간 연장 및 재생이 가능하고, 충격부하에 강하다.

## 50 하수종말처리장에서 30분 침강율 20%, SVI 100, 반송슬러지 SS 농도가 9,000 mg/L일 때, 슬러지 반송율(%)은?

㉮ 약 30%  ㉯ 약 50%
㉰ 약 70%  ㉱ 약 90%

**풀이**
① $SVI = \dfrac{SV(\%)}{MLSS(mg/L)} \times 10^4$

$100 = \dfrac{20\%}{MLSS(mg/L)} \times 10^4$

∴ $MLSS = 2,000 mg/L$

② 반송비$(R) = \dfrac{MLSS}{SS_r - MLSS}$

$= \dfrac{2,000 mg/L}{9,000 mg/L - 2,000 mg/L}$

$= 0.2857$

③ 반송율(%) = 반송비(R) × 100
= 0.2857 × 100 = 28.57%

## 51 유해물질인 시안(CN)처리 방법에 대한 내용으로 틀린 것은?

㉮ 오존산화법 : 오존은 알칼리성 영역에서 시안화합물을 $N_2$로 분해시켜 무해화한다.
㉯ 전해법 : 유가(有價)금속류를 회수할 수 있는 장점이 있다.
㉰ 충격법 : 시안을 pH 3 이하의 강산성 영역에서 강하게 폭기하여 산화하는 방법이다.
㉱ 감청법 : 알칼리성 영역에서 과잉의 황산알루미늄을 가하여 공침시켜 제거하는 방법이다.

**풀이** ㉱ 감청법 : 알칼리성 영역에서 과잉의 황산제1철 또는 황산제2철을 가하여 공침시켜 제거하는 방법이다.

## 52 Fenton 산화법에 대한 내용으로 틀린 것은?

㉮ 철염을 이용하므로 수산화철의 슬러지가 다량 생성될 수 있다.
㉯ 최적반응은 pH 3~5 정도의 범위이다.
㉰ pH의 조정은 반응조에 과산화수소와 철염을 가한 후 조절하는 것이 효과적이다.
㉱ 폐수의 COD는 증가하지만 BOD는 감소한다.

**풀이** ㉱ 폐수의 COD는 감소하지만 BOD는 증가한다.

**answer** 49 ㉱  50 ㉮  51 ㉱  52 ㉱

**53** 수면적 55 m²의 침전지에서 400 m³/d의 폐수를 침전시킨다고 가정할 때, 이 침전지에서 98% 제거되는 입자의 침강속도(mm/min)는?

㉮ 약 2mm/min  ㉯ 약 3mm/min
㉰ 약 4mm/min  ㉱ 약 5mm/min

**풀이** 침강속도($V_s$) = 수면부하율($V_o$) × 제거효율($\eta$)
수면부하율 (m³/m²·day)
$= \dfrac{폐수량(m^3/day)}{수면적(m^2)}$
$= \dfrac{400\,m^3/day}{55\,m^2} = 7.273\,m/day$

침강속도 (mm/min)
$= 7.273\,m/day \times 1\,day/24\,hr \times 1\,hr/60\,min$
$\quad \times 0.98 \times 10^3\,mm/m$
$= 4.95\,mm/min$

**54** 폭기조 혼합액의 SVI가 170에서 130으로 감소하였다. 처리장 운전시 대응 방법으로 알맞은 것은?

㉮ 별다른 조치가 필요없다.
㉯ 반송슬러지 양을 감소시킨다.
㉰ 폭기시간을 증가시킨다.
㉱ 무기응집제를 첨가한다.

**풀이** SVI(슬러지용적지수)가 50~150은 정상범위이므로 별다른 조치를 취할 필요가 없다.

**55** 폐수처리에 관련된 침전현상으로 입자간의 작용하는 힘에 의해 주변입자들의 침전을 방해하는 중간 정도 농도 부유액에서의 침전은?

㉮ 제1형 침전(독립입자침전)
㉯ 제2형 침전(응집침전)
㉰ 제3형 침전(계면침전)
㉱ 제4형 침전(압밀침전)

**풀이** ㉰ 제3형 침전(계면침전, 지역침전, 간섭침전, 방해침전)에 대한 내용이며, 핵심 내용인 "주변입자들의 침전을 방해 = 3형침전"임을 숙지하시면 됩니다.

**56** 물리·화학적으로 질소를 효과적으로 제거하는 방법으로 틀린 것은?

㉮ 금속염(Al, Fe) 첨가법
㉯ 공기탈기법(Air Stripping)
㉰ 선택적 이온교환법
㉱ 파괴점 염소주입법

**풀이** 물리·화학적으로 질소 제거 방법으로는 막공법, 공기탈기법, 선택적이온교환법, 파괴점염소주입법이 있으며, 암기법은 "질소는 막공기로 이온해서 파괴한다"임을 숙지하시면 됩니다.

**57** 폐수 1,000 m³ 중에 SS 농도가 210mg/L일 때 처리효율 70%인 처리장에서 발생하는 슬러지의 양(m³)은? (단, 처리된 SS량과 발생슬러지량은 같다고 가정하고, 슬러지비중은 1.03, 함수율은 94%이다.)

㉮ 약 2.4 m³  ㉯ 약 3.8 m³
㉰ 약 4.2 m³  ㉱ 약 5.1 m³

**answer** 53 ㉱  54 ㉮  55 ㉰  56 ㉮  57 ㉮

**풀이** 슬러지발생량($m^3$)

$$= \frac{폐수량(m^3) \times SS(kg/m^3) \times 제거효율}{비중량(kg/m^3)}$$
$$\times \frac{100}{100 - 함수율}$$
$$= \frac{1,000\,m^3 \times 0.21\,kg/m^3 \times 0.70}{1,030\,kg/m^3} \times \frac{100}{100 - 94\%}$$
$$= 2.38\,m^3$$

**TIP**

① $mg/L \xrightarrow{\times 10^{-3}} kg/m^3$ 이므로

   $210\,mg/L = 0.21\,kg/m^3$

② 비중 $\xrightarrow{\times 10^3}$ 비중량($kg/m^3$) 이므로

   비중(1.03) = $1,030\,kg/m^3$

**58** 활성슬러지법과 비교하여 생물막 공법의 특징으로 틀린 것은?

㉮ 적은 에너지를 요구한다.
㉯ 단순한 운전이 가능하다.
㉰ 2차 침전지에서 슬러지 벌킹의 문제가 없다.
㉱ 충격 및 독성부하로부터 회복이 느리다.

**풀이** ㉱ 충격 및 독성부하로부터 회복이 빠르다.

**59** 염소살균에 대한 내용으로 틀린 것은?

㉮ HOCl의 살균력은 OCl⁻의 약 80배 정도 강한 것으로 알려져 있다.
㉯ 수중 용존 염소는 페놀과 반응하여 클로로페놀을 형성하여 불쾌한 맛과 냄새를 유발한다.
㉰ pH 9 이상에서는 물에 주입된 염소는 대부분이 HOCl로 존재한다.

㉱ 유리잔류염소는 수중의 암모니아나 유기성 질소화합물이 존재할 경우 이들과 반응하여 결합잔류염소를 형성한다.

**풀이** ㉰ pH 9 이상에서는 물에 주입된 염소는 대부분이 OCl⁻로 존재한다.

**60** 수질성분이 금속 하수도관의 부식에 미치는 영향으로 틀린 것은?

㉮ 고농도의 칼슘은 침전물이 쌓이는 곳에 부식을 가속화한다.
㉯ 마그네슘은 알칼리도와 pH 완충효과를 향상시킬 수 있다.
㉰ 구리는 갈바닉 전지를 이룬 배관상에 구멍을 야기한다.
㉱ 암모니아는 착화물의 형성을 통해 구리, 납 등의 금속 용해도를 증가시킬 수 있다.

**풀이** ㉮ 고농도의 칼슘은 침전물이 쌓이는 곳에 부식을 느리게 한다.

**answer** 58 ㉱  59 ㉰  60 ㉮

| 제4과목 | 수질오염공정시험기준

**61** 수질오염공정시험기준상 이온크로마토그래피로 분석할 수 없는 항목은?

㉮ 염소이온
㉯ 아질산성 질소
㉰ 질산성 질소
㉱ 암모니아성 질소

▶ 풀이 분석방법
㉮ 염소이온 : 이온크로마토그래피, 적정법, 이온전극법
㉯ 아질산성 질소 : 자외선/가시선 분광법, 이온크로마토그래피
㉰ 질산성 질소 : 이온크로마토그래피, 자외선/가시선 분광법(부루신법), 자외선/가시선분광법(활성탄흡착법), 데발다합금 환원증류법
㉱ 암모니아성 질소 : 자외선/가시선 분광법, 이온전극법, 적정법

**62** 용존산소(DO)측정 시 시료가 착색, 현탁된 경우에 사용하는 전처리시약은?

㉮ 포타슘명반용액, 암모니아수
㉯ 황산구리, 설파민산용액
㉰ 황산, 플루오린화포타슘용액
㉱ 황산제이철용액, 과산화수소

▶ 풀이 전처리 시약
㉮ 포타슘명반용액, 암모니아수 : 시료가 착색, 현탁된 경우
㉯ 황산구리, 설파민산용액 : 미생물의 플록이 형성된 경우
㉰ 황산, 플루오린화포타슘용액 : 산화성 물질을 함유한 경우

**63** 수질오염공정시험기준 총대장균군의 시험방법이 아닌 것은?

㉮ 현미경계수법   ㉯ 막여과법
㉰ 시험관법        ㉱ 평판 집락법

▶ 풀이 시험방법
① 총대장균군 : 막여과법, 시험관법, 평판집락법, 효소기질정량법, 건조필름법
② 분원성대장균군 : 막여과법, 시험관법, 효소기질

**64** 다음은 적정법–알칼리성 과망간산포타슘법에 의한 COD측정에 대한 내용이다. (   )안에 알맞은 것은?

> 시료를 알칼리성으로 하여 과망간산포타슘 일정과량을 넣고 (   ) 수욕상에서 가열반응 시키고 요오드화포타슘 및 황산을 넣어 남아있는 과망간산포타슘에 의하여 유리된 요오드의 양으로부터 산소의 양을 측정하는 방법이다.

㉮ 15분간    ㉯ 30분간
㉰ 60분간    ㉱ 120분간

▶ 풀이 COD 측정방법별 가열시간과 종말점
① 적정법-산성 과망간산포타슘법 : 30분, 엷은 홍색
② 적정법-알칼리성 과망간산포타슘법 : 60분, 무색
③ 적정법-다이크롬산포타슘법 : 2시간, 청록색 → 적갈색

**answer**   61 ㉱   62 ㉮   63 ㉮   64 ㉰

**65** 다음 중 색도의 측정에 대한 내용으로 틀린 것은?

㉮ 색도의 측정은 아담스-니컬슨의 색도 공식을 근거로 하고 있다.
㉯ 시각적으로 눈에 보이는 색상에 관계없이 단순색도차 또는 단일 색도차를 계산한다.
㉰ 백금-코발트 표준물질과 아주 다른 색상의 폐·하수에는 적용할 수 없다.
㉱ 시료 중의 부유물질은 제거하여야 한다.

**풀이** ㉰ 백금-코발트 표준물질과 아주 다른 색상의 폐·하수에서 뿐만 아니라 표준물질과 비슷한 색상의 폐·하수에도 적용할 수 있다.

**66** 물 1L에 NaOH 0.8g이 용해되었을 때의 M 농도는?

㉮ 0.1　　㉯ 0.2
㉰ 0.01　　㉱ 0.02

**풀이** M농도(mol/L) = $\frac{0.8g}{1L} \times \frac{1\,mol}{40g} = 0.02\,M$

**TIP**
① 1mol = 분자량(g)
② NaOH의 분자량 = 23 + 16 + 1 = 40g

**67** 하천의 일정 장소에서 시료를 채수하고자 한다. 그 단면의 수심이 2m 미만일 때 채수위치는 수면으로부터 수심의 어느 위치인가?

㉮ 1/2 지점
㉯ 1/3 지점
㉰ 1/3 지점과 2/3 지점
㉱ 수면상과 1/2 지점

**풀이** 하천수 채수위치
① 수심이 2m 미만 : 수심의 1/3지점
② 수심이 2m 이상 : 수심의 1/3지점, 2/3지점

**68** 물벼룩을 이용한 급성 독성 시험법에서 사용하는 용어의 정의로 틀린 것은?

㉮ 치사 : 일정 희석비율로 준비된 시료에 물벼룩을 투입하고 12시간 경과 후 시험용기를 손으로 살짝 두드리고 30초 후 관찰했을 때 독성물질에 영향을 받아 움직임이 명백하게 없는 상태를 말한다.
㉯ 유영저해 : 일정 희석비율로 준비된 시료에 물벼룩을 투입하고 24시간 경과 후 시험용기를 손으로 살짝 두드리고 15초 후 관찰했을 때 독성물질에 영향을 받아 움직임이 없을 경우를 말한다.
㉰ 표준 독성물질 : 독성시험이 정상적인 조건에서 수행되는지를 확인하기 위하여 사용하며 다이크롬산포타슘을 이용한다.
㉱ 지수식 시험방법 : 시험기간 중 시험용액을 교환하지 않는 시험을 말한다.

**풀이** ㉮ 치사 : 일정 희석비율로 준비된 시료에 물벼룩을 투입하고 24시간 경과 후 시험용기를 손으로 살짝 두드리고 15초 후 관찰했을 때 독성물질에 영향을 받아 움직임이 명백하게 없는 상태를 말한다.

**answer** 65 ㉰　66 ㉱　67 ㉯　68 ㉮

**69** 수질오염공정시험기준의 용어의 정의로 틀린 것은?

㉮ 온수는 60~70℃, 냉수는 15℃ 이하를 말한다.
㉯ 방울수는 20℃에서 정제수 20방울을 적하할 때, 그 부피가 약 1mL가 되는 것을 뜻한다.
㉰ '정밀히 단다'라 함은 규정된 수치의 무게를 0.1 mg까지 다는 것을 말한다.
㉱ 시험에 쓰는 물은 따로 규정이 없는 한 증류수 또는 정제수로 한다.

**풀이** ㉰ '정확히 단다'라 함은 규정된 수치의 무게를 0.1 mg까지 다는 것을 말한다.

**TIP**
① 정밀히 단다 : 규정된 양의 시료를 취하여 화학저울 또는 미량저울로 정량함을 말한다.
② 정확히 단다 : 규정된 수치의 무게를 0.1 mg까지 다는 것을 말한다.
③ 정확히 취하여 : 규정한 양의 액체를 부피피펫으로 눈금까지 취하는 것을 말한다.

**70** 질 분석용 시료 채취 시 유의사항으로 틀린 것은?

㉮ 시료 채취용기는 시료를 채우기 전에 깨끗한 물로 3회 이상 씻은 다음 사용한다.
㉯ 유류 또는 부유물질 등이 함유된 시료는 시료의 균일성이 유지될 수 있도록 채취하여야 하며 침전물 등이 부상하여 혼입되어서는 안 된다.
㉰ 용존가스, 환원성 물질, 휘발성 유기화합물, 냄새, 유류 및 수소이온 등을 측정하는 시료는 시료용기에 가득 채워야 한다.
㉱ 시료 채취량은 보통 3L~5L 정도이어야 한다.

**풀이** ㉮ 시료 채취 용기는 깨끗이 세척된 용기 또는 멸균된 용기를 사용한다.

**71** 부유물질 측정 시 간섭물질에 대한 내용으로 틀린 것은?

㉮ 증발잔류물이 1,000mg/L 이상인 경우의 해수, 공장폐수 등은 특별히 취급하지 않을 경우, 높은 부유물질 값을 나타낼 수 있다.
㉯ 5mm 금속망을 통과시킨 큰 입자들은 부유물질 측정에 방해를 주지 않는다.
㉰ 칼슘, 마그네슘, 염화물, 황산염 등의 농도가 높을 경우 금속 침전이 발생하며, 부유물질측정에 영향을 줄 수 있다.
㉱ 유지, 그리스, 왁스 등을 포함하는 시료의 경우 시료를 여과한다.

**풀이** ㉯ 2mm 금속망을 통과시킨 큰 입자들은 부유물질 측정에 방해를 준다.

**72** 자외선/가시선 분광법으로 페놀류 분석 시, 측정파장과 검액의 색을 알맞게 짝지은 것은?(단, 수용액 기준)

㉮ 620nm-청색   ㉯ 570nm-황색
㉰ 510nm-적색   ㉱ 470nm-청록색

**풀이** 페놀류의 자외선/가시선 분광법
① 측정파장 : 수용액(510nm), 클로로폼용액(460nm)
② 발색액의 색 : 적색
③ 정량한계 : 클로로폼추출법(0.005mg/L), 직접측정법(0.05mg/L)

**answer** 69 ㉰  70 ㉮  71 ㉯  72 ㉰

## 73
금속성분을 측정하기 위한 시료의 전처리방법 중 유기물을 다량 함유하고 있으면서 산분해가 어려운 시료에 적용되는 산분해법은?

㉮ 질산 - 염산법
㉯ 질산 - 불화수소산법
㉰ 질산 - 과염소산법
㉱ 질산 - 과염소산 - 불화수소산법

▶풀이 ㉰ 질산-과염소산법에 대한 내용이며, 암기법인 "과염 산분해=질산-과염소산법"임을 숙지하시면 됩니다.

## 74
다음은 셀레늄을 수소화물생성-원자흡수분광광도법의 측정원리에 대한 내용이다. ( )안에 알맞은 내용은?

> 시료에 ( )을(를) 넣어 수소화셀레늄으로 포집하여 아르곤(또는 질소)-수소 불꽃에서 원자화시켜 196.0nm에서 흡광도를 측정하고 셀레늄을 정량하는 방법이다.

㉮ 소듐붕소수화물
㉯ 염화제일주석
㉰ 아연분말
㉱ 제이철암모늄

▶풀이 셀레늄의 수소화물생성-원자흡수분광광도법
① 환원제 : 소듐붕소수화물($NaBH_4$)
② 불꽃조합 : 아르곤(질소) - 수소 불꽃
③ 측정파장 및 정량한계 : 196.0nm, 0.005mg/L

## 75
노말헥산추출물질 측정을 위한 시험방법에 대한 내용으로 ( )에 옳은 것은?

> 시료 적당량을 분액깔대기에 넣고 ( )변할 때까지 염산(1+1)을 넣어 pH 4이하로 조절한다.

㉮ 메틸오렌지 용액(0.1 %) 2~3 방울을 넣고 황색이 적색으로
㉯ 메틸오렌지 용액(0.1 %) 2~3 방울을 넣고 적색이 황색으로
㉰ 메틸레드용액(0.5 %) 2~3 방울을 넣고 황색이 적색으로
㉱ 메틸레드용액(0.5 %) 2~3 방울을 넣고 적색이 황색으로

▶풀이 노말헥산추출물질 핵심 내용
① 시료(노말헥산 추출물질) : 5mg ~ 200mg
② 지시약 : 메틸오렌지 용액(0.1 %) 2~3 방울
③ 적정액 : 염산(1+1)
④ 종말점 : 황색 → 적색(pH 4 이하)

## 76
배출허용기준 적합여부를 판정을 위해 자동 시료채취기로 시료를 채취하는 방법의 기준은?

㉮ 6시간 이내에 30분 이상 간격으로 2회 이상 채취하여 일정량의 단일 시료로 한다.
㉯ 6시간 이내에 1시간 이상 간격으로 2회 이상 채취하여 일정량의 단일 시료로 한다.
㉰ 8시간 이내에 1시간 이상 간격으로 2회 이상 채취하여 일정량의 단일 시료로 한다.
㉱ 8시간 이내에 2시간 이상 간격으로 2회 이상 채취하여 일정량의 단일 시료로 한다.

▶풀이 복수시료 채취방법의 암기내용은 "6시간, 30분, 2회, 산술평균"임을 숙지하시면 됩니다.

answer  73 ㉰  74 ㉮  75 ㉮  76 ㉮

**77** 수질오염공정시험기준 구리의 시험방법별 정량한계로 틀린 것은?

㉮ 원자흡수분광광도법 : 0.008mg/L
㉯ 유도결합플라스마-원자발광분광법 : 0.006mg/L
㉰ 유도결합플라스마-질량분석법 : 0.002mg/L
㉱ 양극벗김전압전류법 : 0.01mg/L

**풀이** ㉱번은 구리의 시험방법에 해당하지 않는다.

**78** 다음 중 양극벗김전압전류법을 시험방법으로 사용할 수 없는 것은?

㉮ 비소   ㉯ 납
㉰ 크롬   ㉱ 아연

**풀이** 항목별 시험방법
㉮ 비소 : 수소화물생성-원자흡수분광광도법, 유도결합플라스마-원자발광분광법, 유도결합플라스마-질량분석법, 양극벗김전압전류법
㉯ 납 : 원자흡수분광광도법, 유도결합플라스마-원자발광분광법, 유도결합플라스마-질량분석법, 양극벗김전압전류법
㉰ 크롬 : 원자흡수분광광도법, 유도결합플라스마-원자발광분광법, 유도결합플라스마-질량분석법
㉱ 아연 : 원자흡수분광광도법, 유도결합플라스마-원자발광분광법, 유도결합플라스마-질량분석법, 양극벗김전압전류법

**79** 유기인을 기체크로마토그래피로 분석할 때 추출용매와 정량한계를 알맞게 짝지은 것은?

㉮ 헥산 - 0.0005mg/L
㉯ 벤젠 - 0.005mg/L
㉰ 클로로폼 - 0.05mg/L
㉱ 사염화탄소 - 0.5mg/L

**풀이** 유기인을 기체크로마토그래피
① 추출용매 : 헥산
② 정량한계 : 0.0005mg/L
③ 운반기체 : 순도 99.999% 이상의 질소 또는 헬륨
④ 검출기 : 불꽃광도검출기(FPD), 질소인검출기(NPD)

**80** 다음 중 수질오염공정시험기준에서 진공의 정의는?

㉮ 따로 규정이 없는 한 15 mmH$_2$O 이하를 말한다.
㉯ 따로 규정이 없는 한 15 mmHg 이하를 말한다.
㉰ 따로 규정이 없는 한 20 mmH$_2$O 이하를 말한다.
㉱ 따로 규정이 없는 한 20 mmHg 이하를 말한다.

**풀이** 진공이라 함은 따로 규정이 없는 한 15 mmHg 이하를 말하며, 핵심 내용인 "15 mmHg 이하"임을 숙지해야 한다.

**answer**  77 ㉱   78 ㉰   79 ㉮   80 ㉯

# 2024 1회 CBT 복원문제

| 제1과목 | 수질오염개론

**01** QUAL-Ⅱ 모델에서 수질인자 대상 13종에 해당하지 않는 것은?

㉮ 클로로필-a  ㉯ 용존산소(DO)
㉰ BOD  ㉱ COD

**풀이** QUAL-Ⅱ 모델에서 수질인자 대상 13종에는 클로로필-a, 용존산소(DO), BOD, 유기질소, 암모니아성 질소, 아질산성 질소, 질산성 질소, 유기인, 용존성 총인, 보존성물질, 비보존성물질, 대장균, 온도가 있다.

**02** 부영양화 방지대책으로 호소내 대책 중 물리적 대책에 대한 내용으로 틀린 것은?

㉮ 호소의 성층을 유지하기 위해 자연적으로 순환시킨다.
㉯ 영양염류가 포함되어 있는 저니층을 준설하여 제거한다.
㉰ 차광막을 설치하여 빛을 차단한다.
㉱ 수초에 부착되어 있는 조류를 제거한다.

**풀이** ㉮ 호소의 성층을 파괴하기 위해 강제로 순환시킨다.

**03** 순수한 물의 물리적 특성에 대한 내용으로 틀린 것은?

㉮ 밀도 : $1.000\,g/cm^3(4℃)$
㉯ 비열 : $1.0cal/g·℃(15℃)$
㉰ 표면장력 : $72.75dyne/cm(0℃)$
㉱ 기화열 : $539cal/g(100℃)$

**풀이** ㉰ 표면장력 : $72.75dyne/cm(20℃)$

**04** 수중의 암모늄이온은 암모니아와 평형을 이루고 있다. 이 평형은 pH와 온도에 크게 영향을 받으며 수중에서 다음과 같은 평형을 이룬다. [$NH_3 + H_2O \rightleftarrows NH_4^+ + OH^-$] 수온이 25℃이고 25℃에서 $NH_3$ 해리상수 $K_b$는 $1.81 \times 10^{-5}$, pH는 8.3이라면 $NH_3$의 형태로 몇 %가 존재하는가?

(단, $NH_3(\%) = \{[NH_3] \times 100\}/\{[NH_3]+[NH_4^+]\}$
$= \{100/(1+(K_b \cdot [H^+]/K_w))\}$, $K_w = 1 \times 10^{-14}$이다.)

㉮ 9.9  ㉯ 19.4
㉰ 22.4  ㉱ 33.5

**풀이** $k_b = \dfrac{[NH_4^+][OH^-]}{[NH_3]}$ 에서

$[OH^-] = 10^{-(14-pH)} = 10^{-(14-8.3)} = 1.995 \times 10^{-6}\,mol/L$

$1.81 \times 10^{-5} = \dfrac{[NH_4^+][1.995 \times 10^{-6}\,mol/L]}{[NH_3]}$

**answer** 01 ㉱  02 ㉮  03 ㉰  04 ㉮

$$\therefore \frac{[NH_4^+]}{[NH_3]} = 9.0727$$

$NH_3(\%) = \frac{[NH_3]}{[NH_3]+[NH_4^+]} \times 100$ 에서 분자와 분모를 $[NH_3]$로 나누면

$$NH_3(\%) = \frac{1}{1+([NH_4^+]/[NH_3])} \times 100$$

$[NH_4^+]/[NH_3] = 9.0727$ 이므로

따라서 $NH_3(\%) = \frac{1}{1+9.0727} \times 100 = 9.93\%$

**05** 수은(Hg)에 대한 내용으로 틀린 것은?

㉮ 수은은 상온에서 액체상태로 존재한다.
㉯ 대표적 만성질환으로는 미나마타병, 헌터-루셀 증후군이 있다.
㉰ 유기수은은 금속상태의 수은보다 생물체내에 흡수력이 강하다.
㉱ 아연정련업, 도금공장, 도자기제조업에서 주로 발생한다.

**풀이** ㉱ 제련, 살충제, 온도계나 압력계 제조업에서 주로 발생한다.

**06** 하수가 유입된 하천의 자정작용을 하천 유하거리에 따라 분해지대, 활발한 분해지대, 회복지대, 정수지대의 4단계로 분류하여 나타내는 경우, 회복지대의 특성으로 틀린 것은?

㉮ 세균수가 감소한다.
㉯ 발생된 암모니아성 질소가 질산화 된다.
㉰ 용존산소의 농도가 포화될 정도로 증가한다.
㉱ 규조류가 사라지고 윤충류, 갑각류도 감소한다.

**풀이** ㉱ 규조류가 나타나고 윤충류, 갑각류도 증가한다.

**07** 하천모델 중 다음의 특징을 가지는 것은?

- 유속, 수심, 조도계수에 의한 확산계수 결정
- 하천과 대기 사이의 열복사, 열교환 고려
- 음해법으로 미분방정식의 해를 구함

㉮ QUAL-Ⅰ   ㉯ WQRRS
㉰ DO SAG-Ⅰ   ㉱ HSPE

**풀이** ㉮ QUAL-Ⅰ 모델에 대한 내용이며, 핵심 내용인 "유속, 수심, 조도계수에 의한 확산계수 결정=QUAL-Ⅰ 모델"임을 숙지하시면 됩니다.

**08** 해수의 HOLY SEVEN에서 가장 농도가 낮은 것은?

㉮ $Cl^-$   ㉯ $Mg^{2+}$
㉰ $Ca^{2+}$   ㉱ $HCO_3^-$

**풀이** 해수의 HOLY SEVEN에서 농도순서는 $Cl^- > Na^+ > SO_4^{2-} > Mg^{2+} > Ca^{2+} > K^+ > HCO_3^-$ 이며, 암기법은 "염나황은 마네칼슘칼륨에서 중탄산을 먹는다"임을 숙지하시면 됩니다.

**09** Glucose($C_6H_{12}O_6$) 2,000mg/L 용액을 호기성 처리시 필요한 이론적인 인(P)의 양(mg/L)은?
(단, $BOD_5 : N : P = 100 : 5 : 1$, $k_1 : 0.1day^{-1}$, 상용대수기준, 완전분해기준, $BOD_u$ = COD)

㉮ 약 10.6   ㉯ 약 12.6
㉰ 약 14.5   ㉱ 약 16.8

**answer** 05 ㉱   06 ㉱   07 ㉮   08 ㉱   09 ㉰

**풀이**
① $C_6H_{12}O_6 + 6O_2 \rightarrow 6CO_2 + 6H_2O$
  180g : 6×32g
  2,000 mg/L : $BOD_u$
  $\therefore BOD_u = \dfrac{2,000\,mg/L \times 6 \times 32g}{180g}$
  $= 2,133.3333\,mg/L$
② $BOD_5 = BOD_u \times (1 - 10^{-k_1 \times t})$
  $= 2,133.3333\,mg/L \times (1 - 10^{-0.1/day \times 5day})$
  $= 1,458.7141\,mg/L$
③ $BOD_5$ : P
  100 : 1
  1,458.7141 mg/L : P
  $\therefore P = \dfrac{1,458.7141\,mg/L \times 1}{100} = 14.59\,mg/L$

**10** 식물과 조류세포의 엽록체에서 광합성의 명반응과 암반응을 담당하는 곳은?

㉮ 틸라코이드와 스트로마
㉯ 스트로마와 그라나
㉰ 그라나와 내막
㉱ 내막과 외막

**풀이** 식물과 조류세포의 엽록체에서 광합성의 명반응과 암반응을 담당하는 곳은 틸라코이드와 스트로마이다.

**11** 화학합성균 중 독립영양균에 속하는 호기성균으로서 대표적인 황산화세균에 속하는 것은?

㉮ Sphaerotilus   ㉯ Crenothrix
㉰ Thiobacillus   ㉱ Leptothrix

**풀이** ㉮ 철산화세균
㉯ 철산화세균
㉰ 황산화세균
㉱ 철산화세균

**12** 어느 하수의 수질을 분석한 결과가 다음과 같다면 총알칼리도(mg/L as $CaCO_3$)는?

> pH : 10.0, $CO_3^{2-}$ : 32.0 mg/L,
> $HCO_3^-$ : 56.0 mg/L

㉮ 99.2    ㉯ 104.2
㉰ 155.2   ㉱ 194.2

**풀이** $\dfrac{Alk}{50g} = \dfrac{OH^-\,mg/L}{17g} + \dfrac{CO_3^{2-}\,mg/L}{60g/2} + \dfrac{HCO_3^-\,mg/L}{61g}$
$pH = 10.0 \rightarrow pOH = 14 - pH = 14 - 10.0 = 4$
$\therefore [OH^-] = 10^{-4}\,mol/L$
$[OH^-]\,mg/L = \dfrac{10^{-4}\,mol}{L} \times \dfrac{17g}{1mol} \times \dfrac{10^3\,mg}{1g}$
$= 1.7\,mg/L$
$\dfrac{Alk}{50g} = \dfrac{1.7\,mg/L}{17g} + \dfrac{32.0\,mg/L}{60g/2} + \dfrac{56.0\,mg/L}{61g}$
$\therefore Alk = 104.24\,mg/L$

**13** 우리나라의 수자원 이용현황 중 가장 많은 용도로 사용하는 용수는?

㉮ 생활용수   ㉯ 공업용수
㉰ 농업용수   ㉱ 유지용수

**풀이** 우리나라의 수자원 이용현황은 농업용수 > 하천유지용수 > 생활용수 > 공업용수 순이다.

**answer** 10 ㉮   11 ㉰   12 ㉯   13 ㉰

**14** 수자원의 순환에서 가장 큰 비중을 차지하는 것은?

㉮ 해양으로의 강우
㉯ 증발
㉰ 증산
㉱ 육지로의 강우

> **풀이** 수자원의 순환에서 가장 큰 비중을 차지하는 것은 증발이다.

**15** 에탄올($C_2H_5OH$) 210mg/L가 함유된 폐수의 이론적 COD 값은? (단, 기타 오염물질은 고려하지 않음)

㉮ 298mg/L
㉯ 398mg/L
㉰ 438mg/L
㉱ 528mg/L

> **풀이**
> $C_2H_5OH + 3O_2 \rightarrow 2CO_2 + 3H_2O$
> 46g : 3 × 32g
> 210mg/L : COD
> ∴ COD = $\dfrac{210\,mg/L \times 3 \times 32g}{46\,g}$
> = 438.26 mg/L

**16** 해수의 특성에 대한 내용으로 알맞은 것은?

㉮ 염분은 적도 해역보다 극 해역이 다소 높다.
㉯ 해수의 주요성분 농도비는 수온, 염분의 함수로 수심이 깊어질수록 증가한다.
㉰ 해수의 Na/Ca비는 3∼4 정도로 담수보다 매우 높다.
㉱ 해수내 전체 질소 중 35% 정도는 암모니아성 질소와 유기질소 형태이다.

> **풀이** ㉮ 염분은 적도 해역이 극 해역보다 다소 높다.
> ㉯ 해수의 주요성분 농도비는 항상 일정하다.
> ㉰ 해수의 Mg/Ca 비는 3∼4 정도로 담수에 비해 크다.

**17** 자정작용에 대한 내용으로 틀린 것은?

㉮ 물리적 자정작용인 확산작용은 분자확산과 난류확산이 있으며 하천에서는 난류확산이 주를 이룬다.
㉯ 일반적으로 겨울보다는 여름에 자정작용이 크다.
㉰ 자정작용 중 가장 큰 비중을 차지하는 것은 물리적 자정작용이다.
㉱ 생물학적 자정작용은 미생물에 의한 유기물 분해작용과 광합성작용으로 구분할 수 있다.

> **풀이** ㉰ 자정작용 중 가장 큰 비중을 차지하는 것은 생물학적 자정작용이다.

**18** 다음의 조건하에서 3mol의 글리신 (glycine $CH_2(NH_2)COOH$)의 이론적 산소요구량은?

[조건]
- 1단계 : 유기탄소는 이산화탄소($CO_2$), 유기질소는 암모니아($NH_3$)으로 전환된다.
- 2, 3단계 : 암모니아는 산화과정을 통하여 아질산, 최종적으로 질산염까지 전환된다.

㉮ 317g $O_2$/3mol glycine
㉯ 336g $O_2$/3mol glycine
㉰ 362g $O_2$/3mol glycine

**answer** 14 ㉯  15 ㉰  16 ㉱  17 ㉰  18 ㉯

㉣ 392g O₂/3mol glycine

**풀이** $C_2H_5O_2N + 3.5O_2 \rightarrow 2CO_2 + 2H_2O + HNO_3$
1mol : 3.5 × 32g
3mol : ThOD
∴ ThOD = $\frac{3mol \times 3.5 \times 32g}{1mol}$ = 336g

**19** 탈산소계수가 0.1/day이면 $BOD_5$와 $BOD_u$의 비는? (단, $BOD_5/BOD_u$, 밑수는 상용대수이다.)

㉮ 약 0.69  ㉯ 약 0.74
㉰ 약 0.85  ㉱ 약 0.91

**풀이** $BOD_5 = BOD_u \times (1 - 10^{-k_1 \times t})$
$\frac{BOD_5}{BOD_u} = 1 - 10^{-k_1 \times t}$
$= 1 - 10^{-0.1/day \times 5day} = 0.684$

**20** 적조발생의 요인이 아닌 것은?

㉮ 수괴의 연직 안정도가 작다.
㉯ 영양염의 공급이 충분한다.
㉰ 해수의 염소량이 저하된다.
㉱ 해저의 산소가 고갈된다.

**풀이** ㉮ 수괴의 연직 안정도가 크다.

| 제2과목 | 상하수도계획

**21** 하수 관거시설에 대한 내용으로 틀린 것은?

㉮ 오수관거의 유속은 계획시간최대오수량에 대하여 최소 0.6m/s, 최대 3.0m/s로 한다.
㉯ 우수관거 및 합류관거에서의 유속은 계획우수량에 대하여 최소 0.8m/s, 최대 3.0m/s로 한다.
㉰ 오수관거의 최소관경은 200mm를 표준으로 한다.
㉱ 우수관거 및 합류관거의 최소관경은 350mm를 표준으로 한다.

**풀이** ㉱ 우수관거 및 합류관거의 최소관경은 250mm를 표준으로 한다.

**TIP**
① 오수관거의 최소관경 : 250mm —50mm→
   최소관경 표준 : 200mm
② 우수관거의 최소관경 : 300mm —50mm→
   최소관경 표준 : 250mm
③ 합류관거의 최소관경 : 300mm —50mm→
   최소관경 표준 : 250mm

**22** 해수 담수화방식의 상변화방식 중 증발법에 해당하지 않는 것은?

㉮ 다중효용법  ㉯ 투과기화법
㉰ 가스수화물법  ㉱ 다단플래쉬법

**풀이** ① 상변화방식 중 증발법 : 다단플래쉬법, 다중효용법, 증기압축법, 투과기화법
② 상변화방식 중 결정법 : 냉동법, 가스수화물법
③ 상불변방식 중 막법 : 역삼투법, 전기투석법
④ 상불변방식 중 용매추출법 : 용매추출법

**answer** 19 ㉮  20 ㉮  21 ㉱  22 ㉰

**23** 다음 중 역삼투법에 대한 내용으로 틀린 것은?

㉮ 장기간 운전을 중지하는 경우에는 막 보존액으로 중아황산소듐 등을 사용한다.
㉯ 고압펌프를 정지할 때에는 드로우 백(draw back)이 유지 되도록 체크밸브를 설치하여야 한다.
㉰ 반투막과 정수압을 이용하여 해수로부터 순수한 물을 분리하는 방법이다.
㉱ 생산된 물은 pH나 경도가 낮기 때문에 필요에 따라 적절한 약품을 주입하고 수질을 조정한다.

**풀이** ㉯ 고압펌프를 정지할 때에는 드로우 백을 방지하기 위해 체크밸브를 설치하여야 한다.

**24** $I = \dfrac{3,660}{t+15}$ mm/hr, 면적 $2.0\,km^2$, 유입시간 6분, 유출계수 $C = 0.65$, 관내 유속이 $1\,m/sec$인 경우, 관길이 600m인 하수관에서 흘러나오는 우수량($m^3/sec$)은? (단, 합리식 적용)

㉮ $31\,m^3/sec$   ㉯ $38\,m^3/sec$
㉰ $43\,m^3/sec$   ㉱ $52\,m^3/sec$

**풀이** $Q = \dfrac{1}{360}\,CIA$
여기서 C : 유출계수
　　　I : 강우강도(mm/hr)
　　　A : 면적(ha)
① $I = \dfrac{3,660}{t+15}$ (mm/hr)
　t(유달시간) = 유입시간(min) + 유하시간(min)

　유하시간 = $\dfrac{\text{관의 길이}(m)}{\text{관내 유속}(m/min)}$

　　　　　 = $\dfrac{600\,m}{1\,m/sec \times 60\,sec/min}$ = 10 min

　t(유달시간) = 6 min + 10 min = 16 min

　$I = \dfrac{3,660}{t+15} = \dfrac{3,660}{16\,min + 15} = 118.0645\,mm/hr$

② A(면적) = $2.0\,km^2 \times 100\,ha/1\,km^2$ = 200 ha
③ $Q = \dfrac{1}{360}\,CIA$

　　 = $\dfrac{1}{360} \times 0.65 \times 118.0645\,mm/hr \times 200\,ha$

　　 = $42.63\,m^3/sec$

**25** 상수관(금속관)의 부식은 자연부식과 전식으로 나누어진다. 다음 중 전식에 해당되는 것은?

㉮ 간섭
㉯ 이종금속
㉰ 산소농담(통기차)
㉱ 특수토양부식

**풀이** ① 자연부식 중 Macro cell 부식 : 콘크리트, 토양, 이종금속, 산소농담(통기차)
② 자연부식 중 Micro cell 부식 : 산성토양, 박테리아, 일반토양, 대기중 부식
③ 전기식(전식) 부식 : 간섭

**26** 오수배제계획시 계획오수량, 오수관거 계획에 대하여 고려할 사항으로 틀린 것은?

㉮ 오수관거는 계획1일 최대오수량을 기준으로 계획한다.
㉯ 합류식에서 하수의 차집관거는 우천시 계획오수량을 기준으로 계획한다.
㉰ 관거는 원칙적으로 암거로 하며 수밀한 구조로 하여야 한다.

**answer** 23 ㉯　24 ㉰　25 ㉮　26 ㉮

㉣ 오수관거와 우수관거가 교차하여 역사이펀을 피할 수 없는 경우에는 오수관거를 역사이펀으로 하는 것이 바람직하다.

**[풀이]** ㉮ 오수관거는 계획시간최대오수량을 기준으로 계획한다.

**27** 하수용 펌프에서 비교회전도(Ns)의 특징에 대한 내용으로 틀린 것은?

㉮ 비교회전도(Ns)가 크면 양수량은 크고 양정은 낮은 펌프가 된다.
㉯ 비교회전도(Ns)가 크게 될수록 흡입성능이 우수하여 공동현상이 발생하지 않는다.
㉰ 비교회전도(Ns)의 값이 펌프형식 선정의 기준이 된다.
㉱ 수량 및 전양정이 같다면 회전수가 많을수록 비교회전도(Ns)의 값이 크게 된다.

**[풀이]** ㉯ 비교회전도(Ns)가 크게 될수록 흡입성능이 나쁘고 공동현상이 발생하기 쉽다.

**28** 수평으로 부설한 직경 300mm, 길이 3,000m의 주철관에 $8,640 \text{ m}^3/\text{day}$로 송수시 관로 끝에서의 손실수두(m)는? (단, 마찰계수 f = 0.03, g = 9.8m/sec², 마찰손실만 고려)

㉮ 약 10.8m   ㉯ 약 15.3m
㉰ 약 21.6m   ㉱ 약 30.6m

**[풀이]** $h_L = f \times \dfrac{L}{D} \times \dfrac{v^2}{2g}$
여기서 $h_L$ : 관마찰손실수두(m)

f : 마찰계수
L : 길이(m)
D : 직경(m)
v : 유속(m/sec)
g : 중력가속도(9.8 m/sec²)

① $v(\text{m/sec}) = \dfrac{Q(\text{m}^3/\text{sec})}{\dfrac{\pi D^2}{4}(\text{m}^2)}$

$= \dfrac{8,640 \text{ m}^3/\text{day} \times 1\text{day}/24\text{hr} \times 1\text{hr}/3,600\text{sec}}{\dfrac{\pi}{4} \times (0.3\text{m})^2}$

$= 1.4147 \text{ m/sec}$

② $h_L = 0.03 \times \dfrac{3,000\text{m}}{0.3\text{m}} \times \dfrac{(1.4147\text{m/sec})^2}{2 \times 9.8\text{m/sec}^2}$
$= 30.63\text{m}$

**29** 굴착깊이가 얕아 공사기간과 공사비가 절감되며, 펌프로 양수하는 경우, 양정고 감소, 수위상승방지 등의 장점이 있어 펌프로 배수하는 지역에 적합한 하수관 접합방식은?

㉮ 관정접합   ㉯ 관중심접합
㉰ 수면접합   ㉱ 관저접합

**[풀이]** ㉱ 관저접합에 대한 내용이며, 핵심 내용인 "공사기간과 공사비 절감, 양정고 감소=관저접합"임을 숙지하시면 됩니다.

**30** 하수관거 중 말굽형(마제형)에 대한 내용으로 틀린 것은?

㉮ 대구경 관거에 유리하며 경제적이다.
㉯ 단면형상이 단순하기 때문에 시공성이 우수하다.
㉰ 현장 타설의 경우에는 공사기간이 길어진다.
㉱ 수리학적으로 유리하다.

**[풀이]** ㉯ 단면형상이 복잡하기 때문에 시공성이 열악하다.

**answer** 27 ㉯   28 ㉱   29 ㉱   30 ㉯

**31** 원심력 펌프의 규정회전수는 2회/sec, 규정토출량이 32m³/min, 규정양정(H)이 8m이다. 이때 이 펌프의 비교회전도(rpm)는?

㉮ 약 143rpm  ㉯ 약 164rpm
㉰ 약 182rpm  ㉱ 약 201rpm

▶풀이

$$Ns = N \times \frac{Q^{\frac{1}{2}}}{H^{\frac{3}{4}}}$$

여기서 Ns : 비교회전도(rpm)
N : 규정회전수(rpm)
Q : 토출량(m³/min)
H : 전양정(m)

$$Ns = 2회/sec \times 60 sec/min \times \frac{(32 m^3/min)^{\frac{1}{2}}}{(8m)^{\frac{3}{4}}}$$

$= 142.71 \, rpm$

**TIP**

$$rpm = \frac{회}{min} = \frac{회}{sec} \times \frac{60 sec}{1 min}$$

**32** 계획취수량을 확보하기 위하여 필요한 저수용량 결정에 사용되는 계획기준년은 원칙적으로 몇 개년에 제1위 정도의 갈수를 표준으로 하는가?

㉮ 15개년  ㉯ 10개년
㉰ 7개년   ㉱ 5개년

▶풀이 계획기준년은 원칙적으로 10개년에 제1위 정도의 갈수를 표준으로 한다.

**33** 하수처리시설인 침사지에 대한 내용으로 틀린 것은?

㉮ 평균유속은 0.30m/sec를 표준으로 한다.
㉯ 저부경사는 보통 1/100~2/100로 한다.
㉰ 합류식에서는 오수전용과 우수전용으로 구별하여 설치하는 것이 좋다.
㉱ 체류시간은 5~20분을 표준으로 한다.

▶풀이 ㉱ 체류시간은 30~60초를 표준으로 한다.

**34** 하수 관거시설인 빗물받이의 설치에 대한 내용으로 틀린 것은?

㉮ 협잡물 및 토사의 유입을 저감할 수 있는 방안을 고려하여야 한다.
㉯ 설치위치는 보도, 차도구분이 없는 경우에는 도로와 사유지의 경계에 설치한다.
㉰ 도로 옆의 물이 모이기 쉬운 장소나 L형 측구의 유하방향 하단부에 설치한다.
㉱ 우수침수방지를 위하여 횡단보도 및 가옥의 출입구 앞에 설치함을 원칙으로 한다.

▶풀이 ㉱ 우수침수방지를 위하여 횡단보도 및 가옥의 출입구 앞에는 설치하지 않는 것을 원칙으로 한다.

**35** 하수의 배제방식 중 분류식에 대한 내용으로 틀린 것은?

㉮ 오수관거와 우수관거 2계통을 건설하는 경우는 비싸지만 오수관거만을 건설하는 경우는 건설비가 저렴하다.
㉯ 관거 오접에 대한 철저한 감시가 필요하다.

answer  31 ㉮  32 ㉯  33 ㉱  34 ㉱  35 ㉱

㉰ 관거내 퇴적이 적으며, 수세효과는 기대할 수 없다.
㉱ 우천시 오수의 월류가 있다.

**풀이** ㉱ 우천시 오수의 월류가 없다.

**36** 소규모 하수도 계획시 고려하여야 하는 소규모 지역 고유의 특성으로 틀린 것은?

㉮ 계획구역이 작고 처리구역 내의 생활양식이 유사하며 유입하수의 수량 및 수질의 변동이 거의 없다.
㉯ 처리수의 방류지점이 유량이 작은 소하천, 소호소 및 농업용수로 등이므로 처리수의 영향을 받기가 쉽다.
㉰ 하수도 운영에 있어서 지역주민과 밀접한 관련을 갖는다.
㉱ 고장 및 유지보수시에 기술자의 확보가 곤란하고 제조업체에 의한 신속한 서비스를 받기 어렵다.

**풀이** ㉮ 계획구역이 작고 처리구역 내의 생활양식이 유사하며 유입하수의 수량 및 수질의 변동이 크다.

**37** 합류식에서 우천시 계획오수량은 원칙적으로 계획시간 최대오수량의 몇 배 이상으로 고려하여야 하는가?

㉮ 1.5배　㉯ 2.0배
㉰ 2.5배　㉱ 3.0배

**풀이** 합류식에서 우천시 계획오수량은 원칙적으로 계획시간 최대오수량의 3배 이상으로 한다.

**38** 펌프의 토출량이 0.1m³/sec, 토출구의 유속이 2m/sec로 할 때 펌프의 구경은?

㉮ 약 253mm　㉯ 약 363mm
㉰ 약 473mm　㉱ 약 543mm

**풀이**
$$D = 146 \times \sqrt{\frac{Q}{v}}$$
여기서 D : 펌프의 흡입구경(mm)
　　　　Q : 펌프의 토출량(m³/min)
　　　　v : 유속(m/sec)
$$D = 146 \times \sqrt{\frac{0.1 m^3/sec \times 60 sec/min}{2 m/sec}}$$
$$= 252.88 mm$$

**39** 하수도계획의 목표연도로 알맞은 것은?

㉮ 원칙적으로 10년으로 한다.
㉯ 원칙적으로 15년으로 한다.
㉰ 원칙적으로 20년으로 한다.
㉱ 원칙적으로 25년으로 한다.

**풀이** 목표연도
① 상수도 : 15~20년
② 하수도 : 20년

**40** 집수정에서 가정까지의 급수계통을 순서적으로 나열한 것으로 알맞은 것은?

㉮ 취수→도수→정수→송수→배수→급수
㉯ 취수→도수→정수→배수→송수→급수
㉰ 취수→송수→도수→정수→배수→급수
㉱ 취수→송수→배수→정수→도수→급수

**answer** 36 ㉮　37 ㉱　38 ㉮　39 ㉰　40 ㉮

**풀이** 급수계통 순서는 ㉮번이며, 암기법은 "상취도 정송에 배급한다."임을 숙지하시면 됩니다.

$$= \frac{3,000\text{mg/L}}{8,000\text{mg/L} - 3,000\text{mg/L}}$$
$$= 0.60$$

② 반송율(%) = 반송비(R) × 100
$$= 0.60 × 100 = 60\%$$

| 제3과목 | 수질오염방지기술

**41** 다음 중 정수시설의 착수정에 대한 내용으로 틀린 것은?

㉮ 착수정의 고수위와 주변 벽체의 상단 간에는 60cm 이상의 여유를 두어야 한다.
㉯ 수위가 고수위 이상으로 올라가지 않도록 월류관이나 월류위어를 설치한다.
㉰ 착수정의 용량은 체류시간 30분 이상으로 하고, 수심은 3~5m 정도로 한다.
㉱ 착수정은 2조 이상으로 분할하는 것이 원칙이나 분할하지 않는 경우에는 필히 바이패스관을 설치하여야 한다.

**풀이** ㉰ 착수정의 용량은 체류시간 1.5분 이상으로 하고, 수심은 3~5m 정도로 한다.

**42** 활성슬러지공법을 이용한 폐수처리장에서 반송슬러지 농도가 8,000 mg/L이고, 폭기조에 MLSS 농도를 3,000 mg/L로 유지시키고자 한다면 슬러지 반송률(%)은? (단, 유입수 SS농도는 고려하지 않음)

㉮ 약 50%  ㉯ 약 55%
㉰ 약 60%  ㉱ 약 65%

**풀이** ① 반송비(R) = $\frac{MLSS - SS_i}{SS_r - MLSS}$

**43** 하수처리에 관련된 침전현상(독립, 응집, 간섭, 압밀)의 종류 중 '간섭침전'에 대한 내용으로 틀린 것은?

㉮ 생물학적 처리시설과 함께 사용되는 2차 침전시설 내에서 발생한다.
㉯ 입자 간의 작용하는 힘에 의해 주변 입자들의 침전을 방해하는 중간 정도 농도의 부유액에서의 침전을 말한다.
㉰ 입자 등은 서로 간의 간섭으로 상대적 위치를 변경시켜 전체 입자들이 한 개의 단위로 침전한다.
㉱ 함께 침전하는 입자들의 상부에 고체와 액체의 경계면이 형성된다.

**풀이** ㉰ 입자 등은 서로 간의 간섭으로 상대적 위치를 변경시키지 않고 입자들은 구조물을 형성하여 한 개의 단위로 침전한다.

**44** 암모늄 이온($NH_4^+$) 36mg/L를 함유한 5,000m³의 폐수를 50,000g $CaCO_3$/m³의 처리용량을 가지는 양이온 교환수지로 처리하고자 한다. 이때 소요되는 양이온 교환수지의 부피(m³)는?

㉮ 6   ㉯ 8
㉰ 10  ㉱ 12

**풀이** ① $2NH_4^+ + CaCO_3 \rightarrow (NH_4)_2CO_3 + Ca^{2+}$
2 × 18g : 100g
36g/m³ × 5,000m³ : X

**answer** 41 ㉰  42 ㉰  43 ㉰  44 ㉰

∴ X = 500,000g

② 양이온 교환수지의 부피 (m³)
$= \dfrac{500,000\text{g}}{50,000\text{g/m}^3} = 10\text{m}^3$

**TIP**
① ppm = mg/L = g/m³
② 36mg/L = 36g/m³

**45** Phostrip 공정에 대한 내용으로 틀린 것은?

㉮ Stripping을 위한 별도의 반응조가 필요하다.
㉯ 인 제거시 BOD/P비에 의하여 조절되지 않는다.
㉰ 기존 활성슬러지 처리장에 쉽게 적용 가능하다.
㉱ 인 제거를 위한 약품(석회 등) 주입이 필요없다.

**풀이** ㉱ 인 제거를 위한 약품(석회 등) 주입이 필요하다.

**46** 상수시설 기준의 급속여과지에 대한 내용으로 틀린 것은?

㉮ 신규로 투입하는 여과사의 세척 탁도는 30° 이하여야 한다.
㉯ 1지의 여과면적은 250 m² 이하로 한다.
㉰ 여과속도는 120 ~ 150 m/day를 표준으로 한다.
㉱ 모래층의 두께는 60 ~ 120cm의 범위로 한다.

**풀이** ㉯ 1지의 여과면적은 150 m² 이하로 한다.

**47** 다음 중 회전원판법에 대한 내용으로 틀린 것은?

㉮ 운영변수가 적어 모델링이 단순하다.
㉯ 충격부하 및 유해물질의 내성에 강하다.
㉰ 단회로 현상의 제어가 쉽다.
㉱ 슬러지의 반송이 필요없다.

**풀이** ㉮ 운영변수가 많아 모델링이 복잡하다.

**48** 생물학적 인 제거 공정 중 A/O 공법의 장·단점으로 틀린 것은?

㉮ 폐슬러지 내의 인의 함량(1% 이하)이 낮다.
㉯ 타공법에 비하여 운전이 비교적 간단하다.
㉰ 높은 BOD/P 비가 요구된다.
㉱ 비교적 수리학적 체류시간이 짧다.

**풀이** ㉮ 폐슬러지내의 인의 함량이 높다.

**49** 다음 중 철염에 대한 내용으로 틀린 것은?

㉮ 황산제1철은 소석회와 함께 첨가하며, pH와 알칼리도가 높은 물에서 주로 사용한다.
㉯ 가격이 비싸고, 부식성이 강하며, 1철염은 철 이온이 잔류하고, 색도를 유발한다.
㉰ 철염의 floc은 무겁고 침강이 빠르며 pH9 이상에서 망간 제거가 가능하다.
㉱ 염화제2철은 고체분말로서 6개의 결정수를 가지며 최적 pH 범위는 5~8 정도로 좁은 편이다.

**풀이** ㉱ 염화제2철은 고체분말로서 6개의 결정수를 가지며 최적 pH 범위는 4~12 정도로 넓은 편이다.

**answer** 45 ㉱  46 ㉯  47 ㉮  48 ㉮  49 ㉱

**50** 하수처리과정에서 소독 방법 중 염소와 자외선 소독의 장·단점을 비교할 때 염소소독의 장단점으로 틀린 것은?

㉮ 암모니아의 첨가에 의해 결합잔류염소가 형성된다.
㉯ 염소접촉조로부터 휘발성유기물이 생성된다.
㉰ 처리수의 총용존고형물이 감소한다.
㉱ 처리수의 잔류독성이 탈염소과정에 의해 제거되어야 한다.

▶풀이  ㉰ 처리수의 총용존고형물이 증가한다.

**51** $G = 200/\text{sec}$, $V = 50\text{m}^3$, 교반기 효율 80%, $\mu = 1.35 \times 10^{-2} \text{g/cm} \cdot \text{sec}$일 때 소요동력(kw)은?

㉮ 1.43kw  ㉯ 2.75kw
㉰ 3.38kw  ㉱ 4.12kw

▶풀이  $P = G^2 \times \mu \times V$
$= (200/\text{sec})^2 \times 1.35 \times 10^{-3} \text{kg/m} \cdot \text{sec} \times 50\text{m}^3$
$\times \dfrac{100}{80\%}$
$= 3,375 \text{watt} = 3.38 \text{kw}$

**TIP**
① $\text{g/cm} \cdot \text{sec} \xrightarrow{\times 10^{-1}} \text{kg/m} \cdot \text{sec}$
② $\text{watt} \xrightarrow{\times 10^{-3}} \text{kw}$

**52** 다음 중 생물활성탄(BAC)에 대한 내용으로 틀린 것은?

㉮ 일반 활성탄에 비해 수명을 4배 이상 연장할 수 있다.
㉯ 분해에 적응시간이 필요없는 용해성 유기물질의 제거에 효과적이다.
㉰ 활성탄 사용시간 연장 및 재생이 가능하며, 충격부하에 강하다.
㉱ 미생물 성장에 좋지 않은 조건이라도 흡착기능에 의하여 오염물질 제거가 가능하다.

▶풀이  ㉯ 분해에 적응시간이 필요한 용해성 유기물질의 제거에 효과적이다.

**53** 하루 유량 5,000 m³인 폐수를 용량이 1,500 m³인 활성슬러지 폭기조로 처리한다. 이때 $K_d = 0.03/$일, $Y = 0.6$ MLSSmg/BODmg, MLSS는 6,000mg/L로 유지되고 있고 유입 BOD 500mg/L는 활성슬러지 폭기조에서 BOD 90% 제거된다면 SRT는? (단, 활성슬러지 공법의 폭기조만 고려한다.)

㉮ 11.1일  ㉯ 10.2일
㉰ 8.3일   ㉱ 7.4일

▶풀이  ① $\dfrac{1}{\text{SRT}} = \dfrac{Y \cdot Q \cdot \text{BOD} \cdot \eta}{\text{MLSS} \cdot V} - kd$
$= \dfrac{0.6 \times 5,000 \text{m}^3/\text{day} \times 0.5 \text{kg/m}^3 \times 0.90}{6 \text{kg/m}^3 \times 1,500 \text{m}^3} - 0.03/\text{day}$
$= 0.12/\text{day}$
② $\text{SRT} = \dfrac{1}{0.12/\text{day}} = 8.33 \text{day}$

**answer**  50 ㉰  51 ㉰  52 ㉯  53 ㉰

**54** 막공법에 대한 내용으로 틀린 것은?

㉮ 투석은 선택적 투과막을 통해 용액 중에 다른 이온, 혹은 분자의 크기가 다른 용질을 분리시키는 것이다.
㉯ 투석에 대한 추진력은 막을 기준으로 한 용질의 농도차이다.
㉰ 한외여과 및 미여과의 분리는 주로 여과작용에 의한 것으로 역삼투현상에 의한 것이 아니다.
㉱ 역삼투는 한외여과 및 미여과와 상이하게 반투막으로 용매를 통과시키기 위해 정수압을 이용한다.

▎풀이 ㉱ 역삼투와 한외여과 및 미여과는 물질분리를 위한 추진력으로 정수압차를 이용한다.

**55** 폐수 유량이 $3,000\,m^3/day$, 부유 고형물의 농도가 150mg/L이다. 공기부상 시험에서 공기와 고형물의 비가 0.05mg air/mg-solid일 때 최적의 부상을 나타낸다. 설계온도 20℃, 이때의 공기용해도는 18.7mL/L이다. 흡수비 0.5, 부하율이 0.12 $m^3/m^2\cdot min$일 때 반송이 있으며 운전압력이 3.5 기압인 부상조 표면적($m^2$)은?

㉮ 18.5 $m^2$　　㉯ 24.5 $m^2$
㉰ 32.5 $m^2$　　㉱ 41.5 $m^2$

▎풀이 ① A/S비 $= \dfrac{1.3\times Sa\times (f\cdot P-1)}{SS}\times R$

$0.05 = \dfrac{1.3\times 18.7mL/L\times (0.5\times 3.5atm-1)}{150mg/L}\times R$

∴ R = 0.411

② 부하율 $(m^3/m^2\cdot min)$
$= \dfrac{Q(1+R)\,m^3/min}{A(m^2)}$

$0.12\,m^3/m^2\cdot min$
$= \dfrac{3,000\,m^3/day\times 1day/24hr\times 1hr/60min\times (1+0.411)}{A(m^2)}$

∴ $A(m^2) = \dfrac{3,000\,m^3/day\times 1day/24hr\times 1hr/60min\times (1+0.411)}{0.12\,m^3/m^2\cdot min}$

$= 24.50\,m^2$

**TIP**
① 순환식인 경우
　부상조의 유량(Q) $= Q+Q_R = Q(1+R)$
　부하율 $(m^3/m^2\cdot min) = \dfrac{Q(1+R)\,(m^3/min)}{A(m^2)}$

② 비순환식인 경우
　부하율 $(m^3/m^2\cdot min) = \dfrac{Q(m^3/min)}{A(m^2)}$

**56** 활성슬러지법에서 포기조 내 처리상황이 악화되었을 때 검토해야 할 사항으로 틀린 것은?

㉮ 유입수의 유해성분 유무 조사
㉯ MLSS가 적정 유지되는가를 조사
㉰ 유입수의 pH 변동 유무를 조사
㉱ 원폐수의 SS농도 변동 유무를 조사

▎풀이 ㉱ 유입수의 SS농도 변동 유무를 조사

---

answer　54 ㉱　55 ㉯　56 ㉱

**57** BOD 250mg/L인 폐수를 살수 여상법으로 처리할 때 처리수의 BOD는 80mg/L이었고, 이때의 온도가 20℃였다. 만일 온도가 23℃로 된다면 처리수의 BOD 농도(mg/L)는? (단, 온도 이외의 처리조건은 같고, E : 처리효율, $E_t = E_{20} \times Ci^{T-20}$, $Ci = 1.035$임)

㉮ 약 46mg/L  ㉯ 약 53mg/L
㉰ 약 62mg/L  ㉱ 약 71mg/L

**풀이** ① 20℃에서 살수여상의 효율(E)

$$= \left(1 - \frac{BOD_o}{BOD_i}\right) \times 100$$

$$E = \left(1 - \frac{80mg/L}{250mg/L}\right) \times 100 = 68\%$$

② $E(23℃) = E(20℃) \times 1.035^{(T-20)}$
$= 68\% \times 1.035^{(23-20)} = 75.393\%$

③ 23℃에서 유출수의 BOD를 계산한다.

$$E = \left(1 - \frac{BOD_o}{BOD_i}\right) \times 100$$

$$75.393\% = \left(1 - \frac{BOD_o}{250mg/L}\right) \times 100$$

$\therefore BOD_o = 250mg/L \times (1 - 0.75393)$
$= 61.52mg/L$

**58** 다음 중 생물학적 탈질공정에서 일반적으로 탄소원 공급용으로 가해주는 것은?

㉮ $CH_3OH$  ㉯ $C_2H_5OH$
㉰ $CH_3COOH$  ㉱ $C_2H_4OH$

**풀이** 생물학적 탈질공정에서 탄소원 공급원은 메탄올($CH_3OH$)이다.

**59** 시안 화합물 함유 폐수처리방법 중 알칼리염소법에 대한 내용으로 틀린 것은?

㉮ CN의 분해를 위해 유지하는 pH는 10 이상이며, 니켈과 철의 시안착염이 혼입된 경우 분해가 잘 되지 않는다.
㉯ 산화제의 투입량이 많을 경우는 시안화합물이 잔류하거나 염화시안이 발생하게 되므로 산화제는 약간 적게 주입한다.
㉰ 염소처리시 강알칼리성 상태에서 1단계 염소를 주입하여 시안화합물을 시안산화합물로 변환시킨 후 중화하고 2단계 염소를 재주입하여 $N_2$와 $CO_2$로 분해 시킨다.
㉱ 산화에 의해 분해되어 비독성의 화합물로 되는 것으로 반응속도가 빠르고 조정하기 쉽다.

**풀이** ㉯ 산화제의 투입량이 적을 경우는 시안화합물이 잔류하거나 염화시안이 발생하게 되므로 산화제는 약간 과잉으로 주입한다.

**60** 다음 중 혐기성소화에 대한 내용으로 틀린 것은?

㉮ 소화 체류시간이 길며, 상징액에 질소와 인의 함량이 높다.
㉯ 동력비와 유지관리비가 적게 든다.
㉰ 처리 후 슬러지 생성량이 적으나 탈수성이 불량하다.
㉱ 고농도 폐수처리가 가능하고, 이용 가능한 가스를 생산할 수 있다.

**풀이** ㉰ 처리후 슬러지 생성량이 적고, 탈수성이 양호하다.

---

**answer** 57 ㉰  58 ㉮  59 ㉯  60 ㉰

| 제4과목 | 수질오염공정시험기준

**61** 수질오염공정시험기준상 총질소의 분석방법으로 틀린 것은?

㉮ 연속흐름법
㉯ 자외선/가시선 분광법(활성탄흡착법)
㉰ 자외선/가시선 분광법(카드뮴 · 구리 환원법)
㉱ 자외선/가시선 분광법(환원증류 · 킬달법)

**풀이** ㉯ 자외선/가시선 분광법(산화법)

**62** 예상 BOD치에 대한 사전 경험이 없을 때, 희석하여 시료를 조제하는 기준으로 알맞은 것은?

㉮ 오염정도가 심한 공장폐수 : 0.01~0.05%
㉯ 오염된 하천수 : 10~20%
㉰ 처리하여 방류된 공장폐수 : 50~70%
㉱ 처리하지 않은 공장폐수 : 1~5%

**풀이** ㉮ 오염정도가 심한 공장폐수 : 0.1~1.0%
㉯ 오염된 하천수 : 25~100%
㉰ 처리하여 방류된 공장폐수 : 5~25%

**63** 수로에 의한 유량측정방법의 하나인 웨어의 웨어판에 대한 내용으로 알맞은 것은?

㉮ 웨어판의 재료는 2mm 이상의 두께를 갖는 내구성이 강한 철판으로 한다.
㉯ 웨어판의 외측의 가장자리는 곡선이어야 하며, 그 귀퉁이는 너무 날카롭지 않도록 둥글게 줄로 다듬는다.
㉰ 웨어판의 내면은 평면이어야 하며, 특히 가장자리로부터 100mm 이내는 될 수록 매끄럽게 다듬는다.
㉱ 웨어판은 수로의 장축에 수평하도록 하고 말단의 안틀에 누수가 없도록 고정한다.

**풀이** ㉮ 웨어판의 재료는 3mm 이상의 두께를 갖는 내구성이 강한 철판으로 한다.
㉯ 웨어판의 안측의 가장자리는 직선이어야 하며, 그 귀퉁이는 너무 날카롭지 않도록 둥글게 줄로 다듬는다.
㉱ 웨어판은 수로의 장축에 직각 또는 수직으로 하여 말단의 바깥틀에 누수가 없도록 고정한다.

**64** 수질오염공정시험기준상 수은의 시험방법으로 틀린 것은?

㉮ 냉증기-원자흡수분광광도법
㉯ 양극벗김전압전류법
㉰ 냉증기-원자형광법
㉱ 유도결합플라스마-원자발광분광법

**풀이** 수은의 시험방법
① 냉증기-원자흡수분광광도법
② 냉증기-원자형광법
③ 양극벗김전압전류법

**answer** 61 ㉯  62 ㉱  63 ㉰  64 ㉱

**65** 흡광도 측정에서 투과율이 30%일 때 흡광도는?

㉮ 0.37　　㉯ 0.42
㉰ 0.52　　㉱ 0.63

**풀이** 흡광도(A) $= \log \dfrac{1}{투과도} = \log \dfrac{1}{0.30} = 0.52$

**TIP**
① 투과율 + 흡수율 = 100%
② 투과율 = 100 − 흡수율(%)

**66** 4각 웨어에 의하여 유량을 측정하려고 한다. 웨어의 수두 0.5m, 절단의 폭이 4m이면 유량(m³/분)은? (단, 유량계수 : 4.8)

㉮ 약 4.3　　㉯ 약 6.8
㉰ 약 8.1　　㉱ 약 10.4

**풀이** 사각웨어의 유량(Q) $= k \cdot b \cdot h^{\frac{3}{2}} \ (m^3/min)$
$Q = 4.8 \times 4m \times (0.5m)^{\frac{3}{2}} = 6.79 \, m^3/min$

**TIP**
유량공식 및 유량계수
① 삼각웨어 : $Q = K \times h^{\frac{5}{2}} \ (m^3/min)$,
　K = 83 ~ 85
② 사각웨어 : $Q = K \times b \times h^{\frac{3}{2}} \ (m^3/min)$,
　K = 109 ~ 111

**67** 배출허용기준 적합여부 판정을 위한 시료채취 시 복수시료채취방법 적용을 제외할 수 있는 경우가 아닌 것은?

㉮ 환경오염사고 또는 취약시간대의 환경오염감시 등 신속한 대응이 필요한 경우
㉯ 부득이 복수시료채취방법으로 할 수 없을 경우
㉰ 유량이 일정하며 연속적으로 발생되는 폐수가 방류되는 경우
㉱ 사업장 내에서 발생하는 폐수를 회분식 등 간헐적으로 처리하여 방류하는 경우

**풀이** ㉰ 물환경 보전법에 의한 비정상적 행위를 할 경우

**68** 시료채취 시 유의사항으로 틀린 것은?

㉮ 시료 채취 용기는 깨끗이 세척된 용기 또는 멸균된 용기를 사용한다.
㉯ 유류 또는 부유물질 등이 함유된 시료는 균질성이 유지될 수 있도록 채취해야 하며, 침전물 등이 부상하여 혼입되어서는 안된다.
㉰ 심부층의 지하수 채취시에는 고속양수펌프를 이용하여 채취시간을 최소화함으로써 수질의 변질을 방지하여야 한다.
㉱ 용존가스, 환원성 물질, 휘발성유기화합물, 냄새, 유류 및 수소이온 등을 측정하기 위한 시료를 채취할 때는 운반 중 공기와의 접촉이 없도록 시료용기에 가득 채운 후 빠르게 뚜껑을 닫는다.

**풀이** ㉰ 심부층의 지하수 채취시에는 저속양수펌프를 이용하여 반드시 저속시료채취하여 시료의 교란을 최소화하여야 한다.

answer　65 ㉰　66 ㉯　67 ㉰　68 ㉰

**69** 수질오염공정시험기준 구리의 시험방법별 정량한계로 틀린 것은?

㉮ 원자흡수분광광도법 : 0.008mg/L
㉯ 유도결합플라스마-원자발광분광법 : 0.006mg/L
㉰ 유도결합플라스마-질량분석법 : 0.002mg/L
㉱ 양극벗김전압전류법 : 0.01mg/L

**풀이** ㉱번은 구리의 시험방법에 해당하지 않는다.

**70** 암모니아성 질소를 자외선/가시선 분광법으로 측정할 때 암모늄 이온이 하이포염소산의 존재 하에서 페놀과 반응하여 생성하는 인도페놀의 색깔과 파장범위는?

㉮ 적자색, 510nm에서 측정
㉯ 적색, 540nm에서 측정
㉰ 청색, 630nm에서 측정
㉱ 황갈색, 610nm에서 측정

**풀이** 암모니아성 질소의 자외선/가시선 분광법 : 암모늄 이온이 하이포염소산의 존재 하에서 페놀과 반응하여 생성하는 인도페놀의 청색을 630nm에서 측정하는 방법이다.

**71** 노말헥산추출물질 분석에 대한 내용으로 틀린 것은?

㉮ 시료를 pH 4이하의 산성으로 하여 노말헥산층에 용해되는 물질을 노말헥산으로 추출한다.
㉯ 폐수 중의 비교적 휘발되지 않는 탄화수소, 탄화수소유도체, 그리스유상물질 및 광유류를 함유하고 있는 시료를 측정대상으로 한다.
㉰ 광유류의 양을 시험하고자 할 경우에는 활성규산마그네슘 컬럼으로 광유류를 흡착한 후 추출한다.
㉱ 정량한계는 0.5 mg/L이다.

**풀이** ㉰ 광유류의 양을 시험하고자 할 경우에는 활성규산마그네슘 컬럼으로 동·식물유지류를 흡착한 후 추출한다.

**72** 배수로에 흐르는 폐수에 유량을 부유체를 사용하여 측정했다. 수로의 평균단면적 $0.5m^2$, 표면 최대속도 6m/s일 때 이 폐수의 유량($m^3/min$)은? (단, 수로의 구성, 재질, 수로단면의 형상, 기울기 등이 일정하지 않은 개수로를 기준으로 한다.)

㉮ 115
㉯ 135
㉰ 185
㉱ 245

**풀이** 유량($m^3/min$)
= 평균 단면적($m^2$) × 평균유속(m/min)
= $0.5m^2$ × 6m/sec × 0.75 × 60sec/min
= 135 $m^3/min$

**TIP** 평균유속 = 표면최대유속 × 0.75

**answer** 69 ㉱  70 ㉰  71 ㉰  72 ㉯

**73** 기체크로마토그래피에 의한 알킬수은의 분석방법으로 ( )에 알맞은 것은?

> 알킬수은 화합물을 ( ㉠ )으로 추출하여 ( ㉡ )에 선택적으로 역추출하고 다시 ( ㉠ )으로 추출하여 기체크로마토그래프로 측정하는 방법이다.

㉮ ㉠ 헥산, ㉡ 염화메틸수은용액
㉯ ㉠ 헥산, ㉡ 크로모졸브용액
㉰ ㉠ 벤젠, ㉡ 펜토에이트용액
㉱ ㉠ 벤젠, ㉡ L-시스테인용액

**풀이** 알킬수은의 기체크로마토그래피의 핵심 내용
① 추출용매 : 벤젠
② 역추출용매 : L-시스테인용액
③ 정량한계 : 0.0005mg/L
④ 운반가스 : 99.999% 이상의 질소 또는 헬륨
⑤ 검출기 : 전자포획형 검출기

**74** 자외선/가시선 분광법으로 불소화합물 시험 중 탈색현상이 나타났을 때 원인이 될 수 있는 것은?

㉮ 황산이 분해되어 유출된 경우
㉯ 염소이온이 다량 함유되어 있을 경우
㉰ 교반속도가 일정하지 않았을 경우
㉱ 시료 중 불소함량이 정량범위를 초과할 경우

**풀이** 자외선/가시선 분광법으로 불소화합물 시험 중 탈색현상이 나타나는 원인은 시료 중 불소함량이 정량범위를 초과할 경우에 나타나며, 이러한 경우에는 취하는 시료량을 정량범위 이내에 들도록 감량하거나 희석한 다음 다시 시험한다.

**75** 반드시 유리용기를 사용하여 시료를 보관해야 하는 항목은?

㉮ 염소이온  ㉯ 총인
㉰ 시안  ㉱ 유기인

**풀이** 시료용기
㉮ 염소이온 : 유리용기, 폴리에틸렌용기
㉯ 총인 : 유리용기, 폴리에틸렌용기
㉰ 시안 : 유리용기, 폴리에틸렌용기
㉱ 유기인 : 유리용기

**TIP**
시료용기
① 갈색 유리용기만 사용 : 잔류염소, 다이에틸헥실프탈레이트, 1,4-다이옥산, 브로모폼, 석유계총탄화수소
② 유리용기만 사용 : 냄새, 노말헥산추출물질, 페놀류, 염화비닐, 아크릴로니트릴, 유기인, PCBs, 휘발성 유기화합물, 물벼룩 급성 독성
③ 폴리에틸렌용기만 사용 : 불소
④ 폴리프로필렌용기만 사용 : 과불화화합물

**76** 폐수의 유량측정법에 있어 최대유량이 $1m^3/min$ 미만으로 폐수유량이 배출될 경우 용기에 의한 측정방법에 대한 내용이다. ( )에 알맞은 것은?

> 용기는 용량 100~200L인 것을 사용하여 유수를 채우는 데에 요하는 시간을 스톱워치로 잰다. 용기에 물을 받아 넣는 시간을 ( )이 되도록 용량을 결정한다.

㉮ 10초 이상  ㉯ 20초 이상
㉰ 30초 이상  ㉱ 40초 이상

**풀이** 필수 핵심 내용
① 용기의 용량 : 100~200 L
② 용기에 물을 받아 넣는 시간 : 20초 이상

**answer** 73 ㉱  74 ㉱  75 ㉱  76 ㉯

**77** 수질오염공정시험기준에서 사용하는 용어에 대한 내용으로 틀린 것은?

㉮ "항량으로 될 때까지 건조한다"라 함은 같은 조건에서 1시간 더 건조하여 전후 차가 g당 0.3 mg 이하일 때를 말한다.
㉯ 시험조작 중 "즉시"란 30초 이내에 표시된 조작을 하는 것을 뜻한다.
㉰ "기밀용기"라 함은 취급 또는 저장하는 동안에 이물질이 들어가거나 또는 내용물이 손실되지 아니하도록 보호하는 용기를 말한다.
㉱ "방울수"라 함은 20℃에서 정제수 20방울을 적하할 때 그 부피가 약 1 mL가 되는 것을 뜻한다.

▶풀이  ㉰ "기밀용기"라 함은 취급 또는 저장하는 동안에 밖으로부터의 공기 또는 다른 가스가 침입하지 아니 하도록 내용물을 보호하는 용기를 말한다.

**78** 시료를 적절한 방법으로 보존할 때 최대 보존기간이 다른 항목은?

㉮ 시안
㉯ 노말헥산추출물질
㉰ 화학적산소요구량
㉱ 총인

▶풀이  최대 보존기간
㉮ 시안 : 14일
㉯ 노말헥산추출물질 : 28일
㉰ 화학적산소요구량 : 28일
㉱ 총인 : 28일

**79** 수질오염공정시험기준 아연의 시험방법 별 정량한계로 틀린 것은?

㉮ 원자흡수분광광도법 : 0.002mg/L
㉯ 유도결합플라스마-원자발광분광법 : 0.002mg/L
㉰ 유도결합플라스마-질량분석법 : 0.002mg/L
㉱ 양극벗김전압전류법 : 0.0001mg/L

▶풀이  유도결합플라스마-질량분석법 : 0.006mg/L

**80** 자외선/가시선 분광법으로 페놀류를 정량할 때 4-아미노안티피린과 함께 가하는 시약이름과 그 때 가장 적당한 pH는?

㉮ 아세트산이소듐, pH 4
㉯ 헥사시안화철(Ⅱ)산포타슘, pH 4
㉰ 아세트산이소듐, pH 10
㉱ 헥사시안화철(Ⅱ)산포타슘, pH 10

▶풀이  페놀류의 자외선/가시선 분광법 : 증류한 시료에 염화암모늄-암모니아 완충용액을 넣어 pH 10으로 조절한 다음 4-아미노안티피린과 헥사시안화철(Ⅱ)산포타슘을 넣어 생성된 붉은색의 안티피린계 색소의 흡광도를 측정한다.

---

answer   77 ㉰   78 ㉮   79 ㉰   80 ㉱

# 2024 3회 CBT 복원문제

## 제1과목 | 수질오염개론

**01** 물의 물리적 특성에 대한 내용으로 틀린 것은?

㉮ 물의 표면장력이 낮을수록 세탁물의 세정효과가 증가한다.
㉯ 물이 얼면 액체상태보다 밀도가 커진다.
㉰ 물의 융해열은 다른 액체보다 큰 편이다.
㉱ 물의 여러가지 특성은 물분자의 수소결합 때문에 나타난다.

**풀이** ㉯ 물이 얼면 액체상태보다 밀도가 작아진다.

**TIP** 물의 밀도는 4℃에서 가장 크다.

**02** 금속을 통해 흐르는 전류의 특성에 대한 내용으로 틀린 것은?

㉮ 금속의 화학적 성질은 변하지 않는다.
㉯ 전류는 전자에 의해 운반된다.
㉰ 온도의 상승은 저항을 증가시킨다.
㉱ 대체로 전기저항이 용액의 경우보다 크다.

**풀이** ㉱ 대체로 전기저항이 용액의 경우보다 작다.

**03** DO 포화농도가 8mg/L인 하천에서 t=0일 때 DO가 5mg/L이라면 6일 유하했을 때의 DO 부족량은? (단, $BOD_u=10mg/L$, $k_1=0.1/day$, $k_2=0.2/day$, 상용대수)

㉮ 약 1.6mg/L  ㉯ 약 2.1mg/L
㉰ 약 3.2mg/L  ㉱ 약 4.3mg/L

**풀이** 용존산소 부족량($D_t$)
$= \dfrac{k_1 \times L_o}{k_2 - k_1}(10^{-k_1 \times t} - 10^{-k_2 \times t}) + D_o \times 10^{-k_2 \times t}$
$= \dfrac{0.1/day \times 10mg/L}{(0.2-0.1)/day}$
$\times (10^{-0.1/day \times 6day} - 10^{-0.2/day \times 6day})$
$+ (8-5)mg/L \times 10^{-0.2/day \times 6day}$
$= 2.07mg/L$

**04** 다음 중 소수성 콜로이드의 특성에 대한 내용으로 틀린 것은?

㉮ 현탁질(Suspensoid)상태이다.
㉯ 염에 매우 민감하다.
㉰ 물과 반발하는 성질이 있다.
㉱ 틴달효과가 약하거나 거의 없다.

**풀이** ㉱ 틴달효과가 크다.

---

**answer** 01 ㉯  02 ㉱  03 ㉯  04 ㉱

**05** 미생물의 종류를 분류할 때, 탄소 공급원에 따른 분류는?

㉮ Aerobic, Anaerobic
㉯ Thermiphilic, Psychrophilic
㉰ Phytosynthetic, Chemosynthetic
㉱ Autotrophic, Heterotrophic

**풀이** 탄소 공급원에 따른 분류
① 독립영양계(Autotrophic)
② 종속영양계(Heterotrophic)

**06** 특정의 반응물을 포함한 유체가 CFSTR을 통과할 때 반응물의 농도가 100mg/L에서 10mg/L로 감소하였고, 반응기 내의 반응이 일차반응이며 유체의 유량이 $1,000\,m^3/day$ 이라면, 반응기의 체적($m^3$)은? (단, 반응속도상수는 $0.5\,day^{-1}$)

㉮ $12,000\,m^3$  ㉯ $15,000\,m^3$
㉰ $18,000\,m^3$  ㉱ $21,000\,m^3$

**풀이** $Q(C_o - C_t) = k \times V \times C_t$
$1,000\,m^3/day \times (100 - 10)\,mg/L$
$= 0.5/day \times V \times 10\,mg/L$
∴ $V = 18,000\,m^3$

**07** 다음 중 해수의 특징에 대한 내용으로 틀린 것은?

㉮ 해수의 pH는 약 8.2 정도로 약알칼리성이며 강전해질이다.
㉯ 해수의 밀도는 염분, 수온, 수압의 함수로 수심이 깊을수록 증가한다.
㉰ 해수 내 전체 질소 중 약 35% 정도는 암모니아성 질소와 유기질소의 형태이다.
㉱ 해수의 Ca/Mg 비는 3~4 정도로 담수에 비하여 크다.

**풀이** ㉱ 해수의 Mg/Ca 비는 3~4 정도로 담수에 비하여 크다.

**08** 우리나라 연평균 강수량은 약 1,300mm 정도로 세계 연평균 강수량 970mm에 비해 많은 편이지만, UN에서는 물 부족국가로 인정하고 있다. 이는 우리나라 하천의 특성에 의한 것인데, 그러한 이유로 타당하지 않은 것은?

㉮ 계절적인 강우분포의 차이가 크다.
㉯ 하상계수가 작다.
㉰ 하천의 경사도가 급하다.
㉱ 하천의 유역면적이 작고 길이가 짧다.

**풀이** ㉯ 하상계수가 크다.

**TIP**
하상계수 = $\dfrac{최대유량}{최소유량}$

**answer** 05 ㉱  06 ㉰  07 ㉱  08 ㉯

**09** 최근 해양에서의 유류 유출로 인한 피해가 증가하고 있는데, 유출된 유류를 제어하는 방법으로 틀린 것은?

㉮ 계면활성제를 살포하여 기름을 분산시키는 방법
㉯ 미생물을 이용하여 기름을 생화학적으로 분해하는 방법
㉰ 오일펜스를 띄워 기름의 확산을 차단하는 방법
㉱ 누출된 기름의 막이 두꺼워졌을 때 연소시키는 방법

**풀이** ㉱ 연소를 시키는 방법은 대형의 화재를 유발할 수 있으므로 적당하지 않다.

**10** 자당(sucrose, $C_{12}H_{22}O_{11}$)이 완전히 산화될 때 이론적인 ThOD/ThOC비는?

㉮ 2.27   ㉯ 2.47
㉰ 2.67   ㉱ 2.87

**풀이** $C_{12}H_{22}O_{11} + 12O_2 \rightarrow 12CO_2 + 11H_2O$

$\dfrac{ThOD}{ThOC} = \dfrac{12 \times 32g}{12 \times 12g} = 2.67$

**11** 수원의 종류 중 지하수에 대한 내용으로 틀린 것은?

㉮ 수온 변동이 적고 탁도가 낮다.
㉯ 미생물이 거의 없고 오염물이 적다.
㉰ 유속이 빠르고, 광역적인 환경조건의 영향을 받아 정화되는데 오랜 기간이 소요된다.
㉱ 무기염류 농도와 경도가 높다.

**풀이** ㉰ 유속이 느리고, 국지적인 환경조건의 영향을 많이 받으며, 정화되는데 오랜 기간이 소요된다.

**12** Fungi(균류, 곰팡이류)에 대한 내용으로 틀린 것은?

㉮ 원시적 탄소동화작용을 통하여 유기물질을 섭취하는 독립영양계 생물이다.
㉯ 폐수내의 질소와 용존산소가 부족한 경우에도 잘 성장하며 pH가 낮은 경우에도 잘 성장한다.
㉰ 구성물질의 75~80%가 물이며 $C_{10}H_{17}O_6N$ 을 화학구조식으로 사용한다.
㉱ 폭이 약 5~10μm로서 현미경으로 쉽게 식별되며 슬러지팽화의 원인이 된다.

**풀이** ㉮ Fungi는 엽록소가 없어 탄소동화작용을 하지 않는다.

**13** 20℃에서 $BOD_8$ 가 100mg/L이었다면 이 시료의 $BOD_5$는? (단, $k_1$(밑이 10)는 0.15/day)

㉮ 약 7mg/L   ㉯ 약 76mg/L
㉰ 약 82mg/L  ㉱ 약 88mg/L

**풀이** ① $BOD_8 = BOD_u \times (1 - 10^{-k_1 \times t})$
$100\,mg/L = BOD_u \times (1 - 10^{-0.15/day \times 8day})$
∴ $BOD_u = 106.7345\,mg/L$
② $BOD_5 = BOD_u \times (1 - 10^{-k_1 \times t})$
$= 106.7345\,mg/L \times (1 - 10^{-0.15/day \times 5day})$
$= 87.75\,mg/L$

**answer** 09 ㉱  10 ㉰  11 ㉰  12 ㉮  13 ㉱

**14** 다음에서 설명하고 있는 법칙은?

> 콜로이드의 침전은 콜로이드 입자의 전하에 반대되는 부호의 전하를 가진 첨가된 전해질 이온에 영향을 받으며, 이 영향은 그 이온이 지니고 있는 전하의 수에 따라 현저하게 증가한다.

㉮ Schulze-Hardy 법칙
㉯ Graham 법칙
㉰ Gay-Lussac 법칙
㉱ Raoult's 법칙

**풀이** ㉮ 슐츠-하디 법칙에 대한 내용이며, 핵심 내용인 "콜로이드 침전=슐츠-하디 법칙"임을 숙지하시면 됩니다.

**15** 다음 중 호수의 특징에 대한 내용으로 틀린 것은?

㉮ 표수층에서 조류의 활발한 광합성 활동시 호수의 pH는 8∼9 혹은 그 이상을 나타낼 수 있다.
㉯ 봄과 가을에는 일정한 방향을 가진 흐름은 없으나 밀도변화에 의한 수직운동이 일어난다.
㉰ 심수층은 혐기성 미생물의 증식으로 유기물이 분해되어 수질이 나빠진다.
㉱ 여름 정체기간 중 호수의 깊이에 따른 $CO_2$와 DO 농도 변화를 살펴보면 $CO_2$ 농도와 DO 농도는 같은 지점이 존재하지 않는다.

**풀이** ㉱ 여름 정체기간 중 호수의 깊이에 따른 $CO_2$와 DO 농도 변화를 살펴보면 $CO_2$ 농도와 DO 농도가 같은 지점이 존재한다.

**16** 다음 수질을 가진 농업용수의 SAR값은?
(단, $Na^+ = 4,600\,mg/L$, $PO_4^{3-} = 1,500\,mg/L$, $Cl^- = 108\,mg/L$, $Ca^{2+} = 600\,mg/L$, $Mg^{2+} = 240\,mg/L$, $NH_3-N = 380\,mg/L$, Na 원자량 : 23, P 원자량 : 31, Cl 원자량 : 35.5, Ca 원자량 : 40, Mg 원자량 : 24, N 원자량 : 14)

㉮ 30   ㉯ 40
㉰ 50   ㉱ 60

**풀이**
$$SAR(\text{소듐 흡착률}) = \frac{Na^+}{\sqrt{\frac{Mg^{2+}+Ca^{2+}}{2}}}$$

mN = mg/L ÷ 1mg 당량
$Na^+ = 4,600\,mg/L \div 23 = 200\,mN$
$Mg^{2+} = 240\,mg/L \div 12 = 20\,mN$
$Ca^{2+} = 600\,mg/L \div 20 = 30\,mN$

$$\therefore SAR = \frac{200}{\sqrt{\frac{20+30}{2}}} = 40$$

**TIP**
**농업용수의 적합여부 판정**
① SAR 0∼10 : 영향 적음
② SAR 10∼18 : 중간 정도 영향
③ SAR 18∼26 : 큰 영향
④ SAR 26 이상 : 아주 큰 영향

**answer** 14 ㉮   15 ㉱   16 ㉯

**17** 다음 중 트리할로메탄(THM)에 대한 내용으로 틀린 것은?

㉮ 전구물질 제거방법으로는 활성탄흡착법(용해성), 중간염소처리(용해성) 등이 있다.
㉯ 수돗물에서 생성된 트리할로메탄류는 대부분 클로로폼으로 존재한다.
㉰ 물속의 유기물질이 소독제로 사용되는 염소 또는 바닷물 중의 브롬과 반응하여 생성된다.
㉱ pH가 낮을수록, 온도 및 전구물질의 농도가 증가할수록 생성량은 증가한다.

▶풀이 ㉱ pH가 높을수록, 온도 및 전구물질의 농도가 증가할수록 생성량은 증가한다.

**18** Wipple의 하천의 정화단계 중 회복지대에 대한 내용으로 틀린 것은?

㉮ 혐기성균이 호기성균으로 대체되며, 조류가 많이 발생하며, fungi는 완전히 사라진다.
㉯ 광합성을 하는 조류가 번식하며 원생동물, 윤충, 갑각류가 번식하며 큰 수중식물도 다시 나타난다.
㉰ 바닥에서는 조개나 벌레의 유충이 번식하며 오염에 견디는 힘이 강한 은빛담수어 등의 물고기도 서식한다.
㉱ 용존산소가 포화될 정도로 증가하고, 아질산염이나 질산염의 농도가 증가한다.

▶풀이 ㉮ 혐기성균이 호기성균으로 대체되며, 조류가 많이 발생하며, fungi도 조금씩 발생한다.

**19** 어느 시료의 대장균수가 5,000/mL라면 대장균수가 10/mL가 될 때까지 소요되는 시간은? (단, 일차반응기준, 대장균의 반감기는 2시간)

㉮ 약 14hr  ㉯ 약 18hr
㉰ 약 22hr  ㉱ 약 26hr

▶풀이 ① 1차 반응식 $\ln \dfrac{N_t}{N_o} = -k \times t$ 에서

$\ln \dfrac{1}{2} = -k \times 2hr$

∴ $k = 0.34657/hr$

② $\ln \dfrac{10/mL}{5,000/mL} = -0.34657/hr \times t$

∴ $t = 17.93\ hr$

**20** 다음에서 설명하는 하천의 모델은?

- 하천 및 호수의 부영양화를 고려한 생태계모델이다.
- 정적 및 동적인 하천의 수질, 수문학적 특성이 광범위하게 고려된다.
- 호수에는 수심별 1차원 모델이 적용된다.

㉮ Streeter-Phelps 모델
㉯ DO SAG-Ⅱ 모델
㉰ WASP5 모델
㉱ WQRRS 모델

▶풀이 ㉱ WQRRS 모델에 대한 내용이며, 핵심 내용인 "부영양화를 고려한 생태계모델=WQRRS 모델"임을 숙지하시면 됩니다.

**answer** 17 ㉱  18 ㉮  19 ㉯  20 ㉱

## 제2과목 | 상하수도계획

**21** 정수처리방법인 중간염소처리에서 염소의 주입지점으로 가장 적절한 것은?

㉮ 혼화지와 침전지 사이
㉯ 침전지와 여과지 사이
㉰ 착수정과 혼화지 사이
㉱ 착수정과 도수관 사이

**풀이** 염소주입지점
① 전염소처리 : 착수정과 혼화지 사이
② 중간염소처리 : 침전지와 여과지 사이
③ 후염소처리 : 여과지 이후의 염소혼화지 또는 정수지 입구

**22** 펌프의 수격현상(water hammer)의 방지대책으로 틀린 것은?

㉮ 토출 측 관로에 표준형 조압수조(conventional surgetank)를 설치한다.
㉯ 압력수조(air-chamber)를 설치한다.
㉰ 토출 측 관로에 한방향형 조압수조(one-way-surgetank)를 설치한다.
㉱ 펌프에 플라이 휠을 분리하여 질량의 균형을 맞춘다.

**풀이** ㉱ 펌프에 플라이 휠을 부착한다.

**23** 소규모 하수도계획에 있어서 소규모 고유의 특성으로 틀린 것은?

㉮ 일반적으로 건설비 및 유지관리비가 비싸게 되는 경향이 있다.
㉯ 도시근교 및 관광지 일부의 마을을 제외하고는 급격한 사회적 변동이 생길 가능성이 작다.
㉰ 하수도 운영에 있어서 지역주민과 밀접한 관련을 갖는다.
㉱ 처리구역 내 생활양식이 유사하고 유입하수의 수량 및 수질의 변동이 적다.

**풀이** ㉱ 처리구역 내 생활양식이 유사하고 유입하수의 수량 및 수질의 변동이 크다.

**24** 베인의 압력작용에 의하여 임펠러 내의 물에 압력 및 속도에너지를 주고 더욱이 가이드 베인으로 속도에너지의 일부를 압력으로 변환하여 양수작용을 하는 상수도용 펌프는?

㉮ 원심펌프    ㉯ 벌류트 펌프
㉰ 사류펌프    ㉱ 축류펌프

**풀이** ㉱ 축류펌프에 대한 내용이며, 핵심 내용인 "베인의 압력작용 = 축류펌프"임을 숙지하시면 됩니다.

**25** 직경 200cm 원형관로에 물이 1/2차서 흐를 경우, 이 관로의 경심(m)은?

㉮ 15cm    ㉯ 25cm
㉰ 50cm    ㉱ 100cm

**풀이**

경심(R) = $\dfrac{\text{단면적(A)}}{\text{윤변의 길이(S)}}$

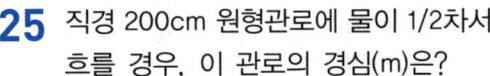

$= \dfrac{\dfrac{\pi D^2}{4} \times \dfrac{1}{2}}{\pi \times D \times \dfrac{1}{2}} = \dfrac{D}{4}$ (m)

∴ R = $\dfrac{200cm}{4}$ = 50cm

**answer** 21 ㉯  22 ㉱  23 ㉱  24 ㉱  25 ㉰

**26** 하수용 펌프에서 비교회전도(Ns)의 특징에 대한 내용으로 틀린 것은?

㉮ 펌프는 비교회전도(Ns)의 값에 따라 그 형식이 변한다.
㉯ 비교회전도(Ns)가 크게 될수록 흡입성능이 우수하고 공동현상이 발생하기 어렵다.
㉰ 비교회전도(Ns)는 축류펌프가 터어빈펌프에 비해 높다.
㉱ 수량 및 전양정이 같다면 회전수가 많을수록 비교회전도(Ns)의 값이 크게 된다.

**풀이** ㉯ 비교회전도(Ns)가 크게 될수록 흡입성능이 나쁘고 공동현상이 발생하기 쉽다.

**27** 하수관거 중 장방형에 대한 내용으로 틀린 것은?

㉮ 일반적으로 높이가 폭보다 작으며, 역학계산이 간단하다.
㉯ 현장 타설의 경우에 공사기간이 지연된다.
㉰ 시공 장소의 흙두께 및 폭원에 제한을 받는 경우에 불리하다.
㉱ 만류가 되기까지는 수리학적으로 유리하다.

**풀이** ㉰ 시공 장소의 흙두께 및 폭원에 제한을 받는 경우에 유리하다.

**28** 콘크리트조의 장방형 수로(폭 2m, 깊이 2.5m)가 있다. 이 수로의 유효수심이 2m인 경우의 평균유속(m/sec)은?
(단, Manning 공식으로 계산, 동수경사 : 1/2,000, 조도계수 : 0.017이다.)

㉮ 1.00m/sec  ㉯ 1.42m/sec
㉰ 1.53m/sec  ㉱ 1.73m/sec

**풀이** Manning식에서

유속$(v) = \dfrac{1}{n} \times R^{\frac{2}{3}} \times I^{\frac{1}{2}}$(m/sec)

$R(경심) = \dfrac{b \times h}{b + 2h} = \dfrac{2m \times 2m}{2m + 2 \times 2m} = 0.6667m$

$I(기울기 = 구배 = 동수경사) = \dfrac{1}{2,000}$

따라서

유속$(v) = \dfrac{1}{0.017} \times (0.6667m)^{\frac{2}{3}} \times \left(\dfrac{1}{2,000}\right)^{\frac{1}{2}}$
$= 1.00$m/sec

**29** 수도관으로 사용되는 관종 중 스테인리스강관에 대한 내용으로 틀린 것은?

㉮ 강인성이 뛰어나고 충격에 강하다.
㉯ 용접접속에 시간이 걸린다.
㉰ 라이닝이나 도장을 필요로 하지 않는다.
㉱ 이종금속과의 절연처리가 필요없다.

**풀이** ㉱ 이종금속과의 절연처리가 필요하다.

**answer** 26 ㉯  27 ㉰  28 ㉮  29 ㉱

**30** 하수 펌프장 시설인 스크루펌프(screw pump)의 일반적인 장점으로 틀린 것은?

㉮ 양정에 제한이 없다.
㉯ 회전수가 낮기 때문에 마모가 적다.
㉰ 기동에 필요한 물채움장치나 밸브 등 부대시설이 없어 자동운전이 용이하다.
㉱ 구조가 간단하고 개방형이어서 운전 및 보수가 쉽다.

**풀이** ㉮ 최대 양정이 8m 한도이므로 양정에 제한이 있다.

**31** 취수시설 중 취수탑에 대한 내용으로 틀린 것은?

㉮ 연간을 통하여 최소 수심이 2m 이상으로 하천에 설치하는 경우에는 유심이 제방에 되도록 근접한 지점으로 한다.
㉯ 취수탑의 횡단면은 환상으로서 원형 또는 타원형으로 한다.
㉰ 취수탑의 상단 및 관리교의 하단은 하천, 호소 및 댐의 계획 최고 수위보다 높게 한다.
㉱ 취수탑을 하천에 설치하는 경우에는 장축방향을 흐름방향과 직각이 되도록 설치한다.

**풀이** ㉱ 취수탑을 하천에 설치하는 경우에는 장축방향을 흐름방향과 일치하도록 설치한다.

**32** 계획 우수량과 관련된 내용으로 틀린 것은?

㉮ 최대계획우수유출량의 산정은 합리식에 의하는 것으로 한다.
㉯ 확률년수는 원칙적으로 10~30년으로 한다.
㉰ 유출계수는 총괄유출계수로부터 기초 유출계수를 구하는 것을 원칙으로 한다.
㉱ 유달시간은 유입시간과 유하시간을 합한 것으로서 유입시간은 최소단위 배수구의 지표면 특성을 고려하여 구한다.

**풀이** ㉰ 유출계수는 기초유출계수로부터 총괄유출계수를 구하는 것을 원칙으로 한다.

**33** 1분당 300m³의 물을 150m 양정(전양정)할 때 최고효율점에 달하는 펌프가 있다. 이 때의 회전수가 1,500rpm이라면 이 펌프의 비속도(비교회전도)(rpm)는?

㉮ 약 512rpm  ㉯ 약 554rpm
㉰ 약 606rpm  ㉱ 약 658rpm

**풀이**

$$Ns = N \times \frac{Q^{\frac{1}{2}}}{H^{\frac{3}{4}}}$$

여기서 Ns : 비교회전도(rpm)
N : 규정회전수(rpm)
Q : 토출량(m³/min)
H : 전양정(m)

$$Ns = 1,500\,rpm \times \frac{(300m^3/min)^{\frac{1}{2}}}{(150m)^{\frac{3}{4}}}$$

$$= 606.16\,rpm$$

**TIP**

$$rpm = \frac{회}{min} = \frac{회}{sec} \times \frac{60\,sec}{1\,min}$$

**answer** 30 ㉮  31 ㉱  32 ㉰  33 ㉰

**34** 하수관거의 특성에 대한 내용으로 틀린 것은?

㉮ 우수관거에서 계획 하수량은 계획 우수량으로 한다.
㉯ 지역의 실정에 따라 계획 하수량에 여유율을 둘 수 있다.
㉰ 합류식관거에서 계획 하수량은 계획1일 최대 오수량에 계획 우수량을 합한 것으로 한다.
㉱ 차집관거에서 계획하수량은 우천시 계획 오수량으로 한다.

풀이 ㉰ 합류식관거에서 계획 하수량은 계획시간 최대 오수량에 계획 우수량을 합한 것으로 한다.

**35** 직경 2m인 하수관을 매설하려 한다. 성토에 의하여 관에 가해지는 하중을 Marston의 방법에 의해 계산하면 얼마인가? (단, 흙의 단위질량은 $1.9\,kN/m^3$, $C_1$은 1.86, 관의 상부 90° 부분에서의 관매설을 위해 굴토한 도랑의 폭은 3.3m이다.)

㉮ 약 $25.7\,kN/m$   ㉯ 약 $38.5\,kN/m$
㉰ 약 $45.7\,kN/m$   ㉱ 약 $52.9\,kN/m$

풀이 $W = C_1 \times r \times B^2$
여기서 $W$ : 관이 받는 하중($kN/m$)
　　　$C_1$ : 상수
　　　$r$ : 흙의 단위 질량($kN/m^3$)
　　　$B$ : 폭(m)
$W = 1.86 \times 1.9\,kN/m^3 \times (3.3m)^2$
　 $= 38.49\,kN/m$

**36** 정수처리를 위한 급속여과지에 대한 내용으로 틀린 것은?

㉮ 여과면적은 계획정수량을 여과속도로 나누어 구한다.
㉯ 여과모래의 유효경이 0.45~0.7mm의 범위인 경우에 모래층의 두께는 60~120cm 범위로 한다.
㉰ 1지의 여과면적은 $300m^2$ 이하로 한다.
㉱ 여과속도는 120~150m/day를 표준으로 한다.

풀이 ㉰ 1지의 여과면적은 $150\,m^2$ 이하로 한다.

**37** 역사이펀(inverted-syphon)의 설계상 주의점에 대한 내용으로 틀린 것은?

㉮ 시공 후의 점검 및 보수 등이 곤란하므로 특별히 부등침하가 되지 않도록 지반의 특성에 따라 적당한 기초공을 시공한다.
㉯ 역사이펀의 깊이가 5m 이상인 경우는 중간에 배수펌프를 설치할 수 있는 설치대를 둔다.
㉰ 관내유속은 관내에 토사 침전이 없도록 하기 위해 상류측의 관거내 유속보다 50% 이상 증가시킨다.
㉱ 역사이펀 관거의 유입구와 유출구는 손실수두를 적게 하기 위하여 종모양으로 한다.

풀이 ㉰ 관내유속은 관내에 토사 침전이 없도록 하기 위해 상류측의 관거 내 유속보다 20~30% 증가시킨다.

**TIP** 하천, 수로, 철도 및 이설이 불가능한 지하매설물의 아래에 하수관을 통과시킨 경우 역사이펀 압력관으로 시공하는 부분을 역사이펀이라고 한다.

answer　34 ㉰　35 ㉯　36 ㉰　37 ㉰

**38** 유역면적이 $1.2\,km^2$, 유출계수가 0.2인 산림지역에 강우강도가 $2.5\,mm/min$ 일 때 우수유출량$(m^3/sec)$은? (단, 합리식 적용)

㉮ $4\,m^3/sec$   ㉯ $6\,m^3/sec$
㉰ $8\,m^3/sec$   ㉱ $10\,m^3/sec$

▶풀이
$Q = \dfrac{1}{360} \times C \times I \times A\,(m^3/sec)$

여기서 C : 유출계수
　　　I : 강우강도(mm/hr)
　　　A : 면적(ha)

$Q = \dfrac{1}{360} \times 0.2 \times 2.5\,mm/min \times 60\,min/hr$
　$\times 1.2\,km^2 \times 100\,ha/1\,km^2$
　$= 10\,m^3/sec$

**39** 하수도 시설기준에 의한 우수관거 및 합류관거의 최소관경 표준은?

㉮ 200mm   ㉯ 250mm
㉰ 300mm   ㉱ 350mm

▶풀이 관거의 최소관경 및 최소관경 표준
① 우수관거 및 합류관거의 최소관경 :
　300mm $\xrightarrow{-50mm}$ 최소관경 표준 : 250mm
② 오수관거의 최소관경 :
　250mm $\xrightarrow{-50mm}$ 최소관경 표준 : 200mm

**40** 정수시설의 플록형성지에 대한 내용으로 틀린 것은?

㉮ 플록형성지는 단락류나 정체부가 생기지 않으면서 충분하게 교반될 수 있는 구조로 한다.
㉯ 플록형성지는 혼화지와 침전지 사이에 위치하고 침전지에 붙여서 사용한다.
㉰ 플록형성 시간은 계획 정수량에 대하여 20~40분간을 표준으로 한다.
㉱ 플록형성지의 기계식 교반에서 플록큐레이터의 주변속도는 5~15cm/sec 범위로 한다.

▶풀이 ㉱ 플록형성지의 기계식 교반에서 플록큐레이터의 주변속도는 15~80cm/sec 범위로 한다.

| 제3과목 | 수질오염방지기술

**41** 5단계 바덴포 공정에 대한 내용으로 틀린 것은?

㉮ 효과적인 인 제거를 위해서는 혐기조에서 질산성 질소가 유입되지 않아야 한다.
㉯ 질소와 인을 동시에 처리할 수 있으며, 내부반송율이 높다.
㉰ 폐슬러지내의 인의 함량이 높아 비료가치가 있다.
㉱ 슬러지의 생산량이 많으며, 비교적 큰 규모의 반응조가 요구된다.

▶풀이 ㉱ 슬러지의 생산량은 적으나 비교적 큰 규모의 반응조가 요구된다.

answer  38 ㉱  39 ㉯  40 ㉱  41 ㉱

**42** 역삼투장치로 하루에 380,000L의 3차 처리된 유출수를 탈염시키고자 한다. 요구되는 막 면적은?

- 25℃에서 물질전달계수
  $= 0.2068 \text{L}/(\text{day}-\text{m}^2)(\text{kPa})$
- 유입수와 유출수 사이의 압력차
  $= 2,400 \text{kPa}$
- 유입수와 유출수의 삼투압차 $= 310 \text{kPa}$
- 최저 운전온도 $= 10℃$
- $A_{10} = 1.6 A_{25}$

㉮ 약 $1,407 \text{m}^2$   ㉯ 약 $1,621 \text{m}^2$
㉰ 약 $1,813 \text{m}^2$   ㉱ 약 $1,963 \text{m}^2$

**풀이** ① $Q_F = K \times (\Delta P - \Delta \pi)$

여기서 $Q_F$ : 유출수량($\text{L}/\text{m}^2 \cdot \text{day}$)
K : 물질전달계수($\text{L}/\text{m}^2 \cdot \text{day} \cdot \text{kPa}$)
$\Delta P$ : 압력차(kPa)
$\Delta \pi$ : 삼투압차(kPa)

$Q_F = 0.2068 (\text{L}/\text{m}^2 \cdot \text{day} \cdot \text{kPa}) \times (2,400 - 310) \text{kPa}$
$= 432.212 \text{L}/\text{day} \cdot \text{m}^2$

② 25℃의 막의 면적($A_{25℃}$)
$= \dfrac{Q(유량)}{Q_F(유출수량)}$
$= \dfrac{380,000 \text{L}/\text{day}}{432.212 \text{L}/\text{day} \cdot \text{m}^2} = 879.20 \text{m}^2$

③ $A_{10℃} = 1.6 A_{25℃} = 1.6 \times 879.20 \text{m}^2$
$= 1,406.72 \text{m}^2$

**43** 생물막법 중 접촉산화법에 대한 내용으로 틀린 것은?

㉮ 난분해성 물질 및 유해물질에 대한 내성이 크며, 수온의 변동에 강하다.
㉯ 슬러지 자산화가 기대되어 잉여슬러지량이 감소한다.
㉰ 슬러지 반송이 필요없어 슬러지 발생량이 적고, 운전관리가 용이하다.
㉱ 분해속도가 높은 기질제거에 효과적이나, 부하나 수량변동에 대하여 완충능력이 낮다.

**풀이** ㉱ 분해속도가 낮은 기질제거에 효과적이며, 부하나 수량변동에 대하여 완충능력이 있다.

**44** 1차 처리된 분뇨의 2차 처리를 위해 폭기조, 2차침전지로 구성된 표준 활성슬러지를 운영하고 있다. 운영조건이 다음과 같을 때 고형물 체류시간(SRT)은?

[조건]
- 유입유량 : $1,000 \text{m}^3/\text{day}$
- 폭기조 수리학적 체류시간 : 6시간
- MLSS 농도 : 3,000mg/L
- 잉여슬러지 배출량 : $30 \text{m}^3/\text{day}$
- 잉여슬러지 SS농도 : 10,000mg/L
- 2차 침전지 유출수 SS농도 : 5mg/L

㉮ 약 2일   ㉯ 약 2.5일
㉰ 약 3일   ㉱ 약 3.5일

**풀이** $SRT = \dfrac{MLSS \times V}{Q_w SS_w + Q_o SS_o}$

$= \dfrac{3,000 \text{mg/L} \times 1,000 \text{m}^3/\text{day} \times \left(\dfrac{6\text{hr}}{24}\right) \text{day}}{30 \text{m}^3/\text{day} \times 10,000 \text{mg/L} + (1,000 - 30) \text{m}^3/\text{day} \times 5 \text{mg/L}}$
$= 2.46 \text{day}$

**TIP**
① $V(\text{m}^3) = Q(\text{m}^3/\text{day}) \times t(\text{day})$
② $Q_o = Q_i - Q_w$

**answer** 42 ㉮  43 ㉱  44 ㉯

**45** 비소(As)함유 폐수처리 방법으로 가장 일반적인 것은?

㉮ 아말감법
㉯ 황화물 침전법
㉰ 수산화물 공침법
㉱ 알칼리 염소법

**풀이** 비소(As)함유 폐수처리 방법으로는 수산화물 공침법을 주로 사용한다.

**46** 정수처리시 막여과시설 중 열화에 대한 내용으로 틀린 것은?

㉮ 원수중의 고형물이나 진동에 의한 막 면의 상처나 마모, 파단
㉯ 건조되거나 수축으로 인한 막 구조의 비가역적인 변화
㉰ 미생물과 막 재질의 자화 또는 분비물의 작용에 의한 변화
㉱ 농축으로 인하여 난분해성 물질이 용해도를 초과하여 막면에 석출된 층

**풀이** ㉱번은 파울링에 대한 내용이다.

**TIP**
**열화 및 파울링**
① 열화 : 막 자체의 변질로 생긴 비가역적인 막 성능의 저하를 의미한다.
② 파울링 : 막 자체의 변질이 아닌 외적 인자로 생긴 막 성능의 저하를 의미한다.

**47** 다음의 중금속과 그 처리방법으로 틀린 것은?

㉮ 카드뮴 - 아말감 침전법
㉯ 납 - 황화물 침전법
㉰ 시안 – 알칼리염소법
㉱ 비소 - 수산화물 공침법

**풀이 오염물질별 처리방법**
㉮ 카드뮴 : 부상법, 여과법, 침전법(수산화물, 황화물, 탄산염), 이온교환법, 흡착법
㉯ 납 : 황화물 침전법, 수산화물 침전법
㉰ 시안 : 알칼리염소법, 오존산화법, 전해산화법, 산성탈기법, 감청법, 충격법, 전기투석법
㉱ 비소 : 수산화물 공침법

**48** BOD 200mg/L, 유량 25 m³/hr인 폐수를 활성슬러지법으로 처리하고자 한다. BOD 용적부하를 0.6kg BOD/m³·day로 유지하려면 폭기조의 수리학적 체류시간은?

㉮ 4시간  ㉯ 6시간
㉰ 8시간  ㉱ 10시간

**풀이**
① BOD 용적부하$(kg/m^3 \cdot day) = \dfrac{BOD \times Q}{V}$

$0.6 kg/m^3 \cdot day = \dfrac{0.2 kg/m^3 \times 25 m^3/hr \times 24 hr/day}{V(m^3)}$

$\therefore V = 200 m^3$

② 수리학적 체류시간(t)
$= \dfrac{V}{Q} = \dfrac{200 m^3}{25 m^3/hr} = 8 hr$

**answer** 45 ㉰  46 ㉱  47 ㉮  48 ㉰

**49** 다음 중 생물활성탄(BAC)에 대한 내용으로 틀린 것은?

㉮ 충격부하에 강하다.
㉯ 일반 활성탄에 비해 수명이 4배 이상 연장할 수 있다.
㉰ 분해에 적응시간이 필요한 용해성 유기물질의 제거에 비효과적이다.
㉱ 오염물질에 따라 생물분해, 흡착작용이 상호보완하여 준다.

**풀이** ㉰ 분해에 적응시간이 필요한 용해성 유기물질의 제거에 효과적이다.

**50** 유량 4,000m³, 부유물질 농도 220mg/L인 하수를 처리하는 일차침전지에서 발생되는 슬러지의 양은? (단, 슬러지의 비중은 1.03, 함수율은 94%, 일차침전지의 체류시간은 2시간, 부유물질의 제거효율은 60%이며, 기타 조건은 고려하지 않는다.)

㉮ 6.32 m³  ㉯ 8.54 m³
㉰ 10.72 m³  ㉱ 12.53 m³

**풀이** 슬러지량(m³)
$$= \frac{SS농도(kg/m^3) \times 유량(m^3) \times 제거율}{비중량(kg/m^3)}$$
$$\times \frac{100}{100-P(\%)}$$
$$= \frac{0.22\,kg/m^3 \times 4,000\,m^3 \times 0.60}{1,030\,kg/m^3} \times \frac{100}{100-94\%}$$
$$= 8.54\,m^3$$

**TIP**
① $mg/L \xrightarrow{\times 10^{-3}} kg/m^3$ 이므로
   $220\,mg/L = 0.22\,kg/m^3$
② 비중 $\xrightarrow{\times 10^3}$ 비중량$(kg/m^3)$ 이므로
   비중(1.03) = $1,030\,kg/m^3$

**51** 다음 중 황산알루미늄(황산반토)에 대한 내용으로 틀린 것은? (단, 철염과 비교)

㉮ 부식성이 없어 취급이 용이하다.
㉯ 가격이 저렴하고 독성이 없다.
㉰ 형성된 floc이 비교적 무겁고, 적정 pH 폭이 넓다.
㉱ 탁도, 조류, 세균 등의 현탁성 물질, 부유물 제거에 효과적이다.

**풀이** ㉰ 형성된 floc이 비교적 가볍고, 적정 pH 폭이 좁다. (pH 5~8)

**52** 생물학적 질소제거공정에서 질산화로 생성된 $NO_3^- - N$ 40mg/L가 탈질되어 질소로 환원될 때 필요한 이론적인 메탄올($CH_3OH$)의 양(mg/L)은?

㉮ 17.2mg/L  ㉯ 36.6mg/L
㉰ 58.4mg/L  ㉱ 76.2mg/L

**풀이** $6NO_3^- - N + 5CH_3OH \rightarrow 3N_2 + 5CO_2 + 7H_2O + 6OH^-$
$6 \times 14g \quad : \quad 5 \times 32g$
$40\,mg/L \quad : \quad X$
$\therefore X = \frac{40\,mg/L \times 5 \times 32g}{6 \times 14g} = 76.19\,mg/L$

**answer** 49 ㉰  50 ㉯  51 ㉰  52 ㉱

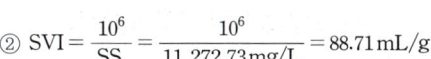

**53** 혐기성 소화법과 비교한 호기성 소화법의 장·단점으로 틀린 것은?

㉮ 운전이 용이하다.
㉯ 소화슬러지 탈수가 용이하다.
㉰ 가치있는 부산물이 생성되지 않는다.
㉱ 저온시의 효율이 저하된다.

**풀이** ㉯ 소화슬러지 탈수가 용이하지 못하다.

**54** 분리막을 이용한 다음의 폐수처리방법 중 구동력이 농도차인 것은?

㉮ 역삼투(Reverse Osmosis)
㉯ 투석(Dialysis)
㉰ 한외여과(Ultrafiltration)
㉱ 정밀여과(Microfiltration)

**풀이** 물질분리를 유발하는 추진력
① 전기투석 : 전위차
② 투석 : 농도차
③ 역삼투, 한외여과, 나노여과, 정밀여과 : 정수압차

**55** 폭기조 내 MLSS 농도가 4,000mg/L이고 슬러지 반송률이 55%인 경우 이 활성슬러지의 SVI는? (단, 유입수 SS 고려하지 않는다.)

㉮ 69
㉯ 79
㉰ 89
㉱ 99

**풀이** ① 반송률(%) $= \dfrac{MLSS}{SS_r - MLSS} \times 100$

$55\% = \dfrac{4,000\,mg/L}{SS_r - 4,000\,mg/L} \times 100$

$\therefore SS_r = \dfrac{4,000\,mg/L + 0.55 \times 4,000\,mg/L}{0.55}$

$= 11,272.73\,mg/L$

② $SVI = \dfrac{10^6}{SS_r} = \dfrac{10^6}{11,272.73\,mg/L} = 88.71\,mL/g$

**TIP**
$\dfrac{1}{mg/L} = mL/g$

**56** 연속회분식 활성슬러지 반응조(SBB)의 장점에 대한 내용으로 틀린 것은?

㉮ 수리학적 과부하에도 MLSS의 누출이 없으며, 2차 침전지와 슬러지 반송을 생략할 수 있다.
㉯ 질소와 인을 동시 제거시 운전의 유연성이 적으나, 자동화를 실시하기가 용이하다.
㉰ 설계자료가 제한적이며, 소용량 처리에 적합하다.
㉱ BOD 부하의 변화폭이 큰 경우에 잘 견디며, 슬러지 반송을 위한 펌프가 필요 없어 배관과 동력이 절감된다.

**풀이** ㉯ 질소와 인을 동시 제거시 운전의 유연성이 우수하며, 자동화를 실시하기가 용이하다.

**57** 회전원판법(RBC)의 장점으로 틀린 것은?

㉮ 미생물에 대한 산소공급 소요전력이 작고, 다단계공정에서 높은 질산화율을 얻을 수 있다.
㉯ 고정메디아로 높은 미생물농도 및 슬러지일령을 유지할 수 있다.
㉰ 활성슬러지법에 비해 2차 침전지에서 미세한 SS의 유출이 적어 처리수의 투명도가 양호한 편이다.
㉱ 슬러지 반송이 필요없고, 기온에 따른

**answer** 53 ㉯  54 ㉯  55 ㉰  56 ㉯  57 ㉰

처리효율의 영향이 크다.

**풀이** ㉰ 활성슬러지법에 비해 2차 침전지에서 미세한 SS가 유출되기 쉽고 처리수의 투명도가 나쁜 편이다.

**58** 다음 중 흡착등온 관련식과 가장 거리가 먼 것은?

㉮ Michaelis-Menten식
㉯ BET식
㉰ Freudlich식
㉱ Langmuir식

**풀이** ㉮번은 미생물의 효소반응 속도식이다.

**59** 다음 중 자외선(UV) 소독에 대한 내용으로 틀린 것은?

㉮ 소독의 성공여부를 즉시 측정할 수 없으며, pH에 관계없이 지속적인 살균이 가능하다.
㉯ 염소소독에 비해 안전성이 높고 요구되는 공간이 적으며, 비교적 소독비용이 저렴하다.
㉰ 태양광 중에 파장이 커질수록, 물의 탁도가 높을수록, 살균효과는 증가한다.
㉱ 자외선 소독은 화학물질의 소비가 없고 해로운 부산물도 생성되지 않는다.

**풀이** ㉰ 태양광 중에 파장이 커질수록, 물의 탁도가 높을수록, 살균효과는 감소한다.

**60** 다음 중 Fenton 산화법에 대한 내용으로 틀린 것은?

㉮ 난분해성 유기물의 산화처리에 이용되며, 폐수의 COD는 증가하지만 BOD는 감소한다.
㉯ 과산화수소는 철염이 과량으로 존재할 때 조금씩 단계적으로 첨가하는 것이 효과적이다.
㉰ 최적 반응의 pH는 3~5 정도이며, 철염을 이용하므로 수산화철의 슬러지가 다량 생성될 수 있다.
㉱ Fenton 시약을 이용하여 난분해성 유기물을 처리하는 과정은 대체로 산화반응과 함께 pH 조절, 중화 및 응집, 침전으로 크게 3단계로 나눌 수 있다.

**풀이** ㉮ 난분해성 유기물의 산화처리에 이용되며, 폐수의 COD는 감소하지만 BOD는 증가한다.

| 제4과목 | 수질오염공정시험기준

**61** 수질오염공정시험기준 아연의 시험방법 별 정량한계로 틀린 것은?

㉮ 원자흡수분광광도법 : 0.002mg/L
㉯ 유도결합플라스마-원자발광분광법 : 0.002mg/L
㉰ 유도결합플라스마-질량분석법 : 0.002mg/L
㉱ 양극벗김전압전류법 : 0.0001mg/L

**풀이** ㉰ 유도결합플라스마-질량분석법 : 0.006mg/L

answer  58 ㉮  59 ㉰  60 ㉮  61 ㉰

**62** 개수로에 의한 유량측정시 수로의 구성, 재질, 형상, 기울기 등이 일정하지 않는 경우에 대한 내용으로 틀린 것은?

㉮ 수로는 될수록 직선적이며, 수면이 물결치지 않는 곳을 고른다.
㉯ 10m를 측정구간으로 하여 5m마다 유수의 횡단면적을 측정한다.
㉰ 유속의 측정은 부표를 사용하여 10m 구간을 흐르는데 걸리는 시간을 스톱워치로 한다.
㉱ 수로의 유량은 $Q = 60 \times V \times A$이며, $V = 0.75 \times V_e$로 한다. (Q : 유량[m³/분], V : 총평균 유속[m/s], $V_e$ : 표면최대 유속[m/sec], A : 평균단면적[m²])

**풀이** ㉯ 10m를 측정구간으로 하여 2m 마다 유수의 횡단면적을 측정한다.

**63** 적절한 보존방법을 적용한 경우 시료 최대보존기간이 가장 짧은 항목은?

㉮ 시안   ㉯ 용존 총인
㉰ 질산성 질소   ㉱ 암모니아성 질소

**풀이** 시료 최대보존기간
㉮ 시안 : 14일
㉯ 용존 총인 : 28일
㉰ 질산성 질소 : 48시간
㉱ 암모니아성 질소 : 28일

**64** 0.005 M-KMnO₄ 400mL를 조제하려면 KMnO₄ 약 몇 g을 취해야 하는가?
(단, 원자량 K = 39, Mn = 55)

㉮ 약 0.32   ㉯ 약 0.63
㉰ 약 0.8    ㉱ 약 0.98

**풀이** $0.005\,M = \dfrac{w(g)}{0.4L} \times \dfrac{1\,mol}{158g}$

∴ w = 0.316g ≒ 0.32g

**65** 유속-면적법에 의한 하천유량을 구하기 위한 소구간 단면에 있어서의 평균유속 $V_m$을 구하는 식은? (단, $V_{0.2}$, $V_{0.4}$, $V_{0.5}$, $V_{0.6}$, $V_{0.8}$은 각각 수면으로부터 전수심의 20%, 40%, 50%, 60%, 80%인 점의 유속이다.)

㉮ 수심이 0.4 m 미만일 때 $V_m = V_{0.5}$
㉯ 수심이 0.4 m 미만일 때 $V_m = V_{0.8}$
㉰ 수심이 0.4 m 이상일 때
   $V_m = (V_{0.2} + V_{0.8}) \times 1/2$
㉱ 수심이 0.4 m 이상일 때
   $V_m = (V_{0.4} + V_{0.6}) \times 1/2$

**풀이** 평균유속
① 수심이 0.4 m 미만일 때 $V_m = V_{0.6}$
② 수심이 0.4 m 이상일 때 $V_m = \dfrac{V_{0.2} + V_{0.8}}{2}$

**answer** 62 ㉯  63 ㉰  64 ㉮  65 ㉰

**66** 0.025N 과망간산포타슘 표준용액의 농도계수를 구하기 위해 0.025 N 수산화소듐 용액 10mL를 정확히 취해 종말점까지 적정하는데 0.025N 과망간산포타슘 용액이 10.15mL 소요되었다. 0.025N 과망간산포타슘 표준용액의 농도계수(F)는?

㉮ 1.015  ㉯ 1.000
㉰ 0.9852  ㉱ 0.025

**풀이** $N_1V_1F_1 = N_2V_2F_2$
0.025 N × 10mL × 1.0
= 0.025 N × 10.15mL × $F_2$
∴ $F_2$ = 0.9852

**TIP**
NaOH의 역가(F)는 1.0을 기준으로 한다.

**67** "항량으로 될 때까지 건조한다."라 함은 같은 조건에서 어느 정도 더 건조시켜 전후 무게 차가 g당 0.3mg 이하일 때를 말하는가?

㉮ 30분  ㉯ 60분
㉰ 120분  ㉱ 240분

**풀이** 항량으로 될 때까지 건조한다.라 함은 같은 조건에서 1시간 더 건조시켜 전후 무게차가 g당 0.3 mg 이하일 때를 말한다.

**68** 웨어의 수두가 0.25m, 수로의 폭이 0.8m, 수로의 밑면에서 절단 하부점까지의 높이가 0.7m인 직각 3각웨어의 유량($m^3$/min)은? (단, 유량계수(k)
$= 81.2 + \frac{0.24}{h} + (8.4 + \frac{12}{\sqrt{D}}) \times (\frac{h}{B} - 0.09)^2$ )

㉮ 1.4  ㉯ 2.1
㉰ 2.6  ㉱ 2.9

**풀이** ① $k = 81.2 + \frac{0.24}{h} + (8.4 + \frac{12}{\sqrt{D}}) \times (\frac{h}{B} - 0.09)^2$
$= 81.2 + \frac{0.24}{0.25m} + (8.4 + \frac{12}{\sqrt{0.7m}}) \times (\frac{0.25m}{0.8m} - 0.09)^2$
$= 83.29$
② 삼각웨어의 유량(Q)
$= k \cdot h^{\frac{5}{2}}$ ($m^3$/min)
$= 83.29 \times (0.25m)^{\frac{5}{2}} = 2.60 \, m^3$/min

**TIP**
**유량공식 및 유량계수**
① 삼각웨어 : $Q = k \times h^{\frac{5}{2}}$ ($m^3$/min), $k = 83 \sim 85$
② 사각웨어 : $Q = k \times b \times h^{\frac{3}{2}}$ ($m^3$/min), $k = 109 \sim 111$

**69** 투명도 측정에 대한 내용으로 틀린 것은?

㉮ 백색원판의 지름은 30cm이다.
㉯ 백색원판에 뚫린 구멍의 지름은 2cm이다.
㉰ 백색원판에는 구멍이 8개 뚫려있다.
㉱ 백색원판의 무게는 약 3kg이다.

**풀이** ㉯ 백색원판에 뚫린 구멍의 지름은 5cm이다.

**answer** 66 ㉰  67 ㉯  68 ㉰  69 ㉯

**70** $I_o$의 단색광이 정색액을 통과할 때 그 빛의 80%가 흡수된다고 할 때 흡광도는?

㉮ 0.699  ㉯ 0.599
㉰ 0.399  ㉱ 0.299

**풀이**
$$흡광도(A) = \log\left(\frac{1}{투과도}\right)$$
$$= \log\left(\frac{1}{0.20}\right) = 0.699$$

**TIP**
① 투과율 + 흡수율 = 100%
② 투과율 = 100 - 80% = 20%

**71** 다음 중 비소의 수소화물생성-원자흡수분광광도법에 대한 내용으로 틀린 것은?

㉮ 아연 또는 소듐붕소수화물($NaBH_4$)을 넣어 수소화 비소로 포집한다.
㉯ 아르곤 (또는 질소)-수소 불꽃에서 원자화시켜 228.8nm에서 흡광도를 측정한다.
㉰ 정량한계는 0.005mg/L이다.
㉱ 높은 농도의 크롬, 코발트, 구리, 수은, 몰리브덴, 은 및 니켈은 비소 분석을 방해한다.

**풀이** ㉯ 아르곤 (또는 질소)-수소 불꽃에서 원자화시켜 193.7nm에서 흡광도를 측정한다.

**72** 수질분석을 위한 시료채취시 유의사항으로 틀린 것은?

㉮ 채취용기는 시료를 채우기 전에 맑은 물로 3회 이상 씻은 다음 사용한다.
㉯ 용존가스, 환원성 물질, 휘발성 유기물질 등의 측정을 위한 시료는 운반 중 공기와의 접촉이 없도록 가득 채워져야 한다.
㉰ 지하수 시료는 취수정 내에 고여있는 물은 충분히 퍼낸(고여 있는 물의 4~5배 정도이나 pH 및 전기전도도를 연속적으로 측정하여 이 값이 평형을 이룰 때까지로 한다.) 다음 새로 나온 물을 채취한다.
㉱ 시료채취량은 시험항목 및 시험횟수에 따라 차이가 있으나 보통 3L~5L 정도이어야 한다.

**풀이** ㉮ 시료 채취 용기는 깨끗이 세척된 용기 또는 멸균된 용기를 사용한다.

**73** 시안의 자외선/가시선 분광법에 대한 내용으로 틀린 것은?

㉮ 시료를 pH 2 이하의 산성에서 가열 증류한다.
㉯ 생성된 염화시안이 피리딘-피라졸론 등의 발색시약과 반응하여 나타나는 청색을 620nm에서 측정한다.
㉰ 황화물이 함유된 시료는 아세트산바륨용액(10%) 2mL를 넣어 제거한다.
㉱ 정량한계는 0.01mg/L이다.

**풀이** ㉰ 황화물이 함유된 시료는 아세트산아연용액 (10%) 2mL를 넣어 제거한다.

**answer** 70 ㉮  71 ㉯  72 ㉮  73 ㉰

**74** 크롬-원자흡수분광광도법의 정량한계는?

㉮ 357.9nm에서의 산처리법은 0.01mg/L, 용매추출법은 0.001mg/L이다.
㉯ 357.9nm에서의 산처리법은 0.001 mg/L, 용매추출법은 0.01mg/L이다.
㉰ 357.9nm에서의 산처리법은 0.01mg/L, 용매추출법은 0.01mg/L이다.
㉱ 357.9nm에서의 산처리법은 0.001 mg/L, 용매추출법은 0.001mg/L이다.

**75** 다음 중 불소화합물을 시험하는 방법으로 틀린 것은?

㉮ 자외선/가시선 분광법
㉯ 이온전극법
㉰ 이온크로마토그래피
㉱ 기체크로마토그래피

**[풀이]** 불소화합물의 시험방법
① 자외선/가시선 분광법
② 이온전극법
③ 이온크로마토그래피
④ 연속흐름법

**76** 다음 중 유기인을 용매추출-기체크로마토그래피로 분석할 때 간섭물질에 대한 설명으로 틀린 것은?

㉮ 폴리테트라플루오로에틸렌(PTFE) 재질이 아닌 튜브, 봉합체 및 유속조절제의 사용을 피해야 한다.
㉯ 높은 농도를 갖는 시료와 낮은 농도를 갖는 시료를 연속적으로 분석할 때에 오염이 될수 있다.
㉰ 실리카겔 컬럼 정제는 산, 염화페놀, 폴리클로로페녹시페놀 등의 비극성화합물을 제거하기 위하여 수행한다.
㉱ 플로리실 컬럼 정제는 시료에 유분의 관찰 또는 분석 후 시료 크로마토그램의 방해성분이 유분의 영향으로 판단될 경우 수행한다.

**[풀이]** ㉰ 실리카겔 컬럼 정제는 산, 염화페놀, 폴리클로로페녹시페놀 등의 극성화합물을 제거하기 위하여 수행한다.

**77** 다음 중 치사에 대한 용어의 정의로 알맞은 것은?

㉮ 치사 : 일정 희석비율로 준비된 시료에 물벼룩을 투입하여 12시간 경과 후 시험용기를 손으로 살짝 두드리고, 15초 후 관찰했을 때 독성물질에 영향을 받아 움직임이 명백하게 없는 상태를 말한다.
㉯ 치사 : 일정 희석비율로 준비된 시료에 물벼룩을 투입하여 24시간 경과 후 시험용기를 손으로 살짝 두드리고, 15초 후 관찰했을 때 독성물질에 영향을 받아 움직임이 명백하게 없는 상태를 말한다.
㉰ 치사 : 일정 희석비율로 준비된 시료에 물벼룩을 투입하여 12시간 경과 후 시험용기를 손으로 살짝 두드리고, 30초 후 관찰했을 때 독성물질에 영향을 받아 움직임이 명백하게 없는 상태를 말한다.
㉱ 치사 : 일정 희석비율로 준비된 시료에 물벼룩을 투입하여 24시간 경과 후 시험용기를 손으로 살짝 두드리주고, 30초 후 관찰했을 때 독성물질에 영향을 받아 움직임이 명백하게 없는 상태를 말한다.

**[풀이]** 치사의 정의는 ㉯번이며, 치사에서 핵심 내용인 "24시간, 15초, 명백하게 없는 상태"임을 숙지하시면 됩니다.

**answer** 74 ㉮  75 ㉱  76 ㉰  77 ㉯

**78** 다음 중 식물성 플랑크톤에 대한 설명으로 틀린 것은?

㉮ 현미경계수법을 이용하여 개체수를 조사한다.
㉯ 시료가 육안으로 녹색이나 갈색으로 보일 경우 정제수로 적절한 농도로 희석한다.
㉰ 시료의 개체수는 계수면적당 10~40 정도가 되도록 희석 또는 농축한다.
㉱ 식물성 플랑크톤의 동정에는 저-중배율이 많이 이용되지만, 계수에는 고배율이 많이 이용된다.

풀이 ㉱ 식물성 플랑크톤의 동정에는 고배율이 많이 이용되지만, 계수에는 저-중배율이 많이 이용된다.

**79** 유속-면적법을 이용하여 하천유량을 측정할 때 적용 적합지점에 대한 내용으로 틀린 것은?

㉮ 가능하면 하상이 안정되어 있고, 식생의 성장이 없는 지점
㉯ 교량 등 구조물 근처에서 측정할 경우 교량의 하류지점
㉰ 대규모 하천을 제외하고 가능하면 도섭으로 측정할 수 있는 지점
㉱ 합류나 분류가 없는 지점

풀이 ㉯ 교량 등 구조물 근처에서 측정할 경우 교량의 상류지점

**80** 다음 중 기체크로마토그래피로 분석할 수 있는 물질은?

㉮ 구리       ㉯ 카드뮴
㉰ 알킬수은   ㉱ 비소

풀이 알킬수은의 분석방법에는 기체크로마토그래피와 원자흡수분광광도법이다.

answer  78 ㉱  79 ㉯  80 ㉰

# 2025년 1회 CBT 복원문제

| 제1과목 | 수질오염개론

**01** 물의 특성에 대한 내용으로 틀린 것은?

㉮ 물은 2개의 수소원자가 산소원자를 사이에 두고 104.5°의 결합각을 가진 구조로 되어있다.
㉯ 물은 극성을 띠지 않아 다양한 물질의 용매로 사용된다.
㉰ 물은 유사한 분자량의 다른 화합물보다 비열이 매우 커 수온의 급격한 변화를 방지해 준다.
㉱ 물의 밀도는 4℃에서 가장 크다.

▶ 풀이 ㉯ 물은 극성을 띠어 다양한 물질의 용매로 사용된다.

**02** 생체 내에 필수적인 금속으로 결핍 시에는 인슐린의 저하를 일으킬 수 있는 유해물질은?

㉮ Cd   ㉯ Mn
㉰ CN   ㉱ Cr

▶ 풀이 ㉱ 크롬에 대한 내용이며, 핵심 내용인 "인슐린의 저하 = 크롬"임을 숙지하시면 됩니다.

**03** 지구상의 담수 중 차지하는 비율이 가장 큰 것은?

㉮ 빙하 및 빙산   ㉯ 하천수
㉰ 지하수         ㉱ 수증기

▶ 풀이 지구상의 담수 중 가장 많이 존재하는 것은 빙하 및 빙산이며, 그 다음이 지하수이다.

**04** $Ca(OH)_2$ 농도가 100mg/L인 용액의 pH는? (단, $Ca(OH)_2$는 완전 해리되며, Ca의 원자량은 40이다.)

㉮ 10.2   ㉯ 10.6
㉰ 11.1   ㉱ 11.4

▶ 풀이 $Ca(OH)_2 \rightarrow Ca^{2+} + 2OH^-$ 에서
$pH = 14 + \log[OH^-]$
$Ca(OH)_2$의 mol/L $= \dfrac{100 \times 10^{-3}g}{L} \times \dfrac{1\,mol}{74g}$
$= 1.35 \times 10^{-3} mol/L$
따라서 $pH = 14 + \log[2 \times 1.35 \times 10^{-3} mol/L]$
$= 11.43$

**answer** 01 ㉯   02 ㉱   03 ㉮   04 ㉱

**05** 호소의 성층현상에 대한 내용으로 틀린 것은?

㉮ 수온약층은 순환층과 정체층의 중간층에 해당되고 변온층이라고도 하며 수온이 수심에 따라 크게 변화된다.
㉯ 호소수의 성층현상은 연직방향의 밀도차에 의해 층상으로 구분되어지는 것을 말한다.
㉰ 겨울성층은 표층수의 냉각에 의한 성층이며 역성층이라고도 한다.
㉱ 여름성층은 뚜렷한 층을 형성하며 연직온도경사와 분자확산에 의한 DO구배가 반대모양을 나타낸다.

[풀이] ㉱ 여름성층은 뚜렷한 층을 형성하며 연직온도경사와 분자확산에 의한 DO구배가 같은 모양을 나타낸다.

**06** 생물농축에 대한 내용으로 틀린 것은?

㉮ 수생생물 체내의 각종 중금속 농도는 환경수중의 농도보다는 높은 경우가 있다.
㉯ 생물체중의 농도와 환경수중의 농도비를 농축비 또는 농축계수라고 한다.
㉰ 수생생물의 종류에 따라서 중금속의 농축비가 다르게 되어 있는 것이 많다.
㉱ 농축비는 먹이사슬 과정에서 높은 단계의 소비자에 상당하는 생물일수록 낮게 된다.

[풀이] ㉱ 농축비는 먹이사슬 과정에서 높은 단계의 소비자에 상당하는 생물일수록 높게 된다.

**07** 최종 BOD가 150mg/L, 탈산소계수(base는 자연대수)가 0.2 day$^{-1}$인 물의 5일 소모 BOD는?

㉮ 약 85 mg/L   ㉯ 약 95 mg/L
㉰ 약 105 mg/L   ㉱ 약 115 mg/L

[풀이] 
$$BOD_5 = BOD_u \times (1 - e^{-k_1 \times t})$$
$$= 150\,mg/L \times (1 - e^{-0.2/day \times 5day})$$
$$= 94.82\,mg/L$$

**08** 적조(red tide)에 대한 내용으로 틀린 것은?

㉮ 여름철, 갈수기로 인하여 염도가 증가된 정체해역에서 주로 발생된다.
㉯ 고밀도로 존재하는 적조생물의 호흡에 의해 수중 용존산소를 소비하여 수중의 다른 생물의 생존이 어렵다.
㉰ upwelling 현상이 원인이 되는 경우가 있다.
㉱ 적조생물 중 독성을 갖는 편모조류가 치사성의 독소를 분비, 어패류를 폐사시킨다.

[풀이] ㉮ 여름철, 홍수기로 인하여 염도가 낮아진 정체해역에서 주로 발생된다.

**answer** 05 ㉱   06 ㉱   07 ㉯   08 ㉮

**09** 다음 중 자정계수의 특징에 대한 내용으로 틀린 것은?

㉮ 자정계수의 단위는 $day^{-1}$ 이다.
㉯ 유속이 빨라지면 자정계수는 커진다.
㉰ 수심이 얕을수록 자정계수는 커진다.
㉱ 온도가 높아지면 자정계수는 낮아진다.

**풀이** ㉮ 자정계수의 단위는 없다.

**10** 탈질화와 가장 관계가 깊은 미생물은?

㉮ Ntrosomonas  ㉯ Pseudomonas
㉰ Thiobacillus  ㉱ Vorticella

**풀이** 미생물의 종류
① 질산화 미생물 : Nitrosomonas, Nitrobacter
② 탈질화 미생물 : Pseudomonas, Micrococcus

**11** 최종 BOD가 20mg/L, DO가 5mg/L인 하천의 상류지점으로부터 3일 유하거리의 하류지점에서의 DO 농도(mg/L)는? (단, 온도변화는 없으며 DO 포화농도는 9 mg/L이고, 탈산소계수는 0.1/day, 재폭기계수는 0.2/day, 상용대수기준임)

㉮ 약 4.0   ㉯ 약 4.5
㉰ 약 3.0   ㉱ 약 2.5

**풀이**
① $D_t = \dfrac{k_1 \times L_o}{k_2 - k_1} \times (10^{-k_1 \times t} - 10^{-k_2 \times t})$
$\qquad + D_o \times (10^{-k_2 \times t})$

$= \dfrac{0.1/day \times 20mg/L}{0.2/day - 0.1/day}$
$\quad \times (10^{-0.1/day \times 3day} - 10^{-0.2/day \times 3day})$
$\quad + (9mg/L - 5mg/L) \times (10^{-0.2/day \times 3day})$
$= 6.005\,mg/L$

② 3일 유하거리의 하류지점에서의 DO 농도
$= C_s - D_t = 9mg/L - 6.005mg/L = 3.0\,mg/L$

**12** 해수의 특성에 대한 내용으로 알맞은 것은?

㉮ 염분은 적도해역과 극해역이 다소 높다.
㉯ 해수의 주요성분 농도비는 수온, 염분의 함수로 수심이 깊어질수록 증가한다.
㉰ 해수의 Na/Ca 비는 3~4 정도로 담수보다 매우 높다.
㉱ 해수 내 전체 질소 중 35% 정도는 암모니아성 질소, 유기질소 형태이다.

**풀이** ㉮ 염분은 적도해역에서는 높고, 극(남극과 북극) 해역에서는 다소 낮다.
㉯ 해수의 주요성분 농도비는 항상 일정하다.
㉰ 해수의 Mg/Ca 비는 3~4 정도로 담수보다 높다.

**13** 부영양호의 수면관리 대책으로 틀린 것은?

㉮ 수생식물의 이용
㉯ 준설
㉰ 약품에 의한 영양염류의 침전 및 황산동 살포
㉱ N, P 유입량의 증대

**풀이** ㉱ N, P 유입 방지

**14** Glucose 500mg/L가 완전 산화하는데 필요한 이론적 산소요구량은?

㉮ 633mg/L   ㉯ 666mg/L
㉰ 533mg/L   ㉱ 566mg/L

**answer** 09 ㉮  10 ㉯  11 ㉰  12 ㉱  13 ㉱  14 ㉰

**풀이**
$C_6H_{12}O_6 + 6O_2 \rightarrow 6CO_2 + 6H_2O$
180g : $6 \times 32$g
500mg/L : ThOD

$\therefore \text{ThOD} = \dfrac{500\,\text{mg/L} \times 6 \times 32\text{g}}{180\text{g}}$
$= 533.33\,\text{mg/L}$

**15** 하천의 생태변화과정 중 '$\beta$ –중부수성 수역'에 대한 내용으로 틀린 것은?
(단, Kolkwitz와 Marson의 4지대 구분 기준)

㉮ 규조, 녹조 등 많은 종류의 조류가 출현한다.
㉯ 태양충, 흡관충류가 출현한다.
㉰ 고분자 화합물의 분해로 아미노산이 풍부해진다.
㉱ 수질도에 초록색으로 표시한다.

**풀이** ㉰번은 $\alpha$-중부수성 수역에 대한 내용이다.

**16** pH 7인 물에서 $CO_2$의 해리상수는 $4.3 \times 10^{-7}$이고 $[HCO_3^-] = 4.3 \times 10^{-3}$ mol/L일 때 $CO_2$ 농도는?

㉮ 0.1 mole/L  ㉯ 0.01 mole/L
㉰ 0.001 mole/L  ㉱ 0.0001 mole/L

**풀이** $CO_2 + H_2O \rightleftarrows HCO_3^- + H^+$ 에서
해리상수(Ka) = $\dfrac{[HCO_3^-][H^+]}{[CO_2]}$
pH = $-\log[H^+]$ 에서
$[H^+] = 10^{-\text{pH}}\,\text{mol/L} = 10^{-7}\,\text{mol/L}$
$Ka = \dfrac{[HCO_3^-][H^+]}{[CO_2]}$
$4.3 \times 10^{-7} = \dfrac{[4.3 \times 10^{-3}][10^{-7}]}{[CO_2]}$
$\therefore CO_2 = 0.001\,\text{mol/L}$

**17** 물놀이 등의 행위제한 권고기준 중 대상행위가 '어패류 등 섭취'인 경우인 것은?

㉮ 어패류 체내 총 카드뮴 : 0.3mg/kg 이상
㉯ 어패류 체내 총 카드뮴 : 0.03mg/kg 이상
㉰ 어패류 체내 총 수은 : 0.3mg/kg 이상
㉱ 어패류 체내 총 수은 : 0.03mg/kg 이상

**풀이** ① 어패류 체내 총 수은 : 0.3mg/kg 이상
② 대장균 : 500(개체수/100mL) 이상

**18** 시·도지사는 공공수역의 수질보전을 위하여 환경부령이 정하는 해발고도 이상에 위치한 농경지 중 환경부령이 정하는 경사도 이상의 농경지를 경작하는 자에 대하여 경작방식의 변경, 농약·비료의 사용량 저감, 휴경 등을 권고할 수 있다. 위에서 언급한 환경부령이 정하는 해발고도와 경사도 기준은?

㉮ 400미터, 15퍼센트
㉯ 400미터, 25퍼센트
㉰ 600미터, 15퍼센트
㉱ 600미터, 25퍼센트

**풀이** 해발고도 : 400미터, 경사도 : 15퍼센트

**19** 용량이 6,000m³인 수조에 400m³/hr의 유량이 유입된다면 수조 내 BOD 200mg/L가 20mg/L될 때까지의 소요시간(hr)은? (단, 유입수 내 BOD = 0 이며 완전혼합형(희석효과만 고려함)

㉮ 약 35  ㉯ 약 45
㉰ 약 55  ㉱ 약 65

**answer** 15 ㉰  16 ㉰  17 ㉰  18 ㉮  19 ㉮

**풀이**

$\ln \dfrac{C_o}{C_t} = \dfrac{-Q}{V} \times t$ 에서

$\ln \dfrac{20\,mg/L}{200\,mg/L} = -\dfrac{400\,m^3/hr}{6,000\,m^3} \times t$

∴ t = 34.54 hr

**20** 비점오염방지시설의 시설유형별 기준에서 장치형시설이 아닌 것은?

㉮ 침투시설  ㉯ 여과형시설
㉰ 스크린형시설  ㉱ 소용돌이형시설

**풀이** 비점오염방지시설의 시설유형별 기준
① 자연형시설 : 저류시설, 인공습지, 침투시설, 식생형시설
② 장치형시설 : 여과형시설, 소용돌이형시설, 스크린형시설, 응집·침전 처리형시설, 생물학적 처리형시설

---

| 제2과목 | **상하수도계획**

**21** 상수도 시설의 기본계획 중 기본사항인 계획(목표) 연도는?

㉮ 5~10년  ㉯ 10~15년
㉰ 15~20년  ㉱ 20~25년

**풀이** 기본계획의 목표년도
① 상수도 시설 : 15~20년
② 하수도 시설 : 20년

**22** 다음은 수원지에서부터 가정까지의 급수계통을 나타낸 것으로 알맞은 것은?

㉮ 취수-도수-정수-송수-배수-급수
㉯ 취수-송수-정수-도수-배수-급수
㉰ 취수-송수-송수-정수-배수-급수
㉱ 취수-송수-도수-정수-배수-급수

**풀이** 급수계통의 순서는 ㉮번이며, 암기법은 "상취도 정송에 배급한다"임을 숙지하시면 됩니다.

**23** 우물의 양수량 결정시 적용되는 "적정 양수량"의 정의로 알맞은 것은?

㉮ 한계 양수량의 60% 이하의 양수량
㉯ 한계 양수량의 70% 이하의 양수량
㉰ 한계 양수량의 80% 이하의 양수량
㉱ 한계 양수량의 90% 이하의 양수량

**풀이** 적정 양수량(경제 양수량)은 한계 양수량의 70% 이하의 양수량을 말한다.

**24** 호소, 댐을 수원으로 하는 경우 취수문에 대한 내용으로 틀린 것은?

㉮ 일반적으로 중, 소량 취수에 쓰인다.
㉯ 일반적으로 가물막이(cofferdam)를 필요로 한다.
㉰ 갈수시, 홍수시, 결빙시에도 취수량 확보 조치 및 조정이 별도로 필요없다.
㉱ 갈수기에 호소에 유입되는 수량 이하로 취수할 계획이면 안정취수가 가능하다.

**풀이** ㉰ 갈수시, 홍수시, 결빙시에는 취수량 확보 조치 및 조정이 필요하다.

---

**answer** 20 ㉮  21 ㉰  22 ㉮  23 ㉯  24 ㉰

**25** 도시 하수처리장의 원형 침전지에 3,000 m³/day의 하수가 유입되고 위어의 월류부하를 12 m³/m·day로 하고자 한다면, 최종 침전지 월류위어(weir)의 길이(m)는?

㉮ 220m  ㉯ 230m
㉰ 240m  ㉱ 250m

▶풀이

월류부하$(m^3/m \cdot day) = \dfrac{Q(m^3/day)}{L(m)}$

$12\,m^3/m \cdot day = \dfrac{3,000\,m^3/day}{L}$

$\therefore L = \dfrac{3,000\,m^3/day}{12\,m^3/m \cdot day} = 250\,m$

**26** 수도용 폴리에틸렌관의 장·단점으로 틀린 것은?

㉮ 열이나 자외선에 약하다.
㉯ 내면조도가 변화하지 않는다.
㉰ 유기용제에 의한 침투에 조심해야 한다.
㉱ 융착접속으로는 우천시나 용천수 지반에서의 시공이 용이하다.

▶풀이 ㉱ 융착접속으로는 우천시나 용천수 지반에서의 시공이 곤란하다.

**27** 다음 중 도수시설에 대한 내용으로 틀린 것은?

㉮ 도수노선을 원칙적으로 공공도로 및 수도용지로 한다.
㉯ 도수시설의 계획 도수량은 계획 취수량을 기준으로 한다.
㉰ 도수시설을 취수시설에서 취수된 원수를 정수시설까지 끌어들이는 시설로 도수관 또는 도수거, 펌프설비 등으로 구성된다.
㉱ 도수관 설계사항 중 자연유하식의 경우에는 허용최대 한도를 3m/sec로 하고 도수관의 평균유속의 최소한도는 0.6m/sec이다.

▶풀이 ㉱ 도수관 설계사항 중 자연유하식의 경우에는 허용최대 한도를 3m/sec로 하고 도수관의 평균유속의 최소한도는 0.3m/sec이다.

**28** 하수관거의 접합방법 중 굴착깊이를 얇게 함으로써 공사비용을 줄일 수 있으며 수위상승을 방지하고 양정고를 줄일 수 있어 펌프로 배수하는 지역에 적합하나 상류부에서는 동수경사선이 관정보다 높이 올라 갈 우려가 있는 것은?

㉮ 수면접합  ㉯ 관중심접합
㉰ 관저접합  ㉱ 관정접합

▶풀이 ㉰ 관저접합에 대한 내용이며, 핵심 내용인 "수위상승 방지와 양정고 저감=관저접합"임을 숙지하시면 됩니다.

**29** 하수관거를 매설하기 위해 굴토한 도랑의 폭이 1.8m이다. 매설지점의 표토는 젖은 진흙으로서 흙의 밀도가 2.0t/m³이고, 흙의 종류와 관의 깊이에 따라 결정되는 계수($C_1$)는 1.50이었다. 이때 매설관이 받는 하중(t/m)은? (단, Marston 공식에 의해 계산)

㉮ 2.5t/m  ㉯ 5.8t/m
㉰ 7.4t/m  ㉱ 9.7t/m

**answer**  25 ㉱  26 ㉱  27 ㉱  28 ㉰  29 ㉱

**풀이** $W = C_1 \times r \times B^2$

여기서 W : 관이 받는 하중(t/m)
  $C_1$ : 상수
  r : 흙의 단위 질량(t/m³)
  B : 폭(m)

$W = 1.5 \times 2.0 t/m^3 \times (1.8 m)^2 = 9.72 t/m$

**30** 정수시설의 응집지의 플록형성지의 특성에 대한 내용으로 틀린 것은?

㉮ 플록형성시간은 계획정수량에 대하여 20~40분간을 표준으로 한다.
㉯ 기계식 교반에서 플록큐레이션의 주변속도는 15~80cm/sec를 표준으로 한다.
㉰ 플록형성지 내의 교반강도는 하류로 갈수록 점차 증가시키는 것이 바람직하다.
㉱ 플록형성지는 단락류나 정체부가 생기지 않으면서 충분하게 교반될 수 있는 구조로 한다.

**풀이** ㉰ 플록형성지 내의 교반강도는 하류로 갈수록 점차 감소시키는 것이 바람직하다.

**31** 다음 중 배수지에 대한 내용으로 틀린 것은?

㉮ 고수위에서 배수지의 상부 슬래브까지는 30cm 이상의 여유를 둔다.
㉯ 2개 이상의 배수계통으로 된 경우는 각 계통마다 배수지의 유효용량을 결정하여야 한다.
㉰ 배수지의 유효수심은 3~6m 범위를 표준으로 한다.
㉱ 배수지의 유효용량은 시간변동조정용량과 비상대처용량을 합하여 급수구역의 계획1일 최대급수량의 8시간분 이상을 표준으로 한다.

**풀이** ㉱ 배수지의 유효용량은 시간변동조정용량과 비상대처용량을 합하여 급수구역의 계획1일 최대급수량의 12시간분 이상을 표준으로 한다.

**32** 다음 중 상수도 급수배관 설치사항에 대한 내용으로 틀린 것은?

㉮ 상수도를 공공도로에 부설할 경우에는 도로관리자가 정한 점용위치와 깊이에 따라 배관해야 하며 다른 매설물과의 간격을 50cm 이상 확보해야 한다.
㉯ 급수관을 부설하고 되메우기를 할 때에는 양질토 또는 모래를 사용하여 적절하게 다짐하여 관을 보호한다.
㉰ 급수관이 개거를 횡단하는 경우에는 가능한 한 개거의 아래로 부설한다.
㉱ 동결이나 결로의 우려가 있는 급수장치의 노출부분에 대해서는 적절한 방한조치나 결로 방지조치를 강구한다.

**풀이** ㉮ 상수도를 공공도로에 부설할 경우에는 도로관리자가 정한 점용위치와 깊이에 따라 배관해야 하며 다른 매설물과의 간격을 30cm 이상 확보해야 한다.

**answer** 30 ㉰  31 ㉱  32 ㉮

**33** $I = \dfrac{3,660}{t+15}$ mm/hr, 면적 3.0 km², 유입시간 6분, 유출계수 C = 0.65, 관내 유속이 1m/sec인 경우 관 길이 600m인 하수관에서 흘러나오는 우수량(m³/sec)은? (단, 합리식 적용)

㉮ 64   ㉯ 76
㉰ 82   ㉱ 91

**풀이**  $Q = \dfrac{1}{360} CIA$

여기서 C : 유출계수
I : 강우강도(mm/hr)
A : 면적(ha)

① $I = \dfrac{3,660}{t+15}$ (mm/hr)

t(유달시간) = 유입시간(min) + 유하시간(min)

유하시간 = $\dfrac{\text{관의 길이(m)}}{\text{관내 유속(m/min)}}$

= $\dfrac{600\,m}{1\,m/sec \times 60\,sec/min}$ = 10 min

따라서
t(유달시간) = 6 min + 10 min = 16 min

$I = \dfrac{3,660}{t+15} = \dfrac{3,660}{16\,min + 15}$ = 118.0645 mm/hr

② A(면적) = 3.0 km² × 100 ha/1 km² = 300 ha

③ $Q = \dfrac{1}{360} CIA$

= $\dfrac{1}{360}$ × 0.65 × 118.0645 mm/hr × 300 ha

= 63.95 m³/sec

**34** 급수배관의 종류 중 수도용 스테인리스 강관에 대한 내용으로 틀린 것은?

㉮ 라이닝이나 도장을 필요로 하지 않는다.
㉯ 용접접속에 시간이 걸린다.
㉰ 강인성이 뛰어나고 충격에 강하다.
㉱ 이종금속과의 절연처리가 필요없다.

**풀이**  ㉱ 이종금속과의 절연처리가 필요하다.

**35** 상수도시설인 급수장치의 급수방식으로 틀린 것은?

㉮ 저수조식   ㉯ 직결가압식
㉰ 직결감압식  ㉱ 직결직압식

**풀이**  급수장치의 급수방식
① 저수조식
② 직결가압식
③ 직결직압식

**36** 공동현상(Cavitation) 발생을 방지하기 위한 대책으로 틀린 것은?

㉮ 펌프의 설치위치를 가능한 한 낮추어 가용 유효흡입 수두를 크게 한다.
㉯ 펌프의 회전속도를 낮게 선정하여 필요 유효흡입 수두를 크게 한다.
㉰ 흡입측 밸브를 완전히 개방하고 펌프를 운전한다.
㉱ 흡입관에 손실을 가능한 한 작게 하여 가용 유효흡입수두를 크게 한다.

**풀이**  ㉯ 펌프의 회전속도를 낮게 선정하여 필요 유효흡입 수두를 작게 한다.

**answer**  33 ㉮  34 ㉱  35 ㉰  36 ㉯

**37** 하수관로에서 조도계수 0.014, 동수경사 1/100이고 관경이 400mm일 때 이 관로의 유량($m^3$/sec)은? (단, 만관기준, Manning 공식에 의함)

㉮ 약 0.08    ㉯ 약 0.12
㉰ 약 0.15    ㉱ 약 0.19

**풀이**
① A(면적) $= \dfrac{\pi D^2}{4}$
$= \dfrac{\pi \times (0.4m)^2}{4} = 0.12566 m^2$
② R(경심) $= \dfrac{D}{4}(m) = \dfrac{0.4m}{4} = 0.1m$
③ I(기울기=동수경사) $= \dfrac{1}{100}$
④ Manning 공식 :
유속 (v) $= \dfrac{1}{n} \times R^{\frac{2}{3}} \times I^{\frac{1}{2}}$(m/sec)
$= \dfrac{1}{0.014} \times (0.1m)^{\frac{2}{3}} \times \left(\dfrac{1}{100}\right)^{\frac{1}{2}}$
$= 1.539 m/sec$
⑤ 유량(Q) $=$ 면적(A) × 유속(v)
$= 0.12566 m^2 \times 1.539 m/sec$
$= 0.19 m^3/sec$

**38** 취수보에 대한 내용으로 틀린 것은?

㉮ 유심이 취수구에 가까우며 안정되고 홍수에 의한 하상변화가 적은 지점으로 한다.
㉯ 원칙적으로 철근콘크리트구조로 한다.
㉰ 원칙적으로 홍수의 유심방향과 직각의 직선형으로 가능한 한 하천의 곡선부에 설치한다.
㉱ 개발이 진행된 하천 등에서 정확한 취수조정이 필요한 경우 사용된다.

**풀이** ㉰ 원칙적으로 홍수의 유심방향과 직각의 직선형으로 가능한 한 하천의 직선부에 설치한다.

**39** 펌프의 토출량이 0.20$m^3$/sec, 흡입구 유속이 3m/sec인 경우, 펌프의 흡입구경(mm)은?

㉮ 약 198    ㉯ 약 292
㉰ 약 323    ㉱ 약 413

**풀이**
$D = 146 \times \sqrt{\dfrac{Q}{V}}$
여기서 D : 펌프의 흡입구경(mm)
   Q : 펌프의 토출량($m^3$/min)
   V : 유속(m/sec)
$D = 146 \times \sqrt{\dfrac{0.2 m^3/sec \times 60 sec/min}{3 m/sec}}$
$= 292 mm$

**40** 다음 중 수격작용을 방지 또는 줄이는 방법으로 틀린 것은?

㉮ 펌프에 fly wheel를 붙여 펌프의 관성을 증가시킨다.
㉯ 흡입측 관로에 압력조절수조를 설치하여 부압을 유지시킨다.
㉰ 펌프 토출구 부근에 공기탱크를 두거나 부압 발생지점에 흡기밸브를 설치하여 압력강하시 공기를 넣어준다.
㉱ 관내유속을 낮추거나 관거상황을 변경한다.

**풀이** ㉯ 토출측 관로에 압력조절수조를 설치하여 부압 발생장소에 물을 보급하여 부압을 방지한다.

**answer** 37 ㉱   38 ㉰   39 ㉯   40 ㉯

| 제3과목 | 수질오염방지기술

**41** 하수처리장 기준 2차 침전지에 대한 내용으로 틀린 것은?

㉮ 표면부하율은 계획1일 최대오수량에 대하여 20~30 m³/m²·day 이다.
㉯ 고형물 부하율은 95~145 kg/m²·day 로 한다.
㉰ 침전시간은 2~4시간이며, 유효수심은 3~5m를 표준으로 한다.
㉱ 월류위어의 부하율은 190 m³/m·day 이다.

**풀이** ㉰ 침전시간은 3~5시간이며, 유효수심은 2.5~4m를 표준으로 한다.

**42** 다음 중 지역침전에 대한 내용으로 틀린 것은?

㉮ 생물학적 처리시설과 함께 사용되는 2차 침전시설 내에서 발생한다.
㉯ 침전하는 입자들이 너무 가까이 있어서 입자 간의 힘이 이웃입자의 침전을 방해하게 되고 동일한 속도로 침전한다.
㉰ 입자 등은 서로 간의 상대적 위치를 변경시키며, 입자들은 구조물을 형성하여 여러 개의 단위로 침전한다.
㉱ 중간정도 농도, 서로 방해를 받으며 집단체로 침전하고 침전지나 농축조가 해당한다.

**풀이** ㉰ 입자 등은 서로 간의 상대적 위치를 변경시키지 않고 입자들은 구조물을 형성하여 한 개의 단위로 침전한다.

**43** 농도가 5,500mg/L인 폭기조 활성 슬러지 1L를 30분간 정치시켰을 때 침강 슬러지의 부피가 45%를 차지하였다. 이 때의 SDI는?

㉮ 1.22     ㉯ 1.48
㉰ 1.61     ㉱ 1.83

**풀이**
① $SVI = \dfrac{SV(\%)}{MLSS(mg/L)} \times 10^4$
$= \dfrac{45\%}{5,500mg/L} \times 10^4 = 81.82$
② $SDI = \dfrac{1}{SVI} \times 100 = \dfrac{1}{81.82} \times 100 = 1.22$

**TIP**
SVI : 슬러지용적지수(mL/g)
SDI : 슬러지밀도지수(g/100mL)

**44** 수중의 암모니아($NH_3$)를 포기하여 제거(air stripping)하고자 할 때 가장 중요한 인자는?

㉮ pH와 온도
㉯ pH와 용존산소 농도
㉰ 온도와 용존산소 농도
㉱ 온도와 공기공급량

**풀이** 수중의 암모니아성 질소 탈기법은 암모니아성 질소를 pH를 10 이상에서 암모니아 가스로 탈기시키는 공법이며, 기온이 상승할수록 같은 양의 폐수를 처리하는데 필요한 공기의 양은 감소하게 된다. 따라서 가장 중요한 인자는 pH와 온도이다.

**answer** 41 ㉰  42 ㉰  43 ㉮  44 ㉮

**45** 상수시설 기준의 완속여과지에 대한 내용으로 틀린 것은?

㉮ 여과지의 깊이는 하수집수장치의 높이에 자갈층의 두께, 모래층 두께, 모래면 위의 수심과 여유고를 더하여 4~6m를 표준으로 한다.
㉯ 주위벽 상단은 지반보다 15cm 이상 높여서 여과지 내로 오염수나 토사 등의 유입을 방지하여야 한다.
㉰ 여과지의 여과속도 표준은 4~5m/day, 균등계수는 2.0 이하이다.
㉱ 여과지는 2지 이상으로 하고, 10지마다 1지 비율로 예비지를 둔다.

**풀이** ㉮ 여과지의 깊이는 하수집수장치의 높이에 자갈층의 두께, 모래층 두께, 모래면 위의 수심과 여유고를 더하여 2.5~3.5m를 표준으로 한다.

**46** 폐수유량이 1,000m³/day, 고형물농도가 2,700mg/L인 슬러지를 부상법에 의해 농축시키고자 한다. 압축탱크의 압력이 4기압이며 공기의 밀도 1.3g/L, 공기의 용해량이 29.2cm³/L일 때 air/solid 비는? (단, f는 0.5이며 비순환방식이다.)

㉮ 0.009  ㉯ 0.014
㉰ 0.019  ㉱ 0.025

**풀이** $A/S비 = \dfrac{1.3 \times Sa \times (f \cdot P - 1)}{SS}$

여기서 Sa : 공기의 용해도(mL/L)
SS : 부유고형물 농도(mg/L)
P : 절대압력(atm)

$A/S비 = \dfrac{1.3 \times 29.2 cm^3/L \times (0.5 \times 4atm - 1)}{2,700 mg/L}$
$= 0.014$

**TIP**
$cm^3/L = mL/L$

**47** 하수 내 함유된 유기물질 뿐 아니라 영양물질까지 제거하기 위하여 개발된 $A^2/O$공법에 대한 내용으로 틀린 것은?

㉮ 인과 질소를 동시에 제거할 수 있다.
㉯ 혐기조에서는 인의 방출이 일어난다.
㉰ 폐 sludge 내의 인함량은 비교적 높아서(3~5%) 비료의 가치가 있다.
㉱ 무산소조에서는 인의 과잉섭취가 일어난다.

**풀이** ㉱ 무산소조에서는 탈질작용이 일어난다.

**48** 다음 중 폴리염화알루미늄(PAC)에 대한 내용으로 틀린 것은?

㉮ Alum에 비해 처리수의 pH가 높으며 알칼리도 소비량이 많다.
㉯ 적정 주입률이 Alum의 4배로 범위가 넓다.
㉰ 고탁도나 휴민질성 착색수에 효과적이다.
㉱ 가격이 고가이고, Alum에 비해 부식성이 강하다.

**풀이** ㉮ Alum에 비해 처리수의 pH가 낮으며 알칼리도 소비량이 적다.

**answer** 45 ㉮  46 ㉯  47 ㉱  48 ㉮

**49** 다음 중 활성탄에 대한 내용으로 틀린 것은?

㉮ 생물활성탄은 활성탄 사용시간 연장 및 재생이 가능하며, 충격부하에 강하다.
㉯ 생물활성탄은 분해에 적응시간이 필요한 용해성 유기물질의 제거에 효과적이다.
㉰ 입상활성탄은 분말활성탄에 비해 흡착속도가 빠르고, 취급이 용이하다.
㉱ 입상활성탄은 재생이 용이하고, 물과 분리가 용이하다.

**풀이** ㉰ 입상활성탄은 분말활성탄에 비해 흡착속도가 느리고, 취급이 용이하다.

**50** 폭기조 내의 MLSS 3,000mg/L, 폭기조 용적이 500m³인 활성슬러지 처리공법에서 최종침전지에서 유출하는 SS를 무시할 경우 매일 20m³ 슬러지를 배출시키면 세포 평균 체류시간(SRT)은?
(단, 폐슬러지 농도는 1%)

㉮ 3.5일   ㉯ 5.5일
㉰ 7.5일   ㉱ 9.5일

**풀이**
$$SRT = \frac{MLSS \cdot V}{Q_W \cdot SS_W}$$
$$= \frac{3{,}000\text{mg/L} \times 500\text{m}^3}{20\text{m}^3/\text{day} \times 1 \times 10^4\text{mg/L}} = 7.5\,\text{day}$$

**TIP**
① $SRT = MCRT = \theta_C$ = 미생물 체류시간 = 고형물 체류시간
② % $\xrightarrow{\times 10^4}$ ppm(mg/L) 이므로
$SS_W$ 1% = $1 \times 10^4$mg/L

**51** 속도경사(velocity gradient)에 대한 내용으로 틀린 것은?

㉮ 속도경사는 점성계수가 클수록 커진다.
㉯ 속도경사는 동력이 클수록 커진다.
㉰ 일반적으로 속도경사의 단위는 $\sec^{-1}$ 이다.
㉱ 속도경사는 반응조 용적이 클수록 작아진다.

**풀이** ㉮ 속도경사는 점성계수가 클수록 작아진다.

**TIP**
속도경사(G) = $\sqrt{\dfrac{P}{\mu \times V}}$

**52** 유입하수의 BOD 농도가 200mg/L이고 포기조내 체류시간이 4시간이며 포기조의 F/M비를 0.3kgBOD/kg MLSS·day로 유지한다고 하면 포기조의 MLSS 농도는?

㉮ 2,500mg/L   ㉯ 3,000mg/L
㉰ 3,500mg/L   ㉱ 4,000mg/L

**풀이**
$$F/M\text{비} = \frac{BOD \times Q}{MLSS \times V} = \frac{BOD}{MLSS} \times \frac{1}{t}$$
$$0.3/\text{day} = \frac{200\text{mg/L}}{MLSS} \times \frac{1}{\left(\frac{4\text{hr}}{24}\right)\text{day}}$$
∴ MLSS = 4,000mg/L

**answer** 49 ㉰  50 ㉰  51 ㉮  52 ㉱

**53** 하수 소독시 적용되는 오존소독방법에 대한 일반적 장·단점으로 틀린 것은?
(단, 염소소독 방법 등과 비교)

㉮ $Cl_2$보다 더 강력한 산화제이다.
㉯ 저장시스템 파괴 사고의 위험이 있다.
㉰ 모든 박테리아와 바이러스를 살균시킨다.
㉱ 초기 투자비와 부속설비가 비싸다.

▶풀이 ㉯ 저장시스템 파괴 사고의 위험이 없다.

**54** 역삼투 장치로 하루에 $1,710\,m^3$의 3차 처리된 유출수를 탈염시키고자 한다. 요구되는 막면적($m^2$)은?

- 유입수와 유출수 사이의 압력차 $= 2,400\,kPa$
- 25℃에서 물질전달계수 $= 0.2068\,L/(day\cdot m^2)(kPa)$
- 최저 운전 온도 $= 10℃$
- $A_{10℃} = 1.58\,A_{25℃}$
- 유입수와 유출수의 삼투압차 $= 310\,kPa$

㉮ 약 $5,351\,m^2$  ㉯ 약 $6,251\,m^2$
㉰ 약 $7,351\,m^2$  ㉱ 약 $8,121\,m^2$

▶풀이 ① $Q_F(L/day\cdot m^2)$
$= K(L/day\cdot m^2\cdot kpa) \times (\Delta p - \Delta \pi)$
$= 0.2068\,L/day\cdot m^2\cdot kpa \times (2,400\,kpa - 310\,kpa)$
$= 432.212\,L/day\cdot m^2$

② $A_{25℃} = \dfrac{Q(L/day)}{Q_F(L/day\cdot m^2)}$
$= \dfrac{1,710 \times 10^3\,L/day}{432.212\,L/day\cdot m^2} = 3,956.39\,m^2$

③ $A_{10℃} = 1.58\,A_{25℃}$
$= 1.58 \times 3,956.39\,m^2 = 6,251.10\,m^2$

**55** 생물막법 처리방식인 접촉산화법의 장·단점으로 틀린 것은?

㉮ 부하, 수량변동에 대하여 완충능력이 있다.
㉯ 미생물량과 영향인자를 정상상태로 유지하기 위한 조작이 어렵다.
㉰ 분해속도가 낮은 기질제거에 효과적이며 수온의 변동에 강하다.
㉱ 반응조 내 매체를 균일하게 포기 교반하는 조건설정이 용이하다.

▶풀이 ㉱ 반응조 내 매체를 균일하게 포기 교반하는 조건설정이 어렵다.

**56** 1차 침전지의 유입유량은 $1,000\,m^3$/day이고 SS농도는 $350\,mg/L$이다. 1차 침전지에서의 제거효율이 60%일 때 하루에 1차 침전지에서 발생되는 슬러지 발생량($m^3$)은? (단, 슬러지의 비중은 1.05, 함수율은 94%, 기타 조건은 고려하지 않는다.)

㉮ $2.3\,m^3$  ㉯ $2.5\,m^3$
㉰ $2.7\,m^3$  ㉱ $3.3\,m^3$

▶풀이 슬러지 발생량($m^3$)
$= \dfrac{SS(kg/m^3) \times Q(m^3/day) \times \eta}{비중량(kg/m^3)} \times \dfrac{100}{100 - P(\%)}$
$= \dfrac{0.35\,kg/m^3 \times 1,000\,m^3/day \times 0.60}{1,050\,kg/m^3} \times \dfrac{100}{100 - 94}$
$= 3.33\,m^3$

**TIP**
① $mg/L \xrightarrow{\times 10^{-3}} kg/m^3$ 이므로
$350\,mg/L = 0.35\,kg/m^3$
② 비중 $\xrightarrow{\times 10^3}$ 비중량($kg/m^3$) 이므로
비중(1.05) $= 1,050\,kg/m^3$

**answer** 53 ㉯  54 ㉯  55 ㉱  56 ㉱

**57** 슬러지 함수율이 90%인 슬러지 15m³/hr를 가압 탈수기로 탈수하고자 할 때 탈수기의 소요 면적(m²)은? (단, 비중은 1.0 기준, 탈수기의 탈수 속도는 3kg(건조 고형물)/m²·hr 이다.)

㉮ 400m²　　㉯ 450m²
㉰ 500m²　　㉱ 550m²

**풀이** 탈수기의 탈수속도(kg/m²·hr)
$= \dfrac{슬러지 농도(kg/m^3) \times 슬러지량(m^3/hr)}{소요면적(m^2)}$

$3kg/m^2 \cdot hr = \dfrac{100kg/m^3 \times 15m^3/hr}{소요면적(m^2)}$

∴ 소요면적(m²) = 500m²

**TIP**
① 슬러지농도 = 100 − 90% = 10%
② % $\xrightarrow{\times 10^4}$ ppm(mg/L) $\xrightarrow{\times 10^{-3}}$ kg/m³
③ 슬러지농도 10% = 10 × 10⁴ mg/L = 100kg/m³

**58** 다음의 막공법 중 농도차가 분리를 위한 추진 구동력인 것은?

㉮ 역삼투법　　㉯ 한외여과법
㉰ 전기투석법　㉱ 투석법

**풀이** 물질분리를 유발하는 추진력
① 전기투석 : 전위차
② 투석 : 농도차
③ 역삼투, 한외여과, 나노여과, 정밀여과 : 정수압차

**59** 하수처리를 위한 회전원판법에 대한 내용으로 틀린 것은?

㉮ 소비전력량은 소규모 처리시설에는 표준활성슬러지법에 비하여 적다.
㉯ 원판의 회전으로 인해 부착생물과 회전판 사이에 전단력이 생긴다.
㉰ 살수여상과 같이 여상에 파리는 발생하지 않으나 하루살이가 발생하는 수가 있다.
㉱ 활성슬러지법에 비해 이차침전지에서 미세한 SS의 유출이 적어 처리수의 투명도가 좋다.

**풀이** ㉱ 활성슬러지법에 비해 이차침전지에서 미세한 SS의 유출이 많아 처리수의 투명도가 나쁘다.

**60** 질산화 반응에 의한 알칼리도의 변화는?

㉮ 감소한다.
㉯ 증가한다.
㉰ 변화하지 않는다.
㉱ 증가 후 감소한다.

**풀이** pH 변화
① 질산화 반응 : [H⁺]의 증가로 pH 감소
② 탈질화 반응 : [OH⁻]의 증가로 pH 증가

**answer** 57 ㉰　58 ㉱　59 ㉱　60 ㉮

| 제4과목 | 수질오염공정시험기준

**61** 하천수의 시료 채취지점에 대한 내용이다. ( )에 공통으로 들어갈 내용은?

> 하천의 단면에서 수심이 가장 깊은 수면의 지점과 그 지점을 중심으로 하여 좌우로 수면폭을 2등분한 각각의 지점의 수면으로부터 수심 ( )미만일 때에는 수심의 1/3에서, 수심 ( )이상일 때에는 수심의 1/3 및 2/3에서 각각 채수한다.

㉮ 2m  ㉯ 3 m
㉰ 5 m  ㉱ 6 m

**풀이** 하천수의 시료 채취지점
① 수심 2m 미만인 경우 : 수심의 1/3 지점
② 수심 2m 이상인 경우 : 수심의 1/3 및 2/3 지점

**62** 예상 BOD치에 대한 사전경험이 없을 때 오염정도가 심한 공장폐수의 희석배율은?

㉮ 25%~100%  ㉯ 5%~25%
㉰ 1%~5%  ㉱ 0.1%~1.0%

**풀이** 사전경험이 없을 때 시료 조제방법
① 오염정도가 심한 공장폐수 : 0.1%~1.0%
② 처리하지 않은 공장폐수와 침전된 하수 : 1%~5%
③ 처리하여 방류된 공장폐수 : 5%~25%
④ 오염된 하천수 : 25%~100%

**63** 수은을 냉증기-원자흡수분광광도법으로 측정할 때 유리염소를 환원시키기 위해 사용하는 시약과 잔류하는 염소를 통기시켜 추출하기 위해 사용하는 가스는?

㉮ 염산하이드록실아민, 질소
㉯ 염산하이드록실아민, 수소
㉰ 과망간산포타슘, 질소
㉱ 과망간산포타슘, 수소

**풀이** 수은의 냉증기-원자흡수분광광도법
① 유리염소를 환원시키기 위해 사용하는 시약 : 염산하이드록실아민
② 염소를 통기시켜 추출하기 위해 사용하는 가스 : 질소

**64** 수질오염공정시험기준상 불소화합물의 분석방법으로 틀린 것은?

㉮ 자외선/가시선 분광법
㉯ 이온전극법
㉰ 이온크로마토그래피
㉱ 불꽃 원자흡수분광광도법

**풀이** 불소화합물의 분석방법
① 자외선/가시선 분광법
② 이온전극법
③ 이온크로마토그래피
④ 연속흐름법

**TIP**
불꽃 원자흡수분광광도법은 중금속을 분석하는 방법이므로 불소화합물이 중금속인지를 판단하면 쉽게 답을 찾을 수 있다.

**answer** 61 ㉮  62 ㉱  63 ㉮  64 ㉱

## 65
총질소의 측정원리에 대한 내용으로 ( )에 들어갈 알맞은 것은?

> 시료 중 모든 질소화합물을 알칼리성 ( )을 사용하여 120℃ 부근에서 유기물과 함께 분해하여 질산이온으로 산화시킨 후 산성상태로 하여 흡광도를 220nm에서 측정하여 총질소를 정량하는 방법이다.

㉮ 과황산포타슘
㉯ 몰리브덴산 암모늄
㉰ 염화제일주석산
㉱ 이스코르빈산

**풀이** 총질소(T-N)의 자외선/가시선 분광법
① 분해시약 : 알칼리성 과황산포타슘
② 분해온도 : 120℃ 부근
③ 측정파장 : 220nm
④ 발색되는 색 : 무색

## 66
수산화소듐 1g을 증류수에 용해시켜 400mL로 하였을 때 이 용액의 pH는?

㉮ 13.8    ㉯ 12.8
㉰ 11.8    ㉱ 10.8

**풀이**
① NaOH의 mol/L = $\dfrac{1g}{0.4L} \times \dfrac{1\,mol}{40g}$
= 0.0625M

② NaOH → Na$^+$ + OH$^-$
  XM    XM    XM
따라서 [OH$^-$]의 농도 = XM = 0.0625M

③ pH = 14 + log[OH$^-$]
   = 14 + log[0.0625M] = 12.80

**TIP**
① M농도의 단위 : mol/L
② 산성 물질에서 pH = -log[H$^+$]
③ 알칼리성 물질에서 pH = 14 + log[OH$^-$]

## 67
수질오염공정시험기준상 냄새측정에 대한 내용으로 틀린 것은?

㉮ 물속의 냄새를 측정하기 위하여 측정자의 후각을 이용하는 방법이다.
㉯ 잔류염소의 냄새는 측정에서 제외한다.
㉰ 냄새역치는 냄새를 감지할 수 있는 최대 희석배수를 말한다.
㉱ 각 판정요원의 냄새의 역치를 산술평균하여 결과로 보고한다.

**풀이** ㉱ 각 판정요원의 냄새의 역치를 기하평균하여 결과로 보고한다.

## 68
식물성 플랑크톤의 측정에 대한 내용으로 틀린 것은?

㉮ 시료가 육안으로 녹색이나 갈색으로 보일 경우 정제수로 적절한 농도로 희석한다.
㉯ 물속의 식물성 플랑크톤을 평판집락법을 이용하여 면적당 분포하는 개체수를 조사한다.
㉰ 식물성 플랑크톤은 운동력이 없거나 극히 적어 수체의 유동에 따라 수체 내에 부유하면서 생활하는 단일개체, 집락성, 선상형태의 광합성 생물을 총칭한다.
㉱ 시료의 개체수는 계수면적당 10~40 정도가 되도록 희석 또는 농축한다.

**풀이** ㉯ 물속의 식물성 플랑크톤을 현미경계수법을 이용하여 개체수를 조사한다.

answer  65 ㉮  66 ㉯  67 ㉱  68 ㉯

**69** 수질오염공정시험기준 상 총대장균군의 시험방법으로 틀린 것은?

㉮ 현미경계수법  ㉯ 막여과법
㉰ 시험관법    ㉱ 평판집락법

**풀이** 시험방법
① 총대장균군 : 막여과법, 시험관법, 평판집락법, 효소기질정량법, 건조필름법
② 분원성대장균군 : 막여과법, 시험관법, 효소기질정량법
③ 대장균 : 막여과법, 시험관법, 효소기질정량법

**70** 총 유기탄소 시험에 적용되는 용어의 정의로 틀린 것은?

㉮ 총 유기탄소 : 수중에서 유기적으로 결합된 탄소의 합을 말한다.
㉯ 무기성 탄소 : 수중에 탄산염, 중탄산염, 용존 이산화탄소 등 무기적으로 결합된 탄소의 합을 말한다.
㉰ 부유성 유기탄소 : 총 유기탄소 중 공극 0.45 $\mu$m의 막 여지를 통과하지 못한 유기탄소를 말한다.
㉱ 비정화성 유기탄소 : 총 탄소 중 pH 5.6 이하에서 포기에 의해 정화되지 않는 탄소를 말한다.

**풀이** ㉱ 비정화성 유기탄소 : 총 탄소 중 pH 2 이하에서 포기에 의해 정화되지 않는 탄소를 말한다.

**71** 취급 또는 저장하는 동안에 밖으로부터의 공기 또는 다른 가스가 침입하지 아니하도록 내용물을 보호하는 용기는?

㉮ 밀폐용기   ㉯ 기밀용기
㉰ 밀봉용기   ㉱ 차광용기

**풀이** 용기
㉮ 밀폐용기 : 이물질
㉯ 기밀용기 : 공기 또는 다른 가스
㉰ 밀봉용기 : 기체 또는 미생물
㉱ 차광용기 : 광선

**72** 정도보증/정도관리에서 정량한계를 바르게 표현한 것은?

㉮ 정량한계 = 3 × 표준편차(S)
㉯ 정량한계 = 5 × 표준편차(S)
㉰ 정량한계 = 10 × 표준편차(S)
㉱ 정량한계 = 15 × 표준편차(S)

**풀이** 정도보증/정도관리
① 정량한계 = 10 × 표준편차(S)
② 감응계수
$$= \frac{반응값(R)}{검정곡선 작성용 표준용액의 농도(C)}$$
③ 정밀도(%)
$$= \frac{표준편차(S)}{n회 측정한 결과의 평균값} \times 100$$

**73** 다량의 점토질 또는 규산염을 함유한 시료에 적용하는 산분해법은?

㉮ 질산 – 염산법
㉯ 질산 – 황산법
㉰ 질산 – 과염소산법
㉱ 질산 – 과염소산 – 불화수소산법

**풀이** ㉱ 질산-과염소산-불화수소산법에 대한 내용이며, 암기법은 "과불 점규"임을 숙지하시면 됩니다.

**answer** 69 ㉮  70 ㉱  71 ㉯  72 ㉰  73 ㉱

**74** 다음 중 투명도에 대한 설명으로 틀린 것은?

㉮ 백색원판은 지름이 30cm로 무게가 약 3kg이 되는 원판에 지름 5cm의 구멍 8개가 뚫려 있다.
㉯ 백색원판의 광 반사능은 투명도에 미치는 영향이 적지만, 색도차는 투명도에 미치는 영향이 아주 크다.
㉰ 흐름이 있어 줄이 기울어질 경우에는 2kg 정도의 추를 달아서 줄을 세워야 한다.
㉱ 측정결과는 0.1m 단위로 표기한다.

【풀이】 ㉯ 백색원판의 색도차는 투명도에 미치는 영향이 적지만, 원판의 광 반사능은 투명도에 영향을 미치므로 표면이 더러울 때에는 다시 색칠을 하여야 한다.

**75** 용존산소(DO) 측정시 적정법의 정량한계는?

㉮ 1.0mg/L  ㉯ 0.5mg/L
㉰ 0.3mg/L  ㉱ 0.1mg/L

【풀이】 용존산소의 정량한계
① 적정법 : 0.1mg/L
② 전극법 : 0.5mg/L
③ 광학식 센서방법 : 0.5mg/L

**76** 부유물질 측정시 간섭물질에 대한 내용으로 틀린 것은?

㉮ 나무조각, 큰 모래입자 등과 같이 큰 입자들은 부유물질 측정에 방해를 주며, 이 경우 직경 5mm 금속망에 먼저 통과시킨 후 분석을 실시한다.
㉯ 증발잔류물이 1,000mg/L 이상인 경우의 해수, 공장폐수 등은 특별히 취급하지 않을 경우, 높은 부유물질 값을 나타낼 수 있다.
㉰ 칼슘, 마그네슘, 염화물, 황산염 등의 농도가 높을 경우 금속 침전이 발생하며, 부유물질측정에 영향을 줄 수 있다.
㉱ 유지, 그리스, 왁스 등을 포함하는 시료의 경우 시료를 여과한다.

【풀이】 ㉮ 나무조각, 큰 모래입자 등과 같이 큰 입자들은 부유물질 측정에 방해를 주며, 이 경우 직경 2mm 금속망에 먼저 통과시킨 후 분석을 실시한다.

**77** 총인을 자외선/가시선 분광법으로 분석할 때의 내용으로 틀린 것은?

㉮ 정량한계는 0.005mg/L이다.
㉯ 생성된 몰리브덴산의 흡광도를 880nm에서 측정한다.
㉰ 분해되기 쉬운 유기물을 함유하는 시료의 전처리는 질산-황산으로 분해한다.
㉱ 880nm에서 흡광도 측정이 불가능할 경우에는 710nm에서 측정한다.

【풀이】 ㉰ 분해되기 쉬운 유기물을 함유하는 시료의 전처리는 과황산포타슘으로 분해한다.

**answer** 74 ㉯  75 ㉱  76 ㉮  77 ㉰

**78** 다음 중 시안의 분석방법으로 틀린 것은?

㉮ 자외선/가시선 분광법
㉯ 이온전극법
㉰ 연속흐름법
㉱ 이온크로마토그래피

**풀이** 시안의 분석방법
① 자외선/가시선 분광법
② 이온전극법
③ 연속흐름법

**79** 크롬–원자흡수분광광도법의 정량한계는?

㉮ 357.9 nm에서의 산처리법은 0.01 mg/L, 용매추출법은 0.001 mg/L이다.
㉯ 357.9 nm에서의 산처리법은 0.001 mg/L, 용매추출법은 0.01 mg/L이다.
㉰ 357.9 nm에서의 산처리법은 0.01 mg/L, 용매추출법은 0.01 mg/L이다.
㉱ 357.9 nm에서의 산처리법은 0.001 mg/L, 용매추출법은 0.001 mg/L이다.

**80** 수질오염공정시험기준 구리의 시험방법별 정량한계로 틀린 것은?

㉮ 원자흡수분광광도법 : 0.008mg/L
㉯ 유도결합플라스마-원자발광분광법 : 0.006mg/L
㉰ 유도결합플라스마-질량분석법 : 0.002mg/L
㉱ 양극벗김전압전류법 : 0.01mg/L

**풀이** ㉱번은 구리의 시험방법에 해당하지 않는다.

**answer** 78 ㉱  79 ㉮  80 ㉱

# 2025 3회 CBT 복원문제

| 제1과목 | 수질오염개론

**01** 생물학적 질산화에 대한 내용으로 틀린 것은?

㉮ 미생물 성장의 에너지가 주로 암모니아와 같은 질소화합물의 산화에서 얻어진다.
㉯ 암모니아성 질소를 아질산성 질소로 전환시키는 1단계 반응에 관여하는 미생물은 Nitrobacter이다.
㉰ 질산화는 자가영양의 생물학적 과정이다.
㉱ 종속영양 미생물과는 달리, 질산화 미생물은 유기탄소보다 탄산가스를 새로운 세포의 합성에 사용한다.

**풀이** ㉯ 암모니아성 질소를 아질산성 질소로 전환시키는 1단계 반응에 관여하는 미생물은 Nitrosomonas 이다.

**TIP**
질산화 미생물
① $NH_3-N \xrightarrow[Nitrosomonas]{1단계\ 반응} NO_2-N$
② $NO_2-N \xrightarrow[Nitrobacter]{2단계\ 반응} NO_3-N$

**02** 분뇨의 특징에 대한 내용으로 틀린 것은?

㉮ 분뇨 내 질소화합물은 알칼리도를 높게 유지시켜 pH의 강하를 막아준다.
㉯ 분과 뇨의 구성비는 약 1:8~1:10 정도이며 고액분리가 용이하다.
㉰ 분의 경우 질소산화물은 전체 VS의 12~20% 정도 함유되어 있다.
㉱ 분뇨는 다량의 유기물을 함유하며, 점성이 있는 반고상 물질이다.

**풀이** ㉯ 분과 뇨의 구성비는 약 1:8~1:10 정도이며 고액분리가 어렵다.

**03** 약산인 0.01 N-$CH_3COOH$가 18% 해리될 때 수용액의 pH는?

㉮ 약 2.15   ㉯ 약 2.25
㉰ 약 2.45   ㉱ 약 2.75

**풀이**
$$CH_3COOH \rightarrow CH_3COO^- + H^+$$
해리 전  0.01M      0M       0M
해리 후 0.01M-0.01M×0.18  0.01M×0.18  0.01M×0.18
∴ $pH = -\log[H^+] = -\log[0.01M \times 0.18] = 2.75$

**answer** 01 ㉯  02 ㉯  03 ㉱

**04** 미생물 영양원 중 유황(sulfur)에 대한 내용으로 틀린 것은?

㉮ 황환원세균은 편성 혐기성 세균이다.
㉯ 유황을 함유한 아미노산은 세포 단백질의 필수 구성원이다.
㉰ 미생물세포에서 탄소 대 유황의 비는 100 : 1 정도이다.
㉱ 유황고정, 유황화합물 환원, 산화 순으로 변환된다.

▶풀이 ㉱ 유황고정, 유황화합물 산화, 환원 순으로 변환된다.

**05** 곰팡이(Fungi)류의 경험적 분자식은?

㉮ $C_{12}H_7O_4N$ ㉯ $C_{12}H_8O_5N$
㉰ $C_{10}H_{17}O_6N$ ㉱ $C_{10}H_{18}O_4N$

▶풀이 암기해야 할 경험적인 화학식
① 곰팡이 : $C_{10}H_{17}O_6N$(암기법 : 일공 일칠 육)
② 박테리아 : $C_5H_7O_2N$(암기법 : 오칠이)
③ 조류 : $C_5H_8O_2N$(암기법 : 오팔이)
④ 원생동물 : $C_7H_{14}O_3N$(암기법 : 칠 일사 삼)

**06** 소수성 콜로이드의 특성에 대한 내용으로 틀린 것은?

㉮ 물과 반발하는 성질을 가진다.
㉯ 물속에 현탁상태로 존재한다.
㉰ 아주 작은 입자로 존재한다.
㉱ 염에 큰 영향을 받지 않는다.

▶풀이 ㉱ 염에 큰 영향을 받는다.

**07** 어느 시료의 대장균 수가 5,000/mL이라면 대장균 수가 5/mL가 될 때까지 필요한 시간은? (단, 1차 반응 기준, 대장균의 반감기는 1시간이다.)

㉮ 약 10시간   ㉯ 약 15시간
㉰ 약 20시간   ㉱ 약 25시간

▶풀이
① 1차 반응식 : $\ln \dfrac{N_t}{N_o} = -k \times t$

$\ln \dfrac{1}{2} = -k \times 1hr$

∴ $k = 0.69315/hr$

② $\ln \dfrac{5/mL}{5,000/mL} = -0.69315/hr \times t$

∴ $t = 9.97\,hr$

**08** 물의 순환과 이용에 대한 내용으로 틀린 것은?

㉮ 지구전체의 강수량은 대략 $4 \times 10^{14} m^3$/년으로서 그 중 약 1/4 가량이 육지에 떨어진다.
㉯ 지구상 존재하는 물의 약 97%가 해수이다.
㉰ 물의 순환은 물의 이동이 일정하게 연속적으로 이루어진다는 의미를 갖는다.
㉱ 자연계에서 물을 순환하게 하는 근원은 태양에너지이다.

▶풀이 ㉰ 물의 순환에서 물의 이동은 일정하지 않고 비연속적으로 이루어진다.

**answer**  04 ㉱   05 ㉰   06 ㉱   07 ㉮   08 ㉰

**09** 하천의 자정작용에 대한 내용으로 틀린 것은?

㉮ 하천의 자정작용은 일반적으로 겨울보다 수온이 상승하여 자정계수(f)가 커지는 여름에 활발하다.
㉯ β중부수성 수역(초록색)의 수질은 평지의 일반하천에 상당하며 많은 종류의 조류가 출현한다. (Kolkwitz-Marson법 기준)
㉰ 하천에서 활발한 분해가 일어나는 지대는 혐기성세균이 호기성세균을 교체하며 fungi는 사라진다. (Wipple의 4지대 기준)
㉱ 하천이 회복되고 있는 지대는 용존산소가 포화될 정도로 증가한다. (Wipple의 4지대기준)

**[풀이]** ㉮ 하천의 자정작용은 일반적으로 겨울보다 수온이 상승하여 자정계수(f)가 작아지는 여름에 활발하다.

**10** 성층현상에 대한 내용으로 틀린 것은?

㉮ 수심에 따른 온도변화로 발생되는 물의 밀도차에 의해 발생된다.
㉯ 봄, 가을에는 저수지의 수직혼합이 활발하여 분명한 층의 구별이 없어진다.
㉰ 여름에는 수심에 따른 연직온도경사와 산소구배가 반대 모양을 나타내는 것이 특징이다.
㉱ 겨울과 여름에는 수직운동이 없어 정체현상이 생기며 수심에 따라 온도와 용존산소농도의 차이가 크다.

**[풀이]** ㉰ 여름에는 수심에 따른 연직온도경사와 산소구배가 같은 모양을 나타내는 것이 특징이다.

**11** $BOD_5$가 270 mg/L이고, COD가 450 mg/L인 경우, 탈산소계수($k_1$)의 값이 0.1/day일 때, 생물학적으로 분해 불가능한 COD(mg/L)는? (단, BDCOD = $BOD_u$ 이며, 상용대수기준이다.)

㉮ 약 55 mg/L  ㉯ 약 65 mg/L
㉰ 약 75 mg/L  ㉱ 약 85 mg/L

**[풀이]**
① $BOD_5 = BOD_u \times (1 - 10^{-k_1 \times t})$
  $270\,mg/L = BOD_u \times (1 - 10^{-0.1/day \times 5\,day})$
  ∴ $BOD_u = 394.868\,mg/L$
② $NBDCOD = COD - BDCOD(= BOD_u)$
  $= 450\,mg/L - 394.868\,mg/L$
  $= 55.13\,mg/L$

**12** 산성강우에 대한 내용으로 틀린 것은?

㉮ 주요 원인물질은 유황산화물, 질소산화물, 염산을 들 수 있다.
㉯ 대기오염이 혹심한 지역에 국한되는 현상으로 비교적 정확한 예보가 가능하다.
㉰ 초목의 잎과 토양으로부터 $Ca^{++}$, $Mg^{++}$, $K^+$ 등의 용출속도를 증가시킨다.
㉱ 보통 대기 중 탄산가스와 평형상태에 있는 순수한 빗물은 pH 약 5.6의 산성을 띤다.

**[풀이]** ㉯ 대기오염이 혹심한 지역에만 국한되지 않으며, 정확한 예보가 불가능하다.

**answer** 09 ㉮  10 ㉰  11 ㉮  12 ㉯

**13** 초과부과금 산정기준으로 적용되는 수질오염물질 1킬로그램당 부과금액이 가장 높은(많은) 것은?

㉮ 카드뮴 및 그 화합물
㉯ 6가크롬 화합물
㉰ 납 및 그 화합물
㉱ 수은 및 그 화합물

▶ 풀이  수질오염물질 1킬로그램당 부과금액
㉮ 카드뮴 및 그 화합물 : 500,000원
㉯ 6가크롬 화합물 : 300,000원
㉰ 납 및 그 화합물 : 150,000원
㉱ 수은 및 그 화합물 : 1,250,000원

**14** 하천수의 단위시간당 산소전달계수($K_{La}$)를 측정코자 하천수의 용존산소(DO) 농도를 측정하니 12mg/L였다. 이때 용존산소의 농도를 완전히 제거하기 위하여 투입하는 $Na_2SO_3$의 이론적 농도(mg/L)는? (단, 원자량은 Na : 23, S : 32, O : 16)

㉮ 약 63mg/L   ㉯ 약 74mg/L
㉰ 약 84mg/L   ㉱ 약 95mg/L

▶ 풀이  $Na_2SO_3 + 0.5O_2 \rightarrow Na_2SO_4$
126g  :  0.5×32g
X  :  12mg/L
∴ X = 94.5mg/L

**15** 낚시제한구역에서의 낚시방법 제한사항에 대한 기준으로 틀린 것은?

㉮ 1명당 4대 이상의 낚시대를 사용하는 행위
㉯ 낚시 바늘에 끼워서 사용하지 아니하고 떡밥 등을 던지는 행위
㉰ 1개의 낚시대에 3개 이상의 낚시바늘을 떡밥과 뭉쳐서 미끼로 던지는 행위
㉱ 어선을 이용한 낚시 행위 등 [낚시 관리 및 육성법]에 따른 낚시어선업을 영위하는 행위

▶ 풀이  ㉰ 1개의 낚시대에 5개 이상의 낚시바늘을 떡밥과 뭉쳐서 미끼로 던지는 행위

**16** 카드뮴에 대한 내용으로 틀린 것은?

㉮ 카드뮴은 흰 은색이며 아연 정련업, 도금공업 등에서 배출된다.
㉯ 칼슘대사 기능장해로 골연화증이 유발된다.
㉰ 만성폭로로 인한 흔한 증상은 단백뇨이다.
㉱ 윌슨씨병 증후군과 소인증이 유발된다.

▶ 풀이  ㉱ 윌슨씨병 증후군은 구리이며, 소인증은 아연이며, 이따이이따이병이나 골연화증은 카드뮴에 의해 유발되는 질환이다.

**17** Bacteria 18g의 이론적인 COD(g)는? (단, Bacteria의 분자식은($C_5H_7O_2N$), 질소는 암모니아로 분해됨을 기준으로 한다.)

㉮ 약 25.5g   ㉯ 약 28.8g
㉰ 약 32.3g   ㉱ 약 37.5g

**풀이**  $C_5H_7O_2N + 5O_2 \rightarrow 5CO_2 + 2H_2O + NH_3$
113g : 5×32g
18g : COD
∴ COD = $\frac{18g \times 5 \times 32g}{113g}$ = 25.49g

**18** 미생물 중 원생동물에 대한 내용으로 틀린 것은?

㉮ 다핵, 비운동성, 비광합성이며 세포벽이 뚜렷한 특징이 있다.
㉯ 많은 원생동물은 녹조류가 진화과정에서 단지 엽록소를 상실함으로써 생긴 것으로 추측할 수 있다.
㉰ 대개 호기성으로 크기가 100 $\mu$m 이내의 것이 많으며 용해성 유기물 또는 세균 등을 섭취한다.
㉱ 원생동물은 위족류, 편모충류, 섬모충류 등으로 나눌 수 있다.

**풀이** ㉮ 단핵, 운동성, 비광합성 미생물이다.

**19** 아세트산($CH_3COOH$) 1,000 mg/L 용액의 pH가 3.00이었다면, 이 용액의 해리상수(Ka)는?

㉮ $2 \times 10^{-5}$   ㉯ $3 \times 10^{-5}$
㉰ $4 \times 10^{-5}$   ㉱ $6 \times 10^{-5}$

**풀이** $CH_3COOH \rightleftarrows CH_3COO^- + H^+$

해리상수(ka) = $\frac{[CH_3COO^-][H^+]}{[CH_3COOH]}$

① $CH_3COOH$의 $\frac{mol}{L}$

= $\frac{1,000 \times 10^{-3}g}{L} \times \frac{1 mol}{60g}$ = 0.0167 mol/L

② pH = 3.0 이므로
  $[H^+] = 10^{-pH}$ mol/L = $10^{-3}$ mol/L
③ $[H^+] = [CH_3COO^-] = 10^{-3}$ mol/L
④ 산해리상수(ka)
= $\frac{[10^{-3} mol/L][10^{-3} mol/L]}{[0.0167 mol/L]}$ = $6.0 \times 10^{-5}$

**20** 물환경보전법령상 "호소"에 대한 내용으로 틀린 것은?

㉮ 댐·보 또는 둑(「사방사업법」에 따른 사방시설은 제외한다.) 등을 쌓아 하천 또는 계곡에 흐르는 물을 가두어 놓은 곳
㉯ 화산활동 등으로 인하여 함몰된 지역에 물이 가두어진 곳
㉰ 댐의 갈수위를 기준으로 구역 내 가두어진 곳
㉱ 하천에 흐르는 물이 자연적으로 가두어진 곳

**풀이** ㉰ 댐의 계획홍수위를 기준으로 구역 내 가두어진 곳

**answer** 18 ㉮  19 ㉱  20 ㉰

| 제2과목 | 상하수도계획

**21** 다음 중 랑겔리어 지수(LI)에 대한 내용으로 틀린 것은?

㉮ 랑겔리어 지수란 물의 실제 pH와 이론적 pH(pHs : 수중의 탄산칼슘이 용해되거나 석출되지 않는 평형상태로 있을 때의 pH)와의 차이를 말한다.
㉯ 랑겔리어 지수가 부(-)의 값으로 절대치가 클수록 탄산칼슘의 석출이 일어나기 쉽다.
㉰ 랑겔리어 지수가 0이면 물의 안정도가 평형상태에 있다.
㉱ 물의 부식성이 강한 경우의 랑겔리어 지수는 pH, 칼슘경도, 알칼리도를 증가시킴으로써 개선할 수 있다.

**풀이** ㉯ 랑겔리어 지수가 부(-)의 값으로 절대치가 클수록 부식성이 강하다.

**22** 다음의 펌프장 시설(하수배제방식-펌프장의 종류)과 계획 하수량을 연결한 것 중 틀린 것은?

㉮ 분류식 - 중계펌프장 - 계획시간최대오수량
㉯ 분류식 - 빗물펌프장 - 계획우수량
㉰ 합류식 - 중계펌프장 - 계획시간최대오수량
㉱ 합류식 - 처리장내 펌프장 - 우천시 계획오수량

**풀이** ㉰ 합류식 - 중계펌프장 - 우천시 계획오수량

**23** 우물의 양수량 결정에 사용되는 '적정 양수량'의 정의로 맞는 것은?

㉮ 최대 양수량의 70% 이하의 양수량
㉯ 최소 양수량의 70% 이하의 양수량
㉰ 안전 양수량의 70% 이하의 양수량
㉱ 한계 양수량의 70% 이하의 양수량

**풀이** 적정 양수량(경제 양수량)은 한계 양수량의 70% 이하의 양수량을 말한다.

**24** 원심력 펌프의 규정회전수 N = 30회/sec, 규정토출량 Q = 0.8m³/sec, 규정양정 H = 15m일 때, 펌프의 비교회전도는? (단, 양흡입이 아님)

㉮ 약 1,050rpm    ㉯ 약 1,250rpm
㉰ 약 1,410rpm    ㉱ 약 1,640rpm

**풀이**

$$Ns = N \times \frac{Q^{\frac{1}{2}}}{H^{\frac{3}{4}}}$$

여기서, Ns : 비교회전도(rpm = $\frac{회}{min}$)
   N : 규정회전수(rpm)
   Q : 토출량(m³/min)
   H : 전양정(m)

$Ns = (30회/sec \times 60 sec/min)$
$\times \dfrac{(0.8 m^3/sec \times 60 sec/min)^{\frac{1}{2}}}{(15m)^{\frac{3}{4}}}$
$= 1,636.16 rpm$

**answer** 21 ㉯  22 ㉰  23 ㉱  24 ㉱

**25** 우수배제계획시 계획 우수량을 정하기 위하여 고려하여야 하는 사항에 대한 내용으로 틀린 것은?

㉮ 유출계수는 관로 형태에 따른 기초유출계수로부터 총괄유출계수를 구하는 것을 원칙적으로 한다.
㉯ 확률년수는 원칙적으로 10~30년을 원칙으로 한다.
㉰ 유입시간은 최소단위배수구의 지표면 특성을 고려하여 구한다.
㉱ 유하시간은 최상류관거의 끝으로부터 하류관거의 어떤 지점까지의 거리를 계획유량에 대응한 유속으로 나누어 구하는 것을 원칙적으로 한다.

풀이 ㉮ 유출계수는 토지 이용도별 기초유출계수로부터 총괄유출계수를 구하는 것을 원칙으로 한다.

**26** 정수처리방법인 중간염소처리에서 염소의 주입지점으로 알맞은 것은?

㉮ 혼화지와 침전지 사이
㉯ 침전지와 여과지 사이
㉰ 착수정과 혼화지 사이
㉱ 착수정과 도수관 사이

풀이 염소주입지점
① 전염소처리 : 착수정과 혼화지 사이
② 중간염소처리 : 침전지와 여과지 사이
③ 후염소처리 : 여과지 이후의 염소혼화지 또는 정수지 입구

**27** 상수처리시설 중 플록형성지의 플록형성 표준시간은? (단, 계획정수량 기준)

㉮ 5~10분간   ㉯ 10~20분간
㉰ 20~40분간   ㉱ 40~60분간

풀이 플록형성지의 플록형성 표준시간은 20~40분간 이다.

**28** 배수시설인 배수관인 수압에 대한 설명에서 ( )안에 들어갈 알맞은 것은?

> 급수관을 분기하는 지점에서 배수관 내의 최대정수압은 ( ) kPa를 초과하지 않아야 한다.

㉮ 500   ㉯ 700
㉰ 900   ㉱ 1,100

풀이 급수관을 분기하는 지점에서 배수관내의 최대정수압은 700kPa를 초과하지 않아야 한다.

**29** 배수면적이 50 km²인 지역의 우수량이 800 m³/s일 때 이 지역의 강우강도 (mm/hr)는? (단, 유출계수 : 0.83, 우수량의 산출은 합리식 적용.)

㉮ 약 70   ㉯ 약 75
㉰ 약 80   ㉱ 약 85

풀이 $Q = \frac{1}{360} CIA$

여기서 Q : 우수량(m³/sec)
　　　C : 유출계수
　　　I : 강우강도(mm/hr)
　　　A : 면적(ha)  1km² = 100 ha

$800 \text{m}^3/\text{sec} = \frac{1}{360} \times 0.83 \times I \times 50 \text{km}^2 \times 100 \text{ha}/1 \text{km}^2$

∴ I = 69.40 mm/hr

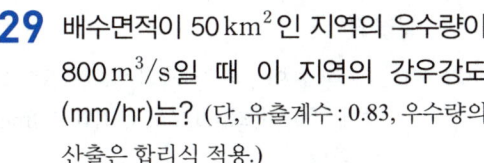

answer  25 ㉮  26 ㉯  27 ㉰  28 ㉯  29 ㉮

**30** 막분리 활성슬러지법(MBR 공법)에 대한 내용으로 틀린 것은?

㉮ 고액분리가 양호하고 반응조내 MLSS를 높게 유지할 수 있다.
㉯ 유기물 제거와 질산화과정이 우수하다.
㉰ 미세공극의 분리막으로 인해 병원성 미생물 제거가 용이하다.
㉱ 침전조가 필요하고 농축조의 부피가 증가되어 공정이 복잡하다.

**풀이** ㉱ 침전조가 필요없고 농축조의 부피가 감소되어 공정이 간결하다.

**TIP**
막분리 활성슬러지법(MBR 공법=Membrane Bio Reactor 공법) : 기존의 활성슬러지공법의 단점을 보완하기 위해 생물학적 공정과 멤브레인 여과공정을 조합한 공법으로 유기물과 질소, 인 성분은 생물학적처리 공정으로 처리하고 입자상 물질은 멤브레인 여과공정을 이용하여 처리하는 공법이다.

**31** 하수 관거시설에 대한 내용으로 틀린 것은?

㉮ 오수관거의 유속은 계획시간최대오수량에 대하여 최소 0.6m/s, 최대 3.0m/s로 한다.
㉯ 우수관거 및 합류관거에서의 유속은 계획우수량에 대하여 최소 0.8m/s, 최대 3.0m/s로 한다.
㉰ 오수관거의 최소관경은 200mm를 표준으로 한다.
㉱ 우수관거 및 합류관거의 최소관경은 350mm를 표준으로 한다.

**풀이** ① 우수관거 및 합류관거의 최소관경
: 300mm $\xrightarrow{-50mm}$ 최소관경 표준 : 250mm

② 오수관거의 최소관경 :
250mm $\xrightarrow{-50mm}$ 최소관경 표준 : 200mm

**32** 하수도 시설인 호기성 소화조에 대한 내용으로 틀린 것은?

㉮ 소화조의 수는 최소한 2조 이상으로 한다.
㉯ 형상이 원형인 경우 바닥의 기울기는 10~25% 정도 되게 한다.
㉰ 측심은 5m 정도로 하고, 지붕이 불필요하며 가온시킬 필요성이 없다.
㉱ 수밀성 구조로 하고, 1.5~2.0m의 여유고를 두어야 한다.

**풀이** ㉱ 수밀성 구조로 하고, 0.9~1.2m의 여유고를 두어야 한다.

**33** 내경 1.0m인 강관에 내압 10MPa로 물이 흐른다. 내압에 의한 원주방향의 응력도가 1,500 N/mm² 일 때 강관두께(mm)는?

㉮ 약 3.3mm  ㉯ 약 5.2mm
㉰ 약 7.4mm  ㉱ 약 9.5mm

**풀이** $T = \dfrac{P \times D}{2 \times \sigma t}$

여기서 T : 강관두께(mm)
D : 내경(mm)
P : 강관 내압
$\sigma t$ : 응력도( N/mm²)

$T = \dfrac{10\text{MPa} \times 1,000\text{mm}}{2 \times 1,500\text{N/mm}^2} = 3.33\text{mm}$

**answer** 30 ㉱  31 ㉱  32 ㉱  33 ㉮

**34** 하수 고도처리(잔류 SS 및 잔류 용존유기물 제거)방법인 분리법에 적용되는 분리막 모듈형식이 아닌 것은?

㉮ 중공사형   ㉯ 말굽형
㉰ 관형        ㉱ 나선형

▶풀이  분리막 모듈형식에는 중공사형, 관형, 나선형, 판형이 있다.

**35** 상수도관에서 발생되는 부식 중 자연부식(마이크로셀 부식)에 해당되는 것은?

㉮ 산소농담(통기차)
㉯ 간섭
㉰ 박테리아부식
㉱ 이종금속

▶풀이
① 자연부식 중 Macro cell 부식 : 콘크리트, 토양, 이종금속, 산소농담(통기차)
② 자연부식 중 Micro cell 부식 : 산성토양, 박테리아, 일반토양, 대기 중 부식
③ 전기식(전식) 부식 : 간섭

**36** 하수도에 사용되는 원형관거에 대한 내용으로 틀린 것은?

㉮ 수리학적으로 유리하며 역학계산이 간단하다.
㉯ 일반적으로 내경 3,000㎜ 정도까지 공장제품을 사용할 수 있다.
㉰ 공장제품 사용시 접합부를 최소화할 수 있어 지하수 침투량에 대한 염려가 적다.
㉱ 안전하게 지지시키기 위해서 모래기초 외에 별도로 적당한 기초공을 필요로 하는 경우가 있다.

▶풀이  ㉰ 공장제품 사용시 접합부가 많아져 지하수 침투량에 대한 염려가 크다.

**37** 폭 4m, 높이 3m인 개수로의 수심이 2m이고 경사가 4‰일 경우 Manning 공식에 의한 유속(m/sec)은? (단, n = 0.014)

㉮ 1.13 m/sec   ㉯ 2.26 m/sec
㉰ 4.52 m/sec   ㉱ 9.04 m/sec

▶풀이
Manning식 $v = \dfrac{1}{n} \times R^{\frac{2}{3}} \times I^{\frac{1}{2}}$ (m/sec)

경심(R) $= \dfrac{단면적(A)}{윤변의 길이(S)}$
$= \dfrac{b \times h}{b + 2h} = \dfrac{4m \times 2m}{4m + 2 \times 2m} = 1m$

기울기(I) $= 4‰ = \dfrac{4}{1,000}$

$v = \dfrac{1}{0.014} \times (1m)^{\frac{2}{3}} \times \left(\dfrac{4}{1,000}\right)^{\frac{1}{2}} = 4.52\,m/sec$

**38** 계획 오수량을 산정할 때 고려해야 할 사항으로 틀린 것은?

㉮ 합류식에서 우천시 계획오수량은 원칙적으로 계획시간 최대 오수량의 3배 이상으로 한다.
㉯ 지하수량은 1인 1일 최대 오수량의 10~20%로 한다.
㉰ 계획시간 최대 오수량은 계획 1일 최대 오수량의 1시간당 수량의 1.3~1.8배를 표준으로 한다.
㉱ 계획 1일 평균오수량은 계획 1일 최대 오수량의 60~70%를 표준으로 한다.

▶풀이  ㉱ 계획 1일 평균오수량은 계획 1일 최대 오수량의 70~80%를 표준으로 한다.

**answer**  34 ㉯   35 ㉰   36 ㉰   37 ㉰   38 ㉱

**39** 관경 1,100mm, 동수경사 2.4‰, 유속 1.63m/sec, 연장 L = 30.6m일 때 역사이폰의 손실수두(m)는? (단, 손실수두에 관한 여유 $\alpha = 0.042$m이다.)

㉮ 0.42m  ㉯ 0.32m
㉰ 0.25m  ㉱ 0.16m

**풀이**

$H = I \times L + 1.5 \times \dfrac{V^2}{2g} + \alpha$

여기서 H : 손실수두(m)
 I : 역사이펀내의 유속에 대한 동수구배
 L : 관의 길이(m)
 V : 관내유속(m/sec)
 g : 중력가속도(9.8m/sec²)
 $\alpha$ : 손실수두에 관한 여유

$H = \dfrac{2.4}{1,000} \times 30.6\text{m} + 1.5 \times \dfrac{(1.63\text{m/sec})^2}{2 \times 9.8\text{m/sec}^2}$
$\quad + 0.042\text{m}$
$= 0.32\text{m}$

**40** 하수시설에서 우수조정지 구조형식이 아닌 것은?

㉮ 댐식(제방높이 15m 미만)
㉯ 굴착식
㉰ 저하식(관내 저류 포함)
㉱ 유하식(자연 호소 포함)

**풀이** 우수조정지 구조형식
① 댐식(제방높이 15m 미만)
② 굴착식
③ 저하식(관내 저류 포함)

| 제3과목 | 수질오염방지기술

**41** 생물학적 인, 질소제거 공정에서 호기조, 무산소조, 혐기조 공정의 주된 역할을 알맞게 연결한 것은? (단, 유기물 제거는 고려하지 않음, 호기조 - 무산소조 - 혐기조 순서)

㉮ 인의 과잉흡수 - 탈질소 - 인의 방출
㉯ 인의 과잉흡수 - 인의 방출 - 탈질소
㉰ 인의 방출 - 인의 과잉 흡수 - 탈질소
㉱ 인의 방출 - 탈질소 - 인의 과잉흡수

**풀이** 반응조의 역할
① 호기(포기)조 : 인의 과잉흡수
② 무산소조 : 탈질소
③ 혐기조 : 인의 방출, 유기물 제거

**42** 염소소독의 장·단점으로 틀린 것은? (단, 자외선 소독과 비교 기준)

㉮ 소독력 있는 잔류염소를 수송관거 내에 유지시킬 수 있다.
㉯ 처리수의 총용존고형물이 감소한다.
㉰ 염소 접촉조로부터 휘발성 유기물이 생성된다.
㉱ 처리수의 잔류독성이 탈염소과정에 의해 제거되어야 한다.

**풀이** ㉯ 처리수의 총용존고형물이 증가한다.

**answer** 39 ㉯  40 ㉱  41 ㉮  42 ㉯

**43** 아래의 조건에서 탈질반응조(anoxic basin)의 체류시간(hr)은?

- 반응조로의 유입수 질산염농도($S_o$) = 35mg/L
- 반응조로의 유출수 질산염농도(S) = 5mg/L
- MLVSS 농도(X) = 1,500mg/L
- 온도 = 10℃
- DO = 0.1mg/L
- 20℃에서의 탈질율($R_{DN}$) = 0.2/day
- k = 1.09

㉮ 3.3hr  ㉯ 4.3hr
㉰ 5.3hr  ㉱ 6.3hr

**풀이** ① 10℃의 탈질율($R_{DN}$) 계산
$R_{DN}(10℃)$
$= R_{DN}(20℃) \times k^{(T-20)} \times (1-DO)$
$= 0.2/day \times 1.09^{(10-20)} \times (1-0.1mg/L)$
$= 0.076/day$

② 탈질반응조의 체류시간(hr) 계산
체류시간 $= \dfrac{S_o - S}{R_{DN}(10℃) \times MLVSS}$
$= \dfrac{(35-5)mg/L}{0.076/day \times 1,500mg/L}$
$= 0.26316\,day$

따라서 $0.26316\,day \times 24hr/1day = 6.32hr$

**44** 정수시설의 착수정에 대한 내용으로 틀린 것은?

㉮ 수위가 고수위 이상으로 올라가지 않도록 월류관이나 월류위어를 설치한다.
㉯ 착수정의 용량은 체류시간 3분 이상으로 하고, 수심은 2~4m 정도로 한다.
㉰ 필요에 따라 분말활성탄을 주입할 수 있는 장치를 설치하는 것이 바람직하다.
㉱ 착수정에는 원수 수질을 파악할 수 있는 채수시설과 수질측정장치를 설치하는 것이 좋다.

**풀이** ㉯ 착수정의 용량은 체류시간 1.5분 이상으로 하고, 수심은 3~5m 정도로 한다.

**45** 활성슬러지를 탈수하기 위하여 98%(질량비)의 수분을 함유하는 슬러지에 응집제를 가했더니 [상등액 : 침전 슬러지]의 용적비가 2 : 1이 되었다. 이 때 침전 슬러지의 함수율(%)은? (단, 응집제의 양은 매우 적고, 비중은 1.0으로 가정한다.)

㉮ 92%  ㉯ 93%
㉰ 94%  ㉱ 95%

**풀이**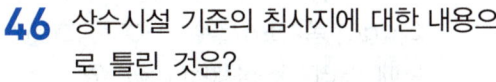
$V_1 \times (100-P_1) = V_2 \times (100-P_2)$
$3 \times (100-98) = 1 \times (100-P_2)$
$\therefore P_2 = 100 - \left(\dfrac{3 \times (100-98)}{1}\right) = 94\%$

**46** 상수시설 기준의 침사지에 대한 내용으로 틀린 것은?

㉮ 수심은 유효수심에 모래 퇴적부의 깊이를 더한 것이다.
㉯ 체류시간은 30~60초를 표준으로 하고, 지내 평균유속은 2~7cm/sec를 표준으로 한다.
㉰ 지의 유효수심은 4~6m를 표준으로 하고, 퇴사심도를 1.5~3m로 한다.
㉱ 지의 상단높이는 고수위보다 0.6~1.0m 정도의 여유고를 둔다.

**풀이** ㉰ 지의 유효수심은 3~4m를 표준으로 하고, 퇴사심도를 0.5~1m로 한다.

answer  43 ㉱  44 ㉯  45 ㉰  46 ㉰

**47** 상수시설 기준의 급속여과지의 특징에 대한 내용으로 틀린 것은?

㉮ 중력식을 표준으로 하고, 1지의 면적은 250m² 이하로 한다.
㉯ 여과속도는 120~150m/day를 표준으로 하고, 균등계수는 1.7 이하이다.
㉰ 모래층의 두께는 60~120cm의 범위이며, 여과사의 유효경은 0.45~0.7mm 범위이어야 한다.
㉱ 유지관리비가 많이 소요되고 세균제거에는 용이하지 못하다.

**풀이** ㉮ 중력식을 표준으로 하고, 1지의 면적은 150 m² 이하로 한다.

**48** 활성슬러지 폭기조의 유효용적이 1,000m³, MLSS 농도는 3,000mg/L이고 MLVSS는 MLSS 농도의 75%이다. 유입하수의 유량은 4,000m³/day이고, 합성계수 Y는 0.63mg MLVSS/mg-BOD$_{removed}$, 내생분해계수 k는 0.05day$^{-1}$, 1차 침전조 유출수의 BOD는 200mg/L, 폭기조 유출수의 BOD는 20mg/L 일 때, 슬러지 생성량(kg/day)은?

㉮ 301 kg/day    ㉯ 321kg/day
㉰ 341kg/day    ㉱ 361kg/day

**풀이** 슬러지 생성량($Q_w \cdot SS_w$)
= $Y \times Q \times (BOD_i - BOD_o) - k \times V \times MLVSS$
= $0.63 \times 4,000m^3/day \times (0.2 - 0.02)kg/m^3$
 $- 0.05/day \times 1,000m^3 \times 3kg/m^3 \times 0.75$
= 341.1kg/day

**TIP**
ppm(mg/L) $\xrightarrow{\times 10^{-3}}$ kg/m³

**49** 무기수은계 화합물을 함유한 폐수의 처리방법으로 틀린 것은?

㉮ 황화물 침전법
㉯ 활성탄 흡착법
㉰ 산화분해법
㉱ 이온교환법

**풀이** 무기수은계 화합물을 함유한 폐수의 처리방법으로는 아말감법, 황화물침전법, 이온교환법, 활성탄흡착법이 있으며, 암기법은 "수은아 황산강에 이온 좀 붙여라"임을 숙지하시면 됩니다.

**50** 다음 중 철염에 대한 내용으로 틀린 것은? (Alum과 비교해서)

㉮ 철염은 철이온이 잔류하고 색도를 유발하나, 가격이 저렴하다.
㉯ 염화제2철은 고체분말로서 6개의 결정수를 가지며 최적 pH 범위는 4~12 정도이다.
㉰ 철염의 floc은 무겁고 침강이 빠르며 pH 9 이상에서 망간 제거가 가능하다.
㉱ 황산제1철은 pH와 알칼리도가 높은 물에서 주로 사용한다.

**풀이** ㉮ 철염은 철이온이 잔류하고 색도를 유발하며, 가격이 비싸다.

**51** 수량이 30,000 m³/d, 수심이 3.5m, 하수 체류시간이 2.5hr인 침전지의 수면부하율(또는 표면부하율)(m³/m²·d)은?

㉮ 67.1 m³/m²·d    ㉯ 54.2 m³/m²·d
㉰ 41.5 m³/m²·d    ㉱ 33.6 m³/m²·d

**answer** 47 ㉮   48 ㉰   49 ㉰   50 ㉮   51 ㉱

**풀이** 수면부하율($m^3/m^2 \cdot day$)

$$= \frac{수심(m)}{체류시간(day)}$$

$$= \frac{3.5\,m}{\left(\frac{2.5\,hr}{24}\right)day} = 33.6\,m^3/m^2 \cdot day$$

**52** 염소살균의 특징에 대한 내용으로 틀린 것은?

㉮ 살균강도는 $HOCl$이 $OCl^-$ 보다 약 80배 이상 강하다.
㉯ 잔류효과가 크며, 처리수의 총용존고형물이 증가한다.
㉰ 반응시간이 길수록, 주입농도가 높을수록, pH가 높을수록, 염소의 살균력은 증가한다.
㉱ 바이러스 사멸효과가 낮은 편이며, 인체의 위해성이 높은 편이다.

**풀이** ㉰ 반응시간이 길수록, 주입농도가 높을수록, pH가 낮을수록, 염소의 살균력은 증가한다.

**53** 회전원판법의 장·단점에 대한 내용으로 틀린 것은?

㉮ 단회로 현상의 제어가 어렵고, 슬러지의 재순환이 필요없다.
㉯ 폐수량 변화에 강하고 유해물질에 대한 내성이 크다.
㉰ 파리는 발생하지 않으나 하루살이가 발생하는 수가 있다.
㉱ 활성슬러지법에 비해 최종침전지에서 미세한 부유물질이 유출되기 쉽다.

**풀이** ㉮ 단회로 현상의 제어가 쉽고, 슬러지의 재순환이 필요없다.

**54** 포기조 내의 혼합액 중 부유물 농도(MLSS)가 $2,000\,g/m^3$, 반송슬러지의 부유물 농도가 $9,576\,g/m^3$이라면 슬러지 반송률(%)은? (단, 유입수 내 SS는 고려하지 않는다.)

㉮ 23.2%   ㉯ 26.4%
㉰ 28.6%   ㉱ 32.8%

**풀이** ① 반송비(R)
$$= \frac{MLSS - SS_i}{SS_r - MLSS}$$
$$= \frac{2,000\,g/m^3}{9,576\,g/m^3 - 2,000\,g/m^3} = 0.2640$$
② 반송률(%)
 = 반송비(R) × 100
 = 0.2640 × 100 = 26.40%

**55** 고도 수처리를 하기 위한 방법인 정밀여과에 대한 내용으로 틀린 것은?

㉮ 막은 대칭형 다공성막 형태이다.
㉯ 분리형태는 pore size 및 흡착현상에 기인한 체거름이다.
㉰ 추진력은 농도차이다.
㉱ 전자공업의 초순수제조, 무균수제조, 식품의 무균여과에 적용한다.

**풀이** ㉰ 추진력은 정수압차이다.

answer  52 ㉰   53 ㉮   54 ㉯   55 ㉰

**56** SBR에 대한 내용으로 틀린 것은?

㉮ BOD 부하의 변화폭이 큰 경우에 잘 견디고, 자동화를 실시하기가 용이하다.
㉯ 처리용량이 큰 처리장에 적용이 용이하고, 설계자료가 다양하다.
㉰ 슬러지 반송을 위한 펌프가 필요없어 배관과 동력이 절감된다.
㉱ 질소와 인의 효율적인 제거가 가능하고, 수리학적 과부하에도 MLSS의 누출이 없다.

**풀이** ㉯ 처리용량이 작은 처리장에 적용이 용이하고, 설계자료가 제한적이다.

**TIP**
SBR은 연속회분식 활성슬러지법이다.

**57** 하·폐수처리시 슬러지 팽화(bulking) 현상을 조절하는 방법으로 틀린 것은?

㉮ 염소나 과산화수소를 반송슬러지에 주입한다.
㉯ 선택반응조(selector)를 이용한다.
㉰ fungi를 성장시켜 F/M비를 감소시킨다.
㉱ 포기조 내의 용존산소의 농도를 변화시킨다.

**풀이** ㉰ 곰팡이(fungi)의 성장을 억제한다.

**58** 침전하는 입자들이 너무 가까이 있어서 입자 간의 힘이 이웃입자의 침전을 방해하게 되고 동일한 속도로 침전하며 최종 침전지 중간 정도의 깊이에서 일어나는 침전형태는?

㉮ 지역침전    ㉯ 응집침전
㉰ 독립침전    ㉱ 압축침전

**풀이** ㉮ 지역침전(Ⅲ형 침전)에 대한 내용이며, 핵심 내용인 "이웃입자의 침전 방해 = 지역침전"임을 숙지하시면 됩니다.

**59** 폐수 유량의 첨두인자(peaking factor)란?

㉮ 첨두유량과 최소유량의 비
㉯ 첨두유량과 평균유량의 비
㉰ 첨두유량과 최대유량의 비
㉱ 첨두유량과 첨두유량의 1/3과의 비

**풀이** 폐수 유량의 첨두인자(peaking factor)
$= \dfrac{\text{첨두유량}}{\text{평균유량}}$

**60** 주민 3,000명이 살고 있는 도시의 우유 제조 공장에서 하루 평균 80 m³씩의 폐수가 배출되고 있다. 폐수의 BOD가 1,000 mg/L이며 인구 1인당 하루 70 g의 BOD를 배출할 때 필요한 안정화지의 면적(m²)은? (단, 안정화지 설계 BOD 부하량은 2.5 g/m²·day 이다.)

㉮ 12,500 m²    ㉯ 65,500 m²
㉰ 116,000 m²    ㉱ 148,000 m²

---

**answer**  56 ㉯   57 ㉰   58 ㉮   59 ㉯   60 ㉰

▶ 풀이 안정화지 설계 BOD부하량$(g/m^2 \cdot day)$

$= \dfrac{BOD 부하량(g/day)}{A(m^2)}$

$2.5\,g/m^2 \cdot day$

$= \dfrac{(1,000\,g/m^3 \times 80\,m^3/day) + (70\,g/인 \cdot day \times 3,000인)}{A(m^2)}$

∴ $A = 116,000\,m^2$

---

| 제4과목 | 수질오염공정시험기준

**61** 노말헥산추출물질 측정에 대한 내용으로 틀린 것은?

㉮ 시료의 pH를 4 이하인 산성으로 하여 노말헥산층에 용해되는 물질을 노말헥산으로 추출하여 노말헥산을 증발시킨 잔류물의 무게로부터 구하는 방법이다.

㉯ 광유류의 양을 시험하고자 할 경우에는 활성규산마그네슘(플로리실)칼럼을 이용한다.

㉰ 시료용기는 폴리에틸렌용기나 유리용기를 사용하며, 보존방법은 4℃ 보관이다.

㉱ 정량한계는 0.5mg/L이다.

▶ 풀이 ㉰ 시료용기는 유리용기만 사용하며, 보존방법은 4℃ 보관이다.

**62** 직각 3각 웨어에서 웨어의 수두 0.2m, 수로폭 0.5m, 수로의 밑면으로부터 절단 하부점까지의 높이 0.9m일 때, 아래의 식을 이용하여 유량$(m^3/min)$을 구하면?

$$K = 81.2 + \dfrac{0.24}{h} + [(8.4 + \dfrac{12}{\sqrt{D}}) \times (\dfrac{h}{B} - 0.09)^2]$$

㉮ 1.0　　㉯ 1.5
㉰ 2.0　　㉱ 2.5

▶ 풀이 ① $k = 81.2 + \dfrac{0.24}{0.2m}$

$+ \left[\left(8.4 + \dfrac{12}{\sqrt{0.9m}}\right) \times \left(\dfrac{0.2m}{0.5m} - 0.09\right)^2\right]$

$= 84.48$

② $Q = k \times h^{\frac{5}{2}}\,(m^3/min)$

$= 84.48 \times (0.2m)^{\frac{5}{2}} = 1.51\,m^3/min$

**TIP** 유량공식 및 유량계수

① 삼각웨어 : $Q = k \times h^{\frac{5}{2}}\,(m^3/min)$,
　　$k = 83 \sim 85$

② 사각웨어 : $Q = k \times b \times h^{\frac{3}{2}}\,(m^3/min)$,
　　$k = 109 \sim 111$

**63** 시료의 최대보존기간이 다른 측정항목은?

㉮ 시안
㉯ 불소
㉰ 염소이온
㉱ 노말헥산추출물질

▶ 풀이 시료의 최대보존기간
㉮ 시안 : 14일
㉯ 불소 : 28일
㉰ 염소이온 : 28일
㉱ 노말헥산추출물질 : 28일

---

answer　61 ㉰　62 ㉯　63 ㉮

**64** 개수로 유량측정에 대한 내용으로 틀린 것은? (단, 수로의 구성, 재질, 단면의 형상, 기울기 등이 일정하지 않은 개수로의 경우)

㉮ 수로는 될수록 직선적이며, 수면이 물결치지 않는 곳을 고른다.
㉯ 10m를 측정구간으로 하여 2m마다 유수의 횡단면적을 측정하고, 산술평균 값을 구하여 유수의 평균 단면적으로 한다.
㉰ 유속의 측정은 부표를 사용하여 100m 구간을 흐르는데 걸리는 시간을 스톱워치로 재며 이때 실측유속을 표면 최대유속으로 한다.
㉱ 총 평균 유속(m/s)은 [0.75×표면최대유속(m/s)]으로 계산된다.

**풀이** ㉰ 유속의 측정은 부표를 사용하여 10m 구간을 흐르는데 걸리는 시간을 스톱워치로 재며 이때 실측유속을 표면 최대유속으로 한다.

**65** $NO_3^- - N$(질산성 질소) 0.1mg/L의 표준원액을 만들려고 한다. $KNO_3$ 몇 mg을 달아 정제수에 녹여 1L로 제조하여야 하는가? (단, $KNO_3$ 분자량 = 101.1)

㉮ 0.10   ㉯ 0.14
㉰ 0.52   ㉱ 0.72

**풀이**
$KNO_3$ : $NO_3^- - N$
101.1g : 14g
X : 0.1mg/L
∴ X = 0.72mg/L

**66** BOD 실험에서 배양기간 중에 4.0mg/L의 DO 소모를 바란다면 BOD 200mg/L로 예상되는 폐수를 실험할 때 300mL BOD병에 몇 mL 넣어야 하는가?

㉮ 2.0   ㉯ 4.0
㉰ 6.0   ㉱ 8.0

**풀이** $200 mg/L = 4.0 mg/L \times \dfrac{300 mL}{X mL}$
∴ X = 6.0 mL

**67** 하천유량 측정을 위한 유속 면적법의 적용범위로 틀린 것은?

㉮ 대규모 하천을 제외하고 가능하면 도섭으로 측정할 수 있는 지점
㉯ 교량 등 구조물 근처에서 측정할 경우 교량의 상류지점
㉰ 합류나 분류되는 지점
㉱ 선정된 유량측정 지점에서 말뚝을 박아 동일 단면에서 유량측정을 수행할 수 있는 지점

**풀이** ㉰ 합류나 분류가 없는 지점

**68** 수질오염공정시험기준 크롬의 시험방법별 정량한계로 틀린 것은?

㉮ 원자흡수분광광도법(산처리법) : 0.01mg/L
㉯ 원자흡수분광광도법(용매추출법) : 0.1mg/L
㉰ 유도결합플라스마-원자발광분광법 : 0.007mg/L
㉱ 유도결합플라스마-질량분석법 : 0.0002mg/L

**answer** 64 ㉰  65 ㉱  66 ㉰  67 ㉰  68 ㉯

**풀이** ㉯ 원자흡수분광광도법(용매추출법) : 0.001mg/L

**69** 수질오염공정시험기준상 페놀류를 자외선/가시선 분광법으로 측정할 때의 내용으로 알맞은 것은?

㉮ 정량한계는 직접법일 때 0.005mg/L이다.
㉯ 시료 중의 페놀은 종류별로 구분하여 정량할 수 있다.
㉰ 증류한 시료에 염화암모늄-암모니아 완충용액을 넣어 pH 10으로 조절한다.
㉱ 4-아미노안티피린과 헥사시안화철(Ⅱ)산포타슘을 넣어 생성된 청색의 안티피린계 색소의 흡광도를 측정하는 방법이다.

**풀이** ㉮ 정량한계는 직접법일 때 0.05mg/L이다.
㉯ 시료 중의 페놀은 종류별로 구분하여 정량할 수 없다.
㉱ 4-아미노안티피린과 헥사시안화철(Ⅱ)산포타슘을 넣어 생성된 붉은색의 안티피린계색소의 흡광도를 측정하는 방법이다.

**70** 투명도 측정에 대한 내용으로 틀린 것은?

㉮ 백색원판의 지름은 30cm이다.
㉯ 백색원판에 뚫린 구멍의 지름은 5cm이다.
㉰ 백색원판에는 구멍이 8개 뚫려있다.
㉱ 백색원판의 무게는 약 2kg이다.

**풀이** ㉱ 백색원판의 무게는 약 3kg이다.

**71** 노말 헥산 추출물질을 측정할 때 시험 과정 중 지시약으로 사용되는 것은?

㉮ 메틸레드       ㉯ 메틸오렌지
㉰ 메틸렌블루     ㉱ 페놀프탈레인

**풀이** 노말헥산추출물질 측정
① 시료(노말헥산 추출물질) : 5mg ~ 200mg
② 지시약 : 메틸오렌지 용액(0.1 %) 2~3 방울
③ 적정액 : 염산(1+1)
④ 종말점 : 황색 → 적색(pH 4 이하)

**72** 수질오염공정시험기준 양극벗김전압전류법으로 측정하는 금속은?

㉮ 구리       ㉯ 납
㉰ 니켈       ㉱ 카드뮴

**풀이** 항목별 시험방법
㉮ 구리 : 원자흡수분광광도법, 유도결합플라스마-원자발광분광법, 유도결합플라스마-질량분석법
㉯ 납 : 원자흡수분광광도법, 유도결합플라스마-원자발광분광법, 유도결합플라스마-질량분석법, 양극벗김전압전류법
㉰ 니켈 : 원자흡수분광광도법, 유도결합플라스마-원자발광분광법, 유도결합플라스마-질량분석법
㉱ 카드뮴 : 원자흡수분광광도법, 유도결합플라스마-원자발광분광법, 유도결합플라스마-질량분석법

**answer** 69 ㉰  70 ㉱  71 ㉯  72 ㉯

**73** 자외선/가시선 분광법을 적용한 음이온 계면활성제 측정에 대한 내용으로 틀린 것은?

㉮ 정량한계는 0.02mg/L이다.
㉯ 시료 중의 계면활성제를 종류별로 구분하여 측정할 수 없다.
㉰ 시료 속에 미생물이 있는 경우 일부의 음이온 계면활성제가 신속히 변할 가능성이 있으므로 가능한 빠른 시간 안에 분석을 하여야 한다.
㉱ 양이온 계면활성제가 존재할 경우 양의 오차를 발생할 수 있다.

> **풀이** ㉱ 양이온 계면활성제 혹은 아민과 같은 양이온 물질이 존재할 경우 음(-)의 오차를 발생할 수 있다.

**74** 클로로필 a량을 계산할 때 클로로필 색소를 추출하여 흡광도를 측정한다. 이때 색소추출에 사용하는 용액은?

㉮ 아세톤 용액
㉯ 클로로폼 용액
㉰ 에탄올 용액
㉱ 포르말린 용액

> **풀이** 색소추출에 사용하는 용액은 아세톤(9+1) 용액이다.

**75** 수질오염공정시험기준 구리의 시험방법별 정량한계로 틀린 것은?

㉮ 원자흡수분광광도법 : 0.008mg/L
㉯ 유도결합플라스마-원자발광분광법 : 0.006mg/L
㉰ 유도결합플라스마-질량분석법 : 0.002mg/L
㉱ 양극벗김전압전류법 : 0.01mg/L

> **풀이** ㉱번은 구리의 시험방법에 해당하지 않는다.

**76** 복수시료채취방법에 대한 설명으로 ( )에 옳은 것은? (단, 배출허용기준 적합 여부 판정을 위한 시료채취 시)

> 자동시료채취기로 시료를 채취할 경우에는 ( ㉠ ) 이내에 30분 이상 간격으로 ( ㉡ ) 이상 채취하여 일정량의 단일 시료로 한다.

㉮ ㉠ 6시간, ㉡ 2회
㉯ ㉠ 6시간, ㉡ 4회
㉰ ㉠ 8시간, ㉡ 2회
㉱ ㉠ 8시간, ㉡ 4회

> **풀이** 복수시료 채취방법의 암기내용은 "6시간, 30분, 2회, 산술평균"임을 숙지하시면 됩니다.

**answer** 73 ㉱  74 ㉮  75 ㉱  76 ㉮

**77** 시료를 $H_2SO_4$로 pH를 2 이하로 보존하여야 하는 측정 대상 항목이 아닌 것은?

㉮ 총질소
㉯ 총인
㉰ 화학적산소요구량
㉱ 유기인

> 풀이 ㉱ 유기인 : NaOH 또는 $H_2SO_4$로 pH 5~9로 보존

**78** 수질오염공정시험기준에서 정하는 용어의 정의로 틀린 것은?

㉮ 진공이라 함은 따로 규정이 없는 한 15mmHg 이하를 뜻한다.
㉯ 시험조작 중 즉시란 30초 이내에 표시된 조작을 하는 것을 뜻한다.
㉰ 방울수라함은 0℃에서 정제수 20방울을 적하할 때, 그 부피가 약 1mL되는 것을 뜻한다.
㉱ 정확히 단다함은 규정된 수치의 무게를 0.1mg까지 다는 것을 말한다.

> 풀이 ㉰ 방울수라함은 20℃에서 정제수 20방울을 적하할 때, 그 부피가 약 1mL되는 것을 뜻한다.

**79** 유기물의 함량이 비교적 높지 않고 금속의 수산화물, 산화물, 인산염 및 황화물을 함유하고 있는 시료에 적용하는 산분해법은?

㉮ 질산법
㉯ 질산-염산법
㉰ 질산-황산법
㉱ 질산-과염소산법

> 풀이 ㉯ 질산-염산법에 대한 내용이며, 암기법은 "염산 임금주고"임을 숙지하시면 됩니다.

**80** 다음 중 암모니아성 질소($NH_3-N$)를 분석하는 방법으로 틀린 것은?

㉮ 자외선/가시선 분광법
㉯ 이온크로마토그래피
㉰ 적정법
㉱ 이온전극법

> 풀이 **암모니아성 질소의 분석방법**
> ① 자외선/가시선 분광법
> ② 적정법
> ③ 이온전극법

answer   77 ㉱   78 ㉰   79 ㉯   80 ㉯

# 수질환경기사 필기·과년도

**초 판 인쇄** | 2026년 1월 5일
**초 판 발행** | 2026년 1월 15일

**지 은 이** | 전화택
**발 행 인** | 조규백
**발 행 처** | **도서출판 구민사**
　　　　　(07293) 서울특별시 영등포구 문래북로 116, 604호(문래동3가 46, 트리플렉스)
전화 (02) 701-7421
팩스 (02) 3273-9642
홈페이지 www.kuhminsa.co.kr

신고번호 | 제2012-000055호(1980년 2월 4일)
I S B N | 979-11-6875-604-5　　13500

값 42,000원

※ 낙장 및 파본은 구입하신 서점에서 바꿔드립니다.
※ 본서를 허락없이 부분 또는 전부를 무단복제, 게재행위는 저작권법에 저촉됩니다.